KB192390

비금속 — 기체 / 액체 / 고체

금속 — 액체 / 고체

10	11	12	13	14	15	16	17	18
								2 **He** 헬륨 4.0026
			5 **B** 붕소 10.811	6 **C** 탄소 12.011	7 **N** 질소 14.007	8 **O** 산소 15.999	9 **F** 플루오린 18.998	10 **Ne** 네온 20.180
			13 **Al** 알루미늄 26.982	14 **Si** 규소 28.086	15 **P** 인 30.974	16 **S** 황 32.065	17 **Cl** 염소 35.453	18 **Ar** 아르곤 39.948
28 **Ni** 니켈 58.693	29 **Cu** 구리 63.546	30 **Zn** 아연 65.38	31 **Ga** 갈륨 69.723	32 **Ge** 저마늄 72.64	33 **As** 비소 74.922	34 **Se** 셀레늄 78.96	35 **Br** 브로민(브롬) 79.904	36 **Kr** 크립톤 83.798
46 **Pd** 팔라듐 106.42	47 **Ag** 은 107.87	48 **Cd** 카드뮴 112.41	49 **In** 인듐 114.82	50 **Sn** 주석 118.71	51 **Sb** 안티모니 121.76	52 **Te** 텔루륨 127.60	53 **I** 아이오딘(요오드) 126.90	54 **Xe** 제논/크세논 131.29
78 **Pt** 백금 195.08	79 **Au** 금 196.97	80 **Hg** 수은 200.59	81 **Tl** 탈륨 201.38	82 **Pb** 납 207.2	83 **Bi** 비스무트 208.98	84 **Po** 폴로늄 209	85 **At** 아스타틴 210	86 **Rn** 라돈 222
110 **Ds** 다름슈타튬 281	111 **Rg** 뢴트게늄 280	112 **Cn** 코페르니슘 285	113 **Uut** 우눈트륨 284	114 **Fl** 플레로븀 289	115 **Uup** 우눈펜튬 288	116 **Lv** 리버모륨 293	117 **Uus** 우눈셉튬 294	118 **Uuo** 우누녹튬 294

불활성 기체 (He–Uuo, 18족)

63 **Eu** 유로퓸 152.96	64 **Gd** 가돌리늄 157.25	65 **Tb** 터븀/테르븀 158.93	66 **Dy** 디스프로슘 162.50	67 **Ho** 홀뮴 164.93	68 **Er** 어븀/에르븀 167.26	69 **Tm** 툴륨 168.93	70 **Yb** 이터븀/이테르븀 173.05	71 **Lu** 루테튬 174.97
95 **Am** 아메리슘 243	96 **Cm** 퀴륨 247	97 **Bk** 버클륨 247	98 **Cf** 칼리포늄 251	99 **Es** 아인슈타이늄 252	100 **Fm** 페르뮴 257	101 **Md** 멘델레븀 258	102 **No** 노벨륨 259	103 **Lr** 로렌슘 262

원소주기율표

[週期律表, Periodic table of the Elements]

주기 (Period) \ 족 (Group)	1	2	3	4	5	6	7	8	9
1	1 H 수소 1.0079								
2	3 Li 리튬 6.941	4 Be 베릴륨 9.0122							
3	11 Na 소듐/나트륨 22.990	12 Mg 마그네슘 24.305							
4	19 K 포타슘/칼륨 39.098	20 Ca 칼슘 40.078	21 Sc 스칸듐 44.956	22 Ti 타이타늄 47.867	23 V 바나듐 50.942	24 Cr 크로뮴 51.996	25 Mn 망가니즈 54.938	26 Fe 철 55.845	27 Co 코발트 58.933
5	37 Rb 루비듐 85.468	38 Sr 스트론튬 87.62	39 Y 이트륨 88.906	40 Zr 지르코늄 91.224	41 Nb 나이오븀 92.906	42 Mo 몰리브덴 95.96	43 Tc 테크네튬 98	44 Ru 루테늄 101.07	45 Rh 로듐 102.91
6	55 Cs 세슘 132.91	56 Ba 바륨 137.33		72 Hf 하프늄 178.49	73 Ta 탄탈럼(탄탈) 180.95	74 W 텅스텐 183.84	75 Re 레늄 186.21	76 Os 오스뮴 190.23	77 Ir 이리듐 192.22
7	87 Fr 프랑슘 223	88 Ra 라듐 226		104 Rf 러더포듐 261	105 Db 두브늄 262	106 Sg 시보귬 266	107 Bh 보륨 264	108 Hs 하슘 277	109 Mt 마이트너륨 276
	알칼리금속 (수소 제외)	알칼리토금속							

란탄족	57 La 란타넘(란탄) 138.91	58 Ce 세륨 140.12	59 Pr 프라세오디뮴 140.91	60 Nd 네오디뮴 144.24	61 Pm 프로메튬 145	62 Sm 사마륨 150.36
악티늄족	89 Ac 악티늄 227	90 Th 토륨 232.04	91 Pa 프로탁티늄 231.04	92 U 우라늄 238.03	93 Np 넵투늄 237	94 Pu 플루토늄 244

범례	
1	원자번호
H	기호
수소	원소 이름
1.0079	원자량

위험물산업기사

필기

장윤영 · ㈜에듀웨이 R&D연구소 지음

장윤영

- 2018 마더텅 수능기출문제집 집필
- 2018 마더텅 수능기출 모의고사 집필
- 2017 마더텅 수능기출문제집 검토
- 2016 EBS 뉴탐스런 평가문제집 집필 참여
- 現) 고등학교 화학교사 재직 중

(주)에듀웨이는 자격시험 전문출판사입니다.
에듀웨이는 독자 여러분의 자격시험 취득을 위한 고품격 수험서 발간에 노력하고 있습니다.

기출문제만

분석하고

파악해도

반드시 합격한다!

산업체에서 사용하는 발화성, 인화성 물품을 위험물이라 하는데, 산업의 고도성장에 따라 위험물의 수요와 종류가 많아지고 있어 위험성 역시 대형화되어가고 있으며, 이에 따라 위험물을 안전하게 취급 · 관리하는 전문가의 수요는 꾸준할 것으로 전망됩니다. 또한 위험물산업기사의 경우 소방법으로 정한 위험물 제1류~제6류에 속하는 모든 위험물을 관리할 수 있으므로 취업영역이 넓은 편입니다.

위험물산업기사 자격증을 취득하게 되면 위험물(제1류~6류)의 제조, 저장, 취급 전문업체에 종사하거나 도료제조, 고무제조, 금속제련, 유기합성물제조, 염료제조, 화장품제조, 인쇄잉크제조업체 및 지정수량 이상의 위험물 취급업체에 종사할 수 있습니다.

소방법 시행령에 규정된 위험물의 저장, 제조, 취급소에서 위험물을 안전하게 취급하고 일반작업자를 지시 · 감독하며, 각 설비 및 시설에 대한 안전점검 실시, 재해 발생 시 응급조치 실시 등 위험물에 대한 보안, 감독 업무를 수행하게 됩니다.

이 책은 위험물산업기사 시험에 대비하여 최근 개정법령을 반영하고 최근의 출제기준 및 기출문제를 완벽 분석하여 수험생들이 쉽게 합격할 수 있도록 만들었습니다. 이 책의 구성은 다음과 같습니다.

1. 최근 10년간의 기출문제를 분석하여 핵심이론을 재구성하였습니다.
2. 핵심이론을 공부하고 바로 기출문제를 풀며 실력을 향상시키도록 구성하였습니다.
3. 섹션 도입부에 최근 출제유형에 따른 출제 포인트를 마련하여 수험생들에게 학습 방향을 제시하여 효율적인 학습이 가능하게 하였습니다.
4. 모의고사 문제를 통해 수험생 스스로 최종 자가진단을 할 수 있게 하였습니다.
5. 최근 개정된 법령을 반영하였습니다.

이 책으로 공부하신 여러분 모두에게 합격의 영광이 있기를 기원하며 책을 출판하는 데 있어 도와주신 ㈜에듀웨이 임직원, 편집 담당자, 디자인 실장님에게 지면을 빌어 감사드립니다.

㈜에듀웨이 R&D연구소(위험물부문) 드림

◉ **필기검정** (1시간30분)
- 객관식(전과목 혼합, 60문항)
- 필기과목명 : 물질의 물리 · 화학적 성질, 화재 예방과 소화방법, 위험물 성상 및 취급
- 검정방법 : 객관식 4지 택일형, 과목당 20문항(과목당 30분)
- 시험방식 : 답안제출용 OMR 기입
- 합격기준 : 100점을 만점으로 하여 과목당 40점 이상, 전과목 평균 60점 이상

◉ **실기검정** (필답형 1시간 + 작업형 1시간 30분 정도)
- 전과목 혼합, 10문항
- 실기과목명 : 위험물 취급 실무
- 검정방법 : 필답형(55점) + 동영상(45점)
- 시험방식 : 주관식 답안지 서술
- 합격기준 : 100점을 만점으로 하여 60점 이상

주요항목	세부항목	세세항목
1 기초 화학	1. 물질의 상태와 화학의 기본법칙	1. 물질의 상태와 변화 2. 화학의 기초법칙 3. 화학 결합
	2. 원자의 구조와 원소의 주기율	1. 원자의 구조 2. 원소의 주기율표
	3. 산과 염기	1. 산과 염기 2. 염 3. 수소이온농도
	4. 용액	1. 용액 2. 용해도 3. 용액의 농도
	5. 산화, 환원	1. 산화 2. 환원
2 유 · 무기 화합물	1. 유기 화합물의 위험성 파악	1. 개념 / 2. 종류 / 3. 명명법 / 4. 특성 및 위험성
	2. 무기 화합물의 위험성 파악	1. 개념 / 2. 종류 / 3. 명명법 / 4. 특성 및 위험성 5. 방사성 원소
3 화재 예방 및 소화 방법	1. 위험물 사고 대비	1. 위험물의 화재예방 2. 취급 위험물의 특성 3. 안전장비의 특성
	2. 위험물 사고 대응	1. 위험물시설의 특성 2. 초동조치 방법 3. 위험물의 화재시 조치
	3. 위험물 화재예방 방법	1. 위험물과 비위험물 판별 2. 연소이론 3. 화재의 종류 및 특성 4. 폭발의 종류 및 특성
	2. 위험물 소화방법	1. 소화이론 2. 위험물 화재 시 조치방법 3. 소화설비에 대한 분류 및 작동방법 4. 소화약제의 종류 5. 소화약제별 소화원리
4 소화약제 및 소화기	1. 소화설비 적응성	1. 유별 위험물의 품명, 지정수량, 특성 2. 대상물 구분별 소화설비의 적응성
	2. 소화 난이도 및 소화설비 적용	1. 소화설비의 설치기준 및 구조 · 원리 2. 소화난이도별 제조소등 소화설비 기준

주요항목	세부항목	세세항목
	3. 경보설비 · 피난설비 적용	1. 제조소등 경보설비 · 피난설비의 설치대상 및 종류 2. 제조소등 경보설비 · 피난설비의 설치기준 및 구조 · 원리
5 위험물 성상 및 취급	1. 제1~6류 위험물의 취급	1. 제1~6류 위험물의 종류 2. 제1~6류 위험물의 성상 3. 제1~6류 위험물의 위험성 · 유해성 4. 제1~6류 위험물의 취급방법
	2. 제1~6류 위험물의 저장	1. 제1~6류 위험물의 저장방법
	3. 위험물 운송 · 운반 기준	1. 위험물운송자 · 운반자의 자격 및 업무 2. 위험물 운송 · 운반방법 3. 위험물 운송 · 운반 안전조치 및 준수사항 4. 위험물 운송 · 운반차량 위험성 경고 표지 5. 위험물 용기기준, 적재방법
6 위험물 안전 관리법	1. 위험물 제조소 유지관리	제조소의 위치, 구조, 설비, 특례기준
	2. 위험물 저장소 유지관리	위험물 저장소의 위치, 구조, 설비기준 : 옥내저장소, 옥외탱크저장소, 옥내탱크저장소, 지하탱크저장소, 간이탱크저장소, 이동탱크저장소, 옥외저장소, 암반탱크저장소
	3. 위험물 취급소 유지관리	위험물 취급소의 위치, 구조, 설비기준 : 주유취급소, 판매취급소, 이송취급소, 일반취급소
	4. 제조소등의 소방시설 점검	1. 소화난이도 등급 2. 소화설비 적응성 3. 소요단위 및 능력단위 산정 4. 점검 : 옥내 · 외 소화전설비, 스프링클러설비, 물분무소화설비, 포소화설비, 불활성가스 소화설비, 할로겐화물 소화설비, 분말소화설비, 수동식소화기설비, 경보설비, 피난설비
	5. 위험물 저장 기준	1. 위험물 저장, 위험물 유별 저장의 공통기준 2. 제조소등에서의 저장기준
	6. 위험물 취급 기준	1. 위험물 취급의 공통기준, 위험물 유별 취급의 공통기준 2. 제조소등에서의 취급기준
	7. 위험물시설 유지관리감독	1. 위험물시설 유지관리 감독 2. 예방규정 작성 및 운영 3. 정기검사 및 정기점검 4. 자체소방대 운영 및 관리
	8. 위험물안전관리법상 행정사항	1. 제조소등의 허가 및 완공검사 2. 탱크안전 성능검사 3. 제조소등의 지위승계 및 용도폐지 4. 제조소등의 사용정지, 허가취소 5. 과징금, 벌금, 과태료, 행정명령

한 눈에 살펴보는

필기응시절차

Accept Application - Objective Test Process

산업기사검정 시행일정은 큐넷 홈페이지를 참조하거나 에듀웨이 카페에 공지합니다.

원서접수기간, 필기시험일 등.. 큐넷 홈페이지에서 해당 종목의 시험일정을 확인합니다.

02 원서접수

1 큐넷 홈페이지(**www.q-net.or.kr**)에서 상단 오른쪽에 로그인 을 클릭합니다.

2 '로그인 대화상자가 나타나면 아이디/비밀번호를 입력합니다.

※회원가입 : 만약 q-net에 가입되지 않았으면 회원가입을 합니다. (이때 반명함판 크기의 사진(200kb 미만)을 반드시 등록합니다.)

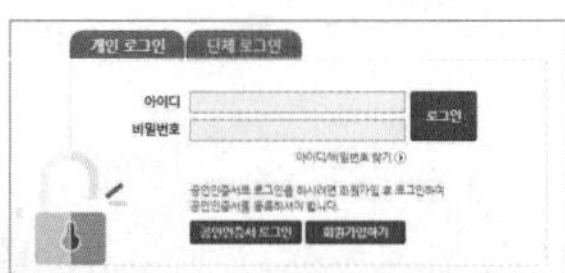

3 원서접수를 클릭하면 [자격선택] 창이 나타납니다. 접수하기 를 클릭합니다.

※ 원서접수기간이 아닌 기간에 원서접수를 하면

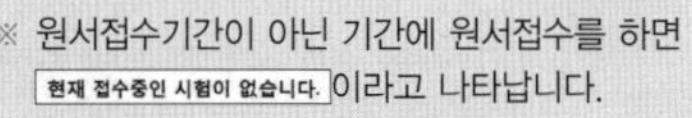

이라고 나타납니다.

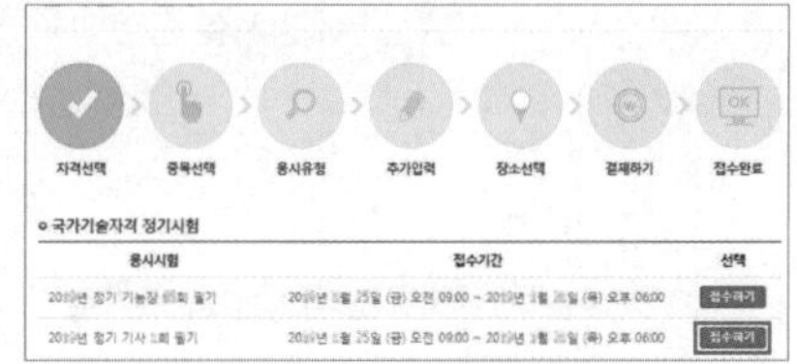

4 [종목선택] 창이 나타나면 응시종목을 [위험물산업기사]로 선택하고 [다음] 버튼을 클릭합니다. 수험자격요건에 대한 '서류 심사 전'란에 본인에 해당하는 사항을 점검합니다. 그리고 [다음] 버튼을 클릭합니다.

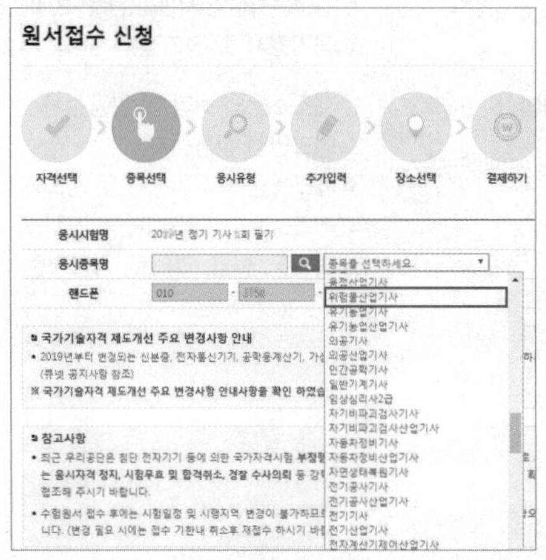

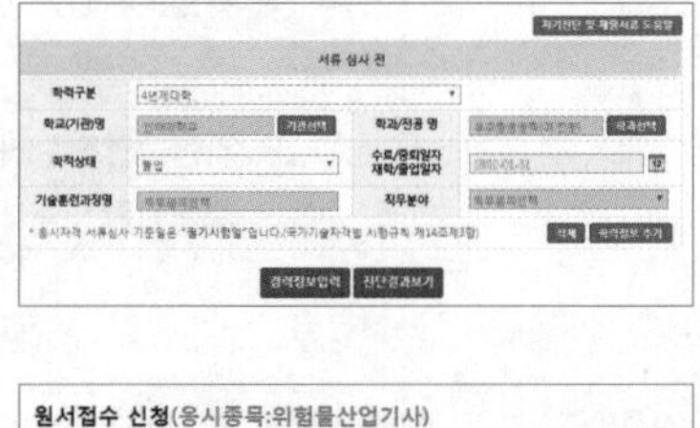

5 [장소선택] 창에서 원하는 지역, 시/군구/구를 선택하고 조 회 를 클릭합니다. 그리고 시험일자, 입실시간, 시험장소, 그리고 접수가능인원을 확인한 후 선택 을 클릭합니다. 결제하기 전에 마지막으로 다시 한 번 종목, 시험일자, 입실시간, 시험장소를 꼼꼼히 확인한 후 접수하기 를 클릭합니다.

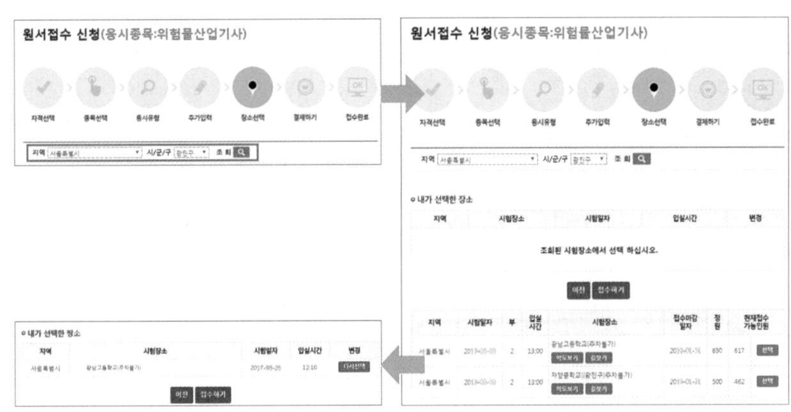

6 [결제하기] 창에서 검정수수료를 확인한 후 원하는 결제수단을 선택하고 결제를 진행합니다. (필기 : 19,400원)

03 필기시험 응시

필기시험 당일 유의사항

1 신분증은 **반드시 지참**해야 하며(미지참 시 시험응시 불가), 필기구도 지참합니다(선택).

2 대부분의 시험장에 주차장 시설이 없으므로 가급적 대중교통을 이용합니다.

3 고사장에 고시된 시험시간 20분 전부터 입실이 가능합니다(지각 시 시험응시 불가).

4 공학용 계산기 지참 시 감독관이 리셋 후 사용 가능합니다.

- 합격자 발표 : 합격 여부는 필기시험 후 바로 알 수 있으며 큐넷 홈페이지의 '합격자발표 조회하기'에서 조회 가능
- 실기시험 접수 : 필기시험 합격자에 한하여 실기시험 접수기간에 Q-net 홈페이지에서 접수

※ 기타 사항은 큐넷 홈페이지(**www.q-net.or.kr**)를 방문하거나 또는 전화 **1644-8000**에 문의하시기 바랍니다.

이책의 구성

출제 포인트

이 섹션에서는 표면연소, 분해연소

물의 인화점과 발화점은 필히 외워

제되고 있다. 특별히 어려운 내용은

출제포인트

각 섹션별로 기출문제를 분석 · 흐름을 파악하여 학습 방향을 제시하고, 중점적으로 학습해야 할 내용을 기술하여 수험생들이 학습의 강약을 조절할 수 있도록 하였습니다.

핵심이론요약

10년간 기출문제를 분석하여 쓸데없는 법규는 과감히 삭제, 시험에 출제되는 부분만 중점으로 정리하여 필요 이상의 책 분량을 줄였습니다.

기출문제 | 기출문제로 출제유형을 파악한다!

[13-01]

1 제4류 위험물의 공통적인 성질이 아닌 것은

① 대부분 물보다 가볍고 물에 녹기 어렵

② 공기와 혼합된 증기는 연소의 우려가

기출문제

섹션 마지막에 이론과 연계된 10년간 기출문제를 수록하여 최근 출제유형을 파악할 수 있도록 하였습니다. 문제 상단에는 해당 문제의 출제년도를 표기하여 최근 출제 유형 및 빈도를 가늠할 수 있도록 하였습니다.

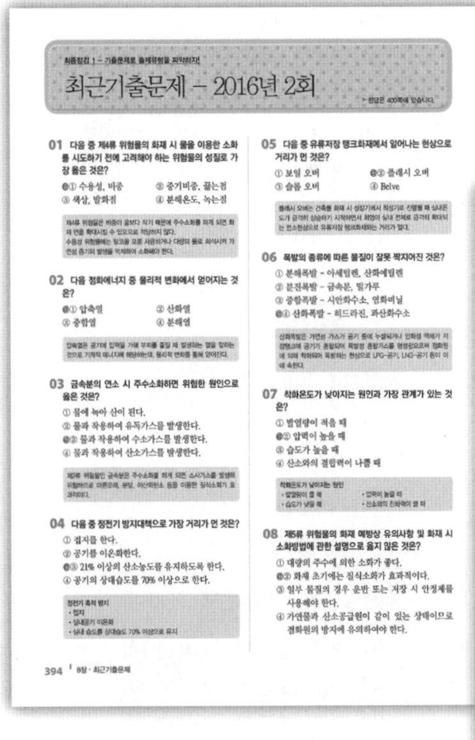

최종점검 1 - 기출문제로 출제유형을 파악하자!

최근기출문제 - 2016년 2회

▸ 정답은 400쪽에 있습니다.

01 다음 중 제4류 위험물의 화재 시 물을 이용한 소화를 시도하기 전에 고려해야 하는 위험물의 성질로 가장 옳은 것은?

@① 수용성, 비중 ② 증기비중, 끓는점
③ 색상, 발화점 ④ 분해온도, 녹는점

제4류 위험물은 비중이 물보다 작기 때문에 주수소화를 하게 되면 화재 면을 확대시킬 수 있으므로 적당하지 않다.
수용성 위험물에는 알코올 포를 사용하거나 다량의 물로 희석시켜 가연성 증기의 발생을 억제하여 소화해야 한다.

02 다음 점화에너지 중 물리적 변화에서 얻어지는 것은?

@① 압축열 ② 산화열
③ 중합열 ④ 분해열

압축열은 공기에 압력을 가해 부피를 줄일 때 발생하는 열을 말하는 것으로 기계적 에너지에 해당하는데, 물리적 변화를 통해 얻어진다.

03 금속분의 연소 시 주수소화하면 위험한 원인으로 옳은 것은?

① 물에 녹아 산이 된다.
② 물과 작용하여 유독가스를 발생한다.
@③ 물과 작용하여 수소가스를 발생한다.
④ 물과 작용하여 산소가스를 발생한다.

제2류 위험물인 금속분은 주수소화를 하게 되면 소시가스를 발생해 위험하므로 마른모래, 분말, 이산화탄소 등을 이용한 질식소화가 효과적이다.

04 다음 중 정전기 방지대책으로 가장 거리가 먼 것은?

① 접지를 한다.
② 공기를 이온화한다.
@③ 21% 이상의 산소농도를 유지하도록 한다.
④ 공기의 상대습도를 70% 이상으로 한다.

정전기 축적 방지
- 접지
- 실내공기 이온화
- 실내 습도를 상대습도 70% 이상으로 유지

05 다음 중 유류저장 탱크화재에서 일어나는 현상으로 거리가 먼 것은?

① 보일 오버 @② 플래시 오버
③ 슬롭 오버 ④ Belve

플래시 오버는 건축물 화재 시 성장기에서 최성기로 진행될 때 실내온도가 급격히 상승하기 시작하면서 화염이 실내 전체로 급격히 확대되는 연소현상으로 유류저장 탱크화재와는 거리가 멀다.

06 폭발의 종류에 따른 물질이 잘못 짝지어진 것은?

① 분해폭발 - 아세틸렌, 산화에틸렌
② 분진폭발 - 금속분, 밀가루
③ 중합폭발 - 시안화수소, 염화비닐
@④ 산화폭발 - 히드라진, 과산화수소

산화폭발은 가연성 가스가 공기 중에 누설되거나 인화성 액체가 저장탱크에 공기가 혼합되어 폭발성 혼합가스를 형성함으로써 점화원에 의해 착화되어 폭발하는 현상으로 LPG-공기, LNG-공기 등이 이에 속한다.

07 착화온도가 낮아지는 원인과 가장 관계가 있는 것은?

① 발열량이 적을 때
@② 압력이 높을 때
③ 습도가 높을 때
④ 산소와의 결합력이 나쁠 때

착화온도가 낮아지는 원인
- 발열량이 클 때
- 습도가 낮을 때
- 압력이 높을 때
- 산소와의 친화력이 클 때

08 제5류 위험물의 화재 예방상 유의사항 및 화재 시 소화방법에 관한 설명으로 옳지 않은 것은?

① 대량의 주수에 의한 소화가 좋다.
@② 화재 초기에는 질식소화가 효과적이다.
③ 일부 물질의 경우 운반 또는 저장 시 안정제를 사용해야 한다.
④ 가연물과 산소공급원이 같이 있는 상태이므로 점화원의 방지에 유의하여야 한다.

394 | 8장 · 최근기출문제

최근기출문제

최근 3년간 기출문제를 수록하고, 자세한 해설도 첨부하였습니다. 특히 2016년 출제문제를 수록하여 최근 출제 경향을 파악할 수 있도록 하였습니다.

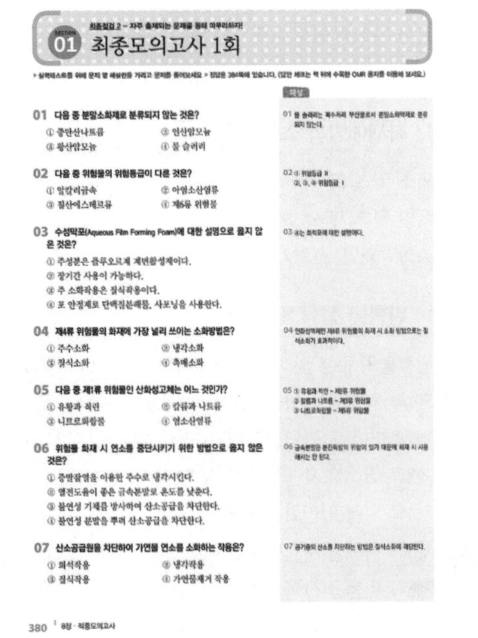

최종점검 2 - 자주 출제되는 문제를 통해 마무리하자!

SECTION 01 최종모의고사 1회

▸ 실력테스트를 위해 문자 옆 해설란을 가리고 문제를 풀어보세요 ▸ 정답은 384쪽에 있습니다. (답안 체크는 책 뒤에 수록한 OMR 용지를 이용해 보세요.)

01 다음 중 분말소화제로 분류되지 않는 것은?

① 중탄산나트륨 ② 인산암모늄
③ 황산암모늄 ④ 물 슬러리

02 다음 중 위험물의 위험등급이 다른 것은?

① 알칼리금속 ② 아염소산염류
③ 질산에스테르류 ④ 제6류 위험물

03 수성막포(Aqueous Film Forming Foam)에 대한 설명으로 옳지 않은 것은?

① 주성분은 플루오르계 계면활성제이다.
② 장기간 사용이 가능하다.
③ 주 소화작용은 질식작용이다.
④ 포 안정제로 단백질분해물, 사포닝을 사용한다.

04 제4류 위험물의 화재에 가장 널리 쓰이는 소화방법은?

① 주수소화 ② 냉각소화
③ 질식소화 ④ 촉매소화

05 다음 중 제1류 위험물인 산화성고체는 어느 것인가?

① 유황과 적린 ② 칼륨과 나트륨
③ 니트로화합물 ④ 염소산염류

06 위험물 화재 시 연소를 중단시키기 위한 방법으로 옳지 않은 것은?

① 증발잠열을 이용한 주수로 냉각시킨다.
② 열전도율이 좋은 금속분말로 온도를 낮춘다.
③ 불연성 기체를 방사하여 산소공급을 차단한다.
④ 불연성 분말을 뿌려 산소공급을 차단한다.

07 산소공급원을 차단하여 가연물 연소를 소화하는 작용은?

① 희석작용 ② 냉각작용
③ 질식작용 ④ 가연물제거 작용

해설

01 물 슬러리는 복수처리 부산물로서 분말소화약제로 분류되지 않는다.

02 ① 위험등급 II
②, ③, ④ 위험등급 I

03 ④는 화학포에 대한 설명이다.

04 인화성액체인 제4류 위험물의 화재 시 소화 방법으로는 질식소화가 효과적이다.

05 ① 유황과 적린 - 제2류 위험물
② 칼륨과 나트륨 - 제3류 위험물
③ 니트로화합물 - 제5류 위험물

06 금속분말은 분진폭발의 위험이 있기 때문에 화재 시 사용해서는 안 된다.

07 공기중의 산소를 차단하는 방법은 질식소화에 해당한다.

380 | 8장 · 최종모의고사

최종모의고사

시험에 자주 출제되었거나 출제될 가능성이 높은 문제를 따로 엄선하여 모의고사 4회분으로 수록하여 수험생 스스로 실력을 테스트할 수 있도록 모의고사를 마지막 장에 구성하였습니다. 이 책 마지막에 수록된 답안지를 이용하여 실전에 대비해 보세요.

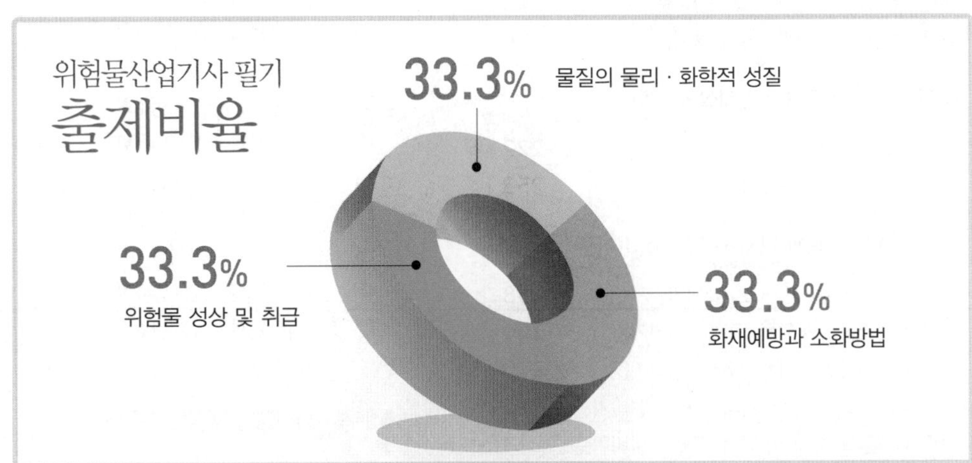

Contents

Industrial Engineer Hazardous material

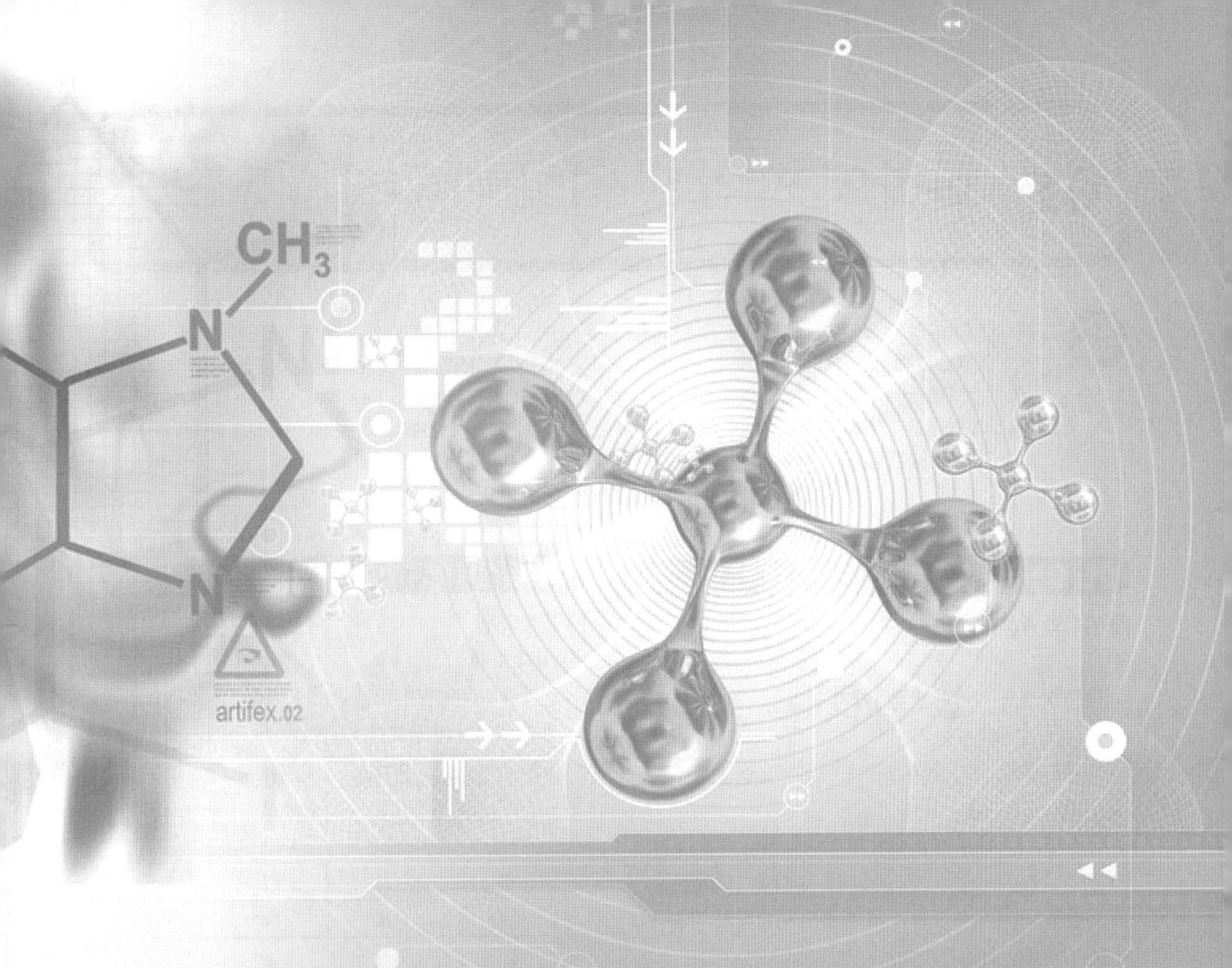

CHAPTER 01

물질의 물리·화학적 성질

1. 화학의 기초 및 화학 반응식
2. 물질의 상태
3. 원자의 구조와 원소의 주기율
4. 열화학과 반응의 자발성
5. 용해도, 산과 염기, 산화 · 환원 반응
6. 분자 구조와 반응 속도
7. 유기 화합물과 여러 가지 화합물

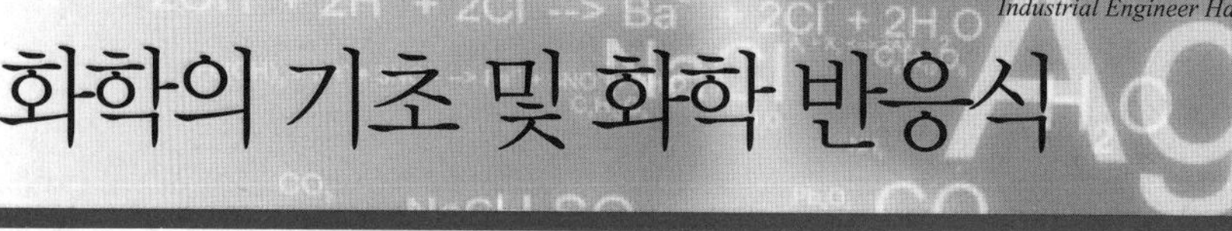

SECTION 01

화학의 기초 및 화학 반응식

Industrial Engineer Hazardous Material

이 섹션에서는 물질의 양을 나타내는 기본 개념인 원자량, 분자량, 화학식량 및 아보가드로수를 이용한 물질의 몰수 전환에 관한 문제와 반응 계수를 이용하여 반응물과 생성물의 물질의 양적 관계를 계산하는 문제가 꾸준히 출제되고 있다. 또한 화합물의 성분 비를 이용하여 화합물의 조성을 계산하는 문제도 계속 출제되고 있으므로 기출 문제 유형을 확실히 익혀두어 놓치지 않도록 하자.

01 물질의 종류와 변화

1 물질의 종류

(1) 순물질

① 다른 물질과 섞이지 않은 1가지 물질
(예 산소, 철, 염화칼슘, 설탕)

② 홑원소 물질 : 1가지 원소로만 이루어진 물질
(예 O_2, H_2, N_2, Na)

③ 동소체 : 1가지 원소로 되어 있으나 성질이 다른 물질
(예 O_2와 O_3, 흑연(C)과 다이아몬드(C), 사방황과 단사황)

④ 화합물 : 2가지 이상의 성분 원소로 이루어진 물질
(예 H_2O, CO_2, NaOH, H_2SO_4)

(2) 혼합물 : 2가지 이상의 순물질이 섞인 물질
(예 공기, 우유, 바닷물, 암석, 합금)

2 물질의 변화

물리적 변화	• 물질의 구성은 변하지 않고 물질의 크기, 형태, 빛깔 등 외부 형상만 달라지는 변화 • 증류, 승화, 용융
화학적 변화	• 어떤 물질을 구성하는 원자 사이에 재결합이 일어나 원래의 물질과 성질이 다른 물질로 변화하는 일반적인 화학 반응 • 발효

3 상태의 변화

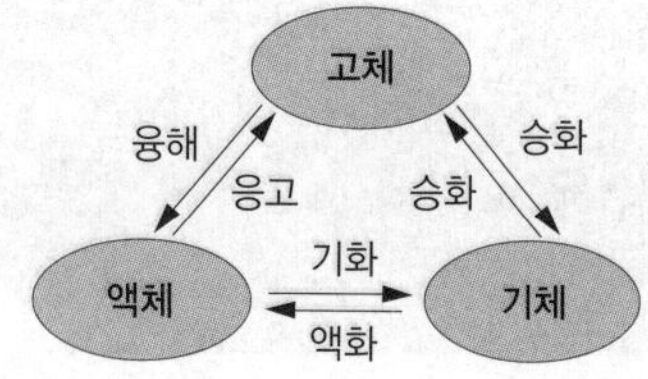

02 물질의 양과 화학 반응식

1 물질의 양

(1) 화학식량

① 원자량 : 질량수가 12인 탄소 원자(^{12}C)를 기준으로 환산한 원자들의 상대적 질량값

원소	원자량	원소	원자량
H	1	Al	27
C	12	Na	23
N	14	Cl	35.5
O	16	Fe	55.8

▶ **평균 원자량** : 동위 원소의 자연 존재 비율(%)을 반영하여 계산한 원자량

예 ^{35}Cl(75%), ^{37}Cl(25%)일 때 Cl의 평균 원자량은?

$$35 \times \frac{75}{100} + 37 \times \frac{25}{100} = 35.5$$

② 분자량 : 분자를 이루는 원자들의 원자량을 합한 값

예 H_2O의 분자량
= 수소(H)의 원자량×2 + 산소(O)의 원자량
= 1×2+16 = 18

③ 화학식량 : 이온 결합 물질이나 금속 등과 같이 분자로 존재하지 않는 물질의 경우 화학식을 이루는 원소들의 원자량을 더하여 상대적 질량을 나타냄

예 • NaCl의 화학식량 = 23+35.5 = 58.5
• Fe_2O_3의 화학식량 = 55.8×2+16×3=159.6

▶ 원자량, 분자량, 화학식량은 단위가 없음

(2) 아보가드로수와 몰

① 아보가드로수 : 순수한 탄소 12g에 들어 있는 탄소 원자의 수

▶ 아보가드로수 = 6.02×10^{23}

② 몰 : 원자, 분자, 이온이 아보가드로수만큼 모인 집단

▶ 1몰 = 아보가드로수 = 6.02×10^{23}
▶ 어떤 원자가 1몰 만큼 있다는 의미는 그 원자의 개수가 6.02×10^{23}개라는 의미이다.

③ 1몰 질량 : 물질의 화학식량에 그램(g)을 붙인 질량

▶ H_2O 1몰 질량 = (1×2+16)g = 18g
▶ 6.02×10^{23}개의 H_2O 질량이 18g이라는 의미이다.

④ 기체 1몰 부피 : 표준 상태(0℃, 1기압)에서 기체 1몰 부피 = 22.4L

▶ 표준 상태에서 $\begin{Bmatrix} CH_4 \\ H_2 \\ NH_3 \end{Bmatrix}$의 1몰 부피 = 22.4L

⑤ 밀도 : 단위 부피에 대한 질량

▶ 밀도 = $\frac{\text{질량}}{\text{부피}}$

⑥ 물질의 몰수 구하기 : 물질의 질량을 그 물질의 1몰 질량으로 나누거나, 기체의 경우 1몰 부피로 나누어 구함(단, 기체의 경우 온도와 압력이 일정할 때)

▶ 몰수 = $\frac{\text{입자수}}{6.02 \times 10^{23}} = \frac{\text{질량(g)}}{\text{1몰 질량(g/mol)}} = \frac{\text{기체의 부피(L)}}{\text{22.4(L/mol)}}$ (0℃, 1기압일 때)

예 CO_2 22g의 몰수 = $\frac{22g}{44g/mol}$ = 0.5mol

⑦ 몰 분율 : 두 가지 이상의 성분이 섞여있을 때 전체 몰수에 대한 특정 성분 몰수의 비

▶몰 분율 = $\frac{\text{특정 성분 몰수}}{\text{전체 성분 몰수}}$

2 화학 반응식

(1) 화학 반응식

① 정의 : 화학 반응을 반응물과 생성물의 화학식과 기호를 사용하여 나타낸 식

② 화학 반응식 완성 : 반응물과 생성물에 있는 원자의 종류와 수가 같도록 계수를 맞춘다.

예 $CH_4(g) + 2O_2(g) \rightarrow CO_2(g) + 2H_2O(l)$

③ 화학 반응식에서의 양적 관계

▶ **계수비 = 몰수비 = 분자수비 = 부피비** (단, 온도와 압력이 같은 기체의 경우)

예 CH_4의 연소 반응식에서 CO_2 1몰이 생성될 때 반응하는 O_2의 몰수는 2몰이다.
$CH_4(g) + 2O_2(g) \rightarrow CO_2(g) + 2H_2O(l)$

▶ **필수 화학반응식**

- **수소**의 완전연소 반응식
  $2H_2 + O_2 \rightarrow 2H_2O$
  수소 산소 물
- **탄소**의 완전연소 반응식
  $C + O_2 \rightarrow CO_2$
  탄소 산소 이산화탄소
- **에테인(에탄)**의 완전연소 반응식
  $2C_2H_6 + 7O_2 \rightarrow 4CO_2 + 6H_2O$
  에테인 산소 이산화탄소 물
- **에텐**의 완전연소 반응식
  $CH_2{=}CH_2 + 3O_2 \rightarrow 2CO_2 + 2H_2O$
  에텐 산소 이산화탄소 물
- **에타인**의 완전연소 반응식
  $2CH{\equiv}CH + 5O_2 \rightarrow 4CO_2 + 2H_2O$
  에타인 산소 이산화탄소 물
- **벤젠**의 완전연소 반응식
  $2C_6H_6 + 15O_2 \rightarrow 12CO_2 + 6H_2O$
  벤젠 산소 이산화탄소 물
- **프로페인(프로판)**의 완전연소 반응식
  $C_3H_8 + 5O_2 \rightarrow 3CO_2 + 4H_2O$
  프로페인 산소 이산화탄소 물
- **메테인(메탄)**의 완전연소 반응식
  $CH_4 + 2O_2 \rightarrow CO_2 + 2H_2O$
  메테인 산소 이산화탄소 물
- **염화수소** 생성 반응식
  $H_2(g) + Cl_2(g) \rightarrow 2HCl(g)$
  수소 염소 염화수소
- **황산암모늄** 생성 반응식
  $2NH_3 + H_2SO_4 \rightarrow (NH_4)_2SO_4$
  암모니아 황산 황산암모늄
- **염소산칼륨** 분해 반응식
  $2KClO_3(s) \rightarrow 2KCl(s) + 3O_2(g)$
  염소산칼륨 염화칼륨 산소
- **암모니아** 생성 반응식
  $N_2(g) + 3H_2(g) \rightarrow 2NH_3(g)$
  질소 수소 암모니아

03 원소 분석과 화합물의 조성

1 원소 분석

(1) 불꽃 반응

① 분석 대상 : 화합물 속의 금속 성분 원소

② 금속의 불꽃색

금속 원소	Li	Na	K	Sr	Cu
불꽃색	빨간색	노란색	보라색	빨간색	청록색

2 화합물의 조성

(1) 실험식

① 정의

- 화합물의 성분 원소의 원자 수를 가장 간단한 정수비로 나타낸 화학식
- C_3H_6 : CH_2, N_2O_4 : NO_2, Fe_2O_3 : Fe_2O_3

② 실험식과 분자식의 관계

분자로 이루어진 물질의 경우 실험식은 원자 수를 가장 간단한 정수비로 나타낸 화학식이므로 분자식과 정수배(n) 관계 성립

▶ 분자식 = (실험식)n (n=1,2,3,⋯) 분자량=실험식량×n

예 $C_2H_4O_2$ = $(CH_2O)\times 2$, $C_2H_4O_2$의 분자량 = 60,
실험식량 = 30, ∴ 60 = 30×2

(2) 원소의 질량 백분율(%)로부터 실험식 구하기

예 탄소와 수소로만 이루어진 화합물 X의 성분 원소를 분석하였더니 탄소의 질량이 85%, 수소의 질량이 15%일 때 실험식을 구하라. 그리고 X의 분자량이 28이라고 할 때 분자식을 구하라.

⇒ C와 H의 원자수 비는 해당 원소의 질량을 각각 원자량으로 나누어 구한다.

$C:H = \frac{85}{12}:\frac{15}{1} \fallingdotseq 1:2$

∴ X의 실험식 : CH_2

⇒ 분자량 : 28, 실험식량 : 14, 정수배 : 2

∴ X의 분자식 = C_2H_4

(3) 시성식

화합물의 작용기를 나타낸 화학식

예 • 알코올 : R-OH (에탄올 : $C_2H_5\underline{OH}$)
• 유기산 : R-COOH (아세트산 : $CH_3\underline{COOH}$)

▶ 용어 정리

원소	물질을 이루는 기본 성분을 의미하며, 화학적인 방법으로 더 이상 다른 물질로 분해할 수 없음. 1가지 성분으로 이루어진 홑원소 물질을 나타내기도 함
원자	원소의 성질을 가지는 가장 작은 입자
분자	물질의 성질을 지니는 독립적인 가장 작은 입자. 18족 원소는 단원자 분자임(He, Ne, Ar 등)
화합물	2가지 이상의 성분 원소로 이루어진 물질

3 화학 기본 법칙

(1) 질량 보존 법칙

화학 반응이 일어날 때 반응 전과 후의 총 질량에는 변화가 없다.

(2) 일정 성분비의 법칙

① 화합물을 이루는 성분 원소의 질량비는 항상 일정하다.

② H_2O에서 H와 O의 질량비는 1:8이다.

(3) 배수비례 법칙

① 두 종류의 원소가 두 가지 이상의 화합물을 만들 때, 한 원소와 결합하는 다른 원소 사이에는 항상 일정한 정수의 질량비가 성립한다.

② CO와 CO_2에서 C와 결합하는 O의 질량비는 1:2이다.

(4) 아보가드로 법칙

① 일정 온도와 압력에서 기체의 종류에 관계없이 같은 부피 속에 같은 수의 기체 분자가 들어 있다.

② 표준 상태(0℃, 1기압)에서 기체 1몰이 차지하는 부피는 22.4L이다.

[10-01]

1 다음 중 물에 대한 소금의 용해가 물리적 변화라고 할 수 있는 근거로 가장 옳은 것은?

① 소금과 물이 결합한다.
② 용액이 증발하면 소금이 남는다.
③ 용액이 증발할 때 다른 물질이 생성된다.
④ 소금이 물에 녹으면 보이지 않게 된다.

• 물리적 변화 : 물질의 구성은 변하지 않고 물질의 크기, 형태, 빛깔 등 외부 형상만 달라지는 변화
• 화학적 변화 : 어떤 물질을 구성하는 원자 사이에 재결합이 일어나 원래의 물질과 성질이 다른 물질로 변화하는 일반적인 화학 반응

[10-04]

2 물리적 변화보다는 화학적 변화에 해당하는 것은?

① 증류 ② 발효
③ 승화 ④ 용융

발효는 미생물에 의해 유기물이 분해되어 알코올류, 유기산류, 탄산가스류 등이 생성되는 것이므로 화학 변화이다.

[10-02]

3 다음 물질에 대한 설명 중 틀린 것은?

① 물은 산소와 수소의 화합물이다.
② 산소와 수은은 단체이다.
③ 염화나트륨은 염소와 나트륨의 혼합물이다.
④ 산소와 오존은 동소체이다.

염화나트륨(Nacl)은 염소와 나트륨 2가지 성분 원소로 이루어진 화합물이다.

[13-02]

4 밀도가 2g/mL인 고체의 비중은 얼마인가?

① 0.002 ② 2
③ 20 ④ 200

비중이란 어떤 물질의 질량과 그 물질과 같은 부피의 표준 물질의 질량과의 비이다. 고체나 액체의 경우에는 보통 4℃의 물을, 기체의 경우에는 0℃에서의 1기압의 공기를 표준으로 취한다. 4℃에서 물의 밀도는 1g/mL이므로 밀도가 2g/mL인 고체의 비중은 2이다.

[14-04]

5 구리선의 밀도가 7.81g/mL이고, 질량이 3.72g이다. 이 구리선의 부피는 얼마인가?

① 0.48 ② 2.09 ③ 1.48 ④ 3.09

밀도 = $\frac{질량}{부피}$ 이므로 7.81g/mL = $\frac{3.72g}{V}$, ∴ V ≒ 0.48mL

[07-04]

6 표준상태에서 수소의 밀도는 몇 g/L 인가?

① 0.389 ② 0.289
③ 0.189 ④ 0.089

표준상태에서 기체 1몰 부피 : 22.4L
수소 기체 1몰 질량 : 2g
∴ 밀도 = $\frac{질량}{부피} = \frac{2g}{22.4L}$ = 0.089g/L

[06-02]

7 두 가지 원소가 일련의 화합물을 만들 때 일정량의 한 쪽 원소와 다른 쪽 원소의 양은 간단한 정수비를 가진다는 법칙은?

① 질량보존의 법칙
② 일정성분비의 법칙
③ 배수비례의 법칙
④ 아보가드로의 법칙

배수 비례 법칙
• 두 종류의 원소가 두 가지 이상의 화합물을 만들 때, 한 원소와 결합하는 다른 원소 사이에는 항상 일정한 정수의 질량비가 성립한다.
• CO와 CO_2에서 C와 결합하는 O의 질량비는 1 : 2이다.

[18-02, 12-01]

8 배수비례의 법칙이 적용 가능한 화합물을 옳게 나열한 것은?

① CO, CO_2
② HNO_3, HNO_2
③ H_2SO_4, H_2SO_3
④ O_2, O_3

배수비례의 법칙이란 두 원소가 화합해 2가지 이상의 화합물을 만들 때 한 원소의 일정량과 화합하는 다른 원소의 질량 사이에는 간단한 정수비가 성립한다는 것이다. 따라서 CO, CO_2의 화합물에서 C와 결합하는 O의 질량비가 1 : 2로 배수비례 법칙이 성립한다.

정답 1 ② 2 ② 3 ③ 4 ② 5 ① 6 ④ 7 ③ 8 ①

[16-02]

9 다음 화학 반응으로부터 설명하기 어려운 것은?

$$2H_2(g) + O_2(g) \rightarrow 2H_2O(g)$$

① 반응물질 및 생성물질의 부피비
② 일정 성분비의 법칙
③ 반응물질 및 생성물질의 몰수비
④ 배수비례의 법칙

- 같은 온도와 압력에서 화학 반응식의 계수비
  계수비 = 분자수비 = 입자수비 = 몰수비 = 부피비≠질량비
  (단, 부피비는 기체 상태의 경우에 성립하고 질량비는 계수비와 무관하다.)
- 일정 성분비의 법칙 : 같은 화합물을 구성하는 성분 원소의 질량비는 항상 일정하다는 것을 의미(생성물 H_2O에서 H와 O의 질량비는 1 : 8로 항상 일정)
- 배수비례의 법칙 : 같은 성분 원소로 이루어진 다른 화합물에서 한 원소와 결합하는 다른 원소 사이에는 항상 일정한 정수의 질량비가 성립한다는 의미로 위 반응에서는 1가지 물질만 생성되었으므로 알 수 없다.(예 H_2O와 H_2O_2에서 H와 결합하는 O의 질량비는 1 : 2이다.)

[13-01]

10 원소 질량의 표준이 되는 것은?

① ^{1}H ② ^{12}C
③ ^{16}O ④ ^{235}U

원자량은 질량수 12인 C의 질량을 12로 정하고, 이를 기준으로 환산한 원자들의 상대적 질량값이다.

[14-02]

11 염화칼슘의 화학식량은 얼마인가? (단, 염소의 원자량은 35.5, 칼슘의 원자량은 40, 황의 원자량은 32, 요오드의 원자량은 127이다)

① 111 ② 121
③ 131 ④ 141

화합물의 화학식량은 성분 원소의 원자량을 더하여 계산한다.
$CaCl_2$: Ca 원자량 + Cl 원자량×2 = 40+35.5×2 = 111

[15-02]

12 수소 분자 1mol에 포함된 양성자 수와 같은 것은?

① $\frac{1}{4}$ O_2 1mol 중 양성자 수
② NaCl 1mol 중 ion의 총 수
③ 수소 원자 $\frac{1}{2}$mol 중의 원자 수
④ CO_2 1mol 중의 원자 수

원자 번호는 양성자 수와 같고, 수소는 원자 번호 1이므로 각 원자 속에는 양성자 수가 1이다. 따라서 수소 분자(H_2) 1mol에는 양성자가 2mol있고, NaCl 1mol 중에는 Na^+ 1mol, Cl^- 각각 1mol이 존재하므로 총 이온수는 2mol이다.

[14-02]

13 다음 중 나타내는 수의 크기가 다른 하나는?

① 질소 7g 중의 원자 수
② 수소 1g 중의 원자 수
③ 염소 71g 중의 분자 수
④ 물 18g 중의 분자 수

① N_2 7g 몰수 = $\frac{질량(g)}{1몰\ 질량(g)} = \frac{7}{28}$ = 0.25몰
N 원자 수 = 0.25몰×2 = 0.5몰
② H_2 1g 몰수 = $\frac{질량(g)}{1몰\ 질량(g)} = \frac{1}{2}$ = 0.5몰
H 원자 수 = 0.5몰×2 = 1몰
③ Cl_2 71g 몰수 = $\frac{질량(g)}{1몰\ 질량(g)} = \frac{71}{71}$ = 1몰, 분자 수 = 1몰
④ H_2O 18g 몰수 = $\frac{질량(g)}{1몰\ 질량(g)} = \frac{18}{18}$ = 1몰, 분자 수 = 1몰

[13-02]

14 CH_4 16g 중에서 C가 몇 mol 포함되었는가?

① 1 ② 2
③ 4 ④ 16

CH_4 16g은 1몰 질량이고 16g에 들어있는 C의 질량은
16g×$\frac{C}{CH_4}$ = 16g×$\frac{12}{16}$ = 12g
즉, 12g이므로 C는 1몰 포함되어 있다.

[10-02]

15 98% H_2SO_4 50g에서 H_2SO_4에 포함된 산소 원자수는?

① 3×10^{23}개 ② 6×10^{23}개
③ 9×10^{23}개 ④ 1.2×10^{24}개

- H_2SO_4의 질량 : 50g×0.98 = 49g
- H_2SO_4의 분자량 : 98
- H_2SO_4의 몰수 = $\frac{질량(g)}{1몰\ 질량(g)} = \frac{49}{98}$ = 0.5몰

∴ 산소 원자수 : 0.5몰×4 = 2몰, 2몰×6×10^{23} = 1.2×10^{24}

정답 09 ④ 10 ② 11 ① 12 ② 13 ① 14 ① 15 ④

[11-02]

16 산소 분자 1개의 질량을 구하기 위하여 필요한 것은?

① 아보가드로수와 원자가
② 아보가드로수와 분자량
③ 원자량과 원자 번호
④ 질량수와 원자가

물질의 1몰 질량은 화학식량(분자량)에 그램(g)을 붙인 값이므로, 분자 1개 질량은 1몰 질량을 아보가드로수로 나누면 구할 수 있다. 따라서 아보가드로수와 분자량을 알아야 한다.

[13-04]

17 염소는 2가지 동위 원소로 구성되어 있는데 원자량이 35인 염소는 75% 존재하고, 37인 염소는 25% 존재한다고 가정할 때, 이 염소의 평균 원자량은 얼마인가?

① 34.5 ② 35.5
③ 36.5 ④ 37.5

평균 원자량은 동위 원소의 존재 비율(%)이 반영된 값이다.
∴ 염소의 평균 원자량 $= 35\times\frac{75}{100} + 37\times\frac{25}{100} = 35.5$

[15-02]

18 공기의 평균 분자량은 약 29라고 한다. 이 평균 분자량을 계산하는데 관계된 원소는?

① 산소, 수소 ② 탄소, 수소
③ 산소, 질소 ④ 질소, 탄소

공기는 질소, 산소, 이산화탄소, 아르곤 등으로 구성되어 있는 기체 혼합물이다. 질소 78%, 산소 21% 정도 차지하므로 평균 분자량 계산에 관계된 원소는 질소, 산소이다.

[14-01]

19 물 36g을 모두 증발시키면 수증기가 차지하는 부피는 표준상태를 기준으로 몇 L인가?

① 11.2L ② 22.4L
③ 33.6L ④ 44.8L

$H_2O(l) \rightarrow H_2O(g)$
표준 상태에서 기체 1몰의 부피 : 22.4L
물 36g의 몰수 $= \frac{\text{질량(g)}}{\text{1몰 질량(g)}} = \frac{36}{18} = 2$몰
∴ 2몰×22.4L = 44.8L

[13-04]

20 어떤 기체가 탄소 원자 1개당 2개의 수소 원자를 함유하고 0℃, 1기압에서 밀도가 1.25g/L 일 때 이 기체에 해당하는 것은?

① CH_2 ② C_2H_4
③ C_3H_6 ④ C_4H_8

0℃, 1기압에서 기체 1몰의 부피는 22.4L이고, 증기 밀도가 1.25g/L이므로, 1몰 기체의 질량은 1.25g/L×22.4L = 28g이다. 따라서 이 기체의 분자량은 28인 C_2H_4이다.

[11-02]

21 이상 기체의 거동을 가정할 때, 표준 상태에서의 기체 밀도가 약 1.96g/L인 기체는?

① O_2 ② CH_4
③ CO_2 ④ N_2

표준 상태(0℃, 1기압)에서 기체 1몰이 차지하는 부피는 22.4L이고, 기체 밀도가 약 1.96g/L이므로, 기체의 1몰 질량은 1.96g/L×22.4L = 44g이다. 따라서 분자량이 44인 CO_2이다.

[10-04]

22 어떤 기체의 무게는 30g인데 같은 조건에서 같은 부피의 이산화탄소의 무게가 11g이었다. 이 기체의 분자량은?

① 110 ② 120
③ 130 ④ 140

아보가드로 법칙에 따르면 같은 온도와 압력에서 같은 부피 속에는 같은 수의 분자가 들어있다.
이산화탄소 몰수 $= \frac{\text{질량(g)}}{\text{1몰 질량(g)}} = \frac{11}{44} = 0.25$몰이고,
어떤 기체의 부피가 이산화탄소 11g이 차지하는 부피와 같으므로 같은 수의 분자수가 들어있다. 따라서 어떤 기체 30g은 0.25몰이고, 어떤 기체 1몰 질량은 120g이므로 분자량은 120이다.

[08-01]

23 표준상태에서 어떤 기체 2.8L의 무게가 3.5g 이었다면 다음 중 어느 기체의 분자량과 같은가?

① CO_2 ② NO_2
③ SO_2 ④ N_2

표준 상태에서 기체 1몰이 차지하는 부피는 22.4L이다. 기체의 몰수 $= \frac{\text{부피(L)}}{\text{1몰 부피(L)}}$이고, 어떤 기체 2.8L는 $\frac{2.8\text{L}}{22.4\text{L}} = 0.125$mol이므로
질량이 3.5g 미지의 기체 1몰 질량은 $\frac{3.5\text{g}}{0.125\text{mol}} = 28$g
∴ 미지의 기체의 분자량은 28이다. 분자량이 28인 기체는 N_2이다.

정답 16 ② 17 ② 18 ③ 19 ④ 20 ② 21 ③ 22 ② 23 ④

[14-02]

24 같은 온도에서 크기가 같은 4개의 용기에 다음과 같은 양의 기체를 채웠을 때 용기의 압력이 가장 큰 것은?

① 메탄 분자 1.5×10^{23}
② 산소 1 그램 당량
③ 표준상태에서 CO_2 16.8L
④ 수소기체 1g

> 같은 온도에서 용기 안 기체의 압력은 기체 입자수(몰수)에 비례한다.
> ① 메탄 분자 1.5×10^{23}의 몰수 = $\frac{1.5\times10^{23}}{6.02\times10^{23}}$ = 0.25몰
> ② 산소 1그램 당량 = 8g, 산소 기체 몰수 = 8/32 = 0.25몰
> ③ 표준 상태에서 CO_2 몰수 = $\frac{16.8L}{22.4L}$ = 0.75몰
> ④ 수소 기체 1g 몰수 = = $\frac{질량(g)}{1몰\ 질량(g)}$ = 1/2 = 0.5몰

[14-04]

25 다음의 화합물 중 화합물 내 질소 분율이 가장 높은 것은?

① $Ca(CN)_2$　② NaCN
③ $(NH_2)_2CO$　④ NH_4NO_3

> 원자량 : H = 1, C = 12, N = 14, Na = 23, Ca = 40
> 질소분율은 전체 질량에 대한 질소의 질량이므로 화학식량을 이용하여
> ① $Ca(CN)_2$: $\frac{14\times2}{40+(12+14)\times2}$ = 0.30
> ② NaCN : $\frac{14}{23+12+14}$ = 0.28
> ③ $(NH_2)_2CO$: $\frac{14\times2}{(14+1\times2)\times2+12+16}$ = 0.46
> ④ NH_4NO_3 : $\frac{14\times2}{(14\times2)\times(1\times4)+(16\times3)}$ = 0.35

[18-04, 14-04]

26 물 450g에 NaOH 80g이 녹아 있는 용액에서 NaOH의 몰 분율은? (단, Na의 원자량은 23이다)

① 0.074　② 0.178
③ 0.200　④ 0.450

> • 몰 분율 = $\frac{용질의\ 몰수}{용질+용매의\ 몰수}$
> • 용매의 몰수 = $\frac{질량(g)}{1몰\ 질량(g)}$ = $\frac{450}{18}$ = 25몰, NaOH = $\frac{80}{40}$ = 2몰
> ∴몰 분율 = $\frac{2몰}{25몰+2몰}$ = 0.074

[14-02]

27 96wt% H_2SO_4(A)와 60wt% H_2SO_4(B)를 혼합하여 80wt% H_2SO_4 100kg을 만들려 한다. 각각 몇 kg씩 혼합하여야 하는가?

① A : 30, B : 70
② A : 44.4, B : 55.6
③ A : 55.6, B : 44.4
④ A : 70, B : 30

> 혼합한 98wt% H_2SO_4의 질량을 a, 혼합한 60wt% H_2SO_4의 질량을 b라하고 다음 두 식을 세운다.
> H_2SO_4의 질량 : 0.96a + 0.6b = 0.8×100kg — ①
> 혼합한 용액의 전체 질량 : a+b = 100kg — ②
> ①, ②식을 풀면, A = 55.6kg, B = 44.4kg이다.

[13-01]

28 불꽃 반응 시 보라색을 나타내는 금속은?

① Li　② K
③ Na　④ Ba

> 불꽃 반응은 금속 성분 원소의 불꽃색을 이용하는 간단한 실험 방법이다.
> ① Li : 빨간색
> ③ Na : 노란색
> ④ Ba : 황록색

[08-02]

29 불꽃 반응 결과 노란색을 나타내는 미지의 시료를 녹인 용액에 $AgNO_3$ 용액을 넣으니 백색침전이 생겼다. 이 시료의 성분은?

① Na_2SO_4　② $CaCl_2$
③ NaCl　④ KCl

> 불꽃색이 노란색인 금속 원소는 Na이고, Ag^+ 이온과 결합하여 백색 침전을 형성하는 것은 Cl^- 이온이므로 2가지 시료 성분이 포함된 화합물은 NaCl이다.

[07-01]

30 불꽃반응에서 노란색을 나타내는 용질을 녹인 무색 용액에 질산은 용액을 첨가하였더니 백색 침전이 생겼다. 이 용액의 용질은 다음 중 무엇인가?

① NaOH　② NaCl
③ Na_2SO_4　④ KCl

정답 24 ③ 25 ③ 26 ① 27 ③ 28 ② 29 ③ 30 ②

[15-04]

31 다음은 에탄올의 연소 반응이다. 반응식의 계수 x, y, z를 순서대로 옳게 표시한 것은?

$$C_2H_5OH + xO2 \rightarrow yH_2O + zCO_2$$

① 4, 4, 3　② 4, 3, 2
③ 5, 4, 3　④ 3, 3, 2

화학 반응식의 계수는 반응 전과 후의 각 원소의 원자 수가 같도록 맞춘다.
x = 3, y = 3, z = 2

[11-01]

32 빨갛게 달군 철에 수증기를 접촉시켜 자철광의 주성분이 생성되는 반응식으로 옳은 것은?

① $3Fe + 4H_2O \rightarrow Fe_3O_4 + 4H_2$
② $3Fe + 3H_2O \rightarrow Fe_2O_3 + 3H_2$
③ $Fe + H_2O \rightarrow FeO + H_2$
④ $Fe + 2H_2O \rightarrow FeO_2 + 2H_2$

화학 반응식은 반응물의 각 원소의 원자수와 생성물의 각 성분 원소의 원자수가 같도록 계수를 맞춘다. 자철광의 화학식은 Fe_3O_4이고 반응식의 계수를 완성하면 $3Fe + 4H_2O \rightarrow Fe_3O_4 + 4H_2$이다.

[16-01]

33 에탄(C_2H_6)을 연소시키면 이산화탄소(CO_2)와 수증기(H_2O)가 생성된다. 표준 상태에서 에탄 30g을 반응시킬 때 생성되는 이산화탄소와 수증기의 분자 수는 모두 몇 개인가?

① 6×10^{23}　② 12×10^{23}
③ 18×10^{23}　④ 30×10^{23}

$2C_2H_6 + 7O_2 \rightarrow 4CO_2 + 6H_2O$
에탄 30g은 1몰 질량이므로 에탄 1몰이 반응하면 CO_2는 2몰, 수증기는 3몰 생성되므로 이산화탄소와 수증기의 분자 수는 5몰×6×10^{23} = 30×10^{23}이다.

[14-01, 09-02]

34 다음 화합물 중 2mol이 완전 연소 될 때 6mol의 산소가 필요한 것은?

① CH_3-CH_3
② $CH_2 = CH_2$
③ $CH \equiv CH$
④ C_6H_6

화학 반응식을 완결할 때 반응물과 생성물의 각 성분 원소의 원자수를 같도록 계수를 맞춘다.
① $2CH_3-CH_3 + 7O_2 \rightarrow 4CO_2 + 6H_2O$
② $CH_2 = CH_2 + 3O_2 \rightarrow 2CO_2 + 2H_2O$
③ $2CH \equiv CH + 5O_2 \rightarrow 4CO_2 + 2H_2O$
④ $2C_6H_6 + 15O_2 \rightarrow 12CO_2 + 6H_2O$
반응하는 반응물과 생성되는 생성물의 계수비는 몰수비와 같으므로 C_2H_4 2몰이 완전 연소할 때 필요한 O_2의 몰수는 6몰이다.

[20-3, 09-04]

35 다음 각 화합물 1mol이 완전 연소할 때 3mol의 산소를 필요로 하는 것은?

① CH_3-CH_3　② $CH_2 = CH_2$
③ C_6H_6　④ $CH \equiv CH$

① $2CH_3-CH_3 + 7O_2 \rightarrow 4CO_2 + 6H_2O$
② $CH_2 = CH_2 + 3O_2 \rightarrow 2CO_2 + 2H_2O$
③ $2C_6H_6 + 15O_2 \rightarrow 12CO_2 + 6H_2O$
④ $2CH \equiv CH + 5O_2 \rightarrow 4CO_2 + 2H_2O$

[15-02, 07-02]

36 CO_2 44g을 만들려면 C_3H_8 분자 약 몇 개가 완전 연소해야 하는가?

① 2.01×10^{23}　② 2.01×10^{22}
③ 6.02×10^{23}　④ 6.02×10^{22}

CO_2 1몰 질량은 44g이고, C_3H_8의 연소 반응식은 다음과 같다.
$C_3H_8 + 5O_2 \rightarrow 3CO_2 + 4H_2O$
즉, C_3H_8 1몰이 완전 연소 할 때 CO_2 3몰이 생성되므로 CO_2 1몰이 생성될 때 반응하는 C_3H_8은 1/3몰이다.
$\therefore C_3H_8$ 분자수는 $\frac{1}{3} \times 6.02 \times 10^{23} = 2.01 \times 10^{23}$

[14-02, 11-01]

37 11g의 프로판이 연소하면 몇 g의 물이 생기는가?

① 4　② 4.5
③ 9　④ 18

$C_3H_8 + 5O_2 \rightarrow 3CO_2 + 4H_2O$
완결된 화학 반응식의 반응물과 생성물의 계수비는 반응하는 반응물과 생성되는 생성물의 몰수비와 같으므로, 프로판 11g은 $\frac{11}{44}$ = 0.25몰이고, 프로판과 물의 몰수비는 1 : 4이므로 생성되는 물의 몰수는 $\frac{11}{44} \times 4$ = 1몰이다. 따라서 물 1몰의 질량은 18g이다.

정답 31 ④ 32 ① 33 ④ 34 ② 35 ② 36 ① 37 ④

[14-02, 09-01]

38 8g의 메탄(메테인)을 완전 연소 시키는데 필요한 산소 분자의 수는?

① 6.02×10^{23} ② 1.204×10^{23}
③ 6.02×10^{24} ④ 1.204×10^{24}

> 메탄의 완전 연소 화학 반응식은 다음과 같다.
> $CH_4 + 2O_2 \rightarrow CO_2 + 2H_2O$
> 완결된 화학 반응식의 계수비는 반응한 반응물과 생성된 생성물의 몰수비와 같으므로, CH_4 8g은 8/16 = 0.5몰이고, 이때 필요한 O_2의 몰수는 1몰이므로, O_2 1몰의 분자수는 6.02×10^{23}이다.

[07-04]

39 16g의 메탄을 완전 연소시키는데 필요한 산소 분자의 수는?

① 6.02×10^{23} ② 1.204×10^{23}
③ 6.02×10^{24} ④ 1.204×10^{24}

> 메탄의 완전 연소 화학 반응식은 다음과 같다.
> $CH_4 + 2O_2 \rightarrow CO_2 + 2H_2O$
> 완결된 화학 반응식의 계수비는 반응한 반응물과 생성된 생성물의 몰수비와 같으므로, CH_4 16g은 16/16 = 1몰이고, 이때 필요한 O_2의 몰수는 2몰이므로, O_2 2몰의 분자수는 2몰$\times 6.02 \times 10^{23}$ = 1.204×10^{24}이다.

[14-04, 10-02]

40 수소 1.2몰과 염소 2몰이 반응할 경우 생성되는 염화수소의 몰수는?

① 1.2 ② 2
③ 2.4 ④ 4.8

> $H_2(g) + Cl_2(g) \rightarrow 2HCl(g)$
> 화학 반응식의 계수비는 반응한 반응물과 생성된 생성물의 몰수 비와 같으므로, H_2와 HCl의 계수비는 1 : 2이고, H_2 1.2몰이 반응하면 2.4몰의 HCl이 생성된다.

[16-02, 11-01]

41 17g의 NH_3가 황산과 반응하여 만들어지는 황산암모늄은 몇 g인가? (단, S의 원자량은 32이고, N의 원자량은 14이다)

① 66 ② 81
③ 96 ④ 111

> $2NH_3 + H_2SO_4 \rightarrow (NH_4)_2SO_4$
> 완결된 화학 반응식의 계수비는 반응한 반응물과 생성된 생성물의 몰수비이다. NH_3 17g은 1몰 질량이고 NH_3 1몰이 반응할 때 황산암모늄은 0.5몰 생성된다. 황산암모늄의 화학식량이 132이므로 만들어지는 황산암모늄은 0.5몰×132g/몰 = 66g이다.

[16-01, 10-04]

42 25g의 암모니아가 과잉의 황산과 반응하여 황산암모늄이 생성될 때 생성된 황산암모늄의 양은 약 몇 g인가?

① 82g ② 86g
③ 92g ④ 97g

> $2NH_3 + H_2SO_4 \rightarrow (NH_4)_2SO_4$
> NH_3 25g은 1.47몰이고 충분한 양의 황산과 반응하였으므로 생성되는 $(NH_4)_2SO_4$의 몰수는 0.73몰이다. 따라서 생성된 $(NH_4)_2SO_4$(화학식량 : 132)의 질량은 0.73몰×132g/몰 = 97g이다.

[11-02]

43 염소산칼륨을 이산화망가니즈을 촉매로 하여 가열하면 염화칼륨과 산소로 열분해 된다. 표준 상태를 기준으로 11.2L의 산소를 얻으려면 몇 g의 염소산칼륨이 필요한가? (단, 원자량은 K = 39, Cl = 35.5이다)

① 30.6g ② 40.8g
③ 61.2g ④ 122.5g

> $2KClO_3(s) \rightarrow 2KCl(s) + 3O_2(g)$
> 완결된 화학 반응식의 계수비는 반응한 반응물과 생성된 생성물의 몰수비와 같다. 생성된 O_2 11.2L는 0.5몰이므로 이때 반응한 염소산칼륨은 0.5몰$\times \frac{2}{3} = \frac{1}{3}$몰이다. 염소산칼륨의 화학식량은 39+35.5+16×3=122.5
> ∴ 반응한 염소산칼륨의 질량은 122.5g/몰$\times \frac{1}{3}$몰 = 40.8g이다.

[11-01]

44 물 36g을 모두 증발시키며 수증기가 차지하는 부피는 표준 상태를 기준으로 몇 L인가?

① 11.2L ② 22.4L
③ 33.6L ④ 44.8L

> $H_2O(l) \rightarrow H_2O(g)$
> 물 36g은 2몰이고 모두 증발시키면 수증기 2몰이 생성된다. 표준 상태(0℃, 1기압)에서 기체 1몰의 부피는 22.4L이고, 2몰의 수증기 부피는 44.8L이다.

[14-01]

45 탄소 3g이 산소 16g 중에서 완전연소 되었다면, 연소한 후 혼합 기체의 부피는 표준상태에서 몇 L가 되는가?

① 5.6 ② 6.8
③ 11.2 ④ 22.4

정답 38 ① 39 ④ 40 ③ 41 ① 42 ④ 43 ② 44 ④ 45 ③

탄소의 연소 반응식 : $C + O_2 \rightarrow CO_2$
화학 반응의 계수비는 반응물과 생성물의 몰수비와 같다.
탄소(C) 3g은 $\frac{3}{12}$ = 0.25몰이고, 산소(O_2) 16g은 $\frac{16}{32}$ = 0.5몰이므로 반응 후 생성되는 CO_2는 0.25몰이다. 따라서 반응 후 남아있는 O_2와 생성된 CO_2의 몰수의 합은 0.25몰 + 0.25몰 = 0.5몰이고, 표준 상태에서 기체 1몰 부피는 22.4L이므로 연소한 후 혼합 기체의 부피는 0.5몰×22.4L = 11.2L이다.

[14-04]

46 수소 5g과 산소 24g의 연소 반응 결과 생성된 수증기는 0℃, 1기압에서 몇 L인가?

① 11.2 ② 16.8
③ 33.6 ④ 44.8

$2H_2(g) + O_2(g) \rightarrow 2H_2O(g)$
0℃, 1기압에서 기체 1몰이 차지하는 부피 : 22.4L
수소(H_2) 5g은 2.5몰이고, 산소(O_2) 24g은 0.75몰이다. 화학 반응식의 계수비는 반응하는 반응물과 생성되는 생성물의 몰수비와 같으므로 생성되는 물(H_2O)의 몰수는 1.5몰이고, 생성되는 수증기 부피는 1.5몰×22.4L=33.6L이다.

[13-01, 06-04]

47 프로판 1몰을 완전 연소하는데 필요한 산소의 이론량을 표준 상태에서 계산하면 몇 L가 되는가?

① 22.4 ② 44.8
③ 89.6 ④ 112.0

프로판 완전 연소에 대한 화학 반응식은 다음과 같다.
$C_3H_8 + 5O_2 \rightarrow 3CO_2 + 4H_2O$
완결된 화학 반응식의 계수비는 기체 상태의 반응물과 생성물의 부피비와 같다. 프로판 1몰이 완전 연소하면 O_2는 5몰 필요하므로 22.4L×5몰 = 112L이다.

[11-04]

48 표준 상태에서 10L의 프로판을 완전 연소시키기 위해 필요한 공기는 몇 L인가? (단, 공기 중 산소의 부피는 20%로 가정한다)

① 10 ② 50
③ 125 ④ 250

$C_3H_8 + 5O_2 \rightarrow 3CO_2 + 4H_2O$
표준 상태에서 프로페인 10L를 완전 연소시키려면 50L의 산소 기체가 필요하므로 공기 중의 산소가 20% 존재하므로 50L/0.2 = 250L, 250L 필요하다.

[19-4, 10-02]

49 프로판 1kg을 완전 연소시키기 위해 표준상태의 산소가 약 몇 m^3이 필요한가?

① 2.55 ② 5 ③ 7.55 ④ 10

$C_3H_8 + 5O_2 \rightarrow 3CO_2 + 4H_2O$
• 반응한 C_3H_8 1kg 몰수 : $\frac{1000}{44}$ = 22.7몰
• 필요한 O_2 몰수 : 22.7몰×5 = 113.6몰
• O_2 부피 : 113.6몰×22.4L/몰 = 2,545L
∴ 약 2.55㎥

[12-01]

50 어떤 용기에 수소 1g과 산소 16g을 넣고 전기 불꽃을 이용하여 반응시켜 수증기를 생성하였다. 반응 전과 동일한 온도, 압력으로 유지시켰을 때, 최종 기체의 총 부피는 처음 기체 총 부피의 얼마가 되는가?

① 1 ② 1/2 ③ 2/3 ④ 3/4

$2H_2 + O_2 \rightarrow 2H_2O$
H_2 1g은 수소 기체 0.5몰이고, O_2 16g은 산소 기체 0.5몰에 해당한다. 계수비는 반응하는 반응물과 생성되는 생성물의 몰수비이므로 0.5몰의 수소 기체가 반응하면 0.25몰의 산소 기체가 소모되고 수증기 0.5몰이 생성된다. 반응 후 총 기체 몰수는 남아 있는 산소 기체 0.25몰 + 생성된 수증기 0.5몰 = 0.75몰이다.
∴ 온도 압력이 일정할 때 최종 기체의 총 부피는 처음 기체 총 부피의 $\frac{0.75몰}{1몰} = \frac{3}{4}$이다.

[10-01]

51 표준 상태를 기준으로 수소 2.24L가 염소와 완전히 반응했다면 생성된 염화수소의 부피는 몇 L인가?

① 2.24 ② 4.48 ③ 22.4 ④ 44.8

$H_2(g) + Cl_2(g) \rightarrow 2HCl(g)$
표준 상태 기체 1몰의 부피는 22.4L이고, 수소 2.24L는 0.1몰이다. 따라서 생성된 염화수소 부피는 계수비에 따라 0.1몰 4.48L가 생성된다.

[09-04]

52 탄소 3g이 산소 16g 중에서 완전 연소 되었다면, 연소한 후 혼합기체의 부피는 표준 상태에서 몇 L가 되는가?

① 5.6 ② 6.8
③ 11.2 ④ 22.4

정답 46 ③ 47 ④ 48 ④ 49 ① 50 ④ 51 ② 52 ③

$C + O_2 \rightarrow CO_2$
C 3g은 0.25몰이고, O_2 16g은 0.5몰이다. C와 O_2의 반응 몰수비는 1 : 1이므로 반응 후 생성되는 CO_2의 몰수는 0.25몰이고 반응하지 않고 남아있는 O_2 0.25몰이다. 따라서 연소한 후 혼합 기체의 부피는 0.5몰이고 표준 상태에서 기체 1몰의 부피는 22.4L이므로 11.2L가 된다.

[16-01]

53 표준 상태에서 암모니아 11.2L에 들어 있는 질소의 질량은?

① 7 ② 8.5
③ 22.4 ④ 14

표준 상태에서 기체 1몰이 차지하는 부피는 22.4L이다. 암모니아 11.2L는 0.5몰이고 0.5몰에 들어있는 질소는 0.5몰이므로, 14g/몰 ×0.5몰 = 7g이다.

[08-02]

54 질소와 수소로부터 암모니아를 합성하려고 한다. 표준상태에서 수소 22.4L를 반응시켰을 때 생성되는 NH_3의 질량은 약 몇 g인가?

① 11.3 ② 17
③ 22.6 ④ 34

$N_2(g) + 3H_2(g) \rightarrow 2NH_3(g)$
반응하는 반응물과 생성되는 생성물의 계수비는 기체 상태에서 부피비와 같다. H_2와 NH_3의 부피비는 3 : 2이므로, H_2 22.4L는 1몰이고 이때 생성되는 NH_3의 몰수는 $\frac{2}{3}$몰이다. 따라서 생성되는 NH_3의 질량은 17g/몰×$\frac{2}{3}$몰 = 11.3g이다.

[07-04]

55 어떤 금속 1.0g을 묽은 황산에 넣었더니 표준상태에서 560mL의 수소가 발생하였다. 이 금속의 원자가는 얼마인가? (단, 금속의 원자량은 40으로 가정한다)

① 1가 ② 2가
③ 3가 ④ 4가

금속 M 1g의 몰수는 $\frac{1}{40}$ = 0.025몰이다.
H_2 560mL는 0.56L이고, 표준 상태에서 기체 1몰 부피는 22.4L이므로 생성된 H_2의 몰수는 $\frac{0.56L}{22.4L}$ = 0.025몰이다.
반응한 금속 M의 몰수와 생성된 H_2의 몰수비가 1 : 1이므로, 계수비도 1 : 1이다. 따라서 금속 M의 화학 반응식은 $M + H_2SO_4 \rightarrow MSO_4 + H_2$이고, 금속 M은 SO_4^{2-} 이온과 1 : 1 결합하므로 원자가는 2이다.

[06-02]

56 오존 분자(O_3) 2개가 분해되면 산소 분자 3개가 생긴다. 오존 분자 3.01×10^{23}개가 분해되었을 때 생성되는 산소 기체의 부피는 표준상태에서 몇 L인가?

① 11.2 ② 16.8
③ 22.4 ④ 33.6

$2O_3(g) \rightarrow 3O_2(g)$
오존 분자 3.01×10^{23}개는 0.5몰이고 이때 생성되는 O_2 분자는 0.75몰이다. 따라서 표준 상태에서 O_2의 부피는 0.75몰×22.4L = 16.8L이다.

[06-01]

57 다음 중 단원자 분자는?

① 산소 ② 질소
③ 네온 ④ 염소

할로젠족 네온(Ne)은 단원자 분자 상태로 존재한다. 산소(O_2), 질소(N_2), 염소(Cl_2) 기체는 이원자 분자이다.

[06-02]

58 분자식 $HClO_2$의 이름은?

① 염소산 ② 아염소산
③ 차아염소산 ④ 과염소산

산소산은 기본 산에서 산소가 부족하면 접두사 '아-', '하이포아-'를 접두사로 붙여서 명명한다. $HClO_4$: 과염소산, $HClO_3$: 염소산(기본산), $HClO_2$: 아염소산, $HClO$: 하이포아염소산

[15-02, 10-02]

59 어떤 물질이 산소 50wt%, 황 50wt%로 구성되어 있다. 이 물질의 실험식을 옳게 나타낸 것은?

① SO ② SO_2
③ SO_3 ④ SO_4

실험식은 물질을 구성하는 기본 성분 원소의 원자 개수비를 가장 간단한 정수로 나타낸 식이다. 질량 백분율을 이용하여 각 원소의 질량을 원자량으로 나누어 원자 개수비를 구한다.
$S : O = \frac{50}{32} : \frac{50}{16} = 1 : 2$, ∴ 실험식 = SO_2

정답 53 ① 54 ① 55 ② 56 ② 57 ③ 58 ② 59 ②

[15-02, 12-04]

60 어떤 금속(M)을 8g 연소시키니 11.2g의 산화물이 얻어졌다. 이 금속의 원자량이 140이라면 이 산화물의 화학식은?

① M_2O_3 ② MO ③ MO_2 ④ M_2O_7

금속 산화물의 화학식을 M_xO_y라고 하면 금속 산화물의 각 성분 원소의 질량을 이용하여 실험식을 구할 수 있다. 실험식은 각 성분 원소의 원자 개수비를 가장 간단한 정수비로 나타낸 화학식으로 해당 원소의 질량을 원자량으로 나누어 구할 수 있다.
반응한 금속 M의 질량 : 8g, 결합한 O의 질량 : 11.2g − 8g = 3.2g
금속 원자와 산소 원자의 개수비는 $M : O = \frac{8}{140} : \frac{3.2}{16} = 0.057 : 0.2$,
≒ 2 : 7 ∴ 금속 산화물 화학식 : M_2O_7

[20-3, 15-04]

61 원자량이 56인 금속 M 1.12g을 산화시켜 실험식이 M_xO_y 인 산화물 1.60g을 얻었다. x, y는 각각 얼마인가?

① x = 1, y = 2 ② x = 2, y = 3
③ x = 3, y = 2 ④ x = 2, y = 1

실험식은 물질의 조성을 가장 간단한 정수비로 나타낸 화학식으로 질량을 각 원소의 원자량으로 나누어 구한다.
반응한 산소 질량 : 1.60g − 1.12g = 0.48g
$M : O = \frac{1.12}{56} : \frac{0.48}{16} = 2 : 3$, ∴ 실험식 = M_2O_3

[15-04, 08-01, 08-02]

62 어떤 금속의 원자가는 2이며, 그 산화물의 조성은 금속이 80wt%이다. 이 금속의 원자량은?

① 32 ② 48 ③ 64 ④ 80

금속의 원자가가 2이면 2족 원소이므로, 산화물의 화학식은 MO로 나타낼 수 있고, 조성비는 M : O = 1 : 1이다. 원자들의 정수비가 1 : 1이므로, 질량 백분율을 이용하여 금속의 원자량(MW)을 계산하면
$M : O = \frac{80}{MW} : \frac{20}{16} = 1 : 1$, ∴ MW = 64이다.

[14-01, 07-02]

63 유기화합물을 질량 분석한 결과 C 84%, H 16%의 결과를 얻었다. 다음 중 이 물질에 해당하는 실험식은?

① C_5H ② C_2H_2 ③ C_7H_8 ④ C_7H_{16}

실험식은 구성 원소의 원자의 개수비를 간단한 정수비로 나타낸 화학식이다. 질량 백분율의 질량을 원자량으로 나누어 계산한다.
$M : O = \frac{84}{12} : \frac{16}{1} = 7 : 16$, ∴ 실험식 = C_7H_{16}

[14-02]

64 같은 질량의 산소 기체와 메탄 기체가 있다. 두 물질이 가지고 있는 원자수의 비는?

① 5 : 1 ② 2 : 1
③ 1 : 1 ④ 1 : 5

같은 질량의 O_2와 CH_4의 분자수 비는 분자량의 역수에 비례하므로 다음과 같이 나타낼 수 있다.
$\frac{1}{O_2} : \frac{1}{CH_4} = \frac{1}{32} : \frac{1}{16} = 1 : 2$
즉, 분자수 비가 1 : 2이고 각 기체 분자 1개당 원자수는 O_2가 2개, CH_4는 5개이므로, 원자수 비는 $O_2 : CH_4 = 2 : 10 = 1 : 5$이다.

[11-01]

65 2가의 금속 이온을 함유하는 전해질을 전기 분해하여 1g 당량이 20g임을 알았다. 이 금속의 원자량은?

① 40 ② 20
③ 22 ④ 18

2가 금속 이온이므로 1몰 질량은 40g이다. 따라서 원자량은 40이다.

[11-02]

66 P 43.7wt%와 O 56.3wt%로 구성된 화합물의 실험식으로 옳은 것은? (단, 원자량 P = 31, O = 16이다)

① P_2O_4 ② PO_3
③ P_2O_5 ④ PO_2

실험식은 각 성분 원소의 원자수를 가장 간단한 정수비로 나타낸 화학식으로 성분 원소의 질량을 원자량으로 나누어 구할 수 있다.
따라서 원자수 비는 $P : O = \frac{43.7}{31} : \frac{56.3}{16} = 2 : 5$
이 화합물의 실험식은 P_2O_5이다.

[08-02]

67 금속(M) 산화물 3.04g을 환원하여 2.08g의 금속을 얻었다. 원자량이 52라면 이 산화물의 화학식은 어떻게 표시되는가?

① MO ② M_2O
③ MO_2 ④ M_2O_3

금속 산화물의 화학식은 실험식과 같으므로 각 성분 원소의 상대 질량을 각각 원소의 원자량으로 나누어 계산하면 화학식은 다음과 같다.
$M : O = \frac{2.08}{52} : \frac{0.96}{16} = 2 : 3$, ∴ 화학식 = M_2O_3이다.

정답 60 ④ 61 ② 62 ③ 63 ④ 64 ④ 65 ① 66 ③ 67 ④

[07-02]

68 $C_3H_3O_2$인 실험식을 가지는 물질의 분자량이 142일 때 분자식에 해당하는 것은?

① $C_6H_6O_4$　　② $C_9H_9O_6$

③ $C_{12}H_{12}O_8$　　④ $C_{15}H_{15}O_{10}$

> 실험식과 분자식은 정수배(n) 관계가 있다.
> 분자식 = (실험식)$_n$
> 분자량 = 실험식량×n, 142 = 71×n
> ∴ n = 2, 분자식 = $C_6H_6O_4$

[07-02]

69 탄소, 수소, 산소로 되어있는 유기화합물 15g이 있다. 이것을 완전 연소시켜 CO_2 22g, H_2O 9g을 얻었다. 처음 물질 중 산소는 몇 g 있었는가?

① 4g　　② 6g

③ 8g　　④ 10g

> • C의 질량 : CO_2 질량$\times\frac{\text{C 원자량}}{CO_2\text{ 분자량}} = 22g\times\frac{12}{44} = 6g$
> • H의 질량 : H_2O 질량$\times\frac{\text{H 원자량}\times2}{H_2O\text{ 분자량}} = 9g\times\frac{1\times2}{18} = 1g$
> ∴O의 질량 : 시료 질량−C의 질량−H의 질량 = 15g−6g−1g = 8g

[16-01, 06-04]

70 n그램(g)의 금속을 묽은 염산에 완전히 녹였더니 m몰의 수소가 발생하였다. 이 금속의 원자가를 2가로 하면 이 금속의 원자량은?

① n/m　　② 2n/m

③ n/2m　　④ 2m/n

> $M + 2HCl \rightarrow MCl_2 + H_2$
> H_2 m몰이 생성될 때 반응하는 금속 M의 몰수는 m몰이다.
> ng이 m몰이고, m = $\frac{n}{\text{원자량}}$ 몰이므로 원자량은 $\frac{n}{m}$ 이다.

[09-04]

71 다음 물질의 상태와 관련된 용어의 설명 중 틀린 것은?

① 삼중점 : 기체, 액체, 고체의 3가지 상이 동시에 존재하는 점

② 임계온도 : 물질이 액화될 수 있는 가장 높은 온도

③ 임계압력 : 임계온도에서 기체를 액화하는데 가해야 할 최소한의 압력

④ 표준상태 : 각 원소별로 이상적인 결정형태를 이루는 온도 및 압력

> 표준상태 : 0℃, 1기압을 의미함

정답 68 ① 69 ③ 70 ① 71 ④

SECTION 02 물질의 상태

Industrial Engineer Hazardous Material

chapter 01

이 섹션에서는 기체 상태의 물질을 이상 기체 상태식을 이용하여 물질의 온도, 압력, 부피 등을 계산하는 문제가 주로 출제된다. 이상 기체 상태식을 이용하여 계산하는 방법을 암기하듯이 반복적으로 풀어보아야 하며, 물질의 농도를 계산하는 문제가 반드시 출제되므로 물질의 농도를 나타내는 기본 개념과 함께 농도를 구하는 법을 익혀 두자. 또한 용액의 총괄성에 대한 용액의 끓는점 오름, 어는점 내림, 삼투압에 관한 문제가 빈번히 출제되고 있으므로 계산 과정을 확실히 익혀 두어 고득점을 얻을 수 있도록 준비하자.

01 액체

1 분자 사이의 힘

(1) 녹는점, 끓는점은 분자 사이의 인력이 클수록 높아진다.

(2) 분자 사이의 힘

① 쌍극자-쌍극자 힘 : 부분 전하(δ^+, δ^-)를 띠고 있는 극성 분자 사이에 작용하는 인력으로 극성이 클수록 강하다.

② 반데르발스 힘
- 분산력이라고도 하며 분자들의 접근으로 분자에 있는 전자 구름이 한쪽으로 치우치게 되면 부분 전하를 띠는 편극 현상이 일어나는데, 이로 인해 유발 쌍극자가 생성
- 분자 내의 편극 현상으로 생긴 유발 쌍극자 사이에 작용하는 전기적인 인력을 의미
- 대체로 분자량이 클수록 커진다.
- 극성 분자와 무극성 분자에서 모두 작용

③ 수소 결합
- N, O, F 같이 전기음성도가 큰 원자에 결합되어 있는 수소가 이웃에 근접한 N, O, F 등과 같은 원자 사이에 작용하는 강한 인력(단, 이온 결합, 공유 결합, 금속 결합의 세기에 비해서는 약한 힘이다)
- 대표적인 수소 결합 물질 : NH_3, H_2O, HF 등
- 기화열 및 융해열이 크다.
- 녹는점 및 끓는점(비등점)이 높다.

▶ 물(H_2O)의 수소 결합
- 물의 수소 결합으로 인해 얼음은 내부에 빈 공간이 많은 육각형의 결정을 형성
- 얼음이 되면 부피는 증가하고 밀도는 감소

02 기체

1 기체의 압력과 부피

(1) 압력(pressure) : 기체가 용기 벽의 단위 면적에 가하는 힘

(2) 보일의 법칙 : 일정한 온도에서 일정량의 기체의 압력(P)과 부피(V)의 곱은 일정하다. 즉, 부피는 압력에 반비례한다.
- $PV = k$ (k : 상수)

2 기체의 온도와 부피

(1) 절대 온도(T) = 섭씨 온도(t)+273.15

(2) 샤를의 법칙 : 일정한 압력에서 일정량의 기체의 부피는 절대 온도에 비례한다. 즉, 온도가 1℃ 상승할 때 0℃ 때 부피의 $\frac{1}{273.15}$씩 증가한다.

- $V = V_0 + \frac{V_0}{273.15}t$

  $V = \frac{V_0}{273.15}(273.15+t)$

  $\rightarrow V \propto T$

3 이상 기체 법칙

(1) 아보가드로 법칙 : 온도와 압력이 같다면 기체의 종류에 상관없이 같은 부피에는 같은 수의 분자를 갖는다. 즉, 기체의 부피는 기체의 종류에 관계없이 분자 수에 비례한다.
- $V \propto n$ (T, P이 일정할 때)

(2) 이상 기체 방정식 : 이상 기체의 압력과 부피, 몰수, 절대 온도의 관계를 나타낸 식

- $PV = nRT$

  P : 기체의 압력(atm)

  V : 기체의 부피(L)

  n : 기체의 몰수(mol)

  R : 기체 상수(0.08206 $\frac{atm \cdot L}{mol \cdot K}$)

  T : 절대 온도(K)

4 기체의 확산

(1) 확산 : 기체 분자들이 스스로 운동하여 액체나 기체 속으로 퍼져나가는 현상

(2) 그레이엄 확산 법칙 : 온도와 압력이 일정할 때 기체의 확산 속도는 분자량의 제곱근에 반비례한다. 기체 1의 확산 속도를 v_1, 분자량을 M_1, 기체 2의 확산 속도를 v_2, 분자량을 M_2이라고 하면 다음과 같은 관계가 성립한다.

- $\frac{V_1}{V_2} = \sqrt{\frac{M_2}{M_1}}$

03 고체

1 결정의 종류

분자 결정	• 분자 사이의 약한 인력에 의해 규칙적으로 배열되어 이루어진 결정 • 드라이아이스(CO_2), 아이오딘(I_2), 나프탈렌($C_{10}H_8$) 등
원자 결정	• 원자 사이의 공유 결합에 의해 연속적으로 배열되어 이루어진 결정 • 다이아몬드(C), 흑연(C), 수정(SiO_2)
금속 결정	• 금속 양이온과 자유 전자 사이의 전기적 인력에 의한 결합 • 구리(Cu), 나트륨(Na), 마그네슘(Mg) 등
이온 결정	• 양이온과 음이온의 전기적 인력에 의해 이루어지는 결정 • 염화나트륨(NaCl), 염화칼슘($CaCl_2$)

04 용액

1 용액과 용해

(1) 용액 : 용매와 용질이 균일하게 섞여 있는 물질

(2) 용해 : 용매와 용질이 고르게 섞이는 현상

2 용액의 농도

(1) 몰 농도 : 용액 1L 속에 녹아있는 용질의 몰수

- 몰 농도(M) = $\frac{\text{용질의 몰수(mol)}}{\text{용액의 부피(L)}}$

(2) 노르말 농도 : 용액 1L 속에 포함된 용질의 g 당량수를 표시한 농도

- 노르말 농도(N) = $\frac{\text{용질의 g당량수}}{\text{용액의 부피(L)}}$

① g 당량

- 원자 = $\frac{\text{원자량(g)}}{\text{원자가}}$
- 원자가란 원자가 결합할 수 있는 개수를 의미함
  (산소 원자의 g 당량은 16g/2 = 8g)
- 산, 염기 = $\frac{\text{화학식량(g)}}{H^+, OH^- \text{의 수}}$
- 산화, 환원 반응 = $\frac{\text{화학식량(g)}}{\text{이동하는 전자 수}}$

② 노르말 농도 예제

- 산소(O) 24g이 녹아있는 1L 용액의 노르말(N) 농도
  → 산소의 g 당량은 16g/2=8g이고,
  노르말 농도는 $\frac{24g/8g}{1L}$ = 3N이다.
- 황산(H_2SO_4) 98g이 녹아있는 1L 용액의 노르말(N) 농도
  → 황산의 g 당량는 98g/2=49g이고,
  노르말 농도는 $\frac{98g/49g}{1L}$ = 2N이다.

③ 몰 농도(M)와의 관계

- 노르말 농도를 당량으로 나누어줌
- $Ca(OH)_2$의 당량은 2이고, N 농도가 1N일 때 M 농도는 0.5M이다.

(3) 몰랄 농도 : 용매 1kg에 녹인 용질의 몰수

- 몰랄 농도(m) = $\frac{\text{용질의 몰수(mol)}}{\text{용매의 질량(kg)}}$

(4) 퍼센트 농도 : 용액 100g에 녹아 있는 용질의 질량을 퍼센트로 나타낸 것

- 퍼센트 농도(%) = $\frac{\text{용질의 질량(g)}}{\text{용액의 질량(g)}} \times 100$

(5) ppm 농도 : 용액 10^6g 속에 녹아 있는 용질의 질량(g)

- ppm 농도 = $\frac{\text{용질의 질량(g)}}{\text{용액의 질량(g)}} \times 10^6$

3 용액의 증기 압력

(1) 증기 압력 : 밀폐된 용기 속에서 액체의 증발 속도와 응축 속도가 같아지는 동적 평형 상태에서 증기가 나타내는 압력

(2) 증기 압력 내림 : 비휘발성 용질이 녹아 있는 묽은 용액에서 용액의 증기 압력은 순수한 용매의 증기 압력보다 낮다.

- 증기 압력 내림(ΔP) = 용매의 증기 압력(P_0) - 용액의 증기 압력(P)

(3) 라울의 법칙 : 묽은 용액의 증기 압력($P_{용액}$)은 용매의 몰 분율($x_{용매}$)에 비례한다.

- $P_{용액} = P_{용매} \times x_{용매}$

(4) 증기 압력 내림 : 용질의 몰 분율($x_{용질}$)에 비례한다.

- $\Delta P = P_{용매} \times x_{용질}$

4 끓는점 오름과 어는점 내림

(1) 끓는점 오름

① 용액의 증기 압력은 용매의 증기 압력보다 낮으므로 용액의 끓는점은 용매보다 높다.

② 용매의 끓는점을 T_b, 용액의 끓는점을 T'_b라고 하면 끓는점 오름 ΔT_b는 다음과 같다.

- $\Delta T_b = T'_b - T_b$

> ▶ 외부 압력이 증가하면 물의 끓는점은 높아진다.

(2) 어는점 내림

① 용액의 어는점은 용매의 어는점보다 낮다.

② 용매의 어는점을 T_f, 용액의 어는점을 T'_f라고 하면 어는점 내림 ΔT_f는 다음과 같다.

- $\Delta T_f = T_f - T'_f$

(3) 비휘발성 용질이 녹아있는 묽은 용액의 끓는점 오름(ΔT_b)과 어는점 내림(ΔT_f)은 용액의 몰랄 농도(m)에 비례한다.

- $\Delta T_b = K_b \cdot m$(K_b는 몰랄 오름 상수)
- $\Delta T_f = K_f \cdot m$(K_f는 몰랄 내림 상수)

5 삼투압

(1) 삼투 : 반투막을 사이에 두고 농도가 다른 두 용액이 있을 때 용매 분자의 반투막을 이동하면서 농도가 낮은 용액의 농도는 진해지고 농도가 진한 용액의 농도는 묽어져 용액의 농도가 같아지는 현상

(2) 삼투압 : 삼투 현상을 막기 위해 용액 쪽에 가해 주어야 하는 최소한의 압력

(3) 판트호프 법칙 : 비휘발성, 비전해질이 녹아 있는 묽은 용액은 용액의 몰 농도와 절대 온도에 비례한다.

- $\pi = CRT$

π : 삼투압

C : 몰 농도(mol/L)

R : 기체 상수(0.08206 atm · L/mol · K)

T : 절대 온도(K)

> ▶ 결합의 형태
> - 공유결합 : 두 원자 사이에 전자쌍을 공유하면서 이루어지는 결합(다이아몬드, 수정 등)
> - 이온결합 : 양이온과 음이온 간의 정전기적인 인력에 의한 결합(염화나트륨, 염화칼륨 등)
> - 금속결합 : 금속 원자의 금속 양이온과 자유전자 사이의 결합(철, 구리 등)

[13-01]

1 4℃의 물이 얼음의 밀도보다 큰 이유가 물 분자의 무슨 결합 때문인가?

① 이온 결합 ② 공유 결합
③ 배위 결합 ④ 수소 결합

수소 결합은 전기 음성도가 큰 N, O, F에 결합된 H가 이들 원자와 비교적 세게 인력을 작용하여 분자 사이에 생기는 강한 인력으로 쌍극자-쌍극자 사이 힘보다 약 10배 정도 크다. 물이 얼면 물 분자들이 수소 결합에 의해 내부에 빈 공간이 있는 육각형 구조를 이루게 되어 부피가 늘어나게 되고 물의 밀도가 얼음의 밀도보다 크게 된다.

[13-04]

2 물 분자들 사이에 작용하는 수소 결합에 의해 나타나는 현상과 가장 관계가 없는 것은?

① 물의 기화열이 크다.
② 물의 끓는점이 높다.
③ 무색 투명한 액체이다.
④ 얼음이 물 위에 뜬다.

수소 결합은 분자 사이에 작용하는 힘 중 비교적 센 힘으로 물이 얼음 구조를 가질 때 수소 결합으로 물 분자 사이에 빈 공간이 형성되어 액체 물보다 밀도가 작아 얼음이 물 위에 뜨게 되고 상태 변화에 수반되는 에너지가 비교적 크기 때문에 기화열이나 끓는점이 높다. 무색 투명한 것과는 무관하다.

[16-02]

3 물(H_2O)의 끓는점이 황화수소(H_2S)의 끓는점보다 높은 이유는 무엇인가?

① 분자량이 작기 때문에
② 수소 결합 때문에
③ pH가 높기 때문에
④ 극성 결합 때문에

끓는점은 분자 사이의 힘이 강할수록 높다. H_2O은 수소 결합을 하고 있기 때문에 H_2S보다 비등점이 높다.

[16-01, 12-01]

4 H_2O가 H_2S보다 비등점이 높은 이유는 무엇인가?

① 분자량이 작기 때문에
② 수소 결합을 하고 있기 때문에
③ 공유 결합을 하고 있기 때문에
④ 이온 결합을 하고 있기 때문에

비등점(끓는점)은 분자 사이의 힘이 강할수록 높다. H_2O은 수소 결합을 하고 있기 때문에 H_2S보다 비등점이 높다.

[12-01]

5 다음 중 끓는점이 가장 높은 물질은?

① HF ② HCl ③ HBr ④ HI

17족 할로젠 원소의 수소화물에서 HF는 수소 결합을 하므로 끓는점이 가장 높다.

[09-04]

6 다음 중 어떤 조건하에서 실제기체가 이상기체에 가깝게 거동하는가?

① 낮은 온도, 높은 압력 ② 높은 온도, 낮은 압력
③ 낮은 온도, 낮은 압력 ④ 높은 온도, 높은 압력

기체 분자 사이의 상호 작용이 작을수록 이상 기체에 가깝다. 따라서 높은 온도와 낮은 압력일수록 이상 기체의 성질에 가까워진다.

[13-04]

7 이상 기체의 밀도에 대한 설명으로 옳은 것은?

① 절대 온도에 비례하고 압력에 반비례한다.
② 절대 온도와 압력에 반비례한다.
③ 절대 온도에 반비례하고 압력에 비례한다.
④ 절대 온도와 압력에 비례한다.

밀도는 단위 부피에 대한 질량으로 $d=\frac{\omega}{V}$이고,
이상 기체 상태식에 의하여 이상 기체 질량을 ω, 분자량을 MW이라고 하면
$PV=nRT,\ PV=\frac{\omega}{MW}RT\quad \therefore d=\frac{\omega}{V}=\frac{P\times MW}{RT}$
따라서 이상 기체의 밀도는 절대 온도에는 반비례하고 압력에 비례한다.

[18-04, 11-02]

8 이상 기체 상수 R값이 0.082라면 그 단위로 옳은 것은?

① $\frac{atm \cdot mol}{L \cdot K}$ ② $\frac{mmHg \cdot mol}{L \cdot K}$
③ $\frac{atm \cdot L}{mol \cdot K}$ ④ $\frac{mmHg \cdot L}{mol \cdot K}$

$PV=nRT$
P : atm(기압), V : L, n : mol, T : K
$R=\frac{PV}{nT}\quad \therefore \frac{atm \cdot L}{mol \cdot K}$

정답 1④ 2③ 3② 4② 5① 6② 7③ 8③

[15-01]

9 1기압에서 2L의 부피를 차지하는 어떤 이상기체를 온도의 변화 없이 압력을 4기압으로 하면 부피는 얼마인가?

① 2.0L ② 1.5L
③ 1.0L ④ 0.5L

보일의 법칙에 따르면 일정 온도에서 일정량 기체의 압력과 부피의 곱은 일정하다. 즉, 기체의 부피는 압력에 반비례하므로, $P_1V_1 = P_2V_2$, 1기압$\times 2L = 4$기압$\times V_2$, $\therefore V_2 = 0.5L$

[16-01]

10 20℃에서 4L를 차지하는 기체가 있다. 동일한 압력에서 40℃에서는 몇 L를 차지하는가?

① 0.23 ② 1.23
③ 4.27 ④ 5.27

샤를의 법칙에 따라 일정량의 기체의 부피는 온도에 비례한다.
$\frac{V_1}{V_2} = \frac{T_1}{T_2}$ 이므로, $\frac{4L}{293K} = \frac{V_2}{313K}$이다. 따라서 $V_2 = 4.27L$이다.

[15-04]

11 휘발성 유기물 1.39g을 증발시켰더니 100℃, 760 mmHg에서 420mL였다. 이 물질의 분자량은 약 몇 g/mol인가?

① 53 ② 73
③ 101 ④ 150

이상 기체 상태식을 이용하여 분자량을 계산한다.
$PV = nRT$
- $P = 760mmHg = 1atm$
- $V = 0.42L$
- $n = \frac{1.39g}{MW}$ (MW는 물질의 분자량)
- $R = 0.08206L \cdot atm/mol \cdot K$
- $T = 273+100 = 373K$

$1atm \times 0.42L = \frac{1.39g}{MW} \times 0.08206L \cdot atm/mol \cdot K \times 373K$
$\therefore MW = 101$

[14-04]

12 어떤 물질 1g을 증발시켰더니 그 부피가 0℃, 4atm에서 329.2mL였다. 이 물질의 분자량은? (단, 증발한 기체는 이상기체라 가정한다)

① 17 ② 23
③ 30 ④ 60

이상 기체 상태 방정식 : $PV = nRT$
- P : $4atm$
- V : $0.3292L$
- n : $1/MW$
- R : $0.08206atm \cdot L/mol \cdot K$
- T : $0°C+273 = 273K$

$4atm \times 0.3292L = \frac{1g}{MW} \times 0.08206L \cdot atm/mol \cdot K \times 273K$
$\therefore MW ≒ 17$

[14-02]

13 질소 2몰과 산소 3몰의 혼합기체가 나타내는 전체 압력이 10기압일 때 질소의 분압은 얼마인가?

① 2기압 ② 4기압
③ 8기압 ④ 10기압

질소의 분압은 질소의 몰 분율에 비례하므로,
질소의 몰 분율 $= \frac{2몰}{2몰+3몰} = 0.4$
질소 분압 : 10기압$\times 0.4 = 4$기압

[14-04, 09-02]

14 1기압의 수소 2L와 3기압의 산소 2L를 동일 온도에서 5L의 용기에 넣으면 전체 압력은 몇 기압이 되는가?

① 4/5 ② 8/5 ③ 12/5 ④ 16/5

두 기체의 혼합 후 용기 전체의 압력은 두 기체의 부분 압력의 합과 같다. 보일의 법칙을 이용하여 동일한 온도에서 $PV = k$로 일정하므로,
- 혼합 후 수소 기체의 압력은 1기압$\times 2L = P_1 \times 5L$, $P_1 = 2/5$기압
- 혼합 후 산소 기체의 압력은 3기압$\times 2L = P_2 \times 5L$, $P_2 = 6/5$기압

$\therefore$ 용기 전체 압력 $= P_1+P_2 = \frac{2}{5} + \frac{6}{5} = \frac{8}{5}$ 기압

[07-04]

15 2기압의 수소 2L와 3기압의 산소 4L를 동일 온도에서 5L의 용기에 넣으면 전체 압력은 몇 기압인가?

① $\frac{4}{5}$ ② $\frac{8}{5}$
③ $\frac{12}{5}$ ④ $\frac{16}{5}$

두 기체의 혼합 후 용기 전체의 압력은 두 기체의 부분 압력의 합과 같다. 보일의 법칙을 이용하여 동일한 온도에서 $PV = k$로 일정하므로,
- 혼합 후 수소 기체의 압력은 2기압$\times 2L = P_1 \times 5L$, $P_1 = 4/5$기압
- 혼합 후 산소 기체의 압력은 3기압$\times 4L = P_2 \times 5L$, $P_2 = 12/5$기압

$\therefore$ 용기 전체 압력 $= P_1+P_2 = \frac{4}{5} + \frac{12}{5} = \frac{16}{5}$ 기압

정답 9 ④ 10 ③ 11 ③ 12 ① 13 ② 14 ② 15 ④

[12-02]

16 산소 5g을 27℃에서 1.0L의 용기 속에 넣었을 때 기체의 압력은 몇 기압인가?

① 0.52기압 ② 3.84기압
③ 4.50기압 ④ 5.43기압

$PV = nRT$에 대입하여 계산하면,
$P \times 1L = \frac{5}{32} \times 0.08206L \cdot atm/mol \cdot K \times 300K$
$\therefore P = 3.84atm$

[13-01]

17 0℃, 일정 압력 하에서 1L의 물에 이산화탄소 10.8 g을 녹인 탄산음료가 있다. 동일한 온도에서 압력을 1/4로 낮추면 방출되는 이산화탄소의 질량은 몇 g인가?

① 2.7 ② 5.4 ③ 8.1 ④ 10.8

이상 기체 상태식은 $PV = nRT$이다.
0℃, 일정 압력 P에서 $1L$에 CO_2가 $10.8g$이 녹아 있을 때 이상 기체 상태식은 다음과 같다.
$P \times 1L = \frac{10.8}{44} \times R \times 273K$
동일한 온도에서 압력을 $1/4$로 낮추면 녹을 수 있는 CO_2의 n(몰수)도 $1/4$로 감소하므로 이때 녹는 CO_2의 질량은 $2.7g$이다. 따라서 방출되는 CO_2의 양은 $10.8g - 2.8g = 8.1g$이다.

[13-02]

18 730mmHg, 100℃에서 257mL 부피의 용기 속에 어떤 기체가 채워져 있다. 그 무게는 1.671g이다. 이 물질의 분자량은 약 얼마인가?

① 28 ② 56 ③ 207 ④ 257

이상 기체 방정식은 $PV = nRT$이고, 물질의 분자량을 MW라고 하면 기체의 몰수 $n = \frac{1.671}{MW}$이다. 이를 이상 기체 상태식에 대입하여 풀면,
$\frac{730}{760} atm \times 0.257L = \frac{1.671}{MW} \times 0.08206L \cdot atm/mol \cdot K \times 373K$
$\therefore MW = 207$

[20-3, 12-01]

19 액체 0.2g을 기화시켰더니 그 증기의 부피가 97℃, 740mmHg에서 80mL였다. 이 액체의 분자량은?

① 40 ② 46 ③ 78 ④ 121

일정한 온도와 압력에서 기체의 분자량은 이상 기체 상태식을 이용하여 다음과 같이 나타낼 수 있다.
$PV = \frac{\omega}{MW} RT$
$\frac{740}{760} atm \times 0.08L = \frac{0.2}{MW} \times 0.08206L \cdot atm/mol \cdot K \times 370K$
$\therefore MW = 78$

[08-04]

20 1 기압 27℃에서 어떤 기체 2g의 부피가 0.82L이다. 이 기체의 분자량은 약 얼마인가?

① 16 ② 32 ③ 60 ④ 72

$PV = nRT$
$1atm \times 0.82L = \frac{2g}{MW} \times 0.08206L \cdot atm/mol \cdot K \times 300K$
(기체 상수 $R = 0.08206atm \cdot L/g \cdot K$)
$\therefore MW = 60$

[07-01]

21 휘발성 유기물 1.39g을 증발시켰더니 100℃, 760 mmHg에서 420mL였다. 이 물질의 분자량은 약 얼마인가?

① 53.67 ② 73.56
③ 101.23 ④ 150.73

$PV = nRT$
$1atm \times 0.42L = \frac{1.39g}{MW} \times 0.08206L \cdot atm/mol \cdot K \times 373K$
$\therefore MW = 101.23$

[11-02]

22 그레이엄의 법칙에 따른 기체의 확산 속도와 분자량의 관계를 옳게 설명한 것은?

① 기체 확산 속도는 분자량의 제곱에 비례한다.
② 기체 확산 속도는 분자량의 제곱에 반비례한다.
③ 기체 확산 속도는 분자량의 제곱근에 비례한다.
④ 기체 확산 속도는 분자량의 제곱근에 반비례한다.

그레이엄 확산 법칙 : 온도와 압력이 일정할 때 기체의 확산 속도는 분자량의 제곱근에 반비례한다.

정답 16 ② 17 ③ 18 ③ 19 ③ 20 ③ 21 ③ 22 ④

[14-02]

23 분자량의 무게가 4배이면 확산 속도는 몇 배인가?

① 0.5배 ② 1배 ③ 2배 ④ 4배

기체의 확산 속도는 그레이엄 법칙에 따라 일정한 온도와 압력에서 기체 분자량의 제곱근에 반비례한다. 즉, 같은 온도와 압력에서 기체 A와 B의 확산 속도를 V_A, V_B라고 하고, 분자량을 각각 M_A, M_B라고 하면 다음과 같이 나타낼 수 있다.

$$\frac{V_A}{V_B} = \sqrt{\frac{M_B}{M_A}}$$

따라서, M_A 분자량이 M_B 분자량의 4배이면 $\frac{V_A}{V_B} = \sqrt{\frac{1}{4}} = \frac{1}{2}$이고 확산 속도는 V_A가 V_B의 0.5배이다.

[18-02, 13-02, 07-02]

24 어떤 기체의 확산 속도는 SO_2의 2배이다. 이 기체의 분자량은 얼마인가?

① 8 ② 16 ③ 32 ④ 64

기체의 확산은 그레이엄 법칙에 따라 일정한 온도와 압력에서 기체 분자량의 제곱근에 반비례한다. SO_2의 분자량은 $32+16\times2=64$이고, $\frac{V_A}{V_{SO_2}} = \sqrt{\frac{M_{SO_2}}{M_A}} = 2$ 이므로, $M_A = 16$이다.

[13-04]

25 공유 결정(원자 결정)으로 되어 있어 녹는점이 매우 높은 것은?

① 얼음 ② 수정
③ 소금 ④ 나프탈렌

수정은 석영(SiO_2)으로 공유 결합으로 이루어진 원자 결정인 결정성 고체로 녹는점이 매우 높다. 얼음은 분자 결정, 소금은 이온 결정, 나프탈렌은 분자 결정을 이룬다.

[10-04]

26 다이아몬드의 결합 형태는?

① 금속결합 ② 이온결합
③ 공유결합 ④ 수소결합

다이아몬드는 각 탄소 원자가 주변의 4개의 탄소와 공유 결합을 이루는 공유 결합 물질이다.

[14-01, 07-01]

27 NaCl의 결정계는 다음 중 무엇에 해당되는가?

① 입방정계(cubic)
② 정방정계(tetragonal)
③ 육방정계(hexagonal)
④ 단사정계(monoclinic)

NaCl은 단위 세포의 세 변의 길이가 모두 같은 입방정계이다.

[18-04, 12-02, 10-02, 07-02]

28 95wt% 황산의 비중은 1.84이다. 이 황산의 몰농도(M)는 약 얼마인가?

① 4.5 ② 8.9
③ 17.8 ④ 35.6

비중이란 4℃ 물의 밀도($1g/mL$)대한 물질의 밀도 비이다. 따라서 황산의 밀도는 $1.84g/mL$이고, 황산 $1L$의 질량은 $1000mL\times1.84g/mL = 1840g$이다.

- $95wt\%$ 황산 용액 속의 황산 질량은 $1840g\times0.95 = 1748g$
- 황산의 몰수 : $\frac{1748g}{98g/mol} = 17.8mol$

∴ 황산 용액의 몰농도 : $17.8mol/1L = 17.8M$

[09-02]

29 20℃, 28wt% 황산용액의 농도는 몇 M인가? (단, S의 원자량은 32이고, 20℃에서 28wt% 황산용액 1mL 무게는 1.202g이다)

① 3.43 ② 3.97
③ 4.11 ④ 5.16

- 황산 용액 $1L(1000mL)$의 질량 : $1000mL\times1.202g/mL = 1202g$
- 황산 질량 : $1202g\times0.28 = 336.56g$
- 황산 몰수 : $\frac{336.56g}{98g/mol} = 3.43mol$
- 황산 용액 몰 농도 : $\frac{3.43mol}{1L} = 3.43M$

[08-02]

30 황산 98g으로 0.5M의 H_2SO_4를 몇 mL를 만들 수 있는가?

① 1,000 ② 2,000
③ 3,000 ④ 4,000

황산 $98g$은 $1mol$이고 $0.5M\times xL = 1mol$이다.
∴ $2L(2000mL)$ 용액을 만들 수 있다.

정답 23 ① 24 ② 25 ② 26 ③ 27 ① 28 ③ 29 ① 30 ②

[07-01]

31 황산 196g으로 1M-H_2SO_4 용액을 몇 mL를 만들 수 있는가?

① 1,000 ② 2,000 ③ 3,000 ④ 4,000

황산 $196g$의 몰수는 $\frac{196g}{98g/mol}=2mol$이고, $2mol=1M\times xL$ 이므로, $2L(2000mL)$ 용액을 만들 수 있다.

[15-02]

32 농도 단위에서 "N"의 의미를 가장 옳게 나타낸 것은?

① 용액 1L 속에 녹아있는 용질의 몰 수
② 용액 1L 속에 녹아있는 용질의 g 당량수
③ 용매 1,000g 속에 녹아있는 용질의 몰 수
④ 용매 1,000g 속에 녹아있는 용질의 g 당량수

노르말 농도(N)는 용액 1L 속에 포함된 용질의 g 당량수를 표시한 농도를 말한다.

[12-01]

33 NaOH 1g이 250mL 메스 플라스크에 녹아 있을 때 NaOH 수용액의 N 농도는?

① 0.1N ② 0.3N ③ 0.5N ④ 0.7N

NaOH의 화학식량 $=40$, g 당량 $=40g/1=40g$

N 농도$=\frac{\text{용질의 }g\text{당량수}}{\text{용액의 부피}(L)}=\frac{1g/40g}{0.25L}=0.1N$

[07-04]

34 NaOH 용액 100mL 속에 NaOH 10g이 녹아 있다면, 이 용액은 몇 N 농도인가?

① 1.0 ② 1.5 ③ 2.0 ④ 2.5

NaOH의 화학식량 $=40$, g 당량 $=40g/1=40g$

N 농도$=\frac{\text{용질의 }g\text{당량수}}{\text{용액의 부피}(L)}=\frac{10g/40g}{0.1L}=2.5N$

[09-01]

35 3N 황산용액 200mL 중에는 몇 g의 H_2SO_4를 포함하고 있는가? (단, S의 원자량은 32이다)

① 29.4 ② 58.8
③ 98.0 ④ 117.6

$3N$ 황산용액의 몰 농도는 $3N/2=1.5M$이다. $1.5M$ 황산 용액 $200mL$에 들어있는 황산의 몰수는 $1.5mol/L\times0.2L=0.3mol$이고, 황산 $0.3mol$의 질량은 $0.3mol\times98g/mol=29.4g$이다.

[06-02]

36 산성용액 하에서 사용할 0.1N $KMnO_4$ 용액 500mL를 만들려면 $KMnO_4$ 몇 g이 필요한가? (단, 원자량은 K : 39, Mn : 55, O : 16)

① 15.8g ② 16.8g ③ 1.58g ④ 0.89g

산성용액에서 $KMnO_4$은 5 당량가이며 반응식은 다음과 같다.
$MnO_4^- + 8H^+ + 5e^- \rightarrow Mn^{2+} + 4H_2O$
$KMnO_4$의 M 농도는 N 농도를 당량가 5로 나누어 나타낼수 있다.
$0.1N/5=0.02M$
$\therefore 0.02M\times0.5L\times158g/mol=1.58g$

[07-01]

37 다음 중 1몰랄 농도에 관한 설명으로 옳은 것은?

① 용액 1L 속에 녹아 있는 용질의 몰 수
② 용매 1,000g에 녹아 있는 용질의 몰 수
③ 용액 100g에 녹아 있는 용질의 g 수
④ 용액 1L 속에 녹아 있는 산-염기의 g당량 수

몰랄 농도$(m)=\frac{\text{용질의 몰수}(mol)}{\text{용매의 질량}(kg)}$

[06-01]

38 용매 1kg에 녹아있는 용질의 몰수로 정의되는 용액의 농도는?

① 몰랄 농도 ② 몰 농도
③ 퍼센트 농도 ④ 노르말 농도

[09-02]

39 분자량이 120인 물질 12g을 물 500g에 녹였다. 이 용액의 몰랄농도는 몇 m인가?

① 0.1 ② 0.2
③ 0.3 ④ 0.4

- 몰랄 농도$(m)=\frac{\text{용질의 몰수}(mol)}{\text{용매의 질량}(kg)}$
- 용질의 몰수 $=\frac{12g}{120g/mol}=0.1mol$

$\therefore$ 몰랄 농도$(m)=\frac{0.1mol}{0.5kg}=0.2m$

정답 31 ② 32 ② 33 ① 34 ④ 35 ① 36 ③ 37 ② 38 ① 39 ②

[19-01, 14-02]

40 물 500g 중에 설탕($C_{12}H_{22}O_{11}$) 171g이 녹아 있는 설탕물의 몰랄 농도(m)는?

① 2.0 ② 1.5 ③ 1.0 ④ 0.5

- 몰랄 농도$(m) = \frac{\text{용질의 몰수}(mol)}{\text{용매의 질량}(kg)}$
- 설탕의 분자량 : 342
- 설탕의 몰수 $= \frac{171g}{342g/mol} = 0.5mol$

∴ 몰랄 농도$(m) = \frac{0.5mol}{0.5kg} = 1.0m$

[09-01]

41 96wt% H_2SO_4(A)와 60wt% H_2SO_4(B)를 혼합하여 80wt% H_2SO_4 용액 100kg을 만들려고 한다. 각각 몇 kg씩 혼합하여야 하는가?

① A : 30, B : 70 ② A : 44.4, B : 55.6
③ A : 55.6, B : 44.4 ④ A : 70, B : 30

혼합하는 각각 황산의 양을 A, Bkg이라고 하면,
$A + B = 100kg$ ——————— ①
$0.96A + 0.6B = 0.8 \times 100kg$ ——— ②
①, ②를 이용하여 A, B를 계산하면, $A = 55.6kg$, $B = 44.4kg$이다.

[09-04]

42 15wt%의 식염수 100g을 가열해서 질량이 처음의 2/5로 되었다면 이때 식염수의 농도는 몇 wt%인가?

① 15.5 ② 25.5 ③ 32.5 ④ 37.5

- $15wt\%$의 식염수 $100g$ 속의 용질의 질량 : $100g \times 0.15 = 15g$
- 가열하여 물의 증발로 처음 질량의 2/5로 되었으므로 용액의 질량 : $40g$

∴ 식염수의 $wt\%$ 농도 $= \frac{15g}{40g} \times 100\% = 37.5\%$

[08-02]

43 2M $Ca(OH)_2$ 용액 200mL를 만들고자 할 때 50% $Ca(OH)_2$ 용액은 몇 g이 필요한가? (단, Ca의 원자량은 40 이다)

① 29.6 ② 59.2 ③ 79.2 ④ 148

$2M$, $200mL$ 용액 중의 $Ca(OH)_2$ 몰수 : $2M \times 0.2L = 0.4mol$
$Ca(OH)_2$ 1몰 질량 : $74g/mol$
∴ 필요한 $Ca(OH)_2$ 질량 : $74g/mol \times 0.4mol \div 0.5 = 59.2g$

[08-04]

44 $Na_2CO_3 \cdot 10H_2O$ 20g을 취하여 180g의 물에 녹인 수용액은 약 몇 wt%의 Na_2CO_3 용액으로 되는가? (단, Na의 원자량은 23이다)

① 3.7 ② 7.4
③ 10 ④ 15

$Na_2CO_3 \cdot 10H_2O$ $20g$에 들어있는 Na_2CO_3의 질량 :
$\frac{106}{106+180} \times 20g = 7.4g$
∴ Na_2CO_3 수용액 $wt\%$: $\frac{7.4g}{200g} \times 100\% = 3.7\%$

[10-01]

45 물 2.5L 중에 어떤 불순물이 10mg 함유되어 있다면 약 몇 ppm으로 나타낼 수 있는가?

① 0.4 ② 1
③ 4 ④ 40

물의 밀도 : $1g/mL(4°C)$, 물 $2.5L = 2.5 \times 10^6 mg$
$\therefore ppm = \frac{\text{용질의 질량}}{\text{용액의 질량}} \times 10^6 = \frac{10mg}{2.5 \times 10^6 mg + 10mg} \times 10^6 = 4ppm$

[09-04]

46 100mL 메스플라스크로 10ppm 용액 100mL를 만들려고 한다. 1,000ppm 용액 몇 mL를 취해야 하는가?

① 0.1 ② 1
③ 10 ④ 100

$\frac{x}{100mL} \times 10^6 = 10ppm$, $x = 0.001mL$
용질의 부피가 $0.001mL$이므로, $\frac{0.001mL}{ymL} \times 10^6 = 1000ppm$, $y = 1mL$

[18-02, 10-02]

47 다음 중 물의 끓는점을 높이기 위한 방법으로 가장 타당한 것은?

① 순수한 물을 끓인다.
② 물을 저으면서 끓인다.
③ 감압하에 끓인다.
④ 밀폐된 그릇에서 끓인다.

끓는점은 용액의 증기 압력이 외부 압력이 같을 때의 온도이다. 밀폐된 그릇에서 물을 끓이면 증기 압력이 높아지고 끓는점이 높아진다.

정답 40 ③ 41 ③ 42 ④ 43 ② 44 ① 45 ③ 46 ② 47 ④

[10-04]
48 물의 끓는점을 낮출 수 있는 방법으로 옳은 것은?

① 밀폐된 그릇에서 물을 끓인다.
② 열전도도가 높은 용기를 사용한다.
③ 소금을 넣어준다.
④ 외부 압력을 낮추어 준다.

> 끓는점은 용액의 증기 압력이 외부 압력과 같아질 때의 온도를 말한다. 외부 압력을 낮춰주면 낮은 온도에서 끓음 현상이 일어난다.

[06-02]
49 그래프는 4가지 액체의 증기압력과 온도와의 관계를 나타낸 것이다. 1기압의 압력에서 분자 간의 인력이 가장 강한 액체는?

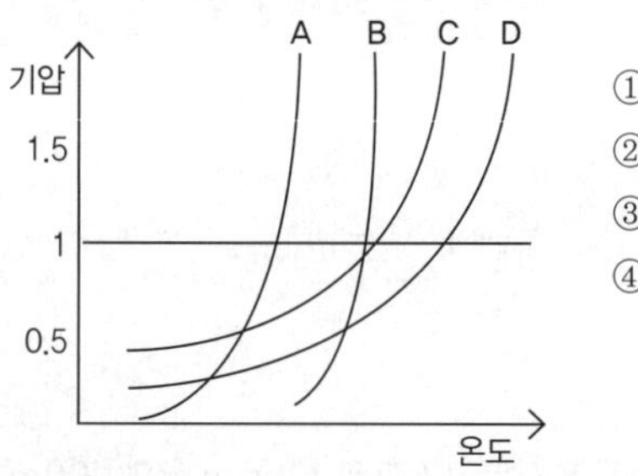

① A
② B
③ C
④ D

> 분자 사이의 인력이 약할수록 같은 증기 압력을 나타낼 때 온도가 낮다. 따라서 증기 압력이 1기압을 나타낼 때 온도가 가장 높은 D가 분자 사이의 인력이 가장 크다.

[09-02]
50 다음에서 설명하는 법칙은 무엇인가?

> 일정한 온도에서 비휘발성이며, 비전해질인 용질이 녹은 묽은 용액의 증기 압력 내림은 일정량의 용매에 녹아 있는 용질의 몰수에 비례한다.

① 헨리의 법칙
② 라울의 법칙
③ 아보가드로의 법칙
④ 보일-샤를의 법칙

[15-04, 07-02, 06-02]
51 요소 6g을 물에 녹여 1,000L로 만든 용액의 27℃에서의 삼투압은 약 몇 atm인가?(단, 요소의 분자량은 60이다)

① 1.26×10^{-1}　② 1.26×10^{-2}
③ 2.46×10^{-3}　④ 2.56×10^{-4}

> 반트 호프식 $\pi = CRT$에 대입하여 계산하면,
> 몰 농도는 $C = \dfrac{\frac{6g}{60g/mol}}{1000L} = 1\times10^{-4}M$이다.
> $\pi = 1\times10^{-4}M\times0.08206atm\cdot L/mol\cdot K\times300K$
> $\therefore \pi = 2.46\times10^{-3}$

[16-01]
52 27℃에서 500mL에 6g의 비전해질을 녹인 용액의 삼투압은 7.4기압이었다. 이 물질의 분자량은 약 얼마인가?

① 20.78　② 39.89
③ 58.16　④ 77.65

> 반트 호프식 $\pi = CRT$에 대입하여 계산하면,
> $7.4atm = (\dfrac{6g}{MW} \div 0.5L)\times0.08206atm\cdot L/mol\cdot K\times300K$
> $\therefore MW = 39.89$

[12-04]
53 27℃에서 9g의 비전해질을 녹여 만든 900mL 용액의 삼투압은 3.84기압이었다. 이 물질의 분자량은 약 얼마인가?

① 18　② 32
③ 44　④ 64

> 반트 호프식 $\pi = CRT$에 대입하여 계산하면,
> $3.84atm = (\dfrac{9g}{MW} \div 0.9L)\times0.08206atm\cdot L/mol\cdot K\times300K$
> $\therefore MW = 64$

정답 48 ④ 49 ④ 50 ② 51 ③ 52 ② 53 ④

[10-04]

54 25.0g의 물속에 2.85g의 설탕($C_{12}H_{22}O_{11}$)이 녹아 있는 용액의 끓는점은? (단, 물의 끓는점 오름 상수는 0.52이다)

① 100.0℃ ② 100.08℃
③ 100.17℃ ④ 100.34℃

- 설탕의 몰수 $= \dfrac{2.85g}{342g/mol} = 8.3\times10^{-3}mol$
- 몰랄 농도$(m) = \dfrac{8.3\times10^{-3}mol}{0.025kg} = 0.33m$
- 끓는점 오름 $\Delta T = K_b \cdot m$이므로, $0.52°C/m\times0.33m = 0.17°C$

∴ 끓는점 : $100.17°C$

[16-01, 09-01]

55 물 200g에 A 물질 2.9g을 녹인 용액의 빙점은? (단, 물의 어는점 내림 상수는 1.86℃ · kg/mol 이고, A 물질의 분자량은 58이다)

① -0.465℃ ② -0.932℃
③ -1.871℃ ④ -2.453℃

- A $2.9g$ 몰수 $= \dfrac{2.9g}{58g/mol} = 0.05mol$
- 용액의 몰랄(m) 농도 $= \dfrac{0.05mol}{0.2kg} = 0.25m$
- 어는점 내림 $\Delta T = K_f \cdot m = 1.86°C/m\times0.25m = 0.465°C$

∴ 어는점 : −0.465℃

[16-02]

56 어떤 비전해질 12g을 물 60g에 녹였다. 이 용액이 -1.88℃의 빙점 강하를 보였을 때 이 물질의 분자량을 구하면? (단, 물의 어는점 내림 상수는 K_f = 1.86℃ · kg/mol이다.)

① 297 ② 202
③ 198 ④ 165

- A $12g$ 몰수 $= \dfrac{12g}{MW} = x$몰
- 용액의 몰랄(m) 농도 $= \dfrac{x\text{몰}}{0.06kg} = \dfrac{12g}{0.06kg\times MW} = \dfrac{200}{MW}$
- 어는점 내림 $\Delta T = K_f \cdot m = 1.86°C/m\times\dfrac{200}{MW} = 1.88$

∴ $MW = 198$

정답 54 ③ 55 ① 56 ③

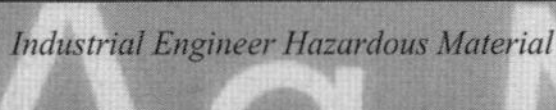

SECTION
03 원자의 구조와 원소의 주기율

이 섹션에서는 원자의 표시법과 연계하여 원자를 구성하는 기본 입자들의 개수를 구하는 문제가 출제되고 있다. 기본 개념을 확실히 알아두면 쉽게 해결할 수 있으므로 기출 문제를 잘 풀어 놓자. 또한 주기율표에서 나타나는 원소들의 주기성과 현대적 원자 모형의 전자 배치를 묻는 문제가 출제되고 있으므로 기출 문제를 이용하여 실수하지 않도록 정리해 두자.

01 원자

1 원자의 구성 입자

(1) 전자 : − 전하를 띠는 기본 입자

(2) 핵

① 양성자 : + 전하를 띠는 기본 입자

② 중성자 : 전하를 띠지 않는 입자

2 원자의 표시

(1) 원자 번호 : 양성자 수

(2) 질량수 : 양성자 수 + 중성자 수

(3) 중성 원자에서 양성자 수와 전자 수는 같다.

예 $^{35}_{17}Cl$: 원자 번호(=양성자 수) 17, 질량수 35, 중성자 수 18, 전자 수 17

질량수 = 양성자 수 + 중성자 수

$^{35}_{17}Cl$ 전하량 (+ 또는 −)

원자번호 = 양성자 수 = 전자 수

└ 중성원자일 경우에만 일치

※ 원자번호와 양성자 수는 항상 일치하지만, 전자 수는 일치하지 않을 수 있다.

전자 수 구하기

▶**중성원자일 때** : 전자 수 = 양성자 수(=원자 번호)

▶**양이온일 때** : 전자 수 〈 양성자 수

방법 : 양이온이 띠고 있는 전하를 확인하여 양성자 수에서 잃어버린 전자 수를 빼준다.

예-1) $_{12}Mg^{2+}$: 전하가 +2이면, 잃어버린 전자 수는 2이므로, 전자 수 = 양성자 수(원자 번호) − 2 = 12−2 =10

예-2) $_{11}Na^{+}$: 전자 수 = 11 − 1 = 10

▶음이온일 때 : 전자 수 〉 양성자 수

방법 : 음이온이 띠고 있는 전하를 확인하여 양성자 수에서 얻은 전자 수를 더한다.

예-1) $_{8}O^{2-}$: 전하가 −2이면, 얻은 전자 수는 2이므로, 전자 수 = 양성자 수(원자 번호)+2 = 8+2 = 10

예-2) $_{17}Cl^{-}$: 전자 수 = 17+1 = 18

3 동위 원소

(1) 의미 : 양성자 수가 같아 원자 번호는 같으나 중성자 수가 달라 질량수가 다른 원소

(2) 특성 : 화학적 성질은 같지만 물리적 성질은 다르다.

예 탄소의 동위 원소 : $^{12}_{6}C$, $^{13}_{6}C$

▶ 반감기 : 방사성 원소가 원래 양의 반으로 줄어드는 데 걸리는 시간

02 핵반응

(1) $\alpha(^{4}_{2}He^{2+})$ 붕괴 : 핵반응 후 양성자 수 2감소, 질량수 4감소, 입자 방출됨

예 $^{238}_{92}U \rightarrow ^{4}_{2}He + ^{234}_{90}Th$

$^{230}_{90}Th \rightarrow ^{4}_{2}He + ^{226}_{88}Ra$

(2) $\beta(e^-)$ 붕괴 : 중성자가 양성자와 전자로 붕괴되어 양성자 수 1증가, 질량수 보존, 입자 방출됨

예 $^{234}_{90}Th \rightarrow ^{234}_{91}Pa + ^{0}_{-1}e$

(3) γ(전자기파) 붕괴 : 원자핵이 불안정한 들뜬 상태에서 보다 안정한 상태가 될 때 방출되는 전자기파. 원자핵의 양성자 수와 질량수는 변함없음(γ은 전하를 띠지 않음)

▶ α선과 γ선의 비교

α선	• 투과력이 약하다. • 감광 작용 및 형광 작용이 강하다.
γ선	• 파장이 극히 짧은 전자기파 • 투과력이 강하다. • 질량이 없고 전하를 띠지 않는다. • 전기장의 영향을 받지 않는다.

03 현대적 원자 모형과 전자 배치

1 수소의 선 스펙트럼 현상

① 수소 원자의 전자 에너지 준위가 불연속적으로 존재한다는 것을 나타낸다.

② 수소 원자의 전자가 높은 에너지 준위의 들뜬 상태에서 낮은 에너지 준위로 전이될 때 두 전자껍질의 에너지 차이에 해당하는 빛이 방출된다.

2 현대적 원자 모형

(1) 오비탈(=궤도 함수) : 원자핵 주위에 전자가 발견될 확률을 나타내는 함수

(2) 오비탈 표시

① 주양자수 n과 오비탈의 모양에 따른 기호 s, p, d, f … 등을 사용하여 나타낸다.

예 $1s$, $2s$, $2p$, $3d$,…

② 오비탈 종류와 특징

구분	s 오비탈	p 오비탈	d 오비탈
모양	구형	아령형	방사형
방향성	없음	있음	있음
구성	1개	3개	5개

(3) 주양자수(n)에 따른 오비탈의 종류와 수

① 오비탈의 종류 : n 종류

② 오비탈의 개수 : n^2 개

③ 해당 전자껍질에 따른 최대 허용 전자 수 : $2n^2$개 (1개의 오비탈에는 스핀 운동 방향이 반대인 전자 2개까지만 들어갈 수 있다.)

3 현대적 원자 모형에서 전자 배치

(1) 주양자수(n)가 클수록 전자껍질의 에너지 준위가 높아짐

예 $K(n=1)$ 〈 $L(n=2)$ 〈 $M(n=3)$ 〈 $N(n=4)$ …

전자껍질	주양자수(n)	오비탈 종류	오비탈 수(n^2)		전자 수
K	1	1s	1	1	2
L	2	2s	1	4	2
		2p	3		6
M	3	3s	1	9	2
		3p	3		6
		3d	5		10
N	4	4s	1	16	2
		4p	3		6
		4d	5		10
		4f	7		14

(2) 바닥 상태 전자 배치

① 쌓음 원리 : 전자는 에너지 준위가 낮은 오비탈부터 채워진다.

② 파울리 배타 원리 : 오비탈 1개에는 스핀 운동 방향이 다른 전자가 최대 2개까지 채워진다.

③ 훈트 규칙 : 에너지 준위가 동등한 오비탈이 여러 개 있을 때 가능한 홀전자 수가 최대가 되도록 채워진다.

(3) 다전자 원자의 에너지 준위

① $1s < 2s < 2p < 3s < 3p < 4s < 3d$ …

② ${}_{8}O : 1s^2 2s^2 2p^4$

③ ${}_{11}Na : 1s^2 2s^2 2p^6 3s^1$

(4) 원자가 전자

① 바닥상태의 전자 배치에서 가장 바깥 전자껍질의 전자를 말하며 원자가 전자는 화학 결합에 관여하는 전자

② 원자가 전자 수가 같은 원소는 화학적 성질이 유사

04 주기율과 주기적 성질

1 주기율표

(1) 현대적 주기율표 : 원소를 원자 번호 순으로 배열하여 성질이 유사한 원소가 세로줄에 오도록 배열한 표

주기＼족	1	2	3~12	13	14	15	16	17	18
1	H								He
2	Li	Be		B	C	N	O	F	Ne
3	Na	Mg		Al	Si	P	S	Cl	Ar
4	K	Ca		Ga	Ge	As	Se	Br	Kr
5	Rb	Sr		In	Sn	Sb	Te	I	Xe
6	Cs	Ba		TI	Pb	Bi	Po	At	Rn
7	Fr	Ra							

■ 금속, ■ 준금속, ■ 비금속

(2) 금속, 준금속, 비금속의 특성

① 금속
- 전자를 잃고 양이온이 되기 쉬움
- 전기 전도성, 열 전도성이 좋음

② 전이 금속 : 4~7주기, 3~12족에 있는 원소로 다양한 산화수를 가지며 족이 달라도 유사한 화학적 성질을 보이는 금속 원소

③ 준금속 : 금속과 비금속의 중간적인 성질을 지닌 원소로 금속보다는 전기 전도성이 작고 비금속보다는 전기 전도성이 크며 B, Si, Ge, As 등이 있다.

④ 비금속
- 전자를 얻어 음이온이 되기 쉽다.
- 전기 전도성, 열 전도성 등이 매우 작다.

(3) 주기율표의 구성

① 가로줄 : 주기, 1~7주기, 주기 번호는 바닥 상태에서 전자가 들어있는 전자껍질 수와 같다.

② 세로줄 : 족, 1~18족, 같은 족에 있는 원소들은 화학적 성질이 유사
- 같은 족의 원소들의 화학적 성질이 유사한 이유 : 원자가 전자 수가 같기 때문임
- 족 번호는 원자가 전자 수와 같음(두 자릿수 족 번호일 경우 끝자리 수와 같음)

③ 동족 원소의 성질

알칼리 금속	• 수소를 제외한 1족 금속 원소 • 물과 격렬히 반응하여 수소 기체를 발생하고 수산화물(M^+OH^-), 알칼리를 생성 • 알칼리 금속의 반응성의 크기 : Li < Na < K < Rb < Cs < Fr
할로젠족	• 17족 비금속 원소 • 금속 원소와 결합하여 이온 결정을 생성 • 이원자 분자를 이룰 때 Br_2은 상온에서 액체 상태임 • 할로젠족의 반응성 크기 : F > Cl > Br > I > At
비활성 기체	• 18족 원소로 원자가 전자 수가 He을 제외하고(2개) 8개를 이룸 • 화학적인 반응성이 거의 없는 매우 안정한 원소

2 원소의 주기적 성질

(1) 원자 반지름

① 같은 족에서 : 원자 번호가 증가할수록 전자껍질 수가 증가하여 원자 반지름은 증가한다.

② 같은 주기에서 : 원자 번호가 증가할수록 유효 핵전하가 증가하여 핵과 전자 사이의 인력이 증가하고 원자 반지름은 감소한다.

(2) 이온 반지름

① 중성 원자 반지름 > 양이온 반지름 : 중성 원자가 양이온이 될 때 원자가 전자를 잃어버리면서 전자껍질 수가 감소하므로 반지름은 감소한다.(예 Na > Na+)

② 중성 원자 반지름 < 음이온 반지름 : 중성 원자가 전자를 얻어 음이온이 되면 전자 수 증가로 전자 사이의 반발력이 증가하고 유효 핵전하가 감소하므로 반지름은 증가한다.(예 $O < O^{2-}$)

(3) 이온화 에너지

① 개요
- 기체 상태 원자 1몰에서 전자 1몰을 떼어 양이온을 만드는데 필요한 에너지이다.
- $Na(g) + 496kJ/mol \rightarrow Na^+(g) + e^-$

  (Na의 이온화 에너지는 496kJ/mol)
- 이온화 에너지가 작을수록 양이온이 되기 쉽다.

② 같은 족에서 : 원자 번호가 증가할수록 원자 반지름이 증가하므로 핵과 원자가 전자 사이의 인력이 작아

지므로 이온화 에너지는 감소한다.

③ 같은 주기에서 : 원자 번호가 증가할수록 원자가 전자의 유효 핵전하가 증가하여 핵과 원자가 전자 사이의 인력이 증가하므로 이온화 에너지는 증가한다.

④ 순차적 이온화 에너지 : 기체 상태 중성의 원자에서 전자를 1개씩 순차적으로 떼어 낼 때 마다 필요한 이온화 에너지이다.

예 • $A(g)+E_1 \rightarrow A^+(g)+e^-$ (E_1 : 제1 이온화 에너지)

• $A^+(g)+E_2 \rightarrow A^{2+}(g)+e^-$ (E_2 : 제2 이온화 에너지)

• $A^{2+}(g)+E_3 \rightarrow A^{3+}(g)+e^-$ (E_3 : 제3 이온화 에너지)

(4) 전기 음성도

① 전기 음성도 : 원자가 결합을 할 때 전자쌍을 자기 쪽으로 끌어당기는 능력을 말하며 F(플루오린) 4.0을 기준으로 다른 원소의 상대적인 값을 정하였다.

② 같은 족에서 : 대체적으로 원자 번호가 증가하면 감소한다.

③ 같은 주기에서 : 대체적으로 원자 번호가 증가하면 증가한다.

05 산화물

1 산성 산화물(비금속 산화물)

① 물과 반응하여 산을 만들거나 염기와 반응하여 염을 만드는 물질

② 종류 : 이산화탄소(CO_2), 이산화황(SO_2), 이산화질소(NO_2), 이산화규소(SiO_2) 등

2 염기성 산화물(금속 산화물)

① 물과 반응하여 염기를 만들거나 산과 반응하여 염을 만드는 산화물

② 종류 : 산화나트륨(Na_2O), 산화칼슘(CaO), 산화마그네슘(MgO), 삼산화제이철(Fe_2O_3) 등

3 양쪽성 산화물

① 산성과 염기성으로 모두 작용할 수 있는 물질

② 양쪽성 원소 : 아연(Zn), 주석(Sn), 알루미늄(Al), 베릴륨(Be)

③ 종류 : 산화알루미늄(Al_2O_3), 산화아연(ZnO), 산화납(PbO) 등

기출문제 | 기출문제로 출제유형을 파악한다!

[14-04, 09-02]

1 중성 원자가 무엇을 잃으면 양이온으로 되는가?

① 중성자 ② 핵전하
③ 양성자 ④ 전자

이온 : 전하를 띠는 입자
• 양이온 : 전자를 잃고 + 전하를 띠는 것
• 음이온 : 전자를 얻어 − 전하를 띠는 것

[15-04, 10-04]

2 Mg^{2+}의 전자 수는 몇 개인가?

① 2 ② 10
③ 12 ④ 6×10^{23}

Mg은 원자 번호 12번으로 양성자 수는 12개이고, 중성 원자 상태에서 양성자 수와 전자 수는 같으므로 전자 수도 12이다. 따라서 Mg^{2+}은 중성 원자일 때보다 전자 2개가 부족하므로 전자 수는 10개이다.

[15-02]

3 알루미늄 이온($^{27}_{13}Al^{3+}$) 한 개에 대한 설명으로 틀린 것은?

① 질량수는 27이다.
② 양성자 수는 13이다.
③ 중성자 수는 13이다.
④ 전자 수는 10이다.

Al은 원자 번호 13번으로 질량수 27이 대부분이다. 따라서 양성자 수는 13개이고 중성자 수는 27−13 = 14. 중성 원자 상태에서 양성자 수와 전자 수는 같으므로 전자 수는 13이다. Al^{3+}은 중성 원자 일 때보다 전자 3개가 부족하므로 전자 수는 10개이다.

[14-04]

4 원자 A가 이온 A^{2+}로 되어있을 때 전자 수와 원자 번호 n인 원자 B가 이온 B^{3-}으로 되었을 때 갖는 전자 수가 같았다면 A의 원자 번호는?

① n−1 ② n+2
③ n−3 ④ n+5

정답 1④ 2② 3③ 4④

중성 원자에서 원자 번호(=양성자 수)와 전자 수는 같다. 원자 번호 n인 원자 B^{3-}의 전자 수는 n+3이고, 중성 원자 일 때 보다 전자 수가 2개가 적은 A^{2+}의 전자 수와 같으므로 A의 원자 번호는 n+5이다.

[13-02]

5 다음 중 전자의 수가 같은 것으로 나열된 것은?

① Ne와 Cl^- ② Mg^{2+}와 O^{2-}
③ F와 Ne ④ Na와 Cl^-

중성 원자의 양성자 수(=원자 번호)와 전자 수는 같다. 이온의 경우 중성 원자일 때 보다 전자 수가 적거나(양이온) 많으므로(음이온) 이를 고려하여 전자 수를 세어보면 다음과 같다.
① Ne : 10, Cl^- : 18, ② Mg^{2+} : 10, O^{2-} : 10
③ F : 9, Ne : 10 ④ Na : 11, Cl^- : 18

[13-02, 11-01]

6 원자 번호가 19이며 질량수가 39인 K 원자의 중성자와 양성자 수는 각각 몇 개인가?

① 중성자 19, 양성자 19
② 중성자 20, 양성자 19
③ 중성자 19, 양성자 20
④ 중성자 20, 양성자 20

원자 번호 = 양성자 수, 양성자 수 = 19
질량수 = 양성자 수 + 중성자 수, 39 = 19+중성자 수, 중성자 수 = 20

[11-02]

7 어떤 원자핵에서 양성자의 수가 3이고, 중성자의 수가 2일 때 질량수는 얼마인가?

① 1 ② 3 ③ 5 ④ 7

질량수는 양성자 수와 중성자 수의 합이므로 3+2 = 5, 질량수는 5이다.

[08-01]

8 원자번호 11이고 중성자 수가 12인 나트륨의 질량수는?

① 11 ② 12 ③ 23 ④ 28

질량수 = 양성자 수+중성자 수 ∴11+12 = 23

[11-04]

9 원자 번호 20인 Ca의 질량수는 40이다. 원자핵의 중성자 수는 얼마인가?

① 10 ② 20
③ 40 ④ 60

질량수는 양성자 수와 중성자 수의 합이다. 양성자 수는 원자 번호 20과 같으므로 중성자 수는 40-20 = 20이다.

[08-02]

10 질량수 52인 크롬의 중성자 수와 전자 수는 각각 몇 개인가?

① 중성자 수 24, 전자 수 24
② 중성자 수 24, 전자 수 52
③ 중성자 수 28, 전자 수 24
④ 중성자 수 52, 전자 수 24

원자 번호 24인 Cr의 양성자 수와 전자 수는 각각 24이다. 질량수는 양성자 수와 중성자 수의 합이므로 중성자 수는 52-24 = 28이다.

[19-4, 06-02]

11 어떤 원자핵에서 양성자의 수가 3이고, 중성자의 수가 2일 때 질량수는 얼마인가?

① 1 ② 3 ③ 5 ④ 7

질량수 = 양성자 수+중성자 수 ∴ 질량수 : 5 = 3+2

[06-04]

12 F^- 이온의 전자 수 양성자 수, 중성자 수는 각각 얼마인가? (단, F의 질량수는 19이다.)

① 9, 9, 10 ② 9, 9, 19
③ 10, 9, 10 ④ 10, 10, 10

F은 원자 번호가 9이므로 양성자 수는 9, 중성 원자에서 양성자 수와 전자 수는 같으므로 전자 수는 9개인데 F^- 이온은 1가 음이온이므로 전자 수는 10개이다. 질량수가 19이므로 중성자 수는 19-9 = 10이다.

[09-01]

13 다음 중 아르곤(Ar)과 같은 전자 수를 갖는 이온들로 이루어진 것은?

① NaCl ② MgO ③ KF ④ CaS

Ar은 원자 번호 18로 전자 수는 18이다. 이온 상태에서 전자 수가 18개인 양이온과 음이온으로 이루어져 있는 화합물은 Ca^{2+}, S^{2-} 이온으로 구성된 CaS이다.

정답 5 ② 6 ② 7 ③ 8 ③ 9 ② 10 ③ 11 ③ 12 ③ 13 ④

[15-04, 07-04]

14 방사선 중 감마선에 대한 설명으로 옳은 것은?

① 질량을 갖고 음의 전하를 띰
② 질량을 갖고 전하를 띠지 않음
③ 질량이 없고 전하를 띠지 않음
④ 질량이 없고 음의 전하를 띰

전자기 복사의 전자기파 형태로 질량이 없고 전하를 띠지 않는다.

[18-02, 13-02, 09-01]

15 방사성 원소에서 방출되는 방사선 중 전기장의 영향을 받지 않아 휘어지지 않는 선은?

① α 선 ② β 선
③ γ선 ④ α, β, γ선

① α선 : He^{2+}(헬륨 원자핵), 방사선의 하나로 알파 붕괴로 인해 방출되는 알파 입자의 흐름으로 투과력은 약하지만 감광 작용과 형광 작용은 세다.
② β선 : 방사선의 하나로 원자핵의 베타 붕괴에 의하여 방출되는, 음전자 또는 양전자의 흐름을 말한다.
③ γ선 : 극히 파장이 짧은 전자기파로 전하를 띠지 않으며 물질을 투과하는 힘이 몹시 강하다. 병원에서 환자들의 암을 치료하는 데 쓰인다.

[08-04]

16 방사선에서 γ선과 비교한 α선에 대한 설명 중 틀린 것은?

① γ선보다 투과력이 강하다.
② γ선보다 형광작용이 강하다.
③ γ선보다 감광작용이 강하다.
④ γ선보다 전리작용이 강하다.

γ선의 투과력은 α선보다 강하다.

[14-02, 09-01]

17 방사성 동위원소의 반감기가 20일 일 때 40일이 지난 후 남은 원소의 분율은?

① 1/2 ② 1/3
③ 1/4 ④ 1/6

반감기는 처음 양의 1/2이 되는데 걸리는 시간이므로 40일이 지난 후에는 두 번의 반감기가 지난 후이므로 1/2×1/2 = 1/4, 남은 원소의 분율은 처음 양의 1/4이다.

[09-01]

18 어떤 방사능 물질의 반감기가 10년이라면 10g의 물질이 20년 후에는 몇 g이 남는가?

① 2.5 ② 5.0
③ 7.5 ④ 10.0

20년 후는 두 번의 반감기 이후이므로 남아있는 분율은 처음 물질 질량의 1/4이다. 따라서 20년 후의 물질의 질량은 10g×(1/2)×(1/2) = 2.5g이다.

[08-01]

19 반감기가 5일인 미지 시료가 2g이 있을 때 10일이 경과하면 남은 양은 몇 g인가?

① 2 ② 1
③ 0.5 ④ 0.25

10일 후는 두 번의 반감기 이후이므로 남아있는 분율은 처음 물질 질량의 1/4이다. 따라서 10일 후의 물질의 질량은 2g×(1/2)×(1/2) = 0.5g이다.

[20-3, 06-02]

20 방사성 원소인 U(우라늄)이 다음과 같이 변화되었을 때의 붕괴 유형은?

$$^{238}_{92}U \rightarrow {}^{4}_{2}He + {}^{234}_{90}Th$$

① α 붕괴 ② β 붕괴
③ γ 붕괴 ④ R 붕괴

α 입자가 방출되는 핵붕괴 유형을 α-붕괴라고 한다. 반응 후 양성자 수 2 감소, 질량수 4 감소된 원소로 변한다.

[18-04, 15-02, 12-04, 09-04, 07-04]

21 방사능 붕괴의 형태 중 $^{226}_{88}Ra$이 α-붕괴할 때 생기는 원소는?

① $^{222}_{86}Rn$ ② $^{232}_{90}Th$
③ $^{232}_{91}Pa$ ④ $^{238}_{92}U$

핵반응 중 α-붕괴 반응은 헬륨 원자핵이 방출되므로 양성자 2개와 중성자 2개가 감소된다. 전체 원자핵의 질량수는 4만큼 감소되므로 생성되는 원소는 $^{222}_{86}Rn$이다.

정답 14 ③ 15 ③ 16 ① 17 ③ 18 ① 19 ③ 20 ① 21 ①

[08-02]

22 Np 방사성 원소가 β선을 1회 방출한 경우 생성 원소는? (단, Np의 원자 번호는 93이고, 질량수는 237이다)

① Pa ② U ③ Th ④ Pu

방사성 원소가 β–붕괴 반응하면 중성자가 양성자와 전자(β 입자)로 핵붕괴 반응을 한다.
$^{237}_{93}Np \rightarrow ^{237}_{94}Pu + \beta$

[14-02]

23 다음 핵화학 반응식에서 산소(O)의 원자 번호는 얼마인가?

$$^{14}_{7}N + ^{4}_{2}He(\alpha) \rightarrow O + ^{1}_{1}H$$

① 6 ② 7 ③ 8 ④ 9

핵화학 반응에서 각 원소의 양성자 수는 반응 전과 후가 같으므로 O의 원자 번호(= 양성자 수)는 8이다.

[13-04]

24 Be의 원자핵에 α 입자를 충돌시켰더니 중성자(n)가 방출되었다. 다음 반응식을 완결하기 위하여 ( ) 속에 알맞은 것은? (단, Be의 원자 번호는 4이고 질량수는 9이다)

$$Be + ^{4}_{2}He \rightarrow (\quad\quad) + ^{1}_{0}n$$

① Be ② B ③ C ④ N

핵융합 반응에서 양성자 수는 보존되므로 베릴륨과 헬륨의 핵융합 반응은 $^{9}_{4}Be + ^{4}_{2}He \rightarrow ^{12}_{6}C + ^{1}_{0}n$로 나타낼 수 있다.

[11-02]

25 Rn은 α선 및 β선을 2번씩 방출하고 다음과 같이 변했다. 마지막 Po의 원자 번호는 얼마인가? (단, Rn의 원자 번호는 86, 질량수는 222이다)

$$Rn \xrightarrow{\alpha} Po \xrightarrow{\alpha} Pb \xrightarrow{\beta} Bi \xrightarrow{\beta} Po$$

① 78 ② 81 ③ 84 ④ 87

α선 방출은 α 입자($^{4}_{2}He$, 헬륨 원자핵)가 방출되는 핵붕괴 반응으로 반응 후 양성자 수는 2, 질량수는 4 감소된다. β선 방출은 중성자가 양성자로 변하면서 β입자($^{0}_{-1}e$, 전자)가 방출되는 핵붕괴 반응으로 양성자 수 1 증가, 질량수는 보존된다. Rn에서 알파 붕괴되어 Po이 되는 핵반응식은 $^{222}_{86}Rn \rightarrow ^{218}_{84}Po + ^{4}_{2}He$이므로, Po의 원자 번호는 84이다.

[11-04]

26 우라늄 $^{235}_{92}U$는 다음과 같이 붕괴한다. 생성된 Ac의 원자 번호는?

$$^{235}_{92}U \xrightarrow{\alpha} Th \xrightarrow{\beta} Pa \xrightarrow{\alpha} Ac$$

① 87 ② 88
③ 89 ④ 90

- α–붕괴 핵반응 : $^{4}_{2}He$(헬륨 원자핵)방출, 양성자 수 2감소, 질량수 4감소
- β–붕괴 핵반응 : 중성자가 양성자와 전자(β 입자)로 붕괴, 양성자 수 1 증가, 질량수 보존

$^{235}_{92}U \xrightarrow{\alpha} ^{231}_{90}Th \xrightarrow{\beta} ^{231}_{91}Pa \xrightarrow{\alpha} ^{227}_{89}Ac$

∴ 원자 번호는 89이다.

[07-01]

27 어떤 방사성 원소를 함유하는 비료를 식물에 주었더니 며칠 후에 새로 나온 잎에서 방사능이 검출되었다. 비료 속의 방사성 원소는 β선을 방출하고 S로 변한다. 이 방사성 원소는 무엇인가?

① P ② S
③ K ④ Mg

β–붕괴 반응 시에 중성자가 양성자로 변하고 β 입자를 방출하면 양성자 수가 1 증가하고 질량수는 보존된다. 따라서 $^{32}_{16}S$로 변화되었다면 양성자 수가 15이고 질량수는 32인 원소 $^{32}_{15}P$이다.

[15-02]

28 sp^3 혼성 오비탈을 가지고 있는 것은?

① BF_3 ② $BeCl_2$
③ C_2H_4 ④ CH_4

CH_4에서 탄소는 sp^3 혼성 궤도함수를 이용하여 수소 원자 4개와 공유 결합한다.

정답 22 ④ 23 ③ 24 ③ 25 ③ 26 ③ 27 ① 28 ④

[14-01, 07-04]

29 다음 물질 중 sp^3 혼성 궤도 함수와 가장 관계가 있는 것은?

① CH_4 ② $BeCl_2$ ③ BF_3 ④ HF

CH_4에서 탄소는 sp^3 혼성 궤도함수를 이용하여 수소 원자 4개와 공유 결합한다.

[11-02]

30 sp^3 혼성궤도함수를 구성하는 것은?

① BF_3 ② CH_4 ③ PCl_5 ④ $BeCl_2$

CH_4에서 탄소는 sp^3 혼성 궤도함수를 이용하여 수소 원자 4개와 공유 결합한다.

[09-04]

31 CH_4에서 탄소의 혼성 궤도함수에 해당하는 것은?

① s ② sp ③ sp^2 ④ sp^3

[12-02]

32 수소 원자에서 선 스펙트럼이 나타나는 경우는?

① 들뜬 상태의 전자가 낮은 에너지 준위로 떨어질 때
② 전자가 같은 에너지 준위에서 돌고 있을 때
③ 전자 껍질의 전자가 핵과 충돌할 때
④ 바닥 상태의 전자가 들뜬 상태로 될 때

수소 원자의 전자 에너지 준위는 불연속적으로 존재하며 수소 원자의 전자가 높은 에너지 준위의 들뜬 상태에서 낮은 에너지 준위로 전이될 때 두 전자껍질의 에너지 차이에 해당하는 빛이 방출된다. 이 빛이 선 스펙트럼 형태로 나타난다.

[16-02, 13-02]

33 원자에서 복사되는 빛은 선 스펙트럼을 만드는데 이것으로부터 알 수 있는 사실은?

① 빛에 의한 광전자의 방출
② 빛이 파동의 성질을 가지고 있다는 사실
③ 전자껍질의 에너지의 불연속성
④ 원자핵 내부의 구조

선 스펙트럼은 원자 내부의 전자가 가질 수 있는 에너지 준위가 불연속적이라는 것을 의미한다.

[12-01]

34 한 원자에서 4개의 양자수가 똑같은 전자가 2개 이상 있을 수 없다는 이론은?

① 네른스트의 식
② 파울리 배타원리
③ 패러데이 법칙
④ 플랑크의 양자론

파울리 배타 원리는 1개의 오비탈에 전자가 최대 2개까지 채워질 수 있는데, 이때 전자의 스핀 방향은 서로 반대 방향이어야 한다. 따라서 스핀 양자수가 같은 전자는 같은 오비탈에 함께 배치될 수 없으므로 4개의 양자수가 똑같은 전자는 같은 오비탈에 있을 수 없다.

[10-04]

35 다음에서 설명하는 이론의 명칭으로 옳은 것은?

> 같은 에너지 준위에 있는 여러 개의 오비탈에 전자가 들어갈 때는 모든 오비탈에 분산되어 들어가려고 한다.

① 러더퍼드의 법칙 ② 파울리의 배타원리
③ 헨리의 법칙 ④ 훈트의 규칙

훈트의 규칙은 에너지 준위가 동일한 오비탈이 있을 때 홀전자 수가 최대가 되도록 배치하면 보다 안정한 전자 배치를 할 수 있다는 것을 의미한다.

[09-04]

36 다전자 원자에서 에너지 준위의 순서가 옳은 것은?

① 1s < 2s < 3s < 4s < 2p < 3p < 4p
② 1s < 2s < 2p < 3s < 3p < 3d < 4s
③ 1s < 2s < 2p < 3s < 3p < 4s < 4p
④ 1s < 2s < 2p < 3s < 3p < 4s < 3d

[16-01]

37 d 오비탈이 수용할 수 있는 최대 전자 수는?

① 6 ② 8
③ 10 ④ 14

오비탈 1개당 최대 2개의 전자를 수용할 수 있다.
s 오비탈 : 2개, p 오비탈 : 6개, d 오비탈 : 10개

정답 29 ① 30 ② 31 ④ 32 ① 33 ③ 34 ② 35 ④ 36 ④ 37 ③

[12-02]

38 Si 원소의 전자 배치로 옳은 것은?

① $1s^2 2s^2 2p^6 3s^2 3p^2$ ② $1s^2 2s^2 2p^6 3s^1 3p^2$
③ $1s^2 2s^2 2p^5 3s^1 3p^2$ ④ $1s^2 2s^2 2p^6 3s^2$

원소의 바닥 상태 전자 배치는 쌓음 원리, 파울리 배타 원리, 훈트 규칙을 만족시키는 전자 배치이다.

쌓음 원리	전자는 에너지 준위가 낮은 오비탈부터 순서대로 채워진다.
파울리 배타 원리	1개 오비탈에는 전자가 최대 2개까지 채워진다.
훈트 규칙	에너지 준위가 같은 오비탈이 여러 개 있을 때 가능한 한 쌍을 이루지 않는 전자 수가 많아지도록 전자가 채워진다.

Si는 원자 번호 14번으로 전자 수가 14개이다. 따라서 전자 수가 14개 채워진 $_{14}Si : 1s^2 2s^2 2p^6 3s^2 3p^2$이다.

[15-01, 07-01]

39 비활성 기체 원자 Ar과 같은 전자 배치를 가지고 있는 것은?

① Na^+ ② Li^+ ③ Al^{3+} ④ S^{2-}

Ar은 원자 번호 18인 18족 비활성 기체이다. 18개의 전자 배치를 이루고 있는 이온은 S^{2-}이다.
Ar : $1s^2 2s^2 2p^6 3s^2 3p^6$
① Na^+ : $1s^2 2s^2 2p^6$ ② Li^+ : $1s^2$
③ Al^{3+} : $1s^2 2s^2 2p^6$ ④ S^{2-} : $1s^2 2s^2 2p^6 3s^2 3p^6$

[14-01]

40 다음 중 전자 배치가 다른 것은?

① Ar ② F^- ③ Na^+ ④ Ne

$_{18}Ar : 1s^2 2s^2 2p^6 3s^2 3p^6$ (전자가 모두 18개)
$F^-, Na^+, Ne : 1s^2 2s^2 2p^6$ (전자가 모두 10개)

[12-04]

41 다음 반응에서 Na^+ 이온의 전자 배치와 동일한 전자 배치를 갖는 원소는?

$$Na + 에너지 \rightarrow Na^+ + e^-$$

① He ② Ne ③ Mg ④ Li

Na이 전자를 1개 잃고 양이온이 되면 전자 수가 10개가 되므로 비활성 기체 Ne과 같은 전자 배치를 이루게 된다.
$_{11}Na^+ : 1s^2 2s^2 2p^6$
$_{10}Ne : 1s^2 2s^2 2p^6$

[11-02]

42 Mg^{2+}와 같은 전자 배치를 가지는 것은?

① Ca^{2+} ② Ar ③ Cl^- ④ F^-

$Mg^{2+} : 1s^2 2s^2 2p^6$, $F^- : 1s^2 2s^2 2p^6$

[20-3, 11-04]

43 전자 배치가 $1s^2 2s^2 2p^6 3s^2 3p^5$인 원자의 M 껍질에는 몇 개의 전자가 들어 있는가?

① 2 ② 4 ③ 7 ④ 17

M 껍질(n = 3)에는 전자가 7개 들어 있다.

[08-04]

44 다음 중 비활성 기체의 전자 배치를 하고 있는 것은?

① $1s^2 2s^1$ ② $1s^2 2s^2 2p^2$
③ $1s^2 2s^2 2p^6$ ④ $1s^2 2s^2 2p^6 3s^1$

원자가 전자 수가 He을 제외하고 8이 될 때 옥텟 규칙을 만족하면서 비활성 기체(18족)의 전자 배치와 같아진다. $1s^2 2s^2 2p^6$의 전자배치는 비활성 기체 Ne의 전자배치이다.

[16-02]

45 원자가 전자배열이 $ns^2 np^2$인 것으로만 나열된 것은? (단, n은 2, 3이다)

① Ne, Ar ② Li, Na
③ C, Si ④ N, P

원자가 전자 수가 4이므로 14족 원소인 C, Si이다.

[08-04]

46 다음 중 원자가 전자의 배열이 $ns^2 np^3$인 것으로만 나열된 것은? (단, n은 2, 3, 4…이다)

① N, P, As ② C, Si, Ge
③ Li, Na, K ④ Be, Mg, Ca

원자가 전자 수가 5개이므로 15족 원소이다.

정답 38 ① 39 ④ 40 ① 41 ② 42 ④ 43 ③ 44 ③ 45 ③ 46 ①

[10-01]
47 ns^2np^5의 전자 배치를 가지지 않는 것은?

① F(원자 번호 9) ② Cl(원자 번호 17)
③ Se(원자 번호 34) ④ I(원자 번호 53)

원자가 전자 수가 7개인 17족 원소가 아닌 것은 4주기 16족 원소 Se이다.

[07-01]
48 어떤 원소 X의 바닥상태에서 2p 오비탈에 4개의 전자가 있으면 최외각 전자 수는 a개이고 홀전자 수(짝지어지지 않는 전자 수)는 b개다. a와 b에 해당하는 수는?

① a = 4, b = 2 ② a = 6, b = 2
③ a = 4, b = 4 ④ a = 6, b = 4

X : $1s^2 2s^2 2p_x^2 2p_y^1 2p_z^1$
최외각 전자 수 : 6개, 홀전자 수 : 2개
최외각 전자는 가장 바깥 껍질에 있는 전자이므로 원소 X의 최외각 전자는 주양자수 2번 껍질에 있는 전자이고 모두 6개이다. 바닥 상태의 전자 배치에서 훈트의 규칙에 의하여 동일한 에너지 준위($2p_x = 2p_y = 2p_z$)에 전자가 배치될 때 홀전자 수가 최대가 될 때 그 원자의 바닥 상태이므로 홀전자 수는 2개이다.

[07-02]
49 어떤 원자의 K, L, M 전자껍질에 전자가 완전히 채워진다면 이 원자가 가지는 전자의 총 수는 몇 개인가?

① 10 ② 18
③ 28 ④ 32

전자껍질에 최대 허용될 수 있는 전자 수는 $2n^2$개이다(단, 주양자수 = n). 따라서 이 원자는 K(2)L(8)M(18), 모두 2+8+18 = 28개의 전자가 채워진다.

[07-02]
50 다음 중 바닥상태의 칼슘의 제일 끝 전자가 수용될 수 있는 오비탈(에너지 준위가 가장 높은 오비탈)은?

① 3s ② 3p
③ 3d ④ 4s

$_{20}Ca$: $1s^2 2s^2 2p^6 3s^2 3p^6 4s^2$

[13-01]
51 주양자수가 4일 때 이속에 포함된 오비탈 수는?

① 4 ② 9
③ 16 ④ 32

오비탈수는 주양자수(n)의 n^2이므로 4^2 = 16이다.

[06-02]
52 주기율표에서 같은 족에 속하는 원소의 관계를 가장 올바르게 설명한 것은?

① 서로 비슷한 화학적 성질을 갖는다.
② 0족 기체는 이온화 에너지가 작다.
③ 원자 번호가 클수록 비금속성이 강해진다.
④ 원자번호가 클수록 원자반지름이 짧아진다.

같은 족의 원소들은 원자가 전자 수가 같고 화학적 성질이 유사하다.

[12-04, 10-01]
53 원자 번호가 7인 질소와 같은 족에 해당되는 원소의 원자 번호는?

① 15 ② 16
③ 17 ④ 18

N는 2주기 15족 원소이고, 15족인 원소는 원자 번호 15번 원소는 P이다.

[09-04, 06-04]
54 다음 중 산소와 같은 족의 원소가 아닌 것은?

① S ② Se
③ Te ④ Bi

산소(O) : 2주기 16족, 비스무트(Bi) : 6주기, 15족

[06-01]
55 다음 원소 중 제 3주기에 속하지 않는 것은?

① Si ② Se
③ S ④ Al

Se은 4주기 16족 원소이다.

정답 47 ③ 48 ② 49 ③ 50 ④ 51 ③ 52 ① 53 ① 54 ④ 55 ②

[15-04, 11-01, 07-01]
56 같은 주기에서 원자 번호가 증가할수록 감소하는 것은?

① 이온화 에너지 ② 원자 반지름
③ 비금속성 ④ 전기 음성도

같은 주기에서 원자 번호가 증가할수록 유효 핵전하가 증가하므로 원자 반지름은 감소한다.

[12-04]
57 주기율표에서 제 2주기에 있는 원소 성질 중 왼쪽에서 오른쪽으로 갈수록 감소하는 것은?

① 원자핵의 핵전하량 ② 원자의 전자의 수
③ 원자 반지름 ④ 전자껍질의 수

같은 주기에서 원자 번호가 클수록(왼쪽에서 오른쪽으로 갈수록) 핵전하량이 증가하고 전자와의 인력이 증가하여 원자 반지름은 감소한다.

[13-04]
58 옥텟 규칙(octet rule)에 따르면 게르마늄이 반응할 때 다음 중 어떤 원소의 전자 수와 같아지려고 하는가?

① Kr ② Si
③ Sn ④ As

게르마늄(Ge)은 4주기 원소로 4주기 18족 비활성 기체인 크립톤(Kr)과 같은 전자 배치로 안정해지려고 한다.

[14-01]
59 알칼리 금속이 다른 금속 원소에 비해 반응성이 큰 이유와 밀접한 관련이 있는 것은?

① 밀도가 작기 때문이다.
② 물에 잘 녹기 때문이다.
③ 이온화 에너지가 작기 때문이다.
④ 녹는점과 끓는점이 비교적 낮기 때문이다.

이온화 에너지가 작을수록 전자를 쉽게 잃고 양이온이 되어 다른 원자와 쉽게 화학 반응을 할 수 있다.

[11-01]
60 알칼리 금속에 대한 설명 중 틀린 것은?

① 칼륨은 물보다 가볍다.
② 나트륨의 원자 번호는 11이다.
③ 나트륨은 칼로 자를 수 있다.
④ 칼륨은 칼슘보다 이온화 에너지가 크다.

칼륨의 밀도(0.89g/cm^3)는 물의 밀도(1g/cm^3, 4℃)보다 작고 알칼리 금속은 칼로 자를 수 있을 정도로 무르다. 같은 주기에서 원자 번호가 클수록 핵전하량이 크므로 이온화 에너지가 증가하므로 4주기 1족 원소인 칼륨의 이온화 에너지가 2족 원소인 칼슘보다 작다.

[11-04]
61 다음과 같은 경향성을 나타내지 않는 것은?

Li < Na < K

① 원자번호 ② 원자반지름
③ 제1 이온화 에너지 ④ 전자 수

같은 족에서 이온화 에너지는 원자 번호가 증가할수록 전자껍질 수가 증가하여 핵과 원자가전자 사이의 인력이 감소하므로 이온화 에너지는 감소한다.

[08-01]
62 다음의 금속 원소를 반응성이 큰 순서부터 나열한 것은?

Na, Li, Cs, K, Rb

① Cs>Rb>K>Na>Li ② Li>Na>K>Rb>Cs
③ K>Na>Rb>Cs>Li ④ Na>K>Rb>Cs>Li

1족 알칼리 금속은 원자 번호가 클수록 반응성이 크다.

[13-02, 09-02, 06-04]
63 할로젠 원소에 대한 설명으로 옳지 않은 것은?

① 요오드의 최외각 전자는 7개이다.
② 할로젠 원소 중 원자 반지름이 가장 작은 원소는 F이다.
③ 염화이온은 염화은의 흰색 침전 생성에 관여한다.
④ 브롬은 상온에서 적갈색 기체로 존재한다.

브롬(Br_2) 상온에서 적갈색 액체로 존재한다.

정답 56 ② 57 ③ 58 ① 59 ③ 60 ④ 61 ③ 62 ① 63 ④

[13-04, 10-02]
64 염소 원자의 최외각 전자 수는 몇 개인가?

① 1 ② 2
③ 7 ④ 8

염소(Cl)는 17족 할로젠족 원소로 최외각 전자 수는 7개이다.

[16-01, 06-04]
65 다음 중 최외각 전자가 2개 또는 8개로서 불활성인 것은?

① Na과 Br ② N와 Cl
③ C와 B ④ He와 Ne

주기율표 18족 원소는 비활성 기체로 He의 최외각 전자는 2개, Ne의 최외각 전자는 8개이다.

[19-4, 12-01]
66 금속은 열, 전기를 잘 전도한다. 이와 같은 물리적 특성을 갖는 가장 큰 이유는?

① 금속의 원자 반지름이 크다.
② 자유 전자를 가지고 있다.
③ 비중이 대단히 크다.
④ 이온화 에너지가 매우 크다.

금속은 양이온이 되려는 경향이 큰 원소로 금속 원자에서 떨어져 나온 자유 전자와 금속 양이온이 금속 결합을 이루고 있으며 자유 전자는 유동성이 크기 때문에 쉽게 이동할 수 있어 열과 전기 전도성이 우수하다.

[12-02]
67 전이 원소의 일반적인 설명으로 틀린 것은?

① 주기율표의 17족에 속하며 활성이 큰 금속이다.
② 밀도가 큰 금속이다.
③ 여러 가지 원자가의 화합물을 만든다.
④ 녹는점이 높다.

주기율표의 17족에 속하는 원소는 비금속 원소인 할로젠족이다.

[06-01]
68 다음 주족 원소들에 대한 일반적인 특징을 나열한 것 중 옳지 않은 것은?

① 금속은 열 전도성과 전기 전도성이 있지만, 비금속은 없다.
② 금속은 낮은 이온화 에너지를 가지며, 비금속은 높은 이온화 에너지를 갖는다.
③ 금속의 산화물은 산성이며, 비금속의 산화물은 염기성이다.
④ 금속은 낮은 전기 음성도를 가지며, 비금속은 높은 전기 음성도를 갖는다.

금속 산화물은 염기성이며, 비금속 산화물은 주로 산성을 띤다.

[09-02]
69 다음 중 준금속(metalloid) 원소로만 이루어진 것은?

① B과 Si ② Sn과 Ag
③ Mn과 Sb ④ Pb과 Cu

준금속 원소는 금속과 비금속 원소의 중간적인 성질을 지닌 원소로 대표적으로 붕소(B), 규소(Si), 저마늄(Ge), 비소(As), 안티몬(Sb) 등이 있다.

[11-04]
70 다음 중 이온 상태에서의 반지름이 가장 작은 것은?

① S^{2-} ② Cl^{-}
③ K^{+} ④ Ca^{2+}

제시된 이온들은 이온 상태에서 전자 수가 18개로 모두 같다. 원자 번호가 클수록 핵전하량이 커지고 핵과 원자가 전자와의 인력이 증가하므로 이온 반지름은 원자 번호가 가장 큰 Ca^{2+} 이온이 가장 작다.

[10-01]
71 Li와 F를 비교 설명한 것 중 틀린 것은?

① Li은 F보다 전기 전도성이 좋다.
② F는 Li보다 높은 1차 이온화 에너지를 갖는다.
③ Li의 원자 반지름은 F보다 작다.
④ Li는 F보다 작은 전자 친화도를 갖는다.

같은 주기에서 원자 번호가 증가할수록 유효 핵전하량이 증가하므로 원자 반지름은 감소하므로 원자 반지름은 Li 〉 F이다. 전자 친화도는 같은 주기에서 원자 번호가 클수록 증가한다.

정답 64 ③ 65 ④ 66 ② 67 ① 68 ③ 69 ① 70 ④ 71 ③

[06-04]
72 다음 금속 중 양쪽성 원소가 아닌 것은?

① Al ② Zn ③ Sn ④ Cu

Cu는 양쪽성 원소가 아니다.

[10-01, 07-04]
73 다음 중 양쪽성 산화물에 해당하는 것은?

① NO_2 ② Al_2O_3
③ MgO ④ Na_2O

양쪽성 물질이란 산성과 염기성으로 모두 작용할 수 있는 물질로 아연, 주석, 알루미늄, 베릴륨의 산화물이 양쪽성 물질로 작용할 수 있다.

[13-04, 09-01, 08-01]
74 산성 산화물에 해당하는 것은?

① CaO ② Na_2O
③ CO_2 ④ MgO

산성 산화물이란 물과 반응하여 산을 만들거나 염기와 반응하여 염을 만드는 물질로 주로 비금속 원소의 산화물이 여기에 속한다. CO_2는 물에 녹아 H_2CO_3를 생성하는 산성 산화물이다.
$CO_2 + H_2O \rightarrow H_2CO_3$

[12-01]
75 다음 중 염기성 산화물에 해당하는 것은?

① 이산화탄소 ② 산화나트륨
③ 이산화규소 ④ 이산화황

염기성 산화물은 물과 반응하여 염기성을 만들거나 산과 반응하여 염을 생성하는 물질이다. 주로 금속의 산화물이 염기성 산화물이 된다. 산화나트륨은 물에 녹아 수산화나트륨을 생성한다.
$Na_2O + H_2O \rightarrow 2NaOH$

[15-01]
76 이온화 에너지에 대한 설명으로 옳은 것은?

① 바닥 상태에 있는 원자로부터 전자를 제거하는 데 필요한 에너지이다.
② 들뜬 상태에서 전자를 하나 받아들일 때 흡수하는 에너지이다.
③ 일반적으로 주기율표에서 왼쪽으로 갈수록 증가한다.
④ 일반적으로 같은 족에서 아래로 갈수로 증가한다.

이온화 에너지는 중성 원자에서 전자를 떼어낼 때 필요한 에너지로 같은 주기에서 원자 번호가 증가할수록 증가하고, 같은 족에서는 원자 번호가 증가할수록 감소한다.

[15-04]
77 다음 중 1차 이온화 에너지가 가장 작은 것은?

① Li ② O
③ Cs ④ Cl

이온화 에너지는 같은 족에서 원자 번호가 클수록, 같은 주기에서는 원자 번호가 작을수록 작다. 따라서 1족, 6주기 원소 Cs이 가장 작다.

[09-02]
78 각 원소의 1차 이온화 에너지가 큰 것부터 차례로 배열된 것은?

① Cl > P > Li > K ② Cl > P > K > Li
③ K > Li > Cl > P ④ Li > K > Cl > P

이온화 에너지는 같은 족에서 원자 번호가 클수록, 같은 주기에서는 원자 번호가 작을수록 작다.

[09-04, 07-04]
79 다음 중 1차 이온화 에너지가 가장 큰 것은?

① He ② Ne
③ Ar ④ Xe

같은 족에서 원자 번호가 증가할수록 이온화 에너지는 감소하는 경향성이 있다. 따라서 18족 비활성 기체의 경우에도 He의 이온화 에너지가 가장 크다.

[06-04]
80 다음 원자 중 이온화 에너지가 가장 큰 것은?

① 나트륨 ② 염소
③ 탄소 ④ 붕소

이온화 에너지는 같은 주기에서는 원자 번호가 클수록 증가하고, 같은 족에서는 원자 번호가 클수록 감소한다.

정답 72 ④ 73 ② 74 ③ 75 ② 76 ① 77 ③ 78 ① 79 ① 80 ②

SECTION **04**

열화학과 반응의 자발성

이 섹션에서는 열화학 반응식에서 반응열의 개념과 엔탈피 변화를 묻는 문항이 자주 출제되고 있다. 발열 반응과 흡열 반응의 개념을 잘 알아두고, 헤스의 법칙을 이용하여 화학 반응의 엔탈피 변화를 계산할 수 있어야 한다. 반응의 자발성은 엔트로피 변화를 이용하여 나타내는 것을 기출 문제를 이용하여 확실히 정리해 놓자.

01 열화학

1 열화학

(1) 반응열(Q) : 화학 반응 시 방출하거나 흡수하는 열

(2) 엔탈피(H) : 압력이 일정할 때 반응물과 생성물이 지니고 있는 화학에너지

(3) 엔탈피 변화(ΔH) : 화학 반응이 일어날 때 출입한 열이며 반응 엔탈피라고 함

① 반응 물질과 생성 물질의 엔탈피의 차이

② ΔH = 생성물의 엔탈피 − 반응물의 엔탈피

(4) 발열 반응과 흡열 반응

발열 반응	• 열이 발생되는 화학 반응 • $\Delta H<0,\ Q>0\ (\Delta H=-Q)$
흡열 반응	• 열이 흡수되는 화학 반응 • $\Delta H>0,\ Q<0\ (\Delta H=-Q)$

(5) 열용량(Q) : 물질의 온도를 1℃ 높이는 데 필요한 열량

$Q=n\times C_m\times\Delta T$ (n:몰수, C_m:몰 열용량, T:온도 변화)

2 열화학 반응식

(1) 정의 : 화학 반응식에 출입하는 열에너지 변화(반응 엔탈피)를 함께 나타낸 화학 반응식

예 $CH_4(g)+2O_2(g)\rightarrow CO_2(g)+2H_2O(l)+890.4kJ/mol$

$CH_4(g)+2O_2(g)\rightarrow CO_2(g)+2H_2O(l),\ \Delta H=-890.4kJ/mol$

위 반응은 $\Delta H<0$이므로 발열 반응이고, Q(반응열)로 화학 반응식에 표기할 때는 생성물 쪽에 (+) 부호로 나타낸다.

3 결합 에너지

(1) 정의 : 원자가 결합할 때 안정한 상태가 되면서 나오는 에너지

예 $H(g)+H(g)\rightarrow H_2(g),\ \Delta H=-436kJ/mol$

(2) 반응 엔탈피

ΔH = 반응물의 결합 에너지의 합 − 생성물의 결합 에너지의 합

4 헤스의 법칙

화학 반응이 일어날 때의 반응열은 한 단계로 일어나든지 여러 단계를 거쳐 일어나든지 처음 상태와 나중 상태가 같으면 출입하는 열량은 일정하다.

예
- $C(s)+O_2(g)\rightarrow CO_2(g),\quad \Delta H_1=-393.5kJ$
- $C(s)+\frac{1}{2}O_2(g)\rightarrow CO(g),\quad \Delta H_2=-110.5kJ$
- $CO(g)+\frac{1}{2}O_2(g)\rightarrow CO_2(g),\quad \Delta H_3=-283.0kJ$

$\therefore\ \Delta H_1=\Delta H_2+\Delta H_3$

02 반응의 자발성

1 자발적 변화와 비자발적 변화

① 자발적 변화 : 외부의 영향 없이 무질서도가 증가하는 방향으로 스스로 일어나는 변화

② 비자발적 변화 : 자발적으로 일어나지 않는 변화

2 엔트로피

① 무질서도의 척도로 기호 S로 나타낸다.

② 엔트로피가 증가하는 과정은 자발적인 반응이다.

③ 엔트로피의 변화
- $\Delta S=S_{나중}-S_{처음}$
- $\Delta S>0$, 엔트로피 증가(무질서도 증가)
- $\Delta S<0$, 엔트로피 감소(무질서도 감소)

3 자유 에너지 변화와 반응의 자발성

① 자유 에너지 변화 : $\Delta G = \Delta H - T\Delta S$

② 자유 에너지 변화에 대한 반응

- $\Delta G < 0$: 반응은 자발적
- $\Delta G > 0$: 반응은 비자발적

③ 자유 에너지와 화학 평형

- $\Delta G = 0$: 평형 상태
- $\Delta G = -RTInK$

(R : 8.314J/mol · K, T : 절대 온도, K : 평형 상수)

기출문제 | 기출문제로 출제유형을 파악한다!

[15-01, 07-01]

1 다음의 변화 중 에너지가 가장 많이 필요한 경우는?

① 100℃의 물 1몰을 100℃ 수증기로 변화시킬 때
② 0℃의 얼음 1몰을 50℃ 물로 변화시킬 때
③ 0℃의 물 1몰을 100℃의 물로 변화시킬 때
④ 0℃의 얼음 10g을 100℃의 물로 변화시킬 때

상태 변화 시에 수반되는 열에너지의 크기는 물질의 질량이 클수록, 온도 변화가 클수록 크다. 물의 상태 변화 중 기화시킬 때 에너지가 가장 많이 필요하다.

[15-02]

2 다음의 반응식에서 평형을 오른쪽으로 이동시키기 위한 조건은?

$$N_2(g) + O_2(g) \rightarrow 2NO(g) - 43.2kcal$$

① 압력을 높인다. ② 온도를 높인다.
③ 압력을 낮춘다. ④ 온도를 낮춘다.

주어진 열화학 반응식은 흡열 반응($\Delta H>0$, +43.2kcal)이므로 르샤틀리에 원리에 따라 온도를 높여주면 온도가 증가되는 것을 감소시키는 방향으로 반응이 진행되므로 생성물의 양을 증가시킬 수 있다.

[14-01, 07-01]

3 다음 반응식 중 흡열 반응을 나타내는 것은?

① $CO + \frac{1}{2}O_2 \rightarrow CO_2 + 68kcal$
② $N_2 + O_2 \rightarrow 2NO,\ \Delta H = +42kcal$
③ $C + O_2 \rightarrow CO_2,\ \Delta H = -94kcal$
④ $H + \frac{1}{2}O_2 - 58kcal \rightarrow CO_2 + H_2O$

엔탈피 변화가 $\Delta H<0$ 이면 발열 반응이고, $\Delta H>0$ 이면 흡열 반응이다.

[13-02]

4 표준상태에서의 생성 엔탈피가 다음과 같다고 가정할 때 가장 안정한 것은?

① $\triangle H_{HF} = -269kcal/mol$
② $\triangle H_{HCl} = -92.30kcal/mol$
③ $\triangle H_{HBr} = -36.2kcal/mol$
④ $\triangle H_{HI} = -25.21kcal/mol$

생성 엔탈피는 어떤 물질 1몰이 그 성분 원소의 가장 안정한 홑원소 물질로부터 생성될 때 출입하는 반응열을 뜻한다. 발열 반응의 엔탈피 변화는 $\Delta H<0$이고 방출되는 에너지가 클수록 안정한 물질이 생성된다.

[09-01]

5 화학반응에서 발생 또는 흡수되는 열량은 그 반응 전의 물질의 종류와 상태 및 반응 후의 물질의 종류와 상태가 결정되면 그 도중의 경로에는 관계가 없다는 법칙은?

① 반트-호프의 법칙 ② 르샤틀리에의 법칙
③ 아보가드로의 법칙 ④ 헤스의 법칙

[06-04]

6 1몰의 수소와 1몰의 염소가 완전히 반응하여 염화수소 기체를 만들 때 방출하는 열량은 얼마인가? (단, 결합에너지는 H-H : 104kcal/mol, Cl-Cl : 58kcal/mol, H-Cl : 103kcal/mol 이다)

① 44kcal/mol ② 59kcal/mol
③ 265kcal/mol ④ 368kcal/mol

$H_2 + Cl_2 \rightarrow 2HCl$
ΔH = 반응 물질의 결합 에너지의 합 − 생성 물질의 결합에너지의 합
= 104kcal+58kcal−2×103kcal=−44kcal
∴ 방출하는 열량은 44kcal이다.

[06-02]

7 다음 이원자 분자 중 결합에너지 값이 가장 큰 것은?

① H_2 ② N_2 ③ O_2 ④ F_2

결합 에너지는 두 원자가 결합을 이룰 때 방출하는 에너지로 결합 세기가 강할수록 많은 에너지를 방출한다. N_2는 질소 원자 사이에 삼중 결합을 이루고 있어 결합 에너지가 크다.

정답 1① 2② 3② 4① 5④ 6① 7②

[19-01, 12-04]

8 다음 반응식을 이용하여 구한 $SO_2(g)$의 몰 생성열은?

$S(s) + 1.5O_2(g) \rightarrow SO_3(g)$	$\Delta H° = -94.5kcal$
$2SO_2(s) + O_2(g) \rightarrow 2SO_3(g)$	$\Delta H° = -47kcal$

① -71kcal ② -47.5kcal
③ 71kcal ④ 47.5kcal

어떤 물질 1몰이 그 성분 원소의 가장 안정한 홑원소 물질로부터 생성될 때 출입하는 반응열을 생성열이라고 한다. 다음 화학 반응식에서 ①×2-②하면,

$S(s) + 1.5O_2(g) \rightarrow SO_3(g)$	$\Delta H° = -94.5kcal$	- ①
$2SO_2(s) + O_2(g) \rightarrow 2SO_3(g)$	$\Delta H° = -47kcal$	- ②
$2S(s) + 3O_2(g) \rightarrow 2SO_3(g)$	$\Delta H° = -94.5kcal \times 2$	- ①
$2SO_2(s) + O_2(g) \rightarrow 2SO_3(g)$	$\Delta H° = -47kcal$	- ②
$2S(s) + 2O_2(g) \rightarrow 2SO_2(s)$	$\Delta H° = -142kcal$	

따라서, 1몰 $SO_2(s)$의 생성열은 $-142kcal \div 2 = -71kcal$이다.

[06-04]

9 다음과 같이 에탄이 산소 중에서 연소하여 CO_2와 수증기로 될 때의 연소열을 계산하면 약 얼마인가?

$C2H_6(g) \rightarrow 2C(s) + 3H_2(g)$	$\Delta H = +20.4kcal$
$2C(s) + 2O_2(g) \rightarrow 2CO_2(g)$	$\Delta H = -188.0kcal$
$3H_2(g) + 3/2O_2(g) \rightarrow 3H_2O(g)$	$\Delta H = -173.0kcal$

① △H = -340.6kcal ② △H = 340.6kcal
③ △H = -35.4kcal ④ △H = 35.4kcal

연소열이란 어떤 물질 1몰이 완전 연소하여 안정한 생성물을 만들 때의 반응열이다. 헤스의 법칙을 이용하여 연소열을 계산하면 다음과 같다.

$C_2H_6(g) \rightarrow 2C(s) + 3H_2(g)$,	$\Delta H = +20.4kcal$	- ①
$2C(s) + 2O_2(g) \rightarrow 2CO_2(g)$,	$\Delta H = -188.0kcal$	- ②
$3H_2(g) + \frac{2}{3}O_2(g) \rightarrow 3H_2O(g)$,	$\Delta H = -173.0kcal$	- ③
$C_2H_6(g) + \frac{7}{2}O_2(g) \rightarrow 2CO_2(g) + 3H_2O(g)$		①+②+③

$\therefore \Delta H = 20.4 - 188.0 - 173.0 = -340kcal$

[16-02, 06-04]

10 대기압에 열린 실린더에 있는 1mol의 기체를 20℃에서 120℃까지 가열하면 기체가 흡수하는 열량은 약 몇 cal인가? (단, 이 기체 몰 열용량은 4.97cal/mol·K이다)

① 1 ② 100 ③ 497 ④ 7,601

$Q = n \times C_m \times \Delta T$ (n : 몰수, C_m : 몰 열용량, T : 온도)
$\therefore Q = 1mol \times 4.97cal/mol \cdot K \times 100K = 497cal$

[07-01]

11 다음 과정에서 엔트로피의 변화가 감소하는 것은?

① 얼음이 녹아서 물이 되는 과정
② 휘발유가 연소하여 CO_2와 H_2O로 되는 과정
③ TNT가 폭발하는 과정
④ 요오드 증기가 차가운 표면에 서려서 결정이 되는 과정

무질서도가 감소하면 엔트로피는 감소한다. 요오드 증기가 결정이 될 때 무질서도는 감소하므로 엔트로피는 감소한다.

[12-04]

12 25℃에서 다음 반응에 대하여 열역학적 평형 상수 값이 7.13이었다. 이 반응에 대한 △G° 값은 몇 kJ/mol인가?(단, 기체 상수 R은 8.314J/mol·K이다)

$$2NO_2(g) \rightarrow N_2O_4(g)$$

① 4.87 ② -4.87
③ 9.74 ④ -9.74

$\Delta G° = -RTlnK$이므로, $\Delta G° = -8.314J/mol \cdot K \times 298K \times ln7.13$
$\therefore \Delta G° = -4.87$

[12-02]

13 어떤 계가 평형 상태에 있을 때의 자유에너지 ΔG를 옳게 표현한 것은?

① $\Delta G < 0$ ② $\Delta G > 0$
③ $\Delta G = 0$ ④ $\Delta G = 1$

자유에너지 $\Delta G = 0$ 일 때 반응물과 생성물의 농도비가 일정한 평형 상태이다.

[19-4, 16-02]

14 다음은 열역학 제 몇 법칙에 대한 내용인가?

"0K(절대 영도)에서 물질의 엔트로피는 0이다."

① 열역학 제 0법칙 ② 열역학 제 1법칙
③ 열역학 제 2법칙 ④ 열역학 제 3법칙

정답 8 ① 9 ① 10 ③ 11 ④ 12 ② 13 ③ 14 ④

SECTION

05 용해도, 산과 염기, 산화·환원 반응

Industrial Engineer Hazardous Material

이 섹션에서는 물질의 용해도와 산과 염기의 농도 및 이온화도, 산화 환원 반응에서의 이동한 전자의 몰수나 반응물과 생성물의 양을 묻는 계산 문제가 주로 출제된다. 기출 문제의 유형에서 크게 벗어나지 않게 출제되고 있는 추세이므로 계산 문제 풀이 과정을 암기할 정도로 익혀두어 실전에 대비할 수 있도록 하자.

01 평형 상수

1 동적 평형 상태

반응물이 반응하는 속도와 생성물이 생성되는 속도가 동적 평형을 이루어 변화가 없는 것처럼 보이는 상태

2 평형 상수

① 일정한 온도와 압력에서 동적 평형을 이룰 때 반응물과 생성물 양의 비

② 평형 상수(K)

$aA + bB \rightarrow cC + dD$ (단, a~d는 반응 계수)

$$K = \frac{[C]^c[D]^d}{[A]^a[B]^b}$$

(단, [ ]는 물질의 몰 농도, 기체의 경우에는 분압을 의미함)

02 용해 평형과 용해도

1 용해 평형

① 의미 : 고체가 액체에 녹을 때 용해되는 속도와 석출되는 속도가 같아 동적 평형을 이루는 상태

② 용액

구분	설명
불포화 용액	포화 용액보다 용질이 적게 녹아 있는 상태의 용액
포화 용액	용질에 최대로 녹아 용해 평형을 이루는 상태의 용액
과포화 용액	포화 용액보다 용질이 더 녹아 있는 상태의 용액

③ 용해도곱 상수(K_{sp}) : 고체가 용액 내에서 녹아 성분 이온으로 나뉘는 반응에 대한 평형 상수

예 • $Hg_2Cl_2(S) \rightleftarrows Hg_2^{2+} + 2Cl^-$

• $K_{sp} = [Hg_2^{2+}]\,[Cl^-]^2 = 1.2\times10^{-18}$

• 용해도 구하기 :

$K_{sp} = [Hg_2^{2+}]\,[Cl^-]^2 = x\times(2x)^2 = 1.2\times10^{-18}$

$\therefore [Hg_2^{2+}] = \sqrt[3]{\frac{K_{sp}}{4}}$

④ 용액의 끓음

• 끓음 : 액체의 증기 압력이 외부 압력과 같아질 때 액체 표면과 내부에서 격렬하게 기포가 생기는 현상

• 끓는점 : 액체의 끓음 현상이 일어날 때의 온도

2 용해도

① 의미 : 일정한 온도에서 일정량의 용매에 최대로 녹을 수 있는 용질의 양

② 고체와 기체의 용해도

구분	설명
고체의 용해도	• 일정한 온도에서 용매 100g에 최대로 녹을 수 있는 용질의 g수 • 용매, 온도에 영향 • 대부분 고체는 용해될 때 흡열 반응이므로, 온도가 높아질수록 용해도 증가
기체의 용해도	• 용매, 온도, 압력의 영향을 받음 • 물에 기체가 용해될 때 대부분 발열 반응이므로, 온도가 낮아질수록 용해도 증가 • 기체의 압력이 커지면 기체의 용해도 증가

③ 헨리의 법칙

• 용해도가 작은 기체의 경우 일정한 온도와 일정량의 용매에 용해되는 기체의 질량은 기체의 부분 압력에 비례

• $w = kP$ (w : 용해되는 기체의 질량, k : 비례 상수, P : 기체의 부분 압력)

• 무극성 기체의 경우 헨리의 법칙에 잘 맞음(CO_2, H_2, N_2, O_2, CH_4 등)

03 산과 염기

1 산과 염기의 성질

(1) 일반적 성질

산	염기
신맛	쓴맛
금속과 반응하여 수소 기체 발생	미끈미끈거림
수용액에서 전해질로 작용	수용액에서 전해질로 작용
푸른색 리트머스 종이를 붉게 변화	붉은색 리트머스 종이를 푸르게 변화

(2) 아레니우스 산과 염기

산	• 수용액에서 수소이온(H^+)을 내놓는 물질 • HCl, HNO_3, H_2SO_4, CH_3COOH 등
염기	• 수용액에서 수산화이온(OH^-)을 내놓는 물질 • NaOH, KOH, $Ca(OH)_2$, $Ba(OH)_2$ 등

(3) 브뢴스테드 로우리 산과 염기

① 산 : H^+을 내놓는 물질

② 염기 : H^+을 받아들이는 물질

③ 짝산-짝염기

• H^+의 이동에 의해 산과 염기로 되는 1쌍의 물질

• $HCl(aq) + H_2O(l) \rightleftarrows Cl^-(aq) + H_3O^+(aq)$ (짝산) (짝염기)

④ 양쪽성 물질 : 산과 염기로 모두 작용할 수 있는 물질

• $HCl + H_2O \rightleftarrows Cl^- + H_3O^+$ (H_2O이 염기로 작용)

• $NH_3 + H_2O \rightleftarrows NH_4^+ + OH^-$ (H_2O이 산으로 작용)

(4) 루이스 산과 염기

① 산 : 전자쌍 받개

② 염기 : 전자쌍 주개

2 산과 염기의 세기

(1) 이온화도(α)와 pH

① 이온화도(α) : 전해질 용액에서 전체 전해질 몰수에 대한 이온화된 전해질의 몰수비

• 이온화도(α) $= \dfrac{\text{이온화된 전해질 몰수}}{\text{용해된 전해질 몰수}}$

• 동일한 농도를 갖는 산과 염기에서 이온화도가 클수록 강산, 강염기이다.

② pH : 수소 이온 농도 지수

• $pH = -\log[H^+]$

• pH 값이 작을수록 H^+의 농도가 크다.

• $Kw = [H^+][OH^-] = 1.0\times10^{-14}$, $14 = pH+pOH$

수용액의 액성	pH (25℃)
산성	pH<7
중성	pH=7
염기성	pH>7

(2) 이온화 상수

① 산의 이온화 상수(K_a) : 산 HA가 물에 녹아 이온화 평형을 이룰 때의 평형 상수

• $HA(aq) + H_2O(l) \rightarrow A^-(aq) + H_3O^+(aq)$

• $K_a = \dfrac{[A^-][H_3O^+]}{[HA]}$

② 염기의 이온화 상수(K_b) : 염기 B가 물에 녹아 이온화 평형을 이룰 때의 평형 상수

• $B(aq) + H_2O(l) \rightarrow BH^+(aq) + OH^-(aq)$

• $K_b = \dfrac{[BH^+][OH^-]}{[B]}$

③ $K_w = K_a \times K_b = 1.0\times10^{-14}$

(3) 이온화도(α)와 약산의 이온화 상수(K_a) 관계

① $K_a = \dfrac{[A^-][H_3O^+]}{[HA]} = \dfrac{C\alpha^2}{1-\alpha} \fallingdotseq C\alpha^2$

(약산이므로 $1-\alpha \fallingdotseq 1$이다. C : 농도)

② $\alpha = \sqrt{\dfrac{K_a}{C}}$

③ $[H_3O^+] = C\alpha = C\times\sqrt{\dfrac{K_a}{C}} = \sqrt{K_aC}$

3 중화 반응

(1) 의미 : 산과 염기가 반응하여 물과 염을 생성하는 반응

예 $HCl(aq) + NaOH(aq) \rightarrow NaCl(aq) + H_2O(l)$

① 알짜 이온 반응식 : $H^+(aq) + OH^-(aq) \rightarrow H_2O(l)$

② 중화 반응 양적 관계 : H^+과 OH^-의 반응 몰수비는 1 : 1이다.

$nMV = n'M'V'$

(n, n' : 산, 염기의 가수, M, M' : 몰 농도, V, V' : 수용액 부피)

(2) 중화 적정 : 중화 반응을 이용하여 농도를 알고 있는 표준 용액을 이용하여 미지의 산이나 염기의 농도를 구하는 방법

① 중화점 : 반응하는 H^+의 몰수와 OH^-의 몰수가 같아지는 점

② 중화 적정의 양적 관계 : $nMV = n'M'V'$

04 산화와 환원 반응

1 산화와 환원

산화	• 산소를 얻거나 전자를 잃는 반응 • 산화수가 증가하는 반응
환원	• 산소를 잃거나 전자를 얻는 반응 • 산화수가 감소하는 반응
산화제	자신은 환원되면서 다른 물질을 산화시키는 물질
환원제	자신은 산화되면서 다른 물질을 환원시키는 물질

2 산화수

(1) 의미

① 성분 원소의 산화나 환원된 정도를 나타낸 수

② 전자를 잃으면 '+' 산화수, 전자를 얻으면 '−' 산화수

(2) 산화수 규칙

① 원소나 홑원소 물질의 산화수는 0이다.

예 H_2, O_2, Fe 등에서 H, O, Fe의 산화수 : 0

② 화합물을 이루는 각 원자의 산화수 합은 0이다.

예 CO_2에서 C의 산화수 + O의 산화수×2 = 0,
C의 산화수 : +4, O의 산화수 : -2

③ 이온의 산화수는 그 이온의 전하와 같다.

예 Na^+의 산화수 : +1, Cl^-의 산화수 : -1

④ 다원자 이온의 산화수는 각 원자의 산화수 합과 다원자 이온의 전하와 같다.

예 SO_4^{2-}에서 S의 산화수 + O의 산화수×4 = -2,
S의 산화수 +6, O의 산화수 -2

⑤ 1족 금속, 2족 금속의 산화수는 화합물 속에서 각각 +1, +2이다.

예 NaCl에서 Na의 산화수는 +1, MgO에서 Mg의 산화수는 +2

⑥ 화합물에서 수소의 산화수는 +1이다.

• H_2O, HCl, CH_4에서 H의 산화수는 +1
• 단, 금속의 수소 화합물에서는 -1
• LiH, NaH에서 H의 산화수는 -1

⑦ 화합물에서 산소의 산화수는 -2이다.

• H_2O, CO_2, SO_2에서 산소의 산화수는 -2
• 단, H_2O_2에서 O의 산화수는 -1
• 단, OF_2에서 O의 산화수는 +2

3 금속의 산화와 환원

(1) 금속의 이온화 경향성 : 금속이 전자를 잃고 양이온이 되어 산화되기 쉬운 정도를 나타낸 것으로 다음과 같다.

K > Ca > Na > Mg > Al > Zn > Fe > Ni > Sn > Pb > (H) > Cu > Hg > Ag > Pt > Au

(2) 금속과 금속 이온의 반응 : 금속의 반응성이 큰 금속이 전자를 잃고(산화) 양이온이 되고, 금속의 반응성이 작은 금속이 전자를 얻어(환원) 금속으로 석출된다.

예 • $Zn + Cu^{2+} \rightarrow Zn^{2+} + Cu$
• $Fe^{2+} + Cu \rightarrow Fe + Cu^{2+}$ (반응이 일어나지 않음)

4 화학 전지

(1) 화학 전지 : 화학 에너지를 전기 에너지로 전환시키는 장치

① 전자의 이동 방향 : ⊖극에서 ⊕극 방향,
전류의 방향 : ⊕극에서 ⊖극 방향

② 전지 표시법 : ⊖극 | 전해질 용액 | ⊕극
('|'는 상 경계를 표시한다)

(2) 볼타 전지 : 금속 아연(Zn)과 구리(Cu)를 묽은 황산(H_2SO_4) 수용액에 담그고 도선으로 두 금속을 연결한 전지

① 전지 표시법 : Zn(s) | H_2SO_4(aq) | Cu(s)

② ⊖극 : $Zn \rightarrow Zn^{2+} + 2e^-$ (Zn의 산화)

③ ⊕극 : $2H^+(aq) + 2e^- \rightarrow H_2(g)$

④ 분극 현상 : ⊕극 표면이 H_2에 의해 전압이 급격히 떨어지는 현상으로 H_2O_2, MnO_2 등과 같은 산화제를 넣어 H_2를 물로 산화시켜 분극 현상을 방지한다.

(3) 다니엘 전지 : 금속 아연(Zn)과 황산 아연($ZnSO_4$) 수용액에 담그고, 구리(Cu)를 황산 구리(II)($CuSO_4$) 수용액에 담근 후 두 용액을 염다리로 연결하고 도선으로 두 금속을 연결한 전지

① 전지 표시법 : $Zn(s) \mid ZnSO_4(aq) \parallel CuSO_4(aq) \mid Cu(s)$

② ⊖극 : $Zn \rightarrow Zn^{2+} + 2e^-$ (Zn의 산화)

③ ⊕극 : $Cu^{2+}(aq) + 2e^- \rightarrow Cu(s)$ (Cu의 환원)

④ 염다리 역할 : 양쪽 용액이 전기적 중성을 유지할 수 있도록 이온의 이동 통로 역할

5 전지 전위

(1) 표준 환원 전위($E°$)

① 표준 수소 전극을 ⊕극으로 하여 얻은 다른 반쪽 전지의 환원 전위

② +부호의 환원 전위를 갖는 물질은 H^+보다 환원되기 쉽고, -부호의 환원 전위를 갖는 물질은 H^+보다 환원되기 어렵다.

③ 표준 환원 전위가 큰 물질이 ⊕전극이 된다.

(2) 표준 전지 전위($E°_{전지}$)

① $E°_{전지} = E°_{환원} - E°_{산화}$

② ⊕극 : $Cu^{2+}(aq) + 2e^- \rightarrow Cu(s) = +0.34V$

⊖극 : $Zn(s) \rightarrow Zn^{2+}(aq) + 2e^- = -0.76V$

$\therefore E°_{전지} = E°_{환원} - E°_{산화} = +0.34-(-0.76) = +1.10V$

6 전기 분해

(1) 전기 분해

① 전기 에너지를 이용하여 비자발적인 산화 환원 반응을 일으키는 과정

② ⊖극 : 환원 반응, ⊕극 : 산화 반응

(2) 전기 분해의 예

① 물의 전기 분해

- ⊖극 : $4H_2O + 4e^- \rightarrow 2H_2 + 4OH^-$
- ⊕극 : $2H_2O \rightarrow 2O_2 + 4H^+ + 4e^-$
- 전체 반응 : $2H_2O \rightarrow 2H_2 + O_2$

② NaCl 수용액의 전기 분해

- ⊖극 : $2H_2O + 2e^- \rightarrow H_2 + 2OH^-$
- ⊕극 : $2Cl^- \rightarrow Cl_2 + 2e^-$
- 전체 반응 : $2Cl^- + 2H_2O \rightarrow Cl_2 + H_2 + 2OH^-$

7 패러데이 법칙

① 전기 분해 시에 물질의 생성, 소모되는 양은 흘려준 전하량(q)에 비례한다.

② $CuSO_4$ 수용액의 전기 분해에서 흘려준 전하량이 96,500C일 때 전자 1몰에 대한 전하량이므로 석출되는 Cu는 0.5몰이다.

▶ 1F(패러데이) : 전자 1몰의 전하량≒96,500C

기출문제 | 기출문제로 출제유형을 파악한다!

[16-01]

1 3가지 기체 물질 A, B, C가 일정한 온도에서 다음과 같은 반응을 하고 있다. 평형에서 A, B, C가 각각 1몰, 2몰, 4몰이라면 평형상수 K의 값은?

$$A + 3B \rightarrow 2C + 열$$

① 0.5 ② 2
③ 3 ④ 4

평형 상수는 물질의 몰 농도와 반응 계수로 나타내므로

$K = \frac{[C]^2}{[A][B]^3} = \frac{4^2}{1 \cdot 2^3} = 2$이다.

[10-01]

2 고체상의 물질이 액체상과 평형에 있을 때의 온도와 액체의 증기압과 외부압력이 같게 되는 온도를 각각 옳게 표시한 것은?

① 끓는점과 어는점
② 전이점과 끓는점
③ 어는점과 끓는점
④ 용융점과 어는점

물질의 상평형에서 고체상과 액체상이 평형에 있을 때의 온도는 어는점이고, 액체의 끓음 현상이 일어날 때 즉, 액체의 증기압과 외부압력이 같게 될 때의 온도를 끓는점이라고 한다.

정답 01 ② 02 ③

[19-4, 10-04]

3 20℃에서 NaCl 포화용액을 잘 설명한 것은?
(단, 20℃에서 NaCl의 용해도는 36이다)

① 용액 100g 중에 NaCl이 36g 녹아 있을 때
② 용액 100g 중에 NaCl이 136g 녹아 있을 때
③ 용액 136g 중에 NaCl이 36g 녹아 있을 때
④ 용액 136g 중에 NaCl이 136g 녹아 있을 때

고체의 용해도는 일정한 온도에서 용매 100g 속에 최대로 녹을 수 있는 용질의 g수이므로, 용매 100g에 용질 36g이 녹아있는 용액의 질량은 136g이다.

[16-02]

4 질산칼륨을 물에 용해시키면 용액의 온도가 떨어진다. 다음 사항 중 옳지 않은 것은?

① 용해 시간과 용해도는 무관하다.
② 질산칼륨의 용해 시 열을 흡수한다.
③ 온도가 상승할수록 용해도는 증가한다.
④ 질산칼륨 포화 용액을 냉각시키면 불포화 용액이 된다.

질산칼륨이 물에 용해될 때 온도가 떨어지므로 흡열 반응이다. 따라서 온도를 높이면 용해도는 증가하고 고체의 용해도는 일반적으로 온도가 높을수록 증가하므로 용액을 냉각시키면 과포화 용액이 되거나 포화 용액이 되면서 질산칼륨이 석출된다.

[15-01, 08-01]

5 25℃의 포화용액 90g 속에 어떤 물질이 30g 녹아 있다. 이 온도에서 이 물질의 용해도는 얼마인가?

① 30	② 33
③ 50	④ 63

용해도란 주어진 온도에서 용매 100g에 포화된 용질의 질량(g)이다.
100g : xg = (90−30)g : 30g
∴ x = 50g

[12-01, 08-02]

6 어떤 온도에서 물 200g에 최대 설탕이 90g이 녹는다. 이 온도에서 설탕의 용해도는?

① 45	② 90
③ 180	④ 290

용해도는 일정한 온도에서 용매 100g에 최대로 녹을 수 있는 용질의 질량이다.
∴ 100g : xg = 200g : 90g이고, 용해도 x = 45g이다.

[11-02]

7 20℃에서 설탕물 100g 중에 설탕 40g이 녹아있다. 이 용액이 포화 용액일 경우 용해도(g/H_2O 100g)는 얼마인가?

① 72.4	② 66.7
③ 40	④ 28.6

용해도는 일정한 온도에서 용매 100g에 최대로 녹을 수 있는 용질의 g수로 설탕물 100g 중에 설탕이 40g이 들어있으므로 물의 양은 60g이다. 따라서 100g : x = 60g : 40g
∴ x = 66.7g이다.

[16-01]

8 다음의 그래프는 어떤 고체 물질의 용해도 곡선이다. 100℃ 포화 용액(비중 1.4) 100mL를 20℃의 포화 용액으로 만들려면 몇 g의 물을 더 가해야 하는가?

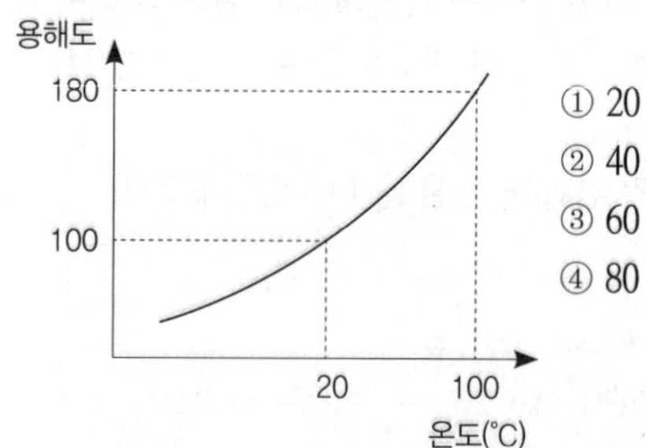

① 20
② 40
③ 60
④ 80

100℃ 포화 용액의 비중이 1.4이므로 100mL 용액의 질량은 140g이다. 100℃에서 용해도는 180이므로 용액 140g에 들어 있는 용질의 질량은 280 : 180 = 140 : x, x = 90g이다. 그렇다면 물의 질량은 50g이다. 20℃에서 용해도는 100이므로 포화 용액이 되려면 추가해야 하는 물의 질량은 100 : 100 = (50 + y) : 90, y = 40g이다.

[14-04]

9 KNO_3의 물에 대한 용해도는 70℃에서 130이며 30℃에서 40이다. 70℃의 포화용액 260g을 30℃로 냉각시킬 때 석출되는 KNO_3의 양은 얼마인가?

① 92g	② 101g
③ 130g	④ 153g

- 70℃에서 포화 용액 260g 속에 들어있는 KNO_3의 양 → 230g : 130g = 260g : x, x = 146g
- 포화 용액 260g 속에 들어 있는 물의 양 → 260g − 146g = 114g
- 30℃에서 용해도는 40이므로, 114g 물에 녹을 수 있는 용질의 양 → 100g : 40 = 114g : x, x = 45g

∴70℃에서 30℃로 냉각시킬 때 석출되는 KNO_3의 양 : 146g − 45g = 101g

정답 03 ③ 04 ④ 05 ③ 06 ① 07 ② 08 ② 09 ②

[15-02]

10 60℃에서 KNO_3의 포화용액 100g을 10℃로 냉각시키면 몇 g의 KNO_3가 석출되는가? (단, 용해도는 60℃에서 100g KNO_3/100g H_2O, 10℃에서 20g KNO_3/100g H_2O)

① 4 ② 40 ③ 80 ④ 120

용해도는 일정 온도에서 용매 100g에 녹을 수 있는 최대 용질의 양이다. 60℃에서 KNO_3의 용해도는 100이므로 60℃ 포화 용액 100g에는 물 50g에 KNO_3 50g이 녹아있다. 10℃에서 KNO_3의 용해도는 20g이므로 물 50g에는 KNO_3가 10g 녹을 수 있으므로, 석출되는 양은 50 −10 = 40g이다.

[07-02]

11 질산칼륨의 물에 대한 용해도는 40℃와 10℃에서 각각 60과 20이다. 40℃에서 포화용액 800g을 만들어 10℃까지 냉각하면 몇 g의 질산칼륨이 석출하겠는가?

① 100 ② 200 ③ 300 ④ 400

- 40℃에서 포화 용액 800g 속에 들어있는 KNO_3의 양 → 800g : xg = 160g : 60g, x = 300g
- 포화 용액 260g 속에 들어 있는 물의 양 → 800g − 300g = 500g
- 10℃에서 용해도는 20이므로, 500g 물 속에 녹을 수 있는 용질의 양 → 500g : xg = 100g : 20g, x = 100g

∴70℃에서 30℃로 냉각시킬 때 석출되는 KNO_3의 양 : 300g − 100g = 200g

[09-04]

12 질산나트륨의 물 100g에 대한 용해도는 80℃에서 148g, 20℃에서 88g이다. 80℃의 포화용액 100g을 70g으로 농축시켜서 20℃로 냉각시키면, 약 몇 g의 질산나트륨이 석출되는가?

① 29.4 ② 40.3 ③ 50.6 ④ 59.7

용해도는 일정한 온도에서 용매 100g에 최대로 녹을 수 있는 용질의 g수이다.

- 80℃ 질산나트륨 수용액 100g에 녹아 있는 질산나트륨의 질량 → 248g : 148g = 100g : x, x = 59.7g
- 20℃ 질산나트륨 수용액 70g에 녹아 있는 용질의 질량 → 100g : 88g = (70−59.7)g : y, y = 9.1g

∴ 석출되는 질산나트륨의 질량 : 59.7 − 9.1 = 50.6g

[08-01]

13 물 100g에 소금 30g을 넣어서 가열하여 완전히 용해시켰다. 이 용액을 전체 무게가 90g이 될 때까지 끓여 물을 증발시키고 20℃로 냉각하였을 때 석출되는 소금은 몇 g인가? (단, 20℃에서 소금의 용해도는 35이다)

① 9 ② 15
③ 21 ④ 25

- 용해도는 일정한 온도에서 용매 100g에 최대로 녹을 수 있는 용질의 g수이다.
- 용액 90g 속에 들어 있는 물의 양 : 90−30 = 60g
- 20℃에서 소금물 90g에 녹아 있는 용질의 질량 → 100g : 35g = 60g : y, y = 21g

∴ 석출되는 소금의 질량 : 30g − 21g = 9g

[13-01]

14 80℃와 40℃에서 물에 대한 용해도가 각각 50, 30인 물질이 있다. 80℃의 이 포화 용액 75g을 40℃로 냉각시키면 몇 g의 물질이 석출되겠는가?

① 25 ② 20
③ 15 ④ 10

- 80℃에서 용해도가 50이므로 75g 용액 속에는 150 : 50 = 75 : x, x = 25이다. 즉 80℃ 75g 용액 속에는 물 50g에 미지의 물질이 25g 녹아있다.
- 40℃에서 용해도가 30이므로 물 50g 속에는 100g : 30g = 50g : yg, y = 15g이다. 즉 40℃ 물 50g에는 미지의 물질이 15g 녹아있게 되는 것이다.

∴ 온도를 80℃에서 40℃로 낮추면 25−15 = 10g이 석출된다.

[12-01]

15 $PbSO_4$의 용해도를 실험한 결과 0.045g/L이었다. $PbSO_4$의 용해도곱 상수(Ksp)는? (단, $PbSO_4$의 분자량은 303.27이다)

① 5.5×10^{-2} ② 4.5×10^{-4}
③ 3.4×10^{-6} ④ 2.2×10^{-8}

$PbSO_4(s) \rightarrow Pb^{2+}(aq) + SO_4^{2-}(aq)$

용해도가 0.045g/L이고, 이것을 몰 농도로 환산하면

$\frac{0.045g/L}{303.27g/mol} = 1.48 \times 10^{-4}$M이다.

따라서 용해도곱 상수는 이온화 된 Pb^{2+}의 농도는 SO_4^{2-}의 농도와 동일하므로,

∴ $Ksp = [Pb^{2+}][SO_4^{2-}] = (1.48 \times 10^{-4})^2 = 2.20 \times 10^{-8}$

[08-04, 06-01]

16 탄산음료의 마개를 따면 기포가 발생한다. 이는 어떤 법칙으로 설명이 가능한가?

① 보일의 법칙
② 샤를의 법칙
③ 헨리의 법칙
④ 르샤틀리에의 법칙

정답 10 ② 11 ② 12 ③ 13 ① 14 ④ 15 ④ 16 ③

[15-01, 09-01]
17 다음 중 헨리의 법칙으로 설명되는 것은?

① 극성이 큰 물질일수록 물에 잘 녹는다.
② 비눗물은 0℃보다 낮은 온도에서 언다.
③ 높은 산 위에서는 물이 100℃ 이하에서 끓는다.
④ 사이다의 병마개를 따면 거품이 난다.

> ① 극성 물질은 극성인 물에 잘 녹는다.
> ② 용액의 녹는점은 순수한 용매의 어는점보다 낮다. 용액의 총괄성 중 어는점 내림 현상이다.
> ③ 끓음 현상은 액체의 증기 압력이 외부 압력과 같아질 때 분자가 액체 밖으로 빠져 나가는 현상으로 이때의 온도를 끓는점이라고 한다. 높은 산의 기압은 지상에서보다 낮으므로 100℃ 이하에서 끓게 된다.
> ④ 기체의 용해도는 일정 온도, 일정량의 용매에 대하여 기체의 부분 압력에 비례한다. 사이다 병마개를 따면 병 내부의 압력이 감소되어 기체의 용해도가 감소하여 녹아 있던 기체가 빠져나온다.

[06-04, 11-02]
18 탄산 음료수의 병마개를 열면 거품이 솟아오르는 이유를 가장 올바르게 설명한 것은?

① 수증기가 생성되기 때문이다.
② 이산화탄소가 분해되기 때문이다.
③ 용기 내부압력이 줄어들어 기체의 용해도가 감소하기 때문이다.
④ 온도가 내려가게 되어 기체의 포화 용해도가 감소하기 때문이다.

[14-02]
19 찬물을 컵에 담아서 더운 방에 놓아두었을 때 유리와 물의 접촉면에 기포가 생기는 이유로 가장 옳은 것은?

① 물의 증기 압력이 높아지기 때문에
② 접촉면에서 수증기가 발생하기 때문에
③ 방안의 이산화탄소가 녹아 들어가기 때문에
④ 온도가 올라갈수록 기체의 용해도가 감소하기 때문에

> 기체의 용해도는 온도가 높을수록 감소하므로 더운 방에 물의 접촉면에는 물속에 녹아 있던 기체가 빠져나오기 때문에 기포가 생긴다.

[15-04, 07-04, 06-02]
20 다음 중 헨리의 법칙이 가장 잘 적용되는 기체는?

① 암모니아 ② 염화수소
③ 이산화탄소 ④ 플루오르화수소

> 헨리의 법칙은 대체로 무극성 분자에 잘 적용된다. CO_2는 무극성 분자이고 NH_3, HCl, HF는 극성 분자이다.

[12-02]
21 압력이 P일 때 일정한 온도에서 일정량의 액체에 녹는 기체의 부피를 V라 하면 압력이 nP 일 때 녹는 기체의 부피는?

① V/n ② nV ③ V ④ n/V

> 헨리의 법칙에 따르면 일정한 온도에서 같은 양의 용매에 녹을 수 있는 기체의 부피는 압력에 관계없이 일정하다.

[15-04, 11-01]
22 산의 일반적 성질을 옳게 나타낸 것은?

① 쓴맛이 있는 미끈거리는 액체로 리트머스 시험지를 푸르게 한다.
② 수용액에서 OH^- 이온을 내놓는다.
③ 수소보다 이온화 경향이 큰 금속과 반응하여 수소를 발생한다.
④ 금속의 수산화물로서 비전해질이다.

> ①, ②는 염기의 일반적 성질이고 산은 금속과 반응하여 수소 기체를 발생시키며 금속의 수산화물은 $Mx(OH)y$는 금속의 종류에 따라 차이가 있지만 이온화하는 전해질이다.

[13-02, 07-04]
23 산(acid)의 성질을 설명한 것 중 틀린 것은?

① 수용액 속에서 H^+를 내는 화합물이다.
② pH값이 작을수록 강산이다.
③ 금속과 반응하여 수소를 발생하는 것이 많다.
④ 붉은색 리트머스 종이를 푸르게 변화시킨다.

> 산은 푸른색 리트머스 종이를 붉게 변화시킨다. 붉은색 리트머스 종이를 푸르게 변화시키는 것은 염기성 물질이다.

[09-04]
24 아레니우스의 이론에 의한 산 · 염기 정의에 따르면 다음 중 산에 해당하는 물질은?

① 물에 녹아 수소 이온을 내놓는 물질
② 물에 녹아 수소 이온을 받아들이는 물질
③ 물에 녹아 색깔이 변하는 물질
④ 물과 반응하지 않는 물질

> 아레니우스 산 염기 : 산은 물에 녹아 수소 이온(H^+)을 내놓는 물질이고, 염기는 물에 녹아 수산화 이온(OH^-)을 내놓는 물질이다.

정답 17 ④ 18 ③ 19 ④ 20 ③ 21 ③ 22 ③ 23 ④ 24 ①

[07-02]

25 아레니우스의 이론에 의한 산 · 염기 정의에 따르면 다음 반응에서 산에 해당하는 물질은?

$$CO_3^{2-} + H_2O \rightarrow HCO_3^- + OH^-$$

① H_2O와 HCO_3^- ② H_2O와 CO_3^{2-}
③ CO_3^{2-}와 HCO_3^- ④ CO_3^{2-}와 OH^-

• 아레니우스의 산 : 물에 녹아 H^+ 이온을 내놓는 물질
• 아레니우스의 염기 : 물에 녹아 OH^- 이온을 내놓는 물질

[06-04]

26 다음 중 산에 대한 설명으로 부적절한 것은?

① 비공유 전자쌍을 줄 수 있는 이온 또는 분자
② pH 값이 작을수록 산의 세기가 강함
③ 수소이온을 줄 수 있는 분자 또는 이온
④ 푸른 리트머스 종이를 붉게 변화시키는 것

루이스 산 염기 정의에 따르면 비공유 전자쌍 받개는 산이고, 비공유 전자쌍 주개는 염기이다.

[20-3, 14-01]

27 다음 중 물이 산으로 작용하는 반응은?

① $NH_4^+ + H_2O \rightarrow NH_3 + H_3O^+$
② $HCOOH + H_2O \rightarrow COOH^- + H_3O^+$
③ $CH_3COO^- + H_2O \rightarrow CH_3COOH + OH^-$
④ $HCl + H_2O \rightarrow H_3O^+ + Cl^-$

물은 양쪽성 물질로 반응하는 물질에 따라 산이나 염기로 모두 작용할 수 있다. 브뢴스테드-로우리 산 · 염기 정의에 따르면 H^+을 내놓는 물질은 산, H^+을 받는 물질은 염기이다.

[13-01, 10-04]

28 물이 브뢴스테드-로우리 산으로 작용한 것은?

① $HCl + H_2O \rightleftarrows H_3O^+ + Cl^-$
② $HCOOH + H_2O \rightleftarrows HCOO^- + H_3O^+$
③ $NH_3 + H_2O \rightleftarrows NH_4^+ + OH^-$
④ $3Fe + 4H_2O \rightleftarrows Fe_3O_4 + 4H_2$

브뢴스테드-로우리 산염기 정의에 의하면 H^+를 내놓는 물질은 산, H^+을 받는 물질은 염기이다. $NH_3 + H_2O \rightleftarrows NH_4^+ + OH^-$에서 H_2O은 H^+을 내놓는 산으로 작용한다.

[08-02, 07-01]

29 다음 반응식에서 브뢴스테드의 산 · 염기 개념으로 볼 때 산에 해당하는 것은?

$$H_2O + NH_3 \rightleftarrows OH^- + NH_4^+$$

① NH_3와 NH_4^+ ② NH_3와 OH^-
③ H_2O와 OH^- ④ H_2O와 NH_4^+

[15-01, 12-04, 10-01]

30 다음 중 수용액에서 산성의 세기가 가장 큰 것은?

① HF ② HCl ③ HBr ④ HI

할로젠화 수소 화합물의 산성의 세기는 할로젠족 원소와 수소의 결합 세기가 약할수록 수용액 속에서 수소 이온을 쉽게 이온화시켜 이온화도가 증가하여 센 산으로 작용할 수 있다. 따라서 전기 음성도가 작고 결합 세기가 가장 약한 HI가 가장 산성의 세기가 크고 산성의 크기는 HF < HCl < HBr < HI이다.

[15-04]

31 pH=12인 용액의 $[OH^-]$는 pH=9인 용액의 몇 배인가?

① 1/1,000 ② 1/100
③ 100 ④ 1,000

수용액에서 pH + pOH = 14이므로 pH = 12인 용액의 pOH = 2, pH = 9인 용액의 pOH = 5이다.
pOH = $-\log[OH^-]$이므로 $[OH^-]$의 농도비는 $\frac{10^{-2}}{10^{-5}}$ = 1000배이다.

[14-01]

32 어떤 용액의 $[OH^-] = 2\times10^{-5}M$ 이었다. 이 용액의 pH는 얼마인가?

① 11.3 ② 10.3 ③ 9.3 ④ 8.3

수용액에서 pH + pOH = 14이다.
pOH = $-\log[OH^-] = -\log[2\times10^{-5}] = 4.7$
∴ pH = 14 − pOH = 14 − 4.7 = 9.3

[19-4, 13-02]

33 $[H^+] = 2\times10^{-6}M$인 용액의 pH는 약 얼마인가?

① 5.7 ② 4.7
③ 3.7 ④ 2.7

pH = $-\log[H^+] = -\log[2\times10^{-6}] = 5.7$

정답 25 ① 26 ① 27 ③ 28 ③ 29 ④ 30 ④ 31 ④ 32 ③ 33 ①

[13-04]
34 0.001N-HCl의 pH는?

① 2 ② 3 ③ 4 ④ 5

HCl은 1가산이므로 0.001N 농도는 0.001M 농도와 같다.
$pH = -\log[H^+]$이고 HCl은 강산으로 거의 100%가 이온화 되므로 $pH = -\log[0.001] = 3$이다.

[18-04, 12-02]
35 다음 pH 값에서 알칼리성이 가장 큰 것은?

① pH = 1 ② pH = 6
③ pH = 8 ④ pH = 13

알칼리성은 수용액의 액성이 염기성을 의미하므로 pH 값이 클수록 염기성의 세기가 크다.

[11-01]
36 pH가 2인 용액은 pH가 4인 용액과 비교하며 수소 이온 농도가 몇 배인 용액이 되는가?

① 100배 ② 10배
③ 10^{-1}배 ④ 10^{-2}배

$pH = -\log[H^+]$이고 pH = 2인 용액은 $[H^+] = 10^{-2}$,
pH = 4인 용액은 $[H^+] = 10^{-4}$이다.
따라서 pH가 2인 용액은 pH가 4인 용액과 비교하면
수소 이온의 농도는 $\frac{10^{-2}}{10^{-4}}$ = 100배인 용액이 된다.

[11-04]
37 어떤 용액의 pH를 측정하였더니 4이었다. 이 용액을 1,000배 희석시킨 용액의 pH를 옳게 나타낸 것은?

① pH = 3 ② pH = 4
③ pH = 5 ④ $6 < pH < 7$

$pH = -\log[H^+]$이고, pH = 4이면 이 용액은 약산이다. pH =4일 때 $[H^+] = 10^{-4}$M이다. 이 용액을 1,000배 희석시키면 pH는 $6<pH<7$이다.

[10-01]
38 0.0016N에 해당하는 염기의 pH 값은?

① 2.8 ② 3.2
③ 10.28 ④ 11.2

1가 강염기라고 가정하면, 0.0016N = 0.0016M, $pOH = -\log[OH^-] = -\log[0.0016] = 2.8$
∴ pH = 14−2.8 = 11.2

[10-04]
39 0.001N-HCl의 pH는?

① 2 ② 3 ③ 4 ④ 5

HCl은 1가 산으로 0.001N = 0.001M이고,
$pH = -\log[H^+] = -\log[0.001] = 3$이다.

[08-01]
40 0.1N-HCl 1.0mL를 물로 희석하여 1,000mL로 하면 pH는 얼마가 되는가?

① 2 ② 3 ③ 4 ④ 5

HCl은 1가 산으로 0.1N 노르말 농도는 0.1M 몰 농도와 같다.
1.0mL 용액 중의 HCl 몰수는 0.1M×0.001L = 0.0001mol.
물로 희석하여 용액 1,000mL가 되면 용액의 몰 농도는 $\frac{0.0001mol}{1L}$
∴ $pH = -\log[H^+] = -\log[0.0001] = 4$이다.

[07-02]
41 0.05[몰/L]의 H_2SO_4 수용액의 pH는 얼마인가?

① 1 ② 2 ③ 3 ④ 4

H_2SO_4은 2가 산으로 H_2SO_4 1몰당 2몰의 수소 이온을 이온화시킬 수 있다. 0.05M의 수용액 속에는 수소 이온의 농도는 0.1M이고 $pH = -\log[0.1] = 1$이다.

[15-01, 07-04]
42 25℃에서 83% 해리된 0.1N HCl의 pH는 얼마인가?

① 1.08 ② 1.52 ③ 2.02 ④ 2.25

해리도(이온화도) $\alpha = \frac{\text{이온화된 전해질 몰수}}{\text{용해된 전해질 몰수}} = \frac{[H^+]}{0.1} = 0.83$이므로,
$[H^+] = 0.83 \times 0.1M$ ∴ $pH = -\log[0.83 \times 0.1] = 1.08$

[08-01]
43 다음 중에서 산성이 가장 강한 것은?

① $[H^+] = 2 \times 10^{-3}mol/L$
② pH = 3
③ $[OH] = 2 \times 10^{-3}mol/L$
④ pOH = 3

pH가 작을수록 산성의 세기가 크다.
① $[H^+] = 2 \times 10^{-3}mol/L : pH = -\log[2 \times 10^{-3}] = 2.7$
③ $[OH^-] = 2 \times 10^{-3}mol/L : pOH = -\log[2 \times 10^{-3}] = 2.7$
pH = 14−2.7 = 11.3
④ pOH = 3 : pH = 14−3 = 11

정답 34 ② 35 ④ 36 ① 37 ④ 38 ④ 39 ② 40 ③ 41 ① 42 ① 43 ①

[08-04]

44 0.1N HCl 10mL를 90mL의 증류수에 희석하였다. 이 용액의 pH값은 얼마인가?

① 1 ② 2
③ 3 ④ 4

0.1N HCl 용액의 몰 농도는 0.1M이고 10mL 중에 들어있는 HCl 몰수는 0.1M×0.01L = 0.001mol이다. 90ml의 증류수에 희석하였으므로 전체 용액의 부피는 100mL이다.
희석 후 HCl의 몰농도는 $\frac{0.001mol}{0.1L}$ = 0.01M이고,
HCl은 강산이므로 수용액의 $[H^+]$은 0.01M이다.
∴ pH = −log[0.01] = 2이다.

[06-01]

45 pH가 10.7인 용액에서의 수산화 이온(OH^-)의 농도는 얼마인가? (단, log2 = 0.3이다)

① 0.01M ② 0.003M
③ 0.0005M ④ 0.00007M

pOH = 14−pH = 14−10.7 = 3.3
∴ $[OH^-] = 10^{-3.3} = 5\times10^{-4}$

[19-01, 15-04, 06-04]

46 다음 중 수용액의 pH가 가장 작은 것은?

① 0.01N HCl ② 0.1N HCl
③ 0.01N CH_3COOH ④ 0.1N NaOH

수소 이온의 농도가 클수록 pH 값이 작다. 0.1N NaOH의 pH는 pOH = −log[0.1] = 1이고, pH = 13이다. 0.1N HCl의 pH = −log[0.1] = 1로 가장 작다.

[06-02]

47 다음 중 pH 값이 가장 큰 것은?

① 0.01N HCl ② $[H^+]=10^{-8}$
③ pH=4 ④ pOH=9

① pH = −log[0.01] = 2
② pH = $-\log[10^{-8}]$ = 8
④ pH = 14−9 = 5

[14-01, 06-04]

48 다음 중 용액의 전리도가 가장 커지는 경우는?

① 농도와 온도가 일정할 때
② 농도가 진하고 온도가 높을수록
③ 농도가 묽고 온도가 높을수록
④ 농도가 진하고 온도가 낮을수록

용액의 이온화도(전리도), $\alpha = \sqrt{\frac{K}{C}}$ 으로 나타낼 수 있다.
농도(C)가 작을수록, 평형 상수(K, 이온화 상수)가 클수록(용액에서 평형 상수는 대체로 온도가 높을수록 증가) 이온화도는 커진다.

[11-02]

49 0.1N 아세트산 용액의 전리도(α)가 0.01이라고 하면 이 아세트산 용액의 pH는?

① 0.5 ② 1
③ 1.5 ④ 3

아세트산은 1가 산으로 수용액 0.1N 농도는 0.1M과 같다. 아세트산 수용액의 수소 이온 농도는 전리도(이온화도, α)를 이용하여 다음과 같이 나타낼 수 있다.
$[H^+] = \alpha \cdot C = 0.01\times0.1M = 0.001M$
∴ pH = −log[0.001] = 3

[08-01]

50 0.1M 아세트산 용액의 전리도를 구하면 약 얼마인가?(단, 아세트산의 전리 상수는 1.8×10^{-5}이다.)

① 1.8×10^{-5}
② 1.8×10^{-2}
③ 1.3×10^{-5}
④ 1.3×10^{-2}

약한 산의 이온화도(전리도) α와 전리 상수(이온화 상수) K_a와의 관계식은 $\alpha = \sqrt{\frac{K_a}{C}}$이다. (단, C는 용액의 몰 농도이다.)
∴ $\alpha = \sqrt{\frac{1.8\times10^{-5}}{0.1}}$ = 0.013이다.

[19-4, 07-02]

51 상온에서 1L의 순수한 물이 전리되었을 때 $[H^+]$과 $[OH^-]$는 각각 얼마나 존재하는가? (단, $[H^+]$과 $[OH^-]$ 순이다)

① $1.008\times10^{-7}g$, $17.008\times10^{-7}g$
② $1000\times\frac{1}{18}g$, $1000\times\frac{17}{18}g$
③ $18.016\times10^{-7}g$, $18.016\times10^{-7}g$
④ $1.008\times10^{-14}g$, $17.008\times10^{-14}g$

$H_2O(l) \rightarrow H^+(aq) + OH^-(aq)$
$Kw = [H^+][OH^-] = 1.0\times10^{-14}$, $[H^+] = 1.0\times10^{-7}$, $[OH^-] = 1.0\times10^{-7}$
수소 이온과 수산화 이온의 몰 농도를 질량으로 환산하면 다음과 같다.
$H^+: 1g/mol\times1.0\times10^{-7}mol/L = 1.0\times10^{-7}g$
$OH^-: 17g/mol\times1.0\times10^{-7}mol/L = 17\times10^{-7}g$

정답 44 ② 45 ③ 46 ② 47 ② 48 ③ 49 ④ 50 ④ 51 ①

[13-01, 10-04]

52 10.0mL의 0.1M-NaOH을 25.0mL의 0.1M-HCl에 혼합하였을 때 이 혼합 용액의 pH는 얼마인가?

① 1.37 ② 2.82
③ 3.37 ④ 4.82

NaOH과 HCl은 1:1로 중화 반응하므로 0.1M NaOH 10mL에서 OH^-의 몰수는 0.001몰, 0.1M HCl 25mL H^+의 몰수는 0.0025몰이다.
따라서 중화점 이후에는 H^+이 0.0015몰 남아있게 되고, 중화 반응 이후 용액의 전체 부피는 10mL+25mL = 35mL가 되므로
수소 이온의 몰농도는 $[H^+] = \frac{0.0015mol}{0.035L} = 0.0429M$이고,
$pH = -log[H^+] = -log[0.0429] = 1.37$이다.

[16-01]

53 0.01N NaOH 용액 100mL에 0.02N HCl 55mL를 넣고 증류수를 넣어 전체 용액을 1000mL로 한 용액의 pH는?

① 3 ② 4
③ 10 ④ 11

- NaOH의 몰수 : 0.01×0.1 = 0.001몰
- HCl의 몰수 : 0.02×0.055 = 0.0011몰

중화 반응 후 용액에는 H^+이 0.0001몰 존재하고 1000mL로 희석하면 H^+의 몰 농도(M)는 0.0001M이 된다. 따라서 $pH = -log[H^+] = 4$이다.

[08-04]

54 0.5M HCl 100mL와 0.1M NaOH 100mL를 혼합한 용액의 pH는 약 얼마인가?

① 0.3 ② 0.5
③ 0.7 ④ 0.9

NaOH과 HCl은 1:1로 중화 반응하므로 0.5M HCl 100mL H^+의 몰수는 0.05몰이고, 0.1M NaOH 100mL에서 OH^-의 몰수는 0.01몰이다. 따라서 중화점 이후에는 H^+이 0.04몰 남아있게 되고, 중화 반응 이후 용액의 전체 부피는 100mL+100mL = 200mL가 되므로
수소 이온의 몰 농도는 $[H^+] = \frac{0.04mol}{0.2L} = 0.2M$이고,
$pH = -log[H^+] = -log[0.2] = 0.7$이다.

[09-02, 07-04]

55 0.1N HCl 100mL 용액에 수산화나트륨 0.16g을 넣고 물을 첨가하여 1L로 만든 용액의 pH값은 약 얼마인가? (단, Na의 원자량은 23이다)

① 2.22 ② 2.79
③ 3.22 ④ 3.79

0.1N HCl의 몰 농도는 0.1M이고 100mL에 들어있는 H^+의 몰수는 0.01mol이다. 수산화나트륨 0.16g은 OH^-의 몰수는 $\frac{0.16}{40} = 4\times10^{-3}$ mol이므로 두 용액을 혼합하여 중화 반응을 하면 H^+과 OH^-이 1:1로 반응하므로 중화 반응 후 H^+이 0.01−0.004 = 0.006mol 용액 속에 남아있게 되어 산성 용액이 된다.
이 용액의 $[H^+] = \frac{0.006mol}{1L} = 6\times10^{-3}M$이다.
$\therefore pH = -log[H^+] = -log[6\times10^{-3}] = 2.22$이다.

[10-02]

56 다음 중 산성이 가장 약한 산은?

① HCl ② H_2SO_4
③ H_2CO_3 ④ CH_3COOH

제시된 화합물 중 H_2CO_3 pka = 6.35인 물질로 가장 약한 산성을 띤다.

[09-01]

57 다음 화합물의 0.1mol 수용액 중에서 가장 약한 산성을 나타내는 것은?

① H_2SO_4 ② HCl
③ CH_3COOH ④ HNO_3

CH_3COOH은 약한 산성 물질이다.

[16-01]

58 염(salt)을 만드는 화학 반응식이 아닌 것은?

① $HCl + NaOH \rightarrow NaCl + H_2O$
② $2NH_4OH + H_2SO_4 \rightarrow (NH_4)_2SO_4 + 2H_2O$
③ $CuO + H_2 \rightarrow Cu + H_2O$
④ $H_2SO_4 + Ca(OH)_2 \rightarrow CaSO_4 + 2H_2O$

산과 염기의 중화 반응에서는 물과 염이 생성된다.

[18-02, 08-02]

59 다음 중 산성염으로만 나열된 것은?

① $NaHSO_4$, $Ca(HCO_3)_2$
② Ca(OH)Cl, Cu(OH)Cl
③ NaCl, Cu(OH)Cl
④ Ca(OH)Cl, $CaCl_2$

산성염 : 산성인 수소를 포함하고 있는 염

정답 52 ① 53 ② 54 ③ 55 ① 56 ③ 57 ③ 58 ③ 59 ①

[06-02]

60 중화 적정 실험 중 미지의 농도 황산 20mL에 실험자의 실수로 1N-HCl 25mL을 넣었다. 이때 두 혼합산을 중화하는데 3N-NaOH 용액 40mL가 소비되었다면 황산의 농도는 몇 N인가?

① 3　② 3.75　③ 4　④ 4.75

> 미지의 황산 농도를 C라고 하면, 황산 용액과 염산 혼합 용액의 총 H^+ 이온 몰수와 중화 반응에 사용된 NaOH 용액의 OH^- 몰수는 같다.
> $C \times 0.02 + 1N \times 0.025L = 3N \times 0.04L$ ∴ $C = 4.75N$

[11-04, 07-04]

61 불순물로 식염을 포함하고 있는 NaOH 3.2g을 물에 녹여 100mL로 한 다음 그 중 50mL를 중화하는데 1N의 염산이 20mL 필요했다. 이 NaOH의 농도는 약 몇 wt%인가?

① 10　② 20　③ 33　④ 50

> 염산은 1가 산이므로 1N 농도는 몰 농도 1M이다.
> NaOH 용액을 중화하는데 사용된 염산은 $1M \times 0.02L = 0.02mol$이고, 50mL NaOH 용액 속에 들어있는 OH^-의 몰수는 0.02mol이다. 따라서 처음 NaOH 100mL 용액 속에는 NaOH 0.04mol, $40g/mol \times 0.04mol = 1.6g$이 들어있으므로 불순물을 포함한 시료 3.2g 속에 1.6g이 들어있는 것이다.
> ∴ 시료 속의 NaOH의 wt%는 $\frac{1.6g}{3.2g} \times 100\% = 50\%$이다.

[08-02]

62 0.01N의 HCl 수용액 40mL에 NaOH 수용액으로 중화적정 실험을 하였더니 NaOH 20mL가 소모되었다. 이때 NaOH의 농도는 몇 N인가?

① 0.01　② 0.1　③ 0.02　④ 0.2

> 1가 산과 1가 염기의 노르말 농도와 몰 농도는 같고, HCl과 NaOH는 1:1의 몰수비로 중화 반응을 한다. 0.01N HCl 수용액 40mL에 들어 있는 H^+의 몰수는 $0.01M \times 0.04L = 0.0004$ mol, OH^-의 몰수도 0.0004 mol이어야 하므로,
> NaOH의 몰농도는 $\frac{0.0004mol}{0.02L} = 0.02M$이다.
> ∴ NaOH의 노르말 농도는 0.02N이다.

[08-04]

63 농도를 모르는 황산 용액 20mL가 있다. 이것을 중화시키려면 0.2N의 NaOH 용액이 10mL가 필요하다. 황산의 몰농도는 몇 M인가?

① 0.01　② 0.02
③ 0.05　④ 0.10

> H_2SO_4는 2가 산이므로 1가 염기 NaOH와 중화 반응하는 몰수비는 $H_2SO_4 : NaOH = 1:2$이다. NaOH의 OH^-의 몰수가 $0.2M \times 0.01L = 0.002mol$이므로 중화 반응하는 황산 용액 20mL 중의 H^+의 몰수는 0.002mol이다.
> 따라서 중화 반응하는 황산의 몰수는 0.001mol이고,
> 황산 용액의 몰 농도는 $\frac{0.001mol}{0.02L} = 0.05M$이다.

[06-01]

64 농도를 모르는 산의 용액 A가 있다. 이것을 20mL 취하여 0.4N의 염기의 용액 B를 15.4mL 가하니 알칼리성으로 되었다. 다시 0.2N의 산의 용액 C를 2.8mL 넣으니 정확히 중화되었다면 최초의 산(A)의 농도(N)는 얼마인가?

① 0.27　② 1.27
③ 2.47　④ 4.28

> 농도를 모르는 산 용액 A의 노르말 농도를 C라고 하면,
> • 넣어준 염기성 용액의 OH^-의 총 몰수:
> $0.4 \times 0.0154 = 6.16 \times 10^{-3}mol$
> • 중화 반응한 H^+ 총 몰수:
> $C \times 0.02L + 0.2 \times 0.0028L = 6.16 \times 10^{-3}mol$
> 산과 염기가 모두 중화 반응하였으므로 H^+의 몰수와 OH^-의 몰수는 같다. ∴ $C = 0.27N$

[09-04]

65 미지농도의 염산 용액 100mL를 중화하는데 0.2N NaOH 용액 250mL가 소모되었다. 이 염산의 농도는 몇 N인가?

① 0.05　② 0.2
③ 0.25　④ 0.5

> 염산 용액의 몰 농도를 M이라고 하면, 완전 중화 될 때 H^+의 몰수와 OH^-의 몰수는 같다. $M \times 0.1L = 0.2M \times 0.25L$, ∴ $M = 0.5M$

[13-02, 09-02]

66 다음 중 완충용액에 해당하는 것은?

① CH_3COONa와 CH_3COOH
② NH_4Cl와 HCl
③ CH_3COONa와 NaOH
④ HCOONa와 Na_2SO_4

> 완충 용액이란 약산과 그 약산의 짝염기가 함께 섞여 있거나, 약염기와 그 약염기의 짝산이 함께 섞여 있으면 산이나 염기를 가해도 pH가 크게 변하지 않는 완충 효과를 보이는 용액이다. CH_3COO^-은 약산인 CH_3COOH의 짝염기이므로 완충 용액이다.

정답 60 ④ 61 ④ 62 ③ 63 ③ 64 ① 65 ④ 66 ①

[16-01]

67 pH에 대한 설명으로 옳은 것은?

① 건강한 사람의 혈액의 pH는 5.7이다.
② pH 값은 산성 용액에서 알칼리성 용액보다 크다.
③ pH가 7인 용액에 지시약 메틸 오렌지를 넣으면 노란색을 띤다.
④ 알칼리성 용액은 pH가 7보다 작다.

> 혈액의 pH는 7.4 정도의 약알칼리성이고 pH 값이 작을수록 산의 세기가 크다. 메틸 오렌지의 변색 범위는 pH 3.1(빨)~4.5(노)이고 4.5 이상에서는 서서히 노란색으로 변한다.

[14-01, 06-04]

68 지시약으로 사용되는 페놀프탈레인 용액은 산성에서 어떤 색을 띠는가?

① 적색 ② 청색 ③ 무색 ④ 황색

> 페놀프탈레인 : 산성(무색), 중성(무색), 염기성(붉은색)

[10-02]

69 다음 중 산성 용액에서 색깔을 나타내지 않는 것은?

① 메틸오렌지 ② 페놀프탈레인
③ 메틸레드 ④ 티몰블루

> 페놀프탈레인은 산성 용액에서 무색이다.

[09-01]

70 산·염기 지시약인 페놀프탈레인의 pH 변색 범위는?

① 3.5~4.5 ② 3.5~6.5
③ 4.5~8.0 ④ 8.3~10.0

> 페놀프탈레인의 pH 변색 범위는 8.3~10.0이다.

[12-01]

71 발연 황산이란 무엇인가?

① H_2SO_4의 농도가 98% 이상인 거의 순수한 황산
② 황산과 염산을 1:3의 비율로 혼합한 것
③ SO_3를 황산에 흡수시킨 것
④ 일반적인 황산을 총괄

> 삼산화황(SO_3) 다량을 97~98%의 진한 황산에 흡수시킨 것으로 SO_3의 증기를 발하고 흰 연기를 내므로 발연 황산이란 이름으로 불린다.

[14-02]

72 다음 산화수에 대한 설명 중 틀린 것은?

① 화학결합이나 반응에서 산화, 환원을 나타내는 척도이다.
② 자유원소 상태의 원자의 산화수는 0이다.
③ 이온결합 화합물에서 각 원자의 산화수는 이온 전하의 크기와 관계없다.
④ 화합물에서 각 원자의 산화수는 총합이 0이다.

> 이온의 산화수는 이온의 전하와 같다.
> 예) Na^+의 산화수 : +1, O^{2-}의 산화수 : −2

[12-01, 10-04]

73 산화–환원에 대한 설명 중 틀린 것은?

① 한 원소의 산화수가 증가하였을 때 산화되었다고 한다.
② 전자를 잃는 반응을 산화라 한다.
③ 산화제는 다른 화학종을 환원시키며, 그 자신의 산화수는 증가하는 물질을 말한다.
④ 중성인 화합물에서 모든 원자와 이온들의 산화수의 합은 0이다.

> 산화제는 다른 화학종을 산화시키고 자신은 환원되는 물질을 말한다. 환원 반응에서 산화수는 감소한다.

[09-01]

74 다음 산화·환원에 관한 설명 중 틀린 것은?

① 산화수가 감소하는 것은 산화이다.
② 산소와 화합하는 것은 산화이다.
③ 전자를 얻는 것은 환원이다.
④ 양성자를 잃는 것은 산화이다.

> 산화수가 증가하는 반응이 산화 반응이다.

[06-01]

75 산화에 해당되지 않는 것은?

① 산화수가 증가할 때
② 물질이 산소와 화합할 때
③ 수소 화합물이 수소를 잃을 때
④ 원자나 원자단 또는 이온이 전자를 얻을 때

> 전자를 얻는 반응은 환원 반응이다.

정답 67 ③ 68 ③ 69 ② 70 ④ 71 ③ 72 ③ 73 ③ 74 ① 75 ④

[20-3, 15-01]

76 다음 중 밑줄 친 원소 중 산화수가 +5인 것은?

① $Na_2\underline{Cr}_2O_7$　② $K_2\underline{S}O_4$
③ $K\underline{N}O_3$　④ $\underline{Cr}O_3$

중성 화합물의 산화수의 합은 0이고 1족 금속 원소 K의 산화수는 +1, O의 산화수는 −2이므로, N의 산화수는 $+1+x+(-2\times3)=0$, $\therefore x=+5$이다.

[15-02]

77 밑줄 친 원소의 산화수가 같은 것끼리 짝지어진 것은?

① $\underline{S}O_3$와 $\underline{Ba}O_2$　② $\underline{Ba}O_2$와 $K_2\underline{Cr}_2O_7$
③ $K_2\underline{Cr}_2O_7$와 $\underline{S}O_3$　④ $H\underline{N}O_3$와 $\underline{N}H_3$

• $K_2\underline{Cr}_2O_7$에서 K : +1, Cr : +6, O : −2
• $\underline{S}O_3$에서 S : +6, O : −2

[19-4, 14-02, 12-04]

78 $KMnO_4$에서 Mn의 산화수는 얼마인가?

① +3　② +5
③ +7　④ +9

중성 화합물에서 각 원자의 산화수의 합은 0이므로, $KMnO_4$에서 K은 1족 금속이므로 산화수는 +1, Mn의 산화수는 +7, O의 산화수는 −2이다.

[12-01]

79 밑줄 친 원소의 산화수가 +5인 것은?

① $H_3\underline{P}O_4$　② $K\underline{Mn}O_4$
③ $K_2\underline{Cr}_2O_7$　④ $K_3[\underline{Fe}(CN)_6]$

① $H_3\underline{P}O_4$: H의 산화수 +1, P의 산화수 +5, O의 산화수 −2
② $K\underline{Mn}O_4$: K의 산화수 +1, Mn의 산화수 +7, O의 산화수 −2
③ $K_2\underline{Cr}_2O_7$: K의 산화수 +1, Cr의 산화수 +6, O의 산화수 −2
④ $K_3[\underline{Fe}(CN)_6]$: K의 산화수 +1, Fe의 산화수 +3, C의 산화수 +2, N의 산화수 −3

[16-02]

80 다이크로뮴산이온($Cr_2O_7^{2-}$)에서 Cr의 산화수는?

① +3　② +6
③ +7　④ +12

산화수 : Cr +6, O −2

[14-04, 07-01]

81 다이크로뮴산칼륨(중크롬산칼륨)에서 크롬의 산화수는?

① +2　② +4　③ +6　④ +8

$K_2Cr_2O_7$
산화수 : K +1, Cr +6, O −2

[12-02, 08-02]

82 밑줄 친 원소 중 산화수가 가장 큰 것은?

① $\underline{N}H_4^+$　② $\underline{N}O_3^-$
③ $\underline{Mn}O_4^-$　④ $\underline{Cr}_2O_7^{2-}$

① $\underline{N}H_4^+$: N의 산화수 −3, H의 산화수 +1
② $\underline{N}O_3^-$: N의 산화수 +5, O의 산화수 −2
③ $\underline{Mn}O_4^-$: Mn의 산화수 +7, O의 산화수 −2
④ $\underline{Cr}_2O_7^{2-}$: Cr의 산화수 +6, O의 산화수 −2

[12-04]

83 산소의 산화수가 가장 큰 것은?

① O_2　② $KClO_4$
③ H_2SO_4　④ H_2O_2

① O_2 : O의 산화수 0
② $KClO_4$: O의 산화수 −2
③ H_2SO_4 : O의 산화수 −2
④ H_2O_2 : O의 산화수 −1, 과산화물에서 O의 산화수는 −1이다.

[08-04]

84 다음 화합물 중 밑줄 친 원소의 산화수가 가장 큰 것은?

① $K\underline{Mn}O_4$　② $\underline{Al}_2O_3$
③ $\underline{N}H_3$　④ $\underline{Cr}_2O_7^{2-}$

① $K\underline{Mn}O_4$: K의 산화수 +1, Mn의 산화수 +7, O의 산화수 −2
② $\underline{Al}_2O_3$: Al의 산화수 +3, O의 산화수 −2
③ $\underline{N}H_3$: N의 산화수 −3, H의 산화수 +1
④ $\underline{Cr}_2O_7^{2-}$: Cr의 산화수 +6, O의 산화수 −2

[11-04]

85 화약 제조에 사용되는 물질인 질산 칼륨에서 N의 산화수는 얼마인가?

① +1　② +3　③ +5　④ +7

KNO_3 : K의 산화수 +1, N의 산화수 +5, O의 산화수 −2

정답 76 ③ 77 ③ 78 ③ 79 ① 80 ② 81 ③ 82 ③ 83 ① 84 ① 85 ③

[14-04]
86 $H_2S + I_2 \rightarrow 2HI + S$에서 I_2의 역할은?

① 산화제이다.
② 환원제이다.
③ 산화제이면서 환원제이다.
④ 촉매 역할을 한다.

I_2에서 I의 산화수는 0이고, HI에서 I의 산화수는 -1이므로 산화수가 0 → -1로 감소하여 환원되었으므로 산화제이다.
• 산화제 : 다른 물질을 산화시키고 자신은 환원됨
• 환원제 : 다른 물질을 환원시키고 자신은 산화됨

[14-04]
87 이산화황이 산화제로 작용하는 화학반응은?

① $SO_2 + H_2O \rightarrow H_2SO_4$
② $SO_2 + NaOH \rightarrow NaHSO_3$
③ $SO_2 + 2H_2S \rightarrow 3S + 2H_2O$
④ $SO_2 + Cl_2 + 2H_2O \rightarrow H_2SO_4 + 2HCl$

SO_2에서 S의 산화수가 +4이고 반응 후 S에서 S의 산화수가 0이므로 S의 산화수가 +4 → 0으로 감소하였으므로 환원되었고, SO_2는 산화제이다.
• 산화제 : 다른 물질을 산화시키고 자신은 환원됨
• 환원제 : 다른 물질을 환원시키고 자신은 산화됨

[12-01]
88 다음 반응식에 산화된 성분은?

$$MnO_2 + 4HCl \rightarrow MnCl_2 + 2H_2O + Cl_2$$

① Mn ② O ③ H ④ Cl

산화수가 증가하면 산화 반응이고 산화수가 감소하면 환원 반응이다.
① Mn의 산화수 : +4 → +2, 산화수 감소(환원 반응)
② O의 산화수 : -2 → -2, 산화수 변화 없음
③ H의 산화수 : +1 → +1, 산화수 변화 없음
④ Cl의 산화수 : -1 → 0, 산화수 증가(산화 반응)

[16-02]
89 다음 반응에서 환원제로 쓰인 것은?

$$MnO_2 + 4HCl \rightarrow MnCl_2 + 2H_2O + Cl_2$$

① Cl_2 ② $MnCl_2$ ③ HCl ④ MnO_2

HCl에서 H의 산화수는 +1로 반응 전·후가 같고, Cl의 산화수는 -1에서 0으로 증가하였다. 즉 Cl가 산화되었으므로 HCl이 환원제로 사용되었다.

[11-04]
90 다음 중 산화·환원 반응이 아닌 것은?

① $Cu + 2H_2SO_4 \rightarrow CuSO_4 + 2H_2O + SO_2$
② $H_2S + I_2 \rightarrow 2HI + S$
③ $Zn + CuSO_4 \rightarrow ZnSO_4 + Cu$
④ $HCl + NaOH \rightarrow NaCl + H_2O$

산화 환원 반응은 산화수의 변화가 있다. $HCl + NaOH \rightarrow NaCl + H_2O$은 중화 반응으로 각 성분 원소의 산화수가 반응 전과 후가 같으므로 산화 환원 반응이 아니다.

[18-02, 09-02]
91 다음 반응식에 관한 사항 중 옳은 것은?

$$SO_2 + 2H_2S \rightarrow 2H_2O + 3S$$

① SO_2는 산화제로 작용
② H_2S는 산화제로 작용
③ SO_3는 촉매로 작용
④ H_2S는 촉매로 작용

산화제는 다른 물질을 산화시키고 자신은 환원되는 물질이며 산화수가 증가하는 반응을 산화 반응, 산화수가 감소되는 반응을 환원 반응이라 한다. SO_2에서 S의 산화수는 +4에서 0으로 감소하였으므로 SO_2는 자신은 환원되고 다른 물질을 산화시킨 산화제이다.

[06-01]
92 다음 중 산화제와 환원제로 모두 사용 가능한 것은?

① $KMnO_4$ ② $K_2Cr_2O_7$
③ HNO_3 ④ H_2O_2

$KMnO_4$, $K_2Cr_2O_7$, HNO_3은 강한 산화제로 사용되고 H_2O_2은 반응하는 물질에 따라 산화제나 환원제로 작용할 수 있다.

[16-01, 07-02]
93 일반적으로 환원제가 될 수 있는 물질이 아닌 것은?

① 수소를 내기 쉬운 물질
② 전자를 잃기 쉬운 물질
③ 산소와 화합하기 쉬운 물질
④ 발생기의 산소를 내는 물질

환원제는 다른 물질을 환원시키고 자신은 산화되어야 한다. 일반적으로 어떤 원자가 수소와 분리되거나, 전자를 잃거나, 산소와 결합할 때 산화 반응이 일어난다. 발생기 산소는 다른 물질을 산화시키는 강한 산화제로 사용된다.

정답 86 ① 87 ③ 88 ④ 89 ③ 90 ④ 91 ① 92 ④ 93 ④

[06-02]
94 다음 중 산화제가 될 수 없는 물질은?

① 산소를 잃기 쉬운 물질
② 전자를 잃기 쉬운 물질
③ 수소와 결합하기 쉬운 물질
④ 발생기 산소를 내기 쉬운 물질

산화제는 다른 물질은 산화시키고 자신은 환원되는 물질을 말한다. 전자를 잃기 쉬운 물질은 산화되기 쉽고 다른 물질을 환원시키는 환원제로 작용한다.

[06-04]
95 다음 중 산화-환원 반응이 아닌 것은?

① $Cu + 2H_2SO_4 \rightarrow CuSO_4 + 2H_2O + SO_2$
② $H_2S + I_2 \rightarrow 2HI + S$
③ $Zn + CuSO_4 \rightarrow ZnSO_4 + Cu$
④ $HCl + NaOH \rightarrow NaCl + H_2O$

산 염기 중화 반응은 각각의 구성 성분 원자의 산화수 변화가 없으므로 산화 환원 반응이 아니다.

[15-01]
96 질산은 용액에 담갔을 때 은(Ag)이 석출되지 않는 것은?

① 백금 ② 납
③ 구리 ④ 아연

금속의 이온화 경향 : K>Ca>Na>Mg>Al>Zn>Fe>Ni>Sn>Pb>(H)>Cu>Hg>Ag>Pt>Au
금속의 이온화 경향이 클수록 산화되고 상대적으로 이온화 경향이 작은 금속은 환원되므로 Ag보다 이온화 경향성이 작은 Pt을 질산은 수용액에 넣으면 Ag은 석출되지 않는다.

[18-02, 12-01]
97 A는 B 이온과 반응하나 C 이온과는 반응하지 않고 D는 C이온과 반응한다고 할 때 A, B, C, D의 환원력 세기를 큰 것부터 차례대로 나타낸 것은?

① A>B>D>D ② D>C>A>B
③ C>D>B>A ④ B>A>C>D

환원력이 클수록 다른 물질을 환원시키기 쉽고, 자신은 전자를 잃고 산화되기 쉽다. A는 B 이온과 반응하므로 A는 전자를 잃고 산화되어 B 이온을 환원시킨다.
환원력의 세기는 A>B이고, A는 C 이온과는 반응하지 않으므로 환원력의 세기는 C>A>B이다.
D는 C 이온과 반응하므로 D는 전자를 잃고 산화되어 C 이온을 환원시키므로 환원력의 세기는 D>C>A>B이다.

[10-01]
98 다음 산화 환원 반응에서 $Cr^2O_7^{2-}$ 1몰은 몇 당량인가?

$$6Fe^{2+} + Cr_2O_7^{2-} + 14H^+ \rightarrow 2Cr^{3+} + 6Fe^{3+} + 7H_2O$$

① 3당량 ② 4당량
③ 5당량 ④ 6당량

산화 환원 반응에서 당량은 반응하는 상대 물질 1몰과 반응할 때 이동하는 전자 수이다. 이동하는 전자 수는 산화수의 변화와 관련 있으므로 Cr의 산화수가 +6에서 +3으로 변화하였고 $Cr_2O_7^{2-}$ 1몰당 원자 Cr은 2몰 있으므로 전자는 6몰 이동하였다. 따라서 $Cr_2O_7^{2-}$의 1몰은 6당량이다.

[15-01]
99 볼타 전지에 관련된 내용으로 거리가 먼 것은?

① 아연판과 구리판 ② 화학전지
③ 진한 질산 용액 ④ 분극현상

볼타 전지는 묽은 황산 수용액을 사용한다.

[14-01]
100 볼타전지의 기전력은 약 1.3V인데 전류가 흐르기 시작하면 곧 0.4V로 된다. 이러한 현상을 무엇이라 하는가?

① 감극 ② 소극
③ 분극 ④ 충전

분극 현상 : 볼타 전지에서 전류가 흐르면 ⊕극 표면에 수소 기체(H_2)가 환원되어 발생하는데 수소 기체가 발생하면서 전극 표면의 환원 반응을 방해하여 전압이 급격히 떨어지는 현상

[16-02, 12-04]
101 볼타 전지에서 갑자기 전류가 약해지는 현상을 "분극 현상"이라 한다. 이 분극 현상을 방지해 주는 감극제로 사용되는 물질은?

① MnO_2 ② $CuSO_3$
③ NaCl ④ $Pb(NO_3)_2$

볼타 전지의 ⊕극에 생성된 수소 기체를 강한 산화제를 이용하여 수소 기체를 제거한다. 이러한 산화제를 감극제라고 하며 MnO_2나 H_2O_2 등과 같은 산화제가 많이 사용된다.

정답 94 ② 95 ④ 96 ① 97 ② 98 ④ 99 ③ 100 ③ 101 ①

[11-04]

102 다음과 같이 나타낸 전지에 해당하는 것은?

$Zn(-) \mid H_2SO_4 \mid (+)Cu$

① 볼타전지 ② 납축전지
③ 다니엘전지 ④ 건전지

이탈리아 물리학자 볼타가 만든 화학 전지로 묽은 황산에 적신 헝겊을 아연판과 구리판 사이에 끼우고 두 금속을 전선으로 연결하여 전자가 전선으로 흐르게 만든 화학 전지이다.

[07-02]

103 다음 금속의 쌍으로 전기 화학 전지를 만들 때 외부 전류가 화살표 방향으로 흐르게 되는 것은?

① Zn → Ag ② Fe → Ag
③ Cu → Fe ④ Zn → Cu

전류의 방향은 전자가 흐르는 방향과 반대이다. 화학 전지에서는 ⊖ 전극에서 ⊕ 전극으로 전자가 이동하는데 금속의 반응성이 큰 금속이 산화되면서 전자가 이동하는 것이다. 따라서 화학 전지에서 전류 방향은 금속의 반응성이 작은 금속에서 반응성이 큰 금속 방향이다.

[15-01]

104 황산구리 수용액에 1.93A의 전류를 통할 때 매 초 음극에서 석출되는 Cu의 원자수를 구하면 약 몇 개가 존재하는가?

① 3.12×10^{18} ② 4.02×10^{18}
③ 5.12×10^{18} ④ 6.02×10^{18}

구리의 환원 반응식 : $Cu^{2+}(aq) + 2e^- \rightarrow Cu(s)$
1초당 흐르는 전하량 : 1.93A×1초 =1.93C
Cu 1몰이 석출되는데 2몰의 전자가 필요하므로 패러데이 상수(1F≒96500C/mol)를 이용하면 1초당 석출되는 구리 원자수는
$\frac{1.93C}{96500C/mol} \div 2 \times 6.02 \times 10^{23} = 6.02 \times 10^{18}$이다.

[14-01]

105 전극에서 유리되고 화학물질의 무게가 전지를 통하여 사용된 전류의 양에 정비례하고 또한 주어진 전류량에 의하여 생성된 물질의 무게는 그 물질의 당량에 비례한다는 화학 법칙은?

① 르샤틀리에의 법칙
② 아보가드로의 법칙
③ 패러데이의 법칙
④ 보일-샤를의 법칙

① 르샤틀리에의 원리 : 평형 상태에 있는 화학 반응에서 농도, 온도, 압력 등의 반응 조건을 변화시키면, 그 변화를 감소시키려는 방향으로 반응이 진행되어 새로운 평형에 도달하게 된다.
② 아보가드로의 법칙 : 같은 온도, 압력에서 기체의 종류에 상관없이 같은 부피에는 같은 수의 분자가 들어있다.
④ 보일-샤를의 법칙 : 일정량의 기체에 대해 온도와 압력이 모두 변할 때 부피는 압력에 반비례하고, 절대 온도에 비례한다.

[15-02]

106 $CuSO_4$ 용액에 0.5F의 전기량을 흘렸을 때 약 몇 g의 구리가 석출되겠는가? (단, 원자량은 Cu 64, S 32, O 16이다)

① 16 ② 32
③ 64 ④ 128

구리가 석출되는 환원 반쪽 반응식은 다음과 같다.
$Cu^{2+}(aq) + 2e^- \rightarrow Cu(s)$
전자 1몰은 약 96500C의 전하량을 가지며 이를 1F(패러데이)로 나타낸다. Cu 1몰이 석출될 때 전자는 2몰 이동하므로, 이때 2F의 전하량이 필요하다. 따라서 0.5F 전하량으로 석출시킬 수 있는 Cu의 양은 1몰 : 2F = x몰 : 0.5F이고, x = 0.25몰이다. 0.25몰에 해당하는 Cu의 질량은 0.25몰×64g=16g이다.

[13-02]

107 $CuSO_4$ 수용액을 10A의 전류로 32분 10초 동안 전기 분해시켰다. 음극에서 석출되는 Cu의 질량은 몇 g인가? (단, Cu의 원자량은 63.6이다)

① 3.18 ② 6.36
③ 9.54 ④ 12.72

전하량(Q) = 10A×(32분×60초+10초)=19300C
$Cu^{2+} + 2e^- \rightarrow Cu$, Cu 1몰이 석출될 때 전자 2몰이 필요하다.
1F=96500C이고, 시간 동안 흐른 전자의 몰수는 $\frac{19300C}{96500C}$ = 0.2몰이므로, 전자 0.2몰이 이동할 때 석출되는 Cu는 0.1몰이다.
따라서 석출되는 Cu 0.1몰의 질량은 6.36g이다.

[19-4, 11-02]

108 황산구리(II) 수용액을 전기 분해 할 때 63.5g의 구리를 석출시키는데 필요한 전기량은 몇 F인가? (단, Cu의 원자량은 63.5이다)

① 0.635F ② 1F
③ 2F ④ 63.5F

$Cu^{2+}(aq) + 2e^- \rightarrow Cu(s)$
Cu 63.5g은 1몰 질량이다. Cu 1몰이 석출될 때 필요한 전자는 2몰이고, 전자 2몰에 해당하는 전하량은 2몰×1F = 2F이다.

정답 102 ① 103 ③ 104 ④ 105 ③ 106 ① 107 ② 108 ③

[08-04]

109 황산구리 수용액을 전기분해하여 음극에서 63. 54g 의 구리를 석출시키고자 한다. 10A의 전기를 흐르게 하면 전기분해에는 약 몇 시간이 소요되는가? (단, 구리의 원자량은 63.54 이다)

① 2.72　② 5.36
③ 8.13　④ 10.8

$Cu^{2+}(aq) + 2e^- \rightarrow Cu(s)$
Cu 63.54g은 1몰이고, 1몰의 Cu를 석출시킬 때 필요한 전자는 2몰이다. 전자 2몰의 전하량은 2몰×1F(96500C/mol) = 193000C 이므로,
전기 분해에 소요되는 시간은 $\frac{193000C}{10A}$ = 19300초이다.
$\frac{19300초}{3600초/시간}$ = 5.36시간이다.

[14-01, 07-04]

110 $CuCl_2$의 용액에 5A 전류를 1시간 동안 흐르게 하면 몇 g의 구리가 석출되는가? (단, Cu의 원자량은 63.54 이며, 전자 1개의 전하량은 1.62×10^{-19}C 이다)

① 13.7　② 4.83
③ 5.93　④ 6.35

$Cu^{2+}(aq) + 2e^- \rightarrow Cu(s)$
5A 전류를 1시간 동안 흐르게 하면 총 전하량은
5A×3600s = 18000C
이동한 전자의 몰수 : $\frac{18000C}{96500C/mol}$ = 0.187mol
Cu 1몰이 석출되는데 전자 2몰이 필요하므로 석출되는 Cu의 질량은
$0.187mol \times \frac{1}{2} \times 63.54g/mol$ = 5.93g이다.

[12-02, 07-01]

111 전기 화학 반응을 통해 전극에서 금속으로 석출되는 다음 원소 중 무게가 가장 큰 것은? (단, 각 원소의 원자량은 Ag = 107.868, Cu = 63.546, Al = 26.982, Pb = 207.2이고, 전기량은 동일하다)

① Ag　② Cu
③ Al　④ Pb

주어진 금속의 환원 반응은 다음과 같다.
① Ag : $Ag^+ + e^- \rightarrow Ag$
② Cu : $Cu^{2+} + 2e^- \rightarrow Cu$
③ Al : $Al^{3+} + 3e^- \rightarrow Al$
④ Pb : $Pb^{2+} + 2e^- \rightarrow Pb$
전기량이 동일할 때 1F 전하량으로 석출되는 각 금속의 몰수는 Ag는 1몰, Cu는 0.5몰, Al은 0.33몰, Pb는 0.5몰이다. Ag 1몰 질량은 107g이고, Pb 0.5몰 질량은 103.51g이므로 Ag가 가장 많이 석출된다.

[20-3, 15-04]

112 1패러데이(Faraday)의 전기량으로 물을 전기분해하였을 때 생성되는 수소 기체는 0℃, 1기압에서 얼마의 부피를 갖는가?

① 5.6L　② 11.2L　③ 22.4L　④ 44.8L

물의 전기 분해에 대한 각 전극에서의 반응식은 다음과 같다.
• ⊕극 : $2H_2O \rightarrow O_2 + 4H^+ + 4e^-$
• ⊖극 : $4H_2O + 4e^- \rightarrow 2H_2 + 4OH^-$
1F의 전하량은 전자 1몰에 해당하는 전하량이므로, 1몰의 전자가 이동할 때 생성되는 수소 기체는 0.5몰이다. 따라서 표준 상태에서 기체 1몰의 부피는 22.4L이므로, 발생되는 수소 기체의 부피는 0.5몰×22.4L/몰 = 11.2L이다.

[20-3, 13-01]

113 백금 전극을 사용하여 물을 전기 분해할 때 (+)극에서 5.6L의 기체가 발생하는 동안 (-)극에서 발생하는 기체의 부피는?

① 5.6L　② 11.2L　③ 22.4L　④ 44.8L

물을 전기 분해할 때의 화학 반응식은 $2H_2O \rightarrow 2H_2 + O_2$이고, (+)에서 O_2 기체가 발생하고 (-)극에서는 H_2 기체가 발생한다. 이때 생성되는 두 기체의 부피비는 $H_2 : O_2 = 2 : 1$이므로 (+)극에서 O_2가 5.6L 발생하였으므로, (-)극에서는 H_2 기체가 11.2L 발생한다.

[13-04]

114 염화나트륨 수용액의 전기 분해 시 음극(cathode)에서 일어나는 반응식을 옳게 나타낸 것은?

① $2H_2O(l) + 2Cl^-(aq) \rightarrow H_2(g) + Cl_2(g) + 2OH^-(aq)$
② $2Cl^-(aq) \rightarrow Cl_2(g) + 2e^-$
③ $2H_2O(l) + 2e^- \rightarrow H_2(g) + 2OH^-(aq)$
④ $2H_2O \rightarrow O_2 + 4H^+ + 4e^-$

NaCl 수용액을 전기 분해하면 각 전극에서 일어나는 반응은 다음과 같다.
• ⊕극 : $2Cl^-(aq) \rightarrow Cl_2(g) + 2e^-$ (산화)
• ⊖극 : $2H_2O(l) + 2e^- \rightarrow H_2(g) + 2OH^-(aq)$ (환원)

정답 109 ② 110 ③ 111 ① 112 ② 113 ② 114 ③

[19-01, 11-01, 08-01]

115 20%의 소금물을 전기분해하여 수산화나트륨 1몰을 얻는데 1A의 전류를 몇 시간 통해야 하는가?

① 13.4 ② 26.8
③ 53.6 ④ 104.2

NaCl 수용액을 전기 분해하면 다음과 같은 반응이 일어난다.
$2Cl^-(aq) + 2H_2O(l) \rightarrow Cl_2(g) + H_2(g) + 2OH^-(aq)$
분해되는 NaCl의 몰수와 생성되는 NaOH 몰수비는 1 : 1이고 NaOH 1몰당 전자 1몰이 필요하므로 1F(=96500C)에 해당하는 전하량이 필요하다. 따라서 96500C/1A = 96500s, 즉, 26.8시간 동안 전류를 흘려야 한다.

[10-01]

116 물을 전기 분해하여 표준 상태 기준으로 산소 22.4L를 얻는 데 소요되는 전기량은 몇 F인가?

① 1 ② 2
③ 4 ④ 8

물을 전기 분해하면 ⊖극에서는 물이 전자를 얻어 H_2 기체가 발생하고, ⊕극에서는 물이 전자를 잃고 O_2 기체가 발생한다.
• ⊖극 : $4H_2O + 4e^- \rightarrow 2H_2 + 4OH^-$
• ⊕극 : $2H_2O \rightarrow O_2 + 4H^+ + 4e^-$
• 전체 반응 : $2H_2O \rightarrow 2H_2 + O_2$
즉, 표준 상태에서 기체 1몰의 부피는 22.4L이므로, O_2 1몰이 생성될 때 4몰의 전자가 이동하므로 4F이다.

[18-02, 09-04]

117 1패러데이(Faraday)의 전기량으로 물을 전기분해 하였을 때 생성되는 기체 중 산소 기체는 0℃, 1기압에서 몇 L인가?

① 5.6 ② 11.2
③ 22.4 ④ 44.8

$2H_2O \rightarrow O_2 + 4H^+ + 4e^-$
물의 전기 분해에서 산소 기체는 ⊕전극에서 발생하며 산소 기체 1몰이 생성될 때 4몰의 전자가 이동한다. 1F 전하량에 해당하는 전자의 몰수는 1몰이므로 전자 1몰이 이동할 때 생성되는 산소 기체의 몰수는 0.25몰이다. 0℃, 1기압에서 기체 1몰이 차지하는 부피는 22.4L이므로 22.4L×0.25몰 = 5.6L이다.

[12-01]

118 납축전지를 오랫동안 방전시키면 어느 물질이 생기는가?

① Pb ② PbO_2
③ H_2SO_4 ④ $PbSO_4$

납축전지의 각 전극에서의 반응은 다음과 같다.
• 환원 ⊕극 : $PbO_2 + 2H^+ + SO_4^{2-} + 2e^- \rightarrow PbSO_4 + 2H_2O$
• 산화 ⊖극 : $Pb + SO_4^{2-} \rightarrow PbSO_4 + 2e^-$
납축전지가 방전되면 $PbSO_4$가 생성된다.

[08-01]

119 다음 ( )안에 알맞은 것을 차례대로 옳게 나열한 것은?

> 납축전지는 (㉠)극은 납으로, (㉡)극은 이산화납으로 되어 있는데 방전시키면 두 극이 다같이 회백색의 (㉢)로 된다. 따라서 용액 속의 (㉣)은 소비되고 용액의 비중이 감소한다.

① +, −, $PbSO_4$, H_2SO_4
② −, +, $PbSO_4$, H_2SO_4
③ +, −, H_2SO_4, $PbSO_4$
④ −, +, H_2SO_4, $PbSO_4$

[08-04]

120 다음은 표준 수소 전극과 짝지어 얻은 반쪽반응 표준 환원 전위 값이다. 이들 반쪽 전지를 짝지었을 때 얻어지는 전지의 표준 전위차 E°는?

> $Cu^{2+} + 2e^- \rightarrow Cu$ E° = + 0.34V
> $Ni^{2+} + 2e^- \rightarrow Ni$ E° = − 0.23V

① +0.11V ② -0.11V
③ +0.57V ④ -0.57V

표준 환원 전위가 Cu(E° = +0.34V)가 Ni(E° = −0.23V)보다 크므로 Ni이 산화되고 Cu는 환원된다. 전지 표준 전위 = 표준 환원 전위 − 표준 산화 전위
∴ E° = +0.34V − (−0.23V) = +0.57V

정답 115 ② 116 ③ 117 ① 118 ④ 119 ② 120 ③

SECTION 06

분자 구조와 반응 속도

이 섹션에서는 전자쌍 반발 원리를 이용하여 분자 구조를 예측하고 분자의 극성 정도를 비교하는 문제가 자주 출제된다. 출제되었던 분자의 구조가 또 출제될 수 있으므로 몇 가지 분자의 구조는 암기하여 두고, 반응 속도와 관련된 기본 개념과 반응 속도에 영향을 미치는 요인을 잘 알아 두자.

01 분자 구조

1 분자 구조

(1) 전자쌍 반발의 원리 : 분자 중심 원자에 있는 전자쌍들이 모두 음전하를 띠고 있어 서로 반발하므로 가능한 멀리 떨어져 있으려 한다는 원리로 분자 구조를 예측하는 데 유용함

(2) 분자의 구조와 결합각

① 2원자 분자의 경우 : 두 원자핵이 동일한 직선상에 존재하므로 직선형을 이룬다.

분자식	H_2	O_2	Cl_2	HCl
결합각	180°	180°	180°	180°

② 중심 원자에 2개의 원자가 결합된 경우 : 직선형

분자식	CO_2	BeF_2	HCN
결합각	180°	180°	180°

③ 중심 원자에 3개의 원자가 결합된 경우 : 평면 삼각형

분자식	BeF_3	BCl_3	CH_2O
결합각	120°	120°	120°

④ 중심 원자에 동일한 4개의 원자가 결합된 경우 : 정사면체

분자식	CH_4	CF_4
결합각	109.5°	109.5°

⑤ 중심 원자에 비공유 전자쌍을 가지는 경우 : 삼각뿔형(피라밋)

분자식	NH_3	NF_3
결합각	107°	107°

2 분자의 극성

① 극성 공유 결합 : 전기 음성도가 다른 원자가 공유 결합하여 분자 내에 부분 음전하(δ-)와 부분 양전하(δ+)를 띠는 결합

② 무극성 공유 결합 : 주로 전기 음성도가 같은 원자 사의 결합으로 부분 전하의 분리가 없는 결합

③ 쌍극자 모멘트(μ) : 극성의 크기를 나타내는 물리량

④ 극성 분자와 무극성 분자

구분	분자
극성 분자 ($\mu \neq 0$)	HCl, HF, CS_2, H_2O, NH_3, CO
무극성 분자 ($\mu = 0$)	H_2, CO_2, BF_3, CH_4, CCl_4, CF_4, C_6H_6

02 반응 속도

1 반응 속도

① 반응 속도 : 화학 반응이 일어나는 빠르기로 생성물과 반응물의 변화량을 단위 시간으로 나타낸 것

② 반응 속도 표현 : 단위 시간에 따른 반응물의 농도 변화 또는 생성물의 농도 변화로 나타낸다.

- A → B의 반응에서

$$v = -\frac{\Delta[A]}{\Delta t} = \frac{\Delta[B]}{\Delta t}$$

(단, [ ]는 몰 농도이며 단위는 mol/L이다.)

2 반응 속도식

반응 물질의 농도로 표현하며 물질 A와 B가 반응하여 물질 C와 D가 생성되는 반응에서 반응 속도식은 다음과 같다.

$aA + bB \rightarrow cC + dD$

① $v = k[A]^m[B]^n$, m, n: 반응 차수, k: 반응 속도 상수
(계수 a, b와 무관하며 실험에 의해 구함)

② 전체 반응 차수 : $(m+n)$차 반응
(A에 대해 m차, B에 대해 n차 반응)

3 활성화 에너지(E_a)

① 의미 : 반응물이 유효 충돌하여 반응을 일으키는 데 필요한 최소한의 에너지로서 활성화 에너지가 작을수록 반응 속도가 빠르고, 활성화 에너지가 클수록 반응 속도가 느리다.

② 온도와 반응 속도 : 온도가 증가하면 분자들의 평균 운동 에너지가 증가하여 활성화 에너지보다 큰 에너지를 갖는 분자 수가 증가하므로 반응 속도가 빨라진다.

③ 촉매와 반응 속도

정촉매	화학 반응에서 자신은 변하지 않으면서 활성화 에너지의 크기를 감소시켜 반응 속도를 증가시키는 물질
부촉매	화학 반응에서 자신은 변하지 않으면서 활성화 에너지의 크기를 증가시켜 반응 속도를 감소시키는 물질

기출문제 | 기출문제로 출제유형을 파악한다!

[16-02]

1 다음 중 비공유 전자쌍을 가장 많이 가지고 있는 것은?

① CH_4　② NH_3
③ H_2O　④ CO_2

비공유 전자쌍은 CH_4에는 0개, NH_3에는 1개, H_2O에는 2개, CO_2에는 각 산소 원자에 2개씩 모두 4개 있다.

[13-02, 06-04]

2 암모니아 분자의 구조는?

① 평면　② 선형
③ 피라밋　④ 사각형

NH_3의 루이스 전자점식을 그려보면 중심 원자 N에 공유 전자쌍 3개, 비공유 전자쌍 1개가 서로 반발하여 삼각뿔(피라밋) 구조를 이룬다.

[20-3, 08-02]

3 다음 화합물 중에서 가장 작은 결합각을 가지는 것은?

① BF_3　② NH_3
③ H_2　④ $BeCl_2$

① BF_3 : 정삼각형, 120°　② NH_3 : 삼각뿔, 107°
③ H_2 : 직선형, 180°　④ $BeCl_2$: 직선형, 180°

[10-02]

4 다음 중 극성 분자에 해당하는 것은?

① CO_2　② CCl_4　③ Cl_2　④ NH_3

NH_3는 N-H 극성공유결합을 지닌 공유결합 물질로 분자 모양이 삼각뿔 형태로 극성 분자이다.

[15-02]

5 비극성 분자에 해당하는 것은?

① CO　② CO_2　③ NH_3　④ H_2O

CO_2는 선형 대칭 구조로 비극성(무극성) 분자이다.

[09-01]

6 쌍극자 모멘트의 합이 0인 것으로만 나열된 것은?

① H_2O, CS_2　② NH_3, HCl
③ HF, H_2S　④ C_6H_6, CH_4

C_6H_6, CH_4은 대칭 분자 구조이며 쌍극자 모멘트 합이 0인 무극성 분자이다.

[16-02]

7 분자 구조에 대한 설명으로 옳은 것은?

① BF_3는 삼각 피라미드형이고, NH_3는 선형이다.
② BF_3는 평면 정삼각형이고, NH_3는 삼각 피라미드형이다.
③ BF_3는 굽은형이고, NH_3는 삼각 피라미드형이다.

정답 01 ④ 02 ③ 03 ② 04 ④ 05 ② 06 ④ 07 ②

④ BF_3는 평면 정삼각형이고, NH_3는 선형이다.

[14–02]

8 BF_3는 무극성 분자이고 NH_3는 극성 분자이다. 이 사실과 가장 관계가 있는 것은?

① 비공유 전자쌍은 BF_3는 있고 NH_3에는 없다.
② BF_3는 공유 결합 물질이고 NH_3는 수소 결합 물질이다.
③ BF_3는 평면 정삼각형이고 NH_3는 피라미드형 구조이다.
④ BF_3는 sp^3 혼성 오비탈을 하고 있고 NH_3는 sp^2 혼성 오비탈을 하고 있다.

> ① BF_3에는 비공유 전자쌍이 9쌍, NH_3에는 1쌍이 있다.
> ② BF_3와 NH_3는 모두 공유 결합 물질이다.
> ④ BF_3에서 B는 sp^2 혼성 오비탈을 하고 있고, NH_3에서 N는 sp^3 혼성 오비탈을 하고 있다.

[16–02]

9 NH_4Cl에서 배위결합을 하고 있는 부분을 옳게 설명한 것은?

① NH_3의 N-H 결합
② NH_3와 H^+과의 결합
③ NH_4^+과 Cl^-과의 결합
④ H^+과 Cl^-과의 결합

> 배위 결합이란 공유 결합의 한 종류이며 어떤 원자의 비공유 전자쌍을 일방적으로 다른 원자에게 제공하여 전자쌍을 공유하는 결합 방식이다. NH_3에서 질소에 있는 비공유 전자쌍을 H^+에게 제공하므로 배위 결합이 형성된다.

[15–04]

10 활성화 에너지에 대한 설명으로 옳은 것은?

① 물질이 반응 전에 가지고 있는 에너지이다.
② 물질이 반응 후에 가지고 있는 에너지이다.
③ 물질이 반응 전과 후에 가지고 있는 에너지의 차이이다.
④ 물질이 반응을 일으키는 데 필요한 최소한의 에너지이다.

> 활성화 에너지란 물질이 반응을 일으키는 데 필요한 최소한의 에너지를 말한다.

[20–3, 13–01]

11 일정한 온도하에서 물질 A와 B가 반응을 할 때 A의 농도만 2배로 하면 반응 속도가 2배가 되고 B의 농도를 2배로 하면 반응 속도가 4배로 된다. 이 반응의 속도식은? (단, 반응 속도 상수는 k이다)

① $v = k[A][B]^2$　　② $v = k[A]^2[B]$
③ $v = k[A][B]^{0.6}$　　④ $v = k[A][B]$

> 반응 속도는 반응 물질의 농도에 비례한다. 반응 속도는 $v = k[A]^m[B]^n$으로 나타낼 수 있고, 이때 m과 n은 반응 차수이다.
> 따라서 A의 농도만 2배로 하면 반응 속도가 2배가 되고 B의 농도를 2배로 하면 반응 속도가 4배로 되는 반응속도식은 $v = k[A][B]^2$이다.

[12–02]

12 화학 반응의 속도에 영향을 미치지 않는 것은?

① 촉매의 유무
② 반응계의 온도의 변화
③ 반응 물질의 농도의 변화
④ 일정한 농도하에서의 부피의 변화

> 화학 반응 속도에 영향을 미치는 요인은 반응 물질의 농도, 온도, 촉매 등이 있다. 부피의 변화와는 무관하다.

[10–01]

13 t℃에서 수소와 요오드가 다음과 같이 반응하고 있을 때에 대한 설명 중 틀린 것은? (단, 정반응만 일어나고, 정반응 속도식 $V_1=k_1[H_2][I_2]$이다.)

$$H_2(g) + I_2(g) \rightarrow 2HI(g)$$

① k_1은 정반응의 속도상수이다.
② [ ]는 몰농도(mol/L)를 나타낸다.
③ $[H_2]$와 $[I_2]$는 시간이 흐름에 따라 감소한다.
④ 온도가 일정하면 시간이 흘러도 V_1은 변하지 않는다.

> 반응물 농도는 반응이 진행될수록 감소하므로 반응속도는 느려진다.

[09–01]

14 A+2B→3C+4D 와 같은 기초 반응에서 A, B의 농도를 각각 2배로 하면 반응속도는 몇 배로 되겠는가?

① 2　　② 4　　③ 8　　④ 16

> 반응 속도 식을 $V=k[A][B]^2$라면 A, B의 농도를 각각 2배로 하면 반응 속도는 8배가 된다.

정답 08 ③ 09 ② 10 ④ 11 ① 12 ④ 13 ④ 14 ③

SECTION 07

유기 화합물과 여러 가지 화합물

Industrial Engineer Hazardous Material

이 섹션에서는 탄소 화합물의 명명법부터 알케인, 알켄, 알카인 등의 비교적 간단한 탄화수소와 관련된 반응 및 성질을 묻는 문항이 출제되고 있고 방향족 화합물의 경우 화합물의 종류와 대표적인 반응을 묻는 문제가 주로 출제되는 경향이 있으므로 비교적 광범위한 단원에 해당되지만 적어도 기출 문제만큼은 암기하여 고득점에 다가갈 수 있도록 하자.

유기화학은 탄소를 포함하는 화합물을 다루는 화학을 말하며, 지방족 화합물과 방향족 화합물로 구분된다.

01 지방족 화합물

1 개념

방향족 화합물을 제외한 사슬형과 고리형의 탄소 화합물

2 지방족 화합물의 종류

알케인	탄소 사이에 단일 결합으로 이루어진 사슬 모양 탄화수소, C_nH_{2n+2}
알켄	탄소 원자 사이에 이중 결합이 있는 사슬 모양 탄화수소, C_nH_{2n} ※ 올레핀계(에틸렌계) 탄화수소 : 알켄 중 이중 결합이 1개인 탄화수소
알카인	탄소 원자 사이에 삼중 결합이 있는 사슬 모양 탄화수소, C_nH_{2n-2} ※ 아세틸렌계 탄화수소 : 알카인 중 삼중 결합이 1개인 탄화수소
사이클로 알케인	고리 모양의 포화 탄화수소, C_nH_{2n} 예 C_6H_{12}(사이클로헥세인) ※ 포화 탄화수소 : 탄소 원자 사이가 모두 단일 결합으로 이루어진 탄화수소(알케인, 사이클로알케인 등) ※ 불포화 탄화수소 : 탄소 원자 사이에 이중 결합이나 삼중 결합을 포함한 탄화수소(알켄, 알카인 등)

(3) 명명법 : 접두사-모체-접미사

- 접두사 : 치환기 위치
- 모체 : 탄소 개수
- 접미사 : 작용기

① 탄소 원자가 가장 긴 모체 사슬을 정한다.

② 각 탄소 원자에 번호를 붙인다.

③ 치환기 종류와 수를 확인한다. 치환기가 동일한 것일 때 접두사 다이(di-), 트라이(tri-), 테트라(tetra-) 등을 쓴다.

④ 숫자-문자는 '-'로 연결한다.

예 3-ethyl-3-methylhexane

⑤ 모체가 되는 기본 알케인 명명

기본 알케인	탄소 원자 수	기본 알케인	탄소 원자 수
Methane	1	Hexane	6
Ethane	2	Heptane	7
Propane	3	Octane	8
Butane	4	Nonane	9
Pentane	5	Decane	10

⑥ 알케인에서 수소 한 개를 떼어내면 알킬 그룹(alkyl group)이 된다. 알킬 그룹은 끝이 '-일(-yl)'인 이름을 갖는다.

예 CH_3- (메틸), CH_3CH_2- (에틸), $CH_3CH_2CH_2-$ (프로필), $CH_3CH_2CH_2CH_2-$ (뷰틸) 등

⑦ 알켄 명명법

- 이중 결합을 포함하는 긴 사슬을 골라 같은 길이를 가진 알케인의 이름 끝인 '-에인'을 '-엔'으로 바꾼다.

- 이중 결합을 이룬 두 탄소 원자가 낮은 번호가 오도록 번호를 붙인다.
- 이중 결합의 수가 2개이면 -diene, 3개이면 -triene으로 명명한다.

⑧ 알카인 명명법
- 삼중 결합을 포함하는 긴 사슬을 골라 같은 길이를 가진 알케인의 이름 끝인 '-에인'을 '-아인'으로 바꾼다.

3 여러 가지 탄소 화합물

(1) 작용기 : 물질에서 공통적인 화학적인 성질과 반응성을 지니고 있는 특정 원자들의 배열

	일반식	예시	관용명	IUPAC 명명
알케인	RH	CH_3CH_3	에테인	ethane
알켄	-C=C=	$H_2C=CH_2$	에틸렌	ethene
알카인	-C≡C-	HC≡CH	아세틸렌	ethyne
할로알케인	RX	CH_3CH_2Cl	염화에틸	chloroethane
알코올	ROH	CH_3CH_2OH	에틸알코올	ethanol
에터	ROR	CH_3OCH_3	다이메틸에터	methoxy methane
아민	RNH_2, RNH-, R_3N	CH_3NH_2	메틸아민	methanamine
알데하이드	RCOH	CH_3COH	아세트알데하이드	ethanal
케톤	RCOR′	CH_3COCH_3	아세톤	propanone
카복실산	RCOOH	CH_3COOH	아세트산	ethanoic acid
에스터	RCOOR′	CH_3COOCH_3	메틸아세테이트	methyl ethanoate
아마이드	$RCONH_2$, RCONHR′, RCONR′R″	CH_3CONH_2	아세트아마이드	ethanamide
니트릴	RC≡N	$H_3CC≡N$	아세트로니트릴	ethanenitrile

(2) 알코올

① 일반식 : R-OH

② 명명법 : -OH기가 직접 연결된 가장 긴 사슬을 모체로하여 이 사슬에 대응되는 알케인의 이름에서 맨 끝의 'e' 대신 'ol'(-올)을 붙인다.

③ 알코올 분류

1° 알코올 (1차 알코올)	• -OH기가 연결된 탄소가 1개의 알킬기와 연결되어 있는 알코올 • 알데하이드(RCOH) → 카복실산(RCOOH)
2° 알코올 (2차 알코올)	• -OH기가 연결된 탄소가 2개의 알킬기와 연결되어 있는 알코올 • 알코올(ROH) → 케톤(RCOR′)
3° 알코올 (3차 알코올)	• -OH기가 연결된 탄소가 3개의 알킬기와 연결되어 있는 알코올 • 산화 반응 거의 일어나지 않음

④ 알코올 제법 : 알켄의 이중 결합에 산 촉매에 의하여 물이 첨가되어 알코올을 생성

(3) 에터

① 일반식 : ROR′

② 에터의 합성
- 에탄올을 산(H_2SO_4) 촉매를 이용하여 탈수시켜 만듦
- $CH_3CH_2OH + H_2SO_4 \rightarrow CH_3CH_2OCH_2CH_3$

(4) 알데하이드

① 일반식 : RCOH

② 알데하이드 반응 : 은거울 반응
- 알데하이드(R-CHO)는 암모니아성 질산은 용액(Tollens 시약)과 반응하여 은(Ag)을 환원시키고 산화된다.
- 은거울 반응 : $R-CHO + 2Ag(NH_3)_2OH \rightarrow R-COOH + 2Ag + 4NH_3 + H_2O$

(5) 아민

① 일반식 : RNH_2, RNH-, R_3N

② 아민은 주로 염기로 작용한다.

③ 커플링(Coupling, 짝지음 반응) : 다이아조늄(RN_2^+-) 이온은 약한 친전자체로 아주 반응성이 큰 방향족 화합

물(페놀이나 3차 아릴아민)과 반응하여 아조(azo) 화합물을 만든다.

예 $-Ar-N \equiv N^+ + Ar-Q(Q=-NR_2 \text{ or } -OH) \rightarrow$
$Ar-N=N-Ar'$

(6) 아미노산

아미노산은 $H_2N-RCH-COOH$의 일반적인 구조를 지니며 아미노기($-NH_2$)와 카복실기(-COOH)를 동시에 지닌 물질로 단백질을 구성하는 기본 단위이다.

02 방향족 화합물

벤젠과 같은 특정한 형태의 고리를 포함한 탄소 화합물을 말한다.

1 방향족 화합물의 종류

(1) 벤젠

① 분자식 : C_6H_6

② 구조식 : 공명 혼성 구조

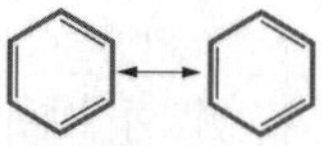

③ 특징

- 단일 고리 모양 불포화 탄화수소
- 정육각형 평면 구조
- 탄소-탄소의 결합 길이는 단일 결합과 이중 결합의 중간 정도(1.5중 결합)
- 매우 안정하여 친전자성 치환 반응을 주로 함
- 유기 용매(알코올, 에테르 등)에 잘 녹음

④ 벤젠의 이치환체 : 벤젠에 두 개의 치환기가 있을 때 이들의 상대적인 위치는 ortho, meta, para(o-, m-, p-라고 줄여 씀) 또는 숫자를 써서 표시

o-xylene (오쏘자일렌 또는 오쏘크실렌)	m-xylene (메타자일렌 또는 메타크실렌)	p-xylene (파라자일렌 또는 파라크실렌)
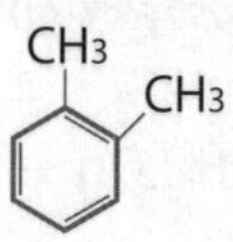 CH_3, CH_3	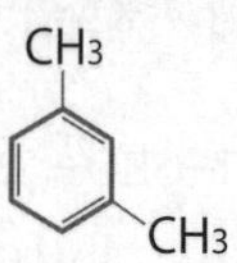 CH_3, CH_3	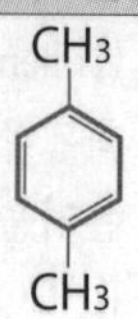 CH_3, CH_3

(2) 방향족 유도체

① 대표적인 방향족 유도체

톨루엔	페놀	아닐린
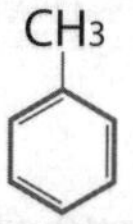 CH_3	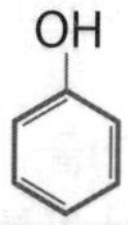 OH	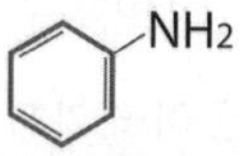 NH_2
벤조산	**클로로벤젠**	**나이트로벤젠**
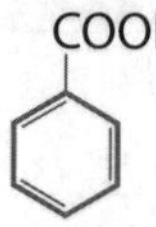 COOH	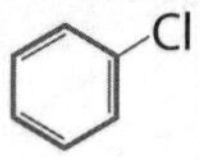 Cl	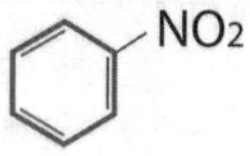 NO_2

② 페놀

㉠ 일반식 : C_6H_5OH

㉡ 페놀의 반응

- 수용액에서 산으로 작용 : 알코올보다 강한 산성을 띤다.
- -OH기는 수소 결합을 할 수 있으므로 벤젠보다 끓는점이 높다.
- Williamson 합성법에 의해 에터를 생성

  예 $C_6H_5OH + NaOH \rightarrow C_6H_5ONa$
  $C_6H_5ONa + RCH_2-X \rightarrow C_6H_5OCH_2R$
- 정색 반응 : 염화제이철($FeCl_3$) 수용액과 반응하여 보라색 계열의 정색반응을 한다.

(3) 기타 방향족 화합물

o-cresol (오쏘크레졸)	m-cresol (메타크레졸)
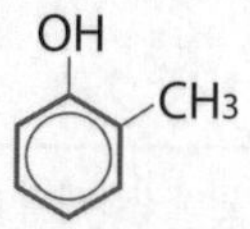 OH, CH_3	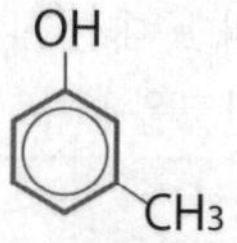 OH, CH_3
p-cresol (파라크레졸)	**나프탈렌**
 OH, CH_3	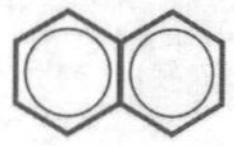

2 방향족 화합물의 반응

① 친전자성 치환 반응 : 친전자체에 의해 벤젠의 수소 친전자체로 치환되는 반응

- 벤젠 할로젠화 반응
- 벤젠 나이트로화 반응
- 벤젠 설폰화 반응
- Friedel Crafts 알킬화 반응 : 벤젠과 할로젠화물(R-X)을 Lewis 산 촉매 $AlCl_3$을 사용하여 벤젠을 알킬화 시키는 반응
- Friedel Crafts 아실화 반응 : 벤젠과 할로젠화아실(RCOX)을 Lewis 산 촉매 $AlCl_3$을 사용하여 벤젠을 아실화 시키는 반응

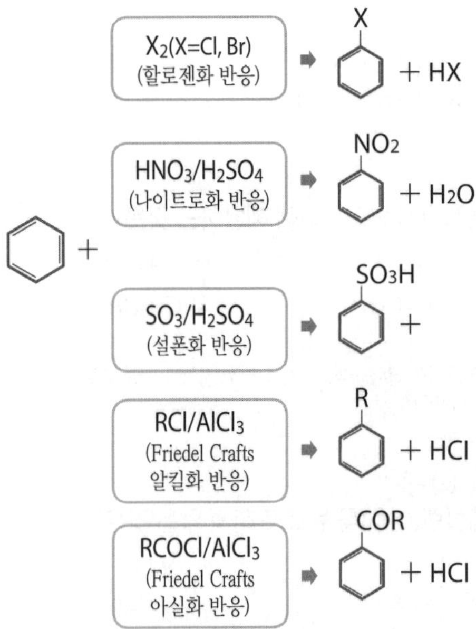

② 고온, 고압에서의 H_2 첨가 반응

C_6H_6 + H_2/Ni → C_6H_{12}

03 이성질체

1 개념

분자식은 같으나 구조가 다른 유기 화합물

2 종류

(1) 구조 이성질체 : 분자식은 같지만 원자들이 다른 순서로 연결되어 있기 때문에 서로 다른 이성질체

분자식	구조 이성질체	
C_4H_{10}	Butane	2-Methylpropane
$C_4H_{10}O$	OH 1-Butanol	O Diethyl ether

(2) 기하 이성질체

① 구조 이성질체가 아니며 원자들이 똑같은 순서로 연결되어 있고, 단지 공간에서 원자 배열이 다르다.

② 대표적으로 탄소 원자 사이에 이중 결합이 있는 경우 치환기가 이중 결합 같은 쪽에 있으면 cis-형, 이중 결합 반대쪽에 있으면 trans-형이다.

분자식	기하 이성질체	
	극성	무극성
ClHC=CHCl	Cl, Cl, C=C, H, H cis-1,2-Dichloroethene	Cl, H, C=C, H, Cl trans-1,2-Dichloroethene

[15-01]
1 CH_3-CHCl-CH_3의 명명법으로 옳은 것은?

① 2-chloropropane
② di-chloroethylene
③ di-methylmethane
④ di-methylethane

가장 긴 사슬은 탄소 3개로 이루어진 골격으로 프로페인이고(propane) Cl-(클로로, chloro) 치환기가 2번 탄소에 있으므로 치환기 위치를 숫자로 2를 '-'으로 모체 사슬과 연결하여 명명한다. di- 는 동일한 치환기가 2개일 때 붙인다.

[12-02]
2 CH_2=CH-CH=CH_2를 옳게 명명한 것은?

① 3-Butane ② 3-Butadiene
③ 1,3-Butadiene ④ 1,3-Butene

이중 결합의 위치가 1, 3번 탄소이고 이중 결합이 2개이므로 1,3-Butadiene이다.

[09-04, 07-04]
3 "2,3-dimethyl-1,3-butadiene"의 화학구조식을 옳게 나타낸 것은?

① $CH_2=C(CH_3)-CH=CH_2$
② $CH_2=C(CH_3)-C(CH_3)=CH_2$
③ $CH_3-C(CH_3)=CH-CH_3$
④ $(CH_3)_2CH-CH=CH_2$

[10-04]
4 곧은 사슬 포화탄화수소의 일반적인 경향으로 옳은 것은?

① 탄소수가 증가할수록 비점은 증가하나 빙점은 감소한다.
② 탄소수가 증가하면 비점과 빙점은 모두 감소한다.
③ 탄소수가 증가할수록 빙점은 증가하나 비점은 감소한다.
④ 탄소수가 증가하면 비점과 빙점이 모두 증가한다.

분자량이 커지면 분자 사이의 분산력도 커지므로 끓는점과 녹는점이 모두 증가한다.

[15-01]
5 C_nH_{2n+2}의 일반식을 갖는 탄화수소는?

① Alkyne ② Alkene
③ Alkane ④ Cycloalkane

- 알케인 탄화수소 : C_nH_{2n+2}
- 알켄 탄화수소 : C_nH_{2n}
- 알카인 탄화수소 : C_nH_{2n-2}

[10-01, 10-04]
6 알카인족 탄화수소의 일반식을 옳게 나타낸 것은?

① C_nH_{2n} ② C_nH_{2n+2}
③ C_nH_{2n+1} ④ C_nH_{2n-2}

- 알케인 탄화수소 : C_nH_{2n+2}
- 알켄 탄화수소 : C_nH_{2n}
- 알카인 탄화수소 : C_nH_{2n-2}

[11-02]
7 올레핀계 탄화수소에 해당하는 것은?

① CH_4 ② $CH_2=CH_2$
③ $CH\equiv CH$ ④ CH_3CHO

올레핀계 탄화수소는 탄소와 탄소 사이에 이중 결합이 있는 탄화수소이다.

[16-01]
8 에틸렌(C_2H_4)를 원료로 하지 않는 것은?

① 아세트 ② 염화비닐
③ 에탄올 ④ 메탄올

아세트산은 에틸렌의 산화성 분해 반응으로, 염화비닐은 에틸렌에 Cl_2 첨가 반응으로, 에탄올은 에틸렌에 물 첨가 반응으로 생성된다. 메탄올은 에틸렌 반응으로 생성되지 않는다.

[14-01]
9 아세틸렌 계열 탄화수소에 해당되는 것은?

① C_5H_8 ② C_6H_{12}
③ C_6H_8 ④ C_3H_2

아세틸렌 계열의 탄화수소는 알카인 중 삼중 결합(C_nH_{2n-2})이 1개 있는 탄화수소이다.

정답 01 ① 02 ③ 03 ② 04 ④ 05 ③ 06 ④ 07 ② 08 ④ 09 ①

[12-02]

10 아세틸렌의 성질과 관계가 없는 것은?

① 용접에 이용된다.

② 이중 결합을 가지고 있다.

③ 합성 화학 연료로 쓸 수 있다.

④ 염화수소의 반응하여 염화 비닐을 생성한다.

> 아세틸렌은 CH≡CH(에타인)의 관용명으로 탄소 원자 사이에 삼중 결합이 있다.

[16-01]

11 다음 물질 중 C_2H_2와 첨가 반응이 일어나지 않는 것은?

① 염소 ② 수은
③ 브롬 ④ 요오드

> 수은은 수화(물 첨가) 반응에서 촉매로 사용된다.

[14-02]

12 포화 탄화수소에 해당하는 것은?

① 톨루엔 ② 에틸렌
③ 프로판 ④ 아세틸렌

> 포화 탄화수소는 탄소 사이의 결합이 모두 단일 결합으로 이루어진 탄화수소이다. 따라서 프로판은 포화 탄화수소이다.
> ① 톨루엔 : 불포화 탄화수소(방향족 탄화수소)
> ② 에틸렌 : 에텐, 불포화 탄화수소
> ④ 아세틸렌 : 에타인, 불포화 탄화수소

[07-04]

13 고리구조를 갖지 않고 분자식이 $C_{16}H_{28}$인 탄화수소의 분자 중에는 2중 결합이 몇 개 있는가?

① 1개 ② 2개
③ 3개 ④ 4개

> 수소결핍지수는 대상인 화합물과 같은 수의 탄소를 지닌 사슬형 알케인 사이의 수소 원자 수의 수에 있어서의 차이다. 이중 결합은 1몰의 수소를 소모하므로, 수소 결핍 지수 1 단위로 계산한다.
> 각 삼중 결합은 2몰을 소모하며, 수소 결핍 지수 2 단위로 계산한다.
> 고리는 수소 결핍 지수 1 단위로 계산한다.
> $C_{16}H_{28}$에서 16×2+2 = 34, 34−28 = 6이므로 이중결합 3개 가능하다.

[06-01]

14 다음 화합물 중 파이 결합을 가지고 있는 물질은?

① $CH_3-C(=O)-CH_3$ ② CH_3OH
③ $ZnCl_2$ ④ $FeCl_3$

> 탄소와 산소의 이중 결합은 시그마 결합 1개와 파이 결합 1개로 형성된다.

[14-04, 10-01]

15 다음 작용기 중에서 메틸(methyl)기에 해당하는 것은?

① $-C_2H_5$ ② $-COCH_3$
③ $-NH_2$ ④ $-CH_3$

> ① $-C_2H_5$: 에틸기, ② $-COCH_3$: 아실기, ③ $-NH_2$: 아민기

[10-04]

16 작용기와 그 명칭을 나타낸 것 중 틀린 것은?

① -OH : 하이드록시기 ② $-NH_2$: 암모니아기
③ -CHO : 알데하이드기 ④ $-NO_2$: 나이트로기

> ② $-NH_2$: 아민기

[12-02]

17 시클로헥산에 대한 설명으로 옳은 것은?

① 불포화고리 탄화수소이다.

② 불포화사슬 탄화수소이다.

③ 포화고리 탄화수소이다.

④ 포화사슬 탄화수소이다.

> 시클로헥산(C_6H_{12})은 고리 모양 알케인이므로 탄소 원자 사이가 모두 단일 결합을 하고 있는 포화탄화수소이다.

[07-01]

18 다음 화학반응 중 첨가반응이 아닌 것은?

① $C_2H_2 + HCl \rightarrow CH_2{=}CHCl$

② $C_2H_4 + H_2O \rightarrow C_2H_5OH$

③ $C_2H_4 + HCl \rightarrow C_2H_3Cl + H_2$

④ $C_2H_4 + Br_2 \rightarrow C_2H_4Br_2$

> ③ 반응은 C_2H_4의 H 원자가 Cl로 치환된 치환 반응이다.

정답 10 ② 11 ② 12 ③ 13 ③ 14 ① 15 ④ 16 ② 17 ③ 18 ③

[15-02]
19 아이소프로필알코올에 해당하는 것은?

① C_2H_5OH　② CH_3CHO
③ CH_3COOH　④ $(CH_3)_2CHOH$

① 에탄올, ② 아세트알데하이드, ③ 아세트산

[14-04, 09-01]
20 다음 중 3차 알코올에 해당되는 것은?

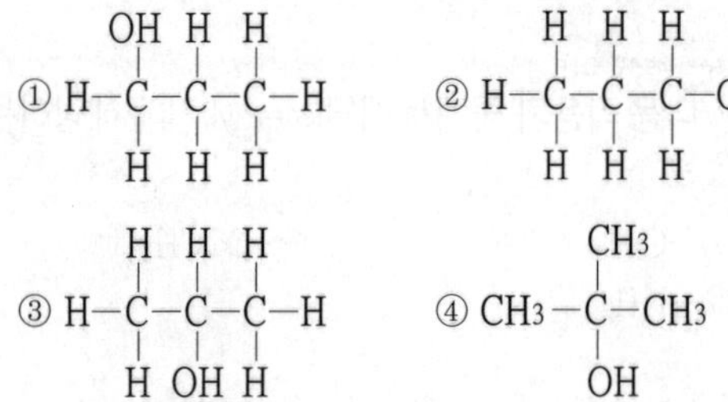

-OH기가 연결된 탄소에 결합된 알킬기(CH_3-) 수가 3개인 알코올이 3° 알코올이다.

[16-01]
21 산화에 의하여 카르보닐기를 가진 화합물을 만들 수 있는 것은?

① CH_3-CH_2-CH_2-COOH　② $CH_3-CH(OH)-CH_3$
③ $CH_3-CH_2-CH_2-OH$　④ $CH_2(OH)-CH_2(OH)$

2° 알코올을 산화하면 케톤을 얻을 수 있다.

[15-04]
22 촉매하에서 H_2O의 첨가반응으로 에탄올을 만들 수 있는 물질은?

① CH_4　② C_2H_2
③ C_6H_6　④ C_2H_4

C_2H_4(에텐)의 탄소 이중 결합에 H_2O가 첨가되어 C_2H_5OH(에탄올)을 생성한다.

[12-04]
23 에탄올은 공업적으로 약 280℃, 300기압에서 에틸렌에 물을 첨가하여 얻어진다. 이때 사용하는 촉매는?

① H_2SO_4　② NH_3
③ HCl　④ $AlCl_3$

C_2H_4(에텐) 이중 결합에 산 촉매에 의해 물 첨가 반응으로 에탄올을 생성한다.

[11-02]
24 2차 알코올이 산화되면 무엇이 되는가?

① 알데하이드　② 에테르
③ 카르복시산　④ 케톤

2차 알코올은 산화되면 케톤이 된다.

[06-01]
25 알코올을 산화하면 알데하이드가 생성된다. 이때 알데하이드를 얻을 수 없는 알코올은?

① CH_3CH_2OH　② $CH_3CH(CH_3)CH_2OH$
③ $CH_3-CH(CH_3)-OH$　④ $CH_3CH_2CH_2OH$

2° 알코올이 산화되면 케톤이 된다.

[13-02]
26 다음 중 부동액으로 사용되는 것은?

① 에탄　② 아세톤
③ 이황화탄소　④ 에틸렌글리콜

부동액 : 냉각수의 어는점을 낮추기 위해 쓰이는 액체, $HOCH_2CH_2OH$

[13-02]
27 다이에틸에터에 관한 설명으로 옳지 않은 것은?

① 휘발성이 강하고 인화성이 크다.
② 증기는 마취성이 있다.
③ 2개의 알킬기가 있다.
④ 물에 잘 녹지만 알코올에는 불용이다.

다이에틸에터는 $C_2H_5OC_2H_5$이고 물에 잘 녹지 않으며, 알코올이나 유기용매에 잘 녹는다. 2개의 에틸기($-C_2H_5$)가 있다.

정답 19 ④ 20 ④ 21 ② 22 ④ 23 ① 24 ④ 25 ③ 26 ④ 27 ④

[09-04]

28 에탄올의 탈수로 만들어지는 물질로 물에 잘 녹지 않으며 마취성과 휘발성이 있는 액체는?

① C_6H_6　② CH_3COOH
③ $C_2H_5OC_2H_5$　④ CH_3CHO

에탄올을 산촉매 하에서 탈수 반응 시키면 다이에틸에터가 생성된다. 다이에틸에터는 마취제로 주로 사용되며 휘발성이 크다.

[08-01]

29 다이에틸에터는 에탄올과 진한 황산의 혼합물을 가열하여 제조할 수 있는데 이것을 무슨 반응이라 하는가?

① 중합반응　② 축합반응
③ 산화 반응　④ 에스테르화 반응

[15-01, 08-04, 06-02, 06-01]

30 암모니아성 질산은 용액과 반응하여 은거울을 만드는 것은?

① CH_3CH_2OH　② CH_3OCH_3
③ CH_3COCH_3　④ CH_3CHO

알데하이드(R-CHO)는 암모니아성 질산은 용액(Tollens 시약)과 반응하여 은(Ag)을 환원시키고 산화된다.
은거울 반응 : $R-CHO + 2Ag(NH_3)_2OH \rightarrow R-COOH + 2Ag + 4NH_3 + H_2O$

[15-04]

31 아세트알데하이드에 대한 시성식은?

① CH_3COOH　② CH_3COCH_3
③ CH_3CHO　④ CH_3COOCH_3

-CHO(알데하이드) 작용기 부분이 표기되어 있는 화학식이다.

[15-04, 11-01]

32 다음 물질 중 환원성이 없는 것은?

① 설탕　② 엿당
③ 젖당　④ 포도당

환원당은 알데하이드나 케톤기를 지니고 있어 환원제(다른 물질을 산화)로 작용하는 당으로 대부분의 단당류와 설탕을 제외한 이당류가 환원당으로 작용한다.

[18-02, 08-02]

33 공업적으로 에틸렌을 $PdCl_2$ 촉매하에 산화시킬 때 주로 생성되는 물질은?

① CH_3OCH_3　② CH_3CHO
③ HCOOH　④ C_3H_7OH

[15-02, 10-01]

34 다음 물질 중 수용액에서 약한 산성을 나타내며 염화제이철 수용액과 정색반응 하는 것은?

① 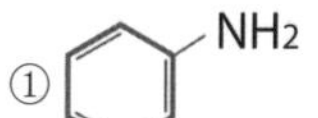

② 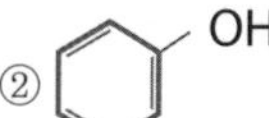

③ 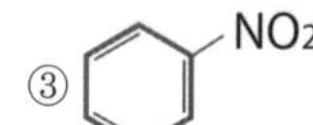

④ 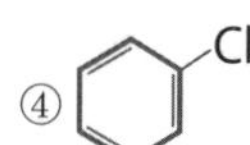

페놀은 약한 산성이며 염화제이철($FeCl_3$) 수용액과 반응하여 보라색 계열의 정색반응을 한다.

[16-02, 10-02]

35 페놀 수산기(-OH)의 특성에 대한 설명으로 옳은 것은?

① 수용액이 강 알칼리성이다.
② 2가 이상이 되면 물에 대한 용해도가 작아진다.
③ 카르복실산과 반응하지 않는다.
④ $FeCl_3$ 용액과 정색 반응을 한다.

페놀은 수용액에서 약한 산성이며 -OH기는 극성 결합을 이루므로 -OH기가 많을수록 극성인 물에 대한 용해도가 증가한다. 염화철($FeCl_3$)과는 적자색의 정색 반응을 한다.

[08-04]

36 페놀에 대한 설명 중 틀린 것은?

① 카르복실산과 반응하여 에테르를 형성한다.
② 나트륨과 반응하여 수소 기체를 발생한다.
③ 수용액은 약한 산성을 띤다.
④ $FeCl_3$ 수용액과 반응하여 보라색으로 변한다.

[06-02]

37 페놀에 대한 설명 중 가장 거리가 먼 내용은?

① 산성을 띤다.
② $FeCl_3$ 용액을 가하면 정색반응을 한다.
③ 벤젠과 아세톤을 산촉매에서 반응시키면 큐멘(아이소프로필벤젠)이 생성된다.

정답 28 ③ 29 ② 30 ④ 31 ③ 32 ① 33 ② 34 ② 35 ④ 36 ① 37 ③

④ 벤젠보다 끓는점이 높다.

페놀의 -OH기는 수소 결합을 할 수 있으므로 벤젠보다 끓는점이 높다.

[07-01]

38 다음 중 CH_3COOH와 C_2H_5OH의 혼합물에 소량의 진한 황산을 가하여 가열하였을 때 주로 생성되는 물질은?

① 아세트산에틸 ② 메탄산에틸
③ 글리세롤 ④ 다이에틸에터

아세트산과 에탄올이 반응하면 에스터화 반응이 일어난다.
$CH_3COOH + CH_3CH_2OH \rightarrow CH_3COOCH_2CH_3$

[14-04, 09-04, 09-01]

39 커플링(coupling) 반응 시 생성되는 작용기는?

① $-NH_2$ ② $-CH_3$
③ $-COOH$ ④ $-N=N-$

다이아조늄염과 방향족 화합물이 반응하여 커플링 반응을 하면 아조(-N=N-) 화합물을 만든다.

[15-04]

40 벤젠에 관한 설명으로 틀린 것은?

① 화학식은 C_6H_{12}이다.
② 알코올, 에테르에 잘 녹는다.
③ 물보다 가볍다.
④ 추운 겨울 날씨에 응고될 수 있다.

벤젠의 화학식은 C_6H_6이다.

[12-04]

41 벤젠에 대한 설명으로 옳지 않은 것은?

① 정육각형의 평면 구조로 120°의 결합각을 갖는다.
② 결합 길이는 단일 결합과 이중 결합의 중간이다.
③ 공명 혼성 구조로 안정한 방향족 화합물이다.
④ 이중 결합을 가지고 있어 치환 반응보다 첨가 반응이 지배적이다.

벤젠은 단일 결합과 이중 결합의 중간 정도의 결합 길이와 세기를 갖고 있으며 안정한 화합물로 첨가 반응이 잘 일어나지 않고 대부분 치환 반응을 한다.

[11-04]

42 벤젠에 대한 설명으로 틀린 것은?

① 상온, 상압에서 액체이다.
② 일치환체는 이성질체가 없다.
③ 일반적으로 치환 반응보다 첨가 반응을 잘한다.
④ 이치환체에는 ortho, meta, para 3종이 있다.

벤젠은 공명 구조로 안정하여 첨가 반응이 일어나기 어렵고 주로 치환 반응을 한다.

[15-01, 08-04]

43 벤젠에 진한 질산과 진한 황산의 혼합물을 작용시킬 때 황산이 촉매와 탈수제 역할을 하여 얻어지는 화합물은 ?

① 나이트로벤젠 ② 클로로벤젠
③ 알킬벤젠 ④ 벤젠술폰산

황산(H_2SO_4)에 의해 질산(HNO_3)은 나이트로늄(NO_2^+) 이온을 생성하고 나이트로늄 이온이 친전자체로 작용하여 벤젠의 수소와 치환되어 나이트로벤젠이 생성된다.

[15-01]

44 프리델-크래프츠 반응에서 사용하는 촉매는?

① $HNO_3 + H_2SO_4$ ② SO_3
③ Fe ④ $AlCl_3$

프리델-크래프츠 반응은 벤젠과 할로젠화물(R-X)을 Lewis 산 촉매 $AlCl_3$을 사용하여 벤젠을 알킬화시키는 반응이다.

[11-02]

45 프리델-크래프트 반응을 나타내는 것은?

① $C_6H_6 + 3H_2 \xrightarrow{Ni} C_6H_{12}$
② $C_6H_6 + CH_3Cl \xrightarrow{AlCl_3} C_6H_6CH_3 + HCl$
③ $C_6H_6 + Cl_2 \xrightarrow{Fe} C_6H_5Cl + HCl$
④ $C_6H_6 + HONO_2 \xrightarrow{C-H_2SO_4} C_6H_5NO_2 + H_2O$

프리델-크래프트 반응은 벤젠에 $AlCl_3$ 촉매를 이용하여 알킬화하는 반응으로 벤젠의 친전자성 치환 반응이다.

[16-02, 07-04]

46 벤젠의 수소 2개를 염소로 치환한 디클로로벤젠의 구조 이성질체 수는 몇 개인가?

① 5 ② 4
③ 3 ④ 2

정답 38 ① 39 ④ 40 ① 41 ④ 42 ③ 43 ① 44 ④ 45 ② 46 ③

[14-01, 07-02]

47 벤젠에 수소 원자 한 개는 $-CH_3$기로, 또 다른 수소원자 한 개는 $-OH$기로 치환되었다면 이성질체 수는 몇 개인가?

① 1 ② 2
③ 3 ④ 4

벤젠에 두 개의 치환기가 있을 경우 이들의 상대적 위치에 따라 오쏘, 메타, 파라 3가지 이성질체가 존재할 수 있다.

[14-04, 11-04]

48 벤젠을 약 300℃, 높은 압력에서 Ni 촉매로 수소와 반응시켰을 때 얻어지는 물질은?

① Cyclopentane ② Cyclopropane
③ Cyclohexane ④ Cyclooctane

고온, 고압에서 Ni 촉매를 이용하여 벤젠과 3당량의 수소 기체가 반응하면 Cyclohexane이 생성된다. $C_6H_6 + 3H_2 \rightarrow$ cyclo-C_6H_{12}

[13-01]

49 나이트로벤젠의 증기에 수소를 혼합한 뒤 촉매를 사용하여 환원시키면 무엇이 되는가?

① 페놀 ② 톨루엔
③ 아닐린 ④ 나프탈렌

$C_6H_5NO_2 + H_2 \xrightarrow{촉매} C_6H_5NH_2$
나이트로 화합물은 수소와 촉매를 이용하면 환원 될 수 있다.

[19-01, 12-01]

50 다음 물질 중 벤젠 고리를 함유하고 있는 것은?

① 아세틸렌 ② 아세톤
③ 메탄 ④ 아닐린

아닐린($C_6H_5NH_2$)은 벤젠 고리에 아민기가 결합되어 있다.

[19-01, 12-01, 09-02]

51 다음 물질 중에서 염기성인 것은?

① $C_6H_5NH_2$ (아닐린)
② $C_6H_5NO_2$ (나이트로벤젠)
③ C_6H_5OH (페놀)
④ C_6H_5COOH (벤조산)

아닐린 $C_6H_5NH_2$은 아민기($-NH_2$)의 질소 원자에 비공유 전자쌍이 있어 염기로 작용한다.

[16-02, 10-04]

52 다음에서 설명하는 물질의 명칭은?

- HCl과 반응하여 염산염을 만든다.
- 나이트로벤젠을 수소로 환원하여 만든다.
- $CaOCl_2$ 용액에서 붉은 보라색을 띤다.

① 페놀 ② 아닐린
③ 톨루엔 ④ 벤젠술폰산

[08-01]

53 다음 물질 중에서 염기성인 것은?

① $C_6H_5NH_2$ ② $C_6H_5NO_2$
③ C_6H_5OH ④ $C_6H_5CH_3$ (톨루엔)

아닐린은 질소의 비공유 전자쌍 주개인 루이스 염기로 작용할 수 있는 염기성 물질이다.

[12-01]

54 $FeCl_3$의 존재 하에서 톨루엔과 염소를 반응시키면 어떤 물질이 생기는가?

① σ-클로로톨루엔 ② ρ-살리실산메틸
③ 아세트아닐리드 ④ 염화벤젠다이아조늄

톨루엔에서 두 번째 치환기는 o-, p- 지향으로 치환되므로 염소를 반응시키면 σ-클로로톨루엔이 생성된다.

[12-02]

55 방향족 탄화수소가 아닌 것은?

① 톨루엔 ② 크실렌
③ 나프탈렌 ④ 시클로펜탄

방향족 탄화수소는 벤젠고리를 포함한 화합물로 시클로펜탄(C_5H_{10})은 고리 모양 포화탄화수소이다.

[06-02]

56 다음 중 벤젠 고리에 수산기와 메틸기를 함께 가지고 있는 화합물은?

① 글리세린 ② 피크르산
③ 크레졸 ④ 크실렌

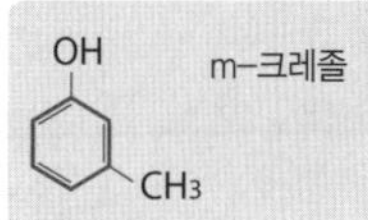

정답 47 ③ 48 ③ 49 ③ 50 ④ 51 ① 52 ② 53 ① 54 ① 55 ④ 56 ③

[10-01]

57 다음 중 방향족 화합물이 아닌 것은?

① 톨루엔 ② 아세톤
③ 크레졸 ④ 아닐린

아세톤은 벤젠이 포함되지 않은 화합물로 방향족 화합물이 아니다.

[09-01]

58 벤젠의 유도체 TNT의 구조식을 옳게 나타낸 것은?

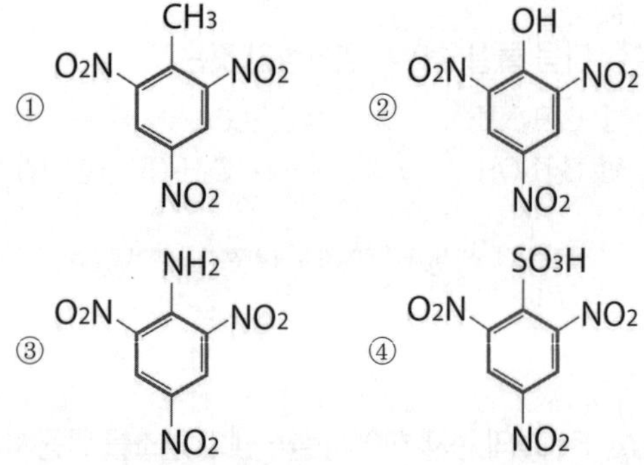

[11-01]

59 TNT는 어느 물질로부터 제조하는가?

① COOH (벤젠고리) ② OH (벤젠고리)
③ CH_3 (벤젠고리) ④ NH_2 (벤젠고리)

TNT는 트라이나이트로톨루엔으로 톨루엔의 단계적 나이트로화 반응에 의해 생성된다.

[10-02]

60 다음 <보기>의 벤젠 유도체 가운데 벤젠의 치환 반응으로부터 직접 유도할 수 없는 것은?

ⓐ -Cl, ⓑ -OH, ⓒ $-SO_3H$, ⓓ $-NH_2$

① ⓐ, ⓑ ② ⓑ, ⓓ
③ ⓐ, ⓒ ④ ⓒ, ⓓ

[16-02]

61 벤조산은 무엇을 산화하면 얻을 수 있는가?

① 톨루엔 ② 나이트로벤젠
③ 트라이나이트로톨루엔 ④ 페놀

CH_3 (톨루엔) + $KMnO_4$, OH^-/H_3O^+ (산화제) → COOH (벤조산)

[13-04]

62 아미노기와 카복실기가 동시에 존재하는 화합물은?

① 식초산 ② 석탄산
③ 아미노산 ④ 아민

아미노산은 $H_2N-RCH-COOH$의 구조로 아미노기($-NH_2$)와 카복실기(-COOH)를 동시에 지닌 물질이다.

[19-01, 13-02]

63 분자식이 같으면서도 구조가 다른 유기 화합물을 무엇이라고 하는가?

① 이성질체 ② 동소체
③ 동위원소 ④ 방향족 화합물

② 동소체 : 같은 한 가지 원소만으로 이루어져 있으면서 성질이 다른 물질
③ 동위 원소 : 원자 번호는 같지만 질량수가 다른 입자
④ 방향족 화합물 : 벤젠이나 벤젠의 유도체를 포함한 화합물을 뜻함

[16-01]

64 다음 화합물 중 기하 이성질체를 가지고 있는 것은?

① $CH_2=CH-CH_3$
② $CH_3-CH_2-CH_2-OH$
③ $H-C\equiv C-H$
④ $CH_3-CH=CH-CH_3$

이중 결합을 기준으로 치환기가 같은 쪽에 있는 cis-$CH_3-CH=CH-CH_3$와 치환기가 반대 쪽에 있는 trans-$CH_3-CH=CH-CH_3$ 이성질체가 있다.

정답 57 ② 58 ① 59 ③ 60 ② 61 ① 62 ③ 63 ① 64 ④

[18-04, 13-04]

65 다음 중 기하 이성질체가 존재하는 것은?

① C_5H_{12}
② $CH_3CH=CHCH_3$
③ C_3H_7Cl
④ $CH\equiv CH$

cis-$CH_3CH=CHCH_3$, trans-$CH_3CH=CHCH_3$ 2가지 이성질체 존재함

[13-04]

66 평면 구조를 가진 $C_2H_2Cl_2$의 이성질체의 수는?

① 1개 ② 2개 ③ 3개 ④ 4개

cis-$C_2H_2Cl_2$, trans-$C_2H_2Cl_2$, gem-$C_2H_2Cl_2$ (같은 탄소에 2개의 Cl이 붙어 있는 분자)

[12-02]

67 기하 이성질체 때문에 극성 분자와 비극성 분자를 가질 수 있는 것은?

① C_2H_4 ② C_2H_3Cl
③ $C_2H_2Cl_2$ ④ C_2HCl_3

이중 결합을 중심으로 치환기가 반대쪽에 있는 trans-$C_2H_2Cl_2$는 비극성 분자, 같은 쪽에 있으면 cis-$C_2H_2Cl_2$는 극성 분자이다.

[06-01]

68 다음 중 기하 이성질체가 있는 화합물은?

① $CH_3CH=CH_2$
② $CH_2=CH_2$
③ $CH_3CH_2CH=CHCH_2CH_3$
④ CH_3OH

[15-01, 09-02, 08-02, 07-02]

69 다음 중 이성질체로 짝지어진 것은 ?

① CH_2OH, CH_4
② CH_4, C_2H_8
③ CH_3OCH_3, $CH_3CH_2OCH_2CH_3$
④ C_2H_5OH, CH_3OCH_3

이성질체란 분자식은 같으나 물리적, 화학적 성질이 다른 물질을 뜻한다. 따라서 분자식이 같은 물질 중 원자 배열이 다른 C_2H_5OH와 CH_3OCH_3는 서로 구조 이성질체 관계이다.

[11-01]

70 부틸알코올과 이성질체인 것은?

① 메틸알코올 ② 다이에틸에터
③ 아세트산 ④ 아세트알데하이드

이성질체란 분자식은 같으나 원자 연결 순서나 공간에서 원자 배열이 달라 물리 화학적 성질이 다른 것을 말한다.
- 부틸알코올 : $CH_3CH_2CH_2CH_2OH$
- 다이에틸에터 : $CH_3CH_2OCH_2CH_3$

[14-04]

71 탄소 수가 5개인 포화 탄화수소 펜탄의 구조 이성질체 수는 몇 개인가?

① 2개 ② 3개
③ 4개 ④ 5개

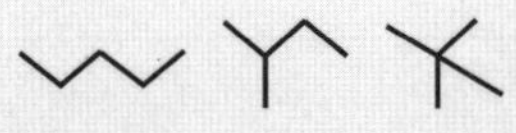

[15-02]

72 C_6H_{14}의 구조 이성질체는 몇 개가 존재하는가?

① 4 ② 5
③ 6 ④ 7

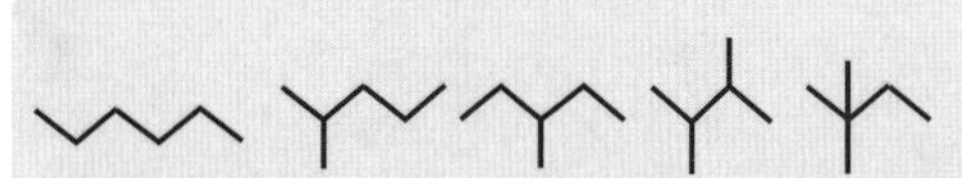

정답 65 ② 66 ③ 67 ③ 68 ③ 69 ④ 70 ② 71 ② 72 ②

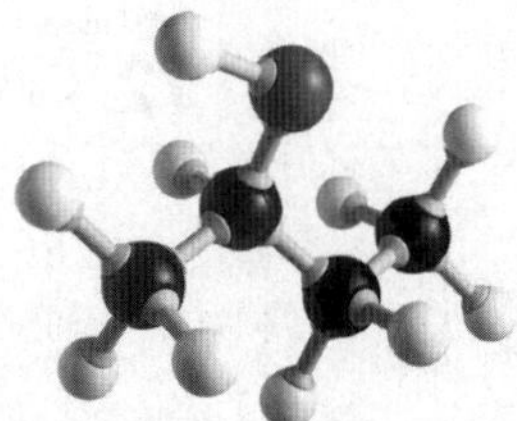

Industrial Engineer Hazardous material

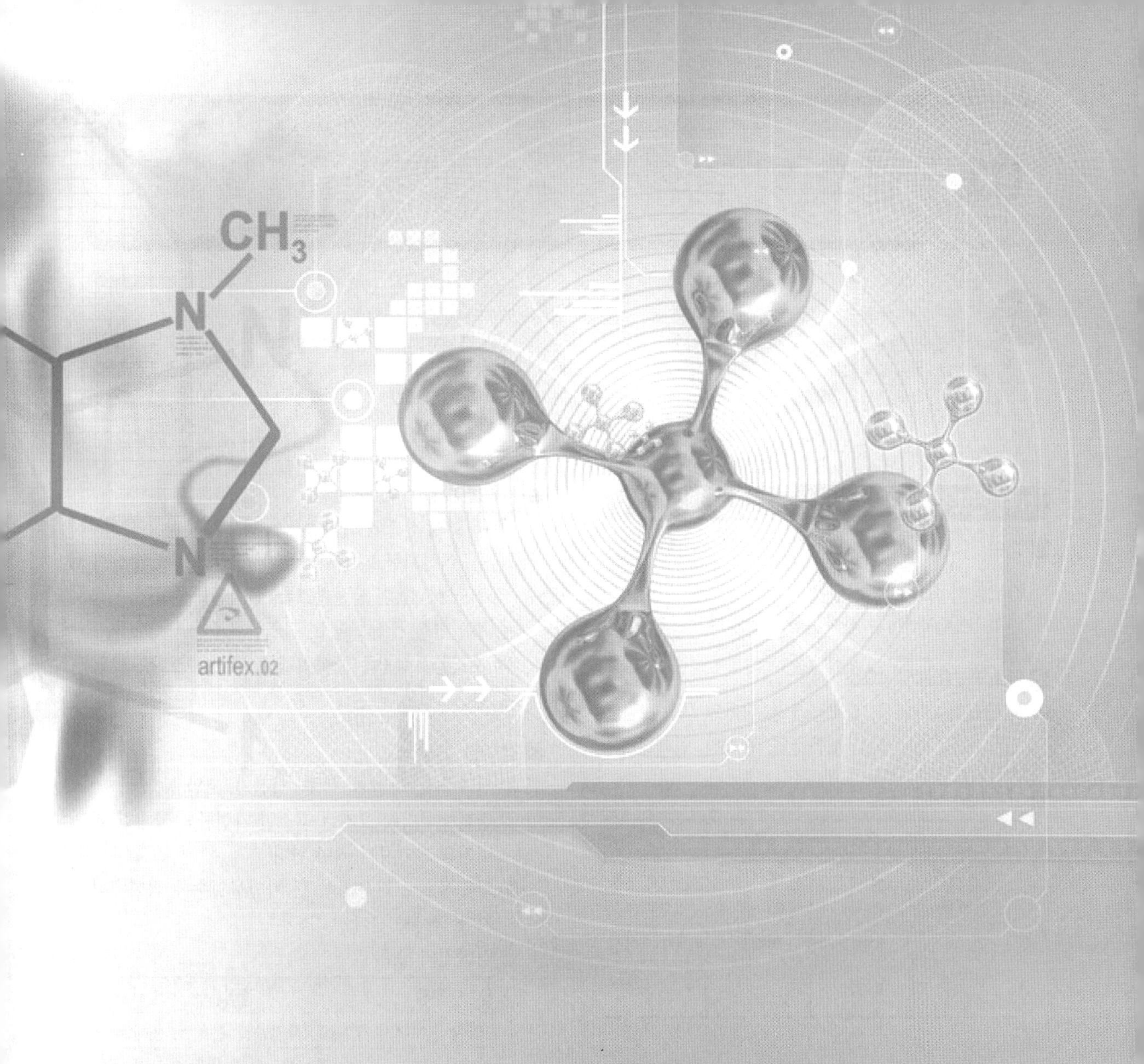

CHAPTER 02

화재예방과 소화방법

연소 및 발화 | 폭발 및 화재, 소화 | 소화약제 및 소화기

SECTION 01

연소 및 발화

이 섹션에서는 표면연소, 분해연소, 증발연소, 자기연소 등의 의미와 종류에 대해서는 꾸준히 출제되고 있다. 주요 가연물의 인화점과 발화점은 필히 외워두도록 한다. 가연물과 점화원, 정전기, 연소범위와 속도, 자연발화 등에서 골고루 출제되고 있다. 특별히 어려운 내용은 없으므로 이 단원에서 확실히 점수를 확보할 수 있도록 한다.

01 연소의 개요

1 정의

가연물이 점화원에 의해 공기 중의 산소와 반응하여 열과 빛을 수반하는 산화현상을 말한다.

2 연소의 3요소 및 4요소

① 3요소 : 가연물, 산소공급원, 점화원
② 4요소 : 가연물, 산소공급원, 점화원, 연쇄반응

3 고온체의 색과 온도

색	온도	색	온도
담암적색	522℃	황적색	1,100℃
암적색	700℃	백색(백적색)	1,300℃
적 색	850℃	휘백색	1,500℃ 이상
휘적색 (주황색)	950℃		

02 가연물 및 점화원

1 가연물이 되기 쉬운 조건

① 산소와의 친화력이 클 것
② 발열량이 클 것
③ 표면적이 넓을 것(기체 〉 액체 〉 고체)
④ 열전도율이 적을 것(기체 〈 액체 〈 고체)
⑤ 활성화 에너지가 작을 것
⑥ 연쇄반응을 일으킬 수 있을 것

2 가연물이 될 수 없는 물질

① 더 이상 산소와 화학반응을 일으키지 않는 물질 : 물, 이산화탄소, 산화알루미늄, 산화규소, 오산화인, 삼산화황, 삼산화크롬, 산화안티몬 등
② 흡열반응 물질 : 질소, 질소산화물
③ 주기율표상 0족 물질 : 헬륨, 네온, 아르곤, 크립톤, 크세논, 라돈

3 점화원

① 전기불꽃, 마찰열, 불꽃, 정전기, 고열 등
② 점화에너지의 크기는 최소한 가연물의 활성화 에너지의 크기보다 커야 한다.
③ 화학적으로 반응성이 큰 가연물일수록 점화에너지가 작아도 된다.
④ 점화원의 종류

분류	종류
화학적 에너지	연소열, 자연발열, 분해열, 용해열
전기적 에너지	저항열, 유도열, 유전열, 아크열, 정전기열, 낙뢰에 의한 열
기계적 에너지	마찰열, 압축열, 마찰 스파크
원자력 에너지	핵분열, 핵융합

▶ 전기불꽃 에너지식
$E=\frac{1}{2}QV=\frac{1}{2}CV^2$ (Q : 전기량, V : 방전전압, C : 전기용량)

4 산소공급원

① 공기
② 산화제 : 제1류, 제6류 위험물
③ 자기연소성물질 : 제5류 위험물

5 정전기

(1) 정전기 발생에 영향을 주는 요인
① 물체의 특성 : 대전서열에서 먼 위치에 있을수록 정전기의 발생 증가
② 접촉면적 및 압력 : 접촉면적이 클수록, 접촉압력이 증가할수록 정전기의 발생 증가
③ 물질의 표면상태 : 표면이 수분이나 기름 등으로 오염될수록 발생 증가하며, 표면이 원활할수록 감소
④ 분리속도 : 전하의 완화시간이 길수록, 분리속도가 빠를수록 정전기의 발생 증가
⑤ 접촉의 이력 : 처음 접촉과 분리가 일어날 때 정전기 발생이 최대이며, 접촉과 분리가 반복됨에 따라 감소

(2) 인화성 액체의 정전기 발생 요인
① 유속이 빠를 때 → 최대유속 제한
② 배관 내 유체의 점도가 클 때
③ 심한 와류가 생성될 때
④ 비전도성 부유물질이 많을 때
⑤ 흐름의 낙차가 클 때
⑥ 필터를 통과할 때

(3) 정전기 발생 방지 방법
① 발생을 줄이는 방법 : 물질 간의 마찰 감소, 전도성 재료 사용, 유속 제한, 제전재 사용
② 정전기 축적 방지 : 접지, 실내공기 이온화, 실내 습도를 상대습도 70% 이상으로 유지

03 연소의 형태

1 고체의 연소

(1) 표면연소
① 열분해에 의해 가연성가스를 발생하지 않고 그 자체가 연소하는 형태
② 목탄, 코크스, 금속분, 마그네슘 등

(2) 분해연소
① 열분해에 의한 가연성가스가 공기와 혼합하여 연소하는 형태
② 목재, 종이, 석탄, 섬유, 플라스틱, 중유 등

(3) 증발연소
① 물질의 표면에서 증발한 가연성가스와 공기 중의 산소가 화합하여 연소하는 형태
② 파라핀(양초), 나프탈렌, 황 등

(4) 자기연소
① 공기 중의 산소가 아닌 그 자체의 산소에 의해서 연소하는 형태
② 질산에스터류, 셀룰로이드류, 나이트로화합물류, 하이드라진유 등

2 기체의 연소

확산연소, 예혼합연소, 폭발연소

3 액체의 연소

액면연소, 등화연소, 분무연소, 증발연소(석유, 가솔린, 알코올)

04 인화점 및 발화점

1 인화점

① 액체 표면의 근처에서 불이 붙는 데 충분한 농도의 증기를 발생하는 최저온도
② 가연성 물질을 공기 중에서 가열할 때 가연성 증기가 연소범위 하한에 도달하는 최저온도
③ 주요 가연물의 인화점

물질명	인화점	물질명	인화점
아이소펜탄	-51℃	메틸알코올	11℃
다이에틸에터	-45℃	에탄올	13℃
아세트알데하이드	-38℃	에틸벤젠	15℃
산화프로필렌	-37℃	클로로벤젠 스틸렌	32℃
이황화탄소	-30℃	테레핀유 클로로아세톤	35℃
아세톤, 트라이메틸알루미늄	-18℃	초산(아세트산)	40℃
벤젠	-11℃	등유	30~60℃
초산메틸	-10℃	경유	50~70℃
아세트산에틸	-4℃	아닐린	75℃
메틸에틸케톤	-1℃	나이트로벤젠	88℃
톨루엔	4.5℃	에틸렌글리콜	111℃

※ 특수인화물 < 제1석유류 < 알코올류 < 제2석유류 < 제3석유류 < 제4석유류 < 동식물유류

2 발화점(착화점, 발화온도, 착화온도)

(1) 의미

외부에서 점화하지 않더라도 발화하는 최저온도

(2) 발화점이 낮아지는 요건

① 산소와의 친화력이 클 때
② 산소의 농도가 높을 때
③ 발열량이 클 때
④ 압력이 높을 때
⑤ 화학적 활성도가 클 때
⑥ 열전도율과 습도가 낮을 때
⑦ 활성화에너지가 적을 때

(3) 발화점이 달라지는 요인

① 가연성가스와 공기의 조성비
② 발화를 일으키는 공간의 형태와 크기
③ 가열속도와 가열시간
④ 발화원의 재질과 가열 방식

(4) 주요 가연물의 발화점

물질명	발화점	물질명	발화점
황린	34℃	트라이나이트로톨루엔	300℃
이황화탄소	120℃	마그네슘	400℃
삼황화인	100℃	에틸알코올	423℃
오황화인	142℃	아세트산	427℃
다이에틸에터	180℃	산화프로필렌	449℃
아세트알데하이드	185℃	초산메틸	454℃
황	232.2℃	메틸알코올	464℃
등유	250℃	톨루엔	480℃
적린	260℃	아세톤	561℃
가솔린, 피크르산	300℃	벤젠	720℃

05 연소범위 및 연소속도

1 연소범위(폭발범위)

① 가연물이 기체상태에서 공기와 혼합하여 연소가 일어나는 범위(연소하한값부터 연소상한값까지)
② 연소하한이 낮을수록, 연소상한이 높을수록 위험
③ 연소범위가 넓을수록 폭발 위험이 큼
④ 온도가 높아지면 연소범위가 넓어짐
⑤ 압력이 높아지면 하한값은 크게 변하지 않지만 상한값은 커진다.

2 주요 물질의 연소범위

기체 또는 증기	연소범위 (vol%)	기체 또는 증기	연소범위 (vol%)
아세틸렌	2.5~82	사이안화수소	12.8~27
수소	4.1~75	암모니아	15.7~27.4
일산화탄소	12.5~75	아세톤	2.6~12.8
아세트알데하이드	4.1~57	메탄	5.0~15
에틸에테르	1.7~48	에탄	3.0~12.5
산화프로필렌	2.5~38.5	프로판	2.1~9.5
에틸렌	3.0~33.5	휘발유	1.4~7.6
메틸알코올	7.3~36	톨루엔	1.3~6.7
에틸알코올	4.3~19		

3 연소속도에 영향을 미치는 요인

① 가연물의 온도
② 가연물질과 접촉하는 속도
③ 산화반응을 일으키는 속도
④ 촉매 ⑤ 압력

4 연소의 확대

① 전도 : 고체의 열 전달 방법으로 접촉하고 있는 물체를 통해 열을 전달. 금속류의 열전도도가 높다.
② 대류 : 액체 · 기체의 열 전달 방법으로 열을 포함하고 있는 물질이 직접 이동해서 열을 전달
③ 복사 : 태양열처럼 매개물질 없이 열을 전달하는 방식으로 가장 빠른 열 전달 방법

06 자연발화

1 자연발화의 형태

구분	종류
분해열에 의한 발화	셀룰로이드, 나이트로셀룰로스
산화열에 의한 발화	석탄, 건성유
발효열에 의한 발화	퇴비, 먼지
흡착열에 의한 발화	목탄, 활성탄
중합열에 의한 발화	사이안화수소, 산화에프틸렌

2 자연발화의 발생 조건

① 주위의 온도가 높을 것
② 습도가 높을 것
③ 표면적이 넓을 것
④ 발열량이 클 것
⑤ 열전도율이 작을 것

3 자연발화에 영향을 주는 요인

① 열의 축적 : 열의 축적이 쉬울수록 자연발화하기 쉽다.
② 열의 전도율 : 열의 전도율이 작을수록 자연발화하기 쉽다.
③ 퇴적 방법 : 열축적이 용이하게 적재되어 있으면 자연발화하기 쉽다.
④ 통풍 : 통풍이 잘 되지 않으면 열축적이 용이하여 자연발화하기 쉽다.
⑤ 발열량 : 발열량이 클수록 자연발화하기 쉽다.
⑥ 습도 : 습도가 높으면 자연발화하기 쉽다.

4 자연발화 방지법

① 통풍(공기유통)이 잘 되게 한다.
② 저장실의 온도를 낮춘다.
③ 습도를 낮게 유지한다.
④ 열의 축적을 방지한다.
⑤ 정촉매 작용을 하는 물질을 피한다.

▶ 정촉매 : 반응속도를 빠르게 하는 물질
부촉매 : 반응속도를 느리게 하는 물질

5 준 자연발화

① 가연물이 공기 또는 물과 반응하여 급격히 발열, 발화하는 현상
② 연소반응속도가 빠름
③ 종류
- 황린(P_4) : 공기와 반응하여 발화
- 금속칼륨(K), 금속나트륨(Na) : 물 또는 습기와 접촉 시 급격히 발화
- 알킬알루미늄 : 공기 또는 물과 반응하여 발화

07 이론산소량 및 이론공기량

1 이론산소량(O_0)

① 중량단위

$$O_0 = 2.67C + 8.0\left(H - \frac{O}{8}\right) + S$$
$$= 2.67C + 8.0H + (S - O)\ (kg/kg)$$

(C, H, O, S : 1kg 중 각 원소별 중량(kg)

$\frac{O}{8}$: 수분으로 존재하여 연소할 수 없는 수소량)

② 부피단위

$$O_0 = 1.87C + 5.6\left(H - \frac{O}{8}\right) + 0.7S$$
$$= 1.87C + 5.6H - 0.7(O - S)\ (Nm^3/kg)$$

2 이론공기량(A_0)

① 중량단위

$$A_0 = \frac{O_0}{0.23}$$
$$= \frac{1}{0.23}(2.67C + 8H - O + S)\ (kg/kg)$$

② 부피단위

$$A_0 = \frac{O_0}{0.21}$$
$$= \frac{1}{0.21}\left(1.87C + 5.6\left(H - \frac{O}{8}\right) + 0.7S\right)\ (Sm^3/kg)$$

08 증기 비중

① 어떤 온도와 압력에서 같은 부피의 공기 무게와 비교한 값
② 증기 비중이 1보다 크면 공기보다 무겁고 1보다 작으면 공기보다 가볍다.

$$\text{증기비중} = \frac{\text{증기 분자량}}{\text{공기 분자량}} = \frac{\text{증기 분자량}}{29}$$

[13-2, 07-1]

1 고온체의 색깔과 온도관계에서 다음 중 가장 낮은 온도의 색깔은?

① 적색 ② 암적색
③ 휘적색 ④ 백적색

적색	암적색	휘적색	백적색
850℃	700℃	950℃	1,300℃

[11-1]

2 연소 시 온도에 따른 불꽃의 색상이 잘못된 것은?

① 적색 : 약 850℃ ② 황적색 : 약 1,100℃
③ 휘적색 : 약 1,200℃ ④ 백적색 : 약 1,300℃

휘적색 : 약 950℃

[15-2, 11-4]

3 가연물의 구비조건으로 옳지 않은 것은?

① 열전도율이 클 것
② 연소열량이 클 것
③ 화학적 활성이 강할 것
④ 활성화 에너지가 작을 것

가연물이 되기 위해서는 열전도율이 작아야 한다.

[14-4]

4 가연물이 되기 쉬운 조건으로 가장 거리가 먼 것은?

① 열전도율이 클수록
② 활성화 에너지가 작을수록
③ 화학적 친화력이 클수록
④ 산소와 접촉이 잘 될수록

[19-1, 10-4]

5 전기불꽃 에너지 공식에서 ( )에 알맞은 것은? (단, Q는 전기량, V는 방전전압, C는 전기용량을 나타낸다)

$$E = \frac{1}{2}(\quad) = \frac{1}{2}(\quad)$$

① QV, CV ② QC, CV
③ QV, CV^2 ④ QC, QV^2

전기불꽃 에너지식
$E = \frac{1}{2}QV = \frac{1}{2}CV^2$

[08-4]

6 최소 착화에너지를 측정하기 위해 콘덴서를 이용하여 불꽃 방전실험을 하고자 한다. 콘덴서의 전기 용량을 C, 방전전압을 V, 전기량을 Q라 할 때 착화에 필요한 최소 전기 에너지 E를 옳게 나타낸 것은?

① $E = \frac{1}{2}CQ^2$ ② $E = \frac{1}{2}C^2V$
③ $E = \frac{1}{2}QV^2$ ④ $E = \frac{1}{2}CV^2$

[15-1]

7 다음 중 가연물이 될 수 있는 것은?

① CS_2 ② H_2O_2
③ CO_2 ④ He

CS_2(이황화탄소)는 제4류 위험물로서 가연성 물질이며, H_2O_2(과산화수소)는 제6류 위험물로 불연성 물질이다. 이산화탄소와 헬륨은 불활성기체이다.

[15-2]

8 다음 중 가연성 물질이 아닌 것은?

① $C_2H_5OC_2H_5$ ② $KClO_4$
③ $C_2H_4(OH)_2$ ④ P_4

① 다이에틸에터 : 제4류 위험물
② 과염소산칼륨 : 제1류 위험물
③ 에틸렌글리콜 : 제4류 위험물
④ 황린 : 제3류 위험물
제1류 위험물은 자신은 불연성 물질로서 환원성 물질 또는 가연성 물질에 대해 강한 산화성을 가지고 있다.

[11-1]

9 고체 가연물에 있어서 덩어리 상태보다 분말일 때 화재 위험성이 증가하는 이유는?

① 공기와의 접촉 면적이 증가하기 때문이다.
② 열전도율이 증가하기 때문이다.
③ 흡열반응이 진행되기 때문이다.
④ 활성화에너지가 증가하기 때문이다.

고체 가연물이 덩어리 상태보다 분말일 때는 공기와의 접촉 면적이 증가하기 때문에 화재 위험성이 증가한다.

정답 1② 2③ 3① 4① 5③ 6④ 7① 8② 9①

[11-1]
10 점화원 역할을 할 수 없는 것은?

① 기화열　② 산화열
③ 정전기불꽃　④ 마찰열

점화원 역할을 하는 것은 전기불꽃, 산화열, 정전기, 마찰열 등이다.

[11-1]
11 산소공급원으로 작용할 수 없는 위험물은?

① 과산화칼륨　② 질산나트륨
③ 과망가니즈산칼륨　④ 알킬알루미늄

산소공급원으로 작용하는 위험물은 제1류, 제5류 및 제6류 위험물이다.

[14-1, 08-1]
12 가연물의 주된 연소 형태에 대한 설명으로 옳지 않은 것은?

① 황의 연소 형태는 증발연소이다.
② 목재의 연소 형태는 분해연소이다.
③ 에테르의 연소 형태는 표면연소이다.
④ 숯의 연소 형태는 표면연소이다.

에테르는 제4류 위험물로서 증발연소를 한다.

[14-2]
13 중유의 주된 연소 형태는?

① 표면연소　② 분해연소
③ 증발연소　④ 자기연소

제4류 위험물인 중유는 분해연소를 한다.

[13-2, 08-2]
14 고체의 일반적인 연소 형태에 속하지 않는 것은?

① 표면연소　② 확산연소
③ 자기연소　④ 증발연소

고체의 연소 형태에는 분해연소, 표면연소, 증발연소, 자기연소가 있다. 확산연소는 기체의 연소 형태에 속한다.

[12-1]
15 고체 가연물의 연소 형태에 해당하지 않는 것은?

① 등심연소　② 증발연소
③ 분해연소　④ 표면연소

[14-4]
16 고체연소에 대한 분류로 옳지 않은 것은?

① 혼합연소　② 증발연소
③ 분해연소　④ 표면연소

[08-4]
17 고체 연소형태에 관한 설명 중 틀린 것은?

① 목탄의 주된 연소 형태는 표면연소이다.
② 목재의 주된 연소 형태는 분해연소이다.
③ 나프탈렌의 주된 연소 형태는 증발연소이다.
④ 양초의 주된 연소 형태는 자기연소이다.

양초의 주된 연소형태는 증발연소이다.

[09-1]
18 기체의 연소 형태에 해당하는 것은?

① 표면연소　② 증발연소
③ 분해연소　④ 확산연소

표면연소, 증발연소, 분해연소는 모두 고체의 연소 형태에 속한다.

[12-4]
19 주된 연소형태가 분해연소인 것은?

① 금속분　② 황
③ 목재　④ 피크르산

분해연소란 열분해에 의한 가연성 가스가 공기와 혼합하여 연소하는 형태를 말하며 목재, 종이, 석탄, 섬유 등이 이에 해당된다.

[11-1]
20 일반적인 연소 형태가 표면연소인 것은?

① 플라스틱　② 목탄
③ 황　④ 피크린산

목탄, 코크스, 금속분, 마그네슘 등은 표면연소를 한다.

[07-1]
21 다음 물질의 연소 중 표면연소에 해당하는 것은?

① 석탄　② 목탄
③ 목재　④ 황

석탄, 목재는 분해연소를 하며, 황은 증발연소를 한다.

정답 10 ① 11 ④ 12 ③ 13 ② 14 ② 15 ① 16 ① 17 ④ 18 ④ 19 ③ 20 ② 21 ②

[11-2]
22 주된 연소 형태가 나머지 셋과 다른 하나는?

① 황 ② 코크스
③ 금속분 ④ 숯

코크스, 금속분, 숯은 표면연소를 하며, 황은 증발연소를 한다.

[11-4]
23 연소 형태가 나머지 셋과 다른 하나는?

① 목탄 ② 메탄올
③ 파라핀 ④ 황

메탄올, 파라핀, 황은 증발연소를 하며, 목탄은 표면연소를 한다.

[10-4]
24 주된 연소 형태가 증발연소에 해당하는 물질은?

① 황 ② 금속분
③ 목재 ④ 피크르산

[09-4]
25 가연성 물질이 공기 중에서 연소할 때의 연소 형태에 대한 설명으로 틀린 것은?

① 공기와 접촉하는 표면에서 연소가 일어나는 것을 표면연소라 한다.
② 황의 연소는 표면연소이다.
③ 산소공급원을 가진 물질 자체가 연소하는 것을 자기연소라 한다.
④ TNT의 연소는 자기연소이다.

황은 증발연소를 한다.

[15-1, 09-2]
26 다음 중 인화점이 20℃ 이상인 것은?

① CH_3COOCH_3 ② CH_3COCH_3
③ CH_3COOH ④ CH_3CHO

① CH_3COOCH_3(초산메틸) : −10℃
② CH_3COCH_3(아세톤) : −18℃
③ CH_3COOH(초산) : 40℃
④ CH_3CHO(아세트알데하이드) : −38℃

[14-4]
27 다음 물질 중 인화점이 가장 낮은 것은?

① 다이에틸에터 ② 이황화탄소
③ 아세톤 ④ 벤젠

① 다이에틸에터 : −45℃ ② 이황화탄소 : −30℃
③ 아세톤 : −18℃ ④ 벤젠 : −11℃

[13-1]
28 다음 위험물 중에서 인화점이 가장 낮은 것은?

① $C_6H_5CH_3$ ② $C_6H_5CHCH_2$
③ CH_3COCH_3 ④ CH_3CHO

① $C_6H_5CH_3$(톨루엔) : 4.5℃
② $C_6H_5CHCH_2$(스틸렌) : 32℃
③ CH_3COCH_3(아세톤) : −18℃
④ CH_3CHO(아세트알데하이드) : −38℃

[13-2]
29 다음 중 인화점이 가장 낮은 것은?

① $C_6H_5NH_2$ ② $C_6H_5NO_2$
③ C_5H_5N ④ $C_6H_5CH_3$

① $C_6H_5NH_2$(아닐린) : 75℃ ② $C_6H_5NO_2$(나이트로벤젠) : 88℃
③ C_5H_5N(피리딘) : 20℃ ④ $C_6H_5CH_3$(톨루엔) : 4.5℃

[11-1]
30 다음 물질 중 인화점이 가장 낮은 것은?

① 톨루엔 ② 아닐린
③ 피리딘 ④ 에틸렌글리콜

① 톨루엔 : 4.5℃ ② 아닐린 : 75℃
③ 피리딘 : 20℃ ④ 에틸렌글리콜 : 111℃

[11-2]
31 다음 중 인화점이 가장 높은 것은?

① $CH_3COOC_2H_5$ ② CH_3OH
③ CH_3COOH ④ CH_3COCH_3

① $CH_3COOC_2H_5$(아세트산에틸) : −4℃
② CH_3OH(메틸알코올) : 11℃
③ CH_3COOH(아세트산) : 40℃
④ CH_3COCH_3(아세톤) : −18℃

정답 22 ① 23 ① 24 ① 25 ② 26 ③ 27 ① 28 ④ 29 ④ 30 ① 31 ③

[10-1]
32 다음 위험물 중 인화점이 가장 낮은 것은?

① 이황화탄소 ② 에테르
③ 벤젠 ④ 아세톤

> ① 이황화탄소 : –30℃ ② 에테르 : –45℃
> ③ 벤젠 : –11℃ ④ 아세톤 : –18℃

[08-2]
33 다음 물질 중 인화점이 가장 낮은 것은?

① CS_2 ② $C_2H_5OC_2H_5$
③ CH_3COCl ④ CH_3OH

> ① CS_2(이황화탄소) : –30℃
> ② $C_2H_5OC_2H_5$(다이에틸에터) : –45℃
> ③ CH_3COCl(염화아세틸) : 4.4℃
> ④ CH_3OH(메틸알코올) : 11℃

[19-1, 08-4]
34 다음 물질 중 인화점이 가장 낮은 것은?

① 톨루엔 ② 아세톤
③ 벤젠 ④ 다이에틸에터

> ① 톨루엔 : 4.5℃
> ② 아세톤 : –18℃
> ③ 벤젠 : –11℃
> ④ 다이에틸에터 : –45℃

[10-4]
35 착화점에 대한 설명으로 가장 옳은 것은?

① 외부에서 점화하지 않더라도 발화하는 최저온도
② 외부에서 점화했을 때 발화하는 최저온도
③ 외부에서 점화했을 때 발화하는 최고온도
④ 외부에서 점화하지 않더라도 발화하는 최고온도

> 착화점은 외부에서 점화를 하지 않더라도 발화하는 최저온도를 말한다.

[13-2]
36 다음 중 착화점에 대한 설명으로 가장 옳은 것은?

① 연소가 지속될 수 있는 최저의 온도
② 점화원과 접촉했을 때 발화하는 최저온도
③ 외부의 점화원 없이 발화하는 최저온도
④ 액체 가연물에서 증기가 발생할 때의 온도

[08-1]
37 가연물을 가열할 때 점화원 없이 가열된 열만 가지고 스스로 연소가 시작되는 최저온도는?

① 연소점 ② 발화점
③ 인화점 ④ 분해점

> 점화원 없이 스스로 연소가 시작되는 최저온도를 발화점 또는 착화점이라 한다.

[10-1]
38 연소 이론에 관한 용어의 정의 중 틀린 것은?

① 발화점은 가연물을 가열할 때 점화원 없이 발화하는 최저의 온도이다.
② 연소점은 5초 이상 연소상태를 유지할 수 있는 최저의 온도이다.
③ 인화점은 가연성 증기를 형성하여 점화원이 가해졌을 때 가연성 증기가 연소범위 하한에 도달하는 최저의 온도이다.
④ 착화점은 가연물을 가열할 때 점화원 없이 발화하는 최고의 온도이다.

> 착화점(발화점)은 가연물을 가열할 때 점화원 없이 발화하는 최저 온도이다.

[11-1]
39 연소 이론에 대한 설명으로 가장 거리가 먼 것은?

① 착화온도가 낮을수록 위험성이 크다.
② 인화점이 낮을수록 위험성이 크다.
③ 인화점이 낮은 물질은 착화점도 낮다.
④ 폭발한계가 넓을수록 위험성이 크다.

> 인화점이 낮다고 해서 착화점도 낮은 것은 아니다.

[15-4]
40 다음 물질 중 발화점이 가장 낮은 것은?

① CS_2 ② C_6H_6
③ CH_3COCH_3 ④ CH_3COOCH_3

> ① CS_2(이황화탄소) : 120℃
> ② C_6H_6(벤젠) : 720℃
> ③ CH_3COCH_3(아세톤) : 561℃
> ④ CH_3COOCH_3(초산메틸) : 454℃

정답 32 ② 33 ② 34 ④ 35 ① 36 ③ 37 ② 38 ④ 39 ③ 40 ①

[11-2]
41 다음 중 발화점이 가장 낮은 것은?

① 황 ② 황린
③ 적린 ④ 삼황화인

> ① 황 : 232.2℃ ② 황린 : 34℃
> ③ 적린 : 260℃ ④ 삼황화인 : 100℃

[10-1]
42 다음 중 착화온도가 가장 낮은 것은?

① 황린 ② 황
③ 삼황화인 ④ 오황화인

> ① 황린 : 34℃ ② 황 : 232.2℃
> ③ 삼황화인 : 100℃ ④ 오황화인 : 142℃

[10-4]
43 다음 위험물 중 착화온도가 가장 낮은 것은?

① 황린 ② 삼황화인
③ 마그네슘 ④ 적린

> ① 황린 : 34℃ ② 삼황화인 : 100℃
> ③ 마그네슘 : 400℃ ④ 적린 : 260℃

[07-1]
44 다음 중 발화점이 가장 높은 것은?

① 등유 ② 벤젠
③ 다이에틸에터 ④ 휘발유

> ① 등유 : 250℃ ② 벤젠 : 562℃
> ③ 다이에틸에터 : 180℃ ④ 휘발유 : 300℃

[14-2]
45 다음 중 메탄올의 연소범위에 가장 가까운 것은?

① 약 1.4~약 5.6% ② 약 7.3~36%
③ 약 20.3~66% ④ 약 42.0~77%

> 제4류 위험물인 메탄올의 연소범위는 7.3~36%이다.

[19-1, 13-1]
46 다음 중 연소범위가 가장 넓은 위험물은?

① 휘발유 ② 톨루엔
③ 에틸알코올 ④ 다이에틸에터

> ① 휘발유 : 1.4~7.6% ② 톨루엔 : 1.3~6.7%
> ③ 에틸알코올 : 4.3~19% ④ 다이에틸에터 : 1.7~48

[09-2]
47 다음 제4류 위험물 중 연소범위가 가장 넓은 것은?

① 아세트알데하이드 ② 산화프로필렌
③ 휘발유 ④ 아세톤

> ① 아세트알데하이드 : 4.1~57% ② 산화프로필렌 : 2.5~38.5%
> ③ 휘발유 : 1.4~7.6% ④ 아세톤 : 2.6~12.8%

[09-4]
48 다음 중 가연성 물질이 아닌 것은?

① 수소화나트륨 ② 황화인
③ 과산화나트륨 ④ 적린

> 과산화나트륨은 제1류 위험물로서 불연성 물질이다.

[08-4]
49 연소범위에 대한 일반적인 설명 중 틀린 것은?

① 연소범위는 온도가 높아지면 넓어진다.
② 공기 중에서보다 산소 중에서 연소범위는 넓어진다.
③ 압력이 높아지면 상한값은 변하지 않으나 하한값은 커진다.
④ 연소범위 농도 이하에서는 연소되기 어렵다.

> 압력이 높아지면 하한값은 크게 변하지 않지만 상한값은 커진다.

[08-2]
50 다음 중 연소속도와 의미가 같은 것은?

① 중화속도 ② 환원속도
③ 착화속도 ④ 산화속도

> 물질이 발열과 빛을 수반하는 급격한 산화현상을 연소라 하는데, 연소속도는 산화속도와 같은 의미이다.

[15-2]
51 다음 중 화학적 에너지원이 아닌 것은?

① 연소열 ② 분해열
③ 마찰열 ④ 융해열

> 마찰열은 물리적 에너지원에 속한다.

정답 41 ② 42 ① 43 ① 44 ② 45 ② 46 ④ 47 ① 48 ③ 49 ③ 50 ④ 51 ③

[10-2]

52 다음 중 자기연소를 하는 위험물은?

① 톨루엔 ② 메틸알코올
③ 다이에틸에터 ④ 나이트로글리세린

제5류 위험물인 나이트로글리세린은 자기연소를 한다.

[12-2, 07-2]

53 물질의 자연발화를 방지하기 위한 조치로서 가장 거리가 먼 것은?

① 퇴적할 때 열이 쌓이지 않게 한다.
② 저장실의 온도를 낮춘다.
③ 촉매 역할을 하는 물질과 분리하여 저장한다.
④ 저장실의 습도를 높인다.

자연발화를 방지하기 위해서는 습도가 높은 장소를 피해야 한다.

[11-2, 07-1]

54 자연발화 방지법에 대한 설명 중 틀린 것은?

① 습도가 낮은 것을 피할 것
② 저장실의 온도가 낮을 것
③ 퇴적 및 수납할 때 열이 축적되지 않을 것
④ 통풍이 잘 될 것

[15-2]

55 다음 중 일반적으로 자연발화의 위험성이 가장 낮은 장소는?

① 온도 및 습도가 높은 장소
② 습도 및 온도가 낮은 장소
③ 습도는 높고 온도는 낮은 장소
④ 습도는 낮고 온도는 높은 장소

자연발화를 방지하기 위해서는 습도와 온도가 높은 장소를 피해야 한다.

[12-2]

56 자연발화의 방지법으로 가장 거리가 먼 것은?

① 통풍을 잘 하여야 한다.
② 습도가 낮은 곳을 피한다.
③ 열이 쌓이지 않도록 유의한다.
④ 저장실의 온도를 낮춘다.

[12-4]

57 자연발화를 방지하는 방법으로 가장 거리가 먼 것은?

① 통풍이 잘되게 할 것
② 열의 축적을 용이하지 않게 할 것
③ 저장실의 온도를 낮게 할 것
④ 습도를 높게 할 것

[13-1]

58 자연발화가 일어날 수 있는 조건으로 가장 옳은 것은?

① 주위의 온도가 낮을 것
② 표면적이 작을 것
③ 열전도율이 작을 것
④ 발열량이 작을 것

[09-1]

59 다음 중 자연발화의 인자가 아닌 것은?

① 발열량 ② 수분
③ 열의 축적 ④ 증발잠열

자연발화를 일으키는 인자에는 발열량, 열전도율, 열의 축적, 수분, 공기의 유동 등이 있다.

정답 52 ④ 53 ④ 54 ① 55 ② 56 ② 57 ④ 58 ③ 59 ④

SECTION
02 폭발 및 화재, 소화

이 섹션에서는 분진폭발에 관한 문제의 출제 빈도가 상당히 높다. 폭발성 분진, 분진의 위험이 없는 물질, 폭발성 증가요인에 대해서는 반드시 암기하도록 한다. 화재의 분류에 관한 문제도 빠짐없이 출제되며 화재의 급수와 종류, 색상 및 소화방법까지 연관해서 학습하도록 한다. 플래시 오버, 보일 오버 등 화재 시의 특수현상에 대한 개념도 확실히 해두도록 한다.

01 폭발의 정의

가연성 기체 또는 액체 열의 발생속도가 일산(逸散)속도를 상회하는 현상

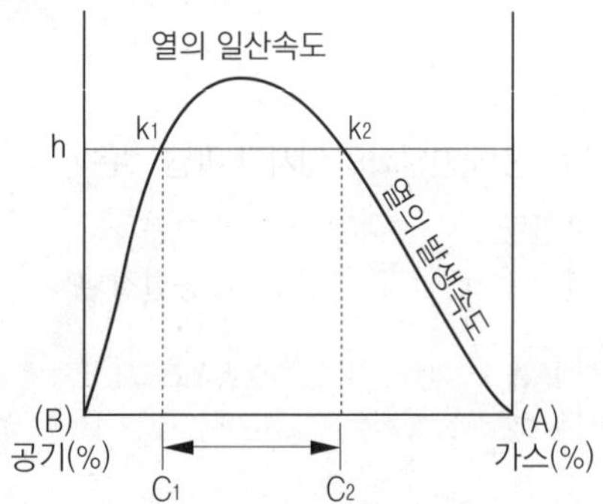

$C_1 \sim C_2$: 폭발범위(연소범위)
$K_1 \sim K_2$: 착화온도

02 폭발의 종류

1 분진폭발 – 물리적 폭발

① 가연성고체의 미세한 분출이 일정 농도 이상 공기 중에 분산되어 있을 때 점화원에 의하여 연소, 폭발되는 현상

② 탄광의 갱도, 황 분쇄기, 합금 분쇄 공장 등에서 주로 발생

③ 폭발성 분진

- 탄소제품 : 석탄, 목탄, 코크스, 활성탄
- 비료 : 생선가루, 혈분 등
- 식료품 : 전분, 설탕, 밀가루, 분유, 곡분, 건조효모 등
- 금속류 : Al, Mg, Zn, Fe, Ni, Si, Ti, V, Zr(지르코늄)
- 목질류 : 목분, 코르크분, 리그닌분, 종이가루 등
- 합성 약품류 : 염료중간체, 각종 플라스틱, 합성세제, 고무류 등
- 농산가공품류 : 후추가루, 제충분, 담배가루 등

④ 분진의 위험이 없는 물질 : 모래, 시멘트, 석회분말, 가성소다 등

⑤ 분진폭발의 대형화 요인

- 공기 중 산소의 농도가 증가할 경우
- 밀폐공간 내 고온 · 고압 상태가 유지될 경우
- 밀폐공간 내 인화성 가스 · 증기가 존재할 경우
- 분진 자체가 폭발성 물질일 경우

⑥ 폭발성 증가 요인

- 발열량, 연소열, 열팽창률이 클수록
- 입도가 작을수록(분진의 표면적이 커질수록)
- 분산성 · 부유성이 클수록
- 분진 중에 수분이 적을수록

▶ 알루미늄과 마그네슘은 수분 접촉 시 수소가 발생하여 폭발성이 증가한다.

2 분해폭발

산화에틸렌(C_2H_4O), 아세틸렌(C_2H_2), 하이드라진(N_2H_4) 같은 분해성 가스와 다이아조화합물 같은 자기분해성 고체류가 분해하면서 폭발

3 중합폭발

사이안화수소(HCN), 염화비닐 등

4 산화폭발

① 가연성 가스가 공기 중에 누설되거나 인화성 액체 저장탱크에 공기가 혼합되어 폭발성 혼합가스를 형성함으로써 점화원에 의해 착화되어 폭발하는 현상

② LPG-공기, LNG-공기 등

03 폭연과 폭굉

1 폭연(爆燃)과 폭굉(爆轟) 비교

구분	폭연(Deflagration)	폭굉(Detonation)
전파속도	• 음속보다 느리게 이동 • 0.1~10m/s	• 음속보다 빠르게 이동 • 1,000~3,500m/s
폭발압력	초기압력의 10배 이하	초기압력의 10배 이상
화재파급 효과	크다	작다
충격파 발생 유무	발생하지 않음	발생함

2 폭굉유도거리(DID)가 짧아지는 조건

① 정상 연소속도가 큰 혼합가스일수록
② 압력이 높을수록
③ 관속에 이물질이 있을 경우
④ 관지름이 작을수록
⑤ 점화원의 에너지가 클수록

04 화재의 분류 및 현상

1 화재의 분류

급수	종류	색상	소화방법	적용대상물
A급	일반화재	백색	냉각소화	종이, 목재, 섬유
B급	유류 및 가스화재	황색	질식소화	제4류 위험물, 유지
C급	전기화재	청색	질식소화	발전기, 변압기
D급	금속화재	무색	피복에 의한 질식소화	철분, 마그네슘, 금속분

2 일반화재의 주요 성상

① 발화기 → 성장기 → (플래시오버) → 최성기 → 감쇠기 순서
② 목조건축물 : 고온단기형(진행시간 30~40분, 최고온도 1,100~1,300℃)
③ 내화건축물 : 저온장기형(진행시간 2~3시간, 최고온도 800~900℃)

3 화재 시 특수현상

(1) 플래시 오버(Flash Over)
건축물 화재 시 성장기에서 최성기로 진행될 때 실내온도가 급격히 상승하기 시작하면서 화염이 실내 전체로 급격히 확대되는 연소현상

(2) 보일 오버(Boil Over)
① 고온층이 형성된 유류화재의 탱크 밑면에 물이 고여 있는 경우, 화재의 진행에 따라 바닥의 물이 급격히 증발하여 불붙은 기름을 분출시키는 위험현상
② 탱크바닥에 물 또는 물과 기름의 에멀전 층이 있는 경우 발생

(3) 슬롭 오버(Slop Over)
① 유류화재 발생 시 유류의 액표면 온도가 물의 비점 이상으로 상승할 때 소화용수가 연소유의 뜨거운 액표면에 유입되면서 탱크 외부로 유류를 분출시키는 현상
② 유류화재 시 물이나 포소화약재를 방사할 경우 발생

(4) 프로스 오버(Froth Over)
탱크 속의 물이 점성의 뜨거운 기름표면 아래에서 끓을 때 화재를 수반하지 않고 기름이 넘쳐 흐르는 현상

(5) BLEVE(Boiling Liquid Expanding Vapor Explosion) 현상
① 비등상태의 액화가스가 기화하여 팽창하고 폭발하는 현상
② 영향을 주는 인자 : 저장물질의 종류와 형태, 저장용기의 재질, 내용물의 인화성 및 독성 여부, 주위온도와 압력상태

(6) Fire Ball
BLEVE 현상으로 분출된 액화가스의 증기가 공기와 혼합하여 공 모양의 대형 화염이 상승하는 현상

(7) Back Draft
건물 화재 시 화재 감쇠기에 창문 등을 갑작스럽게 열 경우 공기가 유입되어 급격한 연소를 초래하는 현상

4 화재 시 피난 동선

① 가급적 단순형태가 좋다(지그재그 형태 ×).
② 수평동선과 수직동선으로 구분한다.
③ 2개 이상의 방향으로 피난할 수 있어야 한다.
④ 가급적 상호 반대방향으로 다수의 출구와 연결되는 것이 좋다.

05 소화의 종류

물리적 소화			화학적 소화
질식소화	냉각소화	제거소화	억제소화

1 질식소화

공기 중 산소 농도를 15% 이하로 낮추어 소화하는 방법이다.

① 공기차단법 : 밀폐성 고체나 마른 모래, 거품 이용

② 희석법 : 비가연성 기체를 분사

2 냉각소화

① 가연물의 온도를 낮추어 연소의 진행을 억제하는 소화를 말한다.

② 물에 의한 냉각소화(주수소화)의 위험성

- 유류화재 시 화재면(연소면)이 확대될 우려가 있다.
- 금속화재 시 물과 반응하여 수소를 발생시킨다.

3 제거소화

연소반응 진행으로부터 가연물을 제거하는 소화 방법이다.

① 격리

- 바람을 불어 촛불을 끄는 행위
- 산불화재 시 벌목 행위
- 가스화재 시 밸브를 잠그는 행위

② 소멸 : 유전화재에서 질소폭탄으로 화염을 소멸시키는 방법

③ 희석 : 다량의 이산화탄소 기체를 분사하여 기체 가연물을 연소범위 이하로 낮추는 방법

4 억제소화(화학적 소화, 부촉매 소화)

연쇄반응을 차단하는 소화 방법

기출문제 | 기출문제로 출제유형을 파악한다!

[19-1, 10-2]

1 가연성 가스의 폭발 범위에 대한 일반적인 설명으로 틀린 것은?

① 가스의 온도가 높아지면 폭발 범위는 넓어진다.

② 폭발한계농도 이하에서 폭발성 혼합가스를 생성한다.

③ 공기 중에서도 산소 중에서 폭발 범위가 넓어진다.

④ 가스압이 높아지면 하한값은 크게 변하지 않으나 상한값은 높아진다.

폭발한계농도 이하에서는 폭발성 혼합가스를 생성하기 어렵다.

[10-1]

2 분진폭발을 설명한 것으로 옳은 것은?

① 나트륨이나 칼륨 등이 수분을 흡수하면서 폭발하는 현상이다.

② 고체의 미립자가 공기 중에서 착화에너지를 얻어 폭발하는 현상이다.

③ 화약류의 산화열의 축적에 의해 폭발하는 현상이다.

④ 고압의 가연성가스가 폭발하는 현상이다.

가연성고체의 미세한 분출이 일정 농도 이상 공기 중에 분산되어 있을 때 점화원에 의하여 연소, 폭발하는 현상을 분진폭발이라 한다.

[12-4]

3 다음 중 분진폭발의 위험성이 가장 작은 것은?

① 석탄분 ② 시멘트

③ 설탕 ④ 커피

시멘트 가루, 생석회, 대리석 가루 등은 분진폭발을 일으키지 않는다.

[10-2]

4 다음 중 분진폭발을 일으킬 위험성이 가장 낮은 물질은?

① 알루미늄 분말 ② 석탄

③ 밀가루 ④ 시멘트 분말

정답 1② 2② 3② 4④

[10-4]
5 분진폭발을 일으킬 위험이 가장 낮은 물질은?

① 대리석 분말　　② 커피분말
③ 알루미늄 분말　　④ 밀가루

[13-4, 10-2]
6 폭굉유도거리(DID)가 짧아지는 요건에 해당되지 않는 것은?

① 정상 연소 속도가 큰 혼합가스일 경우
② 관속에 방해물이 없거나 관경이 큰 경우
③ 압력이 높을 경우
④ 점화원의 에너지가 클 경우

관속에 이물질이 있거나 관지름이 작을 경우 폭굉유도거리가 짧아진다.

[11-4]
7 일반적으로 다량 주수를 통한 소화가 가장 효과적인 화재는?

① A급 화재　　② B급 화재
③ C급 화재　　④ D급 화재

일반화재인 A급 화재는 다량의 주수를 통한 소화가 가장 효과적이다.

[14-4, 12-4]
8 인화성 액체의 화재에 해당하는 것은?

① A급 화재　　② B급 화재
③ C급 화재　　④ D급 화재

급 수	종 류	색 상	소화방법
A급	일반화재	백색	냉각소화
B급	유류 및 가스화재	황색	질식소화
C급	전기화재	청색	질식소화
D급	금속화재	무색	피복에 의한 질식소화

[12-1]
9 표시색상이 황색인 화재는?

① A급 화재
② B급 화재
③ C급 화재
④ D급 화재

[10-1, 09-1]
10 대한민국에서 C급 화재에 속하는 것은?

① 일반화재　　② 유류화재
③ 전기화재　　④ 금속화재

[09-2]
11 다음 중 C급 화재의 표시색상은?

① 청색　　② 백색
③ 황색　　④ 무색

[07-2]
12 가연성 물질에 따라 분류한 화재 종류가 옳게 연결된 것은?

① A급 화재 - 유류　　② B급 화재 - 섬유
③ C급 화재 - 전기　　④ D급 화재 - 플라스틱

[15-1, 09-1]
13 화재분류에 따른 표시색상이 옳은 것은?

① 유류화재 - 황색　　② 유류화재 - 백색
③ 전기화재 - 황색　　④ 전기화재 - 백색

[14-4, 12-2]
14 소화기가 유류화재에 적응력이 있음을 표시하는 색은?

① 백색　　② 황색
③ 청색　　④ 흑색

[14-2]
15 BLEVE 현상에 대한 설명으로 가장 옳은 것은?

① 기름탱크에서의 수증기 폭발현상
② 비등상태의 액화가스가 기화하여 팽창하고 폭발하는 현상
③ 화재시 기름 속의 수분이 급격히 증발하여 기름 거품이 되고 팽창해서 기름탱크에서 밖으로 내뿜어져 나오는 현상
④ 원유, 중유 등 고점도의 기름 속에 수증기를 포함한 볼 형태의 물방울이 형성되어 탱크 밖으로 넘치는 현상

비등상태의 액화가스가 기화하여 팽창하고 폭발하는 현상을 BLEVE 현상이라 하는데, 저장물질의 종류와 형태, 저장용기의 재질, 내용물의 인화성 및 독성 여부, 주위온도와 압력상태 등이 영향을 미친다.

정답 5 ① 6 ② 7 ① 8 ② 9 ② 10 ③ 11 ① 12 ③ 13 ① 14 ② 15 ②

[10-4]

16 탱크 내 액체가 급격히 비등하고 증기가 팽창하면서 폭발을 일으키는 현상은?

① Fire ball ② Back draft
③ BLEVE ④ Flash over

비등상태의 액화가스가 기화하여 팽창하고 폭발하는 현상을 BLEVE 현상이라고 하는데, 저장물질의 종류와 형태, 저장용기의 재질, 내용물의 인화성 및 독성 여부, 주위온도와 압력상태 등이 영향을 미친다.

[09-4]

17 제4류 위험물의 탱크화재에서 발생하는 보일오버(boil over)에 대한 설명으로 가장 거리가 먼 것은?

① 원추형 탱크의 지붕판이 폭발에 의해 날아가고 화재가 확대될 때 저장된 연소 중인 기름에서 발생할 수 있는 현상이다.
② 화재가 지속된 부유식 탱크나 지붕과 측판을 약하게 결합한 구조의 기름 탱크에서도 일어난다.
③ 원유, 중유 등을 저장하는 탱크에서 발생할 수 있다.
④ 대량으로 증발된 가연성 액체가 갑자기 연소했을 때 커다란 구형의 불꽃을 발하는 것을 의미한다.

BLEVE 현상으로 분출된 액화가스의 증기가 커다란 구형의 불꽃을 발하는 현상을 Fire Ball이라 한다.

[13-1]

18 화재를 잘 일으킬 수 있는 일반적인 경우에 대한 설명 중 틀린 것은?

① 산소와 친화력이 클수록 연소가 잘 된다.
② 온도가 상승하면 연소가 잘 된다.
③ 연소범위가 넓을수록 연소가 잘 된다.
④ 발화점이 높을수록 연소가 잘 된다.

발화점이 낮을수록 연소가 잘 된다.

[07-2]

19 화재를 잘 일으킬 수 있는 경우에 대한 설명 중 틀린 것은?

① 산소와 친화력이 클수록 연소가 잘 된다.
② 온도가 상승하면 보통 연소가 잘 된다.
③ 열전도율이 좋을수록 연소가 잘된다.
④ 공기와의 접촉을 잘 시킬수록 연소가 잘 일어난다.

열전도율이 적을수록 연소가 잘된다.

[10-4]

20 화재의 위험성이 감소한다고 판단되는 경우는?

① 착화온도가 낮아지고 인화점이 낮아질수록
② 폭발 하한값이 작아지고 폭발범위가 넓어질수록
③ 주변 온도가 낮을수록
④ 산소농도가 높을수록

주변의 온도가 높으면 화재의 위험이 높아지고, 주변의 온도가 낮으면 화재의 위험이 감소한다.

[09-1]

21 소화작용에 대한 설명으로 옳지 않은 것은?

① 연소에 필요한 산소의 공급원을 차단하는 것은 제거작용이다.
② 온도를 떨어뜨려 연소반응을 정지시키는 것은 냉각작용이다.
③ 가스화재 시 주 밸브를 닫아서 소화하는 것은 제거작용이다.
④ 물에 의해 온도를 낮추는 것은 냉각작용이다.

산소의 공급원을 차단하는 것은 질식작용에 의한 소화 방법이다.

정답 16 ③ 17 ④ 18 ④ 19 ③ 20 ③ 21 ①

SECTION
03 소화약제 및 소화기

이 섹션에서는 분말소화약제의 출제 빈도가 가장 높다. 주성분, 화학식, 적응화재 및 열분해 반응식까지 통째로 암기하도록 한다. 할로젠화합물 소화약제, 포소화약제, 이산화탄소 소화약제 및 소화기 사용방법, 소화기 외부표시사항 등 다양하게 출제되고 있으며, 출제 비중이 높은 만큼 충분히 학습할 수 있도록 한다.

01 소화약제의 종류 및 특성

분류	종 류
수계 소화약제	① 물 소화약제 ② 포 소화약제 ③ 강화액 소화약제 ④ 산-알칼리 소화약제
가스계 소화약제	① 이산화탄소 소화약제 ② 할로젠화합물 소화약제 ③ 청정 소화약제 ④ 분말 소화약제

1 분말소화약제

(1) 주성분 및 색상

구분	주성분	화학식	분말색	적응화재
제1종 분말	탄산수소나트륨	$NaHCO_3$	백색	B, C급
제2종 분말	탄산수소칼륨	$KHCO_3$	담회색	B, C급
제3종 분말	제1인산암모늄	$NH_4H_2PO_4$	담홍색	A, B, C급
제4종 분말	탄산수소칼륨과 요소의 반응생성물	$KHCO_3 + (NH_2)_2CO$	회색	B, C급

(2) 열분해 반응식

구분	적응화재
제1종 분말	$2NaHCO_3 \rightarrow Na_2CO_3 + CO_2 + H_2O$
제2종 분말	$2KHCO_3 \rightarrow K_2CO_3 + CO_2 + H_2O$
제3종 분말	$NH_4H_2PO_4 \rightarrow HPO_3 + NH_3 + H_2O$
제4종 분말	$2KHCO_3 + (NH_2)_2CO \rightarrow K_2CO_3 + 2NH_3 + 2CO_2$

(3) 소화 효과

① 제1종~제2종 분말 소화약제
- 이산화탄소와 수증기에 의한 질식효과
- 열 분해 시 흡열 반응에 의한 냉각효과
- 분말 운무에 의한 열방사의 차단효과
- 나트륨 이온(Na^+)(제1종), 칼륨 이온(K^+)(제2종)에 의한 부촉매효과

② 제3종 분말 소화약제
- 열분해 시 생성되는 불연성가스(NH_3, H_2O 등)에 의한 질식효과
- 열 분해 시 흡열 반응에 의한 냉각효과
- 분말 운무에 의한 열방사의 차단효과
- NH_4^+와 분말 표면의 흡착에 의한 부촉매효과
- 올소인산(H_3PO_4)에 의한 탈수 · 탄화효과
- 메타인산(HPO_3)에 의한 방진효과

③ 제4종 분말 소화약제 : 질식, 냉각, 부촉매작용

(4) 특성

① 소화 성능이 우수하고 온도 변화에 무관하다.
② 가격이 저렴하다.
③ 별도의 추진가스가 필요하다.
④ 제1종 분말소화약제는 비누화 반응을 일으켜 질식소화 효과와 재발화 억제 효과를 나타낸다.
⑤ 차고 또는 주차장에 설치하는 소화약제는 제3종 분말로 한다.

▶ **분말의 방습을 위한 표면처리제** : 금속비누(스테아르산아연, 스테아르산납, 스테아르산알루미늄 등), 실리콘수지

(5) 사용 제한 장소

① 정밀한 전기 · 전자 장비가 설치되어 있는 장소(컴퓨터실, 전화 교환실 등)

② 자체적으로 산소를 함유하고 있는 자기반응성 물질

③ 가연성 금속(Na, K, Mg, Al, Ti, Zr 등)

④ 소화약제가 도달할 수 없는 일반 가연물의 심부 화재

2 할로젠화합물 소화약제

(1) 종류

Halon 번호	명칭	분자식	소화기	적응 화재
1301	일취화삼불화메탄	CF_3Br	MTB	
1211	일취화일염화이불화메탄	CF_2ClBr	BCF	ABC급
2402	이취화사불화에탄	$C_2F_4Br_2$	FB	
1011	일염화일취화메탄	CH_2ClBr	CB	
104	사염화탄소	CCl_4	CTC	BC급

① Halon 1301
- 저장 용기에 액체상으로 충전한다.
- 비점이 낮아서 기화가 용이하다.
- 공기보다 무겁다(비중 : 1.5).
- 할로젠화합물 소화약제 중 소화효과가 가장 좋고 독성이 가장 낮다.

② Halon 1011
- 무색 투명한 불연성 액체이다.
- 부식성이 강하다.
- 물에 녹지 않으며, 알코올과 에테르에는 녹는다.

③ Halon 104
- 무색 투명한 불연성 액체이다.
- 방사 시 포스겐가스($COCl_2$) 발생으로 인해 현재 법적으로 사용 금지
- 물에 녹지 않으며, 알코올과 에테르에는 녹는다.
- 전기 절연성이 우수하다.

▶ Halon 번호의 숫자는 탄소(C), 불소(F), 염소(Cl), 브롬(Br)의 개수를 나타낸다.

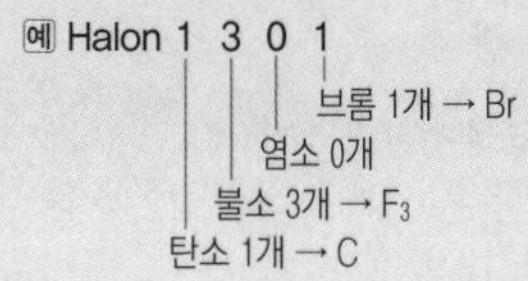

(2) 특성

① 오존층 파괴와 지구온난화 원인 물질

▶ 오존파괴지수
- Halon 1301 – 10
- Halon 2402 – 6
- Halon 1211 – 3

② 소화능력이 우수하고 전기절연능력이 있음

③ 주된 소화효과는 억제효과이다.

④ 소화능력 순서 : 1301 > 1211 > 2402 > 1011 > 104

▶ 저장용기의 충전비

① 할론 1301 : 0.9 이상 1.6 이하

② 할론 1211 : 0.7 이상 1.4 이하

③ 할론 2402
- 가압식 : 0.51 이상 0.67 미만
- 축압식 : 0.67 이상 2.75 이하

3 포소화약제

거품(Foam)을 발생시켜 질식소화에 사용되는 약제

(1) 화학포 소화약제

① 종류

종류	설명	비고
황산알루미늄 ($Al_2(SO_4)_3$)	혼합 시 이산화탄소를 발생하여 거품 생성	내약제
탄산수소나트륨 ($NaHCO_3$)		외약제
기포안정제	가수분해단백질, 사포닌, 계면활성제, 젤라틴, 카제인	

② 화학반응식

$$6NaHCO_3 + Al_2(SO_4)_3 \cdot 18H_2O \rightarrow$$

(탄산수소나트륨, 물)

$$6CO_2 + 3Na_2SO_4 + 2Al(OH)_3 + 18H_2O$$

(이산화탄소, 황산나트륨, 수산화알루미늄, 물)

(2) 기계포 소화약제(공기포 소화약제)

종류	설명
단백포 소화약제	• 유류화재의 소화용으로 개발 • 내화성 및 내유성 우수 • 유동성과 보관성의 문제점 • 동결방지제(부동제) : 에틸렌글리콜 내약제
합성계면 활성제포 소화약제	• 고압가스, 액화가스, 위험물저장소에 적용 • 다양한 발포배율이 가능

종류	설명
수성막포 소화약제	• 주성분 : 플루오르계 계면활성제 • 유류화재의 표면에 유화층을 형성하여 소화 • 유류화재 시 분말소화약제와 사용하면 효과적
불화단백포 소화약제	• 단백포의 우수한 내유성과 내화성 + 불소계 계면활성제포의 유동성 • 착화율이 낮고 가격이 비쌈
내알코올포 소화약제	수용성 액체, 알코올류 소화에 효과적

▶ 포소화약제의 조건
① 포의 안정성이 좋을 것
② 독성이 적을 것
③ 부착성이 있을 것
④ 유동성이 좋을 것
⑤ 유류의 표면에 잘 분산될 것

4 이산화탄소 소화약제

① 소화효과 : 질식소화, 냉각소화, 일반화재 시 피복소화
② 적응화재 : 유류화재(B급), 전기화재(C급), 밀폐상태에서 일반화재(A급)
③ 소화작업 후 2차오염이 없고 장기간 보관이 가능하다.
④ 이산화탄소의 소화농도(Vol%) = $\%CO_2$

$$= \frac{21-\%O_2}{21} \times 100$$

⑤ 줄 · 톰슨 효과에 의해 드라이아이스 생성 – 질식소화, 냉각소화
⑥ 충전비 : 1.5 이상
⑦ 수분함량이 0.05% 초과 시 수분이 동결되어 관이 막힘

▶ 이산화탄소의 특성
① 무색, 무취의 불연성 기체
② 비전도성
③ 냉각, 압축에 의해 액화가 용이
④ 과량 존재 시 질식할 수 있다.
⑤ 더 이상 산소와 반응하지 않는다.

5 물 소화약제

(1) 소화효과

냉각소화, 질식소화, 유화소화, 희석소화

(2) 물 소화약제의 특징

① 물의 우수한 냉각작용(기화열로 가연물을 냉각)으로 A급 화재에 가장 널리 사용된다.
② 장기간 보관이 가능하고 사용 방법이 간단하다.
③ 표면장력이 커 심부화재에는 효과적이지 않다.
④ C급화재(전기화재)와 금수성 화재에는 적응성이 없다.
⑤ 유류화재 시에는 화재면이 확대되기 때문에 위험하다.

(3) 첨가제

① 침투제 : 물의 표면장력을 감소시켜서 물의 침투성을 증가시키기 위한 것으로 합성계면활성제 등을 사용한다.
② 부동액 : 에틸렌글리콜, 프로필렌글리콜, 디에틸렌글리콜, 글리세린, 염화나트륨, 염화칼슘 등이 사용되는데, 에틸렌글리콜이 가장 많이 사용
③ 유화제 : 유화층의 형성을 쉽게 하기 위해서 유류화재의 소화 효과를 높이기 위한 약제이다.
④ 증점제 : 물의 점도를 증가시키기 위한 것으로 CMC, DAP 등이 있다.
⑤ 밀도개질제 : 물의 밀도를 보충하는 것으로 탄산칼륨(K_2CO_3) 등을 사용한다.

6 강화액 소화약제

① 물 소화약제의 동결현상을 극복하기 위해 탄산칼륨(K_2CO_3), 황산암모늄($(NH_4)_2SO_4$), 인산암모늄 및 침투제 등을 첨가한 강한 알칼리성 소화약제
② 수소이온지수(pH) : 12 이상, 응고점 : 약 -30~-26℃
③ 동절기 또는 한랭지에서도 사용 가능
④ 물보다 표면장력이 작아 신속한 침투작용을 통해 심부화재에 효과적이다.
⑤ 소화효과
• 일반화재 : 봉상주수를 통한 냉각소화, 질식소화
• 유류화재, 전기화재 : 분무상 주수 시 냉각소화, 질식소화, 부촉매소화, 유화소화

▶ 주수방법
① 봉상주수 : 가늘고 긴 봉 모양의 물줄기를 형성하면서 방사
② 분무상주수 : 물이 안개나 구름 모양을 형성하면서 방사
※ 봉상주수보다 분무상주수가 더 효과적이다.

7 산-알칼리 소화약제

① 소화효과 : 질식소화, 냉각소화

② 산(황산)과 알칼리(중탄산나트륨) 두 가지 약제를 혼합하여 사용

③ 탄산수소나트륨과 황산 반응 시 생성물질 : 황산나트륨, 물, 탄산가스

④ 화학반응식

$$H_2SO_4 + 2NaHCO_3 \rightarrow Na_2SO_4 + 2H_2O + 2CO_2$$

02 소화기의 분류

1 능력단위에 의한 분류

① 소형소화기 : A-10단위 미만, B-20단위 미만, C-적응

② 대형소화기

- A급소화기 : 10단위 이상
- B급소화기 : 20단위 이상
- C급소화기 : 적응성이 있는 것으로서 다음 표의 충전량 이상인 소화기

종류	소화약제의 충전량
물 또는 화학포소화기	80 ℓ
기계포소화기	20 ℓ
강화액소화기	60 ℓ
할로젠화합물소화기	30kg
이산화탄소소화기	50kg
분말소화기	20kg

2 가압방식에 의한 분류

(1) 축압식

① 용기 내부에 소화약제, 압축공기 또는 불연성 가스(질소, 이산화탄소 등)를 축압시켜 그 압력에 의해 약제가 방출

② 지시 압력계가의 지침이 적색부분을 지시하면 비정상압력, 녹색부분을 지시하면 정상압력상태(8.1~9.8kg/㎠ 정도로 축압)

(2) 가압식

① 수동펌프식 : 펌프에 의한 가압으로 소화약제 방출

② 화학반응식 : 소화약제의 화학반응으로 생성된 가스의 압력에 의해 소화약제 방사

③ 가스가압식 : 소화기 내부에 설치된 가압가스용기의 가압가스 압력에 의해 소화약제 방출

3 소화약제에 의한 분류

(1) 물 소화기

① 수동펌프식 : 수조의 수동펌프로 물을 상하로 움직여서 수조 내의 물이 공기실에서 가압되어 방출호스 끝의 방사노즐을 통해 방사하는 방식

② 축압식 : 물과 공기를 축압시킨 것을 방사하는 방식

③ 가압식 : 대형소화기에 사용, 본체용기와 별도로 가압용 가스(탄산가스)의 압력을 이용하여 물을 방출하는 방식

(2) 산-알카리 소화기

① 전도식

② 파병식

(3) 강화액 소화기

① 축압식

- 강화액 소화약제(탄산칼륨수용액)를 정량적으로 축압시킨 소화기
- 방출방식 : 봉상 또는 무상
- 경제적인 이유로 많이 사용

② 가스가압식

③ 반응식

(4) 포 소화기(포말 소화기)

① 화학포 소화기

② 기계포 소화기

(5) 분말소화기

① 축압식 : 질소(N_2) 가스로 충전, 압력계 부착

② 가스가압식 : 탄산가스(CO_2)를 압력원으로 사용

(6) 이산화탄소 소화기

① 사용온도 범위 : 30~40℃

② 용기의 내부압력 : 상온에서 약 60kg/㎠

③ 충전비 : 1.5 이상

구분	능력단위	방사시간	방사거리
소형소화기	B-1, C-적응~B-6, C-적응	10~20초	2~6m
대형소화기	B-20, C-적응	30~100초	5~12m

④ 특징
- 소화약제에 의한 오손이 거의 없다.
- 냉각효과가 우수하다.
- 약제 방출 시 소음이 크다.
- 전기절연성이 크기 때문에 전기화재에 유효하다.
- 장시간 저장해도 물성의 변화가 거의 없다.
- 중량이 무겁고 고압가스의 취급이 용이하지 못하다.

(7) 할로젠화합물 소화기

구분	약제량	능력 단위	방사시간	방사거리
할론 1211	0.5kg~1.3kg	B-1, C-적응	약 20~30초	4~6m
할론 2402	0.4kg~1kg	B-1, C-적응~B-2, C-적응	약 15초	3~6m
할론 1301	1kg~2kg	B-1, C-적응~B-2, C-적응	약 14초	1~3m

03 소화기의 설치·사용 및 관리

1 설치기준
① 수동식소화기는 각 층별로 설치
② 설치 간격
- 소형 수동식소화기 : 보행거리 20m 이내마다
- 대형 수동식소화기 : 보행거리 30m 이내마다

③ 설치 높이 : 바닥으로부터 1.5m 이하
④ 설치 장소
- 화재 시 반출이 쉬운 곳
- 통행, 피난에 지장이 없는 곳
- 소화제의 동결, 변질 또는 분출의 우려가 없는 곳

⑤ 제조소등에 전기설비(전기배선, 조명기구 등은 제외한다)가 설치된 경우에는 당해 장소의 면적 $100m^2$마다 소형수동식소화기를 1개 이상 설치한다.

2 소화기 사용 방법
① 적응화재에 따라 사용할 것
② 성능에 따라 방출거리 내에서 사용할 것
③ 바람을 등지고 풍상에서 풍하로 소화할 것
④ 양옆으로 비로 쓸듯이 골고루 방사할 것
⑤ 이산화탄소 소화기는 지하층, 무창층에는 설치 금지 - 질식의 우려

3 소화기의 관리요령
① 화기 취급장소에는 반드시 소화기를 설치한다.
② 소화기는 보기 쉽고 사용하기 편리한 곳에 둔다.
③ 통행에 지장을 주지 않는 곳에 둔다.
④ 습기가 많은 곳이나 직사광선을 피한다.
⑤ 소화기는 바닥으로부터 1.5m 이하의 곳에 비치하고 "소화기" 표식을 보기 쉬운 곳에 게시한다.

4 소화기의 외부 표시사항
① 소화기의 명칭 ② 적응화재 표시
③ 능력단위 ④ 중량표시
⑤ 제조년월 ⑥ 제조업체명
⑦ 사용방법 ⑧ 취급상 주의사항

▶ "A-2"
- A : 화재 종류
- 2 : 능력단위

[11-2]

1 분말소화약제로 사용되는 주성분에 해당하지 않는 것은?

① 탄산수소나트륨 ② 황산수소칼슘
③ 탄산수소칼륨 ④ 제1인산암모늄

① 탄산수소나트륨 : 제1종
③ 탄산수소칼륨 : 제2종
④ 제1인산암모늄 : 제3종

[15-4]

2 분말소화기에 사용되는 분말소화약제 주성분이 아닌 것은?

① $NaHCO_3$ ② $KHCO_3$
③ $NH_4H_2PO_4$ ④ NaOH

① $NaHCO_3$: 제1종 분말소화약제
② $KHCO_3$: 제2종 분말소화약제
③ $NH_4H_2PO_4$: 제3종 분말소화약제
④ NaOH는 강알칼리로 소화약제로는 사용할 수 없다.

[14-4]

3 주성분이 탄산수소나트륨인 소화약제는 제 몇 종 분말소화약제인가?

① 제1종 ② 제2종
③ 제3종 ④ 제4종

분말소화약제의 분류

구 분	주성분	분말색	적응화재
제1종 분말	탄산수소나트륨	백색	B, C급
제2종 분말	탄산수소칼륨	담회색	B, C급
제3종 분말	제1인산암모늄	담홍색	A, B, C급
제4종 분말	탄산수소칼륨과 요소의 반응생성물	회색	B, C급

[13-1]

4 제1인산암모늄 분말 소화약제의 색상과 적응화재를 옳게 나타낸 것은?

① 백색, BC급
② 담홍색, BC급
③ 백색, ABC급
④ 담홍색, ABC급

[12-4]

5 분말소화기에 사용되는 소화약제 주성분이 아닌 것은?

① $NH_4H_2PO_4$ ② Na_2SO_4
③ $NaHCO_3$ ④ $KHCO_3$

① $NH_4H_2PO_4$: 제3종 분말소화약제
③ $NaHCO_3$: 제1종 분말소화약제
④ $KHCO_3$: 제2종 분말소화약제

[14-1]

6 분말소화기의 각 종별 소화약제 주성분이 옳게 연결된 것은?

① 제1종 분말소화기 : $KHCO_3$
② 제2종 분말소화기 : $NaHCO_3$
③ 제3종 분말소화기 : $NH_4H_2PO_4$
④ 제4종 분말소화기 : $NaHCO_3$ + $(NH_2)_2CO$

① 제1종 분말소화기 : $NaHCO_3$
② 제2종 분말소화기 : $KHCO_3$
④ 제4종 분말소화기 : $NHCO_3$ + $(NH_2)_2CO$

[12-1]

7 소화약제의 종류에 해당되지 않는 것은?

① CH_2BrCl ② $NaHCO_3$
③ NH_4BrO_3 ④ CF_3Br

① CH_2BrCl : 할론 1011
② $NaHCO_3$: 탄산수소나트륨(제1종 분말)
③ NH_4BrO_3 : 브로민산암모늄(제1류 위험물)
④ CF_3Br : 할론 1301

[15-4, 12-1]

8 제4종 분말소화약제의 주성분으로 옳은 것은?

① 탄산수소칼륨과 요소의 반응생성물
② 탄산수소칼륨과 인산염의 반응생성물
③ 탄산수소나트륨과 요소의 반응생성물
④ 탄산수소나트륨과 인산염의 반응생성물

제4종 분말 소화약제는 탄산수소칼륨과 요소의 반응생성물이 주성분으로 사용된다.

정답 1② 2④ 3① 4④ 5② 6③ 7③ 8①

[13-2]

9 제3종 소화분말약제의 표시 색상은?

① 백색 ② 담홍색
③ 검은색 ④ 회색

[10-4]

10 분말소화약제에 해당하는 착색이 틀린 것은?

① 탄산수소나트륨 - 백색
② 제1인산암모늄 - 청색
③ 탄산수소칼륨 - 담회색
④ 탄산수소칼륨과 요소와의 반응물 - 회색

제1인산암모늄의 분말색은 담홍색이다.

[13-4]

11 분말소화약제의 착색된 색상으로 틀린 것은?

① $KHCO_3 + (NH_2)_2CO$: 회색
② $NH_4H_2PO_4$: 담홍색
③ $KHCO_3$: 담회색
④ $NaHCO_3$: 황색

제1종 분말소화약제인 $NaHCO_3$의 분말색은 백색이다.

[15-1]

12 분말소화약제에 해당하는 착색으로 옳은 것은?

① 탄산수소나트륨 - 청색
② 제1인산암모늄 - 담홍색
③ 탄산수소칼륨 - 담홍색
④ 제1인산암모늄 - 청색

① 탄산수소나트륨 – 백색 ③ 탄산수소칼륨 – 담자색
④ 제1인산암모늄 – 담홍색

[13-2]

13 분말소화약제로 사용할 수 있는 것을 모두 옳게 나타낸 것은?

㉠ 탄산수소나트륨	㉡ 탄산수소칼륨
㉢ 황산구리	㉣ 인산암모늄

① ㉠, ㉡, ㉢, ㉣ ② ㉠, ㉣
③ ㉠, ㉡, ㉢ ④ ㉠, ㉡, ㉣

탄산수소나트륨은 제1종 분말, 탄산수소칼륨은 제2종 분말, 인산암모늄은 제3종 분말 소화약제로 사용된다.

[13-2, 10-1]

14 제1종 분말소화약제가 1차 열분해되어 표준상태를 기준으로 $10m^3$의 탄산가스가 생성되었다. 몇 kg의 탄산수소나트륨이 사용되었는가? (단, 나트륨의 원자량은 23이다)

① 18.75 ② 37
③ 56.25 ④ 75

$NaHCO_3$의 분자량 : 23+1+12+16×3 = 84

$PV = \frac{WRT}{M}$, $W = \frac{PVM}{RT}$

주어진 $NaHCO_3$가 2몰이므로 $W = \frac{PVM}{RT} \times 2$

- P : 1atm
- V : $10m^3$
- M : 84Kg/Kmol
- R : 0.082atm · m^3/Kmol · K
- T : 273K

$\therefore W = \frac{1 \times 10 \times 84}{0.082 \times 273} \times 2 = 75.046$

[13-1]

15 제1종의 분말소화약제의 소화효과에 대한 설명으로 가장 거리가 먼 것은?

① 열분해 시 발생하는 이산화탄소와 수증기에 의한 질식효과
② 열분해 시 흡열반응에 의한 냉각효과
③ H^+ 이온에 의한 부촉매 효과
④ 분말 운무에 의한 열방사의 차단효과

제1종 분말소화약제는 나트륨 이온에 의한 부촉매 효과를 가진다.

[10-1]

16 분말소화약제 중 탄산수소나트륨의 표시 색상은?

① 백색 ② 보라색
③ 담홍색 ④ 회백색

제1종 분말소화약제인 탄산수소나트륨의 색상은 백색이다.

[12-1]

17 제3종 분말소화약제가 열분해했을 때 생기는 부착성이 좋은 물질은?

① NH_3 ② HPO_3
③ CO_2 ④ P_2O_5

정답 9 ② 10 ② 11 ④ 12 ② 13 ④ 14 ④ 15 ③ 16 ① 17 ②

제3종 분말 소화약제 열분해 반응식

$NH_4H_2PO_4 \rightarrow HPO_3 + NH_3 + H_2O$
(인산암모늄) (메타인산) (암모니아) (물)

[19-4, 15-4]

18 분말소화약제 중 열분해 시 부착성이 있는 유리상의 메타인산이 생성되는 것은?

① Na_3PO_4　② $(NH_4)_3PO_4$
③ $NaHCO_3$　④ $NH_4H_2PO_4$

[14-2]

19 제3종 분말소화약제를 화재면에 방출 시 부착성이 좋은 막을 형성하여 연소에 필요한 산소의 유입을 차단하기 때문에 연소를 중단시킬 수 있다. 그러한 막을 구성하는 물질은?

① H_3PO_4　② PO_4
③ HPO_3　④ P_2O_5

[11-4]

20 분말소화약제인 제1인산암모늄을 사용하였을 때 열분해하여 부착성인 막을 만들어 공기를 차단시키는 것은?

① HPO_3　② PH_3
③ NH_3　④ P_2O_3

[11-2]

21 제3종 분말소화약제를 화재면에 방출 시 부착성이 좋은 막을 형성하여 연소에 필요한 산소의 유입을 차단하기 때문에 연소를 중단시킬 수 있다. 그러한 막을 구성하는 물질은?

① H_3PO_4　② PO_4
③ HPO_3　④ P_2O_5

[13-4]

22 제3종 분말소화약제 사용 시 방진효과로 A급 화재의 진화에 효과적인 물질은?

① 암모늄이온　② 메타인산
③ 물　④ 수산화이온

제3종 분말소화약제 사용 시 생성되는 물질로 방진효과를 지닌 물질은 메타인산(HPO_3)이다.

[11-1]

23 ABC급 화재에 적응성이 있으며 부착성이 좋은 메타인산을 만드는 분말소화약제는?

① 제1종　② 제2종
③ 제3종　④ 제4종

[12-4, 08-1]

24 제3종 분말소화약제가 열분해될 때 생성되는 물질로서 목재, 섬유 등을 구성하고 있는 섬유소를 탈수탄화시켜 연소를 억제하는 것은?

① CO_2　② NH_3PO_4
③ H_3PO_4　④ NH_3

제3종 분말소화약제인 제1인산암모늄이 열분해될 때 올소인산(H_3PO_4)이 생성되어 목재, 섬유, 종이 등을 구성하고 있는 섬유소를 탈수탄화시켜 연소를 억제하는 역할을 한다.

[11-1]

25 탄산수소칼륨 소화약제가 열분해 반응 시 생성되는 물질이 아닌 것은?

① K_2CO_3　② CO_2
③ H_2O　④ KNO_3

제2종 분말소화약제 열분해 반응식

$2KHCO_3 \rightarrow K_2CO_3 + CO_2 + H_2O$
(탄산수소칼륨) (탄산칼륨) (이산화탄소) (물)

[10-1]

26 분말 소화약제 중 제1인산암모늄의 특징이 아닌 것은?

① 백색으로 착색되어 있다.
② 전기화재에 사용할 수 있다.
③ 유류화재에 사용할 수 있다.
④ 목재화재에 사용할 수 있다.

제3종 분말인 제1인산암모늄은 담홍색으로 착색되어 있으며, ABC급 화재 모두에 사용할 수 있다.

[09-2]

27 분말소화약제의 종별 주성분을 옳게 연결한 것은?

① 1종 분말약제 - $NaHCO_3$
② 2종 분말약제 - $NaHCO_3$
③ 3종 분말약제 - $KHCO_3$
④ 4종 분말약제 - $NaHCO_3 + NH_4H_2PO_4$

정답 18 ④ 19 ③ 20 ① 21 ③ 22 ② 23 ③ 24 ③ 25 ④ 26 ① 27 ①

② 2종 분말약제 – $KHCO_3$
③ 3종 분말약제 – $NH_4H_2PO_4$
④ 4종 분말약제 – $KHCO_3$ +$(NH_2)_2CO$

[12–2]

28 다음 물질 중에서 일반화재, 유류화재 및 전기화재에 모두 사용할 수 있는 분말소화약제의 주성분은?

① $KHCO_3$ ② Na_2SO_4
③ $NaHCO_3$ ④ $NH_4H_2PO_4$

제3종 분말약제인 제1인산암모늄($NH_4H_2PO_4$)은 ABC급 화재 모두에 사용할 수 있다.

[09–4]

29 ABC급 분말소화약제의 주성분은?

① 탄산수소나트륨 ② 제1인산암모늄
③ 인산칼륨 ④ 탄산수소칼륨

구분	주성분	적응화재
제1종 분말	탄산수소나트륨	B, C급
제2종 분말	탄산수소칼륨	B, C급
제3종 분말	제1인산암모늄	A, B, C급
제4종 분말	탄산수소칼륨과 요소의 반응생성물	B, C급

[08–4]

30 분말소화약제의 주성분을 틀리게 나타낸 것은?

① 제1종 분말 – 탄산수소나트륨
② 제2종 분말 – 탄산수소칼륨
③ 제3종 분말 – 제1인산암모늄
④ 제4종 분말 – 탄산수소나트륨과 요소의 혼합

제4종 분말소화약제의 주성분은 탄산수소칼륨과 요소의 반응생성물이다.

[07–2]

31 분말소화설비의 기준에서 가압용 또는 축압용 가스로 사용하도록 지정한 것은?

① 헬륨 ② 질소
③ 일산화탄소 ④ 아르곤

가압용 또는 축압용 가스로 사용할 수 있는 것은 질소와 이산화탄소이다.

[13–4]

32 분말소화설비에서 분말소화약제의 가압용 가스로 사용하는 것은?

① CO_2 ② He
③ CCl_4 ④ Cl_2

[12–2, 07–1]

33 제1인산암모늄을 주성분으로 하는 분말소화약제에서 발수제 역할을 하는 물질은?

① 실리콘오일
② 실리카겔
③ 활성탄
④ 소다라임

제3종 분말소화약제는 제1인산암모늄 건조분말을 첨가제와 교반하면서 발수제인 실리콘오일을 사용하는데, 실리콘오일은 분말의 습기 흡수를 방지하는 역할을 한다.

[14–2]

34 다음 중 분말소화약제의 주된 소화작용에 가장 가까운 것은?

① 질식 ② 냉각
③ 유화 ④ 제거

분말소화약제는 질식작용, 냉각작용, 희석작용, 부촉매작용 등에 의한 소화작용이 있지만 주된 소화작용은 이산화탄소, 수증기 등에 의한 질식소화이다.

[15–1, 11–4]

35 제3종 분말소화약제의 제조 시 사용되는 실리콘오일의 용도는?

① 경화제 ② 발수제
③ 탈색제 ④ 착색제

[08–2]

36 분말소화기의 분말소화약제 주성분이 아닌 것은?

① $NaHCO_3$ ② $KHCO_3$
③ $NH_4H_2PO_4$ ④ NaOH

수산화나트륨(NaOH)은 강알칼리로서 소화약제로는 사용되지 않는다.

정답 28 ④ 29 ② 30 ④ 31 ② 32 ① 33 ① 34 ① 35 ② 36 ④

[10-1]

37 다음 중 소화약제의 구성성분으로 사용하지 않는 것은?

① 제1인산암모늄 ② 탄산수소나트륨
③ 황산알루미늄 ④ 인화알루미늄

인화알루미늄은 제3류 위험물로 소화약제로 사용되지 않는다.

[11-4]

38 소화약제로 사용하지 않는 것은?

① 이산화탄소 ② 제1인산암모늄
③ 탄산수소나트륨 ④ 트라이클로로실란

트라이클로로실란은 제3류 위험물로 소화약제로 사용되지 않는다.

[11-1]

39 분말소화약제의 화학반응식이다. ( ) 안에 알맞은 것은?

$2NaHCO_3$ → ( ) + CO_2 + H_2O

① 2NaCO ② $2NaCO_2$
③ Na_2CO_3 ④ Na_2CO_4

제1종 분말소화약제의 열분해 반응식
$2NaHCO_3 \rightarrow Na_2CO_3 + CO_2 + H_2O$

[07-2]

40 분말소화설비는 분말소화설비의 기준에서 정하는 소화약제의 약을 몇 초 이내에 균일하게 방사하여야 하는가?

① 15 ② 30
③ 45 ④ 60

분말소화설비의 분사헤드는 소화약제를 30초 이내에 방사할 수 있는 것으로 해야 한다(분말소화설비의 화재안전기준).

[20-3, 14-2, 11-4]

41 분말소화약제인 탄산수소나트륨 10kg이 1기압, 270℃에서 방사되었을 때 발생하는 이산화탄소의 양은 약 몇 m^3인가?

① 2.65 ② 3.65
③ 18.22 ④ 36.44

제1종 분말소화약제의 열분해 반응식
$2NaHCO_3 \rightarrow Na_2CO_3 + CO_2 + H_2O$

위의 반응식에서 탄산수소나트륨($NaHCO_3$) 2몰이 분해하면 이산화탄소(CO_2) 1몰이 생성되므로 탄산수소나트륨($NaHCO_3$) 1몰 분해 시 이산화탄소(CO_2)는 1/2몰이 생성된다. 따라서 계산식에 1/2을 곱해 주면 이산화탄소의 양을 구할 수 있다.

$NaHCO_3$의 분자량 : 23+1+12+16×3 = 84

$PV = \frac{WRT}{M}$, $V = \frac{WRT}{PM}$

V(이산화탄소의 체적) = $\frac{WRT}{PM} \times \frac{1}{2}$

- W(탄산수소나트륨의 질량) : 10kg
- R(기체상수) : 0.082atm · m^3/kmol · k
- T(절대온도) : (270℃+273)k
- P(압력) : 1atm
- M(탄산수소나트륨의 1kg 분자량) : 23+1+12+16×3=84

$\therefore \frac{10 \times 0.082 \times (270+273)}{1 \times 84} \times \frac{1}{2} = 2.65$

[10-4]

42 할론 소화약제의 종류가 아닌 것은?

① 할론 1011 ② 할론 2102
③ 할론 2402 ④ 할론 1301

할론 소화약제의종류

Halon 번호	명 칭	분자식
1301	일취화삼불화메탄	CF_3Br
1211	일취화일염화이불화메탄	CF_2ClBr
2402	이취화사불화에탄	$C_2F_4Br_2$
1011	일염화일취화메탄	CH_2ClBr
104	사염화탄소	CCl_4

[09-4]

43 Halon 1211인 물질의 분자식은?

① CF_2BR_2 ② CF_2ClBr
③ CF_3Br ④ $C_2F_4Br_2$

[13-2, 10-2]

44 Halon 1011 속에 함유되지 않은 원소는?

① H ② Cl
③ Br ④ F

Halon 1011의 분자식은 CH_2ClBr이다.

정답 37 ④ 38 ④ 39 ③ 40 ② 41 ① 42 ② 43 ② 44 ④

[15-1]

45 Halon 1301에 해당하는 할로젠화합물의 분자식을 옳게 나타낸 것은?

① CBr_3F　　② CF_3Br
③ CH_3Cl　　④ OCl_3H

Halon 1301의 분자식은 CF_3Br이다.

[14-1]

46 할로젠 화합물인 Halon 1301의 분자식은?

① CH_3Br　　② CCl_4
③ CF_2Br_2　　④ CF_3Br

Halon 1301의 분자식: CF_3Br

[07-2]

47 할로젠 화합물인 Halon 1001의 분자식은?

① CH_3BR　　② CCL_4
③ CF_3BR_2　　④ CF_2BR

HALON 1001의 분자식은 CH_3BR이다.

[09-4]

48 Halon 1301 소화약제의 특성에 관한 설명으로 옳지 않은 것은?

① 상온, 상압에서 기체로 존재한다.
② 비전도성이다.
③ 공기보다 가볍다.
④ 고압용기 내에 액체로 보존한다.

Halon 1301
- 저장 용기에 액체상으로 충전한다.
- 비점이 낮아서 기화가 용이하다.
- 공기보다 무겁다(비중 : 1.5).
- 할로젠화합물 소화약제 중 소화효과가 가장 좋고 독성이 가장 낮다.

[08-4]

49 "할론 1301"에서 각 숫자가 나타내는 것을 틀리게 표시한 것은?

① 첫째자리 숫자 "1" - 수소의 수
② 둘째자리 숫자 "3" - 불소의 수
③ 셋째자리 숫자 "0" - 염소의 수
④ 넷째자리 숫자 "1" - 브롬의 수

Halon 번호의 숫자는 탄소(C), 불소(F), 염소(Cl), 브롬(Br)의 개수를 나타낸다.

[12-4]

50 Halon 1301, Halon 1211, Halon 2402 중 상온, 상압에서 액체상태인 Halon 소화약제로만 나열한 것은?

① Halon 1211
② Halon 2402
③ Halon 1301, Halon 1211
④ Halon 2402, Halon 1211

Halon 1301, Halon 1211은 상온, 상압에서 기체 상태이며, 상온, 상압에서 액체 상태인 Halon 소화약제는 Halon 2402이다.

[14-1]

51 다음 보기 중 상온에서의 상태(기체, 액체, 고체)가 동일한 것을 모두 나열한 것은?

Halon 1301, Halon 1211, Halon 2402

① Halon 1301, Halon 2402
② Halon 1211, Halon 2402
③ Halon 1301, Halon 1211
④ Halon 1301, Halon 1211, Halon 2402

- Halon 1301 : 기체
- Halon 1211 : 기체
- Halon 2402 : 액체

[15-4]

52 할론 1301 소화약제의 저장용기에 저장하는 소화약제의 양을 산출할 때는 「위험물의 종류에 대한 가스계 소화약제의 계수」를 고려해야 한다. 위험물의 종류가 이황화탄소인 경우 할론 1301에 해당하는 계수 값은 얼마인가?

① 1.0　　② 1.6
③ 2.2　　④ 4.2

위험물의 종류에 대한 가스계 및 분말 소화약제의 계수
(위험물안전관리에 관한 세부기준 별표2)

	하론 1301	하론 1211	HFC -23	HFC -125	HFC -227ea
이황화탄소	4.2	1.0	4.2	4.2	4.2

정답 ▶ 45 ② 46 ④ 47 ① 48 ③ 49 ① 50 ② 51 ③ 52 ④

[10-2]

53 할론 1211 소화약제의 저장용기에 저장하는 소화약제의 양을 산출할 때는 「위험물의 종류에 대한 가스계 소화약제의 계수」를 고려해야 한다. 위험물의 종류가 이황화탄소인 경우 할론 1211에 해당하는 계수 값은 얼마인가?

① 1.0 ② 1.6
③ 2.2 ④ 4.2

[15-4, 08-1]

54 할로젠화합물의 화학식과 Halon 번호가 옳게 연결된 것은?

① CH_2ClBr - Halon 1211
② CF_2ClBr - Halon 104
③ $C_2F_4Br_2$ - Halon 2402
④ CF_3Br - Halon 1011

> **할로젠화합물의 화학식과 Halon 번호**
> ① CH_2ClBr – Halon 1011
> ② CF_2ClBr – Halon 1211
> ④ CF_3Br – Halon 1301

[13-2]

55 할로젠화합물 소화약제의 조건으로 옳은 것은?

① 비점이 높을 것
② 기화되기 쉬울 것
③ 공기보다 가벼울 것
④ 연소되기 좋을 것

> 할로젠화합물은 비점이 낮고 공기보다 무거우며 연소가 잘되지 않아야 한다.

[19-4, 13-1, 10-1]

56 할로젠화합물 소화약제의 구비조건으로 틀린 것은?

① 전기절연성이 우수할 것
② 공기보다 가벼울 것
③ 증발 잔유물이 없을 것
④ 인화성이 없을 것

> 할로젠화합물 소화약제는 공기보다 무거워야 한다.

13-4]

57 할로젠화합물 소화약제를 구성하는 할로젠 원소가 아닌 것은?

① 불소(F) ② 염소(Cl)
③ 브롬(Br) ④ 네온(Ne)

> 할로젠화합물 소화약제의 할로젠 원소는 탄소(C), 불소(F), 염소(Cl), 브롬(Br)이 있다.

[09-4]

58 할로젠화합물 소화약제가 전기화재에 사용될 수 있는 이유에 대한 다음 설명 중 가장 적합한 것은?

① 전기적으로 부도체이다.
② 액체의 유동성이 좋다.
③ 탄산가스와 반응하여 포스겐가스를 만든다.
④ 증기의 비중이 공기보다 작다.

> 할로젠화합물 소화약제는 비전도성이므로 전기화재에 적합하다.

[10-4, 07-1]

59 다음의 반응식은 소화약제의 반응식을 나타낸 것이다. ( ) 속에 들어갈 반응계수를 차례대로 나타낸 것은?

$$6NaHCO_3 + Al_2(SO_4)_3 \cdot 18H_2O \rightarrow$$
$$(\ \ )CO_2 + (\ \ )Al(OH)_3 + (\ \ )Na_2SO_4 + (\ \ )H_2O$$

① 18, 3, 2, 6 ② 18, 2, 3, 6
③ 6, 2, 3, 18 ④ 6, 18, 2, 3

> 위 반응식은 화학포 소화약제의 반응식이다.
> $6NaHCO_3$ (탄산수소나트륨) + $Al_2(SO_4)_3 \cdot 18H_2O$ (황산알루미늄) (물) →
> $6CO_2$ (이산화탄소) + $3Na_2SO_4$ (황산나트륨) + $2Al(OH)_3$ (수산화알루미늄) + $18H_2O$ (물)

[12-2]

60 화학포 소화약제의 화학반응식은?

① $2NaHCO_3 \rightarrow Na_2CO_3 + H_2O + CO_2$
② $2NaHCO_3 + H_2SO_4 \rightarrow Na_2CO_4 + 2H_2O + CO_2$
③ $4KMnO_4 + 6H_2SO_4 \rightarrow 2K_2SO_4 + 4MnSO_4 + 6H_2O + SO_2$
④ $6NaHCO_3 + Al_2(SO_4)_3 \cdot 18H_2O \rightarrow 6CO_2 + 2Al(OH)_3 + 3Na_2SO_4 + 18H_2O$

정답 53 ① 54 ③ 55 ② 56 ② 57 ④ 58 ① 59 ③ 60 ④

[10-4]

61 다음 ( ) 안에 알맞은 반응 계수를 차례대로 옳게 나타낸 것은?

> $6NaHCO_3 + Al_2(SO_4)_3 \cdot 18H_2O \rightarrow$
> $3Na_2SO_4 + (\quad)Al(OH)_3 + (\quad)CO_2 + 18H_2O$

① 3, 6 ② 6, 3
③ 6, 2 ④ 2, 6

[08-2]

62 다음 ( ) 안에 알맞은 반응 계수를 차례대로 옳게 나타낸 것은?

> $6NaHCO_3 + Al_2(SO_4)_3 \cdot 18H_2O \rightarrow$
> $(\quad)Na_2SO_4 + (\quad)Al(OH)_3 + (\quad)CO_2 + 18H_2O$

① 3, 2, 6 ② 3, 6, 2
③ 6, 2, 3 ④ 2, 6, 3

[10-2]

63 탄산수소나트륨과 황산알루미늄 수용액의 화학반응으로 인해 생성되지 않는 것은?

① 황산나트륨 ② 탄산수소알루미늄
③ 수산화알루미늄 ④ 이산화탄소

[07-2]

64 화학포 소화약제의 반응식에서 황산알루미늄과 탄산수소나트륨의 이론상 몰비는 얼마인가? (단, 몰비는 황산알루미늄 : 탄산수소나트륨이다)

① 1:2 ② 1:6
③ 2:1 ④ 6:1

[09-4]

65 화학포소화기에서 중탄산나트륨과 황산알루미늄의 수용액이 반응할 때 생성되는 물질이 아닌 것은?

① 수산화알루미늄
② 이산화탄소
③ 황산나트륨
④ 인산암모늄

[08-4]

66 화학포소화약제의 주성분은?

① 황산알루미늄과 탄산수소나트륨
② 황산알루미늄과 탄산나트륨
③ 황산나트륨과 탄산나트륨
④ 황산나트륨과 탄산수소나트륨

[12-1]

67 A약제인 $NaHCO_3$와 B약제인 $Al_2(SO_4)_3$로 되어 있는 소화기는?

① 산 · 알칼리소화기
② 드라이케미칼소화기
③ 탄산가스소화기
④ 화학포소화기

[07-1]

68 다음 중 화학포소화약제의 구성요소가 아닌 것은?

① 탄산수소나트륨
② 황산알루미늄
③ 수용성단백질
④ 인산암모늄

[10-2]

69 포 소화약제의 종류에 해당되지 않는 것은?

① 단백포소화약제
② 합성계면활성제포소화약제
③ 수성막포소화약제
④ 액표면포소화약제

> 단백포소화약제, 합성계면활성제포소화약제, 수성막포소화약제 모두 기계포 소화약제의 종류에 해당한다.

[10-4]

70 질식효과를 위해 포의 성질로서 갖추어야 할 조건으로 가장 거리가 먼 것은?

① 기화성이 좋을 것
② 부착성이 있을 것
③ 유동성이 좋을 것
④ 바람 등에 견디고 응집성과 안전성이 있을 것

> 기화성은 액체가 기체로 변하는 정도를 의미하는데, 포의 조건과는 거리가 멀다.

정답 61 ④ 62 ① 63 ② 64 ② 65 ④ 66 ① 67 ④ 68 ④ 69 ④ 70 ①

[13-2]

71 포소화약제의 주된 소화효과를 모두 옳게 나타낸 것은?

① 촉매효과와 냉각효과
② 억제효과와 제거효과
③ 질식효과와 냉각효과
④ 연소방지와 촉매효과

포소화약제의 주된 소화효과는 질식효과와 냉각효과이다.

[14-2]

72 알코올 화재 시 수성막포 소화약제는 효과가 없다. 그 이유로 가장 적당한 것은?

① 알코올이 수용성이어서 포를 소멸시키므로
② 알코올이 반응하여 가연성 가스를 발생하므로
③ 알코올 화재시 불꽃의 온도가 매우 높으므로
④ 알코올이 포소화약제와 발열반응 하므로

수성막포 소화약제는 유류화재의 표면에 유화층을 형성하여 소화하는 소화약제로 수용성인 알코올은 포를 소멸시키게 되므로 효과가 없어 내알코올포 소화약제를 사용한다.

[13-4]

73 수성막포 소화약제를 수용성 알코올 화재 시 사용하면 소화효과가 떨어지는 가장 큰 이유는?

① 유독가스가 발생하므로
② 화염의 온도가 높으므로
③ 알코올은 포와 반응하여 가연성 가스를 발생하므로
④ 알코올은 소포성을 가지므로

소포성이란 기포 발생 시 기포가 제거되는 정도를 의미하는 것으로 알코올은 소포성을 가지고 있어 수성막포 소화약제는 효과가 없다.

[08-4]

74 메탄올 화재 시 수성막포 소화약제의 소화효과가 없는 이유를 가장 옳게 설명한 것은?

① 유독가스가 발생하므로
② 메탄올은 포와 반응하여 가연성 가스를 발생하므로
③ 화염의 온도가 높아지므로
④ 메탄올이 수성막포에 대하여 소포성을 가지므로

[12-2]

75 다음 중 알코올형포 소화약제를 이용한 소화가 가장 효과적인 것은?

① 아세톤 ② 휘발유
③ 톨루엔 ④ 벤젠

알코올형 포소화약제는 수용성 액체 또는 알코올류 소화에 효과적이다. 휘발유, 톨루엔, 벤젠은 모두 비수용성이다.

[14-1]

76 다음 물질의 화재 시 내알코올포를 쓰지 못하는 것은?

① 아세트알데하이드 ② 알킬리튬
③ 아세톤 ④ 에탄올

내알코올포는 알킬리튬과 같은 금수성 및 자연발화성물질에는 적합하지 않다.

[09-1]

77 분말소화약제와 함께 사용하여도 소포 현상이 일어나지 않고 트윈 에이전트 시스템에 사용되어 소화효과를 높일 수 있는 포소화약제는?

① 단백포 ② 불화단백포
③ 수성막포 ④ 내알코올형포

분말소화약제의 단점인 소포성을 보완하기 위해 트윈 에이전트 시스템(Twin Agent System) 방식으로 사용되는 것은 수성막포 소화약제이다. ABC 분말약제와 수성막포를 조합해서 만든다.

[19-1, 15-4, 08-2]

78 일반적으로 고급 알코올황산에스테르염을 기포제로 사용하며 냄새가 없는 황색의 액체로서 밀폐 또는 준밀폐 구조물의 화재 시 고팽창포로 사용하여 화재를 진압할 수 있는 포소화약제는?

① 단백포소화약제
② 합성계면활성제포소화약제
③ 알코올형포소화약제
④ 수성막포소화약제

밀폐 또는 준밀폐 구조물의 화재 시 고팽창포로 사용하여 화재를 진압할 수 있는 포소화약제는 합성계면활성제포 소화약제인데, 고압가스, 액화가스, 위험물저장소에 적용된다.

정답 71 ③ 72 ① 73 ④ 74 ④ 75 ① 76 ② 77 ③ 78 ②

[15-2]

79 이산화탄소 소화기에 관한 설명으로 옳지 않은 것은?

① 소화작용은 질식효과와 냉각효과에 의한다.
② A급, B급 및 C급 화재 중 A급 화재에 가장 적응성이 있다.
③ 소화약제 자체의 유독성은 적으나, 공기 중 산소농도를 저하시켜 질식의 위험이 있다.
④ 소화약제의 동결, 부패, 변질 우려가 적다.

> 이산화탄소 소화기는 B급(유류화재)과 C급(전기화재) 및 밀폐상태에서 A급(일반화재)에 적응성이 있다.

[15-4]

80 이산화탄소를 소화약제로 사용하는 이유로서 옳은 것은?

① 산소와 결합하지 않기 때문에
② 산화반응을 일으키나 발열량이 적기 때문에
③ 산소와 결합하나 흡열반응을 일으키기 때문에
④ 산화반응을 일으키나 환원반응도 일으키기 때문에

> 이산화탄소는 불활성기체로서 산소와 결합하지 않기 때문에 소화약제로 사용된다.

[08-4]

81 이산화탄소가 불연성인 이유를 옳게 설명한 것은?

① 산소와의 반응이 느리기 때문이다.
② 산소와 반응하지 않기 때문이다.
③ 착화되어도 곧 불이 꺼지기 때문이다.
④ 산화반응이 일어나도 열 발생이 없기 때문이다.

[07-2]

82 이산화탄소의 특성에 관한 내용으로 틀린 것은?

① 전기의 전도성이 있다.
② 냉각 및 압축에 의하여 액화될 수 있다.
③ 공기보다 약 1.52배 무겁다.
④ 일반적으로 무색, 무취의 기체이다.

> 이산화탄소는 전기적으로 비전도성의 특징을 가진다.

[10-2]

83 다음 중 무색, 무취이고 전기적으로 비전도성이며 공기보다 약 1.5배 무거운 성질을 가지는 소화약제는?

① 분말소화약제
② 이산화탄소 소화약제
③ 포소화약제
④ 할론 1301 소화약제

[10-4]

84 이산화탄소 소화약제 저장용기의 설치장소로 적당하지 않은 곳은?

① 방호구역 외의 장소
② 온도가 40℃ 이상이고 온도 변화가 적은 장소
③ 빗물이 침투할 우려가 적은 장소
④ 직사일광을 피한 장소

> 이산화탄소 소화약제는 온도가 40℃ 이하이고 온도 변화가 적은 장소에 설치해야 한다.

[08-4]

85 이산화탄소 소화약제의 저장용기 설치 장소에 대한 설명으로 틀린 것은?

① 방호구역 내의 장소에 설치하여야 한다.
② 직사일광 및 빗물이 침투할 우려가 적은 장소에 설치하여야 한다.
③ 온도변화가 적은 장소에 설치하여야 한다.
④ 온도가 섭씨 40도 이하인 곳에 설치하여야 한다.

> 이산화탄소 소화약제는 방호구역 외의 장소에 설치하여야 한다.

[09-4]

86 다음에서 설명하는 소화약제에 해당하는 것은?

- 무색, 무취이며 비전도성이다.
- 증기상태의 비중은 약 1.5이다.
- 임계온도는 약 31℃이다.

① 탄산수소나트륨
② 이산화탄소
③ 할론 1301
④ 황산알루미늄

정답 79 ② 80 ① 81 ② 82 ① 83 ② 84 ② 85 ① 86 ②

chapter 02

[15-2, 10-1]
87 물을 소화약제로 사용하는 장점이 아닌 것은?

① 구하기 쉽다.
② 취급이 간편하다.
③ 기화잠열이 크다.
④ 피연소 물질에 대한 피해가 없다.

물을 소화약제로 사용하게 되면 피연소 물질에 대해 많은 피해를 준다.

[12-1]
88 물을 소화약제로 사용하는 가장 큰 이유는?

① 기화잠열이 크므로
② 부촉매 효과가 있으므로
③ 환원성이 있으므로
④ 기화하기 쉬우므로

물은 기화(증발)잠열이 커 기화 시 다량의 열을 제거해 냉각효과가 우수하기 때문에 소화약제로 사용된다.

[15-2, 11-4]
89 소화약제로서 물이 갖는 특성에 대한 설명으로 옳지 않은 것은?

① 유화효과(emulsification effect)도 기대할 수 있다.
② 증발잠열이 커서 기화 시 다량의 열을 제거한다.
③ 기화팽창률이 커서 질식효과가 있다.
④ 용융잠열이 커서 주수 시 냉각효과가 뛰어나다.

물은 소화약제로서 기화잠열이 539cal/g로 매우 커 냉각효과가 우수하다.

[08-2]
90 물이 일반적인 소화약제로 사용될 수 있는 특징에 대한 설명 중 틀린 것은?

① 증발잠열이 크기 때문에 냉각시키는데 효과적이다.
② 물을 사용한 봉상수 소화기는 A급, B급 및 C급 화재의 진압에 우수하다.
③ 비교적 쉽게 구해서 이용이 가능하다.
④ 펌프, 호스 등을 이용하여 이송이 비교적 용이하다.

물은 냉각소화제로서 A급 화재인 일반화재에 적응성이 있으며, B급(유류화재) 및 C급(전기화재)에는 적응성이 없다.

[11-2]
91 물의 특성 및 소화효과에 관한 설명으로 틀린 것은?

① 이산화탄소보다 기화 잠열이 크다.
② 극성분자이다.
③ 이산화탄소보다 비열이 작다.
④ 주된 소화효과가 냉각소화이다.

물은 이산화탄소보다 비열이 크다.

[10-2, 07-2]
92 강화액 소화기에 한냉지역 및 겨울에도 얼지 않도록 첨가하는 물질은 무엇인가?

① 탄산칼륨 ② 질소
③ 사염화탄소 ④ 아세틸렌

강화액 소화기는 겨울철 동결현상을 극복하기 위해 탄산칼륨, 황산암모늄, 인산암모늄 및 침투제 등을 첨가한다.

[08-1]
93 탄산칼륨을 첨가한 것으로 물의 빙점을 낮추어 한냉지 또는 겨울철에 사용이 가능한 소화기는?

① 산 · 알칼리 소화기
② 할로젠화합물 소화기
③ 분말 소화기
④ 강화액 소화기

[07-1]
94 다음 중 강화액에 주로 용해시킨 물질은 무엇인가?

① 탄산칼륨 ② 탄산수소나트륨
③ 인산염 ④ 황산알루미늄

[15-2, 10-4]
95 소화약제 또는 그 구성성분으로 사용되지 않는 물질은?

① CF_2ClBr ② $CO(NH_2)_2$
③ NH_4NO_3 ④ K_2CO_3

① 할론 1211 : 할로젠화합물 소화약제
② 요소 : 제4종 분말소화약제
③ 질산암모늄은 제1류 위험물로서 소화약제로 사용되지 않는다.
④ 탄산칼륨 : 강화액 소화약제

정답 87 ④ 88 ① 89 ④ 90 ② 91 ③ 92 ① 93 ④ 94 ① 95 ③

[13-1]

96 다음 중 소화기의 외부표시 사항으로 가장 거리가 먼 것은?

① 유효기간 ② 적응화재표시
③ 능력단위 ④ 취급상 주의사항

소화기의 외부 표시사항
소화기의 명칭, 적응화재 표시, 능력단위, 중량표시, 제조년월, 제조업체명, 사용방법, 취급상 주의사항

[09-1]

97 소화기의 외부에 표시해야 하는 사항이 아닌 것은?

① 유효기간과 폐기날짜
② 적응화재 표시
③ 소화능력단위
④ 취급상의 주의사항

[09-4]

98 소화기의 본체 용기에 표시하여야 하는 사항이 아닌 것은?

① 제조회사 대표자명과 제조자명
② 총중량
③ 취급상 주의사항
④ 사용방법

[13-1]

99 소화기에 "B-2"라고 표시되어 있었다. 이 표시의 의미를 가장 옳게 나타낸 것은?

① 일반화재에 대한 능력단위 2단위에 적용되는 소화기
② 일반화재에 대한 압력단위 2단위에 적용되는 소화기
③ 유류화재에 대한 능력단위 2단위에 적용되는 소화기
④ 유류화재에 대한 압력단위 2단위에 적용되는 소화기

'B'는 유류화재를 의미하며, 숫자는 능력단위를 의미한다.

[12-2]

100 CF_3Br 소화기의 주된 소화효과에 해당되는 것은?

① 억제효과 ② 질식효과
③ 냉각효과 ④ 피복효과

CF_3Br 소화기의 주된 소화효과는 억제효과(부촉매효과)이다.

[11-4]

101 주된 소화효과가 산소공급원의 차단에 의한 소화가 아닌 것은?

① 포소화기 ② 건조사
③ CO_2 소화기 ④ Halon 1211 소화기

할로젠화합물 소화기의 소화방법은 산화반응의 진행을 차단하는 억제소화 작용을 이용한다.

[12-4]

102 이산화탄소 소화기에 대한 설명으로 옳은 것은?

① C급 화재에는 적응성이 없다.
② 다량의 물질이 연소하는 A급 화재에 가장 효과적이다.
③ 밀폐되지 않은 공간에서 사용할 때 가장 소화효과가 좋다.
④ 방출용 동력이 별도로 필요치 않다.

① C급 화재에는 적응성이 있다.
② A급 화재에는 적응성이 없다.
③ 밀폐된 공간에서 사용할 경우 질식의 위험이 있지만 소화효과가 떨어지는 것은 아니다.

[11-4, 08-2]

103 이산화탄소 소화기의 장 · 단점에 대한 설명으로 틀린 것은?

① 밀폐된 공간에서 사용 시 질식으로 인명 피해가 발생할 수 있다.
② 전도성이어서 전류가 통하는 장소에서의 사용은 위험하다.
③ 자체의 압력으로 방출할 수가 있다.
④ 소화 후 소화약제에 의한 오손이 없다.

이산화탄소는 전기의 부도체로서 전기화재에 적응성이 있다.

정답 96 ① 97 ① 98 ① 99 ③ 100 ① 101 ④ 102 ④ 103 ②

[10-1]
104 올바른 소화기 사용법으로 가장 거리가 먼 것은?

① 적응화재에 사용할 것
② 바람을 등지고 사용할 것
③ 방출거리보다 먼 거리에서 사용할 것
④ 양옆으로 비로 쓸 듯이 골고루 사용할 것

소화기는 방출거리 내에서 사용해야 한다.

[13-4]
105 이산화탄소 소화기 사용 중 소화기 방출구에서 생길 수 있는 물질은?

① 포스겐 ② 일산화탄소
③ 드라이아이스 ④ 수소가스

이산화탄소 소화기는 액화 상태의 이산화탄소가 용기에서 방출되면 고체 상태의 드라이아이스로 변하게 된다.

[09-1]
106 다음 산 · 알칼리 소화기의 화학반응식에서 ( )에 들어갈 분자식은?

$2NaHCO_3 + H_2SO_4 \rightarrow Na_2SO_4 + 2CO_2 + 2(\quad)$

① Na_2CO_3 ② H_2O
③ H_2S ④ NaCl

산 · 알칼리 소화기 화학반응식

$2NaHCO_3 + H_2SO_4 \rightarrow Na_2SO_4 + 2CO_2 + 2H_2O$
탄산수소나트륨 황산 황산나트륨 이산화탄소 물

[08-1]
107 산 · 알칼리소화기에서 외통에는 주로 어떤 화학 물질이 채워져 있는가?

① HNO_3 ② NaOH
③ H_2SO_4 ④ $NaHCO_3$

산 · 알칼리소화기의 내통에는 H_2SO_4(황산), 외통에는 $NaHCO_3$(탄산수소나트륨)이 채워져 있다.

정답 104 ③ 105 ③ 106 ② 107 ④

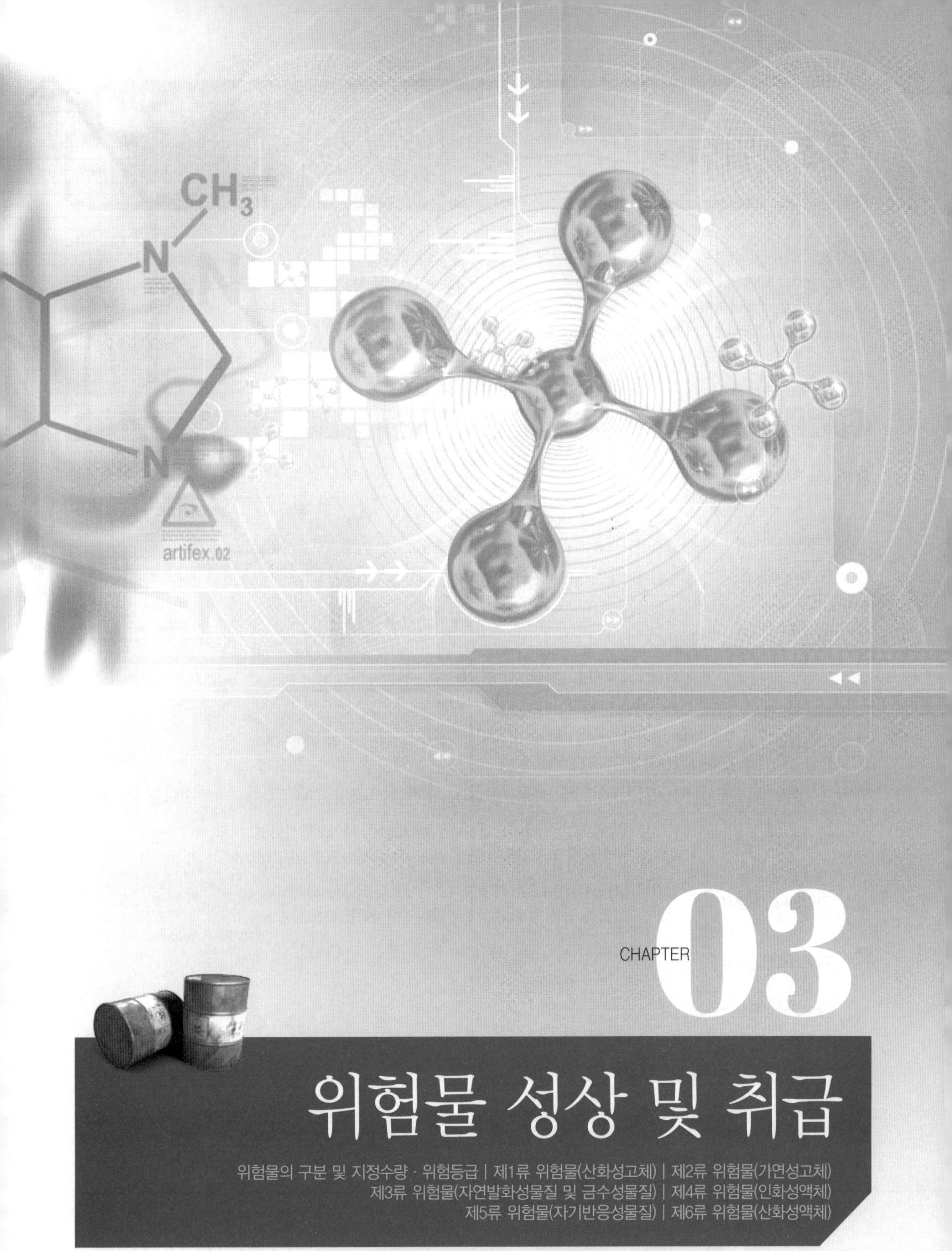

CHAPTER 03

위험물 성상 및 취급

위험물의 구분 및 지정수량 · 위험등급 | 제1류 위험물(산화성고체) | 제2류 위험물(가연성고체)
제3류 위험물(자연발화성물질 및 금수성물질) | 제4류 위험물(인화성액체)
제5류 위험물(자기반응성물질) | 제6류 위험물(산화성액체)

Industrial Engineer Hazardous material

SECTION **01**

위험물의 구분 및 지정수량 · 위험등급

이 섹션에서는 위험물의 구분문제와 지정수량 · 위험등급 문제를 모두 학습할 수 있도록 했다. 각 류별로 출제되었던 품명들을 분류해서 정리해 두었으니 반드시 암기하도록 한다. 그리고 최근 지정수량 및 배수에 관한 문제가 많이 출제되고 있으니 반드시 점수를 확보할 수 있도록 한다.

01 위험물의 구분

1 제1류 위험물(산화성고체)

품명		지정수량	위험등급
아염소산염류	아염소산나트륨[$NaClO_2$], 아염소산칼륨[$KClO_2$], 아염소산칼슘[$Ca(ClO_2)_2$]	50kg	Ⅰ
염소산염류	염소산칼륨[$KClO_3$], 염소산나트륨[$NaClO_3$], 염소산암모늄[NH_4ClO_3]		
과염소산염류	과염소산나트륨[$NaClO_4$], 과염소산칼륨[$KClO_4$], 과염소산암모늄[NH_4ClO_4], 과염소산마그네슘[$Mg(ClO_4)_2$]		
무기과산화물	과산화칼륨[K_2O_2], 과산화나트륨[Na_2O_2], 과산화칼슘[CaO_2], 과산화마그네슘[MgO_2], 과산화바륨[BaO_2], 과산화리튬[Li_2O_2]		
브로민산염류	브로민산나트륨[$NaBrO_3$], 브로민산칼륨[$KBrO_3$], 브로민산암모늄[NH_4BrO_3]	300kg	Ⅱ
질산염류	질산칼륨[KNO_3], 질산나트륨[$NaNO_3$], 질산암모늄[NH_4NO_3]		
아이오딘산염류	아이오딘산칼륨[KIO_3], 아이오딘산나트륨[$NaIO_3$], 아이오딘산아연[$Zn(IO_3)_2$], 아이오딘산마그네슘[$Mg(IO_3)_2$], 아이오딘산암모늄[NH_4IO_3]		
과망가니즈산염류	과망가니즈산칼륨[$KMnO_4$], 과망가니즈산나트륨[$NaMnO_4$], 과망가니즈산암모늄[NH_4MnO_4], 과망가니즈산바륨[$Ba(MnO_4)_2$]	1,000kg	Ⅲ
다이크로뮴산염류	다이크로뮴산칼륨[$K_2Cr_2O_7$], 다이크로뮴산나트륨[$Na_2Cr_2O_7$], 다이크로뮴산암모늄[$(NH_4)_2Cr_2O_7$]		
차아염소산염류		50kg	Ⅰ
과아이오딘산 크로뮴, 납 또는 아이오딘의 산화물 아질산염류 과아이오딘산염류 염소화아이소사이아누르산 퍼옥소이황산염류 퍼옥소붕산염류		300kg	Ⅱ

* 색바탕 : 행정안전부령으로 정하는 제1류 위험물

2 제2류 위험물(가연성고체)

품명		지정수량	위험등급
황화인	삼황화인[P_4S_3], 오황화인[P_2S_5], 칠황화인[P_4S_7]	100kg	Ⅱ
적린 · 황	-		
철분	-	500kg	Ⅲ
금속분	알루미늄분, 크롬분, 몰리브덴분, 티탄분, 지르코늄분, 망가니즈분, 코발트분, 은분, 아연분		
마그네슘	-	500kg	Ⅲ
인화성고체	고형알코올, 메타알데하이드, 제삼부틸알코올[$(CH_3)_3COH$]	1,000kg	Ⅲ

*황 : 순도가 60중량 퍼센트 이상인 것
*철분 : 53마이크로미터의 표준체를 통과하는 것이 50중량 퍼센트 미만인 것은 제외
*금속분 : 150마이크로미터의 체를 통과하는 것이 50중량 퍼센트 미만인 것은 제외
*구리분 · 니켈분은 위험물에서 제외
*마그네슘 : 2밀리미터의 체를 통과하지 아니하는 덩어리 상태, 직경 2밀리미터 이상의 막대 모양 제외

3 제3류 위험물(자연발화성물질 및 금수성물질)

품명		지정수량	위험등급
칼륨 · 나트륨	-	10kg	Ⅰ
알킬알루미늄	트라이에틸알루미늄[$(C_2H_5)_3Al$], 트라이메틸알루미늄[$(CH_3)_3Al$], 트라이아이소부틸알루미늄[$(C_4H_9)_3Al$], 다이메틸알루미늄클로라이드[$(CH_3)_2AlCl$], 다이에틸알루미늄클로라이드[$(C_2H_5)_2AlCl$]		
알킬리튬	에틸리튬[C_2H_5Li], 메틸리튬[CH_3Li], 부틸리튬[C_4H_9Li], 페닐리튬[C_6H_5Li]		
황린	-	20kg	
알칼리금속 (칼륨, 나트륨 제외)	리튬[Li], 루비듐[Rb], 세슘[Cs], 프랑슘[Fr]	50kg	Ⅱ
알칼리토금속	칼슘[Ca], 스트론튬[Sr], 바륨[Ba], 라듐[Ra]		
유기금속화합물 (알킬알루미늄, 알킬리튬 제외)	사에틸납[$(C_2H_5)_4Pb$], 다이메틸주석[$Sn(CH_3)_2$], 다이메틸아연[$Zn(CH_3)_2$], 다이에틸아연[$Zn(C_2H_5)_2$], 다이메틸갈륨[$Ga(CH_3)_2$], 다이메틸수은[$Hg(CH_3)_2$], 트라이에틸갈륨, 트라이에틸인듐		
금속의 수소화물	수소화나트륨[NaH], 수소화알루미늄리튬[$LiAlH_4$], 펜타보란[B_5H_9], 수소화알루미늄[AlH_3], 수소화티타늄[TiH_2], 수소화칼륨[KH], 수소화리튬[LiH]	300kg	Ⅲ
금속의 인화물	인화칼슘[Ca_3P_2], 인화알루미늄[AlP], 인화아연[Zn_3P_2]		
칼슘 또는 알루미늄의 탄화물	탄화칼슘[CaC_2], 탄화알루미늄[Al_4C_3], 탄화망가니즈[Mn_3C], 탄화베릴륨[Be_2C]		
염소화규소화합물	클로로실란, 트라이클로로실란		

* 색바탕 : 행정안전부령으로 정하는 제3류 위험물

4 제4류 위험물(인화성액체)

품명			지정수량	위험등급
특수인화물		다이에틸에터[$(C_2H_5)_2O$], 이황화탄소[CS_2], 아세트알데하이드[CH_3CHO], 산화프로필렌[OCH_2CHCH_3], 황화다이메틸, 아이소프로필아민[$(CH_3)_2CHNH_2$]	50ℓ	Ⅰ
제1석유류	비수용성 액체	휘발유, 벤젠[C_6H_6], 톨루엔($C_6H_5CH_3$], 콜로디온, 의산프로필[$HCOOC_3H_7$], 메틸에틸케톤[$CH_3COC_2H_5$], 시클로헥산[C_6H_{12}], 염화아세틸, 부틸알데하이드, 초산메틸, 초산에틸[$CH_3COOC_2H_5$], 의산에틸[$HCOOC_2H_5$]	200ℓ	Ⅱ

품명			지정수량	위험등급
제1석유류	수용성 액체	아세톤[CH_3COCH_3], 피리딘[C_5H_5N], 사이안화수소, 아세토니트릴[CH_3CN], 의산메틸[$HCOOCH_3$]	400ℓ	Ⅱ
알코올류		메틸알코올(CH_3OH), 에틸알코올[C_2H_5OH], 프로필알코올, 아이소프로필알코올[$(CH_3)_2CHOH$]		
제2석유류	비수용성액체	등유, 경유, 테레핀유[$C_{10}H_{16}$], 스틸렌[$C_6H_5CH=CH_2$], 송근유, 장뇌유, 클로로벤젠[C_6H_5Cl], n-부탄올, 다이부틸아민, 트라이부틸아민, 벤즈알데하이드, 크실렌[$C_6H_4(CH_3)_2$], 큐멘	1,000ℓ	Ⅲ
	수용성액체	포름산[$HCOOH$], 아세트산[CH_3COOH], 에틸셀로솔브[$C_2H_5OCH_2CH_2OH$], 아크릴산[$CH_2=CHCOOH$], 하이드라진[N_2H_4]	2,000ℓ	
제3석유류	비수용성액체	중유, 클레오소트유, 나이트로벤젠[$C_6H_5NO_2$], 아닐린[$C_6H_5NH_2$], 나이트로톨루엔[$CH_3C_6H_4NO_2$]		
	수용성액체	에틸렌글리콜[$C_2H_4(OH)_2$], 글리세린[$C_3H_5(OH)_3$]	4,000ℓ	
제4석유류		윤활유, 가소제, 방청유, 담금질유, 전기절연유, 절사유, 기어유, 실린더유, 기계유	6,000ℓ	
동 · 식물유류		건성유, 반건성유, 불건성유	10,000ℓ	

*알코올류 : 탄소원자의 수가 1개부터 3개까지인 포화1가 알코올(변성알코올을 포함)
알코올 함유량이 60중량퍼센트 미만인 수용액 제외
가연성액체량이 60중량퍼센트 미만이고 인화점 및 연소점이 에틸알코올 60중량퍼센트 수용액의 인화점 및 연소점을 초과하는 것 제외

5 제5류 위험물(자기반응성물질)

품명		지정수량
유기과산화물	과산화벤조일[$(C_6H_5CO)_2O_2 \cdot COC_6H_5$], 과산화메틸에틸케톤[$(CH_3COC_2H_5)_2O_2$], 아세틸퍼옥사이드[$(CH_3CO_2)_2O_2$]	제1종(10kg), 제2종(100kg)
질산에스터류	나이트로셀룰로스(질산섬유소)[$(C_6H_7O_2(ONO_2)_3)n$], 나이트로글리세린[$C_3H_5(ONO_2)_3$)], 질산메틸[CH_3ONO_2], 질산에틸[$C_2H_5ONO_2$], 나이트로글리콜[$(CH_2ONO_2)_2$], 셀룰로이드, 질산프로필	
하이드록실아민 · 하이드록실아민염류		
나이트로화합물	트라이나이트로톨루엔[$C_6H_2CH_3(NO_2)_3$], 트라이나이트로페놀[$C_6H_2(NO_2)_3OH$], 테트릴[$C_7H_5N_5O_8$], 나이트로메탄[CH_3NO_2]	
나이트로소화합물	파라나이트로소벤젠[$C_6H_4(NO)_2$]	
아조화합물	아조벤젠[$C_6H_5N=NC_6H_5$]	
다이아조화합물	다이아조다이나이트로페놀(DDNP)	
하이드라진 유도체		
금속의 아지화합물 · 질산구아니딘		

* 색바탕 : 행정안전부령으로 정하는 제5류 위험물

6 제6류 위험물(산화성액체)

품명		지정수량	위험등급
과염소산 · 과산화수소 · 질산		300kg	Ⅰ
할로젠간화합물	삼불화브롬[BrF_3], 오불화브롬[BrF_5], 오불화요오드[IF_5]		

*과산화수소 : 농도가 36중량퍼센트 이상인 것 *질산 : 비중이 1.49 이상인 것 * 색바탕 : 행정안전부령으로 정하는 제6류 위험물"

▶ 복수성상물품의 품명 기준
① 산화성고체의 성상 및 가연성고체의 성상을 가지는 경우 : 가연성고체
② 산화성고체의 성상 및 자기반응성물질의 성상을 가지는 경우 : 자기반응성물질
③ 가연성고체의 성상과 자연발화성물질의 성상 및 금수성물질의 성상을 가지는 경우 : 자연발성물질 및 금수성물질
④ 자연발화성물질의 성상, 금수성물질의 성상 및 인화성액체의 성상을 가지는 경우 : 자연발성물질 및 금수성물질
⑤ 인화성액체의 성상 및 자기반응성물질의 성상을 가지는 경우 : 자기반응성물질

02 위험물의 지정수량

1 정의

위험물의 종류별로 위험성을 고려하여 대통령령이 정하는 수량으로서 제조소등의 설치허가 등에 있어서 최저의 기준이 되는 수량을 말한다. 수량이 복수인 품명의 경우 당해 품명이 속하는 유(類)의 품명 가운데 위험성의 정도가 가장 유사한 품명의 지정수량란에 정하는 수량과 같은 수량을 당해 품명의 지정수량으로 한다.

2 지정수량의 배수

$$\text{지정수량의 배수} = \frac{\text{A품명의 저장수량}}{\text{A품명의 지정수량}} + \frac{\text{B품명의 저장수량}}{\text{B품명의 지정수량}} + \cdots$$

03 위험물의 위험등급

위험물의 위험등급은 위험등급Ⅰ, 위험등급Ⅱ 및 위험등급Ⅲ으로 구분하며, 각 위험등급에 해당하는 위험물은 다음과 같다.

1 위험등급Ⅰ의 위험물

① 제1류 위험물 중 아염소산염류, 염소산염류, 과염소산염류, 무기과산화물 그 밖에 지정수량이 50kg인 위험물
② 제3류 위험물 중 칼륨, 나트륨, 알킬알루미늄, 알킬리튬, 황린 그 밖에 지정수량이 10kg 또는 20kg인 위험물
③ 제4류 위험물 중 특수인화물
④ 제5류 위험물 중 지정수량이 10kg인 위험물
⑤ 제6류 위험물

2 위험등급Ⅱ의 위험물

① 제1류 위험물 중 브로민산염류, 질산염류, 아이오딘산염류 그 밖에 지정수량이 300kg인 위험물
② 제2류 위험물 중 황화인, 적린, 황 그 밖에 지정수량이 100kg인 위험물
③ 제3류 위험물 중 알칼리금속(칼륨 및 나트륨을 제외) 및 알칼리토금속, 유기금속화합물(알킬알루미늄 및 알킬리튬을 제외) 그 밖에 지정수량이 50kg인 위험물
④ 제4류 위험물 중 제1석유류 및 알코올류
⑤ 제5류 위험물 중 위험등급Ⅰ에 해당하지 않는 위험물

3 위험등급 Ⅲ의 위험물

위험등급Ⅰ과 위험등급Ⅱ에 해당하지 않는 위험물

[15-4, 09-1]

1 다음 ( ) 안에 알맞은 용어는?

> 지정수량이라 함은 위험물의 종류별로 위험성을 고려하여 ( )이(가) 정하는 수량으로서 규정에 의한 제조소등의 설치허가 등에 있어서 최저의 기준이 되는 수량을 말한다.

① 대통령령 ② 행정안전부령
③ 소방본부장 ④ 시 · 도지사

지정수량이라 함은 위험물의 종류별로 위험성을 고려하여 대통령령이 정하는 수량으로서 규정에 의한 제조소등의 설치허가 등에 있어서 최저의 기준이 되는 수량을 말한다.

[12-2]

2 〈보기〉의 물질 중 위험물안전관리법령상 제6류 위험물에 해당하는 것은 모두 몇 개인가?

> ㉠ 비중 1.49인 질산
> ㉡ 비중 1.7인 과염소산
> ㉢ 물 60g, 과산화수소 40g을 혼합한 수용액

① 1개 ② 2개
③ 3개 ④ 없음

과염소산, 비중이 1.49 이상인 질산, 농도가 36중량퍼센트 이상인 과산화수소는 제6류 위험물에 해당한다.

[12-1]

3 위험물안전관리법에 의한 위험물 분류상 제1류 위험물에 속하지 않는 것은?

① 아염소산염류 ② 질산염류
③ 유기과산화물 ④ 무기과산화물

유기과산화물은 제5류 위험물에 속한다.

[15-4]

4 위험물안전관리법령에서 정한 제1류 위험물이 아닌 것은?

① 질산메틸 ② 질산나트륨
③ 질산칼륨 ④ 질산암모늄

질산메틸은 제5류 위험물 중 질산에스터류에 속한다.

[15-4]

5 위험물안전관리법령에서 정한 품명이 나머지 셋과 다른 하나는?

① $(CH_3)_2CHCH_2OH$
② $CH_2OHCHOHCH_2OH$
③ CH_2OHCH_2OH
④ $C_6H_5NO_2$

① $(CH_3)_2CHCH_2OH$(아이소부틸알코올) : 제2석유류
② $CH_2OHCHOHCH_2OH$(글리세린) : 제3석유류
③ CH_2OHCH_2OH(에틸렌글리콜) : 제3석유류
④ $C_6H_5NO_2$(나이트로벤젠) : 제3석유류

[12-4]

6 다음 위험물안전관리법령에서 정한 지정수량이 가장 작은 것은?

① 염소산염류 ② 브로민산염류
③ 질산염류 ④ 금속의 인화물

① 염소산염류 : 50kg
② 브로민산염류 : 300kg
③ 질산염류 : 300kg
④ 금속의 인화물 : 300kg

[19-1, 15-4]

7 제1류 위험물 중 무기과산화물 150kg, 질산염류 300kg, 다이크로뮴산염류 3000kg을 저장하려 한다. 각각 지정수량의 배수의 총합은 얼마인가?

① 5 ② 6
③ 7 ④ 8

지정수량의 배수 = $\frac{\text{A품명의 저장수량}}{\text{지정수량}} + \frac{\text{B품명의 저장수량}}{\text{지정수량}} + \cdots$

$= \frac{150kg}{50kg} + \frac{300kg}{300kg} + \frac{3,000kg}{1,000kg} = 7$

[14-4, 11-1]

8 산화프로필렌 300L, 메탄올 400L, 벤젠 200L를 저장하고 있는 경우 각각 지정수량 배수의 총합은 얼마인가?

① 4 ② 6
③ 8 ④ 10

지정수량의 배수 = $\frac{300L}{50L} + \frac{400L}{400L} + \frac{200L}{200L} = 8$

정답 1① 2③ 3③ 4① 5① 6① 7③ 8③

[18-4, 12-4, 09-1]

9 질산나트륨 90kg, 황 70kg, 클로로벤젠 2,000L를 저장하고 있을 경우 각각의 지정수량의 배수의 총합은?

① 2 ② 3
③ 4 ④ 5

> 지정수량의 배수 = $\frac{90kg}{300kg} + \frac{70kg}{100kg} + \frac{2,000L}{1,000L} = 3$

[09-1]

10 질산나트륨 90kg, 황 20kg, 클로로벤젠 2,000L를 저장하고 있을 경우 각각의 지정수량의 배수의 총합은 얼마인가?

① 2 ② 2.5
③ 3 ④ 3.5

> 지정수량의 배수 = $\frac{90}{300} + \frac{20}{100} + \frac{2,000}{1,000} = 2.5$

[07-1]

11 제1류 위험물 중 무기과산화물 150kg, 질산염류 300kg, 다이크로뮴산염류 3,000kg을 저장하려 한다. 각각 지정수량의 배수의 합은 얼마인가?

① 5 ② 6
③ 7 ④ 8

> 지정수량의 배수 = $\frac{150kg}{50kg} + \frac{300kg}{300kg} + \frac{3,000kg}{1,000kg} = 7$

[08-4]

12 다음 물질 중 지정수량이 400L인 것은?

① 포름산메틸 ② 벤젠
③ 톨루엔 ④ 벤즈알데하이드

> 포름산메틸은 제4류 위험물 중 제1석유류(수용성 액체)에 속하는 것으로 지정수량이 400L이다.
> ② 벤젠 : 200L
> ③ 톨루엔 : 200L
> ④ 벤즈알데하이드 : 1,000L

[11-1]

13 경유는 제 몇 석유류에 해당하는지와 지정수량을 옳게 나타낸 것은?

① 제1석유류 - 200L
② 제2석유류 - 1,000L
③ 제1석유류 - 400L
④ 제2석유류 - 2,000L

> 경유는 제4류 위험물 중 제2석유류(비수용성액체)에 속하는 것으로 지정수량이 1,000L이다.

[13-2]

14 다음과 같이 위험물을 저장할 경우 각각의 지정수량 배수의 합은 얼마인가?

- 클로로벤젠 : 1,000L
- 동식물유류 : 5,000L
- 제4석유류 : 12,000L

① 2.5 ② 3.05
③ 3.5 ④ 4.0

> 지정수량의 배수 = $\frac{1,000L}{1,000L} + \frac{5,000L}{10,000L} + \frac{12,000L}{6,000L} = 3.5$

[14-1]

15 제5류 위험물인 자기반응성 물질에 포함되지 않는 것은?

① CH_3NO_2
② $[C_6H_7O_2(ONO_2)_3]n$
③ $C_6H_2CH_3(NO_2)_3$
④ $C_6H_5NO_2$

> ① CH_3NO_2(나이트로메탄)
> ② $[C_6H_7O_2(ONO_2)_3]n$(나이트로셀룰로스)
> ③ $C_6H_2CH_3(NO_2)_3$(트라이나이트로톨루엔)
> ④ $C_6H_5NO_2$(나이트로벤젠) : 제4류 위험물(인화성액체)

[11-1]

16 물과 접촉하면 위험한 물질로만 나열된 것은?

① CH_3CHO, CaC_2, $NaClO_4$
② K_2O_2, $K_2Cr_2O_7$, CH_3CHO
③ K_2O_2, Na, CaC_2
④ Na, $K_2Cr_2O_7$, $NaClO_4$

> 제1류 위험물인 과산화칼륨(K_2O_2), 제3류 위험물인 나트륨(Na) 및 탄화칼슘(CaC_2)은 모두 물과 접촉하면 위험성이 증가하는 금수성 물질이다.

정답 9 ② 10 ② 11 ③ 12 ① 13 ② 14 ③ 15 ④ 16 ③

chapter 03

[07-2]

17 질산염류 90kg , 황 20kg, 등유 2,000L, 실린더유 3,000L를 저장하고 있을 경우 각각의 지정수량의 배수의 총합은 얼마인가?

① 2　② 3
③ 4　④ 5

지정수량의 배수 = $\frac{90kg}{300kg} + \frac{20kg}{100kg} + \frac{2,000L}{1,000L} + \frac{3,000L}{6,000L} = 3$

[15-1, 12-2, 10-4]

18 어떤 공장에서 아세톤과 메탄올을 18L 용기에 각각 10개, 등유를 200L 드럼으로 3드럼을 저장하고 있다면 각각의 지정수량 배수의 총합은 얼마인가?

① 1.3　② 1.5
③ 2.3　④ 2.5

지정수량의 배수 = $\frac{18L \times 10}{400L} + \frac{18L \times 10}{400L} + \frac{200L \times 3}{1,000L} = 1.5$배

[14-1]

19 위험물안전관리법령상 지정수량이 나머지 셋과 다른 하나는?

① 적린　② 황화인
③ 황　④ 마그네슘

①, ②, ③ : 100kg　④ : 500kg

[13-1]

20 다음 중 제3류 위험물이 아닌 것은?

① 황린　② 나트륨
③ 칼륨　④ 마그네슘

마그네슘은 제2류 위험물에 속한다.

[15-2]

21 위험물안전관리법령상 제1석유류에 속하지 않는 것은?

① CH_3COCH_3　② C_6H_6
③ $CH_3COC_2H_5$　④ CH_3COOH

위험물의 품명
① CH_3COCH_3(아세톤) : 제1석유류
② C_6H_6(벤젠) : 제1석유류
③ $CH_3COC_2H_5$(메틸에틸케톤) : 제1석유류
④ CH_3COOH(아세트산) : 제2석유류

[14-1]

22 다음 중 독성이 있고, 제2석유류에 속하는 것은?

① CH_3CHO　② C_6H_6
③ $C_6H_5CH=CH_2$　④ $C_6H_5NH_2$

① CH_3CHO(아세트알데하이드) : 특수인화물
② C_6H_6(벤젠) : 제1석유류
③ $C_6H_5CH=CH_2$(스틸렌) : 제2석유류
④ $C_6H_5NH_2$(아닐린) : 제3석유류

[14-2]

23 제4류 위험물 중 제1석유류에 속하는 것으로만 나열한 것은?

① 아세톤, 휘발유, 톨루엔, 사이안화수소
② 이황화탄소, 다이에틸에터, 아세트알데하이드
③ 메탄올, 에탄올, 부탄올, 벤젠
④ 중유, 클레오소트유, 실린더유, 의산에틸

② 이황화탄소, 다이에틸에터, 아세트알데하이드 – 특수인화물
③ 메탄올(알코올류), 에탄올(알코올류), 부탄올(제2석유류), 벤젠(제1석유류)
④ 중유(제3석유류), 클레오소트유(제3석유류), 실린더유(제4석유류), 의산에틸(제1석유류)

[11-4]

24 제1류 위험물에 해당하는 것은?

① 염소산칼륨　② 수산화칼륨
③ 수소화칼륨　④ 요오드화칼륨

염소산칼륨은 제1류 위험물 중 염소산염류에 속한다.
② 수산화칼륨 : 비위험물
③ 수소화칼륨 : 제3류 위험물
④ 요오드화칼륨 : 비위험물

정답 17 ② 18 ② 19 ④ 20 ④ 21 ④ 22 ③ 23 ① 24 ①

[13-2]
25 위험물안전관리법령상 제1류 위험물에 속하지 않는 것은?

① 염소산염류 ② 무기과산화물
③ 유기과산화물 ④ 다이크로뮴산염류

> 유기과산화물은 제5류 위험물에 속한다.

[08-4]
26 다음 중 제 1류 위험물에 속하지 않는 것은?

① $KClO_3$ ② Na_2O_2
③ NaH ④ $NaClO_4$

> 수소화나트륨(NaH)은 제3류 위험물에 속한다.

[10-4]
27 다음 중 제2류 위험물에 속하지 않는 것은?

① 마그네슘 ② 나트륨
③ 철분 ④ 아연분

> 나트륨은 제3류 위험물에 속한다.

[09-1]
28 다음 중 제2류 위험물에 속하는 것은?

① 과산화수소 ② 황화인
③ 글리세린 ④ 나이트로셀룰로스

> ① 과산화수소 : 제6류 위험물
> ③ 글리세린 : 제4류 위험물
> ④ 나이트로셀룰로스 : 제5류 위험물

[10-1]
29 다음 중 제1석유류에 해당하는 것은?

① 휘발유 ② 등유
③ 에틸알코올 ④ 아닐린

> ② 등유 : 제2석유류 ③ 에틸알코올 : 알코올류
> ④ 아닐린 : 제3석유류

[15-4]
30 물보다 무겁고 비수용성인 위험물로 이루어진 것은?

① 이황화탄소, 나이트로벤젠, 클레오소트유
② 이황화탄소, 글리세린, 클로로벤젠
③ 에틸렌글리콜, 나이트로벤젠, 의산메틸
④ 초산메틸, 클로로벤젠, 클레오소트유

> 이황화탄소(특수인화물), 나이트로벤젠(제3석유류), 클레오소트유(제3석유류)는 모두 비수용성이다.

[11-2]
31 위험물안전관리법령상 위험물 품명이 나머지 셋과 다른 것은?

① 메틸알코올 ② 에틸알코올
③ 아이소프로필알코올 ④ 부틸알코올

> 메틸알코올, 에틸알코올, 아이소프로필알코올은 모두 알코올류에 속하며, 부틸알코올은 제2석유류에 속한다.

[12-2]
32 제2류 위험물에 해당하는 것은?

① 마그네슘과 나트륨
② 황화인과 황린
③ 수소화리튬과 수소화나트륨
④ 황과 적린

> 나트륨, 황린, 수소화리튬, 수소화나트륨은 모두 제3류 위험물에 속한다.

[09-1]
33 다음 중 제1석유류에 해당하는 것은?

① 염화아세틸 ② 아크릴산
③ 클로로벤젠 ④ 아세트산

> 아크릴산, 클로로벤젠, 아세트산 모두 제2석유류에 속한다.

[07-1]
34 다음 중 제1석유류에 속하지 않는 것은?

① CH_3COCH_3 ② C_6H_6
③ $CH_3COC_2H_5$ ④ CH_3COOH

> CH_3COOH(아세트산)은 제2석유류에 속하는 위험물이다.
> ① CH_3COCH_3(아세톤)
> ② C_6H_6(벤젠)
> ③ $CH_3COC_2H_5$(메틸에틸케톤)

정답 25 ③ 26 ③ 27 ② 28 ② 29 ① 30 ① 31 ④ 32 ④ 33 ① 34 ④

[10-2]

35 다음 중에서 제2석유류에 속하지 않는 것은?

① 등유　② CH_3COOH
③ CH_3CHO　④ 경유

CH_3CHO(아세트알데하이드)는 제1석유류에 속하는 위험물이다.

[08-4]

36 다음 위험물 중 제2석유류에 해당하는 것은?

① 아크릴산　② 나이트로벤젠
③ 메틸에틸케톤　④ 에틸렌글리콜

② 나이트로벤젠 : 제3석유류　③ 메틸에틸케톤 : 제1석유류
④ 에틸렌글리콜 : 제3석유류

[11-1]

37 제6류 위험물에 속하지 않는 것은?

① 질산　② 질산구아니딘
③ 삼불화브롬　④ 오불화요오드

질산구아니딘은 행정안전부령으로 정하는 제5류 위험물에 속한다.

[09-4]

38 다음 위험물의 유별 구분이 나머지 셋과 다른 하나는?

① 다이크로뮴산나트륨　② 과염소산마그네슘
③ 과염소산칼륨　④ 과염소산

다이크로뮴산나트륨, 과염소산마그네슘, 과염소산칼륨은 제1류 위험물이고 과염소산은 제6류 위험물이다.

[09-4]

39 다음 중 위험물안전관리법령상 품명이 다른 하나는?

① 클로로벤젠　② 에틸렌글리콜
③ 큐멘　④ 벤즈알데하이드

에틸렌글리콜은 제4류 위험물 중 제3석유류에 속하며, 클로로벤젠, 큐멘, 벤즈알데하이드는 제2석유류에 속한다.

[08-2]

40 다음 중 위험등급 I의 위험물이 아닌 것은?

① 염소산염류　② 황화인
③ 알킬리튬　④ 과산화수소

제2류 위험물인 황화인은 위험등급 II의 위험물이다.

[08-2]

41 다음 중 독성이 있고, 제2석유류에 속하는 것은?

① CH_3CHO　② C_6H_6
③ $C_6H_5CH=CH_2$　④ $C_6H_5NH_2$

$C_6H_5CH=CH_2$(스틸렌)은 제4류 위험물 중 제2석유류에 속하는 위험물로 독성이 있다.
① CH_3CHO(아세트알데하이드) : 특수인화물
② C_6H_6(벤젠) : 제1석유류
④ $C_6H_5NH_2$(아닐린) : 제3석유류

[08-4]

42 인화성 액체 위험물 중 동식물류의 지정수량으로 옳은 것은?

① 2,000L　② 4,000L
③ 6,000L　④ 10,000L

동식물류의 지정수량은 10,000L이다.

[10-2, 08-4]

43 다음 중 제5류 위험물에 해당하지 않는 것은?

① 나이트로글리콜
② 나이트로글리세린
③ 트라이나이트로톨루엔
④ 나이트로톨루엔

나이트로톨루엔은 제4류 위험물 중 제3석유류에 속한다.

정답 35 ③ 36 ① 37 ② 38 ④ 39 ② 40 ② 41 ③ 42 ④ 43 ④

SECTION 02

제1류 위험물(산화성고체)

이 섹션에서는 제1류 위험물의 일반적인 성질에 대해 묻는 문제가 많이 출제된다. 제1류 위험물의 공통 성질에 대해서는 확실하게 암기하여 잘 대처해야 할 것이다. 무기과산화물의 소화 방법은 자주 출제되며, 각 위험물질별 반응물질도 확실히 구분하도록 한다. 비중과 융점, 분해온도를 알고 있어야 풀 수 있는 문제도 출제되니 철저히 준비할 수 있도록 한다.

01 공통 성질

1 일반적 성질

① 무색 결정 또는 백색 분말로서 상온에서 고체상태이다.

② 자신은 불연성 물질로서 환원성 물질 또는 가연성 물질에 대해 강한 산화성을 가지고 있다.

③ 무기화합물에 속한다.

④ 비중이 1보다 크다.

⑤ 모두 산소를 포함한 강산화제이며, 분해 시 산소를 발생한다.

⑥ 대부분 조해성이 있다.

2 위험성

① 산화위험성, 폭발위험성, 유해성

② 가열, 충격, 마찰 등에 의해 분해될 수 있다.

③ 분해하면서 산소를 발생하며, 가연물과 혼합하면 연소 또는 폭발의 위험이 크다.

④ 무기과산화물류는 물과 반응하여 산소를 발생하며 발열한다.

3 저장 및 취급

① 가연물과의 접촉 및 혼합을 피한다.

② 분해를 촉진하는 물품의 접근을 피한다.

③ 복사열이 없고 환기가 잘 되는 서늘한 곳에 저장한다.

④ 조해성 물질의 경우 습기를 피하고 용기를 밀폐하여 저장한다.

> ▶ 조해성 : 공기 중에 노출되어 있는 고체가 공기 중의 수분을 흡수하여 녹는 현상

⑤ 알칼리금속의 과산화물은 물과의 접촉을 피해야 한다.

4 소화 방법

① 일반적으로 다량의 물에 의한 냉각소화를 한다.

② 무기과산화물류(알칼리금속의 과산화물) : 주수소화를 해서는 안 되고 마른 모래, 팽창질석, 팽창진주암 등에 의한 질식소화가 효과적이다.

③ 화재 초기 또는 소량 화재일 경우에는 포, 분말, 이산화탄소, 할로젠화합물에 의한 질식소화도 가능하다.

④ 화재 주변의 가연성 물질을 제거한다.

02 아염소산염류

1 아염소산나트륨($NaClO_2$)

분자량	분해온도
90	130~140℃

(1) 일반적 성질

① 무색의 결정성 분말이다.

② 물에 잘 녹는다.

③ 38℃ 이하에서는 삼수화물이고 그 이상에서는 무수염이다.

(2) 위험성

① 산을 가하면 이산화염소(ClO_2)를 발생한다.

② 황, 인, 금속물, 티오황산나트륨, 다이에틸에터 등과 혼합하면 충격에 의해 폭발한다.

(3) 저장 및 취급

직사광선을 피하고 환기가 잘되는 냉암소에 보관한다.

2 아염소산칼륨($KClO_2$)

분자량	분해온도
106	160℃

(1) 일반적 성질

① 백색의 침상결정 또는 결정성 분말이다.

② 조해성 및 부식성이 있다.

(2) 위험성

① 열, 햇빛, 충격에 의해 폭발의 위험이 있다.

② 고온에서 분해하여 이산화염소(ClO_2)를 발생한다.

03 염소산염류

1 염소산칼륨($KClO_3$)

비중	융점	용해도	분해온도	분자량
2.32	368.4℃	7.3	400℃	123

(1) 일반적 성질

① 백색 분말 또는 무색 무취의 결정이다.

② 물보다 무겁다.

③ 온수와 글리세린에는 잘 녹지만 냉수와 알코올에는 잘 녹지 않는다.

(2) 위험성

① 유기물, 황, 암모니아, 염화주석 등의 산화되기 쉬운 물질이나 강산, 중금속염과 접촉 시 연소 또는 폭발의 위험이 있다.

② 적린과 혼합하여 반응하였을 때 오산화인을 발생한다.

③ 황산과 반응하여 이산화염소를 발생한다.

④ 고온에서 열분해하여 염화칼륨과 산소를 발생한다.

(3) 소화 방법

주수소화가 효과적이다.

(4) 화학반응식

• 완전분해 반응식

$$\underset{\text{염소산칼륨}}{2KClO_3} \rightarrow \underset{\text{염화칼륨}}{2KCl} + \underset{\text{산소}}{3O_2}\uparrow$$

• 400℃ 분해반응식

$$\underset{\text{염소산칼륨}}{2KClO_3} \rightarrow \underset{\text{과염소산칼륨}}{KClO_4} + \underset{\text{염화칼륨}}{KCl} + \underset{\text{산소}}{O_2}\uparrow$$

• 540~560℃ 분해반응식

$$\underset{\text{과염소산칼륨}}{KClO_4} \rightarrow \underset{\text{염화칼륨}}{KCl} + \underset{\text{산소}}{2O_2}\uparrow$$

2 염소산나트륨($NaClO_3$)

비중	융점	용해도	분해온도	분자량
2.5	248℃	101	300℃	106

(1) 일반적 성질

① 무색, 무취의 결정이다.

② 물, 알코올, 에테르에 잘 녹으며 조해성이 있다.

③ 섬유, 나무조각, 먼지 등에 침투하기 쉽다.

(2) 위험성

① 산과 반응하여 유독한 이산화염소(ClO_2)를 발생한다.

② 가열하여 분해시키면 산소를 발생한다.

(3) 저장 방법

① 환기가 잘되는 냉암소에 보관한다(철제용기에 보관하지 않는다).

② 조해성이 있으므로 방습에 유의한다.

③ 용기에 밀전(密栓)하여 보관한다.

④ 암모니아 등 가연성 물질과 혼입하지 않는다.

(4) 화학반응식

• 300℃ 분해반응식

$$\underset{\text{염소산나트륨}}{2NaClO_3} \rightarrow \underset{\text{염화나트륨}}{2NaCl} + \underset{\text{산소}}{3O_2}\uparrow$$

• 산과의 반응식

$$\underset{\text{염소산나트륨}}{2NaClO_3} + \underset{\text{염화수소}}{2HCl} \rightarrow \underset{\text{염화나트륨}}{2NaCl} + \underset{\text{이산화염소}}{2ClO_2} + \underset{\text{과산화수소}}{H_2O_2}\uparrow$$

3 염소산암모늄(NH_4ClO_3)

분자량	분해온도
101	100℃

(1) 일반적 성질

① 무색의 결정이다.

② 조해성이 있다.

③ 화약, 불꽃의 원료로 사용된다.

(2) 위험성

① 폭발성 산화제이다.

② 250℃에서 산소가 발생하기 시작하고, 급격히 가열하면 충격에 의해 폭발한다.

03 과염소산염류

1 과염소산칼륨($KClO_4$)

비중	융점	용해도	분해온도	분자량
2.52	610℃	1.8	400℃	139

(1) 일반적 성질
① 무색, 무취의 결정이다.
② 알코올과 에테르에 녹지 않고 물에는 약간 녹는다.
③ 강한 산화제이다.

(2) 위험성
① 진한 황산과 접촉하면 폭발할 위험이 있다.
② 목탄분, 유기물, 인, 황, 마그네슘분 등을 혼합하면 외부의 충격에 의해 폭발할 위험이 있다.
③ 가열하면 분해하여 산소가 발생한다.

(3) 화학반응식

• 분해반응식
$KClO_4 \rightarrow KCl + 2O_2\uparrow$
과염소산칼륨 염화칼륨 산소
※400℃에서 분해 시작하여 610℃에서 완전분해

2 과염소산나트륨($NaClO_4$)

비중	융점	용해도	분해온도	분자량
2.50	482℃	170	400℃	122

(1) 일반적 성질
① 무색, 무취의 결정이다.
② 물, 에틸알코올, 아세톤에 잘 녹고, 에테르에 녹지 않는다.
③ 조해성이 있다.

(2) 화학반응식

• 분해반응식
$NaClO_4 \rightarrow NaCl + 2O_2\uparrow$
과염소산나트륨 염화나트륨 산소

3 과염소산암모늄(NH_4ClO_4)

비중	분해온도	분자량
1.87	130℃	118

(1) 일반적 성질
① 무색, 무취의 결정이다.
② 물, 알코올, 아세톤에 녹지만 에테르에는 녹지 않는다.
③ 폭약이나 성냥의 원료로 쓰인다.

(2) 위험성
① 가연성 물질과 혼합하면 위험하다.
② 급격히 가열하면 폭발의 위험이 있다.
③ 건조 시 강한 충격이나 마찰에 의해 폭발의 위험이 있다.
④ 300℃에서 분해 · 폭발한다.

(3) 화학반응식

• 분해반응식(130℃)
$NH_4ClO_4 \rightarrow NH_4Cl + 2O_2\uparrow$
과염소산암모늄 염화암모늄 산소
• 분해 · 폭발반응식(300℃)
$2NH_4ClO_4 \rightarrow N_2\uparrow + Cl_2\uparrow + 2O_2\uparrow + 4H_2O$
과염소산암모늄 질소 염소 산소 물

04 무기과산화물

1 과산화칼륨(K_2O_2)

비중	융점	분자량
2.9	490℃	110

(1) 일반적 성질
① 무색 또는 오렌지색의 분말이다.
② 물에 쉽게 분해된다.

(2) 위험성
① 물과 반응하여 수산화칼륨과 산소를 발생하며, 발열하면서 위험성이 증가한다.
② 접촉 시 피부를 부식시킬 위험이 있다.
③ 마찰, 충격, 열에 의해 폭발할 수 있다.

(3) 화학반응식

• 분해반응식
$2K_2O_2 \rightarrow 2K_2O + O_2\uparrow$
과산화칼륨 산화칼륨 산소
• 물과의 반응식
$2K_2O_2 + 2H_2O \rightarrow 4KOH + O_2\uparrow$
과산화칼륨 물 수산화칼륨 산소
• 탄산가스와의 반응식
$2K_2O_2 + 2CO_2 \rightarrow 2K_2CO_3 + O_2\uparrow$
과산화칼륨 이산화탄소 탄산칼륨 산소

- 초산과의 반응식

$K_2O_2 + 2CH_3COOH \rightarrow 2CH_3COOK + H_2O_2$

과산화칼륨 아세트산 초산칼륨 과산화수소

- 염산과의 반응식

$K_2O_2 + 2HCl \rightarrow 2KCl + H_2O_2$

과산화칼륨 염산 염화칼륨 과산화수소

2 과산화나트륨(Na_2O_2)

비중	융점	끓는점	분자량
2.8	460℃	657℃	78

(1) 일반적 성질

① 순수한 것은 백색, 보통은 황색분말이다.

② 알코올에 녹지 않는다.

③ 순수한 금속나트륨을 고온으로 건조한 공기 중에서 연소시켜 얻는다.

④ CO 및 CO_2 제거제를 제조할 때 사용한다.

(2) 위험성

① 물과 반응하여 수산화나트륨과 산소를 발생한다.

② 가연성 물질과 접촉하면 발화하기 쉽다.

③ 가열하면 분해되어 산소가 생긴다.

④ 산과 반응하여 과산화수소를 발생한다.

⑤ 수분이 있는 피부에 닿으면 화상의 위험이 있다.

(3) 저장 및 취급

① 서늘하고 환기가 잘되는 곳에 보관한다.

② 물, 강산, 유기물질, 가연성물질, 산화성물질 등과 격리해서 보관한다.

(4) 소화 방법

① 마른 모래, 분말소화제, 소다회, 석회 사용

② 주수소화는 위험

(5) 화학반응식

- 물과의 반응식

$2Na_2O_2 + 2H_2O \rightarrow 4NaOH + O_2\uparrow$

과산화나트륨 물 수산화나트륨 산소

- 탄산가스와의 반응식

$2Na_2O_2 + 2CO_2 \rightarrow 2Na_2CO_3 + O_2\uparrow$

과산화나트륨 이산화탄소 탄산나트륨 산소

- 초산과의 반응식

$Na_2O_2 + 2CH_3COOH \rightarrow$

과산화나트륨 아세트산

$2CH_3COONa + H_2O_2$

초산나트륨 과산화수소

3 과산화바륨(BaO_2)

비중	융점	분해온도
4.96	450℃	840℃

(1) 일반적 성질

① 백색의 정방정계 분말이다.

② 알칼리토금속의 과산화물 중 가장 안정하다.

③ 테르밋의 점화제 용도로 사용

(2) 위험성

① 온수와 반응하여 산소를 발생한다.

② 황산과 반응하여 과산화수소를 만든다.

(3) 저장 및 취급

① 직사광선을 피하고, 냉암소에 보관한다.

② 유기물, 산 등의 접촉을 피한다.

(4) 소화 방법

① 마른 모래, 분말소화제가 효과적이다.

② 주수소화는 위험하다.

(5) 화학반응식

- 분해반응식

$2BaO_2 \rightarrow 2BaO + O_2\uparrow$

과산화바륨 산화바륨 산소

4 과산화마그네슘(MgO_2)

(1) 일반적 성질

① 무취의 백색 분말이다.

② 물에 녹지 않는다.

③ 산화제, 표백제, 살균제 등으로 사용된다.

(2) 위험성

① 물과 반응하여 수산화마그네슘과 산소를 발생한다.

② 염산과 반응하여 염화마그네슘과 과산화수소를 발생한다.

(3) 화학반응식

- 물과의 반응식

$2MgO_2 + 2H_2O \rightarrow 2Mg(OH)_2 + O_2\uparrow$

과산화마그네슘 물 수산화마그네슘 산소

- 염산과의 반응식

$MgO_2 + 2HCl \rightarrow MgCl_2 + H_2O_2\uparrow$

과산화마그네슘 염산 염화마그네슘 과산화수소

5 과산화칼슘(CaO_2)

① 백색 또는 담황색의 분말이다.
② 에탄올, 에테르에 녹지 않는다.
③ 더운물에 녹아 과산화수소를 만든다.
④ 가열 시 275℃에서 폭발적으로 산소를 방출한다.

05 브로민산염류 (브롬산염류)

1 브로민산칼륨($KBrO_3$)

비중	분해온도	분자량
3.27	370℃	167

(1) 일반적 성질
① 백색의 결정이다.
② 물에 잘 녹고 알코올과 에테르에는 녹지 않는다.

(2) 위험성
① 가연물과 혼합하여 가열하면 폭발한다.
② 열분해하면서 산소를 방출한다.

(3) 저장 및 취급
① 용기는 밀봉하고 환기가 잘되는 건조한 냉소에 보관한다.
② 암모늄화합물과 격리해서 보관한다.

(4) 소화 방법
주수소화가 효과적이다.

2 브로민산나트륨($NaBrO_3$)

비중	분해온도	분자량
3.3	381℃	151

(1) 일반적 성질
① 무색의 결정 또는 결정성 분말이다.
② 물에 잘 녹는다.

(2) 위험성
① 가연물과 혼합하여 가열하면 폭발한다.
② 열분해하면서 산소를 방출한다.

(3) 저장 및 취급
① 용기는 밀봉하고 환기가 잘되는 건조한 냉소에 보관한다.
② 암모늄화합물과 격리해서 보관한다.

(4) 소화 방법
주수소화가 효과적이다.

06 질산염류

1 질산칼륨(KNO_3)

비중	융점	분해온도
2.1	336℃	400℃

(1) 일반적 성질
① 무색 또는 흰색 결정이다.
② 물과 글리세린에는 잘 녹지만 알코올과 에테르에는 녹지 않는다.
③ 황, 목탄과 혼합하여 흑색화약을 제조한다.
④ 조해성 및 흡습성이 없다.

(2) 위험성
열분해 시 아질산칼륨과 산소를 발생한다.

(3) 저장 및 취급
가연물이나 유기물과의 접촉을 피하고, 건조하고 환기가 잘되는 곳에 보관한다.

(4) 소화 방법
주수소화가 효과적이다.

(5) 화학반응식

• 분해반응식
$2KNO_3 \rightarrow 2KNO_2 + O_2 \uparrow$
(질산칼륨 → 아질산칼륨 + 산소)

2 질산나트륨($NaNO_3$)

비중	융점	분해온도
2.26	308℃	380℃

(1) 일반적 성질
① 무색의 결정이며, 칠레초석이라고도 한다.
② 물과 글리세린에는 녹지만, 무수알코올에는 녹지 않는다.
③ 조해성이 크고 흡습성이 강하다.

(2) 위험성
유기물과 혼합하면 저온에서도 폭발한다.

(3) 소화 방법
주수소화가 효과적이다.

(4) 화학반응식

• 분해반응식
$2NaNO_3 \rightarrow 2NaNO_2 + O_2 \uparrow$
(질산나트륨 → 아질산나트륨 + 산소)

3 질산암모늄(NH_4NO_3)

비중	융점	분해온도
1.73	169.5℃	220℃

(1) 일반적 성질

① 무색 무취의 결정으로 조해성이 강하다.

② 물과 알코올에 잘 녹는다.

③ 물에 녹을 때 흡열반응을 일으킨다.

(2) 위험성

① 가열, 충격 등이 가해지면 단독으로도 폭발할 수 있다.

② 가열 시 산화이질소와 물을 발생한다.

③ 황 분말과 혼합하면 가열 또는 충격에 의해 폭발할 위험이 높다.

(3) 소화 방법

주수소화가 효과적이다.

(4) 화학반응식

- 분해반응식

$NH_4NO_3 \rightarrow N_2O + 2H_2O$
(질산암모늄 → 아산화질소 + 물)

- 분해 · 폭발 반응식

$2NH_4NO_3 \rightarrow 2N_2\uparrow + 4H_2O + O_2\uparrow$
(질산암모늄 → 질소 + 물 + 산소)

07 아이오딘산염류 (요오드산염류)

(1) 종류

아이오딘산칼륨(KIO_3), 아이오딘산나트륨($NaIO_3$), 아이오딘산암모늄(NH_4IO_3), 아이오딘산아연($Zn(IO_3)_2$), 아이오딘산마그네슘($Mg(IO_3)_2$) 등

(2) 일반적인 성질

① 대부분 무색의 결정이며, 물에 녹는다.

② 지정수량이 300kg이다.

(3) 위험성

가연물과 혼합하여 가열하면 폭발한다.

(4) 저장 및 취급

용기는 밀봉하고 환기가 잘되는 건조한 냉소에 보관한다.

08 과망가니즈산염류 (과망간산염류)

1 과망가니즈산칼륨($KMnO_4$)

비중	분해온도
2.7	240℃

(1) 일반적 성질

① 흑자색의 결정으로 물에 녹았을 때는 진한 보라색을 띤다.

② 물, 아세톤에 잘 녹는다.

③ 강한 살균력과 산화력이 있다.

(2) 위험성

① 진한 황산과 접촉하면 폭발적으로 반응한다.

② 강알칼리와 반응하여 산소를 발생한다.

③ 목탄, 황 등의 환원성 물질과 접촉 시 충격에 의해 폭발할 위험성이 있다.

④ 가열하면 분해하여 산소를 발생한다.

(3) 저장 및 취급

① 갈색 유리병에 넣어 일광을 차단하고 냉암소에 보관한다.

② 알코올, 에테르, 글리세린 등 유기물과 접촉을 금한다.

(4) 소화 방법

① 다량의 물을 이용한 냉각소화가 효과적이다.

② 분말소화약제, 탄산가스 또는 할로젠화합물 소화약제는 금지한다.

(5) 화학반응식

- 분해반응식

$2KMnO_4 \rightarrow K_2MnO_4 + MnO_2 + O_2\uparrow$
(과망가니즈산칼륨 → 망가니즈산칼륨 + 이산화망가니즈 + 산소)

- 묽은 황산과의 반응식

$4KMnO_4 + 6H_2SO_4 \rightarrow$
(과망가니즈산칼륨 + 황산 →)

$2K_2SO_4 + 4MnSO_4 + 6H_2O + 5O_2\uparrow$
(황산칼륨 + 황산망가니즈 + 물 + 산소)

- 진한 황산과의 반응식

$2KMnO_4 + H_2SO_4 \rightarrow K_2SO_4 + 2HMnO_4$
(과망가니즈산칼륨 + 황산 → 황산칼륨 + 과망가니즈산)

- 염산과의 반응식

$4KMnO_4 + 12HCl \rightarrow$
(과망가니즈산칼륨 + 염산 →)

$4KCl + 4MnCl_2 + 6H_2O + 5O_2\uparrow$
(염화칼륨 + 염화망가니즈 + 물 + 산소)

2 과망가니즈산나트륨($NaMnO_4$)

비중	분해온도	분자량
2.7	170℃	142

(1) 일반적 성질
① 적자색의 결정이다.
② 물에 잘 녹고 조해성이 있다.
③ 가열 시 산소를 발생한다.

(2) 위험성
강력한 산화제로 폭발성이 있다.

09 다이크로뮴산염류 (중크롬산염류)

1 다이크로뮴산칼륨($K_2Cr_2O_7$)

비중	융점	용해도	분해온도	분자량
2.69	398℃	8.89	500℃	298

(1) 일반적 성질
① 등적색의 결정
② 물에 녹고 알코올, 에테르에는 녹지 않는다.

(2) 저장 및 취급
① 가열, 충격, 마찰을 피한다.
② 유기물, 가연물과 격리하여 저장한다.

(3) 소화 방법
① 주수소화가 효과적이다.
② 소화작업 시 폭발 우려가 있으므로 충분한 안전거리를 확보한다.

2 다이크로뮴산나트륨($Na_2Cr_2O_7 \cdot 2H_2O$)

비중	융점	분해온도	분자량
2.52	356℃	400℃	294

(1) 일반적 성질
다이크로뮴산칼륨과 동일

(2) 저장 및 취급
① 통풍이 잘되는 건조한 냉소에 보관한다.
② 산류물질로부터 격리하여 보관한다.

(3) 소화 방법
① 주수소화가 효과적이다.
② 소화작업 전 환기를 충분히 하고 수거물은 가연물과 격리한다.

3 다이크로뮴산암모늄($(NH_4)_2Cr_2O_7$)

비중	분해온도	분자량
2.15	185℃	252

(1) 일반적 성질
① 적색 또는 등적색의 분말
② 물, 알코올에 녹고 아세톤에는 녹지 않는다.

(2) 위험성
① 열분해 시 질소가스를 발생한다.
② 강산과 반응하여 자연발화한다.

(3) 소화 방법
주수소화, 마른 모래, 분말소화가 효과적이다.

10 기타

1 무수크로뮴산(CrO_3)

비중	분해온도
2.7	250℃

(1) 일반적 성질
① 크롬의 산화물로 암적자색 침상형 결정
② 물에 잘 녹는다.
③ 조해성이 있다.
④ 강력한 산화작용을 나타낸다.

(2) 위험성
① 알코올, 벤젠, 에테르 등과 접촉하면 혼촉발화의 위험이 있다.
② 열분해 시 산소를 발생한다.

(3) 저장 및 취급
① 건조한 장소에 보관한다.
② 유기물, 환원제와 격리하여 보관한다.

(4) 소화 방법
① 주수소화를 한다.
② 티오황산소다 및 석회 등을 적재한다.
③ 흡착제로 마른 모래, 흙 등을 사용한다.

2 산화납(PbO_2)

(1) 일반적 성질
납의 산화물로 흑갈색의 결정성 분말

(2) 저장 및 취급
① 직사광선을 피하고 환기가 잘되는 건조한 냉소에 보관한다.
② 가연성 물질, 산류와 격리 보관한다.

(3) 소화 방법
주수소화가 효과적이다.

[14-2]

1 제1류 위험물의 일반적인 성질이 아닌 것은?

① 불연성 물질이다.
② 유기화합물들이다.
③ 산화성 고체로서 강산화제이다.
④ 알칼리금속의 과산화물은 물과 작용하여 발열한다.

산화성고체인 제1류 위험물은 모두 무기화합물이다.

[10-4]

2 제1류 위험물에 관한 설명으로 옳은 것은?

① 질산암모늄은 황색 결정으로 조해성이 있다.
② 과망가니즈산칼륨은 흑자색 결정으로 물에 녹지 않으나 알코올에 녹여 피부병에 사용된다.
③ 질산나트륨은 무색 결정으로 조해성이 있으며 일명 칠레 초석으로 불린다.
④ 염소산칼륨은 청색 분말로 유독하며 냉수, 알코올에 잘 녹는다.

① 질산암모늄은 무색의 결정으로 조해성이 있다.
② 과망가니즈산칼륨은 흑자색 결정으로 물에 녹는다.
④ 염소산칼륨은 백색 분말로 온수와 글리세린에는 잘 녹지만, 냉수, 알코올에는 잘 녹지 않는다.

[15-2]

3 아염소산나트륨의 성상에 관한 설명 중 틀린 것은?

① 자신은 불연성이다.
② 열분해하면 산소를 방출한다.
③ 수용액 상태에서도 강력한 환원력을 가지고 있다.
④ 조해성이 있다.

제1류 위험물은 강산화제로서 산화력이 매우 강한 물질이다.

[10-1]

4 아염소산나트륨의 성상에 관한 설명 중 잘못된 것은?

① 자신은 불연성이다.
② 불안정하여 180℃ 이상 가열하면 산소를 방출한다.
③ 수용액 상태에서도 강력한 환원력을 가지고 있다.
④ 티오황산나트륨, 디에틸에티르 등과 혼합하면 폭발한다.

[15-4]

5 염소산칼륨에 관한 설명 중 옳지 않은 것은?

① 강산화제로 가열에 의해 분해하여 산소를 방출한다.
② 무색의 결정 또는 분말이다.
③ 온수 및 글리세린에 녹지 않는다.
④ 인체에 유독하다.

염소산칼륨은 온수와 글리세린에 잘 녹지만, 냉수와 알코올에는 잘 녹지 않는다.

[14-4]

6 염소산칼륨의 성질이 아닌 것은?

① 황산과 반응하여 이산화염소를 발생한다.
② 상온에서 고체이다.
③ 알코올보다는 글리세린에 더 잘 녹는다.
④ 환원력이 강하다.

제1류 위험물은 모두 산소를 포함한 강산화제이다.

[13-1]

7 염소산칼륨이 고온으로 가열되었을 때 현상으로 가장 거리가 먼 것은?

① 분해한다.
② 산소를 발생한다.
③ 염소를 발생한다.
④ 염화칼륨이 생성된다.

염소산칼륨을 고온으로 가열하여 분해하면 염화칼륨과 산소를 발생한다.

[07-1]

8 염소산칼륨의 성질에 대한 설명 중 옳지 않은 것은?

① 비중은 약 2.3으로 물보다 무겁다.
② 강산과의 접촉은 위험하다.
③ 약 540~560℃에서 열분해하면 최종적으로 산소와 염화칼륨을 방출한다.
④ 냉수에도 잘 녹는다.

염소산칼륨은 온수와 글리세린에는 잘 녹지만 냉수와 알코올에는 잘 녹지 않는다.

정답 1② 2③ 3③ 4③ 5③ 6④ 7③ 8④

[15-4, 08-4]

9 염소산칼륨이 고온에서 열분해할 때 생성되는 물질을 옳게 나타낸 것은?

① 물, 산소 ② 염화칼륨, 산소
③ 이염화칼륨, 수소 ④ 칼륨, 물

염소산칼륨은 고온에서 열분해할 때 염화칼륨과 산소를 발생한다.

[08-1]

10 염소산칼륨과 염소산나트륨을 각각 가열하여 열분해시킬 때 공통적으로 발생하는 것은 무엇인가?

① O_2 ② Cl_2
③ CO_2 ④ H_2O

염소산칼륨과 염소산나트륨은 열분해할 때 공통적으로 산소를 발생한다.

[14-1]

11 염소산나트륨의 성질에 속하지 않는 것은?

① 환원력이 강하다.
② 무색의 결정이다.
③ 주수소화가 가능하다.
④ 강산과 혼합하면 폭발할 수 있다.

제1류 위험물은 강산화제로 산화력이 강하다.

[11-1]

12 염소산나트륨에 관한 설명으로 틀린 것은?

① 산과 반응하여 유독한 이산화염소를 발생한다.
② 무색 결정이다.
③ 조해성이 있다.
④ 알코올이나 글리세린에 녹지 않는다.

염소산나트륨은 물, 알코올, 에테르 등에 잘 녹는다.

[15-4, 10-4]

13 염소산나트륨의 위험성에 대한 설명 중 틀린 것은?

① 조해성이 강하므로 저장용기는 밀전한다.
② 산과 반응하여 이산화염소를 발생한다.
③ 황, 목탄, 유기물 등과 혼합한 것은 위험하다.
④ 유리용기를 부식시키므로 철제용기에 저장한다.

염소산나트륨은 철제용기에 보관하지 않는다.

[15-1]

14 무색, 무취 입방정계 주상결정으로 물, 알코올 등에 잘 녹고 산과 반응하여 폭발성을 지닌 이산화염소를 발생시키는 위험물로 살충제, 불꽃류의 원료로 사용되는 것은?

① 염소산나트륨 ② 과염소산칼륨
③ 과산화나트륨 ④ 과망가니즈산칼륨

염소산나트륨은 무색, 무취의 결정으로 산과 반응하여 유독한 이산화염소를 발생한다.

[07-2]

15 $KClO_4$에 대한 설명 중 옳지 않은 것은?

① 황색 또는 갈색의 사방정계 결정이다.
② 에테르에 녹지 않는다.
③ 에탄올에 녹지 않는다.
④ 열분해하면 산소와 염화칼륨으로 분해된다.

과염소산칼륨은 무색, 무취의 결정이다.

[15-2]

16 $KClO_4$에 관한 설명으로 옳지 못한 것은?

① 순수한 것은 황색의 사방정계결정이다.
② 비중은 약 2.52 이다.
③ 녹는점은 약 610℃ 이다.
④ 열분해하면 산소와 염화칼륨으로 분해된다.

[15-2]

17 물과 반응하여 가연성 또는 유독성 가스를 발생하지 않는 것은?

① 탄화칼슘 ② 인화칼슘
③ 과염소산칼륨 ④ 금속나트륨

탄화칼슘은 물과 반응하여 아세틸렌을, 인화칼슘은 포스핀을, 금속나트륨은 수소를 발생한다.

[11-2]

18 과염소산나트륨에 대한 설명 중 틀린 것은?

① 물에 녹는다.
② 산화제이다.
③ 열분해하여 염소를 방출한다.
④ 조해성이 있다.

과염소산나트륨은 열분해하여 산소를 발생한다.

정답 9 ② 10 ① 11 ① 12 ④ 13 ④ 14 ① 15 ① 16 ① 17 ③ 18 ③

[08-2]

19 다음 물질 중 물과 접촉되었을 때 위험성이 가장 작은 것은?

① CaC_2 ② $KClO_4$
③ Na ④ Ca

탄화칼슘, 나트륨, 칼슘 모두 제3류 위험물로 물과의 접촉을 피해야 한다.

[08-4]

20 다음 위험물 중 가열 시 분해온도가 가장 낮은 물질은?

① $KClO_3$ ② Na_2O_2
③ NH_4ClO_4 ④ KNO_3

과염소산암모늄의 분해온도는 130℃로 가장 낮다.

[12-2]

21 과산화칼륨에 대한 설명으로 옳지 않은 것은?

① 염산과 반응하여 과산화수소를 생성한다.
② 탄산가스와 반응하여 산소를 생성한다.
③ 물과 반응하여 수소를 생성한다.
④ 물과의 접촉을 피하고 밀전하여 저장한다.

과산화칼륨은 물과 반응하여 산소를 생성한다.

[12-1]

22 위험물의 저장 및 취급에 대한 설명으로 틀린 것은?

① H_2O_2 : 직사광선을 차단하고 찬 곳에 저장한다.
② MgO_2 : 습기의 존재 하에서 산소를 발생하므로 특히 방습에 주의한다.
③ $NaNO_3$: 조해성이 크고 흡습성이 강하므로 습도에 주의한다.
④ K_2O_2 : 물속에 저장한다.

과산화칼륨(K_2O_2)은 물과 반응하여 산소를 발생하면서 위험성이 증가하는데, 저장 시 서늘하고 환기가 잘되는 곳에 보관한다.

[13-1]

23 과산화칼륨에 의한 화재 시 주수소화가 적합하지 않은 이유로 가장 타당한 것은?

① 산소가스가 발생하기 때문에
② 수소가스가 발생하기 때문에
③ 가연물이 발생하기 때문에
④ 금속칼륨이 발생하기 때문에

과산화칼륨은 물과 반응하여 산소를 발생하여 위험성이 증가하므로 주수소화는 적합하지 않다.

[09-1]

24 다음 중 화재 시 주수소화를 하면 위험성이 증가하는 것은?

① 염소산칼륨 ② 과산화칼륨
③ 과염소산나트륨 ④ 과산화수소

[13-2]

25 〈보기〉의 물질이 K_2O_2와 반응하였을 때 주로 생성되는 가스의 종류가 같은 것으로만 나열된 것은?

〈보기〉
물, 이산화탄소, 아세트산, 염산

① 물, 이산화탄소
② 물, 이산화탄소, 염산
③ 물, 아세트산
④ 이산화탄소, 아세트산, 염산

과산화칼륨은 물 또는 이산화탄소와 반응하여 산소를 발생한다.

[11-4]

26 CaO_2와 K_2O_2의 공통적인 성질에 해당하는 것은?

① 청색 침상분말이다.
② 물과 알코올에 잘 녹는다.
③ 가열하면 산소를 방출하며 분해한다.
④ 염산과 반응하여 수소를 발생한다.

과산화칼슘과 과산화칼륨 모두 가열 시 산소를 방출하면서 분해한다.

[11-2]

27 과산화나트륨에 관한 설명 중 옳지 못한 것은?

① 가열하면 산소를 방출한다.
② 표백제, 산화제로 사용한다.
③ 아세트산과 반응하여 과산화수소가 발생한다.
④ 순수한 것은 엷은 녹색이지만 시판품은 진한 청색이다.

과산화나트륨은 순수한 것은 백색이며, 보통은 황색 분말이다.

정답 19 ② 20 ③ 21 ③ 22 ④ 23 ① 24 ② 25 ① 26 ③ 27 ④

[19-1, 08-1]

28 과산화나트륨이 물과 반응할 때의 변화를 가장 적절하게 설명한 것은?

① 산화나트륨과 수소를 발생한다.
② 물을 흡수하여 탄산나트륨이 된다.
③ 산소를 방출하며 수산화나트륨이 된다.
④ 서서히 물에 녹아 과산화나트륨의 안정한 수용액이 된다.

> 과산화나트륨은 물과 반응하여 수산화나트륨과 산소를 발생한다.

[13-2]

29 과산화나트륨이 물과 반응해서 일어나는 변화로 옳은 것은?

① 격렬히 반응하여 산소를 내며 수산화나트륨이 된다.
② 격렬히 반응하여 산소를 내며 산화나트륨이 된다.
③ 물을 흡수하여 과산화나트륨 수용액이 된다.
④ 물을 흡수하여 탄산나트륨이 된다.

[12-4]

30 과산화나트륨이 물과 반응할 때의 변화를 가장 옳게 설명한 것은?

① 산화나트륨과 수소를 발생한다.
② 물을 흡수하여 탄산나트륨이 된다.
③ 산소를 방출하여 수산화나트륨이 된다.
④ 서서히 물에 녹아 과산화나트륨의 안정한 수용액이 된다.

[15-4]

31 다음 중 물과 반응하여 산소를 발생하는 것은?

① $KClO_3$ ② Na_2O_2
③ $KClO_4$ ④ CaC_2

> 제1류 위험물인 과산화나트륨은 물과 반응하여 수산화나트륨과 산소를 발생한다.

[10-4]

32 제1류 위험물로서 물과 반응하여 발열하고 위험성이 증가하는 것은?

① 염소산칼륨 ② 과산화나트륨
③ 과산화수소 ④ 질산암모늄

[14-1]

33 다음 중 물과 반응할 때 위험성이 가장 큰 것은?

① 과산화나트륨
② 과산화바륨
③ 과산화수소
④ 과염소산나트륨

> 과산화나트륨은 물과 극렬히 반응하여 산소를 방출하므로 위험성이 증가한다.

[09-2]

34 화재 발생 시 물을 사용하면 위험성이 더 커지는 것은?

① 염소산칼륨
② 질산나트륨
③ 과산화나트륨
④ 브로민산칼륨

[10-1]

35 과산화나트륨의 화재 시 소화 방법으로 다음 중 가장 적당한 것은?

① 포소화약재
② 물
③ 마른모래
④ 탄산가스

> 과산화나트륨은 화재 시 마른모래, 분말소화제, 소다회, 석회 등이 효과적이다.

[07-2]

36 다음 위험물 중 소화 시 물을 사용할 수 없는 것은?

① 과산화나트륨
② 염소산나트륨
③ 염소산칼륨
④ 과염소산칼륨

> 과산화나트륨은 물과 격렬히 반응하여 산소를 발생하므로 주수소화는 위험하다.

[12-2]

37 주수에 의한 냉각소화가 적절치 않은 위험물은?

① $NaClO_3$ ② Na_2O_2
③ $NaNO_3$ ④ $NaBrO_3$

정답 28 ③ 29 ① 30 ③ 31 ② 32 ② 33 ① 34 ③ 35 ③ 36 ① 37 ②

[10-1]
38 과산화나트륨의 저장 및 취급방법에 대한 설명 중 틀린 것은?

① 물과 습기의 접촉을 피한다.
② 용기는 수분이 들어가지 않게 밀전 및 밀봉 저장한다.
③ 가열 및 충격 · 마찰을 피하고 유기물질의 혼입을 막는다.
④ 직사광선을 받는 곳이나 습한 곳에 저장한다.

> 과산화나트륨은 직사광선을 피하고 서늘하고 환기가 잘되는 곳에 보관한다.

[11-4]
39 화재 발생 시 위험물에 대한 소화방법으로 옳지 않은 것은?

① 트라이에틸알루미늄 : 소규모 화재 시 팽창질석을 사용한다.
② 과산화나트륨 : 할로젠화합물소화기로 질식소화한다.
③ 인화성고체 : 이산화탄소소화기로 질식소화한다.
④ 휘발유 : 탄산수소염류 분말소화기를 사용하여 소화한다.

> 할로젠화합물소화기는 제1류 위험물에 적응성이 없다.

[09-4]
40 과산화칼슘의 성질에 대한 설명으로 틀린 것은?

① 백색의 분말이다.
② 에테르에 용해되지 않는다.
③ 염산과 반응하여 과산화수소를 발생한다.
④ 가열하면 50℃ 이하에서 분해하여 산화칼슘과 산소를 발생한다.

> 과산화칼슘은 270℃에서 분해하여 산소를 발생하고 폭발한다.

[11-2]
41 위험물에 화재가 발생하였을 경우 물과의 반응으로 인해 주수소화가 적당하지 않은 것은?

① CH_3ONO_2　② $KClO_3$
③ Li_2O_2　④ P

> 과산화리튬은 제1류 위험물로서 물과 반응하여 산소를 발생하므로 주수소화는 적당하지 않다.

[07-1]
42 질산염류의 일반적인 성질에 대한 설명으로 옳은 것은?

① 무색 액체이다.
② 대부분 물에 잘 녹는다.
③ 가연물과 혼합해도 위험하지 않다.
④ 과염소산염류보다 충격, 가열에 불안정하다.

> ① 질산염류는 산화성고체이다.
> ③ 가연물과 혼합하면 위험성이 높아진다.
> ④ 과염소산염류는 충격, 가열에 매우 불안정하다.

[11-1]
43 질산칼륨의 성질에 대한 설명 중 틀린 것은?

① 물에 잘 녹는다.
② 화재 시 주수소화가 가능하다.
③ 열분해하면 산소를 발생한다.
④ 비중은 1보다 작다.

> 질산칼륨의 비중은 2.1이다.

44 질산칼륨의 성질에 대한 설명 중 틀린 것은?

① 물에 녹는다.
② 분자량은 101이다.
③ 열분해하면 산소를 방출한다.
④ 비중은 1 보다 작다.

[09-4]
45 질산나트륨에 대한 안전조치 사항으로 틀린 것은?

① 가열하면 열분해하므로 주의한다.
② 충격, 마찰, 타격 등을 피한다.
③ 유기물과의 혼합물을 피한다.
④ 화재 발생 시 주수소화는 금한다.

> 질산나트륨은 화재 시 주수소화가 효과적이다.

정답 38 ④ 39 ② 40 ④ 41 ③ 42 ② 43 ④ 44 ④ 45 ④

[08-4]

46 질산암모늄의 성질에 대한 설명으로 옳은 것은?

① 물에 잘 녹고, 가열하면 산소를 발생한다.
② 물과 격렬하게 반응하여 발열한다.
③ 물에 녹지 않고, 환원성 고체로 가열하면 폭발한다.
④ 조해성과 흡습성이 없어서 폭약의 원료로 사용된다.

질산암모늄은 물에 잘 녹으며, 조해성과 흡습성이 강하다.

[14-4]

47 질산암모늄에 관한 설명 중 틀린 것은?

① 상온에서 고체이다.
② 폭약의 제조 원료로 사용할 수 있다.
③ 흡습성과 조해성이 있다.
④ 물과 반응하여 발열하고 다량의 가스를 발생한다.

질산암모늄은 물에 녹을 때 흡열반응을 일으킨다.

[07-2]

48 과망가니즈산칼륨의 성질에 대한 설명 중 틀린 것은?

① 가열하면 약 240℃에서 분해한다.
② 가열 분해 시 이산화망가니즈과 물이 생성된다.
③ 흑자색의 결정이다.
④ 물에 녹으면 살균력을 나타낸다.

과망가니즈산칼륨을 가열하면 분해하여 이산화망가니즈과 산소를 발생한다.

[19-4, 13-4]

49 다음 중 과망가니즈산칼륨과 혼촉하였을 때 위험성이 가장 낮은 물질은?

① 물 ② 에테르
③ 글리세린 ④ 염산

과망가니즈산칼륨은 물과는 위험성이 낮으며, 환원성 물질과 접촉 시 충격에 의해 폭발할 위험이 있다.

정답 46 ① 47 ④ 48 ② 49 ①

SECTION 03

제2류 위험물(가연성고체)

출제 포인트

이 섹션에서는 적린과 제3류 위험물인 황린을 비교해서 묻는 문제가 가장 많이 출제되고 있다. 황화인은 분량이 많지 않으니 삼황화인, 오황화인, 칠황화인에 대해 잘 정리하도록 한다. 금속분에서는 알루미늄분과 아연분의 출제 빈도가 높으니 철저히 대비하도록 한다. 또한 제2류 위험물의 일반적인 성질과 소화 방법에 대해서도 확실히 정리하도록 한다.

01 공통 성질

1 일반적 성질

① 대부분 비중이 1보다 크고 물에 녹지 않는다.
② 산소를 함유하고 있지 않은 강력한 환원성 물질이다.
③ 산소와의 결합이 용이하고 잘 연소한다.
④ 대부분 산화되기 쉽다.
⑤ 대부분 무기화합물이다.
⑥ 연소속도가 빠르다.
⑦ 비교적 저온에서 착화한다.

2 위험성

① 강산화성 물질과의 혼합 시 충격 등에 의하여 폭발할 가능성이 있다.
② 금속분, 철분은 밀폐된 공간 내에서 분진폭발의 위험이 있다.
③ 금속분, 철분, 마그네슘은 물, 습기, 산과 접촉하여 수소를 발생하고 발열한다.

3 저장 및 취급

① 점화원으로부터 멀리하고 가열을 피할 것
② 금속분, 철분, 마그네슘은 물, 습기, 산과의 접촉을 피할 것
③ 용기 파손으로 인한 위험물의 누설에 주의할 것
④ 강산화성 물질(제1류 · 제6류 위험물)과의 혼합을 피할 것
⑤ 저장용기는 밀봉하고 통풍이 잘 되는 냉암소에 보관한다.

4 소화 방법

① 황화인, 철분, 금속분 : 마른 모래, 분말, 이산화탄소 등을 이용한 질식소화가 효과적이다.
② 적린, 황 : 다량의 물에 의한 냉각소화가 효과적이다.

02 황화인

1 삼황화인(P_4S_3)

비중	착화점	융점	비점
2.03	100℃	172.5℃	407℃

(1) 일반적 성질
① 황색 결정으로 조해성이 없다.
② 질산, 알칼리, 이황화탄소에 녹지만, 염산, 황산, 염소에는 녹지 않는다.
③ 차가운 물에서는 녹지 않고 뜨거운 물에서 분해된다.

(2) 위험성
① 연소 시 오산화인과 이산화황(SO_2)이 생성된다.
② 과산화물, 과망가니즈산염, 황린, 금속분과 혼합하면 자연발화할 수 있다.

(3) 화학반응식

• 연소반응식

$$\underset{\text{삼황화린}}{P_4S_3} + \underset{\text{산소}}{8O_2} \rightarrow \underset{\text{오산화인}}{2P_2O_5} + \underset{\text{이산화황}}{3SO_2}\uparrow$$

2 오황화인(P_2S_5)

비중	착화점	융점	비점
2.09	142℃	290℃	514℃

(1) 일반적 성질
① 담황색 결정으로 조해성, 흡습성이 있다.
② 알코올 및 이황화탄소에 잘 녹는다.

(2) 위험성
물 또는 알칼리와 분해하여 황화수소(H_2S)와 인산을 발생하며, 황화수소를 연소시키면 이산화황이 발생한다.

(3) 화학반응식

• 물과의 분해반응식
$P_2S_5 + 8H_2O \rightarrow 5H_2S + 2H_3PO_4 \uparrow$
오황화린 물 황화수소 인산

3 칠황화인(P_4S_7)

비중	착화점	융점	비점
2.19	310℃	523℃	514℃

(1) 일반적 성질
① 담황색 결정으로 조해성이 있다.
② 이황화탄소에 약간 녹는다.

(2) 위험성
냉수에서는 서서히 분해되며, 온수에서는 급격히 분해되어 황화수소와 인산을 발생한다.

03 적린(P)

비중	착화점	융점	승화온도	비점
2.2	260℃	600℃	400℃	514℃

(1) 일반적 성질
① 암적색의 분말이다.
② 황린과 동소체이며, 비금속 원소이다.
③ 브롬화인에 녹으며, 물, 이황화탄소, 알칼리, 에테르, 암모니아에 녹지 않는다.
④ 황린에 비해 안정적이기 때문에 공기 중에 방치해도 자연발화하지 않는다.

(2) 위험성
① 연소 시 오산화인을 발생한다.
② 산화제인 염소산칼륨과 혼합하면 마찰, 충격, 가열에 의해 폭발할 위험이 높다.
③ 강알칼리와 반응하여 유독성의 포스핀가스를 발생한다.

(3) 소화 방법
다량의 주수소화가 효과적이다.

(4) 화학반응식

• 연소반응식
$4P + 5O_2 \rightarrow 2P_2O_5$
적린 산소 오산화인

▶ 황린과 적린의 비교

구분	황 린	적 린
분류	제3류 위험물	제2류 위험물
외관	백색 또는 담황색의 고체	암적색의 분말
안정성	불안정하다.	안정하다.
착화온도	50℃	260℃
자연발화 유무	자연발화한다.	자연발화하지 않는다.
화학적 활성	화학적 활성이 크다.	화학적 활성이 작다.

04 황(황)(S)

구분	비중	착화점	융점	비점
사방황	2.07	232.2℃	113℃	-
단사황	1.96	-	119℃	445℃
고무상황	-	360℃	-	-

(1) 일반적 성질
① 황색의 결정 또는 분말이다.
② 위험물의 기준 : 순도 60중량퍼센트 이상
③ 물, 알코올에 녹지 않는다.
④ 연소 형태 : 증발연소 → 푸른색 불꽃을 내면서 아황산가스(SO_2) 발생
⑤ 사방황, 단사황은 이황화탄소에 잘 녹지만 고무상황은 이황화탄소에 녹지 않는다.

(2) 위험성
① 전기의 부도체로 마찰에 의한 정전기가 발생할 수 있으니 주의한다.
② 미분이 공기 중에 떠 있을 때 산소와 결합하여 분진폭발의 위험이 있다.
③ 가연물, 산화제와의 혼합물은 가열, 충격, 마찰 등에 의해 발화할 수도 있다.

(3) 소화 방법

① 다량의 주수소화가 효과적이다.

② 소량일 때는 모래에 의한 질식소화를 한다.

(4) 화학반응식

• 연소반응식

$S + O_2 \rightarrow SO_2$
(황, 산소, 아황산가스)

05 마그네슘(Mg)

비중	융점	비점
1.74	650℃	1,102℃

(1) 일반적 성질

① 은백색의 광택이 있는 금속분말로 알칼리토금속에 속한다.

② 열전도율 및 전기전도도가 큰 금속이다(알루미늄보다는 낮다).

(2) 위험성

① 온수 또는 강산(염산, 황산)과 반응하여 수소가스를 발생한다.

② 미분상태의 경우 공기 중 습기와 반응하여 자연발화할 수 있다.

③ 염소, 브롬, 요오드, 플루오르 등의 할로젠원소와 접촉 시 자연발화한다.

④ 산이나 염류에 침식당한다.

(3) 소화 방법

① 마른 모래, 금속화재용 분말소화약제가 효과적이다.

② 이산화탄소를 이용한 질식소화는 위험하다.

(4) 화학반응식

• 연소반응식

$2Mg + O_2 \rightarrow 2MgO$
(마그네슘, 산소, 산화마그네슘)

• 온수와의 반응식

$Mg + 2H_2O \rightarrow Mg(OH)_2 + H_2\uparrow$
(마그네슘, 물, 수산화마그네슘, 수소)

• 탄산가스와의 반응식

$2Mg + CO_2 \rightarrow 2MgO + C$
(마그네슘, 이산화탄소, 산화마그네슘, 탄소)

• 산과의 반응식

$Mg + 2HCl \rightarrow MgCl_2 + H_2\uparrow$
(마그네슘, 염산, 염화마그네슘, 수소)

06 금속분

구분	비중	융점	비점
알루미늄분	2.7	660℃	2,000℃
아연분	7.14	419℃	907℃

1 알루미늄분

(1) 일반적 성질

① 은백색의 광택이 있는 금속이다.

② 열전도율 및 전기전도도가 크며, 전성 · 연성이 풍부하다.

③ 공기 중에서 쉽게 산화하지만, 표면에 산화알루미늄(Al_2O_3)의 치밀한 산화피막이 형성되어 내부를 보호하므로 부식성이 적다.

④ 염산, 황산, 묽은 질산에 침식당하기 쉬우며, 진한 질산에는 잘 견딘다.

(2) 위험성

① 끓는 물, 산, 알칼리수용액(수산화나트륨 수용액 등)과 반응하여 수소를 발생한다.

② 산화제와 혼합하면 가열, 충격, 마찰로 인해 발화할 수 있다.

③ 할로젠 원소와 접촉하면 발화할 수 있다.

(3) 저장 및 취급

습기가 없고 환기가 잘되는 장소에 보관한다.

(4) 소화 방법

① 마른 모래, 분말, 이산화탄소 등을 이용한 질식소화가 효과적이다.

② 주수소화는 수소가스를 발생하므로 위험하다.

2 아연분

(1) 일반적 성질

① 은백색의 분말

② 공기 중에서 연소되기 쉽지만, 표면에 산화피막이 형성되어 내부를 보호한다.

(2) 위험성

① 산, 알칼리와 반응하여 수소를 발생한다.

② 아연 분말은 공기 중에서 연소하여 산화아연을 발생한다.

(3) 저장 및 취급

환기가 잘 되는 건조한 냉소에 보관한다.

[07-2]

1 제2류 위험물은 어떤 성질의 물질인가?

① 산화성고체 ② 가연성고체
③ 자연발화성 물질 ④ 자기반응성 물질

> ① 산화성고체 : 제1류 위험물
> ③ 자연발화성 물질 : 제3류 위험물
> ④ 자기반응성 물질 : 제5류 위험물

[14-2]

2 제2류 위험물의 소화방법에 대한 설명으로 틀린 것은?

① 적린과 황은 물에 의한 냉각소화가 가능하다.
② 연소 시 유독한 연소생성물이 발생할 수 있으므로 주의하여야 한다.
③ 철분은 직접 주수가 위험하여 물분무소화설비가 적응성이 있다.
④ 마그네슘은 건조사에 의한 질식소화가 가능하다.

> 철분은 물분무소화설비는 적응성이 없으며, 탄산수소염류 분말소화설비, 건조사, 팽창질석, 팽창진주암이 적응성이 있다.

[12-4]

3 제2류 위험물의 화재에 대한 일반적인 특징을 가장 옳게 설명한 것은?

① 연소 속도가 빠르다.
② 산소를 함유하고 있어 질식소화는 효과가 없다.
③ 화재 시 자신이 환원되고 다른 물질을 산화시킨다.
④ 연소열이 거의 없어 초기 화재 시 발견이 어렵다.

> ② 제2류 위험물은 산소를 함유하고 있지 않은 강력한 환원성 물질이다.
> ③ 화재 시 자신은 산화되고 다른 물질을 환원시킨다.
> ④ 연소열이 크고 연소온도가 높아 초기 화재 시 발견이 쉽다.

[13-1]

4 제2류 위험물과 제5류 위험물의 공통점에 해당하는 것은?

① 유기화합물이다.
② 가연성 물질이다.
③ 자연발화성 물질이다.
④ 산소를 포함하고 있는 물질이다.

> ① 대부분 무기화합물이다.
> ③ 자연발화성 물질은 제3류 위험물이다.
> ④ 산소를 포함하고 있지 않다.

[11-4, 09-1]

5 제2류 위험물과 제5류 위험물의 일반적인 성질에서 공통점으로 옳은 것은?

① 산화력이 세다. ② 가연성 물질이다.
③ 액체 물질이다. ④ 산소 함유 물질이다.

> ① 환원력이 세다.
> ③ 고체이다.
> ④ 산소를 함유하고 있지 않다.

[15-2]

6 황화인의 성질에 해당되지 않는 것은?

① 공통적으로 유독한 연소 생성물이 발생한다.
② 종류에 따라 용해성질이 다를 수 있다.
③ P_4S_3의 녹는점은 100℃보다 높다.
④ P_2S_5는 물보다 가볍다.

> 오황화인의 비중은 2.09로 물보다 무겁다.

[12-1]

7 P_4S_3이 가장 잘 녹는 것은?

① 염산 ② 이황화탄소
③ 황산 ④ 냉수

> 삼황화인은 질산, 알칼리, 이황화탄소에 잘 녹고 염산, 황산, 염소에는 녹지 않는다.

[19-4, 15-1]

8 황화인에 대한 설명으로 틀린 것은?

① 고체이다.
② 가연성 물질이다.
③ P_4S_3, P_2S_5 등의 물질이 있다.
④ 물질에 따른 지정수량은 50kg, 100kg, 300kg이다.

> 황화인의 지정수량은 모두 100kg이다.

정답 1② 2③ 3① 4② 5② 6④ 7② 8④

chapter 03

[07-2]

9 황화인에 대한 설명으로 옳은 것은?

① P_4S_3는 회색의 비결정성 분말로 자연발화성이 있으므로 습기와 산화제의 접촉을 피한다.
② P_4S_3의 연소생성물은 P_2O_5와 H_3PO_4이다.
③ P_4S_7은 조해성이 있고, 더운물에 분해하여 H_2S가 발생한다.
④ P_2S_5는 공기 중에 약 90℃에서 발화하고 냉수에 급격히 분해하여 SO_3 가스가 발생한다.

> ① P_4S_3는 황색의 결정이다.
> ② P_4S_3는 연소 시 오산화인과 이산화황을 발생한다.
> ④ P_2S_5는 공기 중에 약 142℃에서 발화하고 물과 반응하여 황화수소와 인산을 발생한다.

[10-2]

10 황화인에 대한 설명 중 잘못된 것은?

① P_4S_3는 황색 결정 덩어리로 조해성이 있고, 공기 중 약 50℃에서 발화한다.
② P_2S_5는 담황색 결정으로 조해성이 있고, 알칼리와 분해하여 가연성 가스를 발생한다.
③ P_4S_7는 담황색 결정으로 조해성이 있고, 온수에 녹아 유독한 H_2S를 발생한다.
④ P_4S_3과 P_2S_5의 연소 생성물은 모두 P_2O_5와 SO_2이다.

> 삼황화인은 황색 결정 덩어리로 조해성이 없고, 100℃에서 발화한다.

[13-1]

11 오황화인이 물과 반응하였을 때 발생하는 물질로 옳은 것은?

① 황화수소, 오산화인 ② 황화수소, 인산
③ 이산화황, 오산화인 ④ 이산화황, 인산

> 오황화인은 물과 반응하여 황화수소와 인산을 발생한다.

[09-4]

12 P_4S_7에 더운물을 가하면 분해된다. 이때 주로 발생하는 유독물질의 명칭은?

① 아황산 ② 황화수소
③ 인화수소 ④ 오산화린

> 칠황화인은 온수에서는 급격히 분해되어 황화수소와 인산을 발생한다.

[12-2, 11-1]

13 오황화인이 물과 작용해서 발생하는 유독성 기체는?

① 아황산가스 ② 포스겐
③ 황화수소 ④ 인화수소

[08-4]

14 오황화인이 습한 공기 중에서 분해하여 발생하는 가스에 대한 설명으로 옳은 것은?

① 불연성이다.
② 유독하다.
③ 냄새가 없다.
④ 물에 녹지 않는다.

> 오황화인이 습한 공기 중에서 분해하여 발생하는 황화수소는 악취를 가진 유독성의 기체로 물에 잘 녹는다.

[13-4]

15 오황화인의 저장 및 취급방법으로 틀린 것은?

① 산화제와의 접촉을 피한다.
② 물속에 밀봉하여 저장한다.
③ 불꽃과의 접근이나 가열을 피한다.
④ 용기의 파손, 위험물의 누출에 유의한다.

> 오황화인은 물과의 접촉을 피해야 하며, 통풍이 잘되는 냉암소에 보관한다.

[14-2]

16 적린과 황린의 공통점이 아닌 것은?

① 화재 발생 시 물을 이용한 소화가 가능하다.
② 이황화탄소에 잘 녹는다.
③ 연소 시 P_2O_5의 흰연기가 생긴다.
④ 구성원소는 P이다.

> 황린은 이황화탄소에 잘 녹지만, 적린은 녹지 않는다.

[13-2]

17 다음 중 적린과 황린에서 동일한 성질을 나타내는 것은?

① 발화점 ② 색상
③ 유독성 ④ 연소생성물

> 적린, 황린은 연소 시 공통적으로 오산화인을 발생한다.

정답 9 ③ 10 ① 11 ② 12 ② 13 ③ 14 ② 15 ② 16 ② 17 ④

[13-2]

18 적린이 공기 중에서 연소할 때 생성되는 물질은?

① P_2O ② PO_2
③ PO_3 ④ P_2O_5

> 적린은 공기 중에서 연소할 때 오산화인을 발생한다.

[13-4]

19 적린에 관한 설명 중 틀린 것은?

① 황린의 동소체이고 황린에 비하여 안정하다.
② 성냥, 화약 등에 이용된다.
③ 연소생성물은 황린과 같다.
④ 자연발화를 막기 위해 물속에 보관한다.

> 적린은 안정적이기 때문에 공기 중에 방치해도 자연발화하지 않는다.

[12-1]

20 적린의 위험성에 대한 설명으로 옳은 것은?

① 발화 방지를 위해 염소산칼륨과 함께 보관한다.
② 물과 격렬하게 반응하여 열을 발생한다.
③ 물에는 녹지 않으나 에테르에 녹는다.
④ 비점 이상으로 가열하면 폭발의 위험이 있다.

> ① 적린은 염소산칼륨과 혼합하면 마찰, 충격, 가열에 의해 폭발할 위험이 높다.
> ② 물과 격렬하게 반응하지 않는다.
> ③ 적린은 브롬화인에 녹으며, 물, 에테르 등에는 녹지 않는다.

[12-4]

21 황린과 적린의 성질에 대한 설명 중 틀린 것은?

① 황린은 담황색의 고체이며 마늘과 비슷한 냄새가 난다.
② 적린은 암적색의 분말이고 냄새가 없다.
③ 황린은 독성이 없고 적린은 맹독성 물질이다.
④ 황린은 이황화탄소에 녹지만 적린은 녹지 않는다.

> 황린은 맹독성 물질이고 적린은 독성이 없다.

[14-4]

22 황이 연소할 때 발생하는 가스는?

① H_2S ② SO_2
③ CO_2 ④ H_2O

> 황은 연소 시 아황산가스를 발생한다.

[12-4]

23 황(S)에 대한 설명으로 옳은 것은?

① 불연성이지만 산화제 역할을 하기 때문에 가연물 접촉은 위험하다.
② 유기용제, 알코올, 물 등에 매우 잘 녹는다.
③ 사방황, 고무상황과 같은 동소체가 있다.
④ 전기도체이므로 감전에 주의한다.

> ① 황은 가연성고체이다.
> ② 물, 알코올 등에 녹지 않는다.
> ④ 전기의 부도체이므로 감전에 주의해야 한다.

[13-4]

24 다음 위험물 중 자연발화 위험성이 가장 낮은 것은?

① 알킬리튬
② 알킬알루미늄
③ 칼륨
④ 황

> 황은 제2류 위험물로서 자연발화의 위험이 낮다.

[10-2]

25 다음 위험물에 화재가 발생하였을 때 주수소화를 하면 수소가스가 발생하는 것은?

① 황화인
② 적린
③ 마그네슘
④ 황

> 마그네슘은 물, 습기, 산과 접촉하여 수소가스를 발생한다.

[07-1]

26 다음 위험물질에 대한 소화방법이 잘못 짝지어진 것은?

① 염소산칼륨 - 물에 의한 냉각소화
② 마그네슘 - 탄산가스에 의한 질식소화
③ 벤젠 - 탄산가스에 의한 질식소화
④ 황 - 물에 의한 냉각소화

> 마그네슘은 이산화탄소에 의한 질식소화는 위험하며, 마른모래, 금속화재용 분말소화약제가 효과적이다.

정답 18 ④ 19 ④ 20 ④ 21 ③ 22 ② 23 ③ 24 ④ 25 ③ 26 ②

chapter 03

[15-4]

27 마그네슘의 위험성에 관한 설명으로 틀린 것은?

① 연소 시 양이 많은 경우 순간적으로 맹렬히 폭발할 수 있다.
② 가열하면 가연성 가스를 발생한다.
③ 산화제와의 혼합물은 위험성이 높다.
④ 공기 중의 습기와 반응하여 열이 축척되면 자연발화의 위험이 있다.

마그네슘을 공기 중에서 가열하면 빛과 열을 내며 연소하면서 산화마그네슘이 생성된다.

[15-1]

28 다음 각 물질의 저장 방법에 대한 설명 중 틀린 것은?

① 황린은 산화제와 혼합되지 않게 저장한다.
② 황은 정전기가 축적되지 않도록 저장한다.
③ 적린은 인화성 물질로부터 격리 저장한다.
④ 마그네슘분은 물에 적시어 저장한다.

마그네슘은 물과 반응하여 수소가스를 발생하므로 물과의 접촉을 금한다.

[13-1]

29 위험물의 반응성에 대한 설명 중 틀린 것은?

① 마그네슘은 온수와 작용하여 산소를 발생하고 산화마그네슘이 된다.
② 황린은 공기 중에서 연소하여 오산화인을 발생한다.
③ 아연 분말은 공기 중에서 연소하여 산화아연을 발생한다.
④ 삼황화인은 공기 중에서 연소하여 오산화인을 발생한다.

마그네슘은 온수와 작용하여 수소를 발생한다.

[12-2]

30 위험물의 저장 방법에 대한 설명 중 틀린 것은?

① 황린은 산화제와 혼합되지 않게 저장한다.
② 황은 정전기가 축적되지 않도록 저장한다.
③ 적린은 인화성 물질로부터 격리 저장한다.
④ 마그네슘분은 분진을 방지하기 위해 약간의 수분을 포함시켜 저장한다.

마그네슘분은 온수 또는 강산과 반응하여 수소가스를 발생하고 발열하므로 위험하다.

[14-1]

31 위험물의 저장법으로 옳지 않은 것은?

① 금속 나트륨은 석유 속에 저장한다.
② 황린은 물속에 저장한다.
③ 질화면은 물 또는 알코올에 적셔서 저장한다.
④ 알루미늄분은 분진 발생 방지를 위해 물에 적셔서 저장한다.

알루미늄분을 물에 적셔서 저장하면 자연발화하므로 습기가 없고 환기가 잘되는 곳에 보관해야 한다.

[15-1]

32 은백색의 광택이 있는 비중 약 2.7의 금속으로서 열, 전기의 전도성이 크며, 진한 질산에서는 부동태가 되고 묽은 질산에 잘 녹는 것은?

① Al　　② Mg
③ Zn　　④ Sb

알루미늄은 은백색의 광택이 있는 금속으로 염산, 황산, 묽은 질산에 침식당하기 쉬우며, 진한 질산에서는 부동태가 된다.

정답 27 ② 28 ④ 29 ① 30 ④ 31 ④ 32 ①

SECTION 04

Industrial Engineer Hazardous material

제3류 위험물(자연발화성물질 및 금수성물질)

이 섹션에서는 칼륨과 나트륨의 일반적인 성질과 저장 방법에 대해 묻는 문제가 자주 출제된다. 황린에 대해서는 제2류 위험물인 적린과 비교해서 정리하도록 한다. 또한 인화칼슘과 탄화칼슘은 물과 반응 시 발생가스에 대한 출제 빈도가 높다. 나머지 부분도 꾸준하게 출제되고 있으니 소홀히 하지 않도록 한다.

01 공통 성질

1 일반적 성질

① 자연발화성물질 및 금수성물질 : 고체 또는 액체로서 공기 중에서 발화의 위험성이 있거나 물과 접촉하여 발화하거나 가연성 가스를 발생할 위험성이 있는 물질

② 예외적으로 황린은 물에 녹지 않으므로 물속에 저장한다.

③ 대부분 무기물의 고체이다.

2 위험성

① 산화제와의 혼합 시 충격 등에 의해 폭발할 위험이 있다.

② 물과 접촉하면 가연성 가스를 발생한다(황린 제외).

③ 금속화합물은 화재 시 유독가스를 발생한다.

3 저장 및 취급

① 저장용기는 밀봉하여 공기, 물과의 접촉을 방지해야 한다.

② 황린은 물속에 저장한다.

③ 칼륨, 나트륨 및 알칼리금속은 석유류에 저장한다.

④ 자연발화성물질은 고온체와의 접근을 피한다.

4 소화 방법

① 건조사, 팽창질석, 팽창진주암을 이용한 피복소화, 분말소화기를 이용한 질식소화가 효과적이다.

② 금수성물질 : 탄산수소염류 등을 이용한 분말소화약제 및 금수성 위험물에 적응성이 있는 분말소화약제를 이용한다.

③ 자연발화성만 가진 위험물(황린)의 소화에는 물 또는 강화액 포소화제가 효과적이다.

02 칼륨(K) 및 나트륨(Na)

구분	비중	융점	비점	불꽃반응
칼륨	0.857	63.5℃	762℃	보라색
나트륨	0.97	97.8℃	880℃	노란색

(1) 일반적 성질

① 은백색 광택의 무른 경금속이다.

② 공기 중에서 수분과 반응하여 수소를 발생한다.

③ 물과 반응하여 수산화물과 수소를 만든다.

④ 알코올과 반응하여 수소를 발생하고 알콕시화물이 된다.

(2) 위험성

이산화탄소 및 사염화탄소와 폭발반응을 일으킨다.

(3) 저장 및 취급

① 공기 중 수분 또는 산소와의 접촉을 막기 위하여 석유, 경유, 등유 또는 유동성 파라핀 속에 저장한다.

② 물과의 접촉을 피한다.

③ 피부에 닿지 않도록 한다.

④ 가급적 소량으로 나누어 저장한다.

(4) 소화 방법

마른 모래 또는 금속화재용 분말소화약제를 이용하여 소화한다.

(5) 화학반응식

- 연소반응식
  $4K + O_2 \rightarrow 2K_2O$
  칼륨 산소 산화칼륨
- 물과의 반응식
  $2K + 2H_2O \rightarrow 2KOH + H_2\uparrow + 92.8kcal$
  칼륨 물 수산화칼륨 수소
- 알코올과의 반응식
  $2K + 2C_2H_5OH \rightarrow 2C_2H_5OK + H_2\uparrow$
  칼륨 에틸알코올 칼륨에틸라이드 수소
- 이산화탄소와의 반응식(폭발반응)
  $4K + 3CO_2 \rightarrow 2K_2CO_3 + C$
  칼륨 이산화탄소 탄산칼륨 탄소
- 사염화탄소와의 반응식(폭발반응)
  $4K + CCl_4 \rightarrow 4KCl + C$
  칼륨 사염화탄소 염화칼륨 탄소

※ 나트륨의 반응식은 칼륨과 동일

▶ 불꽃반응색

- 칼륨 – 보라색
- 나트륨 – 노란색
- 리튬 – 빨간색
- 구리 – 청록색

03 알킬알루미늄

(1) 일반적 성질

알루미늄에 알킬기(R)가 결합한 유기금속화합물이다.

(2) 위험성

공기 또는 물과 접촉하여 자연발화한다(C_1~C_4).

(3) 저장 및 취급

① 용기는 완전 밀봉하고, 용기 상부는 불연성 가스(질소, 아르곤, 이산화탄소 등)로 봉입한다.

② 벤젠(C_6H_6), 헥산, 톨루엔 등의 희석제를 넣어준다.

③ 요오드(I_2), 염소(Cl_2) 등의 할로젠 원소와의 접촉을 피한다.

(4) 소화 방법

마른 모래, 팽창질석, 팽창진주암에 의한 소화가 가장 효과적이다.

(5) 종류

① 트라이에틸알루미늄($(C_2H_5)_3Al$)

- 무색의 투명한 액체이다.
- 물과 반응하여 에탄을 발생한다.
- 200℃ 이상으로 가열 시 가연성가스인 에틸렌이 발생한다.
- 산, 할로젠(염소, 브롬, 요오드 등), 알코올과 접촉하면 심하게 반응한다.
- 공기와 접촉하면 자연발화한다.
- 화학반응식

- 연소반응식
  $2(C_2H_5)_3Al + 21O_2 \rightarrow$
  트리에틸알루미늄 산소
  $12CO_2 + Al_2O_3 + 15H_2O + 1,470.4kcal$
  탄산가스 산화알루미늄 물
- 물과의 반응식
  $(C_2H_5)_3Al + 3H_2O \rightarrow Al(OH)_3 + 3C_2H_6\uparrow$
  트리에틸알루미늄 물 수산화알루미늄 에탄
- 메탄올과의 반응식
  $(C_2H_5)_3Al + 3CH_3OH \rightarrow$
  트리에틸알루미늄 메탄올
  $Al(CH_3O)_3 + 3C_2H_6\uparrow$
  트리메톡시알루미늄 에탄

② 트라이메틸알루미늄($(CH_3)_3Al$)

- 무색의 가연성 액체이다.
- 물과 반응하여 메탄을 발생한다.
- 저장 시 할로젠과의 접촉을 피하고 불연성 가스로 밀봉한다.

04 황린(P_4)

비중	증기비중	착화점	융점	비점	분자량
1.82	4.3	50℃	44℃	280℃	124

(1) 일반적 성질

① 담황색 또는 백색의 고체로 백린이라고도 한다.

② 이황화탄소, 벤젠에는 녹지만, 물에는 녹지 않는다.

(2) 위험성

① 발화점이 낮고 화학적 활성이 커서 공기 중에서 자연발화할 수 있다.

② 자체 증기도 유독하다.

③ 연소하면서 마늘 냄새 같은 특이한 악취가 나며 오산화인(P_2O_5)이라는 백색 연기를 낸다.

④ 수산화칼륨(KOH) 수용액과 반응하여 유독한 포스핀 가스가 발생한다.

⑤ 공기를 차단한 상태에서 260℃ 정도로 가열하면 적린이 된다.

(3) 저장 및 취급

① 물속에 보관한다.

② 보호액을 pH 9로 유지 : 인화수소(PH_3)의 생성 방지

③ 직사광선을 피하고 온도 상승을 방지한다.

④ 산화제 및 화기의 접촉을 피한다.

⑤ 피부에 닿지 않도록 주의한다.

⑥ 독성이 강하므로 공기호흡기를 꼭 착용한다.

(4) 소화 방법

마른 모래, 주수소화

(5) 화학반응식

• 연소반응식

$P_4 + 5O_2 \rightarrow 2P_2O_5$

황린 산소 오산화인

05 알칼리금속 및 알칼리토금속

1 알칼리금속

구분	비중	융점	비점
리튬	0.534	179℃	1,336℃
루비듐	1.53	39.31℃	688℃
세슘	1.873	28.44℃	671℃
프랑슘	-	27℃	677℃

(1) 리튬(Li)

① 은백색의 무른 금속으로 금속 중 가장 가볍다.

② 물, 산, 알코올과 반응하여 수소를 발생한다.

③ 직사광선을 피하고 환기가 잘되는 건조한 냉소에 저장한다.

④ 소화 방법 : 마른 모래를 이용한 피복소화

⑤ 화학반응식

• 물과의 반응식

$2Li + 2H_2O \rightarrow 2LiOH + H_2\uparrow$

리튬 물 수산화리튬 수소

(2) 루비듐(Rb)

① 은백색의 무른 금속이다.

② 물과 반응하여 폭발하듯이 불꽃을 내며, 대량의 수소를 발생한다.

③ 저장 : 공기나 물과 접촉하지 못하도록 석유 속에 보관한다.

(3) 세슘(Cs)

① 알칼리금속 중 반응성이 가장 크고 가장 연한 금속

② 물과 맹렬하게 반응하여 수소를 발생한다.

(4) 프랑슘(Fr)

알칼리 금속 중에서 가장 무거운 방사선 원소

2 알칼리토금속

구분	비중	융점	비점
칼슘	1.55	842℃	1,484℃
스트론튬	2.6	777℃	1,377℃
바륨	3.51	727℃	1,845℃
라듐	5.0	700℃	1,737℃

(1) 칼슘(Ca)

① 은백색의 무른 경금속이다.

② 물, 산, 알코올과 반응하여 수소를 발생한다.

③ 화학반응식

• 물과의 반응식

$Ca + 2H_2O \rightarrow Ca(OH)_2 + H_2\uparrow$

칼슘 물 수산화칼슘 수소

(2) 스트론튬(Sr)

① 화학반응성이 아주 강한 은회백색의 금속으로 칼슘보다 무르다.

② 공기 중에서 산소와 반응하여 산화스트론튬으로 되면서 변색한다.

③ 물과 반응하여 수소를 발생한다.

(3) 바륨(Ba)

① 은백색의 무른 금속이다.

② 알칼리토금속 중 반응성이 가장 크다.

③ 공기 중에서 산소와 반응하여 산화바륨을 생성한다.

④ 물과 반응하여 수소를 발생한다.

(4) 라듐(Ra)

① 밝은 곳에서는 흰색을 내며, 어두운 곳에서는 푸른빛(형광)을 낸다.

② 우라늄이 핵분열하여 붕괴되는 과정에서 생겨난다.

06 금속의 수소화물

금속이나 준금속 원자에 1개 이상의 수소원자가 결합하고 있는 화합물

1 수소화칼륨(KH)

비중	융점
1.43	400℃

① 회백색의 결정성 분말이다.
② 물과 반응하여 수산화칼륨과 수소를 발생한다.
③ 고온에서 암모니아와 반응하여 칼륨아미드와 수소를 발생한다.
④ 화학반응식

- 물과의 반응식
  $KH + H_2O \rightarrow KOH + H_2\uparrow$
  수소화칼륨 물 수산화칼륨 수소
- 암모니아와의 반응식
  $KH + NH_3 \rightarrow KNH_2 + H_2\uparrow$
  수소화칼륨 암모니아 칼륨아미드 수소

2 수소화나트륨(NaH)

비중	분해온도	융점	분자량
1.36	425℃	800℃	24

① 회백색의 미분말이다.
② 고온 · 고압에서 수소가 액체 나트륨과 반응하여 생성
③ 물과 반응하여 수산화나트륨과 수소를 발생한다.
④ 주수소화 시 발열반응을 일으키므로 부적합하다.
⑤ 화학반응식

- 물과의 반응식
  $NaH + H_2O \rightarrow NaOH + H_2\uparrow$
  수소화나트륨 물 수산화나트륨 수소

3 수소화리튬(LiH)

비중	분해온도	융점	분자량
0.82	400℃	680℃	7.9

① 회색의 고체결정이다.
② 물과 반응하여 수산화리튬과 수소를 발생한다.
③ 알칼리금속 수소화물 중 가장 안정하다.
④ 알코올에 녹지 않는다.
⑤ 대용량의 용기에 저장할 때는 아르곤 등의 불활성 기체를 봉입한다.

4 수소화칼슘(CaH_2)

비중	분해온도	융점	분자량
1.9	600℃	815℃	42

① 회색의 분말이다.
② 물과 반응하여 수산화칼슘과 수소를 발생한다.
③ 화학반응식

- 물과의 반응식
  $CaH_2 + 2H_2O \rightarrow Ca(OH)_2 + 2H_2\uparrow$
  수소화칼슘 물 수산화칼슘 수소

5 수소화알루미늄리튬($LiAlH_4$)

비중	분해온도	분자량
0.92	125℃	37.9

① 회색의 결정성 분말이다.
② 물과 알코올에 녹는다.
③ 물, 산과 반응하여 수소를 발생한다.

6 수소화알루미늄(AlH_3)

비중	융점
1.48	150℃

① 백색 또는 회색의 분말이다.
② 습기, 물, 산과 격렬히 반응하여 수소를 발생하며, 자연발화한다.

7 수소화티타늄(TiH_2)

① 흙색의 금속분말이다.
② 650℃ 이상에서 수소를 발생한다.

8 펜타보란(B_5H_9)

융점	비점
-46.8℃	60.1℃

① 무색의 인화성 액체이다.
② 탄화수소, 벤젠에 녹는다.
③ 공기와 혼합하여 폭발할 수 있다.
④ 150℃ 이상에서 분해하여 산소를 발생한다.

07 금속의 인화물

인과 금속원소로 이루어진 화합물

1 인화칼슘(Ca_3P_2)

비중	융점
2.51	1,600℃

① 적갈색의 결정성 분말이다.
② 물과 반응하여 유독 가연성 가스인 포스핀(인화수소, PH_3)과 수산화칼슘을 발생한다.
③ 소화 방법 : 마른 모래에 의한 피복소화가 효과적이다.
④ 화학반응식

• 물과의 반응식

$Ca_3P_2 + 6H_2O \rightarrow 2PH_3\uparrow + 3Ca(OH)_2$

인화칼슘 물 포스핀 수산화칼슘

2 인화알루미늄(AlP)

비중	융점
2.4~2.8	1,000℃

① 짙은 회색 또는 황색의 결정이다.
② 물, 산, 알칼리와 반응하여 포스핀가스를 발생한다.
③ 연소 시 오산화인을 발생한다.
④ 화학반응식

• 물과의 반응식

$AlP + 3H_2O \rightarrow Al(OH)_3 + PH_3\uparrow$

인화알루미늄 물 수산화알루미늄 포스핀

3 인화아연(Zn_3P_2)

비중	융점
4.5	420℃

① 암회색의 결정성 분말이다.
② 알코올, 에테르에 녹지 않는다.
③ 물과 반응하여 포스핀가스(PH_3)를 발생한다.
④ 산과 반응하여 맹독성인 포스겐가스($COCl_2$)를 발생한다.

08 칼슘 또는 알루미늄의 탄화물

1 탄화칼슘(CaC_2)

비중	융점	비점
2.2	2,160℃	2,300℃

(1) 일반적 성질
시판품은 회색 또는 회흑색의 불규칙한 괴상이며, 순수한 것은 정방정계의 무색 투명한 결정이다.

(2) 위험성
① 물과 반응하여 수산화칼슘(소석회)과 아세틸렌가스(연소범위 : 2.5~81%)를 발생한다.
② 고온에서 질소와 반응하여 칼슘시안아미드(석회질소)가 생성된다.

(3) 저장 및 취급
① 환기가 잘되고 습기가 없는 냉소에 보관한다.
② 밀폐용기에 보관하는 것이 가장 좋으며, 장기간 보관할 때는 불연성 가스(질소가스, 아르곤가스 등)를 충전한다.
③ 화기로부터 격리하여 저장한다.
④ 구리, 구리합금 및 구리염류와 격리하여 저장한다.

(4) 소화 방법
① 마른 모래, 분말소화약제 사용
② 주수소화는 금지한다.

(5) 화학반응식

• 물과의 반응식

$CaC_2 + 2H_2O \rightarrow$

탄화칼슘 물

$Ca(OH)_2 + C_2H_2\uparrow + 27.8kcal$

수산화칼슘 아세틸렌

• 700℃에서 질소와의 반응

$CaC_2 + N_2 \rightarrow CaCN_2 + C + 74.6kcal$

탄화칼슘 질소 칼슘시안아미드 탄소

chapter 03

2 탄화알루미늄(Al_4C_3)

비중	분해온도
2.36	1,400℃

(1) 일반적 성질

① 무색 또는 황색의 결정 또는 분말이다.

② 물과 반응하여 수산화알루미늄과 메탄(CH_4)을 발생한다.

(2) 저장 및 취급

직사광선을 피하고 건조한 장소에 보관한다.

(3) 화학반응식

• 물과의 반응식

Al_4C_3 (탄화알루미늄) + $12H_2O$ (물) →

$4Al(OH)_3$ (수산화알루미늄) + $3CH_4$↑ (메탄) + 360kcal

3 탄화망가니즈(Mn_3C)

물과 반응하면 메탄과 수소가 발생한다.

• 물과의 반응식

Mn_3C (탄화망간) + $6H_2O$ (물) → $3Mn(OH)_2$ (수산화망간) + CH_4↑ (메탄) + H_2↑ (수소)

4 탄화베릴륨(Be_2C)

물과 반응하면 수산화베릴륨과 메탄이 발생한다.

• 물과의 반응식

Be_2C (탄화베릴륨) + $4H_2O$ (물) → $2Be(OH)_2$ (수산화베릴륨) + CH_4↑ (메탄)

5 탄화마그네슘(MgC_2)

물과 반응하면 수산화마그네슘과 아세틸렌이 발생한다.

• 물과의 반응식

MgC_2 (탄화마그네슘) + $2H_2O$ (물) → $Mg(OH)_2$ (수산화마그네슘) + C_2H_2 (아세틸렌)

▶ 물과의 반응 시 생성 가스

탄화물	가스명
• 탄화칼슘 • 탄화칼륨 • 탄화나트륨 • 탄화리튬 • 탄화마그네슘	아세틸렌가스(C_2H_2)
• 탄화알루미늄 • 탄화베릴륨 • 탄화망가니즈	메탄(CH_4)

09 염소화규소화합물

1 트라이클로로실란($SiHCl_3$)

① 무색의 유동성 액체이다.

② 이황화탄소, 사염화탄소에 녹는다.

2 클로로실란(SiH_4Cl)

① 무색의 휘발성 액체이다.

② 물에 녹지 않는다.

③ 산화성 물질과 격렬하게 반응한다.

[13-2]

1 다음 중 금수성 물질로만 나열된 것은?

① K, CaC_2, Na
② $KClO_3$, Na, S
③ KNO_3, CaO_2, Na_2O_2
④ $NaNO_3$, $KClO_3$, CaO_2

칼륨, 탄화칼슘, 나트륨은 제3류 위험물로서 금수성 물질에 해당한다.

[09-4]

2 제3류 위험물의 성질을 설명한 것으로 옳은 것은?

① 물에 의한 냉각소화를 모두 금지한다.
② 알킬알루미늄, 나트륨, 수소화나트륨의 비중은 물보다 무겁다.
③ 모두 무기화합물로 구성되어 있다.
④ 지정수량은 모두 300kg 이하의 값을 갖는다.

① 황린은 물에 의한 냉각소화가 가능하다.
② 알킬알루미늄(0.83), 나트륨(0.97)은 물보다 가볍지만, 수소화나트륨은 비중 1.36으로 물보다 무겁다.
③ 대부분의 제3류 위험물은 무기화합물이지만, 알킬알루미늄은 유기화합물이다.

[15-1]

3 위험물안전관리법령에서 정한 제3류 위험물에 있어서 화재예방법 및 화재 시 조치 방법에 대한 설명으로 틀린 것은?

① 칼륨과 나트륨은 금수성 물질로 물과 반응하여 가연성 기체를 발생한다.
② 알킬알루미늄은 알킬기의 탄소수에 따라 주수 시 발생하는 가연성 기체의 종류가 다르다.
③ 탄화칼슘은 물과 반응하여 폭발성의 아세틸렌가스를 발생한다.
④ 황린은 물과 반응하여 유독성의 포스핀 가스를 발생한다.

황린은 pH 9의 물속에 넣어 보관한다.

[14-2]

4 금속칼륨의 성질로서 옳은 것은?

① 중금속류에 속한다.
② 화학적으로 이온화 경향이 큰 금속이다.
③ 물속에 보관한다.
④ 상온, 상압에서 액체 형태인 금속이다.

칼륨은 은백색 광택의 무른 경금속이며, 물과의 접촉을 피해야 한다.

[13-4]

5 안전한 저장을 위해 첨가하는 물질로 옳은 것은?

① 과망가니즈산나트륨에 목탄을 첨가
② 질산나트륨에 황을 첨가
③ 금속칼륨에 등유를 첨가
④ 다이크로뮴산칼륨에 수산화칼슘을 첨가

칼륨은 공기 중 산소나 수분과의 접촉을 막기 위해 석유, 경유 또는 등유 속에 보관한다.

[10-1]

6 금속칼륨의 성질에 대한 설명으로 옳은 것은?

① 화학적 활성이 강한 금속이다.
② 산화되기 어려운 금속이다.
③ 금속 중에서 가장 단단한 금속이다.
④ 금속 중에서 가장 무거운 금속이다.

금속칼륨은 화학적 활성이 강하고 산화되기 쉬운 금속이다.

[09-2]

7 금속칼륨의 보호액으로 가장 적당한 것은?

① 알코올 ② 경유
③ 아세트산 ④ 물

금속칼륨은 공기 중 수분 또는 산소와의 접촉을 막기 위해 석유, 경유, 등유 속에 보관한다.

[12-4, 10-2]

8 금속칼륨이 물과 반응했을 때 생성물로 옳은 것은?

① 산화칼륨 + 수소
② 수산화칼륨 + 수소
③ 산화칼륨 + 산소
④ 수산화칼륨 + 산소

금속칼륨은 물과 반응하여 수산화칼륨과 수소를 발생한다.

정답 1① 2④ 3④ 4② 5③ 6① 7② 8②

[14-4]
9 다음 중 물과 접촉하였을 때 위험성이 가장 높은 것은?

① S ② CH_3COOH
③ C_2H_5OH ④ K

칼륨은 물과 반응하여 수소를 발생해 위험성이 커지므로 물과의 접촉을 피해야 한다.

[07-1]
10 물과 격렬하게 반응하여 수소와 열을 발생시키므로 물로 소화할 수 없는 것은?

① 염소산나트륨 ② 황린
③ 나이트로셀룰로스 ④ 칼륨

[11-4]
11 등유 속에 저장하는 위험물은?

① 트라이에틸알루미늄 ② 인화칼슘
③ 탄화칼슘 ④ 칼륨

[07-1]
12 다음 중 금속칼륨의 보관액으로 가장 적당한 것은?

① 메탄올 ② 수은
③ 물 ④ 유동성 파라핀

[09-1]
13 칼륨에 관한 설명 중 틀린 것은?

① 보라색의 불꽃을 내며 연소한다.
② 물과 반응하여 수소를 발생한다.
③ 화재 시 탄산가스소화기가 가장 효과적이다.
④ 피부와 접촉하면 화상의 위험이 있다.

칼륨은 탄산가스소화기는 적응성이 없으며, 마른모래 또는 금속화재용 분말소화약제를 이용한 소화가 가장 효과적이다.

[09-4]
14 칼륨에 대한 설명 중 틀린 것은?

① 보호액을 사용하여 저장한다.
② 가급적 소분하여 저장하는 것이 좋다.
③ 화재 시 주수소화는 위험하므로 CO_2 약제를 사용한다.
④ 화재 초기에는 건조사 질식소화가 적당하다.

[08-1]
15 은백색의 연한 금속으로 적자색의 불꽃을 내며 연소하고 에탄올과 반응하여 알코올레이트를 만드는 이 물질에 화재가 발생하였을 경우 주수소화가 불가능한 가장 큰 이유는?

① 수소가 발생하여 연소가 확대되기 때문에
② 유독가스가 발생하여 위험성이 높아지기 때문에
③ 산소의 발생으로 연소가 확대되기 때문에
④ 수증기의 증발열에 의한 화상 위험 때문에

칼륨은 물과 반응하여 수산화칼륨과 수소를 발생하는데, 화재 발생 시 주수소화를 하게 되면 수소로 인해 연소가 확대되기 때문에 주수소화는 불가능하다.

[10-2]
16 금속나트륨에 대한 설명으로 틀린 것은?

① 제3류 위험물이다.
② 융점은 약 297℃이다.
③ 은백색의 가벼운 금속이다.
④ 물과 반응하여 수소를 발생한다.

금속나트륨의 융점은 97.8℃이다.

[08-1]
17 은백색의 금속으로 노란 불꽃을 내면서 연소하고, 수분과 접촉하면 수소를 발생하는 물질은?

① 탄화알루미늄 ② 인화석회
③ 나트륨 ④ 칼륨

[15-1]
18 금속나트륨이 물과 작용하면 위험한 이유로 옳은 것은?

① 물과 반응하여 과염소산을 생성하므로
② 물과 반응하여 염산을 생성하므로
③ 물과 반응하여 수소를 방출하므로
④ 물과 반응하여 산소를 방출하므로

금속나트륨은 물과 반응하여 수소를 발생하며 연소하므로 위험하다.

정답 9 ④ 10 ④ 11 ④ 12 ④ 13 ③ 14 ③ 15 ① 16 ② 17 ③ 18 ③

[12-1]

19 알킬알루미늄에 대한 설명 중 틀린 것은?

① 물과 폭발적 반응을 일으켜 발화되므로 비산하는 위험물이 있다.
② 이동저장탱크는 외면을 적색으로 도장하고, 용량은 1,900L 미만으로 저장한다.
③ 화재 시 발생되는 흰 연기는 인체에 유해하다.
④ 탄소수가 4개까지는 안전하나 5개 이상으로 증가할수록 자연발화의 위험성이 증가한다.

알킬알루미늄은 탄소수 4까지는 공기와 접촉할 경우 자연발화하지만, 5 이상인 것은 점화하지 않으면 연소하지 않는다.

[07-1]

20 다음 위험물 중 물과 반응하여 수소 가스가 발생하여 화재 및 폭발 위험성이 있는 것은?

① 황린 ② 적린
③ 나트륨 ④ 이황화탄소

[14-2, 07-2]

21 다음 중 나트륨의 보호액으로 가장 적합한 것은?

① 메탄올 ② 수은
③ 물 ④ 유동파라핀

나트륨은 경유, 등유, 유동파라핀 등에 보관한다.

[10-1]

22 다음 중 물과 접촉시켰을 때 위험성이 가장 큰 것은?

① 황 ② 다이크로뮴산칼륨
③ 질산암모늄 ④ 알킬알루미늄

알킬알루미늄은 물과 접촉하여 자연발화하므로 위험성이 크다.

[08-4]

23 트라이에틸알루미늄에 관한 설명 중 틀린 것은?

① 무색 · 투명한 액체이다.
② 화재 시 CO_2 또는 할로젠소화약제가 가장 효과적이다
③ 에탄올과 폭발적으로 반응한다.
④ 수분과의 접촉은 위험하다.

트라이에틸알루미늄은 마른 모래, 팽창질석, 팽창진주암에 의한 소화가 가장 효과적이다.

[11-1]

24 $(C_2H_5)_3Al$의 화재 예방법이 아닌 것은?

① 자연발화 방지를 위해 얼음 속에 보관한다.
② 공기와의 접촉을 피하기 위해 불연성 가스를 봉입한다.
③ 용기는 밀봉하여 저장한다.
④ 화기의 접근을 피하여 저장한다.

트라이에틸알루미늄은 저장 시 용기는 밀봉하고 용기 상부는 불연성 가스로 봉입한다.

[12-4]

25 트라이에틸알루미늄이 습기와 반응할 때 발생되는 가스는?

① 수소 ② 아세틸렌
③ 에탄 ④ 메탄

트라이에틸알루미늄은 습기와 반응하여 에탄을 발생한다.

[19-1, 14-1, 11-4, 08-4]

26 다음 중 물과 접촉하였을 때 에탄이 발생되는 물질은?

① CaC_2
② $(C_2H_5)_3Al$
③ $C_6H_3(NO_2)_3$
④ $C_2H_5ONO_2$

[08-1]

27 공기 중에 노출되면 자연발화의 위험이 있고 물과 접촉하면 폭발의 위험이 따르는 것은?

① CH_3COCH_3
② $(CH_3)_3Al$
③ CH_3CHO
④ CS_2

트라이메틸알루미늄은 공기와 접촉하여 자연발화할 위험이 있으며 물과 반응하여 메탄을 발생하면서 폭발의 위험이 있다.

chapter 03

정답 19 ④ 20 ③ 21 ④ 22 ④ 23 ② 24 ① 25 ③ 26 ② 27 ②

[11-1]
28 위험물과 보호액을 잘못 연결한 것은?

① 이황화탄소 – 물
② 인화칼슘 – 물
③ 황린 – 물
④ 금속나트륨 – 등유

> 인화칼슘은 물과 반응하여 유독성의 포스핀 가스를 발생한다.

[15-4, 07-2]
29 황린을 물속에 저장할 때 인화수소의 발생을 방지하기 위한 물의 pH는 얼마 정도가 좋은가?

① 4 ② 5
③ 7 ④ 9

> 황린은 인화수소 생성을 방지하기 위해 물속에 저장할 때 pH 9로 유지해서 저장한다.

[10-2]
30 다음 위험물 중 물 속에 저장해야 안전한 것은?

① 황린 ② 적린
③ 루비듐 ④ 오황화인

[08-1]
31 다음 중 자연발화 위험성이 가장 큰 물질은?

① 황린 ② 황화인
③ 황 ④ 적린

> 황린은 발화점이 낮고 화학적 활성이 커서 자연발화의 위험이 크다.

[10-4]
32 황린에 대한 설명으로 틀린 것은?

① 비중은 약 1.82이다.
② 물속에 보관한다.
③ 저장 시 pH를 9 정도로 유지한다.
④ 연소 시 포스핀 가스를 발생한다.

> 황린은 연소 시 오산화인(P_2O_5)을 발생한다.

[14-4, 12-1]
33 황린을 밀폐용기 속에서 260℃로 가열하여 얻은 물질을 연소시킬 때 주로 생성되는 물질은?

① P_2O_5 ② CO_2
③ PO_2 ④ CuO

[13-4]
34 황린의 연소 생성물은?

① 삼황화인 ② 인화수소
③ 오산화인 ④ 오황화인

[07-2]
35 황린이 자연발화하기 쉬운 이유에 대한 설명으로 가장 옳은 것은?

① 끓는점이 낮고 증기압이 높기 때문
② 인화점이 낮고 가연성이기 때문
③ 조해성이 강하고 공기 중의 수분에 의해 쉽게 분해되기 때문
④ 산소와 친화력이 강하고 착화온도가 낮기 때문

> 황린은 착화온도가 낮고 화학적 활성이 크기 때문에 공기 중에서 자연발화할 가능성이 크다.

[08-4]
36 연소생성물로 이산화황이 생성되지 않는 것은?

① 황린 ② 삼황화인
③ 오황화인 ④ 황

[11-2]
37 황린이 연소할 때 다량으로 발생하는 흰 연기는 무엇인가?

① P_2O_5 ② P_3O_7
③ PH_3 ④ P_4S_3

[15-4]
38 화재 발생 시 물을 사용하여 소화할 수 있는 물질은?

① K_2O_2 ② CaC_2
③ Al_4C_3 ④ P_4

> 황린은 물과 반응하지 않으므로 물을 이용한 소화가 가능하다.

정답 28 ② 29 ④ 30 ① 31 ① 32 ④ 33 ① 34 ③ 35 ④ 36 ① 37 ① 38 ④

[08-2]

39 황린의 소화활동상 주의사항에 대한 설명으로 틀린 것은?

① 증기의 누출에 주의하고 재발화하지 않도록 하여야 한다.
② 주수소화 시 비산하여 연소가 확대될 위험이 있으므로 주의한다.
③ 유독가스가 발생하므로 보호장구 및 공기호흡기를 착용하는 것이 안전하다.
④ 연소 시 유독한 오황화인을 발생시키므로 주의하여야 한다.

황린은 연소 시 유독성의 오산화인을 발생한다.

[08-2]

40 황린의 성질에 대한 설명으로 옳은 것은?

① 발화점이 260℃ 이상이다.
② 독성이 거의 없는 물질이다.
③ 물에 잘 용해되고 활발하게 반응한다.
④ 공기 중 산화되어 P_2O_5가 생성된다.

① 발화점은 약 50℃이다. ② 맹독성의 물질이다.
③ 물에는 녹지 않는다.

[12-1]

41 황린의 보존 방법으로 가장 적합한 것은?

① 벤젠 속에서 보존한다.
② 석유 속에서 보존한다.
③ 물속에 보존한다.
④ 알코올 속에 보존한다.

황린은 pH 9의 물속에 보관한다.

[12-2]

42 황린에 공기를 차단하고 약 몇 ℃로 가열하면 적린이 되는가?

① 260℃ ② 120℃
③ 44℃ ④ 34℃

공기를 차단한 상태에서 260℃ 정도로 가열하면 적린이 된다.

[19-1, 11-4]

43 황린에 대한 설명으로 틀린 것은?

① 백색 또는 담황색의 고체로 독성이 있다.
② 물에는 녹지 않고 이황화탄소에는 녹는다.
③ 공기 중에서 산화되어 오산화인이 된다.
④ 녹는점이 적린과 비슷하다.

황린의 녹는점은 44℃이며, 적린은 600℃이다.

[08-4]

44 다음 물질 중 황린과 접촉하였을 때 가장 위험한 것은?

① NaOH ② H_2O
③ CO_2 ④ N_2

황린은 수산화칼륨 또는 수산화나트륨과 반응하여 유독성의 포스핀 가스를 발생한다.

[08-2]

45 다음 위험물의 소화방법으로 주수소화가 적당하지 않은 것은?

① $NaClO_3$ ② S
③ NaH ④ TNT

수소화나트륨은 물과 반응하여 수산화나트륨과 수소를 발생하므로 주수소화는 적당하지 않다.

[15-2]

46 수소화나트륨 저장 창고에 화재가 발생하였을 때 주수소화가 부적합한 이유로 옳은 것은?

① 발열반응을 일으키고 수소를 발생한다.
② 수화반응을 일으키고 수소를 발생한다.
③ 중화반응을 일으키고 수소를 발생한다.
④ 중합반응을 일으키고 수소를 발생한다.

[10-4]

47 수소화나트륨이 물과 반응할 때 발생하는 것은?

① 일산화탄소
② 산소
③ 아세틸렌
④ 수소

chapter 03

정답 39 ④ 40 ④ 41 ③ 42 ① 43 ④ 44 ① 45 ③ 46 ① 47 ④

[11-2]

48 물과 접촉 시 동일한 가스를 발생하는 물질을 나열한 것은?

① 수소화알루미늄리튬, 금속리튬
② 탄화칼슘, 금속칼슘
③ 트라이에틸알루미늄, 탄화알루미늄
④ 인화칼슘, 수소화칼슘

수소화알루미늄리튬과 금속리튬 모두 물과 반응하여 수소를 발생한다.

[10-4]

49 물과 작용하여 포스핀 가스를 발생시키는 것은?

① P_4 ② P_4S_3
③ Ca_3P_2 ④ CaC_2

인화칼슘은(Ca_3P_2)은 물과 반응하여 포스핀 가스를 발생한다.

[12-2]

50 인화칼슘이 물과 반응해서 생성되는 유독가스는?

① PH_3 ② CO
③ CS_2 ④ H_2S

[12-4, 09-1]

51 인화칼슘이 물과 반응하였을 때 발생하는 기체는?

① 수소 ② 산소
③ 포스핀 ④ 포스겐

[14-2]

52 인화석회가 물과 반응하여 생성하는 기체는?

① 포스핀 ② 아세틸렌
③ 이산화탄소 ④ 수산화칼슘

[09-4]

53 다음 위험물의 저장 시 보호액으로 물을 사용하는 것이 적합하지 않은 것은?

① 황린 ② 인화칼슘
③ 이황화탄소 ④ 나이트로셀룰로스

[12-1]

54 위험물의 화재 시 주수소화하면 가연성 가스의 발생으로 인하여 위험성이 증가하는 것은?

① 황 ② 염소산칼륨
③ 인화칼슘 ④ 질산암모늄

[14-4]

55 위험물이 물과 반응하였을 때 발생하는 가연성 가스를 잘못 나타낸 것은?

① 금속칼륨 – 수소
② 금속나트륨 – 수소
③ 인화칼슘 – 포스겐
④ 탄화칼슘 – 아세틸렌

[10-4]

56 위험물의 저장액(보호액)으로서 잘못된 것은?

① 황린 – 물
② 인화석회 – 물
③ 금속나트륨 – 등유
④ 나이트로셀룰로스 – 함수알코올

인화석회(인화칼슘)는 물과 반응하여 유독 가연성 가스인 포스핀을 발생한다.

[13-1]

57 다음 중 화재 시 물을 사용할 경우 가장 위험한 물질은?

① 염소산칼륨 ② 인화칼슘
③ 황린 ④ 과산화수소

[14-2]

58 다음 반응식 중에서 옳지 않은 것은?

① $CaO_2 + 2HCl \rightarrow CaCl_2 + H_2O_2$
② $CaH_2 + 2H_2O \rightarrow Ca(OH)_2 + 2H_2$
③ $Ca_3P_2 + 4H_2O \rightarrow Ca(OH)_2 + 2PH_3$
④ $CaC_2 + 2H_2O \rightarrow Ca(OH)_2 + C_2H_2$

인화칼슘과 물의 반응식

$Ca_3P_2 + 6H_2O \rightarrow 3Ca(OH)_2 + 2PH_3$
인화칼슘 물 수산화칼슘 포스핀

정답 48 ① 49 ③ 50 ① 51 ③ 52 ① 53 ② 54 ③ 55 ③ 56 ② 57 ② 58 ③

[12-4, 07-1]

59 다음 중 Ca_3P_2 화재 시 가장 적합한 소화방법은?

① 마른 모래로 덮어 소화한다.
② 봉상의 물로 소화한다.
③ 화학포 소화기로 소화한다.
④ 산 · 알칼리 소화기로 소화한다.

인화칼슘은 화재 시 마른 모래를 이용한 피복소화가 가장 효과적이다.

[14-1]

60 다음은 위험물의 성질을 설명한 것이다. 위험물과 그 위험물의 성질을 모두 옳게 연결한 것은?

A : 건조 질소와 상온에서 반응한다.
B : 물과 작용하면 가연성 가스를 발생한다.
C : 물과 작용하면 수산화칼슘을 발생한다.
D : 비중이 1 이상이다.

① K − A, B, C　② Ca_3P_2 − B, C, D
③ Na − A, C, D　④ CaC_2 − A, B, D

① K − B　③ Na − B
④ CaC_2 − B, C, D

[19-1, 08-4]

61 인화알루미늄의 화재 시 주수소화를 하면 발생하는 가연성 기체는?

① 아세틸렌　② 메탄
③ 포스겐　④ 포스핀

인화알루미늄은 물과 반응하여 유독성의 포스핀을 발생한다.

[14-1, 10-2]

62 탄화칼슘과 물이 반응하였을 때 생성되는 가스는?

① C_2H_2　② C_2H_4
③ C_2H_6　④ CH_4

탄화칼슘은 물과 반응하여 수산화칼슘과 아세틸렌가스(C_2H_2)를 발생한다.

[10-4]

63 탄화칼슘은 물과 반응하면 어떤 기체가 발생하는가?

① 과산화수소　② 일산화탄소
③ 아세틸렌　④ 에틸렌

[08-1]

64 탄화칼슘이 물과 반응했을 때 다음 중 옳은 반응은?

① 탄화칼슘 + 물 → 소석회 + 산소
② 탄화칼슘 + 물 → 생석회 + 인화수소
③ 탄화칼슘 + 물 → 생석회 + 일산화탄소
④ 탄화칼슘 + 물 → 소석회 + 아세틸렌

chapter 03

[08-2]

65 다음 중 물과 반응하여 수소를 발생하지 않는 물질은?

① 칼륨　② 수소화붕소나트륨
③ 탄화칼슘　④ 수소화칼슘

[11-2]

66 탄화칼슘에서 아세틸렌가스가 발생하는 반응식으로 옳은 것은?

① $CaC_2 + 2H_2O \rightarrow Ca(OH)_2 + C_2H_2$
② $CaC_2 + H_2O \rightarrow CaO + C_2H_2$
③ $2CaC_2 + 6H_2O \rightarrow 2Ca(OH)_3 + 2C_2H_3$
④ $CaC_2 + 3H_2O \rightarrow CaCO_3 + 2CH_3$

[11-4]

67 물과 반응하였을 때 발생하는 가스의 종류가 나머지 셋과 다른 하나는?

① 알루미늄분　② 칼슘
③ 탄화칼슘　④ 수소화칼슘

알루미늄분, 칼슘, 수소화칼슘은 물과 반응하여 수소를 발생하지만, 탄화칼슘은 아세틸렌가스를 발생한다.

[13-1]

68 다음 위험물 중 물과 반응하여 연소범위가 약 2.5~81%인 위험한 가스를 발생시키는 것은?

① Na　② P
③ CaC_2　④ Na_2O_2

정답 59 ① 60 ② 61 ④ 62 ① 63 ③ 64 ④ 65 ③ 66 ① 67 ③ 68 ③

탄화칼슘이 물과 반응하여 발생시키는 아세틸렌가스의 연소범위는 약 2.5~81%이다.

[08-1]

69 탄화칼슘에 대한 다음 설명 중 옳은 것은?

① 상온의 건조한 공기 중에서 매우 불안정하여 격렬하게 산화반응을 한다.

② 물과 반응하여 생성되는 기체는 산소 기체보다 무겁다.

③ 물과 반응하여 생기는 기체의 연소 범위는 약 2.5~81%로 매우 넓다.

④ 순수한 것은 갈색의 액체상이다.

① 탄화칼슘은 물, 습기와 격렬하게 반응한다.
② 물과 반응하여 생성되는 아세틸렌가스는 산소보다 가볍다.
④ 순수한 것은 정방정계의 무색 투명한 결정이다.

[07-2]

70 CaC_2의 성질을 설명한 것 중 틀린 것은?

① 시판품은 흑회색의 불규칙한 고체 덩어리이다.

② 물과 반응하여 생석회와 산소가 생성된다.

③ 고온에서 질소가스와 반응하여 석회질소가 된다.

④ 비중은 약 2.2 정도로 물보다 무겁다.

물과 반응하여 소석회(수산화칼슘)와 아세틸렌가스가 생성된다.

[07-2]

71 다음 중 분자량이 약 144이고 비중이 약 2.36인 물질로 물과 접촉되었을 때 CH_4를 발생시키는 것은?

① 탄화알루미늄

② 탄화망가니즈

③ 탄화마그네슘

④ 탄화베릴륨

탄화알루미늄은 물과 반응하여 수산화알루미늄과 메탄(CH_4)을 발생한다.

[08-2]

72 다음 중 탄화알루미늄이 물과 반응할 때 생성되는 가스는?

① H_2 ② CH_4
③ O_2 ④ C_2H_2

[15-4]

73 물과 반응하였을 때 발생하는 가연성 가스의 종류가 나머지 셋과 다른 하나는?

① 탄화리튬

② 탄화마그네슘

③ 탄화칼슘

④ 탄화알루미늄

탄화리튬, 탄화마그네슘, 탄화칼슘은 물과 반응하여 아세틸렌가스를 발생하지만, 탄화알루미늄은 메탄을 발생한다.

[12-4]

74 물과 반응하여 CH_4와 H_2 가스를 발생하는 것은?

① K_2C_2 ② MgC_2
③ Be_2C ④ Mn_3C

탄화망가니즈은 물과 반응하여 수산화망가니즈, 메탄, 수소를 발생한다.

정답 69 ③ 70 ② 71 ① 72 ② 73 ④ 74 ④

SECTION 05

제4류 위험물(인화성액체)

출제 포인트

이 섹션에서는 특수인화물, 제1, 2, 3, 4석유류, 알코올류, 동식물유류 모두 출제 빈도가 높다. 제4류 위험물의 일반적인 성질, 저장 방법, 소화 방법 모두 철저히 준비하도록 한다. 각 품명의 정의, 수용성 · 비수용성 구분, 인화점에서부터 동식물유류의 요오드값까지 모두 숙지하도록 한다.

01 공통 성질

1 일반적 성질

① 대부분 물보다 가볍고 물에 녹기 어렵다(이황화탄소는 물보다 무겁고, 알코올은 물에 잘 녹는다).
② 발생증기가 가연성이며, 증기비중은 공기보다 무거운 것이 대부분이다.
③ 대부분 유기화합물이다.
④ 상온에서 액체이다.
⑤ 전기의 부도체로서 정전기의 축적이 용이하다.
⑥ 인화점이 낮은 석유류에는 불연성 가스를 봉입하여 혼합기체의 형성을 억제하여야 한다.

> ▶ 인화성액체란
> 액체(제3석유류, 제4석유류 및 동식물유류에 있어서는 1기압과 섭씨 20도에서 액상인 것에 한함)로서 인화의 위험성이 있는 것을 말한다.

2 위험성

① 공기와 혼합된 증기는 연소의 우려가 있다.
② 정전기의 방전불꽃에 의해서도 인화될 수 있다.
③ 증기가 공기보다 무거우면 예측하지 못하는 곳에서 화재가 발생할 위험이 있다.
④ 액체는 화재가 확대될 위험이 있다.

3 저장 및 취급

① 인화점 이하로 유지한 상태로 저장 및 취급한다.
② 저장용기는 밀전 밀봉하고, 액체나 증기가 누출되지 않도록 한다.
③ 통풍이 잘되는 냉암소에 보관한다.
④ 화기나 점화원으로부터 멀리 떨어져서 보관한다.

4 소화 방법

① 주수소화는 화재면 확대의 위험이 있기 때문에 적당하지 않다.
② 이산화탄소, 할로젠화합물, 분말, 포, 무상의 강화액 등의 소화가 효과적이다.

02 특수인화물

1 정의

이황화탄소, 다이에틸에터 그 밖에 1기압에서 발화점이 섭씨 100℃ 이하인 것 또는 인화점이 -20℃ 이하이고, 비점이 40℃ 이하인 것을 말한다.

2 다이에틸에터($C_2H_5OC_2H_5$, $C_4H_{10}O$, 에틸에테르, 에테르)

비중	비점	인화점	착화점	연소범위
0.72(증기 : 2.55)	34.6℃	-45℃	180℃	1.9~48%

(1) 일반적 성질

① 향기로운 에테르 냄새가 나는 무색 투명한 유동성의 액체이다.
② 진한 황산과 에틸알코올의 혼합물을 140℃로 가열하여 제조한다.
③ 에탄올 두 분자에서 물이 빠지면서 축합반응이 일어나 생성된다.
④ 물에는 약간 녹고, 알코올에 잘 녹는다.
⑤ 휘발성이 매우 높고, 마취성을 가진다.
⑥ 전기의 부도체로서 정전기를 발생한다.

> ▶ 인화점 및 착화점이란
> • 인화점 : 점화원에 의해 연소되는 최저온도
> • 착화점 : 점화원 없이 스스로 자체연소가 시작되는 최저온도

(2) 위험성

① 공기와 장시간 접촉하면 폭발성의 과산화물이 생성된다.

② 강산화제와 혼합 시 폭발의 위험이 있다.

(3) 저장 및 취급

① 통풍, 환기가 잘 되는 곳에 저장한다.

② 용기는 밀봉하여 보관하며, 2% 이상의 공간용적을 확보한다.

③ 저장 시 정전기 방지를 위해 소량의 염화칼슘을 넣어 준다.

④ 대량으로 저장 시 불활성가스를 봉입해야 한다.

⑤ 과산화물 생성 방지를 위해 갈색병에 보관한다.

⑥ 동식물성 섬유로 여과 시 정전기로 인해 발화할 수 있다.

▶ 과산화물 방지 및 제거

- 과산화물 생성 방지 : 저장용기에 40mesh의 구리망을 넣어둔다.
- 과산화물 검출 시약 : 10% 옥화칼륨(KI) 수용액(과산화물 검출 시 황색으로 변한다)
- 과산화물 제거 시약 : 황산제1철 또는 환원철

(4) 소화 방법

이산화탄소에 의한 질식소화가 효과적이다.

(5) 구조식

```
   H  H     H  H
   |  |     |  |
H—C—C—O—C—C—H
   |  |     |  |
   H  H     H  H
```

3 이황화탄소(CS_2)

비중	비점	인화점	착화점	연소범위
1.26	46.25℃	-30℃	100℃	1~44%

(1) 일반적 성질

① 무색 투명의 불쾌한 냄새가 나는 휘발성 액체이며, 햇볕을 쬐면 황색으로 변한다.

② 물에 녹지 않고 물보다 무거워 물속에 저장한다(가연성 증기 발생 방지 목적).

③ 벤젠, 알코올, 에테르에 녹는다.

④ 증기는 공기보다 무겁고 유독하여 신경에 장애를 줄 수 있다.

⑤ 제4류 위험물 중 착화점이 가장 낮다.

⑥ 생고무, 황, 수지 등을 용해시킨다.

⑦ 연소범위의 하한이 낮고 연소범위가 넓다.

(2) 위험성

① 연소 시 유독성 가스인 이산화황(SO_2)과 이산화탄소를 발생한다.

② 고온의 물과 반응하여 황화수소를 발생한다.

(3) 저장 및 취급

① 용기나 탱크에 저장 시 물속에 보관한다.

② 용기는 밀봉하고 통풍이 잘 되는 곳에 보관한다.

(4) 소화 방법

이산화탄소, 분말소화약제 등을 이용한 질식소화가 효과적이다.

(5) 화학반응식

- 연소반응식

$CS_2 + 3O_2 \rightarrow CO_2\uparrow + 2SO_2\uparrow$

이황화탄소 산소 이산화탄소 이산화황

- 물과의 반응식

$CS_2 + 2H_2O \rightarrow CO_2\uparrow + 2H_2S\uparrow$

이황화탄소 물 이산화탄소 황화수소

4 아세트알데하이드(CH_3CHO)

비중	비점	인화점	착화점	연소범위
0.78	21℃	-38℃	185℃	4.1~57%

(1) 일반적 성질

① 휘발성이 강한 무색 투명한 액체이며, 자극적인 냄새가 난다.

② 물, 알코올, 에테르에 잘 녹는다.

③ 액체는 물보다 가볍고, 증기는 공기보다 무겁다.

④ 강산화제와의 접촉을 피한다.

⑤ 환원성이 강하여 은거울 반응, 펠링용액의 환원반응을 한다.

⑥ 구리, 은, 마그네슘, 수은과 접촉 시 중합반응을 일으킨다.

(2) 위험성

산화성 물질과 혼합 시 폭발할 수 있다.

(3) 저장 및 취급

① 적재 시 일광의 직사를 피하기 위하여 차광성 있는 피복으로 가려야 한다.

② 폭발 방지를 위하여 불활성의 기체(질소, 이산화탄소)를 봉입하는 장치를 설치한다.

(4) 아세트알데하이드 생성 조건

① 에틸알코올 산화 시

② 아세트산 환원 시

③ 황산제이수은을 촉매로 아세틸렌과 물의 반응 시

(5) 화학반응식

- 연소반응식

$CH_3CHO + 2.5O_2 \rightarrow 2CO_2\uparrow + 2H_2O$

아세트알데하이드 산소 이산화탄소 물

- 산화반응식

$CH_3CHO + 0.5O_2 \rightarrow CH_3COOH$

아세트알데하이드 산소 아세트산

- 환원반응식

$CH_3CHO + H_2 \rightarrow C_2H_5OH$

아세트알데하이드 수소 에탄올

(6) 구조식

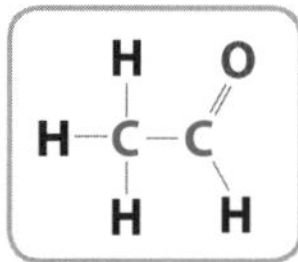

5 산화프로필렌(OCH_2CHCH_3)

비중	비점	인화점	착화점	연소범위
0.83	34℃	-37℃	449℃	2.5~38.5%

(1) 일반적 성질

① 무색 투명한 액체로 에테르향을 가진다.

② 물, 알코올, 에테르, 벤젠에 잘 녹는다.

(2) 위험성

① 액체가 피부에 닿으면 동상과 같은 증상이 나타난다.

② 구리, 마그네슘, 은, 수은 등과 접촉 시 중합반응을 일으켜 폭발성의 아세틸라이드를 생성한다.

(3) 저장 및 취급

① 저장 시 구리, 은, 마그네슘, 수은으로 된 용기는 사용하지 않는다.

② 폭발 방지를 위해 불활성기체(질소, 이산화탄소)를 봉입한다.

③ 증기압이 높아 상온에서 위험한 농도까지 도달할 수 있다.

(4) 구조식

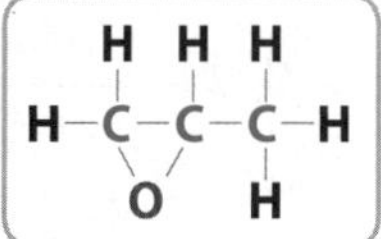

03 제1석유류

1 정의

아세톤, 휘발유 그 밖에 1기압에서 인화점이 섭씨 21도 미만인 것을 말한다.

2 아세톤(CH_3COCH_3)

비중	비점	인화점	착화점	연소범위
0.79	56.5℃	-18℃	538℃	2.6~12.8%

(1) 일반적 성질

① 무색 투명한 휘발성 액체이다.

② 액체는 물보다 가볍고, 증기는 공기보다 무겁다.

③ 물, 알코올, 에테르에 잘 녹는다.

④ 요오드포름반응을 한다.

(2) 위험성

① 겨울철에도 인화의 위험성이 있다.

② 피부에 닿으면 탈지작용이 있다.

③ 공기에 장시간 접촉하면 과산화물이 생성되어 황색으로 변한다.

(3) 구조식

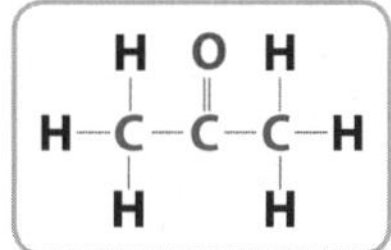

3 휘발유(가솔린)

비중	증기비중	인화점	착화점	연소범위
0.65~0.80	3~4	-43~-20℃	300℃	1.4~7.6%

(1) 일반적 성질

① 주성분은 알칸 또는 알켄계 탄화수소이다.

② 물보다 가볍고 물에 녹지 않는다.

③ 전기의 불량도체로서 정전기 축적이 용이하다.

④ 원유의 성질 · 상태 · 처리방법에 따라 탄화수소의 혼합비율이 다르다.

⑤ 증기는 공기보다 무거워 낮은 곳에 체류하기 쉽다.

(2) 저장 및 취급

직사광선을 피해 통풍이 잘 되는 곳에 저장한다.

(3) 소화 방법

포소화약제, 분말소화약제에 의한 소화가 효과적이다.

4 벤젠(C_6H_6)

비중	비점	융점	인화점	착화점	연소범위
0.879 (증기 : 2.77)	80℃	5.5℃	-11℃	562℃	1.4~7.1%

(1) 일반적 성질

① 특유의 냄새를 지닌 무색 투명한 휘발성 액체이다.

② 물에 녹지 않고 알코올, 아세톤, 에테르에 녹는다.

③ 증기는 공기보다 무거워 낮은 곳에 체류하므로 환기에 주의한다.

④ 불포화결합을 이루고 있으나 첨가반응보다는 치환반응이 많다.

(2) 위험성

증기는 유독하여 흡입하면 위험하다.

(3) 첨가반응

① 금속 Ni 촉매 조건에서 300℃로 가열하면 수소 첨가반응으로 시클로헥산(C_6H_{12})이 생성된다.

② 일광하에서 염소 첨가반응으로 벤젠헥사클로라이드($C_6H_6Cl_6$)가 생성된다.

③ 아세틸렌(C_2H_2)을 중합반응하면 벤젠이 된다.

5 톨루엔($C_6H_5CH_3$)

비중	비점	인화점	착화점	연소범위
0.871(증기 : 3.14)	110.6℃	4℃	552℃	1.4~6.7%

(1) 일반적 성질

① 무색 투명한 액체이다.

② 진한 질산과 진한 황산으로 나이트로화하면 트라이니트톨루엔이 된다.

③ 물에 녹지 않는다.

④ 벤젠보다 독성이 약하다.

⑤ 증기비중이 공기보다 무거워 낮은 곳에 체류한다.

(2) 위험성

유체 마찰 등으로 정전기가 생겨 인화하기도 한다.

(3) 소화 방법

소화분말, 포에 의한 질식소화가 효과적이다.

(4) 구조식

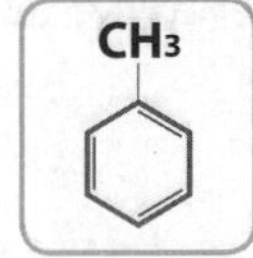

6 피리딘(C_5H_5N)

비중	비점	인화점	착화점	연소범위
0.98(증기 : 2.73)	115℃	20℃	482℃	1.8~12.4%

(1) 일반적 성질

① 악취가 나는 무색 또는 담황색의 액체이다.

② 물, 알코올, 에테르에 잘 녹는다.

(2) 위험성

① 산화성 물질과 혼합 시 폭발할 우려가 있다.

② 공기보다 무겁고 증기폭발의 가능성이 있다.

③ 약한 알칼리성을 나타낸다.

(3) 저장 및 취급

차고 건조하고 통풍이 잘되는 곳에 저장한다.

(4) 구조식

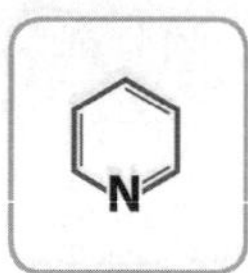

7 메틸에틸케톤($CH_3COC_2H_5$)

비중	인화점	착화점	연소범위
0.8	-1℃	516℃	1.8~11.5%

(1) 일반적 성질

① 냄새가 있는 휘발성 무색 액체이다.

② 연소범위는 1.8~11.5%이다.

(2) 위험성

① 탈지작용이 있으므로 피부 접촉을 금해야 한다.

② 인화점이 0℃보다 낮으므로 주의하여야 한다.

(3) 구조식

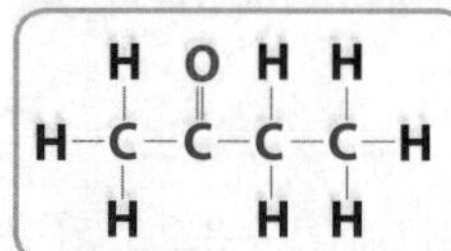

8 시클로헥산(C_6H_{12})

비중	인화점	착화점	연소범위
0.8	-17℃	268℃	1.3~8.4%

(1) 일반적 성질

① 고리형 분자구조를 가진 지방족 탄화수소화합물이다.

② 비수용성 위험물이다.

9 초산에틸($CH_3COOC_2H_5$)

비중	비점	인화점	착화점	연소범위
0.9	77℃	-4.4℃	427℃	2.2~11.4%

① 향이 있는 무색 투명의 휘발성 액체로 인화성이 강하다.
② 물보다 가볍고 증기는 공기보다 무겁다.

10 초산메틸(CH_3COOCH_3)

① 과일향이 있는 무채색의 마취성이 있는 액체이다.
② 비중 0.93, 인화점 -10℃, 끓는점 58℃, 녹는점 -98℃

11 아밀알코올($C_5H_{12}O$)

① 포화지방족 알코올로 8가지의 이성질체가 있다.
② 특유한 냄새가 나는 무색의 액체로 분자량 88.15이다.

04 제2석유류

1 정의

등유, 경유 그 밖에 1기압에서 인화점이 섭씨 21도 이상 70도 미만인 것을 말한다(다만, 도료류 그 밖의 물품에 있어서 가연성 액체량이 40중량퍼센트 이하이면서 인화점이 40℃ 이상인 동시에 연소점이 60℃ 이상인 것은 제외).

구분	비중	비점	인화점	착화점	연소범위
등유(케로신)	0.79~0.85 (증기비중 : 4.5)	-	40~70℃	220℃	1.1~6%
경유	0.83~0.88 (증기비중 : 4.5)	-	50~70℃	200℃	1~6%
포름산	1.218	100.5℃	69℃	601℃	-
아세트산	1.05	118.3℃	40℃	427℃	5.4~16%
테레핀유	0.86	153~175℃	35℃	240℃	0.8%
스틸렌	0.807	146℃	32℃	490℃	1.1~6.1%
클로로벤젠	1.11	132℃	28℃	593℃	1.3~7.1%

2 등유(케로신)

① 무색 또는 담황색의 액체이다.
② 물보다 가볍고 증기는 공기보다 무겁다.
③ 전기의 부도체이다.

3 아세트산(CH_3COOH)

① 무색 투명한 액체로 초산이라고도 한다.
② 물, 알코올, 에테르에 녹는다.
③ 겨울철에는 고화될 수 있다.
④ 피부에 접촉 시 수포가 발생한다.
⑤ 구조식

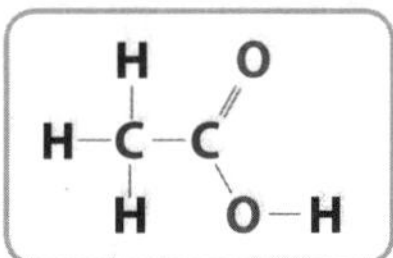

4 포름산(HCOOH)

① 개미산 또는 메탄산이라고도 한다.
② 독성이 있고 물, 알코올, 에테르에 녹는다.
③ 구조식

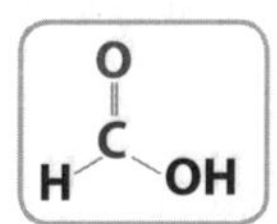

5 크실렌($C_6H_4(CH_3)_2$)

① 무색 투명한 액체로 방향족 탄화수소의 하나이다.
② 3종의 이성질체가 있다.
③ 물에는 녹지 않고, 알코올, 에테르, 벤젠 등에 녹는다.

▶ 이성질체의 종류

구분	인화점	착화점	비중	구조식
o-크실렌	30℃	464℃	0.88	CH_3, CH_3
m-크실렌	25℃	528℃	0.86	CH_3, CH_3
p-크실렌	25℃	528℃	0.86	H_3C–⬡–CH_3

05 제3석유류

1 정의

중유, 클레오소트유, 그 밖에 1기압에서 인화점이 70℃ 이상 200℃ 미만인 것을 말한다(다만, 도료류 그 밖의 물품은 가연성 액체량이 40중량퍼센트 이하인 것은 제외).

구분	비중	비점	융점	인화점	착화점
클레오소트유	1.05	194~400℃	-	74℃	336℃
나이트로벤젠	1.2	211℃	-	88℃	482℃
아닐린	1.002	184℃	-6℃	75℃	538℃
에틸렌글리콜	1.113	197℃	-12℃	111℃	413℃
글리세린	1.26	290℃	17℃	160℃	393℃

2 클레오소트유

① 황색 또는 암록색의 액체이다.
② 물보다 무겁다.
③ 물에는 녹지 않고, 알코올, 에테르, 벤젠에 녹는다.

3 나이트로벤젠($C_6H_5NO_2$)

① 연한 노란색의 기름 모양의 액체이다.
② 벤젠에 진한 질산과 진한 황산을 첨가해 나이트로화해서 만든다.
③ 구조식

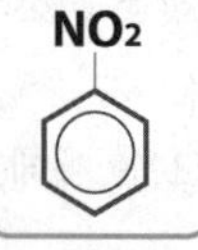

4 아닐린($C_6H_5NH_2$)

① 특유의 냄새를 가진 무색의 기름 모양의 액체이다.
② 알칼리금속 및 알칼리토금속과 반응하여 수소와 아닐리드를 발생한다.
③ 물에는 약간 녹고 에탄올, 에테르, 벤젠 등의 유기용매에는 잘 녹는다.
④ 산화성 물질과의 혼합 시 폭발할 우려가 있다.
⑤ 인화점보다 높은 상태에서 공기와 혼합하여 폭발성 가스를 생성한다.
⑥ 화학반응식

• 아닐린의 제법

$$2C_6H_5NO_2 + 3Sn + 12HCl \rightarrow 2C_6H_5NH_2 + 3SnCl_4 + 4H_2O$$

(나이트로벤젠, 주석, 염산 → 아닐린, 염화주석, 물)

⑦ 구조식

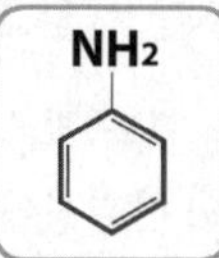

5 에틸렌글리콜(CH_2OHCH_2OH, $C_2H_4(OH)_2$)

① 단맛이 나는 무색 액체로 2가 알코올이다.
② 물, 알코올에 잘 녹는다.
③ 분자량은 약 62이고 비중은 1.1이다.
④ 부동액의 원료로 사용된다.
⑤ 구조식

```
   H  H
   |  |
H—C—C—H
   |  |
  OH OH
```

6 글리세린($CH_2OHCHOHCH_2OH$, $C_3H_5(OH)_3$)

① 무색 · 무취의 흡습성이 강한 액체로 단맛이 있다.
② 3가 알코올이다.
③ 화장품, 세척제 등의 원료로 사용된다.
④ 구조식

```
   H  H  H
   |  |  |
H—C—C—C—H
   |  |  |
  OH OH OH
```

06 제4석유류

1 정의

기어유, 실린더유, 그 밖에 1기압에서 인화점이 200℃ 이상 250℃ 미만의 것을 말한다(다만, 도료류 그 밖의 물품은 가연성 액체량이 40중량퍼센트 이하인 것은 제외).

(1) 종류

① 윤활유 : 기계유, 실린더유, 스핀들유, 터빈유, 기어유, 엔진오일, 콤프레셔 오일 등

② 가소제 : DOZ, DBS, DOS, TCP, TOP, DOP, DNP, DINP 등

(2) 일반적 성질

① 상온에서 인화의 위험은 없다.

② 가연성 물질 및 강산화제와 격리해서 저장한다.

(3) 소화 방법

① 소규모 화재 : 물분무가 효과적

② 대규모 화재 : 포소화약제에 의한 질식소화가 효과적

07 알코올류

1 정의

1분자를 구성하는 탄소원자의 수가 1개부터 3개까지인 포화1가 알코올(변성알코올 포함)로서 다음의 것은 제외

① 1분자를 구성하는 탄소원자의 수가 1개 내지 3개의 포화1가 알코올의 함유량이 60중량퍼센트 미만인 수용액

② 가연성 액체량이 60중량퍼센트 미만이고 인화점 및 연소점(태그개방식인화점측정기에 의한 연소점)이 에틸알코올 60중량퍼센트 수용액의 인화점 및 연소점을 초과하는 것

구분	비중	비점	인화점	착화점	연소범위
메틸 알코올	0.79 (증기 : 1.1)	65℃	11℃	464℃	6.0~36%
에틸 알코올	0.79 (증기 : 1.59)	79℃	13℃	423℃	4.3~19%

2 메틸알코올(CH_3OH)

(1) 일반적 성질

① 무색 투명한 휘발성이 강한 1가 알코올로서 메탄올이라고도 한다.

② 일산화탄소와 수소를 고온, 고압에서 합성시켜 제조하며, 수용성이 가장 크다.

③ 산화하면 포름알데하이드를 거쳐 의산(포름산)이 된다.

④ 연소범위를 더 좁게 하기 위하여 질소, 이산화탄소, 아르곤 등을 첨가한다.

(2) 위험성

① 독성이 있다.

② 산화성 물질과 혼합 시 폭발할 우려가 있다.

③ 소량만 마셔도 시신경을 마비시킨다.

(3) 화학반응식

• 연소반응식

$2CH_3OH + 3O_2 \rightarrow 2CO_2 + 4H_2O$

메틸알코올 산소 이산화탄소 물

• 산화 · 환원반응식

$CH_3OH \underset{환원}{\overset{산화(H_2 제거)}{\rightleftharpoons}} HCHO \underset{환원}{\overset{산화(O 추가)}{\rightleftharpoons}} HCOOH$

메틸알코올 포름알데하이드 포름산

산화 · 환원반응 : 어떠한 물질이 수소를 잃거나 산소를 받아들이는 반응

(4) 구조식

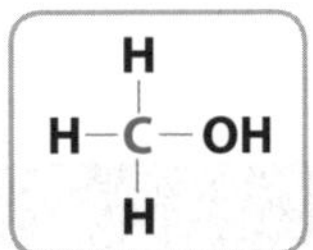

3 에틸알코올(C_2H_5OH)

(1) 일반적 성질

① 무색 투명한 휘발성이 강한 1가 알코올로서 에탄올이라고도 한다.

② 독성이 없으며, 술의 원료로 사용된다.

③ 산화하면 아세트알데하이드를 거쳐 아세트산이 된다.

(2) 화학반응식

• 연소반응식

$C_2H_5OH + 3O_2 \rightarrow 2CO_2 + 3H_2O$

에틸알코올 산소 이산화탄소 물

• 요오드포름반응식

$C_2H_5OH + 6KOH + 4I_2 \rightarrow$

에틸알코올 수산화칼륨 요오드

$CHI_3 + 5KI + HCOOK + 5H_2O$

요오드포름 요오드화칼륨 의산칼륨 물

• 산화 · 환원반응식

$C_2H_5OH \underset{환원}{\overset{산화(H_2제거)}{\rightleftharpoons}} CH_3CHO \underset{환원}{\overset{산화(O추가)}{\rightleftharpoons}} CH_3COOH$

에틸알코올 아세트알데하이드 아세트산

(3) 구조식

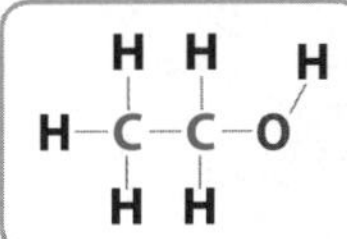

▶ 메탄올과 에탄올의 비교
- 발화점 : 메탄올 > 에탄올
- 인화점 : 메탄올 < 에탄올
- 증기비중 : 메탄올 < 에탄올
- 비점 : 메탄올 < 에탄올

4 아이소프로필알코올($(CH_3)_2CHOH$)

① 무색 투명한 액체이다.
② 프로판올의 이성질체인 지방족 포화알코올이다.
③ 물, 에테르, 아세톤에 잘 녹는다.
④ 탈수하면 프로필렌이 된다.
⑤ 탈수소하면 아세톤이 된다.
⑥ 소독약, 방부제 등의 원료로 사용된다.
⑦ 비중 0.78, 증기비중 2.07, 인화점 12℃, 녹는점 -89.5℃

08 동·식물유류

1 정의

동물의 지육 등 또는 식물의 종자나 과육으로부터 추출한 것으로서 1기압에서 인화점이 섭씨 250도 미만인 것을 말한다(단, 행정안전부령으로 정하는 용기기준과 수납 · 저장기준에 따라 수납되어 저장 · 보관되고 용기의 외부에 물품의 통칭명, 수량 및 화기엄금의 표시가 있는 경우 제외).

① 건성유는 공기 중 산소와 결합하기 쉬우며, 자연발화의 위험이 있다.
② 상온에서 인화의 위험은 없다.
③ 요오드값이 클수록 이중결합이 많고 불포화지방산을 많이 가진다.
④ 요오드값이 클수록 인화점이 높아진다.

▶ 요오드값에 따른 분류

구분	요오드값	종류	요오드값
건성유	130 이상	아마인유	175~195
		동유	160~170
		들깨기름	200
반건성유	100~130	채종유	105~120
		면실유	103~116
		참기름	105~115
		콩기름	124~132
불건성유	100 이하	올리브유	79~95
		피마자유	82~90
		동백유	79~90
		낙화생유	84~102
		야자유	50~60

※요오드값 : 유지 100g에 흡수되는 요오드의 g 수

[14-4]

1 제4류 위험물의 저장 및 취급 시 화재예방 및 주의사항에 대한 일반적인 설명으로 틀린 것은?

① 증기의 누출에 유의할 것
② 증기는 낮은 곳에 체류하기 쉬우므로 조심할 것
③ 전도성이 좋은 석유류는 정전기 발생에 유의할 것
④ 서늘하고 통풍이 양호한 곳에 저장할 것

전도성이 좋지 않을 경우 정전기가 발생할 확률이 높다.

[10-2]

2 제4류 위험물의 저장 · 취급 시 주의사항이 틀린 것은?

① 화기 접촉을 금한다.
② 증기의 누설을 피한다.
③ 냉암소에 저장한다.
④ 정전기 축적 설비를 한다.

제4류 위험물은 전기의 부도체로서 정전기의 축적이 용이하므로 정전기 축적을 방지할 수 있는 설비를 설치해야 한다.

[09-2]

3 제4류 위험물의 일반적인 취급상 주의사항으로 옳은 것은?

① 정전기가 축적되어 있으면 화재의 우려가 있으므로 정전기가 축적되지 않게 할 것
② 위험물이 유출하였을 때 액면이 확대되지 않게 흙 등으로 잘 조치한 후 자연증발시킬 것
③ 물에 녹지 않는 위험물은 폐기할 경우 물을 섞어 하수구에 버릴 것
④ 증기의 배출은 지표로 향해서 할 것

[07-1]

4 제4류 위험물의 공통적인 성질에 대한 설명 중 옳지 않은 것은?

① 연소범위의 하한값이 낮은 것이 많아 증기가 소량 누설되어도 화재 발생의 위험성이 있다.
② 대부분의 증기는 공기보다 무거워 낮은 곳에 체류한다.
③ 물보다 무거운 물질이 대부분이어서 화재 발생 시 소화에 어려움이 있다.
④ 인화되기가 쉬운 물질이 대부분이다.

제4류 위험물은 대부분 물보다 가볍고 물에 잘 녹지 않는다.

[13-2]

5 제4류 위험물의 성질 및 취급 시 주의사항에 대한 설명 중 가장 거리가 먼 것은?

① 액체의 비중은 물보다 가벼운 것이 많다.
② 대부분 증기는 공기보다 무겁다.
③ 제1석유류와 제2석유류는 비점으로 구분한다.
④ 정전기 발생에 주의하여 취급하여야 한다.

제1석유류와 제2석유류는 인화점으로 구분한다.

[15-1]

6 제4류 위험물 중 비수용성 인화성 액체의 탱크화재 시 물을 뿌려 소화하는 것은 적당하지 않다고 한다. 그 이유로서 가장 적당한 것은?

① 인화점이 낮아진다.
② 가연성 가스가 발생한다.
③ 화재면(연소면)이 확대된다.
④ 발화점이 낮아진다.

제4류 위험물 중 비수용성은 물보다 가벼워 주수소화를 하게 되면 화재면이 확대되기 때문에 적당하지 않다.

[09-2]

7 일반적으로 제4류 위험물 중 비수용성 액체의 화재 시 물로 소화하는 것은 적당하지 않다. 그 이유를 가장 옳게 설명한 것은?

① 가연성 가스를 발생한다.
② 인화점이 낮아진다.
③ 화재면의 확대 위험성이 있다.
④ 물을 분해하여 수소가스를 발생한다.

[14-4]

8 위험물안전관리법령에서 정의한 특수인화물의 조건으로 옳은 것은?

① 1기압에서 발화점이 100℃ 이상인 것 또는 인화점이 영하 10℃ 이하이고 비점이 40℃ 이하인 것
② 1기압에서 발화점이 100℃ 이하인 것 또는 인화점이 영하 20℃ 이하이고 비점이 40℃ 이하인 것
③ 1기압에서 발화점이 200℃ 이하인 것 또는 인화

chapter 03

정답 1③ 2④ 3① 4③ 5③ 6③ 7③ 8②

점이 영하 10℃ 이하이고 비점이 40℃ 이하인 것
④ 1기압에서 발화점이 200℃ 이상인 것 또는 인화점이 영하 20℃ 이하이고 비점이 40℃ 이하인 것

[13-4]
9 다이에틸에터의 성상에 해당하는 것은?

① 청색 액체　② 무미, 무취 액체
③ 휘발성 액체　④ 불연성 액체

> 다이에틸에터는 향기로운 에테르 냄새가 나는 무색 투명한 유동성의 액체로 휘발성이 매우 높은 물질이다.

[12-1]
10 다이에틸에터의 성질 및 저장, 취급할 때 주의사항으로 틀린 것은?

① 장시간 공기와 접촉하면 과산화물이 생성되어 폭발 위험이 있다.
② 연소범위는 가솔린보다 좁지만 발화점이 낮아 위험하다.
③ 정전기 생성방지를 위해 약간의 $CaCl_2$를 넣어 준다.
④ 이산화탄소소화기는 적응성이 있다.

> 다이에틸에터의 연소범위는 1.9~48%로 가솔린(1.4~7.6%)보다 넓다.

[12-4]
11 비중이 1보다 작고, 인화점이 0℃ 이하인 것은?

① $C_2H_5ONO_2$　② $C_2H_5OC_2H_5$
③ CS_2　④ C_6H_5Cl

> 다이에틸에터($C_2H_5OC_2H_5$)은 비중 0.72, 인화점 -45℃이다.

[14-2, 07-2]
12 다음 중 전기의 불량도체로 정전기가 발생하기 쉽고 폭발범위가 가장 넓은 위험물은?

① 아세톤　② 톨루엔
③ 에틸알코올　④ 에틸에테르

아세톤	톨루엔	에틸알코올	에틸에테르
2.6~12.8%	1.4~6.7%	4.3~19%	1.9~48%

[07-2]
13 제4류 위험물 중에 물에 잘 녹지 않으며 물보다 가볍고 인화점이 0℃ 이하인 것은?

① 에테르　② 메탄올
③ 나이트로벤졸　④ 아세트알데하이드

> 특수인화물인 에테르의 인화점은 -45℃이며, 물에 잘 녹지 않으며 물보다 가볍다.

[13-2]
14 다음 각 위험물을 저장할 때 사용하는 보호액으로 틀린 것은?

① 나이트로셀룰로스, 알코올
② 이황화탄소, 알코올
③ 금속칼륨, 등유
④ 황린, 물

> 이황화탄소는 가연성 증기의 발생을 방지하기 위해 물속에 저장한다.

[10-2]
15 다음 중 저장할 때 상부에 물을 덮어서 저장하는 것은?

① 다이에틸에터　② 아세트알데하이드
③ 산화프로필렌　④ 이황화탄소

[11-2]
16 비중이 1보다 큰 물질은?

① 이황화탄소　② 에틸알코올
③ 아세트알데하이드　④ 테레핀유

> 이황화탄소의 비중은 1.26이다.

[08-2]
17 다음 중 물속에 저장하는 위험물은?

① 에테르　② 이황화탄소
③ 아세톤　④ 가솔린

> 이황화탄소는 물보다 무겁고, 물에 녹지 않는데, 가연성 증기 발생을 방지하기 위해 물속에 저장한다.

정답 9 ③ 10 ② 11 ② 12 ④ 13 ① 14 ② 15 ④ 16 ① 17 ②

[12-1]

18 다음 〈보기〉에서 설명하는 위험물은?

> • 순수한 것은 무색 투명한 액체이다.
> • 물에 녹지 않고 벤젠에는 녹는다.
> • 물보다 무겁고 독성이 있다.

① 아세트알데하이드 ② 다이메틸에테르
③ 아세톤 ④ 이황화탄소

제4류 위험물 중 특수인화물인 이황화탄소는 무색 투명의 불쾌한 냄새가 나는 휘발성 액체로 벤젠, 알코올, 에테르에 녹는다.

[11-4]

19 다음 인화성액체 위험물 중 비중이 가장 큰 것은?

① 경유 ② 아세톤
③ 이황화탄소 ④ 중유

경유	아세톤	이황화탄소	중유
0.83~0.88	0.79	1.26	0.86~1.0

[13-1]

20 물보다 무겁고 물에 녹지 않아 저장 시 가연성 증기 발생을 억제하기 위해 콘크리트 수조 속의 위험물탱크에 저장하는 물질은?

① 다이에틸에터 ② 에탄올
③ 이황화탄소 ④ 아세트알데하이드

[08-4]

21 다음 중 완전연소할 때 자극성이 강하고 유독한 기체를 발생하는 물질은 어느 것인가?

① 이황화탄소 ② 벤젠
③ 에틸알코올 ④ 메틸알코올

[15-1, 09-4, 07-1, 07-2]

22 다음 중 이황화탄소의 액면 위에 물을 채워두는 이유로 가장 적합한 것은?

① 자연분해를 방지하기 위해
② 화재 발생 시 물로 소화를 하기 위해
③ 불순물을 물에 용해시키기 위해
④ 가연성 증기의 발생을 방지하기 위해

[12-1]

23 CS_2를 물속에 저장하는 주된 이유는 무엇인가?

① 불순물을 용해시키기 위하여
② 가연성 증기의 발생을 억제하기 위하여
③ 상온에서 수소 가스를 방출하기 때문에
④ 공기와 접촉하면 즉시 폭발하기 때문에

[12-2]

24 저장할 때 상부에 물을 덮어서 저장하는 것은?

① 다이에틸에터 ② 아세트알데하이드
③ 산화프로필렌 ④ 이황화탄소

이황화탄소는 용기나 탱크에 저장 시 물속에 보관한다.

[13-2]

25 다음 중 물에 가장 잘 녹는 것은?

① CH_3CHO ② $C_2H_5OC_2H_5$
③ P_4 ④ $C_2H_5ONO_2$

특수인화물인 아세트알데하이드는 물에 잘 녹지만, 다이에틸에터, 황린, 질산에틸은 비수용성 물질이다.

[10-1]

26 다음은 제4류 위험물에 해당하는 물품의 소화방법을 설명한 것이다. 소화효과가 가장 떨어지는 것은?

① 산화프로필렌 : 알코올형 포로 질식소화한다.
② 아세트알데하이드 : 수성막포를 이용하여 질식소화한다.
③ 이황화탄소 : 탱크 또는 용기 내부에서 연소하고 있는 경우에는 물을 유입하여 질식소화한다.
④ 다이에틸에터 : 이산화탄소소화설비를 이용하여 질식소화한다.

아세트알데하이드는 알코올포 및 분말, 이산화탄소, 할로젠소화약제에 의한 질식소화가 효과적이다.

[15-1, 11-1, 08-1]

27 취급하는 장치가 구리나 마그네슘으로 되어 있을 때 반응을 일으켜서 폭발성의 아세틸라이드를 생성하는 물질은?

① 이황화탄소 ② 아이소프로필알코올
③ 산화프로필렌 ④ 아세톤

중합반응을 일으켜 폭발성의 아세틸라이드를 생성하는 물질은 산화프로필렌이다.

정답 18 ④ 19 ③ 20 ③ 21 ① 22 ④ 23 ② 24 ④ 25 ① 26 ② 27 ③

[13-2]

28 구리, 은, 마그네슘과 접촉 시 아세틸라이드를 만들고, 연소범위가 2.5~38.5%인 물질은?

① 아세트알데하이드 ② 알킬알루미늄
③ 산화프로필렌 ④ 콜로디온

산화프로필렌은 구리, 은, 마그네슘 등과 접촉 시 중합반응을 일으켜 아세틸라이드를 생성한다.

[10-1]

29 아세톤과 아세트알데하이드의 공통 성질에 대한 설명이 아닌 것은?

① 무취이며 휘발성이 강하다.
② 무색의 액체로 인화성이 강하다.
③ 증기는 공기보다 무겁다.
④ 물보다 가볍다.

아세톤과 아세트알데하이드 모두 냄새가 있다.

[13-1]

30 아세톤의 물리적 특성으로 틀린 것은?

① 무색, 투명한 액체로서 독특한 자극성의 냄새를 가진다.
② 물에 잘 녹으며 에테르, 알코올에도 녹는다.
③ 화재시 대량 주수소화로 희석소화가 가능하다.
④ 증기는 공기보다 가볍다.

아세톤의 액체는 물보다 가볍고, 증기는 공기보다 무겁다.

[10-2]

31 제1석유류, 제2석유류, 제3석유류를 구분하는 주요 기준이 되는 것은?

① 인화점 ② 발화점
③ 비등점 ④ 비중

인화점을 기준으로 제1석유류, 제2석유류, 제3석유류를 구분한다.

[09-4]

32 위험물안전관리법령에서 정의한 제2석유류의 인화점 범위는 1기압에서 얼마인가?

① 21℃ 미만
② 21℃ 이상 70℃ 미만
③ 70℃ 이상 200℃ 미만
④ 200℃ 이상

- 제1석유류 : 21℃ 미만
- 제2석유류 : 21℃ 이상 70℃ 미만
- 제3석유류 : 70℃ 이상 200℃ 미만

[15-4]

33 위험물안전관리법령상 1기압에서 제3석유류의 인화점 범위로 옳은 것은?

① 21℃ 이상 70℃ 미만
② 70℃ 이상 200℃ 미만
③ 200℃ 이상 200℃ 미만
④ 300℃ 이상 400℃ 미만

[14-1]

34 아세톤에 관한 설명 중 틀린 것은?

① 무색의 액체로서 특이한 냄새를 가지고 있다.
② 가연성이며 비중은 물보다 작다.
③ 화재 발생 시 이산화탄소나 포에 의한 소화가 가능하다.
④ 알코올, 에테르에 녹지 않는다.

아세톤은 물, 알코올, 에테르에 잘 녹는다.

[08-1]

35 CH_3COCH_3로 나타내는 위험물의 명칭은?

① 에틸알코올 ② 아세톤
③ 초산메틸 ④ 메탄올

CH_3COCH_3는 아세톤이다.

[11-2]

36 가솔린에 대한 설명 중 틀린 것은?

① 수산화칼륨과 요오드포름 반응을 한다.
② 휘발하기 쉽고 인화성이 크다.
③ 물보다 가벼우나 증기는 공기보다 무겁다.
④ 전기에 대하여 부도체이다.

요오드포름 반응을 일으키는 물질은 아세톤, 아세트알데하이드, 에틸알코올 등이다.

정답 28 ③ 29 ① 30 ④ 31 ① 32 ② 33 ② 34 ④ 35 ② 36 ①

[08-2]

37 가솔린의 성질 및 취급에 관한 설명 중 틀린 것은?

① 용기로부터 새어나오는 것을 방지해야 한다.
② 가솔린 증기는 공기보다 무겁다.
③ 소화방법으로 포에 의한 소화가 가능하다.
④ 발화점이 10℃ 정도로 낮아 상온에서도 매우 위험하다.

가솔린의 발화점은 약 300℃이다.

[14-2]

38 벤젠의 일반적 성질에 관한 사항 중 틀린 것은?

① 알코올, 에테르에 녹는다.
② 물에는 녹지 않는다.
③ 냄새는 없고 색상은 갈색인 휘발성 액체이다.
④ 증기 비중은 약 2.8이다.

벤젠은 방향성을 갖는 무색의 휘발성 액체이다.

[13-2]

39 벤젠의 성질로 옳지 않은 것은?

① 휘발성을 갖는 갈색 무취의 액체이다.
② 증기는 유해하다.
③ 인화점은 0℃보다 낮다.
④ 끓는점은 상온보다 높다.

벤젠은 방향성을 갖는 무색의 휘발성 액체이다.

[13-1, 07-1]

40 벤젠의 성질에 대한 설명 중 틀린 것은?

① 증기는 유독하다.
② 물에 녹지 않는다.
③ CS_2보다 인화점이 낮다.
④ 독특한 냄새가 있는 액체이다.

벤젠의 인화점은 -11℃로 이황화탄소(-30℃)보다 높다.

[08-1]

41 벤젠의 일반적인 성질에 대한 설명 중 틀린 것은?

① 비중은 약 0.88이다.
② 녹는점은 약 5.5℃이다.
③ 끓는점은 약 220℃이다.
④ 인화점은 약 -11℃이다.

벤젠의 끓는점은 약 80℃이다.

[19-1, 11-2]

42 벤젠과 톨루엔의 공통점이 아닌 것은?

① 물에 녹지 않는다.
② 냄새가 없다.
③ 휘발성 액체이다.
④ 증기는 공기보다 무겁다.

벤젠과 톨루엔 모두 냄새가 있다.

[11-4]

43 인화점이 1기압에서 20℃ 이하인 것으로만 나열된 것은?

① 벤젠, 휘발유 ② 다이에틸에터, 등유
③ 휘발유, 글리세린 ④ 참기름, 등유

벤젠, 휘발유는 제1석유류로서 인화점이 1기압에서 20℃ 이하이다.

[08-2]

44 다음 중 물보다 가벼운 것으로만 나열된 것은?

① 아크릴산, 과산화벤조일
② 아세트산, 질산메틸
③ 벤젠, 가솔린
④ 나이트로글리세린, 경유

벤젠의 비중은 0.879이며, 가솔린의 비중은 0.65~0.8로 물보다 가볍다.

[12-4]

45 톨루엔의 화재에 적응성이 있는 소화방법이 아닌 것은?

① 무상수 소화기에 의한 소화
② 무상강화액 소화기에 의한 소화
③ 포소화기에 의한 소화
④ 할로젠화합물소화기에 의한 소화

제4류 위험물은 봉상수 소화기, 무상수 소화기, 봉상강화액 소화기 등에는 적응성이 없다.

[15-2]

46 피리딘에 대한 설명으로 틀린 것은?

① 물보다 가벼운 액체이다.
② 인화점은 30℃보다 낮다.
③ 제1석유류이다.
④ 지정수량이 200리터이다.

정답 37 ④ 38 ③ 39 ① 40 ③ 41 ③ 42 ② 43 ① 44 ③ 45 ① 46 ④

제4류 위험물 중 제1석유류인 피리딘의 지정수량은 400리터이다.

[11-2]
47 피리딘에 대한 설명 중 틀린 것은?

① 액체이다.
② 물에 녹지 않는다.
③ 상온에서 인화의 위험이 있다.
④ 독성이 있다.

피리딘은 물, 알코올, 에테르에 잘 녹는다.

[14-1, 08-4]
48 다음 중 C_5H_5N에 대한 설명으로 틀린 것은?

① 순수한 것은 무색이고 악취가 나는 액체이다.
② 상온에서 인화의 위험이 있다.
③ 물에 녹는다.
④ 강한 산성을 나타낸다.

피리딘은 약한 알칼리성을 나타낸다.

[09-4]
49 메틸에틸케톤에 대한 설명으로 옳은 것은?

① 물보다 무겁다.
② 증기는 공기보다 가볍다.
③ 지정수량은 200L이다.
④ 물과 접촉하면 심하게 발열하므로 주주소화는 금한다.

① 비중 0.8로 물보다 가볍다.
② 증기는 공기보다 무겁다.
④ 화재 시 물 분무 또는 알코올 포를 이용한 질식소화가 효과적이다.

[19-1, 08-1]
50 메틸에틸케톤의 취급 방법에 대한 설명으로 틀린 것은?

① 쉽게 연소하므로 화기 접근을 금한다.
② 직사광선을 피하고 통풍이 잘되는 곳에 저장한다.
③ 탈지작용이 있으므로 피부에 접촉하지 않도록 주의한다.
④ 유리 용기를 피하고 수지, 섬유소 등의 재질로 된 용기에 저장한다.

메틸에틸케톤은 유리 용기에 밀폐하여 저장한다.

[10-2]
51 메틸에틸케톤의 저장 또는 취급 시 유의할 점으로 가장 거리가 먼 것은?

① 통풍을 잘 시킬 것
② 찬 곳에 저장할 것
③ 일광의 직사를 피할 것
④ 저장 용기에는 증기 배출을 위해 구멍을 설치할 것

제4류 위험물 저장 시에는 용기를 밀전 밀봉해야 한다.

[11-2]
52 초산에틸(아세트산에틸)의 성질에 대한 설명으로 틀린 것은?

① 물보다 가볍다.
② 끓는점이 약 77℃이다.
③ 비수용성 제1석유류로 구분된다.
④ 무색, 무취의 투명 액체이다.

초산에틸은 파인애플, 딸기 향이 있는 무색 투명한 휘발성 액체이다.

[09-2]
53 초산메틸의 성질에 대한 설명으로 옳은 것은?

① 마취성이 있는 액체로 향기가 난다.
② 끓는점이 100℃ 이상이고 안전한 물질이다.
③ 불연성 액체이다.
④ 초록색 액체로 물보다 무겁다.

제1석유류인 초산메틸은 과일향이 나는 인화성액체로 물보다 가볍고 끓는점이 약 54℃이다.

[15-4, 09-4]
54 아밀알코올에 대한 설명으로 틀린 것은?

① 8가지 이성질체가 있다.
② 청색이고 무취의 액체이다.
③ 분자량은 약 88.15이다.
④ 포화 지방족 알코올이다.

제4류 위험물 중 제1석유류인 아밀알코올은 독특한 냄새가 나는 무색의 액체이다.

정답 47 ② 48 ④ 49 ③ 50 ④ 51 ④ 52 ④ 53 ① 54 ②

[09-1]
55 등유에 관한 설명 중 틀린 것은?

① 물보다 가볍다.
② 가솔린보다 인화점이 높다.
③ 물에 용해되지 않는다.
④ 증기는 공기보다 가볍다.

등유는 물보다 가볍고 증기는 공기보다 무겁다.

[14-1]
56 경유의 대규모 화재 발생 시 주수소화가 부적당한 이유에 대한 설명으로 옳은 것은?

① 경유가 연소할 때 물과 반응하여 수소가스를 발생하여 연소를 돕기 때문에
② 주수소화하면 경유의 연소열 때문에 분해하여 산소를 발생하고 연소를 돕기 때문에
③ 경유는 물과 반응하여 유독가스를 발생하므로
④ 경유는 물보다 가볍고 또 물에 녹지 않기 때문에 화재가 널리 확대되므로

제4류 위험물은 물보다 가볍고 물에 녹지 않기 때문에 화재 시 주수소화를 하게 되면 화재면이 확대되므로 적당하지 않다.

[12-1]
57 1기압에서 인화점이 21℃ 이상 70℃ 미만인 품명에 해당하는 물품은?

① 벤젠　　② 경유
③ 나이트로벤젠　　④ 실린더유

1기압에서 인화점이 21℃ 이상 70℃ 미만인 것을 제2석유류라 하는데, 등유, 경유, 아세트산이 이에 속한다.

[07-2]
58 테레핀유의 인화점은 약 몇 ℃인가?

① 15　　② 35
③ 55　　④ 75

제2석유류인 테레핀유는 무색 또는 담황색의 액체로 인화점이 35℃, 착화점이 240℃이다.

[07-1]
59 중유에 대한 설명 중 틀린 것은?

① 인화점이 상온 이하이므로 매우 위험하다.
② 물에 녹지 않는다.
③ 디젤기관 및 보일러의 연료로 사용된다.
④ 비중은 물보다 작다.

중유는 제3석유류인데, 제3석유류는 1기압에서 인화점이 70℃ 이상 200℃ 미만인 것을 말한다.

[14-1]
60 다음 중 독성이 있고, 제2석유류에 속하는 것은?

① CH_3CHO　　② C_6H_6
③ $C_6H_5CH=CH_2$　　④ $C_6H_5NH_2$

스틸렌은 비수용성의 제2석유류로 독성이 있는 물질이다.

[10-4]
61 다음 중 제2석유류에 해당되는 것은?

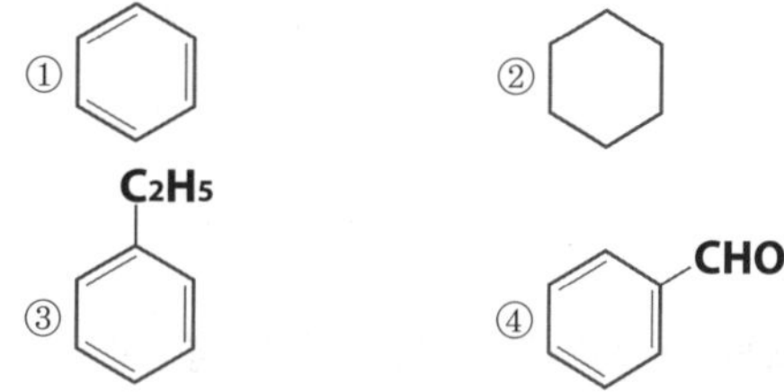

① 벤젠(제1석유류)　　② 시클로헥산(제1석유류)
③ 에틸벤젠(제1석유류)　　④ 벤즈알데하이드(제2석유류)

[10-1]
62 다음 화학 구조식 중 나이트로벤젠의 구조식은?

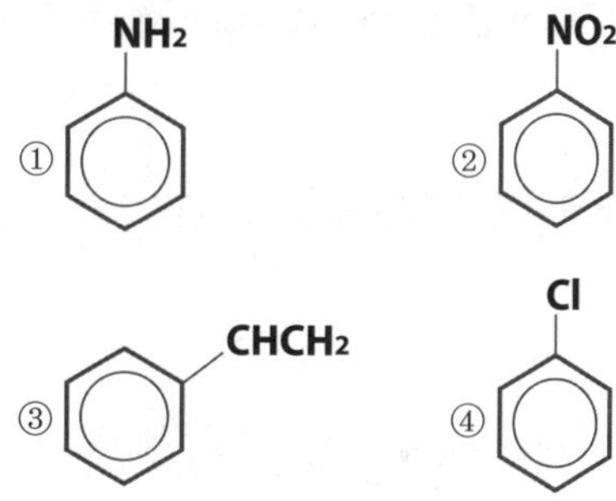

나이트로벤젠은 제3석유류로서 1개의 나이트로기($-NO_2$)를 가지고 있다.

[10-2]
63 다음 중 나이트로기($-NO_2$)를 1개만 가지고 있는 것은?

① 나이트로셀룰로스　　② 나이트로글리세린
③ 나이트로벤젠　　④ TNT

정답 55 ④ 56 ④ 57 ② 58 ② 59 ① 60 ③ 61 ④ 62 ② 63 ③

[13-2]

64 메틸알코올의 성질로 옳은 것은?

① 인화점 이하가 되면 밀폐된 상태에서 연소하여 폭발한다.
② 비점은 물보다 높다.
③ 물에 녹기 어렵다.
④ 증기비중이 공기보다 크다.

> ① 인화점 이하가 되면 폭발의 위험이 줄어든다.
> ② 비점은 79℃로 물보다 낮다.
> ③ 물에 잘 녹는다.

[07-1]

65 다음 중 메탄올(CH_3OH)의 연소범위로 옳은 것은?

① 약 1.4~5.6%　　② 약 7.3~36%
③ 약 20.3~66%　　④ 약 42.0~77%

> 메탄올의 연소범위는 약 7.3~36%이다.

[11-2]

66 메틸알코올과 에틸알코올의 공통 성질이 아닌 것은?

① 무색 투명한 휘발성 액체이다.
② 물에 잘 녹는다.
③ 비중은 물보다 작다.
④ 인체에 대한 유독성이 없다.

> 에틸알코올은 독성이 없지만, 메틸알코올은 독성이 있다.

[08-2]

67 에틸알코올의 인화점은 약 몇 ℃인가?

① -4℃　　② 7℃
③ 13℃　　④ 19℃

> 에틸알코올의 인화점은13℃이다.

[10-2]

68 다음은 어떤 위험물에 대한 내용인가?

- 지정수량 : 400L
- 증기비중 : 2.07
- 인화점 : 12℃
- 녹는점 : -89.5℃

① 메탄올　　② 에탄올
③ 아이소프로필알코올　　④ 부틸알코올

> 알코올류에 속하는 아이소프로필알코올에 관한 설명이다.

[13-4]

69 위험물안전관리법령의 동식물유류에 대한 설명으로 옳은 것은?

① 피마자유는 건성유이다.
② 요오드 값이 130 이하인 것이 건성유이다.
③ 불포화도가 클수록 자연발화하기 쉽다.
④ 동식물유류의 지정수량은 20,000L이다.

> ① 피마자유는 불건성유이다.
> ② 요오드값이 130 이상인 것을 건성유라 한다.
> ④ 동식물유류의 지정수량은 10,000L이다.

[07-1]

70 동식물유류에 대한 설명으로 옳은 것은?

① 채종유는 건성유이다.
② 일반적으로 요오드값이 100 이상인 것을 건성유라고 한다.
③ 일반적으로 요오드값이 큰 것은 공기 중에서 단단한 피막을 만들 수 있다.
④ 요오드값이 큰 것일수록 인화점은 낮아진다.

> ① 채종유는 반건성유이다.
> ② 일반적으로 요오드값이 130 이상인 것을 건성유라고 한다.
> ④ 요오드값이 큰 것일수록 인화점은 높아진다.

[08-4]

71 동식물유류에 관한 설명 중 틀린 것은?

① 요오드값이 클수록 자연발화 위험이 크다.
② 요오드값이 130 이상인 것을 건성유라 한다.
③ 요오드값이 클수록 이중결합이 적고 포화지방산을 많이 가진다.
④ 아마인유는 건성유이므로 자연발화 위험이 있다.

> 요오드값이 클수록 이중결합이 많고 불포화지방산을 많이 가진다.

정답 64 ④ 65 ② 66 ④ 67 ③ 68 ③ 69 ③ 70 ③ 71 ③

[13-2]

72 동식물유류에 대한 설명으로 틀린 것은?

① 건성유는 자연발화의 위험성이 높다.
② 불포화도가 높을수록 요오드가 크며 산화되기 쉽다.
③ 요오드값이 130 이하인 것이 건성유이다.
④ 1기압에서 인화점이 섭씨 250도 미만이다.

> 요오드값이 130 이상인 것을 건성유라 한다.

[08-2]

73 동식물유는 요오드값에 따라 건성유, 반건성유, 불건성유로 분류한다. 일반적으로 건성유의 요오드값 기준은 얼마인가?

① 100 이하 ② 100~130
③ 130 이상 ④ 200 이상

> 요오드값 130 이상은 건성유, 100~130은 반건성유, 100 이하는 불건성유이다.

[12-1]

74 동식물유류를 취급 및 저장할 때 주의사항으로 옳은 것은?

① 아마인유는 불건성유이므로 옥외저장 시 자연발화의 위험이 없다.
② 요오드가 130 이상인 것은 섬유질에 스며들어 있으므로 자연발화의 위험이 있다.
③ 요오드가 100 이상인 것은 불건성유이므로 저장할 때 주의를 요한다.
④ 인화점이 상온 이상이므로 소화에는 별 어려움이 없다.

> 요오드가 100 이하인 것을 불건성유, 130 이상인 것을 건성유라 하는데, 아마인유는 요오드값이 175~195로 건성유에 해당한다.

[12-2]

75 건성유에 속하지 않는 것은?

① 동유 ② 아마인유
③ 야자유 ④ 들기름

> 야자유는 요오드값이 50~60으로 불건성유에 해당한다.

[11-1]

76 다음 중 요오드가가 가장 높은 동식물유류는?

① 아마인유 ② 야자유
③ 피마자유 ④ 올리브유

아마인유	야자유	피마자유	올리브유
175~195	50~60	82~90	79~95

[11-2]

77 다음 중 요오드가가 가장 큰 것은?

① 땅콩기름 ② 해바라기기름
③ 면실유 ④ 아마인유

> 아미인유는 요오드값이 175~195로 가장 크다.

[09-4]

78 짚, 헝겊 등을 다음의 물질과 적셔서 대량으로 쌓아 두었을 경우 자연발화의 위험성이 제일 높은 것은?

① 동유 ② 야자유
③ 올리브유 ④ 피마자유

> 동식물유류 중 요오드값이 큰 것일수록 인화점이 높아 자연발화의 위험성이 높은데, 동유는 건성유로 160~170이므로 자연발화의 위험성이 가장 높다.

[08-2]

79 다음 물질을 적셔서 얻은 헝겊을 대량으로 쌓아 두었을 경우 자연발화의 위험성이 가장 큰 것은?

① 아마인유 ② 땅콩기름
③ 야자유 ④ 올리브유

> 아미인유는 요오드값이 175~195로 가장 높아 자연발화의 위험이 가장 높다.

정답 72 ③ 73 ③ 74 ② 75 ③ 76 ① 77 ④ 78 ① 79 ①

SECTION

06 제5류 위험물(자기반응성물질)

이 섹션에서는 제5류 위험물의 일반적인 성질과 위험성, 화재예방 및 소화 방법에 대해 묻는 문제가 자주 출제된다. 질산에스터류와 나이트로화합물의 품명을 구분하는 문제도 자주 출제된다. 또한 하이드라진 유도체와 제4류 위험물인 하이드라진도 구분해서 정리해두도록 한다.

01 공통 성질

1 일반적 성질

① 유기화합물로 가연성 물질이다.

② 대부분 물질 자체에 산소를 함유하고 있다(아조화합물, 다이아조화합물, 하이드라진유도체 등은 제외).

③ 자기연소를 일으키며 연소 속도가 빠르다.

④ 비중이 1보다 크다.

2 위험성

① 강산화제 또는 강산류와 접촉 시 위험성이 증가한다.

② 오래 저장할수록 자연발화의 위험이 있다.

③ 산화제 및 환원제와 멀리한다.

3 저장 및 취급

① 용기의 파손 및 균열에 주의한다.

② 저장 시 가열, 충격, 마찰을 피한다.

③ 점화원 및 분해를 촉진시키는 물질로부터 멀리한다.

④ 통풍이 잘되는 냉암소에 저장한다.

⑤ 화재 시 소화에 어려움이 있으므로 가급적 소분하여(작게 나누어서) 저장한다.

⑥ 위험물제조소에는 "화기엄금" 주의사항 게시판을 설치한다.

⑦ 운반용기 외부에 "화기엄금" 및 "충격주의"를 표시한다.

⑧ 피부 접촉 시 비누액이나 물로 씻는다.

4 소화 방법

다량의 냉각주수소화가 효과적이다.

02 질산에스터류

구분	종류
질산에스터류	질산메틸, 질산에틸, 나이트로글리세린, 나이트로셀롤로스, 나이트로글리콜, 셀룰로이드
나이트로화합물류	트라이나이트로톨루엔, 트라이나이트로페놀(피크린산)

1 질산메틸(CH_3ONO_2)

비중	증기비중	비점	분자량
1.22	2.65	66℃	77

(1) 일반적 성질

① 무색 투명한 액체이다.

② 물에 녹지 않으며 알코올과 에테르에 녹는다.

(2) 위험성

폭발성이 크고 폭약이나 로켓용 액체연료로 사용된다.

(3) 저장 및 취급

저장 시 열이나 충격을 피한다.

(4) 소화 방법

물을 주수하여 냉각소화한다.

2 질산에틸($C_2H_5ONO_2$)

비중	증기비중	비점	분자량	인화점	끓는점
1.11	3.14	88℃	91	10℃	88℃

(1) 일반적 성질

① 무색 투명한 액체이다.

② 물에 녹지 않으며 알코올과 에테르에 녹는다.

③ 방향성을 가지고 있다.

(2) 위험성

인화점이 낮아 상온에서 인화되기 쉽다.

(3) 저장 및 취급

통풍이 잘되는 찬 곳에 저장한다.

3 나이트로글리세린($C_3H_5(ONO_2)_3$)

비중	비점	착화점
1.6	160℃	210℃

(1) 일반적 성질

① 무색 또는 담황색의 액체이다.

② 물에는 녹지 않고, 알코올, 벤젠 등에 녹는다.

③ 규조토에 흡수시킨 것을 다이너마이트라고 한다.

(2) 위험성

① 충격, 마찰에 매우 예민하고 폭발을 일으키기 쉽다.

② 겨울철에 동결의 우려가 있다.

(3) 저장 및 취급

직사광선을 피하고 환기가 잘 되는 냉암소에 보관한다.

(4) 화학반응식

• 분해반응식

$4C_3H_5(ONO_2)_3 \rightarrow$ (나이트로글리세린)

$12CO_2\uparrow + 6N_2\uparrow + O_2\uparrow + 10H_2O\uparrow$ (이산화탄소, 질소, 산소, 수증기)

4 나이트로셀룰로스($C_{24}H_{29}O_9(ONO_2)_{11}$)

비중	분해온도	발화온도
1.5	130℃	180℃

(1) 일반적 성질

① 무색 또는 백색의 고체이며, 햇빛에 의해 황갈색으로 변한다.

② 셀룰로스를 진한 황산과 진한 질산의 혼산으로 반응시켜 제조한다.

③ 물에는 녹지 않고, 알코올, 벤젠 등에 녹는다.

④ 질화도(질산기의 수)에 따라 강면약과 약면약으로 나눌 수 있다.

⑤ 화약의 원료로 사용된다.

⑥ 물과 혼합하면 위험성이 감소한다.

(2) 위험성

① 질화도가 클수록 폭발성, 위험성이 증가한다.

② 열분해하여 자연발화한다.

(3) 저장 및 취급

운반 시 또는 저장 시 물 또는 알코올 등을 첨가하여 습윤시켜야 한다.

(4) 소화 방법

다량의 물에 의한 소화가 효과적이다.

(5) 화학반응식

• 분해반응식

$2C_{24}H_{29}O_9(ONO_2)_{11} \rightarrow 24CO_2\uparrow + 24CO\uparrow$ (나이트로셀룰로오스, 이산화탄소, 일산화탄소)

$+ 12H_2O + 17H_2\uparrow + 11N_2\uparrow$ (물, 수소, 질소)

5 셀룰로이드

비중	분해온도	발화온도
1.32~1.35	100℃	170~190℃

(1) 일반적 성질

① 순수한 것은 무색 투명한 고체이다.

② 질소가 함유된 유기물로 나이트로셀룰로스를 장뇌와 알코올에 녹여 교질상태로 만든 것이다.

③ 물에는 녹지 않고 알코올, 아세톤에 녹는다.

(2) 위험성

장시간 방치된 것은 햇빛, 고온 등에 의해 분해가 촉진되어 자연발화의 위험이 있다.

(3) 저장 및 취급

통풍이 잘되고 온도가 낮은 곳에 저장한다.

6 나이트로글리콜($C_2H_4N_2O_6$)

(1) 일반적 성질

① 무색, 기름상의 액체이다.

② 물에는 녹지 않고 알코올, 에테르에 잘 녹는다.

③ 나이트로글리세린보다 휘발성이 강하다.

④ 낮은 온도에서도 잘 얼지 않는 다이너마이트를 제조하기 위해 나이트로글리세린의 일부를 대체하여 첨가한다.

(2) 위험성

① 증기는 맹독성이 강하다.

② 마찰과 충격에 민감하다.

③ 다량 흡수하면 협심증 발작을 일으킬 수 있다.

④ 가열하면 폭발할 위험이 높다.

03 유기과산화물

(1) 저장 및 취급

① 인화성 액체류와 접촉을 피하여 저장한다.

② 직사광선을 피하고 냉암소에 저장한다.

③ 불꽃, 불티 등의 화기 및 열원으로부터 멀리한다.

④ 산화제나 환원제와 접촉하지 않도록 주의한다.

④ 필요한 경우 물질의 특성에 맞는 적당한 희석제를 첨가하여 저장한다.

(2) 소화 방법

주수소화가 가장 효과적이다.

(3) 유기과산화물에서 제외되는 혼합물의 기준

① 과산화벤조일의 함유량이 35.5중량퍼센트 미만인 것으로서 전분가루, 황산칼슘2수화물 또는 인산1수소칼슘2수화물과의 혼합물

② 비스(4클로로벤조일)퍼옥사이드의 함유량이 30중량퍼센트 미만인 것으로서 불활성고체와의 혼합물

③ 과산화지크밀의 함유량이 40중량퍼센트 미만인 것으로서 불활성고체와의 혼합물

④ 1 · 4비스(2-터셔리부틸퍼옥시아이소프로필)벤젠의 함유량이 40중량퍼센트 미만인 것으로서 불활성고체와의 혼합물

⑤ 시크로헥사놀퍼옥사이드의 함유량이 30중량퍼센트 미만인 것으로서 불활성고체와의 혼합물

1 과산화벤조일(벤조일퍼옥사이드, $(C_6H_5CO)_2O_2$)

비중	융점	발화점
1.33	103~105℃	125℃

(1) 일반적 성질

① 무색 · 무취의 결정 또는 백색 분말이다.

② 물에는 녹지 않고, 알코올에 약간 녹으며, 에테르에 잘 녹는다.

③ 상온에서 안정하다.

(2) 위험성

① 산화제이므로 유기물, 환원성 물질과의 접촉을 피한다.

② 진한 황산, 질산 등에 의하여 분해폭발의 위험이 있다.

③ 건조상태에서는 마찰 · 충격으로 폭발의 위험이 있다.

④ 가열하면 약 100℃에서 흰 연기를 내면서 분해한다.

(3) 저장 및 취급

① 직사일광을 피하고 찬 곳에 저장한다.

② 건조 방지를 위해 물 등의 희석제(프탈산다이메틸, 프탈산디부틸 등)를 사용하여 폭발의 위험성을 낮출 수 있다.

(4) 소화 방법

소량일 때는 마른 모래, 분말, 탄산가스가 효과적이며, 대량일 때는 주수소화가 효과적이다.

(5) 구조식

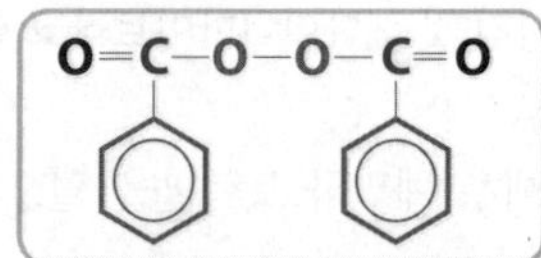

2 과산화에틸메틸케톤(메틸에틸케톤퍼옥사이드, $(CH_3COC_2H_5)_2O_2$)

융점	발화점	분해온도
-20℃	205℃	40℃

(1) 일반적 성질

① 무색 · 기름 형태의 액체이다.

② 상온 이하의 온도에서도 안정하다.

(2) 위험성

① 30℃ 이상에서 무명, 탈지면 등과 접촉하면 발화의 위험이 있다.

② 대량 연소 시 폭발할 위험이 있다.

04 나이트로화합물

1 트라이나이트로톨루엔($C_6H_2CH_3(NO_2)_3$, TNT)

비중	융점	비점	인화점	착화점
1.66	81℃	240℃	167℃	300℃

(1) 일반적 성질

① 담황색의 결정이며, 직사광선에 노출되면 다갈색으로 변한다.

② 물에 녹지 않으며 알코올, 아세톤, 벤젠, 에테르에 잘 녹는다.

③ 자연분해의 위험성이 적어 장기간 저장이 가능하다.

④ 운반 시 10%의 물을 넣어 운반하면 안전하다.

⑤ 금속과는 반응하지 않는다.
⑥ 폭약의 원료로 사용된다.
⑦ 폭약류의 폭력을 비교할 때 기준 폭약으로 활용된다.
⑧ 피크르산에 비하여 충격 · 마찰에 둔감하다.

(2) 위험성

폭발 시 유독기체인 일산화탄소를 발생한다.

(3) 화학반응식

• 분해반응식

$2C_6H_2CH_3(NO_2)_3 \rightarrow$ (트라이나이트로톨루엔)

$2C + 3N_2\uparrow + 5H_2\uparrow + 12CO\uparrow$ (탄소, 질소, 수소, 일산화탄소)

2 트라이나이트로페놀($C_6H_2OH(NO_2)_3$)

비중	융점	비점	착화점	인화점
1.8	122.5℃	255℃	300℃	150℃

(1) 일반적 성질

① 순수한 것은 무색이며 공업용은 휘황색의 침상 결정으로 피크린산 또는 피크르산이라고도 한다.
② 페놀(C_6H_5OH)의 수소원자(H)를 나이트로기($-NO_2$)로 치환한 것이다.
③ 찬물에는 미량 녹고, 알코올, 에테르, 벤젠, 온수에 잘 녹는다.

(2) 위험성

① 분해 시 일산화탄소, 이산화탄소, 질소, 수소, 탄소 등 다량의 가스를 발생한다.
② 쓴맛이 있으며, 독성이 있다.
③ 구리, 납, 철 등의 중금속과 반응하여 피크린산염을 생성한다.
④ 단독으로는 충격, 마찰 등에 비교적 안정하지만, 금속염, 요오드, 가솔린, 알코올, 황 등과의 혼합물은 충격, 마찰 등에 의하여 폭발한다.

(3) 소화 방법

주수소화가 효과적이다.

(4) 화학반응식

• 분해반응식

$2C_6H_2OH(NO_2)_3 \rightarrow$ (트라이나이트로페놀)

$6CO\uparrow + 4CO_2\uparrow + 3N_2\uparrow + 3H_2\uparrow + 2C$ (일산화탄소, 이산화탄소, 질소, 수소, 탄소)

※나이트로 화합물의 작용기 : 나이트로기($-NO_2$)

3 다이나이트로톨루엔

(1) 일반적 성질

① 백색의 결정이다.
② 물에는 녹지 않고 알코올, 에테르, 벤젠에 녹는다.
③ 비중 : 1.5
④ 폭발 감도가 매우 둔하여 폭굉하기 어렵다.
⑤ 폭발력이 적어 폭약으로 사용할 수 없다.
⑥ 질산암모늄 폭약의 예감제로 사용된다.

[14-4]

1 다음 중 제5류 위험물의 화재 시에 가장 적당한 소화방법은?

① 질소가스를 사용한다.
② 할로젠화합물을 사용한다.
③ 탄산가스를 사용한다.
④ 다량의 물을 사용한다.

제5류 위험물은 화재 시 다량의 냉각주수소화가 가장 효과적이다.

[09-1]

2 제5류 위험물의 화재 시에 가장 적당한 소화방법은?

① 인산염류를 사용한다.
② 할로젠화합물을 사용한다.
③ 탄산가스를 사용한다.
④ 다량의 물을 사용한다.

[11-4]

3 다음 중 화재 시 다량의 물에 의한 냉각소화가 가장 효과적인 것은?

① 금속의 수소화물
② 알칼리금속과산화물
③ 유기과산화물
④ 금속분

유기과산화물은 제5류 위험물로서 다량의 물에 의한 냉각소화가 가장 효과적이다.

[13-4]

4 유기과산화물의 화재 예방상 주의사항으로 틀린 것은?

① 열원으로부터 멀리한다.
② 직사광선을 피한다.
③ 용기의 파손 여부를 정기적으로 점검한다.
④ 가급적 환원제와 접촉하고 산화제는 멀리한다.

유기과산화물은 산화제 및 환원제와 멀리해야 한다.

[12-1]

5 제5류 위험물의 일반적인 취급 및 소화방법으로 틀린 것은?

① 운반용기 외부에는 주의사항으로 화기엄금 및 충격주의 표시를 한다.
② 화재 시 소화방법으로는 질식소화가 가장 이상적이다.
③ 대량 화재 시 소화가 곤란하므로 가급적 소분하여 저장한다.
④ 화재 시 폭발의 위험성이 있으므로 충분한 안전거리를 확보하여야 한다.

제5류 위험물은 화재 시 다량의 냉각주수소화가 효과적이다.

[12-1, 09-1]

6 질산에틸의 성상에 관한 설명 중 틀린 것은?

① 향기를 갖는 무색의 액체이다.
② 휘발성 물질로 증기 비중은 공기보다 작다.
③ 물에는 녹지 않으나 에테르에 녹는다.
④ 비점 이상으로 가열하면 폭발의 위험이 있다.

질산에틸의 증기비중은 3.14로 공기보다 무겁다.

[11-2]

7 나이트로글리세린에 대한 설명으로 틀린 것은?

① 순수한 것은 상온에서 무색 투명한 액체이다.
② 순수한 것은 겨울철에 동결될 수 있다.
③ 메탄올에 녹는다.
④ 물보다 가볍다.

나이트로글리세린은 비중 1.6으로 물보다 무겁다.

[12-1]

8 연소할 때 자기연소에 의하여 질식소화가 곤란한 위험물은?

① $C_3H_5(ONO_2)_3$ ② $C_6H_4(CH_3)_2$
③ CH_3CHCH_2 ④ $C_2H_5OC_2H_5$

제5류 위험물인 나이트로글리세린($C_3H_5(ONO_2)_3$)은 자기연소성물질로 질식소화는 적응성이 없다.

정답 ▶ 1④ 2④ 3③ 4④ 5② 6② 7④ 8①

[09-1]

9 규조토에 어떤 물질을 흡수시켜 다이너마이트를 제조하는가?

① 페놀
② 나이트로글리세린
③ 질산에틸
④ 장뇌

> 나이트로글리세린을 규조토에 흡수시켜 다이너마이트를 만든다.

[12-4, 09-1]

10 나이트로셀룰로스의 저장 및 취급 방법으로 틀린 것은?

① 가열, 마찰을 피한다.
② 열원을 멀리하고 냉암소에 저장한다.
③ 알코올 용액으로 습면하여 운반한다.
④ 물과의 접촉을 피하기 위해 석유에 저장한다.

> 나이트로셀룰로스는 운반 또는 저장 시 물 또는 알코올 등을 첨가하여 습윤시켜 저장한다.

[11-1, 11-4, 08-4]

11 2가지 물질을 혼합하였을 때 위험성이 증가하는 경우가 아닌 것은?

① 과망가니즈산칼륨 + 황산
② 나이트로셀룰로스 + 알코올 수용액
③ 질산나트륨 + 유기물
④ 질산 + 에틸알코올

> 나이트로셀룰로스는 저장 시 알코올을 첨가하여 습윤시킨다.

[13-4, 08-1]

12 나이트로셀룰로스의 안전한 저장 및 운반에 대한 설명으로 옳은 것은?

① 습도가 높으면 위험하므로 건조한 상태로 취급한다.
② 아닐린과 혼합한다.
③ 산을 첨가하여 중화시킨다.
④ 알코올 수용액으로 습면시킨다.

> 화약의 원료로 사용되는 나이트로셀룰로스는 물 또는 알코올 등을 습윤시켜 저장한다.

[12-2]

13 나이트로셀룰로스에 대한 설명으로 옳지 않은 것은?

① 직사일광을 피해서 저장한다.
② 알코올 수용액 또는 물로 습윤시켜 저장한다.
③ 질화도가 클수록 위험도가 증가한다.
④ 화재 시에는 질식소화가 효과적이다.

> 제5류 위험물은 다량의 물에 의한 소화가 효과적이다.

[13-4]

14 질소 함유량이 약 11%의 나이트로셀룰로스를 장뇌와 알코올에 녹여 교질상태로 만든 것을 무엇이라고 하는가?

① 셀룰로이드　② 펜트라이트
③ TNT　④ 나이트로글리콜

> 셀룰로이드는 질소가 함유된 유기물로 나이트로셀룰로스를 장뇌와 알코올에 녹여 교질상태로 만든 것이다.

[11-4]

15 셀룰로이드의 자연발화 형태를 가장 옳게 나타낸 것은?

① 잠열에 의한 발화
② 미생물에 의한 발화
③ 분해열에 의한 발화
④ 흡착열에 의한 발화

> 셀룰로이드는 장시간 방치하면 햇빛, 고온 등에 의해 분해가 촉진되어 자연발화의 위험이 있다.

[19-1, 09-4]

16 유기과산화물에 대한 설명으로 틀린 것은?

① 소화 방법으로는 질식소화가 가장 효과적이다.
② 벤조일퍼옥사이드, 메틸에틸케톤퍼옥사이드 등이 있다.
③ 저장시 고온체나 화기의 접근을 피한다.
④ 지정수량은 10kg이다.

> 제5류 위험물(자기반응성물질)은 물질 자체에 산소를 함유하고 있기 때문에 질식소화는 효과적이지 못하며, 주수소화가 가장 효과적이다.

정답 9 ② 10 ④ 11 ② 12 ④ 13 ④ 14 ① 15 ③ 16 ①

[15-2]
17 과산화벤조일에 대한 설명으로 틀린 것은?

① 벤조일퍼옥사이드라고도 한다.
② 상온에서 고체이다.
③ 산소를 포함하지 않는 환원성 물질이다.
④ 희석제를 첨가하여 폭발성을 낮출 수 있다.

과산화벤조일은 제5류 위험물로서 산소를 많이 함유한 유기과산화물이다.

[13-1]
18 과산화벤조일에 대한 설명으로 틀린 것은?

① 발화점이 약 425℃로 상온에서 비교적 안전하다.
② 상온에서 고체이다.
③ 산소를 포함하는 산화성 물질이다.
④ 물을 혼합하면 폭발성이 줄어든다.

과산화벤조일의 발화점은 약 125℃로 상온에서 비교적 안전하다.

[08-1]
19 벤조일퍼옥사이드의 화재 예방상 주의사항에 대한 설명 중 틀린 것은?

① 상온에서는 비교적 안정하나 열, 충격 및 마찰에 의해 폭발하기 쉬우므로 주의한다.
② 진한 질산, 진한 황산과의 접촉을 피한다.
③ 비활성의 희석제를 첨가하면 폭발성을 낮출 수 있다.
④ 수분과 접촉하면 폭발의 위험이 있으므로 주의한다.

벤조일퍼옥사이드는 폭발의 위험성을 낮추기 위해 물 등의 희석제를 첨가해 주면서 저장한다.

[10-1]
20 트라이나이트로톨루엔에 관한 설명 중 틀린 것은?

① TNT라고 한다.
② 피크리산산에 비해 충격, 마찰에 둔감하다.
③ 물에 녹아 발열 · 발화한다.
④ 폭발시 다량의 가스를 발생한다.

트라이나이트로톨루엔은 물에 녹지 않는다.

[11-2]
21 담황색의 고체 위험물에 해당하는 것은?

① 나이트로셀룰로스
② 금속칼륨
③ 트라이나이트로톨루엔
④ 아세톤

트라이나이트로톨루엔은 담황색의 결정으로 폭약의 원료로 사용된다.

[14-2]
22 트라이나이트로톨루엔에 대한 설명으로 틀린 것은?

① 햇빛을 받으면 다갈색으로 변한다.
② 벤젠, 아세톤 등에 잘 녹는다.
③ 건조사 또는 팽창질석만 소화설비로 사용할 수 있다.
④ 폭약의 원료로 사용될 수 있다.

트라이나이트로톨루엔은 화재 시 다량의 주수에 의한 냉각소화가 가장 효과적이며, 마른 모래, 팽창질석, 팽창진주암도 적응성이 있다.

[19-4, 15-1]
23 가연성 물질이며 산소를 다량 함유하고 있기 때문에 자기연소가 가능한 물질은?

① $C_6H_2CH_3(NO_2)_3$
② $CH_3COC_2H_5$
③ $NaClO_4$
④ HNO_3

제5류 위험물인 트라이나이트로톨루엔은 산소를 다량 함유하고 있어 자기연소가 가능하다.

[13-4]
24 TNT가 폭발 · 분해하였을 때 생성되는 가스가 아닌 것은?

① CO ② N_2
③ SO_2 ④ H_2

트라이나이트로톨루엔은 폭발 · 분해하면서 탄소, 질소, 수소, 일산화탄소를 발생한다.

정답 17 ③ 18 ① 19 ④ 20 ③ 21 ③ 22 ③ 23 ① 24 ③

[15-1]

25 피크르산에 대한 설명으로 틀린 것은?

① 화재 발생 시 다량의 물로 주수소화할 수 있다.
② 트라이나이트로페놀이라고도 한다.
③ 알코올, 아세톤에 녹는다.
④ 플라스틱과 반응하므로 철 또는 납의 금속용기에 저장해야 한다.

피크르산(트라이나이트로페놀)은 구리, 납, 철 등의 중금속과 반응하여 피크린산염을 생성하므로 접촉을 피해야 한다.

[07-2]

26 피크린산에 대한 설명 중 옳지 않은 것은?

① 공업용은 보통 휘황색의 침상결정이다.
② 단독으로도 충격 및 마찰에 매우 민감하여 폭발할 위험이 있어 장기간 보관이 어렵다.
③ 알코올, 에테르, 벤젠 등에 녹는다.
④ 착화점은 약 300℃이고 융점이 약 122℃이다.

피크린산은 단독으로는 충격 및 마찰에 비교적 안정하다.

[13-4]

27 피크린산의 각 특성 온도 중 가장 낮은 것은?

① 인화점 ② 발화점
③ 녹는점 ④ 끓는점

인화점	발화점	녹는점	끓는점
150℃	300℃	122.5℃	255℃

[14-2, 11-1]

28 트라이나이트로페놀의 성질에 대한 설명 중 틀린 것은?

① 폭발에 대비하여 철, 구리로 만든 용기에 저장한다.
② 휘황색을 띤 침상결정이다.
③ 비중이 약 1.8로 물보다 무겁다.
④ 단독으로는 충격, 마찰에 둔감한 편이다.

트라이나이트로페놀은 구리, 납, 철 등의 중금속과 반응하여 피크린산염을 생성하므로 위험하다.

[11-4]

29 위험물의 류별 성질 중 자기반응성에 해당하는 것은?

① 적린 ② 메틸에틸케톤
③ 피크르산 ④ 철분

피크르산은 제5류 위험물로 자기반응성물질이다.

[09-2]

30 $C_2H_5ONO_2$와 $C_6H_2(NO_2)_3OH$의 공통 성질에 해당하는 것은?

① 품명이 나이트로화합물이다.
② 인화성과 폭발성이 있는 고체이다.
③ 무색 또는 담황색 액체로서 방향성이 있다.
④ 알코올에 녹는다.

① 질산에틸($C_2H_5ONO_2$)의 품명은 질산에스터류이다.
② 질산에틸은 액체이다.
③ 트라이나이트로페놀($C_6H_2(NO_2)_3OH$)은 무색 또는 휘황색의 결정이다.

[13-2]

31 제5류 위험물 중 나이트로화합물에서 나이트로기(nitro group)를 옳게 나타낸 것은?

① $-NO$ ② $-NO_2$
③ $-NO_3$ ④ $-NON_3$

나이트로화합물은 벤젠 고리의 H 원자가 나이트로기($-NO_2$)로 치환된 화합물이다.

정답 25 ④ 26 ② 27 ③ 28 ① 29 ③ 30 ④ 31 ②

chapter 03

SECTION
07 제6류 위험물(산화성액체)

출제 포인트

과염소산, 과산화수소, 질산에서 골고루 출제되고 있으며, 제6류 위험물의 공통적인 성질을 묻는 문제의 비중이 높으니 이에 대한 대비를 철저히 하도록 한다. 과산화수소와 질산의 위험물 기준은 필히 암기하도록 한다. 제6류 위험물의 종류가 많지 않으니 반드시 외워두도록 한다.

01 공통 성질

1 일반적 성질

① 비중이 1보다 커서 물보다 무거우며 물에 잘 녹는다.

② 산소를 많이 포함하고 있으며, 다른 물질의 연소를 돕는 조연성 물질이다.

③ 불연성 물질이며, 무기화합물이다.

④ 모든 산화성액체는 지정수량이 300kg, 위험등급은 I이다.

⑤ 상온에서 액체이다.

2 위험성

물과 접촉하면 발열반응을 한다.

3 저장 및 취급

① 저장용기는 내산성으로 하고 화기 및 직사광선을 피해 저장한다.

② 물, 가연물, 유기물과의 접촉을 피한다.

③ 과산화수소는 뚜껑에 작은 구멍을 뚫은 갈색 용기에 보관한다. (→ 발생된 증기 배출)

4 소화 방법

① 마른 모래, 이산화탄소를 이용한 질식소화가 효과적이다.

② 옥내소화전설비를 사용하여 소화한다.

③ 유독성 가스의 발생에 대비하여 보호장구와 공기 호흡기를 착용한다.

02 질산(HNO_3)

비중	용해열	융점	비점	분자량
1.49	7.8kcal/mol	-42℃	86℃	63

(1) 일반적 성질

① 흡습성이 강한 무색의 액체이며, 햇볕을 쪼이면 분해되어 황갈색으로 변하므로 갈색 병에 넣어 보관한다.

② 부식성이 강한 산성이지만 백금, 금, 이리듐 및 로듐은 부식시키지 못한다.

(2) 위험성

① 물과 반응하여 발열한다.

② 가열 또는 빛에 의해 분해되며 이산화질소가 발생하여 황색 또는 갈색을 띤다.

③ 분해 시 이산화질소와 산소를 발생한다.

④ 톱밥, 종이, 섬유, 솜뭉치 등의 유기물질과 혼합하면 발화의 위험이 있다.

⑤ 가열된 질산은 황린과 반응하여 인산을 발생한다.

⑥ 질산은 황과 반응하여 황산을 발생한다.

⑦ 묽은 질산은 칼슘과 반응하여 질산칼슘과 수소를 발생한다.

⑧ 단백질과 크산토프로테인 반응을 일으켜 노란색으로 변한다.

⑨ 환원성 물질(탄화수소, 황화수소, 이황화수소 등)과 반응하여 발화, 폭발한다.

(3) 화학반응식

• 분해반응식

$$\underset{\text{질산}}{4HNO_3} \rightarrow \underset{\text{물}}{2H_2O} + \underset{\text{이산화질소}}{4NO_2\uparrow} + \underset{\text{산소}}{O_2\uparrow}$$

> ▶ 용어정리
> • 발연질산 : 공기 중에서 갈색 연기를 내는 물질로 진한 질산보다 산화력이 강하다.
> • 왕수 : 염산과 질산을 3 : 1의 비율로 제조한 것
> • 부동태화 : 진한 질산이 알루미늄, 철, 코발트, 니켈, 크롬 등의 표면에 수산화물의 얇은 막을 만들어 다른 산에 의해 부식되지 않게 한다.

03 과산화수소(H_2O_2)

비중	비점	착화점
1.465	-0.89℃	80.2℃

(1) 일반적 성질
① 점성이 있는 무색 액체이며, 양이 많을 경우 청색을 보인다.
② 위험물 기준 : 농도가 36중량퍼센트 이상인 것
③ 물, 알코올, 에테르에 잘 녹고, 석유, 벤젠에는 녹지 않는다.
④ 금속 미립자 및 알칼리성 용액에 의하여 분해된다.
⑤ 분해방지 안정제로 인산(H_3PO_4), 요산($C_5H_4N_4O_3$)이 사용된다.
⑥ 강산화제이지만 환원제로도 사용된다.
⑦ 과산화수소 3% 용액을 옥시돌 또는 옥시풀이라 하며, 표백제 또는 살균제로 사용된다.

(2) 위험성
① 열, 햇빛에 의해서 분해가 촉진된다.
② 이산화망가니즈(MnO_2) 촉매하에서 분해가 촉진될 때 산소를 발생하여 표백작용 및 소독작용을 한다.
③ 60wt% 이상의 고농도에서 단독으로 분해폭발
④ 암모니아와 접촉하면 폭발의 위험이 있다.

(3) 저장 및 취급
① 뚜껑에 작은 구멍을 뚫은 갈색 용기에 보관한다.
② 농도가 클수록 위험성이 높아지므로 인산, 요산 등의 분해방지 안정제를 넣어 분해를 억제시킨다.
③ 농도가 진한 것은 피부와 접촉하면 수종을 일으킨다.
④ 햇빛에 의해 분해되므로 햇빛을 차단하여 보관한다.

04 과염소산($HClO_4$)

비중	융점	비점
1.76	-112℃	39℃

(1) 일반적 성질
① 무색 · 무취의 휘발성 및 흡습성이 강한 액체이다.
② 물과 반응하여 발열하며 고체수화물을 만든다.

> ▶ 과염소산의 고체수화물
> • $HClO_4 \cdot H_2O$
> • $HClO_4 \cdot 2H_2O$
> • $HClO_4 \cdot 2.5H_2O$
> • $HClO_4 \cdot 3H_2O$
> • $HClO_4 \cdot 3.5H_2O$

(2) 위험성
① 가열하면 분해될 위험이 있다.
② 철, 아연, 구리와 격렬하게 반응한다.
③ 종이, 나무 등과 접촉하면 연소한다.
④ 부식성이 있어 피부에 닿으면 위험하다.

(3) 저장 및 취급
① 직사광선을 피하고, 통풍이 잘 되는 장소에 보관한다.
② 물과의 접촉을 피하고 강산화제, 환원제, 알코올류, 시안화합물, 염화바륨, 알칼리와 격리 보관한다.

(4) 소화 방법
마른 모래 등을 이용한 소화를 하며, 석회, 소다회 등의 알칼리성 중화제를 준비한다.

05 할로젠간화합물

(1) 삼불화브롬(BrF_3)
부식성이 있는 무색의 액체이다.

(2) 오불화브롬(BrF_5)
① 부식성이 있는 무색의 액체이다.
② 물과 접촉하면 폭발의 위험이 있다.
③ 산과 반응하여 부식성 가스를 발생한다.

(3) 오불화요오드(IF_5)
① 무색 또는 노란색의 액체이다.
② 물과 격렬하게 반응하여 불산을 만든다.

[08-2]

1 **제6류 위험물에 대한 일반적인 설명으로 틀린 것은?**

① 비중이 1보다 크며, 산성을 나타낸다.
② 물에 용해된다.
③ 가연성 물질로 산소를 다량 함유한다.
④ 건조사나 포소화기가 적응성이 있다.

제6류 위험물은 불연성 물질로서 산소를 다량 함유하고 있다.

[08-2]

2 **제6류 위험물의 위험성 및 성질에 관한 설명 중 옳은 것은?**

① 산화성 무기화합물이다.
② 가연성 액체이다.
③ 제2류 위험물과 혼재가 가능하다.
④ 과산화수소를 제외하고는 염기성 물질이다.

제6류 위험물은 산화성액체로 불연성 물질이며, 제2류 위험물과 혼재하면 발화의 위험이 있다.

[19-1, 08-4]

3 **제6류 위험물의 취급 방법에 대한 설명 중 옳지 않은 것은?**

① 가연성 물질과의 접촉을 피한다.
② 지정수량의 1/10을 초과할 경우 제2류 위험물과의 혼재를 금한다.
③ 피부와 접촉을 하지 않도록 주의한다.
④ 위험물 제조소에는 "화기엄금" 및 "물기엄금" 주의사항을 표시한 게시판을 반드시 설치하여야 한다.

제6류 위험물의 게시판에는 주의사항을 표시하지 않아도 된다.

[10-1]

4 **제6류 위험물의 소화방법으로 틀린 것은?**

① 마른 모래로 소화한다.
② 환원성 물질을 사용하여 중화 소화한다.
③ 연소의 상황에 따라 분무주수도 효과가 있다.
④ 과산화수소의 화재 시 다량의 물을 사용하여 희석소화할 수 있다.

제6류 위험물은 강산화제로서 환원성 물질과의 접촉을 피해야 한다.

[15-1]

5 **위험물안전관리법령에 따른 질산에 대한 설명으로 틀린 것은?**

① 지정수량은 300kg이다.
② 위험등급은 Ⅰ이다.
③ 농도가 36중량퍼센트 이상인 것에 한하여 위험물로 간주된다.
④ 운반시 제1류 위험물과 혼재할 수 있다.

위험물안전관리법상 질산은 비중 1.49 이상인 것을 위험물로 간주한다.

[14-1]

6 **위험물안전관리법령상 제6류 위험물에 해당하는 물질로서 햇빛에 의하여 갈색의 연기를 내며 분해할 위험이 있으므로 갈색병에 보관해야 하는 것은?**

① 질산 ② 황산
③ 염산 ④ 과산화수소

질산은 햇빛에 의하여 갈색의 연기를 내며 분해할 위험이 있으므로 갈색병에 보관해야 한다.

[14-4]

7 **질산에 대한 설명으로 틀린 것은?**

① 무색 또는 담황색의 액체이다.
② 유독성이 강한 산화성 물질이다.
③ 위험물안전관리법령상 비중이 1.49 이상인 것만 위험물로 규정한다.
④ 햇빛이 잘 드는 곳에서 투명한 유리병에 보관하여야 한다.

질산은 햇빛을 차단하여 갈색 용기에 보관한다.

[11-2]

8 **묽은 질산이 칼슘과 반응하면 발생하는 기체는?**

① 산소 ② 질소
③ 수소 ④ 수산화칼슘

묽은 질산이 칼슘과 반응하면 질산칼슘과 수소를 발생한다.

정답 1③ 2① 3④ 4② 5③ 6① 7④ 8③

[08-1]
9 질산의 성질에 대한 다음 설명 중 틀린 것은?

① 질산을 가열하면 적갈색의 일산화질소를 발생하면서 연소한다.
② 환원성이 강한 물질과의 혼합은 위험하다.
③ 부식성을 가지고 있다.
④ 위험물안전관리법에서 위험물로 규정한 질산은 물보다 무겁다.

> 질산을 가열하면 분해하여 적갈색의 유독한 가스인 이산화질소를 발생한다.

[14-2, 11-1]
10 가열했을 때 분해하여 적갈색의 유독한 가스를 방출하는 것은?

① 과염소산 ② 질산
③ 과산화수소 ④ 적린

> 질산은 분해 시 적갈색의 유독한 이산화질소를 발생한다.

[15-2]
11 과산화수소의 성질에 관한 설명으로 옳지 않은 것은?

① 농도에 따라 위험물에 해당하지 않는 것도 있다.
② 분해 방지를 위해 보관 시 안정제를 가할 수 있다.
③ 에테르에 녹지 않으며, 벤젠에 잘 녹는다.
④ 산화제이지만 환원제로서 작용하는 경우도 있다.

> 과산화수소는 물, 알코올, 에테르에 잘 녹으며, 석유, 벤젠에는 녹지 않는다.

[09-4]
12 과산화수소의 성질에 대한 설명 중 틀린 것은?

① 에테르에 녹지 않으며, 벤젠에 녹는다.
② 산화제이지만 환원제로서 작용하는 경우도 있다.
③ 물보다 무겁다.
④ 분해방지 안정제로 인산, 요산 등을 사용할 수 있다.

[09-2]
13 과산화수소에 대한 설명 중 틀린 것은?

① 이산화망가니즈이 있으면 분해가 촉진된다.
② 농도가 높아질수록 위험성이 커진다.
③ 분해되면 산소를 방출한다.
④ 산소를 포함하고 있는 가연물이다.

> 과산화수소는 산소를 많이 포함하고 있는 불연성 물질이다.

[14-2, 10-1]
14 과산화수소의 성질 및 취급방법에 관한 설명 중 틀린 것은?

① 햇빛에 의하여 분해된다.
② 인산, 요산 등의 분해방지 안정제를 넣는다.
③ 저장 용기는 공기가 통하지 않게 마개로 꼭 막아둔다.
④ 에탄올에 녹는다.

> 과산화수소는 뚜껑에 작은 구멍을 뚫은 갈색 용기에 보관한다.

[13-1]
15 과산화수소 용액의 분해를 방지하기 위한 방법으로 가장 거리가 먼 것은?

① 햇빛을 차단한다. ② 암모니아를 가한다.
③ 인산을 가한다. ④ 요산을 가한다.

> 과산화수소를 저장할 때는 햇빛을 차단하여 뚜껑에 작은 구멍을 뚫은 갈색 용기에 보관하며, 분해방지 안정제로 요산과 인산을 사용한다.

[15-1]
16 보관 시 인산 등의 분해방지 안정제를 첨가하는 제6류 위험물에 해당하는 것은?

① 황산 ② 과산화수소
③ 질산 ④ 염산

> 과산화수소는 용액의 분해를 방지하기 위하여 인산, 요산 등의 안정제를 첨가하여 저장한다.

[08-1]
17 과산화수소 용액의 분해를 방지하기 위한 방법으로 가장 거리가 먼 것은?

① 햇빛을 차단한다.
② 가열하여 보관한다.
③ 인산을 가한다.
④ 요산을 가한다.

정답 9 ① 10 ② 11 ③ 12 ① 13 ④ 14 ③ 15 ② 16 ② 17 ②

chapter 03

[12-4]

18 과산화수소의 화재예방 방법으로 틀린 것은?

① 암모니아와의 접촉은 폭발의 위험이 있으므로 피한다.
② 완전히 밀전 · 밀봉하여 외부 공기와 차단한다.
③ 용기는 착색하여 직사광선이 닿지 않게 한다.
④ 분해를 막기 위해 분해방지 안정제를 사용한다.

과산화수소는 햇빛을 차단하여 뚜껑에 작은 구멍을 뚫은 갈색 용기에 보관한다.

[07-1]

19 과산화수소는 위험물로 분류되지만 농도를 조절하여 소독제로 사용하기도 한다. 일반적으로 소독제로 사용하는 옥시돌의 과산화수소 농도는 약 몇 % 인가?

① 3%　　② 12%
③ 25%　　④ 35%

과산화수소 3% 용액을 옥시돌 또는 옥시풀이라 하며, 표백제 또는 살균제로 사용된다.

[08-1]

20 금속 과산화물을 묽은 산에 반응시켜 생성되는 물질로서 석유와 벤젠에 불용성이고, 표백작용과 살균작용을 하는 것은?

① 과산화나트륨　　② 과산화수소
③ 과산화벤조일　　④ 과산화칼륨

[12-2, 10-4]

21 과염소산과 과산화수소의 공통된 성질이 아닌 것은?

① 비중이 1보다 크다.
② 물에 녹지 않는다.
③ 산화제이다.
④ 산소를 포함한다.

과염소산과 과산화수소는 물에 잘 녹는다.

[10-2]

22 질산과 과염소산의 공통적인 성질에 대한 설명 중 틀린 것은?

① 가연성 물질이다.
② 산화제이다.
③ 무기화합물이다.
④ 산소를 함유하고 있다.

제6류 위험물은 모두 불연성 물질이다.

정답 18 ② 19 ① 20 ② 21 ② 22 ①

CHAPTER 04

위험물 안전관리기준

위험물의 저장기준 및 취급기준 | 위험물의 운반기준 및 운송기준

SECTION 01

Industrial Engineer Hazardous material

위험물의 저장기준 및 취급기준

이 섹션에서는 위험물의 저장 및 취급 공통기준과 위험물의 저장기준 위주로 공부하도록 한다. 취급기준은 출제 비중이 그다지 높지 않으니 기출문제 위주로 내용을 파악하도록 한다. 위험물의 유별 저장 및 취급기준은 구분해서 외우도록 한다.

01 위험물의 저장 및 취급

1 위험물안전관리법의 적용제외

항공기 · 선박 · 철도 및 궤도에 의한 위험물의 저장 · 취급 및 운반에 있어서는 위험물안전관리법을 적용하지 아니한다.

2 지정수량 미만인 위험물의 저장 · 취급

지정수량 미만인 위험물의 저장 또는 취급에 관한 기술상의 기준은 특별시 · 광역시 및 도의 조례로 정한다.

3 위험물의 저장 및 취급의 제한

① 지정수량 이상의 위험물을 저장소가 아닌 장소에서 저장하거나 제조소등이 아닌 장소에서 취급하여서는 안 된다.

② 제조소등이 아닌 장소에서 지정수량 이상의 위험물을 취급할 수 있는 경우

- 시 · 도의 조례가 정하는 바에 따라 관할소방서장의 승인을 받아 지정수량 이상의 위험물을 90일 이내의 기간 동안 임시로 저장 또는 취급하는 경우
- 군부대가 지정수량 이상의 위험물을 군사목적으로 임시로 저장 또는 취급하는 경우

4 지정수량 이상의 위험물

둘 이상의 위험물을 같은 장소에서 저장 또는 취급하는 경우에 있어서 당해 장소에서 저장 또는 취급하는 각 위험물의 수량을 그 위험물의 지정수량으로 각각 나누어 얻은 수의 합계가 1 이상인 경우 당해 위험물은 지정수량 이상의 위험물로 본다.

5 위험물의 유별 저장 · 취급의 공통기준

구분	기준
제1류 위험물	• 가연물과의 접촉 · 혼합이나 분해를 촉진하는 물품과의 접근 또는 과열 · 충격 · 마찰 등을 피해야 한다. • 알칼리금속의 과산화물 및 이를 함유한 것에 있어서는 물과의 접촉을 피해야 한다.
제2류 위험물	• 산화제와의 접촉 · 혼합이나 불티 · 불꽃 · 고온체와의 접근 또는 과열을 피해야 한다. • 철분 · 금속분 · 마그네슘 및 이를 함유한 것에 있어서는 물이나 산과의 접촉을 피해야 한다. • 인화성 고체에 있어서는 함부로 증기를 발생시키지 아니해야 한다.
제3류 위험물	• 자연발화성물질에 있어서는 불티 · 불꽃 또는 고온체와의 접근 · 과열 또는 공기와의 접촉을 피해야 한다. • 금수성물질에 있어서는 물과의 접촉을 피해야 한다.
제4류 위험물	• 불티 · 불꽃 · 고온체와의 접근 또는 과열을 피하고, 함부로 증기를 발생시키지 아니해야 한다.
제5류 위험물	• 불티 · 불꽃 · 고온체와의 접근이나 과열 · 충격 또는 마찰을 피해야 한다.
제6류 위험물	• 가연물과의 접촉 · 혼합이나 분해를 촉진하는 물품과의 접근 또는 과열을 피해야 한다.

02 저장 기준

1 동일한 저장소에 저장 가능한 경우 (옥내 및 옥외저장소, 1m 이상의 간격을 둘 것)

① 제1류 위험물(알칼리금속의 과산화물 또는 이를 함유한 것 제외)과 제5류 위험물

② 제1류 위험물과 제6류 위험물

③ 제1류 위험물과 제3류 위험물 중 자연발화성물질(황린 또는 이를 함유한 것)

④ 제2류 위험물 중 인화성고체와 제4류 위험물

⑤ 제3류 위험물 중 알킬알루미늄등과 제4류 위험물(알킬알루미늄 또는 알킬리튬을 함유한 것)

⑥ 제4류 위험물 중 유기과산화물 또는 이를 함유하는 것과 제5류 위험물 중 유기과산화물 또는 이를 함유한 것

2 옥내저장소에서 위험물을 저장하는 경우 용기 제한 높이

① 기계에 의하여 하역하는 구조로 된 용기만을 겹쳐 쌓는 경우 : 6m

② 제4류 위험물 중 제3석유류, 제4석유류 및 동식물유류를 수납하는 용기만을 겹쳐 쌓는 경우 : 4m

③ 그 밖의 경우 : 3m

3 알킬알루미늄등, 아세트알데하이드등 및 다이에틸에터등의 저장기준

① 옥외저장탱크 또는 옥내저장탱크 중 압력탱크에 있어서는 **알킬알루미늄등**의 취출에 의하여 당해 탱크 내의 압력이 상용압력 이하로 저하하지 않도록, 압력탱크 외의 탱크에 있어서는 알킬알루미늄등의 취출이나 온도의 저하에 의한 공기의 혼입을 방지할 수 있도록 불활성의 기체를 봉입한다.

② 옥외저장탱크 · 옥내저장탱크 또는 이동저장탱크에 새롭게 **알킬알루미늄등**을 주입하는 때에는 미리 당해 탱크 안의 공기를 불활성기체와 치환한다.

③ 이동저장탱크에 **알킬알루미늄등**을 저장하는 경우에는 20kPa 이하의 압력으로 불활성의 기체를 봉입한다.

④ 옥외저장탱크 · 옥내저장탱크 또는 지하저장탱크 중 압력탱크에 있어서는 **아세트알데하이드등**의 취출에 의하여 당해 탱크 내의 압력이 상용압력 이하로 저하하지 아니하도록, 압력탱크 외의 탱크에 있어서는 **아세트알데하이드등**의 취출이나 온도의 저하에 의한 공기의 혼입을 방지할 수 있도록 불활성기체를 봉입한다.

⑤ 옥외저장탱크 · 옥내저장탱크 · 지하저장탱크 또는 이동저장탱크에 새롭게 **아세트알데하이드등**을 주입하는 때에는 미리 당해 탱크 안의 공기를 불활성기체와 치환하여 둔다.

⑥ 이동저장탱크에 **아세트알데하이드등**을 저장하는 경우에는 항상 불활성의 기체를 봉입한다.

⑦ 옥외저장탱크 · 옥내저장탱크 또는 지하저장탱크 중 압력탱크 외의 탱크에 저장하는 **다이에틸에터등** 또는 **아세트알데하이드등**의 온도는 산화프로필렌과 이를 함유한 것 또는 다이에틸에터등에 있어서는 30℃ 이하로, 아세트알데하이드 또는 이를 함유한 것에 있어서는 15℃ 이하로 각각 유지한다.

⑧ 옥외저장탱크 · 옥내저장탱크 또는 지하저장탱크 중 압력탱크에 저장하는 **아세트알데하이드등** 또는 **다이에틸에터등**의 온도는 40℃ 이하로 유지한다.

⑨ 보냉장치가 있는 이동저장탱크에 저장하는 **아세트알데하이드등** 또는 **다이에틸에터등**의 온도는 당해 위험물의 비점 이하로 유지한다.

⑩ 보냉장치가 없는 이동저장탱크에 저장하는 **아세트알데하이드등** 또는 **다이에틸에터등**의 온도는 40℃ 이하로 유지한다.

4 기타 중요 저장기준

① 제3류 위험물 중 황린 그 밖에 물속에 저장하는 물품과 금수성물질은 동일한 저장소에서 저장하지 말아야 한다.

② 옥내저장소에서 동일 품명의 위험물이더라도 자연발화할 우려가 있는 위험물 또는 재해가 현저하게 증대할 우려가 있는 위험물을 다량 저장하는 경우에는 지정수량의 10배 이하마다 구분하여 상호간 0.3m 이상의 간격을 두어 저장해야 한다(화약류에 해당하는 위험물 또는 기계에 의하여 하역하는 구조로 된 용기에 수납한 위험물 제외)

③ 옥내저장소에서는 용기에 수납하여 저장하는 위험물의 온도가 55℃를 넘지 아니하도록 필요한 조치를 강구해야 한다.

④ 컨테이너식 이동탱크저장소 외의 이동탱크저장소에 있어서는 위험물을 저장한 상태로 이동저장탱크를 옮겨 싣지 않는다.

⑤ 옥외저장소에서 위험물을 수납한 용기를 선반에 저장하는 경우에는 6m를 초과하여 저장하지 않아야 한다.

03 취급 기준

1 위험물의 취급 중 제조에 관한 기준

① **증류공정** : 위험물을 취급하는 설비의 내부압력의 변동 등에 의해 액체 또는 증기가 새지 않도록 할 것

② **추출공정** : 추출관의 내부압력이 비정상으로 상승하지 않도록 할 것

③ **건조공정** : 위험물의 온도가 국부적으로 상승하지 아니하는 방법으로 가열 또는 건조할 것

④ **분쇄공정** : 위험물의 분말이 현저하게 부유하고 있거나 위험물의 분말이 현저하게 기계 · 기구 등에 부착하고 있는 상태로 그 기계 · 기구를 취급하지 말 것

2 위험물의 취급 중 소비에 관한 기준

① 분사도장작업은 방화상 유효한 격벽 등으로 구획된 안전한 장소에서 실시할 것

② 담금질 또는 열처리작업은 위험물이 위험한 온도에 이르지 아니하도록 하여 실시할 것

③ 버너를 사용하는 경우에는 버너의 역화를 방지하고 위험물이 넘치지 아니하도록 할 것

3 주유취급소에서의 위험물의 취급기준

(1) 주유취급소에서의 취급기준
(항공기주유취급소 · 선박주유취급소 및 철도주유취급소 제외)

① 자동차 등에 주유할 때에는 고정주유설비를 사용하여 직접 주유할 것

② 자동차 등에 인화점 40℃ 미만의 위험물을 주유할 때에는 자동차 등의 원동기를 정지시킬 것

▶ 예외 : 연료탱크에 위험물을 주유하는 동안 방출되는 가연성 증기를 회수하는 설비가 부착된 고정주유설비에 의한 주유

③ 고정주유설비 또는 고정급유설비에 접속하는 탱크에 위험물을 주입할 때에는 당해 탱크에 접속된 고정주유설비 또는 고정급유설비의 사용을 중지하고, 자동차 등을 당해 탱크의 주입구에 접근시키지 말 것

④ 고정주유설비 또는 고정급유설비에는 당해 주유설비에 접속한 전용탱크 또는 간이탱크의 배관 외의 것을 통해 위험물을 공급하지 말 것

⑤ 자동차 등에 주유할 때에는 고정주유설비 또는 고정주유설비에 접속된 탱크의 주입구로부터 4m 이내의 부분에, 이동저장탱크로부터 전용탱크에 위험물을 주입할 때에는 전용탱크의 주입구로부터 3m 이내의 부분 및 전용탱크 통기관의 선단으로부터 수평거리 1.5m 이내의 부분에 있어서는 다른 자동차 등의 주차를 금지하고 자동차 등의 점검 · 정비 또는 세정을 하지 아니할 것

⑥ 점포, 휴게음식점 또는 전시장의 업무는 건축물의 1층에서 행할 것

▶ 예외 : 용이하게 주유취급소의 부지 외부로 피난이 가능한 부분에서 업무를 행하는 경우

⑦ 주유원 간이대기실 내에서는 화기를 사용하지 아니할 것

▶ 전기자동차 충전설비 사용 시 준수해야 할 기준
- 충전기기와 전기자동차를 연결할 때에는 연장코드를 사용하지 아니할 것
- 전기자동차의 전지 · 인터페이스 등이 충전기기의 규격에 적합한지 확인한 후 충전을 시작할 것
- 충전 중에는 자동차 등을 작동시키지 아니할 것

(2) 항공기주유취급소에서의 취급기준

① 항공기에 주유하는 때에는 고정주유설비, 주유배관의 선단부에 접속한 호스기기, 주유호스차 또는 주유탱크차를 사용하여 직접 주유할 것

② 고정주유설비에는 당해 주유설비에 접속한 전용탱크 또는 위험물을 저장 또는 취급하는 탱크의 배관 외의 것을 통해 위험물을 주입하지 말 것

③ 주유호스차 또는 주유탱크차에 의하여 주유하는 때에는 주유호스의 선단을 항공기의 연료탱크의 급유구에 긴밀히 결합할 것

> ▶ 예외 : 주유탱크차에서 주유호스 선단부에 수동개폐장치를 설치한 주유노즐에 의하여 주유하는 경우

④ 주유호스차 또는 주유탱크차에서 주유하는 때에는 주유호스차의 호스기기 또는 주유탱크차의 주유설비를 접지하고 항공기와 전기적인 접속을 할 것

(3) 철도주유취급소에서의 취급기준

- 철도(궤도)에 의해 운행하는 차량에 주유하는 때에는 고정주유설비 또는 주유배관의 선단부에 접속한 호스기기를 사용하여 직접 주유할 것
- 철도 또는 궤도에 의하여 운행하는 차량에 주유하는 때에는 콘크리트 등으로 포장된 부분에서 주유할 것

(4) 선박주유취급소에서의 취급기준

① 선박에 주유하는 때에는 고정주유설비 또는 주유배관의 선단부에 접속한 호스기기를 사용하여 직접 주유할 것

② 선박에 주유하는 때에는 선박이 이동하지 아니하도록 계류시킬 것

(5) 고객이 직접 주유하는 주유취급소에서의 기준

① 셀프용고정주유설비 및 셀프용고정급유설비 외의 고정주유설비 또는 고정급유설비를 사용하여 고객에 의한 주유 또는 용기에 옮겨 담는 작업을 행하지 아니할 것

② 감시대에서 고객이 주유하거나 용기에 옮겨 담는 작업을 직시하는 등 적절한 감시를 할 것

③ 고객에 의한 주유 또는 용기에 옮겨 담는 작업을 개시할 때에는 안전상 지장이 없음을 확인한 후 제어장치에 의하여 호스기기에 대한 위험물의 공급을 개시할 것

④ 고객에 의한 주유 또는 용기에 옮겨 담는 작업을 종료한 때에는 제어장치에 의하여 호스기기에 대한 위험물의 공급을 정지할 것

⑤ 비상시 그 밖에 안전상 지장이 발생한 경우에는 제어장치에 의하여 호스기기에 위험물의 공급을 일제히 정지하고, 주유취급소 내의 모든 고정주유설비 및 고정급유설비에 의한 위험물 취급을 중단할 것

⑥ 감시대의 방송설비를 이용하여 고객에 의한 주유 또는 용기에 옮겨 담는 작업에 대한 필요한 지시를 할 것

⑦ 감시대에서 근무하는 감시원은 안전관리자 또는 위험물안전관리에 관한 전문지식이 있는 자일 것

4 판매취급소에서의 위험물의 취급기준

① 다음의 경우 외에는 위험물을 배합하거나 옮겨 담는 작업을 하지 아니할 것

> ▶ 도료류, 제1류 위험물 중 염소산염류 및 염소산염류만을 함유한 것, 황 또는 인화점이 38℃ 이상인 제4류 위험물을 배합실에서 배합하는 경우

② 위험물은 운반용기에 수납한 채로 판매할 것

③ 판매취급소에서 위험물을 판매할 때에는 위험물이 넘치거나 비산하는 계량기(액용되를 포함)를 사용하지 아니할 것

5 이송취급소에서의 취급기준

① 위험물의 이송은 위험물을 이송하기 위한 배관 · 펌프 및 그에 부속한 설비의 안전을 확인한 후에 개시할 것

② 위험물을 이송하기 위한 배관 · 펌프 및 이에 부속한 설비의 안전을 확인하기 위한 순찰을 행하고, 위험물을 이송하는 중에는 이송하는 위험물의 압력 및 유량을 항상 감시할 것

③ 이송취급소를 설치한 지역의 지진을 감지하거나 지진의 정보를 얻은 경우에는 소방청장이 정하여 고시하는 바에 따라 재해의 발생 또는 확대를 방지하기 위한 조치를 강구할 것

6 이동탱크저장소에서의 취급기준
(컨테이너식 이동탱크저장소 제외)

① 이동저장탱크로부터 위험물을 저장 또는 취급하는 탱크에 액체의 위험물을 주입할 경우에는 그 탱크의 주입구에 이동저장탱크의 주입호스를 견고하게 결합할 것

> ▶ 예외 : 주입호스의 선단부에 수동개폐장치를 한 주입노즐(수동개폐장치를 개방상태로 고정하는 장치를 한 것은 제외)을 사용하여 지정수량 미만의 양의 위험물을 저장 또는 취급하는 탱크에 인화점이 40℃ 이상인 위험물을 주입 시

② 이동저장탱크로부터 액체위험물을 용기에 옮겨 담지 아니할 것

> ▶ 예외 : 주입호스의 선단부에 수동개폐장치를 한 주입노즐을 사용하여 운반용기에 인화점 40℃ 이상의 제4류 위험물을 옮겨 담는 경우

③ 이동저장탱크로부터 위험물을 저장 또는 취급하는 탱크에 인화점이 40℃ 미만인 위험물을 주입할 때에는 이동탱크저장소의 원동기를 정지시킬 것

④ 이동저장탱크로부터 직접 위험물을 자동차(건설기계 중 덤프트럭 및 콘크리트믹서트럭 포함)의 연료탱크에 주입하지 말 것

> ▶ 예외 : 인화점 40℃ 이상의 위험물을 주입하는 경우

⑤ 휘발유 · 벤젠 그 밖에 정전기에 의한 재해발생의 우려가 있는 액체의 위험물을 이동저장탱크에 주입하거나 이동저장탱크로부터 배출하는 때에는 도선으로 이동저장탱크와 접지전극 등과의 사이를 긴밀히 연결하여 당해 이동저장탱크를 접지할 것

⑥ 휘발유 · 벤젠 · 그 밖에 정전기에 의한 재해발생의 우려가 있는 액체의 위험물을 이동저장탱크의 상부로 주입하는 때에는 주입관을 사용하되, 당해 주입관의 선단을 이동저장탱크의 밑바닥에 밀착할 것

⑦ 휘발유를 저장하던 이동저장탱크에 등유나 경유를 주입할 때 또는 등유나 경유를 저장하던 이동저장탱크에 휘발유를 주입할 때에는 다음의 기준에 따라 정전기등에 의한 재해를 방지하기 위한 조치를 할 것

- 이동저장탱크의 상부로부터 위험물을 주입할 때에는 위험물의 액표면이 주입관의 선단을 넘는 높이가 될 때까지 그 주입관 내의 유속을 초당 1m 이하로 할 것
- 이동저장탱크의 밑부분으로부터 위험물을 주입할 때에는 위험물의 액표면이 주입관의 정상부분을 넘는 높이가 될 때까지 그 주입배관 내의 유속을 초당 1m 이하로 할 것
- 그 밖의 방법에 의한 위험물의 주입은 이동저장탱크에 가연성증기가 잔류하지 않도록 조치하고 안전한 상태로 있음을 확인한 후에 할 것

⑧ 이동저장탱크로부터 직접 위험물을 선박의 연료탱크에 주입하는 경우에는 다음의 기준에 따를 것

- 선박이 이동하지 아니하도록 계류시킬 것
- 이동탱크저장소가 움직이지 않도록 조치를 강구할 것
- 이동탱크저장소의 주입호스의 선단을 선박의 연료탱크의 급유구에 긴밀히 결합할 것

> ▶ 예외 : 주입호스 선단부에 수동개폐장치를 설치한 주유노즐로 주입하는 경우

- 이동탱크저장소의 주입설비를 접지할 것

> ▶ 예외 : 인화점 40℃ 이상의 위험물을 주입하는 경우

7 알킬알루미늄등 및 아세트알데하이드등의 취급기준

① 알킬알루미늄등의 제조소 또는 일반취급소에 있어서 알킬알루미늄등을 취급하는 설비에는 불활성의 기체를 봉입할 것

② 알킬알루미늄등의 이동탱크저장소에 있어서 이동저장탱크로부터 알킬알루미늄등을 꺼낼 때에는 동시에 200kPa 이하의 압력으로 불활성의 기체를 봉입할 것

③ 아세트알데하이드등의 제조소 또는 일반취급소에 있어서 아세트알데하이드등을 취급하는 설비에는 연소성 혼합기체의 생성에 의한 폭발의 위험이 생겼을 경우에 불활성의 기체 또는 수증기를 봉입할 것

> ▶ 예외 : 옥외에 있는 탱크 또는 옥내에 있는 탱크로서 그 용량이 지정수량의 5분의 1 미만의 것

④ 아세트알데하이드등의 이동탱크저장소에 있어서 이동저장탱크로부터 아세트알데하이드등을 꺼낼 때에는 동시에 100kPa 이하의 압력으로 불활성의 기체를 봉입할 것

[19-4, 14-4, 11-4]

1 다음의 위험물을 저장할 때 저장 또는 취급에 관한 기술상의 기준을 시 · 도의 조례에 의해 규제를 받는 경우는?

① 등유 2,000L를 저장하는 경우
② 중유 3,000L를 저장하는 경우
③ 윤활유 5,000L를 저장하는 경우
④ 휘발유 400L를 저장하는 경우

> 지정수량 미만인 위험물의 저장 또는 취급에 관한 기술상의 기준은 특별시 · 광역시 · 특별자치시 · 도 및 특별자치도의 조례로 정한다. 윤활유는 제4석유류로서 지정수량이 6,000L이다.

[07-1]

2 다음의 위험물을 저장할 때 저장 또는 취급에 관한 기술상의 기준을 시도의 조례에 의해 규제를 받는 경우는?

① 등유 2,000L를 저장하는 경우
② 중유 3,000L를 저장하는 경우
③ 기계유 5,000L를 저장하는 경우
④ 휘발유 400L를 저장하는 경우

> 지정수량 미만인 위험물의 저장 또는 취급에 관한 기술상의 기준은 특별시 · 광역시 · 특별자치시 · 도 및 특별자치도의 조례로 정한다. 기계유는 제4석유류로서 지정수량이 6,000L이다.

[09-4]

3 제조소등 위험물의 저장 및 취급에 관한 기준 중 틀린 것은?

① 위험물을 저장 또는 취급하는 건축물 그 밖의 공작물 또는 설비는 당해 위험물의 성질에 따라 차광 또는 환기를 실시하여야 한다.
② 위험물은 온도계, 습도계, 압력계 그 밖의 계기를 감시하여 당해 위험물의 성질에 맞는 적정한 온도, 습도 또는 압력을 유지하도록 저장 또는 취급하여야 한다.
③ 위험물을 보호액 중에 보존하는 경우에는 당해 위험물이 보호액으로부터 일정 부분 이상 노출되도록 하여야 한다.
④ 가연성의 미분이 현저하게 부유할 우려가 있는 장소에서는 전선과 전기기구를 완전히 접속한다.

> 위험물을 보호액 중에 보존하는 경우에는 당해 위험물이 보호액으로부터 노출되지 아니하도록 하여야 한다.

[15-4, 14-1]

4 다음은 위험물안전관리법령에서 정한 제조소등에서의 위험물의 저장 및 취급에 관한 기준 중 위험물의 유형 저장 · 취급의 공통기준에 관한 내용이다. ( ) 안에 알맞은 것은?

> ( )은 가연물과의 접촉 · 혼합이나 분해를 촉진하는 물품과의 접근 또는 과열을 피하여야 한다.

① 제2류 위험물　② 제4류 위험물
③ 제5류 위험물　④ 제6류 위험물

> 제6류 위험물은 가연물과의 접촉 · 혼합이나 분해를 촉진하는 물품과의 접근 또는 과열을 피하여야 한다.

[15-1]

5 위험물안전관리법령에서 정한 위험물의 유별 저장 · 취급의 공통기준(중요기준) 중 제5류 위험물에 해당하는 것은?

① 물이나 산과의 접촉을 피하고 인화성 고체에 있어서는 함부로 증기를 발생시키지 아니하여야 한다.
② 공기와의 접촉을 피하고, 물과의 접촉을 피하여야 한다.
③ 가연물과의 접촉 · 혼합이나 분해를 촉진하는 물품과의 접근 또는 과열을 피하여야 한다.
④ 불티 · 불꽃 · 고온체와의 접근이나 과열 · 충격 또는 마찰을 피하여야 한다.

> ① 제2류 위험물, ② 제3류 위험물, ③ 제6류 위험물

[14-4, 11-4]

6 질산나트륨을 저장하고 있는 옥내저장소(내화구조의 격벽으로 완전히 구획된 실이 2 이상 있는 경우에는 동일한 실)에 함께 저장하는 것이 법적으로 허용되는 것은? (단, 위험물을 유별로 정리하여 서로 1m 이상의 간격을 두는 경우이다)

① 적린　② 인화성고체
③ 동식물유류　④ 과염소산

> 제1류 위험물인 질산나트륨은 제6류 위험물인 과염소산과 1m 이상의 간격을 둘 경우 동일한 저장소에 저장할 수 있다.

정답 1③ 2③ 3③ 4④ 5④ 6④

[13-2, 11-1, 07-1]

7 옥내저장소에서 위험물 용기를 겹쳐 쌓는 경우에 있어서 제4류 위험물 중 제3석유류만을 수납하는 용기를 겹쳐 쌓을 수 있는 높이는 최대 몇 m인가?

① 3 ② 4
③ 5 ④ 6

> 제4류 위험물 중 제3석유류, 제4석유류 및 동식물유류를 수납하는 용기만을 겹쳐 쌓는 경우 용기 제한 높이는 4m이다.

[14-1, 11-2]

8 위험물안전관리법령에 따른 위험물 저장기준으로 틀린 것은?

① 이동탱크저장소에는 설치허가증을 비치하여야 한다.
② 지하저장탱크의 주된 밸브는 위험물을 넣거나 빼낼 때 외에는 폐쇄하여야 한다.
③ 아세트알데하이드를 저장하는 이동저장탱크에는 탱크 안에 불활성 가스를 봉입하여야 한다.
④ 옥외저장탱크 주위에 설치된 방유제의 내부에 물이나 유류가 괴었을 경우에는 즉시 배출하여야 한다.

> 이동탱크저장소에는 당해 이동탱크저장소의 완공검사필증 및 정기점검기록을 비치하여야 한다.

[11-1]

9 위험물의 취급 중 소비에 관한 기준으로 틀린 것은?

① 열처리 작업은 위험물이 위험한 온도에 이르지 아니하도록 하여 실시하여야 한다.
② 담금질 작업은 위험물이 위험한 온도에 이르지 아니하도록 하여 실시하여야 한다.
③ 분사도장 작업은 방화상 유효한 격벽 등으로 구획한 안전한 장소에서 하여야 한다.
④ 버너를 사용하는 경우에는 버너의 역화를 유지하고 위험물이 넘치지 아니하도록 하여야 한다.

> 버너를 사용하는 경우에는 버너의 역화를 방지하고 위험물이 넘치지 아니하도록 하여야 한다.

[12-4]

10 이동저장탱크로부터 위험물을 저장 또는 취급하는 탱크에 인화점이 몇 ℃ 미만인 위험물을 주입할 때에는 이동탱크저장소의 원동기를 정지시켜야 하는가?

① 21 ② 40
③ 71 ④ 200

> 이동저장탱크로부터 위험물을 저장 또는 취급하는 탱크에 인화점이 40℃ 미만인 위험물을 주입할 때에는 이동탱크저장소의 원동기를 정지시켜야 한다.

[13-1]

11 위험물안전관리법령상 다음 ( ) 안에 알맞은 수치는?

이동저장탱크로부터 위험물을 저장 또는 취급하는 탱크에 인화점이 ( )℃ 미만인 위험물을 주입할 때에는 이동탱크저장소의 원동기를 정지시킬 것

① 40 ② 50
③ 60 ④ 70

[12-4]

12 옥외저장탱크 · 옥내저장탱크 또는 지하저장탱크 중 압력탱크에 저장하는 아세트알데하이드등의 온도는 몇 ℃ 이하로 유지하여야 하는가?

① 30 ② 40
③ 55 ④ 65

> 제조소등에서의 위험물의 저장 및 취급에 관한 기준
> 옥외저장탱크 · 옥내저장탱크 또는 지하저장탱크 중 압력탱크에 저장하는 아세트알데하이드등의 온도는 40℃ 이하로 유지할 것

[13-4]

13 휘발유를 저장하던 이동저장탱크에 탱크의 상부로부터 등유나 경유를 주입할 때 액표면이 주입관의 선단을 넘는 높이가 될 때까지 그 주입관 내의 유속을 몇 m/s 이하로 하여야 하는가?

① 1 ② 2
③ 3 ④ 5

> 이동저장탱크의 상부로부터 위험물을 주입할 때에는 위험물의 액표면이 주입관의 선단을 넘는 높이가 될 때까지 그 주입관 내의 유속을 초당 1m 이하로 하여야 한다.

정답 7 ② 8 ① 9 ④ 10 ② 11 ① 12 ② 13 ①

[09-1]

14 산화프로필렌을 이동저장탱크에 저장하고자 할 때 유의할 사항으로서 틀린 것은?

① 항상 불활성 기체를 봉입하여 두어야 한다.
② 보냉장치가 있는 것은 비점 이하의 온도로 유지하여야 한다.
③ 탱크의 재질은 마그네슘을 함유한 합금이어야 한다.
④ 보냉장치가 없는 것은 40℃ 이하로 유지하여야 한다.

이동저장탱크 및 그 설비는 은 · 수은 · 동 · 마그네슘 또는 이들을 성분으로 하는 합금으로 만들지 않아야 한다.

[14-1]

15 위험물안전관리법령상 산화프로필렌을 취급하는 위험물제조설비의 재질로 사용이 금지된 금속이 아닌 것은?

① 금 ② 은
③ 동 ④ 마그네슘

[14-1, 11-4]

16 위험물안전관리법령에 따르면 보냉장치가 없는 이동저장탱크에 저장하는 아세트알데하이드의 온도는 몇 ℃ 이하로 유지하여야 하는가?

① 30 ② 40
③ 50 ④ 60

보냉장치가 없는 이동저장탱크에 저장하는 아세트알데하이드등 또는 다이에틸에터등의 온도는 40℃ 이하로 유지하여야 한다.

[13-4]

17 위험물안전관리법령상 어떤 위험물을 저장 또는 취급하는 이동탱크저장소는 불활성 기체를 봉입할 수 있는 구조로 하여야 하는가?

① 아세톤 ② 벤젠
③ 과염소산 ④ 산화프로필렌

이동저장탱크에 아세트알데하이드등을 저장하는 경우에는 항상 불활성의 기체를 봉입하여 두어야 한다. 여기서 아세트알데하이드등이라 함은 아세트알데하이드 및 산화프로필렌을 의미한다.

정답 14 ③ 15 ① 16 ② 17 ④

SECTION **02**

위험물의 운반기준 및 운송기준

Industrial Engineer Hazardous material

이 섹션에서는 운반기준 및 운송기준 모두 출제비중이 높다. 운반용기의 재질과 운반용기의 표시사항이 자주 출제되고 있으며, 특히 유별을 달리하는 위험물의 혼재기준은 가장 많이 출제가 되는 내용이니 혼재 가능한 위험물별로 확실하게 외워두도록 한다.

01 운반 기준

위험물의 운반은 그 용기 · 적재방법 및 운반방법에 관해 법에서 정한 중요기준과 세부기준에 따라 행하여야 한다.

1 운반용기의 재질

강판 · 알루미늄판 · 양철판 · 유리 · 금속판 · 종이 · 플라스틱 · 섬유판 · 고무류 · 합성섬유 · 삼 · 짚 · 나무

2 운반용기의 구조(기계 하역 구조)

① 운반용기는 부식 등의 열화에 대하여 적절히 보호될 것

② 운반용기는 수납하는 위험물의 내압 및 취급 시와 운반 시의 하중에 의하여 당해 용기에 생기는 응력에 대하여 안전할 것

③ 운반용기의 부속설비에는 수납하는 위험물이 당해 부속설비로부터 누설되지 아니하도록 하는 조치가 강구되어 있을 것

④ 용기본체가 틀로 둘러싸인 운반용기의 요건
- 용기본체는 항상 틀내에 보호되어 있을 것
- 용기본체는 틀과의 접촉에 의하여 손상을 입을 우려가 없을 것
- 운반용기는 용기본체 또는 틀의 신축 등에 의하여 손상이 생기지 아니할 것

⑤ 하부에 배출구가 있는 운반용기의 요건
- 배출구에는 개폐위치에 고정할 수 있는 밸브가 설치되어 있을 것
- 배출을 위한 배관 및 밸브에는 외부로부터의 충격에 의한 손상을 방지하기 위한 조치가 강구되어 있을 것
- 폐지판 등에 의하여 배출구를 이중으로 밀폐할 수 있는 구조일 것. 다만, 고체의 위험물을 수납하는 운반용기에 있어서는 그러하지 아니하다.

3 운반용기의 최대용적 또는 중량(기계 하역 구조)

① 고체 위험물

운반 용기				수납 위험물의 종류									
내장 용기		외장 용기		제1류			제2류		제3류			제5류	
용기의 종류	최대용적 또는 중량	용기의 종류	최대용적 또는 중량	Ⅰ	Ⅱ	Ⅲ	Ⅱ	Ⅲ	Ⅰ	Ⅱ	Ⅲ	Ⅰ	Ⅱ
유리용기 또는 플라스틱 용기	10L	나무상자 또는 플라스틱상자 (필요에 따라 불활성의 완충재를 채울 것)	125kg	○	○	○	○	○	○	○	○	○	○
			225kg		○	○		○		○	○		○
		파이버판상자 (필요에 따라 불활성의 완충재를 채울 것)	40kg	○	○	○	○	○	○	○	○	○	○
			55kg		○	○		○		○	○		○

운반 용기				수납 위험물의 종류									
내장 용기		외장 용기		제1류			제2류		제3류			제5류	
용기의 종류	최대용적 또는 중량	용기의 종류	최대용적 또는 중량	I	II	III	II	III	I	II	III	I	II
금속제용기	30L	나무상자 또는 플라스틱상자	125kg	○	○	○	○	○	○	○	○	○	○
			225kg		○	○		○		○	○		○
		파이버판상자	40kg	○	○	○	○	○	○	○	○	○	○
			55kg		○	○		○		○	○		○
플라스틱필름포대 또는 종이포대	5kg	나무상자 또는 플라스틱상자	50kg	○	○	○	○	○		○	○	○	○
	50kg		50kg	○	○	○	○	○					○
	125kg		125kg		○	○	○	○					
	225kg		225kg			○		○					
	5kg	파이버판상자	40kg	○	○	○	○	○		○	○	○	○
	40kg		40kg	○	○	○	○	○					○
	55kg		55kg			○		○					
		금속제용기(드럼 제외)	60L	○	○	○	○	○	○	○	○	○	○
		플라스틱용기(드럼 제외)	10L		○	○	○	○		○	○		○
			30L			○		○					○
		금속제드럼	250L	○	○	○	○	○	○	○	○	○	○
		플라스틱드럼 또는 파이버드럼(방수성이 있는 것)	60L	○	○	○	○	○	○	○	○	○	○
			250L		○	○		○		○	○		○
		합성수지포대(방수성이 있는 것), 플라스틱필름포대, 섬유포대(방수성이 있는 것) 또는 종이포대(여러겹으로서 방수성이 있는 것)	50kg		○	○	○	○		○	○		○

[비고]

1. "○"표시는 수납위험물의 종류별 각란에 정한 위험물에 대하여 당해 각란에 정한 운반용기가 적응성이 있음을 표시한다.
2. 내장용기는 외장용기에 수납하여야 하는 용기로서 위험물을 직접 수납하기 위한 것을 말한다.
3. 내장용기의 용기의 종류란이 공란인 것은 외장용기에 위험물을 직접 수납하거나 유리용기, 플라스틱용기, 금속제용기, 폴리에틸렌포대 또는 종이포대를 내장용기로 할 수 있음을 표시한다.

② 액체 위험물

운반 용기				수납 위험물의 종류								
내장 용기		외장 용기		제3류			제4류			제5류		제6류
용기의 종류	최대용적 또는 중량	용기의 종류	최대용적 또는 중량	I	II	III	I	II	III	I	II	I
유리용기	5L	나무 또는 플라스틱상자(불활성의 완충재를 채울 것)	75kg	○	○	○	○	○	○	○	○	○
	10L		125kg		○	○		○	○		○	
			225kg						○			
	5L	파이버판상자(불활성의 완충재를 채울 것)	40kg	○	○	○	○	○	○	○	○	○
	10L		55kg						○			
플라스틱용기	10L	나무 또는 플라스틱상자(필요에 따라 불활성의 완충재를 채울 것)	75kg	○	○	○	○	○	○	○	○	○
			125kg		○	○		○	○		○	
			225kg						○			
		파이버판상자(필요에 따라 불활성의 완충재를 채울 것)	40kg	○	○	○	○	○	○	○	○	○
			55kg						○			
금속제용기	30L	나무 또는 플라스틱상자	125kg	○	○	○	○	○	○	○	○	○
			225kg						○			
		파이버판상자	40kg	○	○	○	○	○	○	○	○	○
			55kg		○	○		○	○		○	

운반 용기				수납 위험물의 종류								
내장 용기		외장 용기		제3류			제4류			제5류		제6류
용기의 종류	최대용적 또는 중량	용기의 종류	최대용적 또는 중량	Ⅰ	Ⅱ	Ⅲ	Ⅰ	Ⅱ	Ⅲ	Ⅰ	Ⅱ	Ⅰ
		금속제용기(금속제드럼 제외)	60L		○	○		○	○		○	
		플라스틱용기(플라스틱드럼 제외)	10L		○	○		○	○		○	
			20L					○	○			
			30L						○		○	
		금속제드럼(뚜껑고정식)	250L	○	○	○	○	○	○	○	○	○
		금속제드럼(뚜껑탈착식)	250L					○	○			
		플라스틱 또는 파이버드럼 (플라스틱 내 용기부착의 것)	250L		○	○			○		○	

[비고]
내장용기의 용기의 종류란이 공란인 것은 외장용기에 위험물을 직접 수납하거나 유리용기, 플라스틱용기 또는 금속제용기를 내장용기로 할 수 있음을 표시한다.

4 적재 방법

덩어리 상태의 황을 운반하기 위하여 적재하는 경우 또는 위험물을 동일구내에 있는 제조소등의 상호간에 운반하기 위하여 적재하는 경우에는 수납하지 않고 적재할 수 있다.

(1) 수납 · 적재 기준

① 위험물이 온도변화 등에 의하여 누설되지 아니하도록 운반용기를 밀봉하여 수납할 것(온도변화 등에 의한 위험물로부터의 가스의 발생으로 운반용기 안의 압력이 상승할 우려가 있는 경우 가스의 배출구를 설치한 운반용기에 수납 가능)

② 수납하는 위험물과 위험한 반응을 일으키지 아니하는 등 당해 위험물의 성질에 적합한 재질의 운반용기에 수납할 것

③ 고체위험물은 운반용기 내용적의 95% 이하의 수납률로 수납할 것

④ 액체위험물은 운반용기 내용적의 98% 이하의 수납률로 수납하되, 55℃에서 누설되지 아니하도록 충분한 공간용적을 유지하도록 할 것

⑤ 하나의 외장용기에는 다른 종류의 위험물을 수납하지 아니할 것

▶ 제3류 위험물의 수납 기준
① 자연발화성물질에 있어서는 불활성 기체를 봉입하여 밀봉하는 등 공기와 접하지 아니하도록 할 것
② 자연발화성물질 외의 물품에 있어서는 파라핀 · 경유 · 등유 등의 보호액으로 채워 밀봉하거나 불활성 기체를 봉입하여 밀봉하는 등 수분과 접하지 아니하도록 할 것
③ 자연발화성물질 중 알킬알루미늄등은 운반용기의 내용적의 90% 이하의 수납률로 수납하되, 50℃의 온도에서 5% 이상의 공간용적을 유지하도록 할 것

(2) 기계에 의하여 하역하는 구조로 된 운반용기에 대한 수납 기준

① 부식, 손상 등 이상이 없는 운반용기일 것

▶ 운반용기 시험 및 점검
① 2년 6개월 이내에 실시한 기밀시험(액체의 위험물 또는 10kPa 이상의 압력을 가하여 수납 또는 배출하는 고체의 위험물을 수납하는 운반용기에 한한다)
② 2년 6개월 이내에 실시한 운반용기의 외부의 점검 · 부속설비의 기능점검 및 5년 이내의 사이에 실시한 운반용기의 내부의 점검

② 복수의 폐쇄장치가 연속하여 설치되어 있는 운반용기에 위험물을 수납하는 경우에는 용기본체에 가까운 폐쇄장치를 먼저 폐쇄할 것

③ 휘발유, 벤젠 그 밖의 정전기에 의한 재해가 발생할 우려가 있는 액체의 위험물을 운반용기에 수납 또는 배출할 때에는 당해 재해의 발생을 방지하기 위한 조치를 강구할 것

④ 온도변화 등에 의하여 액상이 되는 고체의 위험물은 액상으로 되었을 때 당해 위험물이 새지 아니하는 운반용기에 수납할 것

⑤ 액체위험물을 수납하는 경우에는 55℃의 온도에서의 증기압이 130kPa 이하가 되도록 수납할 것

⑥ 경질플라스틱제의 운반용기 또는 플라스틱 내 용기 부착의 운반용기에 액체위험물을 수납하는 경우에는 당해 운반용기는 제조된 때로부터 5년 이내의 것으로 할 것

(3) 위험물의 적재

위험물이 전락(轉落)하거나 위험물을 수납한 운반용기가 전도 · 낙하 또는 파손되지 않도록 적재

(4) 운반용기

수납구가 위로 향하도록 적재

(5) 위험물의 성질에 따른 기준

① 제1류 위험물, 제3류 위험물 중 자연발화성물질, 제4류 위험물 중 특수인화물, 제5류 위험물 또는 제6류 위험물은 **차광성이 있는 피복**으로 가릴 것

② 제1류 위험물 중 알칼리금속의 과산화물 또는 이를 함유한 것, 제2류 위험물 중 철분 · 금속분 · 마그네슘 또는 이들 중 어느 하나 이상을 함유한 것 또는 제3류 위험물 중 금수성물질은 **방수성이 있는 피복**으로 덮을 것

③ 제5류 위험물 중 55℃ 이하의 온도에서 분해될 우려가 있는 것은 보냉 컨테이너에 수납하는 등 적정한 온도관리를 할 것

④ 액체위험물 또는 위험등급Ⅱ의 고체위험물을 기계에 의하여 하역하는 구조로 된 운반용기에 수납하여 적재하는 경우에는 당해 용기에 대한 충격 등을 방지하기 위한 조치를 강구할 것(위험등급Ⅱ의 고체위험물을 플렉서블(flexible)의 운반용기, 파이버판제의 운반용기 및 목제의 운반용기 외의 운반용기에 수납하여 적재하는 경우 제외)

⑤ 혼재가 금지된 위험물이나 고압가스는 함께 적재하지 아니할 것

⑥ 위험물을 수납한 운반용기를 겹쳐 쌓는 경우에는 그 높이를 3m 이하로 하고, 용기의 상부에 걸리는 하중은 당해 용기 위에 당해 용기와 동종의 용기를 겹쳐 쌓아 3m의 높이로 하였을 때에 걸리는 하중 이하로 할 것

▶ 운반용기의 외부에 표시해야 하는 사항

① 위험물의 품명 · 위험등급 · 화학명 및 수용성('수용성' 표시는 제4류 위험물로서 수용성인 것에 한한다)

② 위험물의 수량

③ 수납하는 위험물에 따라 다음의 규정에 의한 주의사항

구분	주의사항
제1류 위험물	• 알칼리금속의 과산화물 또는 이를 함유한 것 : 화기 · 충격주의, 물기엄금, 가연물접촉주의 • 기타 : 화기 · 충격주의, 가연물접촉주의
제2류 위험물	• 철분 · 금속분 · 마그네슘 또는 이들 중 어느 하나 이상을 함유한 것 : 화기주의, 물기엄금 • 인화성고체 : 화기엄금 • 기타 : 화기주의
제3류 위험물	• 자연발화성물질 : 화기엄금, 공기접촉엄금 • 금수성물질 : 물기엄금
제4류 위험물	• 화기엄금
제5류 위험물	• 화기엄금, 충격주의
제6류 위험물	• 가연물접촉주의

▶ 운반용기의 외부에 표시해야 하는 사항(기계에 의하여 하역하는 구조)

① 운반용기의 제조년월 및 제조자의 명칭

② 겹쳐쌓기시험하중

③ 운반용기의 종류에 따라 다음의 규정에 의한 중량

- 플렉서블 외의 운반용기 : 최대총중량(최대수용중량의 위험물을 수납하였을 경우의 운반용기의 전중량)
- 플렉서블 운반용기 : 최대수용중량

▶ 위험물과 혼재 가능한 고압가스

- 내용적이 120L 미만의 용기에 충전한 불활성가스
- 내용적이 120L 미만의 용기에 충전한 액화석유가스 또는 압축천연가스 (제4류 위험물과 혼재하는 경우에 한함)

chapter 04

5 운반 방법

(1) 주의사항

① 위험물 또는 위험물을 수납한 운반용기가 현저하게 마찰 또는 동요를 일으키지 아니하도록 운반할 것

② 지정수량 이상의 위험물을 차량으로 운반하는 경우

- 다른 차량에 바꾸어 싣거나 휴식 · 고장 등으로 차량을 일시 정차시킬 때에는 안전한 장소를 택하고 운반하는 위험물의 안전을 확보할 것
- 해당 위험물에 적응성이 있는 소형수동식소화기를 해당 위험물의 소요단위에 상응하는 능력단위 이상을 갖출 것

③ 위험물 운반도중 위험물이 현저하게 새는 등 재난발생의 우려가 있는 경우 응급조치를 강구하는 동시에 가까운 소방관서 그 밖의 관계기관에 통보할 것

(2) 지정수량 이상의 위험물을 차량으로 운반하는 경우 차량에 설치할 표지 기준

① 한 변의 길이가 0.3m 이상, 다른 한 변의 길이가 0.6m 이상인 직사각형의 판으로 할 것

② 바탕은 흑색으로 하고, 황색의 반사도료 그 밖의 반사성이 있는 재료로 "위험물"이라고 표시할 것

③ 표지는 차량의 전면 및 후면의 보기 쉬운 곳에 내걸 것

▶ **유별을 달리하는 위험물의 혼재기준** (지정수량의 1/10 이하의 위험물에는 적용하지 않음)

위험물의 구분	제1류	제2류	제3류	제4류	제5류	제6류
제1류		×	×	×	×	○
제2류	×		×	○	○	×
제3류	×	×		○	×	×
제4류	×	○	○		○	×
제5류	×	○	×	○		×
제6류	○	×	×	×	×	

▶ **위험성 경고표지**(위험물 운송 · 운반 시의 위험성 경고표지에 관한 기준)

- 차량의 외부에 위험물 표지, UN번호, 그림문자 표시
- 이동탱크저장소 : 각 구획실 위험물의 UN번호와 그림문자가 다를 경우, 모든 UN번호와 그림문자 표시
- 운반차량 : 위험물의 총량이 4,000㎏ 이하이거나 UN번호가 다른 위험물을 함께 적재하는 경우, UN번호 생략

02 운송기준

1 위험물운송자

(1) 자격

① 이동탱크저장소에 의하여 위험물을 운송하는 자(운송책임자 및 이동탱크저장소운전자)

② 위험물을 취급할 수 있는 국가기술자격자

③ 안전교육을 받은 자

(2) 위험물 운송

① 대통령령이 정하는 위험물의 운송에 있어서는 운송책임자의 감독 또는 지원을 받아 이를 운송하여야 한다.

▶ **운송책임자의 감독 · 지원을 받아 운송해야 하는 위험물**

① 알킬알루미늄

② 알킬리튬

③ 알킬알루미늄 또는 알킬리튬 물질을 함유하는 위험물

② 위험물운송자는 이동탱크저장소에 의하여 위험물을 운송하는 때에는 해당 국가기술자격증 또는 교육수료증을 지녀야 하며, 행정안전부령이 정하는 기준을 준수하는 등 당해 위험물의 안전확보를 위하여 세심한 주의를 기울여야 한다.

(3) 안전교육

안전관리자 · 탱크시험자 · 위험물운반자 · 위험물운송자 등 위험물의 안전관리와 관련된 업무를 수행하는 자로서 대통령령이 정하는 자는 해당 업무에 관한 능력의 습득 또는 향상을 위하여 소방청장이 실시하는 교육을 받아야 한다.

▶ **위험물운반자** : 운반용기에 수납된 위험물을 지정수량 이상으로 차량에 적재하여 운반하는 차량의 운전자

(4) 위험물 운송 시 준수사항

① 운송 개시 전에 이동저장탱크의 배출밸브 등의 밸브와 폐쇄장치, 맨홀 및 주입구의 뚜껑, 소화기 등의 점검을 충분히 실시할 것

② 장거리(고속국도 : 340km 이상, 그 밖의 도로 : 200km 이상)에 걸치는 운송을 하는 때에는 2명 이상의 운전자로 할 것

▶ **예외로 할 수 있는 경우**
① 운송책임자를 동승시킨 경우
② 운송하는 위험물이 제2류 · 제3류 위험물(칼슘 또는 알루미늄의 탄화물과 이것만을 함유한 것) 또는 제4류 위험물(특수인화물 제외)인 경우
③ 운송 도중에 2시간 이내마다 20분 이상씩 휴식하는 경우

③ 이동탱크저장소를 휴식 · 고장 등으로 일시 정차시킬 때에는 안전한 장소를 택하고 이동탱크저장소의 안전을 위한 감시를 할 수 있는 위치에 있는 등 운송하는 위험물의 안전확보에 주의할 것

④ 이동저장탱크로부터 위험물이 현저하게 새는 등 재해발생의 우려가 있는 경우에는 재난을 방지하기 위한 응급조치를 강구하는 동시에 소방관서 그 밖의 관계기관에 통보할 것

⑤ 위험물(제4류 위험물에 있어서는 특수인화물 및 제1석유류)을 운송하게 하는 자는 위험물안전카드를 위험물운송자로 하여금 휴대하게 할 것

⑥ 위험물안전카드를 휴대하고 당해 카드에 기재된 내용에 따를 것(재난 그 밖의 불가피한 이유가 있는 경우에는 기재된 내용에 따르지 아니할 수 있다)

2 위험물 운송책임자

운송책임자의 범위, 감독 또는 지원의 방법 등에 관한 구체적인 기준은 행정안전부령으로 정한다.

(1) 위험물 운송책임자의 자격

① 위험물의 취급에 관한 국가기술자격을 취득하고 관련 업무에 1년 이상 종사한 경력이 있는 자

② 위험물의 운송에 관한 안전교육을 수료하고 관련 업무에 2년 이상 종사한 경력이 있는 자

(2) 운송책임자의 감독 또는 지원 방법

① 운송책임자가 이동탱크저장소에 동승하여 운송 중인 위험물의 안전확보에 관하여 운전자에게 필요한 감독 또는 지원을 하는 방법(운전자가 운반책임자의 자격이 있는 경우 운송책임자의 자격이 없는 자가 동승 가능)

② 운송의 감독 또는 지원을 위하여 마련한 별도의 사무실에 운송책임자가 대기하면서 다음의 사항을 이행하는 방법

- 운송경로를 미리 파악하고 관할소방관서 또는 관련업체(비상대응에 관한 협력을 얻을 수 있는 업체)에 대한 연락체계를 갖추는 것
- 이동탱크저장소의 운전자에 대하여 수시로 안전확보 상황을 확인하는 것
- 비상시의 응급처치에 관하여 조언을 하는 것
- 그 밖에 위험물의 운송 중 안전확보에 관하여 필요한 정보를 제공하고 감독 또는 지원하는 것

[09-1]

1 위험물안전관리법에서 규정한 운반용기의 재질이 아닌 것은?

① 플라스틱 ② 도자기
③ 유리 ④ 짚

운반용기의 재질 : 강판 · 알루미늄판 · 양철판 · 유리 · 금속판 · 종이 · 플라스틱 · 섬유판 · 고무류 · 합성섬유 · 삼 · 짚 · 나무

[12-4]

2 고체 위험물의 운반 시 내장용기가 금속제인 경우 내장용기의 최대 용적은 몇 L인가?

① 10 ② 20
③ 30 ④ 100

고체 위험물의 운반 시 내장용기가 금속제인 경우 내장용기의 최대 용적은 30L이며, 유리 또는 플라스틱 용기의 경우 10L이다.

[14-2, 11-2]

3 A업체에서 제조한 위험물을 B업체로 운반할 때 규정에 의한 운반용기에 수납하지 않아도 되는 위험물은? (단, 지정수량의 2배 이상인 경우이다)

① 덩어리 상태의 황
② 금속분
③ 삼산화크롬
④ 염소산나트륨

덩어리 상태의 황을 운반할 때는 규정에 의한 운반용기에 수납하지 않아도 된다.

[13-1, 10-4]

4 고체 위험물은 운반용기 내용적의 몇 % 이하의 수납율로 수납하여야 하는가?

① 94% ② 95%
③ 98% ④ 99%

고체 위험물은 운반용기 내용적의 95% 이하의 수납율로 수납하여야 한다.

[14-1]

5 위험물안전관리법령에 근거한 위험물 운반 및 수납 시 주의사항에 대한 설명 중 틀린 것은?

① 위험물을 수납하는 용기는 위험물이 누출되지 않게 밀봉시켜야 한다.
② 온도 변화로 가스 발생 우려가 있는 것은 가스 배출구를 설치한 운반용기에 수납할 수 있다.
③ 액체 위험물은 운반용기 내용적의 98% 이하의 수납율로 수납하되 55℃의 온도에서 누설되지 아니하도록 충분한 공간 용적을 유지하도록 하여야 한다.
④ 고체 위험물은 운반용기 내용적의 98% 이하의 수납율로 수납하여야 한다.

고체 위험물은 운반용기 내용적의 95% 이하의 수납율로 수납하여야 한다.

[10-2]

6 위험물의 적재 방법에 관한 기준으로 틀린 것은?

① 위험물은 규정에 의한 바에 따라 재해를 발생시킬 우려가 있는 물품과 함께 적재하지 아니하여야 한다.
② 적재하는 위험물의 성질에 따라 일광의 직사 또는 빗물의 침투를 방지하기 위하여 유효하게 피복하는 등 규정에서 정하는 기준에 따른 조치를 하여야 한다.
③ 운반용기는 수납구를 옆으로 향하게 하여 나란히 적재한다.
④ 위험물을 수납한 운반용기가 전도 · 낙하 또는 파손되지 아니하도록 적재하여야 한다.

운반용기는 수납구를 위로 향하게 하여 적재하여야 한다.

[13-4]

7 위험물안전관리법령상 위험물의 운반에 관한 기준에 따라 차광성이 있는 피복으로 가리는 조치를 하여야 하는 위험물에 해당하지 않는 것은?

① 특수인화물 ② 제1석유류
③ 제1류 위험물 ④ 제6류 위험물

제1류 위험물, 제3류 위험물 중 자연발화성물질, 제4류 위험물 중 특수인화물, 제5류 위험물 또는 제6류 위험물은 차광성이 있는 피복으로 가려야 한다.

[15-1, 07-1]

8 위험물안전관리법령상 운반 시 적재하는 위험물에 차광성이 있는 피복으로 가리지 않아도 되는 것은?

① 제2류 위험물 중 철분
② 제4류 위험물 중 특수인화물

정답 1② 2③ 3① 4② 5④ 6③ 7② 8①

③ 제5류 위험물
④ 제6류 위험물

[09-2]
9 적재 시 일광의 직사를 피하기 위하여 차광성이 있는 피복으로 가려야 하는 것은?

① 에탄올 ② 과산화수소
③ 철분 ④ 가솔린

[12-4, 09-1]
10 운반할 때 빗물의 침투를 방지하기 위하여 방수성이 있는 피복으로 덮어야 하는 위험물은?

① TNT ② 이황화탄소
③ 과염소산 ④ 마그네슘

제1류 위험물 중 알칼리금속의 과산화물 또는 이를 함유한 것, 제2류 위험물 중 철분 · 금속분 · 마그네슘 또는 이들 중 어느 하나 이상을 함유한 것 또는 제3류 위험물 중 금수성물질은 방수성이 있는 피복으로 덮어야 한다. TNT, 이황화탄소, 과염소산은 모두 차광성 있는 피복으로 덮어야 한다.

[19-4, 12-2, 10-4]
11 위험물을 적재, 운반할 때 방수성 덮개를 하지 않아도 되는 것은?

① 알칼리금속의 과산화물
② 마그네슘
③ 나이트로화합물
④ 탄화칼슘

나이트로화합물은 제5류 위험물로 차광성이 있는 피복으로 가려야 한다.

[15-1]
12 위험물안전관리법령상 위험물 운반용기의 외부에 표시하도록 규정한 사항이 아닌 것은?

① 위험물의 품명
② 위험물의 제조번호
③ 위험물의 주의사항
④ 위험물의 수량

운반용기의 외부에 표시해야 하는 사항
- 위험물의 품명 · 위험등급 · 화학명 및 수용성('수용성' 표시는 제4류 위험물로서 수용성인 것에 한한다)
- 위험물의 수량
- 수납하는 위험물에 따라 다음의 규정에 의한 주의사항

[12-1, 08-1]
13 위험물안전관리법령상 위험물의 운반용기 외부에 표시해야 하는 사항이 아닌 것은?(단, 기계에 의하여 하역하는 구조로 된 운반용기는 제외한다)

① 위험물의 품명
② 위험물의 수량
③ 위험물의 화학명
④ 위험물의 제조년월일

[13-1]
14 위험물안전관리법령상 위험물의 운반용기 외부에 표시해야 할 사항이 아닌 것은? (단, 용기의 용적은 10L 이며 원칙적인 경우에 한한다)

① 위험물의 화학명
② 위험물의 지정수량
③ 위험물의 품명
④ 위험물의 수량

[15-2]
15 위험물안전관리법령상 위험물을 수납한 운반용기의 외부에 표시하여야 할 사항이 아닌 것은?

① 위험등급
② 위험물의 수량
③ 위험물의 품명
④ 안전관리자의 이름

[14-1, 14-2, 08-2]
16 위험물안전관리법령상 제1류 위험물 중 알칼리금속의 과산화물의 운반용기 외부에 표시하여야 하는 주의사항을 모두 옳게 나타낸 것은?

① "화기엄금", "충격주의" 및 "가연물접촉주의"
② "화기 · 충격주의", "물기엄금" 및 "가연물접촉주의"
③ "화기주의", "물기엄금"
④ "화기엄금" 및 "충격주의"

제1류 위험물 운반용기의 외부에 표시해야 하는 사항
- 알칼리금속의 과산화물 또는 이를 함유한 것 : "화기 · 충격주의", "물기엄금", "가연물접촉주의"
- 기타 : "화기 · 충격주의", "가연물접촉주의"

정답 9 ② 10 ④ 11 ③ 12 ② 13 ④ 14 ② 15 ④ 16 ②

[13-1]

17 위험물안전관리법령 중 위험물의 운반에 관한 기준에 따라 운반용기의 외부에 주의사항으로 "화기 · 충격주의", "물기엄금" 및 "가연물접촉주의"를 표시하였다. 어떤 위험물에 해당하는가?

① 제1류 위험물 중 알칼리금속의 과산화물
② 제2류 위험물 중 철분 · 금속분 · 마그네슘
③ 제3류 위험물 중 자연발화성물질
④ 제5류 위험물

[12-4]

18 위험물의 운반용기 외부에 표시하여야 하는 주의사항에 "화기엄금"이 포함되지 않은 것은?

① 제1류 위험물 중 알칼리금속의 과산화물
② 제2류 위험물 중 인화성고체
③ 제3류 위험물 중 자연발화성물질
④ 제5류 위험물

> 제1류 위험물 중 알칼리금속의 과산화물 또는 이를 함유한 것 : "화기 · 충격주의", "물기엄금", "가연물접촉주의"

[08-2]

19 제2류 위험물 중 인화성고체의 운반용기 외부에 반드시 표시하여야 할 주의사항으로 옳은 것은?

① 화기엄금 ② 충격주의
③ 물기엄금 ④ 화기주의

> 제2류 위험물 운반용기의 외부에 표시해야 하는 사항
> - 철분 · 금속분 · 마그네슘 또는 이들 중 어느 하나 이상을 함유한 것 : "화기주의", "물기엄금"
> - 인화성고체 : "화기엄금"
> - 기타 : "화기주의"

[11-4]

20 위험물안전관리법령상 제2류 위험물 중 철분을 수납한 운반용기 외부에 표시해야 할 내용은?

① 물기주의 및 화기엄금
② 화기주의 및 물기엄금
③ 공기노출엄금
④ 충격주의 및 화기엄금

[11-1, 07-2]

21 위험물의 운반용기 외부에 표시하여야 하는 주의사항을 틀리게 연결한 것은?

① 염소산암모늄 - 화기 · 충격주의 및 가연물접촉주의
② 철분 - 화기주의 및 물기엄금
③ 아세틸퍼옥사이드 - 화기엄금 및 충격주의
④ 과염소산 - 물기엄금 및 가연물접촉주의

> 제6류 위험물의 운반용기 외부에 표시해야 하는 주의사항은 "가연물 접촉주의"이다.

[10-1]

22 과산화수소의 운반용기 외부에 표시해야 하는 주의사항은?

① 물기엄금 ② 화기엄금
③ 가연물 접촉주의 ④ 충격주의

> 제6류 위험물의 운반용기 외부에 표시해야 하는 주의사항은 "가연물 접촉주의"이다.

[09-2]

23 위험물 운반용기 외부에 표시하는 주의사항을 잘못 나타낸 것은?

① 적린 : 화기주의
② 탄산칼슘 : 물기엄금
③ 아세톤 : 화기엄금
④ 과산화수소 : 화기주의

[14-4, 11-2]

24 위험물의 운반용기 외부에 수납하는 위험물의 종류에 따라 표시하는 주의사항을 옳게 연결한 것은?

① 염소산칼륨 - 물기주의
② 철분 - 물기주의
③ 아세톤 - 화기엄금
④ 질산 - 화기엄금

> ① 염소산칼륨 – 화기 · 충격주의, 가연물접촉주의
> ② 철분 – 화기주의, 물기엄금
> ④ 질산 – 가연물접촉주의

[09-1]

25 위험물 운반용기 외부에 표시하는 주의사항을 모두 나타낸 것 중 틀린 것은?

① 질산나트륨 : 화기 · 충격주의, 가연물접촉주의
② 마그네슘 : 화기주의, 물기엄금
③ 황린 : 공기노출금지
④ 과염소산 : 가연물접촉주의

> 황린은 제3류 위험물 중 자연발화성물질이므로 운반용기 외부에 "화기엄금", "공기접촉엄금" 주의사항을 표시해야 한다.

정답 17 ① 18 ① 19 ① 20 ② 21 ④ 22 ③ 23 ④ 24 ③ 25 ③

[10-4]

26 지정수량 이상의 위험물을 차량으로 운반할 때에 대한 설명으로 틀린 것은?

① 운반하는 위험물에 적응성이 있는 소형수동식소화기를 구비한다.
② 위험물 또는 위험물을 수납한 용기가 현저하게 마찰 또는 동요되지 않도록 운반한다.
③ 위험물이 현저하게 새어 재난 발생 우려가 있는 경우 응급조치를 한 후 목적지로 이동하고 목적지 관계기관에 통보한다.
④ 휴식, 고장 등으로 차량을 일시 정차시킬 때는 안전한 장소를 택하고 위험물의 안전 확보에 주의한다.

위험물의 운반도중 위험물이 현저하게 새는 등 재난발생의 우려가 있는 경우에는 응급조치를 강구하는 동시에 가까운 소방관서 그 밖의 관계기관에 통보하여야 한다.

[10-1, 08-2]

27 지정수량 이상의 위험물을 차량으로 운반하는 경우 당해 차량에 표지를 설치하여야 한다. 다음 중 표지의 규격으로 옳은 것은?

① 장변 길이 : 0.6m 이상, 단변 길이 : 0.3m 이상
② 장변 길이 : 0.4m 이상, 단변 길이 : 0.3m 이상
③ 가로, 세로 모두 0.3m 이상
④ 가로, 세로 모두 0.4m 이상

지정수량 이상의 위험물을 차량으로 운반하는 경우 차량에 설치할 표지는 한 변의 길이가 0.3m 이상, 다른 한 변의 길이가 0.6m 이상인 직사각형의 판으로 해야 한다.

[13-2, 07-2]

28 지정수량 이상의 위험물을 차량으로 운반할 때 게시판의 색상에 대한 설명으로 옳은 것은?

① 흑색바탕에 청색의 도료로 "위험물"이라고 게시한다.
② 흑색바탕에 황색의 반사도료로 "위험물"이라고 게시한다.
③ 적색바탕에 흰색의 반사도료로 "위험물"이라고 게시한다.
④ 적색바탕에 흑색의 도료로 "위험물"이라고 게시한다.

바탕은 흑색으로 하고, 황색의 반사도료 그 밖의 반사성이 있는 재료로 "위험물"이라고 표시해야 한다.

[19-1, 13-4]

29 위험물안전관리법령에서 정한 위험물의 운반에 관한 설명으로 옳은 것은?

① 위험물을 화물차량으로 운반하면 특별히 규제받지 않는다.
② 승용차량으로 위험물을 운반할 경우에만 운반의 규제를 받는다.
③ 지정수량 이상의 위험물을 운반할 경우에만 운반의 규제를 받는다.
④ 위험물을 운반할 경우 그 양의 다소를 불문하고 운반의 규제를 받는다.

위험물을 운반할 경우 지정수량에 관계없이 그 양의 다소를 불문하고 운반의 규제를 받는다.

[15-1]

30 위험물안전관리법령상 지정수량의 각각 10배를 운반할 때 혼재할 수 있는 위험물은?

① 과산화나트륨과 과염소산
② 과망가니즈산칼륨과 적린
③ 질산과 알코올
④ 과산화수소와 아세톤

유별을 달리하는 위험물의 혼재기준

위험물의 구분	제1류	제2류	제3류	제4류	제5류	제6류
제1류		×	×	×	×	○
제2류	×		×	○	○	×
제3류	×	×		○	×	×
제4류	×	○	○		○	×
제5류	×	○	×	○		×
제6류	○	×	×	×	×	

[15-2, 14-2, 08-1]

31 위험물 운반시 유별을 달리하는 위험물의 혼재 기준에서 다음 중 혼재가 가능한 위험물은? (단, 각각 지정수량 10배의 위험물로 가정한다)

① 제1류와 제4류　　② 제2류와 제3류
③ 제3류와 제4류　　④ 제1류와 제5류

[14-1, 10-4]

32 위험물안전관리법령에 따라 지정수량 10배의 위험물을 운반할 때 혼재가 가능한 것은?

① 제1류 위험물과 제2류 위험물
② 제2류 위험물과 제3류 위험물
③ 제3류 위험물과 제5류 위험물
④ 제4류 위험물과 제5류 위험물

정답 26 ③ 27 ① 28 ② 29 ④ 30 ① 31 ③ 32 ④

[11-1]

33 지정수량 10배 이상의 위험물을 운반할 경우 서로 혼재할 수 있는 위험물 유별은?

① 제1류 위험물과 제2류 위험물
② 제2류 위험물과 제4류 위험물
③ 제5류 위험물과 제6류 위험물
④ 제3류 위험물과 제5류 위험물

[12-1]

34 지정수량 10배 이상의 위험물을 운반할 때 혼재가 가능한 것은?

① 제1류와 제2류　② 제2류와 제6류
③ 제3류와 제5류　④ 제4류와 제2류

[07-2]

35 위험물 운반 시에 혼재가 금지된 위험물로 올바르게 짝지어 놓은 것은? (단, 지정수량의 1/10 초과이다)

① 제1류 위험물과 제2류 위험물
② 제2류 위험물과 제5류 위험물
③ 제3류 위험물과 제4류 위험물
④ 제6류 위험물과 제1류 위험물

[11-4]

36 제3류 위험물과 혼재할 수 있는 위험물은 제 몇 류 위험물인가? (단, 지정수량의 10배인 경우이다)

① 제1류　② 제2류
③ 제4류　④ 제5류

[12-4]

37 지정수량 10배의 위험물을 운반할 때 다음 중 혼재가 금지된 경우는?

① 제2류 위험물과 제4류 위험물
② 제2류 위험물과 제5류 위험물
③ 제3류 위험물과 제4류 위험물
④ 제3류 위험물과 제5류 위험물

[10-2]

38 과산화나트륨과 혼재가 가능한 위험물은?(단, 지정수량 이상인 경우이다)

① 에테르　② 마그네슘분
③ 탄화칼슘　④ 과염소산

> 과산화나트륨은 제1류 위험물이므로 제6류 위험물인 과염소산과 혼재가 가능하다.

[12-2, 10-1]

39 다음 위험물 중 혼재가 가능한 위험물은?

① 과염소산칼륨 - 황린
② 질산메틸 - 경유
③ 마그네슘 - 알킬알루미늄
④ 탄산칼슘 - 나이트로글리세린

> 경유는 제4류 위험물로서 제2류, 제3류, 제5류 위험물과 혼재가 가능한데, 제5류 위험물인 질산메틸과 혼재가 가능하다.

[13-1]

40 위험물안전관리법령상 이동탱크저장소로 위험물을 운송하게 하는 자는 위험물안전카드를 위험물운송자로 하여금 휴대하게 하여야 한다. 다음 중 이에 해당하는 위험물이 아닌 것은?

① 휘발유
② 과산화수소
③ 경유
④ 벤조일퍼옥사이드

> 위험물(제4류 위험물에 있어서는 특수인화물 및 제1석유류에 한한다)을 운송하게 하는 자는 위험물안전카드를 위험물운송자로 하여금 휴대하게 하여야 한다. 경유는 제2석유류이므로 해당되지 않는다.

정답 33 ② 34 ④ 35 ① 36 ③ 37 ④ 38 ④ 39 ② 40 ③

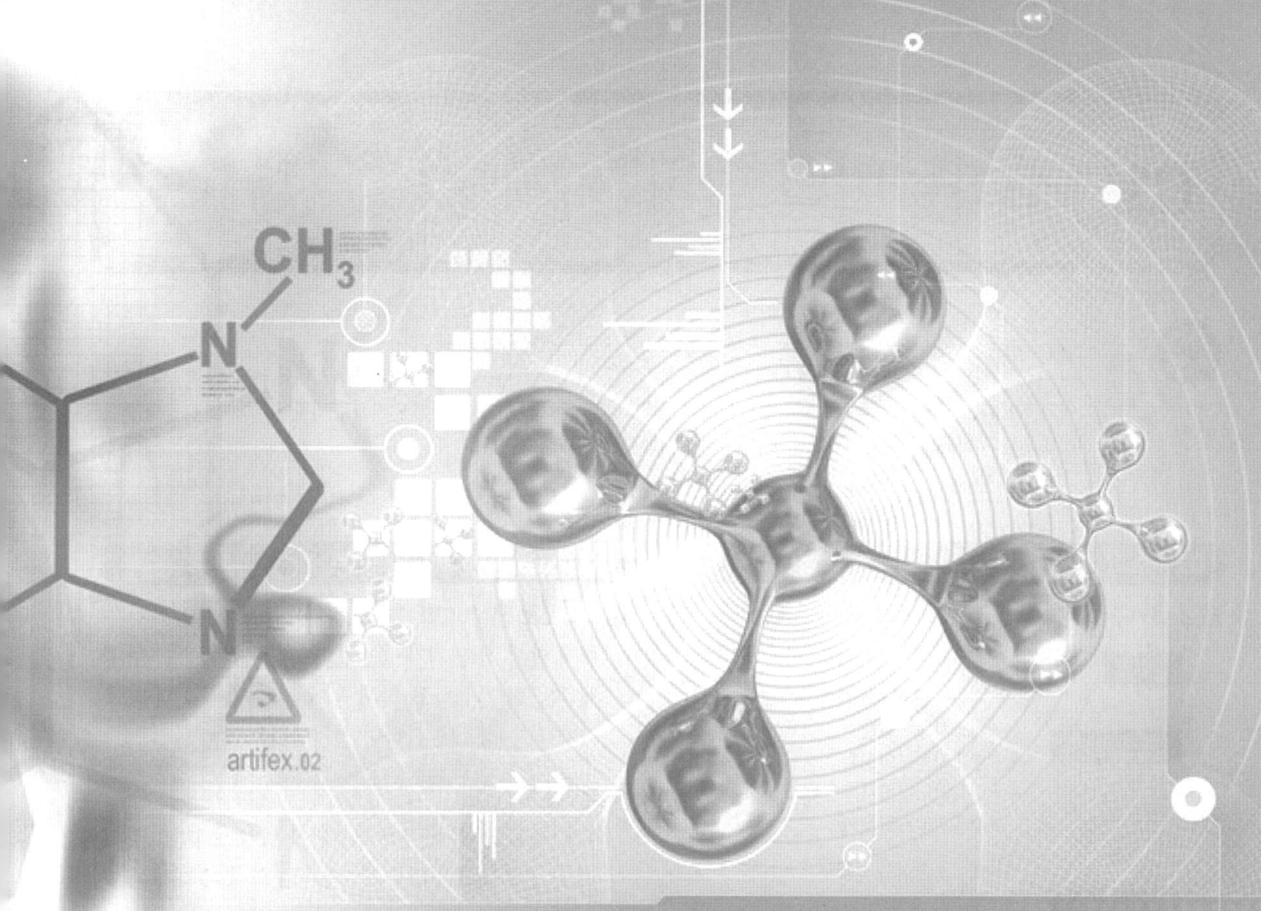

CHAPTER 05

제조소등의 소방시설의 설치

소화설비의 설치 | 경보설비 및 피난설비의 설치

SECTION 01

소화설비의 설치

이 섹션에서는 소화난이도등급과 소화설비의 적응성, 소요단위 · 능력단위에 대한 출제비중이 상당히 높다. 특히 소화설비의 적응성은 표 전체를 통째로 암기할 수 있도록 한다. 다양하게 출제되고 있으니 만반의 준비를 하도록 한다. 소화설비의 기준에서도 골고루 출제되고 있으니 기본적인 내용은 숙지하도록 한다.

01 소화설비의 종류

1 소화기구

- 소화기
- 자동소화장치
  - 주방용 자동소화장치
  - 캐비닛형 자동소화장치
  - 가스자동소화장치
  - 분말자동소화장치
  - 고체에어로졸자동소화장치
  - 자동확산소화장치
- 간이소화용구
  - 에어로졸식 소화용구
  - 투척용 소화용구
  - 소화약제 외의 것을 이용한 간이소화용구

2 옥내소화전설비(호스릴옥내소화전설비 포함)

3 스프링클러 관련 설비

스프링클러설비 · 간이스프링클러설비(캐비닛형 간이스프링클러설비 포함) 및 화재조기진압용 스프링클러설비

4 물분무등소화설비

① 물분무 소화설비
② 미분무 소화설비
③ 포 소화설비
④ 불활성가스소화설비(이산화탄소소화설비, 질소소화설비)
⑤ 할로젠화합물 소화설비
⑥ 청정소화약제 소화설비
⑦ 분말 소화설비
⑧ 강화액 소화설비

5 옥외소화전설비

02 소화설비 설치의 구분

1 옥내소화전설비 및 이동식물분무등소화설비

화재 발생 시 연기가 충만할 우려가 없는 장소 등 쉽게 접근이 가능하고 화재 등에 의한 피해를 받을 우려가 적은 장소에 한하여 설치한다.

2 옥외소화전설비

① 건축물의 1층 및 2층 부분만을 방사능력범위로 하고 건축물의 지하층 및 3층 이상의 층에 대하여 다른 소화설비를 설치한다.
② 옥외소화전설비를 옥외 공작물에 대한 소화설비로 하는 경우에도 유효방수거리 등을 고려한 방사능력범위에 따라 설치한다.

3 제4류 위험물을 저장 또는 취급하는 탱크에 포소화설비를 설치하는 경우에는 고정식포소화설비를 설치한다.

▶ 종형탱크에 설치 시 고정식포방출구방식으로 하고 보조포소화전 및 연결송액구를 함께 설치할 것

4 소화난이도등급 I 의 제조소 또는 일반취급소에 옥내 · 외소화전설비, 스프링클러설비 또는 물분무등소화설비를 설치 시 당해 제조소 또는 일반취급소의 취급탱크(인화점 21℃ 미만의 위험물을 취급하는 것에 한함)의 펌프설비, 주입구 또는 토출구가 옥내 · 외소화전설비, 스프링클러설비 또는 물분무등소화설비의 방사능력범위 내에 포함되도록 한다.

이 경우 당해 취급탱크의 펌프설비, 주입구 또는 토출구에 접속하는 배관의 내경이 200mm 이상인 경우에는 당해 펌프설비, 주입구 또는 토출구에 대하여 적응성 있는 소화설비는 이동식 외의 물분무등소화설비에 한한다.

5 포소화설비 중 포모니터노즐방식은 옥외의 공작물(펌프설비 등을 포함한다) 또는 옥외에서 저장 또는 취급하는 위험물을 방호대상물로 한다.

03 옥내소화전설비의 기준

1 설치기준

① 개폐밸브 및 호스접속구 설치 위치 : 바닥면으로부터 높이 1.5m 이하

② 호스접속구까지의 수평거리 : 25m 이하

③ 수원의 수량 : 설치개수(5개 이상인 경우 5개)에 $7.8m^3$를 곱한 양 이상

④ 방수압력 : 350kPa 이상

⑤ 방수량 : 1분당 260L 이상

⑥ 비상전원 용량 : 45분 이상

▶ 큐비클식 비상전원 전용수전설비는 전면에 폭 1m 이상의 공지를 보유할 것

2 옥내소화전함의 설치 장소

① 불연재료로 제작한 곳

② 점검이 편리한 곳

③ 화재 발생 시 연기가 충만할 우려가 없는 장소

④ 접근이 가능하고 화재 등에 의한 피해를 받을 우려가 적은 장소

3 가압송수장치의 시동표시등

① 색상 : 적색

② 위치 : 옥내소화전함의 내부 또는 그 직근의 장소

③ 설치 예외

- 시동표시등 점멸에 의해 가압송수장치의 시동을 알리는 것이 가능한 경우
- 자체소방대를 둔 제조소등으로서 가압송수장치의 기동장치를 기동용 수압개폐장치로 사용하는 경우

4 옥내소화전설비의 설치에 관한 표시

① 옥내소화전함 표면에 "소화전"이라고 표시

② 적색표시등 : 옥내소화전함의 상부의 벽면에 설치

▶ 부착면과 15° 이상의 각도가 되는 방향으로 10m 떨어진 곳에서 용이하게 식별이 가능할 것

5 물올림장치의 설치기준

① 수원의 수위가 펌프(수평회전식에 한함)보다 낮은 위치에 있는 가압송수장치에 설치

② 전용 물올림탱크 설치

③ 탱크 용량 : 가압송수장치를 유효하게 작동할 수 있는 양

④ 감수경보장치 및 물올림탱크에 물을 자동으로 보급하기 위한 장치가 설치되어 있을 것

6 배관의 설치기준

① 전용배관을 사용할 것

② 주배관 중 입상관은 관의 직경이 50mm 이상인 것으로 할 것

③ 가압송수장치의 토출측 직근부분의 배관에는 체크밸브 및 개폐밸브를 설치할 것

④ 개폐밸브에는 그 개폐방향을, 체크밸브에는 그 흐름방향을 표시할 것

⑤ 배관용탄소강관(KS D 3507), 압력배관용탄소강관(KS D 3562) 또는 이와 동등 이상의 강도, 내식성 및 내열성을 갖는 관을 사용할 것

⑥ 가압송수장치의 체절압력의 1.5배 이상의 수압을 견딜 수 있는 것으로 할 것

⑦ 펌프를 이용한 가압송수장치의 흡수관은 펌프마다 전용으로 설치할 것

⑧ 흡수관에는 여과장치를 설치할 것

▶ 수원의 수위가 펌프보다 낮은 위치에 있는 경우 후드밸브를, 그 외의 경우에는 개폐밸브

7 가압송수장치의 설치기준

(1) 고가수조를 이용한 가압송수장치

① 필요 낙차(수조의 하단으로부터 호스접속구까지의 수직거리)

$$H = h_1 + h_2 + 35m$$

- H : 필요낙차(단위 : m)
- h_1 : 소방용 호스의 마찰손실수두
- h_2 : 배관의 마찰손실수두

② 수위계, 배수관, 오버플로우용 배수관, 보급수관 및 맨홀을 설치할 것

chapter 05

(2) 압력수조를 이용한 가압송수장치

① 압력수조의 압력

$$P = P_1 + P_2 + P_3 + 0.35MPa$$

- P : 필요한 압력(단위 : MPa)
- P_1 : 소방용호스의 마찰손실수두압
- P_2 : 배관의 마찰손실수두압
- P_3 : 낙차의 환산수두압

② 압력수조의 수량 : 당해 압력수조 체적의 2/3 이하

③ 압력수조에 압력계, 수위계, 배수관, 보급수관, 통기관 및 맨홀을 설치할 것

(3) 펌프를 이용한 가압송수장치

① 펌프의 토출량 : 옥내소화전의 설치개수가 가장 많은 층에 대해 당해 설치개수(설치개수가 5개 이상인 경우 5개)에 260 ℓ /min를 곱한 양 이상이 되도록 할 것

② 펌프의 전양정은 다음 식에 의하여 구한 수치 이상으로 할 것

$$H = h_1 + h_2 + h_3 + 35m$$

- H : 펌프의 전양정 (단위 m)
- h_1 : 소방용 호스의 마찰손실수두 (단위 m)
- h_2 : 배관의 마찰손실수두 (단위 m)
- h_3 : 낙차 (단위 m)

8 축전지설비

① 축전지설비는 설치된 실의 벽으로부터 0.1m 이상 이격할 것

② 축전지설비를 동일실에 2 이상 설치하는 경우에는 축전지설비의 상호간격은 0.6m(높이가 1.6m 이상인 선반 등을 설치한 경우에는 1m) 이상 이격할 것

③ 축전지설비는 물이 침투할 우려가 없는 장소에 설치할 것

④ 축전지설비를 설치한 실에는 옥외로 통하는 유효한 환기설비를 설치할 것

⑤ 충전장치와 축전지를 동일실에 설치하는 경우에는 충전장치를 강제의 함에 수납하고 당해 함의 전면에 폭 1m 이상의 공지를 보유할 것

04 옥외소화전설비의 기준

1 설치기준

① 수원의 수량 : 설치개수(4개 이상인 경우 4개)에 $13.5m^3$를 곱한 양 이상

② 방수압력 : 350kPa 이상

③ 방수량 : 1분당 450L 이상

④ 개폐밸브 및 호스접속구 설치 위치 : 바닥면으로부터 높이 1.5m 이하

⑤ 호스접속구까지의 거리 : 40m

⑥ 옥외소화전설비는 습식으로 하고 동결방지조치를 할 것

⑦ 비상전원 용량 : 45분 이상

⑧ 건축물의 1층 및 2층 부분만을 방사능력범위로 하고 건축물의 지하층 및 3층 이상의 층에 대하여 다른 소화설비를 설치

⑨ 옥외소화전설비를 옥외 공작물에 대한 소화설비로 하는 경우에도 유효방수거리 등을 고려한 방사능력범위에 따라 설치

2 옥외소화전함 설치

① 불연재료로 제작

② 옥외소화전으로부터의 거리 : 5m 이하

③ 화재 발생 시 쉽게 접근 가능하고 화재 등의 피해를 받을 우려가 적은 장소에 설치

05 스프링클러설비의 기준

1 설치기준

① 스프링클러헤드까지의 수평거리 : 1.7m

※ 살수밀도의 기준을 충족하는 경우 : 2.6m

② 방사구역 : $150m^2$ 이상

※ 바닥면적이 $150m^2$ 미만인 경우에는 해당 면적

③ 수원의 수량

- 개방형 : 설치개수 × $2.4m^3$ 이상
- 폐쇄형 : 30개(30개 미만인 경우 해당 개수) × $2.4m^3$ 이상

④ 방사압력 : 100kPa

※ 살수밀도의 기준을 충족하는 경우 : 50kPa

⑤ 방수량 : 1분당 80L

※ 살수밀도의 기준을 충족하는 경우 : 56L

⑥ 비상전원 용량 : 45분 이상

2 스프링클러헤드 설치

① 헤드의 반사판과 부착면과의 거리 : 0.3m 이하

② 반사판으로부터의 거리 : 하방 0.45m, 수평 0.3m

※ 가연성물질을 수납하는 부분에 설치하는 경우 : 하방 0.9m, 수평 0.4m

③ 개구부에 설치하는 경우 : 개구부 상단으로부터 높이 0.15m 이내의 벽면에 설치

④ 헤드의 축심이 부착면에 대해 직각이 되도록 설치

⑤ 부착장소의 평상시의 최고주위온도에 따라 다음 표에 정한 표시온도를 갖는 것을 설치할 것

부착장소의 최고주위온도(단위 : ℃)	표시온도(단위 : ℃)
28 미만	58 미만
28 이상 39 미만	58 이상 79 미만
39 이상 64 미만	79 이상 121 미만
64 이상 106 미만	121 이상 162 미만
106 이상	162 이상

⑥ 폐쇄형 스프링클러헤드의 급배기용 덕트 등의 긴 변의 길이가 1.2m를 초과하는 경우 아래면에도 스프링클러헤드를 설치할 것

3 제어밸브 설치(물분무설비도 동일)

① 설치 장소

- 개방형 : 방수구역마다
- 폐쇄형 : 방화대상물의 층마다

② 설치 위치 : 바닥면으로부터 0.8m 이상 1.5m 이하의 높이

▶ 개방형 스프링클러헤드를 이용하는 스프링클러설비에 설치하는 수동식 개방밸브를 개방 조작하는 데 필요한 힘이 15kg 이하가 되도록 설치할 것

4 자동경보장치 설치

① 설치 장소

- 발신부 : 각층 또는 방수구역마다 설치
- 수신부 : 수위실 기타 상시 사람이 있는 장소

5 스프링클러설비의 장단점

장점	단점
• 화재의 초기 진압에 효율 • 사용 약제를 취득 용이 • 자동으로 화재 감지 및 소화 • 조작이 쉽고 안전 • 화재 진압 후 복구 용이	• 초기 시설비가 많이 듦 • 시공 복잡 • 분말이나 가스계 소화설비보다 물로 인한 피해가 큼

06 물분무소화설비의 기준

1 설치기준

① 방사구역 : 150m^2 이상(표면적이 150m^2 미만인 경우 해당 면적)

② 수원의 수량 : 표면적 1m^{2}당 1분당 20L의 비율로 계산한 양으로 30분간 방사할 수 있는 양 이상

③ 방사압력 : 350kPa 이상

④ 물분무소화설비에 2 이상의 방사구역을 두는 경우에는 화재를 유효하게 소화할 수 있도록 인접하는 방사구역이 상호 중복되도록 할 것

⑤ 고압의 전기설비가 있는 장소에는 당해 전기설비와 분무헤드 및 배관과 사이에 전기절연을 위하여 필요한 공간을 보유할 것

⑥ 물분무소화설비에는 각 층 또는 방사구역마다 제어밸브, 스트레이너 및 일제개방밸브 또는 수동식 개방밸브를 설치할 것

⑦ 스트레이너 및 일제개방밸브 또는 수동식개방밸브는 제어밸브의 하류측 부근에 스트레이너, 일제개방밸브 또는 수동식개방밸브의 순으로 설치할 것

07 포소화설비의 기준

1 포헤드 설치

① 방호대상물의 표면적 9m^{2}당 1개 이상의 헤드를 설치하고, 방호대상물의 표면적 1m^{2}당의 방사량이 6.5L/min 이상의 비율로 계산한 양의 포수용액을 표준방사량으로 방사할 수 있도록 설치할 것

② 방사구역 : 100m^2 이상(방호대상물의 표면적이 100m^2 미만인 경우에는 당해 표면적)

2 보조포소화전 설치

① 상호간의 거리 : 보행거리 75m 이하

② 방사압력 : 0.35MPa 이상

③ 방사량 : 400L/min

3 포모니터노즐 설치

① 방사량 : 1,900L/min 이상

② 수평방사거리 : 30m 이상

▶ 가압송수장치 설치

① 고가수조를 이용하는 가압송수장치의 낙차

$H = h_1 + h_2 + h_3$

- H : 필요한 낙차 (단위 m)
- h_1 : 고정식포방출구의 설계압력 환산수두 또는 이동식포소화설비 노즐방사압력 환산수두(단위 m)
- h_2 : 배관의 마찰손실수두 (단위 m)
- h_3 : 이동식포소화설비의 소방용 호스의 마찰손실수두 (단위 m)

② 압력수조를 이용하는 가압송수장치의 압력수조의 압력

$P = p_1 + p_2 + p_3 + p_4$

- P : 필요한 압력(단위 MPa)
- p_1 : 고정식포방출구의 설계압력 또는 이동식포소화설비 노즐방사압력(단위 MPa)
- p_2 : 배관의 마찰손실수두압(단위 MPa)
- p_3 : 낙차의 환산수두압(단위 MPa)
- p_4 : 이동식포소화설비의 소방용 호스의 마찰손실수두압(단위 MPa)

▶ **기동장치** : 자동식 또는 수동식의 기동장치를 설치할 것

4 포소화약제의 혼합장치

(1) 펌프 프로포셔너 방식(Pump Proportioner Type)

펌프의 토출관과 흡입관 사이의 배관 도중에 설치한 흡입기에 펌프에서 토출된 물의 일부를 보내고, 농도 조절밸브에서 조정된 포소화약제의 필요양을 포소화약제 탱크에서 펌프 흡입측으로 보내어 이를 혼합하는 방식

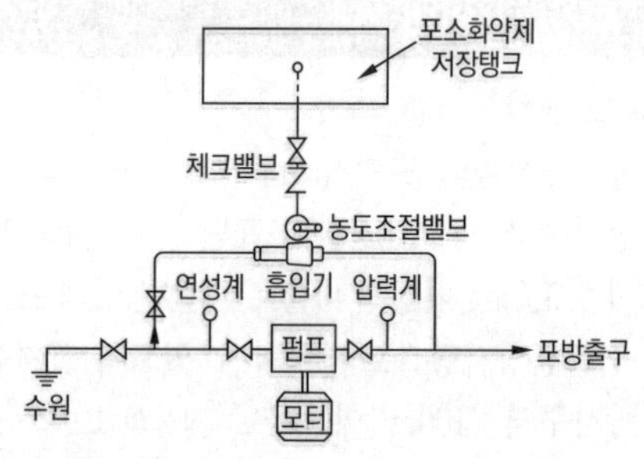

(2) 프레셔 프로포셔너 방식(Pressure Proportioner Type)

펌프와 발포기의 중간에 설치된 벤투리관의 벤투리작용과 펌프가압수의 포소화약제 저장탱크에 대한 압력에 의하여 포소화약제를 흡입 · 혼합하는 방식

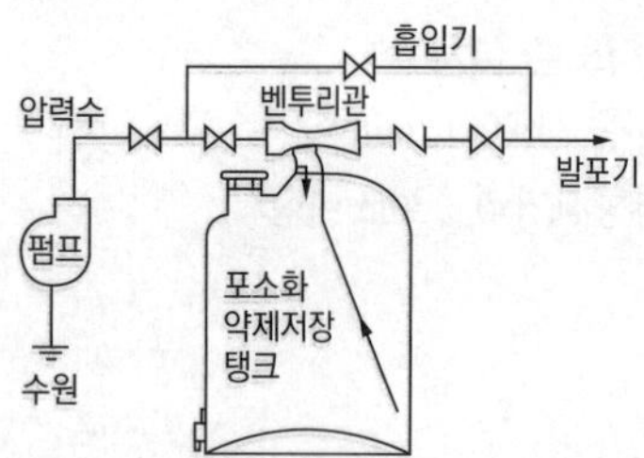

(3) 라인 프로포셔너 방식(Line Proportioner Type)

펌프와 발포기의 중간에 설치된 벤투리관의 벤투리작용에 의하여 포소화약제를 흡입 · 혼합하는 방식

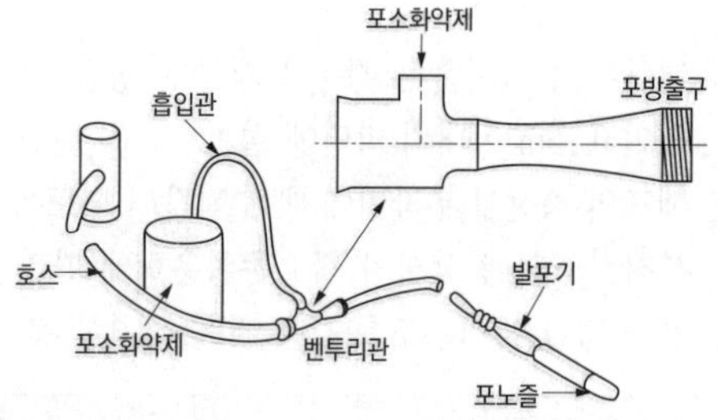

(4) 프레셔 사이드 프로포셔너 방식
(Pressure Side Proportioner Type)

펌프의 토출관에 압입기를 설치하여 포소화약제 압입용 펌프로 포소화약제를 압입시켜 혼합하는 방식

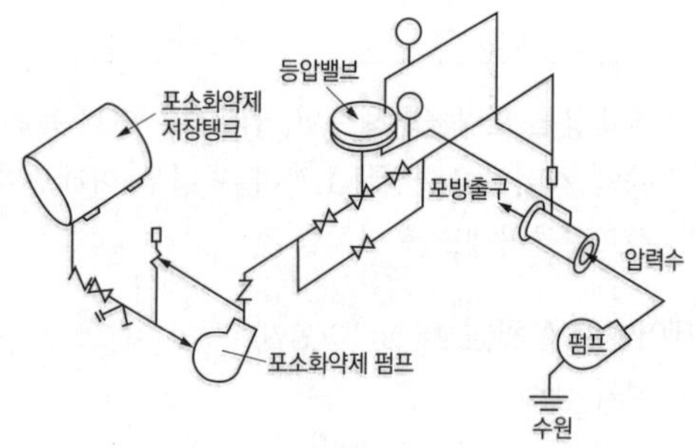

5 고정식 포소화설비의 포방출구

(1) 포방출구의 구분

① I형

- 고정지붕구조의 탱크에 **상부포주입법**을 이용

▶ 상부포주입법 : 고정포방출구를 탱크옆판의 상부에 설치하여 액표면상에 포를 방출하는 방법

- 방출된 포가 액면 아래로 몰입되거나 액면을 뒤섞지 않고 액면상을 덮을 수 있는 통계단 또는 미끄럼판 등의 설비 및 탱크 내의 위험물증기가 외부로 역류되는 것을 저지할 수 있는 구조 · 기구를 갖는 포방출구

② II형

- 고정지붕구조 또는 부상덮개부착고정지붕구조의 탱크에 상부포주입법을 이용

▶ 옥외저장탱크의 액상에 금속제의 플로팅, 팬 등의 덮개를 부착한 고정지붕구조의 것

- 방출된 포가 탱크옆판의 내면을 따라 흘러내려 가면서 액면 아래로 몰입되거나 액면을 뒤섞지 않고 액면상을 덮을 수 있는 반사판 및 탱크 내의 위험물증기가 외부로 역류되는 것을 저지할 수 있는 구조 · 기구를 갖는 포방출구

③ 특형

- 부상지붕구조의 탱크에 상부포주입법을 이용
- 부상지붕의 부상부분상에 높이 0.9m 이상의 금속제의 칸막이(방출된 포의 유출을 막을 수 있고 충분한 배수능력을 갖는 배수구를 설치한 것에 한함)를 탱크옆판의 내측로부터 1.2m 이상 이격하여 설치하고 탱크옆판과 칸막이에 의하여 형성된 환상부분에 포를 주입하는 것이 가능한 구조의 반사판을 갖는 포방출구

④ Ⅲ형

- 고정지붕구조의 탱크에 **저부포주입법**을 이용

> ▶ 저부포주입법 : 탱크의 액면하에 설치된 포방출구로부터 포를 탱크 내에 주입하는 방법

- 송포관으로부터 포를 방출하는 포방출구

> ▶ 송포관 : 발포기 또는 포발생기에 의하여 발생된 포를 보내는 배관을 말한다. 당해 배관으로 탱크내의 위험물이 역류되는 것을 저지할 수 있는 구조 · 기구를 갖는 것에 한함

⑤ Ⅳ형

- 고정지붕구조의 탱크에 저부포주입법을 이용
- 평상시에는 탱크의 액면하의 저부에 설치된 격납통(포 방출이 용이하도록 이탈되는 캡 포함)에 수납되어 있는 특수호스 등이 송포관의 말단에 접속되어 있다가 포를 보내는 것에 의하여 특수호스 등이 전개되어 그 선단이 액면까지 도달한 후 포를 방출하는 포방출구

(2) 포방출구 설치

포방출구는 다음 표에 의하여 탱크의 직경, 구조 및 포방출구의 종류에 따른 수 이상의 개수를 탱크옆판의 외주에 균등한 간격으로 설치할 것

<table>
<tr><th rowspan="3">탱크의 구조 및 포방출구의 종류 / 탱크직경</th><th colspan="4">포방출구의 개수</th></tr>
<tr><th colspan="2">고정지붕구조</th><th>부상덮개부착 고정지붕구조</th><th>부상지붕구조</th></tr>
<tr><th>Ⅰ형 또는 Ⅱ형</th><th>Ⅲ형 또는 Ⅳ형</th><th>Ⅱ형</th><th>특형</th></tr>
<tr><td>13m 미만</td><td rowspan="4">2</td><td rowspan="3">1</td><td>2</td><td>2</td></tr>
<tr><td>13m 이상 19m 미만</td><td>3</td><td>3</td></tr>
<tr><td>19m 이상 24m 미만</td><td>4</td><td>4</td></tr>
<tr><td>24m 이상 35m 미만</td><td>2</td><td>5</td><td>5</td></tr>
<tr><td>35m 이상 42m 미만</td><td>3</td><td>3</td><td>6</td><td>6</td></tr>
<tr><td>42m 이상 46m 미만</td><td>4</td><td>4</td><td>7</td><td>7</td></tr>
<tr><td>46m 이상 53m 미만</td><td>6</td><td>6</td><td>8</td><td>8</td></tr>
<tr><td>53m 이상 60m 미만</td><td>8</td><td>8</td><td>10</td><td rowspan="2">10</td></tr>
<tr><td>60m 이상 67m 미만</td><td rowspan="8">※</td><td>10</td><td rowspan="8"></td></tr>
<tr><td>67m 이상 73m 미만</td><td>12</td><td rowspan="2">12</td></tr>
<tr><td>73m 이상 79m 미만</td><td>14</td></tr>
<tr><td>79m 이상 85m 미만</td><td>16</td><td rowspan="2">14</td></tr>
<tr><td>85m 이상 90m 미만</td><td>18</td></tr>
<tr><td>90m 이상 95m 미만</td><td>20</td><td rowspan="2">16</td></tr>
<tr><td>95m 이상 99m 미만</td><td>22</td></tr>
<tr><td>99m 이상</td><td>24</td><td>18</td></tr>
</table>

※왼쪽란에 해당하는 직경의 탱크에는 Ⅰ형 또는 Ⅱ형의 포방출구를 8개 설치하는 것 외에, 오른쪽란에 표시한 직경에 따른 포방출구의 수에서 8을 뺀 수의 Ⅲ형 또는 Ⅳ형의 포방출구를 폭 30m의 환상부분을 제외한 중심부의 액표면에 방출할 수 있도록 추가로 설치할 것

주) Ⅲ형의 포방출구를 이용하는 것은 온도 20℃의 물 100g에 용해되는 양이 1g 미만인 위험물(비수용성)이면서 저장온도가 50℃ 이하 또는 동점도(動粘度)가 100cSt 이하인 위험물을 저장 또는 취급하는 탱크에 한하여 설치 가능하다.

(3) 포방출구의 종류
(위험물 안전관리에 관한 세부기준 제133조)

위험물의 구분 / 포방출구의 종류		제4류 위험물 중 인화점이 21℃ 미만	제4류 위험물 중 인화점이 21℃ 이상 70℃ 미만	제4류 위험물 중 인화점이 70℃ 이상
Ⅰ형	포수용액량 (L/m²)	120	80	60
	방출률 (L/m² · min)	4	4	4
Ⅱ형	포수용액량 (L/m²)	220	120	100
	방출률 (L/m² · min)	4	4	4
특형	포수용액량 (L/m²)	240	160	120
	방출률 (L/m² · min)	8	8	8

chapter 05

위험물의 구분 \ 포방출구의 종류		제4류 위험물 중 인화점이 21℃ 미만	제4류 위험물 중 인화점이 21℃ 이상 70℃ 미만	제4류 위험물 중 인화점이 70℃ 이상
Ⅲ형	포수용액량 (L/m^2)	220	120	100
	방출률 ($L/m^2 \cdot min$)	4	4	4
Ⅳ형	포수용액량 (L/m^2)	220	120	100
	방출률 ($L/m^2 \cdot min$)	4	4	4

08 불활성가스소화설비의 기준

1 소화약제 저장용기 설치기준

① 방호구역 외의 장소에 설치할 것

② 온도가 40℃ 이하이고 온도 변화가 적은 장소에 설치할 것

③ 직사일광 및 빗물이 침투할 우려가 적은 장소에 설치할 것

④ 저장용기에는 안전장치(용기밸브에 설치되어 있는 것 포함)를 설치할 것

⑤ 저장용기의 외면에 소화약제의 종류와 양, 제조년도 및 제조자를 표시할 것

⑥ 충전비

- 고압식 : 1.5 이상 1.9 이하
- 저압식 : 1.1 이상 1.4 이하

⑦ 저압식저장용기 내의 설치사항(이산화탄소)

- 액면계 및 압력계
- 압력경보장치 : 2.3MPa 이상 1.9MPa 이하의 압력에서 작동
- 자동냉동기 : 용기내부의 온도를 영하 18~20℃를 유지
- 파괴판 및 방출밸브

2 배관에 대한 기준

① 전용으로 할 것

② 동관의 배관은 고압식인 것은 16.5MPa 이상, 저압식인 것은 3.75MPa 이상의 압력에 견딜 수 있는 것을 사용할 것

③ 관이음쇠는 고압식인 것은 16.5MPa 이상, 저압식인 것은 3.75MPa 이상의 압력에 견딜 수 있는 것으로서 적절한 방식처리를 한 것을 사용할 것

④ 낙차(배관의 가장 낮은 위치로부터 가장 높은 위치까지의 수직거리)는 50m 이하일 것

3 기동용가스용기 설치기준

① 25MPa 이상의 압력에 견딜 수 있는 것일 것

② 내용적 : 1L 이상

③ 이산화탄소의 양 : 0.6kg 이상

④ 충전비 : 1.5 이상

⑤ 안전장치 및 용기밸브를 설치할 것

4 비상전원 용량

1시간 이상 작동할 것

5 이동식불활성가스소화설비 설치기준

① 노즐 방사량 : 20℃에서 90kg/min 이상

② 저장용기의 용기밸브 또는 방출밸브 : 호스 설치 장소에서 수동으로 개폐할 수 있을 것

③ 저장용기 : 호스를 설치하는 장소마다 설치

④ 적색등 설치 : 저장용기 직근의 보기 쉬운 장소 "이동식불활성가스소화설비"라고 표시

⑤ 화재 시 연기가 현저하게 충만할 우려가 있는 장소 외의 장소에 설치할 것

⑥ 호스접속구까지의 수평거리 : 15m 이하

⑦ 이동식 불활성가스소화설비에 사용하는 소화약제는 이산화탄소로 할 것

6 분사헤드 설치기준

① 방사압력

㉠ 이산화탄소

- 고압식(소화약제가 상온으로 용기에 저장) : 2.1MPa 이상
- 저압식(소화약제가 영하 18℃ 이하의 온도로 용기에 저장) : 1.05MPa 이상

㉡ 질소(IG-100), 질소와 아르곤의 용량비가 50대50인 혼합물(IG-55) 또는 질소와 아르곤과 이산화탄소의 용량비가 52대40대8인 혼합물(IG-541)을 방사하는 분사헤드는 1.9MPa 이상일 것

② 이산화탄소 소화약제 방사시간

㉠ 전역방출방식 : 60초 이내

㉡ 국소방출방식 : 30초 이내

09 분말소화설비의 기준

1 분말소화설비의 분사헤드

① 방사압력 : 0.1MPa 이상
② 방사시간 : 30초 이내

2 가압용 또는 축압용 가스

① 가압용 가스
- 질소 : 소화약제 1kg당 온도 35℃에서 0MPa의 상태로 환산한 체적 40L 이상
- 이산화탄소 : 소화약제 1kg당 20g에 배관의 청소에 필요한 양을 더한 양 이상

② 축압용 가스
- 질소 : 소화약제 1kg당 온도 35℃에서 0MPa의 상태로 환산한 체적 10L에 배관의 청소에 필요한 양을 더한 양 이상
- 이산화탄소 : 소화약제 1kg당 20g에 배관의 청소에 필요한 양을 더한 양 이상

3 클리닝장치

배관에는 잔류소화약제를 처리하기 위한 클리닝장치를 설치할 것

4 저장용기 충전비

소화약제의 종별	충전비의 범위
제1종 분말	0.85 이상 1.45 이하
제2종 분말 또는 제3종 분말	1.05 이상 1.75 이하
제4종 분말	1.50 이상 2.50 이하

5 이동식분말소화설비의 소화약제 방사량

소화약제의 종류	소화약제의 양(단위 : kg)
제1종 분말	45 〈50〉
제2종 분말 또는 제3종 분말	27 〈30〉
제4종 분말	18 〈20〉

*오른쪽란에 기재된 '〈 〉' 속의 수치는 전체 소화약제의 양임

10 할로젠화합물소화설비의 기준

1 분사헤드

(1) 방사압력
① 하론2402 : 0.1MPa 이상
② 하론1211 : 0.2MPa 이상
③ HFC-227ea : 0.3MPa 이상
④ 하론1301, HFC-23, HFC-125 : 0.9MPa 이상

(2) 방사시간
① 전역방출방식
- 하론 2402, 하론 1211, 하론 1301 : 30초 이내
- HFC-23, HFC-125, HFC-227ea : 10초 이내

② 국소방출방식 : 30초 이내

2 축압식 저장용기등의 질소가스 가압

축압식 저장용기등은 온도 21℃에서 하론 1211을 저장하는 것은 1.1MPa 또는 2.5MPa, 하론1301 또는 HFC-227ea를 저장하는 것은 2.5MPa 또는 4.2MPa이 되도록 질소가스로 가압할 것

3 저장용기의 충전비

① 하론2402
- 가압식 저장용기 : 0.51 이상, 0.67 이하
- 축압식 저장용기 : 0.67 이상, 2.75 이하

② 하론1211 : 0.7 이상, 1.4 이하
③ 하론1301 및 HFC-227ea : 0.9 이상, 1.6 이하
④ HFC-23 및 HFC-125 : 1.2 이상, 1.5 이하

4 소화약제의 양(면적식의 국소방출방식)

1.1×8.8kg(하론2402)
표면적×소화약제의 계수×1.1×7.6kg(하론1211)
1.25×6.8kg(하론1301)

5 이동식할로젠화합물소화설비

① 방사량 : 하나의 노즐마다 온도 20℃에서 1분당 다음에 정한 소화약제의 종류에 따른 양 이상을 방사할 수 있도록 할 것

소화약제의 종별	소화약제의 양
할론 2402	45kg
할론 1211	40kg
할론 1301	35kg

② 소화약제 : 하론2402, 하론1211, 하론1301

11 소화난이도등급에 따른 소화설비

1 소화난이도등급 I 의 제조소등 및 소화설비

① 소화난이등급 I 에 해당하는 제조소등

제조소등의 구분	제조소등의 규모, 저장 또는 취급하는 위험물의 품명 및 최대수량 등
제조소 일반 취급소	• 연면적 1,000m^2 이상인 것 • 지정수량의 100배 이상인 것(고인화점위험물만을 100℃ 미만의 온도에서 취급하는 것 및 제48조의 위험물(화약류에 해당하는 위험물)을 취급하는 것은 제외) • 지반면으로부터 6m 이상의 높이에 위험물 취급설비가 있는 것 (고인화점위험물만을 100℃ 미만의 온도에서 취급하는 것은 제외) • 일반취급소로 사용되는 부분 외의 부분을 갖는 건축물에 설치된 것(내화구조로 개구부 없이 구획된 것 및 고인화점위험물만을 100℃ 미만의 온도에서 취급하는 것은 제외)
주유취급소	면적의 합이 500m^{2}를 초과하는 것
옥내저장소	• 지정수량의 150배 이상인 것(고인화점위험물만을 저장 및 제48조의 위험물을 저장하는 것은 제외) • 연면적 150m^{2}를 초과하는 것(150m^2 이내마다 불연재료로 개구부 없이 구획된 것 및 인화성고체 외의 제2류 위험물 또는 인화점 70℃ 이상의 제4류 위험물만을 저장하는 것은 제외) • 처마높이가 6m 이상인 단층건물의 것 • 옥내저장소로 사용되는 부분 외의 부분이 있는 건축물에 설치된 것(내화구조로 개구부 없이 구획된 것 및 인화성고체 외의 제2류 위험물 또는 인화점 70℃ 이상의 제4류 위험물만을 저장은 제외)
옥외탱크저장소	• 액표면적이 40m^2 이상인 것(제6류 위험물을 저장하는 것 및 고인화점위험물만을 100℃ 미만의 온도에서 저장하는 것은 제외) • 지반면으로부터 탱크 옆판의 상단까지 높이가 6m 이상인 것(제6류 위험물을 저장하는 것 및 고인화점위험물만을 100℃ 미만의 온도에서 저장하는 것은 제외)
옥외탱크저장소	• 지중탱크 또는 해상탱크로서 지정수량의 100배 이상인 것(제6류 위험물을 저장하는 것 및 고인화점위험물만을 100℃ 미만의 온도에서 저장하는 것은 제외) • 고체위험물을 저장하는 것으로서 지정수량의 100배 이상인 것
옥내탱크저장소	• 액표면적이 40m^2 이상인 것(제6류 위험물을 저장하는 것 및 고인화점위험물만을 100℃ 미만의 온도에서 저장하는 것은 제외) • 바닥면으로부터 탱크 옆판의 상단까지 높이가 6m 이상인 것(제6류 위험물을 저장하는 것 및 고인화점위험물만을 100℃ 미만의 온도에서 저장하는 것은 제외) • 탱크전용실이 단층건물 외의 건축물에 있는 것으로서 인화점 38℃ 이상 70℃ 미만의 위험물을 지정수량의 5배 이상 저장하는 것(내화구조로 개구부 없이 구획된 것은 제외)
옥외저장소	• 덩어리 상태의 황을 저장하는 것으로서 경계표시 내부의 면적(2 이상의 경계표시가 있는 경우에는 각 경계표시의 내부의 면적을 합한 면적)이 100m^2 이상인 것 • 인화성고체, 제1석유류 또는 알코올류를 저장하는 것으로서 지정수량의 100배 이상인 것
암반탱크저장소	• 액표면적이 40m^2 이상인 것(제6류 위험물을 저장하는 것 및 고인화점위험물만을 100℃ 미만의 온도에서 저장하는 것은 제외) • 고체위험물만을 저장하는 것으로서 지정수량의 100배 이상인 것
이송 취급소	모든 대상

※ 제조소등의 구분별로 오른쪽란에 정한 제조소등의 규모, 저장 또는 취급하는 위험물의 수량 및 최대수량 등의 어느 하나에 해당하는 제조소등은 소화난이도등급 I 에 해당하는 것으로 한다.

② 소화난이도등급 I 의 제조소등에 설치해야 하는 소화설비

<table>
<tr><th colspan="3">제조소등의 구분</th><th>소화설비</th></tr>
<tr><td colspan="3">제조소 및 일반취급소</td><td>옥내소화전설비, 옥외소화전설비, 스프링클러설비 또는 물분무등소화설비(화재 발생 시 연기가 충만할 우려가 있는 장소에는 스프링클러설비 또는 이동식 외의 물분무등소화설비에 한함)</td></tr>
<tr><td colspan="3">주유취급소</td><td>스프링클러설비(건축물에 한정), 소형수동식소화기등(능력단위의 수치가 건축물 그 밖의 공작물 및 위험물의 소요단위의 수치에 이르도록 설치할 것)</td></tr>
<tr><td rowspan="2">옥내
저장소</td><td colspan="2">처마높이가 6m 이상인 단층건물 또는 다른 용도의 부분이 있는 건축물에 설치한 옥내저장소</td><td>스프링클러설비 또는 이동식 외의 물분무등소화설비</td></tr>
<tr><td colspan="2">그 밖의 것</td><td>옥외소화전설비, 스프링클러설비, 이동식 외의 물분무등소화설비 또는 이동식 포소화설비(포소화전을 옥외에 설치하는 것에 한함)</td></tr>
<tr><td rowspan="5">옥외
탱크
저장소</td><td rowspan="3">지중탱크 또는 해상탱크 외의 것</td><td>황만을 저장 · 취급하는 것</td><td>물분무소화설비</td></tr>
<tr><td>인화점 70℃ 이상의 제4류 위험물만을 저장 · 취급하는 것</td><td>물분부소화설비 또는 고정식 포소화설비</td></tr>
<tr><td>그 밖의 것</td><td>고정식 포소화설비(포소화설비가 적응성이 없는 경우에는 분말소화설비)</td></tr>
<tr><td colspan="2">지중탱크</td><td>고정식 포소화설비, 이동식 이외의 불활성가스소화설비 또는 이동식 이외의 할로젠화합물소화설비</td></tr>
<tr><td colspan="2">해상탱크</td><td>고정식 포소화설비, 물분무포소화설비, 이동식 이외의 불활성가스소화설비 또는 이동식 이외의 할로젠화합물소화설비</td></tr>
<tr><td rowspan="3">옥내
탱크
저장소</td><td colspan="2">황만을 저장 · 취급하는 것</td><td>물분무소화설비</td></tr>
<tr><td colspan="2">인화점 70℃ 이상의 제4류 위험물만을 저장 · 취급하는 것</td><td>물분무소화설비, 고정식 포소화설비, 이동식 이외의 불활성가스소화설비, 이동식 이외의 할로젠화합물소화설비 또는 이동식 이외의 분말소화설비</td></tr>
<tr><td colspan="2">그 밖의 것</td><td>고정식 포소화설비, 이동식 이외의 불활성가스소화설비, 이동식 이외의 할로젠화합물소화설비 또는 이동식 이외의 분말소화설비</td></tr>
<tr><td colspan="3">옥외저장소 및 이송취급소</td><td>옥내소화전설비, 옥외소화전설비, 스프링클러설비 또는 물분무등소화설비(화재발생시 연기가 충만할 우려가 있는 장소에는 스프링클러설비 또는 이동식 이외의 물분무등소화설비에 한함)</td></tr>
<tr><td rowspan="3">암반
탱크
저장소</td><td colspan="2">황만을 저장 · 취급하는 것</td><td>물분무소화설비</td></tr>
<tr><td colspan="2">인화점 70℃ 이상의 제4류 위험물만을 저장 · 취급하는 것</td><td>물분부소화설비 또는 고정식 포소화설비</td></tr>
<tr><td colspan="2">그 밖의 것</td><td>고정식 포소화설비(포소화설비가 적응성이 없는 경우에는 분말소화설비)</td></tr>
</table>

[비고]

1. 위 표 오른쪽란의 소화설비를 설치함에 있어서는 당해 소화설비의 방사범위가 당해 제조소, 일반취급소, 옥내저장소, 옥외탱크저장소, 옥내탱크저장소, 옥외저장소, 암반탱크저장소(암반탱크에 관계되는 부분을 제외한다) 또는 이송취급소(이송기지 내에 한함)의 건축물, 그 밖의 공작물 및 위험물을 포함하도록 해야 한다. 다만, 고인화점위험물만을 100℃ 미만의 온도에서 취급하는 제조소 또는 일반취급소의 경우에는 당해 제조소 또는 일반취급소의 건축물 및 그 밖의 공작물만 포함하도록 할 수 있다.
2. 고인화점위험물만을 100℃ 미만의 온도에서 취급하는 제조소 또는 일반취급소의 위험물에 대해서는 대형수동식소화기 1개 이상과 당해 위험물의 소요단위에 해당하는 능력단위의 소형수동식소화기를 설치해야 한다. 다만, 당해 제조소 또는 일반취급소에 옥내 · 외소화전설비, 스프링클러설비 또는 물분무등소화설비를 설치한 경우에는 당해 소화설비의 방사능력범위 내에는 대형수동식소화기를 설치하지 아니할 수 있다.

3. 가연성증기 또는 가연성미분이 체류할 우려가 있는 건축물 또는 실내에는 대형수동식소화기 1개 이상과 당해 건축물, 그 밖의 공작물 및 위험물의 소요단위에 해당하는 능력단위의 소형수동식소화기 등을 추가로 설치해야 한다.
4. 제4류 위험물을 저장 또는 취급하는 옥외탱크저장소 또는 옥내탱크저장소에는 소형수동식소화기 등을 2개 이상 설치해야 한다.
5. 제조소, 옥내탱크저장소, 이송취급소, 또는 일반취급소의 작업공정상 소화설비의 방사능력범위 내에 당해 제조소등에서 저장 또는 취급하는 위험물의 전부가 포함되지 않는 경우에는 당해 위험물에 대하여 대형수동식소화기 1개 이상과 당해 위험물의 소요단위에 해당하는 능력단위의 소형수동식소화기 등을 추가로 설치해야 한다.

2 소화난이도등급Ⅱ의 제조소등 및 소화설비

① 소화난이도등급Ⅱ에 해당하는 제조소등

제조소등의 구분	제조소등의 규모, 저장 또는 취급하는 위험물의 품명 및 최대수량 등
제조소 일반취급소	• 연면적 600m² 이상인 것 • 지정수량의 10배 이상인 것(고인화점위험물만을 100℃ 미만의 온도에서 취급하는 것 및 제48조의 위험물을 취급하는 것은 제외) • 별표 16 Ⅱ · Ⅲ · Ⅳ · Ⅴ · Ⅷ · Ⅸ 또는 Ⅹ의 일반취급소로서 소화난이도등급Ⅰ의 제조소등에 해당하지 않는 것(고인화점위험물만을 100℃ 미만의 온도에서 취급하는 것은 제외)
옥내저장소	• 단층건물 이외의 것 • 별표 5 Ⅱ 또는 Ⅳ제1호의 옥내저장소 • 지정수량의 10배 이상인 것 (고인화점위험물만을 저장하는 것 및 제48조의 위험물을 저장하는 것은 제외) • 연면적 150m² 초과인 것 • 별표 5 Ⅲ의 옥내저장소로서 소화난이도등급Ⅰ의 제조소등에 해당하지 않는 것
옥외탱크저장소 옥내탱크저장소	• 소화난이도등급Ⅰ의 제조소등 외의 것(고인화점위험물만을 100℃ 미만의 온도로 저장하는 것 및 제6류 위험물만을 저장하는 것은 제외)
옥외저장소	• 덩어리 상태의 황을 저장하는 것으로서 경계표시 내부의 면적(2 이상의 경계표시가 있는 경우에는 각 경계표시의 내부의 면적을 합한 면적)이 5m² 이상 100m² 미만인 것 • 별표 11 Ⅲ의 위험물을 저장하는 것으로서 지정수량의 10배 이상 100배 미만인 것 • 지정수량의 100배 이상인 것(덩어리 상태의 황 또는 고인화점위험물을 저장하는 것은 제외)
주유취급소	• 옥내주유취급소로서 소화난이도등급 I의 제조소등에 해당하지 아니하는 것
판매취급소	• 제2종 판매취급소

[비고] 제조소등의 구분별로 오른쪽란에 정한 제조소등의 규모, 저장 또는 취급하는 위험물의 수량 및 최대수량 등의 어느 하나에 해당하는 제조소등은 소화난이도등급Ⅱ에 해당하는 것으로 한다.

② 소화난이도등급Ⅱ의 제조소등에 설치해야 하는 소화설비

제조소등의 구분	소화설비
제조소 · 옥내저장소 · 옥외저장소 · 주유취급소 · 판매취급소 · 일반취급소	방사능력범위 내에 당해 건축물, 그 밖의 공작물 및 위험물이 포함되도록 대형수동식소화기를 설치하고, 당해 위험물의 소요단위의 1/5 이상에 해당되는 능력단위의 소형수동식소화기등을 설치할 것
옥외탱크저장소 · 옥내탱크저장소	대형수동식소화기 및 소형수동식소화기등을 각각 1개 이상 설치할 것

[비고]
1. 옥내소화전설비, 옥외소화전설비, 스프링클러설비 또는 물분무등소화설비를 설치한 경우에는 당해 소화설비의 방사능력범위 내의 부분에 대해서는 대형수동식소화기를 설치하지 아니할 수 있다.
2. 소형수동식소화기등이란 제4호의 규정에 의한 소형수동식소화기 또는 기타 소화설비를 말한다.

3 소화난이도등급Ⅲ의 제조소등 및 소화설비

① 소화난이도등급Ⅲ에 해당하는 제조소등

제조소등의 구분	제조소등의 규모, 저장 또는 취급하는 위험물의 품명 및 최대수량 등
제조소 일반취급소	• 제48조의 위험물*을 취급하는 것 • 제48조의 위험물 외의 것을 취급하는 것으로서 소화난이도등급Ⅰ 또는 소화난이도등급Ⅱ의 제조소등에 해당하지 않는 것
옥내저장소	• 제48조의 위험물을 취급하는 것 • 제48조의 위험물 외의 것을 취급하는 것으로서 소화난이도등급Ⅰ 또는 소화난이도등급Ⅱ의 제조소등에 해당하지 않는 것
지하탱크저장소 간이탱크저장소 이동탱크저장소	• 모든 대상
옥외저장소	• 덩어리 상태의 황을 저장하는 것으로서 경계표시 내부의 면적(2 이상의 경계표시가 있는 경우 각 경계표시의 내부의 면적을 합한 면적)이 $5m^2$ 미만인 것 • 덩어리 상태의 황 외의 것을 저장하는 것으로서 소화난이도등급Ⅰ 또는 소화난이도등급Ⅱ의 제조소등에 해당하지 않는 것
주유취급소	• 옥내주유취급소 외의 것으로서 소화난이도등급 I의 제조소등에 해당하지 아니하는 것
제1종 판매취급소	• 모든 대상

[비고] 제조소등의 구분별로 오른쪽란에 정한 제조소등의 규모, 저장 또는 취급하는 위험물의 수량 및 최대수량 등의 어느 하나에 해당하는 제조소등은 소화난이도등급Ⅲ에 해당하는 것으로 한다.
* 제48조의 위험물 : 염소산염류 · 과염소산염류 · 질산염류 · 황 · 철분 · 금속분 · 마그네슘 · 질산에스터류 · 나이트로화합물 등 화약류에 해당하는 위험물

② 소화난이도등급Ⅲ의 제조소등에 설치해야 하는 소화설비

제조소등의 구분	소화설비	설치기준	
지하탱크저장소	소형수동식소화기등	능력단위의 수치가 3 이상	2개 이상
이동탱크저장소	자동차용소화기	• 무상의 강화액 8L이상 • 이산화탄소 3.2kg 이상 • 브로모클로로다이플루오로메탄(CF_2ClBr) 2L이상 • 브로모트라이플루오로메탄(CF_3Br) 2L이상 • 다이브로모테트라플루오로에탄($C_2F_4BR_2$) 1L이상 • 소화분말 3.3kg 이상	2개 이상
	마른 모래 및 팽창질석 또는 팽창진주암	• 마른모래 150L이상 • 팽창질석 또는 팽창진주암 640L이상	
그 밖의 제조소등	소형수동식소화기등	• 능력단위의 수치가 건축물 그 밖의 공작물 및 위험물의 소요단위의 수치에 이르도록 설치할 것 • 다만, 옥내소화전설비, 옥외소화전설비, 스프링클러설비, 물분무등소화설비 또는 대형수동식소화기를 설치한 경우에는 당해 소화설비의 방사능력범위 내의 부분에 대하여는 수동식소화기 등을 그 능력단위의 수치가 당해 소요단위의 수치의 1/5 이상이 되도록 하는 것으로 족함	

[비고] 알킬알루미늄등을 저장 또는 취급하는 이동탱크저장소에 있어서는 자동차용소화기를 설치하는 외에 마른모래나 팽창질석 또는 팽창진주암을 추가로 설치해야 한다.

12 위험물의 성질에 따른 소화설비의 적응성

소화설비의 구분			대상물 구분											
			건축물 및 그 밖의 공작물	전기설비	제1류 위험물		제2류 위험물			제3류 위험물		제4류 위험물	제5류 위험물	제6류 위험물
					알칼리금속과 산화물 등	그 밖의 것	철분 · 금속분 · 마그네슘 등	인화성고체	그 밖의 것	금수성 물품	그 밖의 것			
옥내소화전 또는 옥외소화전설비			○			○		○	○		○		○	○
스프링클러설비			○			○		○	○		○	△	○	○
물분무등 소화 설비물	물분무소화설비		○	○		○		○	○		○	○	○	○
	포소화설비		○			○		○	○		○	○	○	○
	불활성가스소화설비			○				○				○		
	할로젠화합물소화설비			○				○				○		
	분말 소화설비	인산염류 등	○	○		○		○	○			○		○
		탄산수소염류 등		○	○		○	○		○		○		
		그 밖의 것			○		○			○				
대형 · 소형 수동식 소화기	봉상수(棒狀水)소화기		○			○		○	○		○		○	○
	무상수(霧狀水)소화기		○	○		○		○	○		○		○	○
	봉상강화액소화기		○			○		○	○		○		○	○
	무상강화액소화기		○	○		○		○	○		○	○	○	○
	포소화기		○			○		○	○		○	○	○	○
	이산화탄소소화기			○				○				○		△
	할로젠화합물소화기			○				○				○		
	분말 소화기	인산염류 소화기	○	○		○		○	○			○		○
		탄산수소염류 소화기		○	○		○	○		○		○		
		그 밖의 것			○		○			○				
기타	물통 또는 수조		○			○		○	○		○		○	○
	건조사				○	○	○	○	○	○	○	○	○	○
	팽창질석 또는 팽창진주암				○	○	○	○	○	○	○	○	○	○

* 인산염류 등 : 인산염류, 황산염류 그 밖에 방염성이 있는 약제
* 탄산수소염류 등 : 탄산수소염류 및 탄산수소염류와 요소의 반응생성물
* 알칼리금속과 산화물 등 : 알칼리금속의 과산화물 및 알칼리금속의 과산화물을 함유한 것
* 철분 · 금속분 · 마그네슘 등 : 철분 · 금속분 · 마그네슘과 철분 · 금속분 또는 마그네슘을 함유한 것
* '○'표시 : 당해 소방대상물 및 위험물에 대하여 소화설비가 적응성이 있음을 표시
* '△'표시 : 제4류 위험물을 저장 또는 취급하는 장소의 살수기준면적에 따라 스프링클러설비의 살수밀도가 다음 표에 정하는 기준 이상인 경우에는 당해 스프링클러설비가 제4류 위험물에 대하여 적응성이 있음을, 제6류 위험물을 저장 또는 취급하는 장소로서 폭발의 위험이 없는 장소에 한하여 이산화탄소소화기가 제6류 위험물에 대하여 적응성이 있음을 각각 표시한다.

살수기준면적(m^2)	방사밀도(L/m^2분)		비고
	인화점 38℃ 미만	인화점 38℃ 이상	
279 미만 279 이상 372 미만 372 이상 456 미만 465 이상	16.3 이상 15.5 이상 13.9 이상 12.2 이상	12.2 이상 11.8 이상 9.8 이상 8.1 이상	살수기준면적은 내화구조의 벽 및 바닥으로 구획된 하나의 실의 바닥면적을 말하고, 하나의 실의 바닥면적이 465m^2 이상인 경우의 살수기준면적은 465m^2로 한다. 다만, 위험물의 취급을 주된 작업내용으로 하지 아니하고 소량의 위험물을 취급하는 설비 또는 부분이 넓게 분산되어 있는 경우에는 방사밀도는 8.2L/m^2분 이상, 살수기준 면적은 279m^2 이상으로 할 수 있다.

13 소요단위 및 능력단위

1 소화설비의 소요단위

(1) 정의

소화설비의 설치대상이 되는 건축물 그 밖의 공작물의 규모 또는 위험물의 양의 기준단위

(2) 소요단위의 계산방법

① 제조소 또는 취급소의 건축물

㉠ 외벽이 내화구조인 것 : 연면적 100m^2를 1소요단위로 함

㉡ 외벽이 내화구조가 아닌 것 : 연면적 50m^2를 1소요단위로 함

② 저장소의 건축물

㉠ 외벽이 내화구조인 것 : 연면적 150m^2를 1소요단위로 함

㉡ 외벽이 내화구조가 아닌 것 : 연면적 75m^2를 1소요단위로 함

③ 제조소등의 옥외에 설치된 공작물

외벽이 내화구조인 것으로 간주하고 공작물의 최대수평투영면적을 연면적으로 간주하여 ㉠ 및 ㉡의 규정에 의하여 소요단위를 산정할 것

④ 위험물 : 지정수량의 10배를 1소요단위로 함

$$소요단위 = \frac{저장수량}{지정수량 \times 10}$$

2 소화설비의 능력단위

① 정의 : 소요단위에 대응하는 소화설비의 소화능력의 기준단위

② 수동식소화기의 능력단위 : 수동식소화기의 형식승인 및 검정기술기준에 의하여 형식승인을 받은 수치

③ 기타 소화설비의 능력단위

소화설비	용량	능력단위
소화전용(轉用)물통	8L	0.3
수조(소화전용물통 3개 포함)	80L	1.5
수조(소화전용물통 6개 포함)	190L	2.5
마른 모래(삽 1개 포함)	50L	0.5
팽창질석 또는 팽창진주암(삽 1개 포함)	160L	1.0

[10-2]

1 소화설비의 구분에서 물분무등소화설비에 속하는 것은?

① 포소화설비 ② 옥내소화전설비
③ 스프링클러설비 ④ 옥외소화전설비

> **물분무등소화설비**
> 물분무소화설비, 미분무소화설비, 포소화설비, 불활성가스소화설비(이산화탄소소화설비, 질소소화설비), 할로젠화합물소화설비, 청정소화약제 소화설비, 분말소화설비, 강화액소화설비

[10-4]

2 위험물안전관리법령상 물분등소화설비에 포함되지 않는 것은?

① 포소화설비 ② 분말소화설비
③ 스프링클러설비 ④ 이산화탄소소화설비

[13-1, 07-2]

3 위험물제조소등에 설치하는 옥내소화전설비의 기준으로 옳지 않은 것은?

① 옥내소화전함에는 그 표면에 "소화전"이라고 표시하여야 한다.
② 옥내소화전함의 상부의 벽면에 적색의 표시등을 설치하여야 한다.
③ 표시등 불빛은 부착면과 10도 이상의 각도가 되는 방향으로 8m 이내에서 쉽게 식별할 수 있어야 한다.
④ 호스접속구는 바닥면으로부터 1.5m 이하의 높이에 설치하여야 한다.

> 표시등 불빛은 부착면과 15도 이상의 각도가 되는 방향으로 10m 이내에서 쉽게 식별할 수 있어야 한다.

[14-2]

4 위험물제조소등에 설치하는 옥내소화전설비의 설명 중 틀린 것은?

① 계폐밸브 및 호스 접속구는 바닥으로부터 1.5m 이하에 설치
② 함의 표면에 "소화전"이라고 표시할 것
③ 축전지설비는 설치된 벽으로부터 0.2m 이상 이격할 것
④ 비상전원의 용량은 45분 이상일 것

> **옥내소화전설비의 축전지설비** (위험물안전관리에 관한 세부기준 제129조)
> - 축전지설비는 설치된 실의 벽으로부터 0.1m 이상 이격할 것
> - 축전지설비를 동일실에 2 이상 설치하는 경우에는 축전지설비의 상호간격은 0.6m (높이가 1.6m 이상인 선반 등을 설치한 경우에는 1m) 이상 이격할 것
> - 축전지설비는 물이 침투할 우려가 없는 장소에 설치할 것
> - 축전지설비를 설치한 실에는 옥외로 통하는 유효한 환기설비를 설치할 것
> - 충전장치와 축전지를 동일실에 설치하는 경우에는 충전장치를 강제의 함에 수납하고 당해 함의 전면에 폭 1m 이상의 공지를 보유할 것

[07-2]

5 옥내소화전설비의 기준에서 큐비클식 비상전원 전용수전설비는 당해 수전설비의 전면에 폭 얼마 이상의 공지를 보유하여야 하는가?

① 0.5m ② 1.0m
③ 1.5m ④ 2.0m

> 큐비클식 비상전원 전용수전설비는 당해 수전설비의 전면에 폭 1m 이상의 공지를 보유하여야 하며, 다른 자가발전 · 축전설비(큐비클식 제외) 또는 건축물 · 공작물(수전설비를 옥외에 설치하는 경우에 한한다)로부터 1m 이상 이격할 것

[15-1, 12-4, 09-4]

6 위험물안전관리법령상 옥내소화전설비의 비상전원은 자가발전설비 또는 축전지 설비로 옥내소화전 설비를 유효하게 몇 분 이상 작동할 수 있어야 하는가?

① 10분 ② 20분
③ 45분 ④ 60분

> 옥내소화전설비의 비상전원 용량은 45분 이상 작동할 수 있어야 한다.

[07-1]

7 옥내소화전설비의 기준에서 가압송수장치의 시동을 알리는 표시등은 무슨 색으로 하여야 하는가?

① 청색 ② 적색
③ 백색 ④ 녹색

> 가압송수장치의 시동을 알리는 표시등은 적색으로 해야 한다.

정답 1① 2③ 3③ 4③ 5② 6③ 7②

[08-4]

8 옥내소화전은 위험물 제조소등의 건축물의 층마다 당해층의 각 부분에서 하나의 호스접속구까지의 수평거리가 몇 m 이하가 되도록 설치하는가?

① 10 ② 15
③ 20 ④ 25

호스접속구까지의 수평거리는 25m 이하가 되도록 설치해야 한다.

[12-4]

9 위험물안전관리법령상 옥내소화전설비에 관한 기준에 대해 다음 ( )에 알맞은 수치를 옳게 나열한 것은?

> 옥내소화전설비는 각 층을 기준으로 하여 당해 층의 모든 옥내소화전(설치개수가 5개 이상인 경우는 5개의 옥내소화전)을 동시에 사용할 경우에 각 노즐선단의 방수압력이 (㉠)kPa 이상이고 방수량이 1분당 (㉡)L 이상의 성능이 되도록 할 것

① ㉠ 350, ㉡ 260
② ㉠ 450, ㉡ 260
③ ㉠ 350, ㉡ 450
④ ㉠ 450, ㉡ 450

각 노즐선단의 방수압력이 350kPa 이상이고 방수량이 1분당 260L 이상의 성능이 되도록 해야 한다.

[15-2, 12-2]

10 위험물제조소에 옥내소화전을 각 층에 8개씩 설치하도록 할 때 수원의 최소 수량은 얼마인가?

① $13m^3$ ② $20.8m^3$
③ $39m^3$ ④ $62.4m^3$

수원의 수량 = 소화전의 수(최대 5개)×7.8 = 5×7.8 = 39

[09-1]

11 위험물제조소등에서 옥내소화전이 가장 많이 설치된 층의 옥내소화전 설치개수가 6개일 때 수원의 수량은 몇 m^3 이상이 되어야 하는가?

① 7.8 ② 22
③ 39 ④ 46.8

수원의 수량 = 소화전의 수(최대 5개)×7.8 = 5×7.8 = 39

[08-4]

12 2층으로 된 위험물 제조소의 각 층에 옥내소화전이 각각 6개씩 설치되어 있다. 수원의 수량은 몇 m^3 이상이 되어야 하는가?

① 13 ② 15.6
③ 39 ④ 78

수원의 수량 = 소화전의 수(최대 5개)×7.8 = 5×7.8 = 39

[15-4, 14-4, 11-1]

13 위험물제조소등에 옥내소화전이 1층에 6개, 2층에 5개, 3층에 4개가 설치되었다. 이때 수원의 수량은 몇 m^3 이상 되도록 설치하여야 하는가?

① 23.4 ② 31.8
③ 39.0 ④ 46.8

수원의 수량 = 소화전의 수(최대 5개)×7.8 = 5×7.8 = 39

[10-4, 08-2]

14 위험물제조소에서 옥내소화전이 가장 많이 설치된 층의 옥내소화전 설치개수가 3개이다. 수원의 수량은 몇 m^3가 되도록 설치하여야 하는가?

① 2.6 ② 7.8
③ 15.6 ④ 23.4

수원의 수량 = 소화전의 수(최대 5개)×7.8 = 3×7.8 = 23.4

[13-4]

15 위험물제조소에 옥내소화전이 가장 많이 설치된 층의 옥내소화전 설치개수가 2개이다. 위험물안전관리법령의 옥내소화전설비 설치기준에 의하여 수원의 수량은 얼마 이상이 되어야 하는가?

① $10.6m^3$ ② $15.6m^3$
③ $20.6m^3$ ④ $25.6m^3$

수원의 수량 = 소화전의 수(최대 5개)×7.8 = 2×7.8 = 15.6

[13-1, 08-1]

16 위험물제조소에서 옥내소화전이 1층에 4개, 2층에 6개가 설치되어 있을 때 수원의 수량은 몇 L 이상이 되도록 설치하여야 하는가?

① 13,000 ② 15,600
③ 39,000 ④ 46,800

수원의 수량 = 소화전의 수(최대 5개)×$7.8m^3$
= 5×$7.8m^3$ = $39m^3$ = 39,000L

정답 8 ④ 9 ① 10 ③ 11 ③ 12 ③ 13 ③ 14 ④ 15 ② 16 ③

chapter 05

[14-4, 11-2]

17 위험물안전관리법령상 옥외소화전설비의 옥외소화전이 3개 설치되었을 경우 수원의 수량은 몇 m^3 이상이 되어야 하는가?

① 7 ② 20.4
③ 40.5 ④ 100

> 수원의 수량 = 소화전의 수(최대 4개)×13.5 = 3×13.5 = 40.5

[08-1]

18 단층건물로 된 위험물제조소에 8개의 옥내소화전을 설치할 경우 필요한 최소방수량은 몇 m^3/분 인가?

① 0.65 ② 1.04
③ 1.3 ④ 2.08

> 최소 방수량 : 소화전수(최대 5개)×260L/min = 5×260 = 1300L/min = 1.3m^3/min

[12-2, 09-4]

19 옥내소화전설비에서 펌프를 이용한 가압송수장치의 전양정 H는 소정의 산식에 의한 수치 이상이어야 한다. 전양정 H를 구하는 식으로 옳은 것은? (단, h_1은 소방용 호스의 마찰손실수두, h_2는 배관의 마찰손실수두, h_3는 낙차이며 h_1, h_2, h_3의 단위는 모두 m이다)

① $H = h_1 + h_2 + h_3$
② $H = h_1 + h_2 + h_3 + 3.5m$
③ $H = h_1 + h_2 + h_3 + 35m$
④ $H = h_1 + h_2 + h_3 + 0.35m$

> 펌프를 이용한 가압송수장치의 펌프의 전양정은 다음 식에 의하여 구한 수치 이상으로 할 것
> H = h1 + h2 + h3 + 35m
> - H[m] : 펌프의 전양정
> - h_1[m] : 소방용 호스의 마찰손실수두
> - h_2[m] : 배관의 마찰손실수두
> - h_3[m] : 낙차

[15-2, 11-4]

20 위험물안전관리법령에 따르면 옥외소화전의 개폐밸브 및 호스 접속구는 지반면으로부터 몇 m 이하의 높이에 설치해야 하는가?

① 1.5 ② 2.5
③ 3.5 ④ 4.5

> 옥외소화전의 개폐밸브 및 호스 접속구는 지반면으로부터 1.5m 이하의 높이에 설치해야 한다.

[14-4]

21 위험물안전관리법령상 옥외소화전설비는 모든 옥외소화전을 동시에 사용할 경우 각 노즐 선단의 방수압력은 얼마 이상이어야 하는가?

① 100kPa ② 170kPa
③ 350kPa ④ 520kPa

> 각 노즐 선단의 방수압력은 350kPa 이상이어야 한다.

[12-1]

22 위험물제조소등에 설치된 옥외소화전설비는 모두 옥외소화전(설치개수가 4개 이상인 경우는 4개의 옥외소화전)을 동시에 사용할 경우에 각 노즐선단의 방수압력은 몇 kPa 이상이어야 하는가?

① 170 ② 350 ③ 420 ④ 540

[15-4, 14-4]

23 위험물제조소등에 설치하는 옥외소화전설비에 있어서 옥외소화전함은 옥외소화전으로부터 보행거리 몇 m 이하의 장소에 설치하는가?

① 2m ② 3m ③ 5m ④ 10m

> 옥외소화전함은 옥외소화전으로부터의 거리는 보행거리 5m 이하의 장소에 설치해야 한다.

[15-1]

24 위험물안전관리법령상 옥외소화전이 5개 설치된 제조소등에서 옥외소화전의 수원의 수량은 얼마 이상이어야 하는가?

① $14m^3$ ② $35m^3$ ③ $54m^3$ ④ $78m^3$

> 수원의 수량 = 소화전의 수(최대 4개)×13.5 = 4×13.5 = 54

[19-1, 12-1]

25 위험물제조소등의 스프링클러설비의 기준에 있어 개방형 스프링클러헤드는 스프링클러헤드의 반사판으로부터 하방과 수평방향으로 각각 몇 m의 공간을 보유하여야 하는가?

① 하방 0.3m, 수평방향 0.45m
② 하방 0.3m, 수평방향 0.3m
③ 하방 0.45m, 수평방향 0.45m
④ 하방 0.45m, 수평방향 0.3m

> 개방형 스프링클러헤드는 스프링클러헤드의 반사판으로부터의 거리는 하방 0.45m, 수평방향 0.3m의 공간을 보유하여야 한다.

정답 17 ③ 18 ③ 19 ③ 20 ① 21 ③ 22 ② 23 ③ 24 ③ 25 ④

[14-1]

26 위험물안전관리법령에 의거하여 개방형 스프링클러헤드를 이용하는 스프링클러설비에 설치하는 수동식 개방밸브를 개방 조작하는 데 필요한 힘은 몇 kg 이하가 되도록 설치하여야 하는가?

① 5 ② 10 ③ 15 ④ 20

수동식 개방밸브를 개방 조작하는 데 필요한 힘은 15kg 이하가 되도록 설치해야 한다.

[11-4]

27 폐쇄형 스프링클러헤드에 관한 기준에 따르면 급배기용 덕트 등의 긴 변의 길이가 몇 m를 초과하는 것이 있는 경우에는 당해 덕트 등의 아래면에도 스프링클러헤드를 설치해야 하는가?

① 0.8 ② 1.0 ③ 1.2 ④ 1.5

폐쇄형스프링클러헤드는 급배기용 덕트 등의 긴변의 길이가 1.2m를 초과하는 것이 있는 경우에는 당해 덕트 등의 아래면에도 스프링클러헤드를 설치해야 한다.

[10-2]

28 스프링클러헤드 부착장소의 평상시의 최고주위온도가 39℃ 이상 64℃ 미만일 때 표시온도의 범위로 옳은 것은?

① 58℃ 이상, 79℃ 미만
② 79℃ 이상, 121℃ 미만
③ 121℃ 이상, 162℃ 미만
④ 162℃ 이상

부착장소의 최고주위온도(단위 : ℃)	표시온도(단위 : ℃)
28 미만	58 미만
28 이상 39 미만	58 이상 79 미만
39 이상 64 미만	79 이상 121 미만
64 이상 106 미만	121 이상 162 미만
106 이상	162 이상

[14-4, 13-2]

29 폐쇄형 스프링클러 헤드는 설치 장소의 평상시 최고 주위 온도에 따라서 결정된 표시온도의 것을 사용해야 한다. 설치 장소의 최고 주위온도가 28℃ 이상 39℃ 미만일 때, 표시 온도는?

① 58℃ 미만
② 58℃ 이상, 79℃ 미만
③ 79℃ 이상, 121℃ 미만
④ 121℃ 이상, 162℃ 미만

[10-2]

30 스프링클러설비에 방사구역마다 제어밸브를 설치하고자 한다. 바닥면으로부터 높이 기준으로 옳은 것은?

① 0.8m 이상, 1.5m 이하
② 1.0m 이상, 1.5m 이하
③ 0.5m 이상, 0.8m 이하
④ 1.5m 이상, 1.8m 이하

제어밸브는 바닥면으로부터 0.8m 이상, 1.5m 이하의 높이에 설치해야 한다.

[15-2, 12-2]

31 스프링클러설비의 장점이 아닌 것은?

① 소화약제가 물이므로 소화약제의 비용이 절감된다.
② 초기 시공비가 적게 든다.
③ 화재 시 사람의 조작 없이 작동이 가능하다.
④ 초기화재의 진화에 효과적이다.

스프링클러설비는 다른 소화설비에 비해 초기 시공비가 많이 든다.

[08-2, 07-1]

32 스프링클러설비에 대한 설명 중 옳지 않은 것은?

① 초기 진화작업에 효과가 크다.
② 규정에 의해 설치된 개수의 스프링클러헤드를 동시에 사용할 경우에 각 선단의 방사 압력이 100kPa 이상의 성능이 되도록 하여야 한다.
③ 스프링클러헤드는 방호대상물의 각 부분에서 하나의 스프링클러헤드까지의 수평거리가 1.7m 이하가 되도록 설치하여야 한다.
④ 습식스프링클러설비는 감지부가 전자장치로 구성되어 있어 동작이 정확하다.

스프링클러헤드는 감지부가 전자장치로 구성되어 있지 않고 기계식으로 구성되어 있다.

chapter 05

정답 26 ③ 27 ③ 28 ② 29 ② 30 ① 31 ② 32 ④

[15-4]

33 스프링클러설비에 대한 설명 중 틀린 것은?

① 초기 화재의 진압에 효과적이다.
② 조작이 쉽다.
③ 소화약제가 물이므로 경제적이다.
④ 타 설비보다 시공이 비교적 간단하다.

스프링클러설비는 타 설비보다 시공이 매우 복잡하다.

[14-1]

34 위험물안전관리법령상 물분무소화설비의 제어밸브는 바닥으로부터 어느 위치에 설치하여야 하는가?

① 0.5m 이상, 1.5m 이하
② 0.8m 이상, 1.5m 이하
③ 1m 이상, 1.5m 이하
④ 1.5m 이상

제어밸브는 바닥 면으로부터 0.8m 이상 1.5m 이하의 위치에 설치해야 한다.

[13-4, 09-1]

35 위험물제조소등에 설치하는 포소화설비에 있어서 포헤드 방식의 포헤드는 방호대상물의 표면적(m^2) 얼마 당 1개 이상의 헤드를 설치하여야 하는가?

① 3　② 6
③ 9　④ 12

포헤드 방식의 포헤드는 방호대상물의 표면적 $9m^2$당 1개 이상의 헤드를 설치해야 한다.

[10-2]

36 포소화설비의 가압송수장치에서 압력수조의 압력 산출 시 필요 없는 것은?

① 낙차의 환산 수두압
② 배관의 마찰손실 수두압
③ 노즐선의 마찰손실 수두압
④ 소방용 호스의 마찰손실 수두압

가압송수장치의 압력수조의 압력은 다음 식에 의하여 구한 수치 이상으로 한다.

$P = p_1 + p_2 + p_3 + p_4$

- P [MPa] : 필요한 압력
- p_1 [MPa] : 고정식포방출구의 설계압력 또는 이동식포소화설비 노즐방사압력
- p_2 [MPa] : 배관의 마찰손실수두압
- p_3 [MPa] : 낙차의 환산수두압
- p_4 [MPa] : 이동식포소화설비의 소방용 호스의 마찰손실수두압

[14-2, 10-4]

37 포소화설비의 기준에 따르면 포헤드 방식의 포헤드는 방호대상물의 표면적 $1m^2$ 당의 방사량이 몇 L/min 이상의 비율로 계산한 양의 포수용액을 표준방사량으로 방사할 수 있도록 설치하여야 하는가?

① 3.5　② 4
③ 6.5　④ 9

포헤드 방식의 포헤드는 방호대상물의 표면적 $1m^2$당의 방사량이 6.5L/min 이상의 비율로 계산한 양의 포수용액을 표준방사량으로 방사할 수 있도록 설치하여야 한다.

[14-1, 10-1]

38 위험물안전관리법령상 포소화설비의 고정포 방출구를 설치한 위험물탱크에 부속하는 보조소화전에서 3개의 노즐을 동시에 사용할 경우 각각의 노즐선단에서의 분당 방사량은 몇 L/min 이상이어야 하는가?

① 80　② 130
③ 230　④ 400

- 방사압력 : 0.35MPa 이상
- 방사량 : 400L/min

[14-4, 11-2, 09-1]

39 펌프와 발포기의 중간에 설치된 벤투리관의 벤투리작용과 펌프 가압수의 포소화약제 저장탱크에 대한 압력에 의하여 포소화약제를 흡입 · 혼합하는 방식은?

① 프레셔 프로포셔너
② 펌프 프로포셔너
③ 프레셔 사이드 프로포셔너
④ 라인 프로포셔너

펌프와 발포기의 중간에 설치된 벤투리관의 벤투리작용과 펌프 가압수의 포소화약제 저장탱크에 대한 압력에 의하여 포소화약제를 흡입 · 혼합하는 방식은 프레셔 프로포셔너 방식이다.

[10-1]

40 고정식 포소화설비의 포방출구의 형태 중 고정지붕구조의 위험물 탱크에 적합하지 않은 것은?

① 특형　② Ⅱ형
③ Ⅲ형　④ Ⅳ형

고정식 포소화설비의 포방출구의 형태 중 특형은 부상지붕구조의 탱크에 상부포주입법을 이용하는 방식이다.

정답 33 ④ 34 ② 35 ③ 36 ③ 37 ③ 38 ④ 39 ① 40 ①

[13-2]

41 고정지붕구조 위험물 옥외탱크저장소의 탱크 안에 설치하는 고정포방출구가 아닌 것은?

① 특형 방출구
② I형 방출구
③ II형 방출구
④ 표면하 주입식 방출구

[15-2]

42 위험물안전관리법령에서 정한 포소화설비의 기준에 따른 기동장치에 대한 설명으로 옳은 것은?

① 자동식의 기동장치만 설치하여야 한다.
② 수동식의 기동장치만 설치하여야 한다.
③ 자동식의 기동장치와 수동식의 기동장치를 모두 설치하여야 한다.
④ 자동식의 기동장치 또는 수동식의 기동장치를 설치하여야 한다.

포소화설비의 기동장치는 자동식의 기동장치 또는 수동식의 기동장치를 설치하여야 한다.

[09-1]

43 이동식 이산화탄소소화설비의 호스접속구는 모든 방호대상물에 대하여 당해 방호 대상물의 각 부분으로부터 하나의 호스접속구까지의 수평거리가 몇 m 이하가 되도록 설치하여야 하는가?

① 10　② 15
③ 20　④ 30

호스접속구까지의 수평거리는 15m 이하가 되도록 설치해야 한다.

[14-2]

44 이산화탄소소화설비의 저압식 저장용기에 설치하는 압력경보장치의 작동압력은?

① 1.9MPa 이상의 압력 및 1.5MPa 이하의 압력
② 2.3MPa 이상의 압력 및 1.9MPa 이하의 압력
③ 3.75MPa 이상의 압력 및 2.3MPa 이하의 압력
④ 4.5MPa 이상의 압력 및 3.75MPa 이하의 압력

이산화탄소소화설비의 저압식 저장용기에 설치하는 압력경보장치의 작동압력은 2.3MPa 이상의 압력 및 1.9MPa 이하이다.

[08-4]

45 제4류 위험물 중 인화점이 21℃ 미만인 것을 저장하는 탱크에 고정식포소화설비를 설치하고자 한다. 포방출구가 I 형인 경우 포수용액량은 몇 L/m^2 인가?

① 80　② 120
③ 160　④ 240

제4류 위험물 중 인화점이 21℃ 미만인 경우 포수용액량

- I형 : 120L/m^2
- II형, III형, IV형 : 220L/m^2
- 특형 : 240L/m^2

위험물의 구분 \ 포방출구의 종류		제4류 위험물 중 인화점이 21℃ 미만	제4류 위험물 중 인화점이 21℃ 이상 70℃ 미만	제4류 위험물 중 인화점이 70℃ 이상
I 형	포수용액량 (L/m^2)	120	80	60
	방출률 (L/m^2 · min)	4	4	4
II 형	포수용액량 (L/m^2)	220	120	100
	방출률 (L/m^2 · min)	4	4	4
특형	포수용액량 (L/m^2)	240	160	120
	방출률 (L/m^2 · min)	8	8	8
III 형	포수용액량 (L/m^2)	220	120	100
	방출률 (L/m^2 · min)	4	4	4
IV 형	포수용액량 (L/m^2)	220	120	100
	방출률 (L/m^2 · min)	4	4	4

[14-1]

46 위험물제조소등에 설치하는 전역방출방식의 이산화탄소소화설비 분사헤드의 방사압력은 고압식의 경우 몇 MPa 이상이어야 하는가?

① 1.05　② 1.7
③ 2.1　④ 2.6

이산화탄소소화설비 분사헤드의 방사압력

- 고압식 : 2.1MPa 이상
- 저압식 : 1.05MPa 이상

[11-2]

47 제1석유류를 저장하는 옥외탱크저장소에 특형 포방출구를 설치하는 경우에 방출률은 액표면적 1m^2 당 1분에 몇 리터 이상이어야 하는가?

① 9.5L　② 8.0L
③ 6.5L　④ 3.7L

정답 41 ① 42 ④ 43 ② 44 ② 45 ② 46 ③ 47 ②

포방출구의 종류(위험물 안전관리에 관한 세부기준 제133조)

위험물의 구분		제4류 위험물 중 인화점이 21℃ 미만	제4류 위험물 중 인화점이 21℃ 이상 70℃ 미만	제4류 위험물 중 인화점이 70℃ 이상
Ⅰ형	포수용액량 (L/m^2)	120	80	60
	방출률 ($L/m^2 \cdot min$)	4	4	4
Ⅱ형	포수용액량 (L/m^2)	220	120	100
	방출률 ($L/m^2 \cdot min$)	4	4	4
특형	포수용액량 (L/m^2)	240	160	120
	방출률 ($L/m^2 \cdot min$)	8	8	8
Ⅲ형	포수용액량 (L/m^2)	220	120	100
	방출률 ($L/m^2 \cdot min$)	4	4	4
Ⅲ형	포수용액량 (L/m^2)	220	120	100
	방출률 ($L/m^2 \cdot min$)	4	4	4

[19-1, 14-4]

48 이산화탄소소화설비의 소화약제 방출방식 중 전역방출방식 소화설비에 대한 설명으로 옳은 것은?

① 발화위험 및 연소위험이 적고 광대한 실내에서 특정 장치나 기계만을 방호하는 방식
② 일정 방호구역 전체에 방출하는 경우 해당 부분의 구획을 밀폐하여 불연성가스를 방출하는 방식
③ 일반적으로 개방되어 있는 대상물에 대하여 설치하는 방식
④ 사람이 용이하게 소화활동을 할 수 있는 장소에는 호스를 연장하여 소화활동을 행하는 방식

- 전역방출방식 : 고정식 이산화탄소 공급장치에 배관 및 분사헤드를 고정 설치하여 밀폐 방호구역 내에 이산화탄소를 방출하는 설비
- 국소방출방식 : 고정식 이산화탄소 공급장치에 배관 및 분사헤드를 설치하여 직접 화점에 이산화탄소를 방출하는 설비로 화재 발생부분에만 집중적으로 소화약제를 방출하도록 설치하는 방식
- 호스릴방식 : 분사헤드가 배관에 고정되어 있지 않고 소화약제 저장용기에 호스를 연결하여 사람이 직접 화점에 소화약제를 방출하는 이동식 소화설비

[12-1]

49 이산화탄소 소화설비의 배관에 대한 기준으로 옳은 것은?

① 원칙적으로 겸용이 가능하도록 한다.
② 동관의 배관은 고압식인 것은 16.5MPa 이상의 압력에 견딜 것
③ 관이음쇠는 저압식의 경우 5.0MPa 이상의 압력에 견디는 것일 것
④ 배관의 가장 높은 곳과 낮은 곳의 수직거리는 30m 이하일 것

① 배관은 전용으로 할 것
③ 관이음쇠는 고압식인 것은 16.5MPa 이상, 저압식인 것은 3.75MPa 이상의 압력에 견딜 수 있는 것으로서 적절한 방식처리를 한 것을 사용할 것
④ 낙차(배관의 가장 낮은 위치로부터 가장 높은 위치까지의 수직거리)는 50m 이하일 것

[13-2]

50 위험물안전관리법령에 따른 이산화탄소 소화약제의 저장용기 설치 장소에 대한 설명으로 틀린 것은?

① 방호구역 내의 장소에 설치하여야 한다.
② 직사일광 및 빗물이 침투할 우려가 적은 장소에 설치하여야 한다.
③ 온도변화가 적은 장소에 설치하여야 한다.
④ 온도가 섭씨 40도 이하인 곳에 설치하여야 한다.

저장용기는 다음에 정하는 것에 의하여 설치할 것
- 방호구역 외의 장소에 설치할 것
- 온도가 40℃ 이하이고 온도 변화가 적은 장소에 설치할 것
- 직사일광 및 빗물이 침투할 우려가 적은 장소에 설치할 것
- 저장용기에는 안전장치(용기밸브에 설치되어 있는 것 포함)를 설치할 것
- 저장용기의 외면에 소화약제의 종류와 양, 제조년도 및 제조자를 표시할 것

[11-2, 10-4]

51 전역방출방식 분말소화설비의 분사헤드는 기준에서 정하는 소화약제의 양을 몇 초 이내에 균일하게 방사해야 하는가?

① 10　② 15
③ 20　④ 30

전역방출방식 분말소화설비의 분사헤드는 소화약제의 양을 30초 이내에 균일하게 방사할 수 있어야 한다.

[09-2]

52 이산화탄소소화설비의 기준에서 저압식 저장용기에 반드시 설치하도록 규정한 부품이 아닌 것은?

① 액면계
② 압력계
③ 용기밸브
④ 파괴판

정답 48 ② 49 ② 50 ① 51 ④ 52 ③

이산화탄소를 저장하는 저압식저장용기에는 다음에 정하는 것에 의할 것
- 이산화탄소를 저장하는 저압식저장용기에는 액면계 및 압력계를 설치할 것
- 이산화탄소를 저장하는 저압식저장용기에는 2.3MPa 이상의 압력 및 1.9MPa 이하의 압력에서 작동하는 압력경보장치를 설치할 것
- 이산화탄소를 저장하는 저압식저장용기에는 용기내부의 온도를 영하 20℃ 이상, 영하 18℃ 이하로 유지할 수 있는 자동냉동기를 설치할 것
- 이산화탄소를 저장하는 저압식저장용기에는 파괴판을 설치할 것
- 이산화탄소를 저장하는 저압식저장용기에는 방출밸브를 설치할 것

[14-1, 11-1]

53 위험물제조소등에 설치하는 이산화탄소소화설비의 기준으로 틀린 것은?

① 저장용기의 충전비는 고압식에 있어서는 1.5 이상 1.9 이하, 저압식에 있어서는 1.1 이상 1.4 이하로 한다.
② 저압식 저장용기에는 2.3MPa 이상 및 1.9MPa 이하의 압력에서 작동하는 압력경보장치를 설치한다.
③ 저압식 저장용기에는 용기내부의 온도를 -20℃ 이상, -18℃ 이하로 유지할 수 있는 자동냉동기를 설치한다.
④ 기동용 가스용기는 20MPa 이상의 압력에 견딜 수 있는 것으로 하여야 한다.

기동용 가스용기는 25MPa 이상의 압력에 견딜 수 있는 것으로 하여야 한다.

[15-4]

54 위험물안전관리법령상 분말소화설비의 기준에서 가압용 또는 축압용 가스로 사용이 가능한 가스로만 이루어진 것은?

① 산소, 질소　② 이산화탄소, 산소
③ 산소, 아르곤　④ 질소, 이산화탄소

분말소화설비의 기준에서 가압용 가스로 정한 가스는 질소와 이산화탄소이다.

[09-4]

55 다음 중 분말소화설비의 기준에서 가압용 가스로 정한 것에 해당하는 가스는?

① 공기　② 질소
③ 산소　④ 염소

[14-1]

56 위험물안전관리법령상 분말소화설비의 기준에서 가압용 또는 축압용 가스로 사용하도록 지정한 가스는?

① 헬륨　② 질소
③ 일산화탄소　④ 아르곤

[12-4]

57 이동식분말소화설비에서 노즐 1개에서 매분당 방사하는 제1종 분말소화약제의 양은 몇 kg 이상으로 하여야 하는가?

① 18　② 27
③ 32　④ 45

- 제1종 분말 : 45kg
- 제2종 또는 제3종 분말 : 27kg
- 제4종 분말 : 18kg

[12-2]

58 전역방출방식의 할로젠화합물 소화설비의 분사헤드에서 Halon1211을 방사하는 경우의 방사압력은 얼마 이상으로 하여야 하는가?

① 0.1MPa　② 0.2MPa
③ 0.5MPa　④ 0.9MPa

분사헤드의 방사압력

• 하론2402 : 0.1MPa 이상	• 하론1211 : 0.2MPa 이상
• 하론1301 : 0.9MPa 이상	• HFC-23 : 0.9MPa 이상
• HFC-125 : 0.9MPa 이상	• HFC-227ea : 0.3MPa 이상

[08-4]

59 전역방출방식 분말소화설비 분사헤드의 방사 압력은 몇 MPa 이상인가?

① 0.1　② 0.2
③ 0.3　④ 0.4

분말소화설비 분사헤드의 방사압력은 0.1MPa 이상, 방사시간은 30초 이내이다.

[14-4, 07-1]

60 할로젠화합물소화설비 기준에서 하론 2402를 가압식 저장용기에 저장하는 경우 충전비로 옳은 것은?

① 0.51 이상, 0.67 이하
② 0.7 이상, 1.4 미만
③ 0.9 이상, 1.6 이하
④ 0.67 이상, 2.75 이하

정답 53 ④ 54 ④ 55 ② 56 ② 57 ④ 58 ② 59 ① 60 ①

저장용기의 충전비
㉠ 하론2402
- 가압식 저장용기 : 0.51 이상, 0.67 이하
- 축압식 저장용기 : 0.67 이상, 2.75 이하

㉡ 하론1211 : 0.7 이상 1.4 이하
㉢ 하론1301 및 HFC-227ea : 0.9 이상, 1.6 이하
㉣ HFC-23 및 HFC-125 : 1.2 이상, 1.5 이하

[11-1]
61 할로젠화합물소화설비의 소화약제 중 축압식 저장용기에 저장하는 할론 2402의 충전비는?

① 0.51 이상, 0.67 이하
② 0.67 이상, 2.75 이하
③ 0.7 이상, 1.4 이하
④ 0.9 이상, 1.6 이하

[14-2]
62 다음은 위험물안전관리법령에 따른 할로젠화합물 소화설비에 관한 기준이다. (　)에 알맞은 수치는?

> 축압식 저장용기등은 온도 21℃에서 하론 1301을 저장하는 것은 (　)MPa 또는 (　)MPa 이 되도록 질소가스로 가압할 것

① 0.1, 1.0　　② 1.1, 2.5
③ 2.5, 1.0　　④ 2.5, 4.2

축압식 저장용기등은 온도 21℃에서 하론1211을 저장하는 것은 1.1MPa 또는 2.5MPa, 하론1301 또는 HFC-227ea를 저장하는 것은 2.5MPa 또는 4.2MPa이 되도록 질소가스로 가압할 것

[15-2]
63 위험물안전관리법령에 따른 이동식할로젠화합물 소화설비 기준에 의하면 20℃에서 하나의 노즐이 할론 2402를 방사할 경우 1분당 몇 kg의 소화약제를 방사할 수 있어야 하는가?

① 35　　② 40
③ 45　　④ 50

소화약제의 종류에 따른 방사량

소화약제의 종별	소화약제의 양
할론 2402	45kg
할론 1211	40kg
할론 1301	35kg

[09-1]
64 다음 [조건] 하에 국소방출방식의 할로젠화합물 소화설비를 설치하는 경우 저장하여야 하는 소화약제의 양은 몇 kg 이상이어야 하는가?

> [조건]
> - 저장하는 위험물 : 휘발유
> - 윗면이 개방된 용기에 저장함
> - 방호대상물의 표면적 : 40m²
> - 소화약제의 종류 : 하론1301

① 222　　② 340
③ 467　　④ 570

면적식의 국소방출방식에서 하론1301의 경우
표면적(40m²)×소화약제의 계수(1.0)×1.25×6.8kg = 340kg

[09-4]
65 대형수동식소화기를 설치하는 경우 방호대상물의 각 부분으로부터 하나의 대형수동식소화기까지의 거리는 보행 거리가 몇 m 이하가 되도록 하여야 하는가?

① 10　　② 20
③ 25　　④ 30

방호대상물의 각 부분으로부터 하나의 대형수동식소화기까지의 거리는 보행 거리가 30m 이하가 되도록 해야 한다.

[15-1]
66 위험물안전관리법령상 제1석유류를 저장하는 옥외탱크저장소 중 소화난이도등급 Ⅰ에 해당하는 것은? (단, 지중탱크 또는 해상탱크가 아닌 경우이다)

① 액표면적이 10m² 인 것
② 액표면적이 20m² 인 것
③ 지반면으로부터 탱크 옆판의 상단까지 높이가 4m 인 것
④ 지반면으로부터 탱크 옆판의 상단까지 높이가 6m 인 것

소화난이도등급 Ⅰ에 해당하는 옥외탱크저장소
- 액표면적이 40m² 이상인 것
- 지반면으로부터 탱크 옆판의 상단까지 높이가 6m 이상인 것

[10-2]
67 소화난이도등급 Ⅰ에 해당하는 옥외탱크저장소 중 황만을 저장 취급하는 것에 설치하여야 하는 소화설비는? (단, 지중탱크와 해상탱크는 제외한다)

① 스프링클러소화설비
② 이산화탄소소화설비

정답 61 ② 62 ④ 63 ③ 64 ② 65 ④ 66 ④ 67 ④

③ 분말소화설비
④ 물분무소화설비

- 황만을 저장 취급하는 것 : 물분무소화설비
- 인화점 70℃ 이상의 제4류 위험물만을 저장 · 취급하는 것 : 물분무소화설비 또는 고정식 포소화설비

[08-2]
68 소화난이도등급 II의 옥내탱크저장소에는 대형수동식 소화기를 몇 개 이상 설치하여야 하는가?

① 1개 이상　② 2개 이상
③ 3개 이상　④ 4개 이상

소화난이도등급 II의 옥외탱크저장소 및 옥내탱크저장소에는 대형수동식 소화기 및 소형수동식 소화기등을 각각 1개 이상 설치해야 한다.

[14-4, 12-1]
69 처마의 높이가 6m 이상인 단층 건물에 설치된 옥내저장소의 소화설비로 고려될 수 없는 것은?

① 고정식 포소화설비
② 옥내소화전설비
③ 고정식 이산화탄소소화설비
④ 고정식 할로젠화합물소화설비

처마의 높이가 6m 이상인 단층 건물에 설치되는 옥내저장소의 소화설비에는 스프링클러설비 또는 이동식 외의 물분무등소화설비가 있다.

[08-1]
70 위험물을 저장하는 지하탱크저장소에 설치하여야 할 소화설비와 그 설치기준을 옳게 나타낸 것은?

① 대형소화기 - 2개 이상 설치
② 소형수동식소화기 - 능력단위의 수치 2 이상으로 1개 이상 설치
③ 마른모래 - 150L 이상 설치
④ 소형수동식소화기 - 능력단위의 수치 3 이상으로 2개 이상 설치

지하탱크저장소에는 소형수동식소화기등을 능력단위의 수치가 3 이상으로 2개 이상 설치해야 한다.

[19-1, 12-1, 07-2]
71 제1류 위험물 중 알칼리금속과산화물의 화재에 적응성이 있는 소화약제는?

① 인산염류분말
② 이산화탄소
③ 탄산수소염류분말
④ 할로젠화합물

제1류 위험물 중 알칼리금속과산화물의 화재에는 탄산수소염류, 건조사, 팽창질석, 팽창진주암 등이 적응성이 있다.

[11-1, 08-1]
72 제2류 위험물 중 철분의 화재에 적응성이 있는 소화약제는?

① 인산염류 분말소화설비
② 이산화탄소 소화설비
③ 탄산수소염류 분말소화설비
④ 할로젠화합물 소화설비

제2류 위험물 중 철분의 화재에 적응성이 있는 소화약제는 탄산수소염류 분말소화설비, 건조사, 팽창질석 또는 팽창진주암이다.

[12-2]
73 위험물의 화재 발생 시 사용 가능한 소화약제를 틀리게 연결한 것은?

① 질산암모늄 - H_2O
② 마그네슘 - CO_2
③ 트라이에틸알루미늄 - 팽창질석
④ 나이트로글리세린 - H_2O

제2류 위험물인 마그네슘은 이산화탄소 소화약제에는 적응성이 없다.

[09-1, 08-4, 07-1]
74 제3류 위험물에서 금수성물질의 화재에 적응성이 있는 소화약제는?

① 할로젠화합물
② 이산화탄소
③ 탄산수소염류
④ 인산염류

제3류 위험물 중 금수성물질 화재에 적응성이 있는 소화약제는 탄산수소염류분말소화설비, 건조사, 팽창질석 또는 팽창진주암이다.

[12-4]
75 위험물안전관리법령상 제3류 위험물 중 금수성물질에 적응성이 있는 소화기는?

① 할로젠화합물소화기
② 인산염류분말소화기
③ 이산화탄소소하기
④ 탄산수소염류분말소화기

정답 68 ① 69 ② 70 ④ 71 ③ 72 ③ 73 ② 74 ③ 75 ④

chapter 05

[07-1]

76 다음 중 $(C_2H_5)_3Al$의 소화 방법으로 가장 적합한 소화약제는?

① 물　② CO_2
③ 팽창진주암　④ CCl_4

트라이에틸알루미늄은 금수성물질이므로 마른모래, 팽창질석, 팽창진주암, 탄산수소염류 분말소화설비 등이 적응성이 있다.

[15-2]

77 트라이에틸알루미늄의 소화약제로서 다음 중 가장 적당한 것은?

① 마른모래, 팽창질석
② 물, 수성막포
③ 할로젠화합물, 단백포
④ 이산화탄소, 강화액

[12-2]

78 위험물과 적응성이 있는 소화약제의 연결이 틀린 것은?

① K - 탄산수소염류분말
② $C_2H_5OC_2H_5$ - CO_2
③ Na - 건조사
④ CaC_2 - H_2O

탄화칼슘(CaC_2)은 금수성물질이므로 물에 의한 소화는 적응성이 없다.

[15-1]

79 C_6H_6 화재의 소화약제로서 적합하지 않은 것은?

① 인산염류분말　② 이산화탄소
③ 할로젠화합물　④ 물(봉상수)

제4류 위험물인 벤젠은 물에 의한 소화는 적합하지 않다.

[12-1]

80 위험물의 화재 발생 시 사용하는 소화설비(약제)를 연결한 것이다. 소화효과가 가장 떨어진 것은?

① $(C_2H_5)_3Al$ - 팽창질석
② $C_2H_5OC_2H_5$ - CO_2
③ $C_6H_2(NO_2)_3OH$ - 수조
④ $C_6H_4(CH_3)_2$ - 수조

제4류 위험물인 크실렌$C_6H_4(CH_3)_2$은 수조에는 적응성이 없다.

[14-2]

81 다음 각각의 위험물의 화재 발생시 위험물안전관리법령상 적응 가능한 소화설비를 옳게 나타낸 것은?

① $C_6H_5NO_2$: 이산화탄소소화기
② $(C_2H_5)_3Al$: 봉상수소화기
③ $C_2H_5OC_2H_5$: 봉상수소화기
④ $C_3H_5(ONO_2)_3$: 이산화탄소소화기

① $C_6H_5NO_2$ (나이트로벤젠)은 제4류 위험물로서 이산화탄소소화기에 적응성이 있다.
② $(C_2H_5)_3Al$ (트라이에틸알루미늄)은 제3류 위험물로서 봉상수소화기는 적응성이 없다.
③ $C_2H_5OC_2H_5$ (다이에틸에터)는 제4류 위험물로서 봉상수소화기는 적응성이 없다.
④ $C_3H_5(ONO_2)_3$ (나이트로글리세린)은 제5류 위험물로서 이산화탄소 소화기는 적응성이 없다.

[08-4]

82 다음 중 제5류 위험물에 적응성이 있는 소화설비는?

① 분말을 방사하는 대형소화기
② CO_2를 방사하는 소형소화기
③ 할로젠화합물을 방사하는 대형소화기
④ 스프링클러설비

[12-2]

83 위험물에 따른 소화설비를 설명한 내용으로 틀린 것은?

① 제1류 위험물 중 알칼리금속과산화물은 포소화설비가 적응성이 없다.
② 제2류 위험물 중 금속분은 스프링클러설비가 적응성이 없다.
③ 제3류 위험물 중 금수성물질은 포소화설비가 적응성이 있다.
④ 제5류 위험물은 스프링클러설비가 적응성이 있다.

제3류 위험물 중 금수성물질은 포소화설비가 적응성이 없다.

[12-4]

84 위험물안전관리법령상 옥내소화전설비가 적응성이 있는 위험물의 유별로만 나열된 것은?

① 제1류 위험물, 제4류 위험물
② 제2류 위험물, 제4류 위험물
③ 제4류 위험물, 제5류 위험물
④ 제5류 위험물, 제6류 위험물

정답 76 ③ 77 ① 78 ④ 79 ④ 80 ④ 81 ① 82 ④ 83 ③ 84 ④

옥내소화전설비가 적응성이 있는 위험물은 제2류 위험물 중 인화성고체, 금수성 물품을 제외한 제3류 위험물, 제5류 위험물, 제6류 위험물 등이다.

[11-4]

85 위험물안전관리법령상 소화설비의 적응성에서 이산화탄소소화기가 적응성이 있는 것은?

① 제1류 위험물 ② 제3류 위험물
③ 제4류 위험물 ④ 제5류 위험물

이산화탄소소화기는 전기설비, 제2류 위험물 중 인화성고체, 제4류 위험물, 폭발의 위험이 없는 장소에서의 제6류 위험물에 적응성이 있다.

[11-4]

86 제4류 위험물에 대해 적응성이 있는 소화설비 또는 소화기는?

① 옥내소화전설비 ② 옥외소화전설비
③ 봉상강화액소화기 ④ 무상강화액소화기

제4류 위험물에는 물분무등소화설비, 탄산수소염류분말소화설비, 무상강화액소화기, 포소화기, 이산화탄소소하기 등이 적응성이 있다.

[10-1]

87 물통 또는 수조를 이용한 소화가 공통적으로 적응성이 있는 위험물은 제 몇 류 위험물인가?

① 제2류 위험물 ② 제3류 위험물
③ 제4류 위험물 ④ 제5류 위험물

물통 또는 수조는 알칼리금속과산화물등을 제외한 제1류 위험물, 제2류 위험물 중 인화성고체, 금수성 물품을 제외한 제3류 위험물, 제5류 위험물, 제6류 위험물에 적응성이 있다.

[10-4]

88 물분무소화설비가 적응성이 있는 위험물은?

① 알칼리금속과산화물
② 금속분 · 마그네슘
③ 금수성물질
④ 인화성고체

물분무소화설비는 알칼리금속과산화물등을 제외한 제1류 위험물, 제2류 위험물 중 인화성고체, 금수성 물품을 제외한 제3류 위험물, 제5류 위험물, 제6류 위험물, 전기설비 등에 적응성이 있다.

[15-4]

89 위험물안전관리법령상 위험물별 적응성이 있는 소화설비가 옳게 연결되지 않은 것은?

① 제4류 및 제5류 위험물 – 할로젠화합물
② 제4류 및 제6류 위험물 – 인산염류
③ 제1류 알칼리금속 과산화물 – 탄산수소염류분말소화기
④ 제2류 및 제3류 위험물 – 팽창질석

할로젠화합물소화설비는 제4류 위험물에는 적응성이 있지만, 제5류 위험물에는 적응성이 없다.

[13-4]

90 위험물안전관리법령상 제6류 위험물을 저장 또는 취급하는 제조소등에 적응성이 없는 소화설비는?

① 팽창질석
② 할로젠화합물소화기
③ 포소화기
④ 인산염류분말소화기

할로젠화합물소화기는 제6류 위험물에는 적응성이 없으며, 제4류 위험물 등에 적응성이 있다.

[15-2]

91 위험물안전관리법령상 제6류 위험물에 적응성이 있는 소화설비는?

① 옥내소화전설비
② 이산화탄소소화설비
③ 할로젠화합물소화설비
④ 탄산수소염류 분말소화설비

제6류 위험물에 적응성이 있는 소화설비는 옥내소화전 또는 옥외소화전설비, 스프링클러설비, 물분무소화설비, 포소화설비, 인산염류분말소화설비 등이다.

[15-2]

92 위험물안전관리법령상 물분무소화설비가 적응성이 있는 대상은?

① 알칼리금속과산화물 ② 전기설비
③ 마그네슘 ④ 금속분

물분무소화설비는 건축물 및 그밖의 공작물, 전기설비, 알칼리금속과산화물 외의 제1류 위험물, 철분, 금속분, 마그네슘 외의 제2류 위험물, 금수성 물품 외의 제3류 위험물, 제4류 위험물, 제5류 위험물, 제6류 위험물에 적응성이 있다.

정답 85 ③ 86 ④ 87 ④ 88 ④ 89 ① 90 ② 91 ① 92 ②

chapter 05

[09-4]
93 다음 중 물분무소화설비가 적응성이 없는 대상물은?

① 전기설비
② 제4류 위험물
③ 인화성고체
④ 알칼리금속의 과산화물

[08-1]
94 다음 중 해당 유(類)별에 속하는 모든 위험물에 대하여 물분무소화설비의 적응성이 있는 것은?

① 제1류 위험물 ② 제2류 위험물
③ 제3류 위험물 ④ 제4류 위험물

[13-4]
95 전기설비에 화재가 발생하였을 경우에 위험물안전관리 법령상 적응성을 가지는 소화설비는?

① 이산화탄소소화기
② 포소화기
③ 봉상강화액소화기
④ 마른 모래

전기설비 화재에 적응성이 있는 소화설비는 물분무소화설비, 불활성가스소화설비, 할로젠화합물소화설비, 분말소화설비, 무상수소화기, 무상강화액소화기, 이산화탄소소화기, 할로젠화합물소화기, 분말소화기 등이다.

[14-4]
96 다음 중 C급 화재에 가장 적응성이 있는 소화설비는?

① 봉상강화액 소화기
② 포소화기
③ 이산화탄소 소화기
④ 스프링클러설비

C급 화재는 전기화재로 무상수 소화기, 무상강화액 소화기, 이산화탄소 소화기, 할로젠화합물 소화기, 분말소화기가 적응성이 있다.

[15-2]
97 위험물안전관리법령상 가솔린의 화재 시 적응성이 없는 소화기는?

① 봉상강화액소화기
② 무상강화액소화기
③ 이산화탄소소화기
④ 포소화기

가솔린은 제4류 위험물로서 봉상수소화기, 무상수소화기, 봉상강화액소화기는 적응성이 없다.

[11-2]
98 위험물안전관리법령상 전기설비에 적응성이 없는 소화설비는?

① 포소화설비
② 이산화탄소소화설비
③ 할로젠화합물소화설비
④ 물분무소화설비

소화설비 중 포소화설비는 전기설비에 적응성이 없다.

[10-4]
99 과산화나트륨의 화재 시 적응성이 있는 소화설비는?

① 포소화기 ② 건조사
③ 이산화탄소소화기 ④ 물통

과산화나트륨은 제1류 위험물 중 알칼리금속과산화물이므로 탄산수소염류분말소화설비, 건조사, 팽창질석 또는 팽창진주암에 적응성이 있다.

[12-4]
100 다음 중 과산화나트륨의 화재에 적응성이 있는 소화기는?

① 포소화기
② 할로젠화합물소화기
③ 탄산수소염류분말소화기
④ 이산화탄소소화기

[12-2]
101 다음 중 C급 화재에 가장 적응성이 있는 소화설비는?

① 봉상강화액 소화기
② 포소화기
③ 이산화탄소소화기
④ 스프링클러설비

C급 화재는 전기화재를 말하는데, 이산화탄소소화기, 할로젠화합물소화기, 분말소화기 등에 적응성이 있다.

정답 93 ④ 94 ④ 95 ① 96 ③ 97 ① 98 ① 99 ② 100 ③ 101 ③

[13-2]

102 위험물안전관리법령상 다이에틸에터 화재 발생 시 적응성이 없는 소화기는?

① 이산화탄소소화기
② 포소화기
③ 봉상강화액소화기
④ 할로젠화합물소화기

다이에틸에터는 제4류 위험물로 봉상강화액소화기, 무상수소화기, 봉상수소화기 등에는 적응성이 없다.

[13-1, 08-2]

103 다음 중 나이트로셀룰로스 위험물의 화재 시에 가장 적절한 소화약제는?

① 사염화탄소 ② 이산화탄소
③ 물 ④ 인산염류

제5류 위험물인 나이트로셀룰로스는 대량의 물에 의한 냉각소화가 가장 효과적이다.

[12-2]

104 인화성고체와 질산에 공통적으로 적응성이 있는 소화설비는?

① 이산화탄소소화설비
② 할로젠화합물소화설비
③ 탄산수소염류분말소화설비
④ 포소화설비

인화성고체와 질산에 공통적으로 적응성이 있는 소화설비는 옥내소화전설비, 옥외소화전설비, 스프링클러설비, 물분무소화설비, 포소화설비 등이다.

[10-2]

105 다음의 물품을 저장하는 창고에 이산화탄소소화설비를 설치하고자 한다. 가장 부적합한 경우는?

① 톨루엔 ② 동식물유류
③ 고형 알코올 ④ 과산화나트륨

이산화탄소소화설비는 제1류 위험물에는 적응성이 없다.

[15-1]

106 위험물안전관리법령상 질산나트륨에 대한 소화설비의 적응성으로 옳은 것은?

① 건조사만 적응성이 있다.
② 이산화탄소소화기는 적응성이 있다.
③ 포소화기는 적응성이 없다.
④ 할로젠화합물소화기는 적응성이 없다.

질산나트륨은 제1류 위험물로서 봉상수소화기, 무상수소화기, 포소화기, 건조사 등에 적응성이 있으며, 이산화탄소소화기에는 적응성이 없다.

[19-4, 11-1]

107 마그네슘 분말의 화재 시 이산화탄소 소화약제는 소화적응성이 없다. 그 이유로 가장 적합한 것은?

① 분해반응에 의하여 산소가 발생하기 때문이다.
② 가연성의 일산화탄소 또는 탄소가 생성되기 때문이다.
③ 분해반응에 의하여 수소가 발생하고 이 수소는 공기 중의 산소와 폭명반응을 하기 때문이다.
④ 가연성의 아세틸렌가스가 발생하기 때문이다.

[11-1]

108 알코올 화재 시 수성막포 소화약제는 효과가 없다. 그 이유로 가장 적당한 것은?

① 알코올이 수용성이어서 포를 소멸시키므로
② 알코올이 반응하여 가연성 가스를 발생하므로
③ 알코올 화재 시 불꽃의 온도가 매우 높으므로
④ 알코올이 포소화약제와 발열반응을 하므로

[09-1]

109 위험물에 따라 적응성이 있는 소화설비를 연결한 것은?

① $C_6H_5NO_2$ - 이산화탄소소화기
② Ca_3P_2 - 물통(수조)
③ $C_2H_5OC_2H_5$ - 물통(수조)
④ $C_3H_5(ONO_2)_3$ - 이산화탄소소화기

① $C_6H_5NO_2$(나이트로벤젠)은 제4류 위험물로 이산화탄소소화기에 적응성이 있다.
② Ca_3P_2(인화칼슘)은 금수성물질로 물통(수조)에 적응성이 없다.
③ $C_2H_5OC_2H_5$(다이에틸에터) 제4류 위험물로 물통(수조)에 적응성이 없다.
④ $C_3H_5(ONO_2)_3$(나이트로글리세린)은 제5류 위험물로 이산화탄소소화기에 적응성이 없다.

[07-2]

110 인화점이 38℃ 미만인 제4류 위험물 취급을 주된 작업내용으로 하는 장소에 스프링클러설비를 설치할 경우 확보하여야 하는 1분당 방사밀도는 몇 L/m³ 이상이어야 하는가? (단, 살수기준면적은 250m²이다)

① 12.2 ② 13.9
③ 15.5 ④ 16.3

정답 102 ③ 103 ③ 104 ④ 105 ④ 106 ④ 107 ② 108 ① 109 ① 110 ④

살수기준면적(㎡)	방사밀도(L/m² 분)	
	인화점 38℃ 미만	인화점 38℃ 이상
279 미만	16.3 이상	12.2 이상
279 이상 372 미만	15.5 이상	11.8 이상
372 이상 465 미만	13.9 이상	9.8 이상
465 이상	12.2 이상	8.1 이상

[13-1]

111 인화점이 38℃ 이상인 제4류 위험물 취급을 주된 작업 내용으로 하는 장소에 스프링클러설비를 설치할 경우 확보하여야 하는 1분당 방사밀도는 몇 L/m² 이상이어야 하는가? (단, 살수기준면적은 250m² 이다)

① 12.2　② 13.9
③ 15.5　④ 16.3

[09-1]

112 아닐린 취급을 주된 작업내용으로 하는 장소에 스프링클러설비를 설치할 경우 확보하여야 하는 1분당 방사밀도는 몇 L/m² 이상이어야 하는가? (단, 살수기준면적은 250m²이다)

① 12.2　② 13.9
③ 15.5　④ 16.3

아닐린은 제3석유류로서 인화점이 38℃ 이상이므로 살수기준면적이 250m²일 경우의 방사밀도는 12.2L/m²이다.

[12-1]

113 위험물의 취급을 주된 작업내용으로 하는 다음의 장소에 스프링클러설비를 설치할 경우 확보하여야 하는 1분당 방사밀도는 몇 L/m² 이상이어야 하는가? (단, 내화구조의 바닥 및 벽에 의하여 2개의 실로 구획되고, 각 실의 바닥면적은 500m²이다)

- 취급하는 위험물 : 제4류 제3석유류
- 위험물을 취급하는 장소의 바닥면적 : 1,000m²

① 8.1　② 12.2
③ 13.9　④ 16.4

인화점이 인화점이 38℃ 이상이고 살수기준면적이 465m² 이상이므로 이 경우의 방사밀도는 8.1L/m²이다.

[09-1]

114 소요단위에 대한 설명으로 옳은 것은?

① 소화설비의 설치대상이 되는 건축물 그 밖의 공작물의 규모 또는 위험물의 양이 기준단위이다.
② 소화설비 소화능력의 기준단위이다.
③ 저장소의 건축물은 외벽이 내화구조인 것은 연면적 75m²를 1소요단위로 한다.
④ 지정수량 100배를 1소요단위로 한다.

② 소화설비 소화능력의 기준단위를 능력단위라 한다.
③ 저장소의 건축물은 외벽이 내화구조인 것은 연면적 150m²를 1소요단위로 한다.
④ 지정수량 10배를 1소요단위로 한다.

[19-4, 14-2, 14-4, 10-1]

115 제조소 건축물로 외벽이 내화구조인 것의 1소요단위는 연면적이 몇 m²인가?

① 50　② 100
③ 150　④ 1,000

제조소 또는 취급소의 건축물
- 외벽이 내화구조인 것 : 연면적 100m²를 1소요단위로 함
- 외벽이 내화구조가 아닌 것 : 연면적 50m²를 1소요단위로 함

[08-4]

116 위험물 취급소의 건축물의 연면적이 500m²인 경우 소요단위는?

① 4단위　② 5단위
③ 6단위　④ 7단위

취급소의 건축물인 경우 외벽이 내화구조인 것은 연면적 100m²를 1소요단위로 하므로 5단위이며, 외벽이 내화구조가 아닌 것은 연면적 50m²를 1소요단위로 하므로 10단위이다.

[13-1]

117 위험물 취급소의 건축물 연면적이 500m²인 경우 소요단위는? (단, 외벽은 내화구조이다)

① 4단위　② 5단위
③ 6단위　④ 7단위

[15-4, 14-2, 11-2, 11-4, 09-4]

118 위험물 저장소 건축물의 외벽이 내화구조인 것은 연면적 얼마를 1소요단위로 하는가?

① 50m²　② 75m²
③ 100m²　④ 150m²

저장소의 건축물
- 외벽이 내화구조인 것 : 연면적 150m²를 1소요단위로 함
- 외벽이 내화구조가 아닌 것 : 연면적 75m²를 1소요단위로 함

정답 111 ① 112 ① 113 ① 114 ① 115 ② 116 ② 117 ② 118 ④

[13-4, 11-1, 08-2]

119 외벽이 내화구조인 위험물 저장소 건축물의 연면적이 1,500m^{2}인 경우 소요단위는?

① 6 ② 10
③ 13 ④ 14

외벽이 내화구조인 위험물 저장소 건축물은 150m^{2}를 1소요단위로 한다.

소요단위 = $\frac{1,500m^2}{150m^2}$ = 10

[15-2, 12-1]

120 소화설비 설치 시 동 · 식물유류 400,000L에 대한 소요단위는 몇 단위인가?

① 2 ② 4
③ 20 ④ 40

동 · 식물유류의 지정수량 : 10,000L

소요단위 = $\frac{400,000L}{10,000L \times 10}$ = 4단위

[19-1, 15-1, 12-4, 08-4]

121 클로로벤젠 300,000L의 소요단위는 얼마인가?

① 20 ② 30
③ 200 ④ 300

소요단위 = $\frac{\text{클로로벤젠의 수량}}{\text{클로로벤젠의 지정수량} \times 10}$

= $\frac{300,000}{1,000kg \times 10}$ = 30소요단위

[14-2, 11-4]

122 피리딘 20,000리터에 대한 소화설비의 소요단위는?

① 5단위 ② 10단위
③ 15단위 ④ 100단위

소요단위 = $\frac{\text{위험물의 수량}}{\text{위험물의 지정수량} \times 10}$ = $\frac{20,000L}{400L \times 10}$ = 5소요단위

[09-4]

123 피리딘 40,000리터에 대한 소화설비의 소요단위는?

① 5단위 ② 10단위
③ 15단위 ④ 100단위

소요단위 = $\frac{40,000\text{리터}}{400\text{리터} \times 10}$ = 10소요단위

[13-2, 10-4]

124 탄화칼슘 60,000kg을 소요단위로 산정하면?

① 10단위 ② 20단위
③ 30단위 ④ 40단위

소요단위 = $\frac{60,000\text{리터}}{300kg \times 10}$ = 20소요단위

[11-1]

125 메탄올 40,000L는 소요단위가 얼마인가?

① 5단위 ② 10단위
③ 15단위 ④ 20단위

소요단위 = $\frac{40,000\text{리터}}{400\text{리터} \times 10}$ = 10소요단위

[11-2]

126 경유 50,000L의 소화설비 소요단위는?

① 3 ② 4
③ 5 ④ 6

소요단위 = $\frac{50,000\text{리터}}{1,000\text{리터} \times 10}$ = 5소요단위

[08-1]

127 휘발유 10,000L에 해당하는 소요단위는 얼마인가?

① 2단위 ② 3단위
③ 4단위 ④ 5단위

소요단위 = $\frac{10,000\text{리터}}{200\text{리터} \times 10}$ = 5소요단위

[13-1]

128 가솔린 저장량이 2,000L일 때 소화설비 설치를 위한 소요단위는?

① 1 ② 2
③ 3 ④ 4

소요단위 = $\frac{2,000\text{리터}}{200\text{리터} \times 10}$ = 1소요단위

[08-2]

129 알코올류 40,000리터에 대한 소화설비의 소요단위는?

① 5 단위 ② 10 단위
③ 15 단위 ④ 20 단위

정답 119 ② 120 ② 121 ② 122 ① 123 ② 124 ② 125 ② 126 ③ 127 ④ 128 ① 129 ②

$$소요단위 = \frac{40,000리터}{400리터 \times 10} = 10소요단위$$

[18-2, 12-2, 10-2]

130 다이에틸에터 2,000L와 아세톤 4,000L를 옥내저장소에 저장하고 있다면 총 소요단위는 얼마인가?

① 5　② 6
③ 7　④ 8

$$소요단위 = \frac{위험물의 수량}{위험물의 지정수량 \times 10}$$

$$다이에틸에터의 소요단위 = \frac{2,000리터}{50리터 \times 10} = 4소요단위$$

$$아세톤의 소요단위 = \frac{4,000리터}{400리터 \times 10} = 1소요단위$$

[07-2]

131 다음 소화설비 중 능력단위가 1.0인 것은?

① 삽 1개를 포함한 마른모래 50L
② 삽 1개를 포함한 마른모래 150L
③ 삽 1개를 포함한 팽창질석 100L
④ 삽 1개를 포함한 팽창질석 160L

기타 소화설비의 능력단위

소화설비	용량	능력단위
소화전용 물통	8L	0.3
수조(소화전용 물통 3개 포함)	80L	1.5
수조(소화전용 물통 6개 포함	190L	2.5
마른모래(삽 1개 포함)	50L	0.5
팽창질석 또는 팽창진주암 (삽 1개 포함)	160L	1.0

[15-2]

132 위험물안전관리법령상 마른모래(삽 1개 포함) 50L의 능력단위는?

① 0.3　② 0.5
③ 1.0　④ 1.5

[09-4]

133 다음 중 소화설비와 능력단위의 연결이 옳은 것은?

① 마른모래(삽 1개 포함) 50L - 0.5 능력단위
② 팽창질석(삽 1개 포함) 80L - 1.0 능력단위
③ 소화전용물통 3L - 0.3 능력단위
④ 수조(소화전용 물통 6개 포함) 190L - 1.5 능력단위

[08-2]

134 팽창질석(삽 1개 포함)은 용량이 몇 L일 때 능력단위가 1.0이 되는가?

① 160　② 130
③ 90　④ 60

[13-4]

135 위험물안전관리법령에서 정한 다음의 소화설비 중 능력단위가 가장 큰 것은?

① 팽창진주암 160L(삽 1개 포함)
② 수조 80L(소화전용물통 3개 포함)
③ 마른 모래 50L(삽 1개 포함)
④ 팽창질석 160L(삽 1개 포함)

① 팽창진주암 160L(삽 1개 포함) : 1.0
② 수조 80L(소화전용물통 3개 포함) : 1.5
③ 마른 모래 50L(삽 1개 포함) : 0.5
④ 팽창질석 160L(삽 1개 포함) : 1.0

[09-2]

136 다음 소화설비 중 능력단위가 0.5인 것은?

① 삽 1개를 포함한 마른모래 50L
② 삽 1개를 포함한 마른모래 150L
③ 삽 1개를 포함한 팽창질석 100L
④ 삽 1개를 포함한 팽창질석 160L

[13-2]

137 다음 중 위험물안전관리법상의 기타 소화설비에 해당하지 않는 것은?

① 마른모래　② 수조
③ 소화기　④ 팽창질석

[11-2]

138 제조소등에 전기설비(전기배선, 조명기구 등은 제외한다)가 설치된 장소의 바닥면적이 150m^2인 경우 설치해야 하는 소형수동식소화기의 최소 개수는?

① 1개　② 2개
③ 3개　④ 4개

제조소등에 전기설비가 설치된 장소의 바닥면적 100m^2마다 소형수동식소화기를 1개 이상 설치해야 하는데, 바닥면적이 150m^2이므로 2개 이상 설치해야 한다.

정답 130 ① 131 ④ 132 ② 133 ① 134 ① 135 ② 136 ① 137 ③ 138 ②

SECTION 02

경보설비 및 피난설비의 설치

Industrial Engineer Hazardous material

경보설비의 종류에 대한 출제비중이 높다. 재조소등별로 설치해야 하는 경보설비의 종류에 대해서는 다양하게 출제될 수 있으니 반드시 숙지하도록 한다. 피난설비는 상대적으로 비중도 상대적으로 낮기도 하지만 기존의 기출문제의 틀에서 벗어나지 않을 것으로 보인다.

01 경보설비

1 경보설비의 설치기준

지정수량의 10배 이상의 위험물을 저장 또는 취급하는 제조소등(이동탱크저장소 제외)

2 경보설비의 구분

① 자동화재탐지설비 ② 비상경보설비(비상벨장치 또는 경종 포함) ③ 확성장치(휴대용확성기 포함) ④ 비상방송설비

3 제조소등별로 설치해야 하는 경보설비의 종류

제조소등의 구분	제조소등의 규모, 저장 또는 취급하는 위험물의 종류 및 최대수량 등	경보설비
제조소 및 일반취급소	• 연면적 500m^2 이상 • 옥내에서 지정수량의 100배 이상을 취급하는 곳 • 일반취급소로 사용되는 부분 외의 부분이 있는 건축물에 설치된 일반취급소	• 자동화재탐지설비
옥내저장소	• 지정수수량의 100배 이상을 저장 또는 취급하는 것(고인화점위험물만을 저장 또는 취급하는 것 제외) • 저장창고의 연면적이 150m^2 초과 • 처마높이가 6m 이상인 단층건물 • 옥내저장소로 사용되는 부분 외의 부분이 있는 건축물에 설치된 옥내저장소	
옥내탱크저장소	단층건물 외의 건축물에 설치된 옥내탱크저장소로서 소화난이도등급 I 에 해당	
주유취급소	옥내주유취급소	
기타 제조소등	지정수량의 10배 이상을 저장 또는 취급하는 곳	• 자동화재탐지설비 • 비상경보설비 • 확성장치 • 비상방송설비 중 1종 이상

※ 이송기지 : 비상벨장치 및 확성장치
※ 가연성증기를 발생하는 위험물을 취급하는 펌프실등 : 가연성증기 경보설비

4 자동화재탐지설비의 설치기준

(1) 경계구역

① 건축물 그 밖의 공작물의 2 이상의 층에 걸치지 않도록 할 것

▶ **예외** : 면적이 500m^2 이하이면서 경계구역이 두 개의 층에 걸치는 경우이거나 계단 · 경사로 · 승강기의 승강로 그 밖에 이와 유사한 장소에 연기감지기를 설치하는 경우

chapter 05

② 면적
- 원칙적으로 600m² 이하
- 주요한 출입구에서 그 내부의 전체를 볼 수 있는 경우: 1,000m²까지 가능

③ 한 변의 길이
- 원칙적으로 50m
- 광전식분리형 감지기를 설치할 경우 : 100m

(2) 감지기

지붕(상층이 있는 경우에는 상층의 바닥) 또는 벽의 옥내에 면한 부분(천장이 있는 경우에는 천장 또는 벽의 옥내에 면한 부분 및 천장의 뒷 부분)에 유효하게 화재의 발생을 감지할 수 있도록 설치할 것

(3) 비상전원을 설치할 것

(4) 자동신호장치를 갖춘 스프링클러설비 또는 물분무등소화설비를 설치한 제조소등은 자동화재탐지설비를 설치한 것으로 본다.

▶ 자동화재탐지설비의 구성
㉠ 감지기 : 화재 시 발생하는 열, 연기, 불꽃 또는 연소생성물을 자동적으로 감지하여 수신기에 발신하는 장치
㉡ 발신기 : 화재발생 신호를 수신기에 수동으로 발신하는 장치
㉢ 수신기 : 감지기나 발신기에서 발하는 화재신호를 직접 수신하거나 중계기를 통하여 수신하여 화재의 발생을 표시 및 경보하여 주는 장치
㉢ 중계기 : 감지기 · 발신기 또는 전기적 접점 등의 작동에 따른 신호를 받아 이를 수신기의 제어반에 전송하는 장치

02 피난설비

1 설치 대상

① 건축물의 2층 이상의 부분을 점포 · 휴게음식점 또는 전시장의 용도로 사용하는 주유취급소
② 옥내주유취급소

2 설치 기준

① 주유취급소의 부지 밖으로 통하는 출입구와 출입구로 통하는 통로 · 계단 및 출입구에 유도등 설치
② 옥내주유취급소 사무소 등의 출입구 및 피난구와 피난구로 통하는 통로 · 계단 및 출입구에 유도등 설치
③ 유도등에 비상전원 설치

[14-2]

1 경보설비는 지정수량 몇 배 이상의 위험물을 저장. 취급하는 제조소등에 설치하는가?

① 2 ② 4
③ 8 ④ 10

지정수량 10배 이상의 위험물을 저장 또는 취급하는 제조소등(이동탱크저장소 제외)에는 경보설비를 설치해야 한다.

[13-1]

2 위험물안전관리법령상 지정수량의 10배 이상의 위험물을 저장, 취급하는 제조소등에 설치하여야 할 경보설비 종류에 해당되지 않는 것은?

① 확성장치
② 비상방송설비
③ 자동화재탐지설비
④ 무선통신설비

지정수량의 10배 이상의 위험물을 저장, 취급하는 제조소등에 설치하여야 할 경보설비에는 자동화재탐지설비, 비상경보설비, 확성장치, 비상방송설비(1종 이상)이다.

[15-4]

3 위험물안전관리법령상 자동화재탐지설비를 반드시 설치하여야 할 대상에 해당되지 않는 것은?

① 옥내에서 지정수량 200배의 제3류 위험물을 취급하는 제조소
② 옥내에서 지정수량 200배의 제2류 위험물을 취급하는 일반취급소
③ 지정수량 200배의 제1류 위험물을 저장하는 옥내저장소
④ 지정수량 200배의 고인화점 위험물만을 저장하는 옥내저장소

지정수수량의 100배 이상을 저장 또는 취급하는 옥내저장소의 경우 자동화재탐지설비를 반드시 설치해야 하지만 고인화점위험물만을 저장 또는 취급하는 경우는 제외한다.

[12-1]

4 위험물제조소등에 설치하는 자동화재탐지설비의 설치기준으로 틀린 것은?

① 원칙적으로 경계구역은 건축물의 2 이상의 층에 걸치지 않도록 한다.
② 원칙적으로 상층이 있는 경우에는 감지기 설치를 하지 않을 수 있다.
③ 원칙적으로 하나의 경계구역의 면적은 600m^2 이하로 하고 그 한 변의 길이는 50m 이하로 한다.
④ 비상전원을 설치하여야 한다.

자동화재탐지설비의 감지기는 지붕(상층이 있는 경우에는 상층의 바닥) 또는 벽의 옥내에 면한 부분(천장이 있는 경우에는 천장 또는 벽의 옥내에 면한 부분 및 천장의 뒷 부분)에 유효하게 화재의 발생을 감지할 수 있도록 설치해야 한다.

[09-1]

5 옥내저장소에 반드시 자동화재탐지설비를 경보설비로 설치하여야 하는 대상은 지정수량 몇 배 이상을 저장 또는 취급하는 경우인가? (단, 지정수량 배수와 관련한 조건만 고려하며, 고 인화점 위험물만을 저장 또는 취급하는 경우는 제외한다)

① 10 ② 50
③ 100 ④ 200

지정수량의 100배 이상을 저장·취급하는 옥내저장소에는 자동화재탐지설비를 경보설비로 설치해야 한다.

정답 1④ 2④ 3④ 4② 5③

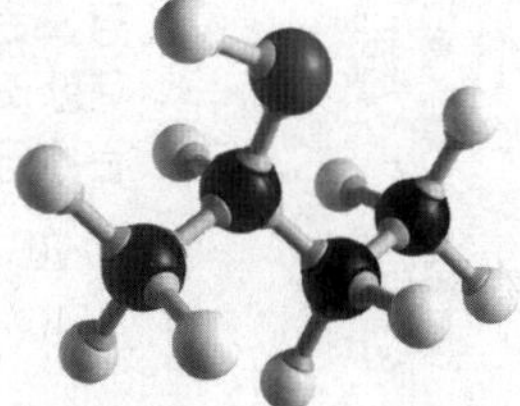

Industrial Engineer Hazardous material

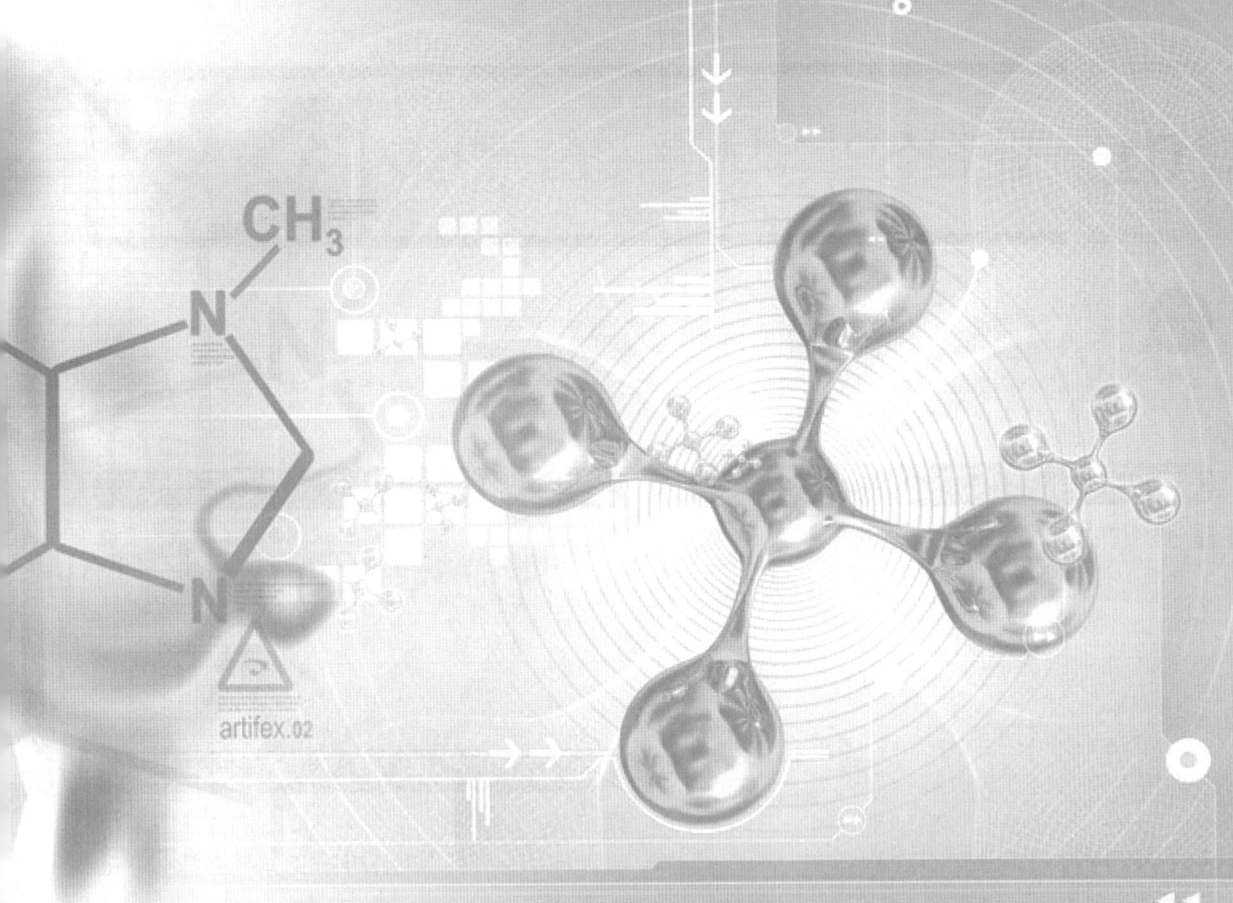

CHAPTER 06

제조소등의 위치·구조·설비기준

제조소 | 옥내저장소 | 옥외저장소 | 옥외탱크저장소 | 옥내탱크저장소 | 지하탱크저장소 | 간이탱크저장소
이동탱크저장소 | 암반탱크저장소 | 주유취급소 | 판매취급소 | 이송취급소 | 일반취급소 | 탱크의 용량 계산

SECTION 01

Industrial Engineer Hazardous material

제조소의 위치·구조·설비기준

이 섹션에서는 안전거리, 보유공지, 표지 및 게시판, 제조소의 구조, 설비기준, 최근에는 일반점검표에 이르기까지 다양하게 자주 출제되고 있다. 어느 하나 소홀히 할 수 있는 내용이 없으니 골고루 비중을 두고 철저히 학습하도록 한다.

01 안전거리

1 안전거리 기준

구분	안전거리
7,000V 초과 35,000V 이하의 특고압가공전선	3m 이상
35,000V를 초과하는 특고압가공전선	5m 이상
주거용 건물	10m 이상
고압가스, 액화석유가스, 도시가스 저장 · 취급시설	20m 이상
학교 · 병원 · 극장(300명 이상 수용), 아동복지시설, 노인복지시설, 장애인복지시설, 한부모가족복지시설, 어린이집, 성매매피해자등을 위한 지원시설, 정신보건시설, 보호시설, 그 밖의 20명 이상의 인원을 수용할 수 있는 시설	30m 이상
유형문화재와 기념물 중 지정문화재	50m 이상

※옥내저장소, 옥외저장소, 옥외탱크저장소도 같이 적용함

▶제6류 위험물을 취급하는 제조소는 안전거리 규정이 적용되지 않는다.

2 안전거리 단축

① 불연재료로 된 방화상 유효한 담 또는 벽을 설치하는 경우 안전거리 단축 가능

② 방화상 유효한 담의 높이

㉠ $H \leq pD^2+\alpha$인 경우 : $h = 2$

㉡ $H > pD^2+\alpha$인 경우 : $h = H-p \cdot (D^2-d^2)$

- D : 제조소등과 인근 건축물 또는 공작물과의 거리(m)
- H : 인근 건축물 또는 공작물의 높이(m)
- α : 제조소등의 외벽의 높이(m)
- d : 제조소등과 방화상 유효한 담과의 거리(m)
- h : 방화상 유효한 담의 높이(m)
- p : 상수

02 보유공지

취급하는 위험물의 최대수량	공지의 너비
지정수량의 10배 이하	3m 이상
지정수량의 10배 초과	5m 이상

03 표지 및 게시판 설치

1 표지

보기 쉬운 곳에 "위험물 제조소"라는 표시를 한 표지 설치

① 길이 : 0.3×0.6m 이상(게시판과 동일)

② 색상(게시판과 동일) : 바탕-백색, 문자-흑색

2 게시판에 표시할 내용

① 위험물의 유별 · 품명, 저장최대수량, 취급최대수량, 지정수량의 배수, 안전관리자의 성명 또는 직명

② 위험물의 종류에 따른 표시내용

위험물의 종류	내용	색상
• 제1류 위험물 중 알칼리금속의 과산화물 • 제3류 위험물 중 금수성물질	"물기엄금"	청색바탕에 백색문자
• 제2류 위험물(인화성고체 제외)	"화기주의"	적색바탕에 백색문자
• 제2류 위험물 중 인화성고체 • 제3류 위험물 중 자연발화성물질 • 제4류 위험물 • 제5류 위험물	"화기엄금"	적색바탕에 백색문자

04 건축물의 구조

① 지하층이 없도록 하여야 한다.
② 벽 · 기둥 · 바닥 · 보 · 서가래 및 계단을 불연재료로 한다.
③ 연소의 우려가 있는 외벽은 출입구 외의 개구부가 없는 내화구조로 하여야 한다.

> ▶ 연소의 우려가 있는 외벽
> 다음에 정한 선을 기산점으로 하여 3m(2층 이상의 층에 대해서는 5m) 이내에 있는 제조소등의 외벽을 말한다.
> ① 제조소등이 설치된 부지의 경계선
> ② 제조소등에 인접한 도로의 중심선
> ③ 제조소등의 외벽과 동일부지 내의 다른 건축물의 외벽 간의 중심선

④ 지붕은 폭발력이 위로 방출될 정도의 가벼운 불연재료로 덮어야 한다. 다만, 위험물을 취급하는 건축물이 다음의 하나에 해당하는 경우에는 그 지붕을 내화구조로 할 수 있다.
  ㉠ 제2류 위험물(분상의 것과 인화성고체 제외)
  ㉡ 제4류 위험물 중 제4석유류 · 동식물유류
  ㉢ 제6류 위험물을 취급하는 건축물
  ㉣ 다음의 기준에 적합한 밀폐형 구조의 건축물
    • 내부의 과압(過壓) 또는 부압(負壓)에 견딜 수 있는 철근콘크리트조일 것
    • 외부화재에 90분 이상 견딜 수 있을 것
⑤ 출입구와 비상구에는 60분+방화문 · 60분방화문 또는 30분방화문을 설치하되, 연소의 우려가 있는 외벽에 설치하는 출입구에는 수시로 열 수 있는 자동폐쇄식의 60분+방화문 또는 60분방화문을 설치하여야 한다.
⑥ 위험물을 취급하는 건축물의 창 및 출입구에 유리를 이용하는 경우에는 망입유리로 하여야 한다.
⑦ 액체의 위험물을 취급하는 건축물의 바닥은 위험물이 스며들지 못하는 재료를 사용하고, 적당한 경사를 두어 그 최저부에 집유설비를 하여야 한다.

05 채광 · 조명 및 환기설비

1 채광설비

① 불연재료로 할 것
② 연소의 우려가 없는 장소에 설치하되 채광면적을 최소로 할 것

2 조명설비

① 가연성가스 등이 체류할 우려가 있는 장소의 조명등은 방폭등으로 할 것
② 전선은 내화 · 내열전선으로 할 것
③ 점멸스위치는 출입구 바깥부분에 설치할 것(스위치의 스파크로 인한 화재 · 폭발의 우려가 없을 경우 제외)

3 환기설비

① 급기구는 당해 급기구가 설치된 실의 바닥면적 $150m^2$마다 1개 이상으로 하되, 급기구의 크기는 $800cm^2$ 이상으로 할 것(다만, 바닥면적이 $150m^2$ 미만인 경우에는 다음의 크기로 해야 한다.)

바닥면적	급기구의 면적
$60m^2$ 미만	$150cm^2$ 이상
$60m^2$ 이상 $90m^2$ 미만	$300cm^2$ 이상
$90m^2$ 이상 $120m^2$ 미만	$450cm^2$ 이상
$120m^2$ 이상 $150m^2$ 미만	$600cm^2$ 이상

② 환기는 자연배기방식으로 할 것
③ 급기구는 낮은 곳에 설치하고 가는 눈의 구리망 등으로 인화방지망을 설치할 것
④ 환기구는 지붕 위 또는 지상 2m 이상의 높이에 회전식 고정벤티레이터 또는 루푸팬방식으로 설치할 것

06 배출설비

가연성의 증기 또는 미분이 체류할 우려가 있는 건축물에 설치한다.

1 배출 방식

① 국소방식
② 전역방식으로 할 수 있는 경우
  • 위험물취급설비가 배관이음 등으로만 된 경우
  • 건축물의 구조 · 작업장소의 분포 등의 조건에 의하여 전역방식이 유효한 경우
③ 배풍기 · 배출닥트 · 후드 등을 이용하여 강제로 배출

2 배출 능력

① 국소방식 : 1시간당 배출장소 용적의 20배 이상
② 전역방식 : 바닥면적 $1m^2$당 $18m^3$ 이상

3 급기구 · 배기구 · 배풍기

① 급기구
- 높은 곳에 설치
- 가는 눈의 구리망 등으로 인화방지망 설치

② 배출구
- 설치 장소 : 지상 2m 이상의 연소 우려가 없는 곳
- 배출닥트가 관통하는 벽부분의 바로 가까이에 화재 시 자동으로 폐쇄되는 방화댐퍼 설치

③ 배풍기
- 강제배기방식
- 설치 장소 : 옥내닥트의 내압이 대기압 이상이 되지 아니하는 곳

07 옥외설비의 바닥

옥외에서 액체위험물을 취급하는 설비의 바닥은 다음 기준에 의해야 한다.

① 바닥의 둘레에 높이 0.15m 이상의 턱을 설치하는 등 위험물이 외부로 흘러나가지 아니하도록 할 것
② 바닥은 콘크리트 등 위험물이 스며들지 아니하는 재료로 하고, 턱이 있는 쪽이 낮게 경사지게 할 것
③ 바닥의 최저부에 집유설비를 할 것
④ 위험물(온도 20℃의 물 100g에 용해되는 양이 1g 미만인 것)을 취급하는 설비에 있어서는 당해 위험물이 직접 배수구에 흘러들어가지 아니하도록 집유설비에 유분리장치를 설치할 것

08 압력계 및 안전장치

위험물을 가압하는 설비 또는 그 취급하는 위험물의 압력이 상승할 우려가 있는 설비에는 압력계 및 다음에 해당하는 안전장치를 설치하여야 한다.

① 자동적으로 압력의 상승을 정지시키는 장치
② 감압측에 안전밸브를 부착한 감압밸브
③ 안전밸브를 병용하는 경보장치
④ 파괴판 : 위험물의 성질에 따라 안전밸브의 작동이 곤란한 가압설비에 한해 설치

09 정전기 제거설비 및 피뢰설비

1 정전기 제거설비

① 접지에 의한 방법
② 공기 중의 상대습도를 70% 이상으로 하는 방법
③ 공기를 이온화하는 방법

2 피뢰설비

지정수량의 10배 이상의 위험물을 취급하는 제조소에는 피뢰침을 설치하여야 한다(제6류 위험물을 취급하는 제조소 제외).

▶ 용어 정리
- 피뢰침 : 전격(電擊)에 의한 피해를 방지하기 위한 설비
- 방유제 : 화재 확대 방지를 위해 위험물 저장탱크의 주위에 설치하는 둑

▶ 기타설비
① 위험물의 누출 · 비산방지 : 위험물을 취급하는 기계 · 기구 그 밖의 설비는 위험물이 새거나 넘치거나 비산하는 것을 방지할 수 있는 구조로 할 것
② 온도측정장치 : 위험물을 가열하거나 냉각하는 설비 또는 위험물의 취급에 수반하여 온도변화가 생기는 설비에는 온도측정장치를 설치할 것
③ 가열건조설비 : 위험물을 가열 또는 건조하는 설비는 직접 불을 사용하지 아니하는 구조로 할 것

10 위험물취급탱크

1 옥외 위험물취급탱크

액체위험물(이황화탄소 제외)을 취급하는 것의 주위에는 다음의 기준에 의하여 방유제를 설치할 것

① 하나의 취급탱크 주위에 설치하는 경우 : 탱크용량의 50% 이상
② 2 이상의 취급탱크 주위에 하나의 방유제를 설치하는 경우 : (최대용량 탱크의 50%) + (나머지 탱크용량 합계의 10%) 이상

2 옥내 위험물취급탱크

① 위험물취급탱크의 주위에는 방유턱을 설치하는 등 위험물이 누설된 경우에 그 유출을 방지하기 위한 조치를 할 것
② 이 경우 탱크에 수납하는 위험물의 양(하나의 방유턱 안에 2 이상의 탱크가 있는 경우는 당해 탱크 중 실제로 수납하는 위험물의 양이 최대인 탱크의 양)을 전부 수용할 수 있도록 할 것

11 배관

1 재질 및 압력

① 배관의 재질 : 강관 그 밖에 이와 유사한 금속성

② 내압시험 압력

- 불연성 액체 : 최대상용압력의 1.5배 이상
- 불연성 기체 : 최대상용압력의 1.1배 이상

2 지상에 설치하는 경우

① 지진 · 풍압 · 지반침하 및 온도변화에 안전한 구조의 지지물에 설치

② 지면에 닿지 아니하도록 설치

③ 배관의 외면에 부식방지를 위한 도장을 할 것(불변강관 또는 부식의 우려가 없는 재질은 예외)

3 지하에 매설하는 경우

① 금속성 배관의 외면에는 부식방지를 위하여 도복장 · 코팅 또는 전기방식 등의 필요한 조치를 할 것

② 접합부분에 위험물의 누설 여부를 점검할 수 있는 점검구를 설치할 것(용접에 의한 접합부 또는 위험물의 누설의 우려가 없다고 인정되는 방법에 의하여 접합된 부분 제외)

③ 지면에 미치는 중량이 당해 배관에 미치지 아니하도록 보호할 것

12 위험물의 성질에 따른 제조소의 특례

1 알킬알루미늄등을 취급하는 제조소의 특례

① 알킬알루미늄등을 취급하는 설비의 주위에는 누설범위를 국한하기 위한 설비와 누설된 알킬알루미늄등을 안전한 장소에 설치된 저장실에 유입시킬수 있는 설비를 갖출 것

② 알킬알루미늄등을 취급하는 설비에는 불활성기체를 봉입하는 장치를 갖출 것

2 아세트알데하이드등을 취급하는 제조소의 특례

① 아세트알데하이드등을 취급하는 설비는 은 · 수은 · 동 · 마그네슘 또는 이들을 성분으로 하는 합금으로 만들지 아니할 것

② 아세트알데하이드등을 취급하는 설비에는 연소성 혼합기체의 생성에 의한 폭발을 방지하기 위한 불활성기체 또는 수증기를 봉입하는 장치를 갖출 것

③ 아세트알데하이드등을 취급하는 탱크(옥외에 있는 탱크 또는 옥내에 있는 탱크로서 그 용량이 지정수량의 5분의 1 미만의 것은 제외)에는 냉각장치 또는 보냉장치 및 연소성 혼합기체의 생성에 의한 폭발을 방지하기 위한 불활성기체를 봉입하는 장치를 갖출 것. 다만, 지하에 있는 탱크가 아세트알데하이드등의 온도를 저온으로 유지할 수 있는 구조인 경우에는 냉각장치 및 보냉장치를 갖추지 아니할 수 있다.

④ 위 ③의 규정에 의한 냉각장치 또는 보냉장치는 2 이상 설치하여 하나의 냉각장치 또는 보냉장치가 고장난 때에도 일정 온도를 유지할 수 있도록 하고, 다음의 기준에 적합한 비상전원을 갖출 것

- 상용전력원이 고장인 경우에 자동으로 비상전원으로 전환되어 가동되도록 할 것
- 비상전원의 용량은 냉각장치 또는 보냉장치를 유효하게 작동할 수 있는 정도일 것
- 아세트알데하이드등을 취급하는 탱크를 지하에 매설하는 경우에는 탱크를 탱크전용실에 설치할 것

3 하이드록실아민등을 취급하는 제조소의 특례

① 지정수량 이상의 하이드록실아민등을 취급하는 제조소의 위치는 건축물의 벽 또는 이에 상당하는 공작물의 외측으로부터 당해 제조소의 외벽 또는 이에 상당하는 공작물의 외측까지의 사이에 다음 식에 의하여 요구되는 거리 이상의 안전거리를 둘 것

$$D = \frac{51.1 \times N}{3}$$

- D : 거리(m)
- N : 당해 제조소에서 취급하는 하이드록실아민등의 지정수량의 배수

② 제조소의 주위에는 다음에 정하는 기준에 적합한 담 또는 토제(土堤)를 설치할 것

- 담 또는 토제는 당해 제조소의 외벽 또는 이에 상당하는 공작물의 외측으로부터 2m 이상 떨어진 장소에 설치할 것
- 담 또는 토제의 높이는 당해 제조소에 있어서 하이드록실아민등을 취급하는 부분의 높이 이상으로 할 것
- 담은 두께 15㎝ 이상의 철근콘크리트조 · 철골철근콘크리트조 또는 두께 20㎝ 이상의 보강콘크리트블록조로 할 것

• 토제의 경사면의 경사도는 60도 미만으로 할 것

③ 하이드록실아민등을 취급하는 설비에는 하이드록실아민등의 온도 및 농도의 상승에 의한 위험한 반응을 방지하기 위한 조치를 강구할 것

④ 하이드록실아민등을 취급하는 설비에는 철이온 등의 혼입에 의한 위험한 반응을 방지하기 위한 조치를 강구할 것

▶ 용어 정리

- 알킬알루미늄등 : 제3류 위험물 중 알킬알루미늄 · 알킬리튬 또는 이 중 어느 하나 이상을 함유하는 것
- 아세트알데하이드등 : 제4류 위험물 중 특수인화물의 아세트알데하이드 · 산화프로필렌 또는 이 중 어느 하나 이상을 함유하는 것
- 하이드록실아민등 : 제5류 위험물 중 하이드록실아민 · 하이드록실아민염류 또는 이 중 어느 하나 이상을 함유하는 것

기출문제 | 기출문제로 출제유형을 파악한다!

[14-1, 11-4]

1 위험물안전관리법령에 따른 위험물제조소의 안전거리 기준으로 틀린 것은?

① 주택으로부터 10m 이상
② 학교, 병원, 극장으로부터는 30m 이상
③ 유형문화재와 기념물 중 지정문화재로부터는 70m 이상
④ 고압가스등을 저장 · 취급하는 시설로부터 20m 이상

유형문화재와 기념물 중 지정문화재로부터는 50m 이상

[14-1]

2 위험물안전관리법령상 위험물 제조소와의 안전거리 기준이 50m 이상이어야 하는 것은?

① 고압가스 취급시설 ② 학교 · 병원
③ 유형문화재 ④ 극장

① 고압가스 취급시설 : 20m 이상
② 학교 · 병원 : 30m 이상
④ 극장 : 30m 이상

[13-4]

3 위험물안전관리법령에서 정하는 제조소와의 안전거리의 기준이 다음 중 가장 큰 것은?

① 「고압가스 안전관리법」의 규정에 의하여 허가를 받거나 신고를 하여야 하는 고압가스저장시설
② 사용전압이 35000V를 초과하는 특고압가공전선
③ 병원, 학교, 극장
④ 「문화재보호법」의 규정에 의한 유형문화재

① 20m 이상 ② 5m 이상
③ 30m 이상 ④ 50m 이상

[12-2]

4 위험물제조소는 문화재보호법에 의한 유형문화재로부터 몇 m 이상의 안전거리를 두어야 하는가?

① 20m ② 30m
③ 40m ④ 50m

[15-2, 09-1]

5 제3류 위험물을 취급하는 제조소와 3백명 이상의 인원을 수용하는 영화상영관과의 안전거리는 몇 m 이상이어야 하는가?

① 10 ② 20
③ 30 ④ 50

[15-4, 12-2]

6 주거용 건축물과 위험물제조소와의 안전거리를 단축할 수 있는 경우는?

① 제조소가 위험물의 화재 진압을 하는 소방서와 근거리에 있는 경우
② 취급하는 위험물의 최대수량(지정수량의 배수)이 10배 미만이고 기준에 의한 방화상 유효한 벽을 설치한 경우
③ 위험물을 취급하는 시설이 철근 콘크리트 벽일 경우
④ 취급하는 위험물이 단일 품목일 경우

불연재료로 된 방화상 유효한 담 또는 벽을 설치하는 경우에는 기준에 따라 안전거리를 단축할 수 있다.

정답 ▸ 1③ 2③ 3④ 4④ 5③ 6②

[13-2]

7 위험물안전관리법령에 따른 안전거리 규제를 받는 위험물 시설이 아닌 것은?

① 제6류 위험물 제조소
② 제1류 위험물 일반취급소
③ 제4류 위험물 옥내저장소
④ 제5류 위험물 옥외저장소

안전거리에 대한 규제는 제6류 위험물을 취급하는 제조소에는 적용되지 않는다.

[13-4, 09-4, 07-1]

8 위험물제조소등의 안전거리의 단축기준과 관련해서 $H \leq pD^2+\alpha$인 경우 방화상 유효한 담의 높이는 2m 이상으로 한다. 다음 중에 α에 해당하는 것은?

① 인근 건축물의 높이(m)
② 제조소등의 외벽의 높이(m)
③ 제조소등의 공작물과의 거리(m)
④ 제조소등의 방화상 유효한 담과의 거리(m)

H : 인근 건축물 또는 공작물의 높이(m)
p : 상수
D : 제조소등과 인근 건축물 또는 공작물과의 거리(m)
α : 제조소등의 외벽의 높이(m)

[08-2]

9 위험물 제조소등의 안전거리의 단축기준과 관련해서 $H \leq pD^2+\alpha$인 경우 방화상 유효한 담의 높이는 2m 이상으로 한다. 다음 중 H에 해당하는 것은?

① 인근 건축물의 높이(m)
② 제조소 등의 외벽의 높이(m)
③ 제조소 등과 공작물과의 거리(m)
④ 제조소 등과 방화상 유효한 담과의 거리(m)

[15-2, 13-1, 12-2]

10 제조소에서 취급하는 위험물의 최대수량이 지정 수량의 20배인 경우 보유공지의 너비는 얼마인가?

① 3m 이상 ② 5m 이상
③ 10m 이상 ④ 20m 이상

취급하는 위험물의 최대수량	공지의 너비
지정수량의 10배 이하	3m 이상
지정수량의 10배 초과	5m 이상

[10-2, 10-4]

11 지정수량의 10배를 초과하는 위험물을 취급하는 제조소에 확보하여야 하는 보유공지의 너비는?

① 1m 이상 ② 3m 이상
③ 5m 이상 ④ 7m 이상

[15-2, 12-2]

12 위험물제조소의 표지의 크기 규격으로 옳은 것은?

① 0.2m×0.4m
② 0.3m×0.3m
③ 0.3m×0.6m
④ 0.6m×0.2m

위험물제조소의 표지는 한변의 길이가 0.3m 이상, 다른 한변의 길이가 0.6m 이상인 직사각형으로 해야 한다.

[14-4]

13 위험물안전관리법령상 위험물제조소에 설치하는 "물기엄금" 게시판의 색으로 옳은 것은?

① 청색바탕 백색글씨
② 백색바탕 청색글씨
③ 황색바탕 청색글씨
④ 청색바탕 황색글씨

위험물의 종류에 따른 표시 내용

위험물의 종류	내용	색상
• 제1류 위험물 중 알칼리금속의 과산화물 • 제3류 위험물 중 금수성물질	"물기엄금"	청색바탕에 백색문자
• 제2류 위험물 (인화성고체 제외)	"화기주의"	적색바탕에 백색문자
• 제2류 위험물 중 인화성고체 • 제3류 위험물 중 자연발화성 물질 • 제4류 위험물 • 제5류 위험물	"화기엄금"	

[14-1, 08-1]

14 위험물 제조소에서 화기엄금 및 화기주의를 표시하는 게시판의 바탕색과 문자색을 옳게 연결한 것은?

① 백색바탕 – 청색문자
② 청색바탕 – 백색문자
③ 적색바탕 – 백색문자
④ 백색바탕 – 석색문자

정답 7 ① 8 ② 9 ① 10 ② 11 ③ 12 ③ 13 ① 14 ③

[15-4, 08-4]

15 제5류 위험물의 제조소에 설치하는 주의사항 게시판에서 게시판 바탕 및 문자의 색을 옳게 나타낸 것은?

① 청색바탕에 백색문자
② 백색바탕에 청색문자
③ 백색바탕에 적색문자
④ 적색바탕에 백색문자

[15-4, 07-2]

16 위험물제조소등에 "화기주의"라고 표시한 게시판을 설치하는 경우 몇 류 위험물의 제조소인가?

① 제1류 위험물 ② 제2류 위험물
③ 제4류 위험물 ④ 제5류 위험물

[14-2]

17 위험물안전관리법령에 의한 위험물제조소의 설치기준으로 옳지 않은 것은?

① 위험물을 취급하는 기계, 기구, 기타설비에는 새거나 넘치거나 비산하는 것을 방지할 수 있는 구조로 한다.
② 위험물을 가열하거나 냉각하는 설비 또는 위험물 취급에 따라 온도변화가 생기는 설비에는 온도 측정 장치를 설치하여야 한다.
③ 정전기 발생을 유효하게 제거할 수 있는 설비를 설치한다.
④ 스테인리스관을 지하에 설치할 때는 지진, 풍압, 지반침하, 온도 변화에 안전한 구조의 지지물을 설치한다.

배관을 지상에 설치하는 경우에는 지진 · 풍압 · 지반침하 및 온도변화에 안전한 구조의 지지물에 설치한다.

[14-2]

18 위험물안전관리법령에 따른 위험물제조소 건축물의 구조로 틀린 것은?

① 벽, 기둥, 서까래 및 계단은 난연재료로 할 것
② 지하층이 없도록 할 것
③ 출입구에는 60분+방화문 · 60분방화문 또는 30분방화문을 설치할 것
④ 창에 유리를 이용하는 경우에는 망입유리로 할 것

벽 · 기둥 · 바닥 · 보 · 서까래 및 계단은 불연재료로 해야 한다.

[14-2]

19 위험물안전관리법령상 제1석유류를 취급하는 위험물제조소의 건축물의 지붕에 대한 설명으로 옳은 것은?

① 항상 불연재료로 하여야 한다.
② 항상 내화구조로 하여야 한다.
③ 가벼운 불연재료가 원칙이지만 예외적으로 내화구조로 할 수 있는 경우가 있다.
④ 내화구조가 원칙이지만 예외적으로 가벼운 불연재료로 할 수 있는 경우가 있다.

지붕은 폭발력이 위로 방출될 정도의 가벼운 불연재료로 덮어야 하지만, 예외적으로 내화구조로 할 수 있는 경우도 있다.

[14-4]

20 위험물안전관리법령상 제조소에서 위험물을 취급하는 건축물의 구조 중 내화구조로 하여야 할 필요가 있는 것은?

① 연소의 우려가 있는 기둥
② 바닥
③ 연소의 우려가 있는 외벽
④ 계단

연소의 우려가 있는 외벽은 출입구 외의 개구부가 없는 내화구조의 벽으로 하여야 한다.

[14-4]

21 위험물안전관리법령에 따른 위험물제조소와 관련한 내용으로 틀린 것은?

① 채광설비는 불연재료를 사용한다.
② 환기는 자연 배기방식으로 한다.
③ 조명설비의 전선은 내화 · 내열전선으로 한다.
④ 조명설비의 점멸스위치는 출입구 안쪽부분에 설치한다.

조명설비의 점멸스위치는 출입구 바깥부분에 설치해야 한다.

[13-2]

22 제조소에서 위험물을 취급함에 있어서 정전기를 유효하게 제거할 수 있는 방법으로 가장 거리가 먼 것은?

① 접지에 의한 방법
② 상대습도를 70% 이상 높이는 방법
③ 공기를 이온화하는 방법
④ 부도체 재료를 사용하는 방법

정답 15 ④ 16 ② 17 ④ 18 ① 19 ③ 20 ③ 21 ④ 22 ④

정전기 제거설비
- 접지에 의한 방법
- 공기 중의 상대습도를 70% 이상으로 하는 방법
- 공기를 이온화하는 방법

[14-1]

23 정전기를 유효하게 제거할 수 있는 설비를 설치하고자 할 때 위험물안전관리법령에서 정한 정전기 제거방법의 기준으로 옳은 것은?

① 공기중의 상대습도를 70% 이상으로 하는 방법
② 공기중의 상대습도를 70% 이하로 하는 방법
③ 공기중의 절대습도를 70% 이상으로 하는 방법
④ 공기중의 절대습도를 70% 이하로 하는 방법

[07-2]

24 정전기를 유효하게 제거하는 방법에서 공기 중의 상대 습도는 몇 % 이상 되게 하여야 하는가?

① 50%　　② 60%
③ 70%　　④ 80%

[12-1]

25 위험물제조소 건축물의 구조 기준이 아닌 것은?

① 출입구에는 60분+방화문 · 60분방화문 또는 30분방화문을 설치할 것
② 지붕은 폭발력이 위로 방출될 정도의 가벼운 불연재료로 덮을 것
③ 벽 · 기둥 · 바닥 · 보 · 서까래 및 계단은 불연재료로 하고 연소 우려가 있는 외벽은 개구부가 없는 내화구조로 할 것
④ 산화성고체, 가연성고체 위험물을 취급하는 건축물의 바닥은 위험물이 스며들지 못하는 재료를 사용할 것

액체의 위험물을 취급하는 건축물의 바닥은 위험물이 스며들지 못하는 재료를 사용하고, 적당한 경사를 두어 그 최저부에 집유설비를 하여야 한다.

[13-2, 12-2, 11-4]

26 가연성의 증기 또는 미분이 체류할 우려가 있는 건축물에는 배출설비를 하여야 하는데 배출능력은 1시간당 배출장소 용적의 몇 배 이상인 것으로 하여야 하는가? (단, 국소방식의 경우이다)

① 5배　　② 10배
③ 15배　　④ 20배

배출능력은 1시간당 배출장소 용적의 20배 이상인 것으로 하여야 한다. 다만, 전역방식의 경우에는 바닥면적 $1m^2$당 $18m^3$ 이상으로 할 수 있다.

[08-2]

27 피뢰침은 지정수량 몇 배 이상의 위험물을 취급하는 제조소에 설치하여야 하는가? (단, 제6류 위험물을 취급하는 위험물제조소는 제외한다)

① 10배　　② 20배
③ 100배　　④ 200배

[15-1]

28 벼락으로부터 재해를 예방하기 위하여 위험물안전관리법령상 피뢰설비를 설치하여야 하는 위험물제조소의 기준은? (단, 제6류 위험물을 취급하는 위험물제조소는 제외한다)

① 모든 위험물을 취급하는 제조소
② 지정수량 5배 이상의 위험물을 취급하는 제조소
③ 지정수량 10배 이상의 위험물을 취급하는 제조소
④ 지정수량 20배 이상의 위험물을 취급하는 제조소

지정수량의 10배 이상의 위험물을 취급하는 제조소(제6류 위험물을 취급하는 위험물제조소 제외)에는 피뢰침을 설치하여야 한다.

[12-1]

29 위험물제조소의 환기설비 설치기준으로 옳지 않은 것은?

① 환기구는 지붕 위 또는 지상 2m 이상의 높이에 설치할 것
② 급기구는 바닥면적 $150m^2$마다 1개 이상으로 할 것
③ 환기는 자연배기방식으로 할 것
④ 급기구는 높은 곳에 설치하고 인화방지망을 설치할 것

급기구는 낮은 곳에 설치하고 가는 눈의 구리망 등으로 인화방지망을 설치할 것

정답 23 ① 24 ③ 25 ④ 26 ④ 27 ① 28 ③ 29 ④

chapter 06

SECTION 02 옥내저장소의 위치·구조·설비기준

Industrial Engineer Hazardous material

이 섹션에서는 옥내저장소의 저장기준을 묻는 문제가 자주 출제된다. 보유공지, 저장창고에 대해서도 출제될 가능성이 높으니 높이나 면적에 대해 묻는 문제가 나왔을 때 당황하지 않도록 철저히 준비할 수 있도록 한다.

01 안전거리

1 제조소의 안전거리 적용

2 안전거리를 두지 않아도 되는 경우

① 최대수량이 지정수량의 20배 미만인 제4석유류 또는 동식물유류의 위험물을 저장 또는 취급하는 옥내저장소

② 제6류 위험물을 저장 또는 취급하는 옥내저장소

③ 지정수량의 20배(하나의 저장창고의 바닥면적이 150m² 이하인 경우에는 50배) 이하의 위험물을 저장 또는 취급하는 옥내저장소로서 다음의 기준에 적합한 것

- 저장창고의 벽 · 기둥 · 바닥 · 보 및 지붕이 내화구조인 것
- 저장창고의 출입구에 수시로 열 수 있는 자동폐쇄방식의 60분+방화문 또는 60분방화문이 설치되어 있을 것
- 저장창고에 창을 설치하지 아니할 것

02 보유공지

저장 또는 취급하는 위험물의 최대수량	공지의 너비	
	벽 · 기둥 및 바닥이 내화구조로 된 건축물	그 밖의 건축물
지정수량의 5배 이하		0.5m 이상
지정수량의 5배 초과 10배 이하	1m 이상	1.5m 이상
지정수량의 10배 초과 20배 이하	2m 이상	3m 이상
지정수량의 20배 초과 50배 이하	3m 이상	5m 이상
지정수량의 50배 초과 200배 이하	5m 이상	10m 이상
지정수량의 200배 초과	10m 이상	15m 이상

※ 동일 부지 내에 지정수량의 20배를 초과하는 다른 옥내저장소가 있는 경우 위 표의 3분의 1(3m 미만인 경우에는 3m)의 공지만 보유해도 된다.

03 저장창고

1 개요

① 위험물의 저장을 전용으로 하는 독립된 건축물로 하여야 한다.

② 단층건물로 하고 그 바닥을 지반면보다 높게 할 것

2 처마높이 : 6m 미만

▶ 처마높이를 20m 이하로 할 수 있는 경우
① 제2류 또는 제4류 위험물 저장창고
② 벽 · 기둥 · 보 및 바닥이 내화구조인 경우
③ 출입구에 60분+방화문 또는 60분방화문이 설치된 경우
④ 피뢰침을 설치한 경우

3 바닥면적

(1) 다음의 위험물을 저장하는 창고 : 1,000m²

① 제1류 위험물 중 아염소산염류, 염소산염류, 과염소산염류, 무기과산화물 그 밖에 지정수량이 50kg인 위험물

② 제3류 위험물 중 칼륨, 나트륨, 알킬알루미늄, 알킬리튬 그 밖에 지정수량이 10kg인 위험물 및 황린

③ 제4류 위험물 중 특수인화물, 제1석유류 및 알코올류

④ 제5류 위험물 중 유기과산화물, 질산에스터류 그 밖에 지정수량이 10kg인 위험물

⑤ 제6류 위험물

(2) 위의 (1) 이외의 위험물을 저장하는 창고 : 2,000m²

(3) 위의 (1)과 (2)의 위험물을 내화구조의 격벽으로 완전히 구획된 실에 각각 저장하는 창고 : 1,500m² ((1)의 위험물을 저장하는 실의 면적은 500m²를 초과할 수 없다)

※ 위 (1)과 (2)의 위험물을 같은 저장창고에 저장하는 때에는 (1)의 위험물을 저장하는 것으로 보아 그에 따른 바닥면적을 적용한다.

4 재료

① 벽 · 기둥 및 바닥은 내화구조로 하고, 보와 서까래는 불연재료로 한다.
② 지붕은 불연재료로 하고, 천장을 만들지 않는다.

5 출입구

① 60분+방화문 · 60분방화문 또는 30분방화문 설치
② 연소의 우려가 있는 외벽에 있는 출입구에는 자동폐쇄식의 60분+방화문 또는 60분방화문 설치

6 바닥

다음의 경우 물이 스며 나오거나 스며들지 아니하는 구조로 할 것

① 제1류 위험물 중 알칼리금속의 과산화물 또는 이를 함유하는 것
② 제2류 위험물 중 철분 · 금속분 · 마그네슘 또는 이 중 어느 하나 이상을 함유하는 것
③ 제3류 위험물 중 금수성물질
④ 제4류 위험물

7 피뢰침 설치

지정수량의 10배 이상의 저장창고(제6류 위험물 저장창고 제외)

8 증기 배출 설비

인화점이 70℃ 미만인 위험물의 저장창고에는 내부에 체류한 가연성의 증기를 지붕 위로 배출하는 설비를 갖출 것

9 다층건물의 옥내저장소의 기준

① 바닥 : 지면보다 높게
② 층고 : 6m 미만
③ 바닥면적 : 1,000m^2 이하

10 복합용도 건축물의 옥내저장소의 기준

① 바닥면적 : 75m^2 이하
② 층고 : 6m 미만

04 저장기준

1 1m 이상의 간격을 두고 저장하는 경우

① 제1류 위험물(알칼리금속의 과산화물 또는 이를 함유한 것 제외)과 제5류 위험물
② 제1류 위험물과 제6류 위험물
③ 제1류 위험물과 제3류 위험물 중 자연발화성물질(황린 또는 이를 함유한 것)
④ 제2류 위험물 중 인화성고체와 제4류 위험물
⑤ 제3류 위험물 중 알킬알루미늄등과 제4류 위험물(알킬알루미늄 또는 알킬리튬을 함유한 것)
⑥ 제4류 위험물 중 유기과산화물 또는 이를 함유하는 것과 제5류 위험물 중 유기과산화물 또는 이를 함유한 것

2 제3류 위험물 중 황린 그 밖에 물속에 저장하는 물품과 금수성물질은 동일한 저장소에 저장할 수 없다.

3 지정수량의 10배 이하마다 0.3m 이상의 간격으로 저장하는 경우 : 자연발화할 우려가 있거나 재해가 현저하게 증대할 우려가 있는 동일 품명의 위험물을 다량 저장

4 용기에 수납하여 저장하는 위험물의 제한온도 : 55℃

5 높이 제한

① 기계로 하역하는 구조로 된 용기만을 겹쳐 쌓는 경우 : 6m
② 제4류 위험물 중 제3석유류, 제4석유류 및 동식물유류를 수납하는 용기만을 겹쳐 쌓는 경우 : 4m
③ 그 밖의 경우 : 3m

05 위험물의 성질에 따른 옥내저장소의 특례

1 지정과산화물

제5류 위험물 중 유기과산화물 또는 이를 함유하는 것으로서 지정수량이 10kg인 것을 저장하는 창고의 기준은 다음과 같다.

(1) 격벽의 설치기준

① 150m^2 이내마다 격벽으로 완전하게 구획할 것
② 두께
- 철근콘크리트조 또는 철골철근콘크리트조 : 30cm 이상
- 보강콘크리트블록조 : 40cm 이상

chapter 06

③ 돌출 거리
  • 양측의 외벽과의 거리 : 1m 이상
  • 상부의 지붕과의 거리 : 50cm 이상

(2) 외벽의 두께
  ① 철근콘크리트조 · 철골철근콘크리트조 : 20cm 이상
  ② 보강콘크리트블록조 : 30cm 이상

(3) 지붕
  ① 중도리 · 서까래의 간격 : 30㎝ 이하
  ② 강제(鋼製)의 격자 설치 : 지붕의 아래쪽 면에 한 변의 길이 45㎝ 이하의 환강(丸鋼) · 경량형강(輕量形鋼)
  ③ 철망 : 지붕의 아래쪽 면에 불연재료의 도리 · 보 또는 서까래에 단단히 결합
  ④ 받침대 : 두께 5㎝ 이상, 너비 30㎝ 이상의 목재

(4) 저장창고의 출입구에는 60분+방화문 또는 60분방화문을 설치할 것

(5) 창(window)
  ① 바닥면으로부터 2m 이상의 높이에 설치
  ② 하나의 벽면에 두는 창의 면적의 합계 : 당해 벽면 면적의 80분의 1 이내
  ③ 창 하나의 면적 : $0.4m^2$ 이내

2 알킬알루미늄등

옥내저장소에는 누설범위를 국한하기 위한 설비 및 누설한 알킬알루미늄등을 안전한 장소에 설치된 조(槽)로 끌어들일 수 있는 설비를 설치하여야 한다.

3 하이드록실아민등

하이드록실아민등의 온도의 상승에 의한 위험한 반응을 방지하기 위한 조치를 강구하는 것으로 한다.

기출문제 | 기출문제로 출제유형을 파악한다!

[15-2, 11-1]

1 옥내저장소에서 안전거리 기준이 적용되는 경우는?

① 지정수량 20배 미만의 제4석유류를 저장하는 것
② 제2류 위험물 중 덩어리 상태의 황을 저장하는 것
③ 지정수량 20배미만의 동식물유류를 저장하는 것
④ 제6류 위험물을 저장하는 것

안전거리 기준이 적용되지 않는 경우
- 최대수량이 지정수량의 20배 미만인 제4석유류 또는 동식물유류의 위험물을 저장 또는 취급하는 옥내저장소
- 제6류 위험물을 저장 또는 취급하는 옥내저장소

[15-4]

2 다음 중 저장하는 위험물의 종류 및 수량을 기준으로 옥내저장소에서 안전거리를 두지 않을 수 있는 경우는?

① 지정수량 20배 이상의 동식물유류
② 지정수량 20배 미만의 특수인화물
③ 지정수량 20배 미만의 제4석유류
④ 지정수량 20배 이상의 제5류 위험물

[13-4]

3 옥내저장소의 안전거리 기준을 적용하지 않을 수 있는 조건으로 틀린 것은?

① 지정수량의 20배 미만의 제4석유류를 저장하는 경우
② 제6류 위험물을 저장하는 경우
③ 지정수량의 20배 미만의 동식물유류를 저장하는 경우
④ 지정수량의 20배 이하를 저장하는 것으로서 창에 망입 유리를 설치한 것

[14-4]

4 옥내저장소 내부에 체류하는 가연성 증기를 지붕 위로 방출시키는 배출설비를 하여야 하는 위험물은?

① 과염소산 ② 과망가니즈산칼륨
③ 피리딘 ④ 과산화나트륨

인화점이 70℃ 미만인 위험물의 저장창고에 있어서는 내부에 체류한 가연성의 증기를 지붕 위로 배출하는 설비를 갖추어야 한다. 피리딘은 인화점이 20℃인 제1석유류이다.

정답 1② 2③ 3④ 4③

[15-2, 12-4, 08-1]

5 다음 그림은 제5류 위험물 중 유기과산화물을 저장하는 옥내저장소의 저장창고를 개략적으로 보여주고 있다. 창과 바닥으로부터 높이(a)와 하나의 창의 면적(b)은 각각 얼마로 하여야 하는가? (단, 이 저장창고의 바닥 면적은 150m 이내이다)

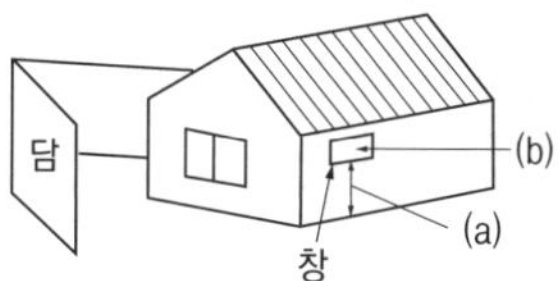

① (a) 2m 이상, (b) 0.6m^2 이내
② (a) 3m 이상, (b) 0.4m^2 이내
③ (a) 2m 이상, (b) 0.4m^2 이내
④ (a) 3m 이상, (b) 0.6m^2 이내

옥내저장소의 저장창고의 기준
저장창고의 창은 바닥면으로부터 2m 이상의 높이에 두되, 하나의 벽면에 두는 창의 면적의 합계를 당해 벽면의 면적의 1/80 이내로 하고, 하나의 창의 면적을 0.4m^2 이내로 할 것

[15-4, 08-1]

6 위험물 옥내저장소의 피뢰설비는 지정수량의 최소 몇 배 이상인 저장 창고에 설치하도록 하고 있는가? (단, 제6류 위험물의 저장창고를 제외한다)

① 10　　② 15
③ 20　　④ 30

지정수량의 10배 이상의 저장창고에는 피뢰설비를 설치해야 한다.

[11-2, 08-4]

7 복합용도 건축물의 옥내저장소의 기준에서 옥내저장소의 용도에 사용되는 부분의 바닥면적은 몇 m^2 이하로 하여야 하는가?

① 30　　② 50
③ 75　　④ 100

복합용도 건축물의 옥내저장소의 기준
- 바닥면적 : 75m^2 이하
- 층고 : 6m 미만

[13-4, 09-4]

8 옥내저장창고의 바닥을 물이 스며나오거나 스며들지 아니하는 구조로 해야 하는 위험물은?

① 과염소산칼륨
② 나이트로셀룰로스
③ 적린
④ 트라이에틸알루미늄

트라이에틸알루미늄은 제3류 위험물 중 금수성물지에 해당하므로 옥내저장창고의 바닥을 물이 스며나오거나 스며들지 아니하는 구조로 해야 한다.
※바닥을 물이 스며나오거나 스며들지 아니하는 구조로 해야 하는 위험물
- 제1류 위험물 중 알칼리금속의 과산화물 또는 이를 함유하는 것
- 제2류 위험물 중 철분 · 금속분 · 마그네슘 또는 이 중 어느 하나 이상을 함유하는 것
- 제3류 위험물 중 금수성물질 또는 제4류 위험물

정답 5③ 6① 7③ 8④

chapter 06

SECTION 03

옥외저장소의 위치·구조·설비기준

Industrial Engineer Hazardous material

이 섹션은 출제 비중이 높지 않으므로 많은 시간을 할애하지 말고 기본적인 내용만 익히도록 한다. 옥외에 저장할 수 있는 위험물의 종류는 반드시 외우도록 한다.

01 안전거리

제조소의 안전거리 적용

02 설치 장소

① 습기가 없고 배수가 잘 되는 장소

② 경계표시로 명확하게 구분한 장소

03 보유공지

저장 또는 취급하는 위험물의 최대수량	공지의 너비		
	일반 위험물	고인 화물	수출입 하역장소
지정수량의 10배 이하	3m 이상	3m 이상	3m 이상
지정수량의 10배 초과 20배 이하	5m 이상		
지정수량의 20배 초과 50배 이하	9m 이상		
지정수량의 50배 초과 200배 이하	12m 이상	6m 이상	4m 이상
지정수량의 200배 초과	15m 이상	10m 이상	5m 이상

※ 제4류 위험물 중 제4석유류와 제6류 위험물을 저장 또는 취급하는 옥외저장소의 보유공지는 위의 공지 너비의 3분의 1 이상의 너비로 할 수 있다.

04 선반의 설치기준

1 기본 개요

① 선반은 불연재료로 만들고 견고한 지반면에 고정할 것

② 선반은 당해 선반 및 그 부속설비의 자중 · 저장하는 위험물의 중량 · 풍하중 · 지진의 영향 등에 의하여 생기는 응력에 대하여 안전할 것

③ 높이는 6m를 초과하지 아니할 것

④ 선반에는 위험물을 수납한 용기가 쉽게 낙하하지 아니하는 조치를 강구할 것

05 덩어리 상태의 황을 저장·취급하는 옥외저장소

① 내부면적 : $100m^2$ 이하

② 2개 이상의 경계표시를 설치하는 경우 전체 내부면적 : $1,000m^2$ 이하

③ 구조 : 경계는 불연재료로 하고 황이 새지 아니하는 구조

④ 경계표시
- 경계표시의 높이 : 1.5m
- 황이 넘치거나 비산하는 것을 방지하기 위한 천막 등을 고정하는 장치를 설치할 것
- 천막 등을 고정하는 장치는 경계표시의 길이 2m마다 한 개 이상 설치할 것
- 황을 저장 또는 취급하는 장소의 주위에는 배수구와 분리장치를 설치할 것

06 옥외에 저장할 수 있는 위험물

① 제2류 위험물 중 황 또는 인화성고체(인화점이 섭씨 0도 이상인 것)
② 제4류 위험물 중 제1석유류(인화점이 섭씨 0도 이상인 것) · 알코올류 · 제2석유류 · 제3석유류 · 제4석유류 및 동식물유류
③ 제6류 위험물
④ 제2류 위험물 및 제4류 위험물 중 특별시 · 광역시 또는 도의 조례에서 정하는 위험물(관세법 제154조의 규정에 의한 보세구역 안에 저장하는 경우)
⑤ 국제해사기구에 관한 협약에 의하여 설치된 국제해사기구가 채택한 국제해상위험물규칙(IMDG Code)에 적합한 용기에 수납된 위험물

07 인화성고체, 제1석유류 또는 알코올류의 옥외저장소의 특례

제2류 위험물 중 인화성고체(인화점이 21℃ 미만인 것) 또는 제4류 위험물 중 제1석유류 또는 알코올류를 저장 또는 취급하는 옥외저장소에 있어서는 다음의 기준에 의한다.

① 위험물을 적당한 온도로 유지하기 위한 살수설비 등을 설치하여야 한다.
② 제1석유류 또는 알코올류를 저장 또는 취급하는 장소의 주위에는 배수구 및 집유설비를 설치하여야 한다. 이 경우 제1석유류(20℃의 물 100g에 용해되는 양이 1g 미만인 것에 한함)를 저장 또는 취급하는 장소에 있어서는 집유설비에 유분리장치를 설치하여야 한다.

08 기타 설치기준

① 과산화수소 또는 과염소산을 저장하는 옥외저장소에는 불연성 또는 난연성의 천막 등을 설치하여 햇빛을 가릴 것
② 눈 · 비 등을 피하거나 차광 등을 위하여 옥외저장소에 캐노피 또는 지붕을 설치하는 경우에는 환기 및 소화활동에 지장을 주지 아니하는 구조로 할 것. 이 경우 기둥은 내화구조로 하고, 캐노피 또는 지붕을 불연재료로 하며, 벽을 설치하지 아니할 것

chapter 06

기출문제 | 기출문제로 출제유형을 파악한다!

[15-1]

1 위험물안전관리법령상 옥외저장소에 저장할 수 없는 위험물은? (단, 국제해상위험물규칙에 적합한 용기에 수납된 위험물인 경우를 제외한다)

① 질산에스터류　② 질산
③ 제2석유류　④ 동식물유류

질산에스터류는 제5류 위험물로서 옥외저장소에 저장할 수 없다.

[13-4]

2 옥외저장소에서 저장할 수 없는 위험물은? (단, 시 · 도 조례에서 정하는 위험물 또는 국제해상위험물규칙에 적합한 용기에 수납된 위험물은 제외한다)

① 과산화수소　② 아세톤
③ 에탄올　④ 황

옥외저장소에 저장할 수 있는 제4류 위험물은 제1석유류(인화점이 0℃ 이상인 것), 알코올류, 제2석유류, 제3석유류, 제4석유류 및 동식물유류이다. 아세톤은 제1석유류이지만 인화점이 −18℃이므로 옥외저장소에 저장하면 안 된다.

정답 1 ① 2 ②

SECTION 04

옥외탱크저장소의 위치·구조·설비기준

Industrial Engineer Hazardous material

꾸준하게 문제가 출제되고 있는 섹션이다. 보유공지와 액체위험물의 최대수량 범위는 확실하게 암기하도록 한다. 풍하중 계산식도 꾸준하게 출제되고 있으므로 공식을 외우도록 한다.

01 안전거리

제조소의 안전거리 적용

02 보유공지

① 옥외저장탱크의 주위에는 위험물의 최대수량에 따라 탱크의 측면으로부터 다음 표에 의한 너비의 공지를 보유하여야 한다(위험물을 이송하기 위한 배관 그 밖에 이에 준하는 공작물 제외).

저장 또는 취급하는 위험물의 최대수량	공지의 너비
지정수량의 500배 이하	3m 이상
지정수량의 500배 초과 1,000배 이하	5m 이상
지정수량의 1,000배 초과 2,000배 이하	9m 이상
지정수량의 2,000배 초과 3,000배 이하	12m 이상
지정수량의 3,000배 초과 4,000배 이하	15m 이상
지정수량의 4,000배 초과	당해 탱크의 수평단면의 최대지름(횡형인 경우에는 긴 변)과 높이 중 큰 것과 같은 거리 이상. 다만, 30m 초과의 경우에는 30m 이상으로 할 수 있고, 15m 미만의 경우에는 15m 이상으로 하여야 한다.

② 제6류 위험물 외의 위험물을 저장 또는 취급하는 옥외저장탱크(지정수량의 4,000배를 초과하여 저장 또는 취급하는 옥외저장탱크를 제외)를 동일한 방유제 안에 2개 이상 인접하여 설치하는 경우 그 인접하는 방향의 보유공지는 위 표의 규정에 의한 보유공지의 3분의 1 이상의 너비로 할 수 있다. 이 경우 보유공지의 너비는 3m 이상이 되어야 한다.

③ 제6류 위험물을 저장 또는 취급하는 옥외저장탱크는 위 표의 규정에 의한 보유공지의 3분의 1 이상의 너비로 할 수 있다. 이 경우 보유공지의 너비는 1.5m 이상이 되어야 한다.

④ 제6류 위험물을 저장 또는 취급하는 옥외저장탱크를 동일구 내에 2개 이상 인접하여 설치하는 경우 그 인접하는 방향의 보유공지는 위 ③의 규정에 의하여 산출된 너비의 3분의 1 이상의 너비로 할 수 있다. 이 경우 보유공지의 너비는 1.5m 이상이 되어야 한다.

⑤ 공지단축 옥외저장탱크에 다음 기준에 적합한 물분무설비로 방호조치를 하는 경우에는 그 보유공지를 위 표의 규정에 의한 보유공지의 2분의 1 이상의 너비(최소 3m 이상)로 할 수 있다. 이 경우 공지단축 옥외저장탱크의 화재 시 $1m^2$당 20㎾ 이상의 복사열에 노출되는 표면을 갖는 인접한 옥외저장탱크가 있으면 당해 표면에도 다음 기준에 적합한 물분무설비로 방호조치를 함께하여야 한다.

㉠ 탱크의 표면에 방사하는 물의 양은 탱크의 원주길이 1m에 대하여 분당 37ℓ 이상으로 할 것

㉡ 수원의 양은 ㉠의 규정에 의한 수량으로 20분 이상 방사할 수 있는 수량으로 할 것

㉢ 탱크에 보강링이 설치된 경우에는 보강링의 아래에 분무헤드를 설치하되, 분무헤드는 탱크의 높이 및 구조를 고려하여 분무가 적정하게 이루어질 수 있도록 배치할 것

㉣ 물분무소화설비의 설치기준에 준할 것

03 통기관

1 밸브 없는 통기관

① 지름 : 30mm 이상

② 선단은 수평면보다 45도 이상 구부려 빗물 등의 침투를 막는 구조

③ 가는 눈의 구리망 등으로 인화방지장치를 할 것(인화점 70℃ 이상의 위험물만을 인화점 미만의 온도로 저장 또는 취급하는 탱크 제외)

④ 가연성 증기 회수를 위한 밸브 설치 시 저장탱크에 위험물을 주입하는 경우를 제외하고 밸브는 항상 개방되어 있는 구조로 할 것

2 대기밸브부착 통기관

① 5kPa 이하의 압력차이로 작동할 수 있을 것

② 인화방지장치를 할 것

04 펌프설비

1 보유공지

① 너비 3m 이상의 공지를 보유할 것

> ▶ 예외
> • 방화상 유효한 격벽을 설치하는 경우
> • 제6류 위험물 또는 지정수량의 10배 이하의 위험물

② 옥외저장탱크와의 사이에 보유공지 너비의 3분의 1 이상의 거리를 유지할 것

2 펌프실의 벽 · 기둥 · 바닥 · 보 · 지붕의 재료

불연재료로 할 것

3 창 및 출입구

60분+방화문 · 60분방화문 또는 30분방화문을 설치할 것

4 펌프실 바닥

주위에는 높이 0.2m 이상의 턱을 만들고 바닥은 콘크리트 등 위험물이 스며들지 아니하는 재료로 적당히 경사지게 하여 그 최저부에는 집유설비를 설치할 것

5 펌프실 외의 장소의 펌프설비

① 그 직하의 지반면의 주위에 높이 0.15m 이상의 턱을 만든다.

② 지반면의 최저부에는 집유설비를 만든다.

③ 20℃의 물 100g에 용해되는 양이 1g 미만인 제4류 위험물을 취급하는 경우 위험물이 배수구에 유입되지 않도록 집유설비에 유분리장치를 설치한다.

6 게시판 설치

인화점이 21℃ 미만인 위험물을 취급하는 펌프설비 설치 시 게시판을 설치한다.

05 피뢰침 설치

지정수량의 10배 이상인 옥외탱크저장소(제6류 위험물 제외)에 설치한다.

06 피복설비 설치

제3류 위험물 중 금수성물질(고체에 한함)의 옥외저장탱크에는 방수성의 불연재료로 만든 피복설비를 설치한다.

07 이황화탄소 옥외저장탱크

이황화탄소의 옥외저장탱크는 벽 및 바닥의 두께가 0.2m 이상이고 누수가 되지 않는 철근콘크리트의 수조에 넣어 보관한다.

08 방유제 설치

1 목적

제3류, 제4류 및 제5류 위험물 중 인화성이 있는 액체위험물(이황화탄소 제외)의 옥외저장탱크의 주위에 위험물이 새었을 경우 유출을 방지한다.

2 용량

① 탱크가 하나인 경우 : 탱크 용량의 110% 이상

② 탱크가 2기 이상인 경우 : 용량이 최대인 탱크 용량의 110% 이상

3 구조

① 높이 : 0.5m 이상 3m 이하(두께 0.2m 이상)

② 면적 : 8만m^2 이하

③ 탱크의 개수 : 10개 이하(인화점이 200℃ 이상인 위험물인 경우 제외)

> ▶ 20개 이하로 하는 경우
> • 방유제 내에 설치하는 모든 옥외저장탱크의 용량이 20만ℓ 이하일 때
> • 인화점이 70℃ 이상 200℃ 미만인 위험물을 취급 또는 저장하는 경우

chapter 06

④ 구조

- 철근콘크리트로 하고, 방유제와 옥외저장탱크 사이의 지표면은 불연성과 불침윤성이 있는 구조(철근콘크리트 등)로 할 것
- 누출된 위험물을 수용할 수 있는 전용유조 및 펌프 등의 설비를 갖춘 경우에는 방유제와 옥외저장탱크 사이의 지표면을 흙으로 가능

4 방유제 내 화재 시 소화 방법

① 탱크화재로 번지는 것을 방지하는 데 중점을 둔다.

② 포에 의하여 덮여진 부분은 포의 막이 파괴되지 않도록 한다.

③ 방유제가 큰 경우에는 방유제 내의 화재를 제압한 후 탱크화재의 방어에 임한다.

④ 포를 방사할 때는 탱크측판에 포를 흘려보내듯이 행하여 화면을 탱크로부터 떼어 놓도록 한다.

5 간막이 둑

① 용량이 1,000만ℓ 이상인 탱크 주위에 설치하는 방유제에 탱크마다 설치

② 높이

- 0.3m(2억ℓ가 넘는 방유제는 1m) 이상
- 방유제의 높이보다 0.2m 이상 낮게 할 것

▶ 방유제 또는 간막이 둑에는 방유제를 관통하는 배관을 설치하지 아니할 것(방유제 또는 간막이 둑에 손상을 주지 않도록 하는 조치를 강구하는 경우 제외)

6 탱크와의 거리

탱크의 지름에 따라 탱크의 옆판으로부터 일정한 거리를 유지할 것(인화점이 200℃ 이상인 위험물을 저장 또는 취급하는 것은 제외)

① 지름이 15m 미만인 경우 : 탱크 높이의 3분의 1 이상

② 지름이 15m 이상인 경우 : 탱크 높이의 2분의 1 이상

7 배수구

방유제에는 그 내부에 고인 물을 외부로 배출하기 위한 배수구를 설치하고 이를 개폐하는 밸브 등을 방유제의 외부에 설치할 것

8 개폐확인장치

용량이 100만ℓ 이상인 위험물을 저장하는 옥외저장탱크에 있어서는 밸브 등에 그 개폐상황을 쉽게 확인할 수 있는 장치를 설치할 것

9 계단 · 경사로

높이가 1m를 넘는 방유제 및 간막이 둑의 안팎에는 방유제 내에 출입하기 위한 계단 또는 경사로를 약 50m마다 설치할 것

09 표지(게시판) 설치

① 보기 쉬운 곳에 "위험물 옥외탱크저장소"라는 표시를 한 표지 설치

② 표지 · 게시판 설치기준은 제조소의 표지 · 게시판 설치기준과 동일하다.

10 기타 구조

① 강철판으로 할 경우의 탱크 두께 : 3.2mm 이상

② 압력탱크 수압시험 : 최대상용압력의 1.5배의 압력으로 10분간 실시하는 수압시험에서 새거나 변형이 없을 것

11 위험물의 성질에 따른 옥외탱크저장소의 특례

1 알킬알루미늄등의 옥외탱크저장소

① 옥외저장탱크의 주위에는 누설범위를 국한하기 위한 설비 및 누설된 알킬알루미늄등을 안전한 장소에 설치된 조에 이끌어 들일 수 있는 설비를 설치할 것

② 옥외저장탱크에는 불활성의 기체를 봉입하는 장치를 설치할 것

2 아세트알데하이드등의 옥외탱크저장소

① 옥외저장탱크의 설비는 동 · 마그네슘 · 은 · 수은 또는 이들을 성분의 합금으로 만들지 아니할 것

② 옥외저장탱크에는 냉각장치 또는 보냉장치, 그리고 연소성 혼합기체의 생성에 의한 폭발을 방지하기 위한 불활성 기체를 봉입하는 장치를 설치할 것

3 하이드록실아민등의 옥외탱크저장소

① 옥외탱크저장소에는 하이드록실아민등의 온도의 상승에 의한 위험한 반응을 방지하기 위한 조치를 강구할 것

② 옥외탱크저장소에는 철이온 등의 혼입에 의한 위험한 반응을 방지하기 위한 조치를 강구할 것

▶ 용어 정리
- 특정옥외탱크저장소 : 액체위험물의 최대수량이 100만ℓ 이상의 것
- 준특정옥외탱크저장소 : 액체위험물의 최대수량이 50만ℓ 이상 100만ℓ 미만의 것
- 압력탱크 : 최대상용압력이 부압 또는 정압 5kPa을 초과하는 탱크

12 특정옥외저장탱크

① 지반의 범위 : 지표면으로부터 깊이 15m까지
② 풍하중 계산식

풍하중 $q = 0.588k\sqrt{h}$
k : 풍력계수(원통형 : 0.7, 그 외의 탱크 : 1.0)
h : 지반면으로부터의 높이(m)

기출문제 | 기출문제로 출제유형을 파악한다!

[12-1, 10-1]
1 지정수량에 따른 제4류 위험물 옥외탱크저장소 주위의 보유공지 너비의 기준으로 틀린 것은?

① 지정수량의 500배 이하 - 3m 이상
② 지정수량의 500배 초과 1000배 이하 - 5m 이상
③ 지정수량의 1000배 초과 2000배 이하 - 9m 이상
④ 지정수량의 2000배 초과 3000배 이하 - 15m 이상

지정수량의 2000배 초과 3000배 이하인 경우 공지의 너비는 12m 이상이다.

[13-02]
2 위험물안전관리법령상 지정수량의 3천배 초과 4천배 이하의 위험물을 저장하는 옥외탱크저장소에 확보하여야 하는 보유공지는 얼마인가?

① 6m 이상 ② 9m 이상
③ 12m 이상 ④ 15m 이상

지정수량의 3천배 초과 4천배 이하의 위험물을 저장하는 옥외탱크저장소에 확보하여야 하는 보유공지는 15m 이상이다.

[12-4]
3 최대 아세톤 150톤을 옥외탱크저장소에 저장할 경우 보유공지의 너비는 몇 m 이상으로 하는가? (단, 아세톤의 비중은 0.79이다)

① 3 ② 5
③ 9 ④ 12

부피 = $\frac{무게}{비중}$ 이므로, $\frac{150,000kg}{0.79}$ = 189,873L
아세톤의 최대수량 = $\frac{189,873L}{400L}$ = 474
지정수량의 500배 이하이므로 공지의 너비는 3m 이상으로 하여야 한다.

[15-1]
4 위험물안전관리법령상 제4류 위험물 옥외저장탱크의 대기밸브부착 통기관은 몇 kPa 이하의 압력 차이로 작동할 수 있어야 하는가?

① 2 ② 3
③ 4 ④ 5

대기밸브 부착 통기관은 5kPa 이하의 압력 차이로 작동할 수 있어야 한다.

[15-2, 07-1]
5 옥외저장탱크를 강철판으로 제작할 경우 두께 기준은 몇 mm 이상인가? (단, 특정옥외저장탱크 및 준특정옥외저장탱크는 제외한다)

① 1.2 ② 2.2
③ 3.2 ④ 4.2

옥외저장탱크는 특정옥외저장탱크 및 준특정옥외저장탱크 외에는 두께 3.2mm 이상의 강철판 또는 소방청장이 정하여 고시하는 규격에 적합한 재료로 해야 한다.

정답 1④ 2④ 3① 4④ 5③

[14-2]

6 위험물안전관리법령에서 정한 이황화탄소의 옥외탱크 저장시설에 대한 기준으로 옳은 것은?

① 벽 및 바닥 두께가 0.2m 이상이고 누수가 되지 아니하는 철근콘크리트의 수조에 넣어 보관하여야 한다.
② 벽 및 바닥 두께가 0.2m 이상이고 누수가 되지 아니하는 철근콘크리트의 석유조에 넣어 보관하여야 한다.
③ 벽 및 바닥 두께가 0.3m 이상이고 누수가 되지 아니하는 철근콘크리트의 수조에 넣어 보관하여야 한다.
④ 벽 및 바닥 두께가 0.3m 이상이고 누수가 되지 아니하는 철근콘크리트의 석유조에 넣어 보관하여야 한다.

이황화탄소의 옥외저장탱크는 벽 및 바닥의 두께가 0.2m 이상이고 누수가 되지 아니하는 철근콘크리트의 수조에 넣어 보관한다.

[11-1]

7 다음 ( ) 안에 알맞은 수치와 용어를 옳게 나열한 것은?

> 이황화탄소의 옥외저장탱크는 벽 및 바닥의 두께가 ( )m 이상이고, 누수가 되지 아니하는 철근콘크리트의 ( )에 넣어 보관하여야 한다.

① 0.2, 수조　　② 0.1, 수조
③ 0.2, 진공탱크　　④ 0.1, 진공탱크

이황화탄소의 옥외저장탱크는 벽 및 바닥의 두께가 0.2m 이상이고, 누수가 되지 아니하는 철근콘크리트의 수조에 넣어 보관하여야 한다.

[13-4, 10-1]

8 다음 ( ) 안에 알맞은 수치는? (단, 인화점이 200℃ 이상인 위험물은 제외한다)

> 옥외저장탱크의 지름이 15m 미만인 경우에 방유제는 탱크의 옆판으로부터 탱크 높이의 ( ) 이상 이격하여야 한다.

① 1/3　　② 1/2
③ 1/4　　④ 2/3

- 지름이 15m 미만인 경우 : 탱크 높이의 1/3 이상
- 지름이 15m 이상인 경우 : 탱크 높이의 1/2 이상

[09-2]

9 특정옥외탱크저장소라 함은 저장 또는 취급하는 액체위험물의 최대수량이 몇 L 이상의 것을 말하는가?

① 50만　　② 100만
③ 150만　　④ 200만

- 특정옥외탱크저장소 : 액체위험물의 최대수량이 100만L 이상의 것
- 준특정옥외탱크저장소 : 액체위험물의 최대수량이 50만L 이상 100만L 미만의 것

[11-2]

10 옥외탱크저장소의 압력탱크 수압시험의 조건으로 옳은 것은?

① 최대상용압력의 1.5배의 압력으로 5분간 수압시험을 한다.
② 최대상용압력의 1.5배의 압력으로 10분간 수압시험을 한다.
③ 사용압력에서 15분간 수압시험을 한다.
④ 사용압력에서 20분간 수압시험을 한다.

압력탱크(최대상용압력이 대기압을 초과하는 탱크) 외의 탱크는 충수시험, 압력탱크는 최대상용압력의 1.5배의 압력으로 10분간 실시하는 수압시험에서 각각 새거나 변형되지 아니하여야 한다.

[14-1]

11 특정옥외탱크저장소라 함은 저장 또는 취급하는 액체위험물의 최대수량이 얼마 이상의 것을 말하는가?

① 50만 리터 이상
② 100만 리터 이상
③ 150만 리터 이상
④ 200만 리터 이상

[15-1, 08-2]

12 준특정옥외탱크저장소에서 저장 또는 취급하는 액체위험물의 최대수량 범위를 옳게 나타낸 것은?

① 50만L 미만
② 50만L 이상 100만L 미만
③ 100만L 이상 200만L 미만
④ 200만L 이상

정답 6 ① 7 ① 8 ① 9 ② 10 ② 11 ② 12 ②

[08-1]

13 특정옥외저장탱크의 지반의 범위는 기초의 외측이 지표면과 접하는 선의 범위 내에 지반으로서 지표면으로부터 깊이 몇 m까지로 하는가?

① 10　　② 15
③ 20　　④ 25

특정옥외저장탱크의 지반의 범위(위험물안전관리에 관한 세부기준 제42조)
지반의 범위는 기초의 외측이 지표면과 접하는 선의 범위 내에 있는 지반으로서 지표면으로부터 깊이 15m까지로 한다.

[12-4]

14 표준입관시험 및 평판재하시험을 실시하여야 하는 특정 옥외저장탱크의 지반의 범위는 기초의 외측이 지표면과 접하는 선의 범위 내에 있는 지반으로서 지표면으로부터 깊이 몇 m까지로 하는가?

① 10　　② 15
③ 20　　④ 25

[15-2, 12-2, 09-4]

15 위험물안전관리법령에 따라 특정옥외저장탱크를 원통형으로 설치하고자 한다. 지반면으로부터의 높이가 16m일 때 이 탱크가 받는 풍하중은 1m²당 얼마 이상으로 계산하여야 하는가? (단, 강풍을 받을 우려가 있는 장소에 설치하는 경우는 제외한다)

① 0.7640kN　　② 1.2348kN
③ 1.6464kN　　④ 2.348kN

특정옥외저장탱크의 1m²당 풍하중 계산식(위험물안전관리에 관한 세부기준 제59조)
풍하중 $q = 0.588k\sqrt{h}$
- k : 풍력계수(원통형 : 0.7, 그 외의 탱크 : 1.0)
- h : 지반면으로부터의 높이(m)

$\therefore 0.588 \times 0.7 \times \sqrt{16} = 1.6464$[kN]

[08-1]

16 특정옥외저장탱크를 원통형으로 설치하고자 한다. 지면으로부터의 높이가 9m일 때 이 탱크가 받는 풍하중은 1m²당 얼마 이상으로 계산하여야 하는가?

① 0.7640kN　　② 1.2348kN
③ 17.640kN　　④ 22.348kN

풍하중 $q = 0.588k\sqrt{h} = 0.588 \times 0.7 \times \sqrt{9} = 1.2348$[kN]

정답 13 ② 14 ② 15 ③ 16 ②

SECTION 05

옥내탱크저장소의 위치·구조·설비기준

Industrial Engineer Hazardous material

이 섹션에서는 저장탱크 상호간 거리를 묻는 문제와 통기관에 관한 문제만 출제되었으므로 이들 내용 위주로 공부하도록 한다. 용량과 탱크전용실 등에서도 충분히 출제 가능성이 있으므로 주요 숫자는 암기해 두도록 한다.

01 옥내탱크저장소의 기준

1 단층건축물에 설치된 탱크전용실에 설치할 것

2 옥내저장탱크와 탱크전용실의 벽과의 사이 및 옥내저장탱크의 상호간 거리 : 0.5m 이상

3 **용량** : 지정수량의 40배 이하

> ▶ 제4석유류 및 동식물유류 외의 제4류 위험물에 있어서 당해 수량이 20,000L를 초과할 때에는 20,000L

4 **구조** : 옥외저장탱크의 구조의 기준을 준용할 것

5 옥내저장탱크의 외면에는 녹을 방지하기 위한 도장을 할 것(탱크의 재질이 부식의 우려가 없는 스테인레스 강판 등인 경우 제외)

6 **통기관**

(1) 압력탱크(최대상용압력이 부압 또는 정압 5KPa을 초과하는 탱크) 외의 탱크(제4류 위험물의 옥내저장탱크)에는 밸브 없는 통기관 또는 대기밸브 부착 통기관을 설치할 것

(2) 밸브 없는 통기관

① 통기관은 가스 등이 체류할 우려가 있는 굴곡이 없도록 할 것

② 직경은 30mm 이상일 것

③ 선단은 수평면보다 45° 이상 구부려 빗물 등의 침투를 막는 구조로 할 것

④ 가는 눈의 구리망 등으로 인화방지장치를 할 것

⑤ 통기관의 선단

- 건축물의 창 · 출입구 등의 개구부로부터 1m 이상 떨어진 옥외의 장소에 지면으로부터 4m 이상의 높이로 설치할 것
- 인화점이 40℃ 미만인 위험물의 탱크에 설치하는 통기관에 있어서는 부지경계선으로부터 1.5m 이상 이격할 것(고인화점 위험물만을 100℃ 미만의 온도로 저장 또는 취급하는 탱크에 설치하는 통기관은 탱크전용실 내에 설치 가능)

⑥ 가연성의 증기를 회수하기 위한 밸브를 통기관에 설치하는 경우의 기준

- 통기관의 밸브는 항상 개방되어 있는 구조로 할 것(저장탱크에 위험물을 주입하는 경우는 제외)
- 폐쇄하였을 경우 10kPa 이하의 압력에서 개방되는 구조로 할 것

7 액체위험물의 옥내저장탱크에는 위험물의 양을 자동적으로 표시하는 장치를 설치할 것

8 **펌프실**

① 탱크전용실이 있는 건축물에 설치하는 경우

- 펌프설비를 견고한 기초 위에 고정시킨 다음 그 주위에 불연재료로 된 턱을 탱크전용실의 문턱 높이 이상으로 설치할 것(펌프설비의 기초를 탱크전용실의 문턱높이 이상으로 하는 경우 제외)

② 탱크전용실이 있는 건축물 외의 장소에 설치하는 경우

- 옥외저장탱크의 펌프설비의 기준을 준용할 것
- 펌프실의 지붕은 내화구조 또는 불연재료로 가능

9 **밸브 · 배수관 및 배관**

옥외저장탱크의 기준을 준용할 것

10 **탱크전용실**

① 벽 · 기둥 및 바닥을 내화구조로 하고, 보를 불연재료로 하며, 연소의 우려가 있는 외벽은 출입구 외에는 개구부가 없도록 할 것

② 인화점이 70℃ 이상인 제4류 위험물만의 옥내저장탱크를 설치하는 탱크전용실은 연소의 우려가 없는 외벽 · 기둥 및 바닥을 불연재료로 할 수 있다.

③ 지붕을 불연재료로 하고, 천장을 설치하지 아니할 것

④ 창 및 출입구에는 60분+방화문 · 60분방화문 또는 30분방화문을 설치하는 동시에, 연소의 우려가 있는 외벽에 두는 출입구에는 수시로 열 수 있는 자동폐쇄식의 60분+방화문 또는 60분방화문을 설치할 것

⑤ 창 또는 출입구에 유리를 이용하는 경우에는 망입유리로 할 것

⑥ 액상 위험물의 옥내저장탱크 설치 시 탱크 바닥은 위험물이 침투하지 않는 구조로 하고, 적당한 경사를 두는 한편, 집유설비를 설치할 것

⑦ 출입구의 턱의 높이를 탱크전용실 내의 옥내저장탱크(옥내저장탱크가 2 이상인 경우에는 최대용량의 탱크)의 용량을 수용할 수 있는 높이 이상으로 하거나 옥내저장탱크로부터 누설된 위험물이 탱크전용실 외의 부분으로 유출하지 아니하는 구조로 할 것

11 채광 · 조명 · 환기 및 배출설비는 옥내저장소의 기준을 준용할 것

02 단층건물 외의 건축물에 탱크전용실을 설치하는 옥내탱크저장소의 기준

1 적용

① 제2류 위험물 중 황화인 · 적린 및 덩어리 황을 저장 또는 취급하는 옥내탱크저장소

② 제3류 위험물 중 황린을 저장 또는 취급하는 옥내탱크저장소

③ 제6류 위험물 중 질산을 저장 또는 취급하는 옥내탱크저장소

④ 제4류 위험물 중 인화점이 38℃ 이상인 위험물만을 저장 또는 취급하는 옥내탱크저장소

2 기준

① 옥내저장탱크는 탱크전용실에 설치할 것

② 제2류 위험물 중 황화인 · 적린 및 덩어리 황, 제3류 위험물 중 황린, 제6류 위험물 중 질산의 탱크전용실은 건축물의 1층 또는 지하층에 설치할 것

③ 옥내저장탱크의 주입구 부근에는 위험물의 양을 표시하는 장치를 설치할 것

④ 탱크전용실이 있는 건축물에 설치하는 옥내저장탱크의 펌프설비

㉠ 탱크전용실 외의 장소에 설치하는 경우

- 펌프실은 벽 · 기둥 · 바닥 및 보를 내화구조로 할 것
- 펌프실은 상층이 있는 경우 상층의 바닥을 내화구조로 하고, 상층이 없는 경우 지붕을 불연재료로 하며, 천장을 설치하지 아니할 것
- 펌프실에는 창을 설치하지 아니할 것(제6류 위험물의 탱크전용실에 있어서는 60분+방화문 · 60분방화문 또는 30분방화문이 있는 창을 설치 가능)
- 펌프실의 출입구에는 60분+방화문 또는 60분방화문을 설치할 것(제6류 위험물의 탱크전용실에 있어서는 30분방화문을 설치할 수 있다)
- 펌프실의 환기 및 배출의 설비에는 방화상 유효한 댐퍼 등을 설치할 것

㉡ 탱크전용실에 펌프설비를 설치하는 경우

- 견고한 기초 위에 고정한 다음 그 주위에는 불연재료로 된 턱을 0.2m 이상의 높이로 설치하는 등 누설된 위험물이 유출되거나 유입되지 아니하도록 하는 조치를 할 것

⑤ 탱크전용실

- 벽 · 기둥 · 바닥 및 보를 내화구조로 할 것
- 상층이 있는 경우 상층의 바닥을 내화구조로 하고, 상층이 없는 경우 지붕을 불연재료로 하며, 천장 및 창을 설치하지 아니할 것
- 출입구에는 수시로 열 수 있는 자동폐쇄식의 60분+방화문 · 60분방화문을 설치할 것
- 환기 및 배출의 설비에는 방화상 유효한 댐퍼 등을 설치할 것
- 출입구 턱의 높이를 탱크전용실 내의 옥내저장탱크(옥내저장탱크가 2 이상인 경우에는 모든 탱크)의 용량을 수용할 수 있는 높이 이상으로 하거나 옥내저장탱크로부터 누설된 위험물이 탱크전용실 외의 부분으로 유출하지 아니하는 구조로 할 것

⑥ 옥내저장탱크의 용량(동일한 탱크전용실에 옥내저장탱크를 2 이상 설치하는 경우에는 각 탱크의 용량의 합계를 말한다)

- 1층 이하의 층 : 지정수량의 40배 이하(제4석유류 및 동식물유류 외의 제4류 위험물에 있어서 수량이 2만L를 초과할 때에는 2만L 이하)
- 2층 이상의 층 : 지정수량의 10배 이하(제4석유류 및 동식물유류 외의 제4류 위험물에 있어서 수량이 5천L를 초과할 때에는 5천L 이하)

[15-1]

1 위험물 안전관리법령상 옥내저장탱크의 상호간에는 몇 m 이상의 간격을 유지하여야 하는가?

① 0.3 ② 0.5
③ 1.0 ④ 1.5

> 옥내저장탱크의 탱크 상호간에는 0.5m 이상의 간격을 유지하여야 한다.

[12-1, 07-2]

2 옥내저장탱크와 탱크전용실의 벽과의 사이 및 옥내저장탱크의 상호간에는 몇 m 이상의 간격을 유지하여야 하는가?

① 0.3 ② 0.5
③ 1.0 ④ 1.5

[13-1]

3 옥내탱크전용실에 설치하는 탱크 상호 간에는 얼마의 간격을 두어야 하는가?

① 0.1m 이상 ② 0.3m 이상
③ 0.5m 이상 ④ 0.6m 이상

[14-2]

4 위험물안전관리법령에 따라 제4류 위험물 옥내저장탱크에 설치하는 밸브 없는 통기관의 설치기준으로 가장 거리가 먼 것은?

① 통기관의 지름은 30mm 이상으로 한다.
② 통기관의 선단은 수평면에 대하여 아래로 45도 이상 구부려 설치한다.
③ 통기관은 가스가 체류되지 않도록 그 선단을 건축물의 출입구로부터 0.5m 이상 떨어진 곳에 설치하고 끝에 팬을 설치한다.
④ 가는 눈의 구리망 등으로 인화방지 장치를 한다.

> **밸브 없는 통기관**
> • 직경은 30mm 이상일 것
> • 선단은 수평면보다 45도 이상 구부려 빗물 등의 침투를 막는 구조로 할 것
> • 가는 눈의 구리망 등으로 인화방지장치를 할 것
> • 통기관의 선단은 건축물의 창 · 출입구 등의 개구부로부터 1m 이상 떨어진 옥외의 장소에 지면으로부터 4m 이상의 높이로 설치하되, 인화점이 40℃ 미만인 위험물의 탱크에 설치하는 통기관에 있어서는 부지경계선으로부터 1.5m 이상 이격할 것

[12-4]

5 제4석유류를 저장하는 옥내탱크저장소의 기준으로 옳은 것은?

① 옥내저장탱크의 용량은 지정수량의 40배 이하일 것
② 탱크전용실은 벽, 기둥, 바닥보를 내화구조로 할 것
③ 유리창은 설치하고, 출입구는 자동폐쇄식의 목재 방화문으로 할 것
④ 3층 이하의 건축물에 설치된 탱크전용실에 옥내저장탱크를 설치할 것

> ② 탱크전용실은 벽 · 기둥 및 바닥을 내화구조로 하고, 보를 불연재료로 할 것(다만, 인화점이 70℃ 이상인 제4류 위험물만의 옥내저장탱크를 설치하는 탱크전용실에 있어서는 연소의 우려가 없는 외벽 · 기둥 및 바닥을 불연재료로 할 수 있다.)
> ③ 탱크전용실의 출입구에는 수시로 열 수 있는 자동폐쇄식의 60분+방화문 · 60분방화문을 설치할 것
> ④ 위험물을 저장 또는 취급하는 옥내탱크는 단층건축물에 설치된 탱크전용실에 설치할 것

정답 01 ② 02 ② 03 ③ 04 ③ 05 ①

SECTION

06 지하탱크저장소의 위치·구조·설비기준

Industrial Engineer Hazardous material

이 섹션은 출제 비중이 높은 편은 아니다. 탱크전용실의 위치와 구조에 대해서는 확실히 암기해 두도록 하고 기출문제 위주로 공부하도록 한다.

01 설치기준

1 지하저장탱크

① 설치 장소 : 지면하에 설치된 탱크전용실에 설치

▶ 지면하에 설치된 탱크전용실에 설치하지 않아도 되는 기준
㉠ 탱크를 지하철 · 지하가 또는 지하터널로부터 수평거리 10m 이내의 장소 또는 지하건축물 내의 장소에 설치하지 아니할 것
㉡ 탱크를 그 수평투영의 세로 및 가로보다 각각 0.6m 이상 크고 두께가 0.3m 이상인 철근콘크리트조의 뚜껑으로 덮을 것
㉢ 뚜껑에 걸리는 중량이 직접 탱크에 걸리지 아니하는 구조일 것
㉣ 탱크를 견고한 기초 위에 고정할 것
㉤ 탱크를 지하의 가장 가까운 벽 · 피트 · 가스관 등의 시설물 및 대지경계선으로부터 0.6m 이상 떨어진 곳에 매설할 것

② 탱크의 윗부분은 지면으로부터 0.6m 이상 아래에 위치

③ 2개 이상 인접해 설치하는 경우 상호간 거리 : 1m 이상

▶ 탱크 용량의 합계가 지정수량의 100배 이하인 경우 : 0.5m 이상

④ 수압시험
- 압력탱크(최대상용압력이 46.7kPa 이상인 탱크) 외의 탱크 : 70kPa의 압력
- 압력탱크 : 최대상용압력의 1.5배의 압력으로 각각 10분간

⑤ 탱크의 외면
- 탱크의 외면에 방청도장을 할 것
- 탱크의 외면에 방청제 및 아스팔트프라이머의 순으로 도장을 한 후 아스팔트 루핑 및 철망의 순으로 탱크를 피복하고, 그 표면에 두께가 2cm 이상에 이를 때까지 모르타르를 도장할 것
- 탱크의 외면에 방청도장을 실시하고, 그 표면에 아스팔트 및 아스팔트루핑에 의한 피복을 두께 1cm에 이를 때까지 교대로 실시할 것
- 탱크의 외면에 프라이머를 도장하고, 그 표면에 복장재를 휘감은 후 에폭시수지 또는 타르에폭시수지에 의한 피복을 탱크의 외면으로부터 두께 2mm 이상에 이를 때까지 실시할 것
- 탱크의 외면에 프라이머를 도장하고, 그 표면에 유리섬유 등을 강화재로 한 강화플라스틱에 의한 피복을 두께 3mm 이상에 이를 때까지 실시할 것

⑥ 액중펌프설비

㉠ 전동기의 구조
- 고정자는 위험물에 침투되지 아니하는 수지가 충전된 금속제의 용기에 수납되어 있을 것
- 운전 중에 고정자가 냉각되는 구조로 할 것
- 전동기의 내부에 공기가 체류하지 아니하는 구조로 할 것

㉡ 설치기준
- 액중펌프설비는 지하저장탱크와 플랜지접합으로 할 것
- 액중펌프설비 중 지하저장탱크 내에 설치되는 부분은 보호관 내에 설치할 것. 다만, 당해 부분이 충분한 강도가 있는 외장에 의하여 보호되어 있는 경우에 있어서는 그러하지 아니하다.
- 액중펌프설비 중 지하저장탱크의 상부에 설치되는 부분은 위험물의 누설을 점검할 수 있는 조치가 강구된 안전상 필요한 강도가 있는 피트 내에 설치할 것

⑦ 액체위험물 누설 검사하기 위한 관의 설치기준
- 이중관으로 할 것. 다만, 소공이 없는 상부는 단관으로 할 수 있다.
- 재료는 금속관 또는 경질합성수지관으로 할 것
- 관은 탱크전용실의 바닥 또는 탱크의 기초까지 닿게 할 것
- 관의 밑부분으로부터 탱크의 중심 높이까지의 부분에는 소공이 뚫려 있을 것. 다만, 지하수위가 높은 장소에 있어서는 지하수위 높이까지의 부분에 소공이 뚫려 있어야 한다.
- 상부는 물이 침투하지 아니하는 구조로 하고, 뚜껑은 검사 시에 쉽게 열 수 있도록 할 것

⑧ 과충전 방지 장치
- 탱크용량을 초과하는 위험물이 주입될 때 자동으로 그 주입구를 폐쇄하거나 위험물의 공급을 자동으로 차단하도록 할 것
- 탱크용량의 90%가 찰 때 경보음을 울리도록 할 것

⑨ 맨홀
- 맨홀은 지면까지 올라오지 아니하도록 하되, 가급적 낮게 할 것
- 보호틀을 탱크에 완전히 용접하는 등 보호틀과 탱크를 기밀하게 접합할 것
- 보호틀의 뚜껑에 걸리는 하중이 직접 보호틀에 미치지 아니하도록 설치하고, 빗물 등이 침투하지 않도록 할 것
- 배관이 보호틀을 관통하는 경우 용접 등 침수 방지 조치를 할 것

2 탱크전용실

① 위치
- 지하의 가장 가까운 벽 · 피트 · 가스관 등의 시설물 및 대지경계선으로부터 0.1m 이상 떨어진 곳에 설치
- 지하저장탱크와 탱크전용실의 안쪽과의 사이는 0.1m 이상의 간격 유지
- 탱크 주위에 마른 모래 또는 습기 등에 의하여 응고되지 아니하는 입자지름 5mm 이하의 마른 자갈분을 채울 것

② 구조
- 벽 · 바닥 및 뚜껑의 두께는 0.3m 이상일 것
- 벽 · 바닥 및 뚜껑의 내부에는 직경 9mm부터 13mm까지의 철근을 가로 및 세로로 5cm부터 20cm까지의 간격으로 배치할 것
- 벽 · 바닥 및 뚜껑의 재료에 수밀콘크리트를 혼입하거나 벽 · 바닥 및 뚜껑의 중간에 아스팔트층을 만드는 방법으로 적정한 방수조치를 할 것

3 강제 이중벽탱크의 구조

① 외벽은 완전용입용접 또는 양면겹침이음용접으로 틈이 없도록 제작할 것

② 탱크의 본체와 외벽의 사이에 3mm 이상의 감지층을 둘 것

③ 탱크본체와 외벽 사이의 감지층 간격을 유지하기 위한 스페이서를 다음의 기준에 의하여 설치할 것
- 스페이서는 탱크의 고정밴드 위치 및 기초대 위치에 설치할 것
- 재질은 원칙적으로 탱크본체와 동일한 재료로 할 것
- 스페이서와 탱크의 본체와의 용접은 전주필렛용접 또는 부분용접으로 하되, 부분용접으로 하는 경우에는 한 변의 용접비드는 25mm 이상으로 할 것

> ▶ 스페이서의 크기
> - 두께 : 3mm
> - 폭 : 50mm
> - 길이 : 380mm 이상

4 누설감지설비

① 누설감지설비의 기준
- 누설감지설비는 탱크본체의 손상 등에 의하여 감지층에 위험물이 누설되거나 강화플라스틱 등의 손상 등에 의하여 지하수가 감지층에 침투하는 현상을 감지하기 위하여 감지층에 접속하는 누유검사관(검지관)에 설치된 센서 및 당해 센서가 작동한 경우에 경보를 발생하는 장치로 구성되도록 할 것
- 경보표시장치는 관계인이 상시 쉽게 감시하고 이상상태를 인지할 수 있는 위치에 설치할 것
- 감지층에 누설된 위험물 등을 감지하기 위한 센서는 액체플로트센서 또는 액면계 등으로 하고, 검지관 내로 누설된 위험물 등의 수위가 3㎝ 이상인 경우에 감지할 수 있는 성능 또는 누설량이

1L 이상인 경우에 감지할 수 있는 성능이 있을 것
- 누설감지설비는 센서가 누설된 위험물 등을 감지한 경우에 경보신호(경보음 및 경보표시)를 발하는 것으로 하되, 당해 경보신호가 쉽게 정지될 수 없는 구조로 하고 경보음은 80dB 이상으로 할 것

② 누설감지설비는 위 ①의 규정에 의한 성능을 갖도록 이중벽탱크에 부착할 것. 다만, 탱크제작지에서 탱크매설장소로 운반하는 과정 또는 매설 등의 공사작업 시 누설감지설비의 손상이 우려되거나 탱크매설현장에서 부착하는 구조의 누설감지설비는 제외

③ 위 ②의 단서규정에 해당하는 누설감지설비는 다음 기준을 준수할 것
- 감지센서부, 수신부, 경보 및 부속장치 등을 운반도중 손상되지 아니하도록 포장하고 포장외면에 적용되는 이중벽탱크의 형식번호 등을 표시할 것
- 누설감지설비의 설치 및 부착방법 · 성능확인요령 등의 자세한 설치시방서를 첨부할 것

④ 강제 이중벽탱크의 표시사항(탱크외면에 지워지지 않도록 표시)
- 제조업체명, 제조년월 및 제조번호
- 탱크의 용량 · 규격 및 최대시험압력
- 형식번호, 탱크안전성능시험 실시자 등 기타 필요한 사항
- 위험물의 종류 및 사용온도범위
- 탱크 운반 시 주의사항 · 적재방법 · 보관방법 · 설치방법 및 주의사항 등을 기재한 지침서를 만들어 쉽게 뜯겨지지 아니하고 빗물 등에 손상되지 아니하도록 탱크외면에 부착

기출문제 | 기출문제로 출제유형을 파악한다!

[15-1, 08-2]

1 위험물 지하탱크저장소의 탱크전용실 설치기준으로 틀린 것은?

① 철근콘크리트 구조의 벽은 두께 0.3m 이상으로 한다.
② 지하저장탱크와 탱크전용실의 안쪽과의 사이는 50cm 이상의 간격을 유지한다.
③ 철근콘크리트 구조의 바닥은 두께 0.3m 이상으로 한다.
④ 벽, 바닥 등에 적정한 방수 조치를 강구한다.

지하탱크저장소의 지하저장탱크와 탱크전용실 안쪽과의 사이는 0.1m 이상의 간격을 유지한다.

[13-02]

2 위험물안전관리법령에 따른 지하탱크저장소의 지하저장탱크의 기준으로 옳지 않은 것은?

① 탱크의 외면에는 녹 방지를 위한 도장을 하여야 한다.
② 탱크의 강철판 두께는 3.2mm 이상으로 하여야 한다.
③ 압력탱크는 최대 상용압력의 1.5배의 압력으로 10분간 수압시험을 한다.
④ 압력탱크 외의 것은 50kPa의 압력으로 10분간 수압시험을 한다.

지하저장탱크는 압력탱크 외의 탱크에 있어서는 70kPa의 압력으로, 압력탱크에 있어서는 최대상용압력의 1.5배의 압력으로 각각 10분간 수압시험을 실시하여 새거나 변형되지 아니하여야 한다.

[12-2]

3 위험물안전관리법에 따른 지하탱크저장소에 관한 설명으로 틀린 것은?

① 안전거리 적용대상이 아니다.
② 보유공지 확보대상이 아니다.
③ 설치 용량의 제한이 없다.
④ 10m 내에 2기 이상을 인접하여 설치할 수 없다.

지하저장탱크를 2 이상 인접해 설치하는 경우에는 그 상호간에 1m(당해 2 이상의 지하저장탱크의 용량의 합계가 지정수량의 100배 이하인 때에는 0.5m) 이상의 간격을 유지하여야 한다.

정답 1 ② 2 ④ 3 ④

SECTION
07 간이탱크저장소의 위치·구조·설비기준

Industrial Engineer Hazardous material

이 섹션은 출제 비중이 높은 편은 아니다. 2문제가 반복해서 출제되고 있으므로 기출문제 중심으로 공부하도록 한다.

01 설치기준

① 용량 : 600L 이하, 두께 : 3.2mm 이상

② 개수 : 하나의 간이탱크저장소에 3개 이하(동일 품질의 위험물일 경우 2개 이상 설치하지 못함)

③ 유지 간격

㉠ 옥외에 설치하는 경우 그 탱크의 주위에 너비 1m 이상의 공지를 둘 것

㉡ 전용실 안에 설치하는 경우 탱크와 전용실 벽과의 사이에 0.5m 이상의 간격 유지

④ 통기관

㉠ 밸브 없는 통기관

- 통기관의 지름은 25mm 이상으로 할 것
- 통기관은 옥외에 설치하되, 그 선단의 높이는 지상 1.5m 이상으로 할 것
- 통기관의 선단은 수평면에 대하여 아래로 45° 이상 구부려 빗물 등이 침투하지 아니하도록 할 것
- 가는 눈의 구리망 등으로 인화방지장치를 할 것

▶ 인화점 70℃ 이상의 위험물만을 해당 위험물의 인화점 미만의 온도로 저장 또는 취급하는 탱크에 설치하는 경우 제외

㉡ 대기밸브 부착 통기관

- 통기관은 옥외에 설치하되, 그 선단의 높이는 지상 1.5m 이상으로 할 것
- 가는 눈의 구리망 등으로 인화방지장치를 할 것

⑤ 수압시험 : 70kPa의 압력으로 10분간

기출문제 | 기출문제로 출제유형을 파악한다!

[15-4, 09-4, 07-1]

1 위험물안전관리법령상 간이탱크저장소의 위치 · 구조 및 설비의 기준에서 간이 저장탱크 1개의 용량은 몇 L 이하이어야 하는가?

① 300 ② 600
③ 1,000 ④ 1,200

간이저장탱크 1개의 용량은 600L 이하이어야 한다.

[13-1, 10-4]

2 위험물 간이탱크 저장소의 간이저장탱크 수압시험 기준으로 옳은 것은?

① 50kPa 의 압력으로 7분간의 수압시험
② 70kPa 의 압력으로 10분간의 수압시험
③ 50kPa 의 압력으로 10분간의 수압시험
④ 70kPa 의 압력으로 7분간의 수압시험

간이저장탱크는 두께 3.2mm 이상의 강판으로 흠이 없도록 제작하여야 하며, 70kPa의 압력으로 10분간의 수압시험을 실시하여 새거나 변형되지 아니하여야 한다.

정답 1 ② 2 ②

SECTION

08 이동탱크저장소의 위치·구조·설비기준

Industrial Engineer Hazardous material

이 섹션도 출제 비중이 높은 편은 아니다. 이동저장탱크의 구조에서 압력, 칸막이, 안전장치, 방화판 등에 관한 숫자는 암기할 수 있도록 한다.

01 설치기준

1 상치장소

① 옥외에 있는 상치장소 : 화기를 취급하는 장소 또는 인근의 건축물로부터 5m 이상(인근의 건축물이 1층인 경우 3m 이상)의 거리를 확보

② 옥내에 있는 상치장소 : 벽 · 바닥 · 보 · 서까래 및 지붕이 내화구조 또는 불연재료로 된 건축물의 1층에 설치

2 이동저장탱크의 구조

① 재질 : 두께 3.2mm 이상의 강철판 또는 이와 동등 이상의 강도, 내식성 및 내열성이 있을 것

② 압력

- 압력탱크 : 최대상용압력의 1.5배의 압력으로 10분간의 수압시험을 실시하여 새거나 변형되지 않도록 한다.
- 압력탱크 외의 탱크 : 70kPa의 압력으로 10분간의 수압시험을 실시하여 새거나 변형되지 않도록 한다.

③ 칸막이 설치 : 탱크 내부에 4,000L 이하마다 3.2mm 이상의 강철판 또는 이와 동등 이상의 강도 · 내열성 및 내식성이 있는 금속성의 것으로 칸막이를 설치할 것

④ 안전장치 : 상용압력이 20kPa 이하인 탱크에 있어서는 20kPa 이상 24kPa 이하의 압력에서, 상용압력이 20kPa를 초과하는 탱크에 있어서는 상용압력의 1.1배 이하의 압력에서 작동하는 것으로 한다.

⑤ 방파판

- 두께 1.6mm 이상의 강철판 또는 이와 동등 이상의 강도 · 내열성 및 내식성이 있는 금속성의 것으로 한다.
- 하나의 구획부분에 2개 이상의 방파판을 이동탱크저장소의 진행방향과 평행으로 설치하되, 각 방파판은 그 높이 및 칸막이로부터의 거리를 다르게 한다.
- 하나의 구획부분에 설치하는 각 방파판의 면적의 합계는 당해 구획부분의 최대 수직단면적의 50% 이상으로 한다.

⑥ 측면틀

- 측면틀의 최외측과 최외측선 수평면에 대한 내각이 75도 이상이 되도록 한다.
- 최대수량의 위험물을 저장한 상태에 있을 때의 당해 탱크중량의 중심점과 측면틀의 최외측을 연결하는 직선과 그 중심점을 지나는 직선 중 최외측선과 직각을 이루는 직선과의 내각이 35도 이상이 되도록 한다.
- 외부로부터의 하중에 견딜 수 있는 구조로 하며, 측면틀 하중에 의하여 탱크가 손상되지 않도록 측면틀의 부착부분에 받침판을 설치한다.
- 탱크 상부의 네 모퉁이에 탱크의 전단 또는 후단으로부터 각각 1m 이내의 위치에 설치한다.

⑦ 방호틀

- 두께 2.3mm 이상의 강철판 또는 이와 동등 이상의 기계적 성질이 있는 재료로써 산 모양의 형상으로 하거나 이와 동등 이상의 강도가 있는 형상으로 한다.
- 정상부분은 부속장치보다 50mm 이상 높게 하거나 이와 동등 이상의 성능이 있는 것으로 한다.

⑧ 주입설비
- 위험물이 샐 우려가 없고 화재예방상 안전한 구조로 한다.
- 주입설비의 길이는 50m 이내로 하고, 그 선단에 축적되는 정전기를 유효하게 제거할 수 있는 장치를 한다.
- 분당 토출량은 200L이하로 한다.

⑨ 표지 및 게시판
- 표지 : 0.6×0.3m 이상의 흑색바탕에 황색의 반사도료 그 밖의 반사성이 있는 재료로 '위험물'이라고 표시
- 게시판 : 탱크의 뒷면 중 보기 쉬운 곳에 위험물의 유별 · 품명 · 최대수량 및 적재중량을 게시

⑩ 펌프설비
- 저장 또는 취급 가능한 위험물은 인화점이 70℃ 이상인 폐유 또는 비인화성의 것에 한한다.
- 감압장치의 배관 및 배관의 이음은 금속제일 것
- 완충용이음은 내압 및 내유성이 있는 고무제품을, 배기통의 최상부는 합성수지제품을 사용 가능
- 호스 끝부분에는 돌 등의 고형물이 혼입되지 아니하도록 망 등을 설치한다.
- 이동저장탱크로부터 위험물을 다른 저장소로 옮겨 담는 경우에는 당해 저장소의 펌프 또는 자연하류의 방식에 의하는 구조일 것

⑪ 컨테이너식 이동탱크저장소
- 이동저장탱크 · 맨홀 및 주입구의 뚜껑의 두께 : 6mm 이상(탱크의 직경 또는 장경이 1.8m 이하인 것은 5mm 이상)
- 칸막이 두께 : 3.2mm 이상
- 부속장치는 상자틀의 최외측과 50mm 이상의 간격 유지

02 이동탱크저장소 취급기준 (컨테이너식 이동탱크저장소 제외)

① 이동저장탱크로부터 액체위험물을 용기에 옮겨 담지 아니할 것(인화점 40℃ 이상의 제4류 위험물인 경우 제외)

② 인화점 40℃ 미만인 위험물을 주입할 때에는 이동탱크저장소의 원동기를 정지시킬 것

③ 선박의 연료탱크에 직접 주입하는 경우

㉠ 선박이 이동하지 아니하도록 계류(繫留)시킬 것

㉡ 이동탱크저장소가 움직이지 않도록 조치를 강구할 것

㉢ 이동탱크저장소의 주입호스의 끝부분을 선박의 연료탱크의 급유구에 긴밀히 결합할 것(주입호스 끝부분에 수동개폐장치를 설치한 주유노즐로 주입하는 경우 제외)

㉣ 이동탱크저장소의 주입설비를 접지할 것(인화점 40℃ 이상의 위험물을 주입하는 경우 제외)

▶ 정전기 등에 의한 재해 방지 조치

휘발유를 저장하던 이동저장탱크에 등유나 경유를 주입할 때 또는 등유나 경유를 저장하던 이동저장탱크에 휘발유를 주입할 경우

㉠ 이동저장탱크의 상부로부터 위험물을 주입할 때에는 위험물의 액표면이 주입관의 선단을 넘는 높이가 될 때까지 그 주입관 내의 유속을 초당 1m 이하로 할 것

㉡ 이동저장탱크의 밑부분으로부터 위험물을 주입할 때에는 위험물의 액표면이 주입관의 정상부분을 넘는 높이가 될 때까지 그 주입배관 내의 유속을 초당 1m 이하로 할 것

㉢ 그 밖의 방법에 의한 위험물의 주입은 이동저장탱크에 가연성증기가 잔류하지 아니하도록 조치하고 안전한 상태로 있음을 확인한 후에 할 것

▶ 상치장소 외 주차 가능 장소(장거리 운행 시)

㉠ 다른 이동탱크저장소의 상치장소

㉡ 일반화물자동차운송사업을 위한 차고

㉢ 화물터미널의 주차장

㉣ 노외의 옥외주차장

㉤ 제조소등이 설치된 사업장 내의 안전한 장소

㉥ 도로(길어깨 및 노상주차장을 포함) 외의 장소로서 화기취급장소 또는 건축물로부터 10m 이상 이격된 장소

㉦ 벽 · 기둥 · 바닥 · 보 · 서까래 및 지붕이 내화구조로 된 건축물의 1층으로서 개구부가 없는 내하구조의 격벽 등으로 당해 건축물의 다른 용도의 부분과 구획된 장소

㉧ 소방본부장 또는 소방서장으로부터 승인을 받은 장소

▶ 이동저장탱크의 유별 외부도장 색상

유별	도장의 색상	비고
제1류	회색	• 탱크의 앞면과 뒷면을 제외한 면적의 40% 이내의 면적은 다른 유별의 색상 외의 색상으로 도장 가능 • 제4류는 도장의 색상 제한이 없으나 적색을 권장
제2류	적색	
제3류	청색	
제5류	황색	
제6류	청색	

03 위험물 성질에 따른 이동탱크저장소의 특례

1 알킬알루미늄등을 저장 또는 취급하는 이동탱크저장소

① 두께 : 10mm 이상의 강판

② 수압 시험 : 1MPa 이상의 압력으로 10분간 실시
③ 용량 : 1,900ℓ 미만
④ 안전장치 : 수압시험 압력의 2/3를 초과하고 4/5를 넘지 않는 범위의 압력으로 작동할 것
⑤ 맨홀 및 주입구의 뚜껑 : 두께 10mm 이상의 강판
⑥ 배관 및 밸브 : 탱크의 윗부분에 설치
⑦ 이동저장탱크하중의 4배의 전단하중에 견딜 수 있는 걸고리체결금속구 및 모서리체결금속구를 설치할 것
⑧ 불활성의 기체를 봉입할 수 있는 구조로 할 것
⑨ 외면 색상 : 적색

2 아세트알데하이드등을 저장 또는 취급하는 이동탱크저장소

① 불활성의 기체를 봉입할 수 있는 구조로 할 것
② 이동저장탱크 및 그 설비는 은 · 수은 · 동 · 마그네슘 또는 이들을 성분으로 하는 합금으로 만들지 않을 것

04 암반탱크저장소

1 설치기준

① 암반탱크는 암반투수계수가 1초당 10만분의 1m 이하인 천연암반 내에 설치할 것
② 암반탱크는 저장할 위험물의 증기압을 억제할 수 있는 지하수면 하에 설치할 것
③ 암반탱크의 내벽은 암반균열에 의한 낙반을 방지할 수 있도록 볼트 · 콘크리크 등으로 보강할 것

2 수리조건

① 암반탱크 내로 유입되는 지하수의 양은 암반 내의 지하수 충전량보다 적을 것
② 암반탱크의 상부로 물을 주입하여 수압을 유지할 필요가 있는 경우에는 수벽공을 설치할 것
③ 암반탱크에 가해지는 지하수압은 저장소의 최대 운영압보다 항상 크게 유지할 것

기출문제 | 기출문제로 출제유형을 파악한다!

[14-1, 11-2]

1 제4류 위험물을 저장하는 이동탱크 저장소의 탱크 용량이 19,000L일 때 탱크의 칸막이는 최소 몇 개를 설치하여야 하는가?

① 2 ② 3
③ 4 ④ 5

이동저장탱크는 그 내부에 4,000L 이하마다 3.2mm 이상의 강철판 또는 이와 동등 이상의 강도 · 내열성 및 내식성이 있는 금속성의 것으로 칸막이를 설치하여야 한다. 탱크 용량이 19,000L이므로 최소 4개 이상의 칸막이를 설치해야 한다.

[11-2]

2 다음 ( ) 안에 알맞은 색상을 차례대로 나열한 것은?

> 이동저장탱크 차량의 전면 및 후면의 보기 쉬운 곳에 직사각형판의 ( ) 바탕에 ( )의 반사도료로 "위험물"이라고 표시하여야 한다.

① 백색 - 적색 ② 백색 - 흑색
③ 황색 - 적색 ④ 흑색 - 황색

이동탱크저장소에는 소방청장이 정하여 고시하는 바에 따라 저장하는 위험물의 위험성을 알리는 표지를 설치하여야 한다.
- 부착위치 : 전면 상단 및 후면 상단
- 규격 및 형상 : 60㎝ 이상×30㎝ 이상의 횡형 사각형
- 색상 및 문자 : 흑색 바탕에 황색의 반사 도료로 "위험물"이라 표기할 것

[10-1]

3 알킬알루미늄을 저장하는 이동탱크저장소에 적용하는 기준으로 틀린 것은?

① 탱크는 두께 10mm 이상의 강판 또는 이와 동등 이상의 기계적 성질이 있는 재료로 기밀하게 제작한다.
② 탱크의 저장 용량은 1,900L 미만이어야 한다.
③ 탱크의 배관 및 밸브 등은 탱크의 아랫부분에 설치하여야 한다.
④ 안전장치는 이동저장탱크 수압시험 압력의 3분의 2를 초과하고 5분의 4를 넘지 아니하는 범위의 압력으로 작동하여야 한다.

이동저장탱크의 배관 및 밸브 등은 당해 탱크의 윗부분에 설치하여야 한다.

정답 01 ③ 02 ④ 03 ③

SECTION

09 취급소의 위치·구조·설비기준

이 섹션에서는 취급소의 구분을 포함하여 주유취급소, 판매취급소, 이송취급소 등에서 골고루 출제되고 있으니 기출문제 중심으로 공부하도록 한다. 판매취급소 제1종과 제2종 구분 기준도 출제될 수 있으니 확실히 구분할 수 있도록 한다.

▶ **취급소의 구분**
- 주유취급소
- 판매취급소
- 이송취급소
- 일반취급소

01 주유취급소

1 설치기준

(1) 주유공지

① 너비 15m 이상, 길이 6m 이상의 콘크리트 등으로 포장한 공지

② 고정급유설비를 설치하는 경우 호스기기의 주위에 필요한 공지(급유공지)를 보유할 것

③ 공지의 바닥
- 주위 지면보다 높게 할 것
- 표면을 적당하게 경사지게 하여 새어나온 기름 등의 액체가 공지의 외부로 유출되지 않도록 배수구, 집유설비 및 유분리장치를 할 것

(2) 표지 및 게시판

① 표지 : 0.6×0.3m 이상의 백색 바탕에 흑색 문자로 '위험물 주유취급소'라고 표시

② 게시판 : 황색바탕에 흑색문자로 '주유중엔진정지'라고 표시

(3) 탱크 용량

① 자동차용 고정주유설비, 고정급유설비 : 50,000L 이하

② 보일러 : 10,000L 이하

③ 자동차 점검 · 정비용 폐유 · 윤활유 : 2,000L 이하

④ 고속국도의 도로변에 설치된 주유취급소 : 60,000L 이하

(4) 고정주유설비

① 주유관의 길이 : 5m

▶ 현수식 : 지면 위 0.5m의 수평면에 수직으로 내려 만나는 점을 중심으로 반경 3m

② 도로경계선까지의 거리 : 4m 이상

③ 부지경계선 · 담 및 건축물의 벽까지의 거리 : 2m(개구부가 없는 벽까지는 1m) 이상

④ 고정급유설비의 중심선을 기점으로 하여 도로경계선까지의 거리 : 4m 이상

⑤ 부지경계선 및 담까지의 거리 : 1m 이상

⑥ 건축물의 벽까지의 거리 : 2m 이상(개구부가 없는 벽까지는 1m)

⑦ 고정주유설비와 고정급유설비의 사이의 거리 : 4m 이상

⑧ 펌프기 토출량
- 제1석유류 : 분당 50L 이하
- 경유 : 분당 180L 이하
- 등유 : 분당 80L 이하
- 이동저장탱크용 고정급유설비 : 분당 300L 이하

※ 분당 토출량이 200L 이상인 경우 배관의 안지름 : 40㎜ 이상

⑨ 이동저장탱크의 상부를 통하여 주입하는 고정급유설비의 주유관에는 탱크의 밑부분에 달하는 주입관을 설치하고, 그 토출량이 분당 80L를 초과하는 것은 이동저장탱크에 주입하는 용도로만 사용할 것

⑩ 고정주유설비 또는 고정급유설비는 난연성 재료로 만들어진 외장을 설치할 것

(5) 옥내주유취급소

① 건축물 안에 설치하는 주유취급소

② 캐노피 · 처마 · 차양 · 부연 · 발코니 및 루버의 수평투영면적이 주유취급소의 공지면적의 3분의 1을 초과하는 주유취급소

02 판매취급소

1 종류

구분	구분 기준
제1종 판매취급소	위험물의 수량이 지정수량의 20배 이하인 판매취급소
제2종 판매취급소	위험물의 수량이 지정수량의 40배 이하인 판매취급소

2 설치기준

(1) 제1종 판매취급소

① 건축물의 1층에 설치할 것

② 건축물은 내화구조 또는 불연재료로 하고, 판매취급소로 사용되는 부분과 다른 부분과의 격벽은 내화구조로 할 것

③ 보와 천장은 불연재료로 할 것

④ 창 및 출입구에는 60분+방화문 · 60분방화문 또는 30분방화문을 설치할 것

⑤ 위험물을 배합하는 실은 다음에 의할 것

- 바닥면적은 $6m^2$ 이상 $15m^2$ 이하로 할 것
- 내화구조 또는 불연재료로 된 벽으로 구획할 것
- 바닥은 위험물이 침투하지 아니하는 구조로 하여 적당한 경사를 두고 집유설비를 할 것
- 출입구에는 수시로 열 수 있는 자동폐쇄식의 60분+방화문 또는 60분방화문을 설치할 것
- 출입구 문턱의 높이는 바닥면으로부터 0.1m 이상으로 할 것
- 내부에 체류한 가연성의 증기 또는 가연성의 미분을 지붕 위로 방출하는 설비를 할 것

(2) 제2종 판매취급소

① 벽 · 기둥 · 바닥 및 보를 내화구조로 하고, 천장이 있는 경우에는 이를 불연재료로 하며, 판매취급소로 사용되는 부분과 다른 부분과의 격벽은 내화구조로 할 것

② 상층이 있는 경우 상층의 바닥을 내화구조로 하는 동시에 상층으로의 연소를 방지하기 위한 조치를 강구하고, 상층이 없는 경우에는 지붕을 내화구조로 할 것

③ 연소의 우려가 없는 부분에 한하여 창을 두되, 당해 창에는 60분+방화문 · 60분방화문 또는 30분방화문을 설치할 것

④ 출입구에는 60분+방화문 · 60분방화문 또는 30분방화문을 설치할 것

⑤ 연소의 우려가 있는 벽 또는 창의 부분에 설치하는 출입구에는 수시로 열 수 있는 자동폐쇄식의 60분+방화문 또는 60분방화문을 설치할 것

03 이송취급소

1 설치금지 장소

① 철도 및 도로의 터널 안

② 고속국도 및 자동차전용도로의 차도 · 길어깨 및 중앙분리대

③ 호수 · 저수지 등으로서 수리의 수원이 되는 곳

④ 급경사지역으로서 붕괴의 위험이 있는 지역

2 배관의 안전거리

① 건축물(지하가 내의 건축물 제외) : 1.5m 이상

② 지하가 및 터널 : 10m 이상

③ 위험물의 유입 우려가 있는 수도시설 : 300m 이상

④ 다른 공작물 : 0.3m 이상

⑤ 배관의 외면과 지표면과의 거리

- 산이나 들 : 0.9m 이상
- 그 밖의 지역 : 1.2m 이상

⑥ 도로의 경계(도로밑 매설 시) : 1m 이상

⑦ 시가지 도로의 노면 아래에 매설하는 경우

- 배관의 외면과 노면과의 거리 : 1.5m 이상
- 보호판 또는 방호구조물의 외면과 노면과의 거리 : 1.2m 이상

⑧ 시가지 외의 도로의 노면 아래에 매설하는 경우 배관의 외면과 노면과의 거리 : 1.2m 이상

⑨ 포장된 차도에 매설하는 경우 배관의 외면과 노반의 최하부와의 거리 : 0.5m 이상

⑩ 하천 또는 수로의 밑에 배관을 매설하는 경우 외면과 계획하상과의 거리

• 하천을 횡단하는 경우 : 4.0m
• 수로를 횡단하는 경우
  - 하수도 또는 운하 : 2.5m
  - 그 외 좁은 수로 : 1.2m

3 밸브(교체밸브 · 제어밸브 등) 설치

① 밸브는 원칙적으로 이송기지 또는 전용부지 내에 설치할 것
② 밸브는 그 개폐상태가 당해 밸브의 설치장소에서 쉽게 확인할 수 있도록 할 것
③ 밸브를 지하에 설치하는 경우에는 점검상자 안에 설치할 것
④ 밸브는 당해 밸브의 관리에 관계하는 자가 아니면 수동으로 개폐할 수 없도록 할 것

4 긴급차단밸브 설치

① 시가지에 설치하는 경우에는 약 4km의 간격
② 하천 · 호소 등을 횡단하여 설치하는 경우에는 횡단하는 부분의 양 끝
③ 해상 또는 해저를 통과하여 설치하는 경우에는 통과하는 부분의 양 끝
④ 산림지역에 설치하는 경우에는 약 10km의 간격
⑤ 도로 또는 철도를 횡단하여 설치하는 경우에는 횡단하는 부분의 양 끝

5 경보설비 설치

① 이송기지에는 비상벨장치 및 확성장치를 설치할 것
② 가연성증기를 발생하는 위험물을 취급하는 펌프실 등에는 가연성증기 경보설비를 설치할 것

6 비파괴시험

배관 등의 용접부는 비파괴시험을 실시하여 합격할 것(이 경우 이송기지 내의 지상에 설치된 배관 등은 전체 용접부의 20% 이상을 발췌하여 시험할 수 있다.)

04 일반취급소

일반취급소의 위치 · 구조 및 설비의 기술기준은 제조소의 위치 · 구조 및 설비의 기술기준을 준용하며, 다음과 같이 특례 기준을 두고 있다.

1 분무도장작업등의 일반취급소

도장, 인쇄 또는 도포를 위하여 제2류 위험물 또는 제4류 위험물(특수인화물 제외)을 취급하는 일반취급소로서 지정수량의 30배 미만의 것(위험물을 취급하는 설비를 건축물에 설치하는 것에 한함)

2 세정작업의 일반취급소

세정을 위하여 위험물(인화점이 40℃ 이상인 제4류 위험물)을 취급하는 일반취급소로서 지정수량의 30배 미만의 것(위험물을 취급하는 설비를 건축물에 설치하는 것에 한함)

3 열처리작업 등의 일반취급소

열처리작업 또는 방전가공을 위하여 위험물(인화점이 70℃ 이상인 제4류 위험물)을 취급하는 일반취급소로서 지정수량의 30배 미만의 것(위험물을 취급하는 설비를 건축물에 설치하는 것에 한함)

4 보일러등으로 위험물을 소비하는 일반취급소

보일러, 버너 그 밖의 이와 유사한 장치로 위험물(인화점이 38℃ 이상인 제4류 위험물)을 소비하는 일반취급소로서 지정수량의 30배 미만의 것(위험물을 취급하는 설비를 건축물에 설치하는 것에 한함)

5 충전하는 일반취급소

이동저장탱크에 액체위험물(알킬알루미늄등, 아세트알데하이드등 및 하이드록실아민등 제외)을 주입하는 일반취급소(액체위험물을 용기에 옮겨 담는 취급소를 포함한다)

6 옮겨 담는 일반취급소

고정급유설비에 의하여 위험물(인화점이 38℃ 이상인 제4류 위험물)을 용기에 옮겨 담거나 4,000L 이하의 이동저장탱크(용량이 2,000L를 넘는 탱크에 있어서는 그 내부를 2,000L 이하마다 구획한 것)에 주입하는 일반취급소로서 지정수량의 40배 미만인 것

7 유압장치등을 설치하는 일반취급소

위험물을 이용한 유압장치 또는 윤활유 순환장치를 설치하는 일반취급소(고인화점 위험물만을 100℃ 미만의 온도로 취급하는 것)로서 지정수량의 50배 미만의 것(위험물을 취급하는 설비를 건축물에 설치하는 것에 한함)

8 절삭장치등을 설치하는 일반취급소

절삭유의 위험물을 이용한 절삭장치, 연삭장치 그 밖의 이와 유사한 장치를 설치하는 일반취급소(고인화점 위험물만을 100℃ 미만의 온도로 취급하는 것)로서 지정수량의 30배 미만의 것(위험물을 취급하는 설비를 건축물에 설치하는 것에 한함)

9 열매체유 순환장치를 설치하는 일반취급소

위험물 외의 물건을 가열하기 위하여 위험물(고인화점 위험물)을 이용한 열매체유 순환장치를 설치하는 일반취급소로서 지정수량의 30배 미만의 것(위험물을 취급하는 설비를 건축물에 설치하는 것에 한함)

10 화학실험의 일반취급소

11 반도체 제조공정의 일반취급소

12 이차전지 제조공정의 일반취급소

▶ **주요용어 정리**

㉠ 위험물 : 인화성 또는 발화성 등의 성질을 가지는 것으로서 대통령령이 정하는 물품
㉡ 지정수량 : 위험물의 종류별로 위험성을 고려하여 대통령령이 정하는 수량으로서 제조소등의 설치허가 등에 있어서 최저의 기준이 되는 수량
㉢ 제조소등 : 제조소, 저장소, 취급소
㉣ 제조소 : 위험물을 제조할 목적으로 지정수량 이상의 위험물을 취급하기 위하여 허가를 받은 장소
㉤ 저장소 : 지정수량 이상의 위험물을 저장하기 위한 대통령령이 정하는 장소로서 규정에 따라 허가를 받은 장소
㉥ 취급소 : 지정수량 이상의 위험물을 제조 외의 목적으로 취급하기 위한 대통령령이 정하는 장소로서 규정에 따른 허가를 받은 장소

기출문제 | 기출문제로 출제유형을 파악한다!

[15-2, 09-1]

1 위험물안전관리법령상 취급소에 해당되지 않는 것은?

① 주유취급소 ② 옥내취급소
③ 이송취급소 ④ 판매취급소

위험물안전관리법령상 취급소의 종류에는 주유취급소, 판매취급소, 이송취급소, 일반취급소가 있다.

[10-4]

2 위험물안전관리법령에서 정한 위험물 취급소의 구분에 해당되지 않는 것은?

① 주유취급소 ② 제조취급소
③ 판매취급소 ④ 일반취급소

[11-4]

3 위험물 주유취급소의 주유 및 급유 공지의 바닥에 대한 기준으로 옳지 않은 것은?

① 주위 지면보다 낮게 할 것
② 표면을 적당하게 경사지게 할 것
③ 배수구, 집유설비를 할 것
④ 유분리장치를 할 것

주유취급소 공지의 바닥은 주위 지면보다 높게 하고, 그 표면을 적당하게 경사지게 하여 새어나온 기름 그 밖의 액체가 공지의 외부로 유출되지 아니하도록 배수구 · 집유설비 및 유분리장치를 하여야 한다.

[11-4]

4 판매취급소에서 위험물을 배합하는 실의 기준으로 틀린 것은?

① 내화구조 또는 불연재료로 된 벽으로 구획한다.
② 출입구는 자동폐쇄식 60분+방화문 또는 60분방화문을 설치한다.
③ 내부에 체류한 가연성 증기를 지붕 위로 방출하는 설비를 한다.
④ 바닥에는 경사를 두어 되돌림관을 설치한다.

위험물을 배합하는 실은 다음에 의할 것
- 바닥면적은 6㎡ 이상 15㎡ 이하로 할 것
- 내화구조 또는 불연재료로 된 벽으로 구획할 것
- 바닥은 위험물이 침투하지 아니하는 구조로 하여 적당한 경사를 두고 집유설비를 할 것
- 출입구에는 수시로 열 수 있는 자동폐쇄식의 60분+방화문 또는 60분방화문을 설치할 것
- 출입구 문턱의 높이는 바닥면으로부터 0.1m 이상으로 할 것
- 내부에 체류한 가연성의 증기 또는 가연성의 미분을 지붕 위로 방출하는 설비를 할 것

[14-1, 10-4]

5 주유취급소의 고정주유설비는 고정주유설비의 중심선을 기점으로 하여 도로경계선까지 몇 m 이상 떨어져 있어야 하는가?

① 2 ② 3
③ 4 ④ 5

주유취급소의 고정주유설비는 고정주유설비의 중심선을 기점으로 하여 도로경계선까지 4m 이상 떨어져 있어야 한다.

[14-4, 11-4]

6 위험물안전관리법령상 이송취급소 배관 등의 용접부는 비파괴시험을 실시하여 합격하여야 한다. 이 경우 이송기지 내의 지상에 설치되는 배관 등은 전체 용접부의 몇 % 이상 발췌하여 시험할 수 있는가?

① 10 ② 15
③ 20 ④ 25

배관 등의 용접부는 비파괴시험을 실시하여 합격하여야 하는데, 이송기지 내의 지상에 설치된 배관 등은 전체 용접부의 20% 이상을 발췌하여 시험할 수 있다.

정답 1② 2② 3① 4④ 5③ 6③

탱크의 용량 계산

탱크의 용량 = 탱크의 내용적 - 탱크의 공간용적

1 타원형 탱크

(1) 양쪽이 볼록한 탱크

내용적 = $\frac{\pi ab}{4}\left(\ell + \frac{\ell_1 + \ell_2}{3}\right)$

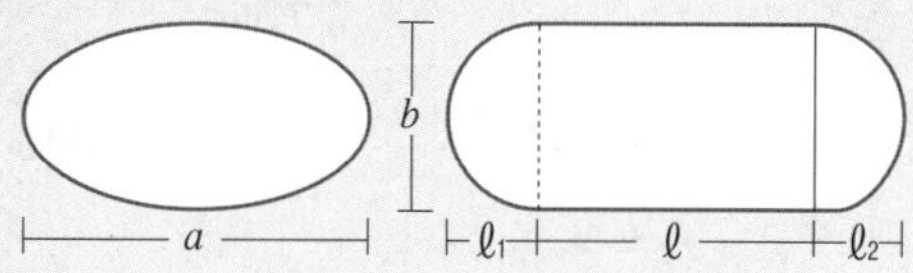

(2) 한쪽은 볼록하고 다른 한쪽은 오목한 탱크

내용적 = $\frac{\pi ab}{4}\left(\ell + \frac{\ell_1 - \ell_2}{3}\right)$

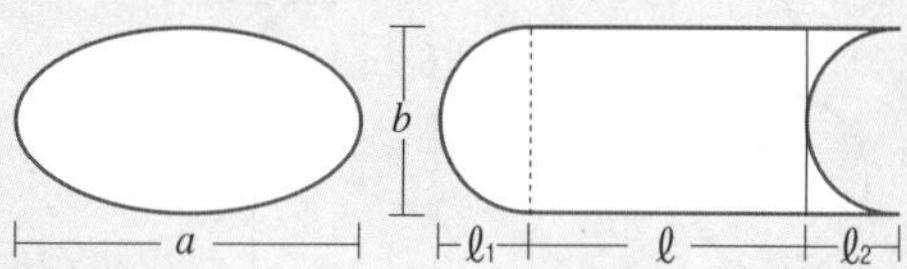

2 원형 탱크

(1) 횡으로 설치한 탱크

내용적 = $\pi r^2\left(\ell + \frac{\ell_1 + \ell_2}{3}\right)$

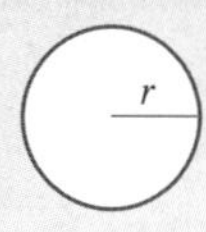

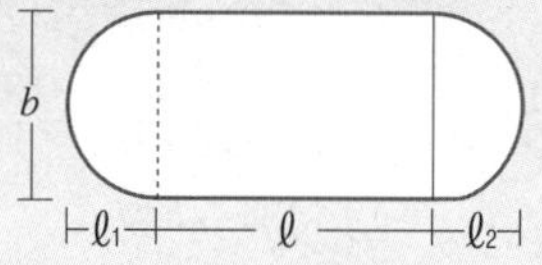

(2) 종으로 설치한 탱크

내용적 = $\pi r^2 \ell$

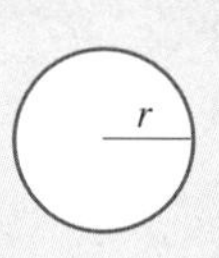

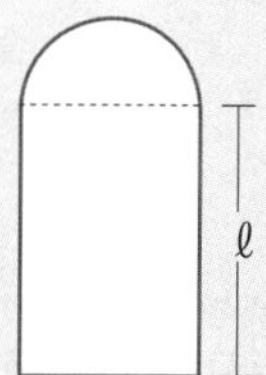

3 탱크의 공간용적

㉠ 탱크의 내용적의 100분의 5 이상 100분의 10 이하

㉡ 소화설비 설치 탱크 : 소화설비의 소화약제방출구 아래의 0.3미터 이상 1미터 미만 사이의 면으로부터 윗부분의 용적

㉢ 암반탱크 : 탱크 내에 용출하는 7일간의 지하수의 양에 상당하는 용적과 탱크의 내용적의 100분의 1의 용적 중에서 큰 용적

기출문제 | 기출문제로 출제유형을 파악한다!

[15-2]

1 위험물을 저장 또는 취급하는 탱크의 용량산정 방법에 관한 설명으로 옳은 것은?

① 탱크의 내용적에서 공간용적을 뺀 용적으로 한다.
② 탱크의 공간용적에서 내용적을 뺀 용적으로 한다.
③ 탱크의 공간용적에 내용적을 더한 용적으로 한다.
④ 탱크의 볼록하거나 오목한 부분을 뺀 내용적으로 한다.

탱크의 용량 = 탱크의 내용적 - 탱크의 공간용적

[14-4]

2 위험물을 저장 또는 취급하는 탱크의 용량은?

① 탱크의 내용적에서 공간용적을 뺀 용적으로 한다.
② 탱크의 내용적으로 한다.
③ 탱크이 공간용적으로 한다.
④ 탱크의 내용적에 공간용적을 더한 용적으로 한다.

정답 1 ① 2 ①

chapter 06

[14-4, 11-2, 08-4]

3 그림과 같은 타원형 탱크의 내용적은 약 몇 m^3 인가?

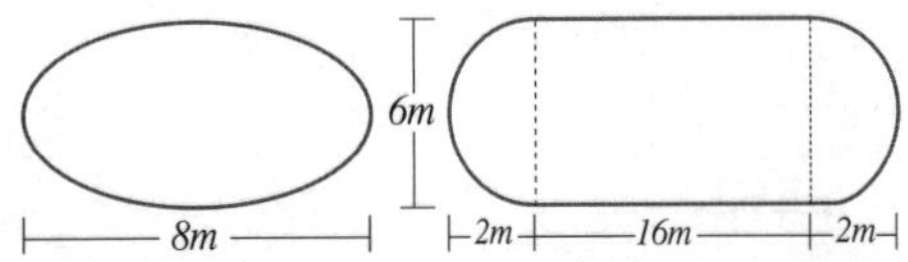

① 453 ② 553
③ 653 ④ 753

양쪽이 볼록한 타원형 탱크의 내용적 =
$= \frac{\pi ab}{4}\left(L+\frac{L_1+L_2}{3}\right) = \frac{\pi \times 8 \times 6}{4}\left(16+\frac{2+2}{3}\right) \fallingdotseq 653m^3$

[10-2]

4 그림과 같은 타원형 위험물탱크의 내용적은 약 얼마인가? (단, 단위는 m이다)

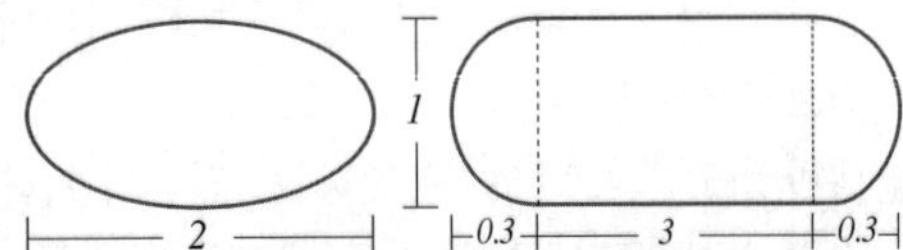

① $5.03m^3$ ② $7.52m^3$
③ $9.03m^3$ ④ $19.05m^3$

양쪽이 볼록한 타원형 탱크의 내용적 =
$= \frac{\pi ab}{4}\left(L+\frac{L_1+L_2}{3}\right) = \frac{\pi \times 2 \times 1}{4}\left(3+\frac{0.3+0.3}{3}\right) \fallingdotseq 5.03m^3$

[15-1, 11-2, 09-4]

5 그림과 같은 위험물을 저장하는 탱크의 내용적은 약 몇 m^3인가? (단, r은 10m, L은 25m이다)

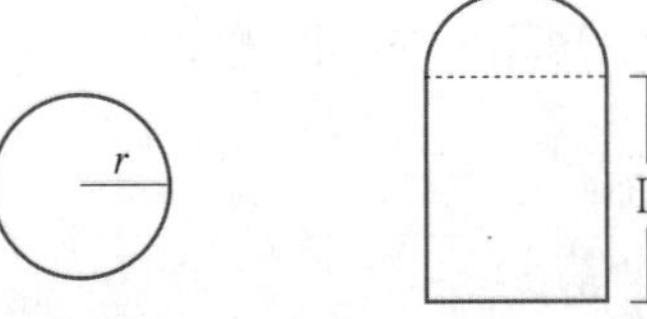

① 3,612 ② 4,712
③ 5,812 ④ 7,854

종으로 설치한 탱크의 내용적 = $\pi r^2 L = \pi \times 10^2 \times 25 \fallingdotseq 7,854$

[08-02]

6 [그림]과 같은 위험물을 저장하는 탱크의 내용적은 약 몇 m^3인가?(단, r은 10m, L은 15m이다)

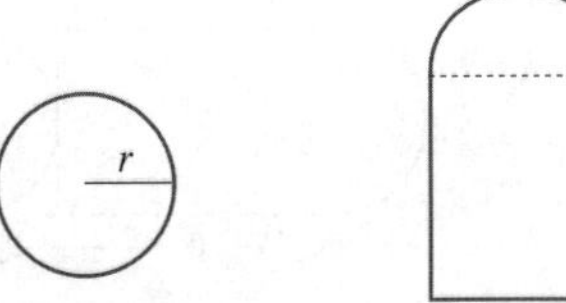

① 3,612 ② 4,712
③ 5,812 ④ 6,912

종으로 설치한 탱크의 내용적 = $\pi r^2 L = \pi \times 10^2 \times 15 \fallingdotseq 4,712$

정답 **3** ③ **4** ① **5** ④ **6** ②

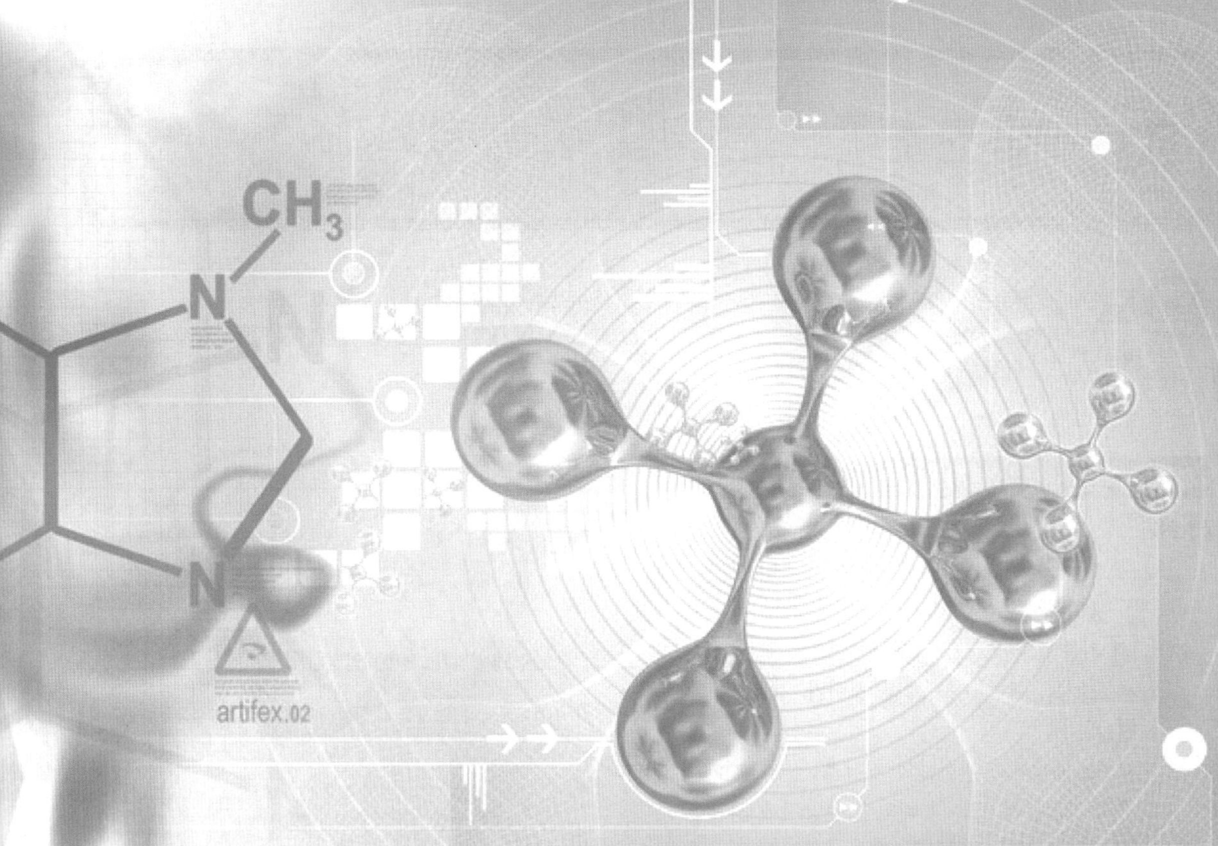

CHAPTER 07

위험물안전관리법상 행정사항

제조소등 설치 및 후속절차 | 행정처분 | 안전관리 사항 | 행정감독

SECTION 01 제조소등 설치 및 후속절차

Industrial Engineer Hazardous material

이 섹션에서는 용도 폐지, 안전관리자 선임, 자체소방대, 화학소방자동차에 대해 묻는 문제들 위주로 꾸준히 출제되고 있으니 이 내용들 중심으로 공부하도록 한다.

01 위험물시설의 설치 및 변경 등

1 허가

① 제조소등을 설치 및 변경하고자 하는 자는 특별시장 · 광역시장 또는 도지사의 허가 필요

② 허가 기준

- 제조소등의 위치 · 구조 및 설비가 기술기준에 적합할 것
- 제조소등에서의 위험물의 저장 또는 취급이 공공의 안전유지 또는 재해의 발생방지에 지장을 줄 우려가 없다고 인정될 것
- 한국소방산업기술원의 기술검토를 받고 행정안전부령으로 정하는 기준에 적합할 것(보수 등을 위한 부분적인 변경으로서 소방청장이 정하여 고시하는 사항에 대해서는 기술원의 기술검토를 받지 아니할 수 있으나 행정안전부령으로 정하는 기준에는 적합하여야 한다)

▶ **한국소방산업기술원의 기술검토 대상**

㉠ 지정수량의 1천배 이상의 위험물을 취급하는 제조소 또는 일반취급소 : 구조 · 설비에 관한 사항

㉡ 옥외탱크저장소(저장용량이 50만 리터 이상) 또는 암반탱크저장소 : 위험물탱크의 기초 · 지반, 탱크본체 및 소화설비에 관한 사항

▶ **기술검토가 면제되는 경우**

㉠ 옥외저장탱크의 지붕판(노즐 · 맨홀 등 포함)의 교체(동일한 형태의 것으로 교체하는 경우에 한함)

㉡ 옥외저장탱크의 옆판(노즐 · 맨홀 등 포함)의 교체 중 다음에 해당하는 경우

- 최하단 옆판을 교체하는 경우에는 옆판 표면적의 10% 이내의 교체
- 최하단 외의 옆판을 교체하는 경우에는 옆판 표면적의 30% 이내의 교체
- 옥외저장탱크의 밑판(옆판의 중심선으로부터 600㎜ 이내의 밑판에 있어서는 당해 밑판의 원주길이의 10% 미만에 해당하는 밑판에 한함)의 교체
- 옥외저장탱크의 밑판 또는 옆판(노즐 · 맨홀 등 포함)의 정비(밑판 또는 옆판의 표면적의 50% 미만의 겹침보수공사 또는 육성보수공사 포함)
- 옥외탱크저장소의 기초 · 지반의 정비
- 암반탱크의 내벽의 정비
- 제조소 또는 일반취급소의 구조 · 설비를 변경하는 경우에 변경에 의한 위험물 취급량의 증가가 지정수량의 3천배 미만인 경우

▶ **한국소방산업기술원 위탁업무**

㉠ 탱크안전성능검사

- 용량이 100만 리터 이상인 액체위험물을 저장하는 탱크
- 암반탱크
- 지하탱크저장소의 위험물탱크 중 행정안전부령이 정하는 액체위험물탱크(이중벽탱크)

㉡ 완공검사

- 지정수량의 3천배 이상의 위험물을 취급하는 제조소 또는 일반취급소의 설치 또는 변경(사용 중인 제조소 또는 일반취급소의 보수 또는 부분적인 증설 제외)에 따른 완공검사
- 옥외탱크저장소(저장용량 50만 리터 이상) 또는 암반탱크저장소의 설치 또는 변경에 따른 완공검사

㉢ 소방본부장 또는 소방서장의 '특정옥외탱크저장소'에 대한 정기검사

㉣ 소방청장의 '기계에 의하여 하역하는 구조로 된 운반용기'에 대한 검사

㉤ 소방청장의 '탱크시험자의 기술인력으로 종사하는 자'에 대한 안전교육

〈참고〉 안전관리자로 선임된 자와 위험물운송자로 종사하는 자에 대한 안전교육은 한국소방안전원에 위탁한다.

2 허가를 받지 않아도 되는 경우

다음의 경우 허가를 받지 아니하고 당해 제조소등을 설치하거나 그 위치 · 구조 또는 설비를 변경할 수 있으며, 신고를 하지 아니하고 위험물의 품명 · 수량 또는 지정수량의 배수를 변경할 수 있다.

① 주택의 난방시설(공동주택의 중앙난방시설 제외)을 위한 저장소 또는 취급소

② 농예용 · 축산용 또는 수산용으로 필요한 난방시설 또는 건조시설을 위한 지정수량 20배 이하의 저장소

3 품명 등의 변경신고

제조소등의 위치 · 구조 또는 설비의 변경 없이 제조소등에서 저장하거나 취급하는 위험물의 품명 · 수량 또는 지정수량의 배수를 변경하고자 하는 자는 변경하고자 하는 날의 1일 전까지 시 · 도지사에게 신고

4 이동탱크저장소 변경허가를 받아야 하는 경우

① 상치장소의 위치를 이전하는 경우(같은 사업장 또는 같은 울 안에서 이전하는 경우 제외)

② 이동저장탱크를 보수(탱크본체를 절개하는 경우에 한함)하는 경우

③ 이동저장탱크의 노즐 또는 맨홀을 신설하는 경우(직경이 250㎜를 초과하는 경우에 한함)

④ 이동저장탱크의 내용적을 변경하기 위하여 구조를 변경하는 경우

⑤ 주입설비를 설치 또는 철거하는 경우

⑥ 펌프설비를 신설하는 경우

5 군용위험물시설의 설치 및 변경에 대한 특례

① 군사목적 또는 군부대시설을 위한 제조소등을 설치하거나 그 위치 · 구조 또는 설비를 변경하고자 하는 군부대의 장은 미리 제조소등의 소재지를 관할하는 시 · 도지사와 협의하여야 한다.

② 군부대의 장이 제조소등의 소재지를 관할하는 시 · 도지사와 협의한 경우에는 허가를 받은 것으로 본다.

③ 군부대의 장은 제조소등에 대한 완공검사를 자체적으로 실시할 수 있다. 이 경우 지체 없이 행정안전부령이 정하는 다음 사항을 시 · 도지사에게 통보하여야 한다.

> ▶ **행정안전부령이 정하는 사항**
> - 제조소등의 완공일 및 사용개시일
> - 탱크안전성능검사의 결과
> - 완공검사의 결과
> - 안전관리자 선임계획
> - 예방규정

02 탱크안전성능검사

1 검사의 필요성

위험물탱크가 있는 제조소등의 설치 또는 그 위치 · 구조 및 설비의 변경에 관하여 허가를 받은 자가 변경공사를 하는 때에는 완공검사를 받기 전에 기술기준에 적합한지의 여부를 확인하기 위하여 시 · 도지사가 실시하는 탱크안전성능검사를 받아야 한다.

2 검사대상 탱크

① 기초 · 지반검사 : 옥외탱크저장소의 액체위험물탱크 중 그 용량이 100만 리터 이상인 탱크

② 충수(充水) · 수압검사 : 액체위험물을 저장 또는 취급하는 탱크

> ▶ **제외대상**
> - 제조소 또는 일반취급소에 설치된 탱크로서 용량이 지정수량 미만인 것
> - 특정설비에 관한 검사에 합격한 탱크
> - 성능검사에 합격한 탱크
>
> ▶ **면제**
> - 충수 · 수압검사를 면제받고자 하는 자는 위험물탱크안전성능시험자 또는 기술원으로부터 충수 · 수압검사에 관한 탱크안전성능시험을 받아 완공검사를 받기 전(지하에 매설하는 위험물탱크에 있어서는 지하에 매설하기 전)에 시험에 합격하였음을 증명하는 탱크시험필증을 시 · 도지사에게 제출하여야 한다.
> - 시 · 도지사는 탱크시험필증과 해당 위험물탱크를 확인한 결과 기술기준에 적합하다고 인정되는 때에는 충수 · 수압검사를 면제한다.

③ 용접부검사 : 옥외탱크저장소의 액체위험물탱크 중 그 용량이 100만 리터 이상인 탱크

> ▶ **제외대상**
> - 탱크의 저부에 관계된 변경공사(탱크의 옆판과 관련되는 공사 제외) 시에 행하여진 정기검사에 의하여 용접부에 관한 사항이 행정안전부령으로 정하는 기준에 적합하다고 인정된 탱크
> - 행정안전부령으로 정하는 기준 : 특정옥외저장탱크의 용접부는 소방청장이 정하여 고시하는 바에 따라 실시하는 방사선투과시험, 진공시험 등의 비파괴시험에 있어서 소방청장이 정하여 고시하는 기준에 적합한 것이어야 한다.

④ 암반탱크검사 : 액체위험물을 저장 또는 취급하는 암반 내의 공간을 이용한 탱크

3 검사 신청시기

① 기초 · 지반검사 : 위험물탱크의 기초 및 지반에 관한 공사의 개시 전

② 충수 · 수압검사 : 위험물을 저장 또는 취급하는 탱크에 배관 그 밖의 부속설비를 부착하기 전

③ 용접부검사 : 탱크본체에 관한 공사의 개시 전

④ 암반탱크검사 : 암반탱크의 본체에 관한 공사의 개시 전

03 완공검사

1 신청 시기

① 지하탱크가 있는 제조소등의 경우 : 지하탱크를 매설하기 전

② 이동탱크저장소의 경우 : 이동저장탱크를 완공하고 상치장소를 확보한 후

③ 이송취급소의 경우 : 이송배관 공사의 전체 또는 일부를 완료한 후(지하 · 하천 등에 매설하는 이송배관의 공사의 경우에는 이송배관을 매설하기 전)

④ 기타 제조소등의 경우 : 제조소등의 공사를 완료한 후

> ▶ **전체 공사가 완료된 후에는 완공검사를 실시하기 곤란한 경우**
> - 위험물설비 또는 배관의 설치가 완료되어 기밀시험 또는 내압시험을 실시하는 시기
> - 배관을 지하에 설치하는 경우에는 시 · 도지사, 소방서장 또는 기술원이 지정하는 부분을 매몰하기 직전
> - 기술원이 지정하는 부분의 비파괴시험을 실시하는 시기

2 신청서 제출

시 · 도지사, 소방서장 또는 한국소방산업기술원에 제출

04 제조소등 설치자의 지위승계

1 설치자의 지위를 승계하는 경우

① 제조소등의 설치자가 사망한 때 : 상속인

② 제조소등을 양도 · 인도한 때 : 양수 · 인수한 자

③ 법인인 설치자의 합병이 있는 때 : 합병 후 존속하는 법인 또는 합병에 의하여 설립되는 법인

④ 경매, 환가, 압류재산의 매각 등 : 인수자

2 신고

① 지위를 승계한 자는 행정안전부령이 정하는 바에 따라 승계한 날부터 30일 이내에 시 · 도지사에게 그 사실을 신고하여야 한다.

② 신고하고자 하는 자는 신고서(전자문서로 된 신고서 포함)에 제조소등의 완공검사필증과 지위승계를 증명하는 서류(전자문서 포함)를 첨부하여 시 · 도지사 또는 소방서장에게 제출하여야 한다.

05 제조소등의 용도폐지

① 제조소등의 관계인(소유자 · 점유자 또는 관리자)은 제조소등의 용도를 폐지한 때에는 폐지한 날부터 14일 이내에 시 · 도지사에게 신고하여야 한다.

② 용도폐지신고를 하고자 하는 자는 신고서(전자문서로 된 신고서 포함)에 제조소등의 완공검사필증을 첨부하여 시 · 도지사 또는 소방서장에게 제출하여야 한다.

③ 신고서를 접수한 시 · 도지사 또는 소방서장은 제조소등을 확인하여 위험물시설의 철거 등 용도폐지에 필요한 안전조치를 한 것으로 인정하는 경우에는 신고서의 사본에 수리사실을 표시하여 용도폐지신고를 한 자에게 통보하여야 한다.

06 위험물안전관리자

1 선임

허가를 받지 아니하는 제조소등과 이동탱크저장소를 제외한 제조소등의 관계인은 위험물을 저장 또는 취급하기 전에 위험물취급자격자를 위험물안전관리자로 선임하여야 한다.

위험물취급자격자의 구분	취급할 수 있는 위험물
위험물기능장, 위험물산업기사, 위험물기능사의 자격을 취득한 사람	모든 위험물
안전관리자교육이수자	제4류 위험물
소방공무원 경력자(소방공무원으로 근무한 경력이 3년 이상인 자)	제4류 위험물

2 해임 또는 퇴직 시

해임하거나 퇴직한 날부터 30일 이내에 다시 안전관리자 선임

3 신고

안전관리자를 선임 또는 해임하거나 안전관리자가 퇴직한 때에는 14일 이내에 소방본부장 또는 소방서장에게 신고

4 대리자 지정

안전관리자가 여행 · 질병 그 밖의 사유로 인하여 일시적으로 직무를 수행할 수 없거나 안전관리자의 해임 또는 퇴직과 동시에 다른 안전관리자를 선임하지

못하는 경우 위험물의 취급에 관한 자격취득자 또는 위험물안전에 관한 기본지식과 경험이 있는 자를 대리자로 지정하여 그 직무를 대행하게 하여야 한다. 이 경우 대리자가 안전관리자의 직무를 대행하는 기간은 30일을 초과할 수 없다.

▶ **대리자의 자격**
㉠ 안전교육을 받은 자
㉡ 제조소등의 위험물 안전관리업무에 있어서 안전관리자를 지휘 · 감독하는 직위에 있는 자

5 책무

① 위험물의 취급 작업에 참여하여 저장 또는 취급에 관한 기술기준과 예방규정에 적합하도록 해당 작업자에 대하여 지시 및 감독하는 업무
② 화재 등의 재난이 발생한 경우 응급조치 및 소방관서 등에 대한 연락업무
③ 화재 등의 재해의 방지와 응급조치에 관하여 인접하는 제조소등과 그 밖의 관련되는 시설의 관계자와 협조체제의 유지
④ 위험물의 취급에 관한 일지의 작성 · 기록
⑤ 그 밖에 위험물을 수납한 용기를 차량에 적재하는 작업, 위험물설비를 보수하는 작업 등 위험물의 취급과 관련된 작업의 안전에 관하여 필요한 감독의 수행
⑥ 기타 업무(위험물시설의 안전을 담당하는 자가 따로 있는 경우 담당자에게 다음의 규정을 지시해야 한다)
- 제조소등의 위치 · 구조 및 설비를 기술기준에 적합하도록 유지하기 위한 점검과 점검상황의 기록 · 보존
- 제조소등의 구조 또는 설비의 이상을 발견한 경우 관계자에 대한 연락 및 응급조치
- 화재가 발생하거나 화재발생의 위험성이 현저한 경우 소방관서 등에 대한 연락 및 응급조치
- 제조소등의 계측장치 · 제어장치 및 안전장치 등의 적정한 유지 · 관리
- 제조소등의 위치 · 구조 및 설비에 관한 설계도서 등의 정비 · 보존 및 제조소등의 구조 및 설비의 안전에 관한 사무의 관리

6 탱크시험자의 등록 등

① 시 · 도지사 또는 제조소등의 관계인은 안전관리 업무를 전문적이고 효율적으로 수행하기 위하여 탱크안전성능시험자로 하여금 이 법에 의한 검사 또는 점검의 일부를 실시하게 할 수 있다.
② 탱크안전성능시험자가 되고자 하는 자는 대통령령이 정하는 기술능력 · 시설 및 장비를 갖추어 시 · 도지사에게 등록하여야 한다.
③ 등록사항 가운데 행정안전부령이 정하는 중요사항을 변경한 경우에는 그 날부터 30일 이내에 시 · 도지사에게 변경신고를 하여야 한다.
④ 등록취소 사유
- 허위 그 밖의 부정한 방법으로 등록을 한 경우
- 결격사유에 해당하게 된 경우
- 등록증을 다른 자에게 빌려준 경우

⑤ 업무정지 사유(6개월 이내)
- 등록기준에 미달하게 된 경우
- 탱크안전성능시험 또는 점검을 허위로 하는 경우
- 기준에 맞지 아니하게 탱크안전성능시험 또는 점검을 실시하는 경우

▶ **탱크안전성능시험자로 등록하거나 탱크시험자의 업무에 종사할 수 없는 사람**
㉠ 금치산자 또는 한정치산자
㉡ 금고 이상의 실형의 선고를 받고 그 집행이 종료(집행이 종료된 것으로 보는 경우 포함)되거나 집행이 면제된 날부터 2년이 지나지 아니한 자
㉢ 금고 이상의 형의 집행유예 선고를 받고 그 유예기간 중에 있는 자
㉣ 탱크안전성능시험자의 등록이 취소된 날부터 2년이 지나지 아니한 자

기출문제 | 기출문제로 출제유형을 파악한다!

[11-1]

1 제조소등의 관계인은 당해 제조소등의 용도를 폐지한 때에는 행정안전부령이 정하는 바에 따라 제조소등의 용도를 폐지한 날부터 며칠 이내에 시·도지사에게 신고하여야 하는가?

① 5일 ② 7일

③ 10일 ④ 14일

제조소등의 관계인은 당해 제조소등의 용도를 폐지한 때에는 제조소등의 용도를 폐지한 날부터 14일 이내에 시·도지사에게 신고하여야 한다.

[09-2]

2 위험물 안전관리자를 반드시 선임하여야 하는 시설이 아닌 것은?

① 옥외저장소

② 옥외탱크저장소

③ 주유취급소

④ 이동탱크저장소

허가를 받지 아니하는 제조소등과 이동탱크저장소를 제외한 제조소등의 관계인은 위험물의 안전관리에 관한 직무를 수행하게 하기 위하여 제조소등마다 위험물안전관리자를 선임하여야 한다.

정답 1 ④ 2 ④

SECTION 02

행정처분 · 행정감독 및 안전관리 사항

Industrial Engineer Hazardous material

이 섹션에서는 예방규정, 정기점검, 자체소방대의 출제 비중이 상당히 높은 만큼 절대 소홀히 하지 않도록 한다. 행정처분과 출입 · 검사에 관한 내용도 눈여겨보도록 한다. 벌칙과 과태료 부분도 충분히 출제 가능성이 있어 모두 실었으니 참고하도록 한다.

01 행정처분

1 제조소등 설치허가의 취소와 사용정지

시 · 도지사는 다음의 경우 제조소등의 설치허가를 취소하거나 6개월 이내의 기간을 정하여 사용정지를 명할 수 있다.

① 변경허가를 받지 아니하고 제조소등의 위치 · 구조 또는 설비를 변경한 때
② 완공검사를 받지 아니하고 제조소등을 사용한 때
③ 수리 · 개조 또는 이전의 명령을 위반한 때
④ 위험물안전관리자를 선임하지 아니한 때
⑤ 대리자를 지정하지 아니한 때
⑥ 정기점검을 하지 아니한 때
⑦ 정기검사를 받지 아니한 때
⑧ 저장 · 취급기준 준수명령을 위반한 때

2 과징금 처분

다음의 경우 2억원 이하의 과징금을 부과할 수 있다.

① 위의 1에 해당하는 경우로서 사용정지가 그 이용자에게 심한 불편을 주는 때
② 그 밖에 공익을 해칠 우려가 있는 때

02 행정감독

1 출입 · 검사 등

① 시 · 도지사, 소방본부장 또는 소방서장은 위험물의 저장 또는 취급에 따른 화재의 예방 또는 진압대책을 위하여 필요한 때에는 위험물을 저장 또는 취급하고 있다고 인정되는 장소의 관계인에 대하여 필요한 보고 또는 자료제출을 명할 수 있으며, 관계공무원으로 하여금 당해 장소에 출입하여 그 장소의 위치 · 구조 · 설비 및 위험물의 저장 · 취급상황에 대하여 검사하게 하거나 관계인에게 질문하게 하고 시험에 필요한 최소한의 위험물 또는 위험물로 의심되는 물품을 수거하게 할 수 있다.
② 개인의 주거는 관계인의 승낙을 얻은 경우 또는 화재발생의 우려가 커서 긴급한 필요가 있는 경우가 아니면 출입할 수 없다.
③ 소방공무원 또는 국가경찰공무원은 위험물의 운송에 따른 화재의 예방을 위하여 필요하다고 인정하는 경우에는 주행 중의 이동탱크저장소를 정지시켜 당해 이동탱크저장소에 승차하고 있는 자에 대하여 위험물의 취급에 관한 국가기술자격증 또는 교육수료증의 제시를 요구할 수 있다. 이 직무를 수행하는 경우에 있어서 소방공무원과 국가경찰공무원은 긴밀히 협력하여야 한다.
④ 출입 · 검사 등은 그 장소의 공개시간이나 근무시간 내 또는 해가 뜬 후부터 해가 지기 전까지의 시간 내에 행해야 한다.

▶ 예외 : 건축물 그 밖의 공작물의 관계인의 승낙을 얻거나 화재발생의 우려가 커서 긴급한 필요가 있는 경우

⑤ 출입 · 검사 등을 행하는 관계공무원은 관계인의 정당한 업무를 방해하거나 출입 · 검사 등을 수행하면서 알게 된 비밀을 다른 자에게 누설하여서는 아니 된다.
⑥ 시 · 도지사, 소방본부장 또는 소방서장은 탱크시험자에 대하여 필요한 보고 또는 자료제출을 명하거나 관계공무원으로 하여금 당해 사무소에 출입하여 업무의 상황 · 시험기구 · 장부 · 서류와 그 밖의 물건을 검사하게 하거나 관계인에게 질문하게 할 수 있다.

⑦ 출입 · 검사 등을 하는 관계공무원은 그 권한을 표시하는 증표를 지니고 관계인에게 이를 내보여야 한다.

⑧ 출입 · 검사 등을 행하는 관계공무원은 법 또는 법에 근거한 명령 또는 조례의 규정에 적합하지 아니한 사항을 발견한 때에는 그 내용을 기재한 위험물제조소등 소방검사서의 사본을 검사현장에서 제조소등의 관계인에게 교부하여야 한다. 다만, 도로상에서 주행 중인 이동탱크저장소를 정지시켜 검사를 한 경우에는 그러하지 아니하다.

2 각종 행정명령

(1) 탱크시험자에 대한 명령

시 · 도지사, 소방본부장 또는 소방서장은 탱크시험자에 대하여 당해 업무를 적정하게 실시하게 하기 위하여 필요하다고 인정하는 때에는 감독상 필요한 명령을 할 수 있다.

(2) 무허가장소의 위험물에 대한 조치명령

시 · 도지사, 소방본부장 또는 소방서장은 위험물에 의한 재해를 방지하기 위하여 허가를 받지 아니하고 지정수량 이상의 위험물을 저장 또는 취급하는 자에 대하여 그 위험물 및 시설의 제거 등 필요한 조치를 명할 수 있다.

(3) 제조소등에 대한 긴급 사용정지명령 등

시 · 도지사, 소방본부장 또는 소방서장은 공공의 안전을 유지하거나 재해의 발생을 방지하기 위하여 긴급한 필요가 있다고 인정하는 때에는 제조소등의 관계인에 대하여 당해 제조소등의 사용을 일시정지하거나 그 사용을 제한할 것을 명할 수 있다.

(4) 저장 · 취급기준 준수명령 등

① 시 · 도지사, 소방본부장 또는 소방서장은 제조소등에서의 위험물의 저장 또는 취급이 규정에 위반된다고 인정하는 때에는 당해 제조소등의 관계인에 대하여 기준에 따라 위험물을 저장 또는 취급하도록 명할 수 있다.

② 시 · 도지사, 소방본부장 또는 소방서장은 관할하는 구역에 있는 이동탱크저장소에서의 위험물의 저장 또는 취급이 규정에 위반된다고 인정하는 때에는 당해 이동탱크저장소의 관계인에 대하여 동항의 기준에 따라 위험물을 저장 또는 취급하도록 명할 수 있다.

③ 시 · 도지사, 소방본부장 또는 소방서장은 이동탱크저장소의 관계인에 대하여 명령을 한 경우에는 행정안전부령이 정하는 바에 따라 규정에 따라 당해 이동탱크저장소의 허가를 한 시 · 도지사, 소방본부장 또는 소방서장에게 신속히 그 취지를 통지하여야 한다.

(5) 응급조치 · 통보 및 조치명령

① 제조소등의 관계인은 당해 제조소등에서 위험물의 유출 그 밖의 사고가 발생한 때에는 즉시 그리고 지속적으로 위험물의 유출 및 확산의 방지, 유출된 위험물의 제거 그 밖에 재해의 발생방지를 위한 응급조치를 강구하여야 한다.

② 위 ①의 사태를 발견한 자는 즉시 그 사실을 소방서, 경찰서 또는 그 밖의 관계기관에 통보하여야 한다.

③ 소방본부장 또는 소방서장은 제조소등의 관계인이 위 ①의 응급조치를 강구하지 아니하였다고 인정하는 때에는 ①의 응급조치를 강구하도록 명할 수 있다.

④ 소방본부장 또는 소방서장은 그 관할하는 구역에 있는 이동탱크저장소의 관계인에 대하여 위 ③의 규정의 예에 따라 ①의 응급조치를 강구하도록 명할 수 있다.

3 제조소등에 대한 행정처분기준

위반사항	행정처분기준		
	1차	2차	3차
변경허가 없이 제조소등의 위치 · 구조 또는 설비를 변경한 때	경고 또는 사용정지 15일	사용정지 60일	허가취소
완공검사를 받지 않고 제조소등을 사용한 때	사용정지 15일	사용정지 60일	
수리 · 개조 또는 이전의 명령에 위반한 때	사용정지 30일	사용정지 90일	
위험물안전관리자를 선임하지 않은 때	사용정지 15일	사용정지 60일	
대리자를 지정하지 않은 때	사용정지 10일	사용정지 30일	
정기점검을 하지 않은 때	사용정지 10일	사용정지 30일	
정기검사를 받지 않은 때	사용정지 10일	사용정지 30일	
저장 · 취급기준 준수명령을 위반한 때	사용정지 30일	사용정지 60일	

03 예방규정

1 예방규정 작성 및 제출

① 제조소등의 관계인은 화재예방과 화재 등 재해발생 시의 비상조치를 위하여 예방규정을 정하여 제조소등의 사용을 시작하기 전에 시·도지사에게 제출하여야 한다. 예방규정을 변경한 때에도 또한 같다.

② 예방규정은 안전보건관리규정과 통합하여 작성할 수 있다.

2 관계인이 예방규정을 정하여야 하는 제조소등

① 지정수량의 10배 이상의 위험물을 취급하는 제조소

② 지정수량의 100배 이상의 위험물을 저장하는 옥외저장소

③ 지정수량의 150배 이상의 위험물을 저장하는 옥내저장소

④ 지정수량의 200배 이상의 위험물을 저장하는 옥외탱크저장소

⑤ 암반탱크저장소

⑥ 이송취급소

⑦ 지정수량의 10배 이상의 위험물을 취급하는 일반취급소

> ▶ 예외
> 제4류 위험물(특수인화물 제외)만을 지정수량의 50배 이하로 취급하는 일반취급소(제1석유류·알코올류의 취급량이 지정수량의 10배 이하인 경우)로서 다음에 해당하는 것은 제외
> - 보일러·버너 또는 이와 비슷한 것으로서 위험물을 소비하는 장치로 이루어진 일반취급소
> - 위험물을 용기에 옮겨 담거나 차량에 고정된 탱크에 주입하는 일반취급소

3 예방규정에 포함해야 할 내용

① 위험물의 안전관리업무를 담당하는 자의 직무 및 조직에 관한 사항

② 안전관리자가 여행·질병 등으로 인하여 그 직무를 수행할 수 없을 경우 그 직무의 대리자에 관한 사항

③ 자체소방대를 설치하여야 하는 경우에는 자체소방대의 편성과 화학소방자동차의 배치에 관한 사항

④ 위험물의 안전에 관계된 작업에 종사하는 자에 대한 안전교육에 관한 사항

⑤ 위험물시설 및 작업장에 대한 안전순찰에 관한 사항

⑥ 위험물시설·소방시설 그 밖의 관련시설에 대한 점검 및 정비에 관한 사항

⑦ 위험물시설의 운전 또는 조작에 관한 사항

⑧ 위험물 취급작업의 기준에 관한 사항

⑨ 이송취급소에 있어서는 배관공사 현장책임자의 조건 등 배관공사 현장에 대한 감독체제에 관한 사항과 배관주위에 있는 이송취급소 시설 외의 공사를 하는 경우 배관의 안전확보에 관한 사항

⑩ 재난 그 밖의 비상시의 경우에 취하여야 하는 조치에 관한 사항

⑪ 위험물의 안전에 관한 기록에 관한 사항

⑫ 제조소등의 위치·구조 및 설비를 명시한 서류와 도면의 정비에 관한 사항

⑬ 그 밖에 위험물의 안전관리에 관하여 필요한 사항

04 정기점검

1 정기점검 대상

① 예방규정 작성대상 제조소등(03. 예방규정의 2 항목 참조)

② 지하탱크저장소

③ 이동탱크저장소

④ 위험물을 취급하는 탱크로서 지하에 매설된 탱크가 있는 제조소·주유취급소 또는 일반취급소

> ▶ **구조안전점검**
> 특정·준특정옥외탱크저장소는 정기점검 외에 다음의 기간 이내에 1회 이상 구조안전점검을 하여야 한다.
> - 제조소등의 설치허가에 따른 완공검사필증을 교부받은 날부터 12년
> - 최근의 정기검사를 받은 날부터 11년
> - 기술원에 구조안전점검시기 연장신청을 하여 안전조치가 적정한 것으로 인정받은 경우에는 최근의 정기검사를 받은 날부터 13년

2 정기점검의 횟수 : 연 1회 이상

3 정기점검 실시자

① 안전관리자
② 위험물운송자(이동탱크저장소의 경우)
③ 안전관리대행기관 또는 탱크시험자(안전관리자 입회하에 해야 함)

4 정기점검의 기록사항

① 점검을 실시한 제조소등의 명칭
② 점검의 방법 및 결과
③ 점검연월일
④ 점검을 한 안전관리자 또는 점검을 한 탱크시험자와 점검에 입회한 안전관리자의 성명

5 정기점검기록 보존기간

① 정기점검의 기록 : 3년
② 구조안전점검에 관한 기록 : 25년

05 정기검사

1 검사 대상

정기점검 대상 제조소등 중에서 액체위험물을 저장 또는 취급하는 50만 리터 이상의 옥외탱크저장소

2 검사 내용

소방본부장 또는 소방서장으로부터 제조소등이 '제조소등의 위치 · 구조 및 설비의 기술기준'이 적합하게 유지되고 있는지의 여부에 대한 검사

3 검사 시기

① 특정 · 준특정옥외탱크저장소의 설치허가에 따른 완공검사필증을 발급받은 날부터 12년
② 최근의 정기검사를 받은 날부터 11년
③ 재난 그 밖의 비상사태의 발생, 안전유지상의 필요 또는 사용상황 등의 변경으로 해당 시기에 정기검사를 실시하는 것이 적당하지 아니하다고 인정되는 때에는 소방서장의 직권 또는 관계인의 신청에 따라 소방서장이 따로 지정하는 시기에 정기검사를 받을 수 있다.

06 자체소방대

1 설치 대상

지정수량의 3천배 이상의 제4류 위험물을 저장 또는 취급하는 제조소 또는 일반취급소

2 설치 제외대상 일반취급소

① 보일러, 버너 그 밖에 이와 유사한 장치로 위험물을 소비하는 일반취급소
② 이동저장탱크 그 밖에 이와 유사한 것에 위험물을 주입하는 일반취급소
③ 용기에 위험물을 옮겨 담는 일반취급소
④ 유압장치, 윤활유순환장치 그 밖에 이와 유사한 장치로 위험물을 취급하는 일반취급소
⑤ 광산보안법의 적용을 받는 일반취급소

3 자체소방대에 두는 화학소방자동차 및 인원

사업소의 구분	화학소방자동차	자체소방대원의 수
1. 위험물의 최대수량의 합이 지정수량의 12만배 미만인 사업소	1대	5인
2. 위험물의 최대수량의 합이 지정수량의 12만배 이상 24만배 미만인 사업소	2대	10인
3. 위험물의 최대수량의 합이 지정수량의 24만배 이상 48만배 미만인 사업소	3대	15인
4. 위험물의 최대수량의 합이 지정수량의 48만배 이상인 사업소	4대	20인

※화학소방자동차에는 행정안전부령으로 정하는 소화능력 및 설비를 갖추어야 하고, 소화활동에 필요한 소화약제 및 기구(방열복 등 개인장구 포함)를 비치하여야 한다.
※포수용액을 방사하는 화학소방자동차의 대수는 규정에 의한 화학소방자동차 대수의 2/3 이상으로 하여야 한다.

4 화학소방자동차에 갖추어야 하는 소화능력 및 설비기준

화학소방자동차의 구분	소화능력 및 설비기준
포수용액 방사차	• 포수용액의 방사능력이 매분 2,000L 이상일 것 • 소화약액탱크 및 소화약액혼합장치를 비치할 것 • 10만L 이상의 포수용액을 방사할 수 있는 양의 소화약제를 비치할 것

화학소방 자동차의 구분	소화능력 및 설비기준
분말 방사차	• 분말의 방사능력이 매초 35kg 이상일 것 • 분말탱크 및 가압용가스설비를 비치할 것 • 1,400kg 이상의 분말을 비치할 것
할로젠화합물 방사차	• 할로젠화합물의 방사능력이 매초 40kg 이상일 것 • 할로젠화합물탱크 및 가압용가스설비를 비치할 것 • 1,000kg 이상의 할로젠화합물을 비치할 것
이산화탄소 방사차	• 이산화탄소의 방사능력이 매초 40kg 이상일 것 • 이산화탄소저장용기를 비치할 것 • 3,000kg 이상의 이산화탄소를 비치할 것
제독차	• 가성소오다 및 규조토를 각각 50kg 이상 비치할 것

07 안전교육

1 교육의 의무

㉠ 안전관리자 · 탱크시험자 · 위험물운송자 등 위험물의 안전관리와 관련된 업무를 수행하는 자로서 대통령령이 정하는 자는 해당 업무에 관한 능력의 습득 또는 향상을 위하여 소방청장이 실시하는 교육을 받아야 한다.

㉡ 제조소등의 관계인은 교육대상자에게 필요한 안전교육을 받게 하여야 한다.

▶ **안전교육 대상자**
㉠ 안전관리자로 선임된 자
㉡ 탱크시험자의 기술인력으로 종사하는 자
㉢ 위험물운송자로 종사하는 자

2 교육의 과정 및 기간과 그 밖에 교육의 실시에 관하여 필요한 사항은 행정안전부령으로 정한다.

3 시 · 도지사, 소방본부장 또는 소방서장은 교육대상자가 교육을 받지 아니한 때에는 그 교육대상자가 교육을 받을 때까지 그 자격으로 행하는 행위를 제한할 수 있다.

기출문제 | 기출문제로 출제유형을 파악한다!

[13-1]

1 위험물안전관리법령에 따라 관계인이 예방규정을 정하여야 할 옥외탱크저장소에 저장되는 위험물의 지정수량 배수는?

① 100배 이상 ② 150배 이상
③ 200배 이상 ④ 250배 이상

[14-2, 08-1]

2 위험물 이동탱크저장소 관계인은 해당 제조소등에 대하여 연간 몇 회 이상 정기점검을 실시하여야 하는가? (단, 구조안전점검 외의 정기점검인 경우이다)

① 1회 ② 2회
③ 4회 ④ 6회

제조소등의 관계인은 당해 제조소등에 대하여 연 1회 이상 정기점검을 실시하여야 한다.

[15-1]

3 위험물안전관리법령상 위험물 저장 · 취급 시 화재 또는 재난을 방지하기 위하여 자체소방대를 두어야 하는 경우가 아닌 것은?

① 지정수량의 3천배 이상의 제4류 위험물을 저장 · 취급하는 제조소
② 지정수량의 3천배 이상의 제4류 위험물을 저장 · 취급하는 일반취급소
③ 지정수량의 2천배의 제4류 위험물을 취급하는 일반취급소와 지정수량의 1천배의 제4류 위험물을 취급하는 제조소가 동일한 사업소에 있는 경우
④ 지정수량의 3천배 이상의 제4류 위험물을 저장 · 취급하는 옥외탱크저장소

정답 1 ③ 2 ① 3 ④

지정수량의 3천배 이상의 제4류 위험물을 저장 · 취급하는 제조소 또는 일반취급소는 사업소에 자체소방대를 설치하여야 한다.

[13-4, 10-2]

4 위험물안전관리법령상 지정수량의 몇 배 이상의 제4류 위험물을 취급하는 제조소에는 자체소방대를 두어야 하는가?

① 1,000배
② 2,000배
③ 3,000배
④ 4,000배

[14-2, 12-2, 08-1]

5 위험물제조소에서 취급하는 제4류 위험물의 최대수량의 합이 지정수량의 15만배인 사업소에 두어야 할 자체소방대의 화학소방자동차와 자체소방대원의 수는 각각 얼마로 규정되어 있는가? (단, 상호응원협정을 체결한 경우는 제외한다)

① 1대, 5인
② 2대, 10인
③ 3대, 15인
④ 4대, 20인

위험물의 최대수량의 합이 지정수량의 12만배 이상 24만배 미만인 사업소의 경우 2대의 화학소방자동차와 10인의 자체소방대원을 두어야 한다.

[07-2]

6 제조소에서 취급하는 제4류 위험물의 최대수량의 합이 지정수량의 12만배 이상 24만배 미만인 사업소의 자체 소방대에 두는 화학소방자동차의 대수의 기준은?

① 1대 ② 2대
③ 3대 ④ 4대

[19-4, 09-04]

7 자체소방대에 두어야 하는 화학소방자동차 중 포수용액을 방사하는 화학소방자동차는 전체 법정 화학소방자동차 대수의 얼마 이상으로 하여야 하는가?

① 1/3 ② 2/3
③ 1/5 ④ 2/5

포수용액을 방사하는 화학소방자동차는 전체 법정 화학소방자동차 대수의 3분의 2 이상으로 하여야 한다.

[10-1]

8 화학소방자동차가 갖추어야 하는 소화능력 기준으로 틀린 것은?

① 포수용액 방사능력 : 2,000L/min 이상
② 분말 방사능력 : 35kg/s 이상
③ 이산화탄소 방사능력 : 40kg/s 이상
④ 할로젠화합물 방사능력 : 50kg/s 이상

할로젠화합물 방사능력 : 40kg/s 이상

정답 4③ 5② 6② 7② 8④

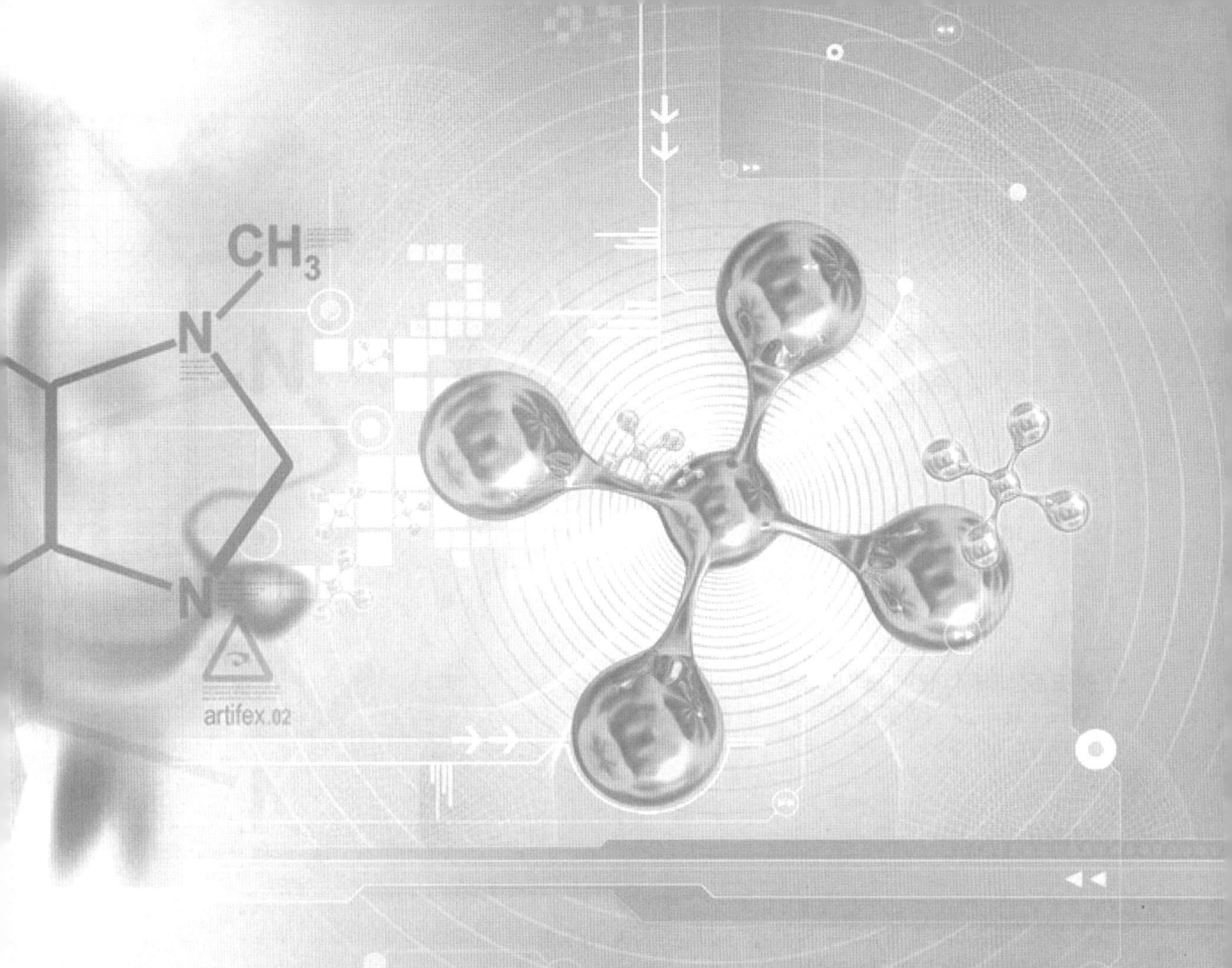

CHAPTER 08

최종모의고사

최종점검 1 – 자주 출제되는 문제를 통해 마무리하자!

최종모의고사 1회

▶ 정답은 317쪽에 있습니다.

[제1과제 : 물질의 물리·화학적 성질]

01 표준상태에서 수소의 밀도는 몇 g/L 인가?

① 0.389 ② 0.289
③ 0.189 ④ 0.089

02 CH_4 16g 중에서 C가 몇 mol 포함되었는가?

① 1 ② 2
③ 4 ④ 16

03 표준상태에서 어떤 기체 2.8L의 무게가 3.5g 이었다면 다음 중 어느 기체의 분자량과 같은가?

① CO_2
② NO_2
③ SO_2
④ N_2

04 2가의 금속 이온을 함유하는 전해질을 전기 분해하여 1g 당량이 20g임을 알았다. 이 금속의 원자량은?

① 40 ② 20
③ 22 ④ 18

05 이상 기체 상수 R 값이 0.082라면 그 단위로 옳은 것은?

① $\frac{atm \cdot mol}{L \cdot K}$ ② $\frac{mmHg \cdot mol}{L \cdot K}$

③ $\frac{atm \cdot L}{mol \cdot K}$ ④ $\frac{mmHg \cdot L}{mol \cdot K}$

06 휘발성 유기물 1.39g을 증발시켰더니 100℃, 760mmHg에서 420mL였다. 이 물질의 분자량은 약 얼마인가?

① 53.67
② 73.56
③ 101.23
④ 150.73

해설

01 표준상태에서 기체 1몰 부피 : 22.4L
수소 기체 1몰 질량 : 2g
$\therefore$ 밀도 $= \frac{질량}{부피} = \frac{2g}{22.4L} = 0.089g/L$

02 CH_4 16g은 1몰 질량이고 16g에 들어있는 C의 질량은
$16g \times \frac{C}{CH_4} = 16g \times \frac{12}{16} = 12g$
즉, 12g이므로 C는 1몰 포함되어 있다.

03 표준 상태에서 기체 1몰이 차지하는 부피는 22.4L이다.
기체의 몰수 $= \frac{부피(L)}{1몰\ 부피(L)}$이고,
어떤 기체 2.8L는 $\frac{2.8L}{22.4L} = 0.125mol$이므로
질량이 3.5g 미지의 기체 1몰 질량은 $\frac{3.5g}{0.125mol} = 28g$
$\therefore$ 미지의 기체의 분자량은 28이다.
분자량이 28인 기체는 N_2이다.

04 2가 금속 이온이므로 1몰 질량은 40g이다.
따라서 원자량은 40이다.

05 PV = nRT
P : atm(기압), V : L, n : mol, T : K
$R = \frac{PV}{nT}$ $\therefore$ $\frac{atm \cdot L}{mol \cdot K}$

06 PV = nRT
- P = 760mmHg = 1atm
- V = 0.42L
- $n = \frac{1.39g}{MW}$ (MW는 물질의 분자량)
- R = 0.08206L · atm/mol · K
- T = 273+100 = 373K

$1atm \times 0.42L = \frac{1.39g}{MW} \times 0.08206L \cdot atm/mol \cdot K \times 373K$
$\therefore$ MW = 101.23

07 분자량이 120인 물질 12g을 물 500g에 녹였다. 이 용액의 몰랄농도는 몇 m인가?

① 0.1 ② 0.2
③ 0.3 ④ 0.4

08 27℃에서 9g의 비전해질을 녹여 만든 900mL 용액의 삼투압은 3.84기압이었다. 이 물질의 분자량은 약 얼마인가?

① 18 ② 32
③ 44 ④ 64

09 질량수 52인 크롬의 중성자수와 전자수는 각각 몇 개인가?

① 중성자수 24, 전자수 24
② 중성자수 24, 전자수 52
③ 중성자수 28, 전자수 24
④ 중성자수 52, 전자수 24

10 다음 핵화학 반응식에서 산소(O)의 원자 번호는 얼마인가?

$${}^{14}_{7}N + {}^{4}_{2}He(\alpha)_2 \rightarrow O + {}^{1}_{1}H$$

① 6 ② 7
③ 8 ④ 9

11 한 원자에서 4개의 양자수가 똑같은 전자가 2개 이상 있을 수 없다는 이론은?

① 네른스트의 식 ② 파울리 배타원리
③ 패러데이 법칙 ④ 플랑크의 양자론

12 다음 중 바닥상태의 칼슘의 제일 끝 전자가 수용될 수 있는 오비탈(에너지 준위가 가장 높은 오비탈)은?

① 3s ② 3p
③ 3d ④ 4s

13 다음의 금속 원소를 반응성이 큰 순서부터 나열한 것은?

Na, Li, Cs, K, Rb

① Cs > Rb > K > Na > Li
② Li > Na > K > Rb > Cs
③ K > Na > Rb > Cs > Li
④ Na > K > Rb > Cs > Li

해설

07 • 몰랄 농도(M) = $\frac{\text{용질의 몰수(mol)}}{\text{용매의 질량(kg)}}$

• 용질의 몰수 = $\frac{12g}{120g/mol} = 0.1mol$

∴ 몰랄 농도(m) = $\frac{0.1mol}{0.5kg} = 0.2m$

08 반트 호프식 $\pi = CRT$에 대입하여 계산하면,
$3.84atm = (\frac{9g}{MW} \div 0.9L) \times 0.08206atm \cdot L/mol \cdot K \times 300K$
∴ MW = 64

09 원자 번호 24인 Cr의 양성자수와 전자수는 각각 24이다. 질량수는 양성자수와 중성자수의 합이므로 중성자수는 52−24 = 28이다.

10 핵화학 반응에서 각 원소의 양성자 수는 반응 전과 후가 같으므로 O의 원자 번호(=양성자수)는 8이다.

11 파울리 배타 원리는 1개의 오비탈에 전자가 최대 2개까지 채워질 수 있는데, 이때 전자의 스핀 방향은 서로 반대 방향이어야 한다. 따라서 스핀 양자수가 같은 전자는 같은 오비탈에 함께 배치될 수 없으므로 4개의 양자수가 똑같은 전자는 같은 오비탈에 있을 수 없다.

12 ${}_{20}Ca$: $1s^2 2s^2 2p^6 3s^2 3p^6 4s^2$

13 1족 알칼리 금속은 원자 번호가 클수록 반응성이 크다.

14 다음 중 염기성 산화물에 해당하는 것은?

① 이산화탄소
② 산화나트륨
③ 이산화규소
④ 이산화황

15 25℃에서 다음 반응에 대하여 열역학적 평형 상수 값이 7.13이었다. 이 반응에 대한 $\Delta G°$ 값은 몇 kJ/mol인가? (단, 기체 상수 R은 8.314J/mol · K이다)

$$2NO_2(g) \rightarrow N_2O_2(g)$$

① 4.87　　② -4.87
③ 9.74　　④ -9.74

16 어떤 용액의 $[OH^-] = 2\times10^{-5}$M이었다. 이 용액의 pH는 얼마인가?

① 11.3　　② 10.3
③ 9.3　　④ 8.3

17 밑줄 친 원소 중 산화수가 가장 큰 것은?

① $\underline{N}H_4^+$　　② $\underline{N}O_3^-$
③ $\underline{Mn}O_4^-$　　④ $\underline{Cr}_2O_7^{2-}$

18 곧은 사슬 포화탄화수소의 일반적인 경향으로 옳은 것은?

① 탄소수가 증가할수록 비점은 증가하나 빙점은 감소한다.
② 탄소수가 증가하면 비점과 빙점은 모두 감소한다.
③ 탄소수가 증가할수록 빙점은 증가하나 비점은 감소한다.
④ 탄소수가 증가하면 비점과 빙점이 모두 증가한다.

19 프리델-크래프트 반응을 나타내는 것은?

① $C_6H_6 + 3H_2 \xrightarrow{Ni} C_6H_{12}$
② $C_6H_6 + CH_3Cl \xrightarrow{AlCl_3} C_6H_6CH_3 + HCl$
③ $C_6H_6 + Cl_2 \xrightarrow{Fe} C_6H_5Cl + HCl$
④ $C_6H_6 + HONO_2 \xrightarrow{c-H_2SO_4} C_6H_5NO_2 + H_2O$

20 나이트로벤젠의 증기에 수소를 혼합한 뒤 촉매를 사용하여 환원시키면 무엇이 되는가?

① 페놀　　② 톨루엔
③ 아닐린　　④ 나프탈렌

해설

14 염기성 산화물은 물과 반응하여 염기성을 만들거나 산과 반응하여 염을 생성하는 물질이다. 주로 금속의 산화물이 염기성 산화물이 된다. 산화나트륨은 물에 녹아 수산화나트륨을 생성한다. $Na_2O + H_2O \rightarrow 2NaOH$

15 $\Delta G° = -RTlnK$이고,
$\Delta G° = -8.314J/mol \cdot K \times 298K \times ln7.13$
$\therefore \Delta G° = -4.87$

16 수용액에서 pH+pOH = 14이다.
$pOH = -log[OH^-] = -log[2\times10^{-5}] = 4.7$
$\therefore pH = 14-pOH = 14-4.7 = 9.3$

17 ① $\underline{N}H_4^+$: N의 산화수 -3, H의 산화수 +1
② $\underline{N}O_3^-$: N의 산화수 +3, O의 산화수 -2
③ $\underline{Mn}O_4^-$: Mn의 산화수 +7, O의 산화수 -2
④ $\underline{Cr}_2O_7^{2-}$: Cr의 산화수 +6, O의 산화수 -2

18 분자량이 커지면 분자 사이의 분산력도 커지므로 끓는점과 녹는점이 모두 증가한다.

19 프리델-크래프트 반응은 벤젠에 $AlCl_3$ 촉매를 이용하여 알킬화하는 반응으로 벤젠의 친전자성 치환 반응이다.

20 $C_6H_5NO_2 + H_2 \xrightarrow{촉매} C_6H_5NH_2$
나이트로 화합물은 수소와 촉매를 이용하면 환원될 수 있다.

[제2과목 : 화재예방과 소화방법]

21 가연물의 구비조건으로 옳지 않은 것은?

① 열전도율이 클 것
② 연소열량이 클 것
③ 화학적 활성이 강할 것
④ 활성화 에너지가 작을 것

22 가연성 물질이 공기 중에서 연소할 때의 연소 형태에 대한 설명으로 틀린 것은?

① 공기와 접촉하는 표면에서 연소가 일어나는 것을 표면연소라 한다.
② 황의 연소는 표면연소이다.
③ 산소공급원을 가진 물질 자체가 연소하는 것을 자기연소라 한다.
④ TNT의 연소는 자기연소이다.

23 제4류 위험물의 탱크화재에서 발생하는 보일오버(boil over)에 대한 설명으로 가장 거리가 먼 것은?

① 원추형 탱크의 지붕판이 폭발에 의해 날아가고 화재가 확대될 때 저장된 연소 중인 기름에서 발생할 수 있는 현상이다.
② 화재가 지속된 부유식 탱크나 지붕과 측판을 약하게 결합한 구조의 기름 탱크에서도 일어난다.
③ 원유, 중유 등을 저장하는 탱크에서 발생할 수 있다.
④ 대량으로 증발된 가연성 액체가 갑자기 연소했을 때 커다란 구형의 불꽃을 발하는 것을 의미한다.

24 Halon 1011 속에 함유되지 않은 원소는?

① H ② Cl
③ Br ④ F

25 위험물제조소등에 설치해야 하는 각 소화설비의 설치기준에 있어서 각 노즐 또는 헤드선단의 방사압력 기준이 나머지 셋과 다른 설비는?

① 옥내소화전설비 ② 옥외소화전설비
③ 스프링클러설비 ④ 물분무소화설비

26 다음 점화에너지 중 물리적 변화에서 얻어지는 것은?

① 압축열 ② 산화열
③ 중합열 ④ 분해열

해설

21 가연물이 되기 위해서는 열전도율이 작아야 한다.

22 황은 증발연소를 한다.

23 BLEVE 현상으로 분출된 액화가스의 증기가 커다란 구형의 불꽃을 발하는 현상을 Fire Ball이라 한다.

24 Halon 1011의 분자식은 CH_2ClBr이다.

25 • 스프링클러설비 : 100kPa
• 옥내소화전설비, 옥외소화전설비, 물분무소화설비 : 350kPa 이상

26 압축열은 공기에 압력을 가해 부피를 줄일 때 발생하는 열을 말하는 것으로 기계적 에너지에 해당하는데, 물리적 변화를 통해 얻어진다.

27 위험물안전관리법령상 물분무소화설비의 제어밸브는 바닥으로부터 어느 위치에 설치하여야 하는가?

① 0.5m 이상, 1.5m 이하
② 0.8m 이상, 1.5m 이하
③ 1m 이상, 1.5m 이하
④ 1.5m 이상

28 다음 중 정전기 방지대책으로 가장 거리가 먼 것은?

① 접지를 한다.
② 공기를 이온화한다.
③ 21% 이상의 산소농도를 유지하도록 한다.
④ 공기의 상대습도를 70% 이상으로 한다.

29 소화약제로서 물의 단점인 동결현상을 방지하기 위하여 주로 사용되는 물질은?

① 에틸알코올　② 글리세린
③ 에틸렌글리콜　④ 탄산칼슘

30 물은 냉각소화가 주된 대표적인 소화약제이다. 물의 소화효과를 높이기 위하여 무상주수를 함으로써 부가적으로 작용하는 소화효과로 이루어진 것은?

① 질식소화작용, 제거소화작용
② 질식소화작용, 유화소화작용
③ 타격소화작용, 유화소화작용
④ 타격소화작용, 피복소화작용

31 다음 중 소화약제 강화액의 주성분에 해당하는 것은?

① K_2CO_3　② K_2O_2
③ CaO_2　④ $KBrO_3$

32 다음 중 공기포 소화약제가 아닌 것은?

① 단백포 소화약제
② 합성계면활성제포 소화약제
③ 화학포 소화약제
④ 수성막포 소화약제

33 15℃의 기름 100g에 8,000J의 열량을 주면 기름의 온도는 몇 ℃가 되겠는가? (단, 기름의 비열은 2J/g · ℃이다)

① 25　② 45
③ 50　④ 55

해설

27 제어밸브는 바닥 면으로부터 0.8m 이상 1.5m 이하의 위치에 설치해야 한다.

28 정전기 축적 방지
- 접지
- 실내공기 이온화
- 실내 습도를 상대습도 70% 이상으로 유지

29 동결방지제로 에틸렌글리콜, 프로필렌글리콜, 디에틸렌글리콜, 글리세린, 염화나트륨, 염화칼슘 등이 사용되는데, 에틸렌글리콜이 가장 많이 사용되고 있다.

30 물의 소화효과에는 냉각소화, 질식소화, 유화소화, 희석소화가 있다.

31 강화액 소화약제는 동절기 또는 한랭지에서도 사용 가능하며, 주성분은 탄산칼륨이다.

32 공기포 소화약제의 종류
단백포 소화약제, 합성계면활성제포 소화약제, 수성막포 소화약제, 불화단백포 소화약제, 내알코올포 소화약제

33 비열이란 1g의 물질의 온도를 1℃ 올리는 데 필요한 열의 양을 말하는데, 기름의 비열은 2J이므로 100g의 기름을 1℃ 올리기 위해서는 200J이 필요하다.
따라서 8,000J의 열량을 주면 기름의 온도를 40℃ 올릴 수 있게 된다.
15 + 40 = 55

34 **위험물안전관리법령상 소화설비의 적응성에 관한 내용이다. 옳은 것은?**

① 마른모래는 대상물 중 제1류~제6류 위험물에 적응성이 있다.
② 팽창질석은 전기설비를 포함한 모든 대상물에 적응성이 있다.
③ 분말소화약제는 셀룰로이드류의 화재에 가장 적당하다.
④ 물분무소화설비는 전기설비에 사용할 수 없다.

35 **이산화탄소소화설비의 배관에 대한 기준으로 옳은 것은?**

① 원칙적으로 겸용이 가능하도록 할 것
② 동관의 배관은 고압식인 경우 16.5MPa 이상의 압력에 견딜 것
③ 관이음쇠는 저압식의 경우 5.0MPa 이상의 압력에 견디는 것일 것
④ 배관의 가장 높은 곳과 낮은 곳의 수직거리는 30m 이하일 것

36 **다음 [조건] 하에 국소방출방식의 할로젠화합물 소화설비를 설치하는 경우 저장하여야 하는 소화약제의 양은 몇 kg 이상이어야 하는가?**

[조건]
- 저장하는 위험물 : 휘발유
- 윗면이 개방된 용기에 저장함
- 방호대상물의 표면적 : 40m²
- 소화약제의 종류 : 하론1301

① 222　② 340
③ 467　④ 570

37 **과산화나트륨의 화재 시 적응성이 있는 소화설비는?**

① 포소화기　② 건조사
③ 이산화탄소소화기　④ 물통

38 **인화점이 38℃ 미만인 제4류 위험물 취급을 주된 작업내용으로 하는 장소에 스프링클러설비를 설치할 경우 확보하여야 하는 1분당 방사밀도는 몇 L/m³ 이상이어야 하는가?** (단, 살수기준면적은 250m²이다)

① 12.2
② 13.9
③ 15.5
④ 16.3

해설

34 팽창질석은 전기설비에 적응성이 없으며, 물분무소화설비는 적응성이 있다.

35 ① 배관은 전용으로 할 것
③ 관이음쇠는 고압식인 것은 16.5MPa 이상, 저압식인 것은 3.75MPa 이상의 압력에 견딜 수 있는 것으로서 적절한 방식처리를 한 것을 사용할 것
④ 낙차(배관의 가장 낮은 위치로부터 가장 높은 위치까지의 수직거리)는 50m 이하일 것

36 면적식의 국소방출방식에서 하론1301의 경우
표면적(40m²)×소화약제의 계수(1.0)×1.25×6.8kg
= 340kg

37 과산화나트륨은 제1류 위험물 중 알칼리금속과산화물이므로 탄산수소염류분말소화설비, 건조사, 팽창질석 또는 팽창진주암에 적응성이 있다.

38 스프링클러 설치

살수기준면적(m²)	방사밀도(ℓ/m²분)	
	인화점 38℃ 미만	인화점 38℃ 이상
279 미만	16.3 이상	12.2 이상
279 이상 372 미만	15.5 이상	11.8 이상
372 이상 465 미만	13.9 이상	9.8 이상
465 이상	12.2 이상	8.1 이상

39 외벽이 내화구조인 위험물 저장소 건축물의 연면적이 1,500m² 인 경우 소요단위는?

① 6
② 10
③ 13
④ 14

40 위험물제조소등에 설치하는 자동화재탐지설비의 설치기준으로 틀린 것은?

① 원칙적으로 경계구역은 건축물의 2 이상의 층에 걸치지 않도록 한다.
② 원칙적으로 상층이 있는 경우에는 감지기 설치를 하지 않을 수 있다.
③ 원칙적으로 하나의 경계구역의 면적은 600m² 이하로 하고 그 한 변의 길이는 50m 이하로 한다.
④ 비상전원을 설치하여야 한다.

[제3과목 : 위험물 성상 및 취급]

41 제1류 위험물에 해당하는 것은?

① 염소산칼륨
② 수산화칼륨
③ 수소화칼륨
④ 요오드화칼륨

42 위험물의 저장 및 취급에 대한 설명으로 틀린 것은?

① H_2O_2 : 직사광선을 차단하고 찬 곳에 저장한다.
② MgO_2 : 습기의 존재하에서 산소를 발생하므로 특히 방습에 주의한다.
③ $NaNO_3$: 조해성이 크고 흡습성이 강하므로 습도에 주의한다.
④ K_2O_2 : 물속에 저장한다.

43 오황화인이 물과 반응하였을 때 발생하는 물질로 옳은 것은?

① 황화수소, 오산화인
② 황화수소, 인산
③ 이산화황, 오산화인
④ 이산화황, 인산

44 피리딘에 대한 설명 중 틀린 것은?

① 액체이다.
② 물에 녹지 않는다.
③ 상온에서 인화의 위험이 있다.
④ 독성이 있다.

해설

39 외벽이 내화구조인 위험물 저장소 건축물은 150m²를 1 소요단위로 한다.

$\frac{1,500m^2}{150m^2}$ = 10 소요단위

40 자동화재탐지설비의 감지기는 지붕(상층이 있는 경우에는 상층의 바닥) 또는 벽의 옥내에 면한 부분(천장이 있는 경우에는 천장 또는 벽의 옥내에 면한 부분 및 천장의 뒷 부분)에 유효하게 화재의 발생을 감지할 수 있도록 설치해야 한다.

41 염소산칼륨은 제1류 위험물 중 염소산염류에 속한다.
② 수산화칼륨 : 비위험물
③ 수소화칼륨 : 제3류 위험물
④ 요오드화칼륨 : 비위험물

42 과산화칼륨(K_2O_2)은 물과 반응하여 산소를 발생하면서 위험성이 증가하는데, 저장 시 서늘하고 환기가 잘되는 곳에 보관한다.

43 오황화인은 물과 반응하여 황화수소와 인산을 발생한다.

44 피리딘은 물, 알코올, 에테르에 잘 녹는다.

45 다음 중 화재 시 다량의 물에 의한 냉각소화가 가장 효과적인 것은?

① 금속의 수소화물
② 알칼리금속과산화물
③ 유기과산화물
④ 금속분

46 위험물안전관리법령상 어떤 위험물을 저장 또는 취급하는 이동탱크저장소는 불활성 기체를 봉입할 수 있는 구조로 하여야 하는가?

① 아세톤 ② 벤젠
③ 과염소산 ④ 산화프로필렌

47 위험물의 운반용기 외부에 표시하여야 하는 주의사항에 "화기엄금"이 포함되지 않은 것은?

① 제1류 위험물 중 알칼리금속의 과산화물
② 제2류 위험물 중 인화성고체
③ 제3류 위험물 중 자연발화성물질
④ 제5류 위험물

48 위험물 운반용기 외부에 표시하는 주의사항을 모두 나타낸 것 중 틀린 것은?

① 질산나트륨 : 화기ㆍ충격주의, 가연물접촉주의
② 마그네슘 : 화기주의, 물기엄금
③ 황린 : 공기노출금지
④ 과염소산 : 가연물접촉주의

49 위험물제조소에서 옥내소화전이 가장 많이 설치된 층의 옥내소화전 설치개수가 3개이다. 수원의 수량은 몇 m^3가 되도록 설치하여야 하는가?

① 2.6 ② 7.8
③ 15.6 ④ 23.4

50 위험물제조소등의 안전거리의 단축기준과 관련해서 $H \leq pD^2 + \alpha$인 경우 방화상 유효한 담의 높이는 2m 이상으로 한다. 다음 중에 α에 해당하는 것은?

① 인근 건축물의 높이(m)
② 제조소등의 외벽의 높이(m)
③ 제조소등의 공작물과의 거리(m)
④ 제조소등의 방화상 유효한 담과의 거리(m)

해설

45 유기과산화물은 제5류 위험물로서 다량의 물에 의한 냉각소화가 가장 효과적이다.

46 이동저장탱크에 아세트알데하이드등을 저장하는 경우에는 항상 불활성의 기체를 봉입하여 두어야 한다. 여기서 아세트알데하이드등이라 함은 아세트알데하이드 및 산화프로필렌을 의미한다.

47 제1류 위험물 중 알칼리금속의 과산화물 또는 이를 함유한 것 : "화기ㆍ충격주의", "물기엄금", "가연물접촉주의"

48 황린은 제3류 위험물 중 자연발화성물질이므로 운반용기 외부에 "화기엄금", "공기접촉엄금" 주의사항을 표시해야 한다.

49 수원의 수량 = 소화전의 수(최대 5개)×7.8
= 3×7.8 = 23.4

50 H : 인근 건축물 또는 공작물의 높이(m)
p : 상수
D : 제조소등과 인근 건축물 또는 공작물과의 거리(m)
α : 제조소등의 외벽의 높이(m)

51 제조소에서 취급하는 위험물의 최대수량이 지정 수량의 20배인 경우 보유공지의 너비는 얼마인가?

① 3m 이상 ② 5m 이상
③ 10m 이상 ④ 20m 이상

52 위험물안전관리법령상 제조소등의 관계인이 정기적으로 점검하여야 할 대상이 아닌 것은?

① 지정수량의 10배 이상의 위험물을 취급하는 제조소
② 지하탱크저장소
③ 이동탱크저장소
④ 지정수량의 100배 이상의 위험물을 저장하는 옥외탱크저장소

53 위험물안전관리법령상 위험물의 운반 시 운반용기는 다음의 기준에 따라 수납 적재하여야 한다. 다음 중 틀린 것은?

① 수납하는 위험물과 위험한 반응을 일으키지 않아야 한다.
② 고체위험물은 운반용기 내용적의 95% 이하로 수납하여야 한다.
③ 액체 위험물은 운반용기 내용적의 95% 이하로 수납하여야 한다.
④ 하나의 외장용기에는 다른 종류의 위험물을 수납하지 않는다.

54 다음 중 분자량이 가장 큰 위험물은?

① 과염소산
② 과산화수소
③ 질산
④ 하이드라진

55 다음 중 제4류 위험물에 해당하는 것은?

① $Pb(N_3)_2$
② CH_3ONO_2
③ N_2H_4
④ NH_2OH

56 제1류 위험물 중 흑색화약의 원료로 사용되는 것은?

① KNO_3
② $NaNO_3$
③ BaO_2
④ NH_4NO_3

해설

51 취급 위험물의 최대수량에 따른 너비

취급하는 위험물의 최대수량	공지의 너비
지정수량의 10배 이하	3m 이상
지정수량의 10배 초과	5m 이상

52 지정수량의 200배 이상의 위험물을 저장하는 옥외탱크저장소가 정기점검 대상에 해당한다.

53 액체 위험물은 운반용기 내용적의 98% 이하로 수납하여야 한다.

54 과염소산($HClO_4$) : 100.47
과산화수소(H_2O_2) : 34
질산(HNO_3) : 63
하이드라진(N_2H_4) : 32.05

55 $Pb(N_3)_2$(아지화납), CH_3ONO_2(질산메틸), NH_2OH(하이드록실아민) 모두 제5류 위험물에 속한다.

56 질산칼륨은 무색 또는 흰색 결정으로 황, 목탄과 혼합하여 흑색화약의 원료로 사용된다.

57 주수소화를 할 수 없는 위험물은?

① 금속분 ② 적린
③ 황 ④ 과망가니즈산칼륨

58 인화칼슘이 물과 반응할 경우에 대한 설명 중 틀린 것은?

① 발생 가스는 가연성이다.
② 포스겐 가스가 발생한다.
③ 발생 가스는 독성이 강하다.
④ $Ca(OH)_2$가 생성된다.

59 그림과 같은 타원형 위험물탱크의 내용적은 약 얼마인가? (단, 단위는 m이다)

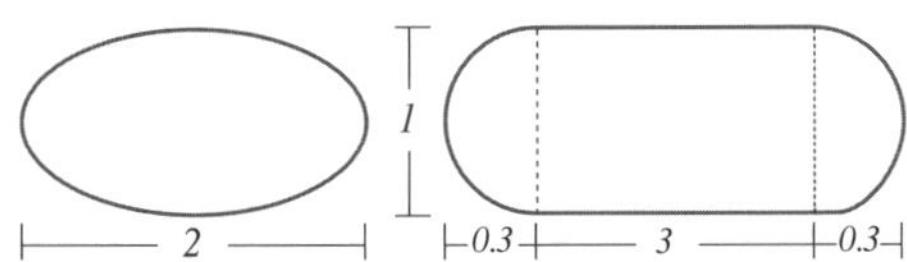

① $5.03m^3$ ② $7.52m^3$
③ $9.03m^3$ ④ $19.05m^3$

60 자체소방대에 두어야 하는 화학소방자동차 중 포수용액을 방사하는 화학소방자동차는 전체 법정 화학소방자동차 대수의 얼마 이상으로 하여야 하는가?

① 1/3 ② 2/3
③ 1/5 ④ 2/5

해설

57 제2류 위험물인 금속분은 주수소화를 하게 되면 수소가스를 발생해 위험하며, 마른모래, 분말, 이산화탄소 등을 이용한 질식소화가 효과적이다.

58 제3류 위험물인 인화칼슘은 물과 반응하여 유독 가연성 가스인 포스핀과 수산화칼슘을 발생한다.

59 양쪽이 볼록한 타원형 탱크의 내용적

$= \frac{\pi ab}{4}(L+\frac{L_1+L_2}{3})$

$= \frac{\pi \times 2 \times 1}{4}(3+\frac{0.3+0.3}{3}) \fallingdotseq 5.03m^3$

60 포수용액을 방사하는 화학소방자동차는 전체 법정 화학소방자동차 대수의 3분의 2 이상으로 하여야 한다.

【 최종모의고사 1회 】

정답

01 ④	02 ①	03 ④	04 ①	05 ③	06 ③	07 ②	08 ④	09 ③	10 ③
11 ②	12 ④	13 ①	14 ②	15 ②	16 ③	17 ③	18 ④	19 ②	20 ③
21 ①	22 ②	23 ④	24 ④	25 ③	26 ①	27 ②	28 ③	29 ③	30 ②
31 ①	32 ③	33 ④	34 ①	35 ②	36 ②	37 ②	38 ④	39 ②	40 ②
41 ①	42 ④	43 ②	44 ②	45 ③	46 ④	47 ①	48 ③	49 ④	50 ②
51 ②	52 ④	53 ③	54 ①	55 ③	56 ①	57 ①	58 ②	59 ①	60 ②

최종점검 1 – 자주 출제되는 문제를 통해 마무리하자!

최종모의고사 2회

▶정답은 327쪽에 있습니다.

[제1과목 : 물질의 물리·화학적 성질]

01 밀도가 2g/mL인 고체의 비중은 얼마인가?

① 0.002 ② 2
③ 20 ④ 200

02 98% H_2SO_4 50g에서 H_2SO_4에 포함된 산소 원자수는?

① 3×10^{23}개
② 6×10^{23}개
③ 9×10^{23}개
④ 1.2×10^{24}개

03 빨갛게 달군 철에 수증기를 접촉시켜 자철광의 주성분이 생성되는 반응식으로 옳은 것은?

① $3Fe + 4H_2O \rightarrow Fe_3O_4 + 4H_2$
② $2Fe + 3H_2O \rightarrow Fe_2O_3 + 3H_2$
③ $Fe + H_2O \rightarrow FeO + H_2$
④ $Fe + 2H_2O \rightarrow FeO_2 + 2H_2$

04 P 43.7wt%와 O 56.3wt%로 구성된 화합물의 실험식으로 옳은 것은? (단, 원자량 P=31, O=16이다)

① P_2O_4 ② PO_3
③ P_2O_5 ④ PO_2

05 다음 중 어떤 조건하에서 실제기체가 이상기체에 가깝게 거동하는가?

① 낮은 온도, 높은 압력
② 높은 온도, 낮은 압력
③ 낮은 온도, 낮은 압력
④ 높은 온도, 낮은 압력

06 액체 0.2g을 기화시켰더니 그 증기의 부피가 97℃, 740mmHg에서 80mL였다. 이 액체의 분자량은?

① 40 ② 46
③ 78 ④ 121

해설

01 비중이란 어떤 물질의 질량과 그 물질과 같은 부피의 표준 물질의 질량과의 비이다. 고체나 액체의 경우에는 보통 4℃의 물을, 기체의 경우에는 0℃에서의 1기압의 공기를 표준으로 취한다. 4℃에서 물의 밀도는 1g/mL이므로 밀도가 2g/mL인 고체의 비중은 2이다.

02 H_2SO_4의 질량 : 50g×0.98 = 49g
H_2SO_4의 분자량 : 98
H_2SO_4의 몰수 $= \frac{\text{질량(g)}}{\text{1몰 질량(g)}} = \frac{49}{98} = 0.5$몰,
∴ 산소 원자수 : 0.5몰×4 = 2몰, 2몰$\times6\times10^{23}$
$= 1.2\times10^{24}$

03 화학 반응식은 반응물의 각 원소의 원자수와 생성물의 각 성분 원소의 원자수가 같도록 계수를 맞춘다. 자철광의 화학식은 Fe_3O_4이고 반응식의 계수를 완성하면 $3Fe + 4H_2O \rightarrow Fe_3O_4 + 4H_2$이다.

04 실험식은 각 성분 원소의 원자수를 가장 간단한 정수비로 나타낸 화학식으로 성분 원소의 질량을 원자량으로 나누어 구할 수 있다.
따라서 원자수 비는 $P : O = \frac{43.7}{30.9} : \frac{56.3}{16} = 2 : 5$이고 이 화합물의 실험식은 P_2O_5이다.

05 기체 분자 사이의 상호 작용이 작을수록 이상 기체에 가깝다. 따라서 높은 온도와 낮은 압력일수록 이상 기체의 성질에 가까워진다.

06 $PV = \frac{\omega}{MW}RT$,
$\frac{740}{760}\text{atm}\times0.08\text{L} = \frac{0.2}{MW}\times0.08206\text{atm}\cdot\text{L/mol}\cdot\text{K}\times370$
$\therefore MW = 78$

07 다음 중 1몰랄 농도에 관한 설명으로 옳은 것은?

① 용액 1L 속에 녹아 있는 용질의 몰 수
② 용매 1,000g에 녹아 있는 용질의 몰 수
③ 용액 100g에 녹아 있는 용질의 g 수
④ 용액 1L 속에 녹아 있는 산-염기의 g당량 수

08 다음 중 물의 끓는점을 높이기 위한 방법으로 가장 타당한 것은?

① 순수한 물을 끓인다.
② 물을 저으면서 끓인다.
③ 감압하에 끓인다.
④ 밀폐된 그릇에서 끓인다.

09 원자번호 11이고 중성자수가 12인 나트륨의 질량수는?

① 11 ② 12
③ 23 ④ 28

10 반감기가 5일인 미지 시료가 2g이 있을 때 10일이 경과하면 남은 양은 몇 g인가?

① 2 ② 1
③ 0.5 ④ 0.25

11 수소 원자에서 선 스펙트럼이 나타나는 경우는?

① 들뜬 상태의 전자가 낮은 에너지 준위로 떨어질 때
② 전자가 같은 에너지 준위에서 돌고 있을 때
③ 전자 껍질의 전자가 핵과 충돌할 때
④ 바닥 상태의 전자가 들뜬 상태로 될 때

12 Mg^{2+}와 같은 전자 배치를 가지는 것은?

① Ca^{2+} ② Ar
③ Cl^- ④ F^-

13 옥텟 규칙(octet rule)에 따르면 게르마늄이 반응할 때 다음 중 어떤 원소의 전자수와 같아지려고 하는가?

① Kr ② Si
③ Sn ④ As

14 다음 금속 중 양쪽성 원소가 아닌 것은?

① Al ② Zn
③ Sn ④ Cu

해설

07 몰랄 농도(m) = $\frac{\text{용질의 몰수(mol)}}{\text{용매의 질량(kg)}}$

08 끓는점은 용액의 증기 압력이 외부 압력이 같을 때의 온도이다. 밀폐된 그릇에서 물을 끓이면 증기 압력이 높아지고 끓는점이 높아진다.

09 질량수=양성자수+중성자수, ∴11+12=23

10 10일 후는 두 번의 반감기 이후이므로 남아있는 분율은 처음 물질 질량의 1/4이다. 따라서 10일 후의 물질의 질량은 $2g\times\frac{1}{2}\times\frac{1}{2}=0.5g$이다.

11 수소 원자의 전자 에너지 준위는 불연속적으로 존재하며 수소 원자의 전자가 높은 에너지 준위로 들뜬 상태에서 낮은 에너지 준위로 전이될 때 두 전자껍질의 에너지 차이에 해당하는 빛이 방출된다. 이 빛이 선 스펙트럼 형태로 나타난다.

12 Mg^{2+} : $1s^22s^22p^6$
F^- : $1s^22s^22p^6$

13 게르마늄(Ge)은 4주기 원소로 4주기 18족 비활성 기체인 크립톤(Kr)과 같은 전자 배치로 안정해지려고 한다.

14 Cu는 양쪽성 원소가 아니다.

15 다음과 같이 에탄이 산소 중에서 연소하여 CO_2와 수증기로 될 때의 연소열을 계산하면 약 얼마인가?

- $C_2H_6(g) \rightarrow 2C(s) + 3H_2(g)$ $\Delta H = +20.4kcal$
- $2C(s) + 2O_2(g) \rightarrow 2CO_2(g)$ $\Delta H = -188.0kcal$
- $3H_2(g) + 3/2O_2(g) \rightarrow 3H_2O(g)$ $\Delta H = -173.0kcal$

① $\Delta H = -340.6kcal$
② $\Delta H = 340.6kcal$
③ $\Delta H = -35.4kcal$
④ $\Delta H = 35.4kcal$

16 찬물을 컵에 담아서 더운 방에 놓아두었을 때 유리와 물의 접촉면에 기포가 생기는 이유로 가장 옳은 것은?

① 물의 증기 압력이 높아지기 때문에
② 접촉면에서 수증기가 발생하기 때문에
③ 방안의 이산화탄소가 녹아 들어가기 때문에
④ 온도가 올라갈수록 기체의 용해도가 감소하기 때문에

17 중화 적정 실험 중 미지의 농도 황산 20mL에 실험자의 실수로 1N-HCl 25mL을 넣었다. 이때 두 혼합산을 중화하는데 3N-NaOH 용액 40mL가 소비되었다면 황산의 농도는 몇 N인가?

① 3 ② 3.75
③ 4 ④ 4.75

18 다음 화합물 중에서 가장 작은 결합각을 가지는 것은?

① BF_3 ② NH_3
③ H_2 ④ $BeCl_2$

19 다음 화학반응 중 첨가반응이 아닌 것은?

① $C_2H_2 + HCl \rightarrow CH_2{=}CHCl$
② $C_2H_4 + H_2O \rightarrow C_2H_5OH$
③ $C_2H_4 + HCl \rightarrow C_2H_3Cl + H_2$
④ $C_2H_4 + Br_2 \rightarrow C_2H_4Br_2$

20 고리구조를 갖지 않고 분자식이 $C_{16}H_{28}$인 탄화수소의 분자 중에는 2중 결합이 몇 개 있는가?

① 1개
② 2개
③ 3개
④ 4개

해설

15 연소열이란 어떤 물질 1몰이 완전 연소하여 안정한 생성물을 만들 때의 반응열이다. 헤스의 법칙을 이용하여 연소열을 계산하면 다음과 같다.

$C_2H_6(g) \rightarrow 2C(s) + 3H_2(g),$ $\Delta H = +20.4kcal$ –①
$2C(s) + 2O_2(g) \rightarrow 2CO_2(g),$ $\Delta H = -188.0kcal$ –②
$3H_2(g) + \frac{3}{2}O_2(g) \rightarrow 3H_2O(g),$ $\Delta H = -173.0kcal$ –③

$C_2H_6(g) + \frac{7}{2}O_2(g) \rightarrow 2CO_2(g) + 3H_2O(g)$ ①+②+③
$\therefore \Delta H = 20.4 - 188.0 - 173.0 = -340kcal$

16 기체의 용해도는 온도가 높을수록 감소하므로 더운 방에 물의 접촉면에는 물속에 녹아 있던 기체가 빠져나오기 때문에 기포가 생긴다.

17 미지의 황산 농도를 C라고 하면, 황산 용액과 염산 혼합용액의 총 H^+ 이온 몰수와 중화 반응에 사용된 NaOH 용액의 OH^- 몰수는 같다.
$C \times 0.02 + 1N \times 0.025L = 3N \times 0.04L$
$\therefore C = 4.75N$

18 ① BF_3 : 정삼각형, 120°
② NH_3 : 삼각뿔, 107°
③ H_2 : 직선형, 180°
④ $BeCl_2$: 직선형, 180°

19 ③은 C_2H_4의 H 원자가 Cl로 치환된 치환 반응이다.

20 수소결핍지수는 대상인 화합물과 같은 수의 탄소를 지닌 사슬형 알케인 사이의 수소 원자 수의 수에 있어서의 차이다. 이중 결합은 1몰의 수소를 소모하므로, 수소 결핍 지수 1 단위로 계산한다. 각 삼중 결합은 2몰을 소모하며, 수소 결핍 지수 2 단위로 계산한다. 고리는 수소 결핍 지수 1 단위로 계산한다. $C_{16}H_{28}$에서 16×2+2=34, 34−28=6이므로 이중결합 3개 가능하다.

[제2과목 : 화재예방과 소화방법]

21 **전기불꽃 에너지 공식에서 ( )에 알맞은 것은?** (단, Q는 전기량, V는 방전전압, C는 전기용량을 나타낸다)

E = 1/2( ) = 1/2( )

① QV, CV ② QC, CV
③ QV, CV^2 ④ QC, QV^2

22 **다음 물질의 연소 중 표면연소에 해당하는 것은?**

① 석탄 ② 목탄
③ 목재 ④ 황

23 **다음 위험물 중 착화온도가 가장 낮은 것은?**

① 황린 ② 삼황화인
③ 마그네슘 ④ 적린

24 **표시색상이 청색인 화재는?**

① A급 화재
② B급 화재
③ C급 화재
④ D급 화재

25 **포소화약제의 주된 소화효과를 모두 옳게 나타낸 것은?**

① 촉매효과와 냉각효과
② 억제효과와 제거효과
③ 질식효과와 냉각효과
④ 연소방지와 촉매효과

26 **아세톤의 위험도를 구하면 얼마인가?**
(단, 아세톤의 연소범위는 2~13vol%이다)

① 0.846 ② 1.23
③ 5.5 ④ 7.5

27 **제3종 분말소화약제의 열분해 시 생성되는 메타인산의 화학식은?**

① H_3PO_4 ② HPO_3
③ $H_4P_2O_7$ ④ $CO(NH_2)_2$

해설

21 전기불꽃 에너지식 $E = \frac{1}{2}QV = \frac{1}{2}CV^2$

22 석탄, 목재는 분해연소를 하며, 황은 증발연소를 한다.

23 ① 황린 : 34℃
② 삼황화인 : 100℃
③ 마그네슘 : 400℃
④ 적린 : 260℃

24 화재의 분류

급수	종류	색상
A급	일반화재	백색
B급	유류 및 가스화재	황색
C급	전기화재	청색
D급	금속화재	무색

25 포소화약제의 주된 소화효과는 질식효과와 냉각효과이다.

26 위험도는 폭발 상한과 폭발 하한의 차이를 폭발 하한으로 나눈 값이다.
위험도 $HL = \frac{UL-LL}{LL}$
(UL : 폭발상한, LL : 폭발하한)
$= \frac{13-2}{2} = 5.5$

27 제3종 분말의 열분해 반응식
$NH_4H_2PO_4 \rightarrow HPO_3 + NH_3 + H_2O$

28 다음 중 유류저장 탱크화재에서 일어나는 현상으로 거리가 먼 것은?

① 보일 오버 ② 플래시 오버
③ 슬롭 오버 ④ BELVE

29 위험물의 화재 발생 시 사용 가능한 소화약제를 틀리게 연결한 것은?

① 질산암모늄 - H_2O
② 마그네슘 - CO_2
③ 트라이에틸알루미늄 - 팽창질석
④ 나이트로글리세린 - H_2O

30 다음 중 $(C_2H_5)_3Al$의 소화 방법으로 가장 적합한 소화약제는?

① 물 ② CO_2
③ 팽창진주암 ④ CCl_4

31 위험물안전관리법령상 자동화재탐지설비의 설치기준으로 옳지 않은 것은?

① 경계구역은 건축물의 최소 2개 이상의 층에 걸치도록 할 것
② 하나의 경계구역의 면적은 $600m^2$ 이하로 할 것
③ 감지기는 지붕 또는 벽의 옥내에 면한 부분에 유효하게 화재의 발생을 감지할 수 있도록 설치할 것
④ 비상전원을 설치할 것

32 제3류 위험물 중 금수성 물질을 제외한 위험물에 적응성이 있는 소화설비가 아닌 것은?

① 분말소화설비 ② 스프링클러설비
③ 옥내소화전설비 ④ 포소화설비

33 포소화설비의 가압송수장치에서 압력수조의 압력 산출 시 필요 없는 것은?

① 낙차의 환산 수두압
② 배관의 마찰손실 수두압
③ 노즐선의 마찰손실 수두압
④ 소방용 호스의 마찰손실 수두압

34 소화설비의 구분에서 물분무등소화설비에 속하는 것은?

① 포소화설비 ② 옥내소화전설비
③ 스프링클러설비 ④ 옥외소화전설비

해설

28 플래시 오버는 건축물 화재 시 성장기에서 최성기로 진행될 때 실내온도가 급격히 상승하기 시작하면서 화염이 실내 전체로 급격히 확대되는 연소현상으로 유류저장 탱크 화재와는 거리가 멀다.

29 제2류 위험물인 마그네슘은 이산화탄소 소화약제에는 적응성이 없다.

30 트라이에틸알루미늄은 금수성물질이므로 마른모래, 팽창질석, 팽창진주암, 탄산수소염류 분말소화설비 등이 적응성이 있다.

31 경계구역은 건축물의 최소 2개 이상의 층에 걸치지 않도록 해야 한다.

32 제3류 위험물 중 금수성 물질을 제외한 위험물에 적응성이 없는 소화설비 : 이산화탄소소화설비, 할로젠화합물소화설비, 분말소화설비

33 가압송수장치의 압력수조의 압력은 다음 식에 의하여 구한 수치 이상으로 한다.
$P = p_1 + p_2 + p_3 + p_4$ (단위 MPa)
- P : 필요한 압력
- p_1 : 고정식포방출구의 설계압력 또는 이동식포소화설비 노즐방사압력
- p_2 : 배관의 마찰손실수두압
- p_3 : 낙차의 환산수두압
- p_4 : 이동식포소화설비의 소방용 호스의 마찰손실수두압

34 물분무등소화설비
물분무소화설비, 미분무소화설비, 포소화설비, 불활성가스소화설비(이산화탄소소화설비, 질소소화설비), 할로젠화합물소화설비, 청정소화약제 소화설비, 분말소화설비, 강화액소화설비

35 위험물제조소등에 경보설비를 설치해야 하는 경우가 아닌 것은? (단, 지정수량의 10배 이상을 저장 또는 취급하는 경우이다)

① 이동탱크저장소
② 단층건물로 처마 높이가 6m 인 옥내저장소
③ 단층건물 외의 건축물에 설치된 옥내탱크저장소로서 소화난이도등급 I에 해당하는 것
④ 옥내주유취급소

36 소요단위에 대한 설명으로 옳은 것은?

① 소화설비의 설치대상이 되는 건축물 그 밖의 공작물의 규모 또는 위험물의 양이 기준단위이다.
② 소화설비 소화능력의 기준단위이다.
③ 저장소의 건축물은 외벽이 내화구조인 것은 연면적 75m^2를 1소요단위로 한다.
④ 지정수량 100배를 1소요단위로 한다.

37 벤젠을 저장하는 옥외탱크저장소가 액표면적이 45m^2인 경우 소화난이도등급은?

① 소화난이도등급 Ⅰ
② 소화난이도등급 Ⅱ
③ 소화난이도등급 Ⅲ
④ 제시된 조건으로 판단할 수 없음

38 위험물안전관리법령에 따른 이산화탄소 소화약제의 저장용기 설치 장소에 대한 설명으로 틀린 것은?

① 방호구역 내의 장소에 설치하여야 한다.
② 직사일광 및 빗물이 침투할 우려가 적은 장소에 설치하여야 한다.
③ 온도변화가 적은 장소에 설치하여야 한다.
④ 온도가 섭씨 40도 이하인 곳에 설치하여야 한다.

39 위험물안전관리법령에 따른 이동식할로젠화합물 소화설비 기준에 의하면 20℃에서 하나의 노즐이 할론 1301을 방사할 경우 1분당 몇 kg의 소화약제를 방사할 수 있어야 하는가?

① 35　　② 40
③ 45　　④ 50

40 드라이아이스 1kg이 완전히 기화하면 약 몇 몰의 탄산가스가 되겠는가?

① 23　　② 51
③ 230　　④ 515

해설

35 이동탱크저장소를 제외한 모든 제조소등에는 경보설비를 설치해야 한다.

36 ② 소화설비 소화능력의 기준단위를 능력단위라 한다.
③ 저장소의 건축물은 외벽이 내화구조인 것은 연면적 150m^2를 1소요단위로 한다.
④ 지정수량 10배를 1소요단위로 한다.

37 옥외탱크저장소가 액표면적이 40m^2 이상인 것은 소화난이도등급 I에 해당한다.

38 저장용기는 다음에 정하는 것에 의하여 설치할 것
- 방호구역 외의 장소에 설치할 것
- 온도가 40℃ 이하이고 온도 변화가 적은 장소에 설치할 것
- 직사일광 및 빗물이 침투할 우려가 적은 장소에 설치할 것
- 저장용기에는 안전장치(용기밸브에 설치되어 있는 것 포함)를 설치할 것
- 저장용기의 외면에 소화약제의 종류와 양, 제조년도 및 제조자를 표시할 것

39 소화약제의 종류에 따른 방사량

소화약제의 종별	소화약제의 양
할론 2402	45kg
할론 1211	40kg
할론 1301	35kg

40 $CO_2(S) \rightarrow CO_2(g)$
CO_2의 분자량 : 44
CO_2 1kg 몰수 : $\frac{1000g}{44g/mol}$ = 22.73몰

[제3과목 : 위험물 성상 및 취급]

41 위험물안전관리법령상 위험물 품명이 나머지 셋과 다른 것은?

① 메틸알코올 ② 에틸알코올
③ 아이소프로필알코올 ④ 부틸알코올

42 적린에 관한 설명 중 틀린 것은?

① 황린의 동소체이고 황린에 비하여 안정하다.
② 성냥, 화약 등에 이용된다.
③ 연소생성물은 황린과 같다.
④ 자연발화를 막기 위해 물속에 보관한다.

43 다음 인화성액체 위험물 중 비중이 가장 큰 것은?

① 경유 ② 아세톤
③ 이황화탄소 ④ 중유

44 옥내저장소에서 위험물 용기를 겹쳐 쌓는 경우에 있어서 제4류 위험물 중 제3석유류만을 수납하는 용기를 겹쳐 쌓을 수 있는 높이는 최대 몇 m인가?

① 3 ② 4
③ 5 ④ 6

45 위험물안전관리법령상 위험물의 운반용기 외부에 표시해야 할 사항이 아닌 것은? (단, 용기의 용적은 10L이며, 원칙적인 경우에 한한다)

① 위험물의 화학명
② 위험물의 지정수량
③ 위험물의 품명
④ 위험물의 수량

46 피크르산의 위험성과 소화방법에 대한 설명으로 틀린 것은?

① 금속과 화합하여 예민한 금속염이 만들어질 수 있다.
② 운반 시 건조한 것보다는 물에 젖게 하는 것이 안전하다.
③ 알코올과 혼합된 것은 충격에 의한 폭발 위험이 있다.
④ 화재 시에는 질식소화가 효과적이다.

47 다음은 P_2S_5와 물의 화학반응이다. ( )에 알맞은 숫자를 차례대로 나열한 것은?

$$P_2S_5 + (\ \ )H_2O \rightarrow (\ \ )H_2S + (\ \ )H_3PO_4$$

① 2, 8, 5 ② 2, 5, 8
③ 8, 5, 2 ④ 8, 2, 5

해설

41 메틸알코올, 에틸알코올, 아이소프로필알코올은 모두 알코올류에 속하며, 부틸알코올은 제2석유류에 속한다.

42 적린은 안정적이기 때문에 공기 중에 방치해도 자연발화하지 않는다.

43
- 경유 : 0.83~0.88
- 아세톤 : 0.79
- 이황화탄소 : 1.26
- 중유 : 0.86~1.0

44 제4류 위험물 중 제3석유류, 제4석유류 및 동식물유류를 수납하는 용기만을 겹쳐 쌓는 경우 용기 제한 높이는 4m이다.

45 운반용기의 외부에 표시해야 하는 사항
- 위험물의 품명 · 위험등급 · 화학명 및 수용성('수용성' 표시는 제4류 위험물로서 수용성인 것에 한한다)
- 위험물의 수량
- 수납하는 위험물에 따라 다음의 규정에 의한 주의사항

46 피크르산의 화재 시에는 주수소화가 효과적이다.

47 오황화인의 물과의 화학 반응식

$$\underset{\text{오황화린}}{P_2S_5} + \underset{\text{물}}{8H_2O} \rightarrow \underset{\text{황화수소}}{5H_2S} + \underset{\text{인산}}{2H_3PO_4}$$

48 위험물의 저장방법에 대한 설명으로 옳은 것은?

① 황화인은 알코올 또는 과산화물 속에 저장하여 보관한다.
② 마그네슘은 건조하면 분진폭발의 위험성이 있으므로 물에 습윤하여 저장한다.
③ 적린은 화재예방을 위해 할로젠 원소와 혼합하여 저장한다.
④ 수소화리튬은 저장용기에 아르곤과 같은 불활성 기체를 봉입한다.

49 염소산칼륨의 성질에 대한 설명으로 옳은 것은?

① 가연성 고체이다.
② 강력한 산화제이다.
③ 물보다 가볍다.
④ 열분해하면 수소를 발생한다.

50 가솔린의 연소범위(vol%)에 가장 가까운 것은?

① 1.4~7.6 ② 8.3~11.4
③ 12.5~19.7 ④ 22.3~32.8

51 1종 판매취급소에 설치하는 위험물 배합실의 기준으로 틀린 것은?

① 바닥면적은 $6m^2$ 이상 $15m^2$ 이하일 것
② 내화구조 또는 불연재료로 된 벽으로 구획할 것
③ 출입구는 수시로 열 수 있는 자동폐쇄식의 60분+방화문 또는 60분방화문으로 설치할 것
④ 출입구 문턱의 높이는 바닥면으로부터 0.2m 이상일 것

52 제4류 위험물의 화재예방 및 취급방법으로 옳지 않은 것은?

① 이황화탄소는 물속에 저장한다.
② 아세톤은 일광에 의해 분해될 수 있으므로 갈색병에 보관한다.
③ 초산은 내산성 용기에 저장하여야 한다.
④ 건성유는 다공성 가연물과 함께 보관한다.

53 알루미늄분의 위험성에 대한 설명 중 틀린 것은?

① 할로젠원소와 접촉 시 자연발화의 위험성이 있다.
② 산과 반응하여 가연성가스인 수소를 발생한다.
③ 발화하면 다량의 열이 발생한다.
④ 뜨거운 물과 격렬히 반응하여 산화알루미늄을 발생한다.

해설

48 제2류 위험물인 황화인, 마그네슘, 적린은 통풍이 잘되는 냉암소에 보관한다.

49 염소산칼륨은 비중 2.34의 산화성 고체로 열분해 시 산소를 발생한다.

50 제1석유류인 가솔린의 연소범위는 1.4~7.6%이다.

51 출입구 문턱의 높이는 바닥면으로부터 0.1m 이상일 것

52 다공성이란 내부에 작은 구멍을 많이 가지고 있는 성질을 말하는데, 건성유를 다공성 가연물과 함께 보관하게 되면 산소와 결합하여 자연발화할 위험이 있다.

53 알루미늄분은 끓는 물, 산, 알칼리수용액(수산화나트륨 수용액 등)과 반응하여 수소를 발생하며, 연소 시 산화알루미늄을 발생한다.

54 **부틸리튬(n-Butyl lithium)에 대한 설명으로 옳은 것은?**

① 무색의 가연성고체이며 자극성이 있다.
② 증기는 공기보다 가볍고 점화원에 의해 산화의 위험이 있다.
③ 화재 발생 시 이산화탄소소화설비는 적응성이 없다.
④ 탄화수소나 다른 극성의 액체에 용해가 잘되며 휘발성은 없다.

55 **위험물안전관리법령상 위험물을 운반하기 위해 적재할 때 예를 들어 제6류 위험물은 1가지 유별(제1류 위험물)하고만 혼재할 수 있다. 다음 중 가장 많은 유별과 혼재가 가능한 것은? (단, 지정수량의 1/10을 초과하는 위험물이다)**

① 제1류
② 제2류
③ 제3류
④ 제4류

56 **위험물안전관리법령에 따른 안전거리 규제를 받는 위험물 시설이 아닌 것은?**

① 제6류 위험물 제조소
② 제1류 위험물 일반취급소
③ 제4류 위험물 옥내저장소
④ 제5류 위험물 옥외저장소

57 **위험물안전관리법령상 위험물제조소의 옥외에 있는 하나의 액체위험물 취급탱크 주위에 설치하는 방유제의 용량은 해당 탱크 용량의 몇 % 이상으로 하여야 하는가?**

① 50%
② 60%
③ 100%
④ 11%

58 **위험물안전관리법령상 사업소의 관계인이 자체소방대를 설치하여야 할 제조소등의 기준으로 옳은 것은?**

① 제4류 위험물을 지정수량의 3천배 이상 취급하는 제조소 또는 일반취급소
② 제4류 위험물을 지정수량의 5천배 이상 취급하는 제조소 또는 일반취급소
③ 제4류 위험물 중 특수인화물을 지정수량의 3천배 이상 취급하는 제조소 또는 일반취급소
④ 제4류 위험물 중 특수인화물을 지정수량의 5천배 이상 취급하는 제조소 또는 일반취급소

해설

54 부틸리튬
- 제3류 위험물로서 가연성 액체
- 지정수량 10kg, 위험등급 I
- 이산화탄소와 격렬하게 반응한다.

55 ① 제1류 : 제6류
② 제2류 : 제4류, 제5류
③ 제3류 : 제4류
④ 제4류 : 제2류, 제3류, 제5류

56 안전거리에 대한 규제는 제6류 위험물을 취급하는 제조소에는 적용되지 않는다.

57 위험물제조소의 옥외에 있는 하나의 액체위험물 취급탱크 주위에 설치하는 방유제의 용량은 해당 탱크용량의 50% 이상으로 하여야 한다.

58 지정수량의 3천배 이상의 제4류 위험물을 저장 또는 취급하는 제조소 또는 일반취급소에 자체소방대를 설치하여야 한다.

59 **질산칼륨을 약 400℃에서 가열하여 열분해시킬 때 주로 생성되는 물질은?**

① 질산과 산소
② 질산과 칼륨
③ 아질산칼륨과 산소
④ 아질산칼륨과 질소

60 **나이트로글리세린은 여름철(30℃)과 겨울철(0℃)에 어떤 상태인가?**

① 여름-기체, 겨울-액체
② 여름-액체, 겨울-액체
③ 여름-액체, 겨울-고체
④ 여름-고체, 겨울-고체

해설

59 질산칼륨은 열분해 시 아질산칼륨과 산소를 발생한다.

60 제5류 위험물인 나이트로글리세린은 무색 또는 담황색의 액체로서 겨울에는 동결되어 고체 모양이다.

【 최종모의고사 2회 】

정답

01 ②	02 ④	03 ①	04 ③	05 ②	06 ③	07 ②	08 ④	09 ③	10 ③
11 ①	12 ④	13 ①	14 ④	15 ①	16 ④	17 ④	18 ②	19 ③	20 ③
21 ③	22 ②	23 ①	24 ③	25 ③	26 ③	27 ②	28 ②	29 ②	30 ③
31 ①	32 ①	33 ③	34 ①	35 ①	36 ①	37 ①	38 ①	39 ①	40 ①
41 ④	42 ④	43 ③	44 ②	45 ②	46 ④	47 ③	48 ④	49 ②	50 ①
51 ④	52 ④	53 ④	54 ③	55 ④	56 ①	57 ①	58 ①	59 ③	60 ③

최종점검 1 – 자주 출제되는 문제를 통해 마무리하자!

최종모의고사 3회

▶정답은 337쪽에 있습니다.

[제1과제 : 물질의 물리·화학적 성질]

01 두 가지 원소가 일련의 화합물을 만들 때 일정량의 한 쪽 원소와 다른 쪽 원소의 양은 간단한 정수비를 가진다는 법칙은?

① 질량보존의 법칙
② 일정성분비의 법칙
③ 배수비례의 법칙
④ 아보가드로의 법칙

02 염소는 2가지 동위 원소로 구성되어 있는데 원자량이 35인 염소는 75% 존재하고, 37인 염소는 25% 존재한다고 가정할 때, 이 염소의 평균 원자량은 얼마인가?

① 34.5 ② 35.5
③ 36.5 ④ 37.5

03 16g의 메탄을 완전 연소시키는데 필요한 산소분자의 수는?

① 6.02×10^{23}
② 1.204×10^{23}
③ 6.02×10^{24}
④ 1.204×10^{24}

04 $C_3H_3O_2$인 실험식을 가지는 물질의 분자량이 142일 때 분자식에 해당하는 것은?

① $C_6H_6O_4$ ② $C_9H_9O_6$
③ $C_{12}H_{12}O_8$ ④ $C_{15}H_{15}O_{10}$

05 0℃, 일정 압력 하에서 1L의 물에 이산화탄소 10.8g을 녹인 탄산음료가 있다. 동일한 온도에서 압력을 1/4로 낮추면 방출되는 이산화탄소의 질량은 몇 g인가?

① 2.7 ② 5.4
③ 8.1 ④ 10.8

06 NaOH 1g이 250mL 메스 플라스크에 녹아 있을 때 NaOH 수용액의 N 농도는?

① 0.1N ② 0.3N
③ 0.5N ④ 0.7N

해설

01 배수 비례 법칙
- 두 종류의 원소가 두 가지 이상의 화합물을 만들 때, 한 원소와 결합하는 다른 원소 사이에는 항상 일정한 정수의 질량비가 성립한다.
- CO와 CO_2에서 C와 결합하는 O의 질량비는 1 : 2이다.

02 평균 원자량은 동위 원소의 존재 비율(%)이 반영된 값이다.
∴ 염소의 평균 원자량 $= 35 \times \frac{75}{100} + 37 \times \frac{25}{100} = 35.5$

03 메탄의 완전 연소 화학 반응식은 다음과 같다.
$CH_4 + 2O_2 \rightarrow CO_2 + 2H_2O$
완결된 화학 반응식의 계수비는 반응한 반응물과 생성된 생성물의 몰수비와 같으므로, CH_4 16g은 $\frac{16}{16}$=1이고, 이때 필요한 O_2의 몰수는 2몰이므로, O_2 2몰의 분자수는 2몰$\times 6.02 \times 10^{23} = 1.204 \times 10^{24}$ 이다.

04 실험식과 분자식은 정수배(n) 관계가 있다.
분자식 = $(실험식)_n$
분자량 = 실험식량×n
142 = 71×n
∴ n = 2, 분자식 = $C_6H_6O_4$

05 이상 기체 상태식은 PV=nRT이다.
0℃, 일정 압력 P에서 1L에 CO_2가 10.8g이 녹아 있을 때 이상 기체 상태식은 다음과 같다.
$P \times 1L = \frac{10.8}{44} \times R \times 273K$이다.
동일한 온도에서 압력을 1/4로 낮추면 녹을 수 있는 CO_2의 n(몰수)도 1/4로 감소하므로 이때 녹는 CO_2의 질량은 2.7g이다. 따라서 방출되는 CO_2의 양은 10.8g−2.8g = 8.1g이다.

06 NaOH의 화학식량 = 40, g 당량 = 40g/1 = 40g
∴N 농도 $= \frac{용질의\ g당량수}{용액의\ 부피(L)} = \frac{1g/40g}{0.25L} = 0.1N$

07 물 분자들 사이에 작용하는 수소 결합에 의해 나타나는 현상과 가장 관계가 없는 것은?

① 물의 기화열이 크다.
② 물의 끓는점이 높다.
③ 무색 투명한 액체이다.
④ 얼음이 물 위에 뜬다.

08 2M $Ca(OH)_2$ 용액 200mL를 만들고자 할 때 50% $Ca(OH)_2$ 용액은 몇 g이 필요한가? (단, Ca의 원자량은 40 이다)

① 29.6 ② 59.2
③ 79.2 ④ 148

09 어떤 원자핵에서 양성자의 수가 3이고, 중성자의 수가 2일 때 질량수는 얼마인가?

① 1 ② 3
③ 5 ④ 7

10 방사성 원소에서 방출되는 방사선 중 전기장의 영향을 받지 않아 휘어지지 않는 선은?

① α 선
② β 선
③ γ 선
④ α, β, γ 선

11 sp^3 혼성궤도함수를 구성하는 것은?

① BF_3 ② CH_4
③ PCl_5 ④ $BeCl_2$

12 Si 원소의 전자 배치로 옳은 것은?

① $1s^22s^22p^63s^23p^2$
② $1s^22s^22p^63s^13p^2$
③ $1s^22s^22p^53s^13p^2$
④ $1s^22s^22p^63s^2$

13 다음 중 산소와 같은 족의 원소가 아닌 것은?

① S
② Se
③ Te
④ Bi

해설

07 수소 결합은 분자 사이에 작용하는 힘 중 비교적 센 힘으로 물이 얼음 구조를 가질 때 수소 결합으로 물 분자 사이에 빈 공간이 형성되어 액체 물보다 밀도가 작아 얼음이 물 위에 뜨게 되고 상태 변화에 수반되는 에너지가 비교적 크기 때문에 기화열이나 끓는점이 높다. 무색 투명한 것과는 무관하다.

08 2M, 200mL 용액 중의 $Ca(OH)_2$ 몰수 : 2M×0.2L = 0.4mol
$Ca(OH)_2$ 1몰 질량 : 74g/mol
∴ 필요한 $Ca(OH)_2$ 질량 : $\frac{74g/mol \times 0.4mol}{0.5} = 59.2g$

09 질량수는 양성자수와 중성자수의 합이므로 3+2 = 5, 질량수는 5이다.

10 ① α선 : H_2^{2+} (헬륨 원자핵), 방사선의 하나로 알파 붕괴로 인해 방출되는 알파 입자의 흐름으로 투과력은 약하지만 감광 작용과 형광 작용은 세다.
② β선 : 방사선의 하나로 원자핵의 베타 붕괴에 의하여 방출되는 음전자 또는 양전자의 흐름을 말한다.
③ γ선 : 극히 파장이 짧은 전자기파로 전하를 띠지 않으며 물질을 투과하는 힘이 몹시 강하다. 병원에서 환자들의 암을 치료하는 데 쓰인다.

11 CH_4에서 탄소는 sp^3 혼성 궤도함수를 이용하여 수소 원자 4개와 공유 결합한다.

12 원소의 바닥 상태 전자 배치는 쌓음 원리, 파울리 배타 원리, 훈트 규칙을 만족시키는 전자 배치이다.
• 쌓음 원리 : 전자는 에너지 준위가 낮은 오비탈부터 순서대로 채워진다.
• 파울리 배타 원리 : 1개 오비탈에는 전자가 최대 2개까지 채워진다.
• 훈트 규칙 : 에너지 준위가 같은 오비탈이 여러 개 있을 때 가능한 한 쌍을 이루지 않는 전자수가 많아지도록 전자가 채워진다.
Si는 원자 번호 14번으로 전자수가 14개이다. 따라서 전자수가 14개 채워진 $_{14}Si$: $1s^22s^22p^63s^23p^2$이다.

13 산소(O) : 2주기 16족, 비스무트(Bi) : 6주기, 17족

14 다음 주족 원소들에 대한 일반적인 특징을 나열한 것 중 옳지 않은 것은?

① 금속은 열 전도성과 전기 전도성이 있지만, 비금속은 없다.
② 금속은 낮은 이온화 에너지를 가지며, 비금속은 높은 이온화 에너지를 갖는다.
③ 금속의 산화물은 산성이며, 비금속의 산화물은 염기성이다.
④ 금속은 낮은 전기 음성도를 가지며, 비금속은 높은 전기 음성도를 갖는다.

15 다음 원자 중 이온화 에너지가 가장 큰 것은?

① 나트륨 ② 염소
③ 탄소 ④ 붕소

16 1몰의 수소와 1몰의 염소가 완전히 반응하여 염화수소 기체를 만들 때 방출하는 열량은 얼마인가? (단, 결합에너지는 H–H : 104kcal/mol, Cl–Cl : 58kcal/mol, H–Cl : 103kcal/mol 이다)

① 44kcal/mol ② 59kcal/mol
③ 265kcal/mol ④ 368kcal/mol

17 60℃에서 KNO_3의 포화용액 100g을 10℃로 냉각시키면 몇 g의 KNO_3가 석출되는가? (단 용해도는 60℃에서 100g KNO_3/100g H_2O, 10℃에서 20g KNO_3/100g H_2O)

① 4 ② 40
③ 80 ④ 120

18 황산구리 수용액을 전기분해하여 음극에서 63.54g의 구리를 석출시키고자 한다. 10A의 전기를 흐르게 하면 전기분해에는 약 몇 시간이 소요되는가? (단, 구리의 원자량은 63.54이다)

① 2.72 ② 5.36
③ 8.13 ④ 10.8

19 다음 중 방향족 화합물이 아닌 것은?

① 톨루엔 ② 아세톤
③ 크레졸 ④ 아닐린

20 소금에 진한 황산을 가하여 고온에서 반응시키고 발생한 기체를 수용액으로 만든다. 이 용액에다 또 이산화망가니즈을 가하고 가열하여 생성된 기체를 상온에서 소석회(수산화칼슘)에 흡수시켰다. 이때 얻어진 생성물은?

① 표백분 ② 염화칼슘
③ 염화수소 ④ 과산화망가니즈

해설

14 금속 산화물은 염기성이며, 비금속 산화물은 주로 산성을 띤다.

15 이온화 에너지는 같은 주기에서는 원자 번호가 클수록 증가하고, 같은 족에서는 원자 번호가 클수록 감소한다.

16 $H_2 + Cl_2 \rightarrow 2HCl$
△H = 반응 물질의 결합 에너지의 합 – 생성 물질의 에너지의 합
△H = 104kcal+58kcal–2×103kcal = –44kcal, 방출하는 열량은 44kcal이다.

17 용해도는 일정 온도에서 용매 100g에 녹을 수 있는 최대 용질의 양이다. 60℃에서 KNO_3의 용해도는 100이므로 60℃ 포화 용액 100g에는 물 50g에 KNO_3 50g이 녹아있다. 10℃에서 KNO_3의 용해도는 20g이므로 물 50g에는 KNO_3가 10g 녹을 수 있으므로, 석출되는 양은 50–10 = 40g이다.

18 $Cu^{2+}(aq) + 2e^- \rightarrow Cu(s)$
Cu 63.54g은 1몰이고, 1몰의 Cu를 석출시킬 때 필요한 전자는 2몰이다. 전자 2몰의 전하량은 2몰×1F(96500C/mol)=193000C이므로, 전기 분해에 소요되는 시간은 193000C÷10A = 19300초이다. 19300초÷3600초/시간 = 5.36시간이다.

19 아세톤은 벤젠이 포함되지 않은 화합물로 방향족 화합물이 아니다.

20 $2NaCl + H_2SO_4 \rightarrow Na_2SO_4 + 2HCl$
$4HCl + MnO_2 \rightarrow MnCl_2 + Cl_2$
$Ca(OH)_2 + Cl_2 \rightarrow CaOCl_2 + H_2O$

[제2과목 : 화재예방과 소화방법]

21 **고체 가연물에 있어서 덩어리 상태보다 분말일 때 화재 위험성이 증가하는 이유는?**

① 공기와의 접촉 면적이 증가하기 때문이다.
② 열전도율이 증가하기 때문이다.
③ 흡열반응이 진행되기 때문이다.
④ 활성화에너지가 증가하기 때문이다.

22 **가연물의 주된 연소 형태에 대한 설명으로 옳지 않은 것은?**

① 황의 연소 형태는 증발연소이다.
② 목재의 연소 형태는 분해연소이다.
③ 에테르의 연소 형태는 표면연소이다.
④ 숯의 연소 형태는 표면연소이다.

23 **분진폭발을 설명한 것으로 옳은 것은?**

① 나트륨이나 칼륨 등이 수분을 흡수하면서 폭발하는 현상이다.
② 고체의 미립자가 공기 중에서 착화에너지를 얻어 폭발하는 현상이다.
③ 화약류의 산화열의 축적에 의해 폭발하는 현상이다.
④ 고압의 가연성가스가 폭발하는 현상이다.

24 **분말소화약제로 사용되는 주성분에 해당하지 않는 것은?**

① 탄산수소나트륨 ② 황산수소칼슘
③ 탄산수소칼륨 ④ 제1인산암모늄

25 **이산화탄소 소화기에 대한 설명으로 옳은 것은?**

① C급 화재에는 적응성이 없다.
② 다량의 물질이 연소하는 A급 화재에 가장 효과적이다.
③ 밀폐되지 않은 공간에서 사용할 때 가장 소화효과가 좋다.
④ 방출용 동력이 별도로 필요치 않다.

26 **제2류 위험물 중 지정수량이 500kg인 물질에 의한 화재는?**

① A급 화재 ② B급 화재
③ C급 화재 ④ D급 화재

27 **다음 소화약제 중 오존파괴지수(ODP)가 가장 큰 것은?**

① IG-541 ② Halon 2402
③ Halon 1211 ④ Halon 1301

해설

21 고체 가연물이 덩어리 상태보다 분말일 때는 공기와의 접촉 면적이 증가하기 때문에 화재 위험성이 증가한다.

22 에테르는 제4류 위험물로서 증발연소를 한다.

23 가연성고체의 미세한 분출이 일정 농도 이상 공기 중에 분산되어 있을 때 점화원에 의하여 연소, 폭발하는 현상을 분진폭발이라 한다.

24 ① 탄산수소나트륨 : 제1종
③ 탄산수소칼륨 : 제2종
④ 제1인산암모늄 : 제3종

25 ① C급 화재에는 적응성이 있다.
② A급 화재에는 적응성이 없다.
③ 밀폐된 공간에서 사용할 경우 질식의 위험이 있지만 소화효과가 떨어지는 것은 아니다.

26 제2류 위험물 중 지정수량이 500kg인 물질은 철분, 금속분, 마그네슘이다. 금속화재는 D급 화재에 해당한다.

27 ① IG-541 – 0
② Halon 2402 – 6
③ Halon 1211 – 3
④ Halon 1301 – 10

28 연료의 일반적인 연소형태에 관한 설명 중 틀린 것은?

① 목재와 같은 고체연료는 연소 초기에는 불꽃을 내면서 연소하나 후기에는 점점 불꽃이 없어져 무염(無炎)연소 형태로 연소한다.
② 알코올과 같은 액체연료는 증발에 의해 생긴 증기가 공기 중에서 연소하는 증발연소의 형태로 연소한다.
③ 기체연료는 액체연료, 고체연료와 다르게 비정상적인 연소인 폭발현상이 나타나지 않는다.
④ 석탄과 같은 고체연료는 열분해하여 발생한 가연성 기체가 공기 중에서 연소하는 분해연소 형태로 연소한다.

29 포 소화제의 조건에 해당되지 않는 것은?

① 부착성이 있을 것
② 쉽게 분해하여 증발될 것
③ 바람에 견디는 응집성을 가질 것
④ 유동성이 있을 것

30 옥내소화전설비에서 펌프를 이용한 가압송수장치의 전양정 H는 소정의 산식에 의한 수치 이상이어야 한다. 전양정 H를 구하는 식으로 옳은 것은? (단, h_1은 소방용 호스의 마찰손실수두, h_2는 배관의 마찰손실수두, h_3는 낙차이며, h_1, h_2, h_3의 단위는 모두 m이다)

① $H = h_1 + h_2 + h_3$
② $H = h_1 + h_2 + h_3 + 0.35m$
③ $H = h_1 + h_2 + h_3 + 35m$
④ $H = h_1 + h_2 + h_3 + 0.35m$

31 전역방출방식 분말소화설비의 분사헤드는 기준에서 정하는 소화약제의 양을 몇 초 이내에 균일하게 방사해야 하는가?

① 10 ② 15
③ 20 ④ 30

32 94% 드라이아이스 100g은 표준상태에서 몇 L의 CO_2가 되는가?

① 22.40 ② 47.85
③ 50.90 ④ 62.74

33 할로젠화합물소화설비의 소화약제 중 축압식 저장용기에 저장하는 할론 2402의 충전비는?

① 0.51 이상 0.67 이하 ② 0.67 이상 2.75 이하
③ 0.7 이상 1.4 이하 ④ 0.9 이상 1.6 이하

해설

28 ③ 액체연료와 고체연료는 폭발을 일으키지 않는 반면에 기체연료는 안정된 정상연소를 하거나 폭발을 일으키는 비정상연소를 한다.

29 포 소화제는 쉽게 분해되지 않아야 한다.

30 펌프를 이용한 가압송수장치의 펌프의 전양정은 다음 식에 의하여 구한 수치 이상으로 할 것
$H = h_1 + h_2 + h_3 + 35m$(단위 m)
- H : 펌프의 전양정
- h_1 : 소방용 호스의 마찰손실수두
- h_2 : 배관의 마찰손실수두
- h_3 : 낙차

31 전역방출방식 분말소화설비의 분사헤드는 소화약제의 양을 30초 이내에 균일하게 방사할 수 있어야 한다.

32 CO_2 질량 : 100g×0.94 = 94g, 이상 기체 상태식을 이용하여,

$$V = \frac{\frac{94g}{44g/mol} \times 0.08206 \times 273K}{1atm} = 47.85L$$

33 저장용기의 충전비
㉠ 하론2402
- 가압식 저장용기 : 0.51 이상 0.67 이하
- 축압식 저장용기 : 0.67 이상 2.75 이하

㉡ 하론1211 : 0.7 이상 1.4 이하,
㉢ 하론1301 및 HFC-227ea : 0.9 이상 1.6 이하
㉣ HFC-23 및 HFC-125 : 1.2 이상 1.5 이하

34 휘발유 10,000L에 해당하는 소요단위는 얼마인가?

① 2단위 ② 3단위
③ 4단위 ④ 5단위

35 위험물안전관리법령상 이송취급소에 설치하는 경보설비의 기준에 따라 이송기지에 설치하여야 하는 경보설비로만 이루어진 것은?

① 확성장치, 비상벨장치
② 비상방송설비, 비상경보설비
③ 확성장치, 비상방송설비
④ 비상방송설비, 자동화재탐지설비

36 위험물안전관리법령상 알칼리금속 과산화물에 적응성이 있는 소화설비는?

① 할로젠화합물소화설비
② 탄산수소염류분말소화설비
③ 물분무소화설비
④ 스프링클러설비

37 수성막포소화약제에 사용되는 계면활성제는?

① 염화단백포 계면활성제
② 산소계 계면활성제
③ 황산계 계면활성제
④ 불소계 계면활성제

38 다음 중 스프링클러설비의 소화작용으로 가장 거리가 먼 것은?

① 질식작용
② 희석작용
③ 냉각작용
④ 억제작용

39 위험물안전관리법령에서 정한 소화설비의 설치기준에 따라 다음 ( )에 알맞은 숫자를 차례대로 나타낸 것은?

> 제조소등에 전기설비(전기배선, 조명기구 등은 제외한다)가 설치된 경우에는 당해 장소의 면적 ( )m^2마다 소형수동식소화기를 ( )개 이상 설치할 것

① 50, 1 ② 50, 2
③ 100, 1 ④ 100, 2

해설

34 소요단위= $\frac{10,000L}{200L \times 10}$ = 5소요단위

35 이송기지에는 확성장치와 비상벨장치를 설치한다.

36 제1류 위험물 중 알칼리금속 과산화물에 적응성이 있는 소화설비는 탄산수소염류분말소화설비, 물통 또는 수조, 건조사, 팽창질석 또는 팽창진주암 등이다.

37 수성막포소화약제에는 불소계 계면활성제가 주로 사용된다.

38 억제작용은 물분무소화설비의 소화작용에 해당되며, 스프링클러설비의 소화작용에는 질식, 희석, 냉각작용으로 소화한다.

39 제조소등에 전기설비(전기배선, 조명기구 등은 제외한다)가 설치된 경우에는 당해 장소의 면적 100m^2마다 소형수동식소화기를 1개 이상 설치할 것

40 위험물탱크의 용량은 탱크의 내용적에서 공간용적을 뺀 용적으로 한다. 이 경우 소화약제 방출구를 탱크 안의 윗부분에 설치하는 탱크의 공간용적은 당해 소화설비의 소화약제방출구 아래의 어느 범위의 면으로부터 윗부분의 용적으로 하는가?

① 0.1미터 이상 0.5미터 미만 사이의 면
② 0.3미터 이상 1미터 미만 사이의 면
③ 0.5미터 이상 1미터 미만 사이의 면
④ 0.5미터 이상 1.5미터 미만 사이의 면

[제3과목 : 위험물 성상 및 취급]

41 제2류 위험물의 소화방법에 대한 설명으로 틀린 것은?

① 적린과 황은 물에 의한 냉각소화가 가능하다.
② 연소 시 유독한 연소생성물이 발생할 수 있으므로 주의하여야 한다.
③ 철분은 직접 주수가 위험하여 물분무소화설비가 적응성이 있다.
④ 마그네슘은 건조사에 의한 질식소화가 가능하다.

42 가솔린에 대한 설명 중 틀린 것은?

① 수산화칼륨과 요오드포름 반응을 한다.
② 휘발하기 쉽고 인화성이 크다.
③ 물보다 가벼우나 증기는 공기보다 무겁다.
④ 전기에 대하여 부도체이다.

43 벤조일퍼옥사이드의 화재 예방상 주의사항에 대한 설명 중 틀린 것은?

① 상온에서는 비교적 안정하나 열, 충격 및 마찰에 의해 폭발하기 쉬우므로 주의한다.
② 진한 질산, 진한 황산과의 접촉을 피한다.
③ 비활성의 희석제를 첨가하면 폭발성을 낮출 수 있다.
④ 수분과 접촉하면 폭발의 위험이 있으므로 주의한다.

44 고체 위험물의 운반 시 내장용기가 금속제인 경우 내장용기의 최대 용적은 몇 L인가?

① 10　　② 20
③ 30　　④ 100

해설

40 탱크의 공간용적
- 탱크의 내용적의 100분의 5 이상 100분의 10 이하
- 소화설비 설치 탱크 : 소화설비의 소화약제방출구 아래의 0.3미터 이상 1미터 미만 사이의 면으로부터 윗부분의 용적
- 암반탱크 : 탱크 내에 용출하는 7일간의 지하수의 양에 상당하는 용적과 탱크의 내용적의 100분의 1의 용적 중에서 큰 용적

41 철분은 물분무소화설비는 적응성이 없으며, 탄산수소염류 분말소화설비, 건조사, 팽창질석, 팽창진주암이 적응성이 있다.

42 요오드포름 반응을 일으키는 물질은 아세톤, 아세트알데하이드, 에틸알코올 등이다.

43 벤조일퍼옥사이드는 폭발의 위험성을 낮추기 위해 물 등의 희석제를 첨가해 주면서 저장한다.

44 고체 위험물의 운반 시 내장용기가 금속제인 경우 내장용기의 최대 용적은 30L이며, 유리 또는 플라스틱 용기의 경우 10L이다.

45 위험물 운반용기 외부에 표시하는 주의사항을 모두 나타낸 것 중 틀린 것은?

① 질산나트륨 : 화기 · 충격주의, 가연물 접촉주의
② 마그네슘 : 화기주의, 물기엄금
③ 황린 : 공기노출금지
④ 과염소산 : 가연물접촉주의

46 지정수량 10배의 위험물을 운반할 때 혼재가 가능한 것은?

① 제1류 위험물과 제2류 위험물
② 제2류 위험물과 제3류 위험물
③ 제3류 위험물과 제5류 위험물
④ 제4류 위험물과 제5류 위험물

47 이동식 이산화탄소소화설비의 호스접속구는 모든 방호대상물에 대하여 당해 방호 대상물의 각 부분으로부터 하나의 호스접속구까지의 수평거리가 몇 m 이하가 되도록 설치하여야 하는가?

① 10　　② 15
③ 20　　④ 30

48 제4류 위험물의 옥외저장탱크에 대기밸브 부착 통기관을 설치할 때 몇 kPa 이하의 압력 차이로 작동하여야 하는가?

① 5kPa 이하
② 10kPa 이하
③ 15kPa 이하
④ 20kPa 이하

49 위험물안전관리법령상 제1석유류를 저장하는 옥외탱크저장소 중 소화난이도등급 I에 해당하는 것은? (단, 지중탱크 또는 해상탱크가 아닌 경우이다)

① 액표면적이 $20m^2$인 것
② 액표면적이 $40m^2$인 것
③ 지반면으로부터 탱크 옆판의 상단까지 높이가 4m인 것
④ 지반면으로부터 탱크 옆판의 상단까지 높이가 5m인 것

50 소화난이도등급 II의 옥내탱크저장소에는 대형수동식 소화기를 몇 개 이상 설치하여야 하는가?

① 1개 이상
② 2개 이상
③ 3개 이상
④ 4개 이상

해설

45 황린은 제3류 위험물 중 자연발화성물질이므로 운반용기 외부에 "화기엄금", "공기접촉엄금" 주의사항을 표시해야 한다.

46 유별을 달리하는 위험물의 혼재기준

위험물의 구분	제1류	제2류	제3류	제4류	제5류	제6류
제1류		×	×	×	×	○
제2류	×		×	○	○	×
제3류	×	×		○	×	×
제4류	×	○	○		○	×
제5류	×	○	×	○		×
제6류	○	×	×	×	×	

47 호스접속구까지의 수평거리는 15m 이하가 되도록 설치해야 한다.

48 옥외저장탱크의 대기밸브부착 통기관 설치기준
- 5kPa 이하의 압력 차이로 작동할 수 있을 것
- 인화방지장치를 할 것

49 소화난이도등급 I에 해당하는 옥외탱크저장소
- 액표면적이 $40m^2$ 이상인 것
- 지반면으로부터 탱크 옆판의 상단까지 높이가 6m 이상인 것

50 소화난이도등급 II의 옥외탱크저장소 및 옥내탱크저장소에는 대형수동식 소화기 및 소형수동식 소화기등을 각각 1개 이상 설치해야 한다.

51 인화점이 38℃ 이상인 제4류 위험물 취급을 주된 작업내용으로 하는 장소에 스프링클러설비를 설치할 경우 확보하여야 하는 1분당 방사밀도는 몇 L/m³ 이상이어야 하는가? (단, 살수기준면적은 250m²이다)

① 12.2　　② 13.9
③ 15.5　　④ 16.3

52 위험물안전관리법령에서 정하는 제조소와의 안전거리의 기준이 다음 중 가장 작은 것은?

① 「고압가스 안전관리법」의 규정에 의하여 허가를 받거나 신고를 하여야 하는 고압가스저장시설
② 사용전압이 35,000V를 초과하는 특고압가공전선
③ 병원, 학교, 극장
④ 「문화재보호법」의 규정에 의한 유형문화재

53 위험물 제조소등의 안전거리의 단축기준과 관련해서 $H \leq pD^2 + \alpha$인 경우 방화상 유효한 담의 높이는 2m 이상으로 한다. 다음 중 D에 해당하는 것은?

① 인근 건축물의 높이(m)
② 제조소 등의 외벽의 높이(m)
③ 제조소등과 인근 건축물 또는 공작물과의 거리(m)
④ 제조소 등과 방화상 유효한 담과의 거리(m)

54 위험물안전관리법령상 위험물제조소에 설치하는 "화기주의" 게시판의 색으로 옳은 것은?

① 적색바탕 백색글씨
② 백색바탕 청색글씨
③ 황색바탕 청색글씨
④ 청색바탕 황색글씨

55 위험물안전관리법령상 지하탱크저장소 탱크전용실의 안쪽과 지하저장탱크와의 사이는 몇 m 이상의 간격을 유지하여야 하는가?

① 0.1　　② 0.2
③ 0.3　　④ 0.5

56 염소산나트륨에 대한 설명으로 틀린 것은?

① 조해성이 크므로 보관용기는 밀봉하는 것이 좋다.
② 무색, 무취의 고체이다.
③ 산과 반응하여 유독성의 이산화나트륨 가스가 발생한다.
④ 물, 알코올, 글리세린에 녹는다.

해설

51 스프링클러 설치

살수기준면적(m²)	방사밀도(ℓ/m²분)	
	인화점 38℃ 미만	인화점 38℃ 이상
279 미만	16.3 이상	12.2 이상
279 이상 372 미만	15.5 이상	11.8 이상
372 이상 465 미만	13.9 이상	9.8 이상
465 이상	12.2 이상	8.1 이상

52 ① 20m 이상　② 5m 이상
③ 30m 이상　④ 50m 이상

53 H : 인근 건축물 또는 공작물의 높이(m)
p : 상수
D : 제조소등과 인근 건축물 또는 공작물과의 거리(m)
α : 제조소등의 외벽의 높이(m)

54 위험물의 종류에 따른 표시내용

위험물의 종류	내용	색상
• 제1류 위험물 중 알칼리금속의 과산화물 • 제3류 위험물 중 금수성물질	물기엄금	청색바탕에 백색문자
• 제2류 위험물(인화성고체 제외)	화기주의	적색바탕에 백색문자
• 제2류 위험물 중 인화성고체 • 제3류 위험물 중 자연발화성물질 • 제4류 위험물 • 제5류 위험물	화기엄금	

55 지하탱크저장소 탱크전용실의 안쪽과 지하저장탱크와의 사이는 0.1m 이상의 간격을 유지하여야 한다.

56 염소산나트륨은 산과 반응하여 유독성의 이산화염소를 발생한다.

57 옥내저장소에 제3류 위험물인 황린을 저장하면서 위험물안전관리법령에 의한 최소한의 보유공지로 3m를 옥내저장소 주위에 확보하였다. 이 옥내저장소에 저장하고 있는 황린의 수량은? (단, 옥내저장소의 구조는 벽 · 기둥 및 바닥이 내화구조로 되어 있고 그 외의 다른 사항은 고려하지 않는다)

① 100kg 초과 500kg 이하
② 400kg 초과 1,000kg 이하
③ 500kg 초과 5,000kg 이하
④ 1,000kg 초과 4,000kg 이하

58 인화칼슘, 탄화알루미늄, 나트륨이 물과 반응하였을 때 발생하는 가스에 해당하지 않는 것은?

① 포스핀가스 ② 수소
③ 이황화탄소 ④ 메탄

59 다음 위험물에 대한 설명 중 틀린 것은?

① 아세트산은 약 16℃ 정도에서 응고한다.
② 아세트산의 분자량은 약 60이다.
③ 피리딘은 물에 용해되지 않는다.
④ 크실렌은 3가지의 이성질체를 가진다.

60 다음 위험물 중 끓는점이 가장 높은 것은?

① 벤젠
② 다이에틸에터
③ 메탄올
④ 아세트알데하이드

해설

57 벽 · 기둥 및 바닥이 내화구조로 된 건축물 공지의 너비가 3m 이상일 경우 위험물의 최대수량은 지정수량의 20배 초과 50배 이하이다.
황린의 지정수량이 20kg이므로 400kg 초과 1,000kg 이하이다.

58
- 인화칼슘 – 포스핀가스
- 탄화알루미늄 – 메탄
- 나트륨 – 수소

59 피리딘은 물, 알코올, 에테르에 잘 녹는다.

60 ① 벤젠 – 80℃
② 다이에틸에터 – 34.5℃
③ 메탄올 – 65℃
④ 아세트알데하이드 – 21℃

chapter 08

【 최종모의고사 3회 】

정답

01 ③	02 ②	03 ④	04 ①	05 ③	06 ①	07 ③	08 ②	09 ③	10 ③
11 ②	12 ①	13 ④	14 ③	15 ②	16 ①	17 ②	18 ②	19 ②	20 ①
21 ①	22 ③	23 ②	24 ②	25 ④	26 ④	27 ④	28 ③	29 ②	30 ③
31 ④	32 ②	33 ②	34 ④	35 ①	36 ②	37 ④	38 ④	39 ③	40 ②
41 ③	42 ①	43 ④	44 ③	45 ③	46 ④	47 ②	48 ①	49 ②	50 ①
51 ①	52 ②	53 ③	54 ①	55 ①	56 ③	57 ②	58 ③	59 ③	60 ①

최종점검 1 – 자주 출제되는 문제를 통해 마무리하자!

최종모의고사 4회

▶정답은 347쪽에 있습니다.

[제1과목 : 물질의 물리·화학적 성질]

01 원소 질량의 표준이 되는 것은?

① $_{1}H$　② $_{12}C$
③ $_{16}O$　④ $_{235}U$

02 이상 기체의 거동을 가정할 때, 표준 상태에서의 기체 밀도가 약 1.96g/L인 기체는?

① O_2　② CH_4
③ CO_2　④ N_2

03 물 36g을 모두 증발시키며 수증기가 차지하는 부피는 표준 상태를 기준으로 몇 L인가?

① 11.2L　② 22.4L
③ 33.6L　④ 44.8L

04 다음 물질의 상태와 관련된 용어의 설명 중 틀린 것은?

① 삼중점 : 기체, 액체, 고체의 3가지 상이 동시에 존재하는 점
② 임계온도 : 물질이 액화될 수 있는 가장 높은 온도
③ 임계압력 : 임계온도에서 기체를 액화하는데 가해야 할 최소한의 압력
④ 표준상태 : 각 원소별로 이상적인 결정형태를 이루는 온도 및 압력

05 4℃의 물이 얼음의 밀도보다 큰 이유가 물 분자의 무슨 결합 때문인가?

① 이온 결합　② 공유 결합
③ 배위 결합　④ 수소 결합

06 2기압의 수소 2L와 3기압의 산소 4L를 동일 온도에서 5L의 용기에 넣으면 전체 압력은 몇 기압인가?

① $\frac{4}{5}$　② $\frac{8}{5}$
③ $\frac{12}{5}$　④ $\frac{16}{5}$

해설

01 원자량은 질량수 12인 C의 질량을 12로 정하고, 이를 기준으로 환산한 원자들의 상대적 질량값이다.

02 표준 상태(0℃, 1기압)에서 기체 1몰이 차지하는 부피는 22.4L이고, 기체 밀도가 약 1.96g/L이므로, 기체의 1몰 질량은 1.96g/L×22.4L = 44g이다. 따라서 분자량이 44인 CO_2이다.

03 $H_2O(l) \rightarrow H_2O(g)$
물 36g은 2몰이고 모두 증발시키면 수증기 2몰이 생성된다. 표준 상태(0℃, 1기압)에서 기체 1몰의 부피는 22.4L이고, 2몰의 수증기 부피는 44.8L이다.

04 표준상태 : 0℃, 1기압을 의미함

05 수소 결합은 전기 음성도가 큰 N, O, F에 결합된 H가 이들 원자와 비교적 세게 인력을 작용하여 분자 사이에 생기는 강한 인력으로 쌍극자-쌍극자 사이 힘보다 약 10배 정도 크다. 물이 얼면 물 분자들이 수소 결합에 의해 내부에 빈 공간이 있는 육각형 구조를 이루게 되어 부피가 늘어나게 되고 물의 밀도가 얼음의 밀도보다 크게 된다.

06 두 기체의 혼합 후 용기 전체의 압력은 두 기체의 부분 압력의 합과 같다. 보일의 법칙을 이용하여 동일한 온도에서 PV = k로 일정하므로,
- 혼합 후 수소 기체의 압력은 2기압×2L = P_1×5L, P_1 = 4/5기압
- 혼합 후 산소 기체의 압력은 3기압×4L = P_2×5L, P_2 = 12/5기압

∴ 용기 전체 압력 = $P_1+P_2 = \frac{4}{5}+\frac{12}{5}=\frac{16}{5}$ 기압

07 공유 결정(원자 결정)으로 되어 있어 녹는점이 매우 높은 것은?

① 얼음 ② 수정
③ 소금 ④ 나프탈렌

08 96wt% H_2SO_4(A)와 60wt% H_2SO_4(B)를 혼합하여 80wt% H_2SO_4 용액 100kg을 만들려고 한다. 각각 몇 kg씩 혼합하여야 하는가?

① A : 30, B : 70
② A : 44.4, B : 55.6
③ A : 55.6, B : 44.4
④ A : 70, B : 30

09 다음 중 전자의 수가 같은 것으로 나열된 것은?

① Ne와 Cl^-
② Mg^{2+}와 O^{2-}
③ F와 Ne
④ Na와 Cl^-

10 다음 중 아르곤(Ar)과 같은 전자수를 갖는 이온들로 이루어진 것은?

① NaCl ② MgO
③ KF ④ CaS

11 Rn은 α선 및 β선을 2번씩 방출하고 다음과 같이 변했다. 마지막 Po의 원자 번호는 얼마인가? (단, Rn의 원자 번호는 86, 질량수는 222이다)

$$Rn \xrightarrow{\alpha} Po \xrightarrow{\alpha} Pb \xrightarrow{\beta} Bi \xrightarrow{\beta} Po$$

① 78 ② 81
③ 84 ④ 87

12 다음에서 설명하는 이론의 명칭으로 옳은 것은?

> 같은 에너지 준위에 있는 여러 개의 오비탈에 전자가 들어갈 때는 모든 오비탈에 분산되어 들어가려고 한다.

① 러더퍼드의 법칙
② 파울리의 배타원리
③ 헨리의 법칙
④ 훈트의 규칙

해설

07 수정은 석영(SiO_2)으로 공유 결합으로 이루어진 원자 결정인 결정성 고체로 녹는점이 매우 높다. 얼음은 분자 결정, 소금은 이온 결정, 나프탈렌은 분자 결정을 이룬다.

08 혼합하는 각각 황산의 양을 A, Bkg이라고 하면,
A + B = 100kg – ①
0.96A + 0.6B = 0.8×100kg – ②
①, ②를 이용하여 A, B를 계산하면,
A=55.6kg, B=44.4kg이다.

09 중성 원자의 양성자수(=원자 번호)와 전자수는 같다. 이온의 경우 중성 원자일 때 보다 전자수가 적거나(양이온) 많으므로(음이온) 이를 고려하여 전자수를 세어보면 다음과 같다.
① Ne : 10, Cl^- : 18,
② Mg^{2+} : 10, O^{2-} : 10
③ F : 9, Ne : 10
④ Na : 11, Cl^- : 18

10 Ar은 원자 번호 18로 전자수는 18이다. 이온 상태에서 전자수가 18개인 양이온과 음이온으로 이루어져 있는 화합물은 Ca^{2+}, S^{2-} 이온으로 구성된 CaS이다.

11 α선 방출은 α 입자(^4_2He, 헬륨 원자핵)가 방출되는 핵붕괴 반응으로 반응 후 양성자수는 2, 질량수는 4 감소된다. β선 방출은 중성자가 양성자로 변하면서 β입자($^0_{-1}e$, 전자)가 방출되는 핵붕괴 반응으로 양성자수 1 증가, 질량수는 보존된다. Rn에서 알파 붕괴되어 Po이 되는 핵반응식은 $^{222}_{86}Rn \rightarrow {}^{218}_{84}Po + {}^4_2He$이므로, Po의 원자 번호는 84이다.

12 훈트의 규칙은 에너지 준위가 동일한 오비탈이 있을 때 홀전자수가 최대가 되도록 배치하면 보다 안정한 전자 배치를 할 수 있다는 것을 의미한다.

13 주기율표에서 같은 족에 속하는 원소의 관계를 가장 올바르게 설명한 것은?

① 서로 비슷한 화학적 성질을 갖는다.
② 0족 기체는 이온화 에너지가 작다.
③ 원자 번호가 클수록 비금속성이 강해진다.
④ 원자번호가 클수록 원자반지름이 짧아진다.

14 금속은 열, 전기를 잘 전도한다. 이와 같은 물리적 특성을 갖는 가장 큰 이유는?

① 금속의 원자 반지름이 크다.
② 자유 전자를 가지고 있다.
③ 비중이 대단히 크다.
④ 이온화 에너지가 매우 크다.

15 각 원소의 1차 이온화 에너지가 큰 것부터 차례로 배열된 것은?

① Cl > P > Li > K
② Cl > P > K > Li
③ K > Li > Cl > P
④ Li > K > Cl > P

16 고체상의 물질이 액체상과 평형에 있을 때의 온도와 액체의 증기압과 외부압력이 같게 되는 온도를 각각 옳게 표시한 것은?

① 끓는점과 어는점
② 전이점과 끓는점
③ 어는점과 끓는점
④ 용융점과 어는점

17 0.0016N에 해당하는 염기의 pH 값은?

① 2.8 ② 3.2
③ 10.28 ④ 11.2

18 다음 반응식에 관한 사항 중 옳은 것은?

$$SO_2 + 2H_2S \rightarrow 2H_2O + 3S$$

① SO_2는 산화제로 작용 ② H_2S는 산화제로 작용
③ SO_3는 촉매로 작용 ④ H_2S는 촉매로 작용

19 작용기와 그 명칭을 나타낸 것 중 틀린 것은?

① -OH : 하이드록시기 ② $-NH_2$: 암모니아기
③ -CHO : 알데하이드기 ④ $-NO_2$: 나이트로기

해설

13 같은 족의 원소들은 원자가 전자 수가 같고 화학적 성질이 유사하다.

14 금속은 양이온이 되려는 경향이 큰 원소로 금속 원자에서 떨어져 나온 자유 전자와 금속 양이온이 금속 결합을 이루고 있으며 자유 전자는 유동성이 크기 때문에 쉽게 이동할 수 있어 열과 전기 전도성이 우수하다.

15 이온화 에너지는 같은 족에서 원자 번호가 클수록, 같은 주기에서는 원자 번호가 작을수록 작다.

16 물질의 상평형에서 고체상과 액체상이 평형에 있을 때의 온도는 어는점이고, 액체의 끓음 현상이 일어날 때 즉, 액체의 증기압과 외부 압력이 같게 될 때의 온도를 끓는점이라고 한다.

17 1가 강염기라고 가정하면, 0.0016N = 0.0016M,
$pOH = -\log[OH^-] = -\log[0.0016] = 2.8$
$\therefore pH = 14 - 2.8 = 11.2$

18 산화제는 다른 물질을 산화시키고 자신은 환원되는 물질이며 산화수가 증가하는 반응을 산화 반응, 산화수가 감소되는 반응을 환원 반응이라 한다. SO_2에서 S의 산화수는 +4에서 0으로 감소하였으므로 SO_2는 자신은 환원되고 다른 물질을 산화시킨 산화제이다.

19 $-NH_2$: 아민기

20 부틸알코올과 이성질체인 것은?

① 메틸알코올　② 다이에틸에터
③ 아세트산　④ 아세트알데하이드

[제2과목 : 화재예방과 소화방법]

21 고온체의 색깔과 온도관계에서 다음 중 가장 높은 온도의 색깔은?

① 적색　② 암적색
③ 휘적색　④ 백적색

22 고체 가연물의 연소 형태에 해당하지 않는 것은?

① 등심연소　② 증발연소
③ 분해연소　④ 표면연소

23 다음 물질 중 인화점이 가장 낮은 것은?

① 톨루엔　② 아세톤
③ 벤젠　④ 다이에틸에터

24 제1종의 분말소화약제의 소화효과에 대한 설명으로 가장 거리가 먼 것은?

① 열분해 시 발생하는 이산화탄소와 수증기에 의한 질식효과
② 열분해 시 흡열반응에 의한 냉각효과
③ H^+ 이온에 의한 부촉매 효과
④ 분말 운무에 의한 열방사의 차단효과

25 위험물제조소등에 설치하는 옥내소화전설비의 설치기준으로 옳은 것은?

① 옥내소화전은 건축물의 층마다 당해 층의 각 부분에서 하나의 호스접속구까지의 수평거리가 25미터 이하가 되도록 설치하여야 한다.
② 당해 층의 모든 옥내소화전(5개 이상의 경우는 5개)을 동시에 사용할 경우 각 노즐선단에서의 방수량은 130L/min 이상이어야 한다.
③ 당해 층의 모든 옥내소화전(5개 이상인 경우는 5개)을 동시에 사용할 경우 각 노즐선단에서의 방수압력은 250kPa 이상이어야 한다.
④ 수원의 수량은 옥내소화전이 가장 많이 설치된 층의 옥내소화전 설치 개수(5개 이상인 경우는 5개)에 $2.63m^3$를 곱한 양 이상이 되도록 설치하여야 한다.

해설

20 이성질체란 분자식은 같으나 원자 연결 순서나 공간에서 원자 배열이 달라 물리 화학적 성질이 다른 것을 말한다.
부틸알코올 : $CH_3CH_2CH_2CH_2OH$
다이에틸에터 : $CH_3CH_2OCH_2CH_3$

21
- 적색 : 850℃
- 암적색 : 700℃
- 휘적색 : 950℃
- 백적색 : 1,300℃

22 고체의 연소 형태에는 분해연소, 표면연소, 증발연소, 자기연소가 있다.

23 ① 톨루엔 : 4.5℃
② 아세톤 : −18℃
③ 벤젠 : −11℃
④ 다이에틸에터 : −45℃

24 제1종 분말소화약제는 나트륨 이온에 의한 부촉매 효과를 가진다.

25 ② 당해 층의 모든 옥내소화전(5개 이상인 경우는 5개)을 동시에 사용할 경우 각 노즐선단에서의 방수량은 260L/min 이상이어야 한다.
③ 당해 층의 모든 옥내소화전(5개 이상인 경우는 5개)을 동시에 사용할 경우 각 노즐선단에서의 방수압력은 350kPa 이상이어야 한다.
④ 수원의 수량은 옥내소화전이 가장 많이 설치된 층의 옥내소화전 설치개수(5개 이상인 경우 5개)에 $7.8m^3$를 곱한 양 이상이 되도록 설치하여야 한다.

26 탄소 80%, 수소 14%, 황 6%인 물질 1kg이 완전연소하기 위해 필요한 이론 공기량은 약 몇 kg인가? (단, 공기 중 산소는 23wt%이다)

① 3.31　　② 7.05
③ 11.62　　④ 14.41

27 위험물제조소 및 일반취급소에 설치하는 자동화재탐지설비의 설치기준으로 틀린 것은?

① 하나의 경계구역은 600m² 이하로 하고, 한 변의 길이는 50m 이하로 한다.
② 주요한 출입구에서 내부 전체를 볼 수 있는 경우 경계구역은 1,000m² 이하로 할 수 있다.
③ 광전식 분리형 감지기를 설치할 경우에는 하나의 경계구역을 1,000m² 이하로 할 수 있다.
④ 비상전원을 설치하여야 한다.

28 피난설비를 설치하여야 하는 위험물 제조소등에 해당하는 것은?

① 건축물의 2층 부분을 자동차 정비소로 사용하는 주유취급소
② 건축물의 2층 부분을 전시장으로 사용하는 주유취급소
③ 건축물의 1층 부분을 주유사무소로 사용하는 주유취급소
④ 건축물의 1층 부분을 관계자의 주거시설로 사용하는 주유취급소

29 할론 1301의 증기 비중은? (단, 불소의 원자량은 19, 브롬의 원자량은 80, 염소의 원자량은 35.5이고 공기의 분자량은 29이다)

① 2.14　　② 4.15
③ 5.14　　④ 6.15

30 위험물제조소등에 설치하는 고정식의 포소화설비의 기준에서 포헤드방식의 포헤드는 방호대상물의 표면적 몇 m² 당 1개 이상의 헤드를 설치하여야 하는가?

① 3　　② 9
③ 15　　④ 30

31 소화설비의 기준에서 용량 160L 팽창질석의 능력 단위는?

① 0.5
② 1.0
③ 1.5
④ 2.5

해설

26 중량 단위의 이론 공기량

$$A^\circ = \frac{O^\circ}{0.23} = \frac{1}{0.23}(2.67C+8H-O+S)(kg/kg)$$

$$= \frac{1}{0.23}(2.67\times0.8+8\times0.14+0.06) \fallingdotseq 14.41$$

27 광전식 분리형 감지기를 설치할 경우에는 경계구역의 한 변의 길이를 100m로 할 수 있다.

28 피난설비의 설치 대상
- 건축물의 2층 이상의 부분을 점포 · 휴게음식점 또는 전시장의 용도로 사용하는 주유취급소
- 옥내주유취급소

29 할론 1301의 분자식 CF_3Br을 알고 있어야 풀 수 있는 문제이다.

$$\text{증기비중} = \frac{\text{증기분자량}}{\text{공기분자량(29)}}$$

$$\frac{12+(19\times3)+80}{29} = \frac{149}{29} \fallingdotseq 5.14$$

30 고정식 포소화설비의 포헤드는 방호대상물의 표면적 9m² 당 1개 이상의 헤드를 설치해야 한다.

31 소화설비의 능력단위

소화설비	분말색	적응화재
소화전용 물통	8ℓ	0.3
수조(소화전용 물통 3개 포함)	80ℓ	1.5
수조(소화전용 물통 6개 포함)	190ℓ	2.5
마른모래(삽 1개 포함)	50ℓ	0.5
팽창질석 또는 팽창진주암(삽 1개 포함)	160ℓ	1.0

32 **소화난이도등급 I의 옥내저장소에 설치하여야 하는 소화설비에 해당하지 않는 것은?**

① 옥외소화전설비
② 연결살수설비
③ 스프링클러설비
④ 물분무소화설비

33 **위험물안전관리법령상 경보설비로 자동화재탐지설비를 설치해야 할 위험물 제조소의 규모의 기준에 대한 설명으로 옳은 것은?**

① 연면적 $500m^2$ 이상인 것
② 연면적 $1,000m^2$ 이상인 것
③ 연면적 $1,500m^2$ 이상인 것
④ 연면적 $2,000m^2$ 이상인 것

34 **스프링클러설비에 대한 설명 중 옳지 않은 것은?**

① 초기 진화작업에 효과가 크다.
② 규정에 의해 설치된 개수의 스프링클러헤드를 동시에 사용할 경우에 각 선단의 방사 압력이 100kPa 이상의 성능이 되도록 하여야 한다.
③ 스프링클러헤드는 방호대상물의 각 부분에서 하나의 스프링클러헤드까지의 수평거리가 1.7m 이하가 되도록 설치하여야 한다.
④ 습식스프링클러설비는 감지부가 전자장치로 구성되어 있어 동작이 정확하다.

35 **위험물안전관리법령상 압력수조를 이용한 옥내소화전설비의 가압송수장치에서 압력수조의 최소압력(MPa)은?** (단, 소방용 호스의 마찰손실 수두압은 3MPa, 배관의 마찰손실 수두압은 1MPa, 낙차의 환산 수두압은 1.35MPa이다)

① 5.35	② 5.70
③ 6.00	④ 6.35

36 **위험물을 저장하는 지하탱크저장소에 설치하여야 할 소화설비와 그 설치기준을 옳게 나타낸 것은?**

① 대형소화기 - 2개 이상 설치
② 소형수동식소화기 - 능력단위의 수치 2 이상으로 1개 이상 설치
③ 마른모래 - 150L 이상 설치
④ 소형수동식소화기 - 능력단위의 수치 3 이상으로 2개 이상 설치

해설

32 소화난이도등급 I의 옥내저장소에 설치하여야 하는 소화설비
옥외소화전설비, 스프링클러설비, 이동식 외의 물분무등소화설비, 이동식 포소화설비

33 연면적 $500m^2$ 이상인 제조소 및 일반취급소에는 자동화재탐지설비를 설치한다.

34 스프링클러헤드는 감지부가 전자장치로 구성되어 있지 않고 기계식으로 구성되어 있다.

35 필요압력 $P = p_1 + p_2 + p_3 + 0.35MPa$
$= 3 + 1 + 1.35 + 0.35 = 5.7MPa$

36 지하탱크저장소에는 소형수동식소화기등을 능력단위의 수치가 3 이상으로 2개 이상 설치해야 한다.

37 전역방출방식의 할로젠화합물 소화설비의 분사헤드에서 Halon 1211을 방사하는 경우의 방사압력은 얼마 이상으로 하여야 하는가?

① 0.1MPa ② 0.2MPa
③ 0.5MPa ④ 0.9MPa

38 제1류 위험물 중 알칼리금속과산화물의 화재에 적응성이 있는 것은?

① 인산염류분말 ② 이산화탄소
③ 팽창질석 ④ 할로젠화합물

39 위험물의 취급을 주된 작업내용으로 하는 다음의 장소에 스프링클러설비를 설치할 경우 확보하여야 하는 1분당 방사밀도는 몇 L/m^2 이상이어야 하는가? (단, 내화구조의 바닥 및 벽에 의하여 2개의 실로 구획되고, 각 실의 바닥면적은 $500m^2$이다)

> • 취급하는 위험물 : 제4류 제3석유류
> • 위험물을 취급하는 장소의 바닥면적 : $1,000m^2$

① 8.1 ② 12.2
③ 13.9 ④ 16.4

40 1기압 27℃에서 아세톤 58g을 완전히 기화시키면 부피는 약 몇 L가 되는가?

① 22.4
② 24.6
③ 27.4
④ 58.0

[제3과목 : 위험물 성상 및 취급]

41 물과 접촉하면 위험한 물질로만 나열된 것은?

① CH_3CHO, CaC_2, $NaClO_4$
② K_2O_2, $K_2Cr_2O_7$, CH_3CHO
③ K_2O_2, Na, CaC_2
④ Na, $K_2Cr_2O_7$, $NaClO_4$

42 $KClO_4$에 대한 설명 중 옳지 않은 것은?

① 황색 또는 갈색의 사방정계 결정이다.
② 에테르에 녹지 않는다.
③ 에탄올에 녹지 않는다.
④ 열분해하면 산소와 염화칼륨으로 분해된다.

해설

37 분사헤드의 방사압력
• 하론2402 : 0.1MPa 이상
• 하론1211 : 0.2MPa 이상
• 하론1301 : 0.9MPa 이상
• HFC-23 : 0.9MPa 이상
• HFC-125 : 0.9MPa 이상
• HFC-227ea : 0.3MPa 이상

38 제1류 위험물 중 알칼리금속과산화물의 화재에는 탄산수소염류, 건조사, 팽창질석, 팽창진주암 등이 적응성이 있다.

39 스프링클러 설치

살수기준면적(m^2)	방사밀도(ℓ/m^2분)	
	인화점 38℃ 미만	인화점 38℃ 이상
279 미만	16.3 이상	12.2 이상
279 이상 372 미만	15.5 이상	11.8 이상
372 이상 465 미만	13.9 이상	9.8 이상
465 이상	12.2 이상	8.1 이상

40 아세톤(CH_3COCH_3)의 분자량 :
12+1×3+12+16+12+1×3 = 58g
$PV = \frac{WRT}{M}$, $V = \frac{WRT}{PM}$
• P(압력) : 1atm
• W(질량) : 58g
• M(아세톤 분자량) : 58g
• R(기체상수) : 0.082atm · L/mol · k
• T(절대온도) : 273+27 = 300K
$\therefore V = \frac{58 \times 0.082 \times 300}{1 \times 58} = 24.6$

41 제1류 위험물인 과산화칼륨(K_2O_2), 제3류 위험물인 나트륨(Na) 및 탄화칼슘(CaC_2)은 모두 물과 접촉하면 위험성이 증가하는 금수성물질이다.

42 과염소산칼륨은 무색, 무취의 결정이다.

43 다음 위험물에 화재가 발생하였을 때 주수소화를 하면 수소가스가 발생하는 것은?

① 황화인 ② 적린
③ 마그네슘 ④ 황

44 벤젠과 톨루엔의 공통점이 아닌 것은?

① 물에 녹지 않는다.
② 냄새가 없다.
③ 휘발성 액체이다.
④ 증기는 공기보다 무겁다.

45 다음 위험물 중에서 옥외저장소에서 저장 · 취급할 수 없는 것은? (단, 특별시 · 광역시 또는 도의 조례에서 정하는 위험물과 IMDG Code에 적합한 용기에 수집된 위험물의 경우는 제외한다)

① 아세트산
② 에틸렌글리콜
③ 클레오소트유
④ 아세톤

46 과산화수소 용액의 분해를 방지하기 위한 방법으로 가장 거리가 먼 것은?

① 햇빛을 차단한다.
② 암모니아를 가한다.
③ 인산을 가한다.
④ 요산을 가한다.

47 운반할 때 빗물의 침투를 방지하기 위하여 방수성이 있는 피복으로 덮어야 하는 위험물은?

① TNT
② 이황화탄소
③ 과염소산
④ 마그네슘

48 위험물안전관리법령에 의해 옥외저장소에 저장을 허가받을 수 없는 위험물은?

① 제2류 위험물 중 황(금속제드럼에 수납)
② 제4류 위험물 중 가솔린(금속제드럼에 수납)
③ 제6류 위험물
④ 국제해상위험물규칙(IMDG Code)에 적합한 용기에 수납된 위험물

해설

43 마그네슘은 물, 습기, 산과 접촉하여 수소가스를 발생한다.

44 벤젠과 톨루엔 모두 냄새가 있다.

45 제4류 위험물 중 옥외에 저장할 수 있는 위험물은 제1석유류(인화점이 섭씨 0도 이상인 것) · 알코올류 · 제2석유류 · 제3석유류 · 제4석유류 및 동식물유류이다.
- 아세트산 : 제2석유류
- 에틸렌글리콜 : 제3석유류
- 클레오소트유 : 제3석유류
- 아세톤 : 제1석유류(인화점 : −18℃)

46 과산화수소를 저장할 때는 햇빛을 차단하여 뚜껑에 작은 구멍을 뚫은 갈색 용기에 보관하며, 분해방지 안정제로 요산과 인산을 사용한다.

47 제1류 위험물 중 알칼리금속의 과산화물 또는 이를 함유한 것, 제2류 위험물 중 철분 · 금속분 · 마그네슘 또는 이들 중 어느 하나 이상을 함유한 것 또는 제3류 위험물 중 금수성물질은 방수성이 있는 피복으로 덮어야 한다. TNT, 이황화탄소, 과염소산은 모두 차광성 있는 피복으로 덮어야 한다.

48 옥외저장소에는 제4류 위험물 중 제1석유류(인화점이 섭씨 0도 이상인 것), 알코올류, 제2석유류, 제3석유류, 제4석유류 및 동식물유류를 저장할 수 있다.

49 지정수량 10배의 위험물을 운반할 때 혼재가 가능한 것은?

① 제1류 위험물과 제2류 위험물
② 제2류 위험물과 제3류 위험물
③ 제3류 위험물과 제5류 위험물
④ 제4류 위험물과 제5류 위험물

50 옥내소화전설비의 기준에서 가압송수장치의 시동을 알리는 표시등은 무슨 색으로 하여야 하는가?

① 청색　② 적색　③ 백색　④ 녹색

51 위험물안전관리법령상 위험물의 탱크 내용적 및 공간용적에 관한 기준으로 틀린 것은?

① 위험물을 저장 또는 취급하는 탱크의 용량은 해당 탱크의 내용적에서 공간용적을 뺀 용적으로 한다.
② 탱크의 공간용적은 탱크의 내용적의 100분의 5 이상 100분의 10 이하의 용적으로 한다.
③ 소화설비(소화약제 방출구를 탱크 안의 윗부분에 설치하는 것에 한한다)를 설치하는 탱크의 공간용적은 해당 소화설비의 소화약제방출구 아래의 0.3m 이상 1m 미만 사이의 면으로부터 윗부분의 용적으로 한다.
④ 암반탱크에 있어서는 해당 탱크 내에 용출하는 30일간의 지하수의 양에 상당하는 용적과 해당 탱크의 내용적의 100분의 1의 용적 중에서 보다 큰 용적을 공간용적으로 한다.

52 다음 (　) 안에 들어갈 수치를 순서대로 올바르게 나열한 것은? (단, 제4류 위험물에 적응성을 갖기 위한 살수밀도기준을 적용하는 경우를 제외한다)

> 위험물제조소등에 설치하는 폐쇄형 헤드의 스프링클러설비는 30개의 헤드를 동시에 사용할 경우 각 선단의 방사 압력이 (　)kPa 이상이고 방수량이 1분당 (　)L 이상이어야 한다.

① 100, 80　② 120, 80
③ 100, 100　④ 120, 100

53 위험물안전관리법령에서 정한 탱크안전성능검사의 구분에 해당하지 않는 것은?

① 기초 · 지반검사　② 충수 · 수압검사
③ 용접부검사　④ 배관검사

54 $C_6H_2CH_3(NO_2)_3$을 녹이는 용제가 아닌 것은?

① 물　② 벤젠　③ 에테르　④ 아세톤

해설

49 유별을 달리하는 위험물의 혼재기준

위험물의 구분	제1류	제2류	제3류	제4류	제5류	제6류
제1류		×	×	×	×	○
제2류	×		×	○	○	×
제3류	×	×		○	×	×
제4류	×	○	○		○	×
제5류	×	○	×	○		×
제6류	○	×	×	×	×	

50 가압송수장치의 시동을 알리는 표시등은 적색으로 해야 한다.

51 암반탱크에 있어서는 당해 탱크 내에 용출하는 7일간의 지하수의 양에 상당하는 용적과 당해 탱크의 내용적의 100분의 1의 용적 중에서 보다 큰 용적을 공간용적으로 한다.

52 위험물제조소등에 설치하는 폐쇄형 헤드의 스프링클러설비는 30개의 헤드를 동시에 사용할 경우 각 선단의 방사 압력이 100kPa 이상이고 방수량이 1분당 80L 이상이어야 한다.

53 탱크안전성능검사 : 기초 · 지반검사, 충수 · 수압검사, 용접부검사, 암반탱크검사

54 제5류 나이트로화합물인 트라이나이트로톨루엔은 아세톤, 벤젠, 에테르에 잘 녹지만 물에는 녹지 않는다.

55 과산화나트륨의 화재 시 물을 사용한 소화가 위험한 이유는?

① 수소와 열을 발생하므로
② 산소와 열을 발생하므로
③ 수소를 발생하고 이 가스가 폭발적으로 연소하므로
④ 산소를 발생하고 이 가스가 폭발적으로 연소하므로

56 다음 중 지정수량을 틀리게 나타낸 것은?

① 다이크로뮴산염류 - 500kg
② 제2석유류(비수용성) - 1,000L
③ 유기금속화합물 - 50kg
④ 제4석유류 - 6,000L

57 무색의 액체로 융점이 −112℃이고 물과 접촉하면 심하게 발열하는 제6류 위험물은?

① 과산화수소 ② 과염소산
③ 질산 ④ 오불화요오드

58 다이에틸에터의 보관 · 취급에 관한 설명으로 틀린 것은?

① 용기는 밀봉하여 보관한다.
② 환기가 잘 되는 곳에 보관한다.
③ 정전기가 발생하지 않도록 취급한다.
④ 저장용기에 빈 공간이 없게 가득 채워 보관한다.

59 다음 중 제2석유류만으로 짝지어진 것은?

① 시클로헥산 - 피리딘 ② 염화아세틸 - 휘발유
③ 시클로헥산 - 중유 ④ 아크릴산 - 포름산

60 다음 위험물 중 비중이 물보다 큰 것은?

① 다이에틸에터 ② 아세트알데하이드
③ 산화프로필렌 ④ 이황화탄소

해설

55 과산화나트륨은 물과 반응하여 산소와 열을 발생하므로 주수소화는 위험하며, 마른모래, 분말소화약제, 소다회, 석회 등을 이용하여 소화를 한다.

56 제1류 위험물인 다이크로뮴산염류의 지정수량은 1,000kg이다.

57 과염소산은 비중 1.76, 융점 −112℃, 비점 39℃인 무색, 무취의 휘발성 액체로 물과 반응하여 발열하며 고체수화물을 만든다.

58 다이에틸에터의 저장용기는 2% 이상의 공간용적을 확보한다.

59 • 시클로헥산, 피리딘, 염화아세틸, 휘발유 – 제1석유류
• 중유 – 제3석유류

60 이황화탄소는 제4류 위험물 중 특수인화물로 비중이 1.26으로 물보다 크다.

chapter 08

【 최종모의고사 4회 】

정답

01 ②	02 ③	03 ④	04 ④	05 ④	06 ④	07 ②	08 ③	09 ②	10 ④
11 ③	12 ④	13 ①	14 ②	15 ①	16 ③	17 ④	18 ①	19 ②	20 ②
21 ④	22 ①	23 ④	24 ③	25 ①	26 ④	27 ③	28 ②	29 ③	30 ②
31 ②	32 ②	33 ①	34 ④	35 ②	36 ④	37 ②	38 ③	39 ①	40 ②
41 ③	42 ①	43 ③	44 ②	45 ④	46 ②	47 ④	48 ②	49 ④	50 ②
51 ④	52 ①	53 ④	54 ①	55 ②	56 ①	57 ②	58 ④	59 ④	60 ④

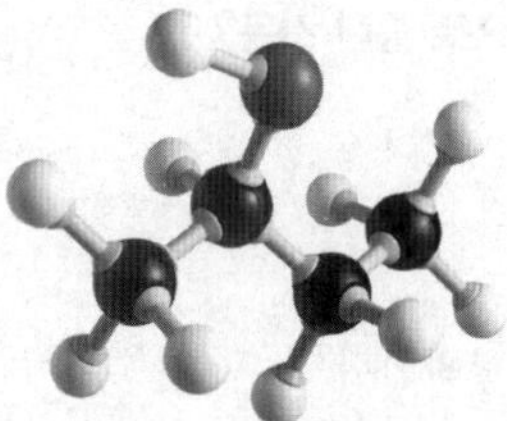

Industrial Engineer Hazardous material

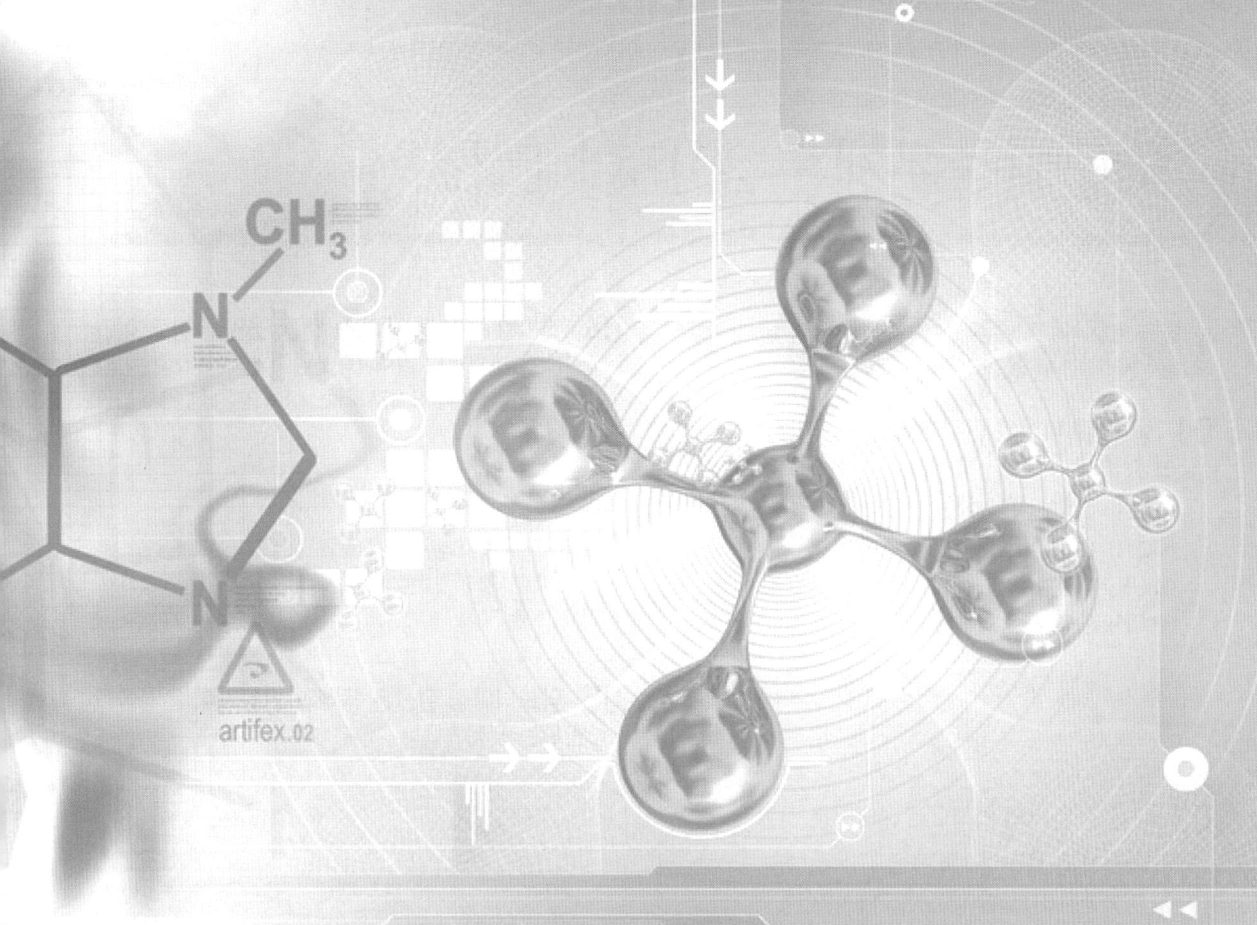

CHAPTER 09

최근기출문제

최종점검 2 – 기출문제로 출제유형을 파악하자!

최근기출문제 – 2015년 1회

▶정답은 357쪽에 있습니다.

01 물질의 물리 · 화학적 성질

01 폴리염화비닐의 단위체와 합성법이 옳게 나열된 것은?

① CH_2=CHCl, 첨가중합
② CH_2=CHCl, 축합중합
③ CH_2=CHCN, 첨가중합
④ CH_2=CHCN, 축합중합

폴리염화비닐의 단위체는 CH_2=CHCl이며, 합성법은 첨가중합이다.

02 다음 중 헨리의 법칙으로 설명되는 것은?

① 극성이 큰 물질일수록 물에 잘 녹는다.
② 비눗물은 0℃보다 낮은 온도에서 언다.
③ 높은 산 위에서는 물이 100℃ 이하에서 끓는다.
④ 사이다의 병마개를 따면 거품이 난다.

① 극성 물질은 극성인 물에 잘 녹는다.
② 용액의 녹는점은 순수한 용매의 어는점보다 낮다. 용액의 총괄성 중 어는점 내림현상이다.
③ 끓음 현상은 액체의 증기 압력이 외부 압력과 같아질 때 분자가 액체 밖으로 빠져 나가는 현상으로 이때의 온도를 끓는점이라고 한다. 높은 산의 기압은 지상에서보다 낮으므로 100℃ 이하에서 끓게 된다.
④ 기체의 용해도는 일정 온도, 일정량의 용매에 대하여 기체의 부분 압력에 비례한다. 사이다 병마개를 따면 병 내부의 압력이 감소되어 기체의 용해도가 감소하여 녹아 있던 기체가 빠져나온다.

03 CH_3-CHCl-CH_3의 명명법으로 옳은 것은?

① 2-chloropropane
② di-chloroethylene
③ di-methylmethane
④ di-methylethane

가장 긴 사슬은 탄소 3개로 이루어진 골격으로 프로페인이고 (propane) Cl–(클로로, chloro) 치환기가 2번 탄소에 있으므로 치환기 위치를 숫자로 2를 '–'으로 모체 사슬과 연결하여 명명한다. di– 는 동일한 치환기가 2개일 때 붙인다.

04 집기병 속에 물에 적신 빨간 꽃잎을 넣고 어떤 기체를 채웠더니 얼마 후 꽃잎이 탈색되었다. 이와 같이 색을 탈색(표백)시키는 성질을 가진 기체는?

① He
② CO_2
③ N_2
④ Cl_2

염소 기체(Cl_2)는 물(H_2O)과 반응하여 하이포아염소산(HClO)을 생성하는데, 하이포아염소산이 산화력이 매우 강하여 꽃잎의 색소를 탈색한다.

05 암모니아성 질산은 용액과 반응하여 은거울을 만드는 것은?

① CH_3CH_2OH
② CH_3OCH_3
③ CH_3COCH_3
④ CH_3CHO

알데하이드(R–CHO)는 암모니아성 질산은 용액(Tollens 시약)과 반응하여 은(Ag)을 환원시키고 산화된다.
은거울 반응 : $R\text{–}CHO + 2Ag(NH_3)_2OH \rightarrow R\text{–}COOH + 2Ag + 4NH_3 + H_2O$

06 25℃의 포화용액 90g 속에 어떤 물질이 30g 녹아 있다. 이 온도에서 이 물질의 용해도는 얼마인가?

① 30
② 33
③ 50
④ 63

용해도란 주어진 온도에서 용매 100g에 포화된 용질의 질량(g)이다.
100g : xg = (90–30)g : 30g ∴ x = 50g

07 질산은 용액에 담갔을 때 은(Ag)이 석출되지 않는 것은?

① 백금
② 납
③ 구리
④ 아연

금속의 이온화 경향 : K>Ca>Na>Mg>Al>Zn>Fe>Ni>Sn>Pb>(H)>Cu>Hg>Ag>Pt>Au
금속의 이온화 경향이 클수록 산화되고 상대적으로 이온화 경향이 작은 금속은 환원되므로 Ag보다 이온화 경향성이 작은 Pt을 질산은 수용액에 넣으면 Ag은 석출되지 않는다.

08 다음 중 밑줄 친 원소 중 산화수가 +5인 것은?

① $Na\underline{Cr}_2O_7$ ② $K_2\underline{S}O_4$
③ $K\underline{N}O_3$ ④ $\underline{Cr}O_3$

중성 화합물의 산화수의 합은 0이고 1족 금속 원소 K의 산화수는 +1, O의 산화수는 −2이므로, N의 산화수는 $+1+x+(-2\times3)=0$, $\therefore x=+5$이다.

09 벤젠에 진한 질산과 진한 황산의 혼합물을 작용시킬 때 황산이 촉매와 탈수제 역할을 하여 얻어지는 화합물은?

① 나이트로벤젠 ② 클로로벤젠
③ 알킬벤젠 ④ 벤젠술폰산

황산(H_2SO_4)에 의해 질산(HNO_3)은 나이트로늄(NO_2^+) 이온을 생성하고 나이트로늄 이온이 친전자체로 작용하여 벤젠의 수소와 치환되어 나이트로벤젠이 생성된다.

10 볼타 전지에 관련된 내용으로 가장 거리가 먼 것은?

① 아연판과 구리판 ② 화학전지
③ 진한 질산 용액 ④ 분극현상

볼타 전지는 묽은 황산 수용액을 사용한다.

11 25℃에서 83% 해리된 0.1N HCl의 pH는 얼마인가?

① 1.08 ② 1.52
③ 2.02 ④ 2.25

해리도(이온화도) $\alpha=\dfrac{\text{이온화된 전해질 몰수}}{\text{용해된 전해질 몰수}}=\dfrac{[H^+]}{0.1}=0.83$이므로,

$[H^+]=0.83\times0.1M \therefore pH=-\log[0.83\times0.1]=1.08$

12 C_nH_{2n+2}의 일반식을 갖는 탄화수소는?

① Alkyne ② Alkene
③ Alkane ④ Cycloalkane

- 알케인 탄화수소 : C_nH_{2n+2}
- 알켄 탄화수소 : C_nH_{2n}
- 알카인 탄화수소 : C_nH_{2n-2}

13 프리델-크래프츠 반응에서 사용하는 촉매는?

① $HNO_3+H_2SO_4$ ② SO_3
③ Fe ④ $AlCl_3$

프리델-크래프츠 반응에서 $AlCl_3$ 촉매를 사용한다.

14 다음 중 수용액에서 산성의 세기가 가장 큰 것은?

① HF ② HCl
③ HBr ④ HI

할로젠화 수소 화합물의 산성의 세기는 할로젠족 원소와 수소의 결합 세기가 약할수록 수용액 속에서 수소 이온을 쉽게 이온화시켜 이온화도가 증가하여 센 산으로 작용할 수 있다. 따라서 전기음성도가 작고 결합 세기가 가장 약한 HI가 가장 산성의 세기가 크고 산성의 크기는 HF < HCl < HBr < HI이다.

15 다음 중 이성질체로 짝지어진 것은?

① CH_2OH, CH_4
② CH_4, C_2H_8
③ CH_3OCH_3, $CH_3CH_2OCH_2CH_3$
④ C_2H_5OH, CH_3OCH_3

이성질체란 분자식은 같으나 물리적, 화학적 성질이 다른 물질을 뜻한다. 따라서 분자식이 같은 물질 중 원자 배열이 다른 C_2H_5OH와 CH_3OCH_3는 서로 구조 이성질체 관계이다.

16 이온화 에너지에 대한 설명으로 옳은 것은?

① 바닥상태에 있는 원자로부터 전자를 제거하는데 필요한 에너지이다.
② 들뜬 상태에서 전자를 하나 받아들일 때 흡수하는 에너지이다.
③ 일반적으로 주기율표에서 왼쪽으로 갈수록 증가한다.
④ 일반적으로 같은 족에서 아래로 갈수로 증가한다.

이온화 에너지는 중성 원자에서 전자를 떼어낼 때 필요한 에너지로 같은 주기에서 원자 번호가 증가할수록 증가하고, 같은 족에서는 원자 번호가 증가할수록 감소한다.

17 다음의 변화 중 에너지가 가장 많이 필요한 경우는?

① 100℃의 물 1몰을 100℃ 수증기로 변화시킬 때
② 0℃의 얼음 1몰을 50℃ 물로 변화시킬 때
③ 0℃의 물 1몰을 100℃의 물로 변화시킬 때
④ 0℃의 얼음 10g을 100℃의 물로 변화시킬 때

> 상태 변화 시에 수반되는 열에너지의 크기는 물질의 질량이 클수록, 온도 변화가 클수록 크다. 물의 상태 변화 중 기화시킬 때 에너지가 가장 많이 필요하다.

18 황산구리 수용액에 1.93A의 전류를 통할 때 매초 음극에서 석출되는 Cu의 원자수를 구하면 약 몇 개가 존재하는가?

① 3.12×10^{18}　② 4.02×10^{18}
③ 5.12×10^{18}　④ 6.02×10^{18}

> 구리의 환원 반응식 : $Cu^{2+}(aq) + 2e^- \rightarrow Cu(s)$
> 1초당 흐르는 전하량 : 1.93A×1초 =1.93C
> Cu 1몰이 석출되는데 2몰의 전자가 필요하므로 패러데이 상수(1F≒96500C/mol)를 이용하면 1초당 석출되는 구리 원자수는
> $\frac{1.93C}{96500C/mol} \div 2\times6.02\times10^{23} = 6.02\times10^{18}$이다.

19 1기압에서 2L의 부피를 차지하는 어떤 이상기체를 온도의 변화 없이 압력을 4기압으로 하면 부피는 얼마인가?

① 2.0L　② 1.5L
③ 1.0L　④ 0.5L

> 보일의 법칙에 따르면 일정 온도에서 일정량 기체의 압력과 부피의 곱은 일정하다. 즉, 기체의 부피는 압력에 반비례하므로, $P_1V_1 = P_2V_2$, 1기압×2L = 4기압×V_2, $\therefore V_2 = 0.5L$

20 비활성 기체 원자 Ar과 같은 전자 배치를 가지고 있는 것은?

① Na^+　② Li^+
③ Al^{3+}　④ S^{2-}

> Ar은 원자 번호 18인 18족 비활성 기체이다. 18개의 전자 배치를 이루고 있는 이온은 S^{2-}이다.
> Ar : $1s^22s^22p^63s^23p^6$
> ① Na^+ : $1s^22s^22p^6$　② Li^+ : $1s^2$
> ③ Al^{3+} : $1s^22s^22p^6$　④ S^{2-} : $1s^22s^22p^63s^23p^6$

02 화재예방과 소화방법

21 보관 시 인산 등의 분해방지 안정제를 첨가하는 제6류 위험물에 해당하는 것은?

① 황산　② 과산화수소
③ 질산　④ 염산

> 과산화수소는 용액의 분해를 방지하기 위하여 인산, 요산 등의 안정제를 첨가하여 저장한다.

22 분말소화약제에 해당하는 착색으로 옳은 것은?

① 탄산수소나트륨 - 청색
② 제1인산암모늄 - 담홍색
③ 탄산수소칼륨 - 담홍색
④ 제1인산암모늄 - 청색

> ① 탄산수소나트륨 – 백색
> ③ 탄산수소칼륨 – 담자색
> ④ 제1인산암모늄 – 담홍색

23 위험물안전관리법령상 위험물 저장·취급 시 화재 또는 재난을 방지하기 위하여 자체소방대를 두어야 하는 경우가 아닌 것은?

① 지정수량의 3천배 이상의 제4류 위험물을 저장 · 취급하는 제조소
② 지정수량의 3천배 이상의 제4류 위험물을 저장 · 취급하는 일반취급소
③ 지정수량의 2천배의 제4류 위험물을 취급하는 일반취급소와 지정수량의 1천배의 제4류 위험물을 취급하는 제조소가 동일한 사업소에 있는 경우
④ 지정수량의 3천배 이상의 제4류 위험물을 저장 · 취급하는 옥외탱크저장소

> 지정수량의 3천배 이상의 제4류 위험물을 저장 · 취급하는 제조소 또는 일반취급소는 사업소에 자체소방대를 설치하여야 한다.

24 다음 중 이황화탄소의 액면 위에 물을 채워두는 이유로 가장 적합한 것은?

① 자연분해를 방지하기 위해
② 화재 발생 시 물로 소화를 하기 위해
③ 불순물을 물에 용해시키기 위해
④ 가연성 증기의 발생을 방지하기 위해

이황화탄소는 물보다 무겁고 물에 녹지 않는데, 가연성 증기 발생을 방지하기 위해 물속에 저장한다.

25 위험물안전관리법령상 옥내소화전설비의 비상전원은 자가발전설비 또는 축전지 설비로 옥내소화전 설비를 유효하게 몇 분 이상 작동할 수 있어야 하는가?

① 10분 ② 20분
③ 45분 ④ 60분

옥내소화전설비의 비상전원 용량은 45분 이상 작동할 수 있어야 한다.

26 위험물안전관리법령상 질산나트륨에 대한 소화설비의 적응성으로 옳은 것은?

① 건조사만 적응성이 있다.
② 이산화탄소소화기는 적응성이 있다.
③ 포소화기는 적응성이 없다.
④ 할로젠화합물소화기는 적응성이 없다.

질산나트륨은 제1류 위험물로서 봉상수소화기, 무상수소화기, 포소화기, 건조사 등에 적응성이 있으며, 이산화탄소소화기에는 적응성이 없다.

27 제3종 분말소화약제의 제조 시 사용되는 실리콘오일의 용도는?

① 경화제 ② 발수제
③ 탈색제 ④ 착색제

제3종 분말소화약제는 제1인산암모늄 건조분말을 첨가제와 교반하면서 발수제인 실리콘오일을 사용하는데, 실리콘오일은 분말의 습기 흡수를 방지하는 역할을 한다.

28 위험물안전관리법령상 제1석유류를 저장하는 옥외탱크저장소 중 소화난이도등급 Ⅰ에 해당하는 것은? (단, 지중탱크 또는 해상탱크가 아닌 경우이다)

① 액표면적이 $10m^2$ 인 것
② 액표면적이 $20m^2$ 인 것
③ 지반면으로부터 탱크 옆판의 상단까지 높이가 4m 인 것
④ 지반면으로부터 탱크 옆판의 상단까지 높이가 6m 인 것

소화난이도등급 Ⅰ에 해당하는 옥외탱크저장소
• 액표면적이 $40m^2$ 이상인 것
• 지반면으로부터 탱크 옆판의 상단까지 높이가 6m 이상인 것

29 C_6H_6 화재의 소화약제로서 적합하지 않은 것은?

① 인산염류분말
② 이산화탄소
③ 할로젠화합물
④ 물(봉상수)

제4류 위험물인 벤젠은 물에 의한 소화는 적합하지 않다.

30 벼락으로부터 재해를 예방하기 위하여 위험물안전관리법령상 피뢰설비를 설치하여야 하는 위험물제조소의 기준은? (단, 제6류 위험물을 취급하는 위험물제조소는 제외한다)

① 모든 위험물을 취급하는 제조소
② 지정수량 5배 이상의 위험물을 취급하는 제조소
③ 지정수량 10배 이상의 위험물을 취급하는 제조소
④ 지정수량 20배 이상의 위험물을 취급하는 제조소

지정수량의 10배 이상의 위험물을 취급하는 제조소(제6류 위험물을 취급하는 위험물제조소 제외)에는 피뢰침을 설치하여야 한다.

31 Halon 1301에 해당하는 할로젠화합물의 분자식을 옳게 나타낸 것은?

① CBr_3F ② CF_3Br
③ CH_3Cl ④ OCl_3H

Halon 1301의 분자식은 CF_3Br이다.

32 위험물안전관리법령에서 정한 제3류 위험물에 있어서 화재예방법 및 화재 시 조치 방법에 대한 설명으로 틀린 것은?

① 칼륨과 나트륨은 금수성 물질로 물과 반응하여 가연성 기체를 발생한다.
② 알킬알루미늄은 알킬기의 탄소수에 따라 주수 시 발생하는 가연성 기체의 종류가 다르다.
③ 탄화칼슘은 물과 반응하여 폭발성의 아세틸렌가스를 발생한다.
④ 황린은 물과 반응하여 유독성의 포스핀 가스를 발생한다.

황린은 pH 9의 물속에 넣어 보관한다.

33 화재분류에 따른 표시색상이 옳은 것은?

① 유류화재 - 황색
② 유류화재 - 백색
③ 전기화재 - 황색
④ 전기화재 - 백색

화재의 급수에 따른 색상

급수	종류	색상
A급	일반화재	백색
B급	유류 및 가스화재	황색
C급	전기화재	청색
D급	금속화재	무색

34 위험물안전관리법령상 옥외소화전이 5개 설치된 제조소등에서 옥외소화전의 수원의 수량은 얼마 이상이어야 하는가?

① $14m^3$ ② $35m^3$
③ $54m^3$ ④ $78m^3$

수원의 수량 = 소화전의 수(최대 4개)×13.5 = 4×13.5 = 54

35 제4류 위험물 중 비수용성 인화성 액체의 탱크화재 시 물을 뿌려 소화하는 것은 적당하지 않다고 한다. 그 이유로서 가장 적당한 것은?

① 인화점이 낮아진다.
② 가연성 가스가 발생한다.
③ 화재면(연소면)이 확대된다.
④ 발화점이 낮아진다.

제4류 위험물은 일반적으로 비수용성이며 물보다 가볍기 때문에 주수소화를 하게 되면 화재면이 확대되기 때문에 적당하지 않다.

36 준특정옥외탱크저장소에서 저장 또는 취급하는 액체위험물의 최대수량 범위를 옳게 나타낸 것은?

① 50만L 미만
② 50만L 이상 100만L 미만
③ 100만L 이상 200만L 미만
④ 200만L 이상

- 특정옥외탱크저장소 : 액체위험물의 최대수량이 100만L 이상의 것
- 준특정옥외탱크저장소 : 액체위험물의 최대수량이 50만L 이상 100만L 미만의 것

37 클로로벤젠 300,000L의 소요단위는 얼마인가?

① 20 ② 30
③ 200 ④ 300

$$소요단위 = \frac{클로로벤젠의\ 수량}{클로로벤젠의\ 지정수량 \times 10} = \frac{300,000kg}{1,000kg \times 10} = 30소요단위$$

38 위험물안전관리법령에서 정한 위험물의 유별 저장·취급의 공통기준(중요기준) 중 제5류 위험물에 해당하는 것은?

① 물이나 산과의 접촉을 피하고 인화성 고체에 있어서는 함부로 증기를 발생시키지 아니하여야 한다.
② 공기와의 접촉을 피하고, 물과의 접촉을 피하여야 한다.
③ 가연물과의 접촉 · 혼합이나 분해를 촉진하는 물품과의 접근 또는 과열을 피하여야 한다.
④ 불티 · 불꽃 · 고온체와의 접근이나 과열 · 충격 또는 마찰을 피하여야 한다.

① 제2류 위험물, ② 제3류 위험물, ③ 제6류 위험물

39 표준상태(0℃, 1atm)에서 2kg의 이산화탄소가 모두 기체상태의 소화약제로 방사될 경우 부피는 몇 m^3 인가?

① 1.018 ② 10.18
③ 101.8 ④ 1018

$PV = \frac{WRT}{M}$, $V = \frac{WRT}{PM}$

- P : 1atm
- W : 2kg
- M : 44
- R : 기체상수($0.082m^3 \cdot atm/kg\text{-}mol \cdot k$)
- T : 273K

$\therefore V = \frac{2 \times 0.082 \times 273}{1 \times 44} = 1.018$

40 다음 중 가연물이 될 수 있는 것은?

① CS_2　　② H_2O_2
③ CO_2　　④ He

② 과산화수소(H_2O_2)는 제6류 위험물로서 불연성 물질이며, ③ 이산화탄소, ④ 헬륨은 불활성 기체이다. 이황화탄소(CS_2)는 제4류 위험물 가연성 액체로 가연물이 될 수 있다.

03 위험물 성상 및 취급

41 다음 각 물질의 저장 방법에 대한 설명 중 틀린 것은?

① 황린은 산화제와 혼합되지 않게 저장한다.
② 황은 정전기가 축적되지 않도록 저장한다.
③ 적린은 인화성 물질로부터 격리 저장한다.
④ 마그네슘분은 물에 적시어 저장한다.

마그네슘은 물과 반응하여 수소가스를 발생하므로 물과의 접촉을 금한다.

42 취급하는 장치가 구리나 마그네슘으로 되어 있을 때 반응을 일으켜서 폭발성의 아세틸라이드를 생성하는 물질은?

① 이황화탄소　　② 아이소프로필알코올
③ 산화프로필렌　　④ 아세톤

중합반응을 일으켜 폭발성의 아세틸라이드를 생성하는 물질은 산화프로필렌이다.

43 황화인에 대한 설명으로 틀린 것은?

① 고체이다.
② 가연성 물질이다.
③ P_4S_3, P_2S_5 등의 물질이 있다.
④ 물질에 따른 지정수량은 50kg, 100kg, 300kg이다.

황화인의 지정수량은 모두 100kg이다.

44 다음 중 인화점이 20℃ 이상인 것은?

① CH_3COOCH_3　　② CH_3COCH_3
③ CH_3COOH　　④ CH_3CHO

① CH_3COOCH_3(초산메틸) : −10℃
② CH_3COCH_3(아세톤) : −18℃
③ CH_3COOH(초산) : 40℃
④ CH_3CHO(아세트알데하이드) : −38℃

45 위험물안전관리법령상 제4류 위험물 옥외저장탱크의 대기밸브부착 통기관은 몇 kPa 이하의 압력 차이로 작동할 수 있어야 하는가?

① 2　　② 3
③ 4　　④ 5

대기밸브부착 통기관은 5kPa 이하의 압력 차이로 작동할 수 있어야 한다.

46 위험물 안전관리법령상 옥내저장탱크의 상호간에는 몇 m 이상의 간격을 유지하여야 하는가?

① 0.3　　② 0.5
③ 1.0　　④ 1.5

옥내저장탱크의 탱크 상호간에는 0.5m 이상의 간격을 유지하여야 한다.

47 은백색의 광택이 있는 비중 약 2.7의 금속으로서 열, 전기의 전도성이 크며, 진한 질산에서는 부동태가 되고 묽은 질산에 잘 녹는 것은?

① Al　　② Mg
③ Zn　　④ Sb

알루미늄은 은백색의 광택이 있는 금속으로 염산, 황산, 묽은 질산에 침식당하기 쉬우며, 진한 질산에서는 부동태가 된다.

48 위험물안전관리법령상 지정수량의 각각 10배를 운반할 때 혼재할 수 있는 위험물은?

① 과산화나트륨과 과염소산
② 과망가니즈산칼륨과 적린
③ 질산과 알코올
④ 과산화수소와 아세톤

유별을 달리하는 위험물의 혼재기준

위험물의 구분	제1류	제2류	제3류	제4류	제5류	제6류
제1류		×	×	×	×	○
제2류	×		×	○	○	×
제3류	×	×		○	×	×
제4류	×	○	○		○	×
제5류	×	○	×	○		×
제6류	○	×	×	×	×	

49 금속나트륨이 물과 작용하면 위험한 이유로 옳은 것은?

① 물과 반응하여 과염소산을 생성하므로
② 물과 반응하여 염산을 생성하므로
③ 물과 반응하여 수소를 방출하므로
④ 물과 반응하여 산소를 방출하므로

금속나트륨은 물과 반응하여 수소를 발생하며 연소하므로 위험하다.

50 위험물안전관리법령에 따른 질산에 대한 설명으로 틀린 것은?

① 지정수량은 300kg이다.
② 위험등급은 I이다.
③ 농도가 36중량퍼센트 이상인 것에 한하여 위험물로 간주된다.
④ 운반 시 제1류 위험물과 혼재할 수 있다.

질산은 비중이 1.49 이상인 것에 한하여 위험물로 간주된다.

51 위험물안전관리법령상 옥외저장소에 저장할 수 없는 위험물은? (단, 국제해상위험물규칙에 적합한 용기에 수납된 위험물인 경우를 제외한다)

① 질산에스터류
② 질산
③ 제2석유류
④ 동식물유류

질산에스터류는 제5류 위험물로서 옥외저장소에 저장할 수 없다.

52 어떤 공장에서 아세톤과 메탄올을 18L 용기에 각각 10개, 등유를 200L 드럼으로 3드럼을 저장하고 있다면 각각의 지정수량 배수의 총합은 얼마인가?

① 1.3 ② 1.5
③ 2.3 ④ 2.5

지정수량의 배수 $= \frac{18L\times10}{400L} + \frac{18L\times10}{400L} + \frac{200L\times3}{1,000L} = 1.5$배

53 피크르산에 대한 설명으로 틀린 것은?

① 화재 발생 시 다량의 물로 주수소화할 수 있다.
② 트라이나이트로페놀이라고도 한다.
③ 알코올, 아세톤에 녹는다.
④ 플라스틱과 반응하므로 철 또는 납의 금속용기에 저장해야 한다.

피크르산(트라이나이트로페놀)은 구리, 납, 철 등의 중금속과 반응하여 피크린산염을 생성하므로 접촉을 피해야 한다.

54 위험물안전관리법령상 운반 시 적재하는 위험물에 차광성이 있는 피복으로 가리지 않아도 되는 것은?

① 제2류 위험물 중 철분
② 제4류 위험물 중 특수인화물
③ 제5류 위험물
④ 제6류 위험물

제1류 위험물, 제3류 위험물 중 자연발화성물질, 제4류 위험물 중 특수인화물, 제5류 위험물 또는 제6류 위험물은 차광성이 있는 피복으로 가려야 한다.

55 무색, 무취 입방정계 주상결정으로 물, 알코올 등에 잘 녹고 산과 반응하여 폭발성을 지닌 이산화염소를 발생시키는 위험물로 살충제, 불꽃류의 원료로 사용되는 것은?

① 염소산나트륨 ② 과염소산칼륨
③ 과산화나트륨 ④ 과망가니즈산칼륨

염소산나트륨은 무색, 무취의 결정으로 산과 반응하여 유독한 이산화염소를 발생한다.

56 다음 물질 중 증기비중이 가장 작은 것은?

① 이황화탄소 ② 아세톤
③ 아세트알데하이드 ④ 다이에틸에터

증기비중

① 이황화탄소(CS_2) $= \frac{12\times32\times2}{29} = 2.62$

② 아세톤(CH_3COCH_3) $= \frac{12\times3+6+16}{29} = 2$

③ 아세트알데하이드(CH_3CHO) $= \frac{12\times2+4+16}{29} = 1.517$

④ 다이에틸에터($C_2H_5OC_2H_5$) $= \frac{12\times4+10+16}{29} = 2.551$

57 위험물 지하탱크저장소의 탱크전용실 설치기준으로 틀린 것은?

① 철근콘크리트 구조의 벽은 두께 0.3m 이상으로 한다.
② 지하저장탱크와 탱크전용실의 안쪽과의 사이는 50cm 이상의 간격을 유지한다.
③ 철근콘크리트 구조의 바닥은 두께 0.3m 이상으로 한다.
④ 벽, 바닥 등에 적정한 방수 조치를 강구한다.

> 지하탱크저장소의 지하저장탱크와 탱크전용실 안쪽과의 사이는 0.1m 이상의 간격을 유지한다.

58 위험물안전관리법령상 위험물 운반용기의 외부에 표시하도록 규정한 사항이 아닌 것은?

① 위험물의 품명
② 위험물의 제조번호
③ 위험물의 주의사항
④ 위험물의 수량

> 운반용기의 외부에 표시해야 하는 사항
> • 위험물의 품명 · 위험등급 · 화학명 및 수용성('수용성' 표시는 제4류 위험물로서 수용성인 것에 한한다)
> • 위험물의 수량
> • 수납하는 위험물에 따라 다음의 규정에 의한 주의사항

59 그림과 같은 위험물을 저장하는 탱크의 내용적은 약 몇 m^3인가? (단, r은 10m, L은 25m이다)

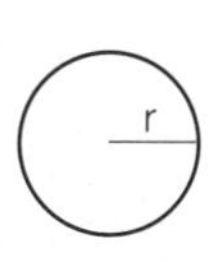

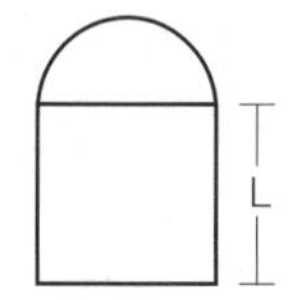

① 3,612　　② 4,712
③ 5,812　　④ 7,854

> 종으로 설치한 탱크의 내용적 = $\pi r^2 L = \pi \times 10^2 \times 25 \fallingdotseq 7,854$

60 가연성 물질이며 산소를 다량 함유하기 있기 때문에 자기연소가 가능한 물질은?

① $C_6H_2CH_3(NO_2)_3$
② $CH_3COC_2H_5$
③ $NaClO_4$
④ HNO_3

> 제5류 위험물인 트라이나이트로톨루엔은 산소를 다량 함유하고 있어 자기연소가 가능하다.

【2015년 1회】

정답

01	02	03	04	05	06	07	08	09	10
①	④	①	④	④	③	①	③	①	③
11	12	13	14	15	16	17	18	19	20
①	③	④	④	④	①	①	④	④	④
21	22	23	24	25	26	27	28	29	30
②	②	④	④	③	④	②	④	④	③
31	32	33	34	35	36	37	38	39	40
②	④	①	③	③	②	②	④	①	①
41	42	43	44	45	46	47	48	49	50
④	③	④	③	④	②	①	①	③	③
51	52	53	54	55	56	57	58	59	60
①	②	④	①	①	③	②	②	④	①

최종점검 2 – 기출문제로 출제유형을 파악하자!

최근기출문제 – 2015년 2회

▶ 정답은 365쪽에 있습니다.

01 물질의 물리 · 화학적 성질

01 다음 물질 중 수용액에서 약한 산성을 나타내며 염화제이철 수용액과 정색반응 하는 것은?

① (벤젠고리)–NH_2 ② (벤젠고리)–OH
③ (벤젠고리)–NO_2 ④ (벤젠고리)–Cl

페놀은 약한 산성이며 염화제이철($FeCl_3$) 수용액과 반응하여 보라색 계열의 정색반응을 한다.

02 아이소프로필알코올에 해당하는 것은?

① C_2H_5OH ② CH_3CHO
③ CH_3COOH ④ $(CH_3)_2CHOH$

① 에탄올, ② 아세트알데하이드, ③ 아세트산

03 어떤 물질이 산소 50wt%, 황 50wt%로 구성되어 있다. 이 물질의 실험식을 옳게 나타낸 것은?

① SO ② SO_2
③ SO_3 ④ SO_4

실험식은 물질을 구성하는 기본 성분 원소의 원자 개수비를 가장 간단한 정수로 나타낸 식이다. 질량 백분율을 이용하여 각 원소의 질량을 원자량으로 나누어 원자 개수비를 구한다.
$S:O = \frac{50}{32} : \frac{50}{16} = 1:2$, ∴ 실험식 = SO_2

04 NaOH 수용액 100mL를 중화하는데 2.5N의 HCl 80mL 가 소요되었다. NaOH 용액의 농도(N)는?

① 1 ② 2
③ 3 ④ 4

1가 산과 1가 염기의 노르말 농도와 몰농도는 같고, HCl과 NaOH는 1:1의 몰수비로 중화 반응을 한다.
따라서 $0.1L \times xN = 0.08L \times 2.5N$이고 NaOH의 노르말 농도 $x = 2N$이다.

05 수소 분자 1mol에 포함된 양성자수와 같은 것은?

① $\frac{1}{4}O_2$ mol 중 양성자수
② NaCl 1mol 중 ion 의 총 수
③ 수소 원자 $\frac{1}{2}$mol 중의 원자수
④ CO_2 1mol 중의 원자수

원자 번호는 양성자수와 같고, 수소는 원자 번호 1이므로 각 원자 속에는 양성자수가 1이다. 따라서 수소 분자(H_2) 1mol에는 양성자가 2mol이 있고, NaCl 1mol 중에는 Na^+ 1mol, Cl^- 1mol이 존재하므로 총 이온수는 2mol이다.

06 다음의 반응식에서 평형을 오른쪽으로 이동시키기 위한 조건은?

$$N_2(g) + O_2(g) \rightarrow 2NO(g) - 43.2kcal$$

① 압력을 높인다. ② 온도를 높인다.
③ 압력을 낮춘다. ④ 온도를 낮춘다.

주어진 열화학 반응식은 흡열 반응($\Delta H>0$, +43.2kcal)이므로 르샤틀리에 원리에 따라 온도를 높여주면 온도가 증가되는 것을 감소시키는 방향으로 반응이 진행되므로 생성물의 양을 증가시킬 수 있다.

07 비극성 분자에 해당하는 것은?

① CO ② CO_2
③ NH_3 ④ H_2O

CO_2는 선형 대칭 구조로 비극성(무극성) 분자이다.

08 방사능 붕괴의 형태 중 ${}^{226}_{88}Ra$이 α-붕괴할 때 생기는 원소는?

① ${}^{222}_{86}Rn$　② ${}^{232}_{90}Th$
③ ${}^{232}_{91}Pa$　④ ${}^{238}_{92}U$

> 핵반응 중 α-붕괴 반응은 헬륨 원자핵이 방출되므로 양성자 2개와 중성자 2개가 감소된다. 전체 원자핵의 질량수는 4만큼 감소되므로 생성되는 원소는 ${}^{222}_{86}Rn$이다.

09 은거울 반응을 하는 화합물은?

① CH_3COCH_3　② CH_3OCH_3
③ HCHO　④ CH_3CH_2OH

> 알데하이드(R-CHO)는 암모니아성 질산은 용액(Tollens 시약)과 반응하여 은(Ag)을 환원시키고 산화된다. HCHO(폼알데하이드)는 은거울 반응을 한다.
> 은거울 반응 : $R-CHO + 2Ag(NH_3)_2OH \rightarrow R-COOH + 2Ag + 4NH_3 + H_2O$

10 알루미늄 이온(${}^{27}_{13}Al^{3+}$) 한 개에 대한 설명으로 틀린 것은?

① 질량수는 27이다.
② 양성자수는 13이다.
③ 중성자수는 13이다.
④ 전자수는 10이다.

> Al은 원자 번호 13번으로 질량수 27이 대부분이다. 따라서 양성자수는 13개이고 중성자수는 27−13=14, 중성 원자 상태에서 양성자 수와 전자 수는 같으므로 전자수는 13이다. Al^{3+}은 중성 원자일 때보다 전자 3개가 부족하므로 전자 수는 10개이다.

11 CO_2 44g을 만들려면 C_3H_8 분자가 약 몇 개 완전 연소 해야 하는가?

① 2.01×10^{23}　② 2.01×10^{22}
③ 6.02×10^{23}　④ 6.02×10^{22}

> CO_2 1몰의 질량은 44g이고, C_3H_8의 연소 반응식은 다음과 같다.
> $C_3H_8 + 5O_2 \rightarrow 3CO_2 + 4H_2O$
> 즉, C_3H_8 1몰이 완전 연소 할 때 CO_2 3몰이 생성되므로 CO_2 1몰이 생성될 때 반응하는 C_3H_8은 $\frac{1}{3}$ 몰이다. 따라서 C_3H_8 분자수는 $\frac{1}{3}$몰$\times 6.02 \times 10^{23} = 2.01 \times 10^{23}$이다.

12 60℃에서 KNO_3의 포화용액 100g을 10℃로 냉각시키면 몇 g의 KNO_3가 석출되는가? (단, 용해도는 60℃에서 100g KNO_3/100g H_2O, 10℃에서 20g KNO_3/100g H_2O)

① 4　② 40
③ 80　④ 120

> 용해도는 일정 온도에서 용매 100g에 녹을 수 있는 최대 용질의 양이다. 60℃에서 KNO_3의 용해도는 100이므로 60℃ 포화 용액 100g에는 물 50g에 KNO_3 50g이 녹아있다. 10℃에서 KNO_3의 용해도는 20g이므로 물 50g에는 KNO_3가 10g 녹을 수 있으므로, 석출되는 양은 50−10 = 40g이다.

13 공기의 평균 분자량은 약 29라고 한다. 이 평균 분자량을 계산하는데 관계된 원소는?

① 산소, 수소　② 탄소, 수소
③ 산소, 질소　④ 질소, 탄소

> 공기는 질소, 산소, 이산화탄소, 아르곤 등으로 구성되어 있는 기체 혼합물이다. 질소 78%, 산소 21% 정도 차지하므로 평균 분자량 계산에 관계된 원소는 질소, 산소이다.

14 $CuSO_4$ 용액에 0.5F의 전기량을 흘렸을 때 약 몇 g의 구리가 석출되겠는가? (단, 원자량은 Cu 64, S 32, O 16이다)

① 16　② 32
③ 64　④ 128

> 구리가 석출되는 환원 반쪽 반응식은 다음과 같다.
> $Cu^{2+}(aq) + 2e^- \rightarrow Cu(s)$
> 전자 1몰은 약 96500C의 전하량을 가지며 이를 1F(패러데이)로 나타낸다. Cu 1몰이 석출될 때 전자는 2몰 이동하므로, 이때 2F의 전하량이 필요하다. 따라서 0.5F 전하량으로 석출시킬 수 있는 Cu의 양은 1몰 : 2F = x몰 : 0.5F이고, x = 0.25몰이다. 0.25몰에 해당하는 Cu의 질량은 0.25몰×64g=16g이다.

15 C_6H_{14}의 구조 이성질체는 몇 개가 존재하는가?

① 4　② 5
③ 6　④ 7

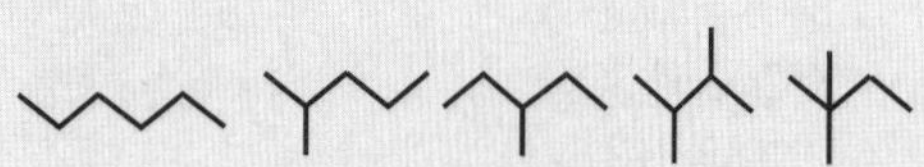

16 이온평형체에서 평형에 참여하는 이온과 같은 종류의 이온을 외부에서 넣어주면 그 이온의 농도를 감소시키는 방향으로 평형이 이동한다는 이론과 관계있는 것은?

① 공통이온효과
② 가수분해효과
③ 물의 자체 이온화 현상
④ 이온용액의 총괄성

공통이온효과란 용액에 어떤 이온이 들어 있으면 그 이온이 생성되는 반응이 억제되는 효과를 말한다.

17 sp^3 혼성 오비탈을 가지고 있는 것은?

① BF_3 ② $BeCl_2$
③ C_2H_4 ④ CH_4

CH_4에서 탄소는 sp^3 혼성 궤도함수를 이용하여 수소 원자 4개와 공유 결합한다.

18 어떤 금속(M)을 8g 연소시키니 11.2g의 산화물이 얻어졌다. 이 금속의 원자량이 140이라면 이 산화물의 화학식은?

① M_2O_3 ② MO
③ MO_2 ④ M_2O_7

금속 산화물의 화학식을 $MxOy$라고 하면 금속 산화물의 각 성분 원소의 질량을 이용하여 실험식을 구할 수 있다. 실험식은 각 성분 원소의 원자 개수비를 가장 간단한 정수비로 나타낸 화학식으로 해당 원소의 질량을 원자량으로 나누어 구할 수 있다.
반응한 금속 M의 질량 : 8g, 결합한 O의 질량 : 11.2g − 8g = 3.2g
금속 원자와 산소 원자의 개수비는
$M : O = \frac{8}{140} : \frac{3.2}{16} = 0.057 : 0.2, \fallingdotseq 2 : 7$
∴ 금속 산화물 화학식 : M_2O_7

19 밑줄 친 원소의 산화수가 같은 것끼리 짝지어진 것은?

① $\underline{S}O_3$와 $\underline{Ba}O_2$
② $\underline{Ba}O_2$와 $K_2\underline{Cr}_2O_7$
③ $K_2\underline{Cr}_2O_7$와 $\underline{S}O_3$
④ $H\underline{N}O_3$와 $\underline{N}H_3$

• $K_2\underline{Cr}_2O_7$에서 K : +1, Cr : +6, O : −2
• $\underline{S}O_3$에서 S : +6, O : −2

20 농도 단위에서 "N"의 의미를 가장 옳게 나타낸 것은?

① 용액 1L 속에 녹아있는 용질의 몰 수
② 용액 1L 속에 녹아있는 용질의 g 당량수
③ 용매 1,000g 속에 녹아있는 용질의 몰 수
④ 용매 1,000g 속에 녹아있는 용질의 g 당량수

노르말 농도(N)는 용액 1L 속에 포함된 용질의 g 당량수를 표시한 농도를 말한다.

02 화재예방과 소화방법

21 다음 중 가연성 물질이 아닌 것은?

① $C_2H_5OC_2H_5$ ② $KClO_4$
③ $C_2H_4(OH)_2$ ④ P_4

① 다이에틸에터 : 제4류 위험물
② 과염소산칼륨 : 제1류 위험물
③ 에틸렌글리콜 : 제4류 위험물
④ 황린 : 제3류 위험물
※ 제1류 위험물은 자신은 불연성 물질로서 환원성 물질 또는 가연성 물질에 대해 강한 산화성을 가지고 있다.

22 스프링클러설비의 장점이 아닌 것은?

① 소화약제가 물이므로 소화약제의 비용이 절감된다.
② 초기 시공비가 적게 든다.
③ 화재 시 사람의 조작 없이 작동이 가능하다.
④ 초기화재의 진화에 효과적이다.

스프링클러설비는 다른 소화설비에 비해 초기 시공비가 많이 든다.

23 위험물안전관리법령상 물분무소화설비가 적응성이 있는 대상은?

① 알칼리금속과산화물 ② 전기설비
③ 마그네슘 ④ 금속분

물분무소화설비는 건축물 및 그 밖의 공작물, 전기설비, 알칼리금속과산화물 외의 제1류 위험물, 철분, 금속분, 마그네슘 외의 제2류 위험물, 금수성 물품 외의 제3류 위험물, 제4류 위험물, 제5류 위험물, 제6류 위험물에 적응성이 있다.

24 가연물의 구비조건으로 옳지 않은 것은?

① 열전도율이 클 것
② 연소열량이 클 것
③ 화학적 활성이 강할 것
④ 활성화 에너지가 작을 것

가연물이 되기 위해서는 열전도율이 작아야 한다.

25 물을 소화약제로 사용하는 장점이 아닌 것은?

① 구하기 쉽다.
② 취급이 간편하다.
③ 기화잠열이 크다.
④ 피연소 물질에 대한 피해가 없다.

물을 소화약제로 사용하게 되면 피연소 물질에 대해 많은 피해를 준다.

26 트라이에틸알루미늄의 소화약제로서 다음 중 가장 적당한 것은?

① 마른모래, 팽창질석
② 물, 수성막포
③ 할로젠화합물, 단백포
④ 이산화탄소, 강화액

트라이에틸알루미늄은 금수성물질이므로 마른모래, 팽창질석, 팽창진주암, 탄산수소염류 분말소화설비 등이 적응성이 있다.

27 위험물안전관리법령상 제6류 위험물에 적응성이 있는 소화설비는?

① 옥내소화전설비
② 이산화탄소소화설비
③ 할로젠화합물소화설비
④ 탄산수소염류 분말소화설비

제6류 위험물에 적응성이 있는 소화설비는 옥내소화전 또는 옥외소화전설비, 스프링클러설비, 물분무소화설비, 포소화설비, 인산염류 분말소화설비 등이다.

28 다음 중 비열이 가장 큰 물질은?

① 물 ② 구리
③ 나무 ④ 철

• 물 : 1cal/g · ℃ • 구리 : 0.0924cal/g · ℃
• 나무 : 0.41cal/g · ℃ • 철 : 0.107cal/g · ℃

29 이산화탄소 소화기에 관한 설명으로 옳지 않은 것은?

① 소화작용은 질식효과와 냉각효과에 의한다.
② A급, B급 및 C급 화재 중 A급 화재에 가장 적응성이 있다.
③ 소화약제 자체의 유독성은 적으나, 공기 중 산소 농도를 저하시켜 질식의 위험이 있다.
④ 소화약제의 동결, 부패, 변질 우려가 적다.

이산화탄소 소화기는 B급(유류화재)과 C급(전기화재) 및 밀폐상태에서 A급(일반화재)에 적응성이 있다.

30 수소화나트륨 저장 창고에 화재가 발생하였을 때 주수소화가 부적합한 이유로 옳은 것은?

① 발열반응을 일으키고 수소를 발생한다.
② 수화반응을 일으키고 수소를 발생한다.
③ 중화반응을 일으키고 수소를 발생한다.
④ 중합반응을 일으키고 수소를 발생한다.

수소화나트륨은 물과 반응하여 수산화나트륨과 수소를 발생하므로 주수소화는 적당하지 않다.

31 위험물안전관리법령상 마른모래(삽 1개 포함) 50L의 능력단위는?

① 0.3 ② 0.5
③ 1.0 ④ 1.5

기타 소화설비의 능력단위

소화설비	분말색	적응화재
소화전용 물통	8ℓ	0.3
수조(소화전용 물통 3개 포함)	80ℓ	1.5
수조(소화전용 물통 6개 포함)	190ℓ	2.5
마른모래(삽 1개 포함)	50ℓ	0.5
팽창질석 또는 팽창진주암(삽 1개 포함)	160ℓ	1.0

32 위험물안전관리법령에서 정한 포소화설비의 기준에 따른 기동장치에 대한 설명으로 옳은 것은?

① 자동식의 기동장치만 설치하여야 한다.
② 수동식의 기동장치만 설치하여야 한다.

③ 자동식의 기동장치와 수동식의 기동장치를 모두 설치하여야 한다.
④ 자동식의 기동장치 또는 수동식의 기동장치를 설치하여야 한다.

포소화설비의 기동장치는 자동식의 기동장치 또는 수동식의 기동장치를 설치하여야 한다.

33 위험물안전관리법령상 가솔린의 화재 시 적응성이 없는 소화기는?

① 봉상강화액소화기
② 무상강화액소화기
③ 이산화탄소소화기
④ 포소화기

가솔린은 제4류 위험물로서 봉상수소화기, 무상수소화기, 봉상강화액소화기는 적응성이 없다.

34 소화설비 설치 시 동·식물유류 400,000L에 대한 소요단위는 몇 단위인가?

① 2　　② 4
③ 20　　④ 40

동 · 식물유류의 지정수량 : 10,000L

$$소요단위 = \frac{400{,}000L}{10{,}000L \times 10} = 4단위$$

35 소화약제 또는 그 구성성분으로 사용되지 않는 물질은?

① CF_2ClBr　　② $CO(NH_2)_2$
③ NH_4NO_3　　④ K_2CO_3

① 할론1211 : 할로젠화합물 소화약제
② 요소 : 제4종 분말소화약제
③ 질산암모늄 : 제1류 위험물
④ 탄산칼륨 : 강화액 소화약제

36 다음 중 화학적 에너지원이 아닌 것은?

① 연소열　　② 분해열
③ 마찰열　　④ 융해열

마찰열은 물리적 에너지원에 속한다.

37 소화약제로서 물이 갖는 특성에 대한 설명으로 옳지 않은 것은?

① 유화효과(emulsification effect)도 기대할 수 있다.
② 증발잠열이 커서 기화 시 다량의 열을 제거한다.
③ 기화팽창률이 커서 질식효과가 있다.
④ 용융잠열이 커서 주수 시 냉각효과가 뛰어나다.

물은 소화약제로서 기화잠열이 539cal/g로 매우 커 냉각효과가 우수하다.

38 위험물안전관리법령에 따른 이동식할로젠화합물 소화설비 기준에 의하면 20℃에서 하나의 노즐이 할론 2402를 방사할 경우 1분당 몇 kg의 소화약제를 방사할 수 있어야 하는가?

① 35　　② 40
③ 45　　④ 50

소화약제의 종류에 따른 방사량

소화약제의 종별	소화약제의 양
할론 2402	45kg
할론 1211	40kg
할론 1301	35kg

39 위험물제조소에 옥내소화전을 각 층에 8개씩 설치하도록 할 때 수원의 최소 수량은 얼마인가?

① $13m^3$　　② $20.8m^3$
③ $39m^3$　　④ $62.4m^3$

수원의 수량 = 소화전의 수(최대 5개)×7.8 = 5×7.8 = 39

40 위험물안전관리법령에 따르면 옥외소화전의 개폐밸브 및 호스 접속구는 지반면으로부터 몇 m 이하의 높이에 설치해야 하는가?

① 1.5　　② 2.5
③ 3.5　　④ 4.5

옥외소화전의 개폐밸브 및 호스 접속구는 지반면으로부터 1.5m 이하의 높이에 설치해야 한다.

03 위험물 성상 및 취급

41 다음 그림은 제5류 위험물 중 유기과산화물을 저장하는 옥내저장소의 저장창고를 개략적으로 보여주고 있다. 창과 바닥으로부터 높이(a)와 하나의 창의 면적(b)은 각각 얼마로 하여야 하는가? (단, 이 저장창고의 바닥 면적은 150m² 이내이다)

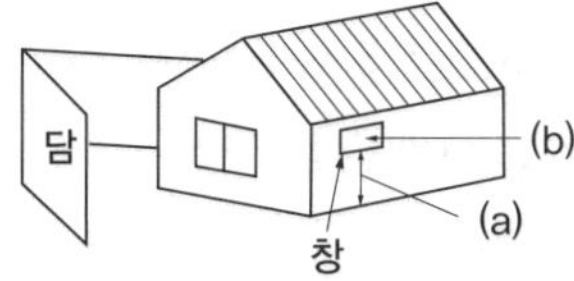

① (a) 2m 이상, (b) 0.6m² 이내
② (a) 3m 이상, (b) 0.4m² 이내
③ (a) 2m 이상, (b) 0.4m² 이내
④ (a) 3m 이상, (b) 0.6m² 이내

> 옥내저장소의 저장창고의 기준
> 저장창고의 창은 바닥면으로부터 2m 이상의 높이에 두되, 하나의 벽면에 두는 창의 면적의 합계를 당해 벽면의 면적의 80분의 1 이내로 하고, 하나의 창의 면적을 0.4m² 이내로 할 것

42 위험물안전관리법령에 따라 특정옥외저장탱크를 원통형으로 설치하고자 한다. 지반면으로부터의 높이가 16m일 때 이 탱크가 받는 풍하중은 1m² 당 얼마 이상으로 계산하여야 하는가? (단, 강풍을 받을 우려가 있는 장소에 설치하는 경우는 제외한다)

① 0.7640kN ② 1.2348kN
③ 1.6464kN ④ 2.348kN

> 특정옥외저장탱크의 1m²당 풍하중 계산식(위험물안전관리에 관한 세부기준 제59조)
> 풍하중 $q = 0.588k\sqrt{h}$
> • k : 풍력계수(원통형 : 0.7, 그 외의 탱크 : 1.0)
> • h : 지반면으로부터의 높이(m)
> $\therefore 0.588 \times 0.7 \times \sqrt{16} = 1.6464$[kN]

43 제조소에서 취급하는 위험물의 최대수량이 지정 수량의 20배인 경우 보유공지의 너비는 얼마인가?

① 3m 이상 ② 5m 이상
③ 10m 이상 ④ 20m 이상

취급하는 위험물의 최대수량	공지의 너비
지정수량의 10배 이하	3m 이상
지정수량의 10배 초과	5m 이상

44 위험물안전관리법령상 위험물을 수납한 운반용기의 외부에 표시하여야 할 사항이 아닌 것은?

① 위험등급
② 위험물의 수량
③ 위험물의 품명
④ 안전관리자의 이름

> 운반용기의 외부에 표시해야 하는 사항
> • 위험물의 품명 · 위험등급 · 화학명 및 수용성('수용성' 표시는 제4류 위험물로서 수용성인 것에 한한다)
> • 위험물의 수량
> • 수납하는 위험물에 따라 다음의 규정에 의한 주의사항

45 옥내저장소에서 안전거리 기준이 적용되는 경우는?

① 지정수량 20배 미만의 제4석유류를 저장하는 것
② 제2류 위험물 중 덩어리 상태의 황을 저장하는 것
③ 지정수량 20배 미만의 동식물유류를 저장하는 것
④ 제6류 위험물을 저장하는 것

> 안전거리 기준이 적용되지 않는 경우
> • 최대수량이 지정수량의 20배 미만인 제4석유류 또는 동식물유류의 위험물을 저장 또는 취급하는 옥내저장소
> • 제6류 위험물을 저장 또는 취급하는 옥내저장소

46 위험물제조소의 표지의 크기 규격으로 옳은 것은?

① 0.2m×0.4m ② 0.3m×0.3m
③ 0.3m×0.6m ④ 0.6m×0.2m

> 위험물제조소의 표지는 한 변의 길이가 0.3m 이상, 다른 한 변의 길이가 0.6m 이상인 직사각형으로 해야 한다.

47 아염소산나트륨의 성상에 관한 설명 중 틀린 것은?

① 자신은 불연성이다.
② 열분해하면 산소를 방출한다.
③ 수용액 상태에서도 강력한 환원력을 가지고 있다.
④ 조해성이 있다.

> 제1류 위험물은 강산화제로서 산화력이 매우 강한 물질이다.

48 위험물 운반시 유별을 달리하는 위험물의 혼재기준에서 다음 중 혼재가 가능한 위험물은? (단, 각각 지정수량 10배의 위험물로 가정한다)

① 제1류와 제4류　　② 제2류와 제3류
③ 제3류와 제4류　　④ 제1류와 제5류

유별을 달리하는 위험물의 혼재기준

위험물의 구분	제1류	제2류	제3류	제4류	제5류	제6류
제1류		×	×	×	×	○
제2류	×		×	○	○	×
제3류	×	×		○	×	×
제4류	×	○	○		○	×
제5류	×	○	×	○		×
제6류	○	×	×	×	×	

49 위험물안전관리법령상 제1석유류에 속하지 않는 것은?

① CH_3COCH_3　　② C_6H_6
③ $CH_3COC_2H_5$　　④ CH_3COOH

위험물의 품명
① CH_3COCH_3(아세톤) : 제1석유류
② C_6H_6(벤젠) : 제1석유류
③ $CH_3COC_2H_5$(메틸에틸케톤) : 제1석유류
④ CH_3COOH(아세트산) : 제2석유류

50 위험물을 저장 또는 취급하는 탱크의 용량산정 방법에 관한 설명으로 옳은 것은?

① 탱크의 내용적에서 공간용적을 뺀 용적으로 한다.
② 탱크의 공간용적에서 내용적을 뺀 용적으로 한다.
③ 탱크의 공간용적에 내용적을 더한 용적으로 한다.
④ 탱크의 볼록하거나 오목한 부분을 뺀 내용적으로 한다.

탱크의 용량 = 탱크의 내용적 – 탱크의 공간용적

51 피리딘에 대한 설명으로 틀린 것은?

① 물보다 가벼운 액체이다.
② 인화점은 30℃보다 낮다.
③ 제1석유류이다.
④ 지정수량이 200리터이다.

제4류 위험물 중 제1석유류인 피리딘의 지정수량은 400리터이다.

52 제3류 위험물을 취급하는 제조소와 3백명 이상의 인원을 수용하는 영화상영관과의 안전거리는 몇 m 이상이어야 하는가?

① 10　　② 20
③ 30　　④ 50

영화상영관과의 안전거리는 30m 이상이다.

53 $KClO_4$에 관한 설명으로 옳지 못한 것은?

① 순수한 것은 황색의 사방정계결정이다.
② 비중은 약 2.52 이다.
③ 녹는점은 약 610℃ 이다.
④ 열분해하면 산소와 염화칼륨으로 분해된다.

과염소산칼륨은 무색, 무취의 결정이다.

54 과산화수소의 성질에 관한 설명으로 옳지 않은 것은?

① 농도에 따라 위험물에 해당하지 않는 것도 있다.
② 분해 방지를 위해 보관 시 안정제를 가할 수 있다.
③ 에테르에 녹지 않으며, 벤젠에 잘 녹는다.
④ 산화제이지만 환원제로서 작용하는 경우도 있다.

과산화수소는 물, 알코올, 에테르에 잘 녹으며, 석유, 벤젠에는 녹지 않는다.

55 물과 반응하여 가연성 또는 유독성 가스를 발생하지 않는 것은?

① 탄화칼슘
② 인화칼슘
③ 과염소산칼륨
④ 금속나트륨

탄화칼슘은 물과 반응하여 아세틸렌을, 인화칼슘은 포스핀을, 금속나트륨은 수소를 발생하지만, 과염소산칼륨은 물과 반응하지 않는다.

56 과산화벤조일에 대한 설명으로 틀린 것은?

① 벤조일퍼옥사이드라고도 한다.
② 상온에서 고체이다.
③ 산소를 포함하지 않는 환원성 물질이다.
④ 희석제를 첨가하여 폭발성을 낮출 수 있다.

> 과산화벤조일은 제5류 위험물로서 산소를 많이 함유한 유기과산화물이다.

57 황화인의 성질에 해당되지 않는 것은?

① 공통적으로 유독한 연소 생성물이 발생한다.
② 종류에 따라 용해성질이 다를 수 있다.
③ P_4S_3의 녹는점은 100℃보다 높다.
④ P_2S_5는 물보다 가볍다.

> 오황화인의 비중은 2.09로 물보다 무겁다.

58 다음 중 일반적으로 자연발화의 위험성이 가장 낮은 장소는?

① 온도 및 습도가 높은 장소
② 습도 및 온도가 낮은 장소
③ 습도는 높고 온도는 낮은 장소
④ 습도는 낮고 온도는 높은 장소

> 자연발화를 방지하기 위해서는 습도와 온도가 높은 장소를 피해야 한다.

59 옥외저장탱크를 강철판으로 제작할 경우 두께 기준은 몇 mm 이상인가? (단, 특정옥외저장탱크 및 준특정옥외저장탱크는 제외한다)

① 1.2 ② 2.2
③ 3.2 ④ 4.2

> 옥외저장탱크는 특정옥외저장탱크 및 준특정옥외저장탱크 외에는 두께 3.2mm 이상의 강철판 또는 소방청장이 정하여 고시하는 규격에 적합한 재료로 해야 한다.

60 위험물안전관리법령상 취급소에 해당되지 않는 것은?

① 주유취급소 ② 옥내취급소
③ 이송취급소 ④ 판매취급소

> 위험물안전관리법령상 취급소의 종류에는 주유취급소, 판매취급소, 이송취급소, 일반취급소가 있다.

【2015년 2회】

정답

01	02	03	04	05	06	07	08	09	10
②	④	②	②	②	②	②	①	③	③
11	12	13	14	15	16	17	18	19	20
①	②	③	①	②	①	④	④	③	②
21	22	23	24	25	26	27	28	29	30
②	②	②	①	④	①	①	①	②	①
31	32	33	34	35	36	37	38	39	40
②	④	①	②	③	③	④	③	③	①
41	42	43	44	45	46	47	48	49	50
③	③	②	④	②	③	③	③	④	①
51	52	53	54	55	56	57	58	59	60
④	③	①	③	③	③	④	②	③	②

최종점검 2 – 기출문제로 출제유형을 파악하자!

최근기출문제 – 2015년 4회

▶정답은 373쪽에 있습니다.

01 물질의 물리 · 화학적 성질

01 다음은 에탄올의 연소 반응이다. 반응식의 계수 x, y, z를 순서대로 옳게 표시한 것은?

$$C_2H_5OH + xO_2 \rightarrow yH_2O + zCO_2$$

① 4, 4, 3 ② 4, 3, 2
③ 5, 4, 3 ④ 3, 3, 2

화학 반응식의 계수는 반응 전과 후의 각 원소의 원자 수가 같도록 맞춘다. x = 3, y = 3, z = 2

02 촉매하에서 H_2O의 첨가반응으로 에탄올을 만들 수 있는 물질은?

① CH_4 ② C_2H_2
③ C_6H_6 ④ C_2H_4

C_2H_4(에텐)의 탄소 이중 결합에 H_2O가 첨가되어 C_2H_5OH(에탄올)을 생성한다.

03 다음 중 수용액의 pH가 가장 작은 것은?

① 0.01N HCl ② 0.1N HCl
③ 0.01N CH_3COOH ④ 0.1N NaOH

수소 이온의 농도가 클수록 pH 값이 작다. 0.1N NaOH의 pH는 pOH = −log[0.1] = 1이고, pH = 13이다. 0.1N HCl의 pH = −log[0.1] = 1로 가장 작다.

04 어떤 용기에 산소 16g 과 수소 2g을 넣었을 때 산소와 수소의 압력의 비는?

① 1 : 2 ② 1 : 1
③ 2 : 1 ④ 4 : 1

같은 용기 속에 기체의 압력은 기체의 분자 수에 비례한다.
산소 16g은 $\frac{16}{32}$ = 0.5몰이고, 수소 2g은 $\frac{2}{2}$ = 1몰이므로 산소와 수소의 압력의 비는 1:2이다.

05 1패러데이(Faraday)의 전기량으로 물을 전기분해하였을 때 생성되는 수소 기체는 0℃, 1기압에서 얼마의 부피를 갖는가?

① 5.6L ② 11.2L
③ 22.4L ④ 44.8L

물의 전기 분해에 대한 각 전극에서의 반응식은 다음과 같다.
- +극 : $2H_2O \rightarrow O_2 + 4H^+ + 4e^-$
- −극 : $4H_2O + 4e^- \rightarrow 2H_2 + 4OH^-$

1F의 전하량은 전자 1몰에 해당하는 전하량이므로, 1몰의 전자가 이동할 때 생성되는 수소 기체는 0.5몰이다. 따라서 표준 상태에서 기체 1몰의 부피는 22.4L이므로, 발생되는 수소 기체의 부피는 0.5몰×22.4L/몰 = 11.2L이다.

06 다음 중 헨리의 법칙이 가장 잘 적용되는 기체는?

① 암모니아 ② 염화수소
③ 이산화탄소 ④ 플루오르화수소

헨리의 법칙은 대체로 무극성 분자에 잘 적용된다. CO_2는 무극성 분자이고, NH_3, HCl, HF는 극성 분자이다.

07 방사선 중 감마선에 대한 설명으로 옳은 것은?

① 질량을 갖고 음의 전하를 띰
② 질량을 갖고 전하를 띠지 않음
③ 질량이 없고 전하를 띠지 않음
④ 질량이 없고 음의 전하를 띰

전자기 복사의 전자기파 형태로 질량이 없고 전하를 띠지 않는다.

08 벤젠에 관한 설명으로 틀린 것은?

① 화학식은 C_6H_{12}이다.
② 알코올, 에테르에 잘 녹는다.
③ 물보다 가볍다.
④ 추운 겨울 날씨에 응고될 수 있다.

벤젠의 화학식은 C_6H_6이다.

09 휘발성 유기물 1.39g을 증발시켰더니 100℃, 760 mmHg에서 420mL였다. 이 물질의 분자량은 약 몇 g/mol인가?

① 53 ② 73
③ 101 ④ 150

이상 기체 상태식을 이용하여 분자량을 계산한다.
$PV = nRT$
- $P = 760mmHg = 1atm$
- $V = 0.42L$
- $n = \frac{1.39g}{MW}$ (MW는 물질의 분자량)
- $R = 0.08206L \cdot atm/mol \cdot K$
- $T = 273+100 = 373K$

$1atm \times 0.42L = \frac{1.39g}{MW} \times 0.08206L \cdot atm/mol \cdot K \times 373K$
$\therefore MW = 101g/mol$

10 원자량이 56인 금속 M 1.12g을 산화시켜 실험식이 M_xO_y 인 산화물 1.60g을 얻었다. x, y는 각각 얼마인가?

① x = 1, y = 2 ② x = 2, y = 3
③ x = 3, y = 2 ④ x = 2, y = 1

실험식은 물질의 조성을 가장 간단한 정수비로 나타낸 화학식으로 질량을 각 원소의 원자량으로 나누어 구한다.
반응한 산소 질량 : 1.60g − 1.12g = 0.48g
M : O = $\frac{1.12}{56} : \frac{0.48}{16}$ = 2 : 3, ∴ 실험식 = M_2O_3

11 활성화 에너지에 대한 설명으로 옳은 것은?

① 물질이 반응 전에 가지고 있는 에너지이다.
② 물질이 반응 후에 가지고 있는 에너지이다.
③ 물질이 반응 전과 후에 가지고 있는 에너지의 차이이다.
④ 물질이 반응을 일으키는 데 필요한 최소한의 에너지이다.

활성화 에너지란 물질이 반응을 일으키는 데 필요한 최소한의 에너지를 말한다.

12 요소 6g을 물에 녹여 1,000L로 만든 용액의 27℃에서의 삼투압은 약 몇 atm인가? (단, 요소의 분자량은 60이다)

① 1.26×10^{-1} ② 1.26×10^{-2}
③ 2.46×10^{-3} ④ 2.56×10^{-4}

반트 호프식 $\pi = CRT$에 대입하여 계산하면,
몰 농도는 C = $\frac{\frac{6g}{60g/mol}}{1000L} = 1 \times 10^{-4}M$이다.
$\pi = 1 \times 10^{-4}M \times 0.08206atm \cdot L/mol \cdot K \times 300K$
$\therefore \pi = 2.46 \times 10^{-3}$

13 어떤 금속의 원자가는 2이며, 그 산화물의 조성은 금속이 80wt%이다. 이 금속의 원자량은?

① 32 ② 48
③ 64 ④ 80

금속의 원자가가 2이면 2족 원소이므로, 산화물의 화학식은 MO로 나타낼 수 있고, 조성비는 M : O = 1 : 1이다. 원자들의 정수비가 1 : 1이므로, 질량 백분율을 이용하여 금속의 원자량(MW)을 계산하면
M : O = $\frac{80}{MW} : \frac{20}{16}$ = 1 : 1, ∴ MW = 64이다.

14 산의 일반적 성질을 옳게 나타낸 것은?

① 쓴맛이 있는 미끈거리는 액체로 리트머스 시험지를 푸르게 한다.
② 수용액에서 OH^- 이온을 내놓는다.
③ 수소보다 이온화 경향이 큰 금속과 반응하여 수소를 발생한다.
④ 금속의 수산화물로서 비전해질이다.

①, ②는 염기의 일반적 성질이고 산은 금속과 반응하여 수소 기체를 발생시키며 금속의 수산화물은 $Mx(OH)y$는 금속의 종류에 따라 차이가 있지만 이온화하는 전해질이다.

15 같은 주기에서 원자 번호가 증가할수록 감소하는 것은?

① 이온화 에너지 ② 원자 반지름
③ 비금속성 ④ 전기 음성도

같은 주기에서 원자 번호가 증가할수록 유효 핵전하가 증가하므로 원자 반지름은 감소한다.

16 아세트알데하이드에 대한 시성식은?

① CH_3COOH ② CH_3COCH_3
③ CH_3CHO ④ CH_3COOCH_3

−CHO(알데하이드) 작용기 부분이 표기되어 있는 화학식이다.

17 Mg^{2+}의 전자 수는 몇 개인가?

① 2 ② 10
③ 12 ④ 6×10^{23}

> Mg은 원자 번호 12번으로 양성자수는 12개이고, 중성 원자 상태에서 양성자수와 전자수는 같으므로 전자수도 12이다. 따라서 Mg^{2+}은 중성 원자일 때보다 전자 2개가 부족하므로 전자 수는 10개이다.

18 pH = 12인 용액의 $[OH^-]$는 pH = 9인 용액의 몇 배인가?

① 1/1,000 ② 1/100
③ 100 ④ 1,000

> 수용액에서 pH + pOH = 14이므로 pH = 12인 용액의 pOH = 2, pH = 9인 용액의 pOH = 5이다.
> pOH = $-\log[OH^-]$이므로 $[OH^-]$의 농도비는 $\frac{10^{-2}}{10^{-5}}$ = 1000배이다.

19 다음 중 1차 이온화 에너지가 가장 작은 것은?

① Li ② O
③ Cs ④ Cl

> 이온화 에너지는 같은 족에서 원자 번호가 클수록, 같은 주기에서는 원자 번호가 작을수록 작다. 따라서 1족, 6주기 원소 Cs이 가장 작다.

20 다음 물질 중 환원성이 없는 것은?

① 설탕 ② 엿당
③ 젖당 ④ 포도당

> 환원당은 알데하이드나 케톤기를 지니고 있어 환원제(다른 물질을 산화)로 작용하는 당으로 대부분의 단당류와 설탕을 제외한 이당류가 환원당으로 작용한다.

02 화재예방과 소화방법

21 분말소화기에 사용되는 분말소화약제 주성분이 아닌 것은?

① $NaHCO_3$ ② $KHCO_3$
③ $NH_4H_2PO_4$ ④ NaOH

> ① $NaHCO_3$: 제1종 분말소화약제
> ② $KHCO_3$: 제2종 분말소화약제
> ③ $NH_4H_2PO_4$: 제3종 분말소화약제
> ④ NaOH는 강알칼리로 소화약제로는 사용할 수 없다.

22 소화설비의 설치기준에 있어서 위험물저장소의 건축물로서 외벽이 내화구조로 된 것은 연면적 몇 m^2를 1 소요단위로 하는가?

① 50 ② 75
③ 100 ④ 150

> 소요단위(1단위)
> - 제조소 또는 취급소용 건축물로 외벽이 내화구조인 것 : 연면적 $100m^2$
> - 제조소 또는 취급소용 건축물로 외벽이 내화구조 이외인 것 : 연면적 $50m^2$
> - 저장소용 건축물로 외벽이 내화구조인 것 : 연면적 $150m^2$
> - 저장소용 건축물로 외벽이 내화구조 이외인 것 : 연면적 $75m^2$

23 일반적으로 고급 알코올황산에스테르염을 기포제로 사용하며 냄새가 없는 황색의 액체로서 밀폐 또는 준밀폐 구조물의 화재 시 고팽창포로 사용하여 화재를 진압할 수 있는 포소화약제는?

① 단백포소화약제
② 합성계면활성제포소화약제
③ 알코올형포소화약제
④ 수성막포소화약제

> 밀폐 또는 준밀폐 구조물의 화재 시 고팽창포로 사용하여 화재를 진압할 수 있는 포소화약제는 합성계면활성제포 소화약제인데 고압가스, 액화가스, 위험물저장소에 적용된다.

24 위험물안전관리법령상 정전기를 유효하게 제거하기 위해서는 공기 중의 상대습도는 몇 % 이상 되게 하여야 하는가?

① 40% ② 50%
③ 60% ④ 70%

> 정전기 제거설비
> - 접지에 의한 방법
> - 공기 중의 상대습도를 70% 이상으로 하는 방법
> - 공기를 이온화하는 방법

25 위험물안전관리법령상 분말소화설비의 기준에서 가압용 또는 축압용 가스로 사용이 가능한 가스로만 이루어진 것은?

① 산소, 질소　② 이산화탄소, 산소
③ 산소, 아르곤　④ 질소, 이산화탄소

분말소화설비의 기준에서 가압용 가스로 정한 가스는 질소와 이산화탄소이다.

26 분말소화약제 중 열분해 시 부착성이 있는 유리상의 메타인산이 생성되는 것은?

① Na_3PO_4　② $(NH_4)_3PO_4$
③ $NaHCO_3$　④ $NH_4H_2PO_4$

제3종 분말 소화약제 열분해 반응식

$$\underset{\text{인산암모늄}}{NH_4H_2PO_4} \xrightarrow{\Delta} \underset{\text{메타인산}}{HPO_3} + \underset{\text{암모니아}}{NH_3} + \underset{\text{물}}{H_2O}$$

27 위험물제조소등에 "화기주의"라고 표시한 게시판을 설치하는 경우 몇 류 위험물의 제조소인가?

① 제1류 위험물
② 제2류 위험물
③ 제4류 위험물
④ 제5류 위험물

위험물의 종류에 따른 표시내용

위험물의 종류	내용	색상
• 제1류 위험물 중 알칼리금속의 과산화물 • 제3류 위험물 중 금수성물질	"물기엄금"	청색바탕에 백색문자
• 제2류 위험물 (인화성고체 제외)	"화기주의"	적색바탕에 백색문자
• 제2류 위험물 중 인화성고체 • 제3류 위험물 중 자연발화성물질 • 제4류 위험물 • 제5류 위험물	"화기엄금"	

28 위험물안전관리법령상 자동화재탐지설비를 반드시 설치하여야 할 대상에 해당되지 않는 것은?

① 옥내에서 지정수량 200배의 제3류 위험물을 취급하는 제조소
② 옥내에서 지정수량 200배의 제2류 위험물을 취급하는 일반취급소
③ 지정수량 200배의 제1류 위험물을 저장하는 옥내저장소
④ 지정수량 200배의 고인화점 위험물만을 저장하는 옥내저장소

지정수수량의 100배 이상을 저장 또는 취급하는 옥내저장소의 경우 자동화재탐지설비를 반드시 설치해야 하지만 고인화점위험물만을 저장 또는 취급하는 경우는 제외한다.

29 이산화탄소를 소화약제로 사용하는 이유로서 옳은 것은?

① 산소와 결합하지 않기 때문에
② 산화반응을 일으키나 발열량이 적기 때문에
③ 산소와 결합하나 흡열반응을 일으키기 때문에
④ 산화반응을 일으키나 환원반응도 일으키기 때문에

이산화탄소는 불활성기체로서 산소와 결합하지 않기 때문에 소화약제로 사용된다.

30 화재 발생 시 물을 사용하여 소화할 수 있는 물질은?

① K_2O_2　② CaC_2
③ Al_4C_3　④ P_4

황린은 물과 반응하지 않으므로 소화제로 사용 가능하다.

31 위험물안전관리법령상 위험물별 적응성이 있는 소화설비가 옳게 연결되지 않은 것은?

① 제4류 및 제5류 위험물 - 할로젠화합물
② 제4류 및 제6류 위험물 - 인산염류
③ 제1류 알칼리금속과산화물 - 탄산수소염류분말소화기
④ 제2류 및 제3류 위험물 - 팽창결석

할로젠화합물소화설비는 제4류 위험물에는 적응성이 있지만, 제5류 위험물에는 적응성이 없다.

32 위험물제조소등에 설치하는 옥외소화전설비에 있어서 옥외소화전함은 옥외소화전으로부터 보행거리 몇 m 이하의 장소에 설치하는가?

① 2m　② 3m
③ 5m　④ 10m

옥외소화전함은 옥외소화전으로부터의 거리는 보행거리 5m 이하의 장소에 설치해야 한다.

33 할론 1301 소화약제의 저장용기에 저장하는 소화약제의 양을 산출할 때는 「위험물의 종류에 대한 가스계 소화약제의 계수」를 고려해야 한다. 위험물의 종류가 이황화탄소인 경우 할론 1301에 해당하는 계수값은 얼마인가?

① 1.0 ② 1.6
③ 2.2 ④ 4.2

위험물의 종류에 대한 가스계 및 분말 소화약제의 계수
(위험물안전관리에 관한 세부기준 별표2)

구분	하론 1301	하론 1211	HFC −23	HFC −125	HFC -227ea
이황화탄소	4.2	1.0	4.2	4.2	4.2

34 위험물 제조소등에 설치하는 이산화탄소 소화설비에 있어 저압식 저장용기에 설치하는 압력경보장치의 작동압력 기준은?

① 0.9MPa 이하, 1.3MPa 이상
② 1.9MPa 이하, 2.3MPa 이상
③ 0.9MPa 이하, 2.3MPa 이상
④ 1.9MPa 이하, 1.3MPa 이상

이산화탄소소화설비의 저압식 저장용기에 설치하는 압력경보장치의 작동압력은 2.3MPa 이상의 압력 및 1.9MPa 이하이다.

35 제4종 분말소화약제의 주성분으로 옳은 것은?

① 탄산수소칼륨과 요소의 반응생성물
② 탄산수소칼륨과 인산염의 반응생성물
③ 탄산수소나트륨과 요소의 반응생성물
④ 탄산수소나트륨과 인산염의 반응생성물

제4종 분말 소화약제는 탄산수소칼륨과 요소의 반응생성물이 주성분으로 사용된다.

36 위험물제조소등에 옥내소화전이 1층에 6개, 2층에 5개, 3층에 4개가 설치되었다. 이때 수원의 수량은 몇 m^3 이상 되도록 설치하여야 하는가?

① 23.4 ② 31.8
③ 39.0 ④ 46.8

수원의 수량 = 소화전의 수(최대 5개)×7.8 = 5×7.8 = 39

37 다음은 위험물안전관리법령에서 정한 제조소등에서의 위험물의 저장 및 취급에 관한 기준 중 위험물의 유형 저장·취급의 공통기준에 관한 내용이다. ( ) 안에 알맞은 것은?

【보기】

( )은 가연물과의 접촉 · 혼합이나 분해를 촉진하는 물품과의 접근 또는 과열을 피하여야 한다.

① 제2류 위험물 ② 제4류 위험물
③ 제5류 위험물 ④ 제6류 위험물

제6류 위험물은 가연물과의 접촉 · 혼합이나 분해를 촉진하는 물품과의 접근 또는 과열을 피하여야 한다.

38 할로젠화합물의 화학식과 Halon 번호가 옳게 연결된 것은?

① CH_2ClBr - Halon 1211
② CF_2ClBr - Halon 104
③ $C_2F_4Br_2$ - Halon 2402
④ CF_3Br - Halon 1011

할로젠화합물의 화학식과 Halon 번호
① CH_2ClBr – Halon 1011
② CF_2ClBr – Halon 1211
④ CF_3Br – Halon 1301

39 1기압, 100℃에서 물 36g 이 모두 기화되었다. 생성된 기체는 약 몇 L 인가?

① 11.2 ② 22.4
③ 44.8 ④ 61.2

$$PV = \frac{WRT}{M},\ V = \frac{WRT}{PM}$$

- P(압력) : 1atm
- M(물의 분자량) : 18g/mol
- W(물의 질량) : 36g
- R(기체상수) : 0.082atm · L/mol · k
- T(절대온도) : (100℃+273)k

$$\therefore V = \frac{36 \times 0.082 \times 373}{1 \times 18} \fallingdotseq 61.172$$

40 스프링클러설비에 대한 설명 중 틀린 것은?

① 초기 화재의 진압에 효과적이다.
② 조작이 쉽다.
③ 소화약제가 물이므로 경제적이다.
④ 타 설비보다 시공이 비교적 간단하다.

스프링클러설비는 타 설비보다 시공이 매우 복잡하다.

03 위험물 성상 및 취급

41 마그네슘의 위험성에 관한 설명으로 틀린 것은?

① 연소 시 양이 많은 경우 순간적으로 맹렬히 폭발할 수 있다.
② 가열하면 가연성 가스를 발생한다.
③ 산화제와의 혼합물은 위험성이 높다.
④ 공기 중의 습기와 반응하여 열이 축척되면 자연발화의 위험이 있다.

마그네슘을 공기 중에서 가열하면 빛과 열을 내며 연소하면서 산화마그네슘이 생성된다.

42 위험물안전관리법령에서 정한 제1류 위험물이 아닌 것은?

① 질산메틸 ② 질산나트륨
③ 질산칼륨 ④ 질산암모늄

질산메틸은 제5류 위험물 중 질산에스터류에 속한다.

43 다음 ( ) 안에 알맞은 용어는?

【보기】

지정수량이라 함은 위험물의 종류별로 위험성을 고려하여 ( )이(가) 정하는 수량으로서 규정에 의한 제조소등의 설치허가 등에 있어서 최저의 기준이 되는 수량을 말한다.

① 대통령령 ② 행정안전부령
③ 소방본부장 ④ 시 · 도지사

지정수량이라 함은 위험물의 종류별로 위험성을 고려하여 대통령령이 정하는 수량으로서 규정에 의한 제조소등의 설치허가 등에 있어서 최저의 기준이 되는 수량을 말한다.

44 위험물안전관리법령상 간이탱크저장소의 위치·구조 및 설비의 기준에서 간이 저장탱크 1개의 용량은 몇 L 이하이어야 하는가?

① 300 ② 600
③ 1,000 ④ 1,200

간이저장탱크 1개의 용량은 600L 이하이어야 한다.

45 제5류 위험물의 제조소에 설치하는 주의사항 게시판에서 게시판 바탕 및 문자의 색을 옳게 나타낸 것은?

① 청색바탕에 백색문자
② 백색바탕에 청색문자
③ 백색바탕에 적색문자
④ 적색바탕에 백색문자

제5류 위험물의 제조소에는 적색바탕에 백색문자로 "화기엄금"이라는 주의사항을 설치한다.

46 다음 중 물과 반응하여 산소를 발생하는 것은?

① $KClO_3$ ② Na_2O_2
③ $KClO_4$ ④ CaC_2

제1류 위험물인 과산화나트륨은 물과 반응하여 수산화나트륨과 산소를 발생한다.

47 황린을 물속에 저장할 때 인화수소의 발생을 방지하기 위한 물의 pH는 얼마 정도가 좋은가?

① 4 ② 5
③ 7 ④ 9

황린은 인화수소 생성을 방지하기 위해 물속에 저장할 때 pH 9로 유지해서 저장한다.

48 염소산칼륨에 관한 설명 중 옳지 않은 것은?

① 강산화제로 가열에 의해 분해하여 산소를 방출한다.
② 무색의 결정 또는 분말이다.
③ 온수 및 글리세린에 녹지 않는다.
④ 인체에 유독하다.

염소산칼륨은 온수와 글리세린에 잘 녹지만, 냉수와 알코올에는 잘 녹지 않는다.

49 제1류 위험물 중 무기과산화물 150kg, 질산염류 300kg, 다이크로뮴산염류 3000kg을 저장하려 한다. 각각 지정수량의 배수의 총합은 얼마인가?

① 5 ② 6
③ 7 ④ 8

$$\text{지정수량의 배수} = \frac{\text{A품명의 저장수량}}{\text{A품명의 지정수량}} + \frac{\text{B품명의 저장수량}}{\text{B품명의 지정수량}} + \cdots$$
$$= \frac{150\text{kg}}{50\text{kg}} + \frac{300\text{kg}}{300\text{kg}} + \frac{3000\text{kg}}{1000\text{kg}} = 7$$

50 물과 반응하였을 때 발생하는 가연성 가스의 종류가 나머지 셋과 다른 하나는?

① 탄화리튬
② 탄화마그네슘
③ 탄화칼슘
④ 탄화알루미늄

탄화리튬, 탄화마그네슘, 탄화칼슘은 물과 반응하여 아세틸렌가스를 발생하지만, 탄화알루미늄은 메탄을 발생한다.

51 물보다 무겁고 비수용성인 위험물로 이루어진 것은?

① 이황화탄소, 나이트로벤젠, 클레오소트유
② 이황화탄소, 글리세린, 클로로벤젠
③ 에틸렌글리콜, 나이트로벤젠, 의산메틸
④ 초산메틸, 클로로벤젠, 클레오소트유

이황화탄소(특수인화물), 나이트로벤젠(제3석유류), 클레오소트유(제3석유류)는 모두 비수용성이다.

52 다음 중 저장하는 위험물의 종류 및 수량을 기준으로 옥내저장소에서 안전거리를 두지 않을 수 있는 경우는?

① 지정수량 20배 이상의 동식물유류
② 지정수량 20배 미만의 특수인화물
③ 지정수량 20배 미만의 제4석유류
④ 지정수량 20배 이상의 제5류 위험물

안전거리 기준이 적용되지 않는 경우
- 최대수량이 지정수량의 20배 미만인 제4석유류 또는 동식물유류의 위험물을 저장 또는 취급하는 옥내저장소
- 제6류 위험물을 저장 또는 취급하는 옥내저장소

53 위험물안전관리법령상 1기압에서 제3석유류의 인화점 범위로 옳은 것은?

① 21℃ 이상 70℃ 미만
② 70℃ 이상 200℃ 미만
③ 200℃ 이상 200℃ 미만
④ 300℃ 이상 400℃ 미만

- 제1석유류 : 21℃ 미만
- 제2석유류 : 21℃ 이상 70℃ 미만
- 제3석유류 : 70℃ 이상 200℃ 미만

54 위험물 옥내저장소의 피뢰설비는 지정수량의 최소 몇 배 이상인 저장 창고에 설치하도록 하고 있는가? (단, 제6류 위험물의 저장창고를 제외한다)

① 10 ② 15
③ 20 ④ 30

지정수량의 10배 이상의 저장창고에는 피뢰설비를 설치해야 한다.

55 다음 물질 중 발화점이 가장 낮은 것은?

① CS_2 ② C_6H_6
③ CH_3COCH_3 ④ CH_3COOCH_3

① CS_2(이황화탄소) : 120℃
② C_6H_6(벤젠) : 720℃
③ CH_3COCH_3(아세톤) : 561℃
④ CH_3COOCH_3(초산메틸) : 454℃

56 염소산나트륨의 위험성에 대한 설명 중 틀린 것은?

① 조해성이 강하므로 저장용기는 밀전한다.
② 산과 반응하여 이산화염소를 발생한다.
③ 황, 목탄, 유기물 등과 혼합한 것은 위험하다.
④ 유리용기를 부식시키므로 철제용기에 저장한다.

염소산나트륨은 유리를 부식시키지 못한다.

57 위험물안전관리법령에서 정한 품명이 나머지 셋과 다른 하나는?

① $(CH_3)_2CHCH_2OH$
② $CH_2OHCHOHCH_2OH$
③ CH_2OHCH_2OH
④ $C_6H_5NO_2$

① $(CH_3)_2CHCH_2OH$ (아이소부틸알코올) : 제2석유류
② $CH_2OHCHOHCH_2OH$(글리세린) : 제3석유류
③ CH_2OHCH_2OH(에틸렌글리콜) : 제3석유류
④ $C_6H_5NO_2$(나이트로벤젠) : 제3석유류

58 염소산칼륨이 고온에서 열분해할 때 생성되는 물질을 옳게 나타낸 것은?

① 물, 산소
② 염화칼륨, 산소
③ 이염화칼륨, 수소
④ 칼륨, 물

염소산칼륨은 고온에서 열분해할 때 염화칼륨과 산소를 발생한다.

59 주거용 건축물과 위험물제조소와의 안전거리를 단축할 수 있는 경우는?

① 제조소가 위험물의 화재 진압을 하는 소방서와 근거리에 있는 경우
② 취급하는 위험물의 최대수량(지정수량의 배수)이 10배 미만이고 기준에 의한 방화상 유요한 벽을 설치한 경우
③ 위험물을 취급하는 시설이 철근 콘크리트 벽일 경우
④ 취급하는 위험물이 단일 품목일 경우

불연재료로 된 방화상 유효한 담 또는 벽을 설치하는 경우에는 기준에 따라 안전거리를 단축할 수 있다.

60 아밀알코올에 대한 설명으로 틀린 것은?

① 8가지 이성질체가 있다.
② 청색이고 무취의 액체이다.
③ 분자량은 약 88.15이다.
④ 포화지방족 알코올이다.

제4류 위험물 중 제1석유류인 아밀알코올은 독특한 냄새가 나는 무색의 액체이다.

【2015년 4회】

정답

01	02	03	04	05	06	07	08	09	10
④	④	②	①	②	③	③	①	③	②
11	12	13	14	15	16	17	18	19	20
④	③	③	③	②	③	②	④	③	①
21	22	23	24	25	26	27	28	29	30
④	④	②	④	④	④	②	④	①	④
31	32	33	34	35	36	37	38	39	40
①	③	④	②	①	③	④	③	④	④
41	42	43	44	45	46	47	48	49	50
②	①	①	②	④	②	④	③	③	④
51	52	53	54	55	56	57	58	59	60
①	③	②	①	①	④	①	②	②	②

최종점검 2 – 기출문제로 출제유형을 파악하자!

최근기출문제 – 2016년 1회

▶ 정답은 381쪽에 있습니다.

01 물질의 물리 · 화학적 성질

01 산화에 의하여 카르보닐기를 가진 화합물을 만들 수 있는 것은?

① $CH_3-CH_2-CH_2-COOH$
② $CH_3-CH(OH)-CH_3$
③ $CH_3-CH_2-CH_2-OH$
④ $CH_2(OH)-CH_2(OH)$

2° 알코올을 산화하면 케톤을 얻을 수 있다.

02 27℃에서 500mL에 6g의 비전해질을 녹인 용액의 삼투압은 7.4기압이었다. 이 물질의 분자량은 약 얼마인가?

① 20.78 ② 39.89
③ 58.16 ④ 77.65

반트 호프식 $\pi = CRT$에 대입하여 계산하면,

$7.4atm = (\frac{6g}{MW} \div 0.5L) \times 0.08206 atm{\cdot}L/mol{\cdot}K \times 300K$

$\therefore MW = 39.89$

03 H_2O가 H_2S보다 비등점이 높은 이유는 무엇인가?

① 분자량이 작기 때문에
② 수소 결합을 하고 있기 때문에
③ 공유 결합을 하고 있기 때문에
④ 이온 결합을 하고 있기 때문에

비등점(끓는점)은 분자 사이의 힘이 강할수록 높다. H_2O은 수소 결합을 하고 있기 때문에 H_2S보다 비등점이 높다.

04 염(salt)을 만드는 화학 반응식이 아닌 것은?

① $HCl + NaOH \rightarrow NaCl + H_2O$
② $2NH_4OH + H_2SO_4 \rightarrow (NH_4)_2SO_4 + 2H_2O$
③ $CuO + H_2 \rightarrow Cu + H_2O$
④ $H_2SO_4 + Ca(OH)_2 \rightarrow CaSO_4 + 2H_2O$

산과 염기의 중화 반응에서는 물과 염이 생성된다.

05 다음 중 최외각 전자가 2개 또는 8개로서 불활성인 것은?

① Na과 Br ② N와 Cl
③ C와 B ④ He와 Ne

주기율표 18족 원소는 비활성 기체로 He의 최외각 전자는 2개, Ne의 최외각 전자는 8개이다.

06 d 오비탈이 수용할 수 있는 최대 전자 수는?

① 6 ② 8
③ 10 ④ 14

오비탈 1개당 최대 2개의 전자를 수용할 수 있다.
s 오비탈 : 2개, p 오비탈 : 6개, d 오비탈 : 10개

07 다음의 그래프는 어떤 고체 물질의 용해도 곡선이다. 100℃ 포화 용액(비중 1.4) 100mL를 20℃의 포화 용액으로 만들려면 몇 g의 물을 더 가해야 하는가?

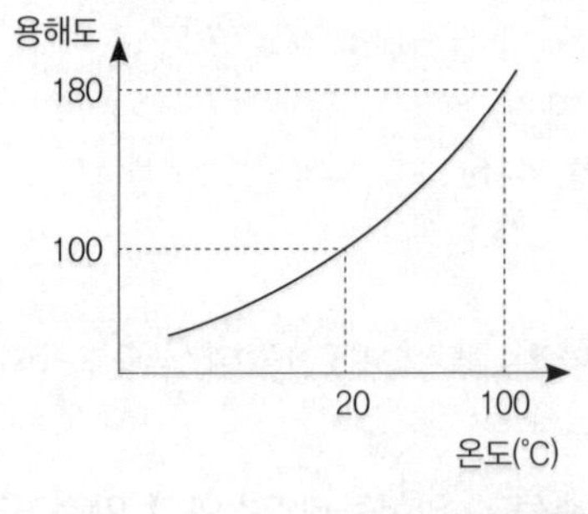

① 20 ② 40
③ 60 ④ 80

100℃ 포화 용액의 비중이 1.4이므로 100mL 용액의 질량은 140g이다. 100℃에서 용해도는 180이므로 용액 140g에 들어 있는 용질의 질량은 280 : 180 = 140 : x, x = 90g이다. 그렇다면 물의 질량은 50g이다. 20℃에서 용해도는 100이므로 포화 용액이 되려면 추가해야 하는 물의 질량은 100 : 100 = (50 + y) : 90, y = 40g이다.

08 물 200g에 A 물질 2.9g을 녹인 용액의 빙점은? (단, 물의 어는점 내림 상수는 1.86℃ · kg/mol 이고, A 물질의 분자량은 58이다)

① -0.465℃ ② -0.932℃
③ -1.871℃ ④ -2.453℃

- A 2.9g 몰수 $= \frac{2.9g}{58g/mol} = 0.05mol$
- 용액의 몰랄(m) 농도 $= \frac{0.05mol}{0.2kg} = 0.25m$
- 어는점 내림 : $\Delta T = K_f \cdot m = 1.86°C/m \times 0.25m = 0.465°C$

∴ 어는점 : −0.465℃

09 0.01N NaOH 용액 100mL에 0.02N HCl 55mL를 넣고 증류수를 넣어 전체 용액을 1000mL로 한 용액의 pH는?

① 3 ② 4
③ 10 ④ 11

- NaOH의 몰수 : 0.01×0.1 = 0.001몰
- HCl의 몰수 : 0.02×0.055 = 0.0011몰
- 중화 반응 후 용액에는 H^+이 0.0001몰 존재하고 1000mL로 희석하면 H^+의 몰 농도(M)는 0.0001M이 된다.

※ $pH = -\log[H^+] = 4$

10 다음 화합물 중 기하 이성질체를 가지고 있는 것은?

① $CH_2{=}CH_2{-}CH_3$
② $CH_3{-}CH_2{-}CH_2{-}OH$
③ $H{-}C{\equiv}C{-}H$
④ $CH_3{-}CH{=}CH{-}CH_3$

이중 결합을 기준으로 치환기가 같은 쪽에 있는 cis-CH_3-CH=CH-CH_3와 치환기가 반대쪽에 있는 trans-CH_3-CH=CH-CH_3 이성질체가 있다.

11 다음 물질 중 C_2H_2와 첨가 반응이 일어나지 않는 것은?

① 염소 ② 수은
③ 브롬 ④ 요오드

수은은 수화(물 첨가) 반응에서 촉매로 사용된다.

12 n그램(g)의 금속을 묽은 염산에 완전히 녹였더니 m몰의 수소가 발생하였다. 이 금속의 원자가를 2가로 하면 이 금속의 원자량은?

① n/m ② 2n/m
③ n/2m ④ 2m/n

$M + 2HCl \rightarrow MCl_2 + H_2$

H_2 m몰이 생성될 때 반응하는 금속 M의 몰수는 m몰이다. ng이 m몰이므로 $\frac{n}{원자량}$ = m몰이므로 원자량은 n/m이다.

13 에틸렌(C_2H_4)을 원료로 하지 않는 것은?

① 아세트산 ② 염화비닐
③ 에탄올 ④ 메탄올

아세트산은 에틸렌의 산화성 분해 반응으로, 염화비닐은 에틸렌에 Cl_2 첨가 반응으로, 에탄올은 에틸렌에 물 첨가 반응으로 생성된다. 메탄올은 에틸렌 반응으로 생성되지 않는다.

14 20℃에서 4L를 차지하는 기체가 있다. 동일한 압력에서 40℃에서는 몇 L를 차지하는가?

① 0.23 ② 1.23
③ 4.27 ④ 5.27

샤를의 법칙에 따라 일정량의 기체의 부피는 온도에 비례한다.

$\frac{V_1}{T_1} = \frac{T_2}{T_2}$ 이므로, $\frac{4L}{293K} = \frac{V_2}{313K}$이다. 따라서 $V_2 = 4.27L$이다.

15 pH에 대한 설명으로 옳은 것은?

① 건강한 사람의 혈액의 pH는 5.7이다.
② pH 값은 산성 용액에서 알칼리성 용액보다 크다.
③ pH가 7인 용액에 지시약 메틸 오렌지를 넣으면 노란색을 띤다.
④ 알칼리성 용액은 pH가 7보다 작다.

혈액의 pH는 7.4 정도의 약알칼리성이고 pH 값이 작을수록 산의 세기가 크다. 메틸 오렌지의 변색 범위는 pH 3.1(빨)~4.5(노)이고 4.5 이상에서는 서서히 노란색으로 변한다.

16 3가지 기체 물질 A, B, C가 일정한 온도에서 다음과 같은 반응을 하고 있다. 평형에서 A, B, C가 각각 1몰, 2몰, 4몰이라면 평형상수 K의 값은?

A + 3B → 2C + 열

① 0.5　② 2
③ 3　④ 4

평형 상수는 물질의 몰 농도와 반응 계수로 나타내므로
$K = \frac{[C]^2}{[A][B]^3} = \frac{4^2}{1 \cdot 2^3} = 2$이다.

17 25g의 암모니아가 과잉의 황산과 반응하여 황산암모늄이 생성될 때 생성된 황산암모늄의 양은 약 몇 g인가?

① 82g　② 86g
③ 92g　④ 97g

$2NH_3 + H_2SO_4 \rightarrow (NH_4)_2SO_4$
NH_3 25g은 1.47몰이고 충분한 양의 황산과 반응하였으므로 생성되는 $(NH_4)_2SO_4$의 몰수는 0.73몰이다. 따라서 생성된 $(NH_4)_2SO_4$(화학식량 : 132)의 질량은 0.73몰×132g = 97g이다.

18 일반적으로 환원제가 될 수 있는 물질이 아닌 것은?

① 수소를 내기 쉬운 물질
② 전자를 잃기 쉬운 물질
③ 산소와 화합하기 쉬운 물질
④ 발생기의 산소를 내는 물질

환원제는 다른 물질을 환원시키고 자신은 산화되어야 한다. 일반적으로 어떤 원자가 수소와 분리되거나, 전자를 잃거나, 산소와 결합할 때 산화 반응이 일어난다. 발생기 산소는 다른 물질을 산화시키는 강한 산화제로 사용된다.

19 표준 상태에서 암모니아 11.2L에 들어 있는 질소의 질량은?

① 7　② 8.5
③ 22.4　④ 14

표준 상태에서 기체 1몰이 차지하는 부피는 22.4L이다. 암모니아 11.2L는 0.5몰이고 0.5몰에 들어있는 질소는 0.5몰이므로, 14g/몰×0.5몰 = 7g이다.

20 에탄(C_2H_6)을 연소시키면 이산화탄소(CO_2)와 수증기(H_2O)가 생성된다. 표준 상태에서 에탄 30g을 반응시킬 때 생성되는 이산화탄소와 수증기의 분자 수는 모두 몇 개인가?

① 6×10^{23}　② 12×10^{23}
③ 18×10^{23}　④ 30×10^{23}

$2C_2H_6 + 7O_2 \rightarrow 4CO_2 + 6H_2O$
에탄 30g은 $\frac{30g}{30g/mol}$ = 1mol이므로 에탄 1몰이 반응하면 CO_2는 2몰, 수증기는 3몰 생성되므로 분자 수는 5몰×6×10^{23} = 30×10^{23}이다.

02 화재예방과 소화방법

21 물의 특성 및 소화효과에 관한 설명으로 틀린 것은?

① 이산화탄소보다 기화잠열이 크다.
② 극성분자이다.
③ 이산화탄소보다 비열이 작다.
④ 주된 소화효과가 냉각소화이다.

물은 이산화탄소보다 기화잠열 및 비열이 크다.

22 위험물제조소에서 옥내소화전이 1층에 4개, 2층에 6개가 설치되어 있을 때 수원의 수량은 몇 L 이상이 되도록 설치하여야 하는가?

① 13,000　② 15,600
③ 39,000　④ 46,800

수원의 수량 = 소화전의 수(최대 5개)×7.8m^3
= 5×7.8m^3 = 39m^3 = 39,000L
소화전이 가장 많이 설치된 층의 소화전의 수(5개 이상일 경우 5개)에 7.8m^3을 곱하여 구한다.

23 불활성가스소화약제 중 "IG-55"의 성분 및 그 비율을 옳게 나타낸 것은? (단, 용량비 기준이다)

① 질소 : 이산화탄소 = 55 : 45
② 질소 : 이산화탄소 = 50 : 50
③ 질소 : 아르곤 = 55 : 45
④ 질소 : 아르곤 = 50 : 50

불활성가스소화약제
- IG-100 : 질소 100%
- IG-55 : 질소와 아르곤의 용량비가 50:50인 혼합물
- IG-541 : 질소와 아르곤과 이산화탄소의 용량비가 52:40:8인 혼합물

24 다음 위험물의 저장창고에 화재가 발생하였을 때 소화방법으로 주수소화가 적당하지 않은 것은?

① $NaClO_3$　② S
③ NaH　④ TNT

제3류 위험물인 수소화나트륨은 금수성물질로 주수소화는 위험하다.

25 드라이아이스의 성분을 옳게 나타낸 것은?

① H_2O　② CO_2
③ H_2O+CO_2　④ $N_2+H_2O+CO_2$

드라이아이스는 고체 형태의 이산화탄소이다.

26 화재 발생 시 소화방법으로 공기를 차단하는 것이 효과가 있으며, 연소물질을 제거하거나 액체를 인화점 이하로 냉각시켜 소화할 수도 있는 위험물은?

① 제1류 위험물　② 제4류 위험물
③ 제5류 위험물　④ 제6류 위험물

공기를 차단하는 질식소화가 효과적인 위험물은 제4류 위험물이다.

27 위험물안전관리법령에 따른 옥내소화전설비의 기준에서 펌프를 이용한 가압송수장치의 경우 펌프의 전양정 H는 소정의 산식에 의한 수치 이상이어야 한다. 전양정 H를 구하는 식으로 옳은 것은? (단, h_1은 소방용 호스의 마찰손실수두, h_2는 배관의 마찰손실수두, h_3는 낙차이며, h_1, h_2, h_3의 단위는 모두 m이다)

① $H = h_1 + h_2 + h_3$
② $H = h_1 + h_2 + h_3 + 0.35m$
③ $H = h_1 + h_2 + h_3 + 35m$
④ $H = h_1 + h_2 + 0.35m$

옥내소화전의 펌프를 이용한 가압송수장치의 경우 펌프의 전양정 $H = h_1 + h_2 + h_3 + 35m$이다.

28 위험물안전관리법령상 물분무소화설비가 적응성이 있는 위험물은?

① 알칼리금속과산화물　② 금속분 · 마그네슘
③ 금수성 물질　④ 인화성 고체

알칼리금속과산화물, 금속분 · 마그네슘, 금수성물질은 물분무소화설비가 적응성이 없다.

29 다음 제1류 위험물 중 물과의 접촉이 가장 위험한 것은?

① 아염소산나트륨　② 과산화나트륨
③ 과염소산나트륨　④ 다이크로뮴산암모늄

제1류 위험물 중 과산화칼륨, 과산화나트륨 등의 알칼리금속 과산화물은 물과 접촉하면 급격히 발열하면서 산소를 발생하므로 물과 접촉하는 것은 위험하다.

30 최소 착화에너지를 측정하기 위해 콘덴서를 이용하여 불꽃 방전 실험을 하고자 한다. 콘덴서의 전기용량을 C, 방전전압을 V, 전기량을 Q라 할 때 착화에 필요한 최소전기에너지 E를 옳게 나타낸 것은?

① $E = \frac{1}{2}CQ^2$　② $E = \frac{1}{2}C^2V$
③ $E = \frac{1}{2}QV^2$　④ $E = \frac{1}{2}CV^2$

전기불꽃 에너지식 : $E = \frac{1}{2}CV^2$

31 제1석유류를 저장하는 옥외탱크저장소에 특형포방출구를 설치하는 경우 방출율은 액표면적 $1m^2$당 1분에 몇 리터 이상이어야 하는가?

① 9.5L　② 8.0L
③ 6.5L　④ 3.7L

제4류 위험물 중 제1석유류, 제2석유류, 제3석유류의 옥외탱크저장소에 특형포방출구를 설치하는 경우 방출율은 $8L/m^2$이다.

32 분말 소화약제를 종별로 주 성분을 바르게 연결한 것은?

① 1종 분말약제 – 탄산수소나트륨
② 2종 분말약제 – 인산암모늄
③ 3종 분말약제 – 탄산수소칼륨
④ 4종 분말약제 – 탄산수소칼륨 + 인산암모늄

chapter 09

② 2종 분말약제 – 탄산수소칼륨
③ 3종 분말약제 – 제1인산암모늄
④ 4종 분말약제 – 탄산수소칼륨과 요소

33 할론 2402를 소화약제로 사용하는 이동식 할로젠화합물소화설비는 20℃의 온도에서 하나의 노즐마다 분당 방사되는 소화약제의 양(kg)을 얼마 이상으로 하여야 하는가?

① 5　② 35
③ 45　④ 50

소화약제의 종별	1분당 방사하는 소화약제량(kg)
할론 2402	45kg
할론 1211	40kg
할론 1301	35kg

34 위험물안전관리법령상 전기설비에 적응성이 없는 소화설비는?

① 포소화설비
② 불활성가스소화설비
③ 물분무소화설비
④ 할로젠화합물소화설비

전기설비에 적응성이 있는 소화설비는 물분무소화설비, 불활성가스소화설비, 할로젠화합물소화설비, 분말소화설비 등이다.

35 가연물에 대한 일반적인 설명으로 옳지 않은 것은?

① 주기율표에서 0족의 원소는 가연물이 될 수 없다.
② 활성화 에너지가 작을수록 가연물이 되기 쉽다.
③ 산화 반응이 완결된 산화물은 가연물이 아니다.
④ 질소는 비활성 기체이므로 질소의 산화물은 존재하지 않는다.

질소는 일산화질소, 이산화질소 등 여러 산화물을 만든다.

36 분말소화약제로 사용되는 탄산수소칼륨(중탄산칼륨)의 착색 색상은?

① 백색　② 담홍색
③ 청색　④ 담회색

탄산수소칼륨의 착색 색상은 보라색이다.

37 자연발화가 잘 일어나는 조건에 해당하지 않는 것은?

① 주위 습도가 높을 것　② 열전도율이 클 것
③ 주위 온도가 높을 것　④ 표면적이 넓을 것

열전도율이 작을수록 자연발화가 잘 일어난다.

38 알코올 화재 시 수성막포 소화약제는 내알코올포 소화약제에 비하여 소화효과가 낮다. 그 이유로서 가장 타당한 것은?

① 소화약제와 섞이지 않아서 연소면을 확대하기 때문에
② 알코올은 포와 반응하여 가연성가스를 발생하기 때문에
③ 알코올이 연료로 사용되어 불꽃의 온도가 올라가기 때문에
④ 수용성 알코올로 인해 포가 소멸되기 때문에

수성막포 소화약제는 수용성 알코올로 인해 포가 소멸되기 때문에 소화효과가 낮아 내알코올포 소화약제를 사용한다.

39 주유취급소에 캐노피를 설치하고자 한다. 위험물안전관리법령에 따른 캐노피의 설치 기준이 아닌 것은?

① 캐노피의 면적은 주유취급소 공지면적의 1/2 이하로 할 것
② 배관이 캐노피 내부를 통과할 경우에는 1개 이상의 점검구를 설치할 것
③ 캐노피 외부의 배관이 일광열의 영향을 받을 우려가 있는 경우에는 단열재로 피복할 것
④ 캐노피 외부의 점검이 곤란한 장소에 배관을 설치하는 경우에는 용접이음으로 할 것

위험물안전관리법령의 캐노피 설치기준에 캐노피의 면적에 대한 규정은 없다.

40 이산화탄소소화약제에 대한 설명으로 틀린 것은?

① 장기간 저장하여도 변질, 부패 또는 분해를 일으키지 않는다.
② 한랭지에서 동결의 우려가 없고 전기 절연성이 있다.
③ 밀폐된 지역에서 방출 시 인명피해의 위험이 있다.
④ 표면화재보다는 심부화재에 적응력이 뛰어나다.

이산화탄소소화약제는 심부화재보다는 표면화재에 적응력이 뛰어나다.

03 위험물 성상 및 취급

41 위험물안전관리법령에 따른 제1류 위험물과 제6류 위험물의 공통적 성질로 옳은 것은?

① 산화성 물질이며 다른 물질을 환원시킨다.
② 환원성 물질이며 다른 물질을 환원시킨다.
③ 산화성 물질이며 다른 물질을 산화시킨다.
④ 환원성 물질이며 다른 물질을 산화시킨다.

제1류 위험물(산화성고체)과 제6류 위험물(산화성액체)은 모두 산화성 물질로 다른 물질을 산화시키는 성질이 있다.

42 연소반응을 위한 산소 공급원이 될 수 없는 것은?

① 과망가니즈산칼륨
② 염소산칼륨
③ 탄화칼슘
④ 질산칼륨

위험물의 성질
산소 공급원이 될 수 있는 위험물은 제1류, 제5류, 제6류 위험물인데, 과망가니즈산칼륨, 염소산칼륨, 질산칼륨은 모두 제1류 위험물로서 산소 공급원이 될 수 있다. 탄화칼슘은 제3류 위험물로서 산소 공급원이 될 수 없다.

43 1기압 27℃에서 아세톤 58g을 완전히 기화시키면 부피는 약 몇 L가 되는가?

① 22.4　　② 24.6
③ 27.4　　④ 58.0

아세톤(CH_3COCH_3)의 분자량 : 12+1×3+12+16+12+1×3 = 58g

$PV = \frac{WRT}{M}$, $V = \frac{WRT}{PM}$

- P(압력) : 1atm
- W(질량) : 58g
- M(아세톤 분자량) : 58g
- R(기체상수) : 0.082atm · L/mol · k
- T(절대온도) : 273+27 = 300K

$\therefore V = \frac{58 \times 0.082 \times 300}{1 \times 58} = 24.6$

44 다음 제4류 위험물 중 인화점이 가장 낮은 것은?

① 아세톤　　② 아세트알데하이드
③ 산화프로필렌　　④ 다이에틸에터

- 아세톤 : −18℃
- 아세트알데하이드 : −38℃
- 산화프로필렌 : −37℃
- 다이에틸에터 : −45℃

45 위험물제조소 건축물의 구조 기준이 아닌 것은?

① 출입구에는 60분+방화문 · 60분방화문 또는 30분방화문을 설치할 것
② 지붕은 폭발력이 위로 방출될 정도의 가벼운 불연재료로 덮을 것
③ 벽 · 기둥 · 바닥 · 보 · 서까래 및 계단을 불연재료로 하고, 연소의 우려가 있는 외벽은 출입구 외의 개구부가 없는 내화구조의 벽으로 하여야 한다.
④ 산화성고체, 가연성고체 위험물을 취급하는 건축물의 바닥은 위험물이 스며들지 못하는 재료를 사용할 것

액체의 위험물을 취급하는 건축물의 바닥은 위험물이 스며들지 못하는 재료를 사용하고, 적당한 경사를 두어 그 최저부에 집유설비를 하여야 한다.

46 TNT의 폭발, 분해 시 생성물이 아닌 것은?

① CO　　② N_2
③ SO_2　　④ H_2

TNT(트라이나이트로톨루엔)의 분해 반응식
$2C_6H_2CH_3(NO_2)_3 \rightarrow 12CO\uparrow + 5H_2\uparrow + 2C + 3N_2\uparrow$

47 이황화탄소의 인화점, 발화점, 끓는점에 해당하는 온도를 낮은 것부터 차례대로 나타낸 것은?

① 끓는점 < 인화점 < 발화점
② 끓는점 < 발화점 < 인화점
③ 인화점 < 끓는점 < 발화점
④ 인화점 < 발화점 < 끓는점

- 인화점 : –30℃
- 발화점 : 100℃
- 끓는점 : 46.45℃

48 다음의 2가지 물질을 혼합하였을 때 위험성이 증가하는 경우가 아닌 것은?

① 과망가니즈산칼륨 + 황산
② 나이트로셀룰로스 + 알코올수용액
③ 질산나트륨 + 유기물
④ 질산 + 에틸알코올

나이트로셀룰로스는 자연발화의 위험이 있기 때문에 저장 시 알코올수용액으로 습면시킨다.

49 물과 접촉 시 발생되는 가스의 종류가 나머지 셋과 다른 하나는?

① 나트륨 ② 수소화칼슘
③ 인화칼슘 ④ 수소화나트륨

나트륨, 수소화칼슘, 수소화나트륨은 물과 반응하여 수소를 발생하지만, 인화칼슘은 물과 반응하여 포스핀을 발생한다.

50 트라이에틸알루미늄의 분자식에 포함된 탄소의 개수는?

① 2 ② 3
③ 5 ④ 6

트라이에틸알루미늄의 분자식 : $(C_2H_5)_3Al$

51 제3류 위험물의 운반 시 혼재할 수 있는 위험물은 제 몇 류 위험물인가? (단, 각각 지정수량의 10배인 경우이다)

① 제1류 ② 제2류
③ 제4류 ④ 제5류

유별을 달리하는 위험물의 혼재기준

위험물의 구분	제1류	제2류	제3류	제4류	제5류	제6류
제1류		×	×	×	×	○
제2류	×		×	○	○	×
제3류	×	×		○	×	×
제4류	×	○	○		○	×
제5류	×	○	×	○		×
제6류	○	×	×	×	×	

52 과산화나트륨의 위험성에 대한 설명으로 틀린 것은?

① 가열하면 분해하여 산소를 방출한다.
② 부식성 물질이므로 취급시 주의해야 한다.
③ 물과 접촉하면 가연성 수소가스를 방출한다.
④ 이산화탄소와 반응을 일으킨다.

제1류 위험물인 과산화나트륨은 물과 반응하여 산소를 발생한다.

53 위험물안전관리법령에 따른 제4류 위험물 중 제1석유류에 해당하지 않는 것은?

① 등유 ② 벤젠
③ 메틸에틸케톤 ④ 톨루엔

등유는 제4류 위험물 중 제2석유류에 해당한다.

54 위험물의 운반용기 재질 중 액체 위험물의 외장용기로 사용할 수 없는 것은?

① 유리 ② 나무
③ 파이버판 ④ 플라스틱

유리는 액체 위험물의 내장용기에 사용된다.

55 외부의 산소 공급이 없어도 연소하는 물질이 아닌 것은?

① 알루미늄의 탄화물 ② 하이드록실아민
③ 유기과산화물 ④ 질산에스테르

외부의 산소 공급이 없어도 연소하는 물질은 제5류 위험물(자기반응성물질)인데, 알루미늄의 탄화물은 제3류 위험물에 속한다.

56 염소산칼륨이 고온에서 완전 열분해할 때 주로 생성되는 물질은?

① 칼륨과 물 및 산소
② 염화칼륨과 산소
③ 이염화칼륨과 수소
④ 칼륨과 물

> 염소산칼륨의 완전 열분해 반응식
> $2KClO_3 \xrightarrow{\triangle} 2KCl + 3O_2\uparrow$
> (염소산칼륨) (염화칼륨) (산소)

57 다음 중 증기비중이 가장 큰 것은?

① 벤젠
② 아세톤
③ 아세트알데하이드
④ 톨루엔

> 증기비중
> ① 벤젠(C_6H_6) $= \frac{12\times6+6}{29} = 2.689$
> ② 아세톤(CH_3COCH_3) $= \frac{12\times3+6+16}{29} = 2$
> ③ 아세트알데하이드(CH_3CHO) $= \frac{12\times2+4+16}{29} = 1.517$
> ④ 톨루엔($C_6H_5CH_3$) $= \frac{12\times7+8}{29} = 3.17$

58 옥외저장탱크·옥내저장탱크 또는 지하저장탱크 중 압력탱크에 저장하는 아세트알데하이드 등의 온도는 몇 ℃이하로 유지하여야 하는가?

① 30 ② 40
③ 55 ④ 65

> 옥외저장탱크 · 옥내저장탱크 또는 지하저장탱크 중 압력탱크에 저장하는 아세트알데하이드등 또는 다이에틸에터등의 온도는 40℃ 이하로 유지해야 한다.

59 위험물 운반용기 외부표시의 주의사항으로 틀린 것은?

① 제1류 위험물 중 알칼리금속의 과산화물 : 화기 · 충격주의, 물기엄금 및 가연물접촉주의
② 제2류 위험물 중 인화성 고체 : 화기엄금
③ 제4류 위험물 : 화기엄금
④ 제6류 위험물 : 물기엄금

> 제6류 위험물 : 가연물접촉주의

60 셀룰로이드류를 다량으로 저장하는 경우 자연발화의 위험성을 고려하였을 때 다음 중 가장 적합한 장소는?

① 습도가 높고 온도가 낮은 곳
② 습도와 온도가 모두 낮은 곳
③ 습도와 온도가 모두 높은 곳
④ 습도가 낮고 온도가 높은 곳

> 셀룰로이드류는 자연발화의 위험이 있으므로 습도 및 온도가 낮은 장소에 저장해야 한다.

【2016년 1회】

정답

01	02	03	04	05	06	07	08	09	10
②	②	②	③	④	③	②	①	②	④
11	12	13	14	15	16	17	18	19	20
②	①	④	③	③	②	④	④	①	④
21	22	23	24	25	26	27	28	29	30
③	③	④	③	②	②	③	④	②	④
31	32	33	34	35	36	37	38	39	40
②	①	③	①	④	④	②	④	①	④
41	42	43	44	45	46	47	48	49	50
③	③	②	④	④	③	③	②	③	④
51	52	53	54	55	56	57	58	59	60
③	③	①	①	①	②	④	②	④	②

최종점검 2 – 기출문제로 출제유형을 파악하자!

최근기출문제 – 2016년 2회

▶정답은 389쪽에 있습니다.

01 물질의 물리 · 화학적 성질

01 대기압에 열린 실린더에 있는 1mol의 기체를 20℃에서 120℃까지 가열하면 기체가 흡수하는 열량은 약 몇 cal인가? (단, 이 기체 몰 열용량은 4.97cal/mol·K이다)

① 1 ② 100
③ 497 ④ 7,601

> $Q = n \times C_m \times \Delta T$ (n : 몰수, C_m : 몰 열용량, T : 온도)
> ∴ Q = 1mol×4.97cal/mol · K×100K = 497cal

02 페놀 수산기(-OH)의 특성에 대한 설명으로 옳은 것은?

① 수용액이 강 알칼리성이다.
② 2가 이상이 되면 물에 대한 용해도가 작아진다.
③ 카르복실산과 반응하지 않는다.
④ $FeCl_3$ 용액과 정색 반응을 한다.

> 페놀은 수용액에서 약한 산성이며 –OH기는 극성 결합을 이루므로 –OH기가 많을수록 극성인 물에 대한 용해도가 증가한다. 염화철($FeCl_3$)과는 적자색의 정색 반응을 한다.

03 물(H_2O)의 끓는점이 황화수소(H_2S)의 끓는점보다 높은 이유는 무엇인가?

① 분자량이 작기 때문에
② 수소 결합 때문에
③ pH가 높기 때문에
④ 극성 결합 때문에

> 끓는점은 분자 사이의 힘이 강할수록 높다. H_2O은 수소 결합을 하고 있기 때문에 H_2S보다 비등점이 높다.

04 NH_4Cl에서 배위결합을 하고 있는 부분을 옳게 설명한 것은?

① NH_3의 N-H 결합 ② NH_3와 H^+과의 결합
③ NH_4^+과 Cl^-과의 결합 ④ H^+과 Cl^-과의 결합

> 배위 결합이란 공유 결합의 한 종류이며 어떤 원자의 비공유 전자쌍을 일방적으로 다른 원자에게 제공하여 전자쌍을 공유하는 결합 방식이다. NH_3에서 질소에 있는 비공유 전자쌍을 H^+에게 제공하므로 배위 결합이 형성된다.

05 질산칼륨을 물에 용해시키면 용액의 온도가 떨어진다. 다음 사항 중 옳지 않은 것은?

① 용해 시간과 용해도는 무관하다.
② 질산칼륨의 용해 시 열을 흡수한다.
③ 온도가 상승할수록 용해도는 증가한다.
④ 질산칼륨 포화 용액을 냉각시키면 불포화 용액이 된다.

> 질산칼륨이 물에 용해될 때 온도가 떨어지므로 흡열 반응이다. 따라서 온도를 높이면 용해도는 증가하고 고체의 용해도는 일반적으로 온도가 높을수록 크므로 용액을 냉각시키면 과포화 용액이 되거나 포화 용액이 되면서 질산칼륨이 석출된다.

06 벤조산은 무엇을 산화하면 얻을 수 있는가?

① 톨루엔 ② 나이트로벤젠
③ 트라이나이트로톨루엔 ④ 페놀

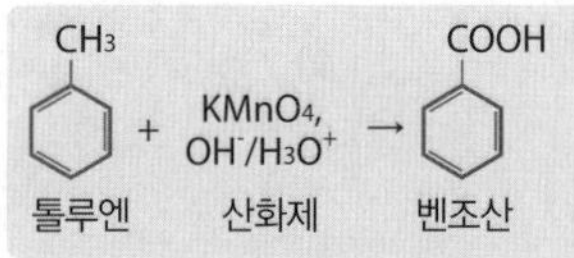

07 어떤 비전해질 12g을 물 60g에 녹였다. 이 용액이 -1.88℃의 빙점 강하를 보였을 때 이 물질의 분자량을 구하면? (단, 물의 어는점 내림 상수는 K_f = 1.86℃ · kg/mol이다.)

① 297 ② 202
③ 198 ④ 165

> • A 12g 몰수 $= \dfrac{12g}{MW} = x$몰
> • 용액의 몰랄(m) 농도 $= \dfrac{x\text{몰}}{0.06kg} = \dfrac{12g}{0.06kg \times MW} = \dfrac{200}{MW}$
> • 어는점 내림 : $\Delta T = K_f \cdot m = 1.86°C/m \times \dfrac{200}{MW} = 1.88$
> $\therefore MW = 198$

08 분자 구조에 대한 설명으로 옳은 것은?

① BF_3는 삼각 피라미드형이고, NH_3는 선형이다.
② BF_3는 평면 정삼각형이고, NH_3는 삼각 피라미드형이다.
③ BF_3는 굽은형(V형)이고, NH_3는 삼각 피라미드형이다.
④ BF_3는 평면 정삼각형이고, NH_3는 선형이다.

BF_3(삼플루오르화붕소)는 평면정삼각형이고, NH_3(암모니아)는 삼각 피라미드형이다.

09 다음에서 설명하는 물질의 명칭은?

【보기】
- HCl과 반응하여 염산염을 만든다.
- 나이트로벤젠을 수소로 환원하여 만든다.
- $CaOCl_2$ 용액에서 붉은 보라색을 띤다.

① 페놀 ② 아닐린
③ 톨루엔 ④ 벤젠술폰산

아닐린은 HCl과 반응하여 염산염을 만들며, 나이트로벤젠을 수소로 환원하여 만든다.

10 원자에서 복사되는 빛은 선 스펙트럼을 만드는데 이것으로부터 알 수 있는 사실은?

① 빛에 의한 광전자의 방출
② 빛이 파동의 성질을 가지고 있다는 사실
③ 전자껍질의 에너지의 불연속성
④ 원자핵 내부의 구조

선 스펙트럼은 원자 내부의 전자가 가질 수 있는 에너지 준위가 불연속적이라는 것을 의미한다.

11 다음 반응에서 환원제로 쓰인 것은?

$$MnO_2 + 4HCl \rightarrow MnCl_2 + 2H_2O + Cl_2$$

① Cl_2 ② $MnCl_2$
③ HCl ④ MnO_2

HCl에서 H의 산화수는 +1로 반응 전과 후가 같고, Cl의 산화수는 −1에서 0으로 증가하였다. 즉, Cl가 산화되었으므로 HCl이 환원제로 사용되었다.

12 17g의 NH_3와 충분한 양의 황산이 반응하여 만들어지는 황산암모늄은 몇 g인가?

① 66g ② 106g
③ 115g ④ 132g

$2NH_3 + H_2SO_4 \rightarrow (NH_4)_2SO_4$
완결된 화학 반응식의 계수비는 반응한 반응물과 생성된 생성물의 몰수비이다. NH_3 17g은 1몰 질량이고 NH_3 1몰이 반응할 때 황산암모늄은 0.5몰 생성된다. 황산암모늄의 화학식량이 132이므로 만들어지는 황산암모늄은 0.5몰×132g = 66g이다.

13 다음 중 비공유 전자쌍을 가장 많이 가지고 있는 것은?

① CH_4 ② NH_3
③ H_2O ④ CO_2

비공유 전자쌍을 CH_4에는 0개, NH_3에는 1개, H_2O에는 2개, CO_2에는 각 산소 원자에 2개씩 모두 4개 있다.

14 시약의 보관방법으로 옳지 않은 것은?

① Na : 석유 속에 보관
② NaOH : 공기가 잘 통하는 곳에 보관
③ P_4(흰인) : 물속에 보관
④ HNO_3 : 갈색병에 보관

NaOH(수산화나트륨)은 조해성이 크므로 공기와의 접촉을 피해 밀전 또는 밀봉해서 보관한다.

15 다음은 열역학 제 몇 법칙에 대한 내용인가?

【보기】
"0K(절대 영도)에서 물질의 엔트로피는 0이다."

① 열역학 제0법칙 ② 열역학 제1법칙
③ 열역학 제2법칙 ④ 열역학 제3법칙

절대온도 0도에서의 엔트로피 값에 관한 법칙은 열역학 제3법칙이다.

16 다음 화학 반응으로부터 설명하기 어려운 것은?

$$2H_2(g) + O_2(g) \rightarrow 2H_2O(g)$$

① 반응물질 및 생성물질의 부피비

② 일정 성분비의 법칙
③ 반응물질 및 생성물질의 몰수비
④ 배수비례의 법칙

배수비례의 법칙은 두 종류의 원소가 두 가지 이상의 화합물을 만들 때 한 원소와 결합하는 다른 원소 사이에는 항상 일정한 정수의 질량비가 성립한다는 것으로 위 화학 반응과는 거리가 멀다.

17 다이크로뮴산이온($Cr_2O_7^{2-}$)에서 Cr의 산화수는?

① +3 ② +6
③ +7 ④ +12

산화수 : Cr +6, O -2

18 디클로로벤젠의 구조 이성질체 수는 몇 개인가?

① 5 ② 4
③ 3 ④ 2

디클로로벤젠의 구조 이성질체 수는 3개이다.

19 볼타 전지에서 갑자기 전류가 약해지는 현상을 "분극 현상"이라 한다. 이 분극 현상을 방지해 주는 감극제로 사용되는 물질은?

① MnO_2 ② $CuSO_3$
③ NaCl ④ $Pb(NO_3)_2$

볼타 전지의 (+)극에 생성된 수소 기체를 강한 산화제를 이용하여 수소 기체를 제거한다. 이러한 산화제를 감극제라고 하며 MnO_2나 H_2O_2 등과 같은 산화제가 많이 사용된다.

20 원자가 전자배열이 ns^2np^2인 것으로만 나열된 것은? (단, n은 2, 3이다)

① Ne, Ar ② Li, Na
③ C, Si ④ N, P

원자가 전자 수가 4이므로 14족 원소인 C, Si이다.

02 화재예방과 소화방법

21 위험물안전관리법령상 이산화탄소를 저장하는 저압식 저장용기에는 용기 내부의 온도를 어떤 범위로 유지할 수 있는 자동냉동기를 설치하여야 하는가?

① 영하 20℃～영하 18℃
② 영하 20℃～0℃
③ 영하 25℃～영하 18℃
④ 영하 25℃～0℃

이산화탄소 소화약제의 저장용기는 다음의 기준에 따라 설치하여야 한다.(이산화탄소소화설비의 화재안전기준)

- 저장용기의 충전비는 고압식은 1.5 이상 1.9 이하, 저압식은 1.1 이상 1.4 이하로 할 것
- 저압식 저장용기에는 내압시험압력의 0.64배부터 0.8배의 압력에서 작동하는 안전밸브와 내압시험압력의 0.8배부터 내압시험압력에서 작동하는 봉판을 설치할 것
- 저압식 저장용기에는 액면계 및 압력계와 2.3MPa 이상 1.9 MPa 이하의 압력에서 작동하는 압력경보장치를 설치할 것
- 저압식 저장용기에는 용기내부의 온도가 섭씨 영하 18℃ 이하에서 2.1MPa의 압력을 유지할 수 있는 자동냉동장치를 설치할 것
- 저장용기는 고압식은 25MPa 이상, 저압식은 3.5MPa 이상의 내압시험압력에 합격한 것으로 할 것

22 강화액소화기에 대한 설명으로 옳은 것은?

① 물의 유동성을 크게 하기 위한 유화제를 첨가한 소화기이다.
② 물의 표면장력을 강화한 소화기이다.
③ 산 · 알칼리 액을 주성분으로 한다.
④ 물의 소화효과를 높이기 위해 염류를 첨가한 소화기이다.

강화액소화기는 겨울철이나 한냉지에서 물의 소화효과를 높이기 위해 염류를 첨가한 소화기인데, 물보다 표면장력이 작아 심부화재에 효과적이다.

23 위험물취급소의 건축물 연면적이 $500m^2$인 경우 소요단위는? (단, 외벽은 내화구조이다)

① 2단위 ② 5단위
③ 10단위 ④ 50단위

외벽이 내화구조인 것은 연면적 $100m^2$를 1소요단위로 하므로 $500m^2$인 경우 5소요단위가 된다.

24 위험물제조소등에 설치된 옥외소화전설비는 모든 옥외소화전(설치개수가 4개 이상인 경우는 4개의 옥외소화전)을 동시에 사용할 경우에 각 노즐선단의 방수압력은 몇 kPa 이상이어야 하는가?

① 250　② 300
③ 350　④ 450

모든 옥외소화전을 동시에 사용할 경우 방수압력은 350kPa 이상이어야 한다.

25 위험물안전관리법령에서 정한 다음의 소화설비 중 능력단위가 가장 큰 것은?

① 팽창진주암 160L(삽 1개 포함)
② 수조 80L(소화전용물통 3개 포함)
③ 마른 모래 50L(삽 1개 포함)
④ 팽창질석 160L(삽 1개 포함)

능력단위
① 팽창진주암 160L(삽 1개 포함) : 1단위
② 수조 80L(소화전용물통 3개 포함) : 1.5단위
③ 마른 모래 50L(삽 1개 포함) : 0.5단위
④ 팽창질석 160L(삽 1개 포함) : 1단위

26 소화약제 제조 시 사용되는 성분이 아닌 것은?

① 에틸렌글리콜　② 탄산칼륨
③ 인산이수소암모늄　④ 인화알루미늄

인화알루미늄은 제3류 위험물 중 금속의 인화물로 소화약제로 사용되지 않는다.

27 열의 전달에 있어서 열전달면적과 열전도도가 각각 2배로 증가한다면, 다른 조건이 일정한 경우 전도에 의해 전달되는 열의 양은 몇 배가 되는가?

① 0.5배　② 1배
③ 2배　④ 4배

전달면적과 열전도도가 각각 2배로 증가하면 다른 조건이 일정한 경우 전도에 의해 전달되는 열의 양은 4배가 된다.

28 위험물안전관리법령상 제3류 위험물 중 금수성물질 이외의 것에 적응성이 있는 소화설비는?

① 할로젠화합물소화설비
② 불활성가스소화설비
③ 포소화설비
④ 분말소화설비

제3류 위험물 중 금수성물질 이외의 것에 적응성이 있는 소화설비는 포소화설비, 물분무소화설비, 옥내소화전 또는 옥외소화전설비, 스프링클러설비 등이다.

29 제4류 위험물의 소화방법에 대한 설명 중 틀린 것은?

① 공기차단에 의한 질식소화가 효과적이다.
② 물분무소화에도 적응성이 있다.
③ 수용성인 가연성액체의 화재에는 수성막포에 의한 소화가 효과적이다
④ 비중이 물보다 작은 위험물의 경우는 주수소화가 효과가 떨어진다.

수용성인 가연성액체의 화재에는 내알코올포에 의한 소화가 효과적이다.

30 마그네슘에 화재가 발생하여 물을 주수하였다. 그에 대한 설명으로 옳은 것은?

① 냉각소화 효과에 의해서 화재가 진압된다.
② 주수된 물이 증발하여 질식소화 효과에 의해서 화재가 진압된다.
③ 수소가 발생하여 폭발 및 화재 확산의 위험성이 증가한다.
④ 물과 반응하여 독성가스를 발생한다.

제2류 위험물인 마그네슘 화재 시 물을 주수하게 되면 수소를 발생하여 폭발의 위험이 있으며, 탄산수소염류 분말소화설비, 마른 모래, 팽창질석, 팽창진주암 등이 적응성이 있다.

31 다음 ( )에 알맞은 수치를 옳게 나열한 것은?

【보기】

위험물안전관리법령상 옥내소화전설비는 각층을 기준으로 하여 당해 층의 모든 옥내소화전(설치개수가 5개 이상인 경우는 5개의 옥내소화전)을 동시에 사용할 경우에 각 노즐선단의 방수압력이 ( )kPa 이상이고 방수량이 1분당 ( )ℓ 이상의 성능이 되도록 할 것

① 350, 260　② 260, 350
③ 450, 260　④ 260, 450

옥내소화전설비는 각층을 기준으로 하여 당해 층의 모든 옥내소화전(설치개수가 5개 이상인 경우는 5개의 옥내소화전)을 동시에 사용할 경우에 각 노즐선단의 방수압력이 350kPa 이상이고 방수량이 1분당 260ℓ 이상의 성능이 되도록 할 것

32 다음 중 물을 소화약제로 사용하는 가장 큰 이유는?

① 기화잠열이 크므로
② 부촉매 효과가 있으므로
③ 환원성이 있으므로
④ 기화하기 쉬우므로

물의 기화잠열은 539kcal/kg으로 매우 크기 때문에 소화약제로 사용한다.

33 불활성가스 소화약제 중 IG-100 의 성분을 옳게 나타낸 것은?

① 질소 100%
② 질소 50%, 아르곤 50%
③ 질소 52%, 아르곤 40%, 이산화탄소 8%
④ 질소 52%, 이산화탄소 40%, 아르곤 8%

불활성가스 소화약제
- IG-100 : 질소 100%
- IG-55 : 질소와 아르곤의 용량비가 50대50인 혼합물
- IG-541 : 질소와 아르곤과 이산화탄소의 용량비가 52대40대 8인 혼합물

34 인화점이 70℃ 이상인 제4류 위험물을 저장·취급하는 소화난이도등급 I의 옥외탱크저장소(지중탱크 또는 해상탱크 외의 것)에 설치하는 소화설비는?

① 스프링클러소화설비 ② 물분무소화설비
③ 간이소화설비 ④ 분말소화설비

인화점이 70℃ 이상인 제4류 위험물을 저장·취급하는 소화난이도등급 I 의 옥외탱크저장소(지중탱크 또는 해상탱크 외의 것)에는 물분무소화설비 또는 고정식 포소화설비를 사용한다.

35 불꽃의 표면온도가 300℃에서 360℃로 상승하였다면 300℃보다 약 몇 배의 열을 방출하는가?

① 1.49배 ② 3배
③ 7.27배 ④ 10배

스테판볼츠만의 법칙 : E = ρT^4

$$E = \frac{(360+273)^4}{(300+273)^4} = 1.489$$

36 위험물안전관리법령상 연소의 우려가 있는 위험물제조소의 외벽의 기준으로 옳은 것은?

① 개구부가 없는 불연재료의 벽으로 하여야 한다.
② 개구부가 없는 내화구조의 벽으로 하여야 한다.
③ 출입구 외의 개구부가 없는 불연재료의 벽으로 하여야 한다.
④ 출입구 외의 개구부가 없는 내화구조의 벽으로 하여야 한다.

연소의 우려가 있는 위험물제조소의 외벽은 출입구 외의 개구부가 없는 내화구조의 벽으로 하여야 한다.

37 가연성 가스나 증기의 농도를 연소한계(하한) 이하로 하여 소화하는 방법은?

① 희석소화 ② 제거소화
③ 질식소화 ④ 냉각소화

가연성 가스나 증기의 농도를 연소한계 이하로 하여 소화하는 방법을 희석소화라 한다.

38 위험물안전관리법령상 이산화탄소 소화기가 적응성이 있는 위험물은?

① 트라이나이트로톨루엔 ② 과산화나트륨
③ 철분 ④ 인화성고체

이산화탄소소화기가 적응성이 있는 위험물 : 전기설비, 인화성고체, 제4류 위험물

39 트라이에틸알루미늄의 화재 발생 시 물을 이용한 소화가 위험한 이유를 옳게 설명한 것은?

① 가연성의 수소가스가 발생하기 때문에
② 유독성의 포스핀가스가 발생하기 때문에
③ 유독성의 포스겐가스가 발생하기 때문에
④ 가연성의 에탄가스가 발생하기 때문에

제3류 위험물인 트라이에틸알루미늄은 물과 반응하여 가연성의 에탄가스를 발생하므로 매우 위험하다.

40 제1종 분말소화약제의 소화효과에 대한 설명으로 가장 거리가 먼 것은?

① 열 분해시 발생하는 이산화탄소와 수증기에 의한 질식효과
② 열 분해시 흡열반응에 의한 냉각효과

③ H^+ 이온에 의한 부촉매 효과
④ 분말 운무에 의한 열방사의 차단효과

제1종 분말소화약제는 Na^+에 의한 부촉매 효과를 가진다.

03 위험물 성상 및 취급

41 다음은 위험물안전관리법령에 관한 내용이다. ( )에 알맞은 수치의 합은?

【보기】
- 위험물안전관리자를 선임한 제조소등의 관계인은 그 안전관리자를 해임하거나 안전관리자가 퇴직한 때에는 해임하거나 퇴직한 날부터 ( )일 이내에 다시 안전관리자를 선임하여야 한다.
- 제조소등의 관계인은 당해 제조소등의 용도를 폐지한 때에는 행정안전부령이 정하는 바에 따라 제조소등의 용도를 폐지한 날부터 ( )일 이내에 시 · 도지사에게 신고하여야 한다.

① 30　② 44
③ 49　④ 62

30일+14일 = 44일

42 다음 중 지정수량이 나머지 셋과 다른 금속은?

① Fe분　② Zn분
③ Na　④ Mg

①, ②, ④ : 500kg ③ : 10kg

43 다음 중 물과 반응하여 수소를 발생하지 않는 물질은?

① 칼륨　② 수소화붕소나트륨
③ 탄화칼슘　④ 수소화칼슘

제3류 위험물인 탄화칼슘은 물과 반응하여 수산화칼슘과 아세틸렌을 발생한다.

44 다음과 같이 위험물을 저장할 경우 각각의 지정수량 배수의 총합은 얼마인가?

【보기】
- 클로로벤젠 : 1000L
- 동식물유류 : 5000L
- 제4석유류 : 12000L

① 2.5　② 3.0
③ 3.5　④ 4.0

지정수량의 배수 = $\frac{1,000L}{1,000L} + \frac{5,000L}{10,000L} + \frac{12,000L}{6,000L}$ = 3.5배

45 과산화나트륨이 물과 반응할 때의 변화를 가장 옳게 설명한 것은?

① 산화나트륨과 수소를 발생한다.
② 물을 흡수하여 탄산나트륨이 된다.
③ 산소를 방출하며 수산화나트륨이 된다.
④ 서서히 물에 녹아 과산화나트륨의 안정한 수용액이 된다.

제1류 위험물인 과산화나트륨은 물과 반응하여 수산화나트륨과 산소를 발생한다.

46 제4석유류를 저장하는 옥내탱크저장소의 기준으로 옳은 것은? (단, 단층건축물에 탱크전용실을 설치하는 경우이다)

① 옥내저장탱크의 용량은 지정수량의 40배 이하일 것
② 탱크전용실은 벽, 기둥, 바닥, 보를 내화구조로 할 것
③ 탱크전용실에는 창을 설치하지 아니할 것
④ 탱크전용실에 펌프설비를 설치하는 경우에는 그 주위에 0.2m 이상의 높이로 턱을 설치할 것

② 탱크전용실은 벽 · 기둥 및 바닥을 내화구조로 하고, 보를 불연재료로 할 것
③ 탱크전용실의 창에는 60분+방화문 · 60분방화문 또는 30분방화문을 설치한다.
④ 탱크전용실에 설치하는 경우에는 펌프설비를 견고한 기초 위에 고정시킨 다음 그 주위에 불연재료로 된 턱을 탱크전용실의 문턱 높이 이상으로 설치할 것

47 위험물안전관리법령상 다음 암반탱크의 공간용적은 얼마인가?

【보기】

㉠ 암반탱크의 내용적 100억 리터
㉡ 탱크 내에 용출하는 1일 지하수의 양 2천만 리터

① 2천만 리터 ② 1억 리터
③ 1억4천 리터 ④ 100억 리터

암반탱크의 공간용적은 탱크 내에 용출하는 7일의 지하수의 양에 상당하는 용적과 당해 탱크의 내용의 100분의 1의 용적 중에서 보다 큰 용적을 공간용적으로 한다.

㉠ 암반탱크의 내용적 100억 리터× $\frac{1}{100}$ = 1억 리터

㉡ 2천만 리터/일×7일 = 1억4천 리터

48 위험물 주유취급소의 주유 및 급유 공지의 바닥에 대한 기준으로 옳지 않은 것은?

① 주위 지면보다 낮게 할 것
② 표면을 적당하게 경사지게 할 것
③ 배수구, 집유설비를 할 것
④ 유분리장치를 할 것

공지의 바닥은 주위 지면보다 높게 하고, 그 표면을 적당하게 경사지게 하여 새어나온 기름 그 밖의 액체가 공지의 외부로 유출되지 아니하도록 배수구 · 집유설비 및 유분리장치를 하여야 한다.

49 제4류 위험물의 일반적인 성질 또는 취급 시 주의사항에 대한 설명 중 거리가 먼 것은?

① 액체의 비중은 물보다 가벼운 것이 많다.
② 대부분 증기는 공기보다 무겁다.
③ 제1석유류~제4석유류는 비점으로 구분한다.
④ 정전기 발생에 주의하여 취급하여야 한다.

제1석유류~제4석유류는 인화점으로 구분한다.

50 위험물안전관리법령상 위험물 운반 시에 혼재가 금지된 위험물로 이루어진 것은? (단, 지정수량의 1/10 초과이다)

① 과산화나트륨과 황
② 황과 과산화벤조일
③ 황린과 휘발유
④ 과염소산과 과산화나트륨

제1류 위험물(과산화나트륨)은 제2류 위험물(황)과 혼재할 수 없다.

51 오황화인에 관한 설명으로 옳은 것은?

① 물과 반응하면 불연성기체가 발생된다.
② 담황색 결정으로서 흡습성과 조해성이 있다.
③ P_4S_2로 표현되며 물에 녹지 않는다.
④ 공기 중에서 자연발화한다.

① 물과 반응하여 황화수소와 인산을 발생한다.
③ P_2S_5로 표현한다.
④ 공기 중에서 자연발화하지는 않는다.

52 위험물안전관리법령상 다음 사항을 참고하여 제조소의 소화설비의 소요단위의 합을 옳게 산출한 것은?

【보기】

가. 제조소 건축물의 연면적은 3,000m^{2}이다.
나. 제조소 건축물의 외벽은 내화구조이다.
다. 제조소 허가 지정수량은 3,000배이다.
라. 제조소의 옥외 공작물은 최대수평투영면적은 500m^{2}이다.

① 335 ② 395
③ 400 ④ 440

외벽이 내화구조인 제조소의 건축물은 연면적 100m^{2}를 1소요단위로 한다.
가. 연면적 3,000m^{2}는 30 소요단위이다.
다. 지정수량의 10배를 1소요단위로 하므로 $\frac{3000배}{10배}$는 300 소요단위이다.
라. 제조소의 옥외 공작물은 최대수평투영면적을 연면적으로 간주하므로 연면적 500m^{2}는 5 소요단위가 된다.
∴ 30 + 300 + 5 = 335소요단위

53 다음은 위험물안전관리법령상 위험물의 운반에 관한 기준 중 적재방법에 관한 내용이다. ( )에 알맞은 내용은?

【보기】

( )위험물 중 ( )℃ 이하의 온도에서 분해될 우려가 있는 것은 보냉 컨테이너에 수납하는 등 적정한 온도관리를 할 것

① 제5류, 25 ② 제5류, 55
③ 제6류, 25 ④ 제6류, 55

제5류 위험물 중 55℃ 이하의 온도에서 분해될 우려가 있는 것은 보냉 컨테이너에 수납하는 등 적정한 온도관리를 해야 한다.

54 위험물안전관리법령상 HCN의 품명으로 옳은 것은?

① 제1석유류　② 제2석유류
③ 제3석유류　④ 제4석유류

HCN(사이안화수소)는 제4류 위험물 중 제1석유류에 속한다.

55 위험물의 운반에 관한 기준에서 위험물의 적재 시 혼재가 가능한 위험물은? (단, 지정수량의 5배인 경우이다)

① 과염소산칼륨 - 황린
② 질산메틸 - 경유
③ 마그네슘 - 알킬알루미늄
④ 탄화칼슘 - 나이트로글리세린

① 제1류 위험물(과염소산칼륨)은 제3류 위험물(황린)과 혼재할 수 없다.
② 제5류 위험물(질산메틸)은 제4류 위험물(경유)과 혼재 가능하다.
③ 제2류 위험물(마그네슘)은 제3류 위험물(알킬알루미늄)과 혼재할 수 없다.
④ 제3류 위험물(탄화칼슘)은 제5류 위험물(나이트로글리세린)과 혼재할 수 없다.

56 다음 중 물과 접촉 시 유독성의 가스를 발생하지는 않지만 화재의 위험성이 증가하는 것은?

① 인화칼슘　② 황린
③ 적린　④ 나트륨

제3류 위험물인 나트륨은 물과 접촉 시 가연성인 수소를 발생하므로 화재의 위험성이 증가한다.

57 짚, 헝겊 등을 다음의 물질과 적셔서 대량으로 쌓아 두었을 경우 자연발화의 위험성이 제일 높은 것은?

① 동유　② 야자유
③ 올리브유　④ 피마자유

동식물유류 중 요오드값이 큰 것일수록 인화점이 높아 자연발화의 위험성이 높은데, 동유는 건성유로 160~170이므로 자연발화의 위험성이 가장 높다.

58 이동저장탱크에 저장할 때 불활성가스를 봉입하여야 하는 위험물은?

① 메틸에틸케톤퍼옥사이드
② 아세트알데하이드
③ 아세톤
④ 트라이나이트로톨루엔

아세트알데하이드등을 저장 또는 취급하는 이동탱크저장소는 불활성의 기체를 봉입할 수 있는 구조로 하여야 하는데, 여기서 아세트알데하이드등이라 함은 아세트알데하이드, 산화프로필렌을 의미한다.

59 위험물안전관리법령에서 정하는 제조소와의 안전거리의 기준이 다음 중 가장 큰 것은?

① 「고압가스 안전관리법」의 규정에 의하여 허가를 받거나 신고를 하여야 하는 고압가스저장시설
② 사용전압이 35000V를 초과하는 특고압가공전선
③ 병원, 학교, 극장
④ 「문화재보호법」의 규정에 의한 유형문화재와 기념물 중 지정문화재

① 20m, ② 5m, ③ 30m, ④ 50m

60 인화칼슘의 성질이 아닌 것은?

① 적갈색의 고체이다.
② 물과 반응하여 포스핀 가스를 발생한다.
③ 물과 반응하여 유독한 불연성 가스를 발생한다.
④ 산과 반응하여 포스핀 가스를 발생한다.

제3류 위험물인 인화칼슘은 물과 반응하여 유독, 가연성 가스인 포스핀과 수산화칼슘을 발생한다.

【2016년 2회】

정답

01	02	03	04	05	06	07	08	09	10
③	④	②	②	④	①	③	②	②	③
11	12	13	14	15	16	17	18	19	20
③	①	④	②	④	④	②	③	①	③
21	22	23	24	25	26	27	28	29	30
①	④	②	③	②	④	④	③	③	③
31	32	33	34	35	36	37	38	39	40
①	①	①	②	①	④	①	④	④	③
41	42	43	44	45	46	47	48	49	50
②	③	③	③	③	①	③	①	③	①
51	52	53	54	55	56	57	58	59	60
②	①	②	①	②	④	①	②	④	③

최종점검 2 – 기출문제로 출제유형을 파악하자!

최근기출문제 – 2016년 4회

▶ 정답은 398쪽에 있습니다.

01 물질의 물리 · 화학적 성질

01 황산구리 수용액을 전기분해하여 음극에서 63.54g 의 구리를 석출시키고자 한다. 10A의 전기를 흐르게 하면 전기분해에는 약 몇 시간이 소요되는가? (단, 구리의 원자량은 63.54 이다)

① 2.72
② 5.36
③ 8.13
④ 10.8

> $Cu^{2+}(aq) + 2e^- \rightarrow Cu(s)$
> Cu 63.54g은 1몰이고, 1몰의 Cu를 석출시킬 때 필요한 전자는 2몰이다. 전자 2몰의 전하량은 2몰×1F(96500C/mol) = 193000C 이므로,
> 전기 분해에 소요되는 시간은 $\frac{193000C}{10A}$ = 19300초이다.
> $\frac{19300초}{3600초/시간}$ = 5.36시간이다.

02 100mL 메스플라스크로 10ppm 용액 100mL 를 만들려고 한다. 1,000ppm 용액 몇 mL를 취해야 하는가?

① 0.1
② 1
③ 10
④ 100

> $\frac{x}{100mL} \times 10^6 = 10ppm,\ x = 0.001mL$
> 용질의 부피가 $0.001mL$이므로, $\frac{0.001mL}{ymL} \times 10^6 = 1000ppm,\ y = 1mL$

03 발연황산이란 무엇인가?

① H_2SO_4의 농도가 98% 이상인 거의 순수한 황산
② 황산과 염산을 1 : 3 의 비율로 혼합한 것
③ SO_3를 황산에 흡수시킨 것
④ 일반적인 황산을 총괄하는 것

> 삼산화황(SO_3)을 황산(H_2SO_4)에 흡수시킨 것을 발연황산이라 한다.

04 다음 중 $FeCl_3$과 반응하면 색깔이 보라색으로 되는 현상을 이용해서 검출하는 것은?

① CH_3OH
② C_6H_5OH
③ $C_6H_5NH_2$
④ $C_6H_5CH_3$

> 페놀은 약한 산성이며 염화제이철($FeCl_3$) 수용액과 반응하여 보라색 계열의 정색반응을 한다.

05 다음의 평형계에서 압력을 증가시키면 반응에 어떤 영향이 나타나는가?

$$N_2(g) + 3H_2(g) \rightleftarrows 2NH_3(g)$$

① 오른쪽으로 진행
② 왼쪽으로 진행
③ 무변화
④ 왼쪽과 오른쪽으로 모두 진행

> 르샤틀리에의 원리에 따라 압력을 증가시키면 압력이 감소하는 방향으로 평형이 이동하며 반응이 진행된다. 따라서 기체의 분자 수가 감소하는 정반응 방향으로 반응이 진행된다.

06 물 100g에 황산구리 결정($CuSO_4 \cdot 5H_2O$) 2g을 넣으면 몇 % 용액이 되는가? (단, $CuSO_4$의 분자량은 160g/mol 이다.)

① 1.25%
② 1.96%
③ 2.4%
④ 4.42%

> 황산구리 결정($CuSO_4 \cdot 5H_2O$) 2g에 포함된 황산구리 질량 = $\frac{160}{160+90} \times 2g = 1.28g$
> %농도는 $\frac{용질의\ 질량(g)}{용액의\ 질량(g)} \times 100(\%)$이므로
> 황산구리 수용액의 %농도는 $\frac{1.28}{100+2} \times 100 = 1.25\%$이다.

07 다음 중 유리기구 사용을 피해야 하는 화학반응은?

① $CaCO_3 + HCl$
② $Na_2CO_3 + Ca(OH)_2$
③ $Mg + HCl$
④ $CaF_2 + H_2SO_4$

- $CaCO_3 + 2HCl \rightarrow CaCl_2 + CO_2 + H_2O$
- $Na_2CO_3 + Ca(OH)_2 \rightarrow CaCO_3 + 2NaOH$
- $Mg + HCl \rightarrow MgCl_2 + H_2$
- $CaF_2 + H_2SO_4 \rightarrow 2HF + CaSO_4$

※ 위 반응에서 생성물 중 HF(플루오르화 수소)는 부식성이 강한 산으로 유리 기구 표면을 부식시킨다.

08 원소의 주기율표에서 같은 족에 속하는 원소들의 화학적 성질에는 비슷한 점이 많다. 이것과 관련 있는 설명은?

① 같은 크기의 반지름을 가지는 이온이 된다.
② 제일 바깥의 전자 궤도에 들어 있는 전자의 수가 같다.
③ 핵의 양 하전의 크기가 같다.
④ 원자번호를 8a+b라는 일반식으로 나타낼 수 있다.

같은 족에 속하는 원소들은 원자가 전자 수(최외각 전자 수)가 같아 유사한 화학적 성질을 나타낸다.

09 0℃의 얼음 20g을 100℃의 수증기로 만드는 데 필요한 열량은? (단, 융해열은 80cal/g, 기화열은 539cal/g이다)

① 3600cal　② 11600cal
③ 12380cal　④ 14380cal

얼음이 수증기로 변화할 때 필요한 열량은 융해열+온도 변화에 따른 열량+기화열을 합한 총열량이다.

- 고체-액체 상태 변화 시 필요한 열량(융해열) :
  $Q_1 = m \times 80cal/g = 20g \times 80cal/g = 1600cal$
- 온도 변화에 의한 열량 :
  $Q_2 = mc\Delta t = 20g \times 1cal/g℃ \times 100℃ = 2000cal$
- 액체-기체 상태 변화 시 필요한 열량(기화열) :
  $Q_3 = m \times 539cal/g = 20g \times 539cal/g = 10780cal$

※ $Q = Q_1 + Q_2 + Q_3 = 14380cal$

10 어떤 용액의 pH를 측정하였더니 4이었다. 이 용액을 1,000배 희석시킨 용액의 pH를 옳게 나타낸 것은?

① pH = 3　② pH = 4
③ pH = 5　④ 6 < pH < 7

pH = $-\log[H^+]$이고, pH = 4이면 이 용액은 약산이다. pH=4일 때 $[H^+] = 10^{-4}$M이다. 이 용액을 1,000배 희석시키면 pH는 6<pH<7이다.

11 다음 중 물이 산으로 작용하는 반응은?

① $3Fe + 4H_2O \rightarrow Fe_3O_4 + 4H_2\uparrow$
② $NH_4^+ + H_2O \rightleftarrows NH_3 + H_3O^+$
③ $HCOOH + H_2O \rightarrow HCOO^- + H_3O^+$
④ $2CH_3COO^- + H_2O \rightarrow CH_3COOH + OH^-$

브뢴스테드-로우리 산염기 정의에 따라 양성자(H^+) 주개로 작용하는 물질은 산이고 $CH_3COO^- + H_2O \rightarrow CH_3COOH + OH^-$ 반응에서 H_2O은 H^+ 주개, 산으로 작용하였다.

12 Ca^{2+} 이온의 전자배치를 옳게 나타낸 것은?

① $1s^2 2s^2 sp^6 3s^2 3p^6 3d^2$
② $1s^2 2s^2 2p^6 3s^2 3p^6 4s^2$
③ $1s^2 2s^2 2p^6 3s^2 3p^6 4s^2 3d^2$
④ $1s^2 2s^2 2p^6 3s^2 3p^6$

원자 번호 20인 Ca의 전자 수는 20개이며 양이온인 Ca^{2+}의 전자 수는 18개이므로 Ca^{2+}의 전자 배치는 $1s^2 2s^2 2p^6 3s^2 3p^6$ 이다.

13 콜로이드 용액 중 소수콜로이드는?

① 녹말　② 아교
③ 단백질　④ 수산화철

콜로이드 용액은 1~500nm 지름을 갖는 분자나 이온이 녹아 있는 용액이다. 소수 콜로이드는 친수성이 작은 물질로 전해질을 소량 가하여도 쉽게 엉김 현상이 일어나며 수산화철, 수산화알루미늄과 같은 금속 산화물, 금속 수산화물이 소수 콜로이드에 속한다.

14 다음 화합물 중 펩티드 결합이 들어있는 것은?

① 폴리염화비닐　② 유지
③ 탄수화물　④ 단백질

펩티드 결합은 단백질 등의 분자에(-CO-NH-)을 갖는 결합으로 아미노산의 축합 반응으로 형성된 단백질이 대표적인 예이다.

15 0℃, 1기압에서 1g의 수소가 들어있는 용기에 산소 32g을 넣었을 때 용기의 총 내부 압력은? (단, 온도는 일정하다)

① 1기압 ② 2기압
③ 3기압 ④ 4기압

> 표준 상태(0℃, 1기압)에서 수소 1g($\frac{1g}{2g}$ = 0.5몰)이 차지하는 부피는 11.2L이다. 이 부피를 갖는 용기에 산소 32g($\frac{32g}{32g}$ = 1몰)을 넣으면 돌턴의 부분 압력의 법칙에 따라 다음과 같이 나타낼 수 있다.
> $P = P_{H_2} + P_{O_2} = (n_{H_2}+n_{O_2}) \times \frac{RT}{V}$
> $= (0.5+1.0) \times \frac{0.08206 \times 273}{11.2}$ = 3기압

16 축중합반응에 의하여 나일론-66을 제조할 때 사용되는 주 원료는?

① 아디프산과 헥사메틸렌디아민
② 아이소프렌과 아세트산
③ 염화비닐과 폴리에틸렌
④ 멜라민과 클로로벤젠

> 나일론-66은 아디프산($HCOO(CH_2)_4COOH$)과 헥사메틸렌다이아민($H_2N(CH_2)_6NH_2$)이 물이 빠지는 축합 중합으로 생성된다.

17 0.001N-HCl의 pH는?

① 2 ② 3
③ 4 ④ 5

> HCl은 1가산이므로 0.001N 농도는 0.001M 농도와 같다.
> pH= $-\log[H^+]$이고 HCl은 강산으로 거의 100%가 이온화 되므로 pH= $-\log[0.001]$ = 3이다.

18 ns^2np^5의 전자구조를 가지지 않는 것은?

① F (원자번호 9)
② Cl (원자번호 17)
③ Se (원자번호 34)
④ I (원자번호 53)

> 전자 배치가 ns^2np^5인 것은 원자가 전자 수가 7개인 17족 원소이다. 할로젠족인 17족 원소 F, Cl, I는 ns^2np^5의 전자 배치를 갖고, Se(셀레늄)은 16족의 원소이므로 ns^2np^4의 전자 배치를 갖는다.

19 다음 화학반응에서 밑줄 친 원소가 산화된 것은?

① $H_2 + \underline{Cl_2} \rightarrow 2HCl$
② $2\underline{Zn} + O_2 \rightarrow 2ZnO$
③ $2KBr + \underline{Cl_2} \rightarrow 2KCl + Br_2$
④ $\underline{2Ag^+} + Cu \rightarrow 2Ag + Cu^+$

> 산화수가 증가하면 산화 반응, 산화수가 감소하면 환원 반응이므로 Zn의 산화수가 0→+2로 증가하였으므로 Zn은 산화되었다.

20 표준 상태를 기준으로 수소 2.24L가 염소와 완전히 반응했다면 생성된 염화수소의 부피는 몇 L인가?

① 2.24 ② 4.48
③ 22.4 ④ 44.8

> $H_2 + Cl_2 \rightarrow 2HCl$
> 표준 상태 기체 1몰의 부피는 22.4L이고, 수소 2.24L는 0.1몰이다. 따라서 생성된 염화수소 부피는 계수비에 따라 0.1몰 4.48L가 생성된다.

02 화재예방과 소화방법

21 다음 위험물을 보관하는 창고에 화재가 발생하였을 때 물을 사용하여 소화하면 위험성이 증가하는 것은?

① 질산암모늄 ② 탄화칼슘
③ 과염소산나트륨 ④ 셀룰로이드

> 제3류 위험물인 탄화칼슘은 금수성물질이므로 물을 사용하여 소화하면 위험성이 증가한다.

22 위험물안전관리법령상 이동식 불활성가스 소화설비의 호스접속구는 모든 방호대상물에 대하여 당해 방호 대상물의 각 부분으로부터 하나의 호스접속구까지의 수평거리가 몇 m 이하가 되도록 설치하여야 하는가?

① 5 ② 10
③ 15 ④ 20

> 방호 대상물의 각 부분으로부터 하나의 호스접속구까지의 수평거리가 15m 이하가 되도록 설치하여야 한다.

23 화재 예방을 위하여 이황화탄소는 액면 자체 위에 물을 채워주는데 그 이유로 가장 타당한 것은?

① 공기와 접촉하면 발생하는 불쾌한 냄새를 방지하기 위하여
② 발화점을 낮추기 위하여
③ 불순물을 물에 용해시키기 위하여
④ 가연성 증기의 발생을 방지하기 위하여

제4류 위험물인 이황화탄소는 액 표면에서 발생하는 가연성 증기의 발생을 억제하기 위하여 물속에 저장한다.

24 액체 상태의 물이 1기압, 100℃ 수증기로 변하면 체적이 약 몇 배 증가하는가?

① 530~540
② 900~1100
③ 1,600~1,700
④ 2,300~2,400

$PV = \frac{WRT}{M}$, $V = \frac{WRT}{PM}$

- P(압력) : 1atm
- W(질량) : 1g
- M(분자량) : 18g
- R(기체상수) : 0.082atm · L/mol · k
- T(절대온도) : (100℃+273)k

$V = \frac{1 \times 0.082 \times (100+273)}{1 \times 18} \times 1000 = 1699mL$

물 1g=1mL이므로 1,699mL는 1,699배이다.

25 연소 및 소화에 대한 설명으로 틀린 것은?

① 공기 중의 산소 농도가 0%까지 떨어져야만 연소가 중단되는 것은 아니다.
② 질식소화, 냉각소화 등은 물리적 소화에 해당한다.
③ 연소의 연쇄반응을 차단하는 것은 화학적 소화에 해당한다.
④ 가연물질에 상관없이 온도, 압력이 동일하면 한계산소량은 일정한 값을 가진다.

가연물질에 따라 한계산소량의 값은 달라진다.

26 분말소화약제의 소화효과로 가장 거리가 먼 것은?

① 질식효과 ② 냉각효과
③ 제거효과 ④ 방사열 차단효과

분말소화약제는 질식, 냉각, 희석, 부촉매, 방사열 차단효과에 의한 소화를 하며, 제거효과는 거리가 멀다.

27 제2류 위험물의 화재에 대한 일반적인 특징으로 옳은 것은?

① 연소 속도가 빠르다.
② 산소를 함유하고 있어 질식소화는 효과가 없다.
③ 화재 시 자신이 환원되고 다른 물질을 산화시킨다.
④ 연소열이 거의 없어 초기 화재 시 발견이 어렵다.

제2류 위험물은 산소를 함유하고 있지 않은 강력한 환원성 물질이다.

28 위험물안전관리법령상 인화성고체와 질산에 공통적으로 적응성이 있는 소화설비는?

① 불활성가스소화설비
② 할로젠화합물소화설비
③ 탄산수소염류 분말소화설비
④ 포소화설비

제2류 위험물인 인화성고체와 제6류 위험물인 질산에 공통적으로 적응성이 있는 소화설비는 포소화설비, 물소화설비, 인산염류 분말소화설비 등이다.

29 수성막포소화약제에 대한 설명으로 옳은 것은?

① 물보다 가벼운 유류의 화재에는 사용할 수 없다.
② 계면활성제를 사용하지 않고 수성의 막을 이용한다.
③ 내열성이 뛰어나고 고온의 화재일수록 효과적이다.
④ 일반적으로 불소계 계면활성제를 사용한다.

수성막포소화약제는 불소계 계면활성제가 주성분이며, 유류화재의 표면에 유화층을 형성하여 소화한다.

30 제1종 분말소화약제가 1차 열분해되어 표준상태를 기준으로 $2m^3$의 탄산가스가 생성되었다. 몇 kg의 탄산수소나트륨이 사용되었는가? (단, 나트륨의 원자량은 23이다)

① 15 ② 18.75
③ 56.25 ④ 75

탄산수소나트륨의 열분해 반응식
$2NaHCO_3 \rightarrow Na_2CO_3 + CO_2 + H_2O$
$PV = \frac{WRT}{M}$, $W = \frac{PVM}{RT}$
- P(압력) : 1atm
- V(이산화탄소의 체적) : $2m^3$
- M(탄산수소나트륨의 분자량) : 23+1+12+16×3=84kg/kmol
- R(기체상수) : 0.082atm · m^3/kmol · k
- T(절대온도) : (0℃+273)k

$\frac{1 \times 2 \times 84}{0.082 \times 273} \times 2 = 15kg$
위의 반응식에서 알 수 있듯이 탄산수소나트륨($NaHCO_3$) 2kmol이 분해하면 이산화탄소(CO_2) 1kmol이 생성되므로 탄산수소나트륨의 질량을 구하기 위해 계산식에 2를 곱한다.

31 위험물안전관리법령상 방호대상물의 표면적이 $70m^2$인 경우 물분무소화설비의 방사구역은 몇 m^2로 하여야 하는가?

① 35 ② 70
③ 150 ④ 300

물분무소화설비의 방사구역은 $150m^2$ 이상으로 하되 방호대상물의 표면적이 $150m^2$ 미만인 경우에는 당해 표면적으로 한다. 따라서 방호대상물의 표면적이 $70m^2$이므로 방사구역은 $70m^2$로 하여야 한다.

32 위험물안전관리법령상 옥내소화전설비의 기준에서 옥내소화전의 개폐밸브 및 호스접속구의 바닥면으로부터 설치 높이 기준으로 옳은 것은?

① 1.2m 이하 ② 1.2m 이상
③ 1.5m 이하 ④ 1.5m 이상

옥내소화전의 개폐밸브 및 호스접속구의 설치 위치는 바닥면으로부터 높이 1.5m 이하로 한다.

33 위험물안전관리법령상 톨루엔의 화재에 적응성이 있는 소화방법은?

① 무상수소화기에 의한 소화
② 무상강화액소화기에 의한 소화
③ 봉상수소화기에 의한 소화
④ 봉상강화액소화기에 의한 소화

제4류 위험물인 톨루엔의 화재에 적응성이 있는 소화기는 무상강화액소화기, 포소화기, 이산화탄소소화기, 할로젠화합물소화기이다.

34 다음 중 증발잠열이 가장 큰 것은?

① 아세톤 ② 사염화탄소
③ 이산화탄소 ④ 물

물의 증발잠열이 539kcal/g으로 가장 크다.

35 위험물안전관리법령에 따른 불활성가스 소화설비의 저장용기 설치 기준으로 틀린 것은?

① 방호구역 외의 장소에 설치할 것
② 저장용기에는 안전장치(용기밸브에 설치되어 있는 것은 제외)를 설치할 것
③ 저장용기의 외면에 소화약제의 종류와 양, 제조년도 및 제조자를 표시할 것
④ 온도가 섭씨 40도 이하이고 온도변화가 적은 장소에 설치할 것

저장용기에는 안전장치(용기밸브에 설치되어 있는 것 포함)를 설치해야 한다.

36 다음 [보기]의 물질 중 위험물안전관리법령상 제1류 위험물에 해당하는 것의 지정수량을 모두 합산한 값은?

【보기】
퍼옥소이황산염류, 아이오딘산, 과염소산, 차아염소산염류

① 350kg ② 400kg
③ 650kg ④ 1350kg

[보기]에서 제1류 위험물에 해당하는 것은 퍼옥소이황산염류와 차아염소산염류이다.
퍼옥소이황산염류의 지정수량은 300kg, 차아염소산염류의 지정수량은 50kg이므로 총 350kg이다.

37 이산화탄소를 이용한 질식소화에 있어서 아세톤의 한계산소농도(vol%)에 가장 가까운 값은?

① 15　　② 18
③ 21　　④ 25

이산화탄소를 이용한 질식소화에서는 산소의 농도를 15% 이하로 낮추어 소화한다.

38 소화기에 'B-2'라고 표시되어 있다. 이 표시의 의미를 가장 옳게 나타낸 것은?

① 일반화재에 대한 능력단위 2단위에 적용되는 소화기
② 일반화재에 대한 무게단위 2단위에 적용되는 소화기
③ 유류화재에 대한 능력단위 2단위에 적용되는 소화기
④ 유류화재에 대한 무게단위 2단위에 적용되는 소화기

B는 유류화재를 의미하며, 2는 능력단위가 2단위라는 의미이다.

39 위험물안전관리법령상 제4류 위험물의 위험등급에 대한 설명으로 옳은 것은?

① 특수인화물은 위험등급 Ⅰ, 알코올류는 위험등급 Ⅱ이다.
② 특수인화물과 제1석유류는 위험등급 Ⅰ이다.
③ 특수인화물은 위험등급 Ⅰ, 그 외에는 위험등급 Ⅱ이다.
④ 제2석유류는 위험등급 Ⅱ이다.

제4류 위험물 중 특수인화물은 위험등급 Ⅰ, 알코올류는 위험등급 Ⅱ이다.

40 이산화탄소 소화기의 장·단점에 대한 설명으로 틀린 것은?

① 밀폐된 공간에서 사용 시 질식으로 인명피해가 발생할 수 있다.
② 전도성이어서 전류가 통하는 장소에서의 사용은 위험하다.
③ 자체의 압력으로 방출할 수가 있다.
④ 소화 후 소화약제에 의한 오손이 없다.

이산화탄소는 비전도성이어서 전류가 통하는 장소에서 사용 가능하다.

03 위험물 성상 및 취급

41 위험물안전관리법령에 따른 위험물제조소의 안전거리 기준으로 틀린 것은?

① 주택으로부터 10m 이상
② 학교로부터 30m 이상
③ 유형문화재와 기념물 중 지정문화재로부터는 30m 이상
④ 병원으로부터 30m 이상

유형문화재와 기념물 중 지정문화재로부터는 50m 이상의 안전거리를 확보하여야 한다.

42 위험물안전관리법령상 위험물의 운반용기 외부에 표시해야 할 사항이 아닌 것은? (단, 용기의 용적은 10L 이며 원칙적인 경우에 한함)

① 위험물의 화학명
② 위험물의 지정수량
③ 위험물의 품명
④ 위험물의 수량

운반용기의 외부에 표시해야 하는 사항
- 위험물의 품명 · 위험등급 · 화학명 및 수용성
- 위험물의 수량
- 수납하는 위험물의 주의사항

43 위험물안전관리법령상 제1류 위험물 중 알칼리금속의 과산화물의 운반용기 외부에 표시하여야 하는 주의사항을 모두 나타낸 것은?

① "화기엄금", "충격주의" 및 "가연물접촉주의"
② "화기 · 충격주의", "물기엄금" 및 "가연물접촉주의"
③ "화기주의" 및 "물기엄금"
④ "화기엄금" 및 "물기엄금"

제1류 위험물
- 알칼리금속의 과산화물 또는 이를 함유한 것 : "화기 · 충격주의", "물기엄금", "가연물접촉주의"
- 기타 : "화기 · 충격주의", "가연물접촉주의"

44 과염소산과 과산화수소의 공통된 성질이 아닌 것은?

① 비중이 1보다 크다.
② 물에 녹지 않는다.
③ 산화제이다.
④ 산소를 포함한다.

> 제6류 위험물인 과염소산과 과산화수소는 물에 잘 녹는다.

45 위험물안전관리법령에서는 위험물을 제조소 외의 목적으로 취급하기 위한 장소와 그에 따른 취급소의 구분을 4가지로 정하고 있다. 다음 중 법령에서 정한 취급소의 구분에 해당되지 않는 것은?

① 주유취급소　② 특수취급소
③ 일반취급소　④ 이송취급소

> 취급소의 구분 : 주유취급소, 판매취급소, 일반취급소, 이송취급소

46 물과 접촉되었을 때 연소범위의 하한값이 2.5vol%인 가연성 가스가 발생하는 것은?

① 금속나트륨　② 인화칼슘
③ 과산화칼륨　④ 탄화칼슘

> 제3류 위험물인 탄화칼슘은 물과 반응하여 가연성 가스인 아세틸렌을 발생하는데, 아세틸렌의 연소범위는 2.5~82vol%이다.

47 삼황화인과 오황화인의 공통 연소 생성물을 모두 나타낸 것은?

① H_2S, SO_2　② P_2O_5, H_2S
③ SO_2, P_2O_5　④ H_2S, SO_2, P_2O_5

> - 삼황화인(P_4S_3)의 연소반응식
> $P_4S_3 + 8O_2 \rightarrow 2P_2O_5 + 3SO_2\uparrow$
> - 오황화인(PS)의 연소반응식
> $2P_2S_5 + 15O_2 \rightarrow 2P_2O_5 + 10SO_2\uparrow$

48 위험물의 적재 방법에 관한 기준으로 틀린 것은?

① 위험물은 규정에 의한 바에 따라 재해를 발생시킬 우려가 있는 물품과 함께 적재하지 아니하여야 한다.
② 적재하는 위험물의 성질에 따라 일광의 직사 또는 빗물의 침투를 방지하기 위하여 유효하게 피복하는 등 규정에서 정하는 기준에 따른 조치를 하여야 한다.
③ 증기발생 · 폭발에 대비하여 운반용기의 수납구를 옆 또는 아래로 향하게 하여야 한다.
④ 위험물을 수납한 운반용기가 전도 · 낙하 또는 파손되지 아니하도록 적재하여야 한다.

> 증기발생 · 폭발에 대비하여 운반용기의 수납구를 위로 향하게 하여야 한다.

49 이동저장탱크로부터 위험물을 저장 또는 취급하는 탱크에 인화점이 몇 ℃ 미만인 위험물을 주입할 때에는 이동탱크저장소의 원동기를 정지시켜야 하는가?

① 21　② 40
③ 71　④ 200

> 인화점이 40℃ 미만인 위험물을 주입할 때에는 이동탱크저장소의 원동기를 정지시켜야 한다.

50 적재 시 일광의 직사를 피하기 위하여 차광성이 있는 피복으로 가려야 하는 것은?

① 메탄올　② 과산화수소
③ 철분　④ 가솔린

> 제1류 위험물, 제3류 위험물 중 자연발화성물질, 제4류 위험물 중 특수인화물, 제5류 위험물 또는 제6류 위험물은 차광성이 있는 피복으로 가려야 한다. 과산화수소는 제6류 위험물이므로 차광성이 있는 피복으로 가려야 한다.

51 위험물의 취급 중 소비에 관한 기준으로 틀린 것은?

① 열처리 작업은 위험물이 위험한 온도에 이르지 아니하도록 하여 실시하여야 한다.
② 담금질 작업은 위험물이 위험한 온도에 이르지 아니하도록 하여 실시하여야 한다.
③ 분사도장 작업은 방화상 유효한 격벽 등으로 구획한 안전장소에서 하여야 한다.
④ 버너를 사용하는 경우에는 버너의 역화를 유지하고 위험물이 넘치지 아니하도록 하여야 한다.

> 버너를 사용하는 경우에는 버너의 역화를 방지하고 위험물이 넘치지 아니하도록 하여야 한다.

52 산화제와 혼합되어 연소할 때 자외선을 많이 포함하는 불꽃을 내는 것은?

① 셀룰로이드
② 나이트로셀룰로스
③ 마그네슘분
④ 글리세린

마그네슘분은 산화제와 혼합하여 불꽃을 내는데, 이 불꽃은 자외선을 많이 포함하고 있다.

53 제3류 위험물 중 금수성물질의 위험물 제조소에 설치하는 주의사항 게시판의 색상 및 표시내용으로 옳은 것은?

① 청색바탕 – 백색문자, "물기엄금"
② 청색바탕 - 백색문자, "물기주의"
③ 백색바탕 – 청색문자, "물기엄금"
④ 백색바탕 – 청색문자, "물기주의"

제3류 위험물 중 금수성물질에 있어서는 청색바탕에 백색문자로 "물기엄금" 주의사항을 표시한 게시판을 설치해야 한다.

54 위험물안전관리법령에서 정의한 철분의 정의로 옳은 것은?

① "철분"이라 함은 철의 분말로서 53마이크로미터의 표준체를 통과하는 것이 50중량퍼센트 미만인 것은 제외한다.
② "철분"이라 함은 철의 분말로서 50마이크로미터의 표준체를 통과하는 것이 53중량퍼센트 미만인 것은 제외한다.
③ "철분"이라 함은 철의 분말로서 53마이크로미터의 표준체를 통과하는 것이 50부피퍼센트 미만인 것은 제외한다.
④ "철분"이라 함은 철의 분말로서 50마이크로미터의 표준체를 통과하는 것이 53부피퍼센트 미만인 것은 제외한다.

"철분"이라 함은 철의 분말로서 53마이크로미터의 표준체를 통과하는 것이 50중량퍼센트 미만인 것은 제외한다.

55 지정수량에 따른 제4류 위험물 옥외탱크저장소 주위의 보유공지 너비의 기준으로 틀린 것은?

① 지정수량의 500배 이하 - 3m 이상
② 지정수량의 500배 초과 1,000배 이하 - 5m 이상
③ 지정수량의 1,000배 초과 2,000배 이하 - 9m 이상
④ 지정수량의 2000배 초과 3,000배 이하 - 15m 이상

지정수량의 2000배 초과 3,000배 이하 – 12m 이상

56 다음 물질 중 인화점이 가장 낮은 것은?

① CS_2
② $C_2H_5OC_2H_5$
③ CH_3COCH_3
④ CH_3OH

인화점

이황화탄소	다이에틸에테르	아세톤	메틸알코올
-30℃	-45℃	-18℃	11℃

57 제조소등의 관계인은 당해 제조소등의 용도를 폐지한 때에는 행정안전부령이 정하는 바에 따라 제조소등의 용도를 폐지한 날부터 며칠 이내에 시·도지사에게 신고하여야 하는가?

① 5일 ② 7일
③ 14일 ④ 21일

제조소등의 관계인은 당해 제조소등의 용도를 폐지한 때에는 행정안전부령이 정하는 바에 따라 제조소등의 용도를 폐지한 날부터 14일 이내에 시 · 도지사에게 신고하여야 한다.

58 일반취급소 1층에 옥내소화전 6개, 2층에 옥내소화전 5개, 3층에 옥내소화전 5개를 설치하고자 한다. 위험물안전관리법령상 이 일반취급소에 설치되는 옥내소화전에 있어서 수원의 수량은 얼마 이상이어야 하는가?

① $13m^3$ ② $15.6m^3$
③ $39m^3$ ④ $46.8m^3$

수원의 수량 = 소화전의 수(최대 5개)×7.8 = 5×7.8 = 39

59 제4류 위험물 제2석유류 비수용성인 위험물 180,000리터를 저장하는 옥외저장소의 경우 설치하여야 하는 소화설비의 기준과 소화기 개수를 설명한 것이다. ( ) 안에 들어갈 숫자의 합은?

【보기】

- 해당 옥외저장소는 소화난이도등급Ⅱ에 해당하며 소화설비의 기준은 방사능력 범위 내에 공작물 및 위험물이 포함되도록 대형수동식소화기를 설치하고 당해 위험물의 소요단위의 ( )에 해당하는 능력단위의 소형수동식소화기를 설치하여야 한다.
- 해당 옥외저장소의 경우 대형수동식 소화기와 설치하고자 하는 소형수동식 소화기의 능력단위가 2라고 가정할 때 비치하여야 하는 소형수동식 소화기의 최소 개수는 ( )개이다.

① 2.2　② 4.5
③ 9　④ 10

- 소화난이도등급Ⅱ의 제조소등에 설치하여야 하는 소화설비 방사능력범위 내에 당해 건축물, 그 밖의 공작물 및 위험물이 포함되도록 대형수동식소화기를 설치하고, 당해 위험물의 소요단위의 1/5 이상에 해당되는 능력단위의 소형수동식소화기등을 설치하여야 한다.
- 제4류 위험물 중 제2석유류 비수용성 위험물의 지정수량은 1,000리터이다.

소요단위 = $\frac{\text{저장수량}}{\text{지정수량}\times10}$ 이므로

$\frac{180{,}000L}{1{,}000L\times10}$ = 18 소요단위

$18\times\frac{1}{5}$ = 3.6 능력단위

소형수동식 소화기의 능력단위가 2이므로 $3.6\times\frac{1}{2}$ =1.8개이므로

소형수동식 소화기의 최소 개수는 2개이다.

$\frac{1}{5}+2=2.2$

60 위험물안전관리법령상 시·도의 조례가 정하는 바에 따라 관할소장서장의 승인을 받아 지정수량 이상의 위험물을 임시로 제조소등이 아닌 장소에서 취급할 때 며칠 이내의 기간 동안 취급할 수 있는가?

① 7　② 30
③ 90　④ 180

시·도의 조례가 정하는 바에 따라 관할소장서장의 승인을 받아 지정수량 이상의 위험물을 임시로 제조소등이 아닌 장소에서 취급할 때 90일 이내의 기간 동안 취급할 수 있다.

【2016년 4회】

정답

01	02	03	04	05	06	07	08	09	10
②	②	③	②	①	①	④	②	④	④
11	12	13	14	15	16	17	18	19	20
④	④	④	④	③	①	②	③	②	②
21	22	23	24	25	26	27	28	29	30
②	③	④	③	④	③	①	④	④	①
31	32	33	34	35	36	37	38	39	40
②	③	②	④	②	①	①	③	①	②
41	42	43	44	45	46	47	48	49	50
③	②	②	②	②	④	③	③	②	②
51	52	53	54	55	56	57	58	59	60
④	③	①	①	④	②	③	③	①	③

최종점검 2 – 기출문제로 출제유형을 파악하자!

최근기출문제 – 2017년 1회

▶ 정답은 406쪽에 있습니다.

01 물질의 물리 · 화학적 성질

01 모두 염기성 산화물로만 나타낸 것은?

① CaO, Na_2O　② K_2O, SO_2
③ CO_2, SO_3　④ Al_2O_3, P_2O_5

- 산성 산화물 : 이산화탄소(CO_2), 이산화황(SO_2), 이산화질소(NO_2), 이산화규소(SiO_2) 등
- 염기성 산화물 : 산화나트륨(Na_2O), 산화칼슘(CaO), 산화마그네슘(MgO), 삼산화제이철(Fe_2O_3) 등

02 다음 이원자 분자 중 결합에너지 값이 가장 큰 것은?

① H_2　② N_2
③ O_2　④ F_2

결합에너지는 두 원자가 결합을 이룰 때 방출하는 에너지로 결합 세기가 강할수록 많은 에너지를 방출한다. N_2는 질소 원자 사이에 삼중 결합을 이루고 있어 결합에너지가 크다.

03 액체 공기에서 질소 등을 분리하여 산소를 얻는 방법은 다음 중 어떤 성질을 이용한 것인가?

① 용해도　② 비등점
③ 색상　④ 압축율

기체를 냉각시키면 끓는점이 낮은 질소는 가장 나중에 액화하게 되며, 액화 공기를 가열하면 끓는점이 낮은 질소가 가장 먼저 기체로 분리되는데, 이는 비등점의 차이를 이용한 분리 방법이다.

04 CH_4 16g 중에는 C가 몇 mol 포함되었는가?

① 1　② 4
③ 16　④ 22.4

CH_4 16g은 1몰 질량이고 16g에 들어있는 C의 질량은
$16g \times \frac{C}{CH_4} = 16g \times \frac{12}{16} = 12g$
즉, 12g이므로 C는 1몰 포함되어 있다.

05 $KMnO_4$에서 Mn의 산화수는 얼마인가?

① +3　② +5
③ +7　④ +9

중성 화합물에서 각 원자의 산화수의 합은 0이므로, $KMnO_4$에서 K은 1족 금속이므로 산화수는 +1, Mn의 산화수는 +7, O의 산화수는 −2이다.

06 황산구리 결정 $CuSO_4 \cdot 5H_2O$ 25g을 100g의 물에 녹였을 때 몇 wt% 농도의 황산구리($CuSO_4$) 수용액이 되는가? (단, $CuSO_4$ 분자량은 160이다)

① 1.28%　② 1.60%
③ 12.8%　④ 16.0%

$CuSO_4 \cdot 5H_2O$ 25g에 들어있는 $CuSO_4$의 질량 :
$\frac{160}{160+90} \times 25g = 16$
$CuSO_4$ 수용액 wt% : $\frac{16g}{125g} \times 100\% = 12.8\%$

07 pH가 2인 용액은 pH가 4인 용액과 비교하면 수소 이온 농도가 몇 배인 용액이 되는가?

① 100배　② 2배
③ 10^{-1}배　④ 10^{-2}배

$pH = -\log[H^+]$이고 pH = 2인 용액은 $[H^+] = 10^{-2}$,
pH = 4인 용액은 $[H^+] = 10^{-4}$이다.
따라서 pH가 2인 용액은 pH가 4인 용액과 비교하면
수소 이온의 농도는 $\frac{10^{-2}}{10^{-4}}$ = 100배인 용액이 된다.

08 일정한 온도하에서 물질 A와 B가 반응을 할 때 A의 농도만 2배로 하면 반응 속도가 2배가 되고 B의 농도를 2배로 하면 반응 속도가 4배로 된다. 이 반응의 속도식은? (단, 반응 속도 상수는 k이다)

① $v = k[A][B]^2$　② $v = k[A]^2[B]$
③ $v = k[A][B]^{0.6}$　④ $v = k[A][B]$

반응 속도는 반응 물질의 농도에 비례한다. 반응 속도는 $v = k[A]^m[B]^n$으로 나타낼 수 있고, 이때 m과 n은 반응 차수이다.
따라서 A의 농도만 2배로 하면 반응 속도가 2배가 되고 B의 농도를 2배로 하면 반응 속도가 4배로 되는 반응속도식은 $v = k[A][B]^2$이다.

09 $CH_3COOH \rightarrow CH_3COO^- + H^+$의 반응식에서 전리평형상수 K는 다음과 같다. K의 값을 변화시키기 위한 조건으로 옳은 것은?

$$K = \frac{[CH_3COO^-][H^+]}{[CH_3COOH]}$$

① 온도를 변화시킨다.
② 압력을 변화시킨다.
③ 농도를 변화시킨다.
④ 촉매양을 변화시킨다.

> 전리평형상수 K를 변화시키기 위해서는 온도를 변화시켜야 한다.

10 다음 화합물 수용액 농도가 모두 0.5M일 때 끓는점이 가장 높은 것은?

① $C_6H_{12}O_6$(포도당)　② $C_{12}H_{22}O_{11}$(설탕)
③ $CaCl_2$(염화칼슘)　④ $NaCl$(염화나트륨)

> 묽은 용액의 총괄성에 따라 같은 온도에서 묽은 용액의 끓는점은 용질의 종류에 관계없이 용질의 입자 수에만 비례하는데, 수용액의 농도가 모두 0.5M이므로 수용액 1L 속에 들어있는 화합물의 몰수는 모두 0.5몰로 같다.
> 그런데 수용액에서 $C_6H_{12}O_6$(포도당)과 $C_{12}H_{22}O_{11}$(설탕)은 이온화하지 않고 분자 상태로 존재하지만, $CaCl_2$(염화칼슘)은 $CaCl_2 \rightarrow Ca^{2+} + 2Cl^-$으로 이온화하므로 용액에 들어 있는 총 입자수는 0.5몰×3 = 1.5몰이고, NaCl(염화나트륨)은 $NaCl \rightarrow Na^+ + Cl^-$으로 이온화하므로 용액에 들어있는 총 입자 수는 0.5몰×2=1몰이다.
> ∴ 입자수가 가장 많은 $CaCl_2$(염화칼슘) 수용액의 끓는점이 가장 높다.

11 C-C-C-C을 부탄이라고 한다면 C=C-C-C의 명명은? (단, C와 결합된 원소는 H이다)

① 1-부텐　② 2-부텐
③ 1, 2-부텐　④ 3, 4-부텐

> 탄소 원자 사이에 이중 결합을 지닌 경우, 이중 결합이 있는 탄소가 낮은 번호가 오도록 명명한다. 따라서 1번 탄소에 이중 결합이 있고, 탄소 수가 4개인 것을 의미하는 '부ㅌ-'에 접미사 '-엔'을 붙여 1-부텐이라고 명명한다.

12 포화 탄화수소에 해당하는 것은?

① 톨루엔　② 에틸렌
③ 프로판　④ 아세틸렌

> 포화 탄화수소는 탄소 사이의 결합이 모두 단일 결합으로 이루어진 탄화수소이다. 따라서 프로판은 포화 탄화수소이다.
> ① 톨루엔 : 불포화 탄화수소(방향족 탄화수소)
> ② 에틸렌 : 에텐, 불포화 탄화수소
> ④ 아세틸렌 : 에타인, 불포화 탄화수소

13 염화철(III)($FeCl_3$) 수용액과 반응하여 정색반응을 일으키지 않는 것은?

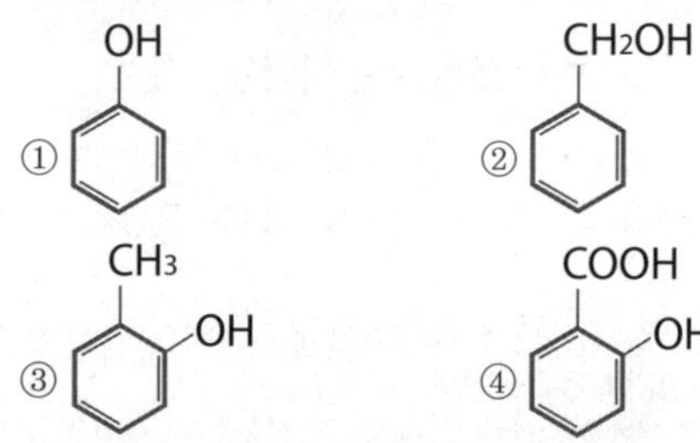

> 염화철(Ⅲ)($FeCl_3$)과 반응하여 정색 반응을 일으키는 물질은 페놀류이다. ① 페놀, ② 벤질알코올(알코올류), ③ 오쏘-메틸페놀(σ-크레졸, 페놀류), ④ 오쏘-하이드록시벤조산(살리실산, 페놀류의 성질과 벤조산의 성질을 모두 지님)이다.
> ∴ 정색 반응을 하지 않는 것은 알코올류인 벤질알코올이다.

14 비누화 값이 작은 지방에 대한 설명으로 옳은 것은?

① 분자량이 작으며, 저급 지방산의 에스테르이다.
② 분자량이 작으며, 고급 지방산의 에스테르이다.
③ 분자량이 크며, 저급 지방산의 에스테르이다.
④ 분자량이 크며, 고급 지방산의 에스테르이다.

> 비누화 값이란 지방 혹은 유지 1g을 비누로 만드는데 필요한 수산화나트륨(NaOH)이나 수산화칼륨(KOH)의 mg수이다. 지방산은 -COOH기를 지니고 있는 화합물로 탄소 수에 따라 저급 지방산(탄소 수 4~6), 고급 지방산(탄소 수 14~26)로 분류한다.
> ∴ 비누화 값이 작으려면 분자량이 크고 탄소 수가 많은 고급 지방산이어야 한다.

15 P 오비탈에 대한 설명 중 옳은 것은?

① 원자핵에서 가장 가까운 오비탈이다.
② s 오비탈보다는 약간 높은 모든 에너지 준위에서 발견된다.
③ X, Y의 2방향을 축으로 한 원형 오비탈이다.
④ 오비탈의 수는 3개, 들어갈 수 있는 최대 전자수는 6개이다.

원자핵에서 가장 가까운 오비탈은 $1s$ 오비탈이고, 주양자수(n)가 1인 K 전자껍질에는 p 오비탈이 존재하지 않는다. p 오비탈은 p_x, p_y, p_z 의 X, Y, Z의 3방향을 축으로 한 아령 모양의 오비탈이다. 오비탈 1개에 들어가는 전자 수는 최대 2개이므로 오비탈 수가 3인 p 오비탈에는 최대 6개의 전자가 들어갈 수 있다.

16 기체 A 5g은 27℃, 380mmHg에서 부피가 6,000mL이다. 이 기체의 분자량(g/mol)은 약 얼마인가? (단, 이상기체로 가정한다)

① 24 ② 41
③ 64 ④ 123

이상 기체 상태 방정식를 이용하면 : $PV = nRT$
- P : 0.5기압(= $\frac{380mmHg}{760mmHg}$)
- V : $6L(=6000mL)$
- n : $5/MW$
- R : $0.08206atm \cdot L/mol \cdot K$
- T : $300K(=273+27)$

$0.5atm \times 6L = \frac{5g}{MW} \times 0.08206L \cdot atm/mol \cdot K \times 300K$

$\therefore MW=41$

17 다음 중 완충용액에 해당하는 것은?

① CH_3COONa와 CH_3COOH
② NH_4Cl와 HCl
③ CH_3COONa와 $NaOH$
④ $HCOONa$와 Na_2SO_4

완충 용액이란 약산과 그 약산의 짝염기가 함께 섞여 있거나, 약염기와 그 약염기의 짝산이 함께 섞여 있으면 산이나 염기를 가해도 pH가 크게 변하지 않는 완충 효과를 보이는 용액이다. CH_3COO^-은 약산인 CH_3COOH의 짝염기이므로 완충 용액이다.

18 다음 분자 중 가장 무거운 분자의 질량은 가장 가벼운 분자의 몇 배인가? (단, Cl의 원자량은 35.5이다)

H_2, Cl_2, CH_4, CO_2

① 4배 ② 22배
③ 30.5배 ④ 35.5배

분자량은 분자를 구성하는 원자의 원자량 합으로 계산한다.
H_2 : 2, Cl_2 : 71, CH_4 : 16, CO_2 : 44
분자량이 가장 작은 분자는 H_2이고, 분자량이 가장 큰 분자는 Cl_2이므로, Cl_2의 분자량이 H_2 분자량의 71÷2=35.5배이다.

19 다음 물질의 수용액을 같은 전기량으로 전기분해해서 금속을 석출한다고 가정할 때 석출되는 금속의 질량이 가장 많은 것은? (단, 괄호 안의 값은 석출되는 금속의 원자량이다)

① $CuSO_4$ (Cu = 64)
② $NiSO_4$ (Ni = 59)
③ $AgNO_3$ (Ag = 108)
④ $Pb(NO_3)_2$ (Pb = 207)

금속의 환원 반응식은 다음과 같다.
- $Cu^{2+} + 2e^- \rightarrow Cu$
- $Ni^{2+} + 2e^- \rightarrow Ni$
- $Ag^+ + e^- \rightarrow Ag$
- $Pb^{2+} + 2e^- \rightarrow Pb$

동일하게 2몰의 전자가 흘렀다고 가정하면 이때 생성되는 금속의 몰수와 질량은 다음과 같다.
- Cu 1몰, 64g
- Ni 1몰, 59g
- Ag 2몰, 108g×2몰 = 216g
- Pb 1몰, 207g

∴ 석출된 금속의 질량이 가장 큰 금속은 Ag이다.

20 25℃에서 $Cd(OH)_2$ 염의 몰용해도는 1.7×10^{-5}mol/L이다. $Cd(OH)_2$염의 용해도곱 상수, K_{sp}를 구하면 약 얼마인가?

① 2.0×10^{-14} ② 2.2×10^{-12}
③ 2.4×10^{-10} ④ 2.6×10^{-8}

$Cd(OH)_2 \rightarrow Cd^{2+} + 2OH^-$
$Cd(OH)_2$ 염의 용해도곱 상수는 Ksp = $[Cd_2^+][OH^-]^2$으로 나타낼 수 있고, Ca^{2+}의 농도를 x라고 하면 Ksp=$(x)(2x)^2$로 나타낼 수 있다.
$Cd(OH)_2$ 염의 몰용해도가 1.7×10^{-5}mol/L이므로
$[Cd_2^+] = 1.7\times10^{-5}$mol/L이고, 식에 대입하여 계산하면
Ksp = $(1.7\times10^{-5})(2\times1.7\times10^{-5})^2 = 2.0\times10^{-14}$이다.

02 화재예방과 소화방법

21 특정옥외탱크저장소라 함은 저장 또는 취급하는 액체 위험물의 최대수량이 얼마 이상의 것을 말하는가?

① 50만 리터 이상 ② 100만 리터 이상
③ 150만 리터 이상 ④ 200만 리터 이상

- 특정옥외탱크저장소에 저장 또는 취급하는 액체 위험물의 최대 수량 : 100만 리터 이상
- 준특정옥외탱크저장소에 저장 또는 취급하는 액체 위험물의 최대수량 : 50만 리터 이상 100만 리터 미만

22 양초(파라핀)의 연소 형태는?

① 표면연소 ② 분해연소
③ 자기연소 ④ 증발연소

양초는 증발연소를 한다.

23 다량의 비수용성 제4류 위험물의 화재 시 물로 소화하는 것이 적합하지 않은 이유는?

① 가연성 가스를 발생한다.
② 연소면을 확대한다.
③ 인화점이 내려간다.
④ 물이 열분해한다.

비수용성 제4류 위험물은 주수소화 시 화재면 확대의 위험이 있어 적합하지 않다.

24 제4류 위험물을 취급하는 제조소에서 지정수량의 몇 배 이상을 취급할 경우 자체소방대를 설치하여야 하는가?

① 1,000배 ② 2,000배
③ 3,000배 ④ 4,000배

지정수량의 3천배 이상의 제4류 위험물을 저장 · 취급하는 제조소 또는 일반취급소는 사업소에 자체소방대를 설치하여야 한다.

25 위험물안전관리법령상 제2류 위험물인 철분에 적응성이 있는 소화설비는?

① 포소화설비
② 탄산수소염류 분말소화설비
③ 할로젠화합물소화설비
④ 스프링클러설비

제2류 위험물인 철분, 금속분, 마그네슘 등에 적응성이 있는 소화설비는 탄산수소염류 분말소화설비, 건조사, 팽창질석, 팽창진주암 등이다.

26 위험물제조소에 옥내소화전이 가장 많이 설치된 층의 옥내소화전 설치개수가 2개이다. 위험물안전관리법령의 옥내소화전설비 설치기준에 의하면 수원의 수량을 얼마 이상이 되어야 하는가?

① $7.8m^3$ ② $15.6m^3$
③ $20.6m^3$ ④ $78m^3$

수원의 수량 = 소화전의 수(최대 5개)×7.8 = 2×7.8 = 15.6

27 트라이에틸알루미늄이 습기와 반응할 때 발생되는 가스는?

① 수소 ② 아세틸렌
③ 에탄 ④ 메탄

트라이에틸알루미늄은 습기와 반응하여 에탄을 발생한다.

28 일반적으로 다량의 주수를 통한 소화가 가장 효과적인 화재는?

① A급 화재 ② B급 화재
③ C급 화재 ④ D급 화재

일반화재인 A급 화재에는 다량의 주수를 통한 소화가 가장 효과적이다.

29 프로판 $2m^3$이 완전연소할 때 필요한 이론 공기량은 약 몇 m^3인가? (단, 공기 중 산소 농도는 21vol% 이다)

① 23.81 ② 35.72
③ 47.62 ④ 71.43

- 프로판(CH)의 연소반응식

$C_3H_8 + 5O_2 \rightarrow 3CO_2 + 4H_2O$
프로판 산소 이산화탄소 물

위의 반응식을 보면, 프로판 1몰이 완전연소하기 위해서는 5몰의 산소가 필요하다. 프로판 $1m^3$가 완전연소하기 위하여 $5m^3$의 산소가 필요하므로 프로판 $2m^3$가 완전연소하기 위해서는 $10m^3$의 산소가 필요하다.

이론공기량 = $10m^3 \times \frac{1}{0.21} = 47.619$

30 탄산수소칼륨 소화약제가 열분해 반응 시 생성되는 물질이 아닌 것은?

① K_2CO_3 ② CO_2
③ H_2O ④ KNO_3

제2종 분말소화약제 열분해 반응식
$2KHCO_3 \rightarrow K_2CO_3 + CO_2 + H_2O$
(탄산수소칼륨) (탄산칼륨) (이산화탄소) (물)

31 포소화약제와 분말소화약제의 공통적인 주요 소화효과는?

① 질식효과 ② 부촉매효과
③ 제거효과 ④ 억제효과

포소화약제와 분말소화약제는 질식소화 및 냉각소화 효과를 가진다.

32 위험물안전관리법령상 지정수량의 3천배 초과 4천배 이하의 위험물을 저장하는 옥외탱크저장소에 확보하여야 하는 보유공지의 너비는 얼마인가?

① 6m 이상 ② 9m 이상
③ 12m 이상 ④ 15m 이상

지정수량의 3천배 초과 4천배 이하의 위험물을 저장하는 옥외탱크저장소에 확보하여야 하는 보유공지는 15m 이상이다.

33 과산화나트륨의 화재 시 적응성이 있는 소화설비로만 나열된 것은?

① 포소화기, 건조사
② 건조사, 팽창질석
③ 이산화탄소소화기, 건조사, 팽창질석
④ 포소화기, 건조사, 팽창질석

제1류 위험물인 과산화나트륨은 화재 시 마른모래, 팽창질석, 팽창진주암 등이 적응성이 있다.

34 소화약제의 종류에 해당되지 않는 것은?

① CF_2BrCl ② $NaHCO_3$
③ NH_4BrO_3 ④ CF_3Br

① CF_2BrCl : 할론 1211
② $NaHCO_3$: 탄산수소나트륨(제1종 분말)
③ NH_4BrO_3 : 브로민산암모늄(제1류 위험물)
④ CF_3Br : 할론 1301

35 화재예방 시 자연발화를 방지하기 위한 일반적인 방법으로 옳지 않은 것은?

① 통풍을 방지한다.
② 저장실의 온도를 낮춘다.
③ 습도가 높은 장소를 피한다.
④ 열의 축적을 막는다.

자연발화의 방지 방법
- 저장실의 온도를 낮춘다.
- 습도를 낮게 유지한다.
- 발열량이 작아야 한다.
- 표면적이 작아야 한다.
- 열전도율을 좋게 한다.

36 청정소화약제 중 IG-541의 구성 성분을 옳게 나타낸 것은?

① 헬륨, 네온, 아르곤
② 질소, 아르곤, 이산화탄소
③ 질소, 이산화탄소, 헬륨
④ 헬륨, 네온, 이산화탄소

불활성가스 청정소화약제의 종류

종류	성분
IG – 01	아르곤
IG – 100	질소
IG – 541	질소, 아르곤, 이산화탄소
IG – 55	질소, 아르곤

37 분말소화약제의 분해반응식이다. ( ) 안에 알맞은 것은?

$$2NaHCO_3 \rightarrow (\quad) + CO_2 + H_2O$$

① $2NaCO$ ② $2NaCO_2$
③ Na_2CO_3 ④ Na_2CO_4

제1종 분말소화약제의 열분해반응식
$2NaHCO_3 \rightarrow Na_2CO_3 + CO_2 + H_2O$

38 다음 소화설비 중 능력단위가 1.0인 것은?

① 삽 1개를 포함한 마른모래 50L
② 삽 1개를 포함한 마른모래 150L
③ 삽 1개를 포함한 팽창질석 100L
④ 삽 1개를 포함한 팽창질석 160L

기타 소화설비의 능력단위

소화설비	용량	능력단위
소화전용 물통	8L	0.3
수조(소화전용 물통 3개 포함)	80L	1.5
수조(소화전용 물통 6개 포함	190L	2.5
마른모래(삽 1개 포함)	50L	0.5
팽창질석 또는 팽창진주암 (삽 1개 포함)	160L	1.0

39 폐쇄형 스프링클러헤드 부착장소의 평상시의 최고주위온도가 39℃ 이상 64℃ 미만일 때 표시온도의 범위로 옳은 것은?

① 58℃ 이상 79℃ 미만
② 79℃ 이상 121℃ 미만
③ 121℃ 이상 162℃ 미만
④ 162℃ 이상

부착장소의 최고주위온도(단위 : ℃)	표시온도(단위 : ℃)
28 미만	58 미만
28 이상 39 미만	58 이상 79 미만
39 이상 64 미만	79 이상 121 미만
64 이상 106 미만	121 이상 162 미만
106 이상	162 이상

40 제2류 위험물의 일반적인 특징에 대한 설명으로 가장 옳은 것은?

① 비교적 낮은 온도에서 연소하기 쉬운 물질이다.
② 위험물 자체 내에 산소를 갖고 있다.
③ 연소 속도가 느리지만 지속적으로 연소한다.
④ 대부분 물보다 가볍고 물에 잘 녹는다.

② 제2류 위험물은 산소를 함유하고 있지 않은 강력한 환원성 물질이다.
③ 산소와의 결합이 용이하고 잘 연소한다.
④ 대부분 물보다 무겁고 물에 잘 녹지 않는다.

03 위험물 성상 및 취급

41 옥외저장소에서 저장할 수 없는 위험물은? (단, 시·도 조례에서 별도로 정하는 위험물 또는 국제해상위험물규칙에 적합한 용기에 수납된 위험물은 제외한다)

① 과산화수소
② 아세톤
③ 에탄올
④ 황

제4류 위험물 중 옥외저장소에 저장할 수 있는 위험물은 인화점이 섭씨 0도 이상인 제1석유류, 알코올류, 제2석유류, 제3석유류, 제4석유류 및 동식물유류이다. 아세톤은 제4류 위험물 중 인화점이 −18℃인 제1석유류이므로 옥외저장소에 저장할 수 없다.

42 탄화칼슘에 대한 설명으로 틀린 것은?

① 화재 시 이산화탄소소화기가 적응성이 있다.
② 비중은 약 2.2로 물보다 무겁다.
③ 질소 중에서 고온으로 가열하면 $CaCN_2$가 얻어진다.
④ 물과 반응하면 아세틸렌 가스가 발생한다.

제3류 위험물인 탄화칼슘은 이산화탄소소화기에는 적응성이 없으며, 탄산수소염류분말소화기가 적응성이 있다.

43 그림과 같은 타원형 탱크의 내용적은 약 몇 m3 인가?

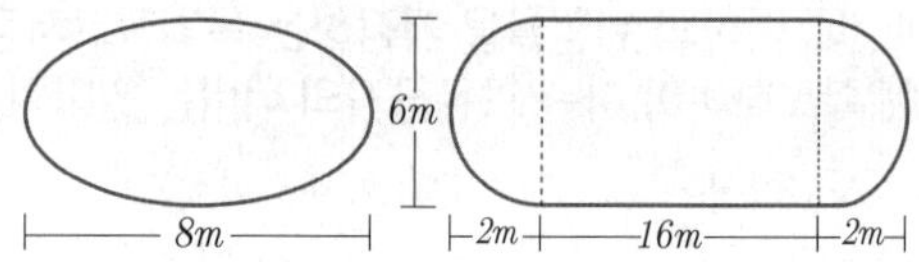

① 453 ② 553
③ 653 ④ 753

양쪽이 볼록한 타원형 탱크의 내용적 =

$$= \frac{\pi ab}{4}\left(L + \frac{L_1 + L_2}{3}\right) = \frac{\pi \times 8 \times 6}{4}\left(16 + \frac{2+2}{3}\right) \fallingdotseq 653m^3$$

44 옥외탱크저장소에서 취급하는 위험물의 최대수량에 따른 보유공지 너비가 틀린 것은? (단, 원칙적인 경우에 한한다)

① 지정수량 500배 이하 - 3m 이상
② 지정수량 500배 초과 1,000배 이하 - 5m 이상
③ 지정수량 1,000배 초과 2,000배 이하 - 9m 이상
④ 지정수량 2,000배 초과 3,000배 이하 - 15m 이상

지정수량의 2000배 초과 3000배 이하인 경우 공지의 너비는 12m 이상이다.

45 동식물유류에 대한 설명으로 틀린 것은?

① 요오드화 값이 작을수록 자연발화의 위험성이 높아진다.
② 요오드화 값이 130 이상인 것은 건성유이다.
③ 건성유에는 아마인유, 들기름 등이 있다.
④ 인화점이 물의 비점보다 낮은 것도 있다.

요오드화 값이 높을수록 자연발화의 위험성이 높아진다.

46 과산화수소의 저장 방법으로 옳은 것은?

① 분해를 막기 위해 하이드라진을 넣고 완전히 밀전하여 보관한다.
② 분해를 막기 위해 하이드라진을 넣고 가스가 빠지는 구조로 마개를 하여 보관한다.
③ 분해를 막기 위해 요산을 넣고 완전히 밀전하여 보관한다.
④ 분해를 막기 위해 요산을 넣고 가스가 빠지는 구조로 마개를 하여 보관한다.

제6류 위험물인 과산화수소는 뚜껑에 작은 구멍을 뚫은 갈색 용기에 보관하며, 분해를 막기 위해 인산, 요산 등을 넣어둔다.

47 염소산칼륨에 대한 설명으로 옳은 것은?

① 강한 산화제이며, 열분해하여 염소를 발생한다.
② 폭약의 원료로 사용된다.
③ 점성이 있는 액체이다.
④ 녹는점이 700℃ 이상이다.

① 염소산칼륨은 열분해하여 산소를 발생한다.
③ 백색의 분말이다.
④ 녹는점이 368.4℃이다.

48 위험물 제조소등의 안전거리의 단축기준과 관련해서 H ≤ pD2 + a인 경우 방화상 유효한 담의 높이는 2m 이상으로 한다. 다음 중 a에 해당하는 것은?

① 인근 건축물의 높이(m)
② 제조소등의 외벽의 높이(m)
③ 제조소등과 공작물과의 거리(m)
④ 제조소등과 방화상 유효한 담과의 거리(m)

H : 인근 건축물 또는 공작물의 높이(m)
p : 상수
D : 제조소등과 인근 건축물 또는 공작물과의 거리(m)
α : 제조소등의 외벽의 높이(m)

49 다음 물질 중 지정수량이 400L인 것은?

① 포름산메틸 ② 벤젠
③ 톨루엔 ④ 벤즈알데하이드

포름산메틸은 제4류 위험물 중 제1석유류(수용성 액체)에 속하는 것으로 지정수량이 400L이다.
② 벤젠 : 200L
③ 톨루엔 : 200L
④ 벤즈알데하이드 : 1,000L

50 벤젠에 진한 질산과 진한 황산의 혼산을 반응시켜 얻어지는 화합물은?

① 피크린산 ② 아닐린
③ TNT ④ 나이트로벤젠

제4류 위험물 중 제3석유류인 나이트로벤젠은 연한 노란색의 기름 모양의 액체로 벤젠에 진한 질산과 진한 황산을 첨가해 나이트로화해서 만들어진다.

51 셀룰로이드의 자연발화 형태를 가장 옳게 나타낸 것은?

① 잠열에 의한 발화
② 미생물에 의한 발화
③ 분해열에 의한 발화
④ 흡착열에 의한 발화

셀룰로이드는 장시간 방치하면 햇빛, 고온 등에 의해 분해가 촉진되어 자연발화의 위험이 있다.

52 다음과 같은 물질이 서로 혼합되었을 때 발화 또는 폭발의 위험성이 가장 높은 것은?

① 벤조일퍼옥사이드와 질산
② 이황화탄소와 증류수
③ 금속나트륨과 석유
④ 금속칼륨과 유동성 파라핀

제5류 위험물인 벤조일퍼옥사이드는 진한 황산, 질산 등에 의해 분해 폭발의 위험이 있다.

53 다음 중 조해성이 있는 황화인만 모두 선택하여 나열한 것은?

P_4S_3, P_2S_5, P_4S_7

① P_4S_3, P_2S_5
② P_4S_3, P_4S_7
③ P_2S_5, P_4S_7
④ P_4S_3, P_2S_5, P_4S_7

삼황화인은 조해성이 없으며, 오황화인 및 칠황화인은 조해성이 있다.

54 다음 중 위험등급 I의 위험물이 아닌 것은?

① 염소산염류　② 황화인
③ 알킬리튬　④ 과산화수소

> 제2류 위험물인 황화인은 위험등급 II의 위험물이다.

55 가솔린 저장량이 2,000L일 때 소화설비 설치를 위한 소요단위는?

① 1　② 2
③ 3　④ 4

> $\text{소요단위} = \frac{2{,}000\text{리터}}{200\text{리터} \times 10} = 1\text{소요단위}$

56 위험물안전관리법령상 은, 수은, 동, 마그네슘 및 이의 합금으로 된 용기를 사용하여서는 안 되는 물질은?

① 이황화탄소　② 아세트알데하이드
③ 아세톤　④ 다이에틸에터

> 아세트알데하이드 또는 산화프로필렌을 취급하는 설비는 은 · 수은 · 동 · 마그네슘 또는 은 · 수은 · 동 · 마그네슘 성분을 함유한 합금을 사용하면 안 된다.

57 금속칼륨의 일반적인 성질로 옳지 않은 것은?

① 은백색의 연한 금속이다.
② 알코올 속에 저장한다.
③ 물과 반응하여 수소 가스를 발생한다.
④ 물보다 가볍다.

> 제3류 위험물인 금속칼륨은 석유, 경유 또는 등유 속에 저장한다.

58 다음 중 물과 접촉했을 때 위험성이 가장 큰 것은?

① 금속칼륨　② 황린
③ 과산화벤조일　④ 다이에틸에터

> 제3류 위험물인 금속칼륨은 물과 접촉하여 수소를 발생하여 위험성이 높아진다.

59 질산암모늄에 관한 설명 중 틀린 것은?

① 상온에서 고체이다.
② 폭약의 제조 원료로 사용할 수 있다.
③ 흡습성과 조해성이 있다.
④ 물과 반응하여 발열하고 다량의 가스를 발생한다.

> 질산암모늄은 물에 녹을 때 흡열반응을 일으킨다.

60 산화프로필렌 300L, 메탄올 400L, 벤젠 200L를 저장하고 있는 경우 각각 지정수량 배수의 총 합은 얼마인가?

① 4　② 6
③ 8　④ 10

> $\text{지정수량의 배수} = \frac{300L}{50L} + \frac{400L}{400L} + \frac{200L}{200L} = 8$

【2017년 1회】

정답

01	02	03	04	05	06	07	08	09	10
①	②	②	①	③	③	①	①	①	③
11	12	13	14	15	16	17	18	19	20
①	③	②	④	④	②	①	④	③	①
21	22	23	24	25	26	27	28	29	30
②	④	②	③	②	②	③	①	③	④
31	32	33	34	35	36	37	38	39	40
①	④	②	③	①	②	③	④	②	①
41	42	43	44	45	46	47	48	49	50
②	①	③	④	①	④	②	②	①	④
51	52	53	54	55	56	57	58	59	60
③	①	③	②	①	②	②	①	④	③

최종점검 2 – 기출문제로 출제유형을 파악하자!

최근기출문제 – 2017년 2회

▶정답은 414쪽에 있습니다.

01 물질의 물리 · 화학적 성질

01 산성 산화물에 해당하는 것은?

① CaO　② Na_2O
③ CO_2　④ MgO

산성 산화물이란 물과 반응하여 산을 만들거나 염기와 반응하여 염을 만드는 물질로 주로 비금속 원소의 산화물이 여기에 속한다. CO_2는 물에 녹아 H_2CO_3를 생성하는 산성 산화물이다.
$CO_2 + H_2O \rightarrow H_2CO_3$

02 다음 화합물의 0.1mol 수용액 중에서 가장 약한 산성을 나타내는 것은?

① H_2SO_4　② HCl
③ CH_3COOH　④ HNO_3

CH_3COOH은 약한 산성 물질이다.

03 다음 반응식에서 브뢴스테드의 산 · 염기 개념으로 볼 때 산에 해당하는 것은?

$$H_2O + NH_3 \rightleftarrows OH^- + NH_4^+$$

① NH_3와 NH_4^+　② NH_3와 OH^-
③ H_2O와 OH^-　④ H_2O와 NH_4^+

브뢴스테드-로우리 산염기 정의에 따르면 H^+를 내놓는 물질은 산, H^+을 받는 물질은 염기이다. $NH_3 + H_2O \rightleftarrows NH_4^+ + OH^-$에서 H_2O은 H^+을 내놓는 산으로 작용한다.

04 같은 몰농도에서 비전해질 용액은 전해질 용액보다 비등점 상승도의 변화추이가 어떠한가?

① 크다.
② 작다.
③ 같다.
④ 전해질 여부와 무관하다.

묽은 용액의 총괄성에 따라 같은 온도에서 묽은 용액의 끓는점(비등점)은 용질의 종류에 관계없이 용액 속에 들어있는 용질의 입자 수에만 비례한다.
비전해질 용액은 용질이 용매에 녹았을 때 이온화되지 않은 상태로 존재하여 전류가 흐르지 않는 용액이고, 전해질 용액은 용질이 용매에 녹았을 때 용질이 이온화되어 전류가 흐르는 용액이다.
같은 몰농도에서 처음에 같은 수의 용질을 넣었지만, 용액에 존재하는 용질의 입자 수는 이온화된 전해질 용액 속에 들어있는 입자 수가 비전해질 용액 속에 들어 있는 용질의 입자 수보다 많다.
따라서 비전해질 용액의 끓는점(비등점) 상승도가 전해질 용액의 상승도보다 작다.

05 다음 화학 반응식 중 실제로 반응이 오른쪽으로 진행되는 것은?

① $2KI + F_2 \rightarrow 2KF + I_2$
② $2KBr + I_2 \rightarrow 2KI + Br_2$
③ $2KF + Br_2 \rightarrow 2KBr + F_2$
④ $2KCl + Br_2 \rightarrow 2KBr + Cl_2$

할로젠 원소의 이원자 분자의 반응성은 $F_2 > Cl_2 > Br_2 > I_2$이다. 반응성이 큰 할로젠 분자는 전자를 얻어 환원되고 상대적으로 반응성이 작은 할로젠 분자는 전자를 잃고 산화된다.
따라서 ①에서 $2I^- + F_2 \rightarrow 2F^- + I_2$의 반응으로 오른쪽으로 진행된다.

06 나일론(Nylon 6,6)에는 다음 어느 결합이 들어 있는가?

① $-S-S-$　② $-O-$
③ $-\overset{O}{\overset{\|}{C}}-O-$　④ $-\overset{O}{\overset{\|}{C}}-\overset{H}{\overset{|}{N}}-$

나일론 6.6 : $\left(\overset{H}{\overset{|}{N}}-(CH_2)_6-\overset{H}{\overset{|}{N}}-\overset{O}{\overset{\|}{C}}-(CH_2)_4-\overset{O}{\overset{\|}{C}}\right)_n$
아디프산($HOOC(CH_2)_4COOH$)과 헥사메틸렌다이아민($H_2N(CH_2)_6NH_2$)이 축합 반응하여 물이 빠져나가며 생성된다.
$-\overset{O}{\overset{\|}{C}}-\overset{H}{\overset{|}{N}}-$: 펩타이드 구조를 지닌다.
※ ① 다이설파이드 결합(이황화 결합), ② 에터기, ③ 에스터기

chapter 09

07 0.1N $KMnO_4$ 용액 500mL를 만들려면 $KMnO_4$ 몇 g이 필요한가? (단, 원자량은 K : 39, Mn : 55, O : 16이다)

① 15.8g ② 7.9g
③ 1.58g ④ 0.89g

> $KMnO_4$의 당량수를 구하기 위한 반응 조건이 제시되지 않았기 때문에 전항 정답으로 인정되었다.

08 황산구리 수용액을 Pt 전극을 써서 전기 분해하여 음극에서 63.5g의 구리를 얻고자 한다. 10A의 전류를 약 몇 시간 흐르게 하여야 하는가? (단, 구리의 원자량은 63.5이다.)

① 2.36 ② 5.36
③ 8.16 ④ 9.16

> 구리의 환원 반응 : $Cu^{2+} + 2e^- \rightarrow Cu$
> Cu 63.5g은 1몰이므로, 필요한 전자는 2몰이다.
> 전자의 전하량 : 2몰×96500C/몰 = 193000C
> ∴ 걸리는 시간 = $\frac{193000C}{10A \times 3600s}$ = 5.36hr

09 물 2.5L 중에 어떤 불순물이 10mg 함유되어 있다면 약 몇 ppm으로 나타낼 수 있는가?

① 0.4 ② 1
③ 4 ④ 40

> 물의 밀도 : 1g/mL(4℃), 물 2.5L = 2.5×10^6mg
> ∴ ppm = $\frac{\text{용질의 질량}}{\text{용액의 질량}} \times 10^6$
> = $\frac{10mg}{2.5 \times 10^6 mg + 10mg} \times 10^6$ = 4ppm

10 표준 상태에서 기체 A 1L의 무게는 1.964g이다. A의 분자량은?

① 44 ② 16
③ 4 ④ 2

> 표준 상태(0℃, 1기압)에서 기체 1몰의 부피는 22.4L이다.
> 기체 A 22.4L의 질량은 22.4L×1.964g/L = 44g이다.
> ∴ 기체 A의 분자량은 44이다.

11 C_3H_8 22.0g을 완전 연소 시켰을 때 필요한 공기의 부피는 약 얼마인가? (단, 0℃, 1기압 기준이며, 공기 중의 산소량은 21%이다.)

① 56L ② 112L
③ 224L ④ 267L

> 프로펜(프로판)의 연소 반응식 : $C_3H_8 + 5O_2 \rightarrow 3CO_2 + 4H_2O$
> C_3H_8 22.0g은 0.5몰이고, C_3H_8 0.5몰이 완전 연소할 때 O_2는 2.5몰이 필요하다.
> 0℃, 1기압에서 2.5몰의 O_2 부피는 2.5몰×22.4L/몰 = 56L이므로, 필요한 공기의 부피는 $\frac{56L}{0.21}$ = 267L이다.

12 화약 제조에 사용되는 물질인 질산칼륨에서 N의 산화수는 얼마인가?

① +1 ② +3
③ +5 ④ +7

> KNO_3 : K의 산화수 +1, N의 산화수 +5, O의 산화수 −2

13 이온결합 물질의 일반적인 성질에 관한 설명 중 틀린 것은?

① 녹는점이 비교적 높다.
② 단단하고 부스러지기 쉽다.
③ 고체와 액체 상태에서 모두 도체이다.
④ 물과 같은 극성 용매에 용해되기 쉽다.

> 이온결합 물질은 고체 상태에서 이온이 움직이지 못하므로 전기 전도성이 없다. 액체 상태에서는 이온이 유동성을 나타내기 때문에 전기 전도성이 있다.

14 전형 원소 내에서 원소의 화학적 성질이 비슷한 것은?

① 원소의 족이 같은 경우
② 원소의 주기가 같은 경우
③ 원자 번호가 비슷한 경우
④ 원자의 전자 수가 같은 경우

> 전형 원소란 전이 금속 원소(3~12족)를 제외한 일부 원소를 말한다. 주기율표에서 같은 세로줄 즉, 같은 족에 위치한 원소는 원자가 전자 수가 같기 때문에 화학적 성질이 유사하다.

15 볼타 전지에 관한 설명으로 틀린 것은?

① 이온화 경향이 큰 쪽의 물질이 (-)극이다.
② (+)극에서는 방전 시 산화 반응이 일어난다.
③ 전자는 도선을 따라 (-)극에서 (+)극으로 이동한다.

④ 전류의 방향은 전자의 이동 방향과 반대이다.

볼타 전지는 아연판과 구리판을 묽은 황산에 담그고 도선으로 두 금속판을 연결한 전지이다.
(−)극 : $Zn \rightarrow Zn^{2+} + 2e^-$ (산화 반응)
(+)극 : $2H^+ + 2e^- \rightarrow H_2$
이온화 경향성이 큰 아연이 (−)극에서 전자를 잃고 산화된다.

16 탄소와 모래를 전기로에 넣어서 가열하면 연마제로 쓰이는 물질이 생성된다. 이에 해당하는 것은?

① 카보런덤 ② 카바이드
③ 카본블랙 ④ 규소

- 카바이드 : 칼슘과 탄소의 화합물인 탄화칼슘(CaC_2)으로 탄소와 금속으로 구성된 화합물이다. 카바이드는 물과 반응하여 밝은 빛을 내며 타는 아세틸렌가스가 발생한다.
- 카본블랙 : 천연가스, 기름, 목재 등의 불완전 연소로 만들어지는 흑색의 미세한 탄소 가루로 잉크, 페인트 등의 원료 및 고무, 시멘트 등의 배합제로 쓰인다.
- 규소 : Si

17 어떤 금속 1.0g을 묽은 황산에 넣었더니 표준상태에서 560mL의 수소가 발생하였다. 이 금속의 원자가는 얼마인가? (단, 금속의 원자량은 40으로 가정한다)

① 1가 ② 2가
③ 3가 ④ 4가

금속 M 1g의 몰수는 $\frac{1}{40} = 0.025$몰이다.
H_2 560mL는 0.56L이고, 표준 상태에서 기체 1몰 부피는 22.4L이므로 생성된 H_2의 몰수는 0.56L/22.4L = 0.025몰이다. 반응한 금속 M의 몰수와 생성된 H_2의 몰수비가 1:1이므로, 계수비도 1:1이다.
∴ 금속 M의 화학 반응식은 $M + H_2SO_4 \rightarrow MSO_4 + H_2$이고, 금속 M은 SO_4^{2-} 이온과 1:1 결합하므로 원자가는 2이다.

18 불꽃 반응 시 보라색을 나타내는 금속은?

① Li ② K
③ Na ④ Ba

불꽃 반응은 금속성분 원소의 불꽃색을 이용하는 간단한 실험 방법이다.
① Li : 빨간색, ③ Na : 노란색, ④ Ba : 황록색

19 다음 화학식의 IUPAC 명명법에 따른 올바른 명명법은?

$$CH_3 - CH_2 - \underset{\displaystyle CH_3}{\underset{|}{CH}} - CH_2 - CH_3$$

① 3-메틸펜탄
② 2,3,5-트라이메틸헥산
③ 아이소부탄
④ 1,4-헥산

가장 긴 사슬을 형성하는 탄소가 5개이고, CH_3^-(메틸기)가 3번 탄소에 연결되어 있으므로 3-메틸펜탄으로 명명한다.

20 주기율표에서 원소를 차례대로 나열할 때 기준이 되는 것은?

① 원자의 부피
② 원자핵의 양성자 수
③ 원자가 전자 수
④ 원자 반지름의 크기

현대적 주기율표는 원소를 원자 번호 순서대로 나열한 표이다. 원소의 원자 번호는 원자핵 속에 들어있는 양성자 수로 정의한다.

02 화재예방과 소화방법

21 포소화약제의 혼합 방식 중 포원액을 송수관에 압입하기 위하여 포원액용 펌프를 별도로 설치하여 혼합하는 방식은?

① 라인 프로포셔너 방식
② 프레져 프로포셔너 방식
③ 펌프 프로포셔너 방식
④ 프레져 사이드 프로포셔너 방식

포원액을 송수관에 압입하기 위하여 포원액용 펌프를 별도로 설치하여 혼합하는 방식을 프레져 사이드 프로포셔너 방식이라 한다.

22 할로젠화합물 소화약제의 조건으로 옳은 것은?

① 비점이 높을 것
② 기화되기 쉬울 것
③ 공기보다 가벼울 것
④ 연소성이 좋을 것

할로젠화합물 소화약제는 비점이 낮고, 공기보다 무겁고, 연소성이 좋지 않아야 한다.

23 자연발화가 일어나는 물질과 대표적인 에너지원의 관계로 옳지 않은 것은?

① 셀룰로이드 – 흡착열에 의한 발열
② 활성탄 – 흡착열에 의한 발열
③ 퇴비 – 미생물에 의한 발열
④ 먼지 – 미생물에 의한 발열

셀룰로이드 – 분해열에 의한 발열

24 소화기와 주된 소화효과가 옳게 짝지어진 것은?

① 포 소화기 – 제거소화
② 할로젠화합물 소화기 – 냉각소화
③ 탄산가스 소화기 – 억제소화
④ 분말 소화기 – 질식소화

① 포 소화기 – 질식소화, 냉각소화
② 할로젠화합물 소화기 – 억제소화
③ 탄산가스 소화기 – 질식소화

25 위험물안전관리법령상 물분무등소화설비에 포함되지 않는 것은?

① 포소화설비 ② 분말소화설비
③ 스프링클러설비 ④ 불활성가스소화설비

물분무등소화설비
물분무소화설비, 미분무소화설비, 포소화설비, 불활성가스소화설비(이산화탄소소화설비, 질소소화설비), 할로젠화합물소화설비, 청정소화약제 소화설비, 분말소화설비, 강화액소화설비

26 위험물에 화재가 발생하였을 경우 물과의 반응으로 인해 주수소화가 적당하지 않은 것은?

① CH_3ONO_2 ② $KClO_3$
③ Li_2O_2 ④ P

과산화리튬은 제1류 위험물로서 물과 반응하여 산소를 발생하므로 주수소화는 적당하지 않다.

27 과염소산 1몰을 모두 기체로 변환하였을 때 질량은 1기압, 50℃를 기준으로 몇 g 인가? (단, Cl의 원자량은 35.5이다)

① 5.4 ② 22.4
③ 100.5 ④ 224

과염소산($HClO_4$) 1몰의 질량 : 1 + 35.5 + 16 × 4 = 100.5

28 다음에서 설명하는 소화약제에 해당하는 것은?

- 무색, 무취이며 비전도성이다.
- 증기상태의 비중은 약 1.5이다.
- 임계온도는 약 31℃

① 탄산수소나트륨 ② 이산화탄소
③ 할론 1301 ④ 황산알루미늄

지문은 이산화탄소 소화약제에 대한 설명이다.

29 자연발화에 영향을 주는 인자로 가장 거리가 먼 것은?

① 수분 ② 증발열
③ 발열량 ④ 열전도율

자연발화에 영향을 주는 인자로는 온도, 습도, 발열량, 열전도율 등이 있다.

30 위험물안전관리법령상 소화설비의 적응성에서 이산화탄소소화기가 적응성이 있는 것은?

① 제1류 위험물 ② 제3류 위험물
③ 제4류 위험물 ④ 제5류 위험물

이산화탄소소화기는 전기설비, 제2류 위험물 중 인화성고체, 제4류 위험물, 폭발의 위험이 없는 장소에서의 제6류 위험물에 적응성이 있다.

31 경보설비는 지정수량 몇 배 이상의 위험물을 저장, 취급하는 제조소등에 설치하는가?

① 2 ② 4
③ 8 ④ 10

지정수량 10배 이상의 위험물을 저장 또는 취급하는 제조소등(이동탱크저장소 제외)에는 경보설비를 설치해야 한다.

32 탄화칼슘 60,000kg을 소요단위로 산정하면?

① 10단위 ② 20단위
③ 30단위 ④ 40단위

$$소요단위 = \frac{60,000리터}{300kg \times 10} = 20소요단위$$

33 고체의 일반적인 연소 형태에 속하지 않는 것은?

① 표면연소 ② 확산연소
③ 자기연소 ④ 증발연소

고체의 연소 형태에는분해연소, 표면연소, 증발연소, 자기연소가 있다. 확산연소는기체의 연소 형태에 속한다.

34 주된 연소 형태가 표면연소인 것은?

① 황 ② 종이
③ 금속분 ④ 나이트로셀룰로스

목탄, 코크스, 금속분, 마그네슘 등은 표면연소를 한다.

35 위험물의 화재 위험에 대한 설명으로 옳은 것은?

① 인화점이 높을수록 위험하다.
② 착화점이 높을수록 위험하다.
③ 착화에너지가 작을수록 위험하다.
④ 연소열이 작을수록 위험하다.

① 인화점이 낮을수록 위험하다.
② 착화점이 낮을수록 위험하다.
④ 연소열이 클수록 위험하다.

36 외벽이 내화구조인 위험물저장소 건축물의 연면적이 1,500m²인 경우 소요단위는?

① 6 ② 10
③ 13 ④ 14

외벽이 내화구조인 위험물 저장소 건축물은 150m²를 1소요단위로 한다.

$$\frac{1,500m^2}{150m^2} = 10소요단위$$

37 중유의 주된 연소 형태는?

① 표면연소 ② 분해연소
③ 증발연소 ④ 자기연소

제4류 위험물인 중유는 분해연소를 한다.

38 제5류 위험물의 화재 시 일반적인 조치사항으로 알맞은 것은?

① 분말소화약제를 이용한 질식소화가 효과적이다.
② 할로젠화합물 소화약제를 이용한 냉각소화가 효과적이다.
③ 이산화탄소를 이용한 질식소화가 효과적이다.
④ 다량의 주수에 의한 냉각소화가 효과적이다.

제5류 위험물은 화재 시 다량의 냉각주수소화가 가장 효과적이다.

39 Halon 1301에 해당하는 화학식은?

① CH_3Br ② CF_3Br
③ Cbr_3F ④ CH_3Cl

Halon 1301의 분자식은 CF_3Br이다.

40 소화약제의 열분해 반응식으로 옳은 것은?

① $NH_4H_2PO_4 \xrightarrow{\triangle} HPO_3 + NH_3 + H_2O$
② $2KNO_3 \xrightarrow{\triangle} 2KNO_2 + O_2$
③ $KClO_4 \xrightarrow{\triangle} KCl + 2O_2$
④ $2CaHCO_3 \xrightarrow{\triangle} 2CaO + H_2CO_3$

①은 제3종 분말소화약제인 제1인산암모늄의 열분해 반응식이다.
②, ③, ④ 모두 소화약제가 아니다.

03 위험물 성상 및 취급

41 금속칼륨 20kg, 금속나트륨 40kg, 탄화칼슘 600kg 각각의 지정수량 배수의 총합은 얼마인가?

① 2 ② 4
③ 6 ④ 8

> 지정수량의 배수 = $\frac{20kg}{10kg} + \frac{40kg}{10kg} + \frac{600kg}{300kg} = 8$

42 다음 중 C_5H_5N에 대한 설명으로 틀린 것은?

① 순수한 것은 무색이고 악취가 나는 액체이다.
② 상온에서 인화의 위험이 있다.
③ 물에 녹는다.
④ 강한 산성을 나타낸다.

> 제4류 위험물인 피리딘은 약한 알칼리성을 나타낸다.

43 물에 녹지 않고 물보다 무거우므로 안전한 저장을 위해 물속에 저장하는 것은?

① 다이에틸에터 ② 아세트알데하이드
③ 산화프로필렌 ④ 이황화탄소

> 제4류 위험물인 이황화탄소는 가연성 증기 발생을 방지하기 위해 물속에 저장한다.

44 알루미늄의 연소생성물을 옳게 나타낸 것은?

① Al_2O_3 ② $Al(OH)_3$
③ Al_2O_3, H_2O ④ $Al(OH)_3$, H_2O

> 알루미늄은 공기 중에서 녹는점 가까이 가열하면 흰 빛을 내며 연소하여 산화알루미늄이 된다.

45 다음 물질을 적셔서 얻은 헝겊을 대량으로 쌓아 두었을 경우 자연발화의 위험성이 가장 큰 것은?

① 아마인유 ② 땅콩기름
③ 야자유 ④ 올리브유

> 아미인유는 요오드값이 175~195로 가장 높아 자연발화의 위험이 가장 높다.

46 염소산나트륨이 열분해하였을 때 발생하는 기체는?

① 나트륨 ② 염화수소
③ 염소 ④ 산소

> 제1류 위험물인 염소산나트륨은 열분해하여 산소를 발생한다.

47 트라이나이트로페놀의 성질에 대한 설명 중 틀린 것은?

① 폭발에 대비하여 철, 구리로 만든 용기에 저장한다.
② 휘황색을 띤 침상결정이다.
③ 비중이 약 1.8로 물보다 무겁다.
④ 단독으로는 테트릴보다 충격, 마찰에 둔감한 편이다.

> 트라이나이트로페놀은 구리, 납, 철 등의 중금속과 반응하여 피크린산염을 생성하므로 위험하다.

48 [그림]과 같은 위험물을 저장하는 탱크의 내용적은 약 몇 m^3인가?(단, r은 10m, L은 25m이다)

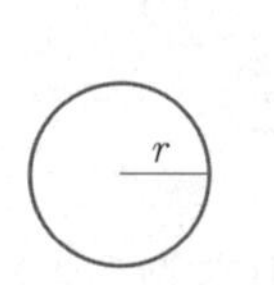

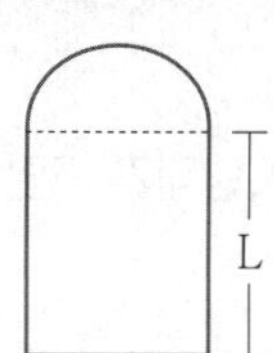

① 3,612 ② 4,754
③ 5,812 ④ 7,854

> 종으로 설치한 탱크의 내용적 = $\pi r^2 L = \pi \times 10^2 \times 25 \fallingdotseq 7{,}854$

49 충격 마찰에 예민하고 폭발 위력이 큰 물질로 뇌관의 첨장약으로 사용되는 것은?

① 나이트로글리콜 ② 나이트로셀룰로스
③ 테트릴 ④ 질산메틸

> 제5류 자기반응성물질의 나이트로화합물인 테트릴은 충격, 마찰에 의해 폭발적으로 분해될 수 있으며, 공업뇌관과 신관의 첨장약 및 전폭약으로 널리 사용되고 있다.

50 다음은 위험물안전관리법령상 제조소등에서의 위험물의 저장 및 취급에 관한 기준 중 저장기준의 일부이다. ( ) 안에 알맞은 것은?

> 옥내저장소에 있어서 위험물은 규정에 의한 바에 따라 용기에 수납하여 저장하여야 한다. 다만, (   )과 별도의 규정에 의한 위험물에 있어서는 그러지 아니하다.

① 동식물유류　　② 덩어리 상태의 황
③ 고체 상태의 알코올　　④ 고화된 제4석유류

옥내저장소에 있어서 위험물은 규정에 의한 바에 따라 용기에 수납하여 저장하여야 한다. 다만, 덩어리 상태의 황과 별도의 규정에 의한 위험물에 있어서는 그러지 아니하다.

51 메틸에틸케톤의 저장 또는 취급 시 유의할 점으로 가장 거리가 먼 것은?

① 통풍을 잘 시킬 것
② 찬곳에 저장할 것
③ 직사일광을 피할 것
④ 저장 용기에는 증기 배출을 위해 구멍을 설치할 것

제4류 위험물 저장 시에는 용기를 밀전 밀봉해야 한다.

52 과산화수소의 성질 또는 취급 방법에 관한 설명 중 틀린 것은?

① 햇빛에 의하여 분해한다.
② 인산, 요산 등의 분해방지 안정제를 넣는다.
③ 공기와의 접촉은 위험하므로 저장용기는 밀전하여야 한다.
④ 에탄올에 녹는다.

제6류 위험물인 과산화수소는 뚜껑에 작은 구멍을 뚫은 갈색 용기에 보관한다.

53 마그네슘 리본에 불을 붙여 이산화탄소 기체 속에 넣었을 때 일어나는 현상은?

① 즉시 소화된다.
② 연소를 지속하며 유독성의 기체를 발생한다.
③ 연소를 지속하며 수소 기체를 발생한다.
④ 산소를 발생하며 서서히 소화된다.

마그네슘은 이산화탄소 중의 산소와 반응하여 연소를 지속하며 유독성의 기체를 발생한다.

54 금속나트륨에 대한 설명으로 옳은 것은?

① 청색 불꽃을 내며 연소한다.
② 경도가 높은 중금속에 해당한다.
③ 녹는점이 100℃보다 낮다.
④ 25% 이상의 알코올수용액에 저장한다.

① 노란색 불꽃을 내며 연소한다.
② 나트륨은 은백색 광택의 무른 경금속이다.
④ 나트륨은 경유, 등유 파라핀 등에 보관한다.

55 염소산칼륨의 성질에 대한 설명 중 옳지 않은 것은?

① 비중은 약 2.3으로 물보다 무겁다.
② 강산과의 접촉은 위험하다.
③ 열분해하면 산소와 염화칼륨이 생성된다.
④ 냉수에도 매우 잘 녹는다.

염소산칼륨은 온수와 글리세린에는 잘 녹지만 냉수와 알코올에는 잘 녹지 않는다.

56 위험물안전관리법령상 유별을 달리하는 위험물의 혼재기준에서 제6류 위험물과 혼재할 수 있는 위험물의 유별에 해당하는 것은? (단, 지정수량의 1/10을 초과하는 경우이다)

① 제1류　　② 제2류
③ 제3류　　④ 제4류

제6류 위험물과 혼재할 수 있는 위험물은 제1류 위험물이다.

57 자기반응성물질의 일반적인 성질로 옳지 않은 것은?

① 강산류와의 접촉은 위험하다.
② 연소 속도가 대단히 빨라서 폭발성이 있다.
③ 물질 자체가 산소를 함유하고 있어 내부연소를 일으키기 쉽다.
④ 물과 격렬하게 반응하여 폭발성가스를 발생한다.

제5류 위험물인 자기반응성물질은 물과 격렬하게 반응하지 않는다.

58 다음 중 에틸알코올의 인화점(℃)에 가장 가까운 것은?

① -4℃ ② 3℃
③ 13℃ ④ 27℃

> 제4류 위험물인 에틸알코올의 인화점은 13℃이다.

59 자연발화를 방지하는 방법으로 가장 거리가 먼 것은?

① 통풍이 잘되게 할 것
② 열의 축적을 용이하지 않게 할 것
③ 저장실의 온도를 낮게 할 것
④ 습도를 높게 할 것

> 자연발화를 방지하기 위해서는 습도와 온도가 높은 장소를 피해야 한다.

60 다음 중 일반적인 연소의 형태가 나머지 셋과 다른 하나는?

① 나프탈렌 ② 코크스
③ 양초 ④ 황

> 코크스는 표면연소를 하며, 나프탈렌, 양초, 황은 증발연소를 한다.

【2017년 2회】

정답

01	02	03	04	05	06	07	08	09	10
③	③	④	②	①	④	전항정답	②	③	①
11	12	13	14	15	16	17	18	19	20
④	③	③	①	②	①	②	②	①	②
21	22	23	24	25	26	27	28	29	30
④	②	①	④	③	③	③	②	②	③
31	32	33	34	35	36	37	38	39	40
④	②	②	③	③	②	②	④	②	①
41	42	43	44	45	46	47	48	49	50
④	④	④	①	①	④	①	④	③	②
51	52	53	54	55	56	57	58	59	60
④	③	②	③	④	①	④	③	④	②

최종점검 2 – 기출문제로 출제유형을 파악하자!

최근기출문제 – 2017년 4회

▶정답은 422쪽에 있습니다.

01 물질의 물리 · 화학적 성질

01 밑줄 친 원소의 산화수가 +5인 것은?

① $H_3\underline{P}O_4$　② $K\underline{Mn}O_4$
③ $K_2\underline{Cr}_2O_7$　④ $K_3[\underline{Fe}(CN)_6]$

화합물을 이루는 각 원자의 산화수의 총합은 0이고, 일반적으로 화합물에서 H의 산화수는 +1, O의 산화수는 –2이다.

① $H_3\underline{P}O_4$에서 H의 산화수는 +1, O의 산화수는 –2이고, (H의 산화수×3) + (P의 산화수) + (O의 산화수×4) = 0이므로, P의 산화수는 +5이다.
② $K\underline{Mn}O_4$에서 1족 금속 원소인 K의 산화수는 +1, O의 산화수는 –2이므로 (K의 산화수) + (Mn의 산화수) + (O의 산화수×4) = 0이므로, Mn의 산화수는 +7이다.
③ $K_2Cr_2O_7$에서 K의 산화수는 +1, O의 산화수는 –2이고, (K의 산화수×2) + (Cr의 산화수×2) + (O의 산화수×7) = 0이므로, Cr의 산화수는 +6이다.
④ $K_3[\underline{Fe}(CN)_6]$에서 K의 산화수는 +1, $Fe(CN)_6^{3-}$이고, $Fe(CN)_6^{3-}$은 Fe^{3+}과 CN^-으로 이루어진 금속의 착이온이므로 Fe의 산화수는 +3이다.

02 탄소와 수소로 되어있는 유기 화합물을 연소시켜 CO_2 44g, H_2O 27g을 얻었다. 이 유기 화합물의 탄소와 수소의 몰 비율(C:H)은 얼마인가?

① 1 : 3　② 1 : 4
③ 3 : 1　④ 4 : 1

CO_2 44g에 들어있는 C의 질량은 $44\times\frac{12}{44}$ =12g이고,
H_2O 27g에 들어있는 H의 질량은 $27\times\frac{1\times2}{18}$ =3g이다.
이를 각각 원자의 원자량으로 나누어 몰수를 구하면
C 12g의 몰수는 $\frac{12}{12}$ = 1몰이고, H 3g의 몰수는 $\frac{3}{1}$ = 3몰이다.
∴ C와 H의 몰 비율은 C : H = 1 : 3이다.

03 미지 농도의 염산 용액 100mL를 중화하는데 0.2N NaOH 용액 250mL가 소모되었다. 이 염산의 농도는 몇 N인가?

① 0.05　② 0.2
③ 0.25　④ 0.5

염산(HCl)은 1가 산이고 수산화나트륨(NaOH)은 1가 염기이므로 중화 반응을 할 때 1:1의 몰수 비로 반응한다. 미지의 농도를 갖는 염산 100mL와 반응한 수산화나트륨의 몰수는 0.2N×0.25L = 0.05몰이므로 염산의 농도를 x라고 하면 x×0.1L = 0.05몰이어야 하므로 x = 0.5N이다.

04 탄소 수가 5개인 포화 탄화수소 펜탄의 구조 이성질체 수는 몇 개인가?

① 2개　② 3개
③ 4개　④ 5개

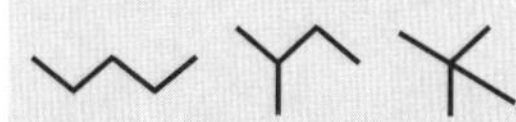

05 25℃의 포화용액 90g 속에 어떤 물질이 30g 녹아 있다. 이 온도에서 이 물질의 용해도는 얼마인가?

① 30　② 33
③ 50　④ 63

용해도는 일정한 온도에서 용매 100g에 최대로 녹을 수 있는 용질의 양이므로 용해도를 w라고 하면 100 : w = (90–30) : 30이다.
∴ w = 50

06 다음 물질 중 산성이 가장 센 물질은?

① 아세트산　② 벤젠술폰산
③ 페놀　④ 벤조산

일반적으로 pKa(= –logKa) 값이 작을수록 산의 세기가 커진다. 아세트산의 pKa=4.76, 벤젠술폰산의 pKa = –6.5, 페놀의 pKa = 9.9, 벤조산의 pKa = 4.19이고 pKa 값이 제일 작은 벤젠술폰산이 산의 세기가 가장 크다.

07 다음 중 침전을 형성하는 조건은?

① 이온곱 > 용해도곱
② 이온곱 = 용해도곱
③ 이온곱 < 용해도곱

④ 이온곱 + 용해도곱 = 1

용해도곱이란 일정한 온도에서 포화용액에 존재하는 양이온과 음이온의 농도 곱이다. 만약 용액에 녹아있는 양이온과 음이온의 농도 곱인 이온곱이 용해도곱보다 크면 침전이 형성되고 이를 분리할 수 있게 된다.

08 어떤 기체가 탄소 원자 1개당 2개의 수소 원자를 함유하고 0℃, 1기압에서 밀도가 1.25g/L 일 때 이 기체에 해당하는 것은?

① CH_2 ② C_2H_4
③ C_3H_6 ④ C_4H_8

0℃, 1기압에서 기체 1몰이 차지하는 부피는 22.4L이고, 22.4L를 차지하는 기체 1몰의 질량은 1.25g/L×22.4L = 28g이다. 물질의 1몰 질량은 화학식량(분자량)에 g을 붙인 값과 같으므로 이 기체의 분자량은 28이다.
∴ 탄소 원자 1개당 수소 원자가 2개인 기체는 C_2H_4(분자량 12×2+1×4=28)이다.

09 집기병 속에 물에 적신 빨간 꽃잎을 넣고 어떤 기체를 채웠더니 얼마 후 꽃잎이 탈색되었다. 이와 같이 색을 탈색(표백)시키는 성질을 가진 기체는?

① He ② CO_2
③ N_2 ④ Cl_2

꽃잎을 탈색시키는 성질을 지닌 기체는 Cl_2(염소 기체)이다.

10 방사선에서 γ선과 비교한 α선에 대한 설명 중 틀린 것은?

① γ선보다 투과력이 강하다.
② γ선보다 형광작용이 강하다.
③ γ선보다 감광작용이 강하다.
④ γ선보다 전리작용이 강하다.

투과력은 γ선이 α보다 강하다.

11 탄산 음료수의 병마개를 열면 거품이 솟아오르는 이유를 가장 올바르게 설명한 것은?

① 수증기가 생성되기 때문이다.
② 이산화탄소가 분해되기 때문이다.
③ 용기 내부 압력이 줄어들어 기체의 용해도가 감소하기 때문이다.
④ 온도가 내려가게 되어 기체가 생성물의 반응이 진행되기 때문이다.

기체의 용해도는 온도, 압력, 용매의 종류에 영향을 모두 받는다. 탄산 음료수의 마개를 따면 병 내부의 압력이 낮아져 기체의 용해도가 감소하므로 기체가 용액 밖으로 빠져나오게 되어 거품이 발생하는 현상이 나타난다.

12 어떤 주어진 양의 기체의 부피가 21℃, 1.4atm에서 250mL이다. 온도가 49℃로 상승되었을 때 부피가 300mL라고 하면 이 때의 압력은 약 얼마인가?

① 1.35atm ② 1.28atm
③ 1.21atm ④ 1.16atm

기체의 몰수는 일정하므로 이상 기체 상태 방정식 $PV=nRT$을 이용하면 $\frac{P_1V_1}{T_1} = \frac{P_2V_2}{T_2}$로 나타낼 수 있다.
49℃로 상승되었을 때의 압력을 P_2라고 하면,
$\frac{1.4\text{atm}\times0.25\text{L}}{(273+21)\text{K}} = \frac{P_2\times0.3\text{L}}{(273+49)\text{K}}$, ∴ P_2= 1.28atm

13 다음과 같은 순서로 커지는 성질이 아닌 것은?

$F_2 < Cl_2 < Br_2 < I_2$

① 구성 원자의 전기음성도
② 녹는점
③ 끓는점
④ 구성 원자의 반지름

17족 할로젠 원소($_9F$, $_{17}Cl$, $_{35}Br$, $_{53}I$)는 원자 번호가 증가할수록 전기음성도는 작아지고, 원자 번호가 증가할수록 전자껍질 수가 증가하여 원자 반지름은 증가한다. 물질의 녹는점과 끓는점은 분자량이 클수록 증가하고 분자량의 크기는 $F_2 < Cl_2 < Br_2 < I_2$이므로 원자 번호가 커질수록 녹는점과 끓는점은 증가한다.

14 금속의 특징에 대한 설명 중 틀린 것은?

① 고체 금속은 연성과 전성이 있다.
② 고체 상태에서 결정 구조를 형성한다.
③ 반도체, 절연체에 비하여 전기 전도도가 크다.
④ 상온에서 모두 고체이다.

일반적으로 금속 원소는 상온에서 고체 상태이지만, Hg(수은)은 액체 상태이다.

15 다음 중 산소와 같은 족의 원소가 아닌 것은?

① S　② Se
③ Te　④ Bi

O는 16족이고, 16족에 해당하는 원소는 S(황), Se(셀레늄), Te(텔루륨), Po(폴로늄)이 있다. Bi(비스무트)는 15족 원소이다.

16 공기 중에 포함되어 있는 질소와 산소의 부피비는 0.79 : 0.21이므로 질소와 산소의 분자 수의 비도 0.79 : 0.21이다. 이와 관계있는 법칙은?

① 아보가드로 법칙
② 일정 성분비의 법칙
③ 배수비례의 법칙
④ 질량보존의 법칙

① 아보가드로 법칙 : 기체의 종류에 관계없이 같은 온도와 압력하에서는 같은 부피 속에 같은 수의 기체 분자가 들어 있음. 예 0℃, 1기압에서 1L에 들어있는 H_2와 NH_3의 분자 수는 같다.
② 일정 성분비의 법칙 : 같은 화합물을 이루는 성분 원소들의 질량비는 항상 일정함. 예 H_2O를 구성하는 H와 O의 질량 비는 항상 1 : 8이다.
③ 배수비례의 법칙 : 두 종류의 원소가 두 가지 이상의 화합물을 만들 때 한 원소와 결합하는 다른 원소 사이에는 항상 일정한 정수의 질량비가 성립함. 예 H_2O와 H_2O_2에서 H와 결합하는 O의 질량비는 1 : 2이다.
④ 질량보존의 법칙 : 물질의 화학 반응에서 반응 전과 후의 총 질량은 일정하다.

17 다음 중 두 물질을 섞었을 때 용해성이 가장 낮은 것은?

① C_6H_6과 H_2O　② NaCl과 H_2O
③ C_2H_5OH과 H_2O　④ C_2H_5OH과 CH_3OH

용질이 용매에 용해될 때 극성 분자는 극성 분자와 잘 섞이고, 무극성 분자는 무극성 분자와 잘 섞인다. C_6H_6(벤젠)은 무극성 분자이고 H_2O은 극성 분자이므로 물에 거의 용해되지 않는다. NaCl은 이온 결합으로 이루어진 물질로 물에 녹아 양이온과 음이온으로 이온화되므로 H_2O에 잘 용해된다. 탄소 수가 적은 알코올류인 C_2H_5OH(에탄올)과 CH_3OH(메탄올)은 –OH 극성 공유 결합부분이 있어 H_2O에 잘 용해된다.

18 다음 물질 1g을 각각 1kg의 물에 녹였을 때 빙점 강하가 가장 큰 것은?

① CH_3OH　② C_2H_5OH
③ $C_3H_5(OH)_3$　④ $C_6H_{12}O_6$

묽은 용액의 빙점 강하(어는점 내림) 현상은 묽은 용액의 몰랄 농도에 비례하며 다음과 같이 나타낼 수 있다.
$\Delta T_f = K_f \cdot m$ (K_f : 몰랄내림상수, m : 몰랄 농도(용매 1kg 속에 들어있는 용질의 몰수))
주어진 용액의 질량과 용질의 질량이 같고 몰랄 농도는 물질의 몰수 비례하므로 물질의 몰수(= $\frac{질량}{분자량}$)를 구하면 다음과 같다.
① CH_3OH 1g 몰수 : $\frac{1}{32}$ 몰
② C_2H_5OH 1g 몰수 : $\frac{1}{46}$ 몰
③ $C_3H_5(OH)_3$ 1g 몰수 : $\frac{1}{92}$ 몰
④ $C_6H_{12}O_6$ 1g 몰수 : $\frac{1}{180}$ 몰
∴ 몰수가 가장 큰 CH_3OH의 빙점 강하가 가장 크다.

19 $[OH^-] = 1\times10^{-5}$mol/L인 용액의 pH와 액성으로 옳은 것은?

① pH = 5, 산성　② pH = 5, 알칼리성
③ pH = 9, 산성　④ pH = 9, 알칼리성

25℃에서 K_w는 $K_w = [H_3O^+][OH^-] = 1\times10^{-14}$(mol/L)으로 일정하고, 수용액의 액성은 $[H_3O^+] = [OH^-]$ 이면 중성, $[H_3O^+] > [OH^-]$이면 산성, $[H_3O^+] < [OH^-]$이면 염기성이다.
$pH = -log[H_3O^+]$이므로 $[OH^-] = 1\times10^{-5}$mol/L 용액의 pH는,
$pH = -log\frac{K_w}{[OH^-]} = -log(\frac{1\times10^{-14}}{1\times10^{-5}}) = 9$이고,
용액은 알칼리성(염기성)이다.

20 원자번호 11이고, 중성자수가 12인 나트륨의 질량수는?

① 11　② 12　③ 23　④ 24

원자를 구성하는 입자는 양성자, 중성자, 전자가 있고, 질량수는 양성자 수와 중성자 수를 더한 값이다.
∴ 나트륨의 질량수는 11+12 = 23이다.

02 화재예방과 소화방법

21 불활성가스소화약제 중 IG-541의 구성성분이 아닌 것은?

① N_2　② Ar　③ He　④ CO_2

IG-541은 질소(N_2) 52%, 아르곤(Ar) 40%, 이산화탄소(CO_2) 8%로 조성된 소화약제이다.

22 위험물안전관리법령에서 정한 물분무소화설비의 설치기준에서 물분무소화설비의 방사구역은 몇 m^2 이상으로 하여야 하는가? (단, 방호대상물의 표면적이 150m^2 이상인 경우이다)

① 75　　② 100
③ 150　　④ 350

> 물분무소화설비의 방사구역은 150m^2 이상으로 하여야 하며, 표면적이 150m^2 미만인 경우 해당 면적을 방사구역으로 한다.

23 이산화탄소 소화기는 어떤 현상에 의해서 온도가 내려가 드라이아이스를 생성하는가?

① 주울-톰슨 효과　　② 사이펀
③ 표면장력　　④ 모세관

> 이산화탄소 소화기는 주울-톰슨 효과에 의해 드라이아이스를 생성하여 질식소화, 냉각소화 작용을 이용한 소화를 하게 된다.

24 Halon 1301, Halon 1211, Halon 2402 중 상온, 상압에서 액체상태인 Halon 소화약제로만 나열한 것은?

① Halon 1211
② Halion 2402
③ Halon 1301, Halon 1211
④ Halon 2402, Halon 1211

> Halon 1301, Halon 1211은 상온, 상압에서 기체 상태이며, 상온, 상압에서 액체 상태인 Halon 소화약제는 Halon 2402이다.

25 연소형태가 나머지 셋과 다른 하나는?

① 폭탄　　② 메탄올
③ 파라핀　　④ 황

> 메탄올, 파라핀, 황은 증발연소를 하며, 폭탄은 폭발연소를 한다.

26 연소 시 온도에 따른 불꽃의 색상이 잘못된 것은?

① 적색 : 약 850℃　　② 황적색 : 약 1,100℃
③ 휘적색 : 약 1,200℃　　④ 백적색 : 약 1,300℃

> 휘적색 : 약 950℃

27 스프링클러 설비의 장점이 아닌 것은?

① 소화약제가 물이므로 소화약제의 비용이 절감된다.
② 초기 시공비가 매우 적게 든다.
③ 화재 시 사람의 조작 없이 작동이 가능하다.
④ 초기화재의 진화에 효과적이다.

> 스프링클러설비는 다른 소화설비에 비해 초기 시공비가 많이 든다.

28 능력단위가 1단위의 팽창질석(삽 1개 포함)은 용량이 몇 L 인가?

① 160　　② 130
③ 90　　④ 60

> 팽창질석(삽 1개 포함) 1단위의 의 용량은 160L이다.

29 할로젠화합물 중 CH_3I에 해당하는 할론 번호는?

① 1031　　② 1301
③ 13001　　④ 10001

> CH_3I는 요오드화메틸이며 할론 번호는 10001이다.

30 물통 또는 수조를 이용한 소화가 공통적으로 적응성이 있는 위험물은 제 몇 류 위험물인가?

① 제2류 위험물　　② 제3류 위험물
③ 제4류 위험물　　④ 제5류 위험물

> 물통 또는 수조는 알칼리금속과산화물등을 제외한 제1류 위험물, 제2류 위험물 중 인화성고체, 금수성 물품을 제외한 제3류 위험물, 제5류 위험물, 제6류 위험물에 적응성이 있다.

31 표준상태에서 벤젠 2mol이 완전 연소하는데 필요한 이론 공기요구량은 몇 L인가? (단, 공기 중 산소는 21vol%이다)

① 168　　② 336
③ 1,600　　④ 3,200

> **벤젠의 연소반응식**
> $2C_6H_6 + 15O_2 \rightarrow 12CO_2 + 6H_2O$
> 2몰　15×22.4L = 336L
> 이론산소량 : 336L
> 이론공기량 $= \frac{\text{산소량}}{\text{산소 농도}} = \frac{336}{0.21} = 1,600L$

32 제3종 분말소화약제에 대한 설명으로 틀린 것은?

① A급을 제외한 모든 화재에 적응성이 있다.
② 주성분은 $NH_4H_2PO_4$의 분자식으로 표현된다.
③ 제1인산암모늄이 주성분이다.
④ 담홍색(또는 황색)으로 착색되어 있다.

> 제3종 분말소화약제는 A, B, C급 화재에 적응성이 있다.

33 위험물을 저장하기 위해 제작한 이동저장탱크의 내용적이 20,000L인 경우 위험물 허가를 위해 산정할 수 있는 이 탱크의 최대용량은 지정수량의 몇 배인가? (단, 저장하는 위험물은 비수용성 제2석유류이며 비중은 0.8, 차량의 최대적재량은 15톤이다)

① 21배 ② 18.75배
③ 12배 ④ 9.375배

> 차량의 최대적재량이 15,000kg일 경우 비중 0.8인 물질의 최대용량은 18,750L이다.
> 비수용성 제2석유류의 지정수량은 1,000L이므로 18.75배이다.

34 위험물안전관리법령상 전역방출방식 또는 국소방출방식의 분말소화설비의 기준에서 가압식의 분말소화설비에는 얼마 이하의 압력으로 조정할 수 있는 압력조정기를 설치하여야 하는가?

① 2.0MPa ② 2.5MPa
③ 3.0MPa ④ 5MPa

> 분말소화약제의 가압용가스 용기에는 2.5MPa 이하의 압력에서 조정이 가능한 압력조정기를 설치하여야 한다(분말소화설비의 화재안전기준).

35 다음 중 점화원이 될 수 없는 것은?

① 전기스파크 ② 증발잠열
③ 마찰열 ④ 분해열

> 전기스파크, 마찰열, 분해열은 모두 점화원이 될 수 있지만, 증발잠열 · 흡착열 · 융해열 등은 점화원이 될 수 없다.

36 그림과 같은 타원형 위험물 탱크의 내용적은 약 얼마인가? (단, 단위는 m이다)

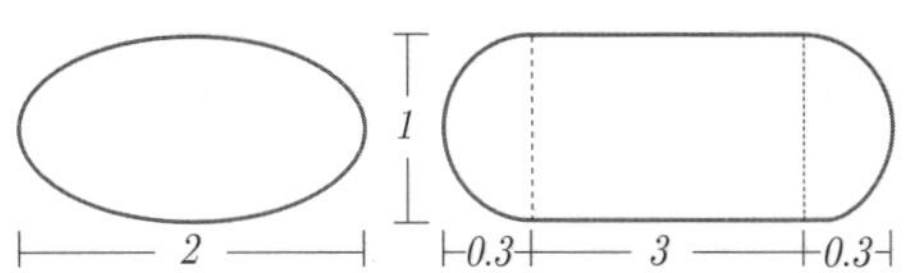

① $5.03m^3$ ② $7.52m^3$
③ $9.03m^3$ ④ $19.05m^3$

> 양쪽이 볼록한 타원형 탱크의 내용적 =
> $= \frac{\pi ab}{4}(L+\frac{L_1+L_2}{3}) = \frac{\pi \times 2 \times 1}{4}(3+\frac{0.3+0.3}{3}) \fallingdotseq 5.03m^3$

37 대통령령이 정하는 제조소등의 관계인은 그 제조소등에 대하여 연 몇 회 이상 정기점검을 실시해야 하는가? (단, 특정옥외탱크저장소의 정기점검은 제외한다)

① 1 ② 2
③ 3 ④ 4

> 대통령령이 정하는 제조소등의 관계인은 그 제조소등에 대하여 연 1회 이상 정기점검을 실시해야 한다.

38 위험물의 화재 발생 시 적응성이 있는 소화설비의 연결로 틀린 것은?

① 마그네슘 - 포소화기
② 황린 - 포소화기
③ 인화성액체 - 이산화탄소소화기
④ 등유 - 이산화탄소소화기

> 제2류 위험물인 마그네슘은 포소화기에는 적응성이 없으며, 탄산소소염류 분말소화기 등에 적응성이 있다.

39 위험물안전관리법령상 전역방출방식의 분말소화설비에서 분사헤드의 방사압력은 몇 MPa 이상이어야 하는가?

① 0.1 ② 0.5
③ 1 ④ 3

> 전역방출방식의 분말소화설비에서 분사헤드의 방사압력은 0.1MPa 이상이어야 한다.

40 전기설비에 화재가 발생하였을 경우에 위험물안전관리법령상 적응성을 가지는 소화설비는?

① 물분무소화설비 ② 포소화기
③ 봉상강화액소화기 ④ 건조사

전기설비 화재에 적응성이 있는 소화설비는 물분무소화설비, 불활성가스소화설비, 할로젠화합물소화설비, 분말소화설비, 무상수소화기, 무상강화액소화기, 이산화탄소소화기, 할로젠화합물소화기, 분말소화기 등이다.

03 위험물 성상 및 취급

41 황의 연소생성물과 그 특성을 옳게 나타낸 것은?

① SO_2, 유독가스 ② SO_2, 청정가스
③ H_2S, 유독가스 ④ H_2S, 청정가스

제2류 위험물인 황은 증발연소를 하는데, 푸른색 불꽃을 내면서 유독가스인 아황산가스(SO_2)를 발생한다.

42 위험물안전관리법령에 의한 위험물제조소의 설치기준으로 옳지 않은 것은?

① 위험물을 취급하는 기계 · 기구 그 밖의 설비는 위험물이 새거나 넘치거나 비산하는 것을 방지할 수 있는 구조로 하여야 한다.
② 위험물을 가열하거나 냉각하는 설비 또는 위험물의 취급에 수반하여 온도변화가 생기는 설비에는 온도측정장치를 설치하여야 한다.
③ 위험물을 취급함에 있어서 정전기가 발생할 우려가 있는 설비에는 정전기를 유효하게 제거할 수 있는 설비를 설치하여야 한다.
④ 위험물을 취급하는 동관을 지하에 설치하는 경우에는 지진 · 풍압 · 지반침하 및 온도변화에 안전한 구조의 지지물에 설치하여야 한다.

배관을 지상에 설치하는 경우에는 지진 · 풍압 · 지반침하 및 온도변화에 안전한 구조의 지지물에 설치하여야 한다.

43 다음 위험물 중 가연성 액체를 옳게 나타낸 것은?

HNO_3, $HClO_4$, H_2O_2

① $HClO_4$, HNO_3
② HNO_3, H_2O_2
③ HNO_3, $HClO_4$, H_2O_2
④ 모두 가연성이 아님

질산(HNO_3), 과염소산($HClO_4$), 과산화수소(H_2O_2) 모두 제6류 위험물로서 가연성이 아니다.

44 다음 중 위험물안전관리법령상 제2석유류에 해당되는 것은?

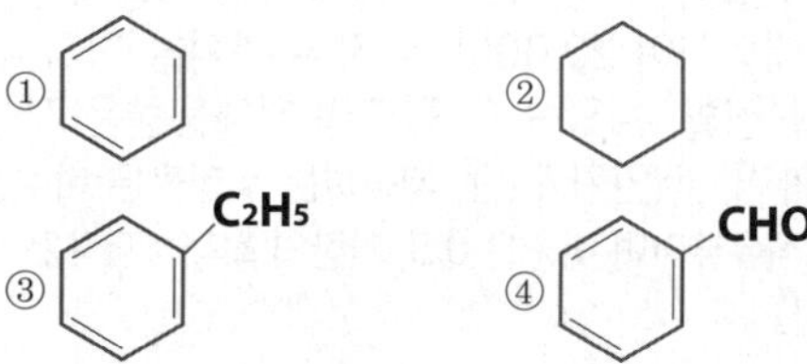

① 벤젠(제1석유류)	② 시클로헥산(제1석유류)
③ 에틸벤젠(제1석유류)	④ 벤즈알데하이드(제2석유류)

45 산화프로필렌에 대한 설명으로 틀린 것은?

① 무색의 휘발성 액체이고, 물에 녹는다.
② 인화점이 상온 이하이므로 가연성 증기 발생을 억제하여 보관해야 한다.
③ 은, 마그네슘 등의 금속과 반응하여 폭발성 혼합물을 생성한다.
④ 증기압이 낮고 연소범위가 좁아서 위험성이 높다.

제4류 위험물 중 특수인화물인 산화프로필렌은 증기압이 높아 상온에서 위험한 농도까지 도달할 수 있으며, 연소범위는 2.5~38.5%로 넓은 편이다.

46 황린과 적린의 공통점으로 옳은 것은?

① 독성 ② 발화점
③ 연소생성물 ④ CS_2에 대한 용해성

제3류 위험물인 황린과 제2류 위험물인 적린은 연소 시 오산화인을 발생한다.

47 질산나트륨을 저장하고 있는 옥내저장소(내화구조의 격벽으로 완전히 구획된 실이 2 이상 있는 경우에는 동일한 실)에 함께 저장하는 것이 법적으로 허용되는 것은?(단, 위험물을 유별로 정리하여 서로 1m 이상의 간격을 두는 경우이다)

① 적린 ② 인화성고체
③ 동식물유류 ④ 과염소산

제1류 위험물인 질산나트륨은 제6류 위험물인 과염소산과 1m 이상의 간격을 둘 경우 동일한 저장소에 저장할 수 있다.

48 위험물안전관리법령상 옥외탱크저장소의 위치·구조 및 설비의 기준에서 간막이 둑을 설치할 경우 그 용량의 기준으로 옳은 것은?

① 간막이 둑 안에 설치된 탱크의 용량의 110% 이상일 것
② 간막이 둑 안에 설치된 탱크의 용량 이상일 것
③ 간막이 둑 안에 설치된 탱크의 용량의 10% 이상일 것
④ 간막이 둑 안에 설치된 탱크의 간막이 둑 높이 이상 부분의 용량 이상일 것

옥외탱크저장소 간막이 둑 설치 규정
- 간막이 둑의 높이는 0.3m(방유제 내에 설치되는 옥외저장탱크의 용량의 합계가 2억L를 넘는 방유제에 있어서는 1m) 이상으로 하되, 방유제의 높이보다 0.2m 이상 낮게 할 것
- 간막이 둑은 흙 또는 철근콘크리트로 할 것
- 간막이 둑의 용량은 간막이 둑 안에 설치된 탱크 용량의 10% 이상일 것

49 위험물을 저장 또는 취급하는 탱크의 용량산정 방법에 관한 설명으로 옳은 것은?

① 탱크의 내용적에서 공간용적을 뺀 용적으로 한다.
② 탱크의 공간용적에서 내용적을 뺀 용적으로 한다.
③ 탱크의 공간용적에 내용적을 더한 용적으로 한다.
④ 탱크의 볼록하거나 오목한 부분을 뺀 용적으로 한다.

탱크의 용량 = 탱크의 내용적 − 탱크의 공간용적

50 위험물안전관리법령상의 지정수량이 나머지 셋과 다른 하나는?

① 적린 ② 황화린
③ 유황 ④ 마그네슘

①, ②, ③ : 100kg ④ : 500kg

51 금속 칼륨의 일반적인 성질에 대한 설명으로 틀린 것은?

① 칼로 자를 수 있는 무른 금속이다.
② 에탄올과 반응하여 조연성 기체(산소)를 발생한다.
③ 물과 반응하여 가연성 기체를 발생한다.
④ 물보다 가벼운 은백색의 금속이다.

제3류 위험물인 금속 칼륨은 에탄올과 반응하여 수소를 발생한다.

52 위험물을 지정수량이 큰 것부터 작은 순서로 옳게 나열한 것은?

① 황화인 > 염소산염류 > 브로민산염류
② 브로민산염류 > 염소산염류 > 황화인
③ 황화인 > 브로민산염류 > 염소산염류
④ 브로민산염류 > 황화인 > 염소산염류

지정수량 : 브로민산염류(300kg) > 황화인(100kg) > 염소산염류(50kg)

53 다음 설명에 해당하는 위험물은?

- 지정수량은 2,000L이다.
- 로켓의 연료, 플라스틱 발포제 등으로 사용된다.
- 암모니아와 비슷한 냄새가 나고, 녹는점은 약 2℃이다.

① N_2H_4 ② $C_6H_5CH=CH_2$
③ NH_4ClO_4 ④ C_6H_5Br

로켓의 연료, 플라스틱 발포제 등으로 사용되며, 지정수량은 2,000L인 물질은 제4류 위험물 중 제2석유류인 하이드라진(N_2H_4)이다.

54 다음 중 물과 반응하여 산소와 열을 발생하는 것은?

① 염소산칼륨 ② 과산화나트륨
③ 금속나트륨 ④ 과산화벤조일

제1류 위험물인 과산화나트륨은 물과 반응하여 산소와 열을 발생한다.

55 동식물유류에 대한 설명 중 틀린 것은?

① 요오드가가 클수록 자연발화의 위험이 크다.
② 아마인유는 불건성유이므로 자연발화의 위험이 낮다.
③ 동식물유류는 제4류 위험물에 속한다.
④ 요오드가가 130 이상인 것이 건성유이므로 저장할 때 주의한다.

요오드가 100 이하인 것을 불건성유, 130 이상인 것을 건성유라 하는데, 아마인유는 요오드값이 175~195로 건성유에 해당한다.

56 다음 표의 빈 칸(㉮, ㉯)에 알맞은 품명은?

품명	지정수량
㉮	100킬로그램
㉯	1,000킬로그램

① ㉮ : 철분, ㉯ : 인화성고체
② ㉮ : 적린, ㉯ : 인화성고체
③ ㉮ : 철분, ㉯ : 마그네슘
④ ㉮ : 적린, ㉯ : 마그네슘

보기에서 지정수량 100kg인 물질은 제2류 위험물인 적린이며, 지정수량 1,000kg인 물질은 인화성 고체(고형알코올, 메타알데하이드, 제삼부틸알코올)이다.

57 다음 위험물 중 인화점이 가장 높은 것은?

① 메탄올 ② 휘발유
③ 아세트산메틸 ④ 메틸에틸케톤

① 메탄올 : 11℃ ② 휘발유 : −40~−20℃
③ 아세트산메틸 : −10℃ ④ 메틸에틸케톤 : −1℃

58 다음 중 제1류 위험물의 과염소산염류에 속하는 것은?

① $KClO_3$ ② $NaClO_4$
③ $HClO_4$ ④ $NaClO_2$

① $KClO_3$: 염소산칼륨(염소산염류)
② $NaClO_4$: 과염소산나트륨(과염소산염류)
③ $HClO_4$: 과염소산(제6류 위험물)
④ $NaClO_2$: 아염소산나트륨(아염소산염류)

59 다음 ⓐ~ⓒ 물질 중 위험물안전관리법령상 제6류 위험물에 해당하는 것은 모두 몇 개인가?

ⓐ 비중 1.49인 질산
ⓑ 비중 1.7인 과염소산
ⓒ 물 60g + 과산화수소 40g 혼합 수용액

① 1개 ② 2개
③ 3개 ④ 없음

위험물 기준
과염소산, 비중이 1.49 이상인 질산, 농도가 36중량퍼센트 이상인 과산화수소는 제6류 위험물에 해당한다.

60 지정수량 이상의 위험물을 차량으로 운반하는 경우에는 차량에 설치하는 표지의 색상에 관한 내용으로 옳은 것은?

① 흑색바탕에 청색의 도료로 "위험물"이라고 표기할 것
② 흑색바탕에 황색의 반사도료로 "위험물"이라고 표기할 것
③ 적색바탕에 흰색의 반사도료로 "위험물"이라고 표기할 것
④ 적색바탕에 흑색의 도료로 "위험물"이라고 표기할 것

바탕은 흑색으로 하고, 황색의 반사도료 그 밖의 반사성이 있는 재료로 "위험물"이라고 표시해야 한다.

【2017년 4회】

정답

01	02	03	04	05	06	07	08	09	10
①	①	④	②	③	②	①	②	④	①
11	12	13	14	15	16	17	18	19	20
③	②	①	④	④	①	①	①	④	③
21	22	23	24	25	26	27	28	29	30
③	③	①	②	①	③	②	①	④	④
31	32	33	34	35	36	37	38	39	40
③	①	②	②	②	①	①	①	①	①
41	42	43	44	45	46	47	48	49	50
①	④	④	④	④	③	④	③	①	④
51	52	53	54	55	56	57	58	59	60
②	④	①	②	②	②	①	②	③	②

최종점검 2 – 기출문제로 출제유형을 파악하자!

최근기출문제 – 2018년 1회

▶정답은 430쪽에 있습니다.

01 물질의 물리 · 화학적 성질

01 1기압에서 2L의 부피를 차지하는 어떤 이상기체를 온도의 변화 없이 압력을 4기압으로 하면 부피는 얼마가 되겠는가?

① 8L ② 2L
③ 1L ④ 0.5L

보일의 법칙에 따라 일정한 온도에서 일정량의 기체의 부피는 압력에 반비례한다. 즉, 압력과 부피의 곱은 일정하다.
$P_1V_1 = P_2V_2$, 1atm×2L = 4atm×V_2
∴ V2 = 0.5L

02 반투막을 이용해서 콜로이드 입자를 전해질이나 작은 분자로부터 분리 정제하는 것을 무엇이라 하는가?

① 틴들현상 ② 브라운 운동
③ 투석 ④ 전기영동

① 틴들현상 : 빛의 파장과 같은 정도 또는 그것보다 더 큰 입자가 분산되어 있을 때 빛이 진행하는 통로에 떠 있는 입자에 의해 산란되어 광선의 통로가 밝게 나타나는 현상
② 브라운 운동 : 액체 혹은 기체 안에 떠서 움직이는 입자의 불규칙한 운동
④ 전기영동 : 콜로이드 용액 속에 전류가 흐를 수 있도록 전극을 설치하고 전압을 가했을 때 콜로이드 입자가 어느 한쪽의 전극을 향해서 이동하는 현상

03 지시약으로 사용되는 페놀프탈레인 용액은 산성에서 어떤 색을 띠는가?

① 적색
② 청색
③ 무색
④ 황색

페놀프탈레인 지시약의 변색 범위는 pH 8.3~9.6이고, 산성에서 무색, 중성에서 무색, 염기성에서 붉은색을 띤다.

04 불순물로 식염을 포함하고 있는 NaOH 3.2g을 물에 녹여 100mL로 한 다음 그 중 50mL를 중화하는데 1N의 염산이 20mL 필요했다. 이 NaOH의 농도(순도)는 약 몇 wt%인가?

① 10 ② 20
③ 33 ④ 50

NaOH과 HCl은 1:1로 중화 반응한다. 불순물이 섞인 시료 용액 50mL를 중화하는데 1N의 염산 20mL가 소모되었고, 소모된 염산의 몰수는 1N×0.02L=0.02몰이다.
그러므로 불순물이 섞인 시료 용액 50mL 속에는 0.02몰의 NaOH이 들어있다.
100mL 시료 용액에는 2×0.02몰 = 0.04몰의 NaOH가 들어있고, NaOH 1몰 질량은 40(=23+16+1)이므로 40×0.04몰=1.6g이다.
∴ 불순물이 섞인 시료 3.2g에는 NaOH 1.6g과 불순물 1.6g이 들어있다. 그러므로 NaOH의 순도는 $\frac{1.6}{3.2}$×100% = 50%이다.

05 다음 중 배수비례의 법칙이 성립하는 화합물을 나열한 것은?

① CH_4, CCl_4
② SO_2, SO_3
③ H_2O, H_2S
④ NH_3, BH_3

배수비례의 법칙이란 서로 다른 두 원소가 화합해 2가지 이상의 화합물을 만들 때 한 원소의 일정량과 화합하는 다른 원소의 질량 사이에는 간단한 정수비가 성립한다는 것이다. 따라서 SO_2, SO_3의 화합물에서 S와 결합하는 O의 질량비가 2:3로 배수비례 법칙이 성립한다.

06 결합력이 큰 것부터 작은 순서로 나열한 것은?

① 공유 결합 > 수소 결합 > 반데르발스 결합
② 수소 결합 > 공유 결합 > 반데르발스 결합
③ 반데르발스 결합 > 수소 결합 > 공유 결합
④ 수소 결합 > 반데르발스 결합 > 공유 결합

일반적으로 결합력은 원자 사이의 결합인 공유결합이 가장 크고, 분자 사이의 힘인 수소결합, 반데르발스결합 순으로 작아진다.

07 다음 중 CH_3COOH와 C_2H_5OH의 혼합물에 소량의 진한 황산을 가하여 가열하였을 때 주로 생성되는 물질은?

① 아세트산에틸
② 메탄산에틸
③ 글리세롤
④ 다이에틸에터

에스터는 카복실산과 알코올로부터 산 촉매에 의해서 물 분자 하나가 떨어지면서 형성된다. 아세트산과 에탄올이 진한 황산을 촉매로 반응하면 아세트산에틸(에틸아세테이트)가 생성된다.

08 다음 중 비극성 분자는 어느 것인가?

① HF ② H_2O
③ NH_3 ④ CH_4

비극성 분자는 쌍극자 모멘트 합이 0인 정사면체 구조를 지닌 CH_4이다.

09 구리를 석출하기 위해 $CuSO_4$ 용액에 0.5F의 전기량을 흘렸을 때 약 몇 g의 구리가 석출되겠는가? (단, 원자량은 Cu : 64, S : 32, O : 16이다.)

① 16 ② 32
③ 64 ④ 128

구리가 석출되는 환원 반쪽 반응식은 다음과 같다.
$Cu_2^{+}(aq) + 2e^{-} \rightarrow Cu(s)$
전자 1몰은 약 96500C의 전하량을 가지며 이를 1F(패러데이)로 나타낸다. Cu 1몰이 석출될 때 전자는 2몰 이동하므로, 이때 2F의 전하량이 필요하다. 따라서 0.5F 전하량으로 석출시킬 수 있는 Cu의 양은 1몰 : 2F = x몰 : 0.5F이고, x = 0.25몰이다. 0.25몰에 해당하는 Cu의 질량은 0.25몰×64g = 16g이다.

10 다음 물질 중 비점이 약 197℃인 무색 액체이고, 약간 단맛이 있으며 부동액의 원료로 사용하는 것은?

① CH_3CHCl_2
② CH_3COCH_3
③ $(CH_3)_2CO$
④ $C_2H_4(OH)_2$

부동액 : 냉각수의 어는점을 낮추기 위해 쓰이는 액체, $C_2H_4(OH)_2$
① CH_3CHCl_2 : 염화에틸렌, 유기용매 혹은 염화비닐의 원료
② CH_3COCH_3 : 아세톤, 달콤한 향이 나는 투명한 무색 액체, 페인트 및 매니큐의 제거제 용매로 사용
③ $(CH_3)_2CO$: 아세톤, ②번의 화학식과 동일함

11 다음 중 양쪽성 산화물에 해당하는 것은?

① NO_2 ② Al_2O_3
③ MgO ④ Na_2O

양쪽성 물질이란 산성과 염기성으로 모두 작용할 수 있는 물질로 아연, 주석, 알루미늄, 베릴륨의 산화물이 양쪽성 물질로 작용할 수 있다.

12 다음 중 아르곤(Ar)과 같은 전자수를 갖는 양이온과 음이온으로 이루어진 화합물은?

① NaCl ② MgO
③ KF ④ CaS

Ar은 원자 번호 18로 전자수는 18이다. 이온 상태에서 전자수가 18개인 양이온과 음이온으로 이루어져 있는 화합물은 원자 번호 20번 Ca_2^{+}, 원자 번호 16번 S_2^{-} 이온으로 구성된 CaS이다.

13 다음 중 방향족 화합물이 아닌 것은?

① 톨루엔 ② 아세톤
③ 크레졸 ④ 아닐린

아세톤은 벤젠을 포함되지 않은 화합물로 방향족 화합물이 아니다.

14 산소의 산화수가 가장 큰 것은?

① O_2 ② $KClO_4$
③ H_2SO_4 ④ H_2O_2

① O_2 : O의 산화수 0
② $KClO_4$: O의 산화수 −2
③ H_2SO_4 : O의 산화수 −2
④ H_2O_2 : O의 산화수 −1, 과산화물에서 O의 산화수는 −1이다.

15 에탄올 20.0g과 물 40.0g을 함유한 용액에서 에탄올의 몰분율은 약 얼마인가?

① 0.090 ② 0.164
③ 0.444 ④ 0.896

$$몰분율 = \frac{특정물질의\ 몰수}{물질의\ 몰수}$$

• $물(H_2O)의\ 몰수 = \frac{질량(g)}{1몰\ 질량(g)} = \frac{40}{18} = 2.22몰$

• $에탄올(C_2H_5OH)의\ 몰수 = \frac{질량(g)}{1몰\ 질량(g)} = \frac{20}{46} = 0.43몰$

$$\therefore\ 몰분율 = \frac{0.43몰}{2.22몰 + 0.43몰} = 0.164$$

16 다음 중 밑줄 친 원자의 산화수 값이 나머지 셋과 다른 하나는?

① $\underline{Cr}_2O_7^{2-}$ ② $H_3\underline{P}O_4$
③ $H\underline{N}O_3$ ④ $H\underline{Cl}O_3$

① $\underline{Cr}_2O_7^{2-}$: Cr의 산화수 +6, O의 산화수 -2
② $H_3\underline{P}O_4$: H의 산화수 +1, P의 산화수 +5, O의 산화수 -2
③ $H\underline{N}O_3$: H의 산화수 +1, N의 산화수 +5, O의 산화수 -2
④ $H\underline{Cl}O_3$: H의 산화수 +1, Cl의 산화수 +5, O의 산화수 -2

17 어떤 금속(M) 8g을 연소시키니 11.2g의 산화물이 얻어졌다. 이 금속의 원자량이 140이라면 이 산화물의 화학식은?

① M_2O_3 ② MO
③ MO_2 ④ M_2O_7

금속 산화물의 화학식을 $MxOy$라고 하면 금속 산화물의 각 성분 원소의 질량을 이용하여 실험식을 구할 수 있다.
실험식은 각 성분 원소의 원자 개수 비를 가장 간단한 정수비로 나타낸 화학식으로 해당 원소의 질량을 원자량으로 나누어 구할 수 있다.
반응한 금속 M의 질량 : 8g, 결합한 O의 질량 : 11.2g − 8g = 3.2g
금속 원자와 산소 원자의 개수비는
$M : O = \frac{8}{140} : \frac{3.2}{16} = 0.057 : 0.2 ≒ 2:7$
∴ 금속 산화물 화학식 : M_2O_7

18 다음 중 전리도가 가장 커지는 경우는?

① 농도와 온도가 일정할 때
② 농도가 진하고 온도가 높을수록
③ 농도가 묽고 온도가 높을수록
④ 농도가 진하고 온도가 낮을수록

용액의 이온화도(전리도), $\alpha = \sqrt{\frac{K}{C}}$ 으로 나타낼 수 있다.
농도(C)가 작을수록, 평형 상수(K, 이온화 상수)가 클수록(용액에서 평형 상수는 대체로 온도가 높을수록 증가) 이온화도는 커진다.

19 Rn은 α선 및 β선을 2번씩 방출하고 다음과 같이 변했다. 마지막 Po의 원자 번호는 얼마인가? (단, Rn의 원자 번호는 86, 원자량은 222이다.)

$$Rn \xrightarrow{\alpha} Po \xrightarrow{\alpha} Pb \xrightarrow{\beta} Bi \xrightarrow{\beta} Po$$

① 78 ② 81
③ 84 ④ 87

α선 방출은 α입자(^4_2He, 헬륨 원자핵)가 방출되는 핵붕괴 반응으로 반응 후 양성자수는 2, 질량수는 4 감소된다.
β선 방출은 중성자가 양성자로 변하면서 β입자($^0_{-1}e$, 전자)가 방출되는 핵붕괴 반응으로 양성자수 1 증가, 질량수는 보존된다.
Rn에서 알파 붕괴되어 Po이 되는 핵반응식은
$^{222}_{86}Rn \rightarrow {}^{218}_{84}Po + {}^4_2He$이므로, Po의 원자 번호는 84이다.

20 어떤 기체의 확산 속도가 $SO_2(g)$의 2배이다. 이 기체의 분자량은 얼마인가? (단, 원자량은 S=32, O=16)

① 8 ② 16
③ 32 ④ 64

기체의 확산은 그레이엄 법칙에 따라 일정한 온도와 압력에서 기체 분자량의 제곱근에 반비례한다.
SO_2의 분자량은 32+16×2=64이고,
$\frac{v_A}{v_{SO_2}} = \sqrt{\frac{M_{SO_2}}{M_A}} = 2$이므로, M_A=16이다.

02 화재예방과 소화방법

21 위험물안전관리법령상 제3류 위험물 중 금수성물질에 적응성이 있는 소화기는?

① 할로젠화합물소화기
② 인산염류분말소화기
③ 이산화탄소소화기
④ 탄산수소염류분말소화기

제3류 위험물 중 금수성물질에는 탄산수소염류분말소화기가 적응성이 있다.

22 할로젠화합물 청정소화약제 중 HFC-23의 화학식은?

① CF_3I ② CHF_3
③ $CF_3CH_2CF_3$ ④ C_4F_{10}

청정소화약제 중 HFC-23의 화학식은 CHF_3이다.

23 질식효과를 위해 포의 성질로서 갖추어야 할 조건으로 가장 거리가 먼 것은?

① 기화성이 좋을 것
② 부착성이 있을 것
③ 유동성이 좋을 것

④ 바람 등에 견디고 응집성과 안정성이 있을 것

포소화약제의 조건
- 포의 응집성과 안정성이 좋을 것
- 독성이 적을 것
- 부착성이 있을 것
- 유동성이 좋을 것
- 유류의 표면에 잘 분산될 것

24 인화성 액체의 화재의 분류로 옳은 것은?

① A급 화재 ② B급 화재
③ C급 화재 ④ D급 화재

B급 화재는 유류 및 가스화재에 해당하므로 인화성 액체는 B급 화재에 해당한다.

25 수소의 공기 중 연소 범위에 가장 가까운 값을 나타내는 것은?

① 2.5 ~ 82.0vol% ② 5.3 ~ 13.9vol%
③ 4.0 ~ 74.5vol% ④ 12.5 ~ 55.0vol%

수소의 연소범위는 4.0 ~ 74.5vol%이다.

26 마그네슘 분말이 이산화탄소 소화약제와 반응하여 생성될 수 있는 유독기체의 분자량은?

① 28 ② 32
③ 40 ④ 44

마그네슘 분말과 이산화탄소의 화학반응식은 아래와 같다.
$Mg + CO_2 \rightarrow MgO + CO$
위의 반응식에서 알 수 있듯이 마그네슘 분말이 이산화탄소 소화약제와 반응하여 생성되는 유독기체는 CO이다. CO의 분자량은 28이다.

27 위험물안전관리법령상 옥내소화전설비의 설치기준에 따르면 수원의 수량은 옥내소화전이 가장 많이 설치된 층의 옥내소화전 설치개수(설치개수가 5개 이상인 경우는 5개)에 몇 m^3를 곱한 양 이상이 되도록 설치하여야 하는가?

① 2.3 ② 2.6
③ 7.8 ④ 13.5

수원의 수량은 옥내소화전이 가장 많이 설치된 층의 옥내소화전 설치개수(설치개수가 5개 이상인 경우는 5개)에 $7.8m^3$를 곱한 양 이상이 되도록 설치하여야 한다.

28 물이 일반적인 소화약제로 사용될 수 있는 특징에 대한 설명 중 틀린 것은?

① 증발잠열이 크기 때문에 냉각시키는 데 효과적이다.
② 물을 사용한 봉상수 소화기는 A급, B급 및 C급 화재의 진압에 적응성이 뛰어나다.
③ 비교적 쉽게 구해서 이용이 가능하다.
④ 펌프, 호스 등을 이용하여 이송이 비교적 용이하다.

소화기는 A급 화재의 진압에 적응성이 뛰어나다.

29 CO_2에 대한 설명으로 옳지 않은 것은?

① 무색, 무취의 기체로서 공기보다 무겁다.
② 물에 용해 시 약 알칼리성을 나타낸다.
③ 농도에 따라서 질식을 유발할 위험성이 있다.
④ 상온에서도 압력을 가해 액화시킬 수 있다.

이산화탄소는 물에 용해 시 약산성을 나타낸다.

30 물리적 소화에 의한 소화효과(소화방법)에 속하지 않는 것은?

① 제거효과 ② 질식효과
③ 냉각효과 ④ 억제효과

질식소화, 냉각소화, 제거소화는 물리적 소화에 속하며, 억제효과는 화학적 소화에 속한다.

31 위험물안전관리법령상 간이소화용구(기타 소화설비)인 팽창질석은 삽을 상비한 경우 몇 L가 능력단위 1.0인가?

① 70L ② 100L
③ 130L ④ 160L

팽창질석 또는 팽창진주암(삽 1개 포함)은 160L가 능력단위 1.0에 해당한다.

32 위험물안전관리법령상 소화설비의 구분에서 물분무등소화설비에 속하는 것은?

① 포소화설비 ② 옥내소화전설비
③ 스프링클러설비 ④ 옥외소화전설비

물분무등소화설비 : 물분무 소화설비, 미분무 소화설비, 포소화설비, 불활성가스 소화설비, 할로젠화합물 소화설비, 청정소화약제 소화설비, 분말소화설비, 강화액 소화설비

33 가연성고체 위험물의 화재에 대한 설명으로 틀린 것은?

① 적린과 황은 물에 의한 냉각소화를 한다.
② 금속분, 철분, 마그네슘이 연소하고 있을 때에는 주수해서는 안 된다.
③ 금속분, 철분, 마그네슘, 황화인은 마른 모래, 팽창질석 등으로 소화를 한다.
④ 금속분, 철분, 마그네슘의 연소 시에는 수소와 유독가스가 발생하므로 충분한 안전거리를 확보해야 한다.

금속분, 철분, 마그네슘은 물, 습기, 산과 접촉하게 되면 수소가스를 발생하므로 화재 시 주수소화는 피하고, 마른모래, 분말, 이산화탄소 등을 이용한 질식소화가 효과적이다.

34 과산화칼륨이 다음과 같이 반응하였을 때 공통적으로 포함된 물질(기체)의 종류가 나머지 셋과 다른 하나는?

① 가열하여 열분해하였을 때
② 물(H_2O)과 반응하였을 때
③ 염산(HCl)과 반응하였을 때
④ 이산화탄소(CO_2)와 반응하였을 때

제1류 위험물인 과산화칼륨은 열분해 시, 물 또는 이산화탄소와 반응 시 산소를 발생하며, 염산과 반응하면 과산화수소를 발생한다.

35 다음 중 보통의 포소화약제보다 알코올형 포소화약제가 더 큰 소화효과를 볼 수 있는 대상물질은?

① 경유 ② 메틸알코올
③ 등유 ④ 가솔린

알코올형 포소화약제는 수용성 액체 및 알코올류 소화에 효과적이다.

36 연소의 3요소 중 하나에 해당하는 역할이 나머지 셋과 다른 위험물은?

① 과산화수소 ② 과산화나트륨
③ 질산칼륨 ④ 황린

연소의 3요소는 가연물, 산소공급원, 점화원이다. 과산화수소, 과산화나트륨, 질산칼륨은 제1류 위험물로서 산소공급원의 역할을 하며, 황린은 제3류 위험물 중 자연발화성물질로 가연물에 해당한다.

37 위험물안전관리법령상 전역방출방식 또는 국소방출방식의 불활성가스소화설비 저장용기의 설치기준으로 틀린 것은?

① 온도가 40℃ 이하이고 온도 변화가 적은 장소에 설치할 것
② 저장용기의 외면에 소화약제의 종류와 양, 제조년도 및 제조자를 표시할 것
③ 직사일광 및 빗물이 침투할 우려가 적은 장소에 설치할 것
④ 방호구역 내의 장소에 설치할 것

전역방출방식 또는 국소방출방식의 불활성가스소화설비 저장용기는 방호구역 외의 장소에 설치해야 한다.

38 칼륨, 나트륨, 탄화칼슘의 공통점으로 옳은 것은?

① 연소 생성물이 동일하다.
② 화재 시 대량의 물로 소화한다.
③ 물과 반응하면 가연성 가스를 발생한다.
④ 위험물안전관리법령에서 정한 지정수량이 같다.

① 연소 시 각각 다른 생성물을 발생한다.
② 화재 시 건조사, 팽창질석, 팽창진주암을 이용한 피복소화, 분말소화기를 이용한 질식소화가 효과적이다.
③ 칼륨, 나트륨은 물과 반응하여 가연성의 수소를 발생하며, 탄화칼슘은 가연성의 아세틸렌을 발생한다.
④ 칼륨, 나트륨의 지정수량은 10kg이며, 탄화칼슘의 지정수량은 300kg이다.

39 공기포 발포배율을 측정하기 위해 중량 340g, 용량 1,800mL의 포 수집 용기에 가득히 포를 채취하여 측정한 용기의 무게가 540g이었다면 발포배율은? (단, 포 수용액의 비중은 1로 가정한다.)

① 3배 ② 5배
③ 7배 ④ 9배

$$\text{발포배율} = \frac{\text{내용적(용량, 부피)}}{\text{전체중량} - \text{빈 시료용기의 중량}} = \frac{1,800}{540 - 340} = 9\text{배}$$

40 위험물안전관리법령상 위험물저장소 건축물의 외벽이 내화구조인 것은 연면적 얼마를 1소요단위로 하는가?

① $50m^2$ ② $75m^2$
③ $100m^2$ ④ $150m^2$

위험물저장소 건축물의 외벽이 내화구조인 것은 연면적 $150m^2$를 1소요단위로 한다.

03 위험물 성상 및 취급

41 취급하는 장치가 구리나 마그네슘으로 되어 있을 때 반응을 일으켜서 폭발성의 아세틸라이트를 생성하는 물질은?

① 이황화탄소 ② 아이소프로필알코올
③ 산화프로필렌 ④ 아세톤

제4류 위험물인 산화프로필렌은 구리, 마그네슘, 은, 수은 등과 접촉 시 중합반응을 일으켜 폭발성의 아세틸라이트를 생성한다.

42 휘발유를 저장하던 이동저장탱크에 탱크의 상부로부터 등유나 경유를 주입할 때 액표면이 주입관의 선단을 넘는 높이가 될 때까지 그 주입관 내의 유속을 몇 m/s 이하로 하여야 하는가?

① 1 ② 2
③ 3 ④ 5

이동저장탱크의 상부로부터 위험물을 주입할 때에는 위험물의 액표면이 주입관의 선단을 넘는 높이가 될 때까지 그 주입관 내의 유속을 초당 1m 이하로 해야 한다.

43 과산화벤조일에 대한 설명으로 틀린 것은?

① 벤조일퍼옥사이드라고도 한다.
② 상온에서 고체이다.
③ 산소를 포함하지 않는 환원성 물질이다.
④ 희석제를 첨가하여 폭발성을 낮출 수 있다.

제5류 위험물(자기반응성물질)인 과산화벤조일은 자체에 산소를 함유하고 있다.

44 이황화탄소를 물속에 저장하는 이유로 가장 타당한 것은?

① 공기와 접촉하면 즉시 폭발하므로
② 가연성 증기의 발생을 방지하므로
③ 온도의 상승을 방지하므로
④ 불순물을 물에 용해시키므로

제4류 위험물인 이황화탄소는 가연성 증기의 발생을 방지하기 위해 물속에 저장한다.

45 다음 중 황린의 연소 생성물은?

① 삼황화인 ② 인화수소
③ 오산화인 ④ 오황화인

제3류 위험물인 황린은 연소 시 오산화인을 발생한다.

46 위험물안전관리법령상 위험물의 지정수량이 틀리게 짝지어진 것은?

① 황화인 - 50kg ② 적린 - 100kg
③ 철분 - 500kg ④ 금속분 - 500kg

제2류 위험물인 황화인의 지정수량은 100kg이다.

47 다음 중 요오드값이 가장 작은 것은?

① 아마인유 ② 들기름
③ 정어리기름 ④ 야자유

야자유는 요오드값이 50~60으로 가장 낮은 불건성유이다.

48 다음 제4류 위험물 중 연소범위가 가장 넓은 것은?

① 아세트알데하이드 ② 산화프로필렌
③ 휘발유 ④ 아세톤

종류	연소범위
아세트알데하이드	4.1~57
산화프로필렌	2.5~38.5
휘발유	1.4~7.6
아세톤	2.6~12.8

49 다음 위험물 중 보호액으로 물을 사용하는 것은?

① 황린 ② 적린
③ 루비듐 ④ 오황화인

제3류 위험물 중 황린은 예외적으로 물속에 보관한다.

50 다음 위험물의 지정수량 배수의 총합은?

• 휘발유 : 2,000L
• 경유 : 4,000L
• 등유 : 40,000L

① 18 ② 32
③ 46 ④ 54

$\frac{2000}{200}+\frac{4000}{1000}+\frac{40000}{1000}=10+4+40=54$

51 위험물안전관리법령상 옥내저장소의 안전거리를 두지 않을 수 있는 경우는?

① 지정수량 20배 이상의 동식물유류
② 지정수량 20배 미만의 특수인화물
③ 지정수량 20배 미만의 제4석유류
④ 지정수량 20배 이상의 제5류 위험물

최대수량이 지정수량의 20배 미만인 제4석유류 또는 동식물유류의 위험물을 저장 또는 취급하는 옥내저장소는 안전거리를 두지 않아도 된다.

52 질산염류의 일반적인 성질에 대한 설명으로 옳은 것은?

① 무색 액체이다.
② 물에 잘 녹는다.
③ 물에 녹을 때 흡열반응을 나타내는 물질은 없다.
④ 과염소산염류보다 충격, 가열에 불안정하여 위험성이 크다.

① 무색 또는 흰색 결정이다.
③ 질산염류는 물에 녹을 때 흡열반응을 한다.
④ 과염소산염류는 충격, 가열에 의해 폭발할 의험이 있다.

53 위험물안전관리법령에 따른 질산에 대한 설명으로 틀린 것은?

① 지정수량은 300kg이다.
② 위험등급은 I이다.
③ 농도가 36wt% 이상인 것에 한하여 위험물로 간주된다.
④ 운반 시 제1류 위험물과 혼재할 수 있다.

제6류 위험물인 질산은 비중이 1.49 이상인 것에 한하여 위험물로 간주된다. 농도가 36wt% 이상인 것에 한하여 위험물로 간주되는 물질은 과산화수소이다.

54 과산화수소 용액의 분해를 방지하기 위한 방법으로 가장 거리가 먼 것은?

① 햇빛을 차단한다.
② 암모니아를 가한다.
③ 인산을 가한다.
④ 요산을 가한다.

제6류 위험물인 과산화수소는 열, 햇빛에 의해 분해가 촉진되고, 암모니아와 접촉하면 폭발의 위험이 있으며, 분해 방지 안정제로 인산과 요산을 사용한다.

55 금속칼륨의 보호액으로 적당하지 않은 것은?

① 유동파라핀 ② 등유
③ 경유 ④ 에탄올

56 휘발유의 일반적인 성질에 대한 설명으로 틀린 것은?

① 인화점은 0℃보다 낮다.
② 액체 비중은 1보다 작다.
③ 증기 비중은 1보다 작다.
④ 연소범위는 약 1.4~7.6%이다.

휘발유의 증기 비중은 3~4이므로 1보다 크다.

57 인화칼슘이 물과 반응하였을 때 발생하는 기체는?

① 수소 ② 산소
③ 포스핀 ④ 포스겐

제3류 위험물인 인화칼슘은 물과 반응하여 포스핀을 발생한다.

58 다음 위험물안전관리법령에서 정한 지정수량이 가장 작은 것은?

① 염소산염류
② 브로민산염류
③ 나이트로화합물
④ 금속의 인화물

종류	지정수량
염소산염류	50kg
브로민산염류	300kg
나이트로화합물	200kg
금속의 인화물	300kg

59 다음 중 발화점이 가장 높은 것은?

① 등유
② 벤젠
③ 다이에틸에터
④ 휘발유

종류	발화점
등유	250℃
벤젠	720℃
다이에틸에터	180℃
휘발유	300℃

60 제조소에서 위험물을 취급함에 있어서 정전기를 유효하게 제거할 수 있는 방법으로 가장 거리가 먼 것은?

① 접지에 의한 방법
② 공기중의 상대습도를 70% 이상으로 하는 방법
③ 공기를 이온화하는 방법
④ 부도체 재료를 사용하는 방법

정전기를 유효하게 제거할 수 있는 방법으로 접지에 의한 방법, 공기 중의 상대습도를 70% 이상으로 하는 방법, 공기를 이온화하는 방법을 사용한다.

【2018년 1회】

정답

01	02	03	04	05	06	07	08	09	10
④	③	③	④	②	①	①	④	①	④
11	12	13	14	15	16	17	18	19	20
②	④	②	①	②	①	④	③	③	②
21	22	23	24	25	26	27	28	29	30
④	②	①	②	③	①	③	②	②	④
31	32	33	34	35	36	37	38	39	40
④	①	④	③	②	④	④	③	④	④
41	42	43	44	45	46	47	48	49	50
③	①	③	②	③	①	④	①	①	④
51	52	53	54	55	56	57	58	59	60
③	②	③	②	④	③	③	①	②	④

최종점검 2 – 기출문제로 출제유형을 파악하자!

최근기출문제 – 2018년 2회

▶정답은 438쪽에 있습니다.

01 물질의 물리 · 화학적 성질

01 A는 B 이온과 반응하나 C 이온과는 반응하지 않고 D는 C이온과 반응한다고 할 때 A, B, C, D의 환원력 세기를 큰 것부터 차례대로 나타낸 것은?

① A>B>D>D ② D>C>A>B
③ C>D>B>A ④ B>A>C>D

환원력이 클수록 다른 물질을 환원시키기 쉽고, 자신은 전자를 잃고 산화되기 쉽다. A는 B 이온과 반응하므로 A는 전자를 잃고 산화되어 B 이온을 환원시킨다.
환원력의 세기는 A>B이고, A는 C 이온과는 반응하지 않으므로 환원력의 세기는 C>A>B이다.
D는 C 이온과 반응하므로 D는 전자를 잃고 산화되어 C 이온을 환원시키므로 환원력의 세기는 D>C>A>B이다.

02 1패러데이(Faraday)의 전기량으로 물을 전기분해하였을 때 생성되는 기체 중 산소 기체는 0℃, 1기압에서 몇 L인가?

① 5.6 ② 11.2
③ 22.4 ④ 44.8

$2H_2O \rightarrow O_2 + 4H^+ + 4e^-$
물의 전기 분해에서 산소 기체는 ⊕전극에서 발생하며 산소 기체 1몰이 생성될 때 4몰의 전자가 이동한다. 1F 전하량에 해당하는 전자의 몰수는 1몰이므로 전자 1몰이 이동할 때 생성되는 산소 기체의 몰수는 0.25몰이다. 0℃, 1기압에서 기체 1몰이 차지하는 부피는 22.4L이므로 22.4L×0.25몰 = 5.6L이다.

03 메탄에 직접 염소를 작용시켜 클로로포름을 만드는 반응을 무엇이라 하는가?

① 환원반응 ② 부가반응
③ 치환반응 ④ 탈수소반응

치환반응은 한 원자나 원자단이 다른 원자나 원자단에 의해 교체되는 반응이다. 메탄(메테인)에 염소화 반응을 시키면 다음과 같이 반응이 일어나고 클로로포름($CHCl_3$)이 만들어 진다.
$CH_4 + Cl_2 \rightarrow CH_3Cl + HCl$
$CH_3Cl + Cl_2 \rightarrow CH_2Cl_2 + HCl$
$CH_2Cl_2 + Cl_2 \rightarrow CHCl_3 + HCl$

04 다음 물질 중 감광성이 가장 큰 것은 무엇인가?

① HgO ② CuO
③ $NaNO_3$ ④ AgCl

금속 Ag 화합물은 감광성 물질로 사용될 수 있다.

05 다음 중 산성 산화물에 해당하는 것은?

① BaO ② CO_2
③ CaO ④ MgO

산성 산화물이란 물과 반응하여 산을 만들거나 염기와 반응하여 염을 만드는 물질로 주로 비금속 원소의 산화물이 여기에 속한다.
CO_2는 물에 녹아 H_2CO_3를 생성하는 산성 산화물이다.
$CO_2 + H_2O \rightarrow H_2CO_3$

06 배수비례의 법칙이 적용 가능한 화합물을 옳게 나열한 것은?

① CO, CO_2
② HNO_3, HNO_2
③ H_2SO_4, H_2SO_3
④ O_2, O_3

배수비례의 법칙이란 두 원소가 화합해 2가지 이상의 화합물을 만들 때 한 원소의 일정량과 화합하는 다른 원소의 질량 사이에는 간단한 정수비가 성립한다는 것이다. 따라서 CO, CO_2의 화합물에서 C와 결합하는 O의 질량비가 1 : 2로 배수비례 법칙이 성립한다.

07 엿당을 포도당으로 변화시키는 데 필요한 효소는?

① 말타아제
② 아밀라아제
③ 지마아제
④ 리파아제

엿당을 2분자의 포도당으로 가수 분해하는 효소는 말타아제이다.
② 아밀라아제 : 다당류를 가수분해하는 효소
③ 지마아제 : 당을 알코올로 전환
④ 리파아제 : 지방을 분해하는 효소

08 다음 중 가수분해가 되지 않는 염은?

① NaCl
② NH_4Cl
③ CH_3COONa
④ CH_3COONH_4

염의 가수분해는 염이 물에 녹을 때 생성된 이온이 물과 반응하여 H_3O^+이나 OH^-을 생성하는 반응이다.
- 강산과 강염기가 반응하여 생성된 염 : 이온화되지만 가수 분해되지 않음 (예 NaCl, KCl, $NaNO_3$ 등)
- 약산과 강염기가 반응하여 생성된 염 : 약산의 짝염기인 음이온이 물과 반응하여 OH^-을 생성하여 수용액은 염기성을 나타냄 (예 CH_3COONa, $NaHCO_3$, Na_2CO_3 등)
- 강산과 약염기가 반응하여 생성된 염 : 약염기의 짝산인 양이온이 물과 반응하여 H_3O^+을 생성하여 수용액은 산성을 나타냄 (예 NH_4Cl, $(NH_4)_2SO_4$ 등)
- 약산과 약염기가 반응하여 생성된 염 : 양이온과 음이온이 모두 가수 분해되므로 수용액의 액성은 거의 중성을 나타냄 (예 CH_3COONH_4 등)

09 다음의 반응 중 평형상태가 압력의 영향을 받지 않는 것은?

① $N_2 + O_2 \leftrightarrow 2NO$
② $NH_3 + HCl \leftrightarrow NH_4Cl$
③ $2CO + O_2 \leftrightarrow 2CO_2$
④ $2NO_2 \leftrightarrow N_2O_4$

$N_2 + O_2 \leftrightarrow 2NO$ 반응에서 반응하는 반응물과 생성되는 생성물의 분자 수가 같으므로 압력에 영향을 받지 않는다.

10 공업적으로 에틸렌을 $PdCl_2$ 촉매하에 산화시킬 때 주로 생성되는 물질은?

① CH_3OCH_3　② CH_3CHO
③ HCOOH　④ C_3H_7OH

11 다음과 같은 전자배치를 갖는 원자 A와 B에 대한 설명으로 옳은 것은?

A : $1S^2\ 2S^2\ 2P^6\ 3S^2$
B : $1S^2\ 2S^2\ 2P^6\ 3S^1\ 3P^1$

① A와 B는 다른 종류의 원자이다.
② A는 홑원자이고, B는 이원자 상태인 것을 알 수 있다.
③ A와 B는 동위원소로서 전자배열이 다르다.
④ A에서 B로 변할 때 에너지를 흡수한다.

A와 B의 전자 배치에서 전자수가 12개로 같으므로 같은 원자이며 쌓음 원리, 훈트 규칙, 파울리 배타 원리를 만족하는 A는 바닥 상태 전자 배치이고 B는 전자가 에너지를 흡수하여 쌓음 원리를 만족하지 않으므로 들뜬 상태이다. 동위원소는 양성자 수가 같고 질량수가 다른 원소이므로 두 전자 배치로 판단할 수 없으며 원자의 결합 상태 역시 주어진 전자 배치로는 알 수 없다.

12 1N-NaOH 100mL 수용액으로 10wt% 수용액을 만들려고 할 때의 방법으로 다음 중 가장 적합한 것은?

① 36mL의 증류수 혼합
② 40mL의 증류수 혼합
③ 60mL의 수분 증발
④ 64mL의 수분 증발

NaOH의 화학식량 : 23+16+1 = 40
1N–NaOH 100mL 수용액에 들어있는 NaOH의 질량 :
1N×0.1L×40g/mol = 4g
즉, NaOH 4g이 들어있는 100mL 수용액을 10wt% 수용액을 만들려고 하므로 10wt% 수용액 용액의 질량을 x라 하면,
$\frac{4g}{x} \times 100\% = 10\%,\ x = 40g$
∴ 용매의 질량이 40–4 = 36g이 되어야 하므로 100mL의 수용액에서 64mL를 증발시키면 된다.

13 다음 반응식에 관한 사항 중 옳은 것은?

$$SO_2 + 2H_2S \rightarrow 2H_2O + 3S$$

① SO_2는 산화제로 작용
② H_2S는 산화제로 작용
③ SO_3는 촉매로 작용
④ H_2S는 촉매로 작용

산화제는 다른 물질을 산화시키고 자신은 환원되는 물질이며 산화수가 증가하는 반응을 산화 반응, 산화수가 감소되는 반응을 환원 반응이라 한다. SO_2에서 S의 산화수는 +4에서 0으로 감소하였으므로 SO_2는 자신은 환원되고 다른 물질을 산화시킨 산화제이다.

14 주기율표에서 3주기 원소들의 일반적인 물리·화학적 성질 중 오른쪽으로 갈수록 감소하는 성질들로만 이루어진 것은?

① 비금속성, 전자흡수성, 이온화에너지
② 금속성, 전자방출성, 원자반지름
③ 비금속성, 이온화에너지, 전자친화도
④ 전자친화도, 전자흡수성, 원자반지름

주기율표에서 같은 주기의 원소들은 일반적으로 오른쪽으로 갈수록 전기 음성도가 증가하고 전자 친화도가 증가하며 전자를 잃고 양이온이 되기 어렵다. 따라서 금속성이 감소하고 같은 주기에서 원자 번호가 증가할수록 유효 핵전하가 증가하므로 원자 반지름은 감소한다.

15 30wt%인 진한 HCl의 비중은 1.1이다. 진한 HCl의 몰농도는 얼마인가? (단, HCl의 화학식량은 36.5이다)

① 7.21　② 9.04
③ 11.36　④ 13.08

몰농도 = $\frac{\text{용질의 몰수}}{\text{용액의 부피}}$

30wt%인 진한 HCl 용액 1000mL(=1L)의 질량은 비중을 곱한 값 1100g이다. 이중 HCl의 질량은 1100×0.3 = 330g이다.

HCl 330g은 $\frac{330}{36.5}$ = 9.04몰이고,

HCl의 몰농도는 $\frac{9.04\text{몰}}{1\text{L}}$ = 9.04M이다.

16 방사성 원소에서 방출되는 방사선 중 전기장의 영향을 받지 않아 휘어지지 않는 선은?

① α 선　② β 선
③ γ선　④ α, β, γ선

① α선 : He^{2+}(헬륨 원자핵), 방사선의 하나로 알파 붕괴로 인해 방출되는 알파 입자의 흐름으로 투과력은 약하지만 감광 작용과 형광 작용은 세다.
② β선 : 방사선의 하나로 원자핵의 베타 붕괴에 의하여 방출되는, 음전자 또는 양전자의 흐름을 말한다.
③ γ선 : 극히 파장이 짧은 전자기파로 전하를 띠지 않으며 물질을 투과하는 힘이 몹시 강하다. 병원에서 환자들의 암을 치료하는 데 쓰인다.

17 다음 중 산성염으로만 나열된 것은?

① $NaHSO_4$, $Ca(HCO_3)_2$
② Ca(OH)Cl, Cu(OH)Cl
③ NaCl, Cu(OH)Cl
④ Ca(OH)Cl, $CaCl_2$

산성염 : 산성인 수소를 포함하고 있는 염

18 어떤 기체의 확산 속도는 SO_2의 2배이다. 이 기체의 분자량은 얼마인가? (단, SO_2의 분자량은 64이다)

① 4　② 8
③ 16　④ 32

기체의 확산은 그레이엄 법칙에 따라 일정한 온도와 압력에서 기체 분자량의 제곱근에 반비례한다. SO_2의 분자량은 32+16×2 = 64이고,

$\frac{V_A}{V_{SO_2}} = \sqrt{\frac{M_{SO_2}}{M_A}}$ = 2이므로, M_A = 16이다.

19 다음 중 물의 끓는점을 높이기 위한 방법으로 가장 타당한 것은?

① 순수한 물을 끓인다.
② 물을 저으면서 끓인다.
③ 감압하에 끓인다.
④ 밀폐된 그릇에서 끓인다.

끓는점은 용액의 증기 압력이 외부 압력이 같을 때의 온도이다. 밀폐된 그릇에서 물을 끓이면 증기 압력이 높아지고 끓는점이 높아진다.

20 한 분자 내에 배위결합과 이온결합을 동시에 가지고 있는 것은?

① NH_4Cl　② C_6H_6
③ CH_3OH　④ NaCl

NH_4Cl은 NH_4^+과 Cl^-이 이온 결합한 화합물이고, NH_4^+은 NH_3의 비공유 전자쌍을 H^+에 제공하여 배위결합한다.

02 화재예방과 소화방법

21 어떤 가연물의 착화에너지가 24cal일 때, 이것을 일에너지의 단위로 환산하면 약 몇 Joule인가?

① 24　② 42
③ 84　④ 100

1cal = 4.18J이므로, 24×4.18 = 100.32J

22 위험물제조소등에 옥내소화전설비를 압력수조를 이용한 가압송수장치로 설치하는 경우 압력수조의 최소압력은 몇 MPa인가? (단, 소방용 호스의 마찰손실수두압은 3.2MPa, 배관의 마찰손실수두압은 2.2MPa, 낙차의 환산수두압은 1.79MPa이다)

① 5.4　② 3.99
③ 7.19　④ 7.54

필요압력 P = $p_1 + p_2 + p_3 + 0.35$MPa
= 3.2 + 2.2 + 1.79 + 0.35 = 5.7MPa

23 다이에틸에터 2,000L와 아세톤 4,000L를 옥내 저장소에 저장하고 있다면 총 소요단위는 얼마인가?

① 5　② 6
③ 50　④ 60

소요단위 = $\frac{\text{위험물의 수량}}{\text{위험물의 지정수량} \times 10}$

다이에틸에터의 소요단위 = $\frac{2{,}000\text{리터}}{50\text{리터} \times 10}$ = 4소요단위

아세톤의 소요단위 = $\frac{4{,}000\text{리터}}{400\text{리터} \times 10}$ = 1소요단위

24 연소 이론에 대한 설명으로 가장 거리가 먼 것은?

① 착화온도가 낮을수록 위험성이 크다.
② 인화점이 낮을수록 위험성이 크다.
③ 인화점이 낮은 물질은 착화점도 낮다.
④ 폭발 한계가 넓을수록 위험성이 크다.

인화점이 낮다고 해서 착화점도 낮은 것은 아니다.

25 위험물안전관리법령상 염소산염류에 대해 적응성이 있는 소화설비는?

① 탄산수소염류 분말소화설비
② 포소화설비
③ 불활성가스소화설비
④ 할로젠화합물소화설비

제1류 위험물인 염소산염류는 옥내소화전설비, 옥외소화전설비, 포소화설비, 스프링클러설비, 물분무소화설비, 인산염류 분말소화설비 등에 적응성이 있다.

26 분말소화약제의 착색 색상으로 옳은 것은?

① $NH_4H_2PO_4$: 담홍색
② $NH_4H_2PO_4$: 백색
③ $KHCO_3$: 담홍색
④ $KHCO_3$: 백색

- $NH_4H_2PO_4$: 담홍색
- $KHCO_3$: 담자색

27 불활성가스소화설비에 의한 소화적응성이 없는 것은?

① $C_3H_5(ONO_2)_3$　② $C_6H_4(CH_3)_2$
③ CH_3COCH_3　④ $C_2H_5OC_2H_5$

제5류 위험물인 나이트로글리세린은 불활성가스소화설비에 적응성이 없으며, $C_6H_4(CH_3)_2$(크실렌), CH_3COCH_3(아세톤), $C_2H_5OC_2H_5$(다이에틸에터) 모두 제4류 위험물로 불활성가스소화설비에 적응성이 있다.

28 벤젠에 관한 일반적 성질로 틀린 것은?

① 무색투명한 휘발성 액체로 증기는 마취성과 독성이 있다.
② 불을 붙이면 그을음을 많이 내고 연소한다.
③ 겨울철에는 응고하여 인화의 위험이 없지만, 상온에서는 액체 상태로 인화의 위험이 높다.
④ 진한 황산과 질산으로 나이트로화시키면 나이트로벤젠이 된다.

벤젠은 제4류 위험물 중 제1석유류로서 융점이 5.5℃, 인화점이 −11.1℃이므로 겨울철에는 고체 상태이면서도 가연성 증기를 발생하면서 연소한다.

29 다음은 위험물안전관리법령상 위험물조제조소등에 설치하는 옥내소화전설비의 설치표시 기준 중 일부이다. ( )에 알맞은 수치를 차례대로 옳게 나타낸 것은?

> 옥내소화전함의 상부의 벽면에 적색의 표시등을 설치하되, 당해 표시등의 부착면과 ( ) 이상의 각도가 되는 방향으로 ( ) 떨어진 곳에서 용이하게 식별이 가능하도록 할 것

① 5°, 5m　② 5°, 10m
③ 15°, 5m　④ 15°, 10m

옥내소화전함의 상부의 벽면에 적색의 표시등을 설치하되, 당해 표시등의 부착면과 15° 이상의 각도가 되는 방향으로 10m 떨어진 곳에서 용이하게 식별이 가능하도록 할 것

30 벤조일퍼옥사이드의 화재 예방상 주의사항에 대한 설명 중 틀린 것은?

① 열, 충격 및 마찰에 의해 폭발할 수 있으므로 주의한다.
② 진한 질산, 진한 황산과의 접촉을 피한다.

③ 비활성의 희석제를 첨가하면 폭발성을 낮출 수 있다.
④ 수분과 접촉하면 폭발의 위험이 있으므로 주의한다.

제5류 위험물인 벤조일퍼옥사이드는 건조상태에서는 마찰 · 충격으로 폭발의 위험이 있으며, 저장 시 물 등의 희석제를 사용한다.

31 전역방출방식의 할로젠화합물 소화설비의 분사헤드에서 Halon 1211을 방사하는 경우의 방사압력은 얼마 이상으로 하여야 하는가?

① 0.1MPa ② 0.2MPa
③ 0.5MPa ④ 0.9MPa

방사압력
- 하론 2402 : 0.1MPa 이상
- 하론 1211 : 0.2MPa 이상
- HFC-227ea : 0.3MPa 이상
- 하론 1301, HFC-23, HFC-125 : 0.9MPa 이상

32 이산화탄소 소화약제의 소화작용을 옳게 나열한 것은?

① 질식소화, 부촉매소화
② 부촉매소화, 제거소화
③ 부촉매소화, 냉각소화
④ 질식소화, 냉각소화

이산화탄소 소화약제는 질식소화, 냉각소화 작용을 한다.

33 금속나트륨의 연소 시 소화방법으로 가장 적절한 것은?

① 팽창질석을 사용하여 소화한다.
② 분무상의 물을 뿌려 소화한다.
③ 이산화탄소를 방사하여 소화한다.
④ 물로 적신 헝겊으로 피복하여 소화한다.

제3류 위험물인 금속나트륨의 연소 시 팽창질석, 팽창진주암을 이용한 소화가 가장 효과적이다.

34 이산화탄소소화기에 대한 설명으로 옳은 것은?

① C급 화재에는 적응성이 없다.
② 다량의 물질이 연소하는 A급 화재에 가장 효과적이다.
③ 밀폐되지 않은 공간에서 사용할 때 가장 소화효과가 좋다.
④ 방출용 동력이 별도로 필요치 않다.

① C급 화재에는 적응성이 있다.
② A급 화재에는 적응성이 없다.
③ 밀폐된 공간에서 사용할 경우 질식의 위험이 있지만 소화효과가 떨어지는 것은 아니다.

35 위험물안전관리법령상 제5류 위험물에 적응성 있는 소화설비는?

① 분말을 방사하는 대형소화기
② CO_2를 방사하는 소형소화기
③ 할로젠화합물을 방사하는 대형소화기
④ 스프링클러설비

제5류 위험에는 옥내소화전설비, 옥외소화전설비, 스프링클러설비, 물분무소화설비, 포소화설비 등이 적응성이 있다.

36 다음 중 자연발화의 원인으로 가장 거리가 먼 것은?

① 기화열에 의한 발열
② 산화열에 의한 발열
③ 분해열에 의한 발열
④ 흡착열에 의한 발열

자연발화의 형태 : 산화열에 의한 발화, 분해열에 의한 발화, 흡착열에 의한 발화, 중합열에 의한 발화

37 과산화나트륨 저장 장소에서 화재가 발생하였다. 과산화나트륨을 고려하였을 때 다음 중 가장 적합한 소화약제는?

① 포소화약제 ② 할로젠화합물
③ 건조사 ④ 물

제1류 위험물인 과산화나트륨 화재 시 마른모래, 분말소화제 등을 이용한 소화가 가장 효과적이며, 주수소화는 위험하다.

38 10℃의 물 2g을 100℃의 수증기로 만드는 데 필요한 열량은?

① 180cal ② 340cal
③ 719cal ④ 1,258cal

• 물이 10℃에서 100℃까지 가열할 때 필요한 열량
Q=mcΔT (m : 질량, c : 비열, ΔT : 온도 변화)
Q=2g×1cal/g · ℃×90=180cal
• 물이 수증기로 상태 변화 시에 필요한 열량(단, 물의 기화열 : 539cal/g)
Q=2g×539cal/g=1,078cal
∴ 전체 필요한 열량 : 180cal+1,078cal=1,258cal

39 위험물안전관리법령상 마른모래(삽 1개 포함) 50L의 능력단위는?

① 0.3 ② 0.5
③ 1.0 ④ 1.5

마른모래(삽 1개 포함) 50L의 능력단위는 0.5이다.

40 불활성가스 소화약제 중 IG-541의 구성성분이 아닌 것은?

① N_2 ② Ar
③ Ne ④ CO_2

IG-541은 질소, 아르곤, 이산화탄소의 용량비가 52 : 40 : 8인 혼합물이다.

03 위험물 성상 및 취급

41 위험물안전관리법령상 위험물의 운반에 관한 기준에 따르면 위험물은 규정에 의한 운반용기에 법령에서 정한 기준에 따라 수납하여 적재하여야 한다. 다음 중 적용 예외의 경우에 해당하는 것은? (단, 지정수량의 2배인 경우이며, 위험물을 동일구내에 있는 제조소등의 상호간에 운반하기 위하여 적재하는 경우는 제외한다)

① 덩어리 상태의 황을 운반하기 위하여 적재하는 경우
② 금속분을 운반하기 위하여 적재하는 경우
③ 삼산화크롬을 운반하기 위하여 적재하는 경우
④ 염소산나트륨을 운반하기 위하여 적재하는 경우

덩어리 상태의 황을 운반하기 위하여 적재하는 경우 또는 위험물을 동일구 내에 있는 제조소등의 상호간에 운반하기 위하여 적재하는 경우에는 수납하지 않고 적재할 수 있다.

42 제4류 위험물인 동식물유류의 취급 방법이 잘못된 것은?

① 액체의 누설을 방지하여야 한다.
② 화기 접촉에 의한 인화에 주의하여야 한다.
③ 아마인유는 섬유 등에 흡수되어 있으면 매우 안정하므로 취급하기 편리하다.
④ 가열할 때 증기는 인화되지 않도록 조치하여야 한다.

아마인유는 섬유 등에 흡수되어 있으면 불안정하다.

43 다음 중 메탄올의 연소범위에 가장 가까운 것은?

① 약 1.4 ~ 5.6vol%
② 약 7.3 ~ 36vol%
③ 약 20.3 ~ 66vol%
④ 약 42.0 ~ 77vol%

메탄올의 연소범위는 약 7.3 ~ 36vol%이다.

44 금속 과산화물을 묽은 산에 반응시켜 생성되는 물질로서 석유와 벤젠에 불용성이고, 표백작용과 살균작용을 하는 것은?

① 과산화나트륨 ② 과산화수소
③ 과산화벤조일 ④ 과산화칼륨

제6류 위험물인 과산화수소는 석유와 벤젠에는 녹지 않으며, 물, 알코올, 에테르에 잘 녹는다. 과산화수소 3% 용액을 옥시돌이라 하며, 살균제 또는 표백제로 사용된다.

45 연소범위가 약 2.5~38.5vol%로 구리, 은, 마그네슘과 접촉 시 아세틸라이드를 생성하는 물질은?

① 아세트알데하이드 ② 알킬알루미늄
③ 산화프로필렌 ④ 콜로디온

제4류 위험물인 산화프로필렌은 구리, 마그네슘, 은, 수은 등과 접촉 시 중합반응을 일으켜 폭발성의 아세틸라이드를 생성한다.

46 제5류 위험물 제조소에 설치하는 표지 및 주의사항을 표시한 게시판의 바탕색상을 각각 옳게 나타낸 것은?

① 표지 : 백색, 주의사항을 표시한 게시판 : 백색
② 표지 : 백색, 주의사항을 표시한 게시판 : 적색

③ 표지 : 적색, 주의사항을 표시한 게시판 : 백색
④ 표지 : 적색, 주의사항을 표시한 게시판 : 적색

> 제5류 위험물 제조소에 설치하는 표지의 색상은 백색으로 하며, "화기엄금" 주의사항을 적색 바탕에 백색 문자로 표시한다.

47 최대 아세톤 150톤을 옥외탱크저장소에 저장할 경우 보유공지의 너비는 몇 m 이상으로 하여야 하는가? (단, 아세톤의 비중은 0.79이다)

① 3 ② 5
③ 9 ④ 12

> 부피 = $\frac{무게}{비중}$ 이므로, $\frac{150,000kg}{0.79}$ = 189,873L
> 아세톤의 최대수량 = $\frac{189,873L}{400L}$ = 474
> 지정수량의 500배 이하이므로 공지의 너비는 3m 이상으로 하여야 한다.

48 위험물이 물과 접촉하였을 때 발생하는 기체를 옳게 연결한 것은?

① 인화칼슘 - 포스핀
② 과산화칼륨 - 아세틸렌
③ 나트륨 - 산소
④ 탄화칼슘 - 수소

> ② 과산화칼륨 – 산소
> ③ 나트륨 – 수소
> ④ 탄화칼슘 – 아세틸렌

49 다음 위험물 중 물에 가장 잘 녹는 것은?

① 적린 ② 황
③ 벤젠 ④ 아세톤

> 적린, 황, 벤젠은 물에 녹지 않으며, 아세톤은 물에 잘 녹는다.

50 다음 위험물 중 가열 시 분해온도가 가장 낮은 물질은?

① $KClO_3$ ② Na_2O_2
③ NH_4ClO_4 ④ KNO_3

> 과염소산암모늄의 분해온도는 130℃로 가장 낮다.

51 제5류 위험물 중 나이트로화합물에서 나이트로기(nitro group)를 옳게 나타낸 것은?

① $-NO$ ② $-NO_2$
③ $-NO_3$ ④ $-NON_3$

> 나이트로화합물은 벤젠 고리의 H 원자가 나이트로기($-NO_2$)로 치환된 화합물이다.

52 다음 2가지 물질을 혼합하였을 때 그로 인한 발화 또는 폭발의 위험성이 가장 낮은 것은?

① 아염소산나트륨과 티오황산나트륨
② 질산과 이황화탄소
③ 아세트산과 과산화나트륨
④ 나트륨과 등유

> 나트륨은 공기 중 수분 또는 산소와의 접촉을 막기 위해 등유, 경유, 석유 속에 저장한다.

53 다음 중 황린이 자연발화하기 쉬운 가장 큰 이유는?

① 끓는점이 낮고 증기의 비중이 작기 때문에
② 산소와 결합력이 강하고 착화온도가 낮기 때문에
③ 녹는점이 낮고 상온에서 액체로 되어 있기 때문에
④ 인화점이 낮고 가연성 물질이기 때문에

> 제3류 위험물인 황린은 발화점이 낮고 산소와의 결합력이 강해 공기 중에서 자연발화할 수 있다.

54 위험물안전관리법령에 따른 위험물 저장기준으로 틀린 것은?

① 이동탱크저장소에는 설치허가증과 운송허가증을 비치하여야 한다.
② 지하저장탱크의 주된 밸브는 위험물을 넣거나 빼낼 때 외에는 폐쇄하여야 한다.
③ 아세트알데하이드를 저장하는 이동저장탱크에는 탱크 안에 불활성 가스를 봉입하여야 한다.
④ 옥외저장탱크 주위에 설치된 방유제의 내부에 물이나 유류가 괴었을 경우에는 즉시 배출하여야 한다.

> 이동탱크저장소에는 당해 이동탱크저장소의 완공검사필증 및 정기점검기록을 비치하여야 한다.

55 위험물의 저장 및 취급에 대한 설명으로 틀린 것은?

① H_2O_2 : 직사광선을 차단하고 찬 곳에 저장한다.
② MgO_2 습기의 존재하에서 산소를 발생하므로 특히 방습에 주의한다.
③ $NaNO_3$: 조해성이 있으므로 습기에 주의한다.
④ K_2O_2 : 물과 반응하지 않으므로 물속에 저장한다.

제1류 위험물인 과산화칼륨(K_2O_2)은 물과 반응하여 위험성이 증가한다.

56 위험물안전관리법령상 제5류 위험물 중 질산에스터류에 해당하는 것은?

① 나이트로벤젠
② 나이트로셀룰로스
③ 트라이나이트로페놀
④ 트라이나이트로톨루엔

① 나이트로벤젠 – 제4류 위험물 제3석유류
③ 트라이나이트로페놀 – 제5류 위험물 나이트로화합물
④ 트라이나이트로톨루엔 – 제5류 위험물 나이트로화합물

57 옥내저장소에서 위험물 용기를 겹쳐 쌓는 경우에 있어서 제4류 위험물 중 제3석유류만을 수납하는 용기를 겹쳐 쌓을 수 있는 높이는 최대 몇 m 인가?

① 3 ② 4
③ 5 ④ 6

제4류 위험물 중 제3석유류, 제4석유류 및 동식물유류를 수납하는 용기만을 겹쳐 쌓는 경우 용기 제한 높이는 4m이다.

58 연면적 1,000m^2이고 외벽이 내화구조인 위험물 취급소의 소화설비 소요단위는 얼마인가?

① 5 ② 10
③ 20 ④ 100

외벽이 내화구조인 제조소 또는 취급소의 건축물은 연면적 100m^2를 1소요단위로 하므로 연면적 1,000m^2인 취급소이 소화설비 소요단위는 10이다.

59 다음 중 물에 대한 용해도가 가장 낮은 물질은?

① $NaClO_3$ ② $NaClO_4$
③ $KClO_4$ ④ NH_4ClO_4

염소산나트륨, 과염소산나트륨, 과염소산암모늄은 물에 잘 녹지만, 과염소산칼륨은 물에 약간 녹는다.

60 위험물안전관리법령상 다음 <보기>의 ( ) 안에 알맞은 수치는?

이동저장탱크로부터 위험물을 저장 또는 취급하는 탱크에 인화점이 ( )℃ 미만인 위험물을 주입할 때에는 이동탱크저장소의 원동기를 정지시킬 것

① 40 ② 50
③ 60 ④ 70

이동저장탱크로부터 위험물을 저장 또는 취급하는 탱크에 인화점이 40℃ 미만인 위험물을 주입할 때에는 이동탱크저장소의 원동기를 정지시킬 것

【2018년 2회】

정답

01	02	03	04	05	06	07	08	09	10
②	①	③	④	②	①	①	①	①	②
11	12	13	14	15	16	17	18	19	20
④	④	①	②	②	③	①	③	④	①
21	22	23	24	25	26	27	28	29	30
④	④	①	③	②	①	①	③	④	④
31	32	33	34	35	36	37	38	39	40
②	④	①	④	④	①	③	④	②	③
41	42	43	44	45	46	47	48	49	50
①	③	②	②	③	②	①	①	④	③
51	52	53	54	55	56	57	58	59	60
②	④	②	①	④	②	②	②	③	①

최종점검 2 – 기출문제로 출제유형을 파악하자!

최근기출문제 – 2018년 4회

▶정답은 446쪽에 있습니다.

01 물질의 물리 · 화학적 성질

01 헥산(C_6H_{14})의 구조 이성질체의 수는 몇 개인가?

① 3개 ② 4개
③ 5개 ④ 9개

구조 이성질체는 분자식은 같으나 원자의 결합 순서가 달라 물질의 물리적, 화학적 성질이 다른 물질을 의미함

02 1몰의 질소와 3몰의 수소를 촉매와 같이 용기 속에 밀폐하고 일정한 온도로 유지하였더니 반응물질의 50%가 암모니아로 변하였다. 이때의 압력은 최초 압력의 몇 배가 되는가?(단, 용기의 부피는 변하지 않는다)

① 0.5 ② 0.75
③ 1.25 ④ 변하지 않는다.

온도와 압력이 일정할 때 기체의 압력은 몰수에 비례한다.
$N_2+3H_2 \rightarrow 2NH_3$
위 반응에서 처음 반응 물질은 질소 1몰, 수소 3몰 전체 4몰이었고, 반응 계수 비를 이용하여 물질 50%가 반응하여 반응 후 남아 있는 물질의 양을 계산하면, 질소 0.5몰, 수소 1.5몰, 암모니아 1몰 모두 3몰이다. 따라서 최초 반응 물질의 양에 비하면 반응 후 기체의 압력은 0.75배가 된다.

03 물 450g에 NaOH 80g이 녹아 있는 용액에서 NaOH의 몰 분율은? (단, Na의 원자량은 23이다)

① 0.074 ② 0.178
③ 0.200 ④ 0.450

• 몰 분율 $= \dfrac{\text{용질의 몰수}}{\text{용질+용매의 몰수}}$

• 용매의 몰수 $= \dfrac{\text{질량(g)}}{\text{1몰 질량(g)}} = \dfrac{450}{18} = 25\text{몰}$

NaOH $= \dfrac{80}{40} = 2\text{몰}$

∴ 몰 분율 $= \dfrac{2\text{몰}}{25\text{몰}+2\text{몰}} = 0.074$

04 다음 pH 값에서 알칼리성이 가장 큰 것은?

① pH = 1 ② pH = 6
③ pH = 8 ④ pH = 13

알칼리성은 수용액의 액성이 염기성을 의미하므로 pH 값이 클수록 염기성의 세기가 크다.

05 우유의 pH는 25℃에서 6.4이다. 우유 속의 수소 이온농도는?

① 1.98×10^{-7} M ② 2.98×10^{-7} M
③ 3.98×10^{-7} M ④ 4.98×10^{-7} M

용액의 산과 염기의 세기를 나타내는 pH는 수소 이온의 농도 지수이다.
$pH = -\log[H^+]$, $6.4 = -\log[H^+]$
∴ $[H^+] = 10^{-6.4} = 3.98\times10^{-7}M$

06 다음 중 기하 이성질체가 존재하는 것은?

① C_5H_{12} $CH_3CH{=}CHCH_3$
③ C_3H_7Cl ④ $CH{\equiv}CH$

cis–$CH_3CH{=}CHCH_3$, trans–$CH_3CH{=}CHCH_3$ 2가지 이성질체 존재함

7 **방사능 붕괴의 형태 중 $^{226}_{88}$Ra이 α–붕괴할 때 생기는 원소는?**

① $^{222}_{86}Rn$ ② $^{232}_{90}Th$
③ $^{231}_{91}Pa$ ④ $^{238}_{92}U$

핵반응 중 α–붕괴 반응은 헬륨 원자핵이 방출되므로 양성자 2개와 중성자 2개가 감소된다. 전체 원자핵의 질량수는 4만큼 감소되므로 생성되는 원소는 $^{222}_{86}Rn$이다.

08 $K_2Cr_2O_7$에서 Cr의 산화수를 구하면?

① +2 ② +4
③ +6 ④ +8

$K_2Cr_2O_7$에서 K의 산화수는 +1, O의 산화수는 –2이고, (K의 산화수×2) + (Cr의 산화수×2) + (O의 산화수×7) = 0이므로, Cr의 산화수는 +6이다.

09 다음 할로젠족 분자 중 수소와의 반응성이 가장 높은 것은?

① Br_2 ② F_2
③ Cl_2 ④ I_2

할로젠족 분자는 이원자 분자로 존재하며 반응성 크기는 F_2 > Cl_2 > Br_2 > I_2이다. 따라서 수소와의 반응성이 가장 큰 할로젠 분자는 F_2이다.

10 다음 반응식에서 산화된 성분은?

$$MnO_2 + 4HCl \rightarrow MnCl_2 + 2H_2O + Cl_2$$

① Mn ② O
③ H ④ Cl

산화수가 증가하면 산화 반응이고 산화수가 감소하면 환원 반응이다.
① Mn의 산화수 : +4 → +2, 산화수 감소(환원 반응)
② O의 산화수 : −2 → −2, 산화수 변화 없음
③ H의 산화수 : +1 → +1, 산화수 변화 없음
④ Cl의 산화수 : −1 → 0, 산화수 증가(산화 반응)

11 다음 물질 중 동소체의 관계가 아닌 것은?

① 흑연과 다이아몬드
② 산소와 오존
③ 수소와 중수소
④ 황린과 적린

동소체란 한 가지 원소로 되어있으나 원자의 배열 방식이 달라 물리적, 화학적 성질이 다른 물질이다. 흑연(C)과 다이아몬드(C)는 탄소 동소체, 산소(O_2)와 오존(O_3)은 산소 동소체, 황린과 적린은 황 동소체이다. 그러나 수소(^1_1H)와 중수소(^2_1H)는 원자 번호는 동일하나 질량수가 다른 동위원소이다.

12 이상 기체 상수 R값이 0.082라면 그 단위로 옳은 것은?

① $\dfrac{atm \cdot mol}{L \cdot K}$ ② $\dfrac{mmHg \cdot mol}{L \cdot K}$

③ $\dfrac{atm \cdot L}{mol \cdot K}$ ④ $\dfrac{mmHg \cdot L}{mol \cdot K}$

$PV = nRT$
P : atm(기압), V : L, n : mol, T : K
$R = \dfrac{PV}{nT} \quad \therefore \dfrac{atm \cdot L}{mol \cdot K}$

13 pH=9인 수산화나트륨 용액 100mL 속에는 나트륨이온이 몇 개 들어 있는가?(단, 아보가드로수는 6.02×10^{23}이다)

① 6.02×10^9개 ② 6.02×10^{17}개
③ 6.02×10^{18}개 ④ 6.02×10^{21}개

pH=9 용액 속의 H^+ 농도는 pH = $-\log[H^+]$이므로, $[H^+] = 1.0 \times 10^{-9}$M이다. 물의 이온곱 상수 $K_w = [H^+][OH^-] = 1.0 \times 10^{-14}$이므로,
$[OH^-] = \dfrac{Kw}{[H^+]} = 1.0 \times 10^{-5}$M이다.
따라서 NaOH 용액의 몰농도는 1.0×10^{-5}M이고, 몰농도(M)는 용액 1L에 들어있는 물질의 몰수이므로, NaOH 용액 100mL 속에는 $1.0 \times 10^{-5} \times 0.1L = 1.0 \times 10^{-6}$몰의 NaOH가 들어있고, Na^+은 1.0×10^{-6}몰이 들어있다. 따라서 이를 나트륨 이온의 개수로 나타내면 $1.0 \times 10^{-6} \times 6.02 \times 10^{23} = 6.02 \times 10^{17}$개이다.

14 다음과 같은 반응에서 평형을 왼쪽으로 이동시킬 수 있는 조건은?

$$A_2(g) + 2B_2(g) \rightleftarrows 2AB_2(g) + 열$$

① 압력 감소, 온도 감소 ② 압력 증가, 온도 증가
③ 압력 감소, 온도 증가 ④ 압력 증가, 온도 감소

평형 상태에 있는 화학 반응에서 온도, 압력, 농도 등의 조건을 변화시키면 그 변화를 감소시키려는 방향으로 반응이 진행되어 새로운 평형에 도달하게 된다. 이것을 르샤틀리에 원리라고 한다.
위 반응에서 압력을 감소시키면 압력을 증가(분자 수가 많아지도록)시키려는 왼쪽 방향으로 평형이 이동하고, 온도를 높이면 온도를 낮추려는(열을 흡수하여) 왼쪽 방향으로 평형이 이동한다.

15 벤젠의 유도체인 TNT의 구조식을 옳게 나타낸 것은?

① 벤젠 고리에 CH_3, O_2N, NO_2, NO_2 치환
② 벤젠 고리에 OH, O_2N, NO_2, NO_2 치환
③ 벤젠 고리에 NH_2, O_2N, NO_2, NO_2 치환
④ 벤젠 고리에 SO_3H, O_2N, NO_2, NO_2 치환

①번 구조식이 TNT의 구조식이다.

16 20개의 양성자와 20개의 중성자를 가지고 있는 것은?

① Zr ② Ca
③ Ne ④ Zn

양성자수는 원소의 원자 번호와 같고 질량수=양성자수+중성자수이므로 $^{40}_{20}Ca$이다.

17 다음 화합물 가운데 환원성이 없는 것은?

① 젖당 ② 과당
③ 설탕 ④ 엿당

환원당은 알데하이드나 케톤기를 지니고 있어 환원제(다른 물질을 산화)로 작용하는 당으로 대부분의 단당류와 설탕을 제외한 이당류가 환원당으로 작용한다.

18 95wt% 황산의 비중은 1.84이다. 몰 농도는 약 얼마인가?

① 8.9 ② 9.4
③ 17.8 ④ 18.8

비중이란 4℃ 물의 밀도($1g/mL$)대한 물질의 밀도 비이다. 따라서 황산의 밀도는 $1.84g/mL$이고, 황산 $1L$의 질량은 $1000mL \times 1.84g/mL = 1840g$이다.

- $95wt\%$ 황산 용액 속의 황산 질량은 $1840g \times 0.95 = 1748g$
- 황산의 몰수 : $\frac{1748g}{98g/mol} = 17.8mol$

∴ 황산 용액의 몰농도 : $17.8mol/1L = 17.8M$

19 주기율표에서 제2주기에 있는 원소 성질 중 왼쪽에서 오른쪽으로 갈수록 감소하는 것은?

① 원자핵의 하전량 ② 원자가 전자의 수
③ 원자 반지름 ④ 전자껍질의 수

같은 주기에서 원자 번호가 클수록(왼쪽에서 오른쪽으로 갈수록) 핵전하량이 증가하고 전자와의 인력이 증가하여 원자 반지름은 감소한다.

20 NaOH 1g이 물에 녹아 메스플라스크에서 250mL의 눈금을 나타낼 때 NaOH 수용액의 농도는?

① 0.1N ② 0.3N
③ 0.5N ④ 0.7N

NaOH의 화학식량=40, g 당량=40g/1=40g

$$N농도 = \frac{용질의\ g당량수}{용액의\ 부피(L)} = \frac{1g/40g}{0.25L} = 0.1N$$

02 화재예방과 소화방법

21 주된 소화효과가 산소공급원의 차단에 의한 소화가 아닌 것은?

① 포소화기 ② 건조사
③ CO_2 소화기 ④ Halon 1211 소화기

할로젠화합물 소화기의 소화방법은 산화반응의 진행을 차단하는 억제소화 작용을 이용한다.

22 위험물안전관리법령상 소화설비의 적응성에서 제6류 위험물에 적응성이 있는 소화설비는?

① 옥외소화전설비
② 불활성가스소화설비
③ 할로젠화합물소화설비
④ 분말소화설비(탄산수소염류)

제6류 위험물에 적응성이 있는 소화설비는 옥내소화전 또는 옥외소화전설비, 스프링클러설비, 물분무소화설비, 포소화설비, 인산염류분말소화설비 등이다.

23 알코올 화재 시 보통의 포 소화약제는 알코올형 포 소화약제에 비하여 소화효과가 낮다. 그 이유로서 가장 타당한 것은?

① 소화약제와 섞이지 않아서 연소면을 확대하기 때문에
② 알코올은 포와 반응하여 가연성가스를 발생하기 때문에
③ 알코올이 연료로 사용되어 불꽃의 온도가 올라가기 때문에
④ 수용성 알코올로 인해 포가 파괴되기 때문에

수용성 알코올이 포를 소멸시키므로 보통의 포 소화약제는 알코올형 포 소화약제에 비하여 소화효과가 낮다.

24 고체 가연물의 일반적인 연소형태에 해당하지 않는 것은?

① 등심연소 ② 증발연소
③ 분해연소 ④ 표면연소

고체의 연소 형태에는 분해연소, 표면연소, 증발연소, 자기연소가 있다.

25 다음 중 소화약제가 아닌 것은?

① CF_3Br ② $NaHCO_3$
③ C_4F_{10} ④ N_2H_4

하이드라진(N_2H_4)은 제4류 위험물이다.

26 메탄올에 대한 설명으로 틀린 것은?

① 무색투명한 액체이다.
② 완전 연소하면 CO_2와 H_2O가 생성된다.
③ 비중 값이 물보다 작다.
④ 산화하면 포름산을 거쳐 최종적으로 포름알데하이드가 된다.

메탄올은 산화하면 포름알데하이드를 거쳐 최종적으로 포름산이 된다.

27 위험물안전관리법령상 제2류 위험물 중 철분의 화재에 적응성이 있는 소화설비는?

① 물분무소화설비
② 포소화설비
③ 탄산수소염류 분말소화설비
④ 할로젠화합물소화설비

제2류 위험물 중 철분의 화재에 적응성이 있는 소화약제는 탄산수소염류 분말소화설비, 건조사, 팽창질석 또는 팽창진주암이다.

28 열의 전달에 있어서 열전달면적과 열전도도가 각각 2배로 증가한다면, 다른 조건이 일정한 경우 전도에 의해 전달되는 열의 양은 몇 배가 되는가?

① 0.5배 ② 1배
③ 2배 ④ 4배

전달면적과 열전도도가 각각 2배로 증가하면 다른 조건이 일정한 경우 전도에 의해 전달되는 열의 양은 4배가 된다.

29 가연물에 대한 일반적인 설명으로 옳지 않은 것은?

① 주기율표에서 0족의 원소는 가연물이 될 수 없다.
② 활성화 에너지가 작을수록 가연물이 되기 쉽다.
③ 산화 반응이 완결된 산화물은 가연물이 아니다.
④ 질소는 비활성 기체이므로 질소의 산화물은 존재하지 않는다.

질소는 일산화질소, 이산화질소 등 여러 산화물을 만든다.

30 제1종 분말소화약제의 소화효과에 대한 설명으로 가장 거리가 먼 것은?

① 열 분해 시 발생하는 이산화탄소와 수증기에 의한 질식효과
② 열 분해 시 흡열반응에 의한 냉각효과
③ H^+ 이온에 의한 부촉매 효과
④ 분말 운무에 의한 열방사의 차단효과

제1종 분말소화약제는 Na^+에 의한 부촉매 효과를 가진다.

31 포소화설비의 가압송수 장치에서 압력수조의 압력 산출 시 필요 없는 것은?

① 낙차의 환산 수두압
② 배관의 마찰손실 수두압
③ 노즐선의 마찰손실 수두압
④ 소방용 호스의 마찰손실 수두압

포소화설비의 가압송수 장치에서 압력수조의 압력 산출 시 고정식포방출구의 설계압력 또는 이동식포소화설비노즐방사압력, 배관의 마찰손실 수두압, 낙차의 환산 수두압, 소방용 호스의 마찰손실 수두압이 필요하다.

32 위험물의 취급을 주된 작업내용으로 하는 다음의 장소에 스프링클러설비를 설치할 경우 확보하여야 하는 1분당 방사밀도는 몇 L/m^2 이상이어야 하는가?(단, 내화구조의 바닥 및 벽에 의하여 2개의 실로 구획되고, 각 실의 바닥면적은 $500m^2$이다)

- 취급하는 위험물 : 제4류 제3석유류
- 위험물을 취급하는 장소의 바닥면적 : $1,000m^2$

① 8.1 ② 12.2
③ 13.9 ④ 16.3

인화점이 38℃ 이상이고 살수기준면적이 $465m^2$ 이상이므로 이 경우의 방사밀도는 $8.1L/m^2$이다.

33 위험물제조소등에 설치하는 이동식 불활성가스소화설비의 소화약제 양은 하나의 노즐마다 몇 kg 이상으로 하여야 하는가?

① 30 ② 50
③ 60 ④ 90

위험물제조소등에 설치하는 이동식 불활성가스소화설비의 소화약제 양은 하나의 노즐마다 90kg 이상으로 하여야 한다.

34 금속분의 화재 시 주수소화를 할 수 없는 이유는?

① 산소가 발생하기 때문에
② 수소가 발생하기 때문에
③ 질소가 발생하기 때문에
④ 이산화탄소가 발생하기 때문에

제2류 위험물인 금속분은 주수소화 시 수소가스를 발생하기 때문에 위험하다.

35 표준관입시험 및 평판재하시험을 실시하여야 하는 특정옥외저장탱크의 지반의 범위는 기초의 외측이 지표면과 접하는 선의 범위 내에 있는 지반으로서 지표면으로부터 깊이 몇 m까지로 하는가?

① 10 ② 15
③ 20 ④ 25

표준관입시험 및 평판재하시험을 실시하여야 하는 특정옥외저장탱크의 지반의 범위는 기초의 외측이 지표면과 접하는 선의 범위 내에 있는 지반으로서 지표면으로부터의 깊이가 15m까지로 한다.

36 위험물안전관리법령상 옥외소화전설비의 옥외소화전이 3개 설치되었을 경우 수원의 수량은 몇 m^3 이상이 되어야 하는가?

① 7 ② 20.4
③ 40.5 ④ 100

수원의 수량 = 소화전의 수(최대 4개)×13.5 = 3×13.5 = 40.5

37 위험물안전관리법령에서 정한 다음의 소화설비 중 능력단위가 가장 큰 것은?

① 팽창진주암 160L (삽 1개 포함)
② 수조 80L (소화전용물통 3개 포함)
③ 마른 모래 50L (삽 1개 포함)
④ 팽창질석 160L (삽 1개 포함)

① 팽창진주암 160L(삽 1개 포함) : 1.0
② 수조 80L(소화전용물통 3개 포함) : 1.5
③ 마른 모래 50L(삽 1개 포함) : 0.5
④ 팽창질석 160L(삽 1개 포함) : 1.0

38 물을 소화약제로 사용하는 이유는?

① 물은 가연물과 화학적으로 결합하기 때문에
② 물은 분해되어 질식성 가스를 방출하므로
③ 물은 기화열이 커서 냉각 능력이 크기 때문에
④ 물은 산화성이 강하기 때문에

물의 기화잠열은 539kcal/kg으로 매우 커서 냉각 능력이 크기 때문에 소화약제로 사용한다.

39 "Halon 1301"에서 각 숫자가 나타내는 것을 틀리게 표시한 것은?

① 첫째자리 숫자 "1" - 탄소의 수
② 둘째자리 숫자 "3" - 불소의 수
③ 셋째자리 숫자 "0" - 요오드의 수
④ 넷째자리 숫자 "1" - 브롬의 수

Halon 번호의 숫자는 탄소(C), 불소(F), 염소(Cl), 브롬(Br)의 개수를 나타낸다.

40 다음 중 제6류 위험물의 안전한 저장·취급을 위해 주의할 사항으로 가장 타당한 것은?

① 가연물과 접촉시키지 않는다.
② 0℃ 이하에서 보관한다.
③ 공기와의 접촉을 피한다.
④ 분해 방지를 위해 금속분을 첨가하여 저장한다.

제6류 위험물은 저장 및 취급 시 물, 가연물, 유기물과의 접촉을 피해야 한다.

03 위험물 성상 및 취급

41 동식물유의 일반적인 성질로 옳은 것은?

① 자연발화의 위험은 없지만 점화원에 의해 쉽게 인화한다.
② 대부분 비중 값이 물보다 크다.
③ 인화점이 100℃보다 높은 물질이 많다.
④ 요오드값이 50 이하인 건성유는 자연발화 위험이 높다.

> ① 동식물유는 자연발화의 위험이 있다.
> ② 대부분 비중 값이 물보다 작다.
> ④ 건성유의 요오드값 130 이상이다.

42 인화칼슘이 물 또는 염산과 반응하였을 때 공통적으로 생성되는 물질은?

① $CaCl_2$
② $Ca(OH)_2$
③ PH_3
④ H_2

> 제3류 위험물인 인화칼슘은 물 또는 여만과 반응하여 포스핀(PH_3)을 발생한다.

43 위험물안전관리법령에 따른 제4류 위험물 중 제1석유류에 해당하지 않는 것은?

① 등유
② 벤젠
③ 메틸에틸케톤
④ 톨루엔

> 등유는 제2석유류에 해당한다.

44 나이트로소화합물의 성질에 관한 설명으로 옳은 것은?

① -NO 기를 가진 화합물이다.
② 나이트로기를 3개 이하로 가진 화합물이다.
③ $-NO_2$ 기를 가진 화합물이다.
④ -N=N- 기를 가진 화합물이다.

> 나이트로소화합물은 -NO 기를 가진 화합물을 말한다.

45 다음 물질 중 증기비중이 가장 작은 것은?

① 이황화탄소 ② 아세톤
③ 아세트알데하이드 ④ 다이에틸에터

> 증기비중
> ① 이황화탄소(CS_2) = $\frac{12\times32\times2}{29}$ = 2.62
> ② 아세톤(CH_3COCH_3) = $\frac{12\times3+6+16}{29}$ = 2
> ③ 아세트알데하이드(CH_3CHO) = $\frac{12\times2+4+16}{29}$ = 1.517
> ④ 다이에틸에터($C_2H_5OC_2H_5$) = $\frac{12\times4+10+16}{29}$ = 2.551

46 제4석유류를 저장하는 옥내탱크저장소의 기준으로 옳은 것은?(단, 단층건축물에 탱크전용실을 설치하는 경우이다)

① 옥내저장탱크의 용량은 지정수량의 40배 이하일 것
② 탱크전용실은 벽, 기둥, 바닥, 보를 내화구조로 할 것
③ 탱크전용실에는 창을 설치하지 아니할 것
④ 탱크전용실에 펌프설비를 설치하는 경우에는 그 주위에 0.2m 이상의 높이로 턱을 설치할 것

> ②, ③, ④는 옥내탱크저장소 중 탱크전용실을 단층건물 외의 건축물에 설치하는 경우의 기준에 해당한다.

47 위험물 제조소의 배출설비의 배출능력은 1시간당 배출장소 용적의 몇 배 이상인 것으로 해야 하는가?(단, 전역방식의 경우는 제외한다)

① 5 ② 10
③ 15 ④ 20

> 위험물 제조소의 배출설비의 배출능력은 1시간당 배출장소 용적의 20배 이상인 것으로 해야 한다.

48 위험물안전관리법령에서 정한 위험물의 지정수량으로 틀린 것은?

① 적린 : 100kg ② 황화인 : 100kg
③ 마그네슘 : 100kg ④ 금속분 : 500kg

> 마그네슘의 지정수량은 500kg이다.

49 연소생성물로 이산화황이 생성되지 않는 것은?

① 황린　② 삼황화인
③ 오황화인　④ 황

황린은 연소하면서 오산화인을 생성한다.

50 탄화칼슘이 물과 반응했을 때 반응식을 옳게 나타낸 것은?

① 탄화칼슘 + 물 → 수산화칼슘 + 수소
② 탄화칼슘 + 물 → 수산화칼슘 + 아세틸렌
③ 탄화칼슘 + 물 → 칼슘 + 수소
④ 탄화칼슘 + 물 → 칼슘 + 아세틸렌

제3류 위험물인 탄화칼슘은 물과 반응하여 수산화칼슘과 아세틸렌을 발생한다.

51 적린의 성상에 관한 설명 중 옳은 것은?

① 물과 반응하여 고열을 발생한다.
② 공기 중에 방치하면 자연발화한다.
③ 강산화제와 혼합하면 마찰 · 충격에 의해서 발화할 위험이 있다.
④ 이황화탄소, 암모니아 등에 매우 잘 녹는다.

제2류 위험물인 적린은 물, 이황화탄소, 암모니아에 녹지 않으며, 공기 중에서 자연발화하지 않는다.

52 벤젠에 대한 설명으로 틀린 것은?

① 물보다 비중값이 작지만, 증기비중 값은 공기보다 크다.
② 공명구조를 가지고 있는 포화탄화수소이다.
③ 연소 시 검은 연기가 심하게 발생한다.
④ 겨울철에 응고된 고체상태에서도 인화의 위험이 있다.

벤젠은 불포화탄화수소로서 공명 구조를 하고 있어 안정하다.

53 다음 중 물과 반응하여 산소를 발생하는 것은?

① $KClO_3$　② Na_2O_2
③ $KClO_4$　④ CaC_2

제1류 위험물 중 과산화칼륨, 과산화나트륨 등의 무기과산화물은 물과 반응하여 산소를 발생한다.

54 외부의 산소공급이 없어도 연소하는 물질이 아닌 것은?

① 알루미늄의 탄화물
② 과산화벤조일
③ 유기과산화물
④ 질산에스테르

②, ③, ④ 모두 물질 자체에 산소를 함유하고 있어 자기연소를 한다.

55 제1류 위험물에 관한 설명으로 틀린 것은?

① 조해성이 있는 물질이 있다.
② 물보다 비중이 큰 물질이 많다.
③ 대부분 산소를 포함하는 무기화합물이다.
④ 분해하여 방출된 산소에 의해 자체 연소한다.

제1류 위험물은 분해하면서 산소를 발생하며, 가연물과 혼합하여 연소 또는 폭발한다.

56 질산나트륨 90kg, 황 70kg, 클로로벤젠 2000L, 각각의 지정수량의 배수의 총합은?

① 2　② 3
③ 4　④ 5

지정수량의 배수 = $\frac{90kg}{300kg} + \frac{70kg}{100kg} + \frac{2,000L}{1,000L} = 3$

57 위험물 지하탱크저장소의 탱크전용실 설치기준으로 틀린 것은?

① 철근콘크리트 구조의 벽은 두께 0.3m 이상으로 한다.
② 지하저장탱크와 탱크전용실의 안쪽과의 사이는 50cm 이상의 간격을 유지한다.
③ 철근콘크리트 구조의 바닥은 두께 0.3m 이상으로 한다.
④ 벽, 바닥 등에 적정한 방수 조치를 강구한다.

지하저장탱크와 탱크전용실의 안쪽과의 사이는 0.1m 이상의 간격을 유지하도록 해야 한다.

58 다음 중 인화점이 가장 낮은 것은?

① 실린더유　　② 가솔린
③ 벤젠　　④ 메틸알코올

> ① 실린더유 : 200 ~ 250℃
> ② 가솔린 : −43 ~ −20℃
> ③ 벤젠 : −11℃
> ④ 메틸알코올 : 11℃

59 위험물안전관리법령상 과산화수소가 제6류 위험물에 해당하는 농도 기준으로 옳은 것은?

① 36wt% 이상　　② 36vol% 이상
③ 1.49wt% 이상　　④ 1.49vol% 이상

> 과산화수소의 위험물 농도 기준은 36wt% 이상이다.

60 운반할 때 빗물의 침투를 방지하기 위하여 방수성이 있는 피복으로 덮어야 하는 위험물은?

① TNT　　② 이황화탄소
③ 과염소산　　④ 마그네슘

> 제1류 위험물 중 알칼리금속의 과산화물 또는 이를 함유한 것, 제2류 위험물 중 철분 · 금속분 · 마그네슘 또는 이들 중 어느 하나 이상을 함유한 것 또는 제3류 위험물 중 금수성물질은 방수성이 있는 피복으로 덮어야 한다.

【2018년 4회】

정답

01	02	03	04	05	06	07	08	09	10
③	②	①	④	③	②	①	③	②	④
11	12	13	14	15	16	17	18	19	20
③	③	②	③	①	②	③	③	③	①
21	22	23	24	25	26	27	28	29	30
④	①	④	①	④	④	③	④	④	③
31	32	33	34	35	36	37	38	39	40
③	①	④	②	②	③	②	③	③	①
41	42	43	44	45	46	47	48	49	50
③	③	①	①	③	①	④	③	①	②
51	52	53	54	55	56	57	58	59	60
③	②	②	①	④	②	②	②	①	④

최종점검 2 – 기출문제로 출제유형을 파악하자!

최근기출문제 – 2019년 1회

▶정답은 454쪽에 있습니다.

01 물질의 물리 · 화학적 성질

01 기체상태의 염화수소는 어떤 화학결합으로 이루어진 화합물인가?

① 극성 공유결합 ② 이온 결합
③ 비극성 공유결합 ④ 배위 공유결합

염화수소(HCl)는 비금속 원소인 수소 원자와 염소 원자 사이의 전자쌍 공유로 이루어진 극성 공유 결합 물질이다. 두 원자의 전기 음성도는 염소가 수소보다 더 커 전자쌍은 염소 원자 방향으로 치우치므로 +부분 전하와 –부분 전하로 나누어져 극성을 띤다.

02 20%의 소금물을 전기분해하여 수산화나트륨 1몰을 얻는데 1A의 전류를 몇 시간 통해야 하는가?

① 13.4 ② 26.8
③ 53.6 ④ 104.2

NaCl 수용액을 전기 분해하면 다음과 같은 반응이 일어난다.

$2Cl^-(aq) + 2H_2O(l) \rightarrow Cl_2(g) + H_2(g) + 2OH^-(aq)$

분해되는 NaCl의 몰수와 생성되는 NaOH 몰수비는 1 : 1이고 NaOH 1몰당 전자 1몰이 필요하므로 1F(=96500C)에 해당하는 전하량이 필요하다. 따라서 96500C/1A = 96500s, 즉, 26.8시간 동안 전류를 흘려야 한다.

03 다음 반응식은 산화–환원 반응이다. 산화된 원자와 환원된 원자를 순서대로 옳게 표현한 것은?

$3Cu + 8HNO_3 \rightarrow 3Cu(NO_3)_2 + 2NO + 4H_2O$

① Cu, N ② N, H
③ O, Cu ④ N, Cu

산화 반응은 전자를 잃는 반응(산화수 증가)이고 환원 반응(산화수 감소)은 전자를 얻는 반응이다. 반응 전후 각 원자의 산화수 변화는 다음과 같다.

- Cu : 0 → +2
- H : +1 → +1
- N : +5 → +2
- O : –2 → –2

04 메틸알코올과 에틸알코올이 각각 다른 시험관에 들어있다. 이 두 가지를 구별할 수 있는 실험 방법은?

① 금속 나트륨을 넣어본다.
② 환원시켜 생성물을 비교하여 본다.
③ KOH와 I_2의 혼합 용액을 넣고 가열하여 본다.
④ 산화시켜 나온 물질에 은거울 반응시켜 본다.

요오드폼 반응을 통해 1°알코올에서 에틸알코올만이 노란색 침전을 형성하여 메틸알코올과 구별된다.

05 다음 물질 중 벤젠 고리를 함유하고 있는 것은?

① 아세틸렌 ② 아세톤
③ 메탄 ④ 아닐린

아닐린($C_6H_5NH_2$)은 벤젠 고리에 아민기가 결합되어 있다.

06 분자식이 같으면서도 구조가 다른 유기 화합물을 무엇이라고 하는가?

① 이성질체 ② 동소체
③ 동위원소 ④ 방향족 화합물

② 동소체 : 같은 한 가지 원소만으로 이루어져 있으면서 성질이 다른 물질
③ 동위 원소 : 원자 번호는 같지만 질량수가 다른 입자
④ 방향족 화합물 : 벤젠이나 벤젠의 유도체를 포함한 화합물을 뜻함

07 다음 중 수용액의 pH가 가장 작은 것은?

① 0.01N HCl ② 0.1N HCl
③ 0.01N CH_3COOH ④ 0.1N NaOH

수소 이온의 농도가 클수록 pH 값이 작다. 0.1N NaOH의 pH는 pOH = –log[0.1] = 1이고, pH = 13이다. 0.1N HCl의 pH = –log[0.1] = 1로 가장 작다.

chapter 09

08 물 500g 중에 설탕($C_{12}H_{22}O_{11}$) 171g이 녹아 있는 설탕물의 몰랄 농도(m)는?

① 2.0 ② 1.5
③ 1.0 ④ 0.5

• 몰랄 농도(m) = $\frac{\text{용질의 몰수}(mol)}{\text{용매의 질량}(kg)}$
• 설탕의 분자량 : 342
• 설탕의 몰수 = $\frac{171g}{342g/mol} = 0.5mol$
∴ 몰랄 농도(m) = $\frac{0.5mol}{0.5kg} = 1.0m$

09 다음 중 불균일 혼합물은 어느 것인가?

① 공기 ② 소금물
③ 화강암 ④ 사이다

두 종류 이상의 물질이 화학적인 변화 없이 물리적으로 섞여 있는 것을 혼합물이라 한다. 균일 혼합물은 각 성분 물질들이 고르게 섞여 있어 어느 부분을 취해도 일정한 성질이 나타나는 혼합물을 말하며, 반대로 불균일 혼합물은 부분마다 성질이 다르게 나타나는 물질로 화강암이 대표적인 예이다.

10 다음은 원소의 원자번호와 원소기호를 표시한 것이다. 전이 원소만으로 나열된 것은?

① ${}_{20}Ca$, ${}_{21}Sc$, ${}_{22}Ti$
② ${}_{21}Sc$, ${}_{22}Ti$, ${}_{29}Cu$
③ ${}_{26}Fe$, ${}_{30}Zn$, ${}_{38}Sr$
④ ${}_{21}Sc$, ${}_{22}Ti$, ${}_{38}Sr$

주기율표에서 3~12족에 속하는 원소로 d, f오비탈을 포함하는 원소이다. 대부분의 전이 원소들은 금속으로 광택을 가지며, 열과 전기를 잘 통하고, 대부분 높은 녹는점과 끓는점을 가진다. Ca-2족, Sr-2족, Sc-3족, Ti-4족, Fe-8족, Cu-11족, Zn-12족

11 다음 중 동소체 관계가 아닌 것은?

① 적린과 황린 ② 산소와 오존
③ 물과 과산화수소 ④ 다이아몬드와 흑연

동소체란 같은 한 가지 성분 원소로 이루어져 있으나 모양과 성질이 다른 홑원소 물질이다. 물(H_2O)과 과산화수소(H_2O_2)는 두 가지 이상의 성분 원소를 포함한 화합물이므로 동소체가 아니다.

12 다음 중 반응이 정반응으로 진행되는 것은?

① $Pb^{2+} + Zn \rightarrow Zn^{2+} + Pb$
② $I_2 + 2Cl^- \rightarrow 2I^- + Cl_2$
③ $2Fe^{3+} + 3Cu \rightarrow 3Cu^{2+} + 2Fe$
④ $Mg^{2+} + Zn \rightarrow Zn^{2+} + Mg$

금속의 경우 반응성이 큰 금속이 전자를 잃고 산화되고, 상대적으로 반응성이 작은 금속은 전자를 얻어 환원되므로 금속의 이온화 경향성(K > Ca > Na > Mg > Al > Zn > Fe > Ni > Sn > Pb > (H) > Cu > Hg > Ag > Pt > Au)에 따라 ①만 정반응이 일어난다. 비금속의 경우 전자를 얻는 경향이 클수록 반응성이 크고 환원되며, 상대적으로 반응성이 작은 비금속은 전자를 잃고 산화된다. 할로젠족 원소의 경우 이원자 분자 상태의 반응성이 $F_2 > Cl_2 > Br_2 > I_2$이므로 ②와 같은 반응은 일어나지 않는다.

13 물이 브뢴스테드산으로 작용한 것은?

① $HCl + H_2O \rightleftarrows H_3O^+ + Cl^-$
② $HCOOH + H_2O \rightleftarrows HCOO^- + H_3O^+$
③ $NH_3 + H_2O \rightleftarrows NH_4^+ + OH^-$
④ $3Fe + 4H_2O \rightleftarrows Fe_3O_4 + 4H_2$

브뢴스테드-로우리 산은 H^+을 내놓는 물질(H^+ 주개)이고, 브뢴스테드-로우리 염기는 H^+을 받는 물질(H^+ 받개)이다. ①, ②에서 H_2O은 H^+ 받개로 염기로 작용하며, ④에서 H_2O은 브뢴스테드-로우리의 산도 염기도 아니다.

14 수산화칼슘에 염소가스를 흡수시켜 만드는 물질은?

① 표백분
② 수산화칼슘
③ 염화수소
④ 과산화칼슘

표백분의 주성분은 $CaCl_2 \cdot Ca(OCl)_2 \cdot 2H_2O$으로 $Ca(OH)_2$에 Cl_2를 흡수시켜 만든다.

15 질산칼륨 수용액 속에 소량의 염화나트륨이 불순물로 포함되어 있다. 용해도 차이를 이용하여 이 불순물을 제거하는 방법으로 가장 적당한 것은?

① 증류
② 막분리
③ 재결정
④ 전기분해

재결정은 온도에 따른 용해도 차이를 이용해 원하는 용질을 다시 결정화시키는 방법이다.

16 할로젠화 수소의 결합에너지 크기를 비교하였을 때 옳게 표시된 것은?

① HI > HBr > HCl > HF
② HBr > HI > HF > HCl
③ HF > HCl > HBr > HI
④ HCl > HBr > HF > HI

결합 에너지는 분자 내의 원자 사이의 결합을 구성 원자로 끊을 때 필요한 에너지이다. 할로젠 원소의 전기 음성도가 F > Cl > Br > I이고, 결합 에너지 크기는 HF > HCl > HBr > HI이다.

17 용매분자들이 반투막을 통해서 순수한 용매나 묽은 용액으로부터 좀더 농도가 높은 용액 쪽으로 이동하는 알짜이동을 무엇이라 하는가?

① 총괄이동 ② 등방성
③ 국부이동 ④ 삼투

반투막을 사이에 두고 농도가 다른 두 용액이 있을 때 용매 분자가 반투막 사이를 통해 이동하여 농도가 진한 용액은 점차 묽어지고 농도가 옅은 용액은 점차 진해지는 현상을 '삼투'라 한다.

18 다음 반응식을 이용하여 구한 $SO_2(g)$의 몰 생성열은?

$S(s) + 1.5O_2(g) \rightarrow SO_3(g)$	$\Delta H° = -94.5kcal$
$2SO_2(s) + O_2(g) \rightarrow 2SO_3(g)$	$\Delta H° = -47kcal$

① -71kcal ② -47.5kcal
③ 71kcal ④ 47.5kcal

어떤 물질 1몰이 그 성분 원소의 가장 안정한 홑원소 물질로부터 생성될 때 출입하는 반응열을 생성열이라고 한다. 다음 화학 반응식에서 ①×2-②하면,

$S(s) + 1.5O_2(g) \rightarrow SO_3(g)$ $\Delta H° = -94.5kcal$ - ①
$2SO_2(s) + O_2(g) \rightarrow 2SO_3(g)$ $\Delta H° = -47kcal$ - ②

$2S(s) + 3O_2(g) \rightarrow 2SO_3(g)$ $\Delta H° = -94.5kcal \times 2$ - ①
$2SO_2(s) + O_2(g) \rightarrow 2SO_3(g)$ $\Delta H° = -47kcal$ - ②

$2S(s) + 2O_2(g) \rightarrow 2SO_2(s)$ $\Delta H° = -142kcal$
따라서, 1몰 $SO_2(s)$의 생성열은 -142kcal÷2 = -71kcal이다.

19 27℃에서 부피가 2L인 고무풍선 속의 수소기체 압력이 1.23atm이다. 이 풍선 속에 몇 mole의 수소기체가 들어 있는가?(단, 이상기체라고 가정한다.)

① 0.01 ② 0.05
③ 0.10 ④ 0.25

이상 기체 상태식을 이용하면 다음과 같다.
$PV = nRT$
$1.23atm \times 2L = n \times 0.082L \cdot atm/mol \cdot K \times 300K$
$\therefore n = 0.10mol$

20 20℃에서 600mL의 부피를 차지하고 있는 기체를 압력의 변화 없이 온도를 40℃로 변화시키면 부피는 얼마로 변하겠는가?

① 300mL ② 641mL
③ 836mL ④ 1,200mL

이상 기체 상태식을 이용하여 압력과 기체의 몰수가 일정하므로 다음과 같이 나타낼 수 있다.
$PV = nRT$ (P, n, R 일정)
$\frac{V_1}{T_1} = \frac{V_2}{T_2}$, $\frac{600mL}{293K} = \frac{V_2}{313K}$
$\therefore V_2 = 641mL$

02 화재예방과 소화방법

21 클로로벤젠 300,000L의 소요단위는 얼마인가?

① 20 ② 30
③ 200 ④ 300

$\text{소요단위} = \frac{\text{클로로벤젠의 수량}}{\text{클로로벤젠의 지정수량} \times 10}$
$= \frac{300,000}{1,000kg \times 10} = 30\text{소요단위}$

22 가연성 물질이 공기 중에서 연소할 때의 연소형태에 대한 설명으로 틀린 것은?

① 공기와 접촉하는 표면에서 연소가 일어나는 것을 표면연소라 한다.
② 황의 연소는 표면연소이다.
③ 산소공급원을 가진 물질 자체가 연소하는 것을 자기연소라 한다.
④ TNT의 연소는 자기연소이다.

황은 증발연소를 한다.

23 할로젠화합물 소화약제가 전기화재에 사용될 수 있는 이유에 대한 다음 설명 중 가장 적합한 것은?

① 전기적으로 부도체이다.
② 액체의 유동성이 좋다.
③ 탄산가스와 반응하여 포스겐가스를 만든다.
④ 증기의 비중이 공기보다 작다.

할로젠화합물 소화약제는 전기절연성이 우수하므로 전기화재에 적응성이 있다.

24 소화약제로서 물이 갖는 특성에 대한 설명으로 옳지 않은 것은?

① 유화효과(emulsification effect)도 기대할 수 있다.
② 증발잠열이 커서 기화 시 다량의 열을 제거한다.
③ 기화팽창률이 커서 질식효과가 있다.
④ 용융잠열이 커서 주수 시 냉각효과가 뛰어나다.

물은 소화약제로서 기화잠열이 539cal/g로 매우 커 냉각효과가 우수하다.

25 위험물안전관리법령상 정전기를 유효하게 제거하기 위해서는 공기 중의 상대습도는 몇 % 이상 되게 하여야 하는가?

① 40% ② 50%
③ 60% ④ 70%

정전기를 유효하게 제거하기 위해서는 공기 중의 상대습도를 70 이상 되게 하여야 한다.

26 벤젠과 톨루엔의 공통점이 아닌 것은?

① 물에 녹지 않는다.
② 냄새가 없다.
③ 휘발성 액체이다.
④ 증기는 공기보다 무겁다.

벤젠과 톨루엔 모두 냄새가 있다.

27 제6류 위험물인 질산에 대한 설명으로 틀린 것은?

① 강산이다.
② 물과 접촉 시 발열한다.
③ 불연성 물질이다.
④ 열분해 시 수소를 발생한다.

질산은 열분해 시 이산화질소와 산소를 발생한다.

28 제1종 분말소화약제가 1차 열분해되어 표준상태를 기준으로 $2m^3$의 탄산가스가 생성되었다. 몇 kg의 탄산수소나트륨이 사용되었는가?(단, 나트륨의 원자량은 23이다.)

① 15 ② 18.75
③ 56.25 ④ 75

탄산수소나트륨의 열분해 반응식
$2NaHCO_3 \rightarrow Na_2CO_3 + CO_2 + H_2O$
$PV = \frac{WRT}{M}$, $W = \frac{PVM}{RT}$

- P(압력) : 1atm
- V(이산화탄소의 체적) : $2m^3$
- M(탄산수소나트륨의 분자량) : 23+1+12+16×3=84kg/kmol
- R(기체상수) : 0.082atm · m^3/kmol · k
- T(절대온도) : (0℃+273)k

$\frac{1\times2\times84}{0.082\times273}\times2 = 15kg$

위의 반응식에서 알 수 있듯이 탄산수소나트륨($NaHCO_3$) 2kmol이 분해하면 이산화탄소(CO_2) 1kmol이 생성되므로 탄산수소나트륨의 질량을 구하기 위해 계산식에 2를 곱한다.

29 다음 중 A~D 중 분말소화약제로만 나타낸 것은?

A. 탄산수소나트륨	B. 탄산수소칼륨
C. 황산구리	D. 제1인산암모늄

① A, B, C, D
② A, D
③ A, B, C
④ A, B, D

탄산수소나트륨은 제1종 분말, 탄산수소칼륨은 제2종 분말, 인산암모늄은 제3종 분말 소화약제로 사용된다.

30 이산화탄소소화설비의 소화약제 방출방식 중 전역방출방식 소화설비에 대한 설명으로 옳은 것은?

① 발화위험 및 연소위험이 적고 광대한 실내에서 특정장치나 기계만을 방호하는 방식
② 일정 방호구역 전체에 방출하는 경우 해당 부분의 구획을 밀폐하여 불연성가스를 방출하는 방식
③ 일반적으로 개방되어 있는 대상물에 대하여 설치하는 방식
④ 사람이 용이하게 소화활동을 할 수 있는 장소에서는 호스를 연장하여 소화활동을 행하는 방식

- 전역방출방식 : 고정식 이산화탄소 공급장치에 배관 및 분사 헤드를 고정 설치하여 밀폐 방호구역 내에 이산화탄소를 방출하는 설비
- 국소방출방식 : 고정식 이산화탄소 공급장치에 배관 및 분사 헤드를 설치하여 직접 화점에 이산화탄소를 방출하는 설비로 화재 발생부분에만 집중적으로 소화약제를 방출하도록 설치하는 방식
- 호스릴방식 : 분사헤드가 배관에 고정되어 있지 않고 소화약제 저장용기에 호스를 연결하여 사람이 직접 화점에 소화약제를 방출하는 이동식 소화설비

31 알루미늄분의 연소 시 주수소화하면 위험한 이유를 옳게 설명한 것은?

① 물에 녹아 산이 된다.
② 물과 반응하여 유독가스가 발생한다.
③ 물과 반응하여 수소가스가 발생한다.
④ 물과 반응하여 산소가스가 발생한다.

제2류 위험물인 알루미늄분은 물과 반응하여 수소를 발생하므로 주수소화는 위험하다. 마른 모래, 분말, 이산화탄소 등을 이용한 질식소화가 효과적이다.

32 인화알루미늄의 화재 시 주수소화를 하면 발생하는 가연성 기체는?

① 아세틸렌 ② 메탄
③ 포스겐 ④ 포스핀

인화알루미늄은 물과 반응하여 유독성의 포스핀을 발생한다.

33 강화액 소화약제에 소화력을 향상시키기 위하여 첨가하는 물질로 옳은 것은?

① 탄산칼륨 ② 질소
③ 사염화탄소 ④ 아세틸렌

강화액 소화약제는 물 소화약제의 동결현상을 극복하기 위해 탄산칼륨, 황산암모늄, 인산암모늄 및 침투제 등을 첨가한 강한 알칼리성 소화약제이다.

34 일반적으로 고급 알코올황산에스테르염을 기포제로 사용하며 냄새가 없는 황색의 액체로서 밀폐 또는 준밀폐 구조물의 화재 시 고팽창포로 사용하여 화재를 진압할 수 있는 포소화약제는?

① 단백포소화약제
② 합성계면활성제포소화약제
③ 알코올형포소화약제
④ 수성막포소화약제

밀폐 또는 준밀폐 구조물의 화재 시 고팽창포로 사용하여 화재를 진압할 수 있는 포소화약제는 합성계면활성제포 소화약제인데, 고압가스, 액화가스, 위험물저장소에 적용된다.

35 전기불꽃 에너지 공식에서 ( )에 알맞은 것은? (단, Q는 전기량, V는 방전전압, C는 전기용량을 나타낸다)

$$E = \frac{1}{2}(\quad) = \frac{1}{2}(\quad)$$

① QV, CV ② QC, CV
③ QV, CV^2 ④ QC, QV^2

전기불꽃 에너지식
$E = \frac{1}{2}QV = \frac{1}{2}CV^2$

36 위험물제조소등의 스프링클러설비의 기준에 있어 개방형스프링클러헤드는 스프링클러헤드의 반사판으로부터 하방 및 수평방향으로 각각 몇 m의 공간을 보유하여야 하는가?

① 하방 0.3m, 수평방향 0.45m
② 하방 0.3m, 수평방향 0.3m
③ 하방 0.45m, 수평방향 0.45m
④ 하방 0.45m, 수평방향 0.3m

개방형 스프링클러헤드는 스프링클러헤드의 반사판으로부터의 거리는 하방 0.45m, 수평방향 0.3m의 공간을 보유하여야 한다.

37 적린과 오황화인의 공통 연소생성물은?

① SO_2 ② H_2S
③ P_2O_5 ④ H_3PO_4

적린과 오황화인은 연소 시 P_2O_5를 생성한다.

38 제1류 위험물 중 알칼리금속과산화물의 화재에 적응성이 있는 소화약제는?

① 인산염류분말 ② 이산화탄소
③ 탄산수소염류분말 ④ 할로젠화합물

제1류 위험물 중 알칼리금속과산화물의 화재에는 탄산수소염류, 건조사, 팽창질석, 팽창진주암 등이 적응성이 있다.

39 가연성 가스의 폭발 범위에 대한 일반적인 설명으로 틀린 것은?

① 가스의 온도가 높아지면 폭발 범위는 넓어진다.
② 폭발한계농도 이하에서 폭발성 혼합가스를 생성한다.
③ 공기 중에서보다 산소 중에서 폭발 범위가 넓어진다.
④ 가스압이 높아지면 하한값은 크게 변하지 않으나 상한값은 높아진다.

> 폭발한계농도 이하에서는 폭발성 혼합가스를 생성하기 어렵다.

40 위험물제조소등에 설치하는 포소화설비의 기준에 따르면 포헤드방식의 포헤드는 방호대상물의 표면적 $1m^2$ 당 방사량이 몇 L/min 이상의 비율로 계산한 양의 포수용액을 표준방사량으로 방사할 수 있도록 설치하여야 하는가?

① 3.5 ② 4
③ 6.5 ④ 9

> 방호대상물의 표면적 $9m^2$당 1개 이상의 헤드를 설치하고, 방호대상물의 표면적 $1m^2$당의 방사량이 6.5L/min 이상의 비율로 계산한 양의 포수용액을 표준방사량으로 방사할 수 있도록 설치하여야 한다.

03 위험물 성상 및 취급

41 동식물유류에 대한 설명으로 틀린 것은?

① 건성유는 자연발화의 위험성이 높다.
② 불포화도가 높을수록 요오드가가 크며 산화되기 쉽다.
③ 요오드값이 130 이하인 것이 건성유이다.
④ 1기압에서 인화점이 섭씨 250도 미만이다.

> 건성유의 요오드값은 130 이상이다.

42 과산화나트륨이 물과 반응할 때의 변화를 가장 옳게 설명한 것은?

① 산화나트륨과 수소를 발생한다.
② 물을 흡수하여 탄산나트륨이 된다.
③ 산소를 방출하며 수산화나트륨이 된다.
④ 서서히 물에 녹아 과산화나트륨의 안정한 수용액이 된다.

> 과산화나트륨은 물과 반응하여 수산화나트륨과 산소를 발생한다.

43 다음 중 연소범위가 가장 넓은 위험물은?

① 휘발유 ② 톨루엔
③ 에틸알코올 ④ 다이에틸에터

> ① 휘발유 : 1.4~7.6%
> ② 톨루엔 : 1.3~6.7%
> ③ 에틸알코올 : 4.3~19%
> ④ 다이에틸에터 : 1.7~48%

44 메틸에틸케톤의 취급 방법에 대한 설명으로 틀린 것은?

① 쉽게 연소하므로 화기 접근을 금한다.
② 직사광선을 피하고 통풍이 잘되는 곳에 저장한다.
③ 탈지작용이 있으므로 피부에 접촉하지 않도록 주의한다.
④ 유리 용기를 피하고 수지, 섬유소 등의 재질로 된 용기에 저장한다.

> 메틸에틸케톤은 유리 용기에 밀폐하여 저장한다.

45 유기과산화물에 대한 설명으로 틀린 것은?

① 소화방법으로는 질식소화가 가장 효과적이다.
② 벤조일퍼옥사이드, 메틸에틸케톤퍼옥사이드 등이 있다.
③ 저장 시 고온체나 화기의 접근을 피한다.
④ 지정수량은 10kg이다.

> 제5류 위험물(자기반응성물질)은 물질 자체에 산소를 함유하고 있기 때문에 질식소화는 효과적이지 못하며, 주수소화가 가장 효과적이다.

46 위험물안전관리법령상 시·도의 조례가 정하는 바에 따르면 관할소방서장의 승인을 받아 지정수량 이상의 위험물을 임시로 제조소등이 아닌 장소에서 취급할 때 며칠 이내의 기간 동안 취급할 수 있는가?

① 7일 ② 30일
③ 90일 ④ 180일

시·도의 조례가 정하는 바에 따라 관할소장서장의 승인을 받아 지정수량 이상의 위험물을 임시로 제조소등이 아닌 장소에서 취급할 때 90일 이내의 기간 동안 취급할 수 있다.

47 다음 물질 중 인화점이 가장 낮은 것은?

① 톨루엔 ② 아세톤
③ 벤젠 ④ 다이에틸에테르

① 톨루엔 : 4.5℃ ② 아세톤 : −18℃
③ 벤젠 : −11℃ ④ 다이에틸에테르 : −45℃

48 오황화인에 관한 설명으로 옳은 것은?

① 물과 반응하면 불연성기체가 발생된다.
② 담황색 결정으로서 흡습성과 조해성이 있다.
③ P_2S_5로 표현되며 물에 녹지 않는다.
④ 공기 중 상온에서 쉽게 자연발화 한다.

① 물과 반응하여 황화수소와 인산을 발생한다.
③ 물에 녹는다.
④ 공기 중에서 자연발화하지는 않는다.

49 물과 접촉하였을 때 에탄이 발생되는 물질은?

① CaC_2 ② $(C_2H_5)_3Al$
③ $C_6H_3(NO_2)_3$ ④ $C_2H_5ONO_2$

제3류 위험물인 트라이에틸알루미늄은 물과 반응하여 에탄을 발생한다.

50 아염소산나트륨이 완전 열분해하였을 때 발생하는 기체는?

① 산소 ② 염화수소
③ 수소 ④ 포스겐

제1류 위험물인 아염소산나트륨은 열분해 시 산소를 발생한다.

51 위험물안전관리법령에서 정한 위험물의 운반에 관한 설명으로 옳은 것은?

① 위험물을 화물차량으로 운반하면 특별히 규제받지 않는다.
② 승용차량으로 위험물을 운반할 경우에만 운반의 규제를 받는다.
③ 지정수량 이상의 위험물을 운반할 경우에만 운반의 규제를 받는다.
④ 위험물을 운반할 경우 그 양의 다소를 불문하고 운반의 규제를 받는다.

위험물을 운반할 경우 지정수량에 관계없이 그 양의 다소를 불문하고 운반의 규제를 받는다.

52 제6류 위험물의 취급 방법에 대한 설명 중 옳지 않은 것은?

① 가연성 물질과의 접촉을 피한다.
② 지정수량의 1/10을 초과할 경우 제2류 위험물과의 혼재를 금한다.
③ 피부와 접촉하지 않도록 주의한다.
④ 위험물제조소에는 "화기엄금" 및 "물기엄금" 주의사항을 표시한 게시판을 반드시 설치하여야 한다.

제6류 위험물의 게시판에는 주의사항을 표시하지 않아도 된다.

53 제2류 위험물과 제5류 위험물의 공통적인 성질은?

① 가연성 물질이다.
② 강한 산화제이다.
③ 액체 물질이다.
④ 산소를 함유한다.

제2류 위험물과 제5류 위험물 모두 가연성 물질이다.

54 묽은 질산에 녹고, 비중이 약 2.7인 은백색 금속은?

① 아연분 ② 마그네슘분
③ 안티몬분 ④ 알루미늄분

제2류 위험물인 알루미늄분은 비중 2.7의 은백색 금속으로 염산, 황산, 묽은 질산에 침식당하기 쉽다.

55 황린에 대한 설명으로 틀린 것은?

① 백색 또는 담황색의 고체이며, 증기는 독성이 있다.
② 물에는 녹지 않고 이황화탄소에는 녹는다.
③ 공기 중에서 산화되어 오산화인이 된다.
④ 녹는점이 적린과 비슷하다.

> 황린의 녹는점은 44℃이며, 적린은 600℃이다.

56 다음은 위험물안전관리법령에서 정한 아세트알데하이드등을 취급하는 제조소의 특례에 관한 내용이다. ( ) 안에 해당하지 않는 물질은?

> 아세트알데하이드등을 취급하는 설비는 ( )·( )·( )·마그네슘 또는 이들을 성분으로 하는 합금으로 만들지 아니할 것

① Ag　　② Hg
③ Cu　　④ Fe

> 아세트알데하이드등을 취급하는 설비는 은·수은·동·마그네슘 또는 이들을 성분으로 하는 합금으로 만들지 아니할 것

57 위험물안전관리법령에 근거한 위험물 운반 및 수납 시 주의사항에 대한 설명 중 틀린 것은?

① 위험물을 수납하는 용기는 위험물이 누설되지 않게 밀봉시켜야 한다.
② 온도 변화로 가스가 발생해 운반용기 안의 압력이 상승할 우려가 있는 경우(발생한 가스가 위험성이 있는 경우 제외)에는 가스 배출구가 설치된 운반용기에 수납할 수 있다.
③ 액체 위험물은 운반용기 내용적의 98% 이하의 수납율로 수납하되 55℃의 온도에서 누설되지 아니하도록 충분한 공간용적을 유지하도록 하여야 한다.
④ 고체 위험물은 운반용기 내용적의 98% 이하의 수납율로 수납하여야 한다.

> 고체 위험물은 운반용기 내용적의 95% 이하의 수납율로 수납하여야 한다.

58 인화칼슘이 물과 반응하여 발생하는 기체는?

① 포스겐　　② 포스핀
③ 메탄　　④ 이산화황

> 제3류 위험물인 인화칼슘은 물과 반응하여 포스핀을 발생한다.

59 위험물제조소의 배출설비 기준 중 국소방식의 경우 배출능력은 1시간당 배출장소 용적의 몇 배 이상으로 해야 하는가?

① 10배　　② 20배
③ 30배　　④ 40배

> 국소방식의 경우 배출능력은 1시간당 배출장소 용적의 20배 이상으로 해야 한다.

60 제1류 위험물 중 무기과산화물 150kg, 질산염류 300kg, 다이크로뮴산염류 3,000kg을 저장하고 있다. 각각 지정수량의 배수의 총합은 얼마인가?

① 5　　② 6
③ 7　　④ 8

> 지정수량의 배수 $= \dfrac{\text{A품명의 저장수량}}{\text{지정수량}} + \dfrac{\text{B품명의 저장수량}}{\text{지정수량}} + \cdots$
> $= \dfrac{150\text{kg}}{50\text{kg}} + \dfrac{300\text{kg}}{300\text{kg}} + \dfrac{3{,}000\text{kg}}{1{,}000\text{kg}} = 7$

【2019년 1회】

정답

01	02	03	04	05	06	07	08	09	10
①	②	①	③	④	①	②	③	③	②
11	12	13	14	15	16	17	18	19	20
③	①	③	①	③	③	④	①	③	②
21	22	23	24	25	26	27	28	29	30
②	②	①	④	④	②	④	①	④	②
31	32	33	34	35	36	37	38	39	40
③	④	①	②	③	④	③	③	②	③
41	42	43	44	45	46	47	48	49	50
③	③	④	④	①	③	④	②	②	①
51	52	53	54	55	56	57	58	59	60
④	④	①	④	④	④	④	②	②	③

최종점검 2 – 기출문제로 출제유형을 파악하자!

최근기출문제 – 2019년 2회

▶ 정답은 462쪽에 있습니다.

01 물질의 물리 · 화학적 성질

01 자철광 제조법으로 빨갛게 달군 철에 수증기를 통할 때의 반응식으로 옳은 것은?

① $3Fe + 4H_2O \rightarrow Fe_3O_4 + 4H_2$
② $2Fe + 3H_2O \rightarrow Fe_2O_3 + 3H_2$
③ $Fe + H_2O \rightarrow FeO + H_2$
④ $Fe + 2H_2O \rightarrow FeO_2 + 2H_2$

화학 반응식은 반응물의 각 원소의 원자수와 생성물의 각 성분 원소의 원자수가 같도록 계수를 맞춘다. 자철광의 화학식은 Fe_3O_4이고 반응식의 계수를 완성하면 $3Fe + 4H_2O \rightarrow Fe_3O_4 + 4H_2$이다.

02 화학 반응 속도를 증가시키는 방법으로 옳지 않은 것은?

① 온도를 높인다.
② 부촉매를 가한다.
③ 반응물 농도를 높게 한다.
④ 반응물 표면적을 크게 한다.

부촉매는 화학 반응에서 자신은 변하지 않으면서 활성화 에너지의 크기를 증가시켜 반응 속도를 감소시키는 물질이다.

03 비금속 원소와 금속 원소 사이의 결합은 일반적으로 어떤 결합에 해당되는가?

① 공유 결합 ② 금속 결합
③ 비금속 결합 ④ 이온 결합

음이온이 되려는 경향이 큰 원소인 비금속 원소와 양이온이 되려는 경향이 큰 원소인 금속 원소 사이에서는 주로 이온 결합이 이루어진다.

04 네슬러 시약에 의하여 적갈색으로 검출되는 물질은 어느 것인가?

① 질산 이온 ② 암모늄 이온
③ 아황산 이온 ④ 일산화탄소

네슬러 시약은 요오드화 수은(Ⅱ)과 요오드화칼륨과의 착물(K_2HgI_4)을 수산화칼륨 용액에 녹인 물질로 암모니아에 의해서 황색 또는 황갈색으로 착색되므로 암모니아의 검출시약으로 사용된다.

05 불꽃 반응 결과 노란색을 나타내는 미지의 시료를 녹인 용액에 $AgNO_3$ 용액을 넣으니 백색침전이 생겼다. 이 시료의 성분은?

① Na_2SO_4 ② $CaCl_2$
③ $NaCl$ ④ KCl

불꽃색이 노란색인 금속 원소는 Na이고, Ag^+ 이온과 결합하여 백색 침전을 형성하는 것은 Cl^- 이온이므로 2가지 시료 성분이 포함된 화합물은 NaCl이다.

06 다음 화합물 중에서 밑줄친 원소의 산화수가 서로 다른 것은?

① $\underline{C}Cl_4$ ② $\underline{Ba}O_2$
③ $\underline{S}O_2$ ④ $\underline{O}H^-$

$\underline{C}Cl_4$: C의 산화수 +4, Cl의 산화수 –1
$\underline{Ba}O_2$: Ba의 산화수 +4, O의 산화수 –2
$\underline{S}O_2$: S의 산화수 +4, O의 산화수 –2
$\underline{O}H^-$: O의 산화수 –2, H의 산화수 +1

07 먹물에 아교나 젤라틴을 약간 풀어주면 탄소 입자가 쉽게 침전되지 않는다. 이때 가해준 아교는 무슨 콜로이드로 작용하는가?

① 서스펜션 ② 소수
③ 복합 ④ 보호

미립자가 기체 또는 액체 중에 분산된 상태를 콜로이드 상태라고 하며 먹물에서 탄소 입자의 분산에 아교를 넣으면 응결이 방지되며 이때 아교는 보호 콜로이드로 작용한다.

08 황의 산화수가 나머지 셋과 다른 하나는?

① Ag_2S　② H_2SO_4
③ SO_4^{2-}　④ $Fe_2(SO_4)_3$

• Ag_2S : Ag의 산화수 +1, S의 산화수 −2
• H_2SO_4 : H의 산화수 +1, S의 산화수 +6, O의 산화수 −2
• SO_4^{2-} : S의 산화수 +6, O의 산화수 −2
• $Fe_2(SO_4)_3$: Fe의 산화수 +3, S의 산화수 +6, O의 산화수 −2

09 황산구리 용액에 10A의 전류를 1시간 통하면 구리(원자량=63.54)를 몇 g 석출하겠는가?

① 7.2g　② 11.85g
③ 23.7g　④ 31.77g

전하량(Q) = 10A×3600초 = 36000C
$Cu^{2+} + 2e^- \rightarrow Cu$, Cu 1몰이 석출될 때 전자 2몰이 필요하다.
1F=96500C이고, 1시간 동안 흐른 전자의 몰수는
$\frac{36000C}{96500C}$ = 0.37몰이므로, 전자 0.37몰이 이동할 때 석출되는 Cu는 약 0.186몰이다. 따라서 석출되는 Cu 0.186몰 질량은 약 63.54×0.186 = 11.85g이다.

10 H_2O가 H_2S보다 끓는점이 높은 이유는?

① 이온 결합을 하고 있기 때문에
② 수소 결합을 하고 있기 때문에
③ 공유 결합을 하고 있기 때문에
④ 분자량이 작기 때문에

끓는점은 분자 사이의 힘이 강할수록 높다. H_2O은 수소 결합을 하고 있기 때문에 H_2S보다 끓는점이 높다.

11 황이 산소와 결합하여 SO_2를 만들 때에 대한 설명으로 옳은 것은?

① 황은 환원된다.　② 황은 산화된다.
③ 불가능한 반응이다.　④ 산소는 산화되었다.

$S + O_2 \rightarrow SO_2$
어떤 물질이 산소와 결합하는 반응을 산화 반응이라고 하며 산소와 분리되는 반응을 환원 반응이라고 한다. 황은 산소와 결합하여 산화된다.

12 순수한 옥살산($C_2H_2O_4 \cdot 2H_2O$) 결정 6.3g을 물에 녹여서 500mL의 용액을 만들었다. 이 용액의 농도는 몇 M인가?

① 0.1　② 0.2
③ 0.3　④ 0.4

• 옥살산의 화학식량 : 126
• 옥살산 6.3g 몰수 : $\frac{6.3}{126}$ = 0.05몰
• 몰농도 : $\frac{0.05}{0.5}$ = 0.1M

13 실제 기체는 어떤 상태일 때 이상 기체 방정식에 잘 맞는가?

① 온도가 높고 압력이 높을 때
② 온도가 낮고 압력이 낮을 때
③ 온도가 높고 압력이 낮을 때
④ 온도가 낮고 압력이 높을 때

기체 분자 사이의 상호 작용이 작을수록 이상 기체에 가깝다. 따라서 높은 온도와 낮은 압력일수록 이상 기체의 성질에 가까워진다.

14 다음 물질 중 이온 결합을 하고 있는 것은?

① 얼음　② 흑연
③ 다이아몬드　④ 염화나트륨

얼음(H_2O), 흑연(C), 다이아몬드(C)는 공유 결합으로 이루어진 물질이고, 염화나트륨(NaCl)은 금속 원소와 비금속 원소로 이루어진 이온 결합 물질이다.

15 다음 반응 속도식에서 2차 반응인 것은?

① $v = k[A]^{\frac{1}{2}}[B]^{\frac{1}{2}}$　② $v = k[A][B]$
③ $v = k[A][B]^2$　④ $v = k[A]^2[B]^2$

반응 속도식은 반응 물질의 농도로 표현하며 물질 A와 B가 반응하여 물질 C와 D가 생성되는 반응에서 반응 속도식은 다음과 같다.
$aA + bB \rightarrow cC + dD$
$v = k[A]^m[B]^n$, m, n은 반응 차수
(계수 a, b와 무관하며 실험에 의해 구함)
전체 반응 차수는 (m+n)차 반응으로 나타낸다. 따라서 2차 반응은 $v = k[A][B]$이다.

16 산(acid)의 성질을 설명한 것 중 틀린 것은?

① 수용액 속에서 H^+를 내는 화합물이다.
② pH 값이 작을수록 강산이다.
③ 금속과 반응하여 수소를 발생하는 것이 많다.
④ 붉은색 리트머스 종이를 푸르게 변화시킨다.

산은 푸른색 리트머스 종이를 붉게 변화시킨다.

17 다음 화학 반응 중 H_2O가 염기로 작용한 것은?

① $CH_3COOH + H_2O \rightarrow CH_3COO^- + H_3O^+$
② $NH_3 + H_2O \rightarrow NH_4^+ + OH^-$
③ $CO_3^{2-} + 2H_2O \rightarrow H_2CO_3 + 2OH^-$
④ $Na_2O + H_2O \rightarrow 2NaOH$

물은 양쪽성 물질로 반응하는 물질에 따라 산이나 염기로 모두 작용할 수 있다. 브뢴스테드-로우리 산 · 염기 정의에 따르면 H^+을 내놓는 물질은 산, H^+을 받는 물질은 염기이다. H_2O가 반응 후에 H^+을 얻어 H_3O^+이 되었으므로 H_2O은 염기로 작용하였다.

18 AgCl의 용해도는 0.0016g/L이다. 이 AgCl의 용해도곱(solubility product)은 약 얼마인가? (단, 원자량은 각각 Ag 108, Cl 35.5이다.)

① 1.24×10^{-10}　　② 2.24×10^{-10}
③ 1.12×10^{-5}　　④ 4×10^{-4}

$AgCl \rightarrow Ag^+ + Cl^-$ 에서 용해도곱은 $K_{sp} = [Ag^+][Cl^-]$으로 나타낼 수 있고, 주어진 용해도를 몰농도로 환산하면 $\frac{0.0016}{108+35.5} \fallingdotseq$ 0.0000111M 이다. 용해도곱 식에 대입하면,
$K_{sp} = [Ag^+][Cl^-] = (0.0000111) \times (0.0000111) = 1.24 \times 10^{-10}$

19 NH_4Cl에서 배위 결합을 하고 있는 부분을 옳게 설명한 것은?

① NH_3의 N-H 결합
② NH_3와 H^+과의 결합
③ NH_4^+과 Cl^-과의 결합
④ H^+과 Cl^-과의 결합

배위 결합이란 공유 결합의 한 종류이며, 어떤 원자의 비공유 전자쌍을 일방적으로 다른 원자에게 제공하여 전자쌍을 공유하는 결합 방식이다. NH_3에서 질소에 있는 비공유 전자쌍을 H^+에게 제공하여 H^+와 배위 결합이 형성된다.

20 0.1M 아세트산 용액의 해리도를 구하면 약 얼마인가? (단, 아세트산의 전리 상수는 1.8×10^{-5}이다.)

① 1.8×10^{-5}　　② 1.8×10^{-2}
③ 1.3×10^{-5}　　④ 1.3×10^{-2}

약한 산의 이온화도(해리도) α와 이온화 상수 K_a와의 관계식은 $\alpha = \sqrt{\frac{K_a}{C}}$이다. (단, C는 용액의 몰농도이다.)
$\therefore \alpha = \sqrt{\frac{1.8 \times 10^{-5}}{0.1}} = 0.013$이다.

02 화재예방과 소화방법

21 다음 중 화재 시 다량의 물에 의한 냉각소화가 가장 효과적인 것은?

① 금속의 수소화물
② 알칼리금속과산화물
③ 유기과산화물
④ 금속분

유기과산화물은 제5류 위험물로서 다량의 물에 의한 냉각소화가 가장 효과적이다.

22 위험물안전관리법령상 소화설비의 설치기준에서 제조소등에 전기설비(전기배선, 조명기구 등은 제외)가 설치된 경우에는 해당 장소의 면적 몇 m^2마다 소형수동식소화기를 1개 이상 설치하여야 하는가?

① 50　　② 75
③ 100　　④ 150

제조소등에 전기설비(전기배선, 조명기구 등은 제외)가 설치된 경우에는 당해 장소의 면적 $100m^2$마다 소형수동식소화기를 1개 이상 설치한다.

23 불활성가스소화약제 중 IG-55의 구성성분을 모두 나타낸 것은?

① 질소
② 이산화탄소
③ 질소와 아르곤
④ 질소, 아르곤, 이산화탄소

IG-55는 질소와 아르곤의 용량비가 50대 50이다.

24 수성막포소화약제를 수용성 알코올 화재 시 사용하면 소화효과가 떨어지는 가장 큰 이유는?

① 유독가스가 발생하므로
② 화염의 온도가 높으므로
③ 알코올은 포와 반응하여 가연성 가스를 발생하므로
④ 알코올이 포 속의 물을 탈취하여 포가 파괴되므로

> 알코올이 포 속의 물을 탈취하여 포가 파괴되므로 수성막포 소화약제는 효과가 없다.

25 탄소 1mol이 완전 연소하는 데 필요한 최소이론공기량은 약 몇 L인가?(단, 0℃, 1기압 기준이며, 공기 중 산소의 농도는 21vol%이다)

① 10.7 ② 22.4
③ 107 ④ 224

> 0℃, 1기압에서 1몰의 기체 부피는 22.4L이다.
> $$\text{이론공기량} = \frac{\text{부피}}{\text{산소의 농도}} = \frac{22.4}{0.21} = 106.6$$

26 다음은 제4류 위험물에 해당하는 물품의 소화방법을 설명한 것이다. 소화효과가 가장 떨어지는 것은?

① 산화프로필렌 : 알코올형 포로 질식소화한다.
② 아세톤 : 수성막포를 이용하여 질식소화한다.
③ 이황화탄소 : 탱크 또는 용기 내부에서 연소하고 있는 경우에는 물을 사용하여 질식소화한다.
④ 다이에틸에터 : 이산화탄소소화설비를 이용하여 질식소화한다.

> 아세톤은 분무상태의 주수소화가 가장 효과적이다.

27 위험물안전관리법령상 옥내소화전설비의 비상전원은 자가발전설비 또는 축전지 설비로 옥내소화전설비를 유효하게 몇 분 이상 작동할 수 있어야 하는가?

① 10분 ② 20분
③ 45분 ④ 60분

> 옥내소화전설비의 비상전원 용량은 45분 이상 작동할 수 있어야 한다.

28 위험물안전관리법령상 위험물과 적응성 있는 소화설비가 잘못 짝지어진 것은?

① K - 탄산수소염류 분말소화설비
② $C_2H_5OC_2H_5$ - 불활성가스소화설비
③ Na - 건조사
④ CaC_2 - 물통

> 제3류 위험물인 탄화칼슘은 주수소화를 금하며, 마른모래, 분말소화약제를 이용한 소화가 효과적이다.

29 ABC급 화재에 적응성이 있으며 열분해되어 부착성이 좋은 메타인산을 만드는 분말소화약제는?

① 제1종 ② 제2종
③ 제3종 ④ 제4종

> 제3종 분말소화약제는 방진효과를 지닌 메타인산을 만들며, ABC급 화재에 적응성이 있다.

30 자연발화가 일어날 수 있는 조건으로 가장 옳은 것은?

① 주위의 온도가 낮을 것
② 표면적이 작을 것
③ 열전도율이 작을 것
④ 발열량이 작을 것

> 자연발화는 주위의 온도가 높고, 표면적이 넓고, 열전도율이 작고, 발열량이 큰 경우 일어난다.

31 인산염 등을 주성분으로 한 분말소화약제의 착색은?

① 백색 ② 담홍색
③ 검은색 ④ 회색

> 제1인산암모늄을 주성분으로 하는 제3종분말 소화약제의 착색은 담홍색이다.

32 위험물제조소등에 설치하는 포소화설비에 있어서 포헤드 방식의 포헤드는 방호대상물의 표면적(m^2) 얼마당 1개 이상의 헤드를 설치하여야 하는가?

① 3 ② 6
③ 9 ④ 12

> 포헤드 방식의 포헤드는 방호대상물의 표면적 $9m^2$당 1개 이상의 헤드를 설치해야 한다.

33 위험물안전관리법령상 이동저장탱크(압력탱크)에 대해 실시하는 수압시험은 용접부에 대한 어떤 시험으로 대신할 수 있는가?

① 비파괴시험과 기밀시험
② 비파괴시험과 충수시험
③ 충수시험과 기밀시험
④ 방폭시험과 충수시험

이동저장탱크(압력탱크)에 대해 실시하는 수압시험은 용접부에 대한 비파괴시험과 기밀시험으로 대신할 수 있다.

34 다음 [보기]에서 열거한 위험물의 지정수량을 모두 합산한 값은?

【보기】
과아이오딘산, 과아이오딘산염류, 과염소산, 과염소산염류

① 450kg　② 500kg
③ 950kg　④ 1,200kg

300kg + 300kg + 300kg + 50kg = 950kg

35 위험물안전관리법령상 옥내소화전설비의 기준으로 옳지 않은 것은?

① 소화전함은 화재 발생 시 화재 등에 의한 피해의 우려가 많은 장소에 설치하여야 한다.
② 호스접속구는 바닥으로부터 1.5m 이하의 높이에 설치한다.
③ 가압송수장치의 시동을 알리는 표시등은 적색으로 한다.
④ 별도의 정해진 조건을 충족하는 경우는 가압송수장치의 시동표시등을 설치하지 않을 수 있다.

옥내소화전설비는 화재 발생 시 연기가 충만할 우려가 없는 장소 등 쉽게 접근이 가능하고 화재 등에 의한 피해를 받을 우려가 적은 장소에 한하여 설치한다.

36 정전기를 유효하게 제거할 수 있는 설비를 설치하고자 할 때 위험물안전관리법령에서 정한 정전기 제거 방법의 기준으로 옳은 것은?

① 공기 중의 상대습도를 70% 이상으로 하는 방법
② 공기 중의 상대습도를 70% 미만으로 하는 방법
③ 공기 중의 절대습도를 70% 이상으로 하는 방법
④ 공기 중의 절대습도를 70% 미만으로 하는 방법

정전기를 유효하게 제거하기 위해서는 공기 중의 상대습도를 70% 이상으로 해야 한다.

37 피리딘 20,000리터에 대한 소화설비의 소요단위는?

① 5단위　② 10단위
③ 15단위　④ 100단위

$$\text{소요단위} = \frac{\text{위험물의 수량}}{\text{위험물의 지정수량} \times 10} = \frac{20{,}000\text{L}}{400\text{L} \times 10} = 5\text{소요단위}$$

38 다음 각 위험물의 저장소에서 화재가 발생하였을 때 물을 사용하여 소화할 수 있는 물질은?

① K_2O_2
② CaC_2
③ Al_4C_3
④ P_4

황린은 물을 사용한 소화가 가능하다.

39 위험물제조소에 옥내소화전 설비를 3개 설치하였다. 수원의 양은 몇 m^3 이상이어야 하는가?

① $7.8m^3$
② $9.9m^3$
③ $10.4m^3$
④ $23.4m^3$

수원의 수량 = 소화전의 수(최대 5개)×7.8 = 3×7.8 = $23.4m^3$

40 위험물안전관리법령상 제6류 위험물에 적응성이 있는 소화설비는?

① 옥내소화전설비
② 불활성가스소화설비
③ 할로젠화합물소화설비
④ 탄산수소염류 분말소화설비

제6류 위험물에 적응성이 있는 소화설비는 옥내소화전 또는 옥외소화전설비, 스프링클러설비, 물분무소화설비, 포소화설비, 인산염류분말소화설비 등이다.

03 위험물 성상 및 취급

41 제5류 위험물 중 상온(25℃)에서 동일한 물리적 상태(고체, 액체, 기체)로 존재하는 것으로만 나열된 것은?

① 나이트로글리세린, 나이트로셀룰로스
② 질산메틸, 나이트로글리세린
③ 트라이나이트로톨루엔, 질산메틸
④ 나이트로글리콜, 트라이나이트로톨루엔

질산메틸, 나이트로글리세린은 상온에서 액체 상태이다.

42 위험물안전관리법령상 주유취급소에서의 위험물 취급기준에 따르면 자동차 등에 인화점 몇 ℃ 미만의 위험물을 주유할 때에는 자동차 등의 원동기를 정지시켜야 하는가? (단, 원칙적인 경우에 한한다)

① 21 ② 25
③ 40 ④ 80

자동차 등에 인화점 40℃ 미만의 위험물을 주유할 때에는 자동차 등의 원동기를 정지시켜야 한다.

43 연소 시에는 푸른 불꽃을 내며, 산화제와 혼합되어 있을 때 가열이나 충격 등에 의하여 폭발할 수 있으며, 흑색 화약의 원료로 사용되는 물질은?

① 적린 ② 마그네슘
③ 황 ④ 아연분

연소 시에 푸른 불꽃을 내며, 흑색 화약의 원료로 사용되는 물질은 황이다.

44 고체 위험물은 운반용기 내용적의 몇 % 이하의 수납율로 수납하여야 하는가?

① 90 ② 95
③ 98 ④ 99

고체 위험물은 운반용기 내용적의 95% 이하의 수납율로 수납하여야 한다.

45 과산화수소의 성질에 대한 설명 중 틀린 것은?

① 에테르에 녹지 않으며, 벤젠에 녹는다.
② 산화제이지만 환원제로서 작용하는 경우도 있다.
③ 물보다 무겁다.
④ 분해 방지 안정제로 인산, 요산 등을 사용할 수 있다.

제6류 위험물인 과산화수소는 물, 알코올, 에테르에 잘 녹으며, 벤젠에는 녹지 않는다.

46 염소산칼륨이 고온에서 완전 열분해할 때 주로 생성되는 물질은?

① 칼륨과 물 및 산소
② 염화칼륨과 산소
③ 이염화칼륨과 수소
④ 칼륨과 물

염소산칼륨은 고온에서 열분해할 때 염화칼륨과 산소를 발생한다.

47 황린이 연소할 때 발생하는 가스와 수산화나트륨 수용액과 반응하였을 때 발생하는 가스를 차례대로 나타낸 것은?

① 오산화인, 인화수소
② 인화수소, 오산화인
③ 황화수소, 수소
④ 수소, 황화수소

황린은 연소 시 오산화인을 발생하며, 수산화칼륨 수용액과 반응하여 유독한 포스핀(인화수소) 가스를 발생한다.

48 P_4S_7에 고온의 물을 가하면 분해된다. 이때 주로 발생하는 유독물질의 명칭은?

① 아황산
② 황화수소
③ 인화수소
④ 오산화인

칠황화인은 고온의 물을 가하면 급격히 분해되어 황화수소와 인산을 발생한다.

49 다음 중 자연발화의 위험성이 제일 높은 것은?

① 야자유
② 올리브유
③ 아마인유
④ 피마자유

건성유인 아마인유는 자연발화의 위험이 높다.

50 아세톤과 아세트알데하이드에 대한 설명으로 옳은 것은?

① 증기비중은 아세톤이 아세트알데하이드보다 작다.
② 위험물안전관리법령상 품명은 서로 다르지만 지정수량은 같다.
③ 인화점과 발화점 모두 아세트알데하이드가 아세톤보다 낮다.
④ 아세톤의 비중은 물보다 작지만, 아세트알데하이드는 물보다 크다.

① 증기비중은 아세톤이 아세트알데하이드보다 높다.
② 아세톤의 지정수량은 400L, 아세트알데하이드의 지정수량은 50L이다.
④ 둘 다 물보다 비중이 작다.

51 위험물안전관리법령상 위험물의 운반에 관한 기준에서 적재하는 위험물의 성질에 따라 직사일광으로부터 보호하기 위하여 차광성 있는 피복으로 가려야 하는 위험물은?

① S ② Mg
③ C_6H_6 ④ $HClO_4$

제1류 위험물, 제3류 위험물 중 자연발화성물질, 제4류 위험물 중 특수인화물, 제5류 위험물 또는 제6류 위험물은 차광성이 있는 피복으로 가려야 한다.

52 위험물안전관리법령상 지정수량의 10배를 초과하는 위험물을 취급하는 제조소에 확보하여야 하는 보유공지의 너비의 기준은?

① 1m 이상 ② 3m 이상
③ 5m 이상 ④ 7m 이상

지정수량의 10배 이하는 3m 이상, 10배 초과는 5m 이상이다.

53 제4류 위험물의 일반적인 성질에 대한 설명 중 가장 거리가 먼 것은?

① 인화되기 쉽다.
② 인화점, 발화점이 낮은 것은 위험하다.
③ 증기는 대부분 공기보다 가볍다.
④ 액체비중은 대체로 물보다 가볍고 물에 녹기 어려운 것이 많다.

제4류 위험물의 증기비중은 공기보다 무거운 것이 대부분이다.

54 과산화칼륨에 대한 설명으로 옳지 않은 것은?

① 염산과 반응하여 과산화수소를 생성한다.
② 탄산가스와 반으아여 산소를 생성한다.
③ 물과 반응하여 수소를 생성한다.
④ 물과의 접촉을 피하고 밀전하여 저장한다.

제1류 위험물인 과산화칼륨은 물과 반응하여 수산화칼륨과 산소를 발생한다.

55 다음 중 특수인화물이 아닌 것은?

① CS_2
② $C_2H_5OC_2H_5$
③ CH_3CHO
④ HCN

사이안화수소(HCN)은 제1석유류에 속한다.

56 위험물을 저장 또는 취급하는 탱크의 용량은?

① 탱크의 내용적에서 공간용적을 뺀 용적으로 한다.
② 탱크의 내용적으로 한다.
③ 탱크의 공간용적으로 한다.
④ 탱크의 내용적에 공간용적을 더한 용적으로 한다.

탱크의 용량은 탱크의 내용적에서 공간용적을 뺀 용적으로 한다.

57 위험물안전관리법령상 $C_6H_2(NO_2)_3OH$ 의 품명에 해당하는 것은?

① 유기과산화물
② 질산에스터류
③ 나이트로화합물
④ 아조화합물

트라이나이트로페놀은 나이트로화합물에 속한다.

58 다음과 같은 성질을 갖는 위험물로 예상할 수 있는 것은?

【보기】
- 지정수량 : 400L
- 증기비중 : 2.07
- 인화점 : 12℃
- 녹는점 : -89.5℃

① 메탄올
② 벤젠
③ 아이소프로필알코올
④ 휘발유

제4류 위험물 중 아이소프로필알코올에 대한 설명이다.

59 $C_2H_5OC_2H_5$의 성질 중 틀린 것은?

① 전기 양도체이다.
② 물에는 잘 녹지 않는다.
③ 유동성의 액체로 휘발성이 크다.
④ 공기 중 장시간 방치 시 폭발성 과산화물을 생성할 수 있다.

제4류 위험물인 다이에틸에터는 전기의 부도체이다.

60 금속 칼륨에 관한 설명 중 틀린 것은?

① 연해서 칼로 자를 수가 있다.
② 물속에 넣을 때 서서히 녹아 탄산칼륨이 된다.
③ 공기 중에서 빠르게 산화하여 피막을 형성하고 광택을 잃는다.
④ 등유, 경유 등의 보호액 속에 저장한다.

칼륨은 물과 반응하여 수산화칼륨과 수소를 발생한다.

【2019년 2회】

정답

01	02	03	04	05	06	07	08	09	10
①	②	④	②	③	④	④	①	②	②
11	12	13	14	15	16	17	18	19	20
②	①	③	④	②	④	①	①	②	④
21	22	23	24	25	26	27	28	29	30
③	③	③	④	③	②	③	④	③	③
31	32	33	34	35	36	37	38	39	40
②	③	①	③	①	①	①	④	④	①
41	42	43	44	45	46	47	48	49	50
②	③	③	②	①	②	①	②	③	③
51	52	53	54	55	56	57	58	59	60
④	③	③	③	④	①	③	③	①	②

최종점검 2 – 기출문제로 출제유형을 파악하자!

최근기출문제 – 2019년 4회

▶ 정답은 470쪽에 있습니다.

01 물질의 물리 · 화학적 성질

01 n 그램(g)의 금속을 묽은 염산에 완전히 녹였더니 m 몰의 수소가 발생하였다. 이 금속의 원자가를 2가로 하면 이 금속의 원자량은?

① n/m ② 2n/m
③ n/2m ④ 2m/n

$M + 2HCl \rightarrow MCl_2 + H_2$
H_2 m몰이 생성될 때 반응하는 금속 M의 몰수는 m몰이다.
ng이 m몰이고, m = $\dfrac{n}{원자량}$ 몰이므로 원자량은 $\dfrac{n}{m}$ 이다.

02 질산나트륨의 물 100g에 대한 용해도는 80℃에서 148g, 20℃에서 88g이다. 80℃의 포화용액 100g을 70g으로 농축시켜서 20℃로 냉각시키면, 약 몇 g의 질산나트륨이 석출되는가?

① 29.4 ② 40.3
③ 50.6 ④ 59.7

용해도는 일정한 온도에서 용매 100g에 최대로 녹을 수 있는 용질의 g수이다.
- 80℃ 질산나트륨 수용액 100g에 녹아 있는 질산나트륨의 질량 → 248g : 148g = 100g : x, x = 59.7g
- 20℃ 질산나트륨 수용액 70g에 녹아 있는 용질의 질량 → 100g : 88g = (70−59.7)g : y, y = 9.1g

∴ 석출되는 질산나트륨의 질량 : 59.7 − 9.1 = 50.6g

03 다음과 같은 경향성을 나타내지 않는 것은?

【보기】
Li < Na < K

① 원자번호 ② 원자반지름
③ 제1차 이온화에너지 ④ 전자수

같은 족에서 이온화 에너지는 원자 번호가 증가할수록 전자껍질 수가 증가하여 핵과 원자가전자 사이의 인력이 감소하므로 이온화 에너지는 감소한다.

04 금속은 열, 전기를 잘 전도한다. 이와 같은 물리적 특성을 갖는 가장 큰 이유는?

① 금속의 원자 반지름이 크다.
② 자유전자를 가지고 있다.
③ 비중이 대단히 크다.
④ 이온화 에너지가 매우 크다.

금속은 양이온이 되려는 경향이 큰 원소로 금속 원자에서 떨어져 나온 자유 전자와 금속 양이온이 금속 결합을 이루고 있으며 자유 전자는 유동성이 크기 때문에 쉽게 이동할 수 있어 열과 전기 전도성이 우수하다.

05 어떤 원자핵에서 양성자의 수가 3이고, 중성자의 수가 2일 때 질량수는 얼마인가?

① 1 ② 3
③ 5 ④ 7

질량수 = 양성자 수 + 중성자 수 = 3 + 2 = 5

06 상온에서 1L의 순수한 물이 전리되었을 때 $[H^+]$과 $[OH^-]$는 각각 얼마나 존재하는가? (단, $[H^+]$과 $[OH^-]$ 순이다)

① 1.008×10^{-7}g, 17.008×10^{-7}g
② $1000 \times \dfrac{1}{18}$g, $1000 \times \dfrac{17}{18}$g
③ 18.016×10^{-7}g, 18.016×10^{-7}g
④ 1.008×10^{-14}g, 17.008×10^{-14}g

$H_2O(l) \rightarrow H^+(aq) + OH^-(aq)$
$Kw = [H^+][OH^-] = 1.0\times10^{-14}$, $[H^+] = 1.0\times10^{-7}$, $[OH^-] = 1.0\times10^{-7}$
수소 이온과 수산화 이온의 몰 농도를 질량으로 환산하면 다음과 같다.
$H^+ : 1g/mol \times 1.0\times10^{-7} mol/L = 1.0\times10^{-7} g$
$OH^- : 17g/mol \times 1.0\times10^{-7} mol/L = 17\times10^{-7} g$

07 프로판 1kg을 완전 연소시키기 위해 표준상태의 산소가 약 몇 m^3가 필요한가?

① 2.55 ② 5
③ 7.55 ④ 10

$C_3H_8 + 5O_2 \rightarrow 3CO_2 + 4H_2O$
• 반응한 C_3H_8 1kg 몰수 : $\frac{1000}{44}$ = 22.7몰
• 필요한 O_2 몰수 : 22.7몰×5 = 113.6몰
• O_2 부피 : 113.6몰×22.4L/몰 = 2,545L
∴ 약 2.55m^3

08 다음의 염을 물에 녹일 때 염기성을 띠는 것은?

① Na_2CO_3　② $CaCl$
③ NH_4Cl　④ $(NH_4)_2SO_4$

염이 물에 녹을 때 생성된 이온이 물과 반응하여 H^+이나 OH^-을 생성하여 염 수용액의 액성이 달라진다. 강염기와 약산이 반응하여 생성된 염 Na_2CO_3이 물에 녹아 염기성이 된다.
$CO_3^{2-} + H_2O \rightarrow HCO_3^- + OH^-$

09 콜로이드 용액을 친수콜로이드와 소수콜로이드로 구분할 때 소수콜로이드에 해당하는 것은?

① 녹말　② 아교
③ 단백질　④ 수산화철(Ⅲ)

콜로이드 용액은 1~500nm 지름을 갖는 분자나 이온이 녹아 있는 용액이다. 소수 콜로이드는 친수성이 작은 물질로 전해질을 소량 가하여도 쉽게 엉김 현상이 일어나며 수산화철, 수산화알루미늄과 같은 금속 산화물, 금속 수산화물이 소수 콜로이드에 속한다.

10 기하이성질체 때문에 극성 분자와 비극성 분자를 가질 수 있는 것은?

① C_2H_4　② C_2H_3Cl
③ $C_2H_2Cl_2$　④ C_2HCl_3

기하이성질체는 이중결합에 연결된 원자에 연결된 원자나 원자단의 공간상에서 위치가 달라 서로 다른 물리적, 화학적 성질을 갖는 물질을 말한다. $C_2H_2Cl_2$은 극성인 Cis-$C_2H_2Cl_2$과 비극성인 trans-$C_2H_2Cl_2$ 형태의 기하이성질체가 존재한다.

11 메탄에 염소를 작용시켜 클로로포름을 만드는 반응을 무엇이라 하는가?

① 중화반응　② 부가반응
③ 치환반응　④ 환원반응

클로로포름($CHCl_3$)은 CH_4에서 수소 원자 대신 염소 원자를 치환 반응하여 생성한다.

12 제3주기에서 음이온이 되기 쉬운 경향성은? (단, 0족(18족) 기체는 제외한다.)

① 금속성이 큰 것
② 원자의 반지름이 큰 것
③ 최외각 전자수가 많은 것
④ 염기성 산화물을 만들기 쉬운 것

주기율표의 원소의 주기적 성질을 보면 같은 주기에서 원자번호가 증가할수록 전기음성도가 증가하여 음이온이 되려는 경향이 증가한다. 따라서 같은 주기에서 족 번호가 클수록 음이온이 되기 쉽고 족 번호 뒷자리 수는 원소의 최외각 전자수를 의미하므로 최외각 전자수가 많다.

13 황산구리(Ⅱ) 수용액을 전기분해할 때 63.5g의 구리를 석출시키는데 필요한 전기량은 몇 F인가? (단, Cu의 원자량은 63.5이다.)

① 0.635F　② 1F
③ 2F　④ 63.5F

$Cu^{2+}(aq) + 2e^- \rightarrow Cu(s)$
Cu 63.5g은 1몰 질량이다. Cu 1몰이 석출될 때 필요한 전자는 2몰이고, 전자 2몰에 해당하는 전하량은 2몰×1F=2F이다.

14 수성가스(water gas)의 주성분을 옳게 나타낸 것은?

① CO_2, CH_4　② CO, H_2
③ CO_2, H_2, O_2　④ H_2, H_2O

수성 가스 : 수소 기체(H_2)와 일산화탄소(CO)가 섞인 기체

15 다음은 열역학 제 몇 법칙에 대한 내용인가?

【보기】
"0K(절대온도)에서 물질의 엔트로피는 0이다."

① 열역학 제 0 법칙
② 열역학 제 1 법칙
③ 열역학 제 2 법칙
④ 열역학 제 3 법칙

열역학 제3법칙에 대한 내용이다.

16 다음과 같은 구조를 가진 전지를 무엇이라 하는가?

【보기】

(−) Zn | H_2SO_4 | Cu (+)

① 볼타전지 ② 다이엘전지
③ 건전지 ④ 납축전지

볼타전지란 아연판과 구리판을 묽은 황산에 담그고 도선으로 두 금속판을 연결한 전지이다.

17 20℃에서 NaCl 포화용액을 잘 설명한 것은? (단, 20℃에서 NaCl의 용해도는 36이다.)

① 용액 100g 중에 NaCl이 36g 녹아 있을 때
② 용액 100g 중에 NaCl이 136g 녹아 있을 때
③ 용액 136g 중에 NaCl이 36g 녹아 있을 때
④ 용액 136g 중에 NaCl이 136g 녹아 있을 때

고체의 용해도는 일정한 온도에서 용매 100g 속에 최대로 녹을 수 있는 용질의 g수이므로, 용매 100g에 용질 36g이 녹아있는 용액의 질량은 136g이다.

18 다음 중 KMnO의 Mn의 산화수는?

① +1 ② +3
③ +5 ④ +7

중성 화합물에서 각 원자의 산화수의 합은 0이므로, $KMnO_4$에서 K은 1족 금속이므로 산화수는 +1, Mn의 산화수는 +7, O의 산화수는 −2이다.

19 다음 중 배수비례의 법칙이 성립되지 않는 것은?

① H_2O와 H_2O_2 ② SO_2와 SO_3
③ N_2O와 NO ④ O_2와 O_3

서로 다른 종류의 원소가 2가지 이상의 화합물을 만들 때 한 원소의 일정량에 결합하는 다른 원소 사이에는 일정한 정수비가 성립하는 것을 배수비례법칙이라고 한다. H_2O와 H_2O_2에서 일정량 H에 결합하는 O의 질량비는 1:2, SO_2와 SO_3에서 일정량 S에 결합하는 O의 질량비는 2:3, N_2O와 NO에서 일정량 N에 결합하는 O의 질량비는 1:2이다. O_2와 O_3는 1가지 원소로만 이루어진 동소체로 배수비례법칙이 성립되지 않는다.

20 $[H^+] = 2\times10^{-6}M$인 용액의 pH는 약 얼마인가?

① 5.7 ② 4.7
③ 3.7 ④ 2.7

$pH = -\log[H^+] = -\log[2\times10^{-6}] = 5.7$

02 화재예방과 소화방법

21 자연발화가 잘 일어나는 조건에 해당하지 않는 것은?

① 주위 습도가 높을 것
② 열전도율이 클 것
③ 주위 온도가 높을 것
④ 표면적이 넓을 것

열전도율이 작을수록 자연발화가 잘 일어난다.

22 제조소 건축물로 외벽이 내화구조인 것의 1소요단위는 연면적이 몇 m^2인가?

① 50 ② 100
③ 150 ④ 1,000

제조소 또는 취급소의 건축물
- 외벽이 내화구조인 것 : 연면적 $100m^2$를 1소요단위로 함
- 외벽이 내화구조가 아닌 것 : 연면적 $50m^2$를 1소요단위로 함

23 종별 분말소화약제에 대한 설명으로 틀린 것은?

① 제1종은 탄산수소나트륨을 주성분으로 한 분말
② 제2종은 탄산수소나트륨과 탄산칼슘을 주성분으로 한 분말
③ 제3종은 제일인산암모늄을 주성분으로 한 분말
④ 제4종은 탄산수소칼륨과 요소와의 반응물을 주성분으로 한 분말

제2종은 탄산수소칼륨을 주성분으로 한 분말이다.

24 위험물제조소등에 펌프를 이용한 가압송수장치를 사용하는 옥내소화전을 설치하는 경우 펌프의 전양정은 몇 m인가? (단, 소방용 호스의 마찰손실수두는 6m, 배관의 마찰손실수두는 1.7m, 낙차는 32m이다.)

① 56.7 ② 74.7
③ 64.7 ④ 39.87

$H = h_1 + h_2 + h_3 + 35m = 6 + 1.7 + 32 + 35 = 74.7$

25 자체소방대에 두어야 하는 화학소방자동차 중 포수용액을 방사하는 화학소방자동차는 전체 법정 화학소방자동차 대수의 얼마 이상으로 하여야 하는가?

① 1/3 ② 2/3
③ 1/5 ④ 2/5

포수용액을 방사하는 화학소방자동차는 전체 법정 화학소방자동차 대수의 3분의 2 이상으로 하여야 한다.

26 제1인산암모늄 분말 소화약제의 색상과 적응화재를 옳게 나타낸 것은?

① 백색, BC급 ② 담홍색, BC급
③ 백색, ABC급 ④ 담홍색, ABC급

제3종 분말소화약제인 제1인산암모늄의 색상은 담홍색이며 A, B, C급에 적응성이 있다.

27 과산화수소 보관 장소에 화재가 발생하였을 때 소화방법으로 틀린 것은?

① 마른모래로 소화한다.
② 환원성 물질을 사용하여 중화 소화한다.
③ 연소의 상황에 따라 분무주수도 효과가 있다.
④ 다량의 물을 사용하여 소화할 수 있다.

제6류 위험물인 과산화수소는 환원성물질과 혼합하면 발화, 폭발의 위험이 있다.

28 할로젠화합물 소화약제의 구비조건과 거리가 먼 것은?

① 전기절연성이 우수할 것
② 공기보다 가벼울 것
③ 증발 잔유물이 없을 것
④ 인화성이 없을 것

할로젠화합물 소화약제는 공기보다 무거워야 한다.

29 강화액 소화기에 대한 설명으로 옳은 것은?

① 물의 유동성을 강화하기 위한 유화제를 첨가한 소화기이다.
② 물의 표면장력을 강화하기 위해 탄소를 첨가한 소화기이다.
③ 산 · 알칼리 액을 주성분으로 하는 소화기이다.
④ 물의 소화효과를 높이기 위해 염류를 첨가한 소화기이다.

강화액 소화기는 물의 소화효과를 높이기 위해 알카리 금속염류를 첨가한 소화기이다.

30 불활성가스 소화약제 중 IG-541의 구성성분이 아닌 것은?

① 질소 ② 브롬
③ 아르곤 ④ 이산화탄소

IG-541은 질소와 아르곤과 이산화탄소의 용량비가 52 : 40 : 8인 혼합물이다.

31 연소의 주된 형태가 표면연소에 해당하는 것은?

① 석탄 ② 목탄
③ 목재 ④ 황

석탄, 목재는 분해연소, 황은 증발연소에 해당한다.

32 마그네슘 분말의 화재 시 이산화탄소 소화약제는 소화적응성이 없다. 그 이유로 가장 적합한 것은?

① 분해반응에 의하여 산소가 발생하기 때문이다.
② 가연성의 일산화탄소 또는 탄소가 생성되기 때문이다.
③ 분해반응에 의하여 수소가 발생하고 이 수소는 공기 중의 산소와 폭명반응을 하기 때문이다.
④ 가연성의 아세틸렌가스가 발생하기 때문이다.

마그네슘 분말은 이산화탄소와 결합하여 가연성의 일산화탄소 또는 탄소를 생성하므로 위험하다.

33 분말소화약제 중 열분해 시 부착성이 있는 유리상의 메타인산이 생성되는 것은?

① Na_3PO_4
② $(NH_4)_3PO_4$
③ $NaHCO_3$
④ $NH_4H_2PO_4$

제3종 분말소화약제인 $NH_4H_2PO_4$는 열분해 시 메타인산을 생성한다.

34 제3류 위험물의 소화방법에 대한 설명으로 옳지 않은 것은?

① 제3류 위험물은 모두 물에 의한 소화가 불가능하다.
② 팽창질석은 제3류 위험물에 적응성이 있다.
③ K, Na의 화재 시에는 물을 사용할 수 없다.
④ 할로젠화합물소화설비는 제3류 위험물에 적응성이 없다.

제3류 위험물 중 황린은 물에 의한 소화가 가능하다.

35 이산화탄소 소화기 사용 중 소화기 방출구에서 생길 수 있는 물질은?

① 포스겐 ② 일산화탄소
③ 드라이아이스 ④ 수소가스

이산화탄소 소화기는 주울-톰슨 효과에 의해 드라이아이스를 생성하여 질식소화, 냉각소화 작용을 이용한 소화를 하게 된다.

36 위험물제조소에 옥내소화전을 각 층에 8개씩 설치하도록 할 때 수원의 최소 수량은 얼마인가?

① $13m^3$ ② $20.8m^3$
③ $39m^3$ ④ $62.4m^3$

수원의 수량 = 소화전의 수(최대 5개)×7.8 = 5×7.8 = 39

37 위험물안전관리법령상 위험물 저장·취급 시 화재 또는 재난을 방지하기 위하여 자체소방대를 두어야 하는 경우가 아닌 것은?

① 지정수량의 3천배 이상의 제4류 위험물을 저장 · 취급하는 제조소
② 지정수량의 3천배 이상의 제4류 위험물을 저장 · 취급하는 일반취급소
③ 지정수량의 2천배의 제4류 위험물을 취급하는 일반취급소와 지정수량이 1천배의 제4류 위험물을 취급하는 제조소가 동일한 사업소에 있는 경우
④ 지정수량의 3천배 이상의 제4류 위험물을 저장 · 취급하는 옥외탱크저장소

지정수량의 3천배 이상의 제4류 위험물을 저장 · 취급하는 제조소 또는 일반취급소는 사업소에 자체소방대를 설치하여야 한다.

38 경보설비를 설치하여야 하는 장소에 해당되지 않는 것은?

① 지정수량 100배 이상의 제3류 위험물을 저장 · 취급하는 옥내저장소
② 옥내주유취급소
③ 연면적 $500m^2$이고 취급하는 위험물의 지정수량이 100배인 제조소
④ 지정수량 10배 이상의 제4류 위험물을 저장 · 취급하는 이동탱크저장소

경보설비의 설치기준
지정수량의 10배 이상의 위험물을 저장 또는 취급하는 제조소등(이동탱크저장소를 제외한다)에는 화재 발생 시 이를 알릴 수 있는 경보설비를 설치하여야 한다.

39 위험물안전관리법령상 옥내소화전설비에 관한 기준에 대해 다음 ( )에 알맞은 수치를 옳게 나열한 것은?

【보기】
옥내소화전설비는 각 층을 기준으로 하여 당해 층의 모든 옥내소화전(설치개수가 5개 이상인 경우는 5개의 옥내소화전)을 동시에 사용할 경우에 각 노즐선단의 방수압력이 (㉠)kPa 이상이고 방수량이 1분당 (㉡)L 이상의 성능이 되도록 할 것

① ㉠ 350, ㉡ 260
② ㉠ 450, ㉡ 260
③ ㉠ 350, ㉡ 450
④ ㉠ 450, ㉡ 450

각 노즐선단의 방수압력이 350kPa 이상이고 방수량이 1분당 260L 이상의 성능이 되도록 해야 한다.

40 제1류 위험물 중 알칼리금속의 과산화물을 저장 또는 취급하는 위험물제조소에 표시하여야 하는 주의사항은?

① 화기엄금 ② 물기엄금
③ 화기주의 ④ 물기주의

제1류 위험물 주의사항
- 알칼리금속의 과산화물 또는 이를 함유한 것 : 화기 · 충격주의, 물기엄금, 가연물접촉주의
- 기타 : 화기 · 충격주의, 가연물접촉주의

03 위험물 성상 및 취급

41 물과 접촉하면 위험한 물질로만 나열된 것은?

① CH_3CHO, CaC_2, $NaClO_4$
② K_2O_2, $K_2Cr_2O_7$, CH_3CHO
③ K_2O_2, Na, CaC_2
④ Na, $K_2Cr_2O_7$, $NaClO_4$

제1류 위험물인 과산화칼륨($K2O_2$), 제3류 위험물인 나트륨(Na) 및 탄화칼슘(CaC_2)은 모두 물과 접촉하면 위험성이 증가하는 금수성 물질이다.

42 위험물안전관리법령상 지정수량의 각각 10배를 운반할 때 혼재할 수 있는 위험물은?

① 과산화나트륨과 과염소산
② 과망가니즈산칼륨과 적린
③ 질산과 알코올
④ 과산화수소와 아세톤

제1류 위험물인 과산화나트륨은 제6류 위험물인 과염소산과 혼재 가능하다.

43 다음 중 위험물의 저장 또는 취급에 관한 기술상의 기준과 관련하여 시·도의 조례에 의해 규제를 받는 경우는?

① 등유 2,000L를 저장하는 경우
② 중유 3,000L를 저장하는 경우
③ 윤활유 5,000L를 저장하는 경우
④ 휘발유 400L를 저장하는 경우

지정수량 미만인 위험물의 저장 또는 취급에 관한 기술상의 기준은 특별시 · 광역시 · 특별자치시 · 도 및 특별자치도의 조례로 정한다. 윤활유는 제4석유류로서 지정수량이 6,000L이다.

44 위험물제조소등의 안전거리의 단축기준과 관련해서 $H \le pD^2+\alpha$인 경우 방화상 유효한 담의 높이는 2m 이상으로 한다. 다음 중 α에 해당되는 것은?

① 인근 건축물의 높이(m)
② 제조소등의 외벽의 높이(m)
③ 제조소등과 공작물과의 거리(m)
④ 제조소등과 방화상 유효한 담과의 거리(m)

- H : 인근 건축물 또는 공작물의 높이(m)
- p : 상수
- D : 제조소등과 인근 건축물 또는 공작물과의 거리(m)
- α : 제조소등의 외벽의 높이(m)

45 위험물제조소는 문화재보호법에 의한 유형문화재로부터 몇 m 이상의 안전거리를 두어야 하는가?

① 20m ② 30m
③ 40m ④ 50m

위험물제조소는 유형문화재로부터 50m 이상의 안전거리를 두어야 한다.

46 황화인에 대한 설명으로 틀린 것은?

① 고체이다.
② 가연성 물질이다.
③ P_4S_3, P_2S_5 등의 물질이 있다.
④ 물질에 따른 지정수량은 50kg, 100kg 등이 있다.

황화인의 지정수량은 모두 100kg이다.

47 아세트알데하이드의 저장 시 주의할 사항으로 틀린 것은?

① 구리나 마그네슘 합금 용기에 저장한다.
② 화기를 가까이 하지 않는다.
③ 용기의 파손에 유의한다.
④ 찬 곳에 저장한다.

아세트알데하이드는 구리, 은, 마그네슘, 수은과 접촉 시 중합반응을 일으킨다.

48 질산과 과염소산의 공통 성질로 옳은 것은?

① 강한 산화력과 환원력이 있다.
② 물과 접촉하면 반응이 없으므로 화재 시 주수소화가 가능하다.
③ 가연성이 없으며 가연물 연소 시에 소화를 돕는다.
④ 모두 산소를 함유하고 있다.

질산과 과염소산 모두 제6류 위험물로서 산소를 함유하고 있다.

49 가솔린에 대한 설명 중 틀린 것은?

① 비중은 물보다 작다.
② 증기비중은 공기보다 크다.
③ 전기에 대한 도체이므로 정전기 발생으로 인한 화재를 방지해야 한다.
④ 물에는 녹지 않지만 유기용제에 녹고 유지 등을 녹인다.

제4류 위험물인 가솔린은 전기에 대해 부도체이다.

50 위험물을 적재, 운반할 때 방수성 덮개를 하지 않아도 되는 것은?

① 알칼리금속의 과산화물
② 마그네슘
③ 나이트로화합물
④ 탄화칼슘

나이트로화합물은 제5류 위험물로 차광성이 있는 피복으로 가려야 한다.

51 질산암모늄이 가열분해하여 폭발이 되었을 때 발생되는 물질이 아닌 것은?

① 질소　② 물
③ 산소　④ 수소

제1류 위험물인 질산암모늄은 가열분해하여 폭발할 때 질소, 물, 산소를 발생한다.

52 다음 중 과망가니즈산칼륨과 혼촉하였을 때 위험성이 가장 낮은 물질은?

① 물　② 다이에틸에터
③ 글리세린　④ 염산

과망가니즈산칼륨은 물과는 위험성이 낮으며, 환원성 물질과 접촉 시 충격에 의해 폭발할 위험이 있다.

53 오황화인이 물과 작용해서 발생하는 기체는?

① 이황화탄소
② 황화수소
③ 포스겐가스
④ 인화수소

오황화인은 물과 반응하여 황화수소와 인산을 발생한다.

54 제5류 위험물에 해당하지 않는 것은?

① 나이트로셀룰로스
② 나이트로글리세린
③ 나이트로벤젠
④ 질산메틸

나이트로벤젠은 제4류 위험물이다.

55 질산칼륨에 대한 설명 중 틀린 것은?

① 무색의 결정 또는 백색 분말이다.
② 비중이 약 0.81, 녹는점은 약 200℃이다.
③ 가열하면 열분해하여 산소를 방출한다.
④ 흑색화약의 원료로 사용된다.

질산칼륨은 비중이 약 2.1, 녹는점은 336℃이다.

56 가연성 물질이며 산소를 다량 함유하고 있기 때문에 자기연소가 가능한 물질은?

① $C_6H_2CH_3(NO_2)_3$
② $CH_3COC_2H_5$
③ $NaClO_4$
④ HNO_3

제5류 위험물인 트라이나이트로톨루엔은 산소를 다량 함유하고 있어 자기연소가 가능하다.

57 어떤 공장에서 아세톤과 메탄올을 18L 용기에 각각 10개, 등유를 200L 드럼으로 3드럼을 저장하고 있다면 각각의 지정수량 배수의 총합은 얼마인가?

① 1.3
② 1.5
③ 2.3
④ 2.5

지정수량의 배수 $= \frac{18L \times 10}{400L} + \frac{18L \times 10}{400L} + \frac{200L \times 3}{1,000L} = 1.5$배

58 위험물안전관리법령상 제4류 위험물 중 1기압에서 인화점이 21℃인 물질은 제 몇 석유류에 해당하는가?

① 제1석유류 ② 제2석유류
③ 제3석유류 ④ 제4석유류

- 제1석유류 : 아세톤, 휘발유 그 밖에 1기압에서 인화점이 섭씨 21도 미만인 것
- 제2석유류 : 등유, 경유 그 밖에 1기압에서 인화점이 섭씨 21도 이상 70도 미만인 것
- 제3석유류 : 중유, 클레오소트유, 그 밖에 1기압에서 인화점이 70℃ 이상 200℃ 미만인 것
- 제4석유류 : 기어유, 실린더유, 그 밖에 1기압에서 인화점이 200℃ 이상 250℃ 미만의 것

59 다음 중 증기비중이 가장 큰 물질은?

① C_6H_6 ② CH_3OH
③ $CH_3COC_2H_5$ ④ $C_3H_5(OH)_3$

① C_6H_6 : 2.689
② CH_3OH : 1.1
③ $CH_3COC_2H_5$: 2.48
④ $C_3H_5(OH)_3$: 3.17

60 금속칼륨의 성질에 대한 설명으로 옳은 것은?

① 중금속류에 속한다.
② 이온화 경향이 큰 금속이다.
③ 물속에 보관한다.
④ 고광택을 내므로 장식용으로 많이 쓰인다.

① 금속칼륨은 경금속류에 속한다.
③ 금속칼륨은 석유, 경유, 등유 속에 보관한다.
④ 금속칼륨은 장식용으로 적합하지 않다.

【2019년 4회】

정답

01	02	03	04	05	06	07	08	09	10
①	③	③	②	③	①	①	①	④	③
11	12	13	14	15	16	17	18	19	20
③	③	③	②	④	①	③	④	④	①
21	22	23	24	25	26	27	28	29	30
②	②	②	②	②	④	②	②	④	②
31	32	33	34	35	36	37	38	39	40
②	②	④	①	③	③	④	④	①	②
41	42	43	44	45	46	47	48	49	50
③	①	③	②	④	④	①	④	③	③
51	52	53	54	55	56	57	58	59	60
④	①	②	③	②	①	②	②	④	②

최종점검 2 – 기출문제로 출제유형을 파악하자!

최근기출문제 – 2020년 1회

▶정답은 486쪽에 있습니다.

01 물질의 물리 · 화학적 성질

01 구리줄을 불에 달구어 약 50℃ 정도의 메탄올에 담그면 자극성 냄새가 나는 기체가 발생한다. 이 기체는 무엇인가?

① 포름알데하이드 ② 아세트알데하이드
③ 프로판 ④ 메틸에테르

가열된 구리줄을 메탄올에 담그면 메탄올의 산화 반응이 일어나 자극적인 냄새가 나는 포름알데하이드가 생성된다.

02 다음과 같은 기체가 일정한 온도에서 반응을 하고 있다. 평형에서 기체 A, B, C가 각각 1몰, 2몰, 4몰이라면 평형상수 K의 값은 얼마인가?

A + 3B → 2C + 열

① 0.5 ② 2
③ 3 ④ 4

평형상수 K는 각 물질의 평형 농도로부터 다음과 같이 구할 수 있다.

$K = \frac{[C]^2}{[A][B]^3} = \frac{4^2}{1 \times 2^3} = 2$

03 다음 중 파장이 가장 짧으면서 투과력이 가장 강한 것은?

① α–선 ② β–선
③ γ–선 ④ X–선

- α선 : He^{2+}(헬륨 원자핵)의 흐름으로 방사선의 한 종류이며 투과력은 약하지만 다른 물질을 이온화 시키는 전리 작용은 세다.
- β선 : 전자의 흐름으로 방사선 한 종류이며 투과력은 수 mm의 두께의 알루미늄판으로 막을 수 있는 정도의 세기를 지닌다.
- γ선 : 극히 파장이 짧은 전자기파로 X선 보다 파장이 짧으며 전하를 띠지 않으며 물질을 투과하는 힘이 매우 강하다.

04 "기체의 확산 속도는 기체의 밀도(또는 분자량)의 제곱근에 반비례한다."라는 법칙과 연관성이 있는 것은?

① 미지의 기체 분자량을 측정에 이용할 수 있는 법칙이다.
② 보일–샤를이 정립한 법칙이다.
③ 기체상수 값을 구할 수 있는 법칙이다.
④ 이 법칙은 기체 상태방정식으로 표현된다.

기체의 확산과 관련된 그레이엄 법칙으로 온도와 압력이 일정할 때 기체 분자의 확산 속도는 분자량의 제곱근에 반비례한다.

따라서, 일정한 온도와 압력에서 기체 A의 확산 속도를 v_A, 밀도를 ρ_A, 분자량을 M_A, 기체 B의 확산 속도를 v_B, 밀도를 ρ_B, 분자량을 M_B라고 하면 다음과 같은 관계식이 성립하며, 기체 분자량 측정에 다음의 식을 이용할 수 있다.

$\frac{v_A}{v_B} = \sqrt{\frac{M_B}{M_A}} = \sqrt{\frac{\rho_B}{\rho_A}}$

05 98% H_2SO_4 50g에서 H_2SO_4에 포함된 산소 원자수는?

① 3×10^{23}개 ② 6×10^{23}개
③ 9×10^{23}개 ④ 1.2×10^{24}개

- H_2SO_4의 질량 : 50g × 0.98 = 49g
- H_2SO_4의 분자량 : 98
- H_2SO_4의 몰수 = $\frac{\text{질량(g)}}{\text{1몰 질량(g)}} = \frac{49}{98} = 0.5$몰

∴ 산소 원자수 : 0.5몰 × 4 = 2몰, 2몰 × $6 \times 10^{23} = 1.2 \times 10^{24}$

06 질소와 수소로 암모니아를 합성하는 반응의 화학 반응식은 다음과 같다. 암모니아의 생성률을 높이기 위한 조건은?

$N_2 + 3H_2 \rightarrow 2NH_3 + 22.1\text{kcal}$

① 온도와 압력을 낮춘다.
② 온도는 낮추고, 압력은 높인다.
③ 온도를 높이고, 압력은 낮춘다.
④ 온도와 압력을 높인다.

주어진 암모니아 합성 반응은 발열 반응(<0, −22.1kcal)이므로 평형 이동 법칙에 따라 온도를 증가시키면 온도를 감소시키는 방향으로 반응이 진행되므로 암모니아 생성이 증가하고, 압력을 높이면 압력을 감소시키는 반응이 진행되므로 기체 분자가 감소하는 암모니아가 생성되는 방향으로 반응이 진행되어 암모니아 생성률을 높일 수 있다.

07 그래프는 어떤 고체 물질의 온도에 따른 용해도 곡선이다. 이 물질의 포화 용액을 80℃에서 0℃로 내렸더니 20g의 용질이 석출되었다. 80℃에서 이 포화 용액의 질량은 몇 g인가?

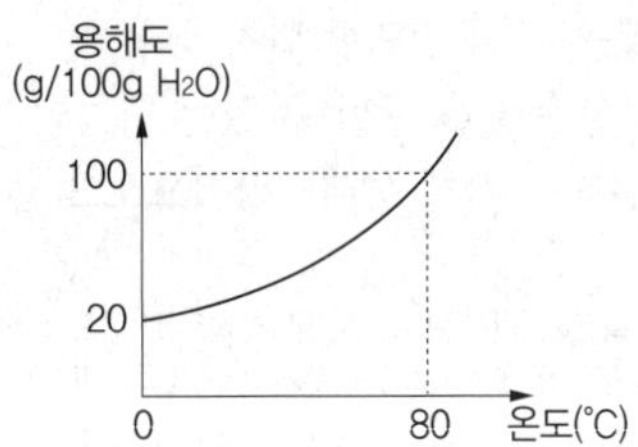

① 50g ② 75g ③ 100g ④ 150g

용해도는 어떤 온도에서 용매 100g에 최대로 녹을 수 있는 용질의 g수이다. 그림과 같이 80℃에서 용해도는 100g이고, 용매 100g에 용질이 최대로 녹아 있다면 이 포화 용액의 총 질량은 200g이다.
따라서 이 포화 용액을 80℃에서 0℃로 냉각시키면 석출되는 용질의 질량은 100g−20g = 80g이다. 마찬가지로 주어진 포화 용액의 질량 ωg이라고 하고, ωg의 포화 용액을 80℃에서 0℃로 냉각시킬 때 석출되는 용질의 질량이 20g이므로 ω는 다음과 같다.
200 : 80 = ω : 20
∴ ω = 50 (포화 용액의 총 질량은 50g이다.)

08 1 패러데이(Faraday)의 전기량으로 물을 전기 분해하였을 때 생성되는 수소 기체는 0℃, 1기압에서 얼마의 부피를 갖는가?

① 5.6 L ② 11.2 L
③ 22.4 L ④ 44.8 L

물의 전기 분해에 대한 각 전극에서의 반응식은 다음과 같다.
- ⊕극 : $2H_2O \rightarrow O_2 + 4H^+ + 4e^-$
- ⊖극 : $4H_2O + 4e^- \rightarrow 2H_2 + 4OH^-$

1F의 전하량은 전자 1몰에 해당하는 전하량이므로, 1몰의 전자가 이동할 때 생성되는 수소 기체는 0.5몰이다. 따라서 표준 상태에서 기체 1몰의 부피는 22.4L이므로, 발생되는 수소 기체의 부피는 0.5몰×22.4L/몰 = 11.2L이다.

09 물 200g에 A 물질 2.9g을 녹인 용액의 어는점은? (단, 물의 어는점 내림 상수는 1.86℃ · kg/mol이고, A 물질의 분자량은 58이다.)

① −0.017℃ ② −0.465℃
③ 0.932℃ ④ −1.871℃

- A 2.9g 몰수 = $\dfrac{2.9\text{g}}{58\text{g/mol}} = 0.05\text{mol}$
- 용액의 몰랄(m) 농도 = $\dfrac{0.05\text{mol}}{0.2\text{kg}} = 0.25\text{m}$
- 어는점 내림 : $\Delta T = K_f \cdot \text{m} = 1.86°\text{C/m} \times 0.25\text{m} = 0.465°\text{C}$

∴ 어는점 : −0.465℃

10 다음 물질 중에서 염기성인 것은?

① $C_6H_5NH_2$ ② $C_6H_5NO_2$
③ C_6H_5OH ④ C_6H_5COOH

아닐린 $C_6H_5NH_2$은 아민기($-NH_2$)의 질소 원자에 비공유 전자쌍이 있어 염기로 작용한다.

11 다음은 표준 수소 전극과 짝지어 얻은 반쪽 반응 표준 환원 전위값이다. 이들 반쪽 전지를 짝지었을 때 얻어지는 전지의 표준 전위차 E°는?

$Cu^{2+} + 2e^-$ Cu E° = +0.34 V
$Ni^{2+} + 2e^-$ Ni E° = −0.23 V

① +0.11V ② −0.11V
③ +0.57V ④ −0.57V

표준 환원 전위가 Cu(E° = +0.34V)가 Ni(E° = −0.23V)보다 크므로 Ni이 산화되고 Cu는 환원된다.
전지 표준 전위(E°) = 표준 환원 전위 − 표준 산화 전위
= +0.34V − (−0.23V) = +0.57V

12 0.01N CH_3COOH의 전리도가 0.01이면 pH는 얼마인가?

① 2 ② 4
③ 6 ④ 8

수용액 상태에서 아세트산은 아세트산 이온과 수소 이온으로 이온화한다. 아세트산은 1가산으로 분자당 수소 이온 1개를 이온화하며, 수용액 0.01N 농도는 0.01M과 같으므로 수소 이온의 농도는 다음과 같다.
$[H^+] = \alpha \cdot C = 0.01 \times 0.01M = 0.0001M$
∴ pH = −log[0.0001] = 4

13 액체나 기체 안에서 미소 입자가 불규칙적으로 계속 움직이는 것을 무엇이라 하는가?

① 틴들 현상 ② 다이알리시스
③ 브라운 운동 ④ 전기 영동

> ① 틴들 현상 : 미립자들에 의해 빛이 산란되는 현상
> ② 다이알리시스 : 반투막을 이용하여 콜로이드 입자나 고분자 입자가 들어 있는 용액을 정제하는 것이다.
> ④ 전기 영동 : 전기장 속에서 용액 속의 전하를 띤 입자가 이동하는 현상을 말한다.

14 ns^2np^5의 전자구조를 가지지 않는 것은?

① F (원자번호 9) ② Cl (원자번호 17)
③ Se (원자번호 34) ④ I (원자번호 53)

> 전자 배치가 ns^2np^5인 것은 원자가 전자 수가 7개인 17족 원소이다. 할로젠족인 17족 원소 F, Cl, I는 ns^2np^5의 전자 배치를 갖고, Se(셀레늄)은 16족의 원소이므로 ns^2np^4의 전자 배치를 갖는다.

15 pH가 2인 용액은 pH가 4인 용액과 비교하면 수소 이온 농도가 몇 배인 용액이 되는가?

① 100배 ② 2배
③ 10^{-1}배 ④ 10^{-2}배

> $pH = -\log[H^+]$이고 pH = 2인 용액은 $[H^+] = 10^{-2}$,
> pH = 4인 용액은 $[H^+] = 10^{-4}$이다.
> 따라서 pH가 2인 용액은 pH가 4인 용액과 비교하면
> 수소 이온의 농도는 $\frac{10^{-2}}{10^{-4}} = 100$배인 용액이 된다.

16 다음의 반응에서 환원제로 쓰인 것은?

$$MnO_2 + 4HCl \rightarrow MnCl_2 + 2H_2O + Cl_2$$

① Cl_2 ② $MnCl_2$
③ HCl ④ MnO_2

> 자신은 산화되고 다른 물질을 환원시키는 물질을 환원제라고 한다. 각 물질을 구성하는 원소의 산화수 변화는 다음과 같다.
> Mn : +4 → +2
> O : −2 → −2
> Cl : −1 → 0
> H : +1 → +1
> Cl는 산화수가 증가하여 산화되었고, Mn은 산화수가 감소하여 환원되었으므로 위 반응에서 HCl은 환원제로 사용되었다.

17 중성 원자가 무엇을 잃으면 양이온으로 되는가?

① 중성자 ② 핵전하
③ 양성자 ④ 전자

> 이온 : 전하를 띠는 입자
> • 양이온 : 전자를 잃고 + 전하를 띠는 것
> • 음이온 : 전자를 얻어 − 전하를 띠는 것

18 2차 알코올을 산화시켜서 얻어지며, 환원성이 없는 물질은?

① CH_3COCH_3 ② $C_2H_5OC_2H_5$
③ CH_3OH ④ CH_3OCH_3

> 아세톤(CH_3COCH_3)은 탄소–탄소 사이의 결합이 깨져야 하기 때문에 더 이상 산화되지 않는다.

19 다이에틸에터는 에탄올과 진한 황산의 혼합물을 가열하여 제조할 수 있는데 이것을 무슨 반응이라고 하는가?

① 중합 반응 ② 축합 반응
③ 산화 반응 ④ 에스테르화 반응

> 에탄올을 산 촉매(진한 황산) 하에서 탈수 반응시키면 다이에틸에터가 생성된다.
> ※ 다이에틸에터는 마취제로 주로 사용되며 휘발성이 크다.

20 다음의 금속 원소를 반응성이 큰 순서부터 나열한 것은?

Na, Li, Cs, K, Rb

① Cs > Rb > K > Na > Li
② Li > Na > K > Rb > Cs
③ K > Na > Rb > Cs > Li
④ Na > K > Rb > Cs > Li

> 1족 알칼리 금속은 원자 번호가 클수록 반응성이 크다.

02 화재예방과 소화방법

21 1기압, 100℃에서 물 36g이 모두 기화되었다. 생성된 기체는 약 몇 L인가?

① 11.2 ② 22.4
③ 44.8 ④ 61.2

$PV = \frac{WRT}{M}$, $V = \frac{WRT}{PM}$
- P(압력) : 1atm
- M(물의 분자량) : 18g/mol
- W(물의 질량) : 36g
- R(기체상수) : 0.082atm · L/mol · k
- T(절대온도) : (100℃+273)k

$\therefore V = \frac{36 \times 0.082 \times 373}{1 \times 18} \fallingdotseq 61.172$

22 위험물안전관리법령상 분말소화설비의 기준에서 가압용 또는 축압용 가스로 알맞은 것은?

① 산소 또는 수소
② 수소 또는 질소
③ 질소 또는 이산화탄소
④ 이산화탄소 또는 산소

분말소화설비의 기준에서 가압용 가스로 정한 가스는 질소와 이산화탄소이다.

23 소화 효과에 대한 설명으로 옳지 않은 것은?

① 산소공급원 차단에 의한 소화는 제거효과이다.
② 가연물질의 온도를 떨어뜨려서 소화하는 것은 냉각효과이다.
③ 촛불을 입으로 바람을 불어 끄는 것은 제거효과이다.
④ 물에 의한 소화는 냉각효과이다.

산소공급원 차단에 의한 소화는 질식효과이다.

24 위험물안전관리법령에 따른 옥내소화전설비의 기준에서 펌프를 이용한 가압송수장치의 경우 펌프의 전양정(H)을 구하는 식으로 옳은 것은? (단, h_1은 소방용 호스의 마찰손실수두, h_2는 배관의 마찰손실수두, h_3는 낙차이며, h_1, h_2, h_3의 단위는 모두 m이다.)

① $H = h_1 + h_2 + h_3$
② $H = h_1 + h_2 + h_3 + 0.35m$
③ $H = h_1 + h_2 + h_3 + 35m$
④ $H = h_1 + h_2 + 0.35m$

옥내소화전의 펌프를 이용한 가압송수장치의 경우 펌프의 전양정 $H = h_1 + h_2 + h_3 + 35m$이다.

25 이산화탄소의 특성에 관한 내용으로 틀린 것은?

① 전기의 전도성이 있다.
② 냉각 및 압축에 의하여 액화될 수 있다.
③ 공기보다 약 1.52배 무겁다.
④ 일반적으로 무색, 무취의 기체이다.

이산화탄소는 전기적으로 비전도성의 특징을 가진다.

26 다음 물질의 화재 시 내알코올포를 사용하지 못하는 것은?

① 아세트알데하이드 ② 알킬리튬
③ 아세톤 ④ 에탄올

내알코올포는 알킬리튬과 같은 금수성 및 자연발화성물질에는 적합하지 않다.

27 스프링클러설비에 관한 설명으로 옳지 않은 것은?

① 초기화재 진화에 효과가 있다.
② 살수밀도와 무관하게 제4류 위험물에는 적응성이 없다.
③ 제1류 위험물 중 알칼리금속과산화물에는 적응성이 없다.
④ 제5류 위험물에는 적응성이 있다.

스프링클러설비는 살수밀도가 정해진 기준 이상일 경우 제4류 위험물에 적응성이 있다.

28 위험물제조소에서 옥내소화전이 1층에 4개, 2층에 6개가 설치되어 있을 때 수원의 수량은 몇 L 이상이 되도록 설치하여야 하는가?

① 13,000　　② 15,600
③ 39,000　　④ 46,800

> 수원의 수량 = 소화전의 수(최대 5개)×7.8m³
> = 5×7.8m³ = 39m³ = 39,000L

29 다음 중 고체 가연물로서 증발연소를 하는 것은?

① 숯　　② 나무
③ 나프탈렌　　④ 나이트로셀룰로스

> 파라핀, 나프탈렌 등이 증발연소를 한다.

30 위험물안전관리법령상 제조소등에서의 위험물의 저장 및 취급에 관한 기준에 따르면 보냉장치가 있는 이동저장탱크에 저장하는 다이에틸에터의 온도는 얼마 이하로 유지하여야 하는가?

① 비점　　② 인화점
③ 40℃　　④ 30℃

31 Halon 1301에 대한 설명 중 틀린 것은?

① 비점은 상온보다 낮다.
② 액체 비중은 물보다 크다.
③ 기체 비중은 공기보다 크다.
④ 100℃에서도 압력을 가해 액화시켜 저장할 수 있다.

> Halon 1301은 상온에서 액화시켜 저장한다.

32 일반적으로 다량의 주수를 통한 소화가 가장 효과적인 화재는?

① A급 화재　　② B급 화재
③ C급 화재　　④ D급 화재

> 일반화재인 A급 화재는 다량의 주수를 통한 소화가 가장 효과적이다.

33 인화점이 70℃ 이상인 제4류 위험물을 저장 · 취급하는 소화난이도등급 I의 옥외탱크저장소(지중탱크 또는 해상탱크 외의 것)에 설치하는 소화설비는?

① 스프링클러소화설비
② 물분무소화설비
③ 간이소화설비
④ 분말소화설비

> 인화점이 70℃ 이상인 제4류 위험물을 저장 · 취급하는 소화난이도등급 I 의 옥외탱크저장소(지중탱크 또는 해상탱크 외의 것)에는 물분무소화설비 또는 고정식 포소화설비를 사용한다.

34 점화원 역할을 할 수 없는 것은?

① 기화열　　② 산화열
③ 정전기불꽃　　④ 마찰열

> 점화원 역할을 하는 것은 전기불꽃, 산화열, 정전기, 마찰열 등이다.

35 표준상태에서 프로판 2m³이 완전 연소할 때 필요한 이론 공기량은 약 몇 m³인가? (단, 공기 중 산소농도는 21 vol%이다.)

① 23.81　　② 35.72
③ 47.62　　④ 71.43

> **프로판(CH)의 연소반응식**
> $C_3H_8 + 5O_2 \rightarrow 3CO_2 + 4H_2O$
> 프로판　산소　이산화탄소　물
> 위의 반응식을 보면, 프로판 1몰이 완전연소하기 위해서는 5몰의 산소가 필요하다. 프로판 1m³가 완전연소하기 위하여 5m³의 산소가 필요하므로, 프로판 2m³가 완전연소하기 위해서는 10m³의 산소가 필요하다.
> 이론공기량 = $10m^3 \times \frac{1}{0.21}$ = 47.619

36 분말소화약제인 제1인산암모늄(인산이수소 암모늄)의 열분해 반응을 통해 생성되는 물질로 부착성 막을 만들어 공기를 차단시키는 역할을 하는 것은?

① HPO_3　　② PH_3
③ NH_3　　④ P_2O_3

> 부착성 막을 만들어 공기를 차단시키는 역할을 하는 것은 메타인산(HPO_3)이다.

37 Na_2O_2와 반응하여 제6류 위험물을 생성하는 것은?

① 아세트산 ② 물
③ 이산화탄소 ④ 일산화탄소

과산화나트륨은 아세트산과 반응하여 초산나트륨과 과산화수소를 발생한다.

38 묽은 질산이 칼슘과 반응하였을 때 발생하는 기체는?

① 산소 ② 질소
③ 수소 ④ 수산화칼슘

묽은 질산이 칼슘과 반응하면 질산칼슘과 수소를 발생한다.

39 과산화수소의 화재예방 방법으로 틀린 것은?

① 암모니아의 접촉은 폭발의 위험이 있으므로 피한다.
② 완전히 밀전 · 밀봉하여 외부 공기와 차단한다.
③ 불투명 용기를 사용하여 직사광선이 닿지 않게 한다.
④ 분해를 막기 위해 분해방지 안정제를 사용한다.

과산화수소는 햇빛을 차단하여 뚜껑에 작은 구멍을 뚫은 갈색 용기에 보관한다.

40 소화기와 주된 소화효과가 옳게 짝지어진 것은?

① 포 소화기 - 제거소화
② 할로젠화합물 소화기 - 냉각소화
③ 탄산가스 소화기 - 억제소화
④ 분말 소화기 - 질식소화

① 포 소화기 – 질식소화, 냉각소화
② 할로젠화합물 소화기 – 억제소화
③ 탄산가스 소화기 – 질식소화

03 위험물 성상 및 취급

41 적린에 대한 설명으로 옳은 것은?

① 발화 방지를 위해 염소산칼륨과 함께 보관한다.
② 물과 격렬하게 반응하여 열을 발생한다.
③ 공기 중에 방치하면 자연발화한다.
④ 산화제와 혼합한 경우 마찰 · 충격에 의해서 발화한다.

① 염소산칼륨과 혼합하면 마찰, 충격, 가열에 의해 폭발할 위험이 높다.
② 물과 격렬하게 반응하지 않는다.
③ 적린은 자연발화하지 않는다.

42 옥내탱크저장소에서 탱크상호간에는 얼마 이상의 간격을 두어야 하는가? (단, 탱크의 점검 및 보수에 지장이 없는 경우는 제외한다.)

① 0.5m ② 0.7m
③ 1.0m ④ 1.2m

43 주유취급소에서 고정주유설비는 도로경계선과 몇 m 이상 거리를 유지하여야 하는가? (단, 고정주유설비의 중심선을 기점으로 한다.)

① 2 ② 4
③ 6 ④ 8

44 인화칼슘의 성질에 대한 설명 중 틀린 것은?

① 적갈색의 괴상고체이다.
② 물과 격렬하게 반응한다.
③ 연소하여 불연성의 포스핀가스를 발생한다.
④ 상온의 건조한 공기 중에서는 비교적 안정하다.

인화칼슘은 물과 반응하여 포스핀 가스를 발생한다.

45 칼륨과 나트륨의 공통 성질이 아닌 것은?

① 물보다 비중 값이 작다.
② 수분과 반응하여 수소를 발생한다.
③ 광택이 있는 무른 금속이다.
④ 지정수량이 50kg이다.

칼륨과 나트륨의 지정수량은 10kg이다.

46 다음 중 제1류 위험물에 해당하는 것은?

① 염소산칼륨 ② 수산화칼륨
③ 수소화칼륨 ④ 요오드화칼륨

염소산칼륨은 백색 분말의 제1류 위험물이다.

47 제1류 위험물로서 조해성이 있으며 흑색화약의 원료로 사용하는 것은?

① 염소산칼륨 ② 과염소산나트륨
③ 과망가니즈산암모늄 ④ 질산칼륨

질산칼륨은 황, 목탄과 혼합하여 흑색화약을 제조하는 데 사용된다.

48 짚, 헝겊 등을 다음의 물질과 적셔서 대량으로 쌓아두었을 경우 자연발화의 위험성이 가장 높은 것은?

① 동유 ② 야자유
③ 올리브유 ④ 피마자유

동식물유류 중 요오드값이 큰 것일수록 인화점이 높아 자연발화의 위험성이 높은데, 동유는 건성유로 160~170이므로 자연발화의 위험성이 가장 높다.

49 4몰의 나이트로글리세린이 고온에서 열분해 · 폭발하여 이산화탄소, 수증기, 질소, 산소의 4가지 가스를 생성할 때 발생되는 가스의 총 몰수는?

① 28 ② 29
③ 30 ④ 31

나이트로글리세린의 분해반응식

$4C_3H_5(ONO_2)_3 \rightarrow 12CO_2\uparrow + 6N_2\uparrow + O_2\uparrow + 10H_2O\uparrow$

나이트로글리세린 이산화탄소 질소 산소 수증기

50 물과 반응하였을 때 발생하는 가연성 가스의 종류가 나머지 셋과 다른 하나는?

① 탄화리튬 ② 탄화마그네슘
③ 탄화칼슘 ④ 탄화알루미늄

탄화리튬, 탄화마그네슘, 탄화칼슘은 물과 반응하여 아세틸렌가스를 발생하지만, 탄화알루미늄은 메탄을 발생한다.

51 트라이나이트로페놀의 성질에 대한 설명 중 틀린 것은?

① 폭발에 대비하여 철, 구리로 만든 용기에 저장한다.
② 휘황색을 띤 침상결정이다.
③ 비중이 약 1.8로 물보다 무겁다.
④ 단독으로는 테트릴보다 충격, 마찰에 둔감한 편이다.

트라이나이트로페놀은 구리, 납, 철 등의 중금속과 반응하여 피크린산염을 생성하므로 위험하다.

52 제4류 위험물 중 제1석유류를 저장, 취급하는 장소에서 정전기를 방지하기 위한 방법으로 볼 수 없는 것은?

① 가급적 습도를 낮춘다.
② 주위 공기를 이온화시킨다.
③ 위험물 저장, 취급설비를 접지시킨다.
④ 사용기구 등은 도전성 재료를 사용한다.

정전기를 방지하기 위해서는 공기 중의 상대습도를 70% 이상으로 해야 한다.

53 위험물안전관리법령상 위험물을 취급 중 소비에 관한 기준에 해당하지 않는 것은?

① 분사도장작업은 방화상 유효한 격벽 등으로 구획된 안전한 장소에서 실시할 것
② 버너를 사용하는 경우에는 버너의 역화를 방지할 것
③ 반드시 규격용기를 사용할 것
④ 열처리작업을 위험물이 위험한 온도에 이르지 아니하도록 하여 실시할 것

위험물의 취급 중 소비에 관한 기준은 다음 각목과 같다.

- 분사도장작업은 방화상 유효한 격벽 등으로 구획된 안전한 장소에서 실시할 것
- 담금질 또는 열처리작업은 위험물이 위험한 온도에 이르지 아니하도록 하여 실시할 것
- 버너를 사용하는 경우에는 버너의 역화를 방지하고 위험물이 넘치지 아니하도록 할 것

54 제4류 위험물 중 제1석유류란 1기압에서 인화점이 몇 ℃인 것을 말하는가?

① 21℃ 미만 ② 21℃ 이상
③ 70℃ 미만 ④ 70℃ 이상

제4류 위험물 중 제1석유류란 1기압에서 21℃ 미만인 것을 말한다.

55 위험물을 저장 또는 취급하는 탱크의 용량산정 방법에 관한 설명으로 옳은 것은?

① 탱크의 내용적에서 공간용적을 뺀 용적으로 한다.
② 탱크의 공간용적에서 내용적을 뺀 용적으로 한다.
③ 탱크의 공간용적에 내용적을 더한 용적으로 한다.
④ 탱크의 볼록하거나 오목한 부분을 뺀 용적으로 한다.

탱크의 용량 = 탱크의 내용적 − 탱크의 공간용적

56 주유취급소의 표지 및 게시판의 기준에서 "위험물 주유취급소" 표지와 "주유중엔진정지" 게시판의 바탕색을 차례대로 옳게 나타낸 것은?

① 백색, 백색
② 백색, 황색
③ 황색, 백색
④ 황색, 황색

① 표지 : 백색바탕에 흑색문자로 '위험물주유취급소'라고 표시
② 게시판 : 황색바탕에 흑색문자로 '주유중엔진정지'라고 표시

57 제6류 위험물인 과산화수소의 농도에 따른 물리적 성질에 대한 설명으로 옳은 것은?

① 농도와 무관하게 밀도, 끓는점, 녹는점이 일정하다.
② 농도와 무관하게 밀도는 일정하나, 끓는점과 녹는점이 농도에 따라 달라진다.
③ 농도와 무관하게 끓는점, 녹는점은 일정하나, 밀도는 농도에 따라 달라진다.
④ 농도에 따라 밀도, 끓는점, 녹는점이 달라진다.

과산화수소는 농도에 따라 밀도, 끓는점, 녹는점이 달라진다.

58 삼황화인과 오황화인의 공통 연소생성물을 모두 나타낸 것은?

① H_2S, SO_2
② P_2O_5, H_2S
③ SO_2, P_2O_5
④ H_2S, SO_2, P_2O_5

- 삼황화인(P_4S_3)의 연소반응식
  $P_4S_3 + 8O_2 \rightarrow 2P_2O_5 + 3SO_2\uparrow$
- 오황화인(PS)의 연소반응식
  $2P_2S_5 + 15O_2 \rightarrow 2P_2O_5 + 10SO_2\uparrow$

59 다이에틸에터 중의 과산화물을 검출할 때 그 검출 시약과 정색반응의 색이 옳게 짝지어진 것은?

① 요오드화칼륨용액 - 적색
② 요오드화칼륨용액 - 황색
③ 브롬화칼륨용액 - 무색
④ 브롬화칼륨용액 - 청색

- 과산화물 검출 시약 : 요오드화칼륨 10% 수용액, 황색
- 과산화물 제거 시약 : 황산제일철, 환원철

60 다음 중 3개의 이성질체가 존재하는 물질은?

① 아세톤 ② 톨루엔
③ 벤젠 ④ 자일렌(크실렌)

자일렌은 벤젠고리에 메틸기가 붙는 방법에 따라 오쏘(o−)자일렌, 메타(m−)자일렌, 파라(p−)자일렌 세 가지 기하이성질체가 있다.

【2020년 1회】

정답

01	02	03	04	05	06	07	08	09	10
①	②	③	①	④	②	①	②	②	①
11	12	13	14	15	16	17	18	19	20
③	②	③	③	①	③	④	①	②	①
21	22	23	24	25	26	27	28	29	30
④	③	①	③	①	②	②	③	③	①
31	32	33	34	35	36	37	38	39	40
④	①	②	①	③	①	①	③	②	④
41	42	43	44	45	46	47	48	49	50
④	①	②	③	④	①	④	①	②	④
51	52	53	54	55	56	57	58	59	60
①	①	③	①	①	②	④	③	②	④

최종점검 2 – 기출문제로 출제유형을 파악하자!

최근기출문제 – 2020년 3회

▶ 정답은 486쪽에 있습니다.

01 물질의 물리 · 화학적 성질

01 액체 0.2g을 기화시켰더니 그 증기의 부피가 97℃, 740mmHg에서 80mL였다. 이 액체의 분자량에 가장 가까운 값은?

① 40 ② 46
③ 78 ④ 121

일정한 온도와 압력에서 기체의 분자량은 이상 기체 상태식을 이용하여 다음과 같이 나타낼 수 있다.

$PV = \frac{\omega}{MW}RT$

$\frac{740}{760}\text{atm}\times0.08\text{L} = \frac{0.2}{MW}\times0.08206\text{L}\cdot\text{atm/mol}\cdot\text{K}\times370\text{K}$

$\therefore MW = 78$

02 원자량이 56인 금속 M 1.12g을 산화시켜 실험식이 M_xO_y인 산화물 1.60g을 얻었다. x, y는 각각 얼마인가?

① $x=1, y=2$ ② $x=2, y=3$
③ $x=3, y=2$ ④ $x=2, y=1$

실험식은 물질의 조성을 가장 간단한 정수비로 나타낸 화학식으로 질량을 각 원소의 원자량으로 나누어 구한다.
- 반응한 산소 질량 : 1.60g − 1.12g = 0.48g
- M : O = $\frac{1.12}{56}$: $\frac{0.48}{16}$ = 2 : 3, ∴실험식 = M_2O_3

03 백금 전극을 사용하여 물을 전기분해할 때 (+)극에서 5.6L의 기체가 발생하는 동안 (−)극에서 발생하는 기체의 부피는?

① 2.8L ② 5.6L
③ 11.2L ④ 22.4L

물을 전기 분해할 때의 화학 반응식은 $2H_2O \rightarrow 2H_2 + O_2$이고, (+)에서 O_2 기체가 발생하고 (−)극에서는 H_2 기체가 발생한다. 이때 생성되는 두 기체의 부피비는 $H_2 : O_2$ = 2 : 1이므로 (+)극에서 O_2가 5.6L 발생하였으므로, (−)극에서는 H_2 기체가 11.2L 발생한다.

04 방사성 원소인 U(우라늄)이 다음과 같이 변화되었을 때의 붕괴 유형은?

$${}^{238}_{92}\text{U} \rightarrow {}^{4}_{2}\text{He} + {}^{234}_{90}\text{Th}$$

① α 붕괴 ② β 붕괴
③ γ 붕괴 ④ R 붕괴

α 입자가 방출되는 핵붕괴 유형을 α−붕괴라고 한다. 반응 후 양성자 수 2 감소, 질량수 4 감소된 원소로 변한다.

05 다음 중 방향족 탄화수소가 아닌 것은?

① 에틸렌 ② 톨루엔
③ 아닐린 ④ 안트라센

06 전자배치가 $1s^22s^22p^63s^23p^5$ 원자의 M 껍질에는 몇 개의 전자가 들어 있는가?

① 2 ② 4
③ 7 ④ 17

M 껍질 (n = 3)에는 전자가 7개가 들어있다.

07 황산 수용액 400mL 속에 순황산이 녹아 있다면 이 용액의 농도는 몇 N 인가?

① 3 ② 4
③ 5 ④ 6

노르말 농도(N)는 용액 1L 속에 g당량수 만큼의 용질이 녹아 있을 때 1N로 정의한다.
황산은 물에 녹아 수용액($H_2SO_4(aq)$) 상태에서 분자당 2개의 수소 이온을 이온화할 수 있는 2가산으로 당량가는 2이다. 황산의 g당량수는 분자량/당량가로 계산하여 g당량수 = 98/2 = 49g이다.
∴ 문제에서 0.4L 용액 속에 순황산 98g이 녹아 있으므로 노르말 농도는 $\frac{98.49\text{g}}{0.4\text{L}}$ = 5N 이다.

chapter 09

08 다음 보기의 벤젠 유도체 가운데 벤젠의 치환반응으로부터 직접 유도할 수 없는 것은?

ⓐ –Cl　ⓑ –OH　ⓒ –SO_3H

① ⓐ　② ⓑ
③ ⓒ　④ ⓐ, ⓑ, ⓒ

벤젠의 친전자성 치환 반응으로 직접 합성하지 못하는 작용기는 -OH이다.

09 다음 각 화합물 1mol 이 완전연소할 때 3mol의 산소를 필요로 하는 것은?

① $CH_3 - CH_3$　② $CH_2 = CH_2$
③ C_6H_6　④ $CH \equiv CH$

① $2CH_3 - CH_3 + 7O_2 \rightarrow 4CO_2 + 6H_2O$
② $CH_2 = CH_2 + 3O_2 \rightarrow 2CO_2 + 2H_2O$
③ $2C_6H_6 + 15O_2 \rightarrow 12CO_2 + 6H_2O$
④ $2CH{\equiv}CH + 5O_2 \rightarrow 4CO_2 + 2H_2O$

10 원자번호가 7인 질소와 같은 족에 해당되는 원소의 원자번호는?

① 15　② 16
③ 17　④ 18

질소는 원소로 같은 족의 원소로 원자 번호 15번 P(인)이 있다. 16번은 S(황), 17번은 Cl(염소), 18번은 Ar(아르곤)이다.

11 1 패러데이(Faraday)의 전기량으로 물을 전기분해하였을 때 생성되는 기체 중 산소 기체는 0℃, 1기압에서 몇 L 인가?

① 5.6　② 11.2
③ 22.4　④ 44.8

물의 전기 분해에 대한 각 전극에서의 반응식은 다음과 같다.
- ⊕극 : $2H_2O \rightarrow O_2 + 4H^+ + 4e^-$
- ⊖극 : $4H_2O + 4e^- \rightarrow 2H_2 + 4OH^-$

1F의 전하량은 전자 1몰에 해당하는 전하량이므로, 1몰의 전자가 이동할 때 생성되는 수소 기체는 0.5몰이다. 따라서 표준 상태에서 기체 1몰의 부피는 22.4L이므로, 발생되는 수소 기체의 부피는 0.5몰×22.4L/몰 = 11.2L이다.

12 다음 화합물 중에서 가장 작은 결합각을 가지는 것은?

① BF_3　② NH_3
③ H_2　④ $BeCl_2$

① BF_3 : 정삼각형, 120°　② NH_3 : 삼각뿔, 107°
③ H_2 : 직선형, 180°　④ $BeCl_2$: 직선형, 180°

13 지방이 글리세린과 지방산으로 되는 것과 관련이 깊은 반응은?

① 에스테르화　② 가수분해
③ 산화　④ 아미노화

지방은 물에 의해 가수분해되어 글리세린과 지방산으로 분해된다. 에스테르화 반응은 산과 알코올이 반응하여 에스터를 만드는 방법이고, 산화는 산소와 결합하거나 전자를 잃는 반응이다. 아미노화는 탄소 원자에 결합된 수소 원자를 아미노기로 치환하는 반응이다.

14 $[OH^-] = 1\times10^{-5}$mol/L 인 용액의 pH와 액성으로 옳은 것은?

① pH = 5, 산성
② pH = 5, 알칼리성
③ pH = 9, 산성
④ pH = 9, 알칼리성

25℃에서 K_w는 $K_w = [H_3O^+][OH^-] = 1\times10^{-14}$(mol/L)으로 일정하고, 수용액의 액성은 $[H_3O^+] = [OH^-]$ 이면 중성, $[H_3O^+] > [OH^-]$이면 산성, $[H_3O^+] < [OH^-]$이면 염기성이다.
$pH = -log[H_3O^+]$이므로 $[OH^-] = 1\times10^{-5}$mol/L 용액의 pH는,
$pH = -log\frac{K_w}{[OH^-]} = -log(\frac{1\times10^{-14}}{1\times10^{-5}}) = 9$이고,
용액은 알칼리성(염기성)이다.

15 다음에서 설명하는 법칙은 무엇인가?

일정한 온도에서 비휘발성이며, 비전해질인 용질이 녹은 묽은 용액의 증기 압력 내림은 일정량의 용매에 녹아있는 용질의 몰수에 비례한다.

① 헨리의 법칙　② 라울의 법칙
③ 아보가드로의 법칙　④ 보일-샤를의 법칙

지문은 라울의 법칙에 대한 설명이다.

16 질량수 52인 크롬의 중성자수와 전자수는 각각 몇 개인가? (단, 크롬의 원자번호는 24이다.)

① 중성자수 24, 전자수 24
② 중성자수 24, 전자수 52
③ 중성자수 28, 전자수 24
④ 중성자수 52, 전자수 24

원자 번호 Cr의 양성자 수와 전자 수는 각각 24이다. 질량수는 양성자 수와 중성자 수의 합이므로 중성자 수는 52－24 = 28이다.

17 다음 중 물이 산으로 작용하는 반응은?

① $NH_4^+ + H_2O \rightarrow NH_3 + H_3O^+$
② $HCOOH + H_2O \rightarrow COOH^- + H_3O^+$
③ $CH_3COO^- + H_2O \rightarrow CH_3COOH + OH^-$
④ $HCl + H_2O \rightarrow H_3O^+ + Cl^-$

물은 양쪽성 물질로 반응하는 물질에 따라 산이나 염기로 모두 작용할 수 있다. 브뢴스테드-로우리 산 · 염기 정의에 따르면 H^+을 내놓는 물질은 산, H^+을 받는 물질은 염기이다.

18 다음 물질 1g 당 1kg의 물에 녹였을 때 빙점강하가 가장 큰 것은? (단, 빙점강하 상수값(어는점 내림상수)은 동일하다고 가정한다.)

① CH_3OH ② C_2H_5OH
③ $C_3H_5(OH)_3$ ④ $C_6H_{12}O_6$

묽은 용액의 빙점 강하(어는점 내림) 현상은 묽은 용액의 몰랄 농도에 비례하며 다음과 같이 나타낼 수 있다.
$\Delta T_f = K_f \cdot m$ (K_f : 몰랄내림상수, m : 몰랄 농도(용매 1kg 속에 들어있는 용질의 몰수))
주어진 용액의 질량과 용질의 질량이 같고 몰랄 농도는 물질의 몰수 비례하므로 물질의 몰수(= $\frac{질량}{분자량}$)를 구하면 다음과 같다.
① CH_3OH 1g 몰수 : $\frac{1}{32}$ 몰
② C_2H_5OH 1g 몰수 : $\frac{1}{46}$ 몰
③ $C_3H_5(OH)_3$ 1g 몰수 : $\frac{1}{92}$ 몰
④ $C_6H_{12}O_6$ 1g 몰수 : $\frac{1}{180}$ 몰
∴ 몰수가 가장 큰 CH_3OH의 빙점 강하가 가장 크다.

19 다음 중 밑줄 친 원소 중 산화수가 +5인 것은?

① $Na_2\underline{Cr_2}O_7$ ② $K_2\underline{S}O_4$
③ $K\underline{N}O_3$ ④ $\underline{Cr}O_3$

중성 화합물의 산화수의 합은 0이고 1족 금속 원소 K의 산화수는 +1, O의 산화수는 －2이므로, N의 산화수는 $+1+x+(-2\times3) = 0$, $\therefore x = +5$이다.

20 일정한 온도하에서 물질 A와 B가 반응을 할 때 A의 농도만 2배로 하면 반응속도가 2배가 되고 B의 농도만 2배로 하면 반응속도가 4배로 된다. 이 경우 반응속도식은? (단, 반응속도 상수는 k 이다.)

① $v = k[A][B]^2$ ② $v = k[A]^2[B]$
③ $v = k[A][B]^{0.5}$ ④ $v = k[A][B]$

반응 속도는 반응 물질의 농도에 비례한다. 반응 속도는 $v = k[A]^m[B]^n$으로 나타낼 수 있고, 이때 m과 n은 반응 차수이다.
∴ A의 농도만 2배로 하면 반응 속도가 2배가 되고 B의 농도를 2배로 하면 반응 속도가 4배로 되는 반응속도식은 $v = k[A][B]^2$이다.

02 화재예방과 소화방법

21 분말소화약제인 탄산수소나트륨 10kg이 1기압, 270℃에서 방사되었을 때 발생하는 이산화탄소의 양은 약 몇 m^3 인가?

① 2.65 ② 3.65
③ 18.22 ④ 36.44

제1종 분말소화약제의 열분해 반응식
$2NaHCO_3 \rightarrow Na_2CO_3 + CO_2 + H_2O$
위의 반응식에서 탄산수소나트륨($NaHCO_3$) 2몰이 분해하면 이산화탄소(CO_2) 1몰이 생성되므로 탄산수소나트륨($NaHCO_3$) 1몰 분해 시 이산화탄소(CO_2)는 1/2몰이 생성된다. 따라서 계산식에 1/2을 곱해 주면 이산화탄소의 양을 구할 수 있다.
$NaHCO_3$의 분자량 : 23+1+12+16×3 = 84
$PV = \frac{WRT}{M}$, $V = \frac{WRT}{PM}$
V(이산화탄소의 체적) = $\frac{WRT}{PM} \times \frac{1}{2}$
- W(탄산수소나트륨의 질량) : 10kg
- R(기체상수) : 0.082atm · m^3/kmol · k
- T(절대온도) : (270℃+273)k
- P(압력) : 1atm
- M(탄산수소나트륨의 1kg 분자량) : 23+1+12+16×3 = 84

$\therefore \frac{10\times0.082\times(270+273)}{1\times84} \times \frac{1}{2} = 2.65$

22 주된 연소형태가 분해연소인 것은?

① 금속분 ② 황
③ 목재 ④ 피크르산

분해연소란 열분해에 의한 가연성가스가 공기와 혼합하여 연소하는 형태를 말하는데 목재, 종이, 석탄, 섬유 등이 이에 해당된다.

23 위험물안전관리법령상 이동탱크저장소에 의한 위험물의 운송 시 위험물운송자가 위험물안전카드를 휴대하지 않아도 되는 물질은?

① 휘발유
② 과산화수소
③ 경유
④ 벤조일퍼옥사이드

위험물(제4류 위험물에 있어서는 특수인화물 및 제1석유류에 한함)을 운송하게 하는 자는 위험물안전카드를 위험물운송자로 하여금 휴대하게 하여야 한다. 경유는 제2석유류이므로 해당되지 않는다.

24 포 소화약제의 종류에 해당되지 않는 것은?

① 단백포소화약제
② 합성계면활성제포소화약제
③ 수성막포소화약제
④ 액표면포소화약제

단백포소화약제, 합성계면활성제포소화약제, 수성막포소화약제 모두 기계포 소화약제의 종류에 해당한다.

25 전역방출방식의 할로젠화합물소화설비 중 하론1301을 방사하는 분사헤드의 방사압력은 얼마 이상이어야 하는가?

① 0.1MPa ② 0.2MPa
③ 0.5MPa ④ 0.9MPa

- 하론2402 : 0.1MPa 이상
- 하론1211 : 0.2MPa 이상
- HFC-227ea : 0.3MPa 이상
- 하론1301, HFC-23, HFC-125 : 0.9MPa 이상

26 드라이아이스 1kg이 완전히 기화하면 약 몇 몰의 이산화탄소가 되겠는가?

① 22.7 ② 51.3
③ 230.1 ④ 515.0

$CO_2(S) \rightarrow CO_2(g)$
CO_2의 분자량 : 44
CO_2 1kg 몰수 : $\frac{1000g}{44g/mol} = 22.73$몰

27 위험물안전관리법령상 전역방출방식 또는 국소방출방식의 분말소화설비의 기준에서 가압식의 분말소화설비에는 얼마 이하의 압력으로 조정할 수 있는 압력조정기를 설치하여야 하는가?

① 2.0MPa ② 2.5MPa
③ 3.0MPa ④ 5.0MPa

분말소화약제의 가압용가스 용기에는 2.5MPa 이하의 압력에서 조정이 가능한 압력조정기를 설치하여야 한다(분말소화설비의 화재안전기준).

28 다음 위험물의 저장창고에서 화재가 발생하였을 때 주수에 의한 냉각소화가 적절치 않은 위험물은?

① $NaClO_3$ ② Na_2O_2
③ $NaNO_3$ ④ $NaBrO_3$

과산화나트륨은 물과 격렬히 반응하여 산소를 발생하므로 주수소화는 위험하다.

29 이산화탄소가 불연성인 이유를 옳게 설명한 것은?

① 산소와의 반응이 느리기 때문이다.
② 산소와 반응하지 않기 때문이다.
③ 착화되어도 곧 불이 꺼지기 때문이다.
④ 산화반응이 일어나도 열 발생이 없기 때문이다.

이산화탄소는 불활성기체로서 산소와 반응하지 않으므로 불연성이다.

30 특수인화물이 소화설비기준 적용상 1소요단위가 되기 위한 용량은?

① 50L ② 100L
③ 250L ④ 500L

위험물은 지정수량의 10배를 1소요단위로 한다. 특수인화물의 지정수량은 50L이므로 10배인 500L가 1소요단위이다.

31 이산화탄소 소화기의 장·단점에 대한 설명으로 틀린 것은?

① 밀폐된 공간에서 사용 시 질식으로 인명피해가 발생할 수 있다.
② 전도성이어서 전류가 통하는 장소에서의 사용은 위험하다.
③ 자체의 압력으로 방출할 수 있다.

④ 소화 후 소화약제에 의한 오손이 없다.

이산화탄소는 전기의 부도체로서 전기화재에 적응성이 있다.

32 질산의 위험성에 대한 설명으로 옳은 것은?

① 화재에 대한 직 · 간접적인 위험성은 없으나 인체에 묻으면 화상을 입는다.
② 공기 중에서 스스로 자연발화하므로 공기에 노출되지 않도록 한다.
③ 인화점 이상에서 가연성 증기를 발생하여 점화원이 있으면 폭발한다.
④ 유기물질과 혼합하면 발화의 위험성이 있다.

제6류 위험물인 질산은 종이, 톱밥, 섬유 등의 유기물질과 혼합하면 발화의 위험이 있다.

33 분말소화기에 사용되는 소화약제의 주성분이 아닌 것은?

① $NH_4H_2PO_4$ ② Na_2SO_4
③ $NaHCO_3$ ④ $KHCO_3$

① NH_4H2PO_4 : 제3종 분말소화약제
③ $NaHCO_3$: 제1종 분말소화약제
④ $KHCO_3$: 제2종 분말소화약제

34 마그네슘 분말이 이산화탄소 소화약제와 반응하여 생성될 수 있는 유독기체의 분자량은?

① 26 ② 28 ③ 32 ④ 44

마그네슘 분말과 이산화탄소의 화학반응식은 아래와 같다.
$Mg + CO_2 \rightarrow MgO + CO$
위의 반응식에서 알 수 있듯이 마그네슘 분말이 이산화탄소 소화약제와 반응하여 생성되는 유독기체는 CO이다. CO의 분자량은 28이다.

35 위험물안전관리법령상 알칼리금속과산화물의 화재에 적응성이 없는 소화설비는?

① 건조사
② 물통
③ 탄산수소염류 분말소화설비
④ 팽창질석

제1류 위험물 중 알칼리금속과산화물의 화재에는 탄산수소염류, 건조사, 팽창질석, 팽창진주암 등이 적응성이 있다.

36 위험물제조소의 환기설비 설치 기준으로 옳지 않은 것은?

① 환기구는 지붕 위 또는 지상 2m 이상의 높이에 설치할 것
② 급기구는 바닥면적 $150m^2$ 마다 이상으로 할 것
③ 환기는 자연배기방식으로 할 것
④ 급기구는 높은 곳에 설치하고 인화방지망을 설치할 것

급기구는 낮은 곳에 설치하고 가는 눈의 구리망 등으로 인화방지 망을 설치할 것

37 위험물제조소등에 설치하는 옥외소화전설비에 있어서 옥외소화전함은 옥외소화전으로부터 보행거리 몇 m 이하의 장소에 설치하는가?

① 2 ② 3 ③ 5 ④ 10

옥외소화전함은 옥외소화전으로부터 보행거리 5m 이하의 장소에 설치해야 한다.

38 화재 종류가 옳게 연결된 것은?

① A급 화재 - 유류 화재
② B급 화재 - 섬유 화재
③ C급 화재 - 전기 화재
④ D급 화재 - 플라스틱 화재

① A급 화재 – 일반 화재
② B급 화재 – 유류 및 가스화재
④ D급 화재 – 금속 화재

39 수성막포소화약제에 대한 설명으로 옳은 것은?

① 물보다 비중이 작은 유류의 화재에는 사용할 수 없다.
② 계면활성제를 사용하지 않고 수성의 막을 이용한다.
③ 내열성이 뛰어나고 고온의 화재일수록 효과적이다.
④ 일반적으로 불소계 계면활성제를 사용한다.

수성막포소화약제는 불소계 계면활성제가 주성분이며, 유류화재의 표면에 유화층을 형성하여 소화한다.

40 다음 중 발화점에 대한 설명으로 가장 옳은 것은?

① 외부에서 점화했을 때 발화하는 최저온도
② 외부에서 점화했을 때 발화하는 최고온도
③ 외부에서 점화하지 않더라도 발화하는 최저온도
④ 외부에서 점화하지 않더라도 발화하는 최고온도

발화점은 외부에서 점화하지 않더라도 발화하는 최저온도를 말한다.

03 위험물 성상 및 취급

41 황린이 자연발화하기 쉬운 이유에 대한 설명으로 가장 타당한 것은?

① 끓는점이 낮고 증기압이 높기 때문에
② 인화점이 낮고 조연성 물질이기 때문에
③ 조해성이 강하고 공기 중의 수분에 의해 쉽게 분해되기 때문에
④ 산소와 친화력이 강하고 발화온도가 낮기 때문에

황린은 착화온도가 낮고, 화학적 활성이 크기 때문에 공기 중에서 자연발화할 가능성이 크다.

42 보기 중 칼륨이 트라이에틸알루미늄과 공통 성질을 모두 나타낸 것은?

ⓐ 고체이다.
ⓑ 물과 반응하여 수소를 발생한다.
ⓒ 위험물안전관리법령상 위험등급이 Ⅰ 이다.

① ⓐ ② ⓑ ③ ⓒ ④ ⓑ, ⓒ

ⓐ 트라이에틸알루미늄은 액체이다.
ⓑ 트라이에틸알루미늄은 물과 반응하여 에탄을 발생한다.

43 탄화칼슘은 물과 반응하면 어떤 기체가 발생하는가?

① 과산화수소 ② 일산화탄소
③ 아세틸렌 ④ 에틸렌

탄화칼슘은 물과 반응하여 아세틸렌을 발생한다.

44 다음 중 물이 접촉되었을 때 위험성(반응성)이 가장 작은 것은?

① Na_2O_2 ② Na
③ MgO_2 ④ S

과산화나트륨, 나트륨, 과산화마그네슘 모두 물과 반응하여 위험성이 높다.

45 위험물안전관리법령상 제6류 위험물에 해당하는 물질로서 햇빛에 의해 갈색의 연기를 내며 분해할 위험이 있으므로 갈색병에 보관해야 하는 것은?

① 질산 ② 황산
③ 염산 ④ 과산화수소

제6류 위험물인 질산은 햇빛에 의해 갈색의 연기를 내며 분해할 위험이 있으므로 갈색병에 보관해야 한다.

46 다이에틸에터를 저장·취급할 때의 주의사항에 대한 설명으로 틀린 것은?

① 장시간 공기와 접촉하고 있으면 과산화물이 생성되어 폭발의 위험이 생긴다.
② 연소범위는 가솔린보다 좁지만 인화점과 착화온도가 낮으므로 주의하여야 한다.
③ 정전기 발생에 주의하여 취급해야 한다.
④ 화재 시 CO_2 소화설비가 적응성이 있다.

	연소범위	인화점	착화점
다이에틸에터	1.9~48%	−45℃	180℃
가솔린	1.4~7.6%	−43~−20℃	300℃

47 다음 위험물 중 인화점이 약 −37℃인 물질로서 구리, 은, 마그네슘 등과 금속과 접촉하면 폭발성 물질인 아세틸라이드를 생성하는 것은?

① CH_3CHOCH_2
② $C_2H_5OC_2H_5$
③ CS_2
④ C_6H_6

인화점이 약 −37℃인 물질로서 구리, 은, 마그네슘 등과 금속과 접촉하면 폭발성 물질인 아세틸라이드를 생성하는 것은 산화프로필렌(CH_3CHOCH_2)이다.

48 그림과 같은 위험물 탱크에 대한 내용적 계산방법으로 옳은 것은?

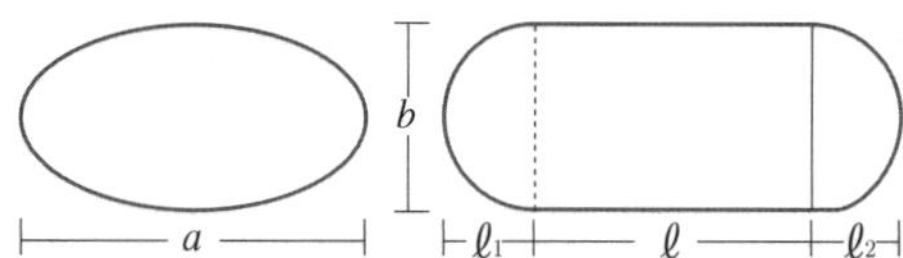

① $\frac{\pi ab}{3}(\ell+\frac{\ell_1+\ell_2}{3})$
② $\frac{\pi ab}{4}(\ell+\frac{\ell_1+\ell_2}{3})$
③ $\frac{\pi ab}{4}(\ell+\frac{\ell_1+\ell_2}{4})$
④ $\frac{\pi ab}{3}(\ell+\frac{\ell_1+\ell_2}{4})$

> 양쪽이 볼록한 타원형 탱크의 내용적 계산방법
> $\frac{\pi ab}{4}(\ell+\frac{\ell_1+\ell_2}{3})$

49 온도 및 습도가 높은 장소에서 취급할 때 자연발화의 위험이 가장 큰 물질은?

① 아닐린
② 황화인
③ 질산나트륨
④ 셀룰로이드

> 제5류 위험물인 셀룰로이드를 장시간 방치할 경우 햇빛, 고온 등에 의해 분해가 촉진되어 자연발화의 위험이 있다.

50 위험물안전관리법령상 위험물의 취급기준 중 소비에 관한 기준으로 틀린 것은?

① 열처리 작업은 위험물이 위험한 온도에 이르지 아니하도록 하여 실시하여야 한다.
② 담금질 작업은 위험물이 위험한 온도에 이르지 아니하도록 하여 실시하여야 한다.
③ 분사도장 작업은 방화상 유효한 격벽 등으로 구획한 안전한 장소에서 하여야 한다.
④ 버너를 사용하는 경우에는 버너의 역화를 유지하고 위험물이 넘치지 아니하도록 하여야 한다.

> 버너를 사용하는 경우에는 버너의 역화를 방지하고 위험물이 넘치지 아니하도록 하여야 한다.

51 저장·수송할 때 타격 및 마찰에 의한 폭발을 막기 위해 물이나 알코올로 습면시켜 취급하는 위험물은?

① 나이트로셀룰로스
② 과산화벤조일
③ 글리세린
④ 에틸렌글리콜

> 제5류 위험물인 나이트로셀룰로스는 운반 또는 저장 시 물 또는 알코올 등을 첨가하여 습면시켜 저장한다.

52 제4류 위험물을 저장하는 이동탱크저장소의 탱크 용량이 19000L일 때 탱크의 칸막이는 최소 몇 개를 설치해야 하는가?

① 2 ② 3
③ 4 ④ 5

> 이동저장탱크는 그 내부에 4,000L 이하마다 3.2mm 이상의 강철판 또는 이와 동등 이상의 강도 · 내열성 및 내식성이 있는 금속성의 것으로 칸막이를 설치하여야 한다. 탱크 용량이 19,000L이므로 최소 이상의 칸막이를 설치해야 한다.

53 위험물안전관리법령상 제4류 위험물 옥외저장탱크의 대기밸브 부착 통기관은 몇 kPa 이하의 압력차이로 작동할 수 있어야 하는가?

① 2 ② 3
③ 4 ④ 5

> 제4류 위험물 옥외저장탱크의 대기밸브부착 통기관은 5kPa 이하의 압력차이로 작동할 수 있어야 한다.

54 위험물안전관리법령상 위험물제조소의 위험물을 취급하는 건축물의 구성부분 중 반드시 내화구조로 하여야 하는 것은?

① 연소의 우려가 있는 기둥
② 바닥
③ 연소의 우려가 있는 외벽
④ 계단

> 연소의 우려가 있는 외벽은 출입구 외의 개구부가 없는 내화구조로 하여야 한다.

55 물보다 무겁고, 물에 녹지 않아 저장 시 가연성 증기 발생을 억제하기 위해 수조 속의 위험물탱크에 저장하는 물질은?

① 다이에틸에터
② 에탄올
③ 이황화탄소
④ 아세트알데하이드

이황화탄소는 물보다 무겁고, 물에 녹지 않는데, 가연성 증기 발생을 방지하기 위해 물 속에 저장한다.

56 금속나트륨의 일반적인 성질로 옳지 않은 것은?

① 은백색의 연한 금속이다.
② 알코올 속에 저장한다.
③ 물과 반응하여 수소가스를 발생한다.
④ 물보다 비중이 작다.

금속나트륨은 공기 중 수분 또는 산소와의 접촉을 막기 위하여 석유, 경유, 등유 또는 유동성 파라핀 속에 저장한다.

57 다음 위험물 중에서 인화점이 가장 낮은 것은?

① $C_6H_5CH_3$
② $C_6H_5CHCH_2$
③ CH_3OH
④ CH_3CHO

① 톨루엔 ($C_6H_5CH_3$) : 4.5℃
② 스틸렌 ($C_6H_5CHCH_2$) : 32℃
③ 메틸알코올 (CH_3OH) : 11℃
④ 아세트알데하이드 (CH3CHO) : −38℃

58 과염소산칼륨과 적린을 혼합하는 것이 위험한 이유로 가장 타당한 것은?

① 마찰열이 발생하여 과염소산칼륨이 자연발화할 수 있기 때문에
② 과염소산칼륨이 연소하면서 생성된 연소열이 적린을 연소시킬 수 있기 때문에
③ 산화제인 과염소산칼륨과 가연물인 적린이 혼합하면 가열, 충격 등에 의해 연소 · 폭발할 수 있기 때문에
④ 혼합하면 용해되어 액상 위험물이 되기 때문에

59 1기압 27℃에서 아세톤 58g을 완전히 기화시키면 부피는 약 몇 L가 되는가?

① 22.4
② 24.6
③ 27.4
④ 58.0

아세톤의 분자량
→ CH_3COCH_3 : 12+1×3+12+16+12+1×3 = 58g

$PV = \frac{WRT}{M} \rightarrow V = \frac{WRT}{PM}$

- P(압력) : 1atm
- W(질량) : 58g
- M(아세톤 분자량) : 58g
- R(기체상수) : 0.082atm · L/mol · k
- T(절대온도) : 273+27 = 300K

$\therefore V = \frac{58 \times 0.082 \times 300}{1 \times 58} = 24.6$

60 염소산칼륨에 대한 설명 중 틀린 것은?

① 촉매 없이 가열하면 약 400℃에서 분해한다.
② 열분해하여 산소를 방출한다.
③ 불연성물질이다.
④ 물, 알코올, 에테르에 잘 녹는다.

제1류 위험물인 염소산칼륨은 온수와 글리세린에는 잘 녹지만 알코올에는 잘 녹지 않는다.

【2020년 3회】

정답

01	02	03	04	05	06	07	08	09	10
③	②	③	①	①	③	③	②	②	①
11	12	13	14	15	16	17	18	19	20
①	②	②	④	②	③	③	①	③	①
21	22	23	24	25	26	27	28	29	30
①	③	③	④	④	①	②	②	②	④
31	32	33	34	35	36	37	38	39	40
②	④	②	②	②	④	③	③	④	③
41	42	43	44	45	46	47	48	49	50
④	③	③	④	①	②	①	②	④	④
51	52	53	54	55	56	57	58	59	60
①	③	④	③	③	②	④	③	②	④

Bonus Book

최신경향 핵심빈출문제

– 시험 전 반드시 체크해야 할 최신빈출문제 –

01 $Fe(CN)_6^{4-}$와 4개의 K^+ 이온으로 이루어진 물질 $K_4Fe(CN)_6$을 무엇이라고 하는가?

① 유기화합물
② 할로젠화합물
③ 수소화합물
④ 착화합물

02 다음 물질 중 질소를 함유하는 것은?

① 나일론
② 폴리에틸렌
③ 폴리염화비닐
④ 프로필렌

03 질소 2몰과 산소 3몰의 혼합기체가 나타내는 전체 압력이 10기압일 때 질소의 분압은 얼마인가?

① 2기압
② 4기압
③ 8기압
④ 10기압

04 1 기압 27℃에서 어떤 기체 2g의 부피가 0.82L이다. 이 기체의 분자량은 약 얼마인가?

① 16
② 32
③ 60
④ 72

05 그래프는 4가지 액체의 증기압력과 온도와의 관계를 나타낸 것이다. 1기압의 압력에서 분자 간의 인력이 가장 강한 액체는?

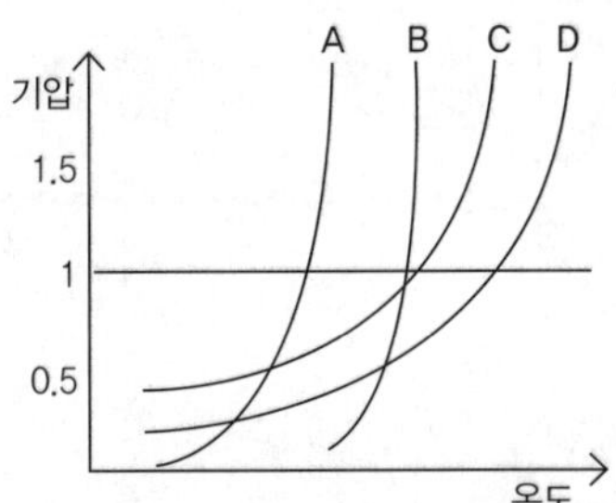

① A
② B
③ C
④ D

06 25.0g의 물속에 2.85g의 설탕($C_{12}H_{22}O_{11}$)이 녹아 있는 용액의 끓는점은? (단, 물의 끓는점 오름 상수는 0.52이다)

① 100.0℃
② 100.08℃
③ 100.17℃
④ 100.34℃

07 다음 중 원자가 전자의 배열이 ns^2np^3인 것으로만 나열된 것은? (단, n은 2, 3, 4…이다)

① N, P, As
② C, Si, Ge
③ Li, Na, K
④ Be, Mg, Ca

08 옥텟 규칙(octet rule)에 따르면 게르마늄이 반응할 때 다음 중 어떤 원소의 전자 수와 같아지려고 하는가?

① Kr
② Si
③ Sn
④ As

09 다음 중 양쪽성 산화물에 해당하는 것은?

① NO_2
② Al_2O_3
③ MgO
④ Na_2O

10 0.5M HCl 100mL와 0.1M NaOH 100mL를 혼합한 용액의 pH는 약 얼마인가?

① 0.3
② 0.5
③ 0.7
④ 0.9

11 다이크로뮴산칼륨(중크롬산칼륨)에서 크롬의 산화수는?

① +2
② +4
③ +6
④ +8

12 다음 금속의 쌍으로 전기 화학 전지를 만들 때 외부 전류가 화살표 방향으로 흐르게 되는 것은?

① Zn → Ag
② Fe → Ag
③ Cu → Fe
④ Zn → Cu

13 $CuCl_2$의 용액에 5A 전류를 1시간 동안 흐르게 하면 몇 g의 구리가 석출되는가? (단, Cu의 원자량은 63.54 이며, 전자 1개의 전하량은 1.62×10^{-19}C 이다)

① 13.7
② 4.83
③ 5.93
④ 6.35

14 다음 ( )안에 알맞은 것을 차례대로 옳게 나열한 것은?

> 납축전지는 (㉠)극은 납으로, (㉡)극은 이산화납으로 되어 있는데 방전시키면 두 극이 다같이 회백색의 (㉢)로 된다. 따라서 용액 속의 (㉣)은 소비되고 용액의 비중이 감소한다.

① +, −, $PbSO_4$, H_2SO_4
② −, +, $PbSO_4$, H_2SO_4
③ +, −, H_2SO_4, $PbSO_4$
④ −, +, H_2SO_4, $PbSO_4$

15 암모니아 분자의 구조는?

① 평면
② 선형
③ 피라밋
④ 사각형

16 일정한 온도하에서 물질 A와 B가 반응을 할 때 A의 농도만 2배로 하면 반응속도가 2배가 되고 B의 농도를 2배로 하면 반응속도가 4배로 된다. 이 반응의 속도식은? (단, 반응속도 상수는 k이다)

① $v = k[A][B]^2$
② $v = k[A]^2[B]$
③ $v = k[A][B]^{0.6}$
④ $v = k[A][B]$

17 Rn은 σ선 및 β선을 2번씩 방출하고 다음과 같이 변했다. 마지막 Po의 원자 번호는 얼마인가? (단, Rn의 원자 번호는 86, 질량수는 222이다)

$$Rn \xrightarrow{\alpha} Po \xrightarrow{\alpha} Pb \xrightarrow{\beta} Bi \xrightarrow{\beta} Po$$

① 78 ② 81
③ 84 ④ 87

18 은거울 반응을 하는 화합물은?

① CH_3COCH_3
② CH_3OCH_3
③ $HCHO$
④ CH_3CH_2OH

19 sp^3 혼성 오비탈을 가지고 있는 것은?

① BF_3
② $BeCl_2$
③ C_2H_4
④ CH_4

20 원자번호가 7인 질소와 같은 족에 해당되는 원소의 원자번호는?

① 15
② 16
③ 17
④ 18

21 다음 중 인화점이 가장 낮은 것은?

① 아세트산메틸
② 아세트산에틸
③ 포름산
④ 아세트산

22 일반적으로 화재 발생 시 소화방법으로 공기를 차단하는 것이 효과가 있으며, 연소물질을 제거하거나 액체를 인화점 이하로 냉각시켜 소화할 수도 있는 위험물은?

① 제1류 위험물
② 제4류 위험물
③ 제5류 위험물
④ 제6류 위험물

23 소화약제 또는 그 구성성분으로 사용되지 않는 물질은?

① CF_2ClBr
② $CO(NH_2)_2$
③ NH_4NO_3
④ K_2CO_3

24 제1종 분말소화약제의 주성분에 해당하는 것은?

① K_2CO_3
② $KHCO_3$
③ $NH_4H_2PO_4$
④ $NaHCO_3$

25 할론 소화약제를 구성하는 할로젠 원소가 아닌 것은?

① 불소(F)
② 염소(Cl)
③ 브로(Br)
④ 네온(Ne)

26 다음에서 설명하는 소화약제는?

알칼리 금속염류 등을 주성분으로 하는 수용액

① 강화액 소화약제
② 단백포 소하약제
③ 수성막포 소화약제
④ 합성계면활성제포

27 다음 위험물 중 착화온도가 가장 낮은 것은?

① 적린
② 삼황화인
③ 마그네슘
④ 황린

28 BLEVE 현상에 대하여 설명한 것은?

① 원유, 중유 등 고점도의 기름 속에 수증기를 포함한 볼 형태의 물방울이 형성되어 탱크 밖으로 넘치는 현상
② 탱크 주위에 발생한 화재로 탱크내 비등상태의 액화가스가 팽창하고 폭발하는 현상
③ 화재시 기름 속의 수분이 급격히 증발하여 기름 거품이 되고 팽창해서 기름탱크에서 밖으로 내뿜어져 나오는 현상
④ 중질유의 탱크저부에 고여있는 물이 비등하면서 연소유를 탱크 밖으로 비산시키며 연소하는 현상

29 제3종 분말소화약제의 설명으로 옳지 않은 것은?

① 일반화재에 사용할 수 있다.
② 유류화재에 사용할 수 있다.
③ 담회색으로 착색되어 있다.
④ 전기화재에 사용할 수 있다.

30 제5류 위험물 중 1기압 25℃에서 동일한 물리적 상태(고체, 액체, 기체)로 존재하는 것으로만 나열된 것은?

① 질산메틸, 나이트로글리세린
② 트라이나이트로톨루엔, 질산메틸
③ 나이트로글리세린, 나이트로셀룰로스
④ 나이트로글리콜, 트라이나이트로톨루엔

31 동식물유류에 대한 설명 중 틀린 것은?

① 동식물유류는 제4류 위험물에 속한다.
② 요오드가가 클수록 자연발화의 위험이 크다.
③ 요오드가가 130 이상인 것이 건성유이므로 저장할 때 주의한다.
④ 아마인유는 불건성유이므로 자연발화의 위험이 낮다.

32 물과 접촉 시 동일한 가연성 가스를 발생하는 물질을 나열한 것은?

① 탄화칼슘, 칼슘
② 트라이에틸알루미늄, 탄화알루미늄
③ 인화칼슘, 수소화칼슘
④ 수소화알루미늄리튬, 리튬

33 다음과 같은 성질을 가진 물질은?

- 무색, 무취의 결정
- 비중 약 2.3, 녹는점 약 368℃
- 열분해하여 산소를 발생

① K_2O_2
② $NaClO_3$
③ $KClO_3$
④ $Zn(ClO_2)_2$

34 적린에 대한 설명으로 옳은 것은?

① 발화 방지를 위해 염소산칼륨과 함께 보관한다.
② 물과 격렬하게 반응하여 열을 발생한다.
③ 공기 중에 방치하면 자연발화한다.
④ 산화제와 혼합한 경우 마찰·충격에 의해서 발화한다.

35 규조토에 흡수시켜 다이너마이트를 제조할 수 있는 물질은?

① 페놀
② 장뇌
③ 나이트로글리세린
④ 질산에틸

36 위험물안전관리법령상의 동식물유류에 대한 설명으로 옳은 것은?

① 피마자유는 건성유이다.
② 요오드 값이 130 이하인 것이 건성유이다.
③ 불포화도가 클수록 자연발화하기 쉽다.
④ 동식물유류의 지정수량은 20,000L이다.

37 무색, 무취의 입방정계 주상결정으로 물에 잘 녹고 산과 반응하여 폭발성을 지닌 이산화염소를 발생시키는 위험물로 살충제, 불꽃류의 원료로 사용되는 것은?

① 과염소산칼륨
② 과산화나트륨
③ 염소산나트륨
④ 과망가니즈산칼륨

38 다음 중 적린과 황린에서 동일한 성질을 나타내는 것은?

① 색상
② 발화점
③ 맹독성
④ 연소생성물

39 제4류 위험물 중 비수용성 인화성 액체의 탱크화재 시 물을 뿌려 소화하는 것은 적당하지 않다고 한다. 그 이유로서 가장 적당한 것은?

① 인화점이 낮아진다.
② 가연성 가스가 발생한다.
③ 화재면(연소면)이 확대된다.
④ 발화점이 낮아진다.

40 물과 격렬하게 반응하여 수소와 열을 발생시키므로 물로 소화할 수 없는 물질은?

① 염소산나트륨
② 황린
③ 나이트로셀룰로스
④ 칼륨

41 제1석유류 비수용성 물질을 저장하는 옥외탱크저장소에 특형 포방출구를 설치하는 경우, 방출율은 액표면적 1m^2 당 1분에 몇 리터 이상이어야 하는가?

① 9.5
② 3.7
③ 6.5
④ 8.0

42 다음의 2가지 물질을 혼합하였을 때 위험성이 증가하는 경우가 아닌 것은?

① 과망가니즈산칼륨 + 황산
② 나이트로셀룰로스 + 알코올수용액
③ 질산나트륨 + 유기물
④ 질산 + 에틸알코올

43 위험물안전관리법령상 제3류 위험물 중 금수성물질에 적응성이 있는 소화기는?

① 인산염류분말소화기
② 탄산수소염류분말소화기
③ 할로젠화합물소화기
④ 이산화탄소소화기

44 다음 중 P_4S_3를 가장 잘 녹이는 것은?

① 이황화탄소
② 냉수
③ 염산
④ 황산

45 제2류 위험물 중 철분 화재에 적응성이 있는 소화설비는?

① 무상강화액소화기
② 탄산수소염류 분말소화설비
③ 포소화기
④ 불활성가스소화설비

46 스프링클러설비에 방사구역마다 제어밸브를 설치하고자 한다. 바닥면으로부터 높이 기준으로 옳은 것은?

① 0.8m 이상, 1.5m 이하
② 1.0m 이상, 1.5m 이하
③ 0.5m 이상, 0.8m 이하
④ 1.5m 이상, 1.8m 이하

47 위험물안전관리법령상 분말소화설비에서 축압용 가스로 사용하는 것은?

① He
② Cl_2
③ CCl_4
④ CO_2

48 옥내저장소 내부에 체류하는 가연성 증기를 지붕 위로 배출하는 설비를 갖추어야하는 하는 위험물은?

① 과염소산
② 과망가니즈산칼륨
③ 피리딘
④ 과산화나트륨

49 칼륨에 대한 설명 중 틀린 것은?

① 보호액을 사용하여 저장한다.
② 가급적 소분하여 저장하는 것이 좋다.
③ 화재 시 주수소화는 위험하므로 CO_2 약제를 사용한다.
④ 화재 초기에는 건조사 질식소화가 적당하다.

50 다음 중 자연발화의 위험성이 가장 높은 것은?

① 야자유
② 아마인유
③ 피마자유
④ 올리브유

51 아세톤에 관한 설명 중 틀린 것은?

① 화재 발생 시 이산화탄소나 포에 의한 소화가 가능하다.
② 무색의 액체로서 특이한 냄새를 가지고 있다.
③ 물에 녹지 않는다.
④ 가연성이며 비중은 물보다 작다.

52 고체 연소형태에 관한 설명 중 틀린 것은?

① 목탄의 주된 연소 형태는 표면연소이다.
② 목재의 주된 연소 형태는 분해연소이다.
③ 나프탈렌의 주된 연소 형태는 증발연소이다.
④ 양초의 주된 연소 형태는 자기연소이다.

53 제4류 위험물을 취급하는 제조소에서 지정수량의 몇 배 이상을 취급할 경우 자체소방대를 설치하여야 하는가?

① 4,000배 ② 2,000배
③ 3,000배 ④ 1,000배

54 특정옥외탱크저장소라 함은 저장 또는 취급하는 액체위험물의 최대수량이 얼마 이상의 것을 말하는가?

① 50만 리터 이상
② 100만 리터 이상
③ 150만 리터 이상
④ 200만 리터 이상

55 옥내저장소에 있어서 위험물을 저장하는 경우, 위험물안전관리법령상 규정된 용기에 수납하지 않아도 되는 위험물은?

① 동식물유류
② 덩어리 상태의 황
③ 고체 상태의 알코올
④ 고화된 제4석유류

56 위험물안전관리법령상 이동탱크저장소에 위험물을 저장 또는 취급하는 경우 불활성 기체를 봉입할 수 있는 구조로 하여야 하는 것은?

① 과염소산 ② 아세톤
③ 산화프로필렌 ④ 벤젠

57 2층 건물의 위험물제조소에 옥내소화전설비를 설치할 때 한 층에 3개씩의 소화전을 설치한다면 수원의 수량은 몇 m^3 이상이어야 하는가?

① 14.3　　② 39
③ 7.8　　④ 23.4

58 주거용 건축물과 위험물제조소와의 안전거리를 단축할 수 있는 경우는?

① 위험물제조소가 소방서와 근거리에 있는 경우
② 취급하는 위험물이 단일 품목일 경우
③ 위험물제조소의 위험물을 취급하는 건축물의 외벽이 철근 콘크리트 벽일 경우
④ 위험물제조소와 주거용 건축물 사이에 방화상 유효한 담을 설치한 경우

59 위험물 옥내저장소에서 안전거리 기준이 적용되는 경우는?

① 지정수량 20배 미만의 제4석유류를 저장하는 것
② 제2류 위험물 중 덩어리 상태의 황을 저장하는 것
③ 지정수량 20배 미만의 동식물유류를 저장하는 것
④ 제6류 위험물을 저장하는 것

60 위험물안전관리법령에 따라 폐쇄형 스프링클러 헤드를 설치하는 장소의 평상시 최고 주위 온도가 28℃ 이상 39℃ 미만일 경우 헤드의 표시온도는?

① 58℃ 이상 79℃ 미만
② 52℃ 이상 79℃ 미만
③ 52℃ 이상 76℃ 미만
④ 58℃ 이상 76℃ 미만

61 위험물제조소의 환기설비의 기준으로 옳지 않은 것은?

① 환기는 강제배기방식으로 할 것
② 급기구는 낮은 곳에 설치하고 인화방지망을 설치할 것
③ 급기구는 당해 급기구가 설치된 실의 바닥면적 $150m^2$ 마다 1개 이상으로 할 것
④ 환기구는 지붕 위 또는 지상 2m 이상의 높이에 설치할 것

62 수소화나트륨 화재시 주수소화가 부적합한 이유로 옳은 것은?

① 발열반응을 일이키고 수소를 발생한다.
② 중합반응을 일으키고 수소를 발생한다.
③ 중화반응을 일으키고 수소를 발생한다.
④ 수화반응을 일으키고 산소를 발생한다.

63 위험물을 지정수량이 큰 것부터 작은 순서로 옳게 나열한 것은?

① 황화인 > 염소산염류 > 브로민산염류
② 브로민산염류 > 염소산염류 > 황화인
③ 황화인 > 브로민산염류 > 염소산염류
④ 브로민산염류 > 황화인 > 염소산염류

64 고체 유기물질을 정제하는 과정에서 이 물질이 순물질인지를 알아보기 위한 조사 방법으로 다음 중 가장 적합한 방법은 무엇인가?

① 전도도 측정
② 녹는점 측정
③ 광학현미경 분석
④ 육안 관찰

최신경향 핵심빈출문제 – 정답 및 해설

1 정답 ④

금속 철(Fe)은 전이금속으로 전이금속은 비금속과 함께 이온 결합 화합물을 형성하는데 일정 수의 리간드와 함께 착이온 형태($FE(CN)_6^{4-}$)로 존재한다. 따라서 4개의 K^+과 결합하여 생성된 $K_4Fe(CN)_6$ 이온결합 물질을 착화합물이라고 한다.

2 정답 ①

① 나일론은 고분자 화합물의 대표적인 물질로 폴리아마이드 계열의 합성 고분자를 통칭하며 성분 원소로 질소를 포함한다.
② 폴리에틸렌은 에틸렌(C_2H_4)을 단위체로 중합하여 얻는 고분자 화합물로 탄소, 수소 성분으로 구성된다.
③ 폴리염화비닐은 염화비닐(CH_2=CHCl)을 단위체로 중합하여 얻는 고분자 화합물로 탄소, 수소, 염소 성분으로 구성된다.
④ 프로필렌은 탄소, 수소 성분으로 구성되는 이중결합을 지닌 탄화수소이다.

3 정답 ②

질소의 분압은 질소의 몰 분율에 비례하므로,

질소의 몰 분율 $= \dfrac{2몰}{2몰+3몰} = 0.4$

질소 분압 : 10기압×0.4 = 4기압

4 정답 ③

$PV = nRT$

$1atm \times 0.82L = \dfrac{2g}{MW} \times 0.08206L \cdot atm/mol \cdot K \times 300K$

(기체 상수 $R = 0.08206atm \cdot L/g \cdot K$)

$\therefore MW = 60$

5 정답 ④

분자 사이의 인력이 약할수록 같은 증기 압력을 나타낼 때 온도가 낮다. 따라서 증기 압력이 1기압을 나타낼 때 온도가 가장 높은 D가 분자 사이의 인력이 가장 크다.

6 정답 ③

• 설탕의 몰수 $= \dfrac{2.85g}{342g/mol} = 8.3 \times 10^{-3}mol$

• 몰랄 농도$(m) = \dfrac{8.3 \times 10^{-3}mol}{0.025kg} = 0.33m$

• 끓는점 오름 $\Delta T = K_b \cdot m$이므로, $0.52°C/m \times 0.33m = 0.17°C$

∴ 끓는점 : $100.17°C$

7 정답 ①

원자가 전자 수가 5개이므로 15족 원소이다.

8 정답 ①

게르마늄(Ge)은 4주기 원소로 4주기 18족 비활성 기체인 크립톤(Kr)과 같은 전자 배치로 안정해지려고 한다.

9 정답 ②

양쪽성 물질이란 산성과 염기성으로 모두 작용할 수 있는 물질로 아연, 주석, 알루미늄, 베릴륨의 산화물이 양쪽성 물질로 작용할 수 있다.

10 정답 ③

NaOH과 HCl은 1 : 1로 중화 반응하므로 0.5M HCl 100mL H^+의 몰수는 0.05몰이고, 0.1M NaOH 100mL에서 OH^-의 몰수는 0.01몰이다. 따라서 중화점 이후에는 H^+이 0.04몰 남아있게 되고, 중화 반응 이후 용액의 전체 부피는 100mL+100mL = 200mL가 되므로

수소 이온의 몰 농도는 $[H^+] = \dfrac{0.04mol}{0.2L} = 0.2M$이고,

$pH = -log[H^+] = -log[0.2] = 0.7$이다.

11 정답 ③

$K_2Cr_2O_7$
산화수 : K +1, Cr +6, O −2

12 정답 ③

전류의 방향은 전자가 흐르는 방향과 반대이다. 화학 전지에서는 ⊖ 전극에서 ⊕ 전극으로 전자가 이동하는데 금속의 반응성이 큰 금속이 산화되면서 전자가 이동하는 것이다. 따라서 화학 전지에서 전류 방향은 금속의 반응성이 작은 금속에서 반응성이 큰 금속 방향이다.

13 정답 ③

$Cu^{2+}(aq) + 2e^- \rightarrow Cu(s)$
5A 전류를 1시간 동안 흐르게 하면 총 전하량은
5A×3600s = 18000C

이동한 전자의 몰수 : $\dfrac{18000C}{96500C/mol} = 0.187mol$

Cu 1몰이 석출되는데 전자 2몰이 필요하므로 석출되는 Cu의 질량은

$0.187mol \times \dfrac{1}{2} \times 63.54g/mol = 5.93g$이다.

14 정답 ②

납축전지는 − 극은 납으로, +극은 이산화납으로 되어 있는데 방전시키면 두 극이 다같이 회백색의 $PbSO_4$로 된다. 따라서 용액 속의 H_2SO_4은 소비되고 용액의 비중이 감소한다.

[완전 충전시]					[완전 방전시]				
⊕극판		전해액		⊖극판		⊕극판		전해액		⊖극판
PbO_2	+	$2H_2SO_4$	+	Pb	⇄	$PbSO_4$	+	$2H_2O$	+	$PbSO_4$
이산화납		묽은 황산		납		황산납		물		황산납
(산소 발생)				(수소 발생)						

15 정답 ③

NH_3의 루이스 전자점식을 그려보면 중심 원자 N에 공유 전자쌍 3개, 비공유 전자쌍 1개가 서로 반발하여 삼각뿔(피라밋) 구조를 이룬다.

16 정답 ④

반응 속도는 반응 물질의 농도에 비례한다. 반응 속도는 $v = k[A]^m[B]^n$으로 나타낼 수 있고, 이때 m과 n은 반응 차수이다.
따라서 A의 농도만 2배로 하면 반응 속도가 2배가 되고 B의 농도를 2배로 하면 반응 속도가 4배로 되는 반응속도식은 $v = k[A][B]^2$이다.

17 정답 ③

α선 방출은 α입자($^4_2\mathrm{He}$, 헬륨 원자핵)가 방출되는 핵붕괴 반응으로 반응 후 양성자수는 2, 질량수는 4 감소된다. β선 방출은 중성자가 양성자로 변하면서 β입자($^{\ 0}_{-1}\mathrm{e}$, 전자)가 방출되는 핵붕괴 반응으로 양성자수 1 증가, 질량수는 보존된다. Rn에서 알파 붕괴되어 Po이 되는 핵반응식은 $^{222}_{86}\mathrm{Rn} \rightarrow {}^{218}_{84}\mathrm{Po} + {}^4_2\mathrm{He}$이므로, Po의 원자 번호는 84이다.

18 정답 ③

알데하이드(R–CHO)는 암모니아성 질산은 용액(Tollens 시약)과 반응하여 은(Ag)을 환원시키고 산화된다. HCHO(폼알데하이드)는 은거울 반응을 한다.
은거울 반응 : $R-CHO + 2Ag(NH_3)_2OH \rightarrow R-COOH + 2Ag + 4NH_3 + H_2O$

19 정답 ④

CH_4에서 탄소는 sp^3 혼성 궤도함수를 이용하여 수소 원자 4개와 공유결합한다.

20 정답 ①

질소는 원소로 같은 족의 원소로 원자 번호 15번 P(인)이 있다.
16번은 S(황), 17번은 Cl(염소), 18번은 Ar(아르곤)이다.

21 정답 ①

① 아세트산메틸 : –10℃
② 아세트산에틸 : –4℃
③ 포름산 : 69℃
④ 아세트산 : 40℃

22 정답 ②

공기를 차단하는 질식소화가 효과적인 위험물은 제4류 위험물이다.

23 정답 ③

① 할론 1211 : 할로젠화합물 소화약제
② 요소 : 제4종 분말소화약제
③ 질산암모늄은 제1류 위험물로서 소화약제로 사용되지 않는다.
④ 탄산칼륨 : 강화액 소화약제

24 정답 ④

제1종 분말소화약제의 주성분은 탄산수소나트륨($NaHCO_3$)이다.

25 정답 ④

할론 소화약제를 구성하는 할로젠 원소는 F, Cl, Br, I 이다.

26 정답 ①

알칼리 금속염류 등을 주성분으로 하는 수용액은 강화액 소화약제이다.

27 정답 ④

① 적린 : 260℃
② 삼황화인 : 100℃
③ 마그네슘 : 473℃
④ 황린 : 34℃

28 정답 ②

비등상태의 액화가스가 기화하여 팽창하고 폭발하는 현상을 BLEVE 현상이라 하는데, 저장물질의 종류와 형태, 저장용기의 재질, 내용물의 인화성 및 독성 여부, 주위온도와 압력상태 등이 영향을 미친다.

29 정답 ③

제3종 분말소화약제는 담홍색으로 착색되어 있다.

30 정답 ①

① 질산메틸(액체), 나이트로글리세린(액체)
② 트라이나이트로톨루엔(고체), 질산메틸(액체)
③ 나이트로글리세린(액체), 나이트로셀룰로스(고체)
④ 나이트로글리콜(액체), 트라이나이트로톨루엔(고체)

31 정답 ④

아마인유는 요오드값 175~195로 건성유에 속한다.

32 정답 ④

수소화알루미늄리튬, 리튬은 공통적으로 수소 가스를 발생한다.

33 정답 ③

무색, 무취의 결정으로 비중 약 2.3, 녹는점 약 368℃이며, 열분해하여 산소를 발생하는 물질은 염소산칼륨($KClO_3$)이다.

34 정답 ④

① 염소산칼륨과 혼합하면 마찰, 충격, 가열에 의해 폭발할 위험이 높다.
② 물과 격렬하게 반응하지 않는다.
③ 적린은 자연발화하지 않는다.

35 정답 ③

규조토에 흡수시켜 다이너마이트를 제조할 수 있는 물질은 제5류 위험물인 나이트로글리세린이다.

36 정답 ③

① 피마자유는 불건성유이다.
② 요오드값이 130 이상인 것을 건성유라 한다.
④ 동식물유류의 지정수량은 10,000L이다.

37 정답 ③

산과 반응하여 폭발성을 지닌 이산화염소를 발생시키며, 살충제, 불꽃류의 원료로 사용되는 위험물은 염소산나트륨이다.

38 정답 ④

적린과 황린 모두 연소 시 오산화인을 발생한다.

39 정답 ③

제4류 위험물 중 비수용성은 물보다 가벼워 주수소화를 하게 되면 화재면이 확대되기 때문에 적당하지 않다.

40 정답 ④

제3류 위험물인 칼륨은 물과 격렬하게 반응하여 수소와 열을 발생시키며, 마른 모래 또는 금속화재용 분말소화약제를 이용하여 소화한다.

41 정답 ④

제4류 위험물 제1석유류 비수용성 물질의 경우 특형 포방출구의 방출율은 8.0L/m2 · min 이다.

42 정답 ②

나이트로셀룰로스는 자연발화의 위험이 있기 때문에 저장 시 알코올수용액으로 습면시킨다.

43 정답 ②

제3류 위험물 중 금수성물질에는 탄산수소염류분말소화기, 건조사, 팽창질석 또는 팽창진주암 등이 적응성이 있다.

44 정답 ①

삼황화인은 냉수, 염산, 황산에는 잘 녹지 않고 이황화탄소, 질산, 알칼리에 잘 녹는다.

45 정답 ②

제2류 위험물 중 철분 화재에는 인산염류 분말소화설비, 탄산수소염류 분말소화설비 등이 적응성이 있다.

46 정답 ①

제어밸브는 바닥면으로부터 0.8m 이상, 1.5m 이하의 높이에 설치해야 한다.

47 정답 ④

분말소화설비에서 가압용 또는 축압용 가스로 사용하는 것은 질소와 이산화탄소이다.

48 정답 ③

인화점이 70℃ 미만인 위험물의 저장창고에 있어서는 내부에 체류한 가연성의 증기를 지붕 위로 배출하는 설비를 갖추어야 한다. 피리딘은 인화점이 20℃인 제1석유류이다.

49 정답 ③

칼륨 화재 시 마른 모래 또는 금속화재용 분말소화약제를 사용한다.

50 정답 ②

자연발화의 위험이 있는 동식물유류는 요오드값 130 이상은 건성유인데, 아마인유, 동유, 들깨기름 등이 속한다.

51 정답 ③

아세톤은 물, 알코올, 에테르에 잘 녹는다.

52 정답 ④

양초의 주된 연소형태는 증발연소이다.

53 정답 ③

지정수량의 3천배 이상의 제4류 위험물을 저장 또는 취급하는 제조소 또는 일반취급소에서는 자체소방대를 설치해야 한다.

54 정답 ②

저장 또는 취급하는 액체위험물의 최대수량이 100만 리터 이상의 것을 특정옥외탱크저장소라 한다.

55 정답 ②

옥내저장소에 있어서 위험물은 규정에 의한 바에 따라 용기에 수납하여 저장하여야 한다. 다만, 덩어리 상태의 황과 별도의 규정에 의한 위험물에 있어서는 그러지 아니하다.

56 정답 ③

아세트알데하이드, 산화프로필렌은 이동탱크저장소에 저장 또는 취급하는 경우 불활성 기체를 봉입할 수 있는 구조로 하여야 한다.

57 정답 ④

수원의 수량은 옥내소화전이 가장 많이 설치된 층의 옥내소화전 설치개수(설치개수가 5개 이상인 경우는 5개)에 7.8m^{3}를 곱한 양 이상이 되도록 설치한다.
한 층에 3개씩이므로 $3 \times 7.8m^3 = 23.4m^3$

58 정답 ④

불연재료로 된 방화상 유효한 담 또는 벽을 설치하는 경우에는 기준에 따라 안전거리를 단축할 수 있다.

59 정답 ②

안전거리 기준이 적용되지 않는 경우

- 최대수량이 지정수량의 20배 미만인 제4석유류 또는 동식물유류의 위험물을 저장 또는 취급하는 옥내저장소
- 제6류 위험물을 저장 또는 취급하는 옥내저장소

60 정답 ①

28℃ 이상 39℃ 미만일 경우 헤드의 표시온도는 58℃ 이상 79℃ 미만이다.

61 정답 ①

위험물제조소 환기설비의 환기는 강제배기방식이 아닌 자연배기방식으로 해야 한다.

62 정답 ①

제3류 위험물인 수소화나트륨은 물과 격렬하게 반응하여 수소와 수산화나트륨을 발생하는 금수성 물질로 발열반응을 일으켜 많은 열을 방출하므로 주수소화는 부적합하다.

63 정답 ①

브로민산염류(300kg) > 황화인(100kg) > 염소산염류(50kg)

64 정답 ②

순수한 물질은 특정 온도에서 녹으며, 녹는점의 범위가 매우 좁다. 불순물이 섞여 있다면 녹는점이 낮아지고 녹는점의 범위가 넓어진다.

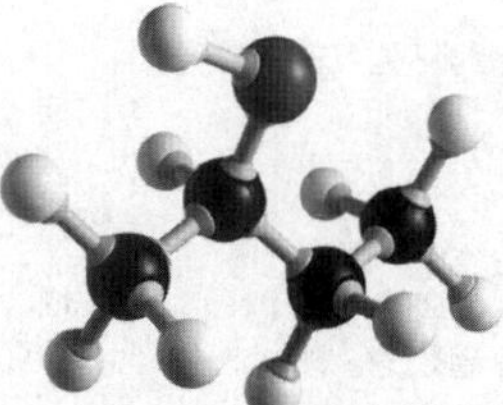

Industrial Engineer Hazardous material

수험교육의 최정상의 길 – 에듀웨이 EDUWAY

(주)에듀웨이는 자격시험 전문출판사입니다.
에듀웨이는 독자 여러분의 자격시험 취득을 위한 교재 발간을 위해 노력하고 있습니다.

기분파

위험물산업기사 필기

2025년 02월 01일 9판 1쇄 인쇄
2025년 02월 19일 9판 1쇄 발행

지은이 | 장윤영, 에듀웨이 R&D 연구소(위험물부문)
펴낸이 | 송우혁

펴낸곳 | (주)에듀웨이
주 소 | 경기도 부천시 소향로13번길 28-14, 8층 808호(상동, 맘모스타워)
대표전화 | 032) 329-8703
팩 스 | 032) 329-8704
등 록 | 제387-2013-000026호
홈페이지 | www.eduway.net

기획, 진행 | 에듀웨이 R&D 연구소
북디자인 | 디자인동감
교정교열 | 정상일
인 쇄 | 미래피앤피

책값은 뒤표지에 있습니다.

ISBN 979-11-94328-14-8

이 도서의 국립중앙도서관 출판시도서목록(CIP)은 서지정보유통지원시스템 홈페이지(http://seoji.nl.go.kr)와 국가자료공동목록시스템(http://www.nl.go.kr/kolisnet)에서 이용하실 수 있습니다.

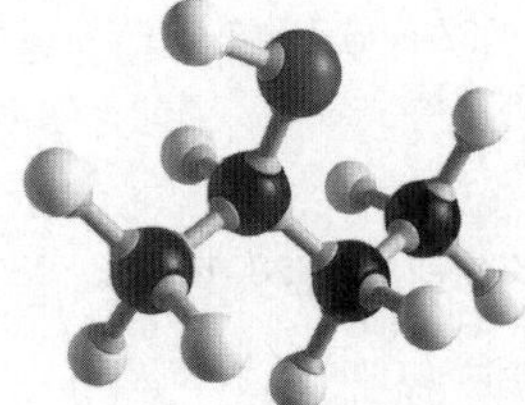

Industrial Engineer Hazardous material